10TH ANNIVERSARY EDITION

STANDARD GUIDE TO

CARS & PRICES

PRICES FOR COLLECTOR VEHICLES 1901-1990

EDITED BY JAMES T. LENZKE & KEN BUTTOLPH

National Advisory Panel

Published by

700 E. State Street • Iola, WI 54990-0001
Telephone: 715/445-2214

Library of Congress Catalog Number: 89-80091
ISBN: 0-87341-532-9

Printed in the United States of America

Contents

Introduction

The market for cars more than 15 years old continues to remain strong. Some buyers of pre-1983 cars are collectors who purchase vehicles that they particularly enjoy, or feel are likely to increase in value the older they get. Other buyers prefer the looks, size, performance, and reliabililty of what they think of as yesterday's better-built automobiles.

With a typical 1998 model selling for around $19,000, many Americans find themselves priced out of the new-car market. Late-model used cars are pricey too, although often short on distinctive looks and roominess. The older cars may use a little more gas, but their purchase prices can be a whole lot less.

New cars and late-model used cars depreciate rapidly in value. Many can't tow large trailers or mobile homes. Their high-tech engineering is often expensive to maintain or repair. In contrast, well-kept older cars are mechanically simpler, but often very powerful. In addition, they tend to appreciate in value as they grow more scarce and collectible. Even insuring them is generally cheaper.

Selecting a car and paying the right price for it are two considerations old-car buyers face. What should you know about buying a collector car? Should color be a consideration when buying or selling a collector vehicle? Where do the Classics fit in today's market? How much can I spend in restoring my collector vehicle without exceeding its current cash value?

The 1998 edition of **Standard Guide to Cars & Prices**, from Krause Publications, answers these questions and many more. It shows the most popular models made between 1901 and 1990 and points out what they sell for today in six different, graded conditions.

Contained herein are the same data gathered for publication in **Old Cars Price Guide**, a highly-specialized magazine used by collectors, dealers, appraisers, auctioneers, lenders, and insurers to determine valid pricing levels for older vehicles. Representing up-to-date market research, it is presented here in a convenient-sized format that is easy to read, easy to use, and easy to store on your bookshelf.

1967 Jaguar XKE convertible

How old car prices are gathered

Thousands of old cars change hands each year. People who follow these transactions include collectors, collector car dealers and auctioneers. They can often estimate the value of an old car, within a range of plus or minus 10 percent, with amazing accuracy.

The Standard Guide to Cars & Prices has been produced by Krause Publications of Iola, Wis., a company involved in publishing specialized books and magazines upon which collectors, dealers and auctioneers regularly rely.

Figures listed in this book should be taken as "ballpark" prices. They are amounts that fall within a reasonable range of each car's value to buyers and sellers. The figures are not to be interpreted as "wholesale" or "retail." Rather, they reflect what an informed buyer might pay a knowledgeable seller for his car in an arm's length transaction without duress to either party. Special cases, where nostalgia or other factors enter into the picture, must be judged on an individual basis.

This guide can help you to decide which old car you'd like to own and how much to pay for it based on make, year, model and condition. It provides a consensus of old car values determined by careful research.

Research sources used to compile these data include:

- Advertised asking prices
- Documented private sales
- Professional appraisers
- Collector car auction results
- **Old Cars Price Guide** advisors
- Contact with dealers
- Contact with collectors
- Networking with value sources

1936 Cord 810 Sportsman convertible

Abbreviations

Alphabetical

A/C .... Air Conditioning
Aero .... Aerodynamic
Auto .... Automatic Transmission
A/W or A-W .... All-Weather
Berl .... Berline
Brgm .... Brougham
Brn .... Brunn
BT .... Boattail
Bus .... Business (as in Bus Cpe)
Cabr .... Cabriolet
C.C. .... Close-coupled
cid .... Cubic Inch Displacement
Clb .... Club (as in Clb Cpe/Clb Cab)
Cpe .... Coupe
-Coll .... Collapsible (as in Semi-Coll)
Cont .... Continental
Conv .... Convertible
Ctry .... Country
Cus .... Custom
DC .... Dual-Cowl
Darr .... Darrin
DeL .... Deluxe
Der .... Derham
deV .... deVille
DHC .... Drop Head Coupe
Dly .... Delivery (as in Sed Dly)
Dtrch .... Dietrich
DuW .... Dual Windshield
DW .... Division Window
Encl .... Enclosed
FBk .... Fastback
FHC .... Fixed Head Coupe
FI .... Fuel Injection
Fml .... Formal
FWD .... Front-wheel Drive
GT .... Gran Turismo (Grand Touring)
GW .... Gull-Wing
HBk .... Hatchback
Hemi .... Hemispherical-head engine
Hlbrk .... Holbrook
hp .... Horsepower
HT .... Hardtop
Imp .... Imperial
IPC .... Indy (Indianapolis) Pace Car
IROC .... International Race of Champions
Jud .... Judkins
Lan .... Landau
Lan'let .... Landaulet
LBx .... Long Box (pickup truck bed)
LeB or Leb .... LeBaron
LHD .... Left-Hand Drive
Limo .... Limousine
Ltd .... Limited
Lke .... Locke
LWB .... Long-Wheelbase
Mk .... Mark (I,II,III, etc)
O/D .... Overdrive
Opt .... Option(s)
OW .... Opera Window
P .... Passenger (as in 3P Cpe)
Phae .... Phaeton
PU .... Pickup Truck
R/A .... Ram Air (Pontiac)
Rbt .... Runabout
Rds .... Roadster
Ret .... Retractable
RHD .... Right-Hand Drive
Rlstn or Roll .... Rollston
R/S .... Rumbleseat
Saloon .... British for sedan
SBx .... Short Box (pickup truck bed)
S/C .... Super-Charged
Sed .... Sedan
SMt(s) .... Sidemount(s)
Sednt .... Sedanet
Spds .... Speedster
Spec or Spl .... Special
Spt .... Sport
S/R .... Sunroof
Sta Wag .... Station Wagon
Std .... Standard
Sub .... Suburban
Sup .... Super
SWB .... Short-Wheelbase
T-bird .... Thunderbird
T-top .... T-Top Roof
Trg .... Touring Car (not Targa)
Turbo .... Equipped with turbocharger(s)
Twn .... Town (as in Twn Sed)
V-4, -6, -8 .... V-block engine
Vic .... Victoria
W .... Window (as in 3W Cpe)
WW .... Wire Wheels
W'by .... Willoughby
Woodie .... Wood-body Car
Wtrhs .... Waterhouse

Numerical

½T .... One-Half Ton Truck
2d .... Two-Door (also 4d, 6d, etc.)
2P .... Two-Passenger (also 3P, 4P, etc.)
2S .... Two-Seat (also 3S, 4S, etc.)
2x4V .... Two Four-barrel Carbs
3x2V .... Three Two-barrel Carbs/Tri-Power
3W .... Three-Window (also 4W, 5W, etc.)
4-cyl .... In-line Four Engine (also 6-, 8-, etc.)
4-Spd .... 4-Speed Transmission (also 3-, 5-, etc.)
4V .... Four-barrel Carburetor
4x4 .... Four-wheel drive (not FWD)
8/9P .... Eight or Nine Passenger

HOW TO USE CARS & PRICES

Price estimates are listed for cars in six different states of condition. These conditions (1-6) are illustrated and explained in the **VEHICLE CONDITION SCALE** on the following three pages.

Prices are for complete vehicles; not parts cars, except as noted. Modified-car prices are not included, but can be estimated by figuring the cost of restoring to original condition and adjusting the figures shown here.

Appearing below is a section of chart taken from the **CARS & PRICES** price estimate listings to illustrate the following elements:

A. MAKE: The make of car, or marque name, appears in large, boldface type at the beginning of each price section.

B. DESCRIPTION: The extreme left-hand column indicates vehicle year, model name, body type, engine configuration and, in some cases, wheelbase.

C. CONDITION CODE: The six columns to the right are headed by the numbers one through six (1-6) which correspond to the conditions described in the **VEHICLE CONDITION SCALE** on the following three pages.

D. PRICE: The price estimates, in dollars, appear below their respective condition code headings and across from the vehicle descriptions.

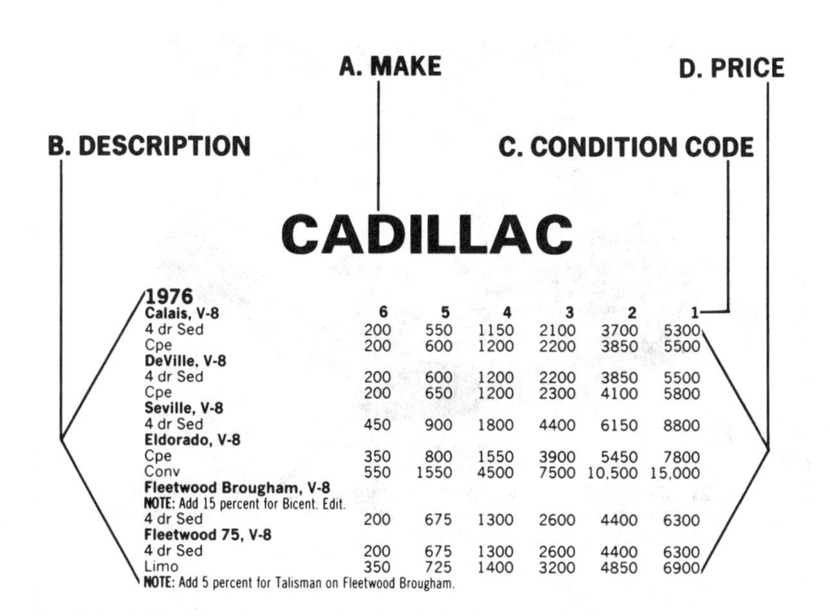

CADILLAC

1976						
Calais, V-8	**6**	**5**	**4**	**3**	**2**	**1**
4 dr Sed	200	550	1150	2100	3700	5300
Cpe	200	600	1200	2200	3850	5500
DeVille, V-8						
4 dr Sed	200	600	1200	2200	3850	5500
Cpe	200	650	1200	2300	4100	5800
Seville, V-8						
4 dr Sed	450	900	1800	4400	6150	8800
Eldorado, V-8						
Cpe	350	800	1550	3900	5450	7800
Conv	550	1550	4500	7500	10,500	15,000
Fleetwood Brougham, V-8						
NOTE: Add 15 percent for Bicent. Edit.						
4 dr Sed	200	675	1300	2600	4400	6300
Fleetwood 75, V-8						
4 dr Sed	200	675	1300	2600	4400	6300
Limo	350	725	1400	3200	4850	6900

NOTE: Add 5 percent for Talisman on Fleetwood Brougham.

VEHICLE CONDITION SCALE

Excellent

1) EXCELLENT: Restored to current maximum professional standards of quality in every area, or perfect original with components operating and appearing as new. A 95-plus point show car that is not driven.

Fine

2) FINE: Well-restored, or a combination of superior restoration and excellent original. Also, an *extremely* well-maintained original showing very minimal wear.

Very Good

3) VERY GOOD: Completely operable original or "older restoration" showing wear. Also, a good amateur restoration, all presentable and serviceable inside and out. Plus, combinations of well-done restoration and good operable components or a partially restored car with all parts necessary to complete and/or valuable NOS parts.

Good

4) GOOD: A driveable vehicle needing no or only minor work to be functional. Also, a deteriorated restoration or a very poor amateur restoration. All components may need restoration to be "excellent," but the car is mostly useable "as is."

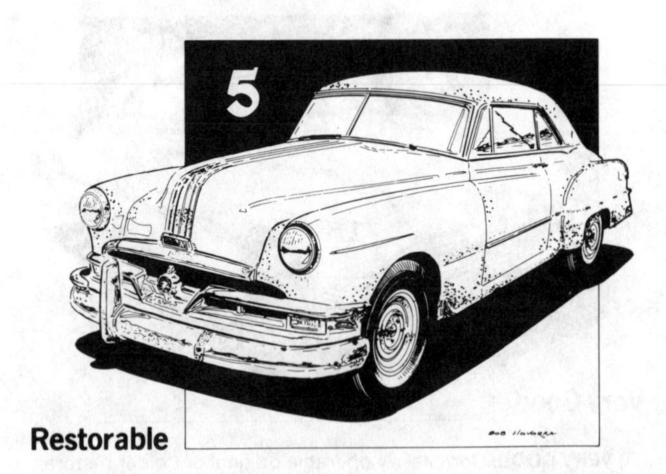

Restorable

5) RESTORABLE: Needs *complete* restoration of body, chassis and interior. May or may not be running, but isn't weathered, wrecked or stripped to the point of being useful only for parts.

Parts Car

6) PARTS CAR: May or may not be running, but is weathered, wrecked and/or stripped to the point of being useful primarily for parts.

Vehicle Conditions Discussed

All other things being equal, if two identical vehicles are offered for sale side-by-side, the one in better condition is worth more. This may seem quite obvious, but it is the notion upon which the entire *Old Cars Price Guide* Vehicle Condition Scale, used here in the *Standard Guide to Cars & Prices*, is based.

A great deal of thought was put into the actual wording of each description on the preceding pages with an eye toward making them concise, yet brief, and understandable to the old car hobbyist. Questions of interpretation still do come up, however. "Is my car a No. 1?" and "How does a No. 3 differ from a No. 4?" are typical of those asked our editors on the phone, through the mail and face-to-face at old car gatherings.

Following, then, are some plain language explanations of the six conditions to refer to in addition to those that appear with the illustrations preceding this page.

1) EXCELLENT: In national show judging, a car in No. 1 condition is likely to win top honors in its class. In a sense, it has ceased to be an automobile and has become an object of art. It is transported to shows in an enclosed trailer and, when not being shown, it is stored in a climate-controlled facility. It is not driven. There are very few No. 1 cars.

2) FINE: Except for the very closest inspection, a No. 2 vehicle may appear as a No. 1. The No. 2 vehicle will take the top award in many judged shows, except when squared off against a No. 1 example in its own class. It may also be driven 800-1,000 miles each year to shows, on tours and simply for pleasure.

3) VERY GOOD: This is a "20-footer." That is, from 20 feet away it may look perfect. But as we approach it, we begin to notice that the paint may becoming a little thin in spots from frequent washing and polishing. Looking inside we might detect some wear on the driver's seat, foot pedals and carpeting. The chrome trim, while still quite presentable, has lost the sharp mirror-like reflective quality it had when new. All systems and equipment on the car are in good operating condition. Most of the vehicles seen at many car shows are No. 3s.

4) GOOD: This is a driver. It may be in the process of restoration, or its owner may have big plans, but even from 20 feet away, there is no doubt that it needs a lot of help.

5) RESTORABLE: This car needs everything. It may or may not be operable, but it is essentially all there and has only minor surface rust, if any. While it may present a real challenge to the restorer, it won't have him doing a lot of chasing for missing parts.

6) PARTS CAR: This is an incomplete or greatly deteriorated, perhaps rusty, vehicle that has value only as a parts donor for other restoration projects.

EDITOR PROFILES

Ken Buttolph

Ken can't remember when he hasn't loved old cars. From the time he bought his very first one, a '27 Nash coupe that cost him $50, and for some 500 vehicles since then, he has never owned a new car. Besides the obvious advantage of not suffering the murderous depreciation rates that new cars do, Ken has always preferred old cars because, to him, they are just a lot more fun to own and drive.

Through his personal 60-plus vehicle collection, and as curator of the 40-some old cars, trucks, and tractors in the **Old Cars Antique Vehicle Collection**, Ken is involved virtually every day with historical vehicles spanning the entire past century. He is often called upon to make buy and sell decisions within both collections. Included among the vehicles in his charge is a 1903 Ford Model A runabout — No. 1240, built during the first year of Ford Motor Co. production. A 1912 Sears highwheeler, looking every bit the "horseless carriage," also represents the early years of this century. The decade of the '20s contributed both 1920 Buick and '21 Kissel touring cars as well as a '29 Packard Model 645 Dietrich sport phaeton, while a '35 Ford V-8 convertible sedan typifies vehicles of the depression-plagued '30s. Ken's own cars begin with a 1937 Buick Special four-door sedan followed closely by both '39 and '40 two-door versions of the same model. An extensive grouping of World War II military vehicles and equipment, supplemented by Buick, Chrysler, and Cadillac represent the war years and the immediate postwar period. The balance of the automotive century, from the '50s into the '90s, lives on through the likes of Chevrolet Bel Air, Studebaker Golden Hawk, Kaiser Manhattan, Corvette and Corvette Sting Ray, Buick Roadmaster, Chrysler Fifth Avenue, and Continental Mark V, as well as others.

Old-car fans throughout the country are familiar with Ken through his extensive travels and attendance at major collector-car auctions, shows, and swap meets nationwide in his roles as editor of **Old Cars Price Guide** and research editor for **Old Cars Weekly**.

James T. Lenzke

Jim traces his love for old vehicles back to the age of seven when he built his first model car, under the tutelage of his older brother, Bill, Jr. This led to many other car models, notably Revell's "Highway Pioneers" series of the time. The models were laid aside when, at age 15, he bought his first real car, a '49 Mercury convertible, using hoarded paper route money. While attending college during the early '60s, daily transportation was a 1930 Dodge Series DA two-door sedan. That car was a proud possession for over 19 years. Over the years, other marques have appeared in the Lenzke driveway. These have included Pontiac, Porsche, and Plymouth. Trucks and cars from both Chevrolet and Ford, a smattering of Oldsmobiles, Buicks, Studebakers, Cadillacs, and a Corvette. Another Mercury and a Volkswagen have also appeared there. Currently occupying choice space in the garage is a '69 Cadillac Eldorado coupe and most recently Jim has acquired a Massey-Harris 44 farm tractor from the '50s.

Immersed in the old-car hobby on a day-by-day basis, Jim serves as auction/technical editor of **Old Cars Weekly** — analyzing and reporting the results of some 90-120 collector-car auctions annually — and senior editor of **Old Cars Price Guide,** helping to bring old-car value data to the public.

Standard Guide to Cars & Prices is brought to you by the staff of ***Old Cars Weekly News & Marketplace*** and ***Old Cars Price Guide***. Together, your editors represent well over 100 years experience in the old-car hobby. Through these years of experience some valuable lessons have been learned.

Several years ago, in these pages, we offered a feature entitled "Top Ten Tips on Buying and Selling Collector Cars." That advice has proven to be some of the most popular and useful we have ever given. In view of this fact, we are herewith presenting the 1998 version.

We firmly believe that the following tips, if thoroughly studied, digested, and understood, will give any old-car hobbyist — novice or veteran — a real leg up in this fascinating and rewarding — but occasionally deflating — hobby.

Buying and Selling Collector Cars: What to Look For, What to Avoid

1970 Plymouth Road Runner SuperBird

1. If it was popular when it was new, it will be popular when it's old.

Consider the Chevrolet Corvette. A collector-car show or auction of any significant size without Corvette representation is almost unheard of. Corvette is one of the most consistently recognized collectible marques of the past 25-30 years.

As another example, Ford Mustang is, arguably, *the* most collected individual make/model today and has been for the last 10-15 years. Add to these rank upon rank of Ford Model Ts, Model As, '55-'57 Chevys, '59 Cadillacs, Big Three muscle cars, VW bugs, plus many more widely collected vehicles, and you begin to see the pattern. Each of these cars was produced in the tens — even hundreds — of thousands. In the cases of Model Ts, Model As, and VWs, millions have been built. These cars have been, and continue to be, passionately sought after by fans all over the world.

What do these cars have in common, then, that seems to have earmarked them for posterity? The answer is popularity.

You may ask, how "popular" were the Model J and SJ Duesenbergs, but who can deny that they are prime collectibles today? While not popular in terms of numbers sold, Duesenbergs, and other capital "C" Classics, excited the popular imagination, largely through Hollywood and the movies, by symbolizing a life style unattainable for the majority of citizens. The auto buyer of the Depression-plagued '30s dreamed of Duesenbergs and Packards while actually buying Model As and Chevys. But it was living with those Model As and Chevys day by day and year by year that inspired the nostalgia for these times that arose in later years. For many, buying and enjoying these cars once again, later in life, is a way of returning to what may be remembered as simpler, happier times. This pattern has been repeated by succeeding generations, including Mustang and Camaro buyers of the '60s, who may actually have fantasized about Corvettes, Ferraris, and GT-40s, with the same result. And it still goes on.

1931 Ford Model A cabriolet

2. Never buy a car you don't like.

This may seem obvious, at first, until we consider that many collector-car purchases are made only with an eye toward reselling for a profit. This is not the way to go unless you are in a position to deal in volume and are prepared to take an occasional loss. If you regularly own only a small handful of vehicles, buying only for profit may leave you saddled with a make and/or model that you grow to resent more with each passing day as it sits in your yard unsold; it may even require expensive repairs that you didn't anticipate before purchase. On the other hand, if you buy a car you like and it doesn't increase in value as you may hope, the very least that can be said is that you own something you enjoy.

Buy a car you like and you are never "stuck" with it.

1937 Buick Model 41 four-door trunkback sedan

1948 Tucker 48 Torpedo four-door sedan

3. Don't buy for rarity.

There is a widely, and we feel, incorrectly, held notion in some quarters of the old-car hobby. The notion is that rarity is the prime determinant of collector-car worth. If this were true, some of today's most collected vehicles wouldn't be worth the powder to blow them up (see **1.**).

Rarity mainly impresses statisticians. Some models that had low production runs are rare because few wanted them when they were new. This may have been true because a particular car was unreasonably expensive compared to its competition, or maybe it was set up in a way that few found enticing (such as bench-type seats in a muscle car when bucket seats were no-cost options). Many of the thousands of makes and models introduced to the buying public over the years were dropped before they could excite enough buyer interest to assure financial success. Others were simply eclipsed by superior competitive products. For today's old-car hobbyist, the more rare a vehicle is, the more difficult it is likely to be to find parts and information relative to it. Also, those who place a very high premium on certain aspects of rarity are few and far between. Consquently, a premium price paid for such a vehicle may be hard to recover when you do eventually wish to find a buyer.

Buying for rarity may get you farther out on a limb than you care to be.

1938 Dodge D8 four-door touring sedan

1946 Pontiac Streamliner station wagon

4. Sell when you have a buyer.

Whether you have the most commonly collected car in the Western Hemisphere or the rarest "Ferrari only made one like this" prototype, sell when there's cash being waved under your nose *if* you are even remotely considering parting with it some day. If you refuse a reasonable offer when made, the day may come when you are looking to sell and a buyer is as scarce as a dry spot at Hershey.

Take the money and run.

5. If it sounds too good to be true, it probably is.

We all like to buy into the dream that a real bargain on an old car will come our way just for being in the right place at the right time. Typical of such dreams might be: the Duesenberg

1948 Ford Super Deluxe V-8 Sportsman two-door convertible

1956 Ford Thunderbird convertible (w/detachable hardtop)

SJ the farmer wants out of his barn because it scares his cows; the 427 Cobra sitting on a used car lot in January, in Minnesota with a sign that reads, "Sorry, no heater — make offer"; and the $50 Jaguar D-type being sold by an irate soon-to-be-divorced wife. The reality is that these are just dreams and they can cost you a lot of money and heartache if you don't recognize them for what they are. What are the actual chances that the fastback you are looking at with a $17,500 asking price is a *real* Shelby G.T. 500 when that model is bringing twice that much at auction? Not good. More likely, you are about to buy an expensive replica because you didn't do your homework on determining authenticity.

Get real. Most sellers have a pretty fair idea of what they have and what it is actually worth.

6. If the top goes down, the price goes up.

This ancient axiom holds true in today's collector market as well as at the used car lot. Expect to pay anywhere from 50 to 75 percent more for droptop models over what you can

1964 Amphicar in "cruising" mode.

1939 Packard Six four-door touring sedan

find them for in hardtop form. The glitz and glamour of top-down driving has traditiionally made these cars of greater interest to collectors. If you're eager to feel a breeze through your hair as you scoot down the road, you *could* buy a hair dryer with a cigarette lighter plug-in adapter using the money you save by buying a hardtop.

But, if you buy a convertible up front, it will most likely sell better when you are ready to.

7. There are no instant collectibles.

By "instant collectible" we mean a new car that, bought at or over manufacturer's suggested retail price (MSRP), will continue to appreciate in value and turn a profit when sold. There is no such animal, as speculators keep finding out. Even the once-invincible Ferrari name does not always ward off that demon depreciation, especially when you consider the

1979 AMC Pacer DL two-door station wagon

1966 Jeep CJ-5 1/4-ton Universal 4x4

high cost of getting into one to begin with. Through the years, investors have gambled on many different cars as guaranteed money makers. The list includes: the "last" American convertible, the '76 Cadillac Fleetwood Eldorado; Chrysler's TC by Maserati; the '78 Corvette Indy Pace Car replica; and the '87 Buick Regal Grand National. Any one of these cars can still be bought for less than original sticker price and many speculative early buyers are still waiting for them to return to the inflated prices paid when new, let alone any depreciation. As an investment, instead of buying a Dodge Viper GTS, you'd probably come out ahead with a '57 Chevy convertible and a decent house, for the same money.

Don't get caught in the "instant collectible" trap.

8. Never buy sight unseen.

It may not always be possible or practical, but it *is* always a good idea to examine a potential purchase yourself. A seller's perception of his vehicle may vary considerably from that of a prospective buyer, so be wary of written descriptions or ones made via the telephone. Even photographs often glorify a vehicle's high points while downplaying its flaws. If personal examination simply isn't in the cards, having a trusted acquaintance or a paid consultant stand in for you would be the next best alternative. If you proceed with an unexamined purchase

1931 Studebaker Dictator 8 4pass coupe

1942 Chevrolet BK ½-ton pickup

that, once seen, does not live up to our expectations, and the seller has made no blatant misrepresentations, you should not expect to be able to back out of the deal.

You bought it, Jack!

9. Beware of modifications.

As a general rule, the closer a vehicle approaches absolute, box-stock authenticity, the greater is its value. This is true except in those hobby circles actually involved in modifying or preserving modified vehicles. Any deviation from factory stock, be it as simple as paint color, upholstery pattern, or rug texture, represents an expression of the owner's individual taste and preference. This taste may not be shared with a future potential buyer. ***Standard Guide to Cars & Prices*** assumes that any subject vehicle is in completely stock condition. It warns that, should any modifications exist, the cost of returning the vehicle to stock condition should be *deducted* from the value estimate shown, in order to arrive at an approximation of current market value. While ownership of a modified vehicle can be quite enjoyable and worthwhile, be prepared to pay a price penalty when it comes time to sell.

Authenticity and originality sell best.

1936 Ford Model 68 Deluxe Tudor touring sedan

1962 Austin Mini-Cooper two-door sedan

10. Buyer beware.

Your $10,000 is worth exactly that. With that money, you can buy a lot of things or start a nice nest egg with a successful mutual fund, a few well-chosen certificates of deposit, or an Individual Retirement Account. The car you are looking at may not be worth $10,000. It is up to you as the buyer to protect yourself by being educated. Read everything you can find on a particular car before you buy. Talk to people who own that type of car. Join a club devoted to the marque and, if possible, have an expert accompany you for the initial inspection. If you do not exercise reasonable caution and good sense, and get stuck with less than you bargained for, it will be your own fault.

Caveat emptor. Do your homework.

11. Should color be a consideration when buying or selling a collector car?

It has been said, and not without a germ of truth, that there are now more red '57 Chevy and '65 Mustang convertibles in existence than were originally built in that color. While some-

1954 Facel Vega coupe

what tongue-in-cheek, this notion probably reflects the ever-increasing influence collector-car auctions have developed in the marketing of old vehicles. The term "resale red" stems from the markedly greater sales success cars of this hue have over some others when crossing the auction block. White is also a popular resale color and black, too, seems to have a significant following among old-car fans. Colors that do not fare as well at resale time include greens, browns, and medium-to-light blues.

Should the original color of a car be changed during restoration? This is a matter of individual choice that may depend upon the owner's intended use of the vehicle. If it is to be shown in trophy competition, strict adherence to originality may be of uppermost importance. On the other hand, if the owner has a color preference other than the original, and the car is to simply be driven and enjoyed, a color change may be apppropriate.

Again, the owner should do his homework. Ask around among knowledgeable persons as to the relative importance of color to the marque. Study the effects, if any, that colors have on the saleability of your vehicle of choice. Then, make an informed decision.

12. Where do the Classics fit in today's market?

In this writing, the term "Classic" refers to those specific makes and models that have been designated as such by the Classic Car Club of America. Generally speaking, these are cars that were produced from 1925 through 1948 — usually expensive, when new — and are particularly outstanding in any or all of the areas of engineering, performance, innovation, luxury, and beauty of design. Traditionally, these cars — with nameplates like Duesenberg, Rolls-Royce, Mercedes-Benz, Cadillac, Hispano-Suiza, Imperial, Lincoln, many others — have dwelt at the pricier end of the old-car spectrum. While this is still essentially true, there has been significant price erosion in this area in recent years to the extent that individuals who never thought they would own one have been able to acquire the cars of their dreams at prices much below those of six to eight years ago.

If this is the era of automotive history that best reflects your taste, and the depth of your pockets, there are many appealing buys to be had.

Once sold for well over $1 million, would this Duesenberg bring as much today?

DOMESTIC CARS

AMC

NOTE: AMC listings follow NASH-HEALEY listings.

AMERICAN AUSTIN-BANTAM

1930-1931 American Austin
4-cyl., 15 hp, 75" wb

	6	5	4	3	2	1
Rds	550	1700	2800	5600	9800	14,000
Cpe	400	1200	2000	4000	7000	10,000
DeL Cpe	400	1250	2100	4200	7400	10,500
1932 American Austin						
Rbt	550	1700	2800	5600	9800	14,000
Bus Cpe	400	1200	2000	4000	7000	10,000
Cabr	450	1450	2400	4800	8400	12,000
Std Cpe	400	1200	2050	4100	7100	10,200
DeL Cpe	400	1250	2100	4200	7400	10,500
1933 American Austin						
4-cyl., 15 hp, 75" wb						
Rds	550	1700	2800	5600	9800	14,000
Bus Cpe	400	1200	2000	4000	7000	10,000
Spl Cpe	400	1300	2200	4400	7700	11,000
Cpe	400	1250	2100	4200	7400	10,500
1934 American Austin						
4-cyl., 15 hp, 75" wb						
Bus Cpe	400	1200	2000	4000	7000	10,000
Std Cpe	400	1250	2050	4100	7200	10,300
DeL Cpe	400	1250	2100	4200	7400	10,500
1935 American Austin						
4-cyl., 15 hp, 75" wb						
Bus Cpe	450	1140	1900	3800	6650	9500
Std Cpe	400	1200	2000	4000	7000	10,000
DeL Cpe	400	1250	2100	4200	7400	10,500
1938 American Bantam						
Model 60 - 4-cyl., 19 hp, 75" wb						
Rds	450	1400	2300	4600	8100	11,500
Cpe	450	1140	1900	3800	6650	9500

1939 American Bantam Special roadster

1939 American Bantam
Model 60, 4-cyl., 20 hp, 75" wb

	6	5	4	3	2	1
Std Cpe	450	1080	1800	3600	6300	9000
Std Rds	450	1500	2500	5000	8800	12,500
Spl Cpe	450	1140	1900	3800	6650	9500

	6	5	4	3	2	1
Spl Rds	500	1600	2700	5400	9500	13,500
Spds	550	1750	2900	5800	10,200	14,500
DeL Cpe	400	1200	2000	4000	7000	10,000
DeL Rds	550	1800	3000	6000	10,500	15,000
DeL Spds	600	1900	3200	6400	11,200	16,000
Sta Wag	450	1450	2400	4800	8400	12,000
1940-1941 American Bantam						
Model 65 - 4-cyl., 22 hp, 75" wb						
Std Cpe	450	1080	1800	3600	6300	9000
Master Cpe	450	1140	1900	3800	6650	9500
Master Rds	450	1500	2500	5000	8800	12,500
Conv Cpe	450	1400	2300	4600	8100	11,500
Conv Sed	450	1500	2500	5000	8800	12,500
Sta Wag	450	1500	2500	5000	8800	12,500

AUBURN

1904 Auburn Model A rear entrance tonneau

	6	5	4	3	2	1
1904						
Model A						
Tr	1150	3600	6000	12,000	21,000	30,000
1905						
Model B, 2-cyl.						
Tr	1100	3500	5800	11,600	20,300	29,000
1906						
Model C, 2-cyl.						
Tr	1100	3500	5800	11,600	20,300	29,000
1907						
Model D, 2-cyl.						
Tr	1100	3500	5800	11,600	20,300	29,000
1908						
Model G, 2-cyl., 24 hp						
Tr	1100	3500	5800	11,600	20,300	29,000
Model H, 2-cyl.						
Tr	1150	3600	6000	12,000	21,000	30,000
Model K, 2-cyl.						
Rbt	1150	3700	6200	12,400	21,700	31,000

	6	5	4	3	2	1
1909						
Model G, 2-cyl., 24 hp						
Tr	1150	3600	6000	12,000	21,000	30,000
Model H, 2cyl.						
Tr	1150	3600	6000	12,000	21,000	30,000
Model K						
Rbt	1100	3500	5800	11,600	20,300	29,000
Model B, 4-cyl., 25-30 hp						
Tr	1100	3500	5800	11,600	20,300	29,000
Model C, 4-cyl.						
Tr	1150	3700	6200	12,400	21,700	31,000
Model D, 4-cyl.						
Rbt	1200	3850	6400	12,800	22,400	32,000
1910						
Model G, 2-cyl., 24 hp						
Tr	1050	3350	5600	11,200	19,600	28,000
Model H, 2-cyl.						
Tr	1100	3500	5800	11,600	20,300	29,000
Model K, 2-cyl.						
Rbt	1150	3600	6000	12,000	21,000	30,000
Model B, 4-cyl., 25-30 hp						
Tr	1150	3600	6000	12,000	21,000	30,000
Model C, 4-cyl.						
Tr	1100	3500	5800	11,600	20,300	29,000
Model D, 4-cyl.						
Rbt	1150	3600	6000	12,000	21,000	30,000
Model X, 4-cyl., 35-40 hp						
Tr	1150	3600	6000	12,000	21,000	30,000
Model R, 4-cyl.						
Tr	1150	3700	6200	12,400	21,700	31,000
Model S, 4-cyl.						
Rds	1150	3700	6200	12,400	21,700	31,000
1911						
Model G, 2-cyl., 24 hp						
Tr	1050	3350	5600	11,200	19,600	28,000
Model K, 2-cyl.						
Rbt	1100	3500	5800	11,600	20,300	29,000
Model L, 4-cyl., 25-30 hp						
Tr	1100	3500	5800	11,600	20,300	29,000
Model F, 4-cyl.						
Tr	1100	3500	5800	11,600	20,300	29,000
Model N, 4-cyl., 40 hp						
Tr	1150	3600	6000	12,000	21,000	30,000
Model Y, 4-cyl.						
Tr	1100	3500	5800	11,600	20,300	29,000
Model T, 4-cyl.						
Tr	1100	3500	5800	11,600	20,300	29,000
Model M, 4-cyl.						
Rds	1150	3600	6000	12,000	21,000	30,000
1912						
Model 6-50, 6-cyl.						
Tr	1150	3700	6200	12,400	21,700	31,000
Model 40H, 4-cyl., 35-40 hp						
Tr	1100	3500	5800	11,600	20,300	29,000
Model 40M, 4-cyl., 35-40 hp						
Rds	1100	3500	5800	11,600	20,300	29,000
Model 40N, 4-cyl., 35-40 hp						
Tr	1150	3600	6000	12,000	21,000	30,000
Model 35L, 4-cyl., 30 hp						
Tr	1050	3350	5600	11,200	19,600	28,000
Model 30L, 4-cyl., 30 hp						
Rds	1100	3500	5800	11,600	20,300	29,000
Tr	1150	3600	6000	12,000	21,000	30,000
1913						
Model 33M, 4-cyl., 33 hp						
Rds	1150	3600	6000	12,000	21,000	30,000
Model 33L, 4-cyl., 33 hp						
Tr	1150	3700	6200	12,400	21,700	31,000
Model 40A, 4-cyl., 40 hp						
Rds	1150	3700	6200	12,400	21,700	31,000
Model 40L, 4-cyl.						
Tr	1200	3850	6400	12,800	22,400	32,000
Model 45, 6-cyl., 45 hp						
Tr	1200	3850	6400	12,800	22,400	32,000

	6	5	4	3	2	1
Model 45B, 6-cyl., 45 hp						
Rds	1150	3700	6200	12,400	21,700	31,000
T&C	1050	3350	5600	11,200	19,600	28,000
Cpe	1000	3250	5400	10,800	18,900	27,000
Model 50, 6-cyl., 50 hp						
Tr	1250	3950	6600	13,200	23,100	33,000
1914						
Model 4-40, 4-cyl., 40 hp						
Rds	1050	3350	5600	11,200	19,600	28,000
Tr	1100	3500	5800	11,600	20,300	29,000
Cpe	900	2900	4800	9600	16,800	24,000
Model 4-41, 4-cyl., 40 hp						
Tr	1150	3600	6000	12,000	21,000	30,000
Model 6-45, 6-cyl., 45 hp						
Rds	1150	3600	6000	12,000	21,000	30,000
Tr	1150	3700	6200	12,400	21,700	31,000
Model 6-46, 6-cyl., 45 hp						
Tr	1200	3850	6400	12,800	22,400	32,000
1915						
Model 4-36, 4-cyl., 36 hp						
Rds	1050	3350	5600	11,200	19,600	28,000
Tr	1100	3500	5800	11,600	20,300	29,000
Model 4-43, 4-cyl., 43 hp						
Rds	1100	3500	5800	11,600	20,300	29,000
Tr	1150	3600	6000	12,000	21,000	30,000
Model 6-40, 6-cyl., 50 hp						
Rds	1150	3700	6200	12,400	21,700	31,000
Tr	1200	3850	6400	12,800	22,400	32,000
Cpe	950	3000	5000	10,000	17,500	25,000
Model 6-47, 6-cyl., 47 hp						
Rds	1150	3600	6000	12,000	21,000	30,000
Tr	1150	3700	6200	12,400	21,700	31,000
1916						
Model 4-38, 4-cyl., 38 hp						
Rds	1100	3500	5800	11,600	20,300	29,000
Tr	1150	3600	6000	12,000	21,000	30,000
Model 6-38						
Rds	1150	3600	6000	12,000	21,000	30,000
Tr	1150	3700	6200	12,400	21,700	31,000
Model 6-40, 6-cyl., 40 hp						
Rds	1200	3850	6400	12,800	22,400	32,000
Tr	1250	3950	6600	13,200	23,100	33,000
Model Union 4-36, 6-cyl., 36 hp						
Tr	1200	3850	6400	12,800	22,400	32,000
1917						
Model 6-39, 6-cyl., 39 hp						
Rds	1000	3250	5400	10,800	18,900	27,000
Tr	1050	3350	5600	11,200	19,600	28,000
Model 6-44, 6-cyl., 44 hp						
Rds	1050	3350	5600	11,200	19,600	28,000
Tr	1100	3500	5800	11,600	20,300	29,000
Model 4-36, 4-cyl., 36 hp						
Rds	1000	3100	5200	10,400	18,200	26,000
Tr	1000	3250	5400	10,800	18,900	27,000
1918						
Model 6-39, 6-cyl.						
Tr	950	3000	5000	10,000	17,500	25,000
Rds	950	3000	5000	10,000	17,500	25,000
Spt Tr	1000	3100	5200	10,400	18,200	26,000
Model 6-44, 6-cyl.						
Tr	950	3000	5000	10,000	17,500	25,000
Rds	950	3000	5000	10,000	17,500	25,000
Spt Tr	1000	3100	5200	10,400	18,200	26,000
Sed	650	2050	3400	6800	11,900	17,000
1919						
Model 6-39						
Tr	950	3000	5000	10,000	17,500	25,000
Rds	950	3000	5000	10,000	17,500	25,000
Cpe	550	1800	3000	6000	10,500	15,000
Sed	600	1900	3200	6400	11,200	16,000
1920						
Model 6-39, 6-cyl.						
Tr	950	3000	5000	10,000	17,500	25,000
Spt Tr	1000	3100	5200	10,400	18,200	26,000

	6	5	4	3	2	1
Rds	1000	3100	5200	10,400	18,200	26,000
Sed	700	2150	3600	7200	12,600	18,000
Cpe	700	2300	3800	7600	13,300	19,000
1921						
Model 6-39						
Tr	950	3000	5000	10,000	17,500	25,000
Spt Tr	1000	3250	5400	10,800	18,900	27,000
Rds	1000	3250	5400	10,800	18,900	27,000
Cabr	1000	3250	5400	10,800	18,900	27,000
Sed	700	2150	3600	7200	12,600	18,000
Cpe	700	2300	3800	7600	13,300	19,000
1922						
Model 6-51, 6-cyl.						
Tr	1000	3250	5400	10,800	18,900	27,000
Rds	1050	3350	5600	11,200	19,600	28,000
Spt Tr	1050	3350	5600	11,200	19,600	28,000
Sed	700	2300	3800	7600	13,300	19,000
Cpe	750	2400	4000	8000	14,000	20,000
1923						
Model 6-43, 6-cyl.						
Tr	1050	3350	5600	11,200	19,600	28,000
Sed	700	2150	3600	7200	12,600	18,000
Model 6-63, 6-cyl.						
Tr	1100	3500	5800	11,600	20,300	29,000
Spt Tr	1150	3600	6000	12,000	21,000	30,000
Brgm	700	2300	3800	7600	13,300	19,000
Sed	700	2150	3600	7200	12,600	18,000
Model 6-51, 6-cyl.						
Phae	1150	3600	6000	12,000	21,000	30,000
Tr	1100	3500	5800	11,600	20,300	29,000
Spt Tr	1150	3700	6200	12,400	21,700	31,000
Brgm	750	2400	4000	8000	14,000	20,000
Sed	700	2300	3800	7600	13,300	19,000
1924						
Model 6-43, 6-cyl.						
Tr	1050	3350	5600	11,200	19,600	28,000
Spt Tr	1100	3500	5800	11,600	20,300	29,000
Sed	700	2150	3600	7200	12,600	18,000
Cpe	700	2300	3800	7600	13,300	19,000
2d	700	2150	3600	7200	12,600	18,000
Model 6-63, 6-cyl.						
Tr	1100	3500	5800	11,600	20,300	29,000
Spt Tr	1150	3700	6200	12,400	21,700	31,000
Sed	700	2300	3800	7600	13,300	19,000
Brgm	750	2400	4000	8000	14,000	20,000
1925						
Model 8-36, 8-cyl.						
Tr	1300	4100	6800	13,600	23,800	34,000
2d Brgm	700	2150	3600	7200	12,600	18,000
4d Sed	700	2150	3600	7200	12,600	18,000
Model 6-43, 6-cyl.						
Phae	1200	3850	6400	12,800	22,400	32,000
Spt Phae	1250	3950	6600	13,200	23,100	33,000
Cpe	750	2400	4000	8000	14,000	20,000
4d Sed	700	2300	3800	7600	13,300	19,000
2d Sed	700	2150	3600	7200	12,600	18,000
Model 6-66, 6-cyl.						
Rds	1200	3850	6400	12,800	22,400	32,000
Brgm	650	2050	3400	6800	11,900	17,000
4d	700	2150	3600	7200	12,600	18,000
Tr	1250	3950	6600	13,200	23,100	33,000
Model 8-88, 8-cyl.						
Rds	1250	3950	6600	13,200	23,100	33,000
4d Sed 5P	700	2300	3800	7600	13,300	19,000
4d Sed 7P	700	2300	3800	7600	13,300	19,000
Brgm	700	2150	3600	7200	12,600	18,000
Tr	1250	3950	6600	13,200	23,100	33,000
1926						
Model 4-44, 4-cyl., 42 hp						
Tr	1150	3700	6200	12,400	21,700	31,000
Rds	1200	3850	6400	12,800	22,400	32,000
Cpe	900	2900	4800	9600	16,800	24,000
4d Sed	850	2750	4600	9200	16,100	23,000

	6	5	4	3	2	1
Model 6-66, 6-cyl., 48 hp						
Rds	1300	4200	7000	14,000	24,500	35,000
Tr	1300	4100	6800	13,600	23,800	34,000
Brgm	850	2750	4600	9200	16,100	23,000
4d Sed	900	2900	4800	9600	16,800	24,000
Cpe	950	3000	5000	10,000	17,500	25,000
Model 8-88, 8-cyl., 88 hp, 129" wb						
Rds	1400	4450	7400	14,800	25,900	37,000
Tr	1350	4300	7200	14,400	25,200	36,000
Cpe	950	3000	5000	10,000	17,500	25,000
Brgm	900	2900	4800	9600	16,800	24,000
5P Sed	900	2900	4800	9600	16,800	24,000
7P Sed	900	2950	4900	9800	17,200	24,500
Model 8-88, 8-cyl., 88 hp, 146" wb						
7P Sed	950	3000	5000	10,000	17,500	25,000
1927						
Model 6-66, 6-cyl., 66 hp						
Rds	1300	4200	7000	14,000	24,500	35,000
Tr	1300	4100	6800	13,600	23,800	34,000
Brgm	900	2900	4800	9600	16,800	24,000
Sed	950	3000	5000	10,000	17,500	25,000
Model 8-77, 8-cyl., 77 hp						
Rds	1350	4300	7200	14,400	25,200	36,000
Tr	1300	4200	7000	14,000	24,500	35,000
Brgm	950	3000	5000	10,000	17,500	25,000
Sed	950	3000	5000	10,000	17,500	25,000
Model 8-88, 8-cyl., 88 hp, 129" WB						
Tr	1450	4550	7600	15,200	26,600	38,000
Rds	1450	4700	7800	15,600	27,300	39,000
Cpe	950	3000	5000	10,000	17,500	25,000
Brgm	900	2900	4800	9600	16,800	24,000
Sed	900	2900	4800	9600	16,800	24,000
Spt Sed	950	3000	5000	10,000	17,500	25,000
Model 8-88, 8-cyl., 88 hp, 146" wb						
7P Sed	950	3000	5000	10,000	17,500	25,000
Tr	1450	4700	7800	15,600	27,300	39,000
1928						
Model 6-66, 6-cyl., 66 hp						
Rds	1450	4700	7800	15,600	27,300	39,000
Cabr	1450	4550	7600	15,200	26,600	38,000
Sed	900	2900	4800	9600	16,800	24,000
Spt Sed	950	3000	5000	10,000	17,500	25,000
Model 8-77, 8-cyl., 77 hp						
Rds	1500	4800	8000	16,000	28,000	40,000
Cabr	1450	4700	7800	15,600	27,300	39,000
Sed	950	3000	5000	10,000	17,500	25,000
Spt Sed	1000	3100	5200	10,400	18,200	26,000
Model 8-88, 8-cyl., 88 hp						
Rds	1550	4900	8200	16,400	28,700	41,000
Tr	1500	4800	8000	16,000	28,000	40,000
Cabr	1500	4800	8000	16,000	28,000	40,000
Sed	950	3000	5000	10,000	17,500	25,000
Spt Sed	1000	3100	5200	10,400	18,200	26,000
Model 8-88, 8-cyl., 88 hp, 136" wb						
7P Sed	1000	3250	5400	10,800	18,900	27,000
SECOND SERIES						
Model 76, 6-cyl.						
Rds	1700	5400	9000	18,000	31,500	45,000
Cabr	1600	5150	8600	17,200	30,100	43,000
Sed	1000	3100	5200	10,400	18,200	26,000
Spt Sed	1000	3250	5400	10,800	18,900	27,000
Model 88, 8-cyl.						
Spds	3250	10,300	17,200	34,400	60,200	86,000
Rds	1950	6250	10,400	20,800	36,400	52,000
Cabr	1600	5150	8600	17,200	30,100	43,000
Sed	1000	3100	5200	10,400	18,200	26,000
Spt Sed	1000	3250	5400	10,800	18,900	27,000
Phae	1900	6000	10,000	20,000	35,000	50,000
Model 115, 8-cyl.						
Spds	3450	11,050	18,400	36,800	64,400	92,000
Rds	2050	6600	11,000	22,000	38,500	55,000
Cabr	1850	5900	9800	19,600	34,300	49,000
Sed	1050	3350	5600	11,200	19,600	28,000
Spt Sed	1100	3500	5800	11,600	20,300	29,000
Phae	2000	6350	10,600	21,200	37,100	53,000

	6	5	4	3	2	1
1929						
Model 76, 6-cyl.						
Rds	1800	5750	9600	19,200	33,600	48,000
Tr	1750	5500	9200	18,400	32,200	46,000
Cabr	1700	5400	9000	18,000	31,500	45,000
Vic	1150	3600	6000	12,000	21,000	30,000
Sed	1000	3100	5200	10,400	18,200	26,000
Spt Sed	1000	3250	5400	10,800	18,900	27,000
Model 88, 8-cyl.						
Spds	3750	12,000	20,000	40,000	70,000	100,000
Rds	2850	9100	15,200	30,400	53,200	76,000
Tr	2500	7900	13,200	26,400	46,200	66,000
Cabr	2550	8150	13,600	27,200	47,600	68,000
Vic	1200	3850	6400	12,800	22,400	32,000
Sed	1000	3100	5200	10,400	18,200	26,000
Spt Sed	1000	3250	5400	10,800	18,900	27,000
Phae	2150	6850	11,400	22,800	39,900	57,000
Model 115, 8-cyl.						
Spds	4350	13,900	23,200	46,400	81,200	116,000
Rds	3100	9850	16,400	32,800	57,400	82,000
Cabr	2550	8150	13,600	27,200	47,600	68,000
Vic	1250	3950	6600	13,200	23,100	33,000
Sed	1000	3100	5200	10,400	18,200	26,000
Spt Sed	1000	3250	5400	10,800	18,900	27,000
Phae	2950	9350	15,600	31,200	54,600	78,000
Model 6-80, 6-cyl.						
Tr	2150	6850	11,400	22,800	39,900	57,000
Cabr	2000	6350	10,600	21,200	37,100	53,000
Vic	1050	3350	5600	11,200	19,600	28,000
Sed	1000	3100	5200	10,400	18,200	26,000
Spt Sed	1000	3250	5400	10,800	18,900	27,000
Model 8-90, 8-cyl.						
Spds	4350	13,900	23,200	46,400	81,200	116,000
Tr	2950	9350	15,600	31,200	54,600	78,000
Cabr	2850	9100	15,200	30,400	53,200	76,000
Phae	3250	10,300	17,200	34,400	60,200	86,000
Vic	1250	3950	6600	13,200	23,100	33,000
Sed	1000	3250	5400	10,800	18,900	27,000
Spt Sed	1050	3350	5600	11,200	19,600	28,000
Model 120, 8-cyl.						
Spds	4900	15,600	26,000	52,000	91,000	130,000
Cabr	3100	9850	16,400	32,800	57,400	82,000
Phae	3250	10,300	17,200	34,400	60,200	86,000
Vic	1300	4200	7000	14,000	24,500	35,000
Sed	1050	3350	5600	11,200	19,600	28,000
7P Sed	1150	3600	6000	12,000	21,000	30,000
Spt Sed	1100	3500	5800	11,600	20,300	29,000
1930						
Model 6-85, 6-cyl.						
Cabr	2800	8900	14,800	29,600	51,800	74,000
Sed	1000	3100	5200	10,400	18,200	26,000
Spt Sed	1000	3250	5400	10,800	18,900	27,000
Model 8-95, 8-cyl.						
Cabr	2850	9100	15,200	30,400	53,200	76,000
Phae	2950	9350	15,600	31,200	54,600	78,000
Sed	1050	3350	5600	11,200	19,600	28,000
Spt Sed	1100	3500	5800	11,600	20,300	29,000
Model 125, 8-cyl.						
Cabr	2950	9350	15,600	31,200	54,600	78,000
Phae	3250	10,300	17,200	34,400	60,200	86,000
Sed	1100	3500	5800	11,600	20,300	29,000
Spt Sed	1150	3600	6000	12,000	21,000	30,000
1931						
Model 8-98, 8-cyl., Standard, 127" wb						
Spds	4150	13,200	22,000	44,000	77,000	110,000
Cabr	3000	9600	16,000	32,000	56,000	80,000
Phae	3300	10,550	17,600	35,200	61,600	88,000
Cpe	1150	3600	6000	12,000	21,000	30,000
2d Brgm	1000	3250	5400	10,800	18,900	27,000
5P Sed	1050	3350	5600	11,200	19,600	28,000
Model 8-98, 8-cyl., 136" wb						
7P Sed	1100	3500	5800	11,600	20,300	29,000
Model 8-98A, 8-cyl., Custom, 127"wb						
Spds	4350	13,900	23,200	46,400	81,200	116,000
Cabr	3600	11,500	19,200	38,400	67,200	96,000

	6	5	4	3	2	1
Phae	3750	12,000	20,000	40,000	70,000	100,000
Cpe	1250	3950	6600	13,200	23,100	33,000
2d Brgm	1150	3700	6200	12,400	21,700	31,000
4d Sed	1200	3850	6400	12,800	22,400	32,000
Model 8-98, 8-cyl., 136" wb						
7P Sed	1300	4100	6800	13,600	23,800	34,000

1932 Auburn convertible coupe

	6	5	4	3	2	1
1932						
Model 8-100, 8-cyl., Custom, 127" wb						
Spds	4750	15,100	25,200	50,400	88,200	126,000
Cabr	4000	12,700	21,200	42,400	74,200	106,000
Phae	4050	12,950	21,600	43,200	75,600	108,000
Cpe	1300	4100	6800	13,600	23,800	34,000
2d Brgm	1200	3850	6400	12,800	22,400	32,000
4d Sed	1250	3950	6600	13,200	23,100	33,000
Model 8-100, 8-cyl., 136" wb						
7P Sed	1350	4300	7200	14,400	25,200	36,000
Model 8-100A, 8-cyl., Custom Dual Ratio, 127" wb						
Spds	5250	16,800	28,000	56,000	98,000	140,000
Cabr	4900	15,600	26,000	52,000	91,000	130,000
Phae	5100	16,300	27,200	54,400	95,200	136,000
Cpe	1450	4550	7600	15,200	26,600	38,000
2d Brgm	1300	4100	6800	13,600	23,800	34,000
4d Sed	1300	4200	7000	14,000	24,500	35,000
Model 8-100A, 8-cyl., 136" wb						
7P Sed	1450	4550	7600	15,200	26,600	38,000
Model 12-160, 12-cyl., Standard						
Spds	5650	18,000	30,000	60,000	105,000	150,000
Cabr	5450	17,400	29,000	58,000	101,500	145,000
Phae	5650	18,000	30,000	60,000	105,000	150,000
Cpe	1700	5400	9000	18,000	31,500	45,000
2d Brgm	1300	4100	6800	13,600	23,800	34,000
4d Sed	1300	4200	7000	14,000	24,500	35,000
Model 12-160A, 12-cyl., Custom Dual Ratio						
Spds	6000	19,200	32,000	64,000	112,000	160,000
Cabr	5800	18,600	31,000	62,000	108,500	155,000
Phae	6000	19,200	32,000	64,000	112,000	160,000
Cpe	2050	6600	11,000	22,000	38,500	55,000
2d Brgm	1450	4700	7800	15,600	27,300	39,000
4d Sed	1500	4800	8000	16,000	28,000	40,000
1933						
Model 8-101, 8-cyl., Standard, 127" wb						
Spds	3750	12,000	20,000	40,000	70,000	100,000
Cabr	2950	9350	15,600	31,200	54,600	78,000
Phae	3150	10,100	16,800	33,600	58,800	84,000
Cpe	1300	4100	6800	13,600	23,800	34,000
2d Brgm	1100	3500	5800	11,600	20,300	29,000
4d Sed	1150	3600	6000	12,000	21,000	30,000
Model 8-101, 8-cyl., 136" wb						
7P Sed	1150	3700	6200	12,400	21,700	31,000

	6	5	4	3	2	1
Model 8-101A, 8-cyl., Custom Dual Ratio, 127" wb						
Spds	4350	13,900	23,200	46,400	81,200	116,000
Cabr	3250	10,300	17,200	34,400	60,200	86,000
Phae	3300	10,550	17,600	35,200	61,600	88,000
Cpe	1450	4550	7600	15,200	26,600	38,000
2d Brgm	1150	3700	6200	12,400	21,700	31,000
4d Sed	1200	3850	6400	12,800	22,400	32,000
Model 8-101A, 8-cyl., 136" wb						
7P Sed	1300	4100	6800	13,600	23,800	34,000
Model 8-105, 8-cyl., Salon Dual Ratio						
Spds	4500	14,400	24,000	48,000	84,000	120,000
Cabr	4000	12,700	21,200	42,400	74,200	106,000
Phae	3850	12,250	20,400	40,800	71,400	102,000
2d Brgm	1350	4300	7200	14,400	25,200	36,000
4d Sed	1300	4100	6800	13,600	23,800	34,000
Model 12-161, 12-cyl., Standard						
Spds	5100	16,300	27,200	54,400	95,200	136,000
Cabr	4900	15,600	26,000	52,000	91,000	130,000
Phae	5050	16,100	26,800	53,600	93,800	134,000
Cpe	1600	5050	8400	16,800	29,400	42,000
2d Brgm	1400	4450	7400	14,800	25,900	37,000
4d Sed	1450	4550	7600	15,200	26,600	38,000
Model 12-161A, 12-cyl., Custom Dual Ratio						
Spds	5450	17,400	29,000	58,000	101,500	145,000
Cabr	5250	16,800	28,000	56,000	98,000	140,000
Phae	5450	17,400	29,000	58,000	101,500	145,000
Cpe	1700	5400	9000	18,000	31,500	45,000
2d Brgm	1550	4900	8200	16,400	28,700	41,000
4d Sed	1650	5300	8800	17,600	30,800	44,000
Model 12-165, 12-cyl., Salon Dual Ratio						
Spds	5650	18,000	30,000	60,000	105,000	150,000
Cabr	5450	17,400	29,000	58,000	101,500	145,000
Phae	5650	18,000	30,000	60,000	105,000	150,000
2d Brgm	1650	5300	8800	17,600	30,800	44,000
4d Sed	1700	5400	9000	18,000	31,500	45,000
1934						
Model 652X, 6-cyl., Standard						
Cabr	2400	7700	12,800	25,600	44,800	64,000
2d Brgm	850	2750	4600	9200	16,100	23,000
4d Sed	900	2900	4800	9600	16,800	24,000
Model 652Y, 6-cyl., Custom						
Cabr	2500	7900	13,200	26,400	46,200	66,000
Phae	2400	7700	12,800	25,600	44,800	64,000
2d Brgm	1000	3100	5200	10,400	18,200	26,000
4d Sed	950	3000	5000	10,000	17,500	25,000
Model 850X, 8-cyl., Standard						
Cabr	2700	8650	14,400	28,800	50,400	72,000
2d Brgm	1000	3250	5400	10,800	18,900	27,000
4d Sed	1000	3100	5200	10,400	18,200	26,000
Model 850Y, 8-cyl., Dual Ratio						
Cabr	3100	9850	16,400	32,800	57,400	82,000
Phae	2850	9100	15,200	30,400	53,200	76,000
2d Brgm	1500	4800	8000	16,000	28,000	40,000
4d Sed	1550	4900	8200	16,400	28,700	41,000
Model 1250, 12-cyl., Salon Dual Ratio						
Cabr	4750	15,100	25,200	50,400	88,200	126,000
Phae	4600	14,650	24,400	48,800	85,400	122,000
2d Brgm	1450	4700	7800	15,600	27,300	39,000
4d Sed	1500	4800	8000	16,000	28,000	40,000
1935						
Model 6-653, 6-cyl., Standard						
Cabr	2650	8400	14,000	28,000	49,000	70,000
Phae	3100	9850	16,400	32,800	57,400	82,000
Cpe	1300	4200	7000	14,000	24,500	35,000
2d Brgm	1300	4100	6800	13,600	23,800	34,000
4d Sed	1250	3950	6600	13,200	23,100	33,000
Model 6-653, 6-cyl., Custom Dual Ratio						
Cabr	2850	9100	15,200	30,400	53,200	76,000
Phae	3150	10,100	16,800	33,600	58,800	84,000
Cpe	1400	4450	7400	14,800	25,900	37,000
2d Brgm	1300	4200	7000	14,000	24,500	35,000
4d Sed	1300	4100	6800	13,600	23,800	34,000
Model 6-653, 6-cyl., Salon Dual Ratio						
Cabr	3100	9850	16,400	32,800	57,400	82,000
Phae	3300	10,550	17,600	35,200	61,600	88,000

	6	5	4	3	2	1
Cpe	1450	4550	7600	15,200	26,600	38,000
2d Brgm	1350	4300	7200	14,400	25,200	36,000
4d Sed	1400	4450	7400	14,800	25,900	37,000
Model 8-851, 8-cyl., Standard						
Cabr	2850	9100	15,200	30,400	53,200	76,000
Phae	2850	9100	15,200	30,400	53,200	76,000
Cpe	1450	4700	7800	15,600	27,300	39,000
2d Brgm	1400	4450	7400	14,800	25,900	37,000
4d Sed	1450	4550	7600	15,200	26,600	38,000
Model 8-851, 8-cyl., Custom Dual Ratio						
Cabr	3000	9600	16,000	32,000	56,000	80,000
Phae	3100	9850	16,400	32,800	57,400	82,000
Cpe	1400	4450	7400	14,800	25,900	37,000
2d Brgm	1350	4300	7200	14,400	25,200	36,000
4d Sed	1400	4450	7400	14,800	25,900	37,000
Model 8-851, 8-cyl., Salon Dual Ratio						
Cabr	3250	10,300	17,200	34,400	60,200	86,000
Phae	3250	10,300	17,200	34,400	60,200	86,000
Cpe	1450	4550	7600	15,200	26,600	38,000
2d Brgm	1400	4450	7400	14,800	25,900	37,000
4d Sed	1450	4550	7600	15,200	26,600	38,000
Model 8-851, 8-cyl., Supercharged Dual Ratio						
Spds	6200	19,800	33,000	66,000	115,500	165,000
Cabr	3750	12,000	20,000	40,000	70,000	100,000
Phae	3850	12,250	20,400	40,800	71,400	102,000
Cpe	1500	4800	8000	16,000	28,000	40,000
2d Brgm	1450	4700	7800	15,600	27,300	39,000
4d Sed	1500	4800	8000	16,000	28,000	40,000
1936						
Model 6-654, 6-cyl., Standard						
Cabr	2850	9100	15,200	30,400	53,200	76,000
Phae	2850	9100	15,200	30,400	53,200	76,000
Cpe	1400	4450	7400	14,800	25,900	37,000
2d Brgm	1350	4300	7200	14,400	25,200	36,000
4d Sed	1300	4200	7000	14,000	24,500	35,000
Model 6-654, 6-cyl., Custom Dual Ratio						
Cabr	3000	9600	16,000	32,000	56,000	80,000
Phae	3100	9850	16,400	32,800	57,400	82,000
Cpe	1450	4550	7600	15,200	26,600	38,000
2d Brgm	1350	4300	7200	14,400	25,200	36,000
4d Sed	1400	4450	7400	14,800	25,900	37,000
Model 6-654, 6-cyl., Salon Dual Ratio						
Cabr	4150	13,200	22,000	44,000	77,000	110,000
Phae	4200	13,450	22,400	44,800	78,400	112,000
Cpe	1450	4700	7800	15,600	27,300	39,000
2d Brgm	1400	4450	7400	14,800	25,900	37,000
4d Sed	1450	4550	7600	15,200	26,600	38,000
Model 8-852, 8-cyl., Standard						
Cabr	4500	14,400	24,000	48,000	84,000	120,000
Phae	4600	14,650	24,400	48,800	85,400	122,000
Cpe	1500	4800	8000	16,000	28,000	40,000
2d Brgm	1450	4550	7600	15,200	26,600	38,000
4d Sed	1450	4700	7800	15,600	27,300	39,000
Model 8-852, 8-cyl., Custom Dual Ratio						
Cabr	4650	14,900	24,800	49,600	86,800	124,000
Phae	4750	15,100	25,200	50,400	88,200	126,000
Cpe	1600	5050	8400	16,800	29,400	42,000
2d Brgm	1450	4700	7800	15,600	27,300	39,000
4d Sed	1500	4800	8000	16,000	28,000	40,000
Model 8-852, 8-cyl., Salon Dual Ratio						
Cabr	4750	15,100	25,200	50,400	88,200	126,000
Phae	4800	15,350	25,600	51,200	89,600	128,000
Cpe	1650	5300	8800	17,600	30,800	44,000
2d Brgm	1500	4800	8000	16,000	28,000	40,000
4d Sed	1550	4900	8200	16,400	28,700	41,000
Model 8, 8-cyl., Supercharged Dual Ratio						
Spds	6200	19,800	33,000	66,000	115,500	165,000
Cabr	4800	15,350	25,600	51,200	89,600	128,000
Phae	4900	15,600	26,000	52,000	91,000	130,000
Cpe	1750	5500	9200	18,400	32,200	46,000
2d Brgm	1550	4900	8200	16,400	28,700	41,000
4d Sed	1600	5050	8400	16,800	29,400	42,000

BUICK

	6	5	4	3	2	1
1904						
Model B, 2-cyl.						
Tr					value not estimable	
1905						
Model C, 2-cyl.						
Tr	1450	4550	7600	15,200	26,600	38,000
1906						
Model F & G, 2-cyl.						
Tr	1400	4450	7400	14,800	25,900	37,000
Rds	1350	4300	7200	14,400	25,200	36,000
1907						
Model F & G, 2-cyl.						
Tr	1400	4450	7400	14,800	25,900	37,000
Rds	1350	4300	7200	14,400	25,200	36,000
Model D, S, K & H, 4-cyl.						
Tr	1450	4550	7600	15,200	26,600	38,000
Rds	1400	4450	7400	14,800	25,900	37,000

1908 Buick roadster

	6	5	4	3	2	1
1908						
Model F & G, 2-cyl.						
Tr	1600	5150	8600	17,200	30,100	43,000
Rds	1600	5050	8400	16,800	29,400	42,000
Model D & S, 4-cyl.						
Tr	1450	4700	7800	15,600	27,300	39,000
Rds	1500	4800	8000	16,000	28,000	40,000
Model 10, 4-cyl.						
Tr	1450	4550	7600	15,200	26,600	38,000
Model 5, 4-cyl.						
Tr	1600	5150	8600	17,200	30,100	43,000
1909						
Model G, (only 6 built in 1909).						
Rds	1650	5300	8800	17,600	30,800	44,000

	6	5	4	3	2	1
Model F & G						
Tr	1600	5050	8400	16,800	29,400	42,000
Rds	1600	5150	8600	17,200	30,100	43,000
Model 10, 4-cyl.						
Tr	1550	4900	8200	16,400	28,700	41,000
Rds	1600	5050	8400	16,800	29,400	42,000
Model 16 & 17, 4-cyl.						
Rds	1600	5150	8600	17,200	30,100	43,000
Tr	1600	5050	8400	16,800	29,400	42,000
1910						
Model 6, 2-cyl.						
Tr	1450	4550	7600	15,200	26,600	38,000
Model F, 2-cyl.						
Tr	1350	4300	7200	14,400	25,200	36,000
Model 14, 2-cyl.						
Rds	1300	4200	7000	14,000	24,500	35,000
Model 10, 4-cyl.						
Tr	1250	3950	6600	13,200	23,100	33,000
Rds	1250	3950	6600	13,200	23,100	33,000
Model 19, 4-cyl.						
Tr	1450	4700	7800	15,600	27,300	39,000
Model 16 & 17, 4-cyl.						
Rds	1450	4550	7600	15,200	26,600	38,000
Tr	1400	4450	7400	14,800	25,900	37,000
Model 7, 4-cyl.						
Tr	1600	5050	8400	16,800	29,400	42,000
Model 41, 4-cyl.						
Limo	1400	4450	7400	14,800	25,900	37,000
1911						
Model 14, 2-cyl.						
Rds	1200	3850	6400	12,800	22,400	32,000
Model 21, 4-cyl.						
Tr	1250	3950	6600	13,200	23,100	33,000
Model 26 & 27, 4-cyl.						
Rds	1300	4100	6800	13,600	23,800	34,000
Tr	1200	3850	6400	12,800	22,400	32,000
Model 32 & 33						
Rds	1250	3950	6600	13,200	23,100	33,000
Tr	1200	3850	6400	12,800	22,400	32,000
Model 38 & 39, 4-cyl.						
Rds	1350	4300	7200	14,400	25,200	36,000
Tr	1400	4450	7400	14,800	25,900	37,000
Limo	1250	3950	6600	13,200	23,100	33,000
1912						
Model 34, 35 & 36, 4-cyl.						
Rds	1150	3700	6200	12,400	21,700	31,000
Tr	1200	3850	6400	12,800	22,400	32,000
Model 28 & 29, 4-cyl.						
Rds	1200	3850	6400	12,800	22,400	32,000
Tr	1250	3950	6600	13,200	23,100	33,000
Model 43, 4-cyl.						
Tr	1300	4100	6800	13,600	23,800	34,000
1913						
Model 30 & 31, 4-cyl.						
Rds	1150	3600	6000	12,000	21,000	30,000
Tr	1150	3700	6200	12,400	21,700	31,000
Model 40, 4-cyl.						
Tr	1250	3950	6600	13,200	23,100	33,000
Model 24 & 25, 4-cyl.						
Rds	1250	3950	6600	13,200	23,100	33,000
Tr	1300	4100	6800	13,600	23,800	34,000
1914						
Model B-24 & B-25, 4-cyl.						
Rds	1150	3700	6200	12,400	21,700	31,000
Tr	1200	3850	6400	12,800	22,400	32,000
Model B-36, B-37 & B-38, 4-cyl.						
Rds	1200	3850	6400	12,800	22,400	32,000
Tr	1250	3950	6600	13,200	23,100	33,000
Cpe	1150	3600	6000	12,000	21,000	30,000
Model B-55, 6-cyl.						
7P Tr	1300	4100	6800	13,600	23,800	34,000
1915						
Model C-24 & C-25, 4-cyl.						
Rds	1200	3850	6400	12,800	22,400	32,000
Tr	1250	3950	6600	13,200	23,100	33,000

	6	5	4	3	2	1
Model C-36 & C-37, 4-cyl.						
Rds	1250	3950	6600	13,200	23,100	33,000
Tr	1300	4100	6800	13,600	23,800	34,000
Model C-54 & C-55, 6-cyl.						
Rds	1300	4100	6800	13,600	23,800	34,000
Tr	1300	4200	7000	14,000	24,500	35,000
1916						
Model D-54 & D-55, 6-cyl.						
Rds	1250	3950	6600	13,200	23,100	33,000
Tr	1300	4100	6800	13,600	23,800	34,000
1916-1917						
Model D-34 & D-35, 4-cyl.						
Rds	1150	3700	6200	12,400	21,700	31,000
Tr	1200	3850	6400	12,800	22,400	32,000
Model D-44 & D-45, 6-cyl.						
Rds	1200	3850	6400	12,800	22,400	32,000
Tr	1250	3950	6600	13,200	23,100	33,000
Model D-46 & D-47, 6-cyl.						
Conv Cpe	1100	3500	5800	11,600	20,300	29,000
Sed	850	2650	4400	8800	15,400	22,000
1918						
Model E-34 & E-35, 4-cyl.						
Rds	1100	3500	5800	11,600	20,300	29,000
Tr	1150	3600	6000	12,000	21,000	30,000
Model E-37, 4-cyl.						
Sed	850	2650	4400	8800	15,400	22,000
Model E-44, E-45 & E-49, 6-cyl.						
Rds	1150	3600	6000	12,000	21,000	30,000
Tr	1150	3700	6200	12,400	21,700	31,000
7P Tr	1200	3850	6400	12,800	22,400	32,000
Model E-46, E-47 & E-50, 6-cyl.						
Conv Cpe	1050	3350	5600	11,200	19,600	28,000
Sed	850	2750	4600	9200	16,100	23,000
7P Sed	900	2800	4700	9400	16,500	23,500
1919						
Model H-44, H-45 & H-49, 6-cyl.						
2d Rds	1100	3500	5800	11,600	20,300	29,000
4d Tr	1150	3600	6000	12,000	21,000	30,000
4d 7P Tr	1150	3700	6200	12,400	21,700	31,000
Model H-46, H-47 & H-50, 6-cyl.						
2d Cpe	900	2900	4800	9600	16,800	24,000
4d Sed	750	2400	4000	8000	14,000	20,000
4d 7P Sed	800	2500	4200	8400	14,700	21,000
1920						
Model K, 6-cyl.						
2d Cpe K-46	850	2650	4400	8800	15,400	22,000
4d Sed K-47	700	2150	3600	7200	12,600	18,000
2d Rds K-44	1100	3500	5800	11,600	20,300	29,000
4d Tr K-49	1050	3350	5600	11,200	19,600	28,000
4d Tr K-45	1000	3250	5400	10,800	18,900	27,000
4d 7P Sed K-50	700	2300	3800	7600	13,300	19,000
1921						
Series 40, 6-cyl.						
2d Rds	1100	3500	5800	11,600	20,300	29,000
4d Tr	1050	3350	5600	11,200	19,600	28,000
4d 7P Tr	1100	3500	5800	11,600	20,300	29,000
2d Cpe	600	1900	3200	6400	11,200	16,000
4d Sed	550	1800	3000	6000	10,500	15,000
2d Ewb Cpe	650	2050	3400	6800	11,900	17,000
4d 7P Sed	600	1900	3200	6400	11,200	16,000
1921-1922						
Series 30, 4-cyl.						
2d Rds	1000	3250	5400	10,800	18,900	27,000
4d Tr	1000	3100	5200	10,400	18,200	26,000
2d Cpe OS	550	1800	3000	6000	10,500	15,000
4d Sed	500	1550	2600	5200	9100	13,000
Series 40, 6-cyl.						
2d Rds	1100	3500	5800	11,600	20,300	29,000
4d Tr	1050	3350	5600	11,200	19,600	28,000
4d 7P Tr	1100	3500	5800	11,600	20,300	29,000
2d Cpe	600	1900	3200	6400	11,200	16,000
4d Sed	550	1700	2800	5600	9800	14,000
2d Cpe	700	2150	3600	7200	12,600	18,000

	6	5	4	3	2	1
4d 7P Sed	650	2050	3400	6800	11,900	17,000
4d 50 7P Limo	700	2300	3800	7600	13,300	19,000

1921 Buick Model 49 four-door touring

	6	5	4	3	2	1
1923						
Series 30, 4-cyl.						
2d Rds	900	2900	4800	9600	16,800	24,000
2d Spt Rds	950	3000	5000	10,000	17,500	25,000
4d Tr	900	2900	4800	9600	16,800	24,000
2d Cpe	600	1900	3200	6400	11,200	16,000
4d Sed	550	1700	2800	5600	9800	14,000
4d Tr Sed	550	1800	3000	6000	10,500	15,000
Series 40, 6-cyl.						
2d Rds	1000	3100	5200	10,400	18,200	26,000
4d Tr	950	3000	5000	10,000	17,500	25,000
4d 7P Tr	1000	3100	5200	10,400	18,200	26,000
2d Cpe	700	2150	3600	7200	12,600	18,000
4d Sed	600	1900	3200	6400	11,200	16,000
Master Series 50, 6-cyl.						
2d Spt Rds	1000	3250	5400	10,800	18,900	27,000
4d Spt Tr	1050	3350	5600	11,200	19,600	28,000
4d 7P Sed	700	2150	3600	7200	12,600	18,000
1924						
Standard Series 30, 4-cyl.						
2d Rds	1000	3100	5200	10,400	18,200	26,000
4d Tr	1000	3250	5400	10,800	18,900	27,000
2d Cpe	650	2050	3400	6800	11,900	17,000
4d Sed	550	1800	3000	6000	10,500	15,000
Master Series 40, 6-cyl.						
2d Rds	1000	3250	5400	10,800	18,900	27,000
4d Tr	1050	3350	5600	11,200	19,600	28,000
4d 7P Tr	1100	3500	5800	11,600	20,300	29,000
2d Cpe	700	2150	3600	7200	12,600	18,000
4d Sed	600	1900	3200	6400	11,200	16,000
4d Demi Sed	600	2000	3300	6600	11,600	16,500
Master Series 50, 6-cyl.						
2d Spt Rds	1050	3350	5600	11,200	19,600	28,000
4d Spt Tr	1100	3500	5800	11,600	20,300	29,000
2d Cabr Cpe	1000	3250	5400	10,800	18,900	27,000
4d Town Car	800	2500	4200	8400	14,700	21,000
4d 7P Sed	700	2300	3800	7600	13,300	19,000
4d Brgm Sed	750	2400	4000	8000	14,000	20,000
4d Limo	850	2650	4400	8800	15,400	22,000
1925						
Standard Series 20, 6-cyl.						
2d Rds	950	3000	5000	10,000	17,500	25,000

	6	5	4	3	2	1
2d Spt Rds	1000	3100	5200	10,400	18,200	26,000
2d Encl Rds	1000	3250	5400	10,800	18,900	27,000
4d Tr	950	3000	5000	10,000	17,500	25,000
4d Encl Tr	1000	3100	5200	10,400	18,200	26,000
2d Bus Cpe	750	2400	4000	8000	14,000	20,000
2d Cpe	750	2450	4100	8200	14,400	20,500
4d Sed	700	2150	3600	7200	12,600	18,000
4d Demi Sed	700	2200	3700	7400	13,000	18,500
Master Series 40, 6-cyl.						
2d Rds	1000	3250	5400	10,800	18,900	27,000
2d Encl Rds	1050	3350	5600	11,200	19,600	28,000
4d Tr	1050	3350	5600	11,200	19,600	28,000
4d Encl Tr	1100	3500	5800	11,600	20,300	29,000
2d Cpe	800	2500	4200	8400	14,700	21,000
2d Sed	700	2150	3600	7200	12,600	18,000
4d Sed	700	2300	3800	7600	13,300	19,000
Master Series 50, 6-cyl.						
2d Spt Rds	1050	3350	5600	11,200	19,600	28,000
4d Spt Tr	1100	3500	5800	11,600	20,300	29,000
2d Cabr Cpe	1100	3500	5800	11,600	20,300	29,000
4d 7P Sed	800	2500	4200	8400	14,700	21,000
4d Limo	850	2650	4400	8800	15,400	22,000
4d Brgm Sed	850	2750	4600	9200	16,100	23,000
4d Town Car	950	3000	5000	10,000	17,500	25,000
1926						
Standard Series, 6-cyl.						
2d Rds	1000	3100	5200	10,400	18,200	26,000
4d Tr	1000	3250	5400	10,800	18,900	27,000
2d 2P Cpe	850	2750	4600	9200	16,100	23,000
2d 4P Cpe	850	2650	4400	8800	15,400	22,000
2d Sed	700	2300	3800	7600	13,300	19,000
4d Sed	750	2400	4000	8000	14,000	20,000
Master Series, 6-cyl.						
2d Rds	1000	3250	5400	10,800	18,900	27,000
4d Tr	1050	3350	5600	11,200	19,600	28,000
2d Spt Rds	1050	3350	5600	11,200	19,600	28,000
4d Spt Tr	1100	3500	5800	11,600	20,300	29,000
2d 4P Cpe	900	2900	4800	9600	16,800	24,000
2d Spt Cpe	950	3000	5000	10,000	17,500	25,000
2d Sed	850	2650	4400	8800	15,400	22,000
4d Sed	850	2750	4600	9200	16,100	23,000
4d Brgm	900	2900	4800	9600	16,800	24,000
4d 7P Sed	950	3000	5000	10,000	17,500	25,000
1927						
Series 115, 6-cyl.						
2d Rds	1000	3100	5200	10,400	18,200	26,000
4d Tr	1000	3250	5400	10,800	18,900	27,000
2d 2P Cpe	850	2650	4400	8800	15,400	22,000
2d 4P RS Cpe	850	2750	4600	9200	16,100	23,000
2d Spt Cpe	850	2650	4400	8800	15,400	22,000
2d Sed	700	2300	3800	7600	13,300	19,000
4d Sed	750	2400	4000	8000	14,000	20,000
4d Brgm	800	2500	4200	8400	14,700	21,000
Series 120, 6-cyl.						
2d 4P Cpe	850	2750	4600	9200	16,100	23,000
2d Sed	750	2400	4000	8000	14,000	20,000
4d Sed	800	2500	4200	8400	14,700	21,000
Series 128, 6-cyl.						
2d Spt Rds	1100	3500	5800	11,600	20,300	29,000
4d Spt Tr	1150	3600	6000	12,000	21,000	30,000
2d Conv	1000	3250	5400	10,800	18,900	27,000
2d 5P Cpe	900	2900	4800	9600	16,800	24,000
2d Spt Cpe RS	950	3000	5000	10,000	17,500	25,000
4d 7P Sed	850	2650	4400	8800	15,400	22,000
4d Brgm	850	2750	4600	9200	16,100	23,000
1928						
Series 115, 6-cyl.						
2d Rds	1000	3100	5200	10,400	18,200	26,000
4d Tr	1000	3250	5400	10,800	18,900	27,000
2d 2P Cpe	750	2400	4000	8000	14,000	20,000
2d Spt Cpe	800	2500	4200	8400	14,700	21,000
2d Sed	700	2150	3600	7200	12,600	18,000
4d Sed	700	2300	3800	7600	13,300	19,000
4d Brgm	750	2400	4000	8000	14,000	20,000

	6	5	4	3	2	1
Series 120, 6-cyl.						
2d Cpe	800	2500	4200	8400	14,700	21,000
4d Sed	700	2300	3800	7600	13,300	19,000
4d Brgm	750	2400	4000	8000	14,000	20,000
Series 128, 6-cyl.						
2d Spt Rds	1150	3600	6000	12,000	21,000	30,000
4d Spt Tr	1150	3700	6200	12,400	21,700	31,000
2d 5P Cpe	800	2500	4200	8400	14,700	21,000
2d Spt Cpe	850	2650	4400	8800	15,400	22,000
4d 7P Sed	750	2400	4000	8000	14,000	20,000
4d Brgm	800	2500	4200	8400	14,700	21,000
1929						
Series 116, 6-cyl.						
4d Spt Tr	1150	3600	6000	12,000	21,000	30,000
2d Bus Cpe	700	2150	3600	7200	12,600	18,000
2d RS Cpe	750	2400	4000	8000	14,000	20,000
2d Sed	550	1800	3000	6000	10,500	15,000
4d Sed	600	1900	3200	6400	11,200	16,000
Series 121, 6-cyl.						
2d Spt Rds	1150	3700	6200	12,400	21,700	31,000
2d Bus Cpe	700	2300	3800	7600	13,300	19,000
2d RS Cpe	800	2500	4200	8400	14,700	21,000
2d 4P Cpe	750	2400	4000	8000	14,000	20,000
4d Sed	650	2050	3400	6800	11,900	17,000
4d CC Sed	650	2100	3500	7000	12,300	17,500
Series 129, 6-cyl.						
2d Conv	1200	3850	6400	12,800	22,400	32,000
4d Spt Tr	1250	3950	6600	13,200	23,100	33,000
4d 7P Tr	1150	3600	6000	12,000	21,000	30,000
2d 5P Cpe	850	2650	4400	8800	15,400	22,000
4d CC Sed	750	2400	4000	8000	14,000	20,000
4d 7P Sed	800	2500	4200	8400	14,700	21,000
4d Limo	850	2650	4400	8800	15,400	22,000
1930						
Series 40, 6-cyl.						
2d Rds	1250	3950	6600	13,200	23,100	33,000
4d Phae	1300	4100	6800	13,600	23,800	34,000
2d Bus Cpe	700	2150	3600	7200	12,600	18,000
2d RS Cpe	800	2500	4200	8400	14,700	21,000
2d Sed	650	2100	3500	7000	12,300	17,500
4d Sed	700	2150	3600	7200	12,600	18,000
Series 50, 6-cyl.						
2d 4P Cpe	700	2300	3800	7600	13,300	19,000
4d Sed	700	2150	3600	7200	12,600	18,000
Series 60, 6-cyl.						
2d RS Rds	1300	4200	7000	14,000	24,500	35,000
4d 7P Tr	1350	4300	7200	14,400	25,200	36,000
2d RS Spt Cpe	850	2750	4600	9200	16,100	23,000
2d 5P Cpe	800	2500	4200	8400	14,700	21,000
4d Sed	700	2300	3800	7600	13,300	19,000
4d 7P Sed	750	2400	4000	8000	14,000	20,000
4d Limo	800	2500	4200	8400	14,700	21,000
Marquette - Series 30, 6-cyl.						
2d Spt Rds	1050	3350	5600	11,200	19,600	28,000
4d Phae	1100	3500	5800	11,600	20,300	29,000
2d Bus Cpe	600	1900	3200	6400	11,200	16,000
2d RS Cpe	700	2150	3600	7200	12,600	18,000
2d Sed	550	1800	3000	6000	10,500	15,000
4d Sed	600	1850	3100	6200	10,900	15,500
1931						
Series 50, 8-cyl.						
2d Spt Rds	1300	4200	7000	14,000	24,500	35,000
4d Phae	1350	4300	7200	14,400	25,200	36,000
2d Bus Cpe	750	2400	4000	8000	14,000	20,000
2d RS Cpe	800	2500	4200	8400	14,700	21,000
2d Sed	700	2150	3600	7200	12,600	18,000
4d Sed	700	2300	3800	7600	13,300	19,000
2d Conv	1350	4300	7200	14,400	25,200	36,000
Series 60, 8-cyl.						
2d Spt Rds	1400	4450	7400	14,800	25,900	37,000
4d Phae	1450	4550	7600	15,200	26,600	38,000
2d Bus Cpe	800	2500	4200	8400	14,700	21,000
2d RS Cpe	850	2650	4400	8800	15,400	22,000
4d Sed	750	2400	4000	8000	14,000	20,000

	6	5	4	3	2	1
Series 80, 8-cyl.						
2d Cpe	750	2400	4000	8000	14,000	20,000
4d Sed	850	2650	4400	8800	15,400	22,000
4d 7P Sed	850	2750	4600	9200	16,100	23,000

1931 Buick Model 96C convertible coupe

	6	5	4	3	2	1
Series 90, 8-cyl.						
2d Spt Rds	1700	5400	9000	18,000	31,500	45,000
4d 7P Tr	1650	5300	8800	17,600	30,800	44,000
2d 5P Cpe	1100	3500	5800	11,600	20,300	29,000
2d RS Cpe	1150	3600	6000	12,000	21,000	30,000
2d Conv	1600	5150	8600	17,200	30,100	43,000
4d 5P Sed	850	2750	4600	9200	16,100	23,000
4d 7P Sed	900	2900	4800	9600	16,800	24,000
4d Limo	950	3000	5000	10,000	17,500	25,000
1932						
Series 50, 8-cyl						
4d Spt Phae	1450	4550	7600	15,200	26,600	38,000
2d Conv	1450	4700	7800	15,600	27,300	39,000
2d Phae	1500	4800	8000	16,000	28,000	40,000
2d Bus Cpe	800	2500	4200	8400	14,700	21,000
2d RS Cpe	850	2650	4400	8800	15,400	22,000
2d Vic Cpe	800	2500	4200	8400	14,700	21,000
4d Sed	700	2300	3800	7600	13,300	19,000
4d Spt Sed	750	2400	4000	8000	14,000	20,000
Series 60, 8-cyl.						
4d Spt Phae	1550	4900	8200	16,400	28,700	41,000
2d Conv	1600	5050	8400	16,800	29,400	42,000
2d Phae	1600	5150	8600	17,200	30,100	43,000
2d Bus Cpe	850	2750	4600	9200	16,100	23,000
2d RS Cpe	900	2900	4800	9600	16,800	24,000
2d Vic Cpe	850	2750	4600	9200	16,100	23,000
4d Sed	800	2500	4200	8400	14,700	21,000
Series 80, 8-cyl.						
2d Vic Cpe	900	2900	4800	9600	16,800	24,000
4d Sed	850	2650	4400	8800	15,400	22,000
Series 90, 8-cyl.						
4d 7P Sed	1150	3600	6000	12,000	21,000	30,000
4d Limo	1200	3850	6400	12,800	22,400	32,000
4d Clb Sed	1150	3700	6200	12,400	21,700	31,000
4d Spt Phae	1850	5900	9800	19,600	34,300	49,000
2d Phae	1800	5750	9600	19,200	33,600	48,000
2d Conv Cpe	1900	6000	10,000	20,000	35,000	50,000
2d RS Cpe	1250	3950	6600	13,200	23,100	33,000

	6	5	4	3	2	1
2d Vic Cpe	1150	3700	6200	12,400	21,700	31,000
4d 5P Sed	1150	3600	6000	12,000	21,000	30,000
1933						
Series 50, 8-cyl.						
2d Conv	1200	3850	6400	12,800	22,400	32,000
2d Bus Cpe	700	2300	3800	7600	13,300	19,000
2d RS Spt Cpe	750	2400	4000	8000	14,000	20,000
2d Vic Cpe	850	2750	4600	9200	16,100	23,000
4d Sed	700	2300	3800	7600	13,300	19,000
Series 60, 8-cyl.						
2d Conv Cpe	1200	3850	6400	12,800	22,400	32,000
4d Phae	1250	3950	6600	13,200	23,100	33,000
2d Spt Cpe	850	2750	4600	9200	16,100	23,000
2d Vic Cpe	1000	3250	5400	10,800	18,900	27,000
4d Sed	850	2650	4400	8800	15,400	22,000
Series 80, 8-cyl.						
2d Conv	1400	4450	7400	14,800	25,900	37,000
4d Phae	1450	4700	7800	15,600	27,300	39,000
2d Spt Cpe	1100	3500	5800	11,600	20,300	29,000
2d Vic	1150	3600	6000	12,000	21,000	30,000
4d Sed	900	2900	4800	9600	16,800	24,000
Series 90, 8-cyl.						
2d Vic	1300	4100	6800	13,600	23,800	34,000
4d 5P Sed	1050	3350	5600	11,200	19,600	28,000
4d 7P Sed	1100	3500	5800	11,600	20,300	29,000
4d Clb Sed	1150	3600	6000	12,000	21,000	30,000
4d Limo	1250	3950	6600	13,200	23,100	33,000
1934						
Special Series 40, 8-cyl.						
2d Bus Cpe	750	2400	4000	8000	14,000	20,000
2d RS Cpe	800	2500	4200	8400	14,700	21,000
2d Tr Sed	700	2300	3800	7600	13,300	19,000
4d Tr Sed	800	2500	4200	8400	14,700	21,000
4d Sed	750	2400	4000	8000	14,000	20,000
Series 50, 8-cyl.						
2d Conv	1400	4450	7400	14,800	25,900	37,000
2d Bus Cpe	850	2750	4600	9200	16,100	23,000
2d Spt Cpe	950	3000	5000	10,000	17,500	25,000
2d Vic Cpe	1000	3100	5200	10,400	18,200	26,000
4d Sed	800	2500	4200	8400	14,700	21,000
Series 60, 8-cyl.						
2d Conv	1450	4550	7600	15,200	26,600	38,000
4d Phae	1400	4450	7400	14,800	25,900	37,000
2d Spt Cpe	950	3000	5000	10,000	17,500	25,000
2d Vic	1000	3100	5200	10,400	18,200	26,000
4d Sed	850	2650	4400	8800	15,400	22,000
4d Clb Sed	850	2750	4600	9200	16,100	23,000
Series 90, 8-cyl.						
2d Conv	1500	4800	8000	16,000	28,000	40,000
4d Phae	1450	4700	7800	15,600	27,300	39,000
4d Spt Cpe	1000	3100	5200	10,400	18,200	26,000
4d 5P Sed	950	3000	5000	10,000	17,500	25,000
4d 7P Sed	1000	3100	5200	10,400	18,200	26,000
4d Clb Sed	1000	3250	5400	10,800	18,900	27,000
4d Limo	1050	3350	5600	11,200	19,600	28,000
2d Vic	1150	3600	6000	12,000	21,000	30,000
1935						
Special Series 40, 8-cyl.						
2d Conv	1300	4100	6800	13,600	23,800	34,000
2d Bus Cpe	800	2500	4200	8400	14,700	21,000
2d RS Spt Cpe	850	2750	4600	9200	16,100	23,000
2d Sed	700	2300	3800	7600	13,300	19,000
2d Tr Sed	750	2400	4000	8000	14,000	20,000
4d Sed	750	2400	4000	8000	14,000	20,000
4d Tr Sed	800	2500	4200	8400	14,700	21,000
Series 50, 8-cyl.						
2d Conv	1300	4200	7000	14,000	24,500	35,000
2d Bus Cpe	850	2650	4400	8800	15,400	22,000
2d Spt Cpe	850	2750	4600	9200	16,100	23,000
2d Vic	900	2900	4800	9600	16,800	24,000
4d Sed	800	2500	4200	8400	14,700	21,000
Series 60, 8-cyl.						
2d Conv	1300	4100	6800	13,600	23,800	34,000
4d Phae	1250	3950	6600	13,200	23,100	33,000
2d Vic	950	3000	5000	10,000	17,500	25,000

	6	5	4	3	2	1
4d Sed	850	2650	4400	8800	15,400	22,000
4d Clb Sed	850	2750	4600	9200	16,100	23,000
2d Spt Cpe	1000	3100	5200	10,400	18,200	26,000
Series 90, 8-cyl.						
2d Conv	1350	4300	7200	14,400	25,200	36,000
4d Phae	1300	4200	7000	14,000	24,500	35,000
2d Spt Cpe	1000	3250	5400	10,800	18,900	27,000
2d Vic	1050	3350	5600	11,200	19,600	28,000
4d 5P Sed	950	3000	5000	10,000	17,500	25,000
4d 7P Sed	1000	3100	5200	10,400	18,200	26,000
4d Limo	1050	3350	5600	11,200	19,600	28,000
4d Clb Sed	1000	3250	5400	10,800	18,900	27,000
1936						
Special Series 40, 8-cyl.						
2d Conv	1300	4100	6800	13,600	23,800	34,000
2d Bus Cpe	800	2500	4200	8400	14,700	21,000
2d RS Cpe	850	2650	4400	8800	15,400	22,000
2d Sed	750	2400	4000	8000	14,000	20,000
4d Sed	750	2400	4000	8000	14,000	20,000
Century Series 60, 8-cyl.						
2d Conv	1350	4300	7200	14,400	25,200	36,000
2d RS Cpe	950	3000	5000	10,000	17,500	25,000
2d Sed	850	2650	4400	8800	15,400	22,000
4d Sed	900	2900	4800	9600	16,800	24,000
Roadmaster Series 80, 8-cyl.						
4d Phae	1300	4100	6800	13,600	23,800	34,000
4d Sed	950	3000	5000	10,000	17,500	25,000
Limited Series 90, 8-cyl.						
4d Sed	1000	3100	5200	10,400	18,200	26,000
4d 7P Sed	1000	3250	5400	10,800	18,900	27,000
4d Fml Sed	1050	3350	5600	11,200	19,600	28,000
4d 7P Limo	1150	3600	6000	12,000	21,000	30,000
1937						
Special Series 40, 8-cyl.						
2d Conv	1500	4800	8000	16,000	28,000	40,000
4d Phae	1450	4550	7600	15,200	26,600	38,000
2d Bus Cpe	750	2400	4000	8000	14,000	20,000
2d Spt Cpe	800	2500	4200	8400	14,700	21,000
2d FBk	750	2400	4000	8000	14,000	20,000
2d Sed	700	2300	3800	7600	13,300	19,000
4d FBk Sed	750	2400	4000	8000	14,000	20,000
4d Sed	750	2400	4000	8000	14,000	20,000
Century Series 60, 8-cyl.						
2d Conv	1600	5150	8600	17,200	30,100	43,000
4d Phae	1550	4900	8200	16,400	28,700	41,000
2d Spt Cpe	850	2750	4600	9200	16,100	23,000
2d FBk	800	2500	4200	8400	14,700	21,000
2d Sed	800	2500	4200	8400	14,700	21,000
4d FBk Sed	850	2650	4400	8800	15,400	22,000
4d Sed	850	2650	4400	8800	15,400	22,000
Roadmaster Series 80, 8-cyl.						
4d Sed	850	2750	4600	9200	16,100	23,000
4d Fml Sed	900	2900	4800	9600	16,800	24,000
4d Phae	1550	4900	8200	16,400	28,700	41,000
Limited Series 90, 8-cyl.						
4d Sed	900	2900	4800	9600	16,800	24,000
4d 7P Sed	950	3000	5000	10,000	17,500	25,000
4d Fml Sed	1000	3100	5200	10,400	18,200	26,000
4d Limo	1100	3500	5800	11,600	20,300	29,000
1938						
Special Series 40, 8-cyl.						
2d Conv	1600	5050	8400	16,800	29,400	42,000
4d Phae	1500	4800	8000	16,000	28,000	40,000
2d Bus Cpe	750	2400	4000	8000	14,000	20,000
2d Spt Cpe	800	2500	4200	8400	14,700	21,000
2d FBk	750	2400	4000	8000	14,000	20,000
2d Sed	750	2400	4000	8000	14,000	20,000
4d FBk Sed	800	2500	4200	8400	14,700	21,000
4d Sed	800	2500	4200	8400	14,700	21,000
Century Series 60, 8-cyl.						
2d Conv	1700	5400	9000	18,000	31,500	45,000
4d Phae	1600	5150	8600	17,200	30,100	43,000
2d Spt Cpe	850	2750	4600	9200	16,100	23,000
2d Sed	850	2650	4400	8800	15,400	22,000

	6	5	4	3	2	1
4d FBk Sed	850	2650	4400	8800	15,400	22,000
4d Sed	850	2750	4600	9200	16,100	23,000

1938 Buick Special Model 41 touring sedan

	6	5	4	3	2	1
Roadmaster Series 80, 8-cyl.						
4d Phae	1700	5400	9000	18,000	31,500	45,000
4d FBk Sed	950	3000	5000	10,000	17,500	25,000
4d Sed	1000	3100	5200	10,400	18,200	26,000
4d Fml Sed	1000	3250	5400	10,800	18,900	27,000
Limited Series 90, 8-cyl.						
4d Sed	1050	3350	5600	11,200	19,600	28,000
4d 7P Sed	1100	3500	5800	11,600	20,300	29,000
4d Limo	1200	3850	6400	12,800	22,400	32,000
1939						
Special Series 40, 8-cyl.						
2d Conv	1650	5300	8800	17,600	30,800	44,000
4d Phae	1600	5050	8400	16,800	29,400	42,000
2d Bus Cpe	850	2650	4400	8800	15,400	22,000
2d Spt Cpe	850	2750	4600	9200	16,100	23,000
2d Sed	800	2500	4200	8400	14,700	21,000
4d Sed	800	2500	4200	8400	14,700	21,000
Century Series 60, 8-cyl.						
2d Conv	1750	5650	9400	18,800	32,900	47,000
4d Phae	1700	5400	9000	18,000	31,500	45,000
2d Spt Cpe	1000	3100	5200	10,400	18,200	26,000
2d Sed	850	2750	4600	9200	16,100	23,000
4d Sed	850	2750	4600	9200	16,100	23,000
Roadmaster Series 80, 8-cyl.						
4d Phae FBk	1800	5750	9600	19,200	33,600	48,000
4d Phae	1850	5900	9800	19,600	34,300	49,000
4d FBk Sed	1000	3100	5200	10,400	18,200	26,000
4d Sed	1000	3100	5200	10,400	18,200	26,000
4d Fml Sed	1050	3350	5600	11,200	19,600	28,000
Limited Series 90, 8-cyl.						
4d 8P Sed	1050	3350	5600	11,200	19,600	28,000
4d 4d Sed	1150	3600	6000	12,000	21,000	30,000
4d Limo	1000	3250	5400	10,800	18,900	27,000
1940						
Special Series 40, 8-cyl.						
2d Conv	1750	5500	9200	18,400	32,200	46,000
4d Phae	1650	5300	8800	17,600	30,800	44,000
2d Bus Cpe	800	2500	4200	8400	14,700	21,000
2d Spt Cpe	850	2750	4600	9200	16,100	23,000
2d Sed	800	2500	4200	8400	14,700	21,000
4d Sed	800	2500	4200	8400	14,700	21,000
Super Series 50, 8-cyl.						
2d Conv	1650	5300	8800	17,600	30,800	44,000
4d Phae	1600	5150	8600	17,200	30,100	43,000
2d Cpe	900	2900	4800	9600	16,800	24,000
4d Sed	800	2500	4200	8400	14,700	21,000
4d Sta Wag	1200	3850	6400	12,800	22,400	32,000
Century Series 60, 8-cyl.						
2d Conv	1750	5650	9400	18,800	32,900	47,000

	6	5	4	3	2	1
4d Phae	1700	5400	9000	18,000	31,500	45,000
2d Bus Cpe	1000	3100	5200	10,400	18,200	26,000
2d Spt Cpe	850	2750	4600	9200	16,100	23,000
4d Sed	850	2750	4600	9200	16,100	23,000
Roadmaster Series 70, 8-cyl.						
2d Conv	1800	5750	9600	19,200	33,600	48,000
4d Phae	1750	5500	9200	18,400	32,200	46,000
2d 2d Cpe	1050	3350	5600	11,200	19,600	28,000
4d Sed	950	3000	5000	10,000	17,500	25,000
Limited Series 80, 8-cyl.						
4d FBk Phae	1800	5750	9600	19,200	33,600	48,000
4d Phae	1850	5900	9800	19,600	34,300	49,000
4d FBk Sed	1050	3350	5600	11,200	19,600	28,000
4d Sed	1150	3600	6000	12,000	21,000	30,000
4d Fml Sed	1150	3700	6200	12,400	21,700	31,000
4d Fml FBk	1200	3850	6400	12,800	22,400	32,000
Limited Series 90, 8-cyl.						
4d 7P Sed	1150	3700	6200	12,400	21,700	31,000
4d Fml Sed	1200	3850	6400	12,800	22,400	32,000
4d Limo	1200	3850	6400	12,800	22,400	32,000
1941						
Special Series 40-A, 8-cyl.						
2d Conv	1600	5050	8400	16,800	29,400	42,000
2d Bus Cpe	800	2500	4200	8400	14,700	21,000
2d Spt Cpe	850	2650	4400	8800	15,400	22,000
4d Sed	750	2400	4000	8000	14,000	20,000
Special Series 40-B, 8-cyl.						
2d Bus Cpe	800	2500	4200	8400	14,700	21,000
2d S'net	850	2650	4400	8800	15,400	22,000
4d Sed	800	2500	4200	8400	14,700	21,000
4d Sta Wag	1200	3850	6400	12,800	22,400	32,000
NOTE: Add 5 percent for SSE.						
Super Series 50, 8-cyl.						
2d Conv	1750	5650	9400	18,800	32,900	47,000
4d Phae	1900	6100	10,200	20,400	35,700	51,000
2d Cpe	900	2900	4800	9600	16,800	24,000
4d Sed	850	2650	4400	8800	15,400	22,000
Century Series 60, 8-cyl.						
2d Bus Cpe	900	2900	4800	9600	16,800	24,000
2d S'net	950	3000	5000	10,000	17,500	25,000
4d Sed	900	2900	4800	9600	16,800	24,000
Roadmaster Series 70, 8-cyl.						
2d Conv	1900	6100	10,200	20,400	35,700	51,000
4d Phae	2050	6500	10,800	21,600	37,800	54,000
2d Cpe	1000	3250	5400	10,800	18,900	27,000
4d Sed	950	3000	5000	10,000	17,500	25,000
Limited Series 90, 8-cyl.						
4d 7P Sed	1300	4100	6800	13,600	23,800	34,000
4d Sed	1050	3350	5600	11,200	19,600	28,000
4d Fml Sed	1150	3700	6200	12,400	21,700	31,000
4d Limo	1300	4100	6800	13,600	23,800	34,000
1942						
Special Series 40-A, 8-cyl.						
2d Bus Cpe	650	2050	3400	6800	11,900	17,000
2d S'net	700	2150	3600	7200	12,600	18,000
2d 3P S'net	650	2050	3400	6800	11,900	17,000
2d Conv	1200	3850	6400	12,800	22,400	32,000
4d Sed	700	2150	3600	7200	12,600	18,000
Special Series 40-B, 8-cyl.						
2d 3P S'net	650	2050	3400	6800	11,900	17,000
2d S'net	700	2150	3600	7200	12,600	18,000
4d Sed	700	2150	3600	7200	12,600	18,000
4d Sta Wag	1150	3700	6200	12,400	21,700	31,000
Super Series 50, 8-cyl.						
2d Conv	1300	4100	6800	13,600	23,800	34,000
2d S'net	700	2150	3600	7200	12,600	18,000
4d Sed	700	2150	3600	7200	12,600	18,000
Century Series 60, 8-cyl.						
2d S'net	700	2300	3800	7600	13,300	19,000
4d Sed	700	2300	3800	7600	13,300	19,000
Roadmaster Series 70, 8-cyl.						
2d Conv	1400	4450	7400	14,800	25,900	37,000
2d S'net	750	2400	4000	8000	14,000	20,000
4d Sed	750	2400	4000	8000	14,000	20,000

	6	5	4	3	2	1
Limited Series 90, 8-cyl.						
4d 8P Sed	800	2500	4200	8400	14,700	21,000
4d Sed	750	2400	4000	8000	14,000	20,000
4d Fml Sed	850	2650	4400	8800	15,400	22,000
4d Limo	850	2750	4600	9200	16,100	23,000
1946-1948						
Special Series 40, 8-cyl.						
2d S'net	650	2050	3400	6800	11,900	17,000
4d Sed	650	2050	3400	6800	11,900	17,000
Super Series 50, 8-cyl.						
2d Conv	1500	4800	8000	16,000	28,000	40,000
2d S'net	700	2300	3800	7600	13,300	19,000
4d Sed	700	2150	3600	7200	12,600	18,000
4d Sta Wag	1200	3850	6400	12,800	22,400	32,000
Roadmaster Series 70, 8-cyl.						
2d Conv	1750	5500	9200	18,400	32,200	46,000
2d S'net	850	2650	4400	8800	15,400	22,000
4d Sed	850	2650	4400	8800	15,400	22,000
4d Sta Wag	1300	4200	7000	14,000	24,500	35,000

1949 Buick Super convertible

	6	5	4	3	2	1
1949						
Special Series 40, 8-cyl.						
2d S'net	700	2150	3600	7200	12,600	18,000
4d Sed	700	2150	3600	7200	12,600	18,000
Super Series 50, 8-cyl.						
2d Conv	1450	4700	7800	15,600	27,300	39,000
2d S'net	750	2400	4000	8000	14,000	20,000
4d Sed	750	2400	4000	8000	14,000	20,000
4d Sta Wag	1150	3700	6200	12,400	21,700	31,000
Roadmaster Series 70, 8-cyl.						
2d Conv	1700	5400	9000	18,000	31,500	45,000
2d Riv HT	1150	3600	6000	12,000	21,000	30,000
2d S'net	850	2750	4600	9200	16,100	23,000
4d Sed	850	2750	4600	9200	16,100	23,000
4d Sta Wag	1300	4100	6800	13,600	23,800	34,000

NOTE: Add 10 percent for sweap spear side trim on late 1949 Road master models.

	6	5	4	3	2	1
1950						
Special Series 40, 8-cyl., 121 1/2" wb						
2d Bus Cpe	550	1700	2800	5600	9800	14,000
2d S'net	550	1800	3000	6000	10,500	15,000
4d S'net	550	1800	3000	6000	10,500	15,000
4d Tr Sed	550	1700	2800	5600	9800	14,000
Special DeLuxe Series 40, 8-cyl., 121 1/2" wb						
2d S'net	600	1900	3200	6400	11,200	16,000
4d S'net	600	1900	3200	6400	11,200	16,000
4d Tr Sed	550	1800	3000	6000	10,500	15,000
Super Series 50, 8-cyl.						
2d Conv	1100	3500	5800	11,600	20,300	29,000
2d Riv HT	800	2500	4200	8400	14,700	21,000
2d S'net	600	1900	3200	6400	11,200	16,000

	6	5	4	3	2	1
4d Sed	600	1900	3200	6400	11,200	16,000
4d Sta Wag	1150	3700	6200	12,400	21,700	31,000
Roadmaster Series 70, 8-cyl.						
2d Conv	1300	4200	7000	14,000	24,500	35,000
2d Riv HT	1050	3350	5600	11,200	19,600	28,000
2d S'net	700	2300	3800	7600	13,300	19,000
4d Sed 71	600	1900	3200	6400	11,200	16,000
4d Sed 72	650	2050	3400	6800	11,900	17,000
4d Sta Wag	1250	3950	6600	13,200	23,100	33,000
4d Riv Sed DeL	700	2150	3600	7200	12,600	18,000
1951-1952						
Special Series 40, 8-cyl., 121 1/2" wb						
2d Bus Cpe (1951 only)	550	1700	2800	5600	9800	14,000
2d Sed (1951 only)	500	1550	2600	5200	9100	13,000
4d Sed	500	1550	2600	5200	9100	13,000
2d Spt Cpe	550	1700	2800	5600	9800	14,000
Special DeLuxe Series 40, 8-cyl., 121 1/2" wb						
4d Sed	550	1700	2800	5600	9800	14,000
2d Sed	550	1700	2800	5600	9800	14,000
2d Riv HT	800	2500	4200	8400	14,700	21,000
2d Conv	1000	3250	5400	10,800	18,900	27,000
Super Series 50, 8-cyl.						
2d Conv	1050	3350	5600	11,200	19,600	28,000
2d Riv HT	850	2750	4600	9200	16,100	23,000
4d Sta Wag	1150	3700	6200	12,400	21,700	31,000
4d Sed	550	1800	3000	6000	10,500	15,000
Roadmaster Series 70, 8-cyl.						
2d Conv	1150	3600	6000	12,000	21,000	30,000
2d Riv HT	1000	3250	5400	10,800	18,900	27,000
4d Sta Wag	1200	3850	6400	12,800	22,400	32,000
4d Riv Sed	650	2050	3400	6800	11,900	17,000
1953						
Special Series 40, 8-cyl.						
4d Sed	550	1700	2800	5600	9800	14,000
2d Sed	550	1700	2800	5600	9800	14,000
2d Riv HT	800	2500	4200	8400	14,700	21,000
2d Conv	1150	3700	6200	12,400	21,700	31,000
Super Series 50, V-8						
2d Riv HT	850	2650	4400	8800	15,400	22,000
2d Conv	1200	3850	6400	12,800	22,400	32,000
4d Sta Wag	1200	3850	6400	12,800	22,400	32,000
4d Riv Sed	550	1800	3000	6000	10,500	15,000
Roadmaster Series 70, V-8						
2d Riv HT	1000	3100	5200	10,400	18,200	26,000
2d Skylark	2150	6850	11,400	22,800	39,900	57,000
2d Conv	1300	4100	6800	13,600	23,800	34,000
4d DeL Sta Wag	1250	3950	6600	13,200	23,100	33,000
4d Riv Sed	650	2050	3400	6800	11,900	17,000
1954						
Special Series 40, V-8						
4d Sed	450	1450	2400	4800	8400	12,000
2d Sed	450	1450	2400	4800	8400	12,000
2d Riv HT	750	2400	4000	8000	14,000	20,000
2d Conv	1200	3850	6400	12,800	22,400	32,000
4d Sta Wag	550	1700	2800	5600	9800	14,000
Century Series 60, V-8						
4d DeL	500	1550	2600	5200	9100	13,000
2d Riv HT	800	2500	4200	8400	14,700	21,000
2d Conv	1450	4550	7600	15,200	26,600	38,000
4d Sta Wag	550	1800	3000	6000	10,500	15,000
Super Series 50, V-8						
4d Sed	450	1450	2400	4800	8400	12,000
2d Riv HT	800	2500	4200	8400	14,700	21,000
2d Conv	1250	3950	6600	13,200	23,100	33,000
Roadmaster Series 70, V-8						
4d Sed	500	1550	2600	5200	9100	13,000
2d Riv HT	900	2900	4800	9600	16,800	24,000
2d Conv	1450	4550	7600	15,200	26,600	38,000
Skylark Series, V-8						
2d Spt Conv	2050	6500	10,800	21,600	37,800	54,000
1955						
Special Series 40, V-8						
4d Sed	450	1450	2400	4800	8400	12,000
4d Riv HT	600	1900	3200	6400	11,200	16,000

	6	5	4	3	2	1
2d Sed	450	1450	2400	4800	8400	12,000
2d Riv HT	900	2900	4800	9600	16,800	24,000
2d Conv	1450	4700	7800	15,600	27,300	39,000
4d Sta Wag	550	1800	3000	6000	10,500	15,000
Century Series 60, V-8						
4d Sed	500	1550	2600	5200	9100	13,000
4d Riv HT	650	2050	3400	6800	11,900	17,000
2d Riv HT	950	3000	5000	10,000	17,500	25,000
2d Conv	1550	4900	8200	16,400	28,700	41,000
4d Sta Wag	600	1900	3200	6400	11,200	16,000
Super Series 50, V-8						
4d Sed	500	1550	2600	5200	9100	13,000
2d Riv HT	950	3000	5000	10,000	17,500	25,000
2d Conv	1450	4700	7800	15,600	27,300	39,000
Roadmaster Series 70, V-8						
4d Sed	550	1800	3000	6000	10,500	15,000
2d Riv HT	1050	3350	5600	11,200	19,600	28,000
2d Conv	1650	5300	8800	17,600	30,800	44,000

1956 Buick Special Estate Wagon

	6	5	4	3	2	1
1956						
Special Series 40, V-8						
4d Sed	450	1450	2400	4800	8400	12,000
4d Riv HT	650	2050	3400	6800	11,900	17,000
2d Sed	450	1450	2400	4800	8400	12,000
2d Riv HT	950	3000	5000	10,000	17,500	25,000
2d Conv	1500	4800	8000	16,000	28,000	40,000
4d Sta Wag	550	1800	3000	6000	10,500	15,000
Century Series 60, V-8						
4d Sed	500	1550	2600	5200	9100	13,000
4d Riv HT	700	2300	3800	7600	13,300	19,000
2d Riv HT	1000	3100	5200	10,400	18,200	26,000
2d Conv	1600	5050	8400	16,800	29,400	42,000
4d Sta Wag	600	1900	3200	6400	11,200	16,000
Super Series 50						
4d Sed	500	1550	2600	5200	9100	13,000
4d Riv HT	800	2500	4200	8400	14,700	21,000
2d Riv HT	950	3000	5000	10,000	17,500	25,000
2d Conv	1450	4700	7800	15,600	27,300	39,000
Roadmaster Series 70, V-8						
4d Sed	550	1700	2800	5600	9800	14,000
4d Riv HT	850	2750	4600	9200	16,100	23,000
2d Riv HT	1000	3250	5400	10,800	18,900	27,000
2d Conv	1700	5400	9000	18,000	31,500	45,000
1957						
Special Series 40, V-8						
4d Sed	400	1300	2200	4400	7700	11,000
4d Riv HT	650	2050	3400	6800	11,900	17,000
2d Sed	400	1300	2200	4400	7700	11,000
2d Riv HT	900	2900	4800	9600	16,800	24,000
2d Conv	1400	4450	7400	14,800	25,900	37,000
4d Sta Wag	650	2050	3400	6800	11,900	17,000
4d HT Wag	850	2750	4600	9200	16,100	23,000
Century Series 60, V-8						
4d Sed	450	1450	2400	4800	8400	12,000
4d Riv HT	700	2150	3600	7200	12,600	18,000

	6	5	4	3	2	1
2d Riv HT	1000	3250	5400	10,800	18,900	27,000
2d Conv	1450	4700	7800	15,600	27,300	39,000
4d HT Wag	950	3000	5000	10,000	17,500	25,000
Super Series 50, V-8						
4d Riv HT	700	2300	3800	7600	13,300	19,000
2d Riv HT	1000	3250	5400	10,800	18,900	27,000
2d Conv	1450	4550	7600	15,200	26,600	38,000
Roadmaster Series 70, V-8						
4d Riv HT	750	2400	4000	8000	14,000	20,000
2d Riv HT	1050	3350	5600	11,200	19,600	28,000
2d Conv	1500	4800	8000	16,000	28,000	40,000

NOTE: Add 5 percent for 75 Series.

1958

	6	5	4	3	2	1
Special Series 40, V-8						
4d Sed	400	1200	2000	4000	7000	10,000
4d Riv HT	500	1550	2600	5200	9100	13,000
2d Sed	400	1200	2000	4000	7000	10,000
2d Riv HT	700	2300	3800	7600	13,300	19,000
2d 2d Conv	950	3000	5000	10,000	17,500	25,000
4d Sta Wag	400	1300	2200	4400	7700	11,000
4d HT Wag	600	1900	3200	6400	11,200	16,000
Century Series 60, V-8						
4d Sed	400	1300	2200	4400	7700	11,000
4d Riv HT	550	1700	2800	5600	9800	14,000
2d Riv HT	750	2400	4000	8000	14,000	20,000
2d Conv	1000	3250	5400	10,800	18,900	27,000
4d HT Wag	700	2150	3600	7200	12,600	18,000
Super Series 50, V-8						
4d Riv HT	550	1800	3000	6000	10,500	15,000
2d Riv HT	700	2300	3800	7600	13,300	19,000
Roadmaster Series 75, V-8						
4d Riv HT	600	1900	3200	6400	11,200	16,000
2d Riv HT	800	2500	4200	8400	14,700	21,000
2d Conv	1150	3700	6200	12,400	21,700	31,000
Limited Series 700, V-8						
4d Riv HT	700	2300	3800	7600	13,300	19,000
2d Riv HT	850	2750	4600	9200	16,100	23,000
2d Conv	1600	5050	8400	16,800	29,400	42,000

1959

	6	5	4	3	2	1
LeSabre Series 4400, V-8						
4d Sed	400	1200	2000	4000	7000	10,000
4d HT	400	1300	2200	4400	7700	11,000
2d Sed	400	1200	2000	4000	7000	10,000
2d HT	500	1550	2600	5200	9100	13,000
2d Conv	950	3000	5000	10,000	17,500	25,000
4d Sta Wag	450	1450	2400	4800	8400	12,000
Invicta Series 4600, V-8						
4d Sed	400	1300	2200	4400	7700	11,000
4d HT	450	1450	2400	4800	8400	12,000
2d HT	550	1700	2800	5600	9800	14,000
2d Conv	1050	3350	5600	11,200	19,600	28,000
4d Sta Wag	500	1550	2600	5200	9100	13,000
Electra Series 4700, V-8						
4d Sed	450	1450	2400	4800	8400	12,000
4d HT	500	1550	2600	5200	9100	13,000
2d HT	550	1800	3000	6000	10,500	15,000
Electra 225 Series 4800, V-8						
4d Riv HT 6W	500	1550	2600	5200	9100	13,000
4d HT 4W	550	1700	2800	5600	9800	14,000
2d Conv	1150	3700	6200	12,400	21,700	31,000

1960

	6	5	4	3	2	1
LeSabre Series 4400, V-8						
4d Sed	400	1200	2000	4000	7000	10,000
4d HT	400	1300	2200	4400	7700	11,000
2d Sed	400	1200	2000	4000	7000	10,000
2d HT	500	1550	2600	5200	9100	13,000
2d Conv	1000	3100	5200	10,400	18,200	26,000
4d Sta Wag	400	1300	2200	4400	7700	11,000
Invicta Series 4600, V-8						
4d Sed	400	1300	2200	4400	7700	11,000
4d HT	450	1450	2400	4800	8400	12,000
2d HT	550	1700	2800	5600	9800	14,000
2d Conv	1100	3500	5800	11,600	20,300	29,000
4d Sta Wag	400	1300	2200	4400	7700	11,000

	6	5	4	3	2	1
Electra Series 4700, V-8						
4d Riv HT 6W	500	1550	2600	5200	9100	13,000
4d HT 4W	550	1700	2800	5600	9800	14,000
2d HT	600	1900	3200	6400	11,200	16,000
Electra 225 Series 4800, V-8						
4d Riv HT 6W	550	1700	2800	5600	9800	14,000
4d HT 4W	550	1800	3000	6000	10,500	15,000
2d Conv	1150	3700	6200	12,400	21,700	31,000

NOTE: Add 5 percent for bucket seat option.

1961 Buick Invicta two-door hardtop

	6	5	4	3	2	1
1961						
Special Series 4000, V-8, 112" wb						
4d Sed	450	1080	1800	3600	6300	9000
2d Cpe	400	1200	2000	4000	7000	10,000
4d Sta Wag	400	1200	2000	4000	7000	10,000
Special DeLuxe Series 4100, V-8, 112" wb						
4d Sed	450	1140	1900	3800	6650	9500
2d Skylark Cpe	400	1300	2200	4400	7700	11,000
4d Sta Wag	400	1300	2200	4400	7700	11,000
NOTE: Deduct 5 percent for V-6.						
LeSabre Series 4400, V-8						
4d Sed	400	1200	2000	4000	7000	10,000
4d HT	400	1300	2200	4400	7700	11,000
2d Sed	400	1200	2000	4000	7000	10,000
2d HT	450	1450	2400	4800	8400	12,000
2d Conv	850	2650	4400	8800	15,400	22,000
4d Sta Wag	400	1300	2200	4400	7700	11,000
Invicta Series 4600, V-8						
4d HT	400	1300	2200	4400	7700	11,000
2d HT	500	1550	2600	5200	9100	13,000
2d Conv	900	2900	4800	9600	16,800	24,000
Electra Series 4700, V-8						
4d Sed	400	1250	2100	4200	7400	10,500
4d HT	400	1300	2200	4400	7700	11,000
2d HT	450	1450	2400	4800	8400	12,000
Electra 225 Series 4800, V-8						
4d Riv HT 6W	400	1300	2200	4400	7700	11,000
4d Riv HT 4W	450	1400	2300	4600	8100	11,500
2d Conv	1050	3350	5600	11,200	19,600	28,000
1962						
Special Series 4000, V-6, 112.1" wb						
4d Sed	450	1150	1900	3850	6700	9600
2d Cpe	400	1250	2100	4200	7400	10,500
2d Conv	600	1900	3200	6400	11,200	16,000
4d Sta Wag	400	1200	2000	4000	7000	10,000
Special DeLuxe Series 4100, V-8, 112.1" wb						
4d Sed	400	1200	2000	4000	7000	10,000
2d Conv	700	2150	3600	7200	12,600	18,000
4d Sta Wag	400	1300	2200	4400	7700	11,000
Special Skylark Series 4300, V-8, 112.1" wb						
2d HT	400	1250	2100	4200	7400	10,500
2d Conv	700	2300	3800	7600	13,300	19,000
LeSabre Series 4400, V-8						
4d Sed	400	1200	2000	4000	7000	10,000

	6	5	4	3	2	1
4d HT	400	1300	2200	4400	7700	11,000
2d Sed	400	1200	2000	4000	7000	10,000
2d HT	450	1450	2400	4800	8400	12,000
Invicta Series 4600, V-8						
4d HT	400	1300	2200	4400	7700	11,000
2d HT	500	1550	2600	5200	9100	13,000
2d HT Wildcat	550	1700	2800	5600	9800	14,000
2d Conv	900	2900	4800	9600	16,800	24,000
4d Sta Wag*	400	1300	2200	4400	7700	11,000
NOTE: Add 10 percent for bucket seat option where offered.						
Electra 225 Series 4800, V-8						
4d Sed	400	1200	2000	4000	7000	10,000
4d Riv HT 6W	450	1450	2400	4800	8400	12,000
4d HT 4W	500	1550	2600	5200	9100	13,000
2d HT	550	1800	3000	6000	10,500	15,000
2d Conv	1050	3350	5600	11,200	19,600	28,000
1963						
Special Series 4000, V-6, 112" wb						
4d Sed	450	1150	1900	3850	6700	9600
2d Cpe	450	1160	1950	3900	6800	9700
2d Conv	550	1700	2800	5600	9800	14,000
4d Sta Wag	400	1200	2000	4000	7000	10,000
Special DeLuxe Series 4100, V-6, 112" wb						
4d Sed	450	1160	1950	3900	6800	9700
4d Sta Wag	400	1250	2100	4200	7400	10,500
Special DeLuxe Series 4100, V-8, 112" wb						
4d Sed	450	1170	1975	3900	6850	9800
4d Sta Wag	400	1300	2150	4300	7600	10,800
Special Skylark Series 4300, V-8, 112" wb						
2d HT	450	1400	2300	4600	8100	11,500
2d Conv	550	1800	3000	6000	10,500	15,000
LeSabre Series 4400, V-8						
4d Sed	450	1160	1950	3900	6800	9700
4d HT	400	1300	2200	4400	7700	11,000
2d Sed	450	1140	1900	3800	6650	9500
2d HT	450	1450	2400	4800	8400	12,000
4d Sta Wag	400	1200	2000	4000	7000	10,000
2d Conv	700	2300	3800	7600	13,300	19,000
Invicta Series 4600, V-8						
4d Sta Wag	450	1400	2300	4600	8100	11,500
Wildcat Series 4600, V-8						
4d HT	450	1400	2300	4600	8100	11,500
2d HT	450	1500	2500	5000	8800	12,500
2d Conv	850	2650	4400	8800	15,400	22,000
Electra 225 Series 4800, V-8						
4d Sed	450	1140	1900	3800	6650	9500
4d HT 6W	400	1300	2200	4400	7700	11,000
4d HT 4W	450	1400	2300	4600	8100	11,500
2d HT	450	1500	2500	5000	8800	12,500
2d Conv	900	2900	4800	9600	16,800	24,000
Riviera Series 4700, V-8						
2d HT	600	1900	3200	6400	11,200	16,000
1964						
Special Series 4000, V-6, 115" wb						
4d Sed	350	975	1600	3200	5600	8000
2d Cpe	350	1000	1650	3300	5750	8200
2d Conv	550	1700	2800	5600	9800	14,000
4d Sta Wag	350	1020	1700	3400	5950	8500
Special Deluxe Series 4100, V-6, 115" wb						
4d Sed	350	1000	1650	3350	5800	8300
2d Cpe	350	1020	1700	3400	5950	8500
4d Sta Wag	450	1080	1800	3600	6300	9000
Special Skylark Series 4300, V-6, 115" wb						
4d Sed	350	1020	1700	3400	5950	8500
2d HT	450	1080	1800	3600	6300	9000
2d Conv	600	1900	3200	6400	11,200	16,000
Special Series 4000, V-8, 115" wb						
4d Sed	350	1020	1700	3400	5950	8500
2d Cpe	350	1040	1700	3450	6000	8600
2d Conv	600	1900	3200	6400	11,200	16,000
4d Sta Wag	950	1100	1850	3700	6450	9200
Special DeLuxe Series 4100, V-8, 115" wb						
4d Sed	350	1040	1750	3500	6100	8700
2d Cpe	450	1050	1750	3550	6150	8800
4d Sta Wag	450	1140	1900	3800	6650	9500

	6	5	4	3	2	1
Skylark Series 4300, V-8, 115" wb						
4d Sed	450	1080	1800	3600	6300	9000
2d HT	400	1200	2000	4000	7000	10,000
2d Conv	700	2300	3800	7600	13,300	19,000
Skylark Series 4200, V-8, 120" wb						
4d Spt Wag	450	1050	1800	3600	6200	8900
4d Cus Spt Wag	950	1100	1850	3700	6450	9200
LeSabre Series 4400, V-8						
4d Sed	950	1100	1850	3700	6450	9200
4d HT	450	1140	1900	3800	6650	9500
2d HT	450	1400	2300	4600	8100	11,500
2d Conv	700	2150	3600	7200	12,600	18,000
4d Spt Wag	400	1250	2050	4100	7200	10,300
Wildcat Series 4600, V-8						
4d Sed	450	1120	1875	3750	6500	9300
4d HT	450	1400	2300	4600	8100	11,500
2d HT	450	1500	2500	5000	8800	12,500
2d Conv	700	2300	3800	7600	13,300	19,000
Electra 225 Series 4800, V-8						
4d Sed	450	1130	1900	3800	6600	9400
4d HT 6W	400	1250	2100	4200	7400	10,500
4d HT 4W	400	1300	2200	4400	7700	11,000
2d HT	500	1550	2600	5200	9100	13,000
2d Conv	800	2500	4200	8400	14,700	21,000
Riviera Series 4700, V-8						
2d HT	600	1900	3200	6400	11,200	16,000
1965						
Special, V-6, 115" wb						
4d Sed	350	780	1300	2600	4550	6500
2d Cpe	350	790	1350	2650	4620	6600
2d Conv	500	1550	2600	5200	9100	13,000
4d Sta Wag	350	900	1500	3000	5250	7500
Special DeLuxe, V-6, 115" wb						
4d Sed	350	950	1550	3100	5400	7700
4d Sta Wag	350	975	1600	3200	5500	7900
Skylark, V-6, 115" wb						
4d Sed	350	975	1600	3200	5600	8000
2d Cpe	350	1000	1650	3350	5800	8300
2d HT	450	1120	1875	3750	6500	9300
2d Conv	600	1900	3200	6400	11,200	16,000
Special, V-8, 115" wb						
4d Sed	350	950	1550	3100	5400	7700
2d Cpe	350	950	1550	3150	5450	7800
2d Conv	600	1900	3200	6400	11,200	16,000
4d Sta Wag	350	950	1550	3100	5400	7700
Special DeLuxe, V-8, 115" wb						
4d Sed	350	975	1600	3200	5500	7900
4d Sta Wag	350	975	1600	3200	5600	8000
Skylark, V-8, 115" wb						
4d Sed	350	1000	1650	3350	5800	8300
2d Cpe	350	1020	1700	3400	5950	8500
2d HT	450	1170	1975	3900	6850	9800
2d Conv	650	2050	3400	6800	11,900	17,000

NOTE: Add 20 percent for Skylark Gran Sport Series (400 CID/325hp V-8). Deduct 5 percent for V-6.

	6	5	4	3	2	1
Sport Wagon, V-8, 120" wb						
4d 2S Sta Wag	350	1040	1700	3450	6000	8600
4d 3S Sta Wag	350	1040	1750	3500	6100	8700
Custom Sport Wagon, V-8, 120" wb						
4d 2S Sta Wag	450	1050	1750	3550	6150	8800
4d 3S Sta Wag	450	1050	1800	3600	6200	8900
LeSabre, V-8, 123" wb						
4d Sed	350	850	1450	2850	4970	7100
4d HT	350	870	1450	2900	5100	7300
2d HT	350	1000	1650	3350	5800	8300
LeSabre Custom, V-8, 123" wb						
4d Sed	350	870	1450	2900	5100	7300
4d HT	350	975	1600	3200	5500	7900
2d HT	450	1050	1750	3550	6150	8800
2d Conv	550	1700	2800	5600	9800	14,000
Wildcat, V-8, 126" wb						
4d Sed	350	950	1550	3150	5450	7800
4d HT	350	1000	1650	3350	5800	8300
2d HT	450	1120	1875	3750	6500	9300
Wildcat DeLuxe, V-8, 126" wb						
4d Sed	350	975	1600	3200	5600	8000
4d HT	350	1020	1700	3400	5950	8500

	6	5	4	3	2	1
2d HT	450	1150	1900	3850	6700	9600
2d Conv	550	1800	3000	6000	10,500	15,000
Wildcat Custom, V-8, 126" wb						
4d HT	450	1050	1750	3550	6150	8800
2d HT	450	1170	1975	3900	6850	9800
2d Conv	600	1900	3200	6400	11,200	16,000
Electra 225, V-8, 126" wb						
4d Sed	350	1000	1650	3350	5800	8300
4d HT	450	1120	1875	3750	6500	9300
2d HT	400	1250	2050	4100	7200	10,300
Electra 225 Custom, V-8, 126" wb						
4d Sed	350	1020	1700	3400	5950	8500
4d HT	450	1150	1900	3850	6700	9600
2d HT	400	1300	2150	4300	7500	10,700
2d Conv	600	1900	3200	6400	11,200	16,000
Riviera, V-8, 117" wb						
2d HT	550	1700	2800	5600	9800	14,000
2d HT GS	550	1800	3000	6000	10,500	15,000

NOTE: Add 20 percent for 400.

1966

	6	5	4	3	2	1
Special, V-6, 115" wb						
4d Sed	200	720	1200	2400	4200	6000
2d Cpe	200	730	1250	2450	4270	6100
2d Conv	550	1700	2800	5600	9800	14,000
4d Sta Wag	200	720	1200	2400	4200	6000
Special DeLuxe, V-6, 115" wb						
4d Sed	200	730	1250	2450	4270	6100
2d Cpe	200	745	1250	2500	4340	6200
2d HT	350	870	1450	2900	5100	7300
4d Sta Wag	200	730	1250	2450	4270	6100
Skylark, V-6, 115" wb						
4d HT	350	770	1300	2550	4480	6400
2d Cpe	350	780	1300	2600	4550	6500
2d HT	350	950	1550	3150	5450	7800
2d Conv	550	1800	3000	6000	10,500	15,000
Special, V-8, 115" wb						
4d Sed	200	750	1275	2500	4400	6300
2d Cpe	350	770	1300	2550	4480	6400
2d Conv	550	1700	2800	5600	9800	14,000
4d Sta Wag	200	750	1275	2500	4400	6300
Special DeLuxe, V-8						
4d Sed	350	780	1300	2600	4550	6500
2d Cpe	600	1900	3200	6400	11,200	16,000
2d HT	350	950	1550	3150	5450	7800
4d Sta Wag	350	780	1300	2600	4550	6500
Skylark, V-8						
4d HT	350	840	1400	2800	4900	7000
2d Cpe	350	850	1450	2850	4970	7100
2d HT	350	1000	1650	3350	5800	8300
2d Conv	600	1900	3200	6400	11,200	16,000
Skylark Gran Sport, V-8, 115" wb						
2d Cpe	650	2050	3400	6800	11,900	17,000
2d HT	400	1300	2200	4400	7700	11,000
2d Conv	650	2050	3400	6800	11,900	17,000
Sport Wagon, V-8, 120" wb						
4d 2S Sta Wag	350	880	1500	2950	5180	7400
4d 3S Sta Wag	350	900	1500	3000	5250	7500
4d 2S Cus Sta Wag	350	950	1500	3050	5300	7600
4d 3S Cus Sta Wag	350	950	1550	3150	5450	7800
LeSabre, V-8, 123" wb						
4d Sed	200	750	1275	2500	4400	6300
4d HT	350	870	1450	2900	5100	7300
2d HT	350	1000	1650	3350	5800	8300
LeSabre Custom, V-8, 123" wb						
4d Sed	350	800	1350	2700	4700	6700
4d HT	350	870	1450	2900	5100	7300
2d H p	350	1040	1700	3450	6000	8600
2d Conv	600	1900	3200	6400	11,200	16,000
Wildcat, V-8, 126" wb						
4d Sed	350	820	1400	2700	4760	6800
4d HT	350	950	1550	3150	5450	7800
2d HT	450	1050	1750	3550	6150	8800
2d Conv	650	2050	3400	6800	11,900	17,000
Wildcat Custom, V-8, 126" wb						
4d Sed	350	830	1400	2950	4830	6900

	6	5	4	3	2	1
4d HT	350	860	1450	2900	5050	7200
2d HT	350	1000	1650	3350	5800	8300
2d Conv	700	2150	3600	7200	12,600	18,000
NOTE: Add 20 percent for Wildcat Gran Sport Series.						
Electra 225, V-8, 126" wb						
4d Sed	350	950	1550	3150	5450	7800
4d HT	350	1000	1650	3350	5800	8300
2d HT	450	1120	1875	3750	6500	9300
Electra 225 Custom, V-8						
4d Sed	350	950	1550	3150	5450	7800
4d HT	450	1050	1750	3550	6150	8800
2d HT	450	1170	1975	3900	6850	9800
2d Conv	700	2300	3800	7600	13,300	19,000
Riviera, V-8						
2d HT GS	400	1300	2200	4400	7700	11,000
2d HT	400	1200	2000	4000	7000	10,000
NOTE: Add 20 percent for 400. Not available in Riviera.						
1967						
Special, V-6, 115" wb						
4d Sed	200	700	1200	2350	4130	5900
2d Cpe	200	720	1200	2400	4200	6000
4d Sta Wag	200	670	1200	2300	4060	5800
Special DeLuxe, V-6, 115" wb						
4d Sed	200	720	1200	2400	4200	6000
2d HT	350	840	1400	2800	4900	7000
Skylark, V-6, 115" wb						
2d Cpe	350	820	1400	2700	4760	6800
Special, V-8, 115" wb						
4d Sed	200	730	1250	2450	4270	6100
2d Cpe	350	780	1300	2600	4550	6500
4d Sta Wag	200	745	1250	2500	4340	6200
Special DeLuxe, V-8, 115" wb						
4d Sed	200	745	1250	2500	4340	6200
2d HT	350	900	1500	3000	5250	7500
4d Sta Wag	200	750	1275	2500	4400	6300
Skylark, V-8, 115" wb						
4d Sed	200	750	1275	2500	4400	6300
4d HT	350	780	1300	2600	4550	6500
2d Cpe	350	840	1400	2800	4900	7000
2d HT	350	975	1600	3200	5600	8000
2d Conv	550	1800	3000	6000	10,500	15,000
Sport Wagon, V-8, 120" wb						
4d 2S Sta Wag	200	730	1250	2450	4270	6100
4d 3S Sta Wag	200	745	1250	2500	4340	6200
Gran Sport 340, V-8, 115" wb						
2d HT	400	1300	2200	4400	7700	11,000
Gran Sport 400, V-8, 115" wb						
2d Cpe	450	1080	1800	3600	6300	9000
2d HT	450	1400	2300	4600	8100	11,500
2d Conv	600	1900	3200	6400	11,200	16,000
LeSabre, V-8, 123" wb						
4d Sed	350	770	1300	2550	4480	6400
4d HT	350	790	1350	2650	4620	6600
2d HT	350	840	1400	2800	4900	7000
LeSabre Custom, V-8, 123" wb						
4d Sed	350	790	1350	2650	4620	6600
4d HT	350	820	1400	2700	4760	6800
2d HT	350	900	1500	3000	5250	7500
2d Conv	550	1700	2800	5600	9800	14,000
Wildcat, V-8, 126" wb						
4d Sed	350	820	1400	2700	4760	6800
4d HT	350	840	1400	2800	4900	7000
2d HT	350	1020	1700	3400	5950	8500
2d Conv	550	1800	3000	6000	10,500	15,000
Wildcat Custom, V-8, 126" wb						
4d HT	350	820	1400	2700	4760	6800
2d HT	350	975	1600	3200	5600	8000
2d Conv	650	2050	3400	6800	11,900	17,000
Electra 225, V-8, 126" wb						
4d Sed	350	800	1350	2700	4700	6700
4d HT	350	830	1400	2950	4830	6900
2d HT	450	1080	1800	3600	6300	9000
Electra 225 Custom, V-8, 126" wb						
4d Sed	350	850	1450	2850	4970	7100
4d HT	350	880	1500	2950	5180	7400

	6	5	4	3	2	1
2d HT	450	1140	1900	3800	6650	9500
2d Conv	700	2300	3800	7600	13,300	19,000
Riviera Series, V-8						
2d HT GS	450	1140	1900	3800	6650	9500
2d HT	400	1200	2000	4000	7000	10,000
NOTE: Add 20 percent for 400. Not available in Riviera.						
1968						
Special DeLuxe, V-6, 116" wb, 2 dr 112" wb						
4d Sed	200	685	1150	2300	3990	5700
2d Sed	200	670	1200	2300	4060	5800
Skylark, V-6, 116" wb, 2 dr 112" wb						
4d Sed	200	670	1200	2300	4060	5800
2d HT	350	780	1300	2600	4550	6500
Special DeLuxe, V-8, 116" wb, 2 dr 112" wb						
4d Sed	200	670	1200	2300	4060	5800
2d Sed	200	700	1200	2350	4130	5900
4d Sta Wag	200	700	1200	2350	4130	5900
Skylark, V-8, 116" wb, 2 dr 112" wb						
4d Sed	200	700	1200	2350	4130	5900
4d HT	200	720	1200	2400	4200	6000
Skylark Custom, V-8, 116" wb, 2 dr 112" wb						
4d Sed	200	720	1200	2400	4200	6000
4d HT	200	750	1275	2500	4400	6300
2d HT	350	840	1400	2800	4900	7000
2d Conv	550	1700	2800	5600	9800	14,000
Sport Wagon, V-8, 121" wb						
4d 2S Sta Wag	200	750	1275	2500	4400	6300
4d 3S Sta Wag	350	770	1300	2550	4480	6400
Gran Sport GS 350, V-8, 112" wb						
2d HT	450	1400	2300	4600	8100	11,500
Gran Sport GS 400, V-8, 112" wb						
2d HT	450	1450	2400	4800	8400	12,000
2d Conv	550	1800	3000	6000	10,500	15,000
NOTE: Add 15 percent for Skylark GS Calif. Spl.						
LeSabre, V-8, 123" wb						
4d Sed	200	750	1275	2500	4400	6300
4d HT	350	790	1350	2650	4620	6600
2d HT	350	900	1500	3000	5250	7500
LeSabre Custom, V-8, 123" wb						
4d Sed	350	770	1300	2550	4480	6400
4d HT	350	800	1350	2700	4700	6700
2d HT	350	975	1600	3200	5600	8000
2d Conv	550	1800	3000	6000	10,500	15,000
Wildcat, V-8, 126" wb						
4d Sed	350	780	1300	2600	4550	6500
4d HT	350	820	1400	2700	4760	6800
2d HT	350	1020	1700	3400	5950	8500
Wildcat Custom, V-8, 126" wb						
4d HT	350	850	1450	2850	4970	7100
2d HT	450	1080	1800	3600	6300	9000
2d Conv	650	2050	3400	6800	11,900	17,000
Electra 225, V-8, 126" wb						
4d Sed	350	840	1400	2800	4900	7000
4d HT	350	880	1500	2950	5180	7400
2d HT	450	1140	1900	3800	6650	9500
Electra 225 Custom, V-8, 126" wb						
4d Sed	350	850	1450	2850	4970	7100
4d HT	350	900	1500	3000	5250	7500
2d HT	400	1200	2000	4000	7000	10,000
2d Conv	700	2300	3800	7600	13,300	19,000
Riviera Series, V-8						
2d HT GS	400	1250	2100	4200	7400	10,500
2d HT	400	1200	2000	4000	7000	10,000
NOTE: Add 20 percent for 400. Not available in Riviera.						
1969						
Special DeLuxe, V-6, 116" wb, 2 dr 112" wb						
4d Sed	150	650	950	1900	3300	4700
2d Sed	150	600	950	1850	3200	4600
Skylark, V-6, 116" wb, 2 dr 112" wb						
4d Sed	150	650	975	1950	3350	4800
2d HT	200	675	1000	2000	3500	5000
Special DeLuxe, V-8, 116" wb, 2 dr 112" wb						
4d Sed	150	650	975	1950	3350	4800
2d Sed	150	650	950	1900	3300	4700
4d Sta Wag	150	650	975	1950	3350	4800

	6	5	4	3	2	1
Skylark, V-8, 116" wb, 2 dr 112" wb						
4d Sed	200	675	1000	1950	3400	4900
2d HT	200	720	1200	2400	4200	6000
Skylark Custom, V-8, 116" wb, 2 dr 112" wb						
4d Sed	200	675	1000	2000	3500	5000
4d HT	200	700	1050	2050	3600	5100
2d HT	350	840	1400	2800	4900	7000
2d Conv	500	1550	2600	5200	9100	13,000
Gran Sport GS 350, V-8, 112" wb						
2d Calif GS	400	1300	2200	4400	7700	11,000
2d HT	450	1450	2400	4800	8400	12,000
Gran Sport GS 400, V-8, 112" wb						
2d HT	500	1550	2600	5200	9100	13,000
2d Conv	650	2050	3400	6800	11,900	17,000
NOTE: Add 15 percent for Stage I option.						
Sport Wagon, V-8, 121" wb						
4d 2S Sta Wag	200	700	1050	2050	3600	5100
4d 3S Sta Wag	200	700	1050	2100	3650	5200
LeSabre, V-8, 123.2" wb						
4d Sed	200	700	1050	2100	3650	5200
4d HT	200	700	1075	2150	3700	5300
2d HT	200	670	1200	2300	4060	5800
LeSabre Custom, V-8, 123.2" wb						
4d Sed	200	700	1075	2150	3700	5300
4d HT	200	650	1100	2150	3780	5400
2d HT	200	720	1200	2400	4200	6000
2d Conv	500	1550	2600	5200	9100	13,000
Wildcat, V-8, 123.2" wb						
4d Sed	200	660	1100	2200	3850	5500
4d HT	200	685	1150	2300	3990	5700
2d HT	350	780	1300	2600	4550	6500
Wildcat Custom, V-8, 123.2" wb						
4d HT	200	700	1200	2350	4130	5900
2d HT	350	840	1400	2800	4900	7000
2d Conv	550	1700	2800	5600	9800	14,000
Electra 225, V-8, 126.2" wb						
4d Sed	200	670	1150	2250	3920	5600
4d HT	200	685	1150	2300	3990	5700
2d HT	350	900	1500	3000	5250	7500
Electra 225 Custom, V-8, 126.2" wb						
4d Sed	200	670	1200	2300	4060	5800
4d HT	200	730	1250	2450	4270	6100
2d HT	350	975	1600	3200	5600	8000
2d Conv	650	2050	3400	6800	11,900	17,000
Riviera Series, V-8						
2d GS HT	450	1140	1900	3800	6650	9500
2d HT	450	1080	1800	3600	6300	9000
NOTE: Add 20 percent for 400. Not available in Riviera.						
1970						
Skylark, V-6, 116" wb, 2 dr 112" wb						
4d Sed	150	650	975	1950	3350	4800
2d Sed	150	650	950	1900	3300	4700
Skylark 350, V-6, 116" wb, 2 dr 112" wb						
4d Sed	200	675	1000	1950	3400	4900
2d HT	200	660	1100	2200	3850	5500
Skylark, V-8, 116" wb, 2 dr 112" wb						
4d Sed	200	675	1000	1950	3400	4900
2d Sed	150	650	975	1950	3350	4800
Skylark 350, V-8, 116" wb, 2 dr 112.2" wb						
4d Sed	200	675	1000	2000	3500	5000
2d HT	350	780	1300	2600	4550	6500
Skylark Custom, V-8, 116" wb, 2 dr 112" wb						
4d Sed	200	700	1050	2050	3600	5100
4d HT	200	700	1050	2100	3650	5200
2d HT	350	900	1500	3000	5250	7500
2d Conv	650	2050	3400	6800	11,900	17,000
Gran Sport GS, V-8, 112" wb						
2d HT	450	1450	2400	4800	8400	12,000
Gran Sport GS 455, V-8, 112" wb						
2d HT	500	1550	2600	5200	9100	13,000
2d Conv	700	2150	3600	7200	12,600	18,000
Stage I Gran Sport 455, 112" wb						
2d HT	550	1700	2800	5600	9800	14,000
2d Conv	750	2400	4000	8000	14,000	20,000

	6	5	4	3	2	1
GSX V-8 Stage I 455, 112" wb						
2d HT	650	2050	3400	6800	11,900	17,000
2d HT	600	1900	3200	6400	11,200	16,000
GSX, V-8, 455, 112" wb						
2d HT	700	2300	3800	7600	13,300	19,000
Sport Wagon, V-8, 116" wb						
2S Sta Wag	200	700	1050	2100	3650	5200
LeSabre, V-8, 124" wb						
4d Sed	200	650	1100	2150	3780	5400
4d HT	200	670	1150	2250	3920	5600
2d HT	350	780	1300	2600	4550	6500
LeSabre Custom, V-8, 124" wb						
4d Sed	200	660	1100	2200	3850	5500
4d HT	200	685	1150	2300	3990	5700
2d HT	350	840	1400	2800	4900	7000
2d Conv	500	1550	2600	5200	9100	13,000
LeSabre Custom 455, V-8, 124" wb						
4d Sed	200	685	1150	2300	3990	5700
4d HT	200	720	1200	2400	4200	6000
2d HT	350	870	1450	2900	5100	7300
Estate Wagon, V-8, 124" wb						
4d 2S Sta Wag	200	685	1150	2300	3990	5700
4d 3S Sta Wag	200	670	1200	2300	4060	5800
Wildcat Custom, V-8, 124" wb						
4d HT	200	700	1200	2350	4130	5900
2d HT	350	900	1500	3000	5250	7500
2d Conv	550	1700	2800	5600	9800	14,000
Electra 225, V-8, 127" wb						
4d Sed	200	670	1200	2300	4060	5800
4d HT	200	745	1250	2500	4340	6200
2d HT	350	900	1500	3000	5250	7500
Electra Custom 225, V-8, 127" wb						
4d Sed	200	700	1200	2350	4130	5900
4d HT	350	770	1300	2550	4480	6400
2d HT	350	975	1600	3200	5600	8000
2d Conv	700	2150	3600	7200	12,600	18,000
Riviera Series, V-8						
2d GS Cpe	350	1020	1700	3400	5950	8500
2d HT Cpe	450	1080	1800	3600	6300	9000

NOTE: Add 40 percent for 455, except in Riviera.

1971-1972

	6	5	4	3	2	1
Skylark, V-8, 116" wb, 2 dr 112" wb						
4d Sed	150	550	850	1675	2950	4200
2d Sed	150	550	850	1650	2900	4100
2d HT	200	675	1000	2000	3500	5000
Skylark 350, V-8, 116" wb, 2 dr 112" wb						
4d Sed	150	575	900	1750	3100	4400
2d HT	200	720	1200	2400	4200	6000
Skylark Custom, V-8						
4d Sed	150	575	875	1700	3000	4300
4d HT	150	600	900	1800	3150	4500
2d HT	350	840	1400	2800	4900	7000
2d Conv	500	1550	2600	5200	9100	13,000
Gran Sport, 350, V-8						
2d HT	450	1450	2400	4800	8400	12,000
2d Conv	650	2050	3400	6800	11,900	17,000
2d HT GSX	700	2300	3800	7600	13,300	19,000

NOTE: Add 40 percent for Stage I & GS-455 options.
Add 15 percent for folding sun roof.

	6	5	4	3	2	1
Sport Wagon, V-8, 116" wb						
4d 2S Sta Wag	150	575	900	1750	3100	4400
LeSabre						
4d Sed	150	650	975	1950	3350	4800
4d HT	200	675	1000	2000	3500	5000
2d HT	200	700	1050	2100	3650	5200
LeSabre Custom, V-8						
4d Sed	200	675	1000	1950	3400	4900
4d HT	200	700	1050	2050	3600	5100
2d HT	200	650	1100	2150	3780	5400
2d Conv	500	1550	2600	5200	9100	13,000
Centurion, V-8						
4d HT	200	700	1075	2150	3700	5300
2d HT	200	670	1150	2250	3920	5600
2d Conv	550	1700	2800	5600	9800	14,000

	6	5	4	3	2	1
Estate Wagon, V-8, 124" wb						
4d 2S Sta Wag	200	675	1000	2000	3500	5000
4d 3S Sta Wag	200	700	1050	2050	3600	5100
Electra 225, V-8, 127" wb						
4d HT	200	650	1100	2150	3780	5400
2d HT	200	685	1150	2300	3990	5700
Electra Custom 225, V-8						
4d HT	200	660	1100	2200	3850	5500
2d HT	200	720	1200	2400	4200	6000
Riviera, V-8						
2d HT GS	350	900	1500	3000	5250	7500
2d HT	350	780	1300	2600	4550	6500
Wagons						
4d 2S Wag	200	700	1075	2150	3700	5300
4d 4S Wag	200	650	1100	2150	3780	5400

NOTE: Add 40 percent for 455.

1973

	6	5	4	3	2	1
Apollo, 6-cyl., 111" wb						
4d Sed	150	550	850	1675	2950	4200
2d Sed	150	575	900	1750	3100	4400
2d HBk	150	600	950	1850	3200	4600
Apollo, V-8						
4d Sed	150	575	875	1700	3000	4300
2d Sed	150	600	900	1800	3150	4500
2d HBk	150	650	950	1900	3300	4700
Century, V-8, 116" wb, 2 dr 112" wb						
2d Cpe	150	600	950	1850	3200	4600
4d Sed	150	600	900	1800	3150	4500
4d 3S Sta Wag	150	575	900	1750	3100	4400
Century Luxus, V-8						
4d HT	150	600	950	1850	3200	4600
2d Cpe	150	650	950	1900	3300	4700
4d 3S Wag	150	600	900	1800	3150	4500
Century Regal, V-8						
2d HT	200	660	1100	2200	3850	5500

NOTE: Add 30 percent for Gran Sport pkg. Add 70 percent for GS Stage I, 455 option.

	6	5	4	3	2	1
LeSabre, V-8, 124" wb						
4d Sed	150	550	850	1650	2900	4100
4d HT	150	550	850	1675	2950	4200
2d HT	150	600	900	1800	3150	4500
LeSabre Custom, V-8						
4d Sed	150	650	950	1900	3300	4700
4d HT	150	650	975	1950	3350	4800
2d HT	200	700	1075	2150	3700	5300
4d 3S Est Wag	150	650	950	1900	3300	4700
Centurion, V-8						
4d HT	200	675	1000	1950	3400	4900
2d HT	200	650	1100	2150	3780	5400
2d Conv	400	1250	2100	4200	7400	10,500
Electra 225, V-8, 127" wb						
4d HT	200	675	1000	2000	3500	5000
2d HT	200	685	1150	2300	3990	5700
Electra Custom 225, V-8						
4d HT	200	700	1050	2050	3600	5100
2d HT	200	670	1200	2300	4060	5800
Riviera, V-8						
2d HT GS	350	840	1400	2800	4900	7000
2d HT	200	720	1200	2400	4200	6000

1974

	6	5	4	3	2	1
Apollo, 6-cyl., 111" wb						
4d Sed	150	550	850	1650	2900	4100
2d Sed	150	550	850	1650	2900	4100
2d HBk	150	550	850	1675	2950	4200
Apollo, V-8, 111" wb						
4d Sed	200	700	1050	2100	3650	5200
2d Sed	200	700	1050	2100	3650	5200
2d HBk	200	700	1075	2150	3700	5300
Century, V-8						
2d Cpe	150	600	950	1850	3200	4600
4d HT	150	600	900	1800	3150	4500
4d Sta Wag	150	600	900	1800	3150	4500
Century Luxus, V-8, 112" wb						
2d HT	150	600	900	1800	3150	4500
4d HT	150	575	900	1750	3100	4400
4d Sta Wag	150	575	900	1750	3100	4400

	6	5	4	3	2	1
Gran Sport, V-8						
2d Cpe	200	675	1000	2000	3500	5000
Century Regal, V-8, 112" wb						
2d HT	200	700	1050	2050	3600	5100
4d HT	150	650	975	1950	3350	4800
LeSabre						
4d Sed	150	650	950	1900	3300	4700
4d HT	150	650	975	1950	3350	4800
2d HT	200	675	1000	1950	3400	4900
LeSabre, V-8, 123" wb						
4d Sed	200	670	1150	2250	3920	5600
4d HT	200	685	1150	2300	3990	5700
2d HT	200	700	1200	2350	4130	5900
LeSabre Luxus, V-8, 123" wb						
4d Sed	200	685	1150	2300	3990	5700
4d HT	200	670	1200	2300	4060	5800
2d HT	200	720	1200	2400	4200	6000
2d Conv	400	1200	2000	4000	7000	10,000
Estate Wagon, V-8						
4d Sta Wag	200	670	1200	2300	4060	5800
Electra 225, V-8						
2d HT	200	745	1250	2500	4340	6200
4d HT	200	685	1150	2300	3990	5700
Electra 225 Custom, V-8						
2d HT	350	770	1300	2550	4480	6400
4d HT	200	700	1200	2350	4130	5900
Electra Limited, V-8						
2d HT	350	790	1350	2650	4620	6600
4d HT	200	730	1250	2450	4270	6100
Riviera, V-8						
2d HT	350	780	1300	2600	4550	6500

NOTES: Add 10 percent for Apollo GSX.
Add 10 percent for Century Grand Sport.
Add 15 percent for Century GS-455.
Add 20 percent for GS-455 Stage I.
Add 5 percent for sunroof.
Add 15 percent for Riviera GS or Stage I.

1975

	6	5	4	3	2	1
Skyhawk, V-6						
2d 'S'HBk	150	575	875	1700	3000	4300
2d HBk	150	575	875	1700	3000	4300
Apollo, V-8						
4d Sed	150	550	850	1675	2950	4200
4d 'SR' Sed	150	575	875	1700	3000	4300
Skylark, V-8						
2d Cpe	150	575	900	1750	3100	4400
2d HBk	150	600	900	1800	3150	4500
2d 'SR' Cpe	150	600	900	1800	3150	4500
2d 'SR' HBk	150	600	950	1850	3200	4600
Century, V-8						
4d Sed	150	550	850	1650	2900	4100
2d Cpe	150	550	850	1650	2900	4100
4d Cus Sed	150	575	900	1750	3100	4400
2d Cus Cpe	150	600	900	1800	3150	4500
4d 2S Sta Wag	150	550	850	1650	2900	4100
4d 3S Sta Wag	150	550	850	1675	2950	4200
Regal, V-8						
4d Sed	150	575	875	1700	3000	4300
2d Cpe	150	575	875	1700	3000	4300
LeSabre, V-8						
4d Sed	150	575	900	1750	3100	4400
4d HT	150	600	950	1850	3200	4600
2d Cpe	150	600	900	1800	3150	4500
LeSabre Custom, V-8						
4d Sed	150	600	950	1850	3200	4600
4d HT	200	675	1000	1950	3400	4900
2d Cpe	200	675	1000	1950	3400	4900
2d Conv	400	1200	2000	4000	7000	10,000
Estate Wagon, V-8						
4d 2S Sta Wag	150	650	950	1900	3300	4700
4d 3S Sta Wag	200	675	1000	1950	3400	4900
Electra 225 Custom, V-8						
4d HT	200	675	1000	2000	3500	5000
2d Cpe	200	700	1050	2100	3650	5200
Electra 225 Limited, V-8						
4d HT	200	700	1050	2050	3600	5100

	6	5	4	3	2	1
2d Cpe	200	650	1100	2150	3780	5400
Riviera, V-8						
2d HT	200	660	1100	2200	3850	5500

NOTE: Add 15 percent for Park Avenue DeLuxe.
Add 5 percent for Park Avenue, Century, GS or Riviera GS options.

	6	5	4	3	2	1
1976						
Skyhawk, V-6						
2d HBk	125	400	700	1375	2400	3400
Skylark S, V-8						
2d Cpe	125	450	750	1450	2500	3600
Skylark, V-8						
4d Sed	125	450	750	1450	2500	3600
2d Cpe	150	475	750	1475	2600	3700
2d HBk	150	475	775	1500	2650	3800
Skylark SR, V-8						
4d Sed	150	475	750	1475	2600	3700
2d Cpe	150	475	775	1500	2650	3800
2d HBk	150	500	800	1550	2700	3900
Century Special, V-6						
2d Cpe	125	450	700	1400	2450	3500
Century, V-8						
4d Sed	150	500	800	1600	2800	4000
2d Cpe	150	475	750	1475	2600	3700
Century Custom, V-8						
4d Sed	150	550	850	1675	2950	4200
2d Cpe	150	475	775	1500	2650	3800
4d 2S Sta Wag	125	450	750	1450	2500	3600
4d 3S Sta Wag	150	475	750	1475	2600	3700
Regal, V-8						
4d Sed	150	575	875	1700	3000	4300
2d Cpe	150	500	800	1550	2700	3900
LeSabre, V-6						
4d Sed	150	575	900	1750	3100	4400
4d HT	150	500	800	1600	2800	4000
2d Cpe	150	550	850	1650	2900	4100
LeSabre Custom, V-8						
4d Sed	150	600	900	1800	3150	4500
4d HT	150	550	850	1675	2950	4200
2d Cpe	150	575	875	1700	3000	4300
Estate, V-8						
4d 2S Sta Wag	150	600	900	1800	3150	4500
4d 3S Sta Wag	150	600	950	1850	3200	4600
Electra 225, V-8						
4d HT	150	650	950	1900	3300	4700
2d Cpe	150	600	900	1800	3150	4500
Electra 225 Custom, V-8						
4d HT	200	675	1000	1950	3400	4900
2d Cpe	150	650	950	1900	3300	4700
Riviera, V-8						
2d Spt Cpe	200	675	1000	2000	3500	5000

NOTE: Deduct 5 percent for 6 cylinder.

	6	5	4	3	2	1
1977						
Skyhawk, V-6						
2d HBk	100	300	500	1000	1750	2500
Skylark S, V-8						
2d Cpe	100	325	550	1100	1900	2700
Skylark, V-8						
4d Sed	100	325	550	1100	1900	2700
2d Cpe	100	330	575	1150	1950	2800
2d HBk	100	350	600	1150	2000	2900
Skylark SR, V-8						
4d Sed	100	330	575	1150	1950	2800
2d Cpe	100	350	600	1150	2000	2900
2d HBk	100	360	600	1200	2100	3000
Century, V-8						
4d Sed	125	450	700	1400	2450	3500
2d Cpe	125	450	750	1450	2500	3600
Century Custom, V-8						
4d Sed	125	450	750	1450	2500	3600
2d Cpe	150	475	750	1475	2600	3700
4d 2S Sta Wag	125	400	700	1375	2400	3400
4d 3S Sta Wag	125	450	700	1400	2450	3500
Regal, V-8						
4d Sed	150	475	775	1500	2650	3800
2d Cpe	150	500	800	1550	2700	3900

	6	5	4	3	2	1
LeSabre, V-8						
4d Sed	125	450	750	1450	2500	3600
2d Cpe	150	475	750	1475	2600	3700
LeSabre Custom, V-8						
4d Sed	150	475	750	1475	2600	3700
2d Cpe	150	475	775	1500	2650	3800
2d Spt Cpe	150	500	800	1550	2700	3900
Electra 225, V-8						
4d Sed	150	500	800	1550	2700	3900
2d Cpe	150	500	800	1600	2800	4000
Electra 225 Limited, V-8						
4d Sed	150	550	850	1650	2900	4100
2d Cpe	150	575	875	1700	3000	4300
Riviera, V-8						
2d Cpe	150	575	900	1750	3100	4400

NOTE: Deduct 5 percent for V-6.

1978 Buick Riviera coupe

1978

	6	5	4	3	2	1
Skyhawk						
2d 'S' HBk	125	380	650	1300	2250	3200
2d HBk	125	400	700	1375	2400	3400
Skylark						
2d 'S' Cpe	125	400	675	1350	2300	3300
4d Sed	125	400	700	1375	2400	3400
2d Cpe	125	400	700	1375	2400	3400
2d HBk	125	450	700	1400	2450	3500
Skylark Custom						
4d Sed	125	400	700	1375	2400	3400
2d Cpe	125	450	700	1400	2450	3500
2d HBk	125	450	750	1450	2500	3600
Century Special						
4d Sed	125	450	700	1400	2450	3500
2d Cpe	125	450	750	1450	2500	3600
Sta Wag	125	400	700	1375	2400	3400
Century Custom						
4d Sed	125	450	750	1450	2500	3600
2d Cpe	150	475	750	1475	2600	3700
Sta Wag	125	450	700	1400	2450	3500
Century Sport						
2d Cpe	150	500	800	1550	2700	3900
Century Limited						
4d Sed	150	475	775	1500	2650	3800
2d Cpe	150	500	800	1550	2700	3900
Regal						
2d Cpe	150	475	750	1475	2600	3700
Spt Cpe	150	475	775	1500	2650	3800
Regal Limited						
2d Cpe	150	500	800	1600	2800	4000
LeSabre						
4d Sed	150	475	750	1475	2600	3700
2d Cpe	150	475	775	1500	2650	3800
2d Spt Turbo Cpe	150	550	850	1650	2900	4100
LeSabre Custom						
4d Sed	150	475	775	1500	2650	3800

	6	5	4	3	2	1
2d Cpe	150	500	800	1550	2700	3900
Estate Wagon						
4d Sta Wag	150	475	750	1475	2600	3700
Electra 225						
4d Sed	150	500	800	1550	2700	3900
2d Cpe	150	550	850	1675	2950	4200
Electra Limited						
4d Sed	150	500	800	1600	2800	4000
2d Cpe	150	600	900	1800	3150	4500
Electra Park Avenue						
4d Sed	150	550	850	1675	2950	4200
2d Cpe	150	650	975	1950	3350	4800
Riviera						
2d Cpe	200	660	1100	2200	3850	5500

NOTE: Deduct 5 percent for 6 cyl.

1979

	6	5	4	3	2	1
Skyhawk, V-6						
2d HBk	125	450	700	1400	2450	3500
2d 'S' HBk	125	400	700	1375	2400	3400
Skylark 'S', V-8						
2d 'S' Cpe	125	400	675	1350	2300	3300
Skylark, V-8						
4d Sed	125	450	700	1400	2450	3500
2d Cpe	125	450	700	1400	2450	3500
2d HBk	125	450	750	1450	2500	3600
Skylark Custom, V-8						
4d Sed	125	450	750	1450	2500	3600
2d Cpe	125	450	750	1450	2500	3600
Century Special, V-8						
4d Sed	125	450	750	1450	2500	3600
2d Cpe	125	450	700	1400	2450	3500
4d Sta Wag	125	450	750	1450	2500	3600
Century Custom, V-8						
4d Sed	150	475	750	1475	2600	3700
2d Cpe	125	450	750	1450	2500	3600
4d Sta Wag	150	475	750	1475	2600	3700
Century Sport, V-8						
2d Cpe	150	500	800	1600	2800	4000
Century Limited, V-8						
4d Sed	150	500	800	1550	2700	3900

NOTE: Deduct 7 percent for 6-cyl.

	6	5	4	3	2	1
Regal, V-6						
2d Cpe	150	500	800	1550	2700	3900
Regal Sport Turbo, V-6						
2d Cpe	150	575	900	1750	3100	4400
Regal, V-8						
2d Cpe	150	500	800	1600	2800	4000
Regal Limited, V-8 & V-6						
2d Cpe V-6	150	500	800	1550	2700	3900
2d Cpe V-8	150	550	850	1675	2950	4200
LeSabre, V-8						
4d Sed	150	500	800	1550	2700	3900
2d Cpe	150	475	775	1500	2650	3800
LeSabre Limited, V-8						
4d Sed	150	500	800	1600	2800	4000
2d Cpe	150	500	800	1550	2700	3900

NOTE: Deduct 7 percent for V-6.

	6	5	4	3	2	1
LeSabre Sport Turbo, V-6						
2d Cpe	150	600	900	1800	3150	4500
LeSabre Estate Wagon						
4d Sta Wag	150	500	800	1600	2800	4000
Electra 225, V-8						
4d Sed	150	550	850	1650	2900	4100
2d Cpe	150	575	875	1700	3000	4300
Electra Limited, V-8						
4d Sed	150	575	875	1700	3000	4300
2d Cpe	150	600	950	1850	3200	4600
Electra Park Avenue, V-8						
4d Sed	150	600	950	1850	3200	4600
2d Cpe	200	675	1000	1950	3400	4900
Riviera, V-8						
2d 'S'Cpe	200	685	1150	2300	3990	5700

NOTE: Deduct 10 percent for V-6.

	6	5	4	3	2	1
1980						
Skyhawk, V-6						
2d HBk S	150	475	750	1475	2600	3700
2d HBk	150	475	775	1500	2650	3800
Skylark, V-6						
4d Sed	150	475	775	1500	2650	3800
2d Cpe	150	500	800	1550	2700	3900
4d Sed Ltd	150	500	800	1550	2700	3900
2d Cpe Ltd	150	500	800	1600	2800	4000
4d Sed Spt	150	550	850	1650	2900	4100
2d Cpe Spt	150	550	850	1675	2950	4200
NOTE: Deduct 10 percent for 4-cyl.						
Century, V-8						
4d Sed	125	450	750	1450	2500	3600
2d Cpe	150	475	775	1500	2650	3800
4d Sta Wag Est	150	475	750	1475	2600	3700
2d Cpe Spt	150	500	800	1550	2700	3900
NOTE: Deduct 12 percent for V-6.						
Regal, V-8						
2d Cpe	150	500	800	1550	2700	3900
2d Cpe Ltd	150	500	800	1600	2800	4000
NOTE: Deduct 12 percent for V-6.						
Regal Turbo, V-6						
2d Cpe	200	660	1100	2200	3850	5500
LeSabre, V-8						
4d Sed	150	550	850	1650	2900	4100
2d Cpe	150	550	850	1675	2950	4200
4d Sed Ltd	150	575	875	1700	3000	4300
2d Cpe Ltd	150	575	900	1750	3100	4400
4d Sta Wag Est	150	575	875	1700	3000	4300
LeSabre Turbo, V-6						
2d Cpe Spt	200	675	1000	1950	3400	4900
Electra, V-8						
4d Sed Ltd	150	600	950	1850	3200	4600
2d Cpe Ltd	150	650	950	1900	3300	4700
4d Sed Park Ave	150	650	950	1900	3300	4700
2d Cpe Park Ave	150	650	975	1950	3350	4800
4d Sta Wag Est	200	675	1000	1950	3400	4900
Riviera S Turbo, V-6						
2d Cpe	200	745	1250	2500	4340	6200
Riviera, V-8						
2d Cpe	350	800	1350	2700	4700	6700
1981						
Skylark, V-6						
4d Sed Spt	150	550	850	1675	2950	4200
2d Cpe Spt	150	575	875	1700	3000	4300
NOTE: Deduct 10 percent for 4-cyl. Deduct 5 percent for lesser model.						
Century, V-8						
4d Sed Ltd	150	475	775	1500	2650	3800
4d Sta Wag Est	150	500	800	1550	2700	3900
NOTE: Deduct 12 percent for V-6. Deduct 5 percent for lesser model.						
Regal, V-8						
2d Cpe	150	500	800	1550	2700	3900
2d Cpe Ltd	150	500	800	1600	2800	4000
NOTE: Deduct 12 percent for V-6.						
Regal Turbo, V-6						
2d Cpe Spt	200	670	1150	2250	3920	5600
LeSabre, V-8						
4d Sed Ltd	150	575	875	1700	3000	4300
2d Cpe Ltd	150	575	900	1750	3100	4400
4d Sta Wag Est	150	600	900	1800	3150	4500
NOTE: Deduct 12 percent for V-6 except Estate Wag. Deduct 5 percent for lesser models.						
Electra, V-8						
4d Sed Ltd	150	575	900	1750	3100	4400
2d Cpe Ltd	150	600	900	1800	3150	4500
4d Sed Park Ave	150	600	950	1850	3200	4600
2d Cpe Park Ave	150	650	950	1900	3300	4700
4d Sta Wag Est	150	650	950	1900	3300	4700
NOTE: Deduct 15 percent for V-6 except Estate Wag.						
Riviera, V-8						
2d Cpe	350	820	1400	2700	4760	6800

	6	5	4	3	2	1
Riviera, V-6						
2d Cpe	200	720	1200	2400	4200	6000
2d Cpe Turbo T Type	200	750	1275	2500	4400	6300
1982						
Skyhawk, 4-cyl.						
4d Sed Ltd	150	500	800	1550	2700	3900
2d Cpe Ltd	150	500	800	1600	2800	4000
NOTE: Deduct 5 percent for lesser models.						
Skylark, V-6						
4d Sed Spt	150	575	900	1750	3100	4400
2d Cpe Spt	150	600	900	1800	3150	4500
NOTE: Deduct 10 percent for 4-cyl. Deduct 5 percent for lesser models.						
Regal, V-6						
4d Sed	150	575	900	1750	3100	4400
2d Cpe	150	600	900	1800	3150	4500
2d Cpe Turbo	200	660	1100	2200	3850	5500
2d Grand National	850	2650	4400	8800	15,400	22,000
4d Sed Ltd	150	650	950	1900	3300	4700
2d Cpe Ltd	150	650	975	1950	3350	4800
4d Sta Wag	150	650	975	1950	3350	4800
NOTE: Add 10 percent for T-top option.						
Century, V-6						
4d Sed Ltd	200	675	1000	1950	3400	4900
2d Cpe Ltd	200	675	1000	2000	3500	5000
NOTE: Deduct 10 percent for 4-cyl. Deduct 5 percent for lesser models.						
LeSabre, V-8						
4d Sed Ltd	200	675	1000	1950	3400	4900
2d Cpe Ltd	200	675	1000	2000	3500	5000
4d Sta Wag Est	200	675	1000	2000	3500	5000
NOTE: Deduct 12 percent for V-6 except Estate Wag. Deduct 5 percent for lesser models.						
Electra, V-8						
4d Sed Ltd	200	675	1000	1950	3400	4900
2d Cpe Ltd	200	700	1050	2050	3600	5100
4d Sed Park Ave	200	700	1050	2100	3650	5200
2d Cpe Park Ave	200	650	1100	2150	3780	5400
4d Sta Wag Est	200	650	1100	2150	3780	5400
NOTE: Deduct 15 percent for V-6 except Estate Wag.						
Riviera, V-6						
2d Cpe	350	780	1300	2600	4550	6500
2d Cpe T Type	350	820	1400	2700	4760	6800
2d Conv	650	2050	3400	6800	11,900	17,000
Riviera, V-8						
2d Cpe	350	840	1400	2800	4900	7000
2d Conv	700	2150	3600	7200	12,600	18,000
1983						
Skyhawk, 4-cyl.						
4d Sed Ltd	150	550	850	1675	2950	4200
2d Cpe Ltd	150	575	875	1700	3000	4300
4d Sta Wag Ltd	150	575	875	1700	3000	4300
2d Cpe T Type	200	675	1000	1950	3400	4900
NOTE: Deduct 5 percent for lesser models.						
Skylark, V-6						
4d Sed Ltd	150	550	850	1675	2950	4200
2d Cpe Ltd	150	575	875	1700	3000	4300
2d Cpe T Type	200	700	1050	2050	3600	5100
NOTE: Deduct 10 percent for 4-cyl. except T Type. Deduct 5 percent for lesser models.						
Century, V-6						
4d Sed T Type	200	675	1000	2000	3500	5000
2d Cpe T Type	200	660	1100	2200	3850	5500
NOTE: Deduct 12 percent for 4-cyl. except T Type. Deduct 5 percent for lesser models.						
Regal, V-6						
4d Sed T Type	200	670	1200	2300	4060	5800
2d Cpe T Type	200	745	1250	2500	4340	6200
4d Sta Wag	150	650	950	1900	3300	4700
NOTE: Add 10 percent for T-top option. Deduct 5 percent for lesser models.						
LeSabre, V-8						
4d Sed Ltd	200	700	1050	2100	3650	5200
2d Cpe Ltd	200	700	1075	2150	3700	5300

	6	5	4	3	2	1
4d Sta Wag	200	700	1075	2150	3700	5300
NOTE: Deduct 12 percent for V-6 except Estate. Deduct 5 percent for lesser models.						
Electra, V-8						
4d Sed Ltd	200	700	1050	2100	3650	5200
2d Cpe Ltd	200	700	1075	2150	3700	5300
4d Sed Park Ave	200	650	1100	2150	3780	5400
2d Cpe Park Ave	200	660	1100	2200	3850	5500
4d Sta Wag Est	200	660	1100	2200	3850	5500
NOTE: Deduct 15 percent for V-6.						
Riviera, V-6						
2d Cpe	350	780	1300	2600	4550	6500
2d Conv	650	2050	3400	6800	11,900	17,000
2d T Type	350	900	1500	3000	5250	7500
NOTE: Add 20 percent for XX option.						
Riviera, V-8						
2d Cpe	350	840	1400	2800	4900	7000
2d Conv	700	2150	3600	7200	12,600	18,000
1984						
Skyhawk Limited, 4-cyl.						
4d Sed	150	575	875	1700	3000	4300
2d Sed	150	575	875	1700	3000	4300
4d Sta Wag	150	575	875	1700	3000	4300
NOTE: Deduct 5 percent for lesser models.						
Skyhawk T Type, 4-cyl.						
2d Sed	200	675	1000	2000	3500	5000
Skylark Limited, V-6						
4d Sed	150	575	900	1750	3100	4400
2d Sed	150	600	900	1800	3150	4500
NOTE: Deduct 5 percent for lesser models. Deduct 8 percent for 4-cyl.						
Skylark T Type, V-6						
2d Sed	200	700	1050	2100	3650	5200
Century Limited, 4-cyl.						
NOTE: Deduct 5 percent for lesser models. Deduct 8 percent for 4-cyl.						
Century Limited, V-6						
4d Sed	150	600	900	1800	3150	4500
2d Sed	150	600	950	1850	3200	4600
4d Sta Wag Est	150	600	950	1850	3200	4600
Century T Type, V-6						
4d Sed	200	700	1050	2050	3600	5100
2d Sed	200	670	1150	2250	3920	5600
Regal, V-6						
4d Sed	150	575	900	1750	3100	4400
2d Sed	150	600	900	1800	3150	4500
2d Grand Natl	550	1700	2800	5600	9800	14,000
Regal Limited, V-6						
4d Sed	150	600	900	1800	3150	4500
2d Sed	150	600	950	1850	3200	4600
Regal T Type, V-6						
2d Sed	200	720	1200	2400	4200	6000
LeSabre Custom, V-8						
4d Sed	200	700	1050	2100	3650	5200
2d Sed	200	700	1050	2100	3650	5200
LeSabre Limited, V-8						
4d Sed	200	700	1075	2150	3700	5300
2d Sed	200	700	1075	2150	3700	5300
NOTE: Deduct 10 percent for V-6 cyl.						
Electra Limited, V-8						
4d Sed	200	670	1150	2250	3920	5600
2d Sed	200	685	1150	2300	3990	5700
4d Est Wag	200	685	1150	2300	3990	5700
Electra Park Avenue, V-8						
4d Sed	200	670	1150	2250	3920	5600
2d Sed	200	685	1150	2300	3990	5700
NOTE: Deduct 10 percent for V-6 cyl.						
Riviera, V-6						
2d Cpe	350	790	1350	2650	4620	6600
2d Conv	650	2100	3500	7000	12,300	17,500
Riviera, V-8						
2d Cpe	350	840	1400	2800	4900	7000
2d Conv	700	2200	3700	7400	13,000	18,500
Riviera T Type, V-6 Turbo						
2d Cpe	350	950	1550	3100	5400	7700

	6	5	4	3	2	1
1985						
Skyhawk, 4-cyl.						
4d Sed Ltd	150	575	900	1750	3100	4400
2d Ltd	150	575	900	1750	3100	4400
4d Sta Wag Ltd	150	575	900	1750	3100	4400
2d T Type	200	700	1050	2050	3600	5100
NOTE: Deduct 5 percent for lesser models.						
Skylark, V-6						
4d Cus Sed	150	575	900	1750	3100	4400
4d Sed Ltd	150	600	900	1800	3150	4500
NOTE: Deduct 10 percent for 4-cyl.						
Century, V-6						
4d Sed Ltd	150	600	950	1850	3200	4600
2d Ltd	150	600	950	1850	3200	4600
4d Sta Wag Est	150	650	975	1950	3350	4800
4d Sed T Type	200	660	1100	2200	3850	5500
2d T Type	200	685	1150	2300	3990	5700
NOTE: Deduct 10 percent for 4-cyl. where available. Deduct 5 percent for lesser models.						
Somerset Regal, V-6						
2d Cus	150	650	950	1900	3300	4700
2d Ltd	150	650	975	1950	3350	4800
NOTE: Deduct 10 percent for 4-cyl.						
Regal, V-6						
2d	150	600	950	1850	3200	4600
2d Ltd	150	650	950	1900	3300	4700
2d T Type	200	720	1200	2400	4200	6000
2d T Type Grand Natl	550	1800	3000	6000	10,500	15,000
LeSabre, V-8						
4d Sed Ltd	200	650	1100	2150	3780	5400
2d Ltd	200	650	1100	2150	3780	5400
4d Sta Wag Est	200	685	1150	2300	3990	5700
4d Electra Sta Wag Est	200	670	1200	2300	4060	5800
NOTE: Deduct 20 percent for V-6. Deduct 5 percent for lesser models.						
Electra, V-6						
4d Sed	200	660	1100	2200	3850	5500
2d	200	670	1150	2250	3920	5600
Electra Park Avenue, V-6						
4d Sed	200	670	1150	2250	3920	5600
2d Sed	200	685	1150	2300	3990	5700
Electra T Type, V-6						
4d Sed	200	670	1200	2300	4060	5800
2d	200	700	1200	2350	4130	5900
Riviera T Type, V-6						
2d Turbo	350	950	1550	3150	5450	7800
Riviera, V-8						
2d	350	950	1500	3050	5300	7600
Conv	700	2300	3800	7600	13,300	19,000
NOTE: Deduct 30 percent for diesel where available.						
1986						
Skyhawk, 4-cyl.						
4d Cus Sed	150	575	900	1750	3100	4400
2d Cus Cpe	150	575	875	1700	3000	4300
4d Cus Sta Wag	150	600	900	1800	3150	4500
4d Ltd Sed	150	600	900	1800	3150	4500
2d Cpe Ltd	150	575	900	1750	3100	4400
4d Sta Wag Ltd	150	600	950	1850	3200	4600
2d Spt HBk	150	650	950	1900	3300	4700
2d T-Type HBk	150	650	975	1950	3350	4800
2d T-Type Cpe	150	650	950	1900	3300	4700
Skylark						
2d Cus Cpe	150	575	900	1750	3100	4400
4d Sed Ltd	150	600	900	1800	3150	4500
Somerset						
2d Cus Cpe	150	650	975	1950	3350	4800
2d Cpe T Type	200	700	1050	2100	3650	5200
Century Custom						
2d Cpe	200	675	1000	1950	3400	4900
4d Sed	150	650	975	1950	3350	4800
4d Sta Wag	200	675	1000	2000	3500	5000
Century Limited						
2d Cpe	200	675	1000	2000	3500	5000
4d Sed	200	675	1000	1950	3400	4900
4d Sta Wag	200	700	1050	2050	3600	5100
4d Sed T Type	200	650	1100	2150	3780	5400

	6	5	4	3	2	1
Regal						
2d Cpe	150	650	950	1900	3300	4700
2d Cpe Ltd	200	675	1000	1950	3400	4900
2d Cpe T Type	350	975	1600	3200	5600	8000
2d T Type Grand Natl	450	1450	2400	4800	8400	12,000
LeSabre Custom						
2d Cpe	200	660	1100	2200	3850	5500
4d Sed	200	650	1100	2150	3780	5400
LeSabre Limited						
2d Cpe Grand Natl	450	1450	2400	4800	8400	12,000
2d Cpe	200	670	1150	2250	3920	5600
4d Sed	200	660	1100	2200	3850	5500
4d Sta Wag Est	200	720	1200	2400	4200	6000
Electra						
2d Cpe	200	670	1150	2250	3920	5600
4d Sed	200	670	1150	2250	3920	5600
Electra Park Avenue						
2d Cpe	200	685	1150	2300	3990	5700
4d Sed	200	685	1150	2300	3990	5700
4d Sed T Type	200	700	1200	2350	4130	5900
4d Sta Wag Est	200	745	1250	2500	4340	6200
Riviera						
2d Cpe	350	950	1550	3150	5450	7800
2d Cpe T Type	350	975	1600	3200	5600	8000
NOTES: Add 10 percent for deluxe models. Deduct 5 percent for smaller engines.						
1987						
Skyhawk, 4-cyl.						
4d Cus Sed	150	575	900	1750	3100	4400
2d Cus Cpe	150	575	875	1700	3000	4300
4d Cus Sta Wag	150	600	900	1800	3150	4500
4d Sed Ltd	150	600	900	1800	3150	4500
2d Cpe Ltd	150	575	900	1750	3100	4400
4d Sta Wag Ltd	150	600	950	1850	3200	4600
Spt HBk	150	650	950	1900	3300	4700
NOTE: Add 5 percent for Turbo.						
Somerset, 4-cyl.						
2d Cus Cpe	200	675	1000	1950	3400	4900
2d Cpe Ltd	200	675	1000	2000	3500	5000
NOTE: Add 10 percent for V-6.						
Skylark						
4d Cus Sed	150	650	950	1900	3300	4700
4d Sed Ltd	150	650	975	1950	3350	4800
NOTE: Add 10 percent for V-6.						
Century, 4-cyl.						
4d Cus Sed	200	675	1000	1950	3400	4900
2d Cus Cpe	150	650	975	1950	3350	4800
4d Cus Sta Wag	200	675	1000	2000	3500	5000
4d Sed Ltd	200	675	1000	2000	3500	5000
2d Cpe Ltd	200	675	1000	1950	3400	4900
4d Sta Wag Est	200	700	1050	2050	3600	5100
NOTE: Add 10 percent for V-6.						
Regal, V-6						
2d Cpe	200	675	1000	2000	3500	5000
2d Cpe Ltd	200	700	1050	2050	3600	5100
2d Cpe Turbo T	550	1800	3000	6000	10,500	15,000
2d Cpe Turbo T Ltd	600	1900	3200	6400	11,200	16,000
2d Cpe Turbo Grand Natl	750	2400	4000	8000	14,000	20,000
2d Cpe GNX	1250	3950	6600	13,200	23,100	33,000
Regal, V-8						
2d Cpe	200	670	1200	2300	4060	5800
2d Cpe Ltd	200	700	1200	2350	4130	5900
LeSabre, V-6						
4d Sed	200	660	1100	2200	3850	5500
4d Cus Sed	200	670	1150	2250	3920	5600
2d Cus Cpe	200	660	1100	2200	3850	5500
2d Cpe T Type	200	685	1150	2300	3990	5700
LeSabre, V-8						
4d Sta Wag	200	730	1250	2450	4270	6100
Electra, V-6						
4d Sed Ltd	200	670	1200	2300	4060	5800
4d Sed Park Ave	200	720	1200	2400	4200	6000
2d Cpe Park Ave	200	700	1200	2350	4130	5900
4d Sed T Type	200	720	1200	2400	4200	6000
Electra, V-8						
4d Sta Wag Est	200	745	1250	2500	4340	6200

	6	5	4	3	2	1
Riviera, V-6						
2d Cpe	350	975	1600	3200	5600	8000
2d Cpe T Type	350	1000	1650	3300	5750	8200
1988						
Skyhawk, 4-cyl.						
4d Sed	150	600	950	1850	3200	4600
2d Cpe	150	600	900	1800	3150	4500
2d Cpe SE	150	650	975	1950	3350	4800
4d Sta Wag	150	650	950	1900	3300	4700
Skylark, 4-cyl.						
4d Cus Sed	150	650	950	1900	3300	4700
2d Cus Cpe	150	650	975	1950	3350	4800
4d Sed Ltd	150	650	975	1950	3350	4800
2d Cpe Ltd	200	675	1000	1950	3400	4900
NOTE: Add 10 percent for V-6.						
Century, 4-cyl.						
4d Cus Sed	150	650	950	1900	3300	4700
2d Cus Cpe	150	650	975	1950	3350	4800
4d Cus Sta Wag	200	675	1000	1950	3400	4900
4d Sed Ltd	150	650	975	1950	3350	4800
2d Cpe Ltd	200	675	1000	1950	3400	4900
4d Sta Wag Ltd	200	675	1000	2000	3500	5000
NOTE: Add 10 percent for V-6.						
Regal, V-6						
2d Cus Cpe	200	720	1200	2400	4200	6000
2d Cpe Ltd	350	780	1300	2600	4550	6500
LeSabre, V-6						
2d Cpe	200	660	1100	2200	3850	5500
4d Cus Sed	200	720	1200	2400	4200	6000
2d Cpe Ltd	200	750	1275	2500	4400	6300
4d Sed Ltd	200	745	1250	2500	4340	6200
2d Cpe T Type	350	770	1300	2550	4480	6400
4d Sta Wag, V-8	350	790	1350	2650	4620	6600
Electra, V-6						
4d Sed Ltd	350	780	1300	2600	4550	6500
4d Sed Park Ave	350	860	1450	2900	5050	7200
4d Sed T Type	350	840	1400	2800	4900	7000
4d Sta Wag, V-8	350	950	1550	3100	5400	7700
Riviera, V-6						
2d Cpe	350	880	1500	2950	5180	7400
2d Cpe T Type	350	1000	1650	3300	5750	8200
Reatta, V-6						
2d Cpe	400	1300	2200	4400	7700	11,000
1989						
Skyhawk, 4-cyl.						
4d Sed	150	650	975	1950	3350	4800
2d Cpe	150	650	950	1900	3300	4700
2d SE Cpe	200	700	1050	2100	3650	5200
4d Sta Wag	200	675	1000	2000	3500	5000
Skylark, 4-cyl.						
2d Cus Cpe	200	675	1000	2000	3500	5000
2d Cpe Ltd	200	700	1050	2100	3650	5200
4d Cus Sed	200	650	1100	2150	3780	5400
4d Sed Ltd	200	670	1150	2250	3920	5600
Skylark, V-6						
2d Cus Cpe	200	700	1050	2050	3600	5100
2d Cpe Ltd	200	700	1075	2150	3700	5300
4d Cus Sed	200	660	1100	2200	3850	5500
4d Sed Ltd	200	685	1150	2300	3990	5700
Century, 4-cyl.						
4d Cus Sed	200	700	1050	2100	3650	5200
4d Sed Ltd	200	650	1100	2150	3780	5400
2d Cus	200	700	1075	2150	3700	5300
4d Cus Sta Wag	200	670	1150	2250	3920	5600
4d Sta Wag Ltd	200	685	1150	2300	3990	5700
Century, V-6						
4d Cus Sed	200	700	1075	2150	3700	5300
4d Sed Ltd	200	660	1100	2200	3850	5500
2d Cus	200	650	1100	2150	3780	5400
4d Cus Sta Wag	200	685	1150	2300	3990	5700
4d Sta Wag Ltd	200	670	1200	2300	4060	5800
Regal, V-6						
2d Cus	350	820	1400	2700	4760	6800
2d Ltd	350	830	1400	2950	4830	6900
LeSabre, V-6						
2d	350	820	1400	2700	4760	6800

	6	5	4	3	2	1
2d Ltd	350	830	1400	2950	4830	6900
2d T Type	350	900	1500	3000	5250	7500
4d Cus	350	800	1350	2700	4700	6700
4d Ltd	350	820	1400	2700	4760	6800
4d Sta Wag, V-8	350	860	1450	2900	5050	7200
Electra, V-6						
4d Sed Ltd	350	975	1600	3200	5500	7900
4d Park Ave	450	1050	1800	3600	6200	8900
4d Park Ave Ultra	400	1300	2200	4400	7700	11,000
4d T Type	350	1020	1700	3400	5950	8500
4d Sta Wag, V-8	450	1140	1900	3800	6650	9500
Riviera, V-6						
2d Cpe	450	1080	1800	3600	6300	9000
1990						
Skylark, 4-cyl.						
2d Cpe	200	660	1100	2200	3850	5500
4d Sed	200	670	1150	2250	3920	5600
2d Cus Cpe	200	685	1150	2300	3990	5700
4d Cus Sed	200	670	1200	2300	4060	5800
2d Gran Spt Cpe	200	720	1200	2400	4200	6000
4d LE Sed	200	720	1200	2400	4200	6000
NOTE: Add 10 percent for V-6 where available.						
Century, 4-cyl.						
2d Cus	350	780	1300	2600	4550	6500
4d Cus	350	790	1350	2650	4620	6600
4d Cus Sta Wag	350	820	1400	2700	4760	6800
4d Ltd Sed	350	820	1400	2700	4760	6800
4d Ltd Sta Wag	350	840	1400	2800	4900	7000
NOTE: Add 10 percent for V-6 where available.						
Regal, V-6						
2d Cus Cpe	350	900	1500	3000	5250	7500
2d Ltd Cpe	350	975	1600	3200	5600	8000
LeSabre, V-6						
2d Cpe	350	975	1600	3200	5600	8000
4d Cus Sed	350	975	1600	3250	5700	8100
2d Ltd Cpe	350	1020	1700	3400	5950	8500
4d Ltd Sed	350	1040	1700	3450	6000	8600
Estate, V-8						
4d Sta Wag	450	1080	1800	3600	6300	9000
Electra, V-6						
4d Ltd Sed	450	1080	1800	3600	6300	9000
4d Park Ave	450	1140	1900	3800	6650	9500
4d Ultra Sed	450	1450	2400	4800	8400	12,000
4d T Type Sed	450	1140	1900	3800	6650	9500
Riviera, V-6						
2d Cpe	450	1140	1900	3800	6650	9500
Reatta, V-6						
2d Cpe	400	1300	2200	4400	7700	11,000
2d Conv	600	1900	3200	6400	11,200	16,000

CADILLAC

	6	5	4	3	2	1
1903						
Model A, 1-cyl.						
Rbt	1450	4550	7600	15,200	26,600	38,000
Tonn Rbt	1450	4700	7800	15,600	27,300	39,000
1904						
Model A, 1-cyl.						
Rbt	1400	4450	7400	14,800	25,900	37,000
Tonn Rbt	1450	4550	7600	15,200	26,600	38,000
Model B, 1-cyl.						
Rbt	1450	4550	7600	15,200	26,600	38,000
Tr	1450	4700	7800	15,600	27,300	39,000
1905						
Models B-E						
Rbt	1400	4450	7400	14,800	25,900	37,000
Tonn Rbt	1450	4550	7600	15,200	26,600	38,000
Model D, 4-cyl.						
Rbt	1450	4700	7800	15,600	27,300	39,000
Tonn Rbt	1500	4800	8000	16,000	28,000	40,000
Model F, 1-cyl.						
Tr	1300	4200	7000	14,000	24,500	35,000

1904 Cadillac Model B touring

	6	5	4	3	2	1
1906						
Model K-M, 1-cyl.						
Rbt	1300	4200	7000	14,000	24,500	35,000
Tr	1350	4300	7200	14,400	25,200	36,000
Model H, 4-cyl.						
Rbt	1350	4300	7200	14,400	25,200	36,000
Tr	1400	4450	7400	14,800	25,900	37,000
Model L, 4-cyl.						
7P Tr	1450	4700	7800	15,600	27,300	39,000
Limo	1400	4450	7400	14,800	25,900	37,000
1907						
Model G, 4-cyl. 20 hp.						
Rbt	1300	4200	7000	14,000	24,500	35,000
Tr	1350	4300	7200	14,400	25,200	36,000
Limo	1300	4100	6800	13,600	23,800	34,000
Model H, 4-cyl. 30 hp.						
Tr	1400	4450	7400	14,800	25,900	37,000
Limo	1350	4300	7200	14,400	25,200	36,000
Model K-M, 1-cyl.						
Rbt	1250	3950	6600	13,200	23,100	33,000
Tr	1300	4100	6800	13,600	23,800	34,000
1908						
Model G, 4-cyl. 25 hp.						
Rbt	1300	4200	7000	14,000	24,500	35,000
Tr	1350	4300	7200	14,400	25,200	36,000
Model H, 4-cyl. 30 hp.						
Rbt	1400	4450	7400	14,800	25,900	37,000
Tr	1450	4550	7600	15,200	26,600	38,000
Cpe	1300	4200	7000	14,000	24,500	35,000
Limo	1300	4100	6800	13,600	23,800	34,000
Model S-T, 1-cyl.						
Rbt	1300	4100	6800	13,600	23,800	34,000
Tr	1300	4200	7000	14,000	24,500	35,000
Cpe	1200	3850	6400	12,800	22,400	32,000
1909						
Model 30, 4-cyl.						
Rds	1300	4200	7000	14,000	24,500	35,000
demi T&C	1350	4300	7200	14,400	25,200	36,000
Tr	1400	4450	7400	14,800	25,900	37,000
Model T, 1-cyl.						
Tr	1250	3950	6600	13,200	23,100	33,000
1910						
Model 30, 4-cyl.						
Rds	1450	4550	7600	15,200	26,600	38,000

	6	5	4	3	2	1
demi T&C	1450	4700	7800	15,600	27,300	39,000
Tr	1400	4450	7400	14,800	25,900	37,000
Limo	1300	4200	7000	14,000	24,500	35,000
1911						
Model 30, 4-cyl.						
Rds	1450	4550	7600	15,200	26,600	38,000
demi T&C	1450	4700	7800	15,600	27,300	39,000
Tr	1500	4800	8000	16,000	28,000	40,000
Cpe	1350	4300	7200	14,400	25,200	36,000
Limo	1400	4450	7400	14,800	25,900	37,000
1912						
Model 30, 4-cyl.						
Rds	1600	5150	8600	17,200	30,100	43,000
4P Phae	1650	5300	8800	17,600	30,800	44,000
5P Tr	1700	5400	9000	18,000	31,500	45,000
Cpe	1400	4450	7400	14,800	25,900	37,000
Limo	1450	4700	7800	15,600	27,300	39,000
1913						
Model 30, 4-cyl.						
Rds	1600	5150	8600	17,200	30,100	43,000
Phae	1650	5300	8800	17,600	30,800	44,000
Torp	1700	5400	9000	18,000	31,500	45,000
5P Tr	1750	5500	9200	18,400	32,200	46,000
6P Tr	1750	5650	9400	18,800	32,900	47,000
Cpe	1350	4300	7200	14,400	25,200	36,000
Limo	1450	4700	7800	15,600	27,300	39,000
1914						
Model 30, 4-cyl.						
Rds	1650	5300	8800	17,600	30,800	44,000
Phae	1700	5400	9000	18,000	31,500	45,000
5P Tr	1750	5500	9200	18,400	32,200	46,000
7P Tr	1750	5650	9400	18,800	32,900	47,000
Lan Cpe	1400	4450	7400	14,800	25,900	37,000
Encl dr Limo	1450	4700	7800	15,600	27,300	39,000
Limo	1500	4800	8000	16,000	28,000	40,000
1915						
Model 51, V-8						
Rds	1750	5500	9200	18,400	32,200	46,000
Sal Tr	1750	5650	9400	18,800	32,900	47,000
7P Tr	1800	5750	9600	19,200	33,600	48,000
3P Cpe	1350	4300	7200	14,400	25,200	36,000
Sed Brgm	1300	4200	7000	14,000	24,500	35,000
7P Limo	1500	4800	8000	16,000	28,000	40,000
Berl Limo	1600	5050	8400	16,800	29,400	42,000
1916						
Model 53 V-8						
Rds	1700	5400	9000	18,000	31,500	45,000
5P Tr	1750	5500	9200	18,400	32,200	46,000
7P Tr	1750	5650	9400	18,800	32,900	47,000
3P Cpe	1350	4300	7200	14,400	25,200	36,000
Sed Brgm	1300	4200	7000	14,000	24,500	35,000
7P Limo	1500	4800	8000	16,000	28,000	40,000
Berl Limo	1600	5050	8400	16,800	29,400	42,000
1917						
Model 55, V-8						
Rds	1700	5400	9000	18,000	31,500	45,000
Clb Rds	1750	5500	9200	18,400	32,200	46,000
Conv	1650	5300	8800	17,600	30,800	44,000
Cpe	1300	4200	7000	14,000	24,500	35,000
Vic	1350	4300	7200	14,400	25,200	36,000
Brgm	1300	4200	7000	14,000	24,500	35,000
Limo	1450	4550	7600	15,200	26,600	38,000
Imp Limo	1500	4800	8000	16,000	28,000	40,000
7P Lan'let	1600	5050	8400	16,800	29,400	42,000
1918-19						
Type 57, V-8						
Rds	1650	5300	8800	17,600	30,800	44,000
Phae	1700	5400	9000	18,000	31,500	45,000
Tr	1600	5150	8600	17,200	30,100	43,000
Conv Vic	1600	5050	8400	16,800	29,400	42,000
Brgm	1300	4100	6800	13,600	23,800	34,000
Limo	1300	4200	7000	14,000	24,500	35,000
Twn Limo	1350	4300	7200	14,400	25,200	36,000

1918 Cadillac Type 57 V-8 touring

	6	5	4	3	2	1
Lan'let	1450	4550	7600	15,200	26,600	38,000
Twn Lan'let	1500	4800	8000	16,000	28,000	40,000
Imp Limo	1450	4700	7800	15,600	27,300	39,000
1920-1921						
Type 59, V-8						
Rds	1550	4900	8200	16,400	28,700	41,000
Phae	1600	5050	8400	16,800	29,400	42,000
Tr	1500	4800	8000	16,000	28,000	40,000
Vic	1200	3850	6400	12,800	22,400	32,000
Sed	1150	3700	6200	12,400	21,700	31,000
Cpe	1200	3850	6400	12,800	22,400	32,000
Sub	1150	3700	6200	12,400	21,700	31,000
Limo	1300	4200	7000	14,000	24,500	35,000
Twn Brgm	1350	4300	7200	14,400	25,200	36,000
Imp Limo	1400	4450	7400	14,800	25,900	37,000
NOTE: Coupe and Town Brougham dropped for 1921.						
1922-1923						
Type 61, V-8						
Rds	1450	4550	7600	15,200	26,600	38,000
Phae	1450	4700	7800	15,600	27,300	39,000
Tr	1450	4550	7600	15,200	26,600	38,000
Cpe	1150	3700	6200	12,400	21,700	31,000
Vic	1200	3850	6400	12,800	22,400	32,000
5P Cpe	1100	3500	5800	11,600	20,300	29,000
Sed	1050	3350	5600	11,200	19,600	28,000
Sub	1250	3950	6600	13,200	23,100	33,000
7P Limo	1300	4100	6800	13,600	23,800	34,000
Imp Limo	1300	4200	7000	14,000	24,500	35,000
Lan'let Sed	1350	4300	7200	14,400	25,200	36,000
1924-1925						
V-63, V-8						
Rds	1450	4700	7800	15,600	27,300	39,000
Phae	1600	5050	8400	16,800	29,400	42,000
Tr	1450	4550	7600	15,200	26,600	38,000
Vic	1150	3700	6200	12,400	21,700	31,000
Cpe	1150	3600	6000	12,000	21,000	30,000
Limo	1050	3400	5700	11,400	20,000	28,500
Twn Brgm	1100	3500	5800	11,600	20,300	29,000
Imp Sed	1050	3350	5600	11,200	19,600	28,000
Custom models, (V-8 introduced Oct., 1924)						
Cpe	1100	3500	5800	11,600	20,300	29,000
5P Cpe	1150	3600	6000	12,000	21,000	30,000
5P Sed	1100	3550	5900	11,800	20,700	29,500
Sub	1100	3500	5800	11,600	20,300	29,000
Imp Sub	1100	3550	5900	11,800	20,700	29,500

	6	5	4	3	2	1
Other models, V-8						
7P Sed	1100	3500	5800	11,600	20,300	29,000
Vic	1100	3550	5900	11,800	20,700	29,500
Lan Sed	1150	3600	6000	12,000	21,000	30,000
2d Sed	1000	3100	5200	10,400	18,200	26,000
8P Imp Sed	1000	3250	5400	10,800	18,900	27,000
(All Custom and post-Dec. 1924 models have scrolled radiators).						
1926-1927						
Series 314, V-8						
Cpe	1350	4300	7200	14,400	25,200	36,000
Vic	1400	4450	7400	14,800	25,900	37,000
5P Brgm	1350	4300	7200	14,400	25,200	36,000
5P Sed	1050	3350	5600	11,200	19,600	28,000
7P Sed	1100	3500	5800	11,600	20,300	29,000
Imp Sed	1050	3350	5600	11,200	19,600	28,000
Custom Line, V-8						
Rds	3250	10,300	17,200	34,400	60,200	86,000
Tr	3250	10,300	17,200	34,400	60,200	86,000
Phae	3300	10,550	17,600	35,200	61,600	88,000
Cpe	1750	5500	9200	18,400	32,200	46,000
Sed	1450	4700	7800	15,600	27,300	39,000
Sub	1500	4800	8000	16,000	28,000	40,000
Imp Sed	1650	5300	8800	17,600	30,800	44,000
1927						
Series 314 Std., V-8, 132" wb						
Spt Cpe	1500	4800	8000	16,000	28,000	40,000
Cpe	1400	4450	7400	14,800	25,900	37,000
Sed 5P	1100	3500	5800	11,600	20,300	29,000
Sed 7P	1150	3600	6000	12,000	21,000	30,000
Victoria 4P	1450	4550	7600	15,200	26,600	38,000
Spt Sed	1150	3700	6200	12,400	21,700	31,000
Brgm	1100	3500	5800	11,600	20,300	29,000
Imp	1150	3700	6200	12,400	21,700	31,000
Std. Series, V-8, 132" wb						
7P Sed	1150	3600	6000	12,000	21,000	30,000
Custom, 138" wb						
RS Rds	2850	9100	15,200	30,400	53,200	76,000
RS Conv	2350	7450	12,400	24,800	43,400	62,000
Phae	3100	9850	16,400	32,800	57,400	82,000
Spt Phae	3250	10,300	17,200	34,400	60,200	86,000
Tr	3000	9600	16,000	32,000	56,000	80,000
Conv	2200	6950	11,600	23,200	40,600	58,000
Cpe	1600	5050	8400	16,800	29,400	42,000
5P Sed	1200	3850	6400	12,800	22,400	32,000
Sub	1250	3950	6600	13,200	23,100	33,000
Imp Sed	1300	4100	6800	13,600	23,800	34,000
Brn Twn Cabr	1300	4100	6800	13,600	23,800	34,000
Wilby Twn Cabr	1450	4550	7600	15,200	26,600	38,000
Fleetwood Bodies						
Limo Brgm	1600	5150	8600	17,200	30,100	43,000
Twn Cabr	1700	5400	9000	18,000	31,500	45,000
Trans Twn Cabr	1850	5900	9800	19,600	34,300	49,000
Coll Twn Cabr	1900	6000	10,000	20,000	35,000	50,000
Vic	1600	5050	8400	16,800	29,400	42,000
1928						
Fisher Custom Line, V-8, 140" wb						
Rds	4000	12,700	21,200	42,400	74,200	106,000
Tr	4050	12,950	21,600	43,200	75,600	108,000
Phae	4150	13,200	22,000	44,000	77,000	110,000
Spt Phae	4350	13,900	23,200	46,400	81,200	116,000
Conv RS	3600	11,500	19,200	38,400	67,200	96,000
2P Cpe	1500	4800	8000	16,000	28,000	40,000
5P Cpe	1400	4450	7400	14,800	25,900	37,000
Twn Sed	1300	4200	7000	14,000	24,500	35,000
Sed	1300	4100	6800	13,600	23,800	34,000
7P Sed	1300	4200	7000	14,000	24,500	35,000
5P Imp Sed	1350	4300	7200	14,400	25,200	36,000
Imp Cabr	3750	12,000	20,000	40,000	70,000	100,000
7P Imp Sed	2250	7200	12,000	24,000	42,000	60,000
7P Imp Cabr	4150	13,200	22,000	44,000	77,000	110,000
Fisher Fleetwood Line, V-8, 140" wb						
Sed	1450	4550	7600	15,200	26,600	38,000
5P Cabr	4000	12,700	21,200	42,400	74,200	106,000
5P Imp Cabr	4150	13,200	22,000	44,000	77,000	110,000
7P Sed	1500	4800	8000	16,000	28,000	40,000

	6	5	4	3	2	1
7P Cabr	4050	12,950	21,600	43,200	75,600	108,000
7P Imp Cabr	4200	13,450	22,400	44,800	78,400	112,000
Trans Twn Cabr	4150	13,200	22,000	44,000	77,000	110,000
Trans Limo Brgm	2850	9100	15,200	30,400	53,200	76,000
1929						
Series 341-B, V-8, 140" wb						
Rds	4150	13,200	22,000	44,000	77,000	110,000
Phae	4300	13,700	22,800	45,600	79,800	114,000
Spt Phae	4650	14,900	24,800	49,600	86,800	124,000
Tr	3750	12,000	20,000	40,000	70,000	100,000
Conv	3750	12,000	20,000	40,000	70,000	100,000
2P Cpe	2650	8400	14,000	28,000	49,000	70,000
5P Cpe	2000	6350	10,600	21,200	37,100	53,000
5P Sed	1600	5150	8600	17,200	30,100	43,000
7P Sed	1600	5050	8400	16,800	29,400	42,000
Twn Sed	1650	5300	8800	17,600	30,800	44,000
7P Imp Sed	1700	5400	9000	18,000	31,500	45,000
Fleetwood Custom Line, V-8, 140" wb						
Sed	1600	5150	8600	17,200	30,100	43,000
Sed Cabr	4350	13,900	23,200	46,400	81,200	116,000
5P Imp Sed	1900	6000	10,000	20,000	35,000	50,000
7P Imp Sed	1900	6100	10,200	20,400	35,700	51,000
Trans Twn Cabr	3750	12,000	20,000	40,000	70,000	100,000
Trans Limo Brgm	2850	9100	15,200	30,400	53,200	76,000
Clb Cabr	4000	12,700	21,200	42,400	74,200	106,000
A/W Phae	4750	15,100	25,200	50,400	88,200	126,000
A/W State Imp	4750	15,100	25,200	50,400	88,200	126,000

1930 Cadillac Series 452 sport phaeton

	6	5	4	3	2	1
1930						
Series 353, V-8, 140" wb						
Fisher Custom Line						
Conv	4150	13,200	22,000	44,000	77,000	110,000
2P Cpe	2700	8650	14,400	28,800	50,400	72,000
Twn Sed	1600	5150	8600	17,200	30,100	43,000
Sed	1600	5050	8400	16,800	29,400	42,000
7P Sed	1650	5300	8800	17,600	30,800	44,000
7P Imp Sed	1900	6000	10,000	20,000	35,000	50,000
5P Cpe	1950	6250	10,400	20,800	36,400	52,000
Fleetwood Line, V-8						
Rds	4750	15,100	25,200	50,400	88,200	126,000
5P Sed	1700	5400	9000	18,000	31,500	45,000
Sed Cabr	4150	13,200	22,000	44,000	77,000	110,000
5P Imp	1900	6000	10,000	20,000	35,000	50,000
7P Sed	1700	5400	9000	18,000	31,500	45,000
7P Imp	1900	6000	10,000	20,000	35,000	50,000
Trans Cabr	4800	15,350	25,600	51,200	89,600	128,000
Trans Limo Brgm	4600	14,650	24,400	48,800	85,400	122,000
Clb Cabr	4750	15,100	25,200	50,400	88,200	126,000

	6	5	4	3	2	1
A/W Phae	5100	16,300	27,200	54,400	95,200	136,000
A/W State Imp	5250	16,800	28,000	56,000	98,000	140,000
Fleetwood Custom Line, V-16, 148" wb						
Rds	12,400	39,600	66,000	132,000	231,000	330,000
Phae	13,150	42,000	70,000	140,000	245,000	350,000
"Flat Windshield" Models						
A/W Phae	13,300	42,600	71,000	142,000	248,500	355,000
Conv	12,400	39,600	66,000	132,000	231,000	330,000
Cpe	4750	15,100	25,200	50,400	88,200	126,000
Clb Sed	4500	14,400	24,000	48,000	84,000	120,000
5P OS Sed	4500	14,400	24,000	48,000	84,000	120,000
5P Sed Cabr	10,500	33,600	56,000	112,000	196,000	280,000
Imp Cabr	10,500	33,600	56,000	112,000	196,000	280,000
7P Sed	4750	15,100	25,200	50,400	88,200	126,000
7P Imp Sed	4900	15,600	26,000	52,000	91,000	130,000
Twn Cabr 4212	10,700	34,200	57,000	114,000	199,500	285,000
Twn Cabr 4220	10,700	34,200	57,000	114,000	199,500	285,000
Twn Cabr 4225	10,700	34,200	57,000	114,000	199,500	285,000
Limo Brgm	7700	24,600	41,000	82,000	143,500	205,000
Twn Brgm 05	7700	24,600	41,000	82,000	143,500	205,000
"Cane-bodied" Model						
Twn Brgm	7700	24,600	41,000	82,000	143,500	205,000
Madame X Models						
A/W Phae	14,050	45,000	75,000	150,000	262,500	375,000
Conv	13,500	43,200	72,000	144,000	252,000	360,000
Cpe	6950	22,200	37,000	74,000	129,500	185,000
5P OS Imp	6550	21,000	35,000	70,000	122,500	175,000
5P Imp	6400	20,400	34,000	68,000	119,000	170,000
Twn Cabr 4312	12,000	38,400	64,000	128,000	224,000	320,000
Twn Cabr 4320	12,000	38,400	64,000	128,000	224,000	320,000
Twn Cabr 4325	12,000	38,400	64,000	128,000	224,000	320,000
Limo Brgm	9000	28,800	48,000	96,000	168,000	240,000
1931						
Series 355, V-8, 134" wb						
Fisher Bodies						
Rds	4800	15,350	25,600	51,200	89,600	128,000
Phae	4600	14,650	24,400	48,800	85,400	122,000
2P Cpe	2850	9100	15,200	30,400	53,200	76,000
5P Cpe	2800	8900	14,800	29,600	51,800	74,000
Sed	1700	5400	9000	18,000	31,500	45,000
Twn Sed	1750	5650	9400	18,800	32,900	47,000
7P Sed	1850	5900	9800	19,600	34,300	49,000
Imp Limo	1900	6000	10,000	20,000	35,000	50,000
Fleetwood Bodies V-8						
Rds	5100	16,300	27,200	54,400	95,200	136,000
Conv	5100	16,300	27,200	54,400	95,200	136,000
Phae	5450	17,400	29,000	58,000	101,500	145,000
A/W Phae	5650	18,000	30,000	60,000	105,000	150,000
Series 370, V-12, 140" wb						
Rds	8450	27,000	45,000	90,000	157,500	225,000
Phae	8450	27,000	45,000	90,000	157,500	225,000
Conv	7900	25,200	42,000	84,000	147,000	210,000
A/W Phae	8650	27,600	46,000	92,000	161,000	230,000
2P Cpe	5250	16,800	28,000	56,000	98,000	140,000
5P Cpe	5250	16,800	28,000	56,000	98,000	140,000
Sed	4500	14,400	24,000	48,000	84,000	120,000
Twn Sed	4750	15,100	25,200	50,400	88,200	126,000
Series 370, V-12, 143" wb						
7P Sed	5100	16,300	27,200	54,400	95,200	136,000
Imp Sed	5250	16,800	28,000	56,000	98,000	140,000
Series V-16, 148" wb						
2P Rds	13,500	43,200	72,000	144,000	252,000	360,000
Phae	13,700	43,800	73,000	146,000	255,500	365,000
A/W Phae	4750	15,100	25,200	50,400	88,200	126,000
4476 Cpe	4500	14,400	24,000	48,000	84,000	120,000
4276 Cpe	4750	15,100	25,200	50,400	88,200	126,000
5P Cpe	4900	15,600	26,000	52,000	91,000	130,000
Conv	13,700	43,800	73,000	146,000	255,500	365,000
4361 Clb Sed	6400	20,400	34,000	68,000	119,000	170,000
4161 Clb Sed	6400	20,400	34,000	68,000	119,000	170,000
4330 Imp	6550	21,000	35,000	70,000	122,500	175,000
4330 Sed	3600	11,500	19,200	38,400	67,200	96,000
4130 Sed	3750	12,000	20,000	40,000	70,000	100,000
4130 Imp	3750	12,000	20,000	40,000	70,000	100,000
4335 Sed Cabr	11,450	36,600	61,000	122,000	213,500	305,000

	6	5	4	3	2	1
4355 Imp Cabr	11,650	37,200	62,000	124,000	217,000	310,000
4155 Sed Cabr	11,650	37,200	62,000	124,000	217,000	310,000
4155 Imp Cabr	12,200	39,000	65,000	130,000	227,500	325,000
4375 Sed	3600	11,500	19,200	38,400	67,200	96,000
4175 Sed	3750	12,000	20,000	40,000	70,000	100,000
4375 Imp	4000	12,700	21,200	42,400	74,200	106,000
4175 Imp	4150	13,200	22,000	44,000	77,000	110,000
4312 Twn Cabr	11,650	37,200	62,000	124,000	217,000	310,000
4320 Twn Cabr	11,650	37,200	62,000	124,000	217,000	310,000
4220 Twn Cabr	11,650	37,200	62,000	124,000	217,000	310,000
4325 Twn Cabr	11,450	36,600	61,000	122,000	213,500	305,000
4225 Twn Cabr	11,450	36,600	61,000	122,000	213,500	305,000
4391 Limo Brgm	8250	26,400	44,000	88,000	154,000	220,000
4291 Limo Brgm	8650	27,600	46,000	92,000	161,000	230,000
4264 Twn Brgm	8800	28,200	47,000	94,000	164,500	235,000
4264B Twn Brgm C/N	9000	28,800	48,000	96,000	168,000	240,000
1932						
Series 355B, V-8, 134" wb						
Rds	4450	14,150	23,600	47,200	82,600	118,000
Conv	3850	12,250	20,400	40,800	71,400	102,000
2P Cpe	1900	6000	10,000	20,000	35,000	50,000
Sed	1550	4900	8200	16,400	28,700	41,000
Fisher Line, 140" wb						
Std Phae	4000	12,700	21,200	42,400	74,200	106,000
DW Phae	4000	12,700	21,200	42,400	74,200	106,000
DC Spt Phae	4150	13,200	22,000	44,000	77,000	110,000
A/W Phae	4150	13,200	22,000	44,000	77,000	110,000
Cpe	2050	6600	11,000	22,000	38,500	55,000
Spec Sed	1600	5050	8400	16,800	29,400	42,000
Twn Sed	1600	5150	8600	17,200	30,100	43,000
Imp Sed	1700	5400	9000	18,000	31,500	45,000
Fleetwood Bodies, 140" wb						
Sed	1700	5400	9000	18,000	31,500	45,000
Twn Cpe	2150	6850	11,400	22,800	39,900	57,000
7P Sed	1900	6000	10,000	20,000	35,000	50,000
7P Limo	2150	6850	11,400	22,800	39,900	57,000
5P Twn Car	4000	12,700	21,200	42,400	74,200	106,000
Twn Cabr	4150	13,200	22,000	44,000	77,000	110,000
Limo Brgm	2500	7900	13,200	26,400	46,200	66,000
Series 370-B, V-12, 134" wb						
Rds	7150	22,800	38,000	76,000	133,000	190,000
Conv	6750	21,600	36,000	72,000	126,000	180,000
2P Cpe	2650	8400	14,000	28,000	49,000	70,000
Std Sed	1900	6000	10,000	20,000	35,000	50,000
Series 370-B, V-12, 140" wb						
Fisher Bodies						
Std Phae	6950	22,200	37,000	74,000	129,500	185,000
Spl Phae	7150	22,800	38,000	76,000	133,000	190,000
Spt Phae	7500	24,000	40,000	80,000	140,000	200,000
A/W Phae	7300	23,400	39,000	78,000	136,500	195,000
5P Cpe	3000	9600	16,000	32,000	56,000	80,000
Spl Sed	2850	9100	15,200	30,400	53,200	76,000
Twn Sed	2500	7900	13,200	26,400	46,200	66,000
7P Sed	2550	8150	13,600	27,200	47,600	68,000
7P Imp	2650	8400	14,000	28,000	49,000	70,000
Series 370-B, V-12, 140" wb						
Fleetwood Bodies						
Tr	8250	26,400	44,000	88,000	154,000	220,000
Conv	8450	27,000	45,000	90,000	157,500	225,000
Sed	3250	10,300	17,200	34,400	60,200	86,000
Twn Cpe	3300	10,550	17,600	35,200	61,600	88,000
7P Sed	2950	9350	15,600	31,200	54,600	78,000
Limo	3250	10,300	17,200	34,400	60,200	86,000
5P Twn Cabr	8050	25,800	43,000	86,000	150,500	215,000
7P Twn Cabr	8250	26,400	44,000	88,000	154,000	220,000
Limo Brgm	6750	21,600	36,000	72,000	126,000	180,000
Series 452-B, V-16, 143" wb						
Fisher Bodies						
Rds	11,250	36,000	60,000	120,000	210,000	300,000
Conv	10,150	32,400	54,000	108,000	189,000	270,000
Cpe	7700	24,600	41,000	82,000	143,500	205,000
Std Sed	6750	21,600	36,000	72,000	126,000	180,000
Series 452-B, V-16, 149" wb						
Fisher Bodies						
Std Phae	12,950	41,400	69,000	138,000	241,500	345,000

	6	5	4	3	2	1
Spl Phae	13,150	42,000	70,000	140,000	245,000	350,000
Spt Phae	12,950	41,400	69,000	138,000	241,500	345,000
A/W Phae	13,150	42,000	70,000	140,000	245,000	350,000
Fleetwood Bodies, V-16						
5P Sed	8050	25,800	43,000	86,000	150,500	215,000
Imp Limo	8800	28,200	47,000	94,000	164,500	235,000
Twn Cpe	9000	28,800	48,000	96,000	168,000	240,000
7P Sed	8800	28,200	47,000	94,000	164,500	235,000
7P Twn Cabr	12,750	40,800	68,000	136,000	238,000	340,000
5P Twn Cabr	12,550	40,200	67,000	134,000	234,500	335,000
Limo Brgm	8250	26,400	44,000	88,000	154,000	220,000
1933						
Series 355C, V-8, 134" wb						
Fisher Bodies						
Rds	4150	13,200	22,000	44,000	77,000	110,000
Conv	3600	11,500	19,200	38,400	67,200	96,000
Cpe	1700	5400	9000	18,000	31,500	45,000
Series 355C, V-8, 140" wb						
Fisher Bodies						
Phae	3850	12,250	20,400	40,800	71,400	102,000
A/W Phae	4000	12,700	21,200	42,400	74,200	106,000
5P Cpe	1750	5500	9200	18,400	32,200	46,000
Sed	1650	5300	8800	17,600	30,800	44,000
Twn Sed	1700	5400	9000	18,000	31,500	45,000
7P Sed	1750	5500	9200	18,400	32,200	46,000
Imp Sed	1850	5900	9800	19,600	34,300	49,000
Series 355C, V-8, 140" wb						
Fleetwood Line						
5P Sed	1700	5400	9000	18,000	31,500	45,000
7P Sed	1750	5500	9200	18,400	32,200	46,000
Limo	1850	5900	9800	19,600	34,300	49,000
5P Twn Cabr	3850	12,250	20,400	40,800	71,400	102,000
7P Twn Cabr	4000	12,700	21,200	42,400	74,200	106,000
Limo Brgm	2350	7450	12,400	24,800	43,400	62,000
Series 370C, V-12, 134" wb						
Fisher Bodies						
Rds	4500	14,400	24,000	48,000	84,000	120,000
Conv	4350	13,900	23,200	46,400	81,200	116,000
Cpe	2800	8900	14,800	29,600	51,800	74,000
Series, 370C, V-12, 140" wb						
Fisher Bodies						
Phae	4450	14,150	23,600	47,200	82,600	118,000
A/W Phae	4500	14,400	24,000	48,000	84,000	120,000
5P Cpe	2950	9350	15,600	31,200	54,600	78,000
Sed	2500	7900	13,200	26,400	46,200	66,000
Twn Sed	2500	7900	13,200	26,400	46,200	66,000
7P Sed	2350	7450	12,400	24,800	43,400	62,000
Imp Sed	2550	8150	13,600	27,200	47,600	68,000
Series 370C, V-12, 140" wb						
Fleetwood Line						
Sed	2550	8150	13,600	27,200	47,600	68,000
7P Sed	2550	8150	13,600	27,200	47,600	68,000
Limo	2650	8400	14,000	28,000	49,000	70,000
5P Twn Cabr	4500	14,400	24,000	48,000	84,000	120,000
7P Twn Cabr	4600	14,650	24,400	48,800	85,400	122,000
7P Limo Brgm	3000	9600	16,000	32,000	56,000	80,000
Series 452-C V-16, 154" wb						
DC Spt Phae	9750	31,200	52,000	104,000	182,000	260,000
Fleetwood Bodies, 149" wb						
Conv	9550	30,600	51,000	102,000	178,500	255,000
A/W Phae	9750	31,200	52,000	104,000	182,000	260,000
Sed	6750	21,600	36,000	72,000	126,000	180,000
7P Sed	6750	21,600	36,000	72,000	126,000	180,000
Twn Cab	8450	27,000	45,000	90,000	157,500	225,000
7P Twn Cab	8250	26,400	44,000	88,000	154,000	220,000
7P Limo	6950	22,200	37,000	74,000	129,500	185,000
Limo Brgm	6950	22,200	37,000	74,000	129,500	185,000
5P Twn Cpe	6550	21,000	35,000	70,000	122,500	175,000
Imp Cab	8650	27,600	46,000	92,000	161,000	230,000
1934						
Series 355D, V-8, 128" wb						
Fisher Bodies						
Conv	2850	9100	15,200	30,400	53,200	76,000
Conv Sed	2950	9350	15,600	31,200	54,600	78,000
2P Cpe	1700	5400	9000	18,000	31,500	45,000

	6	5	4	3	2	1
Twn Cpe	1500	4800	8000	16,000	28,000	40,000
Sed	1450	4550	7600	15,200	26,600	38,000
Twn Sed	1450	4700	7800	15,600	27,300	39,000
Series 355D, V-8, 136" wb						
Fisher Bodies						
Conv	3000	9600	16,000	32,000	56,000	80,000
Conv Sed	3100	9850	16,400	32,800	57,400	82,000
Cpe	1750	5650	9400	18,800	32,900	47,000
Sed	1450	4550	7600	15,200	26,600	38,000
Twn Sed	1450	4700	7800	15,600	27,300	39,000
7P Sed	1700	5400	9000	18,000	31,500	45,000
Imp Sed	1900	6000	10,000	20,000	35,000	50,000
1934						
Series 355D, V-8, 146" wb						
Fleetwood bodies with straight windshield						
Sed	1500	4800	8000	16,000	28,000	40,000
Twn Sed	1550	4900	8200	16,400	28,700	41,000
7P Sed	1600	5050	8400	16,800	29,400	42,000
7P Limo	1650	5300	8800	17,600	30,800	44,000
Imp Cab	3550	11,300	18,800	37,600	65,800	94,000
7P Imp Cab	3600	11,500	19,200	38,400	67,200	96,000
Series 355D, V-8, 146" wb						
Fleetwood bodies with modified "V" windshield						
Conv	3250	10,300	17,200	34,400	60,200	86,000
Aero Cpe	3000	9600	16,000	32,000	56,000	80,000
Cpe	2050	6600	11,000	22,000	38,500	55,000
Spl Sed	1700	5400	9000	18,000	31,500	45,000
Spl Twn Sed	1750	5500	9200	18,400	32,200	46,000
Conv Sed Div	3600	11,500	19,200	38,400	67,200	96,000
7P Spl Sed	1750	5650	9400	18,800	32,900	47,000
Spl Limo	1850	5900	9800	19,600	34,300	49,000
Sp Twn Cab	3600	11,500	19,200	38,400	67,200	96,000
7P Twn Cab	3700	11,750	19,600	39,200	68,600	98,000
5P Spl Imp Cab	3700	11,750	19,600	39,200	68,600	98,000
7P Spl Imp Cab	3750	12,000	20,000	40,000	70,000	100,000
Limo Brgm	2850	9100	15,200	30,400	53,200	76,000
1934						
Series 370D, V-12, 146" wb						
Fleetwood bodies with straight windshield						
Sed	2050	6600	11,000	22,000	38,500	55,000
Twn Sed	2100	6700	11,200	22,400	39,200	56,000
7P	2150	6850	11,400	22,800	39,900	57,000
7P Limo	2250	7200	12,000	24,000	42,000	60,000
5P Imp Cab	4000	12,700	21,200	42,400	74,200	106,000
7P Imp Cab	4050	12,950	21,600	43,200	75,600	108,000
Series 370D, V-12, 146" wb						
Fleetwood bodies with modified "V" windshield						
Conv	3700	11,750	19,600	39,200	68,600	98,000
Aero Cpe	3400	10,800	18,000	36,000	63,000	90,000
RS Cpe	2400	7700	12,800	25,600	44,800	64,000
Spl Sed	2100	6700	11,200	22,400	39,200	56,000
Spl Twn Sed	2200	6950	11,600	23,200	40,600	58,000
Conv Sed	4150	13,200	22,000	44,000	77,000	110,000
7P Spl Sed	2250	7200	12,000	24,000	42,000	60,000
Spec Limo	2500	7900	13,200	26,400	46,200	66,000
5P Twn Cab	4000	12,700	21,200	42,400	74,200	106,000
7P Twn Cab	4050	12,950	21,600	43,200	75,600	108,000
5P Spl Imp Cab	4150	13,200	22,000	44,000	77,000	110,000
7P Spl Imp Cab	4450	14,150	23,600	47,200	82,600	118,000
Series 452D, V-16, 154" wb						
Fleetwood bodies with straight windshield						
Sed	5450	17,400	29,000	58,000	101,500	145,000
Twn Sed	5650	18,000	30,000	60,000	105,000	150,000
7P Sed	5650	18,000	30,000	60,000	105,000	150,000
Limo	5800	18,600	31,000	62,000	108,500	155,000
5P Imp Cab	7150	22,800	38,000	76,000	133,000	190,000
Series 452D, V-16, 154" wb						
Fleetwood bodies with modified "V" windshield						
4P Conv	7500	24,000	40,000	80,000	140,000	200,000
Aero Cpe	7150	22,800	38,000	76,000	133,000	190,000
RS Cpe	8650	27,600	46,000	92,000	161,000	230,000
Spl Sed	8250	26,400	44,000	88,000	154,000	220,000
Spl Twn Sed	5800	18,600	31,000	62,000	108,500	155,000
Conv Sed	8450	27,000	45,000	90,000	157,500	225,000
7P Spl Sed	5650	18,000	30,000	60,000	105,000	150,000

	6	5	4	3	2	1
Spl Limo	6000	19,200	32,000	64,000	112,000	160,000
5P Twn Cab	6950	22,200	37,000	74,000	129,500	185,000
7P Twn Cab	7150	22,800	38,000	76,000	133,000	190,000
5P Spl Imp Cab	7300	23,400	39,000	78,000	136,500	195,000
7P Spl Imp Cab	7500	24,000	40,000	80,000	140,000	200,000
Limo Brgm	6400	20,400	34,000	68,000	119,000	170,000
1935						
Series 355E, V-8, 128" wb						
Fisher Bodies						
RS Conv	2850	9100	15,200	30,400	53,200	76,000
Conv Sed	2950	9350	15,600	31,200	54,600	78,000
RS Cpe	1700	5400	9000	18,000	31,500	45,000
5P Twn Cpe	1500	4800	8000	16,000	28,000	40,000
Sed	1450	4550	7600	15,200	26,600	38,000
Twn Sed	1450	4700	7800	15,600	27,300	39,000
Series 355E, V-8, 136" wb						
Fisher Bodies						
RS Conv	2650	8400	14,000	28,000	49,000	70,000
Conv Sed	2550	8150	13,600	27,200	47,600	68,000
RS Cpe	2000	6350	10,600	21,200	37,100	53,000
Sed	1600	5050	8400	16,800	29,400	42,000
Twn Sed	1600	5150	8600	17,200	30,100	43,000
7P Sed	1700	5400	9000	18,000	31,500	45,000
Imp Sed	1900	6000	10,000	20,000	35,000	50,000
Series 355E, V-8, 146" wb						
Fleetwood bodies with straight windshield						
Sed	1500	4800	8000	16,000	28,000	40,000
Twn Sed	1550	4900	8200	16,400	28,700	41,000
7P Sed	1600	5050	8400	16,800	29,400	42,000
Limo	1650	5300	8800	17,600	30,800	44,000
5P Imp Cabr	3550	11,300	18,800	37,600	65,800	94,000
7P Imp Cabr	3600	11,500	19,200	38,400	67,200	96,000
Series 355E, V-8, 146" wb						
Fleetwood bodies with modified "V" windshield						
4P Conv	3250	10,300	17,200	34,400	60,200	86,000
4P Cpe	2050	6600	11,000	22,000	38,500	55,000
Spl Sed	1700	5400	9000	18,000	31,500	45,000
Spl Twn Sed	1750	5500	9200	18,400	32,200	46,000
Conv Sed	3600	11,500	19,200	38,400	67,200	96,000
7P Spl Sed	1750	5650	9400	18,800	32,900	47,000
Spl Limo	1850	5900	9800	19,600	34,300	49,000
5P Twn Cabr	3600	11,500	19,200	38,400	67,200	96,000
7P Twn Cabr	3700	11,750	19,600	39,200	68,600	98,000
5P Imp Cabr	3700	11,750	19,600	39,200	68,600	98,000
7P Imp Cabr	3750	12,000	20,000	40,000	70,000	100,000
Limo Brgm	2850	9100	15,200	30,400	53,200	76,000
Series 370E, V-12, 146" wb						
Fleetwood bodies with straight windshield						
Sed	2050	6600	11,000	22,000	38,500	55,000
Twn Sed	2100	6700	11,200	22,400	39,200	56,000
7P Sed	2150	6850	11,400	22,800	39,900	57,000
Limo	2250	7200	12,000	24,000	42,000	60,000
5P Imp Cabr	4000	12,700	21,200	42,400	74,200	106,000
7P Imp Cabr	4050	12,950	21,600	43,200	75,600	108,000
Series 370E, V-12, 146" wb						
Fleetwood bodies with modified "V" windshield						
Conv	3700	11,750	19,600	39,200	68,600	98,000
4P Cpe	2400	7700	12,800	25,600	44,800	64,000
Spl Sed	2100	6700	11,200	22,400	39,200	56,000
Spl Twn Sed	2200	6950	11,600	23,200	40,600	58,000
Conv Sed	4150	13,200	22,000	44,000	77,000	110,000
7P Spl Sed	2250	7200	12,000	24,000	42,000	60,000
7P Spl Limo	2500	7900	13,200	26,400	46,200	66,000
5P Twn Cabr	4000	12,700	21,200	42,400	74,200	106,000
7P Twn Cabr	4050	12,950	21,600	43,200	75,600	108,000
5P Spl Imp Cabr	4150	13,200	22,000	44,000	77,000	110,000
7P Spl Imp Cabr	4450	14,150	23,600	47,200	82,600	118,000
Limo Brgm	3600	11,500	19,200	38,400	67,200	96,000
Series 452E, V-16, 154" wb						
Fleetwood bodies with straight windshield						
Sed	5450	17,400	29,000	58,000	101,500	145,000
Twn Sed	5650	18,000	30,000	60,000	105,000	150,000
7P Sed	5650	18,000	30,000	60,000	105,000	150,000
7P Limo	5800	18,600	31,000	62,000	108,500	155,000
5P Imp Cabr	7150	22,800	38,000	76,000	133,000	190,000
7P Imp Cabr	7300	23,400	39,000	78,000	136,500	195,000

	6	5	4	3	2	1
Series 452D, V-16, 154" wb						
Fleetwood bodies with modified "V" windshield						
2-4P Cpe	8250	26,400	44,000	88,000	154,000	220,000
4P Cpe	8450	27,000	45,000	90,000	157,500	225,000
Spl Sed	8250	26,400	44,000	88,000	154,000	220,000
Spl Twn Sed	5800	18,600	31,000	62,000	108,500	155,000
7P Spl Sed	5650	18,000	30,000	60,000	105,000	150,000
Spl Limo	6000	19,200	32,000	64,000	112,000	160,000
5P Twn Cabr	6950	22,200	37,000	74,000	129,500	185,000
7P Twn Cab	7150	22,800	38,000	76,000	133,000	190,000
5P Spl Imp Cabr	7300	23,400	39,000	78,000	136,500	195,000
7P Spl Imp Cabr	7500	24,000	40,000	80,000	140,000	200,000
Limo Brgm	6400	20,400	34,000	68,000	119,000	170,000
5P Conv	7900	25,200	42,000	84,000	147,000	210,000
Conv Sed	8050	25,800	43,000	86,000	150,500	215,000
1936						
Series 60, V-8, 121" wb						
2d Conv	2250	7200	12,000	24,000	42,000	60,000
2d 2P Cpe	1150	3600	6000	12,000	21,000	30,000
4d Tr Sed	900	2900	4800	9600	16,800	24,000
Series 70, V-8, 131" wb, Fleetwood bodies						
2d Conv	2650	8400	14,000	28,000	49,000	70,000
2d 2P Cpe	1150	3700	6200	12,400	21,700	31,000
4d Conv Sed	2700	8650	14,400	28,800	50,400	72,000
4d Tr Sed	1050	3350	5600	11,200	19,600	28,000
Series 75, V-8, 138" wb, Fleetwood bodies						
4d Sed	1450	4550	7600	15,200	26,600	38,000
4d Tr Sed	1450	4700	7800	15,600	27,300	39,000
4d Conv Sed	2850	9100	15,200	30,400	53,200	76,000
4d Fml Sed	1450	4550	7600	15,200	26,600	38,000
4d Twn Sed	1450	4700	7800	15,600	27,300	39,000
4d 7P Sed	1500	4800	8000	16,000	28,000	40,000
4d 7P Tr Sed	1600	5150	8600	17,200	30,100	43,000
4d Imp Sed	1650	5300	8800	17,600	30,800	44,000
4d Imp Tr Sed	1700	5400	9000	18,000	31,500	45,000
4d Twn Car	1900	6000	10,000	20,000	35,000	50,000
Series 80, V-12, 131" wb, Fleetwood bodies						
2d Conv	3000	9600	16,000	32,000	56,000	80,000
4d Conv Sed	3100	9850	16,400	32,800	57,400	82,000
2d Cpe	1700	5400	9000	18,000	31,500	45,000
4d Tr Sed	1600	5050	8400	16,800	29,400	42,000
Series 85, V-12, 138" wb, Fleetwood bodies						
4d Sed	1600	5150	8600	17,200	30,100	43,000
4d Tr Sed	1650	5300	8800	17,600	30,800	44,000
4d Conv Sed	2850	9100	15,200	30,400	53,200	76,000
4d Fml Sed	1750	5650	9400	18,800	32,900	47,000
4d Twn Sed	1800	5750	9600	19,200	33,600	48,000
4d 7P Sed	1750	5650	9400	18,800	32,900	47,000
4d 7P Tr Sed	1800	5750	9600	19,200	33,600	48,000
4d Imp Sed	1900	6000	10,000	20,000	35,000	50,000
4d Imp Tr Sed	1950	6250	10,400	20,800	36,400	52,000
4d Twn Car	2250	7200	12,000	24,000	42,000	60,000
Series 90, V-16, 154" wb, Fleetwood bodies						
2d 2P Conv	4900	15,600	26,000	52,000	91,000	130,000
4d Conv Sed	5100	16,300	27,200	54,400	95,200	136,000
2d 2P Cpe	3750	12,000	20,000	40,000	70,000	100,000
2d Aero Cpe	4300	13,700	22,800	45,600	79,800	114,000
4d Sed	3600	11,500	19,200	38,400	67,200	96,000
4d Twn Sed	3600	11,500	19,200	38,400	67,200	96,000
4d 7P Sed	3700	11,750	19,600	39,200	68,600	98,000
4d 5P Imp Cabr	5250	16,800	28,000	56,000	98,000	140,000
4d 7P Imp Cabr	5250	16,800	28,000	56,000	98,000	140,000
4d Imp Sed	5450	17,400	29,000	58,000	101,500	145,000
4d Twn Cabr	5650	18,000	30,000	60,000	105,000	150,000
4d Twn Lan	5100	16,300	27,200	54,400	95,200	136,000
4d 5P Conv	5250	16,800	28,000	56,000	98,000	140,000
1937						
Series 60, V-8, 124" wb						
2d Conv	2050	6600	11,000	22,000	38,500	55,000
4d Conv Sed	2150	6850	11,400	22,800	39,900	57,000
2d 2P Cpe	1150	3600	6000	12,000	21,000	30,000
4d Tr Sed	950	3000	5000	10,000	17,500	25,000
Series 65, V-8, 131" wb						
4d Tr Sed	1000	3250	5400	10,800	18,900	27,000

	6	5	4	3	2	1
Series 70, V-8, 131" wb, Fleetwood bodies						
2d Conv	2250	7200	12,000	24,000	42,000	60,000
4d Conv Sed	2350	7450	12,400	24,800	43,400	62,000
2d Spt Cpe	1250	3950	6600	13,200	23,100	33,000
4d Tr Sed	1100	3500	5800	11,600	20,300	29,000
Series 75, V-8, 138" wb, Fleetwood bodies						
4d Tr Sed	1200	3850	6400	12,800	22,400	32,000
4d Twn Sed	1250	3950	6600	13,200	23,100	33,000
4d Conv Sed	2650	8400	14,000	28,000	49,000	70,000
4d Fml Sed	1300	4200	7000	14,000	24,500	35,000
4d Spl Tr Sed	1350	4300	7200	14,400	25,200	36,000
4d Spl Imp Tr Sed	1400	4450	7400	14,800	25,900	37,000
4d 7P Tr Sed	1450	4550	7600	15,200	26,600	38,000
4d 7P Imp	1400	4450	7400	14,800	25,900	37,000
4d Bus Tr Sed	1350	4300	7200	14,400	25,200	36,000
4d Bus Imp	1700	5400	9000	18,000	31,500	45,000
4d Twn Car	2500	7900	13,200	26,400	46,200	66,000
4d Series 85, V-12, 138" wb, Fleetwood bodies						
4d Tr Sed	1700	5400	9000	18,000	31,500	45,000
4d Twn Sed	1750	5500	9200	18,400	32,200	46,000
4d Conv Sed	3000	9600	16,000	32,000	56,000	80,000
4d 7P Tr Sed	1800	5750	9600	19,200	33,600	48,000
4d Imp Tr Sed	2000	6350	10,600	21,200	37,100	53,000
4d Twn Car	2800	8900	14,800	29,600	51,800	74,000
Series 90, V-16, 154" wb, Fleetwood bodies						
2d 2P Conv	5800	18,600	31,000	62,000	108,500	155,000
2d 5P Conv	5800	18,600	31,000	62,000	108,500	155,000
4d Conv Sed	5800	18,600	31,000	62,000	108,500	155,000
2d Cpe	4150	13,200	22,000	44,000	77,000	110,000
4d Twn Sed	3750	12,000	20,000	40,000	70,000	100,000
4d 7P Sed	3850	12,250	20,400	40,800	71,400	102,000
4d Limo	4050	12,950	21,600	43,200	75,600	108,000
4d 5P Imp Cabr	5650	18,000	30,000	60,000	105,000	150,000
4d 5P Twn Cabr	5800	18,600	31,000	62,000	108,500	155,000
4d 7P Imp Cabr	5800	18,600	31,000	62,000	108,500	155,000
4d 7P Twn Cabr	6000	19,200	32,000	64,000	112,000	160,000
2d Aero Cpe	4450	14,150	23,600	47,200	82,600	118,000
4d Limo Brgm	4150	13,200	22,000	44,000	77,000	110,000
4d Fml Sed	4350	13,900	23,200	46,400	81,200	116,000
1938						
Series 60, V-8, 124" wb						
2d Conv	2200	6950	11,600	23,200	40,600	58,000
4d Conv Sed	2200	7100	11,800	23,600	41,300	59,000
2d 2P Cpe	1150	3600	6000	12,000	21,000	30,000
4d Tr Sed	1100	3500	5800	11,600	20,300	29,000
Series 60 Special, V-8, 127" wb						
4d Tr Sed	1300	4200	7000	14,000	24,500	35,000
Series 65, V-8, 132" wb						
4d Tr Sed	1150	3600	6000	12,000	21,000	30,000
4d 4d Div Tr Sed	1300	4200	7000	14,000	24,500	35,000
4d Conv Sed	2650	8400	14,000	28,000	49,000	70,000
Series 75, V-8, 141" wb, Fleetwood bodies						
2d Conv	2700	8650	14,400	28,800	50,400	72,000
4d Conv Sed	2800	8900	14,800	29,600	51,800	74,000
2d 2P Cpe	1700	5400	9000	18,000	31,500	45,000
2d 5P Cpe	1600	5150	8600	17,200	30,100	43,000
4d Tr Sed	1300	4200	7000	14,000	24,500	35,000
4d Div Tr Sed	1400	4450	7400	14,800	25,900	37,000
4d Twn Sed	1350	4300	7200	14,400	25,200	36,000
4d Fml Sed	1350	4300	7200	14,400	25,200	36,000
4d 7P Fml Sed	1500	4800	8000	16,000	28,000	40,000
4d 7P Tr Sed	1450	4550	7600	15,200	26,600	38,000
4d Imp Tr Sed	1450	4700	7800	15,600	27,300	39,000
4d 8P Tr Sed	1450	4700	7800	15,600	27,300	39,000
4d 8P Imp Tr Sed	1500	4800	8000	16,000	28,000	40,000
4d Twn Car	2100	6700	11,200	22,400	39,200	56,000
Series 90, V-16, 141" wb, Fleetwood bodies						
2d Conv	4000	12,700	21,200	42,400	74,200	106,000
4d Conv Sed Trk	4050	12,950	21,600	43,200	75,600	108,000
2d 2P Cpe	2850	9100	15,200	30,400	53,200	76,000
2d 5P Cpe	2950	9350	15,600	31,200	54,600	78,000
4d Tr Sed	2650	8400	14,000	28,000	49,000	70,000
4d Twn Sed	2700	8650	14,400	28,800	50,400	72,000
4d Div Tr Sed	2850	9100	15,200	30,400	53,200	76,000
4d 7P Tr Sed	2800	8900	14,800	29,600	51,800	74,000
4d Imp Tr Sed	2950	9350	15,600	31,200	54,600	78,000

	6	5	4	3	2	1
4d Fml Sed	2950	9350	15,600	31,200	54,600	78,000
4d Fml Sed Trk	3000	9600	16,000	32,000	56,000	80,000
4d Twn Car	3600	11,500	19,200	38,400	67,200	96,000
1939						
Series 61, V-8, 126" wb						
2d Conv	2500	7900	13,200	26,400	46,200	66,000
4d Conv Sed	2550	8150	13,600	27,200	47,600	68,000
2d Cpe	1150	3600	6000	12,000	21,000	30,000
4d Tr Sed	1000	3250	5400	10,800	18,900	27,000
Series 60 Special, V-8, 127" wb, Fleetwood						
4d Sed	1500	4800	8000	16,000	28,000	40,000
4d S/R Sed	1600	5050	8400	16,800	29,400	42,000
4d S/R Imp Sed	1700	5400	9000	18,000	31,500	45,000
Series 75, V-8, 141" wb, Fleetwood bodies						
2d Conv	2950	9350	15,600	31,200	54,600	78,000
4d Conv Sed Trk	3000	9600	16,000	32,000	56,000	80,000
2d 4P Cpe	1300	4200	7000	14,000	24,500	35,000
2d 5P Cpe	1350	4300	7200	14,400	25,200	36,000
4d Tr Sed	1250	3950	6600	13,200	23,100	33,000
4d Div Tr Sed	1300	4100	6800	13,600	23,800	34,000
4d Twn Sed Trk	1300	4200	7000	14,000	24,500	35,000
4d Fml Sed Trk	1350	4300	7200	14,400	25,200	36,000
4d 7P Fml Sed Trk	1450	4550	7600	15,200	26,600	38,000
4d 7P Tr Sed	1400	4450	7400	14,800	25,900	37,000
4d 7P Tr Imp Sed	1450	4550	7600	15,200	26,600	38,000
4d Bus Tr Sed	1300	4200	7000	14,000	24,500	35,000
4d 8P Tr Imp Sed	1500	4800	8000	16,000	28,000	40,000
4d Twn Car Trk	1550	4900	8200	16.400	28.700	41.000
Series 90, V-16, 141" wb, Fleetwood bodies						
2d Conv	3750	12,000	20,000	40,000	70,000	100,000
4d Conv Sed	4150	13,200	22,000	44,000	77,000	110,000
2d 4P Cpe	3250	10,300	17,200	34,400	60,200	86,000
2d 5P Cpe	3150	10,100	16,800	33,600	58,800	84,000
4d 5P Tr Sed	2650	8400	14,000	28,000	49,000	70,000
4d Twn Sed Trk	2700	8650	14,400	28,800	50,400	72,000
4d Div Tr Sed	2700	8650	14,400	28,800	50,400	72,000
4d 7P Tr Sed	2700	8650	14,400	28,800	50,400	72,000
4d 7P Imp Tr Sed	2800	8900	14,800	29,600	51,800	74,000
4d Fml Sed Trk	2800	8900	14,800	29,600	51,800	74,000
4d 7P Fml Sed Trk	2850	9100	15,200	30,400	53,200	76,000
4d Twn Car Trk	3400	10,800	18,000	36,000	63,000	90,000
1940						
Series 62, V-8, 129" wb						
2d Conv	2650	8400	14,000	28,000	49,000	70,000
4d Conv Sed	2700	8650	14,400	28,800	50,400	72,000
2d Cpe	1150	3700	6200	12,400	21,700	31,000
4d Sed	850	2750	4600	9200	16,100	23,000
Series 60 Special, V-8, 127" wb, Fleetwood						
4d Sed	1450	4550	7600	15,200	26,600	38,000
4d S/R Sed	1550	4900	8200	16,400	28,700	41,000
4d Imp Sed	1550	4900	8200	16,400	28,700	41,000
4d S/R Imp Sed	1600	5150	8600	17,200	30,100	43,000
4d MB Twn Car	1900	6000	10,000	20,000	35,000	50,000
4d LB Twn Car	1900	6000	10,000	20,000	35,000	50,000
Series 72, V-8, 138" wb, Fleetwood						
4d Sed	1450	4550	7600	15,200	26,600	38,000
4d 4P Imp Sed	1450	4700	7800	15,600	27,300	39,000
4d 7P Sed	1500	4800	8000	16,000	28,000	40,000
4d 7P Bus Sed	1450	4550	7600	15,200	26,600	38,000
4d 7P Imp Sed	1500	4800	8000	16,000	28,000	40,000
4d 7P Fml Sed	1550	4900	8200	16,400	28,700	41,000
4d 7P Bus Imp	1450	4700	7800	15,600	27,300	39,000
4d 5P Fml Sed	1600	5050	8400	16,800	29,400	42,000
Series 75, V-8, 141" wb, Fleetwood						
2d Conv	3000	9600	16,000	32,000	56,000	80,000
4d Conv Sed	3100	9850	16,400	32,800	57,400	82,000
2d 2P Cpe	2100	6700	11,200	22,400	39,200	56,000
2d 5P Cpe	2050	6600	11,000	22,000	38,500	55,000
4d Sed	2000	6350	10,600	21,200	37,100	53,000
4d 5P Imp Sed	2050	6600	11,000	22,000	38,500	55,000
4d 7P Sed	2050	6500	10,800	21,600	37,800	54,000
4d 7P Imp Sed	2100	6700	11,200	22,400	39,200	56,000
4d 5P Fml Sed	2050	6600	11,000	22,000	38,500	55,000
4d 7P Fml Sed	2150	6850	11,400	22,800	39,900	57,000

	6	5	4	3	2	1
4d Twn Sed	2250	7200	12,000	24,000	42,000	60,000
4d Twn Car	2400	7700	12,800	25,600	44,800	64,000
Series 90, V-16, 141" wb, Fleetwood						
2d Conv	4350	13,900	23,200	46,400	81,200	116,000
4d Conv Sed	4450	14,150	23,600	47,200	82,600	118,000
2d 2P Cpe	3250	10,300	17,200	34,400	60,200	86,000
2d 5P Cpe	3150	10,100	16,800	33,600	58,800	84,000
4d Sed	3100	9850	16,400	32,800	57,400	82,000
4d 7P Sed	3150	10,100	16,800	33,600	58,800	84,000
4d 7P Imp Sed	3150	10,100	16,800	33,600	58,800	84,000
4d 5P Fml Sed	3300	10,550	17,600	35,200	61,600	88,000
4d 7P Fml Sed	3300	10,550	17,600	35,200	61,600	88,000
4d 5P Twn Sed	3400	10,800	18,000	36,000	63,000	90,000
4d 7P Twn Car	3400	10,800	18,000	36,000	63,000	90,000
1941						
Series 61, V-8, 126" wb						
2d FBk	850	2650	4400	8800	15,400	22,000
2d DeL FBk	850	2750	4600	9200	16,100	23,000
4d Sed FBk	800	2500	4200	8400	14,700	21,000
4d DeL Sed FBk	850	2650	4400	8800	15,400	22,000
Series 62, V-8, 126" wb						
2d Conv	2250	7200	12,000	24,000	42,000	60,000
4d Conv Sed	2350	7450	12,400	24,800	43,400	62,000
2d Cpe	1000	3250	5400	10,800	18,900	27,000
2d DeL Cpe	1050	3350	5600	11,200	19,600	28,000
4d Sed	700	2300	3800	7600	13,300	19,000
4d DeL Sed	750	2400	4000	8000	14,000	20,000
Series 63, V-8, 126" wb						
4d Sed FBk	950	3000	5000	10,000	17,500	25,000
Series 60 Special, V-8, 126" wb, Fleetwood						
4d Sed	1450	4700	7800	15,600	27,300	39,000
4d S/R Sed	1600	5050	8400	16,800	29,400	42,000
NOTE: Add $1,500.00 for division window.						
Series 67, V-8, 138" wb						
4d 5P Sed	850	2750	4600	9200	16,100	23,000
4d Imp Sed	900	2900	4800	9600	16,800	24,000
4d 7P Sed	850	2750	4600	9200	16,100	23,000
4d 7P Imp Sed	950	3000	5000	10,000	17,500	25,000
Series 75, V-8, 1361/2" wb, Fleetwood						
4d 5P Sed	900	2900	4800	9600	16,800	24,000
4d 5P Imp Sed	950	3050	5100	10,200	17,900	25,500
4d 7P Sed	950	3050	5100	10,200	17,900	25,500
4d 9P Bus Sed	950	3000	5000	10,000	17,500	25,000
4d 7P Imp Sed	1000	3100	5200	10,400	18,200	26,000
4d Bus Imp Sed	900	2900	4800	9600	16,800	24,000
4d 5P Fml Sed	1000	3100	5200	10,400	18,200	26,000
4d 7P Fml Sed	1000	3100	5200	10,400	18,200	26,000
1942						
Series 61, V-8, 126" wb						
2d FBk	700	2300	3800	7600	13,300	19,000
4d FBk	700	2150	3600	7200	12,600	18,000
Series 62, V-8, 129" wb						
2d DeL FBk	800	2500	4200	8400	14,700	21,000
2d FBk	750	2400	4000	8000	14,000	20,000
2d DeL Conv Cpe	1600	5050	8400	16,800	29,400	42,000
4d Sed	700	2300	3800	7600	13,300	19,000
4d DeL Sed	750	2400	4000	8000	14,000	20,000
Series 63, V-8, 126" wb						
4d FBk	700	2300	3800	7600	13,300	19,000
Series 60 Special, V-8, 133" wb, Fleetwood						
4d Sed	900	2900	4800	9600	16,800	24,000
4d Imp Sed	950	3000	5000	10,000	17,500	25,000
Series 67, V-8, 139" wb						
4d 5P Sed	700	2300	3800	7600	13,300	19,000
4d 5P Sed Div	850	2650	4400	8800	15,400	22,000
4d 7P Sed	750	2400	4000	8000	14,000	20,000
4d 7P Sed Imp	850	2650	4400	8800	15,400	22,000
Series 75, V-8, 136" wb, Fleetwood						
4d 5P Imp	850	2650	4400	8800	15,400	22,000
4d 5P Imp Sed	850	2750	4600	9200	16,100	23,000
4d 7P Sed	850	2650	4400	8800	15,400	22,000
4d 9P Bus Sed	850	2650	4400	8800	15,400	22,000
4d 7P Imp Sed	900	2900	4800	9600	16,800	24,000
4d 9P Bus Imp	850	2750	4600	9200	16,100	23,000
4d 5P Fml Sed	950	3000	5000	10,000	17,500	25,000
4d 7P Fml Sed	1000	3100	5200	10,400	18,200	26,000

1947 Cadillac Series 62 Club Coupe two-door fastback sedan

	6	5	4	3	2	1
1946-1947						
Series 61, V-8, 126" wb						
2d FBk	800	2500	4200	8400	14,700	21,000
4d FBk	750	2400	4000	8000	14,000	20,000
Series 62, V-8, 129" wb						
2d Conv	1800	5750	9600	19,200	33,600	48,000
2d FBk	850	2650	4400	8800	15,400	22,000
4d 5P Sed	800	2500	4200	8400	14,700	21,000
Series 60 Special, V-8, 133" wb, Fleetwood						
4d 6P Sed	850	2750	4600	9200	16,100	23,000
Series 75, V-8, 136" wb, Fleetwood						
4d 5P Sed	950	3000	5000	10,000	17,500	25,000
4d 7P Sed	1000	3100	5200	10,400	18,200	26,000
4d 7P Imp Sed	1150	3600	6000	12,000	21,000	30,000
4d 9P Bus Sed	1000	3100	5200	10,400	18,200	26,000
4d 9P Bus Imp	1050	3350	5600	11,200	19,600	28,000
1948						
Series 61, V-8, 126" wb						
2d FBk	850	2650	4400	8800	15,400	22,000
4d 5P Sed	800	2500	4200	8400	14,700	21,000
Series 62, V-8, 126" wb						
2d Conv	1600	5050	8400	16,800	29,400	42,000
2d Clb Cpe	900	2900	4800	9600	16,800	24,000
4d 5P Sed	850	2750	4600	9200	16,100	23,000
Series 60 Special, V-8, 133" wb, Fleetwood						
4d Sed	950	3000	5000	10,000	17,500	25,000
Series 75, V-8, 136" wb, Fleetwood						
4d 5P Sed	950	3000	5000	10,000	17,500	25,000
4d 7P Sed	1000	3100	5200	10,400	18,200	26,000
4d 7P Imp Sed	1150	3600	6000	12,000	21,000	30,000
4d 9P Bus Sed	1000	3100	5200	10,400	18,200	26,000
4d 9P Bus Imp	1050	3350	5600	11,200	19,600	28,000
1949						
Series 61, V-8, 126" wb						
2d FBk	850	2750	4600	9200	16,100	23,000
4d Sed	850	2650	4400	8800	15,400	22,000
Series 62, V-8, 126" wb						
2 dr FBk	950	3000	5000	10,000	17,500	25,000
4d 5P Sed	900	2900	4800	9600	16,800	24,000
2d HT Cpe DeV	1150	3600	6000	12,000	21,000	30,000
2d Conv	1650	5300	8800	17,600	30,800	44,000
Series 60 Special, V-8, 133" wb, Fleetwood						
4d 5P Sed	1000	3100	5200	10,400	18,200	26,000
Series 75, V-8, 136" wb, Fleetwood						
4d 5P Sed	1000	3100	5200	10,400	18,200	26,000
4d 7P Sed	1000	3250	5400	10,800	18,900	27,000
4d 7P Imp Sed	1150	3700	6200	12,400	21,700	31,000
4d 9P Bus Sed	1000	3250	5400	10,800	18,900	27,000
4d 9P Bus Imp	1100	3500	5800	11,600	20,300	29,000

	6	5	4	3	2	1
1950-1951						
Series 61, V-8						
4d 5P Sed	700	2150	3600	7200	12,600	18,000
2d HT Cpe	850	2650	4400	8800	15,400	22,000
Series 62, V-8						
4d 5P Sed	700	2300	3800	7600	13,300	19,000
2d HT Cpe	900	2900	4800	9600	16,800	24,000
2d HT Cpe DeV	1000	3100	5200	10,400	18,200	26,000
2d Conv	1300	4200	7000	14,000	24,500	35,000
Series 60-S, V-8						
4d Sed	900	2900	4800	9600	16,800	24,000
Series 75 Fleetwood						
4d 8P Sed	950	3000	5000	10,000	17,500	25,000
4d 8P Imp	1000	3250	5400	10,800	18,900	27,000
1952						
Series 62, V-8						
4d Sed	700	2300	3800	7600	13,300	19,000
2d HT	850	2750	4600	9200	16,100	23,000
2d HT Cpe DeV	1000	3100	5200	10,400	18,200	26,000
2d Conv	1350	4300	7200	14,400	25,200	36,000
Series 60-S, V-8						
4d Sed	900	2900	4800	9600	16,800	24,000
Series 75, V-8, Fleetwood						
4d Sed	950	3000	5000	10,000	17,500	25,000
4d Imp Sed	1000	3250	5400	10,800	18,900	27,000
1953						
Series 62, V-8						
4d Sed	700	2150	3600	7200	12,600	18,000
2d HT	1100	3500	5800	11,600	20,300	29,000
2d HT Cpe DeV	1200	3850	6400	12,800	22,400	32,000
2d Conv	1600	5050	8400	16,800	29,400	42,000
2d Eldo Conv	3100	9850	16,400	32,800	57,400	82,000
Series 60-S, V-8						
4d Sed	1150	3600	6000	12,000	21,000	30,000
Series 75, V-8, Fleetwood						
4d 7P Sed	1150	3700	6200	12,400	21,700	31,000
4d Imp Sed	1250	3950	6600	13,200	23,100	33,000
1954						
Series 62, V-8						
4d Sed	700	2150	3600	7200	12,600	18,000
2d HT	1000	3250	5400	10,800	18,900	27,000
2d HT Cpe DeV	1150	3600	6000	12,000	21,000	30,000
2d Conv	1600	5050	8400	16,800	29,400	42,000
2d Eldo Conv	2200	6950	11,600	23,200	40,600	58,000
Series 60-S, V-8						
4d Sed	1000	3100	5200	10,400	18,200	26,000
Series 75, V-8, Fleetwood						
4d 7P Sed	1100	3500	5800	11,600	20,300	29,000
4d 7P Imp Sed	1150	3700	6200	12,400	21,700	31,000
1955						
Series 62, V-8						
4d Sed	700	2150	3600	7200	12,600	18,000
2d HT	1050	3350	5600	11,200	19,600	28,000
2d HT Cpe DeV	1150	3600	6000	12,000	21,000	30,000
2d Conv	1500	4800	8000	16,000	28,000	40,000
2d Eldo Conv	1600	5050	8400	16,800	29,400	42,000
Series 60-S, V-8						
4d Sed	1000	3100	5200	10,400	18,200	26,000
Series 75, V-8, Fleetwood						
4d 7P Sed	1100	3500	5800	11,600	20,300	29,000
4d 7P Imp Sed	1150	3700	6200	12,400	21,700	31,000
1956						
Series 62, V-8						
4d Sed	700	2150	3600	7200	12,600	18,000
2d HT	1000	3100	5200	10,400	18,200	26,000
4d HT Sed DeV	850	2750	4600	9200	16,100	23,000
2d HT Cpe DeV	1150	3600	6000	12,000	21,000	30,000
2d Conv	1650	5300	8800	17,600	30,800	44,000
2d HT Eldo Sev	1350	4300	7200	14,400	25,200	36,000
2d Brtz Conv	1550	4900	8200	16,400	28,700	41,000
Series 60-S, V-8						
4d Sed	1000	3100	5200	10,400	18,200	26,000
Series 75, V-8, Fleetwood						
4d 7P Sed	1100	3500	5800	11,600	20,300	29,000
4d 7P Imp Sed	1150	3700	6200	12,400	21,700	31,000

1957 Cadillac Eldorado Brougham

	6	5	4	3	2	1
1957						
Series 62, V-8						
4d HT	550	1700	2800	5600	9800	14,000
2d HT	950	3000	5000	10,000	17,500	25,000
2d HT Cpe DeV	1000	3250	5400	10,800	18,900	27,000
4d HT Sed DeV	700	2300	3800	7600	13,300	19,000
2d Conv	1450	4550	7600	15,200	26,600	38,000
Eldorado, V-8						
2d HT Sev	1000	3250	5400	10,800	18,900	27,000
2d Brtz Conv	1350	4300	7200	14,400	25,200	36,000
Fleetwood 60 Special, V-8						
4d HT	750	2400	4000	8000	14,000	20,000
Eldorado Brougham, V-8						
4d HT	1100	3500	5800	11,600	20,300	29,000
Series 75						
4d 8P Sed	800	2500	4200	8400	14,700	21,000
4d 8P Imp Sed	850	2750	4600	9200	16,100	23,000
1958						
Series 62, V-8						
4d HT Sh Dk	450	1450	2400	4800	8400	12,000
4d 6W Sed	500	1550	2600	5200	9100	13,000
4d Sed DeV	550	1700	2800	5600	9800	14,000
2d HT	850	2650	4400	8800	15,400	22,000
2d HT Cpe DeV	900	2900	4800	9600	16,800	24,000
2d Conv	1200	3850	6400	12,800	22,400	32,000
Eldorado, V-8						
2d HT Sev	900	2900	4800	9600	16,800	24,000
2d Brtz Conv	1400	4450	7400	14,800	25,900	37,000
Fleetwood 60 Special, V-8						
4d HT	750	2400	4000	8000	14,000	20,000
Eldorado Brougham, V-8						
4d HT	1050	3350	5600	11,200	19,600	28,000
Series 75						
4d 8P Sed	700	2300	3800	7600	13,300	19,000
4d 8P Imp Sed	800	2500	4200	8400	14,700	21,000
1959						
Series 62, V-8						
4d 4W HT	550	1800	3000	6000	10,500	15,000
4d 6W HT	550	1700	2800	5600	9800	14,000
2d HT	750	2400	4000	8000	14,000	20,000
2d Conv	1750	5650	9400	18,800	32,900	47,000
Series 62 DeVille, V-8						
2d HT Cpe DeV	1000	3100	5200	10,400	18,200	26,000
4d 4W HT	600	1900	3200	6400	11,200	16,000
4d 6W HT	550	1800	3000	6000	10,500	15,000
Series Eldorado, V-8						
4d HT Brgm	1150	3700	6200	12,400	21,700	31,000
2d HT Sev	1300	4200	7000	14,000	24,500	35,000
2d Brtz Conv	2700	8650	14,400	28,800	50,400	72,000
Fleetwood 60 Special, V-8						
4d 6P Sed	950	3000	5000	10,000	17,500	25,000
Fleetwood Series 75, V-8						
4d 9P Sed	1000	3250	5400	10,800	18,900	27,000
4d Limo	1100	3500	5800	11,600	20,300	29,000

	6	5	4	3	2	1
1960						
Series 62, V-8						
4d 4W HT	550	1700	2800	5600	9800	14,000
4d 6W HT	500	1550	2600	5200	9100	13,000
2d HT	800	2500	4200	8400	14,700	21,000
2d Conv	1450	4700	7800	15,600	27,300	39,000
Series 62 DeVille, V-8						
4d 4W Sed	550	1800	3000	6000	10,500	15,000
4d 6W Sed	550	1700	2800	5600	9800	14,000
2d HT Cpe DeV	850	2750	4600	9200	16,100	23,000
Eldorado Series, V-8						
4d HT Brgm	1150	3700	6200	12,400	21,700	31,000
2d HT Sev	1300	4100	6800	13,600	23,800	34,000
2d Brtz Conv	2350	7450	12,400	24,800	43,400	62,000
Fleetwood 60 Special, V-8						
4d 6P HT	900	2900	4800	9600	16,800	24,000
Fleetwood Series 75, V-8						
4d 9P Sed	950	3000	5000	10,000	17,500	25,000
4d Limo	1000	3250	5400	10,800	18,900	27,000
1961						
Series 62, V-8						
4d 4W HT	400	1250	2100	4200	7400	10,500
4d 6W HT	400	1250	2100	4200	7300	10,400
2d HT	600	1900	3200	6400	11,200	16,000
2d Conv	1150	3600	6000	12,000	21,000	30,000
Series 62 DeVille, V-8						
4d 4W HT	400	1300	2150	4300	7500	10,700
4d 6W HT	400	1250	2100	4200	7400	10,600
4d HT Sh Dk	400	1250	2100	4200	7400	10,500
2d HT Cpe DeV	700	2150	3600	7200	12,600	18,000
Eldorado Series, V-8						
2d Brtz Conv	1300	4200	7000	14,000	24,500	35,000
Fleetwood 60 Special, V-8						
4d 6P HT	550	1800	3000	6000	10,500	15,000
Fleetwood Series 75, V-8						
4d 9P Sed	650	2050	3400	6800	11,900	17,000
4d 9P Limo	850	2650	4400	8800	15,400	22,000
1962						
Series 62, V-8						
4d 4W HT	400	1300	2150	4300	7500	10,700
4d 6W HT	400	1250	2100	4200	7400	10,500
4d HT Sh Dk	400	1250	2100	4200	7400	10,500
2d HT	600	1900	3200	6400	11,200	16,000
2d Conv	1150	3600	6000	12,000	21,000	30,000
Series 62 DeVille, V-8						
4d 4W HT	400	1350	2250	4500	7800	11,200
4d 6W HT	450	1450	2400	4800	8400	12,000
4d HT Pk Ave	450	1400	2300	4600	8100	11,500
2d HT Cpe DeV	700	2150	3600	7200	12,600	18,000
Eldorado Series, V-8						
2d Brtz Conv	1300	4200	7000	14,000	24,500	35,000
Fleetwood 60 Special, V-8						
4d 6P HT	600	1900	3200	6400	11,200	16,000
Fleetwood 75 Series, V-8						
4d 9P Sed	650	2050	3400	6800	11,900	17,000
4d 9P Limo	850	2650	4400	8800	15,400	22,000
1963						
Series 62, V-8						
4d 4W HT	450	1050	1750	3550	6150	8800
4d 6W HT	350	1040	1700	3450	6000	8600
2d HT	450	1450	2400	4800	8400	12,000
2d Conv	900	2900	4800	9600	16,800	24,000
Series 62 DeVille, V-8						
4d 4W HT	450	1090	1800	3650	6400	9100
4d 6W HT	450	1080	1800	3600	6300	9000
4d HT Pk Ave	450	1050	1800	3600	6200	8900
2d HT Cpe DeV	550	1700	2800	5600	9800	14,000
Eldorado Series, V-8						
2d Brtz Conv	900	2900	4800	9600	16,800	24,000
Fleetwood 60 Special, V-8						
4d 6P HT	500	1550	2600	5200	9100	13,000
Fleetwood 75 Series, V-8						
4d 9P Sed	550	1800	3000	6000	10,500	15,000
4d 9P Limo	700	2300	3800	7600	13,300	19,000

1964 Cadillac Series 62 Sedan deVille four-door hardtop

	6	5	4	3	2	1
1964						
Series 62, V-8						
4d 4W HT	450	1080	1800	3600	6300	9000
4d 6W HT	450	1050	1750	3550	6150	8800
2d HT	500	1550	2600	5200	9100	13,000
Series 62 DeVille, V-8						
4d 4W HT	950	1100	1850	3700	6450	9200
4d 6W HT	450	1080	1800	3600	6300	9000
2d HT Cpe DeV	550	1800	3000	6000	10,500	15,000
2d Conv	850	2650	4400	8800	15,400	22,000
Eldorado Series, V-8						
2d Conv	950	3000	5000	10,000	17,500	25,000
Fleetwood 60 Special, V-8						
4d 6P HT	500	1550	2600	5200	9100	13,000
Fleetwood 75 Series, V-8						
4d 9P Sed	550	1800	3000	6000	10,500	15,000
4d 9P Limo	700	2300	3800	7600	13,300	19,000
1965						
Calais Series, V-8						
4d Sed	450	1050	1750	3550	6150	8800
4d HT	450	1080	1800	3600	6300	9000
2d HT	400	1200	2000	4000	7000	10,000
DeVille Series, V-8						
6P Sed	450	1080	1800	3600	6300	9000
4d HT	450	1130	1900	3800	6600	9400
2d HT	450	1450	2400	4800	8400	12,000
2d Conv	700	2300	3800	7600	13,300	19,000
Fleetwood 60 Special, V-8						
4d 6P Sed	450	1400	2300	4600	8100	11,500
4d Brgm Sed	450	1450	2400	4800	8400	12,000
Fleetwood Eldorado, V-8						
2d Conv	750	2400	4000	8000	14,000	20,000
Fleetwood 75 Series, V-8						
4d 9P Sed	550	1800	3000	6000	10,500	15,000
4d 9P Limo	700	2300	3800	7600	13,300	19,000
1966						
Calais Series, V-8						
4d Sed	450	1050	1800	3600	6200	8900
4d HT	450	1080	1800	3600	6300	9000
2d HT	400	1200	2000	4000	7000	10,000
DeVille Series, V-8						
4d Sed	450	1080	1800	3600	6300	9000
4d HT	950	1100	1850	3700	6450	9200
2d HT	450	1450	2400	4800	8400	12,000
2d Conv	700	2300	3800	7600	13,300	19,000
Eldorado, V-8						
2d Conv	800	2500	4200	8400	14,700	21,000
Fleetwood Brougham, V-8						
4d Sed	400	1300	2200	4400	7700	11,000
Sixty Special, V-8						
4d Sed	400	1300	2200	4400	7700	11,000
Seventy Five, V-8						
4d Sed	550	1800	3000	6000	10,500	15,000
4d Limo	700	2300	3800	7600	13,300	19,000

	6	5	4	3	2	1
1967						
Calais, V-8, 129.5" wb						
4d HT	450	1080	1800	3600	6300	9000
2d HT	450	1140	1900	3800	6650	9500
DeVille, V-8, 129.5" wb						
4d HT	450	1150	1900	3850	6700	9600
2d HT	450	1450	2400	4800	8400	12,000
2d Conv	700	2300	3800	7600	13,300	19,000
Fleetwood Eldorado, V-8, 120" wb						
2d HT	450	1450	2400	4800	8400	12,000
Sixty-Special, V-8, 133" wb						
4d Sed	400	1200	2000	4000	7000	10,000
Fleetwood Brougham, V-8, 133" wv						
4d Sed	400	1200	2000	4000	7000	10,000
Seventy-Five Series, V-8, 149.8" wb						
4d Sed	400	1300	2200	4400	7700	11,000
4d Limo	450	1450	2400	4800	8400	12,000
1968						
Calais, V-8, 129.5" wb						
4d HT	450	1090	1800	3650	6400	9100
2d HT	400	1250	2100	4200	7400	10,500
DeVille, V-8 129.5 wb						
4d	950	1100	1850	3700	6450	9200
4d HT	450	1150	1900	3850	6700	9600
2d HT	450	1450	2400	4800	8400	12,000
2d Conv	700	2300	3800	7600	13,300	19,000
Fleetwood Eldorado, V-8, 120" wb						
2d HT	450	1450	2400	4800	8400	12,000
Sixty-Special, V-8, 133" wb						
4d Sed	400	1200	2000	4000	7000	10,000
Fleetwood Brougham, V-8, 133" wb						
4d Sed	400	1200	2000	4000	7000	10,000
Series 75, V-8, 149.8" wb						
4d Sed	400	1300	2200	4400	7700	11,000
4d Limo	450	1450	2400	4800	8400	12,000
1969-1970						
Calais, V-8, 129.5" wb						
4d HT	350	780	1300	2600	4550	6500
2d HT	350	900	1500	3000	5250	7500
DeVille, V-8, 129.5" wb						
4d Sed	350	790	1350	2650	4620	6600
4d HT	350	830	1400	2950	4830	6900
2d HT	350	900	1500	3000	5250	7500
2d Conv	600	1900	3200	6400	11,200	16,000
Fleetwood Eldorado, V-8, 120" wb						
2d HT	400	1300	2200	4400	7700	11,000
Sixty-Special, V-8, 133" wb						
4d Sed	350	975	1600	3200	5600	8000
4d Brgm	350	1020	1700	3400	5950	8500
Series 75, V-8, 149.8" wb						
4d Sed	350	1020	1700	3400	5950	8500
4d Limo	450	1080	1800	3600	6300	9000
1971-1972						
Calais						
4d HT	350	800	1350	2700	4700	6700
2d HT	350	950	1550	3150	5450	7800
DeVille						
4d HT	350	860	1450	2900	5050	7200
2d HT	350	1020	1700	3400	5950	8500
Fleetwood 60 Special						
4d Brgm	350	950	1550	3150	5450	7800
Fleetwood 75						
4d 9P Sed	350	950	1550	3150	5450	7800
4d Limo	350	1000	1650	3350	5800	8300
Fleetwood Eldorado						
2d HT	400	1200	2000	4000	7000	10,000
2d Conv	550	1800	3000	6000	10,500	15,000
1973						
Calais V8						
2d HT	350	780	1300	2600	4550	6500
4d HT	200	750	1275	2500	4400	6300
DeVille V8						
2d HT	350	840	1400	2800	4900	7000
4d HT	350	900	1500	3000	5250	7500

	6	5	4	3	2	1
Fleetwood 60S V8						
4d Brgm Sed	350	830	1400	2950	4830	6900
Fleetwood Eldorado V8						
2d HT	450	1080	1800	3600	6300	9000
2d Conv	550	1800	3000	6000	10,500	15,000
Fleetwood 75 V8						
NOTE: Add 20 percent for Pace Car Edition.						
4d Sed	350	900	1500	3000	5250	7500
4d Limo	350	975	1600	3200	5600	8000
1974						
Calais V-8						
2d HT	200	750	1275	2500	4400	6300
4d HT	350	780	1300	2600	4550	6500
DeVille V-8						
2d HT	350	780	1300	2600	4550	6500
4d HT	350	840	1400	2800	4900	7000
Fleetwood Brougham V-8						
4d Sed	350	820	1400	2700	4760	6800
Fleetwood Eldorado V-8						
2d HT	450	1080	1800	3600	6300	9000
2d Conv	600	1900	3200	6400	11,200	16,000
Fleetwood 75 V-8						
4d Sed	350	900	1500	3000	5250	7500
4d Limo	350	975	1600	3200	5600	8000
NOTES: Add 20 percent for Talisman Brougham. Add 10 percent for padded top on Series 75. Add 10 percent for sun roof on DeVille/60/Eldorado.						
1975						
Calais V-8						
2d HT	200	745	1250	2500	4340	6200
4d HT	200	670	1200	2300	4060	5800
DeVille V-8						
2d HT	350	770	1300	2550	4480	6400
4d HT	200	720	1200	2400	4200	6000
Fleetwood Brougham V-8						
4d Sed	350	780	1300	2600	4550	6500
Fleetwood Eldorado V-8						
2d HT	450	1080	1800	3600	6300	9000
2d Conv	600	1900	3200	6400	11,200	16,000
Fleetwood 75 V-8						
4d Sed	350	900	1500	3000	5250	7500
4d Limo	350	975	1600	3200	5600	8000
1976						
Calais, V-8						
4d HT	200	750	1275	2500	4400	6300
2d HT	350	780	1300	2600	4550	6500
DeVille, V-8						
4d HT	350	780	1300	2600	4550	6500
2d HT	350	820	1400	2700	4760	6800
Seville, V-8						
4d Sed	450	1120	1875	3750	6500	9300
Eldorado, V-8						
2d Cpe	400	1200	2000	4000	7000	10,000
2d Brtz Cpe	550	1700	2800	5600	9800	14,000
2d Conv	650	2050	3400	6800	11,900	17,000
NOTE: Add 15 percent for Bicent. Edit.						
Fleetwood Brougham, V-8						
4d Sed	350	870	1450	2900	5100	7300
Fleetwood 75, V-8						
4d Sed	350	900	1500	3000	5250	7500
4d Limo	350	975	1600	3200	5600	8000
NOTE: Add 5 percent for Talisman on Fleetwood Brougham.						
1977						
DeVille, V-8						
4d Sed	200	660	1100	2200	3850	5500
2d Cpe	200	720	1200	2400	4200	6000
Seville, V-8						
4d Sed	350	780	1300	2600	4550	6500
Eldorado, V-8						
2d Cpe	350	900	1500	3000	5250	7500
2d Brtz Cpe	450	1140	1900	3800	6650	9500
Fleetwood Brougham, V-8						
4d Sed	350	780	1300	2600	4550	6500
Fleetwood 75, V-8						
4d Sed	350	800	1350	2700	4700	6700

	6	5	4	3	2	1
4d Limo	350	830	1400	2950	4830	6900
1978						
Seville						
4d Sed	350	790	1350	2650	4620	6600
DeVille						
4d Sed	150	600	950	1850	3200	4600
2d Cpe	150	650	950	1900	3300	4700
Eldorado						
2d Cpe	350	975	1600	3200	5600	8000
2d Brtz Cpe	450	1140	1900	3800	6650	9500
Fleetwood Brougham						
4d Sed	200	700	1050	2100	3650	5200
Fleetwood Limo						
4d	350	800	1350	2700	4700	6700
4d Fml	350	830	1400	2950	4830	6900

1979 Cadillac Seville four-door sedan

	6	5	4	3	2	1
1979						
Seville, V-8						
4d Sed	350	840	1400	2800	4900	7000
DeVille, V-8						
4d Sed	200	700	1050	2100	3650	5200
2d Cpe	200	660	1100	2200	3850	5500
Eldorado, V-8						
2d Cpe	350	1020	1700	3400	5950	8500
NOTE: Add 15 percent for Biarritz.						
Fleetwood Brougham, V-8						
4d Sed	200	660	1100	2200	3850	5500
Fleetwood Limo						
4d Sed	350	800	1350	2700	4700	6700
4d Fml Sed	350	830	1400	2950	4830	6900
NOTES: Deduct 12 percent for diesel.						
1980						
Seville, V-8						
4d Sed	350	770	1300	2550	4480	6400
DeVille, V-8						
4d Sed	200	650	1100	2150	3780	5400
2d Cpe	200	660	1100	2200	3850	5500
Eldorado, V-8						
2d Cpe	350	1020	1700	3400	5950	8500
NOTE: Add 15 percent for Biarritz.						
Fleetwood Brougham, V-8						
4d Sed	200	700	1200	2350	4130	5900
2d Cpe	200	720	1200	2400	4200	6000
Fleetwood, V-8						
4d Limo	350	830	1400	2950	4830	6900
4d Fml	350	850	1450	2850	4970	7100
1981						
Seville, V-8						
4d Sed	350	780	1300	2600	4550	6500
DeVille, V-8						
4d Sed	200	660	1100	2200	3850	5500
2d Cpe	200	670	1150	2250	3920	5600
Eldorado, V-8						
2d Cpe	350	1020	1700	3400	5900	8400

	6	5	4	3	2	1
NOTE: Add 15 percent for Biarritz.						
Fleetwood Brougham, V-8						
4d Sed	200	720	1200	2400	4200	6000
2d Cpe	200	730	1250	2450	4270	6100
Fleetwood, V-8						
4d Limo	350	840	1400	2800	4900	7000
4d Fml	350	860	1450	2900	5050	7200
1982						
Cimarron, 4-cyl.						
4d Sed	200	700	1050	2100	3650	5200
Seville, V-8						
4d Sed	350	790	1350	2650	4620	6600
DeVille, V-8						
4d Sed	200	685	1150	2300	3990	5700
2d Cpe	200	670	1200	2300	4060	5800
Eldorado, V-8						
2d Cpe	350	1020	1700	3400	5900	8400
NOTE: Add 15 percent for Biarritz.						
Fleetwood Brougham, V-8						
4d Sed	200	745	1250	2500	4340	6200
2d Cpe	200	750	1275	2500	4400	6300
Fleetwood, V-8						
4d Limo	350	860	1450	2900	5050	7200
4d Fml	350	880	1500	2950	5180	7400
1983						
Cimarron, 4-cyl.						
4d Sed	200	660	1100	2200	3850	5500
Seville, V-8						
4d Sed	350	800	1350	2700	4700	6700
DeVille, V-8						
4d Sed	200	700	1200	2350	4130	5900
2d Cpe	200	720	1200	2400	4200	6000
Eldorado, V-8						
2d Cpe	350	1040	1750	3500	6100	8700
NOTE: Add 15 percent for Biarritz.						
Fleetwood Brougham, V-8						
4d Sed	350	770	1300	2550	4480	6400
2d Cpe	350	780	1300	2600	4550	6500
Fleetwood, V-8						
4d Limo	350	880	1500	2950	5180	7400
4d Fml	350	950	1500	3050	5300	7600

1984 Cadillac Eldorado Biarritz two-door hardtop

	6	5	4	3	2	1
1984						
Cimarron, 4-cyl.						
4d Sed	200	670	1150	2250	3920	5600
Seville, V-8						
4d Sed	350	820	1400	2700	4760	6800
DeVille, V-8						
4d Sed	200	720	1200	2400	4200	6000
2d Sed	200	730	1250	2450	4270	6100
Eldorado, V-8						
2d Cpe	450	1080	1800	3600	6300	9000
2d Conv	750	2400	4000	8000	14,000	20,000
NOTE: Add 15 percent for Biarritz.						

	6	5	4	3	2	1
Fleetwood Brougham, V-8						
4d Sed	350	780	1300	2600	4550	6500
2d Sed	350	790	1350	2650	4620	6600
Fleetwood, V-8						
4d Sed	350	900	1500	3000	5250	7500
4d Fml Limo	350	950	1550	3100	5400	7700
1985						
Cimarron, V-6						
4d Sed	200	685	1150	2300	3990	5700
NOTE: Deduct 15 percent for 4-cyl.						
Seville, V-8						
4d Sed	350	830	1400	2950	4830	6900
DeVille, V-8						
4d Sed	200	730	1250	2450	4270	6100
2d Cpe	200	745	1250	2500	4340	6200
Eldorado, V-8						
2d Cpe	450	1080	1800	3600	6300	9000
Conv	750	2400	4000	8000	14,000	20,000
NOTE: Add 15 percent for Biarritz.						
Fleetwood, V-8						
4d Sed	350	800	1350	2700	4700	6700
2d Cpe	350	820	1400	2700	4760	6800
Fleetwood Brougham, V-8						
4d Sed	350	950	1500	3050	5300	7600
2d Cpe	350	950	1550	3100	5400	7700
Fleetwood 75, V-8						
4d Limo	350	1020	1700	3400	5950	8500
NOTE: Deduct 30 percent for diesel where available.						
1986						
Cimarron						
4d Sed	200	670	1200	2300	4060	5800
Seville						
4d Sed	350	840	1400	2800	4900	7000
DeVille						
2d Cpe	200	745	1250	2500	4340	6200
4d Sed	200	730	1250	2450	4270	6100
Fleetwood						
2d Cpe	350	950	1550	3150	5450	7800
4d Sed	350	950	1550	3100	5400	7700
Fleetwood 75						
4d Limo	350	1020	1700	3400	5950	8500
4d Fml Limo	450	1050	1800	3600	6200	8900
Fleetwood Brougham						
4d Sed	350	950	1550	3150	5450	7800
Eldorado						
2d Cpe	950	1100	1850	3700	6450	9200
1987						
Cimarron						
4d Sed, 4-cyl.	200	700	1200	2350	4130	5900
4d Sed, V-6	200	720	1200	2400	4200	6000
Seville, V-8						
4d Sed	350	850	1450	2850	4970	7100
DeVille, V-8						
4d Sed	200	750	1275	2500	4400	6300
2d Cpe	200	745	1250	2500	4340	6200
Fleetwood, V-8						
4d Sed d'Elegance	350	975	1600	3200	5500	7900
4d Sed, 60 Spl	350	975	1600	3200	5600	8000
Eldorado, V-8						
2d Cpe	450	1090	1800	3650	6400	9100
Brougham, V-8						
4d Sed	350	1020	1700	3400	5900	8400
Fleetwood 75 Series, V-8						
4d Limo	400	1250	2100	4200	7400	10,500
4d Fml	400	1200	2000	4000	7000	10,000
Allante, V-8						
2d Conv	700	2300	3800	7600	13,300	19,000
1988						
Cimarron, V-6						
4d Sed	200	660	1100	2200	3850	5500
Seville, V-8						
4d Sed	450	1140	1900	3800	6650	9500
DeVille, V-8						
2d Cpe	350	1040	1700	3450	6000	8600
4d Sed	350	1040	1700	3450	6000	8600

	6	5	4	3	2	1
Fleetwood, V-8						
4d Sed d'Elegance	450	1140	1900	3800	6650	9500
4d Sed 60 Spl	400	1250	2100	4200	7400	10,500
Brougham, V-8						
4d Sed	400	1300	2200	4400	7700	11,000
Eldorado, V-8						
2d Cpe	450	1140	1900	3800	6650	9500
Allante, V-8						
2d Conv.	750	2400	4000	8000	14,000	20,000
1989						
Seville, V-8						
4d Sed	450	1450	2400	4800	8400	12,000
DeVille, V-8						
2d Cpe	450	1450	2450	4900	8500	12,200
4d Sed	450	1450	2400	4800	8500	12,100
Fleetwood, V-8						
2d Cpe	500	1600	2700	5400	9500	13,500
4d Sed	500	1600	2700	5400	9400	13,400
4d Sed 605	450	1500	2500	5000	8700	12,400
4d Sed Brgm	400	1250	2100	4200	7400	10,500
Eldorado, V-8						
2d Cpe	500	1550	2550	5100	9000	12,800
Alante, V-8						
2d Conv	750	2400	4000	8000	14,000	20,000
1990						
Seville, V-8						
4d Sed	400	1200	2000	4000	7000	10,000
4d Sed STS	450	1450	2400	4800	8400	12,000
DeVille, V-8						
2d Cpe	400	1250	2100	4200	7400	10,500
4d Sed	400	1200	2050	4100	7100	10,200
Fleetwood, V-8						
2d Cpe	450	1400	2300	4600	8100	11,500
4d Sed	450	1400	2350	4700	8200	11,700
4d Sed 605	500	1550	2600	5200	9100	13,000
Eldorado, V-8						
2d Cpe	450	1450	2400	4800	8400	12,000
Brougham, V-8						
4d Sed	450	1450	2400	4800	8400	12,000
Allante						
2d Conv	750	2400	4000	8000	14,000	20,000

NOTE: Add 5 percent for hardtop.

LaSALLE

	6	5	4	3	2	1
1927						
Series 303, V-8, 125" wb						
2d RS Rds	2800	8900	14,800	29,600	51,800	74,000
4d Phae	2850	9100	15,200	30,400	53,200	76,000
4d Spt Phae	2950	9350	15,600	31,200	54,600	78,000
2d 2P Conv Cpe	2500	7900	13,200	26,400	46,200	66,000
2d RS Cpe	1500	4800	8000	16,000	28,000	40,000
2d 4P Vic	1300	4200	7000	14,000	24,500	35,000
4d Sed	900	2900	4800	9600	16,800	24,000
4d Twn Sed	1000	3100	5200	10,400	18,200	26,000
Series 303, V-8, 134" wb						
4d Imp Sed	1100	3500	5800	11,600	20,300	29,000
4d 7P Sed	1050	3350	5600	11,200	19,600	28,000
4d 7P Imp Sed	1150	3600	6000	12,000	21,000	30,000
1928						
Series 303, V-8, 125" wb						
2d Rds	2800	8900	14,800	29,600	51,800	74,000
4d Phae	2850	9100	15,200	30,400	53,200	76,000
4d Spt Phae	2950	9350	15,600	31,200	54,600	78,000
2d Conv	2500	7900	13,200	26,400	46,200	66,000
2d Bus Cpe	1300	4100	6800	13,600	23,800	34,000
2d RS Cpe	1500	4800	8000	16,000	28,000	40,000
2d Vic	1250	3950	6600	13,200	23,100	33,000
4d 5P Sed	1150	3600	6000	12,000	21,000	30,000
4d Fam Sed	1050	3350	5600	11,200	19,600	28,000
4d Twn Sed	1100	3500	5800	11,600	20,300	29,000
Series 303, V-8, 134" wb						
2d 5P Cpe	1450	4550	7600	15,200	26,600	38,000
4d Cabr Sed	2700	8650	14,400	28,800	50,400	72,000

	6	5	4	3	2	1
4d Imp Sed	1550	4900	8200	16,400	28,700	41,000
4d 7P Sed	1500	4800	8000	16,000	28,000	40,000
4d Fam Sed	1350	4300	7200	14,400	25,200	36,000
4d Imp Fam Sed	1550	4900	8200	16,400	28,700	41,000
Series 303, V-8, 125" wb						
Fleetwood Line						
2d Bus Cpe	1450	4700	7800	15,600	27,300	39,000
4d Sed	1350	4300	7200	14,400	25,200	36,000
4d Twn Cabr	2700	8650	14,400	28,800	50,400	72,000
4d Trans Twn Cabr	2800	8900	14,800	29,600	51,800	74,000
1929						
Series 328, V-8, 125" wb						
2d Rds	2800	8900	14,800	29,600	51,800	74,000
4d Phae	2850	9100	15,200	30,400	53,200	76,000
4d Spt Phae	2950	9350	15,600	31,200	54,600	78,000
4d Trans FW Twn Cabr	2500	7900	13,200	26,400	46,200	66,000
Series 328, V-8, 134" wb						
2d Conv	2700	8650	14,400	28,800	50,400	72,000
2d RS Cpe	1650	5300	8800	17,600	30,800	44,000
2d 5P Cpe	1550	4900	8200	16,400	28,700	41,000
4d Sed	1450	4550	7600	15,200	26,600	38,000
4d Fam Sed	1450	4700	7800	15,600	27,300	39,000
4d Twn Sed	1500	4800	8000	16,000	28,000	40,000
4d 7P Sed	1500	4800	8000	16,000	28,000	40,000
4d 7P Imp Sed	1550	4900	8200	16,400	28,700	41,000
4d Conv Lan Cabr	3150	10,100	16,800	33,600	58,800	84,000
4d FW Trans Twn Cabr 1	3150	10,100	16,800	33,600	58,800	84,000
1930						
Series 340, V-8, 134" wb						
Fisher Line						
2d Conv	2800	8900	14,800	29,600	51,800	74,000
2d RS Cpe	1850	5900	9800	19,600	34,300	49,000
2d Cpe	1650	5300	8800	17,600	30,800	44,000
4d Sed	1450	4700	7800	15,600	27,300	39,000
4d Imp Sed	1500	4800	8000	16,000	28,000	40,000
4d 7P Sed	1550	4900	8200	16,400	28,700	41,000
4d 7P Imp Sed	1650	5300	8800	17,600	30,800	44,000
Series 340, V-8, 134" wb						
Fleetwood Line						
2d RS Rds	2950	9350	15,600	31,200	54,600	78,000
Fleetcliffe						
4d Phae	2850	9100	15,200	30,400	53,200	76,000
4d 7P Tr	2550	8150	13,600	27,200	47,600	68,000
Fleetlands						
4d A/W Phae	3150	10,100	16,800	33,600	58,800	84,000
Fleetway						
4d S'net Cabr 4081	2550	8150	13,600	27,200	47,600	68,000
Fleetwind						
4d S'net Cabr 4082	2550	8150	13,600	27,200	47,600	68,000
1931						
Series 345A, V-8, 134" wb						
Fisher Line						
2d RS Cpe	2050	6500	10,800	21,600	37,800	54,000
2d Cpe	1900	6100	10,200	20,400	35,700	51,000
4d Sed	1500	4800	8000	16,000	28,000	40,000
4d Twn Sed	1550	4900	8200	16,400	28,700	41,000
4d 7P Sed	1600	5050	8400	16,800	29,400	42,000
4d 7P Imp Sed	1600	5150	8600	17,200	30,100	43,000
Series 345A, V-8, 134" wb						
Fleetwood Line						
2d RS Rds	2950	9350	15,600	31,200	54,600	78,000
2d Conv	2650	8400	14,000	28,000	49,000	70,000
4d Tr	2950	9350	15,600	31,200	54,600	78,000
4d A/W Phae	3550	11,300	18,800	37,600	65,800	94,000
4d S'net Cabr 4081	2650	8400	14,000	28,000	49,000	70,000
4d S'net Cabr 4082	2800	8900	14,800	29,600	51,800	74,000
1932						
Series 345B, V-8, 130" wb						
2d Conv	2550	8150	13,600	27,200	47,600	68,000
2d RS Cpe	1850	5900	9800	19,600	34,300	49,000
2d Twn Cpe	1650	5300	8800	17,600	30,800	44,000
4d Sed	1300	4100	6800	13,600	23,800	34,000
Series 345B, V-8, 136" wb						
4d 7P Sed	1300	4100	6800	13,600	23,800	34,000
4d 7P Imp Sed	1650	5300	8800	17,600	30,800	44,000

	6	5	4	3	2	1
4d 7P Twn Sed	1700	5400	9000	18,000	31,500	45,000
1933						
Series 345C, V-8, 130" wb						
2d Conv	2350	7450	12,400	24,800	43,400	62,000
2d RS Cpe	1500	4800	8000	16,000	28,000	40,000
2d Twn Cpe	1400	4450	7400	14,800	25,900	37,000
4d Sed	1250	3950	6600	13,200	23,100	33,000
Series 345C, V-8, 136" wb						
4d Twn Sed	1650	5300	8800	17,600	30,800	44,000
4d Sed	1350	4300	7200	14,400	25,200	36,000
4d 7P Imp Sed	1300	4200	7000	14,000	24,500	35,000

1934 LaSalle Series 50 convertible coupe

	6	5	4	3	2	1
1934						
Series 350, 8 cyl., 119" wb						
2d Conv	1900	6000	10,000	20,000	35,000	50,000
2d Cpe	1250	3950	6600	13,200	23,100	33,000
4d Clb Sed	1000	3100	5200	10,400	18,200	26,000
4d Sed	950	3000	5000	10,000	17,500	25,000
1935						
Series 50, 8 cyl., 120 wb						
2d Conv	2000	6350	10,600	21,200	37,100	53,000
2d Cpe	1150	3600	6000	12,000	21,000	30,000
2d Sed	800	2500	4200	8400	14,700	21,000
4d Sed	850	2650	4400	8800	15,400	22,000
1936						
Series 50, 8 Cyl., 120" wb, LaSalle						
2d Conv	1800	5750	9600	19,200	33,600	48,000
2d RS Cpe	900	2900	4800	9600	16,800	24,000
2d Sed	700	2300	3800	7600	13,300	19,000
4d Sed	750	2400	4000	8000	14,000	20,000
1937						
Series 50, V-8 124" wb, LaSalle						
2d Conv	1900	6000	10,000	20,000	35,000	50,000
2d Conv Sed	1950	6250	10,400	20,800	36,400	52,000
4P Cpe	900	2900	4800	9600	16,800	24,000
2d Sed	750	2400	4000	8000	14,000	20,000
4d Sed	800	2500	4200	8400	14,700	21,000
1938						
Series 50, V-8, 124" wb, LaSalle						
2d Conv	1900	6000	10,000	20,000	35,000	50,000
4d Conv Sed	1950	6250	10,400	20,800	36,400	52,000
4P Cpe	950	3000	5000	10,000	17,500	25,000
2d Sed	800	2500	4200	8400	14,700	21,000
4d Sed	850	2650	4400	8800	15,400	22,000
1939						
Series 50, V-8, 120" wb						
2d Conv	1900	6000	10,000	20,000	35,000	50,000
4d Conv Sed	1950	6250	10,400	20,800	36,400	52,000
2d Cpe	1050	3350	5600	11,200	19,600	28,000
2d Sed	800	2500	4200	8400	14,700	21,000
2d S/R Sed	800	2600	4300	8600	15,100	21,500
4d Sed	850	2650	4400	8800	15,400	22,000
4d S/R Sed	850	2700	4500	9000	15,800	22,500

	6	5	4	3	2	1
1940						
Series 50, V-8, 123" wb						
2d Conv	1900	6000	10,000	20,000	35,000	50,000
4d Conv Sed	1950	6250	10,400	20,800	36,400	52,000
2d Cpe	1050	3350	5600	11,200	19,600	28,000
2d Sed	800	2500	4200	8400	14,700	21,000
2d S/R Sed	800	2600	4300	8600	15,100	21,500
4d Sed	850	2650	4400	8800	15,400	22,000
4d S/R Sed	850	2700	4500	9000	15,800	22,500
"Special" Series 52 LaSalle V-8, 123" wb						
2d Conv	1900	6000	10,000	20,000	35,000	50,000
4d Conv Sed	1950	6250	10,400	20,800	36,400	52,000
2d Cpe	1100	3500	5800	11,600	20,300	29,000
4d Sed	850	2650	4400	8800	15,400	22,000

CHECKER

	6	5	4	3	2	1
1960						
Checker Superba Std.						
Sed	350	975	1600	3200	5600	8000
Sta Wag	350	975	1600	3250	5700	8100
Checker Superba Spl.						
Sed	350	975	1600	3250	5700	8100
Sta Wag	350	1000	1650	3300	5750	8200
1961						
Checker Superba						
Sed	350	975	1600	3200	5600	8000
Sta Wag	350	975	1600	3250	5700	8100
Checker Marathon						
Sed	350	975	1600	3250	5700	8100
Sta Wag	350	1000	1650	3300	5750	8200
1962						
Checker Superba						
Sed	350	975	1600	3200	5600	8000
Sta Wag	350	975	1600	3250	5700	8100
Checker Marathon						
Sed	350	975	1600	3250	5700	8100
Sta Wag	350	1000	1650	3300	5750	8200

1963 Checker Marathon station wagon

	6	5	4	3	2	1
1963						
Checker Superba						
Sed	350	975	1600	3250	5700	8100
Sta Wag	350	1000	1650	3300	5750	8200
Checker Marathon						
Sed	350	975	1600	3250	5700	8100
Sta Wag	350	1000	1650	3300	5750	8200
Limo	350	1020	1700	3400	5950	8500
1964						
Checker Marathon						
Sed	350	975	1600	3200	5600	8000

	6	5	4	3	2	1
Sta Wag	350	975	1600	3250	5700	8100
Limo	350	1040	1700	3450	6000	8600
Aerobus	350	1000	1650	3300	5750	8200
1965						
Marathon Series						
Sed	350	1020	1700	3400	5900	8400
DeL Sed	350	975	1600	3200	5600	8000
Sta Wag	350	975	1600	3250	5700	8100
Limo	350	1020	1700	3400	5950	8500
1966						
Marathon Series						
Sed	350	975	1600	3200	5500	7900
DeL Sed	350	975	1600	3200	5600	8000
Sta Wag	350	975	1600	3250	5700	8100
Limo	350	1020	1700	3400	5950	8500
1967						
Marathon Series						
Sed	350	975	1600	3200	5500	7900
Sta Wag	350	975	1600	3200	5600	8000
1968						
Marathon Series						
Sed	350	975	1600	3200	5500	7900
Sta Wag	350	975	1600	3200	5600	8000
DeL Sed	350	975	1600	3200	5600	8000
1969						
Marathon Series						
Sed	350	975	1600	3200	5500	7900
Sta Wag	350	975	1600	3200	5600	8000
DeLuxe Series						
Sed	350	975	1600	3200	5600	8000
Limo	350	1020	1700	3400	5950	8500
1970						
Marathon Series						
Sed	350	975	1600	3200	5600	8000
Sta Wag	350	975	1600	3250	5700	8100
DeLuxe Series						
Sed	350	975	1600	3250	5700	8100
Limo	350	1020	1700	3400	5950	8500
1971						
Marathon Series						
Sed	350	900	1500	3000	5250	7500
Sta Wag	350	950	1500	3050	5300	7600
DeLuxe Series						
Sed	350	950	1550	3100	5400	7700
Limo	350	1020	1700	3400	5950	8500
NOTE: Add 5 percent for V8.						
1972						
Marathon Series						
Sed	350	900	1500	3000	5250	7500
Sta Wag	350	950	1500	3050	5300	7600
DeLuxe Series						
Sed	350	975	1600	3200	5600	8000
NOTE: Add 5 percent for V8.						
1973						
Marathon Series						
Sed	350	900	1500	3000	5250	7500
Sta Wag	350	950	1500	3050	5300	7600
DeLuxe Series						
Sed	350	950	1550	3100	5400	7700
NOTE: Add 5 percent for V8.						
1974						
Marathon Series						
Sed	350	900	1500	3000	5250	7500
Sta Wag	350	950	1500	3050	5300	7600
DeLuxe Series						
Sed	350	950	1550	3100	5400	7700
NOTE: Add 5 percent for V8.						
1975						
Marathon Series						
Sed	350	870	1450	2900	5100	7300
Sta Wag	350	880	1500	2950	5180	7400
DeLuxe						
Sed	350	900	1500	3000	5250	7500

	6	5	4	3	2	1
1976						
4d Sed Marathon	350	880	1500	2950	5180	7400
4d Sed Marathon DeL	350	975	1600	3200	5500	7900
1977						
4d Sed Marathon	350	850	1450	2850	4970	7100
4d Sed Marathon DeL	350	950	1500	3050	5300	7600
1978						
4d Sed Marathon	350	850	1450	2850	4970	7100
4d Sed Marathon DeL	350	950	1500	3050	5300	7600
1979						
4d Sed Marathon	350	850	1450	2850	4970	7100
4d Sed Marathon DeL	350	950	1500	3050	5300	7600
1980						
4d Sed Marathon	350	860	1450	2900	5050	7200
4d Sed Marathon DeL	350	950	1550	3100	5400	7700
1981						
4d Sed Marathon	350	860	1450	2900	5050	7200
4d Sed Marathon DeL	350	950	1550	3100	5400	7700
1982						
4d Sed Marathon	350	860	1450	2900	5050	7200
4d Sed Marathon DeL	350	950	1550	3100	5400	7700

CHEVROLET

1912						
Classic Series, 6-cyl.						
Tr	1150	3700	6200	12,400	21,700	31,000
1913						
Classic Series, 6-cyl.						
Tr	1050	3400	5700	11,400	20,000	28,500

1914 Chevrolet Model H-2 roadster

1914						
Series H2 & H4, 4-cyl.						
Rds	700	2150	3600	7200	12,600	18,000
Tr	700	2200	3700	7400	13,000	18,500

	6	5	4	3	2	1
Series C, 6-cyl.						
Tr	850	2650	4400	8800	15,400	22,000
Series L, 6-cyl.						
Tr	1000	3250	5400	10,800	18,900	27,000
1915						
Series H2 & H4, 4-cyl.						
Rds	600	1900	3200	6400	11,200	16,000
Tr	700	2150	3600	7200	12,600	18,000
Series H3, 4-cyl.						
2P Rds	700	2300	3800	7600	13,300	19,000
Series L, 6-cyl.						
Tr	1000	3100	5200	10,400	18,200	26,000
1916						
Series 490, 4-cyl.						
Tr	650	2050	3400	6800	11,900	17,000
Series H2, 4-cyl.						
Rds	600	2000	3300	6600	11,600	16,500
Torp Rds	700	2150	3600	7200	12,600	18,000
Series H4, 4-cyl.						
Tr	800	2500	4200	8400	14,700	21,000
1917						
Series F2 & F5, 4-cyl.						
Rds	650	2050	3400	6800	11,900	17,000
Tr	700	2150	3600	7200	12,600	18,000
Series 490, 4-cyl.						
Rds	600	1900	3200	6400	11,200	16,000
Tr	600	1900	3200	6400	11,200	16,000
HT Tr	650	2050	3400	6800	11,900	17,000
Series D2 & D5, V-8						
Rds	950	3000	5000	10,000	17,500	25,000
Tr	1000	3100	5200	10,400	18,200	26,000
1918						
Series 490, 4-cyl.						
Tr	650	2050	3400	6800	11,900	17,000
Rds	600	1900	3200	6400	11,200	16,000
Cpe	350	975	1600	3200	5600	8000
Sed	350	840	1400	2800	4900	7000
Series FA, 4-cyl.						
Rds	650	2050	3400	6800	11,900	17,000
Tr	700	2150	3600	7200	12,600	18,000
Sed	350	975	1600	3200	5600	8000
Series D, V-8						
4P Rds	950	3000	5000	10,000	17,500	25,000
Tr	1000	3100	5200	10,400	18,200	26,000
1919						
Series 490, 4-cyl.						
Rds	500	1550	2600	5200	9100	13,000
Tr	550	1700	2800	5600	9800	14,000
Sed	350	840	1400	2800	4900	7000
Cpe	350	900	1500	3000	5250	7500
Series FB, 4-cyl.						
Rds	550	1800	3000	6000	10,500	15,000
Tr	600	1900	3200	6400	11,200	16,000
Cpe	450	1080	1800	3600	6300	9000
2d Sed	350	1020	1700	3400	5950	8500
4d Sed	350	975	1600	3200	5600	8000
1920						
Series 490, 4-cyl.						
Rds	500	1550	2600	5200	9100	13,000
Tr	550	1700	2800	5600	9800	14,000
Sed	350	1020	1700	3400	5950	8500
Cpe	450	1080	1800	3600	6300	9000
Series FB, 4-cyl.						
Rds	550	1800	3000	6000	10,500	15,000
Tr	600	1900	3200	6400	11,200	16,000
Sed	450	1140	1900	3800	6650	9500
Cpe	400	1200	2000	4000	7000	10,000
Cpe	100	300	500	1000	1750	2500
1921						
Series 490, 4-cyl.						
Rds	650	2050	3400	6800	11,900	17,000
Tr	650	2050	3400	6800	11,900	17,000
Cpe	450	1080	1800	3600	6300	9000
C-D Sed	450	1140	1900	3800	6650	9500

	6	5	4	3	2	1
Series FB, 4-cyl.						
Rds	650	2100	3500	7000	12,300	17,500
Tr	700	2150	3600	7200	12,600	18,000
Cpe	400	1200	2000	4000	7000	10,000
4d Sed	450	1140	1900	3800	6650	9500
1922						
Series 490, 4-cyl.						
Rds	650	2050	3400	6800	11,900	17,000
Tr	700	2150	3600	7200	12,600	18,000
Cpe	400	1200	2000	4000	7000	10,000
Utl Cpe	450	1140	1900	3800	6650	9500
Sed	450	1080	1800	3600	6300	9000
Series FB, 4-cyl.						
Rds	650	2050	3400	6800	11,900	17,000
Tr	700	2150	3600	7200	12,600	18,000
Sed	450	1080	1800	3600	6300	9000
Cpe	400	1200	2000	4000	7000	10,000
1923						
Superior B, 4-cyl.						
Rds	650	2050	3400	6800	11,900	17,000
Tr	700	2150	3600	7200	12,600	18,000
Sed	450	1080	1800	3600	6300	9000
2d Sed	450	1080	1800	3600	6300	9000
Utl Cpe	450	1140	1900	3800	6650	9500
DeL Tr	400	1300	2200	4400	7700	11,000
1924						
Superior, 4-cyl.						
Rds	650	2050	3400	6800	11,900	17,000
Tr	700	2150	3600	7200	12,600	18,000
DeL Tr	700	2200	3700	7400	13,000	18,500
Sed	350	1020	1700	3400	5950	8500
DeL Sed	450	1050	1750	3550	6150	8800
2P Cpe	450	1140	1900	3800	6650	9500
4P Cpe	450	1080	1800	3600	6300	9000
DeL Cpe	950	1100	1850	3700	6450	9200
2d Sed	350	1020	1700	3400	5950	8500
1925						
Superior K, 4-cyl.						
Rds	800	2500	4200	8400	14,700	21,000
Tr	850	2650	4400	8800	15,400	22,000
Cpe	400	1200	2000	4000	7000	10,000
Sed	450	1080	1800	3600	6300	9000
2d Sed	450	1080	1800	3600	6300	9000
1926						
Superior V, 4-cyl.						
Rds	800	2500	4200	8400	14,700	21,000
Tr	850	2650	4400	8800	15,400	22,000
Cpe	400	1300	2200	4400	7700	11,000
Sed	400	1200	2000	4000	7000	10,000
2d Sed	400	1200	2000	4000	7000	10,000
Lan Sed	400	1250	2100	4200	7400	10,500
1927						
Model AA, 4-cyl.						
Rds	800	2500	4200	8400	14,700	21,000
Tr	850	2650	4400	8800	15,400	22,000
Utl Cpe	400	1300	2150	4300	7500	10,700
2d Sed	400	1200	2000	4000	7000	10,000
Sed	400	1200	2000	4000	7000	10,000
Lan Sed	400	1250	2100	4200	7400	10,500
Cabr	650	2050	3400	6800	11,900	17,000
Imp Lan	550	1800	3000	6000	10,500	15,000
1928						
Model AB, 4-cyl.						
Rds	800	2500	4200	8400	14,700	21,000
Tr	850	2650	4400	8800	15,400	22,000
Utl Cpe	400	1300	2200	4400	7700	11,000
Sed	400	1250	2100	4200	7400	10,500
2d Sed	400	1250	2100	4200	7400	10,500
Cabr	700	2150	3600	7200	12,600	18,000
Imp Lan	550	1800	3000	6000	10,500	15,000
Conv Cabr	700	2300	3800	7600	13,300	19,000
1929						
Model AC, 6-cyl.						
Rds	850	2650	4400	8800	15,400	22,000

	6	5	4	3	2	1
Tr	850	2750	4600	9200	16,100	23,000
Cpe	500	1550	2600	5200	9100	13,000
Spt Cpe	550	1700	2800	5600	9800	14,000
Sed	400	1300	2200	4400	7700	11,000
Imp Sed	450	1450	2400	4800	8400	12,000
Conv Lan	700	2300	3800	7600	13,300	19,000
2d Sed	400	1300	2200	4400	7700	11,000
Conv Cabr	750	2400	4000	8000	14,000	20,000

1930 Chevrolet Series AD Universal two-door sedan

	6	5	4	3	2	1
1930						
Model AD, 6-cyl.						
Rds	850	2750	4600	9200	16,100	23,000
Spt Rds	900	2900	4800	9600	16,800	24,000
Phae	900	2900	4800	9600	16,800	24,000
2d Sed	400	1300	2200	4400	7700	11,000
Cpe	500	1550	2600	5200	9100	13,000
Spt Cpe	550	1700	2800	5600	9800	14,000
Clb Sed	450	1500	2500	5000	8800	12,500
Spec Sed	450	1450	2400	4800	8400	12,000
Sed	450	1400	2300	4600	8100	11,500
Con Lan	700	2300	3800	7600	13,300	19,000
1931						
Model AE, 6-cyl.						
Rds	900	2900	4800	9600	16,800	24,000
Spt Rds	1000	3100	5200	10,400	18,200	26,000
Cabr	850	2750	4600	9200	16,100	23,000
Phae	900	2900	4800	9600	16,800	24,000
2d Sed	450	1450	2400	4800	8400	12,000
5P Cpe	550	1700	2800	5600	9800	14,000
5W Cpe	550	1800	3000	6000	10,500	15,000
Spt Cpe	650	2050	3400	6800	11,900	17,000
Cpe	600	1900	3200	6400	11,200	16,000
2d DeL Sed	550	1700	2800	5600	9800	14,000
Sed	450	1500	2500	5000	8800	12,500
Spl Sed	500	1600	2700	5400	9500	13,500
Lan Phae	950	3000	5000	10,000	17,500	25,000
1932						
Model BA Standard, 6-cyl.						
Rds	1050	3350	5600	11,200	19,600	28,000
Phae	1050	3350	5600	11,200	19,600	28,000
Lan Phae	1000	3250	5400	10,800	18,900	27,000
3W Cpe	650	2050	3400	6800	11,900	17,000
5W Cpe	700	2150	3600	7200	12,600	18,000
Spt Cpe	700	2300	3800	7600	13,300	19,000
2d Sed	500	1550	2600	5200	9100	13,000

	6	5	4	3	2	1
Sed	550	1700	2800	5600	9800	14,000
5P Cpe	700	2150	3600	7200	12,600	18,000
Model BA DeLuxe, 6-cyl.						
Spt Rds	1100	3500	5800	11,600	20,300	29,000
Lan Phae	1050	3350	5600	11,200	19,600	28,000
Cabr	1000	3250	5400	10,800	18,900	27,000
3W Bus Cpe	700	2150	3600	7200	12,600	18,000
5W Cpe	700	2300	3800	7600	13,300	19,000
Spt Cpe	750	2400	4000	8000	14,000	20,000
2d Sed	550	1700	2800	5600	9800	14,000
Sed	550	1800	3000	6000	10,500	15,000
Spl Sed	600	1900	3200	6400	11,200	16,000
5P Cpe	700	2300	3800	7600	13,300	19,000
1933						
Mercury, 6-cyl.						
2P Cpe	450	1450	2400	4800	8400	12,000
RS Cpe	500	1550	2600	5200	9100	13,000
2d Sed	450	1140	1900	3800	6650	9500
Master Eagle, 6-cyl.						
Spt Rds	900	2900	4800	9600	16,800	24,000
Phae	950	3000	5000	10,000	17,500	25,000
2P Cpe	450	1450	2400	4800	8400	12,000
Spt Cpe	500	1550	2600	5200	9100	13,000
2d Sed	450	1170	1975	3900	6850	9800
2d Trk Sed	400	1200	2000	4000	7000	10,000
Sed	400	1200	2000	4000	7000	10,000
Conv	700	2200	3700	7400	13,000	18,500
1934						
Standard, 6-cyl.						
Sed	450	1140	1900	3800	6650	9500
Spt Rds	800	2500	4200	8400	14,700	21,000
Phae	850	2650	4400	8800	15,400	22,000
Cpe	400	1200	2000	4000	7000	10,000
2d Sed	450	1130	1900	3800	6600	9400
Master, 6-cyl.						
Spt Rds	850	2650	4400	8800	15,400	22,000
Bus Cpe	450	1450	2400	4800	8400	12,000
Spt Cpe	450	1500	2500	5000	8800	12,500
2d Sed	400	1200	2000	4000	7100	10,100
Twn Sed	400	1300	2200	4400	7600	10,900
Sed	400	1250	2100	4200	7300	10,400
Conv	750	2400	4000	8000	14,000	20,000
1935						
Standard, 6-cyl.						
Rds	650	2050	3400	6800	11,900	17,000
Phae	700	2300	3800	7600	13,300	19,000
Cpe	450	1400	2300	4600	8100	11,500
2d Sed	400	1250	2100	4200	7400	10,500
Sed	400	1300	2150	4300	7600	10,800
Master, 6-cyl.						
5W Cpe	450	1450	2400	4800	8400	12,000
Spt Cpe	450	1500	2500	5000	8800	12,500
2d Sed	400	1300	2150	4300	7500	10,700
Sed	400	1300	2200	4400	7700	11,000
Spt Sed	400	1350	2250	4500	7800	11,200
Twn Sed	400	1300	2150	4300	7600	10,800
1936						
Standard, 6-cyl.						
Cpe	450	1400	2300	4600	8100	11,500
Sed	400	1250	2100	4200	7400	10,500
Spt Sed	400	1300	2150	4300	7600	10,800
2d Sed	400	1250	2100	4200	7300	10,400
Cpe PU	450	1400	2350	4700	8300	11,800
Conv	550	1700	2800	5600	9800	14,000
Master, 6-cyl.						
5W Cpe	450	1450	2400	4800	8400	12,000
Spt Cpe	450	1500	2500	5000	8800	12,500
2d Sed	400	1300	2150	4300	7500	10,700
Twn Sed	400	1300	2150	4300	7600	10,800
Sed	400	1300	2200	4400	7600	10,900
Spt Sed	400	1300	2200	4400	7700	11,000
1937						
Master, 6-cyl.						
Conv	900	2900	4800	9600	16,800	24,000
Cpe	450	1400	2350	4700	8200	11,700

	6	5	4	3	2	1
Cpe PU	450	1500	2450	4900	8600	12,300
2d Sed	400	1300	2200	4400	7600	10,900
2d Twn Sed	400	1300	2200	4400	7700	11,000
4d Trk Sed	400	1350	2200	4400	7800	11,100
4d Spt Sed	400	1350	2250	4500	7800	11,200
Master DeLuxe, 6-cyl.						
Cpe	450	1500	2450	4900	8600	12,300
Spt Cpe	450	1500	2500	5000	8800	12,500
2d Sed	400	1200	2000	4000	7000	10,000
2d Twn Sed	400	1200	2000	4000	7100	10,100
4d Trk Sed	400	1200	2000	4000	7000	10,000
4d Spt Sed	400	1200	2000	4000	7100	10,100
1938						
Master, 6-cyl.						
Conv	950	3000	5000	10,000	17,500	25,000
Cpe	450	1400	2350	4700	8200	11,700
Cpe PU	450	1500	2450	4900	8600	12,300
2d Sed	400	1300	2200	4400	7700	11,000
2d Twn Sed	400	1350	2200	4400	7800	11,100
4d Sed	400	1300	2200	4400	7700	11,000
4d Spt Sed	400	1350	2200	4400	7800	11,100
Master DeLuxe, 6-cyl.						
Cpe	450	1500	2500	5000	8800	12,500
Spt Cpe	500	1500	2550	5100	8900	12,700
2d Sed	400	1350	2200	4400	7800	11,100
2d Twn Sed	400	1350	2250	4500	7800	11,200
4d Sed	400	1350	2200	4400	7800	11,100
4d Spt Sed	400	1350	2250	4500	7800	11,200

1939 Chevrolet Master Deluxe four-door sedan

	6	5	4	3	2	1
1939						
Master 85, 6-cyl.						
Cpe	450	1400	2350	4700	8300	11,800
2d Sed	400	1250	2050	4100	7200	10,300
2d Twn Sed	400	1250	2100	4200	7300	10,400
4d Sed	400	1250	2050	4100	7200	10,300
4d Spt Sed	400	1250	2100	4200	7300	10,400
Sta Wag	850	2650	4400	8800	15,400	22,000
Master DeLuxe, 6-cyl.						
Cpe	400	1350	2250	4500	7900	11,300
Spt Cpe	450	1400	2300	4600	8100	11,600
2d Sed	400	1350	2250	4500	7900	11,300
2d Twn Sed	450	1350	2300	4600	8000	11,400
4d Sed	400	1350	2250	4500	7900	11,300
4d Spt Sed	400	1250	2100	4200	7300	10,400
Sta Wag	750	2400	4000	8000	14,000	20,000
1940						
Master 85, 6-cyl.						
2d Cpe	450	1450	2400	4800	8400	12,000
2d Twn Sed	400	1250	2100	4200	7400	10,600
4d Spt Sed	400	1250	2100	4200	7400	10,500
4d Sta Wag	950	3000	5000	10,000	17,500	25,000

	6	5	4	3	2	1
Master DeLuxe, 6-cyl.						
2d Cpe	450	1500	2500	5000	8800	12,500
Spt Cpe	500	1550	2600	5200	9100	13,000
2d Twn Sed	400	1300	2200	4400	7700	11,000
4d Spt Sed	400	1300	2200	4400	7700	11,000
Special DeLuxe, 6-cyl.						
2d Cpe	500	1550	2600	5200	9100	13,000
2d Spt Cpe	500	1600	2700	5400	9500	13,500
2d Twn Sed	450	1400	2300	4600	8100	11,500
4d Spt Sed	450	1350	2300	4600	8000	11,400
2d Conv	900	2900	4800	9600	16,800	24,000
4d Sta Wag	1000	3100	5200	10,400	18,200	26,000
1941						
Master DeLuxe, 6-cyl.						
2P Cpe	450	1450	2400	4800	8400	12,000
4P Cpe	450	1500	2500	5000	8800	12,500
2d Twn Sed	400	1250	2100	4200	7300	10,400
4d Spt Sed	400	1250	2050	4100	7200	10,300
Special DeLuxe, 6-cyl.						
2P Cpe	500	1550	2600	5200	9100	13,000
4P Cpe	550	1700	2800	5600	9800	14,000
2d Sed	450	1400	2300	4600	8100	11,600
4d Spt Sed	450	1400	2300	4600	8100	11,500
4d Flt Sed	450	1450	2400	4800	8400	12,000
2d Conv	950	3000	5000	10,000	17,500	25,000
4d Sta Wag	1150	3600	6000	12,000	21,000	30,000
2d Cpe PU	550	1700	2800	5600	9800	14,000
1942						
Master DeLuxe, 6-cyl.						
2P Cpe	450	1450	2400	4800	8400	12,000
4P Cpe	450	1450	2450	4900	8500	12,200
2d Cpe PU	450	1500	2500	5000	8800	12,500
2d Twn Sed	400	1300	2150	4300	7600	10,800
2d Twn Sed	400	1300	2200	4400	7600	10,900
Special DeLuxe, 6-cyl.						
2P Cpe	450	1500	2500	5000	8800	12,500
2d 5P Cpe	500	1500	2550	5100	8900	12,700
2d Twn Sed	400	1300	2200	4400	7700	11,000
4d Spt Sed	400	1350	2200	4400	7800	11,100
2d Conv	1050	3350	5600	11,200	19,600	28,000
4d Sta Wag	950	3000	5000	10,000	17,500	25,000
Fleetline, 6-cyl.						
2d Aero	450	1400	2300	4600	8100	11,500
4d Spt Mstr	400	1350	2250	4500	7800	11,200
1946-1948						
Stylemaster, 6-cyl.						
2d Bus Cpe	450	1500	2500	5000	8800	12,500
2d Spt Cpe	500	1500	2550	5100	8900	12,700
2d Twn Sed	400	1300	2200	4400	7700	11,000
4d Spt Sed	400	1350	2200	4400	7800	11,100
Fleetmaster, 6-cyl.						
2d Spt Cpe	500	1550	2600	5200	9100	13,000
2d Twn Sed	450	1350	2300	4600	8000	11,400
4d Spt Sed	450	1400	2300	4600	8100	11,500
2d Conv	1100	3500	5800	11,600	20,300	29,000
4d Sta Wag	950	3000	5000	10,000	17,500	25,000
Fleetline, 6-cyl.						
2d Aero	450	1450	2400	4800	8400	12,000
4d Spt Mstr	450	1400	2350	4700	8300	11,800
1949-1950						
Styleline Special, 6-cyl.						
2d Bus Cpe	400	1300	2200	4400	7700	11,000
2d Spt Cpe	450	1350	2300	4600	8000	11,400
2d Sed	400	1200	2000	4000	7100	10,100
4d Sed	400	1200	2050	4100	7100	10,200
Fleetline Special, 6-cyl.						
2d Sed	400	1200	2050	4100	7100	10,200
4d Sed	400	1250	2050	4100	7200	10,300
Styleline DeLuxe, 6-cyl.						
Spt Cpe	450	1450	2400	4800	8400	12,000
2d Sed	400	1250	2050	4100	7200	10,300
4d Sed	400	1250	2100	4200	7300	10,400
2d HT Bel Air (1950 only)	600	1900	3200	6400	11,200	16,000
2d Conv	1000	3100	5200	10,400	18,200	26,000
4d Woodie Wag (1949 only)	650	2050	3400	6800	11,900	17,000

	6	5	4	3	2	1
4d Mtl Sta Wag	450	1450	2400	4800	8400	12,000
Fleetline DeLuxe, 6-cyl.						
2d Sed	450	1350	2300	4600	8000	11,400
4d Sed	450	1400	2300	4600	8100	11,500
1951-1952						
Styleline Special, 6-cyl.						
2d Bus Cpe	400	1350	2200	4400	7800	11,100
2d Spt Cpe	450	1400	2300	4600	8100	11,500
2d Sed	400	1250	2050	4100	7200	10,300
4d Sed	400	1200	2050	4100	7100	10,200
Styleline DeLuxe, 6-cyl.						
2d Spt Cpe	450	1450	2400	4800	8400	12,000
2d Sed	400	1300	2150	4300	7600	10,800
4d Sed	400	1300	2150	4300	7500	10,700
2d HT Bel Air	600	1900	3200	6400	11,200	16,000
2d Conv	1000	3100	5200	10,400	18,200	26,000
Fleetline Special, 6-cyl						
2d Sed (1951 only)	450	1130	1900	3800	6600	9400
4d Sed (1951 only)	450	1120	1875	3750	6500	9300
4d Sta Wag	450	1450	2400	4800	8400	12,000
Fleetline DeLuxe, 6-cyl.						
2d Sed	400	1350	2200	4400	7800	11,100
4d Sed (1951 only)	400	1300	2200	4400	7700	11,000
1953						
Special 150, 6-cyl.						
2d Bus Cpe	450	1130	1900	3800	6600	9400
2d Clb Cpe	450	1150	1900	3850	6700	9600
2d Sed	950	1100	1850	3700	6450	9200
4d Sed	450	1090	1800	3650	6400	9100
4d Sta Wag	450	1450	2400	4800	8400	12,000
DeLuxe 210, 6-cyl.						
2d Clb Cpe	450	1400	2300	4600	8100	11,500
2d Sed	400	1250	2100	4200	7400	10,500
4d Sed	400	1250	2100	4200	7300	10,400
2d HT	650	2050	3400	6800	11,900	17,000
2d Conv	1050	3350	5600	11,200	19,600	28,000
4d Sta Wag	450	1500	2500	5000	8800	12,500
4d 210 Townsman Sta Wag	500	1500	2550	5100	8900	12,700
Bel Air						
2d Sed	450	1400	2300	4600	8100	11,600
4d Sed	450	1400	2300	4600	8100	11,500
2d HT	700	2150	3600	7200	12,600	18,000
2d Conv	1150	3700	6200	12,400	21,700	31,000
1954						
Special 150, 6-cyl.						
2d Utl Sed	450	1080	1800	3600	6300	9000
2d Sed	950	1100	1850	3700	6450	9200
4d Sed	450	1090	1800	3650	6400	9100
4d Sta Wag	450	1450	2400	4800	8400	12,000
Special 210, 6-cyl.						
2d Sed	400	1250	2100	4200	7400	10,500
2d Sed Delray	450	1450	2400	4800	8400	12,000
4d Sed	400	1250	2100	4200	7300	10,400
4d Sta Wag	450	1500	2500	5000	8800	12,500
Bel Air, 6-cyl.						
2d Sed	450	1400	2350	4700	8200	11,700
4d Sed	450	1400	2300	4600	8100	11,600
2d HT	700	2300	3800	7600	13,300	19,000
2d Conv	1200	3850	6400	12,800	22,400	32,000
4d Sta Wag	550	1800	3000	6000	10,500	15,000
1955						
Model 150, V-8						
2d Utl Sed	450	1140	1900	3800	6650	9500
2d Sed	400	1200	2000	4000	7100	10,100
4d Sed	400	1200	2000	4000	7000	10,000
4d Sta Wag	400	1300	2200	4400	7700	11,000
Model 210, V-8						
2d Sed	400	1300	2200	4400	7700	11,000
2d Sed Delray	450	1450	2400	4800	8400	12,000
4d Sed	400	1200	2000	4000	7000	10,000
2d HT	800	2500	4200	8400	14,700	21,000
2d Sta Wag	450	1400	2300	4600	8100	11,500
4d Sta Wag	400	1350	2250	4500	7800	11,200
Bel Air, V-8						
2d Sed	450	1450	2450	4900	8500	12,200

1955 Chevrolet Bel Air Nomad station wagon

	6	5	4	3	2	1
4d Sed	450	1450	2400	4800	8400	12,000
2d HT	950	3000	5000	10,000	17,500	25,000
2d Conv	1600	5050	8400	16,800	29,400	42,000
2d Nomad	800	2500	4200	8400	14,700	21,000
4d Sta Wag	550	1700	2800	5600	9800	14,000

NOTE: Add 10 percent for A/C; 15 percent for "Power-Pak". Deduct 10 percent for 6-cyl.

1956

	6	5	4	3	2	1
Model 150, V-8						
2d Utl Sed	450	1080	1800	3600	6300	9000
2d Sed	450	1140	1900	3800	6650	9500
4d Sed	450	1120	1875	3750	6500	9300
4d Sta Wag	400	1200	2000	4000	7000	10,000
Model 210, V-8						
2d Sed	450	1140	1900	3800	6650	9500
2d Sed Delray	450	1400	2300	4600	8100	11,500
4d Sed	400	1200	2000	4000	7000	10,000
4d HT	400	1300	2200	4400	7700	11,000
2d HT	750	2400	4000	8000	14,000	20,000
2 dr Sta Wag	400	1250	2050	4100	7200	10,300
4d Sta Wag	400	1200	2000	4000	7000	10,000
4d 9P Sta Wag	400	1200	2000	4000	7100	10,100
Bel Air, V-8						
2d Sed	400	1300	2200	4400	7700	11,000
4d Sed	400	1300	2200	4400	7700	11,000
4d HT	500	1550	2600	5200	9100	13,000
2d HT	900	2900	4800	9600	16,800	24,000
2d Conv	1550	4900	8200	16,400	28,700	41,000
2d Nomad	700	2300	3800	7600	13,300	19,000
4d 9P Sta Wag	550	1700	2800	5600	9800	14,000

NOTE: Add 10 percent for A/C; 15 percent for "Power-Pak". Deduct 10 percent for 6-cyl.

1957

	6	5	4	3	2	1
Model 150, V-8						
2d Utl Sed	450	1080	1800	3600	6300	9000
2d Sed	450	1120	1875	3750	6500	9300
4d Sed	450	1120	1875	3750	6500	9300
2d Sta Wag	400	1250	2100	4200	7400	10,500
Model 210, V-8						
2d Sed	400	1200	2000	4000	7000	10,000
2d Sed Delray	450	1400	2300	4600	8100	11,500
4d Sed	400	1250	2100	4200	7400	10,500
4d HT	400	1300	2200	4400	7700	11,000
2d HT	700	2150	3600	7200	12,600	18,000
2d Sta Wag	450	1400	2300	4600	8100	11,500
4d Sta Wag	400	1300	2200	4400	7700	11,000
4d 9P Sta Wag	400	1350	2200	4400	7800	11,100
Bel Air, V-8						
2d Sed	450	1450	2400	4800	8400	12,000
4d Sed	450	1400	2350	4700	8300	11,800
4d HT	500	1550	2600	5200	9100	13,000
2d HT	1000	3100	5200	10,400	18,200	26,000
2d Conv	1700	5400	9000	18,000	31,500	45,000
2d Nomad	750	2400	4000	8000	14,000	20,000

	6	5	4	3	2	1
4d Sta Wag	550	1700	2800	5600	9800	14,000

NOTE: Add 10 percent for A/C; 15 percent for "Power-Pak" and 20 percent for F.I.
Deduct 10 percent for 6-cyl.

1958

	6	5	4	3	2	1
Delray, V-8						
2d Utl Sed	350	1000	1650	3350	5800	8300
2d Sed	350	1020	1700	3400	5950	8500
4d Sed	350	1020	1700	3400	5950	8500
Biscayne, V-8						
2d Sed	350	1040	1750	3500	6100	8700
4d Sed	350	1040	1700	3450	6000	8600
Bel Air, V-8						
2d Sed	400	1250	2100	4200	7400	10,500
4d Sed	400	1250	2100	4200	7400	10,600
4d HT	450	1450	2400	4800	8400	12,000
2d HT	550	1700	2800	5600	9800	14,000
2d Impala	1150	3600	6000	12,000	21,000	30,000
2d Imp Conv	1600	5150	8600	17,200	30,100	43,000
Station Wagons, V-8						
2d Yeo	400	1200	2000	4000	7100	10,100
4d Yeo	400	1200	2000	4000	7000	10,000
4d 6P Brookwood	400	1250	2050	4100	7200	10,300
4d 9P Brookwood	400	1250	2100	4200	7300	10,400
4d Nomad	450	1450	2400	4800	8400	12,000

NOTE: Add 10 percent for Power-Pak & dual exhaust on 283 V-8.
Add 20 percent for 348.
Add 30 percent for 348 Tri-Power set up.
Add 15 percent for A/C.
Deduct 10 percent for 6-cyl.

1959

	6	5	4	3	2	1
Biscayne, V-8						
2d Utl Sed	350	975	1600	3200	5600	8000
2d Sed	350	1000	1650	3300	5750	8200
4d Sed	350	1000	1650	3350	5800	8300
Bel Air, V-8						
2d Sed	350	1040	1750	3500	6100	8700
4d Sed	450	1050	1750	3550	6150	8800
4d HT	400	1200	2000	4000	7000	10,000
Impala, V-8						
4d Sed	450	1080	1800	3600	6300	9000
4d HT	400	1300	2200	4400	7700	11,000
2d HT	650	2050	3400	6800	11,900	17,000
2d Conv	1100	3500	5800	11,600	20,300	29,000
Station Wagons, V-8						
4d Brookwood	450	1080	1800	3600	6300	9000
4d Parkwood	450	1130	1900	3800	6600	9400
4d Kingswood	400	1200	2000	4000	7000	10,000
4d Nomad	400	1250	2100	4200	7400	10,500

NOTE: Add 20 percent for speed options and 10 percent for A/C.
Add 5 percent for 4-speed transmission.
Deduct 10 percent for 6-cyl.
Add 30 percent for 348 Tri-Power set up.

1960

	6	5	4	3	2	1
Biscayne, V-8						
2d Utl Sed	350	870	1450	2900	5100	7300
2d Sed	350	950	1500	3050	5300	7600
4d Sed	350	950	1550	3100	5400	7700
Biscayne Fleetmaster, V-8						
2d Sed	350	950	1550	3150	5450	7800
4d Sed	350	975	1600	3200	5500	7900
Bel Air, V-8						
2d Sed	350	1000	1650	3350	5800	8300
4d Sed	350	1020	1700	3400	5900	8400
4d HT	450	1140	1900	3800	6650	9500
2d HT	400	1300	2200	4400	7700	11,000
Impala, V-8						
4d Sed	450	1050	1750	3550	6150	8800
4d HT	400	1300	2200	4400	7700	11,000
2d HT	700	2150	3600	7200	12,600	18,000
2d Conv	1050	3350	5600	11,200	19,600	28,000
Station Wagons, V-8						
4d Brookwood	450	1080	1800	3600	6300	9000
4d Kingswood	450	1120	1875	3750	6500	9300
4d Parkwood	450	1140	1900	3800	6650	9500

	6	5	4	3	2	1
4d Nomad	400	1200	2000	4000	7000	10,000

NOTE: Add 20 percent for speed options and 10 percent for A/C.
Deduct 10 percent for 6-cyl.
Add 30 percent for 348 Tri-Power set up.

1961

	6	5	4	3	2	1
Biscayne, V-8						
2d Utl Sed	350	830	1400	2950	4830	6900
2d Sed	350	900	1500	3000	5250	7500
4d Sed	350	850	1450	2850	4970	7100
Bel Air, V-8						
2d Sed	350	950	1550	3100	5400	7700
4d Sed	350	950	1500	3050	5300	7600
4d HT	450	1080	1800	3600	6300	9000
2d HT	700	2150	3600	7200	12,600	18,000
Impala, V-8						
2d Sed	350	975	1600	3200	5600	8000
4d Sed	350	975	1600	3250	5700	8100
4d HT	450	1140	1900	3800	6650	9500
2d HT*	600	1900	3200	6400	11,200	16,000
2d Conv*	900	2900	4800	9600	16,800	24,000
Station Wagons, V-8						
4d Brookwood	350	1020	1700	3400	5950	8500
4d Parkwood	450	1080	1800	3600	6300	9000
4d Nomad	400	1200	2000	4000	7000	10,000

NOTE: Add 10 percent for Power-Pak & dual exhaust on 283 V-8.
Add 15 percent for A/C.
Add 35 percent for 348 CID.
*Add 40 percent for Super Sport option.
Add 50 percent for 409 V-8.
Deduct 10 percent for 6-cyl.

1962

	6	5	4	3	2	1
Chevy II, 4 & 6-cyl.						
2d Sed	350	850	1450	2850	4970	7100
4d Sed	350	840	1400	2800	4900	7000
2d HT	500	1550	2600	5200	9100	13,000
2d Conv	550	1800	3000	6000	10,500	15,000
4d Sta Wag	350	1020	1700	3400	5950	8500
Biscayne, V-8						
2d Sed	350	880	1500	2950	5180	7400
4d Sed	350	900	1500	3000	5250	7500
4d Sta Wag	350	1000	1650	3350	5800	8300
Bel Air, V-8						
2d Sed	350	950	1500	3050	5300	7600
4d Sed	350	950	1550	3100	5400	7700
2d HT	700	2300	3800	7600	13,300	19,000
4d Sta Wag	400	1200	2000	4000	7000	10,000
Bel Air 409 muscle car						
2d Sed (380 HP)	550	1700	2800	5600	9800	14,000
2d HT (380 HP)	900	2900	4800	9600	16,800	24,000
2d Sed (409 HP)	600	1900	3200	6400	11,200	16,000
2d HT (409 HP)	1000	3100	5200	10,400	18,200	26,000
Impala, V-8						
4d Sed	350	975	1600	3200	5600	8000
4d HT	400	1200	2000	4000	7000	10,000
2d HT*	650	2050	3400	6800	11,900	17,000
2d Conv*	1000	3100	5200	10,400	18,200	26,000
4d Sta Wag	400	1300	2200	4400	7700	11,000

***NOTE:** Add 15 percent for Super Sport option.
Add 15 percent for Power-Pak & dual exhaust.
Add 15 percent for A/C.
Add 35 percent for 409 CID.
Deduct 10 percent for 6-cyl except Chevy II.

1963

	6	5	4	3	2	1
Chevy II and Nova, 4 & 6-cyl.						
4d Sed	350	800	1350	2700	4700	6700
2d HT*	450	1450	2400	4800	8400	12,000
2d Conv*	550	1800	3000	6000	10,500	15,000
4d Sta Wag	350	975	1600	3200	5600	8000

***NOTE:** Add 15 percent for Super Sport option.

	6	5	4	3	2	1
Biscayne, V-8						
2d Sed	350	780	1300	2600	4550	6500
4d Sed	350	790	1350	2650	4620	6600
4d Sta Wag	350	900	1500	3000	5250	7500
Bel Air, V-8						
2d Sed	350	790	1350	2650	4620	6600

1963 Chevrolet Impala SS two-door hardtop

	6	5	4	3	2	1
4d Sed	350	800	1350	2700	4700	6700
4d Sta Wag	350	975	1600	3200	5600	8000
Impala, V-8						
4d Sed	350	975	1600	3200	5600	8000
4d HT	400	1200	2000	4000	7000	10,000
2d HT*	700	2300	3800	7600	13,300	19,000
2d Conv*	950	3000	5000	10,000	17,500	25,000
4d Sta Wag	400	1200	2000	4000	7000	10,000

NOTE: Add 15 percent for Power-Pak & dual exhaust.
Add 15 percent for A/C.
Add 35 percent for 409 CID.
Add 15 percent for Super Sport option.
Deduct 10 percent for 6-cyl except Chevy II.

1964

	6	5	4	3	2	1
Chevy II and Nova, 4 & 6-cyl.						
2d Sed	350	820	1400	2700	4760	6800
4d Sed	350	830	1400	2950	4830	6900
2d HT	450	1450	2400	4800	8400	12,000
4d Sta Wag	350	1000	1650	3300	5750	8200

NOTE: Add 10 percent for 6-cyl.

	6	5	4	3	2	1
Nova Super Sport Series, 6-cyl.						
2d HT	550	1800	3000	6000	10,500	15,000

NOTE: Add 25 percent for V8.
Add 10 percent for 4 speed trans.

	6	5	4	3	2	1
Chevelle						
2d Sed	350	780	1300	2600	4550	6500
4d Sed	350	790	1350	2650	4620	6600
2d Sta Wag	350	1020	1700	3400	5900	8400
4d Sta Wag	350	1000	1650	3300	5750	8200
Malibu Series, V-8						
4d Sed	350	790	1350	2650	4620	6600
2d HT*	550	1700	2800	5600	9800	14,000
2d Conv*	850	2650	4400	8800	15,400	22,000
4d Sta Wag	350	975	1600	3200	5600	8000

NOTE: Add 15 percent for Super Sport option.
Deduct 10 percent for 6-cyl.

	6	5	4	3	2	1
Biscayne, V-8						
2d Sed	350	780	1300	2600	4550	6500
4d Sed	350	790	1350	2650	4620	6600
4d Sta Wag	350	900	1500	3000	5250	7500
Bel Air, V-8						
2d Sed	350	790	1350	2650	4620	6600
4d Sed	350	800	1350	2700	4700	6700
4d Sta Wag	450	1080	1800	3600	6300	9000
Impala, V-8						
4d Sed	350	900	1500	3000	5250	7500
4d HT	450	1140	1900	3800	6650	9500
2d HT*	700	2150	3600	7200	12,600	18,000
2d Conv*	1000	3100	5200	10,400	18,200	26,000
4d Sta Wag	400	1300	2200	4400	7700	11,000

***NOTE:** Add 15 percent for Super Sport option.
Add 15 percent for Power-Pak & dual exhaust.
Add 15 percent for A/C.
Add 35 percent for 409 CID.
Deduct 10 percent for 6-cyl.

1965 Chevrolet Chevelle Malibu SS convertible

	6	5	4	3	2	1
1965						
Chevy II, V-8						
4d Sed	350	790	1350	2650	4620	6600
2d Sed	350	790	1350	2650	4620	6600
4d Sta Wag	350	820	1400	2700	4760	6800
Nova Series, V-8						
4d Sed	350	800	1350	2700	4700	6700
2d HT	450	1450	2400	4800	8400	12,000
4d Sta Wag	350	975	1600	3200	5600	8000
Nova Super Sport, V-8						
2d Spt Cpe	550	1800	3000	6000	10,500	15,000
Chevelle						
2d Sed	350	770	1300	2550	4480	6400
4d Sed	350	780	1300	2600	4550	6500
2d Sta Wag	350	1020	1700	3400	5950	8500
4d Sta Wag	350	1020	1700	3400	5950	8500
Malibu, V-8						
4d Sed	350	820	1400	2700	4760	6800
2d HT	600	1900	3200	6400	11,200	16,000
2d Conv	850	2650	4400	8800	15,400	22,000
4d Sta Wag	350	975	1600	3250	5700	8100
Malibu Super Sport, V-8						
2d HT	750	2400	4000	8000	14,000	20,000
2d Conv	1000	3250	5400	10,800	18,900	27,000
NOTE: Add 50 percent for RPO Z16 SS-396 option.						
Biscayne, V-8						
2d Sed	350	770	1300	2550	4480	6400
4d Sed	350	780	1300	2600	4550	6500
4d Sta Wag	350	800	1350	2700	4700	6700
Bel Air, V-8						
2d Sed	350	820	1400	2700	4760	6800
4d Sed	350	830	1400	2950	4830	6900
4d Sta Wag	350	900	1500	3000	5250	7500
Impala, V-8						
4d Sed	350	975	1600	3200	5600	8000
4d HT*	450	1140	1900	3800	6650	9500
2d HT	550	1800	3000	6000	10,500	15,000
2d Conv	900	2900	4800	9600	16,800	24,000
4d Sta Wag	350	1020	1700	3400	5950	8500
Impala Super Sport, V-8						
2d HT	600	1900	3200	6400	11,200	16,000
2d Conv	1000	3100	5200	10,400	18,200	26,000

NOTE: Add 20 percent for Power-Pak & dual exhaust.
Add 15 percent for A/C.
Add 35 percent for 409 CID.
Add 35 percent for 396 CID.
Deduct 10 percent for 6-cyl.
Add 15 percent for Caprice models.

	6	5	4	3	2	1
1966						
Chevy II Series 100						
2d Sed	350	790	1350	2650	4620	6600
4d Sed	350	800	1350	2700	4700	6700
4d Sta Wag	350	830	1400	2950	4830	6900
Nova Series, V-8						
2d HT	450	1080	1800	3600	6300	9000
4d Sed	350	820	1400	2700	4760	6800
4d Sta Wag	350	840	1400	2800	4900	7000

	6	5	4	3	2	1
Nova Super Sport						
2d HT	550	1800	3000	6000	10,500	15,000
NOTE: Add 60 percent for High Performance pkg.						
Chevelle						
2d Sed	350	770	1300	2550	4480	6400
4d Sed	350	780	1300	2600	4550	6500
4d Sta Wag	350	800	1350	2700	4700	6700
Malibu, V-8						
4d Sed	350	820	1400	2700	4760	6800
4d HT	350	840	1400	2800	4900	7000
2d HT	600	1900	3200	6400	11,200	16,000
2d Conv	850	2650	4400	8800	15,400	22,000
4d Sta Wag	350	840	1400	2800	4900	7000
Super Sport, '396' V-8						
2d HT	900	2900	4800	9600	16,800	24,000
2d Conv	1150	3600	6000	12,000	21,000	30,000
NOTE: Deduct 10 percent for 6-cyl. Chevelle.						
Biscayne, V-8						
2d Sed	350	780	1300	2600	4550	6500
4d Sed	350	790	1350	2650	4620	6600
4d Sta Wag	350	820	1400	2700	4760	6800
Bel Air, V-8						
2d Sed	350	840	1400	2800	4900	7000
4d Sed	350	850	1450	2850	4970	7100
4d 3S Wag	350	975	1600	3200	5600	8000
Impala, V-8						
4d Sed	350	900	1500	3000	5250	7500
4d HT	450	1140	1900	3800	6650	9500
2d HT	650	2050	3400	6800	11,900	17,000
2d Conv	850	2650	4400	8800	15,400	22,000
4d Sta Wag	400	1200	2000	4000	7000	10,000
Impala Super Sport, V-8						
2d HT	750	2400	4000	8000	14,000	20,000
2d Conv	950	3000	5000	10,000	17,500	25,000
Caprice, V-8						
4d HT	450	1450	2400	4800	8400	12,000
2d HT	550	1800	3000	6000	10,500	15,000
4d Sta Wag	400	1300	2200	4400	7700	11,000

NOTE: Add 40 percent for 396 CID.
Add approx. 40 percent for 427 CID engine when available.
Add 15 percent for A/C.

1967

	6	5	4	3	2	1
Chevy II, 100, V-8, 110" wb						
2d Sed	200	750	1275	2500	4400	6300
4d Sed	350	770	1300	2550	4480	6400
4d Sta Wag	350	790	1350	2650	4620	6600
Chevy II Nova, V-8, 110" wb						
4d Sed	350	780	1300	2600	4550	6500
2d HT	450	1400	2300	4600	8100	11,500
4d Sta Wag	350	900	1500	3000	5250	7500
Chevy II Nova SS, V-8, 110" wb						
2d HT	450	1500	2500	5000	8800	12,500
NOTE: Add 60 percent for High Performance pkg.						
Chevelle 300, V-8, 115" wb						
2d Sed	350	770	1300	2550	4480	6400
4d Sed	350	780	1300	2600	4550	6500
Chevelle 300 DeLuxe, V-8, 115" wb						
2d Sed	350	800	1350	2700	4700	6700
4d Sed	350	820	1400	2700	4760	6800
4d Sta Wag	350	975	1600	3200	5600	8000
Chevelle Malibu, V-8, 115" wb						
4d Sed	350	840	1400	2800	4900	7000
4d HT	350	975	1600	3200	5600	8000
2d HT	550	1700	2800	5600	9800	14,000
2d Conv	800	2500	4200	8400	14,700	21,000
4d Sta Wag	350	900	1500	3000	5250	7500
Chevelle Concours, V-8, 115" wb						
4d Sta Wag	350	1020	1700	3400	5950	8500
Chevelle Super Sport 396, 115" wb						
2d HT	950	3000	5000	10,000	17,500	25,000
2d Conv	1100	3500	5800	11,600	20,300	29,000
Biscayne, V-8, 119" wb						
2d Sed	350	780	1300	2600	4550	6500
4d Sed	350	790	1350	2650	4620	6600
4d Sta Wag	350	900	1500	3000	5250	7500

	6	5	4	3	2	1
Bel Air, V-8, 119" wb						
2d Sed	350	860	1450	2900	5050	7200
4d Sed	350	870	1450	2900	5100	7300
4d 3S Sta Wag	350	975	1600	3200	5600	8000
Impala, V-8, 119" wb						
4d Sed	350	900	1500	3000	5250	7500
4d HT	350	975	1600	3200	5600	8000
2d HT	500	1550	2600	5200	9100	13,000
2d Conv	800	2500	4200	8400	14,700	21,000
4d 3S Sta Wag	450	1080	1800	3600	6300	9000
Impala SS, V-8, 119" wb						
2d HT	550	1700	2800	5600	9800	14,000
2d Conv	800	2500	4200	8400	14,700	21,000
Caprice, V-8, 119" wb						
2d HT	550	1800	3000	6000	10,500	15,000
4d HT	400	1300	2200	4400	7700	11,000
4d 3S Sta Wag	400	1200	2000	4000	7000	10,000

NOTES: Add approximately 40 percent for SS-427 engine options when available in all series.
Add 40 percent for SS-396 option.
Add 15 percent for A/C.

	6	5	4	3	2	1
Camaro						
2d IPC	1000	3100	5200	10,400	18,200	26,000
2d Cpe	550	1800	3000	6000	10,500	15,000
2d Conv	800	2500	4200	8400	14,700	21,000
2d Z28 Cpe	1300	4200	7000	14,000	24,500	35,000
2d Yenko Cpe	2800	8900	14,800	29,600	51,800	74,000

NOTES: Deduct 5 percent for Six, (when available).
Add 10 percent for Rally Sport Package (when available; except incl. w/Indy Pace Car).
Add 5 percent for SS-350 (when available; except incl. w/Indy Pace Car).
Add 15 percent for SS-396 (L-35/325 hp; when available).
Add 35 percent for SS-396 (L-78/375 hp; when available).
Add 10 percent for A/C.

1968

	6	5	4	3	2	1
Nova 307 V8						
2d Cpe	350	820	1400	2700	4760	6800
4d Sed	200	720	1200	2400	4200	6000

NOTE: Deduct 5 percent for 4 or 6-cyl.
Add 10 percent for SS package.
Add 25 percent for 327 CID.
Add 30 percent for 350 CID.
Add 35 percent for 396 CID engine.

	6	5	4	3	2	1
Chevelle 300						
2d Sed	200	650	1100	2150	3780	5400
4d Sta Wag	200	660	1100	2200	3850	5500
Chevelle 300 DeLuxe						
4d Sed	200	650	1100	2150	3780	5400
4d HT	200	700	1200	2350	4130	5900
2d Cpe	200	650	1100	2150	3780	5400
4d Sta Wag	200	720	1200	2400	4200	6000
Chevelle Malibu						
4d Sed	200	660	1100	2200	3850	5500
4d HT	350	780	1300	2600	4550	6500
2d HT	450	1450	2400	4800	8400	12,000
2d Conv	750	2400	4000	8000	14,000	20,000
4d Sta Wag	350	780	1300	2600	4550	6500
Chevelle Concours Estate						
4d Sta Wag	350	840	1400	2800	4900	7000
Chevelle SS-396						
2d 2d HT	800	2500	4200	8400	14,700	21,000
2d Conv	1000	3250	5400	10,800	18,900	27,000
Biscayne						
2d Sed	200	650	1100	2150	3780	5400
4d Sed	200	660	1100	2200	3850	5500
4d Sta Wag	200	720	1200	2400	4200	6000
Bel Air						
2d Sed	200	660	1100	2200	3850	5500
4d Sed	200	670	1150	2250	3920	5600
4d 2S Sta Wag	350	780	1300	2600	4550	6500
4d 3S Sta Wag	350	840	1400	2800	4900	7000
Impala						
4d Sed	200	720	1200	2400	4200	6000
4d HT	350	860	1450	2900	5050	7200

	6	5	4	3	2	1
2d HT	450	1080	1800	3600	6300	9000
2d Cus Cpe	450	1140	1900	3800	6650	9500
2d Conv	700	2300	3800	7600	13,300	19,000
4d 2S Sta Wag	350	975	1600	3200	5600	8000
4d 3S Sta Wag	350	975	1600	3250	5700	8100
Caprice						
4d HT	350	975	1600	3200	5600	8000
2d HT	400	1300	2200	4400	7700	11,000
4d 2S Sta Wag	350	1020	1700	3400	5950	8500
4d 3S Sta Wag	450	1080	1800	3600	6300	9000
Chevelle 300						

NOTE: Only 1,270 Nova 4's were built in 1968.

	6	5	4	3	2	1
Camaro						
2d Cpe	550	1700	2800	5600	9800	14,000
2d Conv	700	2150	3600	7200	12,600	18,000
2d Z28	800	2500	4200	8400	14,700	21,000
2d Yenko Cpe	2100	6700	11,200	22,400	39,200	56,000

NOTES: Deduct 5 percent for Six, (when available).
Add 10 percent for A/C.
Add 10 percent for Rally Sport Package (when available).
Add 10 percent for SS package.
Add 10 percent for SS-350 (when available; except Z-28).
Add 15 percent for SS-396 (L35/325 hp; when available).
Add 35 percent for SS-396 (L78/375 hp; when available).
Add 40 percent for SS-396 (L89; when available).
Add approx. 40 percent for 427 engine options when availble.

1969

	6	5	4	3	2	1
Nova Four						
2d Cpe	200	700	1075	2150	3700	5300
4d Sed	200	700	1050	2100	3650	5200
Nova Six						
2d Cpe	200	650	1100	2150	3780	5400
4d Sed	200	700	1075	2150	3700	5300
Chevy II, Nova V-8						
2d Cpe	200	660	1100	2200	3850	5500
4d Sed	200	650	1100	2150	3780	5400
2d Yenko Cpe	2100	6700	11,200	22,400	39,200	56,000

NOTES: Add 25 percent for Nova SS.
Add 30 percent for 350 CID.
Add 35 percent for 396 CID.
Add 10 percent for Impala "SS".
Add 25 percent for other "SS" equipment pkgs.

	6	5	4	3	2	1
Chevelle 300 DeLuxe						
4d Sed	200	675	1000	2000	3500	5000
2d HT	350	900	1500	3000	5250	7500
2d Cpe	200	660	1100	2200	3850	5500
4d Nomad	200	685	1150	2300	3990	5700
4d Dual Nomad	200	720	1200	2400	4200	6000
4d GB Wag	200	660	1100	2200	3850	5500
4d 6P GB Dual Wag	200	660	1100	2200	3850	5500
4d 9P GB Dual Wag	200	670	1150	2250	3920	5600
Chevelle Malibu, V-8						
4d Sed	200	660	1100	2200	3850	5500
4d HT	200	720	1200	2400	4200	6000
2d HT	450	1450	2400	4800	8400	12,000
Conv	700	2300	3800	7600	13,300	19,000
4d 9P Estate	200	670	1150	2250	3920	5600
4d 6P Estate	200	660	1100	2200	3850	5500

NOTE: Add 10 percent for Concours 4-dr hardtop.

	6	5	4	3	2	1
Chevelle Malibu SS-396						
2d HT	700	2300	3800	7600	13,300	19,000
2d Conv	950	3000	5000	10,000	17,500	25,000

NOTE: Add 60 percent for Yenko Hardtop.

	6	5	4	3	2	1
Biscayne						
2d Sed	200	675	1000	2000	3500	5000
4d Sed	200	675	1000	1950	3400	4900
4d Sta Wag	200	700	1050	2100	3650	5200
Bel Air						
2d Sed	200	660	1100	2200	3850	5500
4d Sed	200	675	1000	2000	3500	5000
4d 6P Sta Wag	200	670	1150	2250	3920	5600
4d 9P Sta Wag	200	670	1200	2300	4060	5800
Impala, V-8						
4d Sed	200	660	1100	2200	3850	5500
4d HT	350	840	1400	2800	4900	7000
2d HT	350	1020	1700	3400	5950	8500

	6	5	4	3	2	1
2d Cus Cpe	350	1040	1750	3500	6100	8700
2d Conv	550	1800	3000	6000	10,500	15,000
4d 6P Sta Wag	200	670	1200	2300	4060	5800
4d 9P Sta Wag	200	720	1200	2400	4200	6000
NOTE: Add 35 percent for Impala SS 427 option.						
Caprice, V-8						
4d HT	350	975	1600	3200	5600	8000
2d Cus Cpe	450	1140	1900	3800	6650	9500
4d 6P Sta Wag	200	720	1200	2400	4200	6000
4d 9P Sta Wag	350	840	1400	2800	4900	7000
Camaro						
2d Spt Cpe	600	1900	3200	6400	11,200	16,000
2d Conv	800	2500	4200	8400	14,700	21,000
2d Z28	800	2500	4200	8400	14,700	21,000
2d IPC	950	3000	5000	10,000	17,500	25,000
2d ZL-1*	1700	5400	9000	18,000	31,500	45,000
2d RS Yenko	1700	5400	9000	18,000	31,500	45,000

NOTES: Deduct 5 percent for Six, (when available).
Add 5 percent for Rally Sport (except incl. w/Indy Pace Car).
Add 10 percent for SS-350 (when avail.; except incl. w/Indy Pace Car)
Add 15 percent for SS-396 (L78/375 hp; when available).
Add 35 percent for SS-396 (L89/375 hp, alum. heads; when available).
Add approx. 40 percent for 427 engine options when available.
*The specially trimmed coupe with the aluminum 427 block.

1970

	6	5	4	3	2	1
Nova Four						
2d Cpe	200	675	1000	2000	3500	5000
4d Sed	200	675	1000	1950	3400	4900
Nova Six						
2d Cpe	200	700	1050	2050	3600	5100
4d Sed	200	675	1000	2000	3500	5000
Nova, V-8						
2d Cpe	200	700	1050	2100	3650	5200
4d Sed	200	700	1050	2050	3600	5100
2d Yenko Cpe	1950	6250	10,400	20,800	36,400	52,000
Chevelle						
2d Cpe	350	820	1400	2700	4760	6800
4d Sed	200	660	1100	2200	3850	5500
4d Nomad	200	720	1200	2400	4200	6000
Greenbrier						
4d 6P Sta Wag	200	660	1100	2200	3850	5500
4d 8P Sta Wag	200	660	1100	2200	3850	5500
Malibu, V-8						
4d Sed	200	670	1150	2250	3920	5600
4d HT	200	720	1200	2400	4200	6000
2d HT	400	1300	2200	4400	7700	11,000
2d Conv	700	2150	3600	7200	12,600	18,000
4d Concours	350	780	1300	2600	4550	6500
4d Est	350	790	1350	2650	4620	6600
Chevelle Malibu SS 396						
2d HT	800	2500	4200	8400	14,700	21,000
2d Conv	1000	3100	5200	10,400	18,200	26,000
Chevelle Malibu SS 454						
2d HT	950	3000	5000	10,000	17,500	25,000
2d Conv	1150	3600	6000	12,000	21,000	30,000
NOTE: Add 35 percent for LS6 engine option.						
Monte Carlo						
2d HT	450	1450	2400	4800	8400	12,000
NOTE: Add 35 percent for SS 454.						
Biscayne						
4d Sed	150	650	950	1900	3300	4700
4d Sta Wag	150	650	975	1950	3350	4800
Bel Air						
4d Sed	200	700	1050	2050	3600	5100
4d 6P Sta Wag	200	700	1075	2150	3700	5300
4d 9P Sta Wag	200	660	1100	2200	3850	5500
Impala, V-8						
4d Sed	200	660	1100	2200	3850	5500
4d HT	350	900	1500	3000	5250	7500
2d Spt Cpe	350	975	1600	3200	5600	8000

	6	5	4	3	2	1
2d Cus Cpe	350	975	1600	3200	5600	8000
2d Conv	450	1450	2400	4800	8400	12,000
4d 6P Sta Wag	350	780	1300	2600	4550	6500
4d 9P Sta Wag	350	840	1400	2800	4900	7000
Caprice, V-8						
4d HT	350	975	1600	3200	5600	8000
2d Cus Cpe	450	1140	1900	3800	6650	9500
4d 6P Sta Wag	350	860	1450	2900	5050	7200
4d 9P Sta Wag	350	900	1500	3000	5250	7500

NOTE: Add 35 percent for SS 454 option.
Add 25 percent for Rally Sport and/or Super Sport options.

Camaro						
2d Cpe	400	1300	2200	4400	7700	11,000
2d Z28	550	1800	3000	6000	10,500	15,000

NOTE: Deduct 5 percent for Six, (except Z-28).
Add 35 percent for the 375 horsepower 396, (L78 option).
Add 35 percent for Rally Sport and/or Super Sport options.

1971 Chevrolet Monte Carlo two-door hardtop

1971

Vega						
2d Sed	150	600	900	1800	3150	4500
2d HBk	150	600	950	1850	3200	4600
2d Kammback	150	650	950	1900	3300	4700

NOTE: Add 5 percent for GT.

Nova, V-8						
4d Sed	150	600	900	1800	3150	4500
2d Sed	150	650	950	1900	3300	4700
2d SS	400	1200	2000	4000	7000	10,000
Chevelle						
2d HT	400	1300	2200	4400	7700	11,000
2d Malibu HT	600	1900	3200	6400	11,200	16,000
2d Malibu Conv	800	2500	4200	8400	14,700	21,000
4d HT	350	975	1600	3200	5600	8000
4d Sed	200	660	1100	2200	3850	5500
4d Est Wag	350	840	1400	2800	4900	7000
Chevelle Malibu SS						
2d HT	650	2050	3400	6800	11,900	17,000
2d Conv	850	2750	4600	9200	16,100	23,000
Chevelle Malibu SS-454						
2d HT	750	2400	4000	8000	14,000	20,000
2d Conv	1000	3100	5200	10,400	18,200	26,000
Monte Carlo						
2d HT	500	1550	2600	5200	9100	13,000

NOTE: Add 35 percent for SS 454. Add 25 percent for SS 402 engine option.

Biscayne, V-8, 121" wb						
4d Sed	150	575	875	1700	3000	4300
Bel Air, V-8, 121" wb						
4d Sed	200	675	1000	2000	3500	5000
Impala, V-8, 121" wb						
4d Sed	200	700	1050	2100	3650	5200
4d HT	200	745	1250	2500	4340	6200
2d HT	350	975	1600	3200	5600	8000

	6	5	4	3	2	1
2d HT Cus	350	1000	1650	3300	5750	8200
2d Conv	550	1800	3000	6000	10,500	15,000
Caprice, V-8, 121" wb						
4d HT	350	840	1400	2800	4900	7000
2d HT	350	1020	1700	3400	5950	8500
Station Wags, V-8, 125" wb						
4d Brookwood 2-S	200	650	1100	2150	3780	5400
4d Townsman 3-S	200	685	1150	2300	3990	5700
4d Kingswood 3-S	200	700	1200	2350	4130	5900
4d Est 3-S	200	720	1200	2400	4200	6000

NOTE: Add 35 percent for SS 454 option.

Camaro						
2d Cpe	400	1300	2200	4400	7700	11,000
2d Z28	550	1700	2800	5600	9800	14,000

NOTE: Add 15 percent for V-8, (except Z-28).
Add 35 percent for Rally Sport and/or Super Sport options.

1972

Vega						
2d Sed	150	600	900	1800	3150	4500
2d HBk	150	600	950	1850	3200	4600
2d Kammback	150	650	950	1900	3300	4700

NOTE: Add 15 percent for GT.

Nova						
4d Sed	150	650	950	1900	3300	4700
2d Sed	150	650	975	1950	3350	4800

NOTE: Add 25 percent for SS.

Chevelle						
2d Malibu Spt Cpe	550	1700	2800	5600	9800	14,000
2d Malibu Conv	800	2500	4200	8400	14,700	21,000
4d HT	350	975	1600	3200	5600	8000
4d Sed	200	660	1100	2200	3850	5500
4d Est Wag	350	840	1400	2800	4900	7000
Chevelle Malibu SS						
2d HT	650	2050	3400	6800	11,900	17,000
2d Conv	850	2750	4600	9200	16,100	23,000
Chevelle Malibu SS-454						
2d HT	700	2300	3800	7600	13,300	19,000
2d Conv	950	3000	5000	10,000	17,500	25,000
Monte Carlo						
2d HT	500	1550	2600	5200	9100	13,000

NOTE: Add 35 percent for 454 CID engine. Add 25 percent for 402 engine option.

Biscayne, V-8, 121" wb						
4d Sed	150	575	875	1700	3000	4300
Bel Air, V-8, 121" wb						
4d Sed	150	575	900	1750	3100	4400
Impala, V-8, 121" wb						
4d Sed	200	675	1000	2000	3500	5000
4d HT	200	745	1250	2500	4340	6200
2d HT Cus	350	975	1600	3200	5600	8000
2d HT	350	900	1500	3000	5250	7500
2d Conv	500	1550	2600	5200	9100	13,000
Caprice, V-8, 121" wb						
4d Sed	200	700	1050	2100	3650	5200
4d HT	350	900	1500	3000	5250	7500
2d HT	350	1020	1700	3400	5950	8500
Station Wagons, V-8, 125" wb						
4d Brookwood 2-S	200	650	1100	2150	3780	5400
4d Townsman 3-S	200	685	1150	2300	3990	5700
4d Kingswood 3-S	200	720	1200	2400	4200	6000
4d Est 3-S	350	780	1300	2600	4550	6500

NOTE: Add 35 percent for 454 option.
Add 30 percent for 402 option.

Camaro						
2d Cpe	450	1450	2400	4800	8400	12,000
2d Z28	550	1800	3000	6000	10,500	15,000

NOTE: Add 20 percent for V-8, (except Z-28).
Add 35 percent for Rally Sport and/or Super Sport options.

1973

Vega						
2d Sed	150	600	900	1800	3150	4500
2d HBk	150	600	950	1850	3200	4600
2d Sta Wag	150	650	950	1900	3300	4700
2d Nova Custom V8						
2d Cpe	200	675	1000	1950	3400	4900
4d Sed	150	650	975	1950	3350	4800

	6	5	4	3	2	1
2d HBk	200	675	1000	2000	3500	5000
Chevelle Malibu V8						
2d Cpe	200	700	1050	2050	3600	5100
4d Sed	200	675	1000	2000	3500	5000
NOTE: Add 15 percent for SS option.						
Laguna V8						
4d Sed	200	700	1050	2050	3600	5100
2d Cpe	350	900	1500	3000	5250	7500
4d 3S DeL Sta Wag	150	600	900	1800	3150	4500
4d 3S Malibu Sta Wag	150	600	950	1850	3200	4600
4d 3S Malibu Est Wag	150	650	950	1900	3300	4700
4d 3S Laguna Sta Wag	200	675	1000	2000	3500	5000
4d 3S Laguna Est Wag	200	700	1050	2100	3650	5200
Monte Carlo V8						
2d Cpe	350	780	1300	2600	4550	6500
2d Cpe Lan	350	840	1400	2800	4900	7000
Bel Air						
4d	200	700	1050	2050	3600	5100
4d 2S Bel Air Sta Wag	200	675	1000	1950	3400	4900
4d 3S Bel Air Sta Wag	200	675	1000	2000	3500	5000
Impala V8						
2d Cpe Spt	350	780	1300	2600	4550	6500
2d Cpe Cus	350	800	1350	2700	4700	6700
4d Sed	200	700	1050	2100	3650	5200
4d HT	200	660	1100	2200	3850	5500
4d 3S Impala Wag	200	660	1100	2200	3850	5500
Caprice Classic V8						
2d Cpe	350	840	1400	2800	4900	7000
4d Sed	200	700	1075	2150	3700	5300
4d HT	200	720	1200	2400	4200	6000
2d Conv	600	1900	3200	6400	11,200	16,000
4d 3S Caprice Est Wag	200	720	1200	2400	4200	6000
Camaro						
2d Cpe	450	1450	2400	4800	8400	12,000
2d Z28	550	1700	2800	5600	9800	14,000

NOTE: Add 20 percent for V-8, (except Z-28).
Add 35 percent for Rally Sport and/or Super Sport options.

1974

	6	5	4	3	2	1
Vega						
2d Cpe	150	600	900	1800	3150	4500
2d HBk	150	600	950	1850	3200	4600
2d Sta Wag	150	650	950	1900	3300	4700
Nova						
2d Cpe	200	675	1000	1950	3400	4900
2d HBk	200	700	1050	2050	3600	5100
4d Sed	200	675	1000	1950	3400	4900
Nova Custom						
2d Cpe	200	675	1000	2000	3500	5000
2d HBk	200	700	1050	2050	3600	5100
4d Sed	200	675	1000	2000	3500	5000
NOTE: Add 10 percent for Spirit of America option where applied.						
Malibu						
2d Col Cpe	200	660	1100	2200	3850	5500
4d Col Sed	200	700	1050	2050	3600	5100
4d Sta Wag	150	650	950	1900	3300	4700
Malibu Classic						
2d Col Cpe	200	685	1150	2300	3990	5700
2d Lan Cpe	200	650	1100	2150	3780	5400
4d Col Sed	200	700	1050	2050	3600	5100
4d Sta Wag	150	600	950	1850	3200	4600
Malibu Classic Estate						
4d Sta Wag	200	700	1050	2050	3600	5100
Laguna Type S-3, V-8						
2d Cpe	350	1020	1700	3400	5950	8500
Monte Carlo						
2d 'S' Cpe	200	720	1200	2400	4200	6000
2d Lan	350	780	1300	2600	4550	6500
Bel Air						
4d Sed	200	675	1000	2000	3500	5000
4d Sta Wag	200	675	1000	2000	3500	5000
Impala						
4d Sed	200	700	1075	2150	3700	5300
4d HT Sed	200	670	1200	2300	4060	5800
2d Spt Cpe	350	780	1300	2600	4550	6500
2d Cus Cpe	350	820	1400	2700	4760	6800

	6	5	4	3	2	1
4d Sta Wag	200	700	1050	2050	3600	5100
Caprice Classic						
4d Sed	200	650	1100	2150	3780	5400
4d HT Sed	200	720	1200	2400	4200	6000
2d Cus Cpe	350	860	1450	2900	5050	7200
2d Conv	550	1800	3000	6000	10,500	15,000
4d Sta Wag	200	660	1100	2200	3850	5500

NOTES: Add 20 percent for Nova SS package.
Add 12 percent for Malibu with canopy roof.
Add 20 percent for 454 V-8.
Add 15 percent for Nova with 185 horsepower V-8.
Add 25 percent for Impala 'Spirit of America' Sport Coupe.

	6	5	4	3	2	1
Camaro						
2d Cpe	450	1400	2300	4600	8100	11,500
2d LT Cpe	450	1450	2400	4800	8400	12,000

NOTE: Add 10 percent for Z28 option.

1975

	6	5	4	3	2	1
Vega						
2d Cpe	150	600	900	1800	3150	4500
2d HBk	150	600	950	1850	3200	4600
2d Lux Cpe	150	600	950	1850	3200	4600
4d Sta Wag	150	650	950	1900	3300	4700
4d Est Wag	150	650	975	1950	3350	4800
2d Cosworth	350	975	1600	3200	5600	8000
Nova						
2d 'S' Cpe	150	600	950	1850	3200	4600
2d Cpe	150	600	950	1850	3200	4600
2d HBk	150	650	950	1900	3300	4700
4d Sed	150	650	950	1900	3300	4700
Nova Custom						
2d Cpe	150	650	950	1900	3300	4700
2d HBk	150	650	975	1950	3350	4800
4d Sed	150	650	950	1900	3300	4700
Nova LN, V-8						
4d Sed	150	650	975	1950	3350	4800
2d Cpe	200	675	1000	1950	3400	4900
Monza						
2d 2 plus 2	200	675	1000	2000	3500	5000
2d Twn Cpe	150	650	950	1900	3300	4700
Malibu						
2d Col Cpe	200	675	1000	2000	3500	5000
2d Col Sed	150	600	900	1800	3150	4500
4d Sta Wag	150	600	950	1850	3200	4600
Malibu Classic						
2d Col Cpe	200	660	1100	2200	3850	5500
2d Lan	200	685	1150	2300	3990	5700
4d Col Sed	150	650	950	1900	3300	4700
4d Sta Wag	150	600	950	1850	3200	4600
4d Est Wag	150	650	950	1900	3300	4700
Laguna Type S-3, V-8						
2d Cpe	350	1020	1700	3400	5950	8500
Monte Carlo						
2d 'S' Cpe	350	780	1300	2600	4550	6500
2d Lan	350	840	1400	2800	4900	7000
Bel Air						
4d Sed	150	600	950	1850	3200	4600
4d Sta Wag	150	600	900	1800	3150	4500
Impala						
4d Sed	150	650	975	1950	3350	4800
4d HT	200	675	1000	1950	3400	4900
2d Spt Cpe	200	660	1100	2200	3850	5500
2d Cus Cpe	200	670	1150	2250	3920	5600
2d Lan	200	720	1200	2400	4200	6000
4d Sta Wag	200	675	1000	1950	3400	4900
Caprice Classic						
4d Sed	200	675	1000	1950	3400	4900
4d HT	200	675	1000	2000	3500	5000
2d Cus Cpe	350	780	1300	2600	4550	6500
2d Lan	350	780	1300	2600	4550	6500
2d Conv	550	1800	3000	6000	10,500	15,000
4d Sta Wag	200	720	1200	2400	4200	6000

NOTES: Add 10 percent for Nova SS.
Add 15 percent for SS option on Chevelle wagon.
Add 20 percent for Monte Carlo or Laguna 454.
Add 15 percent for 454 Caprice.

	6	5	4	3	2	1
Add 15 percent for canopy top options.						
Add 10 percent for Monza V-8.						
Camaro						
Cpe	400	1200	2000	4000	7000	10,000
Type LT	400	1300	2200	4400	7700	11,000
NOTE: Add 30 percent for Camaro R/S.						
1976						
Chevette, 4-cyl.						
2d Scooter	150	550	850	1675	2950	4200
2d HBk	150	575	900	1750	3100	4400
Vega, 4-cyl.						
2d Sed	150	600	900	1800	3150	4500
2d HBk	150	600	950	1850	3200	4600
2d Cosworth HBk	350	975	1600	3200	5600	8000
2d Sta Wag	150	650	950	1900	3300	4700
2d Est Sta Wag	150	650	975	1950	3350	4800
Nova, V-8						
2d Cpe	150	600	950	1850	3200	4600
2d HBk	150	650	950	1900	3300	4700
4d Sed	150	600	900	1800	3150	4500
Nova Concours, V-8						
2d Cpe	150	650	950	1900	3300	4700
2d HBk	150	650	975	1950	3350	4800
4d Sed	150	600	950	1850	3200	4600
Monza, 4-cyl.						
2d Twn Cpe	150	575	900	1750	3100	4400
2d HBk	150	575	900	1750	3100	4400
Malibu, V-8						
2d Sed	150	600	950	1850	3200	4600
4d Sed	150	600	900	1800	3150	4500
4d 2S Sta Wag ES	150	600	900	1800	3150	4500
4d 3S Sta Wag ES	150	600	900	1800	3150	4500
Malibu Classic, V-8						
2d Sed	200	675	1000	2000	3500	5000
2d Lan Cpe	200	700	1050	2100	3650	5200
4d Sed	150	600	900	1800	3150	4500
Laguna Type S-3, V-8						
2d Cpe	350	1020	1700	3400	5950	8500
Monte Carlo, V-8						
2d Cpe	350	780	1300	2600	4550	6500
2d Lan Cpe	350	840	1400	2800	4900	7000
Impala, V-8						
4d Sed	150	575	875	1700	3000	4300
4d Spt Sed	150	575	900	1750	3100	4400
2d Cus Cpe	200	675	1000	2000	3500	5000
4d 2S Sta Wag	150	575	900	1750	3100	4400
4d 3S Sta Wag	150	600	900	1800	3150	4500
Caprice Classic, V-8						
4d Sed	150	600	900	1800	3150	4500
4d Spt Sed	150	600	950	1850	3200	4600
2d Cpe	350	780	1300	2600	4550	6500
2d Lan Cpe	350	800	1350	2700	4700	6700
4d 2S Sta Wag	150	600	900	1800	3150	4500
4d 3S Sta Wag	150	600	950	1850	3200	4600
4d Camaro						
2d Cpe	450	1080	1800	3600	6300	9000
2d Cpe LT	400	1200	2000	4000	7000	10,000
1977						
Chevette, 4-cyl.						
2d HBk	125	370	650	1250	2200	3100
Vega, 4-cyl.						
2d Spt Cpe	125	400	675	1350	2300	3300
2d HBk	125	400	700	1375	2400	3400
2d Sta Wag	125	450	700	1400	2450	3500
2d Est Wag	125	450	750	1450	2500	3600
Nova, V-8						
2d Cpe	125	450	700	1400	2450	3500
2d HBk	125	450	750	1450	2500	3600
4d Sed	125	400	700	1375	2400	3400
Nova Concours, V-8						
2d Cpe	125	450	750	1450	2500	3600
2d HBk	150	475	750	1475	2600	3700
4d Sed	125	450	700	1400	2450	3500
Monza, 4-cyl.						
2d Twn Cpe	125	450	700	1400	2450	3500
2d HBk	125	450	700	1400	2450	3500

	6	5	4	3	2	1
Malibu, V-8						
2d Cpe	125	400	700	1375	2400	3400
4d Sed	125	450	700	1400	2450	3500
4d 2S Sta Wag	125	370	650	1250	2200	3100
3S Sta Wag	125	380	650	1300	2250	3200
Malibu Classic, V-8						
2d Cpe	125	450	700	1400	2450	3500
2d Lan Cpe	150	500	800	1600	2800	4000
4d Sed	125	450	750	1450	2500	3600
4d 2S Sta Wag	125	400	675	1350	2300	3300
4d 3S Sta Wag	125	400	700	1375	2400	3400
Monte Carlo, V-8						
2d Cpe	200	675	1000	2000	3500	5000
2d Lan Cpe	200	660	1100	2200	3850	5500
Impala, V-8						
2d Cpe	150	500	800	1600	2800	4000
4d Sed	125	450	700	1400	2450	3500
4d 2S Sta Wag	125	450	700	1400	2450	3500
4d 3S Sta Wag	125	450	750	1450	2500	3600
Caprice Classic, V-8						
2d Cpe	150	550	850	1675	2950	4200
4d Sed	150	475	750	1475	2600	3700
4d 2S Sta Wag	125	450	750	1450	2500	3600
4d 3S Sta Wag	150	475	750	1475	2600	3700
Camaro						
2d Spt Cpe	350	975	1600	3200	5600	8000
2d Spt Cpe LT	350	1020	1700	3400	5950	8500
2d Spt Cpe Z28	450	1080	1800	3600	6300	9000
1978						
Chevette						
2d Scooter	100	330	575	1150	1950	2800
2d HBk	100	330	575	1150	1950	2800
4d HBk	100	350	600	1150	2000	2900
Nova						
2d Cpe	125	400	700	1375	2400	3400
2d HBk	125	400	700	1375	2400	3400
4d Sed	125	400	675	1350	2300	3300
Nova Custom						
2d Cpe	125	450	700	1400	2450	3500
4d Sed	125	400	700	1375	2400	3400
Monza						
2d Cpe 2 plus 2	125	450	750	1450	2500	3600
2d 'S' Cpe	125	450	700	1400	2450	3500
2d Cpe	125	400	700	1375	2400	3400
4d Sta Wag	125	370	650	1250	2200	3100
4d Est Wag	125	380	650	1300	2250	3200
2d Spt Cpe 2 plus 2	150	500	800	1600	2800	4000
2d Spt Cpe	150	475	775	1500	2650	3800
Malibu						
2d Spt Cpe	125	450	750	1450	2500	3600
4d Sed	125	450	700	1400	2450	3500
4d Sta Wag	125	450	700	1400	2450	3500
Malibu Classic						
2d Spt Cpe	150	475	750	1475	2600	3700
4d Sed	125	450	750	1450	2500	3600
4d Sta Wag	125	450	750	1450	2500	3600
Monte Carlo						
2d Cpe	150	650	950	1900	3300	4700
Impala						
2d Cpe	150	500	800	1600	2800	4000
4d Sed	150	475	750	1475	2600	3700
4d Sta Wag	150	475	750	1475	2600	3700
Caprice Classic						
2d Cpe	150	575	875	1700	3000	4300
4d Sed	150	500	800	1600	2800	4000
4d Sta Wag	150	500	800	1600	2800	4000
Camaro						
2d Cpe	200	720	1200	2400	4200	6000
2d LT Cpe	350	780	1300	2600	4550	6500
2d Z28 Cpe	350	840	1400	2800	4900	7000
1979						
Chevette, 4-cyl.						
4d HBk	100	350	600	1150	2000	2900
2d HBk	100	350	600	1150	2000	2900
2d Scooter	100	330	575	1150	1950	2800

1979 Chevrolet Camaro Berlinetta coupe

	6	5	4	3	2	1
Nova, V-8						
4d Sed	125	400	700	1375	2400	3400
2d Sed	125	400	675	1350	2300	3300
2d HBk	125	450	700	1400	2450	3500
Nova Custom, V-8						
4d Sed	125	450	700	1400	2450	3500
2d Sed	125	400	700	1375	2400	3400
NOTE: Deduct 5 percent for 6-cyl.						
Monza, 4-cyl.						
2d 2 plus 2 HBk	150	475	750	1475	2600	3700
2d	125	450	750	1450	2500	3600
4d Sta Wag	125	380	650	1300	2250	3200
2d Spt 2 plus 2 HBk	150	475	775	1500	2650	3800
Malibu, V-8						
4d Sed	125	450	750	1450	2500	3600
2d Spt Cpe	150	475	775	1500	2650	3800
4d Sta Wag	150	475	750	1475	2600	3700
Malibu Classic, V-8						
4d Sed	150	475	750	1475	2600	3700
2d Spt Cpe	150	500	800	1550	2700	3900
2d Lan Cpe	150	500	800	1600	2800	4000
4d Sta Wag	150	475	775	1500	2650	3800
NOTE: Deduct 5 percent for 6-cyl.						
Monte Carlo, V-8						
2d Spt Cpe	200	675	1000	2000	3500	5000
2d Lan Cpe	200	660	1100	2200	3850	5500
NOTE: Deduct 10 percent for 6-cyl.						
Impala, V-8						
4d Sed	150	475	775	1500	2650	3800
2d Sed	150	475	750	1475	2600	3700
2d Lan Cpe	150	500	800	1550	2700	3900
4d 2S Sta Wag	150	475	750	1475	2600	3700
4d 3S Sta Wag	150	475	775	1500	2650	3800
Caprice Classic, V-8						
4d Sed	150	500	800	1600	2800	4000
2d Sed	150	550	850	1650	2900	4100
2d Lan Cpe	150	550	850	1675	2950	4200
4d 2S Sta Wag	150	550	850	1650	2900	4100
4d 3S Sta Wag	150	550	850	1675	2950	4200
NOTE: Deduct 15 percent for 6-cyl.						
Camaro, V-8						
2d Spt Cpe	200	670	1200	2300	4060	5800
2d Rally Cpe	350	770	1300	2550	4480	6400
2d Berlinetta Cpe	350	790	1350	2650	4620	6600
2d Z28 Cpe	350	830	1400	2950	4830	6900

	6	5	4	3	2	1
NOTE: Deduct 20 percent for 6-cyl.						
1980						
Chevette, 4-cyl.						
2d HBk Scooter	100	360	600	1200	2100	3000
2d HBk	125	370	650	1250	2200	3100
4d HBk	125	380	650	1300	2250	3200
Citation, 6-cyl.						
4d HBk	125	450	700	1400	2450	3500
2d HBk	125	400	700	1375	2400	3400
2d Cpe	125	450	750	1450	2500	3600
2d Cpe Clb	150	475	750	1475	2600	3700
NOTE: Deduct 10 percent for 4-cyl.						
Monza, 4-cyl.						
2d HBk 2 plus 2	125	400	700	1375	2400	3400
2d HBk Spt 2 plus 2	125	450	750	1450	2500	3600
2d Cpe	125	450	700	1400	2450	3500
NOTE: Add 10 percent for V-6.						
Malibu, V-8						
4d Sed	125	450	750	1450	2500	3600
2d Cpe Spt	150	475	775	1500	2650	3800
4d Sta Wag	150	475	750	1475	2600	3700
NOTE: Deduct 10 percent for V-6.						
Malibu Classic, V-8						
4d Sed	150	475	750	1475	2600	3700
2d Cpe Spt	150	500	800	1550	2700	3900
2d Cpe Lan	150	500	800	1600	2800	4000
4d Sta Wag	150	475	775	1500	2650	3800
NOTE: Deduct 10 percent for 6-cyl.						
Camaro, 6-cyl.						
2d Cpe Spt	200	730	1250	2450	4270	6100
2d Cpe RS	200	750	1275	2500	4400	6300
2d Cpe Berlinetta	350	770	1300	2550	4480	6400
Camaro, V-8						
2d Cpe Spt	350	780	1300	2600	4550	6500
2d Cpe RS	350	800	1350	2700	4700	6700
2d Cpe Berlinetta	350	820	1400	2700	4760	6800
2d Cpe Z28	350	840	1400	2800	4900	7000
Monte Carlo, 6-cyl.						
2d Cpe Spt	200	650	1100	2150	3780	5400
2d Cpe Lan	200	660	1100	2200	3850	5500
Monte Carlo, V-8						
2d Cpe Spt	200	670	1200	2300	4060	5800
2d Cpe Lan	200	700	1200	2350	4130	5900
Impala, V-8						
4d Sed	150	500	800	1550	2700	3900
2d Cpe	150	500	800	1600	2800	4000
4d 2S Sta Wag	150	500	800	1600	2800	4000
4d 3S Sta Wag	150	550	850	1650	2900	4100
NOTE: Deduct 12 percent for 6-cyl. sedan and coupe only.						
Caprice Classic, V-8						
4d Sed	150	500	800	1600	2800	4000
2d Cpe	150	550	850	1675	2950	4200
2d Cpe Lan	150	575	900	1750	3100	4400
4d 2S Sta Wag	150	550	850	1650	2900	4100
4d 3S Sta Wag	150	550	850	1675	2950	4200
1981						
Chevette, 4-cyl.						
2d HBk Scooter	125	370	650	1250	2200	3100
2d HBk	125	380	650	1300	2250	3200
4d HBk	125	400	675	1350	2300	3300
Citation, 6-cyl.						
4d HBk	125	450	750	1450	2500	3600
2d HBk	125	450	700	1400	2450	3500
NOTE: Deduct 10 percent for 4-cyl.						
Malibu, V-8						
4d Sed Spt	150	475	750	1475	2600	3700
2d Cpe Spt	150	475	775	1500	2650	3800
4d Sta Wag	150	475	775	1500	2650	3800
NOTE: Deduct 10 percent for 6-cyl.						
Malibu Classic, V-8						
4d Sed Spt	150	475	775	1500	2650	3800
2d Cpe Spt	150	500	800	1550	2700	3900
2d Cpe Lan	150	500	800	1600	2800	4000
4d Sta Wag	150	500	800	1550	2700	3900

	6	5	4	3	2	1
Camaro, 6-cyl.						
2d Cpe Spt	200	745	1250	2500	4340	6200
2d Cpe Berlinetta	350	770	1300	2550	4480	6400
Camaro, V-8						
2d Cpe Spt	350	790	1350	2650	4620	6600
2d Cpe Berlinetta	350	820	1400	2700	4760	6800
2d Cpe Z28	350	860	1450	2900	5050	7200
Monte Carlo, 6-cyl.						
2d Cpe Spt	200	660	1100	2200	3850	5500
2d Cpe Lan	200	670	1150	2250	3920	5600
Monte Carlo, V-8						
2d Cpe Spt	200	700	1200	2350	4130	5900
2d Cpe Lan	200	720	1200	2400	4200	6000
Impala, V-8						
4d Sed	150	500	800	1600	2800	4000
2d Cpe	150	550	850	1650	2900	4100
4d 2S Sta Wag	150	550	850	1650	2900	4100
4d 3S Sta Wag	150	550	850	1675	2950	4200
NOTE: Deduct 12 percent for 6-cyl. on sedan and coupe only.						
Caprice Classic, V-8						
4d Sed	150	550	850	1675	2950	4200
2d Cpe	150	575	875	1700	3000	4300
2d Cpe Lan	150	600	900	1800	3150	4500
4d 2S Sta Wag	150	575	875	1700	3000	4300
4d 3S Sta Wag	150	575	900	1750	3100	4400
NOTE: Deduct 15 percent for 6-cyl. coupe and sedan only.						
1982						
Chevette, 4-cyl.						
2d HBk	125	400	700	1375	2400	3400
4d HBk	125	450	700	1400	2450	3500
NOTE: Deduct 5 percent for lesser models.						
Cavalier, 4-cyl.						
4d Sed CL	150	500	800	1600	2800	4000
2d Cpe CL	150	550	850	1650	2900	4100
2d Hatch CL	150	550	850	1675	2950	4200
4d Sta Wag CL	150	550	850	1675	2950	4200
NOTE: Deduct 5 percent for lesser models.						
Citation, 6-cyl.						
4d HBk	150	475	775	1500	2650	3800
2d HBk	150	475	750	1475	2600	3700
2d Cpe	150	475	775	1500	2650	3800
NOTE: Deduct 10 percent for 4-cyl.						
Malibu, V-8						
4d Sed	150	550	850	1650	2900	4100
4d Sta Wag	150	550	850	1675	2950	4200
NOTE: Deduct 10 percent for 6-cyl.						
Celebrity, 6-cyl.						
4d Sed	150	550	850	1675	2950	4200
2d Cpe	150	575	875	1700	3000	4300
NOTE: Deduct 10 percent for 6-cyl.						
Camaro, 6-cyl.						
2d Cpe Spt	200	750	1275	2500	4400	6300
2d Cpe Berlinetta	350	780	1300	2600	4550	6500
Camaro, V-8						
2d Cpe Spt	350	800	1350	2700	4700	6700
2d Cpe Berlinetta	350	830	1400	2950	4830	6900
2d Cpe Z28	350	880	1500	2950	5180	7400
NOTE: Add 20 percent for Indy pace car.						
Monte Carlo, 6-cyl.						
2d Cpe Spt	200	685	1150	2300	3990	5700
Monte Carlo, V-8						
2d Cpe Spt	200	730	1250	2450	4270	6100
Impala, V-8						
4d Sed	150	575	900	1750	3100	4400
4d 2S Sta Wag	150	575	900	1750	3100	4400
4d 3S Sta Wag	150	600	900	1800	3150	4500
NOTE: Deduct 12 percent for 6-cyl. on sedan only.						
Caprice Classic, V-8						
4d Sed	150	600	950	1850	3200	4600
2d Spt Cpe	150	650	950	1900	3300	4700
4d 3S Sta Wag	150	650	950	1900	3300	4700
NOTE: Deduct 15 percent for 6-cyl. coupe and sedan only.						
1983						
Chevette, 4-cyl.						
2d HBk	125	450	700	1400	2450	3500

	6	5	4	3	2	1
4d HBk	125	450	750	1450	2500	3600
NOTE: Deduct 5 percent for lesser models.						
Cavalier, 4-cyl.						
4d Sed CS	150	500	800	1550	2700	3900
2d Cpe CS	150	500	800	1600	2800	4000
2d HBk CS	150	550	850	1650	2900	4100
4d Sta Wag CS	150	550	850	1650	2900	4100
NOTE: Deduct 5 percent for lesser models.						
Citation, 6-cyl.						
4d HBk	150	475	775	1500	2650	3800
2d HBk	150	475	750	1475	2600	3700
2d Cpe	150	475	775	1500	2650	3800
NOTE: Deduct 10 percent for 4-cyl.						
Malibu, V-8						
4d Sed	150	550	850	1675	2950	4200
4d Sta Wag	150	575	875	1700	3000	4300
NOTE: Deduct 10 percent for 6-cyl.						
Celebrity, V-6						
4d Sed	150	575	875	1700	3000	4300
2d Cpe	150	575	900	1750	3100	4400
NOTE: Deduct 10 percent for 4-cyl.						
Camaro, 6-cyl.						
2d Cpe Spt	350	770	1300	2550	4480	6400
2d Cpe Berlinetta	350	790	1350	2650	4620	6600
Camaro, V-8						
2d Cpe Spt	350	820	1400	2700	4760	6800
2d Cpe Berlinetta	350	840	1400	2800	4900	7000
2d Cpe Z28	350	900	1500	3000	5250	7500
Monte Carlo, 6-cyl.						
2d Cpe Spt	200	670	1200	2300	4060	5800
Monte Carlo, V-8						
2d Cpe Spt SS	350	820	1400	2700	4760	6800
2d Cpe Spt	200	745	1250	2500	4340	6200
Impala, V-8						
4d Sed	150	600	900	1800	3150	4500
NOTE: Deduct 12 percent for 6-cyl.						
Caprice Classic, V-8						
4d Sed	150	650	950	1900	3300	4700
4d Sta Wag	150	650	950	1900	3300	4700
NOTE: Deduct 15 percent for 6-cyl.						
1984						
Chevette CS, 4-cyl.						
NOTE: Deduct 10 percent for V-6 cyl.						
2d HBk	125	450	750	1450	2500	3600
NOTE: Deduct 5 percent for lesser models.						
Cavalier, 4-cyl.						
4d Sed	150	475	750	1475	2600	3700
4d Sta Wag	150	500	800	1600	2800	4000
Cavalier Type 10, 4-cyl.						
2d Sed	150	475	775	1500	2650	3800
2d HBk	150	500	800	1550	2700	3900
2d Conv	200	660	1100	2200	3850	5500
Cavalier CS, 4-cyl.						
4d Sed	150	500	800	1550	2700	3900
4d Sta Wag	150	500	800	1600	2800	4000
Citation, V-6						
4d HBk	150	550	850	1650	2900	4100
2d HBk	150	550	850	1650	2900	4100
2d Cpe	150	550	850	1675	2950	4200
NOTE: Deduct 5 percent for 4-cyl.						
Celebrity, V-6						
4d Sed	150	500	800	1600	2800	4000
2d Sed	150	500	800	1600	2800	4000
4d Sta Wag	150	550	850	1650	2900	4100
NOTE: Deduct 5 percent for 4-cyl.						
Camaro, V-8						
2d Cpe	350	790	1350	2650	4620	6600
2d Cpe Berlinetta	350	820	1400	2700	4760	6800
2d Cpe Z28	350	850	1450	2850	4970	7100
NOTE: Deduct 10 percent for V-6 cyl.						
Monte Carlo, V-8						
2d Cpe	200	720	1200	2400	4200	6000
2d Cpe SS	350	800	1350	2700	4700	6700
NOTE: Deduct 15 percent for V-6 cyl.						

	6	5	4	3	2	1
Impala, V-8						
4d Sed	150	650	950	1900	3300	4700
NOTE: Deduct 10 percent for V6 cyl.						
Caprice Classic, V-8						
4d Sed	200	675	1000	1950	3400	4900
2d Sed	200	675	1000	2000	3500	5000
4d Sta Wag	200	675	1000	1950	3400	4900
NOTE: Deduct 10 percent for V-6 cyl.						
1985						
Sprint, 3-cyl.						
2d HBk	125	450	700	1400	2450	3500
Chevette, 4-cyl.						
4d HBk	125	450	750	1450	2500	3600
2d HBk	125	450	700	1400	2450	3500
NOTE: Deduct 20 percent for diesel.						
Spectrum, 4-cyl.						
4d HBk	125	450	750	1450	2500	3600
2d HBk	125	450	750	1450	2500	3600
Nova, 4-cyl.						
4d HBk	125	450	750	1450	2500	3600
Cavalier						
2d T Type Cpe	150	550	850	1675	2950	4200
2d T Type HBk	150	575	875	1700	3000	4300
T Type Conv	200	660	1100	2200	3850	5500
NOTE: Deduct 10 percent for 4-cyl.						
NOTE: Deduct 5 percent for lesser models.						
Citation, V-6						
4d HBk	150	550	850	1675	2950	4200
2d HBk	150	550	850	1675	2950	4200
NOTE: Deduct 10 percent for 4-cyl.						
Celebrity, V-6						
4d Sed	150	575	875	1700	3000	4300
2d Cpe	150	575	875	1700	3000	4300
4d Sta Wag	150	575	900	1750	3100	4400
NOTE: Deduct 10 percent for 4-cyl. Deduct 30 percent for diesel.						
Camaro, V-8						
2d Cpe Spt	350	800	1350	2700	4700	6700
2d Cpe Berlinetta	350	830	1400	2950	4830	6900
2d Cpe Z28	350	860	1450	2900	5050	7200
2d Cpe IROC-Z	350	950	1500	3050	5300	7600
NOTE: Deduct 30 percent for 4-cyl. Deduct 20 percent for V-6.						
Monte Carlo, V-8						
2d Cpe Spt	200	730	1250	2450	4270	6100
2d Cpe SS	350	820	1400	2700	4760	6800
NOTE: Deduct 20 percent for V-6 where available.						
Impala, V-8						
4d Sed	150	650	975	1950	3350	4800
NOTE: Deduct 20 percent for V-6.						
Caprice Classic, V-8						
4d Sed	200	675	1000	2000	3500	5000
2d Cpe	200	675	1000	2000	3500	5000
4d Sta Wag	200	700	1050	2100	3650	5200
NOTE: Deduct 20 percent for V-6. Deduct 30 percent for diesel.						
1986						
Chevette						
2d Cpe	125	450	750	1450	2500	3600
4d Sed	150	475	750	1475	2600	3700
Nova						
4d Sed	150	475	750	1475	2600	3700
4d HBk	150	475	775	1500	2650	3800
Cavalier						
2d Cpe	150	500	800	1600	2800	4000
4d Sed	150	550	850	1650	2900	4100
4d Sta Wag	150	550	850	1675	2950	4200
2d Conv	200	720	1200	2400	4200	6000
Cavalier Z24						
2d Cpe	200	670	1200	2300	4060	5800
2d HBk	200	685	1150	2300	3990	5700
Camaro						
2d Cpe	350	820	1400	2700	4760	6800
2d Cpe Berlinetta	350	840	1400	2800	4900	7000
2d Cpe Z28	350	900	1500	3000	5250	7500

	6	5	4	3	2	1
2d Cpe IROC-Z	350	975	1600	3200	5600	8000
Celebrity						
2d Cpe	150	575	900	1750	3100	4400
4d Sed	150	600	900	1800	3150	4500
4d Sta Wag	150	600	950	1850	3200	4600
Monte Carlo						
2d Cpe	350	780	1300	2600	4550	6500
2d Cpe LS	350	840	1400	2800	4900	7000
Monte Carlo SS						
2d Cpe	350	975	1600	3200	5600	8000
2d Cpe Aero	450	1050	1750	3550	6150	8800
Caprice						
4d Sed	200	660	1100	2200	3850	5500
Caprice Classic						
2d Cpe	200	685	1150	2300	3990	5700
4d Sed	200	670	1150	2250	3920	5600
4d Sta Wag	200	720	1200	2400	4200	6000
Caprice Classic Brougham						
4d Sed	200	700	1200	2350	4130	5900
4d Sed LS	200	720	1200	2400	4200	6000
1987						
Sprint, 3-cyl.						
2d HBk	125	450	750	1450	2500	3600
4d HBk	150	475	750	1475	2600	3700
2d HBk ER	150	475	750	1475	2600	3700
2d HBk Turbo	150	475	775	1500	2650	3800
Chevette, 4-cyl.						
2d HBk	125	450	750	1450	2500	3600
4d HBk	150	475	750	1475	2600	3700
Spectrum, 4-cyl.						
2d HBk	150	500	800	1550	2700	3900
4d HBk	150	500	800	1550	2700	3900
2d HBk EX	150	475	775	1500	2650	3800
4d HBk Turbo	150	500	800	1600	2800	4000
Nova, 4-cyl.						
4d HBk	150	475	775	1500	2650	3800
4d Sed	150	500	800	1550	2700	3900
Cavalier, 4-cyl.						
4d Sed	150	500	800	1600	2800	4000
2d Cpe	150	500	800	1550	2700	3900
4d Sta Wag	150	550	850	1650	2900	4100
4d Sed GS	150	550	850	1650	2900	4100
2d HBk GS	150	500	800	1600	2800	4000
4d Sta Wag GS	150	550	850	1675	2950	4200
4d Sed RS	150	550	850	1675	2950	4200
2d Cpe RS	150	550	850	1650	2900	4100
2d HBk RS	150	550	850	1650	2900	4100
2d Conv RS	200	745	1250	2500	4340	6200
4d Sta Wag	150	550	850	1675	2950	4200
NOTE: Add 10 percent for V-6.						
Cavalier Z24 V-6						
2d Spt Cpe	200	700	1200	2350	4130	5900
2d Spt HBk	200	670	1200	2300	4060	5800
Beretta						
2d Cpe 4-cyl.	150	650	950	1900	3300	4700
2d Cpe V-6	200	675	1000	2000	3500	5000
Corsica						
4d Sed 4-cyl.	150	650	975	1950	3350	4800
4d Sed V-6	200	700	1050	2050	3600	5100
Celebrity						
4d Sed 4-cyl.	150	600	950	1850	3200	4600
2d Cpe 4-cyl.	150	600	900	1800	3150	4500
4d Sta Wag 4-cyl.	150	650	950	1900	3300	4700
4d Sed V-6	150	650	975	1950	3350	4800
2d Cpe V-6	150	650	950	1900	3300	4700
4d Sta Wag V-6	200	675	1000	1950	3400	4900
Camaro						
2d Cpe V-6	350	830	1400	2950	4830	6900
2d Cpe LT V-6	350	840	1400	2800	4900	7000
2d Cpe V-8	350	860	1450	2900	5050	7200
2d Cpe LT V-8	350	870	1450	2900	5100	7300
2d Cpe Z28 V-8	350	950	1550	3100	5400	7700
2d Cpe IROC-Z V-8	350	1000	1650	3300	5750	8200
2d Conv IROC-Z V-8	600	1900	3200	6400	11,200	16,000

NOTE: Add 20 percent for 350 V-8 where available.

	6	5	4	3	2	1
Monte Carlo						
2d Cpe LS V-6	350	790	1350	2650	4620	6600
2d Cpe LS V-8	350	820	1400	2700	4760	6800
2d Cpe SS V-8	350	975	1600	3250	5700	8100
Caprice, V-6						
4d Sed	200	670	1150	2250	3920	5600
Caprice Classic V-6						
4d Sed	200	670	1200	2300	4060	5800
2d Cpe	200	685	1150	2300	3990	5700
4d Sed Brgm	200	700	1200	2350	4130	5900
2d Cpe Brgm	200	670	1200	2300	4060	5800
Caprice, V-8						
4d Sed	200	670	1200	2300	4060	5800
4d Sta Wag	200	730	1250	2450	4270	6100
Caprice Classic V-8						
4d Sed	200	720	1200	2400	4200	6000
2d Cpe	200	700	1200	2350	4130	5900
4d Sta Wag	200	750	1275	2500	4400	6300
4d Sed Brgm	200	730	1250	2450	4270	6100
2d Cpe Brgm	200	720	1200	2400	4200	6000
1988						
Sprint, 3-cyl.						
2d HBk	100	360	600	1200	2100	3000
4d HBk	125	380	650	1300	2250	3200
2d Metro	100	330	575	1150	1950	2800
2d Turbo	100	350	600	1150	2000	2900
Spectrum, 4-cyl.						
2d HBk Express	100	325	550	1100	1900	2700
4d Sed	100	350	600	1150	2000	2900
2d HBk	100	330	575	1150	1950	2800
4d Turbo Sed	125	370	650	1250	2200	3100
Nova, 4-cyl.						
5d HBk	125	450	700	1400	2450	3500
4d Sed	125	400	700	1375	2400	3400
4d Sed Twin Cam	150	550	850	1650	2900	4100
Cavalier						
4d Sed	125	400	700	1375	2400	3400
2d Cpe	125	450	750	1450	2500	3600
4d Sta Wag	125	400	700	1375	2400	3400
4d RS Sed	150	500	800	1550	2700	3900
2d RS Cpe	150	500	800	1600	2800	4000
2d Z24 Cpe V-6	200	675	1000	2000	3500	5000
2d Z24 Conv V-6	200	720	1200	2400	4200	6000
Beretta, 4-cyl.						
2d Cpe	150	550	850	1675	2950	4200
2d Cpe V-6	150	600	900	1800	3150	4500
Corsica, V-4						
4d Sed	150	500	800	1600	2800	4000
4d Sed V-6	150	575	875	1700	3000	4300
Celebrity, 4-cyl.						
4d Sed	125	450	750	1450	2500	3600
2d Cpe	125	450	700	1400	2450	3500
4d Sta Wag	150	500	800	1550	2700	3900
4d Sed V-6	150	500	800	1550	2700	3900
2d Cpe V-6	150	475	775	1500	2650	3800
4d Sta Wag V-6	150	550	850	1650	2900	4100
Monte Carlo						
2d Cpe V-6	200	660	1100	2200	3850	5500
2d Cpe V-8	200	720	1200	2400	4200	6000
2d SS Cpe V-8	350	975	1600	3200	5600	8000
Caprice, V-6						
4d Sed	200	675	1000	2000	3500	5000
4d Classic Sed	200	660	1100	2200	3850	5500
4d Brgm Sed	200	720	1200	2400	4200	6000
4d LS Brgm Sed	350	780	1300	2600	4550	6500
Caprice, V-8						
4d Sed	200	720	1200	2400	4200	6000
4d Classic Sed	350	780	1300	2600	4550	6500
4d Sta Wag	350	840	1400	2800	4900	7000
4d Brgm Sed	350	840	1400	2800	4900	7000
4d LS Brgm Sed	350	900	1500	3000	5250	7500
Camaro						
V-6						
2d Cpe	200	660	1100	2200	3850	5500
V-8						
2d Cpe	200	720	1200	2400	4200	6000

	6	5	4	3	2	1
2d Conv	400	1200	2000	4000	7000	10,000
2d IROC-Z Cpe	350	1020	1700	3400	5950	8500
2d IROC-Z Conv	500	1550	2600	5200	9100	13,000
1989						
Cavalier, 4-cyl.						
4d Sed	150	600	950	1850	3200	4600
2d VL Cpe	150	550	850	1675	2950	4200
2d Cpe	150	600	900	1800	3150	4500
4d Sta Wag	150	650	975	1950	3350	4800
2d Z24 Cpe, V-6	350	830	1400	2950	4830	6900
2d Z24 Conv, V-6	950	1100	1850	3700	6450	9200
Beretta						
2d Cpe, 4-cyl.	200	700	1050	2100	3650	5200
2d Cpe, V-6	200	730	1250	2450	4270	6100
2d GT Cpe, V-6	200	745	1250	2500	4340	6200
Corsica						
4-cyl.						
4d NBk	150	650	950	1900	3300	4700
4d HBk	150	650	975	1950	3350	4800
V-6						
4d NBk	200	700	1050	2100	3650	5200
4d NBk LTZ	200	670	1200	2300	4060	5800
4d HBk	200	700	1075	2150	3700	5300
Celebrity						
4-cyl.						
4d Sed	150	600	900	1800	3150	4500
4d Sta Wag	150	650	950	1900	3300	4700
V-6						
4d Sed	150	600	950	1850	3200	4600
4d Sta Wag	200	675	1000	1950	3400	4900
Caprice, V-8						
4d Sed	200	745	1250	2500	4340	6200
4d Sed Classic	350	790	1350	2650	4620	6600
4d Classic Brgm Sed	350	860	1450	2900	5050	7200
4d Classic Sta Wag	350	1020	1700	3400	5950	8500
4d LS Sed	350	1000	1650	3300	5750	8200
Camaro						
V-6						
2d RS Cpe	200	720	1200	2400	4200	6000
V-8						
2d RS Cpe	350	780	1300	2600	4550	6500
2d RS Conv	450	1450	2400	4800	8400	12,000
2d IROC-Z Cpe	350	1020	1700	3400	5950	8500
2d IROC-Z Conv	550	1700	2800	5600	9800	14,000
1990						
Cavalier, 4-cyl.						
2d Cpe	150	550	850	1675	2950	4200
4d Sed	150	575	875	1700	3000	4300
4d Sta Wag	150	575	900	1750	3100	4400
2d Z24, V-6	350	780	1300	2600	4550	6500
Beretta, 4-cyl.						
2d Cpe	200	700	1050	2100	3650	5200
2d GTZ Cpe	200	745	1250	2500	4340	6200
NOTE: Add 10 percent for V-6.						
Corsica, 4-cyl.						
4d LT	150	650	975	1950	3350	4800
4d LT HBk	200	675	1000	1950	3400	4900
4d LTZ	200	720	1200	2400	4200	6000
NOTE: Add 10 percent for V-6.						
Celebrity, 4-cyl.						
4d Sta Wag	200	675	1000	2000	3500	5000
NOTE: Add 10 percent for V-6.						
Lumina, 4-cyl.						
2d Cpe	200	660	1100	2200	3850	5500
4d Sed	200	660	1100	2200	3850	5500
2d Euro Cpe	350	780	1300	2600	4550	6500
4d Euro Sed	350	780	1300	2600	4550	6500
Caprice, V-8						
4d Sed	350	780	1300	2600	4550	6500
4d Classic Sed	350	975	1600	3200	5600	8000
4d Classic Sta Wag	350	1020	1700	3400	5950	8500
4d Brgm Sed	350	1020	1700	3400	5950	8500
4d LS Sed	450	1080	1800	3600	6300	9000
Camaro						
V-6						
2d RS Cpe	200	720	1200	2400	4200	6000

	6	5	4	3	2	1
V-8						
2d RS Cpe	350	790	1350	2650	4620	6600
2d RS Conv	400	1300	2200	4400	7700	11,000
2d IROC-Z Cpe	450	1080	1800	3600	6300	9000
2d IROC-Z Conv	500	1550	2600	5200	9100	13,000

CORVAIR

	6	5	4	3	2	1
1960						
Standard, 6-cyl.						
4d Sed	350	900	1500	3000	5250	7500
2d Cpe	350	975	1600	3200	5600	8000
DeLuxe, 6-cyl.						
4d Sed	350	950	1500	3050	5300	7600
2d Cpe	350	1000	1650	3300	5750	8200
Monza, 6-cyl.						
2d Cpe	400	1300	2150	4300	7500	10,700
1961						
Series 500, 6-cyl.						
4d Sed	350	900	1500	3000	5250	7500
2d Cpe	350	975	1600	3200	5600	8000
4d Sta Wag	350	950	1550	3150	5450	7800
Series 700, 6-cyl.						
4d Sed	350	975	1600	3200	5500	7900
2d Cpe	350	1020	1700	3400	5950	8500
4d Sta Wag	350	1000	1650	3300	5750	8200
Monza, 6-cyl.						
4d Sed	350	975	1600	3250	5700	8100
2d Cpe	450	1160	1950	3900	6800	9700
Greenbrier, 6-cyl.						
4d Spt Wag	350	1020	1700	3400	5950	8500
NOTE: Add $1,200. for A/C.						
1962-1963						
Series 500, 6-cyl.						
2d Cpe	350	975	1600	3250	5700	8100
Series 700, 6-cyl.						
4d Sed	350	975	1600	3250	5700	8100
2d Cpe	350	1040	1700	3450	6000	8600
4d Sta Wag (1962 only)	350	1000	1650	3350	5800	8300
Series 900 Monza, 6-cyl.						
4d Sed	350	1040	1700	3450	6000	8600
2d Cpe	400	1200	2000	4000	7100	10,100
2d Conv	450	1400	2300	4600	8100	11,500
4d Sta Wag (1962 only)	350	1040	1750	3500	6100	8700
Monza Spyder, 6-cyl.						
2d Cpe	400	1250	2100	4200	7400	10,600
2d Conv	450	1450	2400	4800	8400	12,000
Greenbrier, 6-cyl.						
4d Spt Wag	350	1000	1650	3350	5800	8300
NOTE: Add $1,600. for K.O. wire wheels. Add $800. for A/C.						
1964						
Series 500, 6-cyl.						
2d Cpe	350	1000	1650	3350	5800	8300
Series 700, 6-cyl.						
4d Sed	350	975	1600	3250	5700	8100
Series 900 Monza, 6-cyl.						
4d Sed	350	1020	1700	3400	5950	8500
2d Cpe	400	1200	2000	4000	7100	10,100
2d Conv	400	1300	2200	4400	7700	11,000
Monza Spyder, 6-cyl.						
2d Cpe	400	1250	2100	4200	7400	10,600
2d Conv	450	1450	2400	4800	8400	12,000
Greenbrier, 6-cyl.						
4d Spt Wag	350	1040	1700	3450	6000	8600
NOTE: Add $1,600. for K.O. wire wheels. Add $800. for A/C except Spyder.						
1965						
Series 500, 6-cyl.						
4d HT	350	820	1400	2700	4760	6800
2d HT	350	900	1500	3000	5250	7500
Monza Series, 6-cyl.						
4d HT	350	900	1500	3000	5250	7500

1965 Chevrolet Corvair Corsa convertible

	6	5	4	3	2	1
2d HT	450	1140	1900	3800	6650	9500
2d Conv	450	1400	2300	4600	8100	11,500
NOTES: Add 20 percent for 140 hp engine. Add 30 percent for 180 hp engine.						
Corsa Series, 6-cyl.						
2d HT	450	1140	1900	3800	6650	9500
2d Conv	450	1450	2400	4800	8400	12,000
Greenbrier, 6-cyl.						
4d Spt Wag	350	975	1600	3200	5600	8000
NOTE: Add $1,000. for A/C.						
1966						
Series 500, 6-cyl.						
4d HT	350	840	1400	2800	4900	7000
2d HT	350	950	1500	3050	5300	7600
Monza Series, 6-cyl.						
4d HT	350	950	1550	3100	5400	7700
2d HT	450	1140	1900	3800	6650	9500
2d Conv	450	1450	2400	4800	8400	12,000
NOTES: Add 20 percent for 140 hp engine. Add 30 percent for 180 hp engine.						
Corsa Series, 6-cyl.						
2d HT	400	1200	2000	4000	7100	10,100
2d Conv	450	1500	2500	5000	8800	12,500
NOTE: Add $1,000. for A/C.						
1967						
Series 500, 6-cyl.						
2d HT	350	900	1500	3000	5250	7500
4d HT	350	840	1400	2800	4900	7000
Monza, 6-cyl.						
4d HT	350	950	1550	3100	5400	7700
2d HT	450	1140	1900	3800	6650	9500
2d Conv	450	1400	2300	4600	8100	11,500
NOTES: Add $1,000. for A/C. Add 20 percent for 140 hp engine.						
1968						
Series 500, 6-cyl.						
2d HT	350	900	1500	3000	5250	7500
Monza, 6-cyl.						
2d HT	450	1140	1900	3800	6650	9500
2d Conv	450	1400	2300	4600	8100	11,500
NOTE: Add 20 percent for 140 hp engine.						
1969						
Series 500, 6-cyl.						
2d HT	350	1020	1700	3400	5950	8500
Monza						
2d HT	400	1300	2200	4400	7700	11,000
2d Conv	450	1450	2400	4800	8400	12,000
NOTE: Add 20 percent for 140 hp engine.						

CORVETTE

1954 Chevrolet Corvette roadster

	6	5	4	3	2	1
1953						
6-cyl. Conv	3600	11,500	19,200	38,400	67,200	96,000
NOTE: Add $1,800. & up for access. hardtop.						
1954						
6-cyl Conv	1950	6250	10,400	20,800	36,400	52,000
NOTE: Add $1,800. & up for access. hardtop.						
1955						
6-cyl Conv	2650	8400	14,000	28,000	49,000	70,000
8-cyl Conv	2650	8400	14,000	28,000	49,000	70,000
NOTE: Add $1,800. & up for access. hardtop.						
1956						
Conv	1900	6000	10,000	20,000	35,000	50,000
NOTE: All post-1955 Corvettes are V-8 powered. Add $1,800. & up for removable hardtop. Add 20 percent for two 4 barrel carbs.						
1957						
Conv	2050	6600	11,000	22,000	38,500	55,000
NOTES: Add $1,800. for hardtop; 30 percent for F.I. Add 25 percent for two 4 barrel carbs.						
1958						
Conv	1800	5750	9600	19,200	33,600	48,000
NOTES: Add $1,800. for hardtop; 30 percent for F.I. Add 25 percent for two 4 barrel carbs.						
1959						
Conv	1700	5400	9000	18,000	31,500	45,000
NOTES: Add $1,800. for hardtop; 30 percent for F.I. Add 20 percent for two 4 barrel carbs.						
1960						
Conv	1700	5400	9000	18,000	31,500	45,000
NOTES: Add $1,800. for hardtop; 30 percent for F.I. Add 20 percent for two 4 barrel carbs.						
1961						
Conv	1750	5500	9200	18,400	32,200	46,000
NOTES: Add $1,800. for hardtop; 30 percent for F.I. Add 20 percent for two 4 barrel carbs.						
1962						
Conv	1750	5650	9400	18,800	32,900	47,000
NOTE: Add $1,800. for hardtop; 30 percent for F.I.						
1963						
Spt Cpe	1500	4800	8000	16,000	28,000	40,000
Conv	1450	4700	7800	15,600	27,300	39,000
GS					value not estimable	
NOTES: Add 20 percent for F.I.; $4,500. for A/C. Add $1,800. for hardtop; $3,000. for knock off wheels. Z06 option, value not estimable.						

1963 Chevrolet Corvette convertible

	6	5	4	3	2	1
1964						
Spt Cpe	1250	3950	6600	13,200	23,100	33,000
Conv	1450	4550	7600	15,200	26,600	38,000
NOTES: Add 20 percent for F.I.; $4,500. for A/C. Add $1,800. for hardtop; $3,000. for knock off wheels.						
1965						
Spt Cpe	1300	4100	6800	13,600	23,800	34,000
Conv	1450	4700	7800	15,600	27,300	39,000
NOTES: Add 30 percent for F.I.; $4,500. for A/C. Add $3,000. for knock off wheels; 50 percent for 396 engine. Add $1,800. for hardtop.						
1966						
Spt Cpe	1300	4100	6800	13,600	23,800	34,000
Conv	1450	4700	7800	15,600	27,300	39,000
NOTES: Add $4,500. for A/C; 20 percent for 427 engine - 390 hp. Add 50 percent for 427 engine - 425 hp. Add $3,000. for knock off wheels; $1200. for hardtop.						
1967						
Spt Cpe	1300	4200	7000	14,000	24,500	35,000
Conv	1500	4800	8000	16,000	28,000	40,000
NOTES: Add $4,500. for A/C. L88 & L89 option not estimable. 20 percent for 427 engine - 390 hp. Add 40 percent for 427 engine - 400 hp, 60 percent for 427 engine - 435 hp; $4,000. for aluminum wheels; $1800. for hardtop.						
1968						
Spt Cpe	1000	3100	5200	10,400	18,200	26,000
Conv	1150	3600	6000	12,000	21,000	30,000
NOTES: Add 40 percent for L89 427 - 435 hp aluminum head option. L88 engine option not estimable. Add 40 percent for 427, 400 hp.						
1969						
Spt Cpe	1000	3100	5200	10,400	18,200	26,000
Conv	1150	3600	6000	12,000	21,000	30,000
NOTES: Add 50 percent for 427 - 435 hp aluminum head option. L88 engine option not estimable. Add 40 percent for 427, 400 hp.						
1970						
Spt Cpe	950	3000	5000	10,000	17,500	25,000
Conv	1100	3500	5800	11,600	20,300	29,000
OTES: Add 20 percent for LT-1 option. ZR1 option not estimable.						
1971						
Spt Cpe	900	2900	4800	9600	16,800	24,000
Conv	1050	3350	5600	11,200	19,600	28,000
NOTES: Add 20 percent for LT-1 option; 20 percent for LS 6 option; ZR1 and ZR2 options not estimable.						
1972						
Spt Cpe	900	2900	4800	9600	16,800	24,000
Conv	1050	3350	5600	11,200	19,600	28,000
NOTES: Add 20 percent for LT-1 option; ZR1 option not estimable.						
1973						
Spt Cpe	850	2650	4400	8800	15,400	22,000
Conv	1000	3100	5200	10,400	18,200	26,000
1974						
Spt Cpe	700	2300	3800	7600	13,300	19,000
Conv	900	2900	4800	9600	16,800	24,000

1974 Chevrolet Corvette T-top coupe

	6	5	4	3	2	1
1975						
Spt Cpe	750	2400	4000	8000	14,000	20,000
Conv	1000	3100	5200	10,400	18,200	26,000
1976						
Cpe	700	2300	3800	7600	13,300	19,000
1977						
Cpe	700	2300	3800	7600	13,300	19,000
1978						
Cpe	850	2750	4600	9200	16,100	23,000
Note: Add 10 percent for pace car or anniversary model. Add 10 percent for L82 engine option.						
1979						
Cpe	750	2400	4000	8000	14,000	20,000
NOTE: Add 10 percent for L82 engine option.						
1980						
Corvette, V-8						
Cpe	750	2400	4000	8000	14,000	20,000
NOTE: Add 10 percent for L82 engine option.						
1981						
Corvette, V-8						
Cpe	750	2400	4000	8000	14,000	20,000
1982						
Corvette, V-8						
2d HBK	800	2500	4200	8400	14,700	21,000
NOTE: Add 20 percent for Collector Edition.						
1983						
NOTE: None manufactured.						
1984						
Corvette, V-8						
2d HBk	700	2150	3600	7200	12,600	18,000
1985						
Corvette, V-8						
2d HBk	700	2150	3600	7200	12,600	18,000
1986						
Corvette, V-8						
2d HBk	700	2300	3800	7600	13,300	19,000
Conv	850	2750	4600	9200	16,100	23,000
NOTE: Add 10 percent for pace car.						
1987						
Corvette, V-8						
2d HBk	700	2300	3800	7600	13,300	19,000
Conv	850	2750	4600	9200	16,100	23,000
1988						
Corvette, V-8						
2d Cpe	600	1850	3100	6200	10,900	15,500
Conv	800	2500	4200	8400	14,700	21,000

	6	5	4	3	2	1
1989						
Corvette, V-8						
2d Cpe	700	2300	3800	7600	13,300	19,000
Conv	850	2650	4400	8800	15,400	22,000
1990						
Corvette, V-8						
2d HBk	850	2750	4600	9200	16,100	23,000
Conv	1000	3250	5400	10,800	18,900	27,000
2d HBk ZRI	1700	5400	9000	18,000	31,500	45,000
1991						
Corvette, V-8						
2d HBk	1100	3500	5800	11,600	20,300	29,000
Conv	1200	3850	6400	12,800	22,400	32,000
2d HBk ZRI	1800	5750	9600	19,200	33,600	48,000

CHRYSLER

	6	5	4	3	2	1
1924						
Model B, 6-cyl., 112.75" wb						
2d Rds	700	2300	3800	7600	13,300	19,000
4d Phae	750	2400	4000	8000	14,000	20,000
4d Tr	700	2150	3600	7200	12,600	18,000
2d RS Cpe	450	1450	2400	4800	8400	12,000
4d Sed	400	1200	2000	4000	7000	10,000
2d Brgm	400	1250	2100	4200	7400	10,500
4d Imp Sed	400	1300	2200	4400	7700	11,000
4d Crw Imp	450	1450	2400	4800	8400	12,000
4d T&C	550	1700	2800	5600	9800	14,000
1925						
Model B-70, 6-cyl., 112.75" wb						
2d Rds	700	2300	3800	7600	13,300	19,000
4d Phae	750	2400	4000	8000	14,000	20,000
4d Tr	700	2150	3600	7200	12,600	18,000
2d Roy Cpe	450	1450	2400	4800	8400	12,000
4d Sed	400	1200	2000	4000	7000	10,000
2d Brgm	400	1250	2100	4200	7400	10,500
4d Imp Sed	400	1300	2200	4400	7700	11,000
4d Crw Imp	450	1450	2400	4800	8400	12,000
4d T&C	550	1700	2800	5600	9800	14,000
1926						
Series 58, 4-cyl., 109" wb						
2d Rds	700	2150	3600	7200	12,600	18,000
4d Tr	700	2300	3800	7600	13,300	19,000
2d Clb Cpe	400	1300	2200	4400	7700	11,000
2d Sed	350	1000	1650	3300	5750	8200
4d Sed	350	950	1500	3050	5300	7600
Series 60, 6-cyl., 109" wb						
Introduced: May, 1926.						
2d Rds	700	2150	3600	7200	12,600	18,000
4d Tr	700	2300	3800	7600	13,300	19,000
2d Cpe	400	1300	2200	4400	7700	11,000
2d Sed	450	1050	1750	3550	6150	8800
4d Lthr Tr Sed	450	1080	1800	3600	6300	9000
4 dr Sed	350	1040	1700	3450	6000	8600
4d Lan Sed	450	1050	1750	3550	6150	8800
Series G-70, 6-cyl., 112.75" wb						
2d Rds	700	2300	3800	7600	13,300	19,000
4d Phae	750	2400	4000	8000	14,000	20,000
2d Roy Cpe	450	1400	2300	4600	8100	11,500
2d Sed	450	1080	1800	3600	6300	9000
4d Lthr Trm Sed	450	1140	1900	3800	6650	9500
2d Brgm	400	1250	2100	4200	7400	10,500
4d Sed	450	1140	1900	3800	6650	9500
4d Roy Sed	400	1300	2150	4300	7500	10,700
4d Crw Sed	400	1300	2200	4400	7700	11,000
Series E-80 Imperial, 6-cyl., 120" wb						
2d RS Rds	850	2650	4400	8800	15,400	22,000
4d Phae	850	2750	4600	9200	16,100	23,000
2d Cpe	500	1550	2600	5200	9100	13,000
4d 5P Sed	450	1450	2400	4800	8400	12,000
4d 7P Sed	500	1550	2600	5200	9100	13,000
4d Berl	500	1600	2700	5400	9500	13,500

1927 Chrysler roadster

	6	5	4	3	2	1
1927						
Series I-50, 4-cyl., 106" wb						
2d 2P Rds	700	2150	3600	7200	12,600	18,000
2d RS Rds	700	2300	3800	7600	13,300	19,000
4d Tr	700	2150	3600	7200	12,600	18,000
2d Cpe	450	1140	1900	3800	6650	9500
2d Sed	350	1020	1700	3400	5950	8500
4d Lthr Trm Sed	450	1080	1800	3600	6300	9000
4d Sed	350	1000	1650	3350	5800	8300
4d Lan Sed	350	1020	1700	3400	5950	8500
Series H-60, 6-cyl., 109" wb						
2d 2P Rds	800	2500	4200	8400	14,700	21,000
2d RS Rds	850	2650	4400	8800	15,400	22,000
4d Tr	800	2500	4200	8400	14,700	21,000
2d 2P Cpe	400	1200	2000	4000	7000	10,000
2d RS Cpe	400	1250	2100	4200	7400	10,500
2d Sed	450	1090	1800	3650	6400	9100
4d Lthr Trm Sed	450	1140	1900	3800	6650	9500
4d Sed	350	975	1600	3250	5700	8100
Series 'Finer' 70, 6-cyl., 112.75" wb						
2d RS Rds	800	2500	4200	8400	14,700	21,000
4d Phae	850	2650	4400	8800	15,400	22,000
4d Spt Phae	850	2750	4600	9200	16,100	23,000
4d Cus Spt Phae	900	2900	4800	9600	16,800	24,000
2d RS Cabr	750	2400	4000	8000	14,000	20,000
2d 2P Cpe	400	1200	2000	4000	7000	10,000
2d RS Cpe	400	1250	2100	4200	7400	10,500
2d 4P Cpe	450	1190	2000	3950	6900	9900
2d Brgm	450	1150	1900	3850	6700	9600
4d Lan Brgm	450	1160	1950	3900	6800	9700
4d Roy Sed	450	1170	1975	3900	6850	9800
4d Crw Sed	450	1190	2000	3950	6900	9900
1927-Early 1928						
Series E-80 Imperial, 6-cyl., 120" & 127" wb						
2d RS Rds	1000	3100	5200	10,400	18,200	26,000
2d Spt Rds	1000	3250	5400	10,800	18,900	27,000
4d 5P Phae	1000	3250	5400	10,800	18,900	27,000
4d Spt Phae	1050	3350	5600	11,200	19,600	28,000
4d 7P Phae	1000	3100	5200	10,400	18,200	26,000
2d RS Cabr	950	3000	5000	10,000	17,500	25,000
2d Bus Cpe	500	1550	2600	5200	9100	13,000
2d 4P Cpe	500	1600	2700	5400	9500	13,500
2d 5P Cpe	450	1450	2400	4800	8400	12,000
4d Std Sed	400	1200	2000	4000	7100	10,100
4d Sed	400	1200	2000	4000	7000	10,000

	6	5	4	3	2	1
4d Lan Sed	400	1300	2200	4400	7700	11,000
4d 7P Sed	400	1350	2250	4500	7800	11,200
4d Limo	500	1550	2600	5200	9100	13,000
4d T&C	550	1700	2800	5600	9800	14,000
1928						
Series 52, 4-cyl., 106" wb						
2d RS Rds	850	2750	4600	9200	16,100	23,000
4d Tr	400	1250	2100	4200	7400	10,500
2d Clb Cpe	450	1140	1900	3800	6650	9500
2d DeL Cpe	400	1300	2200	4400	7700	11,000
2d Sed	400	1200	2000	4000	7000	10,000
4d Sed	400	1200	2000	4000	7000	10,000
4d DeL Sed	450	1170	1975	3900	6850	9800
Series 62, 6-cyl., 109" wb						
2d RS Rds	900	2900	4800	9600	16,800	24,000
4d Tr	850	2750	4600	9200	16,100	23,000
2d Bus Cpe	350	1020	1700	3400	5950	8500
2d RS Cpe	450	1400	2300	4600	8100	11,500
2d Sed	400	1200	2000	4000	7000	10,000
4d Sed	450	1170	1975	3900	6850	9800
4d Lan Sed	400	1200	2000	4000	7100	10,100
Series 72, 6-cyl., 120.5" wb						
2d RS Rds	850	2750	4600	9200	16,100	23,000
2d Spt Rds	950	3000	5000	10,000	17,500	25,000
2d Conv	800	2500	4200	8400	14,700	21,000
2d RS Cpe	450	1450	2400	4800	8400	12,000
2d 4P Cpe	400	1300	2200	4400	7700	11,000
4d CC Sed	400	1300	2200	4400	7700	11,000
4d Roy Sed	400	1200	2000	4000	7000	10,000
4d Crw Sed	400	1300	2200	4400	7700	11,000
4d Twn Sed	450	1400	2300	4600	8100	11,500
4d LeB Imp Twn Cabr	550	1700	2800	5600	9800	14,000
Series 80 L Imperial, 6-cyl., 136" wb						
2d RS Rds	950	3000	5000	10,000	17,500	25,000
4d Sed	400	1300	2200	4400	7700	11,000
4d Twn Sed	450	1400	2300	4600	8100	11,500
4d 7P Sed	450	1450	2400	4800	8400	12,000
4d Limo	500	1550	2600	5200	9100	13,000
Series 80 L Imperial, 6-cyl., 136" wb, Custom Bodies						
4d LeB DC Phae	2200	6950	11,600	23,200	40,600	58,000
4d LeB CC Conv Sed	1900	6100	10,200	20,400	35,700	51,000
2d LeB RS Conv	1800	5750	9600	19,200	33,600	48,000
2d LeB Clb Cpe	850	2750	4600	9200	16,100	23,000
2d LeB Twn Cpe	850	2650	4400	8800	15,400	22,000
4d LeB Lan Limo	1700	5400	9000	18,000	31,500	45,000
4d Der Conv Sed	1900	6000	10,000	20,000	35,000	50,000
4d Dtrch Conv Sed	2050	6600	11,000	22,000	38,500	55,000
4d 4P Dtrch Phae	2200	6950	11,600	23,200	40,600	58,000
4d 7P Dtrch Phae	2200	6950	11,600	23,200	40,600	58,000
4d Dtrch Sed	1150	3700	6200	12,400	21,700	31,000
4d Lke Phae	1700	5400	9000	18,000	31,500	45,000
1929						
Series 65, 6-cyl.), 112.75" wb						
2d RS Rds	1000	3100	5200	10,400	18,200	26,000
4d Tr	1000	3250	5400	10,800	18,900	27,000
2d Bus Cpe	600	1900	3200	6400	11,200	16,000
2d RS Cpe	650	2050	3400	6800	11,900	17,000
2d Sed	500	1550	2600	5200	9100	13,000
4d Sed	500	1600	2700	5400	9500	13,500
Series 75, 6-cyl.						
2d RS Rds	1150	3600	6000	12,000	21,000	30,000
4d 5P Phae	1150	3700	6200	12,400	21,700	31,000
4d DC Phae	1200	3850	6400	12,800	22,400	32,000
4d 7P Phae	1150	3600	6000	12,000	21,000	30,000
2d RS Conv	1100	3500	5800	11,600	20,300	29,000
4d Conv Sed	1050	3350	5600	11,200	19,600	28,000
2d RS Cpe	650	2050	3400	6800	11,900	17,000
2d Cpe	600	1900	3200	6400	11,200	16,000
4d Roy Sed	550	1700	2800	5600	9800	14,000
4d Crw Sed	550	1800	3000	6000	10,500	15,000
4d Twn Sed	600	1850	3100	6200	10,900	15,500
1929-30						
Series 80 L Imperial, 6-cyl., 136" wb						
2d RS Rds	2200	7100	11,800	23,600	41,300	59,000
4d Lke DC Spt Phae	2650	8400	14,000	28,000	49,000	70,000

	6	5	4	3	2	1
4d Lke 7P Phae	2500	7900	13,200	26,400	46,200	66,000
4d Lke Conv Sed	2400	7700	12,800	25,600	44,800	64,000
2d Lke RS Conv	1950	6250	10,400	20,800	36,400	52,000
2d 2P Cpe	750	2400	4000	8000	14,000	20,000
2d RS Cpe	850	2750	4600	9200	16,100	23,000
4 dr Sed	650	2050	3400	6800	11,900	17,000
4d Twn Sed	700	2150	3600	7200	12,600	18,000
4d 7P Sed	650	2050	3400	6800	11,900	17,000
4d Limo	800	2500	4200	8400	14,700	21,000
1930-1931 (through December)						
Series Six, 6-cyl, 109" wb						
(Continued through Dec. 1930).						
2d RS Rds	950	3000	5000	10,000	17,500	25,000
4d Tr	900	2900	4800	9600	16,800	24,000
2d RS Conv	850	2750	4600	9200	16,100	23,000
2d Bus Cpe	550	1700	2800	5600	9800	14,000
2d Roy Cpe	550	1800	3000	6000	10,500	15,000
4d Roy Sed	500	1550	2600	5200	9100	13,000
1930-1931						
Series 66, 6-cyl, 112 3/4" wb						
(Continued through May 1931).						
2d RS Rds	1000	3100	5200	10,400	18,200	26,000
4d Phae	1000	3250	5400	10,800	18,900	27,000
2d Bus Cpe	550	1800	3000	6000	10,500	15,000
2d Roy Cpe	600	1850	3100	6200	10,900	15,500
2d Brgm	500	1550	2600	5200	9100	13,000
4d Roy Sed	550	1700	2800	5600	9800	14,000
Series 70, 6 cyl, 116 1/2" wb						
(Continued through Feb. 1931).						
2d RS Rds	1150	3600	6000	12,000	21,000	30,000
2d RS Conv	1000	3250	5400	10,800	18,900	27,000
4d Phae	1150	3700	6200	12,400	21,700	31,000
2d Bus Cpe	550	1800	3000	6000	10,500	15,000
2d Roy Cpe	600	1850	3100	6200	10,900	15,500
2d Brgm	550	1700	2800	5600	9800	14,000
4d Roy Sed	550	1800	3000	6000	10,500	15,000
Series 77, 6-cyl., 124.5" wb						
2d RS Rds	1600	5050	8400	16,800	29,400	42,000
4d DC Phae	1400	4450	7400	14,800	25,900	37,000
2d RS Conv	1200	3850	6400	12,800	22,400	32,000
2d Bus Cpe	600	1900	3200	6400	11,200	16,000
2d Roy RS Cpe	600	2000	3300	6600	11,600	16,500
2d Crw Cpe	600	1900	3200	6400	11,200	16,000
4d Roy Sed	550	1800	3000	6000	10,500	15,000
4d Crw Sed	600	1900	3200	6400	11,200	16,000
1931-1932						
New Series Six, CM, 6-cyl., 116 wb						
(Produced Jan. -Dec. 1931).						
2d RS Rds	1150	3700	6200	12,400	21,700	31,000
4d Tr	1150	3600	6000	12,000	21,000	30,000
2d RS Conv	1100	3500	5800	11,600	20,300	29,000
2d Bus Cpe	600	1900	3200	6400	11,200	16,000
2d Roy Cpe	600	2000	3300	6600	11,600	16,500
4d Roy Sed	550	1800	3000	6000	10,500	15,000
Series 70, 6-cyl, 116 1/2" wb						
2d Bus Cpe	600	2000	3300	6600	11,600	16,500
2d Roy Cpe	650	2050	3400	6800	11,900	17,000
2d Brgm	600	1900	3200	6400	11,200	16,000
4d Roy Sed	600	1900	3200	6400	11,200	16,000
First Series, CD, 8--cyl., 80 hp, 124" wb						
(Built 7/17/30 -1/31).						
2d RS Rds	1250	3950	6600	13,200	23,100	33,000
2d Spt Rds	1350	4300	7200	14,400	25,200	36,000
2d Conv	1200	3850	6400	12,800	22,400	32,000
2d Cpe	750	2400	4000	8000	14,000	20,000
2d Spl Cpe	700	2300	3800	7600	13,300	19,000
4d Roy Sed	600	1900	3200	6400	11,200	16,000
4d Spl Roy Sed	650	2050	3400	6800	11,900	17,000
Second Series, CD, 8-cyl., 88 hp, 124" wb						
(Built 2/2/31 -5/18/31).						
2d RS Spt Rds	1900	6100	10,200	20,400	35,700	51,000
4d Lke DC Phae	1800	5750	9600	19,200	33,600	48,000
2d RS Conv	1550	4900	8200	16,400	28,700	41,000
2d Roy Cpe	850	2650	4400	8800	15,400	22,000
2d Spl Roy Cpe	850	2750	4600	9200	16,100	23,000

	6	5	4	3	2	1
4d Roy Sed	600	1900	3200	6400	11,200	16,000
2nd Series CD						
4d Spl Roy Sed	650	2050	3400	6800	11,900	17,000
DeLuxe Series, CD, 8-cyl., 100 hp, 124" wb						
(Built 5/19/31 -11/31).						
2d RS Rds	1750	5500	9200	18,400	32,200	46,000
4d Lke DC Phae	1650	5300	8800	17,600	30,800	44,000
2d RS Conv	1550	4900	8200	16,400	28,700	41,000
2d RS Cpe	850	2750	4600	9200	16,100	23,000
2d Roy Cpe	850	2650	4400	8800	15,400	22,000
4d Sed	600	1900	3200	6400	11,200	16,000
Imperial, CG, 8-cyl., 125 hp, 145" wb						
(Built July 17, 1930 thru Dec. 1931).						
Standard Line						
4d CC Sed	1600	5050	8400	16,800	29,400	42,000
4d 5P Sed	1000	3250	5400	10,800	18,900	27,000
4d 7P Sed	1000	3250	5400	10,800	18,900	27,000
4d Limo	1150	3600	6000	12,000	21,000	30,000
Custom Line						
2d LeB RS Rds	10,900	34,800	58,000	116,000	203,000	290,000
4d LeB DC Phae	10,700	34,200	57,000	114,000	199,500	285,000
4d LeB Conv Sed	10,500	33,600	56,000	112,000	196,000	280,000
2d LeB RS Cpe	3750	12,000	20,000	40,000	70,000	100,000
2d Wths Conv Vic	9750	31,200	52,000	104,000	182,000	260,000
2d LeB Conv Spds	9400	30,000	50,000	100,000	175,000	250,000
1932						
Second Series, CI, 6-cyl., 116-1/2" wb, 82 hp						
(Begun 1/1/32).						
2d RS Rds	1000	3250	5400	10,800	18,900	27,000
4d Phae	1000	3100	5200	10,400	18,200	26,000
2d RS Conv	950	3000	5000	10,000	17,500	25,000
4d Conv Sed	1000	3100	5200	10,400	18,200	26,000
2d Bus Cpe	650	2050	3400	6800	11,900	17,000
2d RS Cpe	700	2150	3600	7200	12,600	18,000
4d Sed	550	1800	3000	6000	10,500	15,000
Series CP, 8-cyl., 125" wb, 100 hp						
(Began 1/1/32).						
2d RS Conv	1150	3600	6000	12,000	21,000	30,000
4d Conv Sed	1150	3700	6200	12,400	21,700	31,000
2d RS Cpe	900	2900	4800	9600	16,800	24,000
2d Cpe	850	2650	4400	8800	15,400	22,000
4d Sed	600	1900	3200	6400	11,200	16,000
4d LeB T&C	850	2650	4400	8800	15,400	22,000
Imperial Series, CH, 8-cyl., 135" wb, 125 hp						
(Began 1/1/32).						
Standard Line						
4d Conv Sed	7150	22,800	38,000	76,000	133,000	190,000
2d RS Cpe	2350	7450	12,400	24,800	43,400	62,000
4d Sed	1550	4900	8200	16,400	28,700	41,000
Imperial Series, CL, 8-cyl., 146" wb, 125 hp						
(Began 1/1/32).						
Custom Line -LeBaron bodies						
2d RS Conv	10,150	32,400	54,000	108,000	189,000	270,000
4d DC Phae	11,250	36,000	60,000	120,000	210,000	300,000
4d Conv Sed	11,050	35,400	59,000	118,000	206,500	295,000
1933						
Series CO, 6-cyl., 116.5" wb						
2d RS Conv	850	2750	4600	9200	16,100	23,000
4d Conv Sed	1000	3250	5400	10,800	18,900	27,000
2d Bus Cpe	750	2400	4000	8000	14,000	20,000
2d RS Cpe	850	2650	4400	8800	15,400	22,000
2d Brgm	600	1900	3200	6400	11,200	16,000
4d Sed	600	1900	3200	6400	11,200	16,000
Royal Series CT, 8-cyl., 119.5 wb						
2d RS Conv	1150	3600	6000	12,000	21,000	30,000
4d Conv Sed	1150	3700	6200	12,400	21,700	31,000
2d Bus Cpe	850	2650	4400	8800	15,400	22,000
2d RS Cpe	850	2750	4600	9200	16,100	23,000
4d Sed	650	2050	3400	6800	11,900	17,000
4d 7P Sed	700	2150	3600	7200	12,600	18,000
Imperial Series CQ, 8-cyl., 126" wb						
2d RS Conv	1350	4300	7200	14,400	25,200	36,000
4d Conv Sed	1450	4550	7600	15,200	26,600	38,000
2d RS Cpe	950	3000	5000	10,000	17,500	25,000
2d 5P Cpe	900	2900	4800	9600	16,800	24,000
4d Sed	850	2650	4400	8800	15,400	22,000

	6	5	4	3	2	1
Imperial Custom, Series CL, 8-cyl., 146" wb						
2d RS Conv	9400	30,000	50,000	100,000	175,000	250,000
4d WS Phae	9750	31,200	52,000	104,000	182,000	260,000
4d CC Sed	2550	8150	13,600	27,200	47,600	68,000
1934						
Series CA, 6-cyl., 117" wb						
2d RS Conv	1300	4100	6800	13,600	23,800	34,000
2d Bus Cpe	800	2500	4200	8400	14,700	21,000
2d RS Cpe	850	2650	4400	8800	15,400	22,000
2d Brgm	600	1900	3200	6400	11,200	16,000
4d Sed	550	1800	3000	6000	10,500	15,000
Series CB, 6-cyl., 121" wb						
4d Conv Sed	1500	4800	8000	16,000	28,000	40,000
4d CC Sed	750	2400	4000	8000	14,000	20,000
Airflow, Series CU, 8-cyl., 123" wb						
2d Cpe	1100	3500	5800	11,600	20,300	29,000
2d Brgm	1000	3250	5400	10,800	18,900	27,000
4d Sed	1000	3100	5200	10,400	18,200	26,000
4d Twn Sed	1050	3350	5600	11,200	19,600	28,000
Imperial Airflow, Series CV, 8-cyl., 128" wb						
2d Cpe	1750	5650	9400	18,800	32,900	47,000
4d Sed	1000	3250	5400	10,800	18,900	27,000
4d Twn Sed	1100	3500	5800	11,600	20,300	29,000
Imperial Custom Airflow, Series CX, 8-cyl., 137.5" wb						
4d Sed	1700	5400	9000	18,000	31,500	45,000
4d Twn Sed	1700	5400	9000	18,000	31,500	45,000
4d Limo	2250	7200	12,000	24,000	42,000	60,000
4d Twn Limo	2500	7900	13,200	26,400	46,200	66,000
Imperial Custom Airflow, Series CW, 8-cyl., 146.5" wb						
4d Sed	4900	15,600	26,000	52,000	91,000	130,000
4d Twn Sed	5100	16,300	27,200	54,400	95,200	136,000
4d Limo	5100	16,300	27,200	54,400	95,200	136,000
1935						
Airstream Series C-6, 6-cyl., 118" wb						
2d RS Conv	1100	3500	5800	11,600	20,300	29,000
2d Bus Cpe	550	1700	2800	5600	9800	14,000
2d RS Cpe	550	1800	3000	6000	10,500	15,000
4d Tr Brgm	500	1550	2600	5200	9100	13,000
4d Sed	450	1450	2400	4800	8400	12,000
4d Tr Sed	450	1450	2400	4800	8400	12,000
Airstream Series CZ, 8-cyl., 121" wb						
2d Bus Cpe	550	1800	3000	6000	10,500	15,000
2d RS Cpe	600	1900	3200	6400	11,200	16,000
2d Tr Brgm	550	1700	2800	5600	9800	14,000
4d Sed	500	1550	2600	5200	9100	13,000
4d Tr Sed	500	1550	2600	5200	9100	13,000
Airstream DeLuxe Series CZ, 121" wb						
2d RS Conv	1150	3600	6000	12,000	21,000	30,000
2d Bus Cpe	600	1900	3200	6400	11,200	16,000
2d RS Cpe	650	2050	3400	6800	11,900	17,000
2d Tr Brgm	600	1850	3100	6200	10,900	15,500
4d Sed	500	1600	2700	5400	9500	13,500
4d Tr Sed	500	1600	2700	5400	9500	13,500
Airstream DeLuxe, Series CZ, 8-cyl., 133" wb						
4d Trav Sed	550	1750	2900	5800	10,200	14,500
4d 7P Sed	550	1750	2900	5800	10,200	14,500
Airflow Series C-1, 8-cyl., 123" wb						
2d Bus Cpe	1100	3500	5800	11,600	20,300	29,000
2d Cpe	1150	3600	6000	12,000	21,000	30,000
4d Sed	850	2750	4600	9200	16,100	23,000
Imperial Airflow Series C-2, 8-cyl., 128" wb						
2d Cpe	1200	3850	6400	12,800	22,400	32,000
4d Sed	950	3000	5000	10,000	17,500	25,000
Imperial Custom Airflow Series C-3, 8-cyl., 137" wb						
4d Sed	1000	3250	5400	10,800	18,900	27,000
4d Twn Sed	1050	3350	5600	11,200	19,600	28,000
4d Sed Limo	1350	4300	7200	14,400	25,200	36,000
4d Twn Limo	1450	4550	7600	15,200	26,600	38,000
Imperial Custom Airflow Series C-W, 8-cyl., 146.5" wb						
4d Sed	4000	12,700	21,200	42,400	74,200	106,000
4d Sed Limo	4050	12,950	21,600	43,200	75,600	108,000
4d Twn Limo	4150	13,200	22,000	44,000	77,000	110,000
1936						
Airstream Series C-7, 6-cyl., 118" wb						
2d RS Conv	1000	3100	5200	10,400	18,200	26,000

	6	5	4	3	2	1
4d Conv Sed	1000	3250	5400	10,800	18,900	27,000
2d Bus Cpe	550	1800	3000	6000	10,500	15,000
2d RS Cpe	600	1900	3200	6400	11,200	16,000
2d Tr Brgm	550	1700	2800	5600	9800	14,000
4d Tr Sed	550	1800	3000	6000	10,500	15,000
Airstream DeLuxe Series C-8, 8-cyl., 121" wb						
2d RS Conv	1050	3350	5600	11,200	19,600	28,000
4d Conv Sed	1150	3600	6000	12,000	21,000	30,000
2d Bus Cpe	600	1900	3200	6400	11,200	16,000
2d RS Cpe	650	2050	3400	6800	11,900	17,000
2d Tr Brgm	550	1800	3000	6000	10,500	15,000
4d Tr Sed	550	1800	3000	6000	10,500	15,000
Airstream DeLuxe, Series C-8, 8-cyl., 133" wb						
4d Trav Sed	550	1800	3000	6000	10,500	15,000
4d Sed	550	1800	3000	6000	10,500	15,000
4d Sed Limo	600	1900	3200	6400	11,200	16,000
4d LeB Twn Sed	650	2050	3400	6800	11,900	17,000
Airflow, 8-cyl., 123" wb						
2d Cpe	1000	3250	5400	10,800	18,900	27,000
4d Sed	850	2650	4400	8800	15,400	22,000
Imperial Airflow, 8-cyl., 128" wb						
2d Cpe	1100	3500	5800	11,600	20,300	29,000
4d Sed	850	2750	4600	9200	16,100	23,000
Imperial Custom Airflow, 8-cyl., 137" wb						
4d Sed	950	3000	5000	10,000	17,500	25,000
4d Sed Limo	1050	3350	5600	11,200	19,600	28,000
Imperial Custom Airflow, 8-cyl., 146.5" wb						
4d 8P Sed	4900	15,600	26,000	52,000	91,000	130,000
4d Sed Limo	5100	16,300	27,200	54,400	95,200	136,000

1937 Chrysler Royal Series C-16 four-door sedan

1937						
Royal, 6-cyl., 116" wb						
2d RS Conv	950	3000	5000	10,000	17,500	25,000
4d Conv Sed	1050	3350	5600	11,200	19,600	28,000
2d Bus Cpe	500	1550	2600	5200	9100	13,000
2d RS Cpe	550	1700	2800	5600	9800	14,000
2d Brgm	450	1450	2400	4800	8400	12,000
2d Tr Brgm	500	1550	2600	5200	9100	13,000
4d Sed	450	1400	2300	4600	8100	11,500
4d Tr Sed	450	1450	2400	4800	8400	12,000
Royal, 6-cyl., 133" wb						
4d Sed	500	1550	2600	5200	9100	13,000
4d Sed Limo	550	1700	2800	5600	9800	14,000
4d Der T&C	850	2650	4400	8800	15,400	22,000
Airflow, 8-cyl., 128" wb						
2d Cpe	950	3000	5000	10,000	17,500	25,000
4d Sed	900	2900	4800	9600	16,800	24,000
Imperial, 8-cyl., 121" wb						
2d RS Conv	1050	3350	5600	11,200	19,600	28,000
4d Conv Sed	1150	3600	6000	12,000	21,000	30,000
2d Bus Cpe	650	2050	3400	6800	11,900	17,000
2d RS Cpe	700	2150	3600	7200	12,600	18,000
2d Tr Brgm	700	2150	3600	7200	12,600	18,000
4d Tr Sed	650	2050	3400	6800	11,900	17,000

	6	5	4	3	2	1
Imperial Custom, 8-cyl., 140" wb						
4d 5P Sed	950	3000	5000	10,000	17,500	25,000
4d 7P Sed	1000	3250	5400	10,800	18,900	27,000
4d Sed Limo	1450	4550	7600	15,200	26,600	38,000
4d Twn Limo	1450	4700	7800	15,600	27,300	39,000
Custom Built Models						
4d Der Fml Conv Twn Car	3550	11,300	18,800	37,600	65,800	94,000
4d Der Conv Vic	3400	10,800	18,000	36,000	63,000	90,000
Imperial Custom Airflow, 8-cyl., 146.5" wb						
4d Sed Limo					value inestimable	
1938						
Royal (6-cyl.) 119" wb						
2d RS Conv	850	2750	4600	9200	16,100	23,000
4d Conv Sed	900	2900	4800	9600	16,800	24,000
2d Bus Cpe	550	1700	2800	5600	9800	14,000
2d RS Cpe	550	1800	3000	6000	10,500	15,000
2d Brgm	450	1450	2400	4800	8400	12,000
2d Tr Brgm	550	1800	3000	6000	10,500	15,000
4d 4d Sed	450	1450	2400	4800	8400	12,000
4d Tr Sed	500	1550	2600	5200	9100	13,000
4d Royal, 6-cyl., 136" wb						
4d 7P Sed	550	1700	2800	5600	9800	14,000
4d 7P Limo Sed	550	1800	3000	6000	10,500	15,000
Imperial, 8-cyl., 125" wb						
2d RS Conv	1000	3100	5200	10,400	18,200	26,000
4d Conv Sed	1050	3350	5600	11,200	19,600	28,000
2d Bus Cpe	650	2050	3400	6800	11,900	17,000
2d RS Cpe	700	2150	3600	7200	12,600	18,000
4d Tr Brgm	550	1800	3000	6000	10,500	15,000
4d Tr Sed	600	1900	3200	6400	11,200	16,000
New York Special, 8-cyl., 125" wb						
4d Tr Sed	650	2050	3400	6800	11,900	17,000
Imperial Custom, 8-cyl., 144" wb						
4d 5P Sed	900	2900	4800	9600	16,800	24,000
4d Sed	850	2750	4600	9200	16,100	23,000
4d Limo Sed	1000	3250	5400	10,800	18,900	27,000
Derham customs on C-20 chassis						
4d Twn Sed	1150	3700	6200	12,400	21,700	31,000
4d Twn Limo	1350	4300	7200	14,400	25,200	36,000
2d Conv Vic	3250	10,300	17,200	34,400	60,200	86,000
4d Conv Sed	3450	11,050	18,400	36,800	64,400	92,000
1939						
Royal, 6-cyl., 119" wb						
2d Cpe	550	1700	2800	5600	9800	14,000
2d Vic Cpe	550	1800	3000	6000	10,500	15,000
2d Brgm	450	1450	2400	4800	8400	12,000
4d Sed	500	1550	2600	5200	9100	13,000
Royal, 6-cyl., 136" wb						
4d 7P Sed	550	1700	2800	5600	9800	14,000
4d Limo	550	1800	3000	6000	10,500	15,000
Royal Windsor, 6-cyl., 119" wb						
2d Cpe	550	1800	3000	6000	10,500	15,000
2d Vic Cpe	600	1900	3200	6400	11,200	16,000
2d Clb Cpe	650	2050	3400	6800	11,900	17,000
4d Sed	450	1450	2400	4800	8400	12,000
Imperial, 8-cyl., 125" wb						
2d Cpe	550	1800	3000	6000	10,500	15,000
2d Vic Cpe	600	1900	3200	6400	11,200	16,000
2d Brgm	450	1450	2400	4800	8400	12,000
4d Sed	550	1700	2800	5600	9800	14,000
New Yorker, 8-cyl., 125" wb						
2d Cpe	600	1900	3200	6400	11,200	16,000
2d Vic Cpe	650	2050	3400	6800	11,900	17,000
2d Clb Cpe	650	2050	3400	6800	11,900	17,000
4d Sed	550	1700	2800	5600	9800	14,000
Saratoga, 8-cyl., 125" wb						
2d Clb Cpe	650	2050	3400	6800	11,900	17,000
4d Sed	550	1800	3000	6000	10,500	15,000
Imperial Custom, 8-cyl., 144" wb						
4d 5P Sed	900	2900	4800	9600	16,800	24,000
4d 7P Sed	950	3000	5000	10,000	17,500	25,000
4d Limo	1000	3100	5200	10,400	18,200	26,000
Special Derham customs on C-24 chassis						
4d 7P Tr	1200	3850	6400	12,800	22,400	32,000
4d Conv Sed	2650	8400	14,000	28,000	49,000	70,000

	6	5	4	3	2	1
4d Conv T&C	2700	8650	14,400	28,800	50,400	72,000
1940						
Royal, 6-cyl., 122.5" wb						
2d 3P Cpe	500	1550	2600	5200	9100	13,000
2d 6P Cpe	500	1600	2650	5300	9200	13,200
2d Vic Sed	450	1500	2450	4900	8600	12,300
4d Sed	450	1450	2400	4800	8400	12,000
Royal, 6-cyl., 139.5" wb						
4d 8P Sed	500	1550	2600	5200	9100	13,000
4d 8P Limo	550	1700	2800	5600	9800	14,000
Windsor, 6-cyl., 122.5 wb						
2d Conv Cpe	900	2900	4800	9600	16,800	24,000
2d 3P Cpe	550	1700	2800	5600	9800	14,000
2d 6P Cpe	550	1700	2850	5700	9900	14,200
2d Vic Sed	450	1500	2450	4900	8600	12,300
4d Sed	450	1500	2500	5000	8800	12,500
Windsor, 6-cyl., 139.5 wb						
4d 8P Sed	500	1550	2600	5200	9100	13,000
4d 8P Limo	550	1700	2800	5600	9800	14,000
Traveler, 8-cyl., 128" wb						
2d 3P Cpe	550	1800	3000	6000	10,500	15,000
2d 6P Cpe	600	1900	3200	6400	11,200	16,000
2d Vic Sed	500	1600	2650	5300	9300	13,300
4d Sed	500	1550	2600	5200	9100	13,000
Saratoga, 8-cyl., 128.5" wb						
4d Sed	550	1800	3000	6000	10,500	15,000
4d Fml Sed Div	600	1900	3200	6400	11,200	16,000
4d T&C Der	800	2500	4200	8400	14,700	21,000
New Yorker, 8-cyl., 128.5" wb						
2d Conv Cpe	1000	3250	5400	10,800	18,900	27,000
2d 3P Cpe	550	1700	2800	5600	9800	14,000
2d 6P Cpe	550	1800	3000	6000	10,500	15,000
2d Vic Sed	550	1700	2850	5700	10,000	14,300
4d Sed	550	1700	2800	5600	9800	14,000
4d Fml Sed Div	600	1900	3200	6400	11,200	16,000
Crown Imperial, 8-cyl., 145.5" wb						
4d 6P Sed	750	2400	4000	8000	14,000	20,000
4d 6P Twn Limo	850	2750	4600	9200	16,100	23,000
4d 8P Twn Limo	850	2750	4600	9200	16,100	23,000
4d 8P Sed	800	2500	4200	8400	14,700	21,000
4d 8P Sed Limo	850	2750	4600	9200	16,100	23,000
4d 8P Limo	900	2900	4800	9600	16,800	24,000
4d Nwpt Parade Phae	10,300	33,000	55,000	110,000	192,500	275,000
2d Thunderbolt	10,300	33,000	55,000	110,000	192,500	275,000
1941						
Royal, 6-cyl., 121.5" wb						
2d 3P Cpe	500	1600	2700	5400	9500	13,500
2d 6P Clb Cpe	550	1700	2800	5600	9800	14,000
2d Brgm	450	1450	2400	4800	8400	12,000
4d Sed	450	1500	2500	5000	8800	12,500
4d Twn Sed	500	1550	2600	5200	9100	13,000
Royal, 6-cyl., 121.5" wb						
4d T&C Wag	1000	3100	5200	10,400	18,200	26,000
Royal, 6-cyl., 139.5" wb						
4d 8P Sed	500	1550	2600	5200	9100	13,000
4d 8P Limo Sed	550	1700	2800	5600	9800	14,000
Windsor, 6-cyl., 121.5" wb						
2d Conv Cpe	950	3000	5000	10,000	17,500	25,000
2d 3P Cpe	550	1800	3000	6000	10,500	15,000
2d 6P Clb Cpe	600	1850	3100	6200	10,900	15,500
2d Brgm	500	1550	2600	5200	9100	13,000
4d Sed	550	1700	2800	5600	9800	14,000
4d Twn Sed	550	1800	3000	6000	10,500	15,000
Windsor, 6-cyl., 139.5" wb						
4d 8P Sed	600	1900	3200	6400	11,200	16,000
4d 8P Sed Limo	650	2050	3400	6800	11,900	17,000
Saratoga, 8-cyl., 127.5" wb						
2d 3P Cpe	600	1900	3200	6400	11,200	16,000
2d 6P Clb Cpe	600	2000	3300	6600	11,600	16,500
2d Brgm	550	1700	2800	5600	9800	14,000
4d Sed	550	1800	3000	6000	10,500	15,000
4d Twn Sed	600	1850	3100	6200	10,900	15,500
New Yorker, 8-cyl., 127.5" wb						
2d Conv Cpe	1050	3350	5600	11,200	19,600	28,000
3P Cpe	650	2050	3400	6800	11,900	17,000

	6	5	4	3	2	1
2d 6P Cpe	650	2100	3500	7000	12,300	17,500
2d Brgm	550	1800	3000	6000	10,500	15,000
4d Sed	600	1900	3200	6400	11,200	16,000
4d Twn Sed	600	2000	3300	6600	11,600	16,500
4d 6P Sed	650	2050	3400	6800	11,900	17,000
4d 8P Sed	700	2150	3600	7200	12,600	18,000
4d 8P Sedan Limo	800	2500	4200	8400	14,700	21,000
4d 8P Limo	850	2650	4400	8800	15,400	22,000
4d Laudalet Limo	1000	3250	5400	10,800	18,900	27,000
4d LeB Twn Limo	1100	3500	5800	11,600	20,300	29,000
New Yorker Special/Crown Imperial, 8-cyl., 127.5" wb						
4d Twn Sed	850	2650	4400	8800	15,400	22,000
C-33 series.						
1942						
Royal, 6-cyl., 121.5" wb						
2d 3P Cpe	500	1550	2600	5200	9100	13,000
2d 6P Clb Cpe	500	1600	2700	5400	9500	13,500
2d Brgm	450	1400	2300	4600	8100	11,500
4d Sed	450	1450	2400	4800	8400	12,000
4d Twn Sed	450	1500	2500	5000	8800	12,500
Royal, 6-cyl., 139.5" wb						
4d 8P Sed	450	1500	2450	4900	8600	12,300
4d 8P Limo	500	1550	2550	5100	9000	12,800
Windsor, 6-cyl., 121.5" wb						
2d Conv Cpe	800	2500	4200	8400	14,700	21,000
2d 3P Cpe	550	1750	2900	5800	10,200	14,500
2d 6P Cpe	550	1800	3000	6000	10,500	15,000
2d Brgm	450	1450	2400	4800	8400	12,000
4d Sed	450	1500	2500	5000	8800	12,500
4d Twn Sed	450	1450	2400	4800	8400	12,000
4d 6P T&C Wag	1300	4200	7000	14,000	24,500	35,000
4d 9P T&C Wag	1400	4450	7400	14,800	25,900	37,000
Windsor, 6-cyl., 139.5" wb						
4d 8P Sed	500	1550	2550	5100	9000	12,800
4d 8P Limo	500	1600	2650	5300	9300	13,300
Saratoga, 8-cyl., 127.5" wb						
2d 3P Cpe	550	1800	3000	6000	10,500	15,000
2d 6P Cpe	600	1850	3100	6200	10,900	15,500
2d Brgm	450	1500	2450	4900	8600	12,300
4d Sed	450	1500	2500	5000	8700	12,400
4d Twn Sed	500	1650	2750	5500	9700	13,800
New Yorker, 8-cyl., 127.5" wb						
2d Conv Cpe	900	2900	4800	9600	16,800	24,000
2d 3P Cpe	600	1850	3100	6200	10,900	15,500
2d 6P Cpe	600	1900	3200	6400	11,200	16,000
2d Brgm	500	1550	2550	5100	9000	12,800
4d Sed	500	1550	2600	5200	9000	12,900
4d Twn Sed	550	1700	2850	5700	10,000	14,300
2d Der Conv Cpe	1250	3950	6600	13,200	23,100	33,000
Crown Imperial, 8-cyl., 145.5" wb						
4d 6P Sed	550	1800	3000	6000	10,500	15,000
4d 8P Sed	600	1900	3200	6400	11,200	16,000
4d 8P Sed Limo	700	2150	3600	7200	12,600	18,000
Derham Customs						
4d Conv Sed	1200	3850	6400	12,800	22,400	32,000
4d T&C	850	2750	4600	9200	16,100	23,000
4d Fml T&C	900	2900	4800	9600	16,800	24,000

1947 Chrysler Windsor Town & Country sedan

	6	5	4	3	2	1
1946-1948						
Royal Series, 6-cyl., 121.5" wb						
4d Sed	450	1450	2400	4800	8400	12,000
2d Sed	450	1450	2400	4800	8400	12,000
2d Clb Cpe	550	1750	2900	5800	10,200	14,500
2d Cpe	550	1700	2800	5600	9800	14,000
Royal Series, 6-cyl., 139.5" wb						
4d Sed	550	1750	2900	5800	10,200	14,500
4d Limo	600	2000	3300	6600	11,600	16,500
Windsor Series, 6-cyl., 121.5" wb						
4d Sed	450	1450	2450	4900	8500	12,200
4d Trav Sed	450	1500	2500	5000	8700	12,400
2d Sed	450	1450	2400	4800	8400	12,000
2d Clb Cpe	600	1850	3100	6200	10,900	15,500
2d Cpe	550	1800	3000	6000	10,500	15,000
2d Conv	1000	3100	5200	10,400	18,200	26,000
Windsor Series, 6-cyl., 139.5" wb						
4d Sed	600	1850	3100	6200	10,900	15,500
4d Limo	650	2050	3400	6800	11,900	17,000
Saratoga Series, 8-cyl., 127.5" wb						
4d Sed	500	1550	2550	5100	9000	12,800
2d Sed	500	1500	2550	5100	8900	12,700
2d Clb Cpe	600	1900	3200	6400	11,200	16,000
2d 3P Cpe	600	1850	3100	6200	10,900	15,500
New Yorker, 8-cyl., 127.5" wb						
4d Sed	500	1550	2600	5200	9100	13,000
2d Sed	500	1550	2550	5100	9000	12,800
2d Clb Cpe	600	2000	3300	6600	11,600	16,500
2d Cpe	600	1900	3200	6400	11,200	16,000
2d Conv	1100	3500	5800	11,600	20,300	29,000
Town & Country						
2d Conv	3400	10,800	18,000	36,000	63,000	90,000
4d Sed	1700	5400	9000	18,000	31,500	45,000
Imperial C-40						
4d Limo	700	2300	3800	7600	13,300	19,000
4d 8P Sed	700	2150	3600	7200	12,600	18,000
1949						
First Series 1949 is the same as 1948						
Royal - Second Series, 6-cyl., 125.5" wb						
4d Sed	450	1500	2500	5000	8800	12,500
2d Clb Cpe	500	1550	2600	5200	9100	13,000
4d Sta Wag	900	2900	4800	9600	16,800	24,000
Royal - Second Series, 6-cyl., 139.5" wb						
4d Sed	500	1550	2550	5100	9000	12,800
Windsor - Second Series, 6-cyl., 125.5" wb						
4d Sed	500	1500	2550	5100	8900	12,700
2d Clb Cpe	500	1600	2650	5300	9200	13,200
2d Conv	850	2650	4400	8800	15,400	22,000
Windsor - Second Series, 6-cyl., 139.5" wb						
4d Sed	550	1700	2800	5600	9800	14,000
4d Limo	550	1800	3000	6000	10,500	15,000
Saratoga - Second Series, 8-cyl., 131.5" wb						
4d Sed	450	1450	2400	4800	8400	12,000
2d Clb Cpe	500	1600	2700	5400	9500	13,500
New Yorker - Second Series, 8-cyl., 131.5" wb						
4d Sed	500	1550	2600	5200	9100	13,000
2d Clb Cpe	550	1700	2800	5600	9800	14,000
2d Conv	850	2750	4600	9200	16,100	23,000
Town & Country - Second Series, 8-cyl., 131.5" wb						
2d Conv	2250	7200	12,000	24,000	42,000	60,000
Imperial - Second Series, 8-cyl., 131.5" wb						
4d Sed Der	650	2050	3400	6800	11,900	17,000
Crown Imperial, 8-cyl., 145.5" wb						
4d 8P Sed	700	2150	3600	7200	12,600	18,000
4d Limo	750	2400	4000	8000	14,000	20,000
1950						
Royal Series, 6-cyl., 125.5" wb						
4d Sed	450	1400	2350	4700	8300	11,800
4d Clb Cpe	500	1550	2600	5200	9100	13,000
4d T&C Sta Wag	850	2750	4600	9200	16,100	23,000
4d Sta Wag	950	3000	5000	10,000	17,500	25,000
Royal Series, 6-cyl., 139.5" wb						
4d Sed	500	1550	2600	5200	9100	13,000
Windsor Series, 6-cyl., 125.5" wb						
4d Sed	450	1450	2400	4800	8400	12,000

	6	5	4	3	2	1
4d Trav Sed	450	1450	2400	4800	8500	12,100
2d Clb Cpe	500	1600	2700	5400	9500	13,500
2d HT	700	2150	3600	7200	12,600	18,000
2d Conv	850	2650	4400	8800	15,400	22,000
Windsor Series, 6-cyl., 139.5" wb						
4d Sed	550	1700	2800	5600	9800	14,000
4d Limo	600	1900	3200	6400	11,200	16,000
Saratoga, 8-cyl., 131.5" wb						
4d Sed	450	1450	2450	4900	8500	12,200
2d Clb Cpe	500	1550	2600	5200	9100	13,000
New Yorker, 8-cyl., 131.5" wb						
4d Sed	500	1550	2600	5200	9100	13,000
2d Clb Cpe	550	1700	2800	5600	9800	14,000
2d HT	700	2300	3800	7600	13,300	19,000
2d Conv	850	2750	4600	9200	16,100	23,000
Town & Country, 8-cyl., 131.5" wb						
2d HT	1700	5400	9000	18,000	31,500	45,000
Imperial , 8-cyl., 131.5" wb						
4d Sed	550	1800	3000	6000	10,500	15,000
Crown Imperial, 8-cyl., 145.5" wb						
4d Sed	600	1900	3200	6400	11,200	16,000
4d Limo	700	2150	3600	7200	12,600	18,000
1951-1952						
Windsor Series, 6-cyl., 125.5" wb						
4d Sed	450	1400	2300	4600	8100	11,500
2d Clb Cpe	500	1550	2600	5200	9100	13,000
4d T&C Sta Wag	850	2750	4600	9200	16,100	23,000
Windsor Series, 6-cyl., 139.5" wb						
4d Sed	450	1400	2300	4600	8100	11,500
Windsor DeLuxe, 6-cyl., 125.5" wb						
4d Sed	450	1400	2300	4600	8100	11,600
4d Trav Sed	450	1450	2400	4800	8400	12,000
2d Clb Cpe (1951 only)	500	1550	2600	5200	9100	13,000
2d HT	700	2150	3600	7200	12,600	18,000
2d Conv	850	2650	4400	8800	15,400	22,000
Windsor DeLuxe, 6-cyl., 139.5" wb						
4d Sed	450	1500	2500	5000	8800	12,500
4d Limo	500	1550	2600	5200	9100	13,000
Saratoga, 8-cyl., 125.5" wb						
4d Sed	500	1600	2700	5400	9500	13,500
2d HT Nwpt (1952 only)	700	2300	3800	7600	13,300	19,000
2d Clb Cpe (1951 only)	550	1800	3000	6000	10,500	15,000
2d Conv (1952 only)	850	2650	4400	8800	15,400	22,000
4d T&C Sta Wag (1951 only)	900	2900	4800	9600	16,800	24,000
Windsor or Saratoga, 8-cyl., 125.5" wb						
2d Clb Cpe (1952 only)	500	1600	2700	5400	9500	13,500
4d Sed	550	1750	2900	5800	10,200	14,500
4d T&C Sta Wag (1952 only)	850	2650	4400	8800	15,400	22,000
4d Limo (1951 only)	600	2000	3300	6600	11,600	16,500
New Yorker, 8-cyl., 131.5" wb						
4d Sed	600	1850	3100	6200	10,900	15,500
2d Clb Cpe (1951 only)	600	2000	3300	6600	11,600	16,500
2d HT	750	2400	4000	8000	14,000	20,000
2d Conv	950	3000	5000	10,000	17,500	25,000
4d T&C Sta Wag (1951 only)	900	2900	4800	9600	16,800	24,000
Imperial, 8-cyl., 131.5" wb						
4d Sed	600	2000	3300	6600	11,600	16,500
2d Clb Cpe	650	2050	3400	6800	11,900	17,000
2d HT	800	2500	4200	8400	14,700	21,000
2d Conv (1951 only)	900	2900	4800	9600	16,800	24,000
Crown Imperial, 8-cyl., 145.5" wb						
4d Sed	600	1900	3200	6400	11,200	16,000
4d Limo	700	2300	3800	7600	13,300	19,000
1953						
Windsor Series, 6-cyl., 125.5" wb						
4d Sed	400	1300	2200	4400	7700	11,000
2d Clb Cpe	450	1450	2400	4800	8400	12,000
4d T&C Sta Wag	850	2650	4400	8800	15,400	22,000
Windsor Series, 6-cyl., 139.5" wb						
4d Sed	400	1350	2200	4400	7800	11,100
Windsor DeLuxe Series, 6-cyl., 125.5" wb						
4d Sed	400	1350	2250	4500	7900	11,300
2d HT	600	1900	3200	6400	11,200	16,000
2d Conv	700	2300	3800	7600	13,300	19,000

	6	5	4	3	2	1
New Yorker, 8-cyl., 125.5" wb						
4d Sed	450	1400	2350	4700	8300	11,800
2d Clb Cpe	500	1600	2700	5400	9500	13,500
2d HT	700	2300	3800	7600	13,300	19,000
4d T&C Sta Wag	850	2750	4600	9200	16,100	23,000
New Yorker, 8-cyl., 139.5" wb						
4d Sed	450	1500	2450	4900	8600	12,300
New Yorker Deluxe, 8-cyl., 125.5" wb						
4d Sed	450	1450	2400	4800	8500	12,100
2d Clb Cpe	550	1700	2800	5600	9800	14,000
2d HT	750	2400	4000	8000	14,000	20,000
2d Conv	900	2900	4800	9600	16,800	24,000
Custom Imperial Series, 8-cyl., 133.5" wb						
4d Sed	550	1700	2800	5600	9800	14,000
4d Twn Limo	600	1900	3200	6400	11,200	16,000
Custom Imperial, 8-cyl., 131.5" wb						
2d HT	950	3000	5000	10,000	17,500	25,000
Crown Imperial, 8-cyl., 145.5" wb						
4d Sed	600	2000	3300	6600	11,600	16,500
4d Limo	700	2150	3600	7200	12,600	18,000

1954 Chrysler New Yorker Deluxe convertible

	6	5	4	3	2	1
1954						
Windsor DeLuxe Series, 6-cyl., 125.5" wb						
4d Sed	400	1300	2200	4400	7700	11,000
2d Clb Cpe	450	1500	2500	5000	8800	12,500
2d HT	700	2300	3800	7600	13,300	19,000
2d Conv	900	2900	4800	9600	16,800	24,000
4d T&C Sta Wag	700	2300	3800	7600	13,300	19,000
Windsor DeLuxe Series, 6-cyl., 139.5" wb						
4d Sed	450	1500	2500	5000	8800	12,500
New Yorker Series, 8-cyl., 125.5" wb						
4d Sed	450	1500	2500	5000	8800	12,500
2d Clb Cpe	550	1700	2800	5600	9800	14,000
2d HT	850	2650	4400	8800	15,400	22,000
4d T&C Sta Wag	800	2500	4200	8400	14,700	21,000
New Yorker Series, 8-cyl., 139.5" wb						
4d Sed	500	1550	2600	5200	9100	13,000
New Yorker DeLuxe Series, 8-cyl., 125.5" wb						
4d Sed	500	1600	2700	5400	9500	13,500
2d Clb Cpe	500	1550	2600	5200	9100	13,000
2d HT	850	2750	4600	9200	16,100	23,000
2d Conv	1100	3500	5800	11,600	20,300	29,000
Custom Imperial Line, 8-cyl., 133.5" wb						
4d Sed	600	1900	3200	6400	11,200	16,000
4d Limo	700	2150	3600	7200	12,600	18,000
Custom Imperial Line, 8-cyl., 131" wb						
2d HT Newport	950	3000	5000	10,000	17,500	25,000
Crown Imperial Line, 8-cyl., 145.5" wb						
4d Sed	600	2000	3300	6600	11,600	16,500
4d Limo	700	2300	3800	7600	13,300	19,000
1955						
Windsor DeLuxe Series, V-8, 126" wb						
4d Sed	450	1450	2400	4800	8400	12,000
2d HT Nassau	700	2300	3800	7600	13,300	19,000

	6	5	4	3	2	1
2d HT Newport	750	2400	4000	8000	14,000	20,000
2d Conv	1000	3100	5200	10,400	18,200	26,000
4d T&C Sta Wag	650	2050	3400	6800	11,900	17,000
New Yorker Deluxe Series, V-8, 126" wb						
4d Sed	500	1550	2600	5200	9100	13,000
2d HT Newport	800	2500	4200	8400	14,700	21,000
2d HT St Regis	850	2650	4400	8800	15,400	22,000
2d Conv	1100	3500	5800	11,600	20,300	29,000
4d T&C Sta Wag	700	2300	3800	7600	13,300	19,000
300 Series, V-8, 126" wb						
2d Spt Cpe	1350	4300	7200	14,400	25,200	36,000
Imperial Series, V-8						
4d Sed	550	1700	2800	5600	9800	14,000
2d HT Newport	850	2750	4600	9200	16,100	23,000
Crown Imperial Series, V-8						
4d 8P Sed	700	2150	3600	7200	12,600	18,000
4d 8P Limo	850	2750	4600	9200	16,100	23,000
1956						
Windsor Series, V-8						
4d Sed	450	1450	2400	4800	8400	12,000
4d HT	550	1700	2800	5600	9800	14,000
2d HT Nassau	750	2400	4000	8000	14,000	20,000
2d HT Newport	800	2500	4200	8400	14,700	21,000
2d Conv	1000	3250	5400	10,800	18,900	27,000
4d T&C Sta Wag	700	2150	3600	7200	12,600	18,000
New Yorker Series, V-8						
4d Sed	500	1550	2600	5200	9100	13,000
4d HT	650	2050	3400	6800	11,900	17,000
2d HT Newport	850	2750	4600	9200	16,100	23,000
2d HT St Regis	900	2900	4800	9600	16,800	24,000
2d Conv	1150	3600	6000	12,000	21,000	30,000
4d T&C Sta Wag	750	2400	4000	8000	14,000	20,000
300 Letter Series "B", V-8						
2d HT	1350	4300	7200	14,400	25,200	36,000
Imperial Line, V-8						
4d Sed	550	1700	2800	5600	9800	14,000
4d HT S Hamp	650	2050	3400	6800	11,900	17,000
2d HT S Hamp	850	2750	4600	9200	16,100	23,000
Crown Imperial Line, V-8						
4d 8P Sed	700	2300	3800	7600	13,300	19,000
4d 8P Limo	850	2650	4400	8800	15,400	22,000

1957 Chrysler Imperial four-door hardtop

	6	5	4	3	2	1
1957						
Windsor Series, V-8						
4d Sed	400	1300	2200	4400	7700	11,000
4d HT	550	1700	2800	5600	9800	14,000
2d HT	750	2400	4000	8000	14,000	20,000
4d T&C Sta Wag	500	1550	2600	5200	9100	13,000
Saratoga Series, V-8						
4d Sed	450	1400	2300	4600	8100	11,500
4d HT	600	1900	3200	6400	11,200	16,000
2d HT	850	2650	4400	8800	15,400	22,000
New Yorker Series, V-8						
4d Sed	450	1450	2400	4800	8400	12,000
4d HT	650	2050	3400	6800	11,900	17,000
2d HT	950	3000	5000	10,000	17,500	25,000
2d Conv	1150	3600	6000	12,000	21,000	30,000

	6	5	4	3	2	1
4d T&C Sta Wag	550	1700	2800	5600	9800	14,000
300 Letter Series "C", V-8						
2d HT	1450	4700	7800	15,600	27,300	39,000
2d Conv	1800	5750	9600	19,200	33,600	48,000
Imperial Line, V-8						
4d Sed	500	1550	2600	5200	9100	13,000
4d HT S Hamp	700	2150	3600	7200	12,600	18,000
2d HT S Hamp	850	2750	4600	9200	16,100	23,000
Crown Imperial Line, V-8						
4d Sed	550	1700	2800	5600	9800	14,000
4d HT S Hamp	700	2300	3800	7600	13,300	19,000
2d HT S Hamp	850	2650	4400	8800	15,400	22,000
2d Conv	1100	3500	5800	11,600	20,300	29,000
Imperial LeBaron Line, V-8						
4d Sed	550	1800	3000	6000	10,500	15,000
4d HT S Hamp	750	2400	4000	8000	14,000	20,000
Crown Imperial Ghia, V-8						
4d 8P Limo	1000	3100	5200	10,400	18,200	26,000
1958						
Windsor Series, V-8						
4d Sed	400	1300	2200	4400	7700	11,000
4d HT	500	1550	2600	5200	9100	13,000
2d HT	700	2150	3600	7200	12,600	18,000
4d T&C Sta Wag	500	1600	2700	5400	9500	13,500
Saratoga Series, V-8						
4d Sed	450	1450	2400	4800	8400	12,000
4d HT	550	1700	2800	5600	9800	14,000
2d HT	700	2300	3800	7600	13,300	19,000
New Yorker Series, V-8						
4d Sed	500	1550	2600	5200	9100	13,000
4d HT	550	1800	3000	6000	10,500	15,000
2d HT	800	2500	4200	8400	14,700	21,000
2d Conv	1200	3850	6400	12,800	22,400	32,000
4d 6P T&C Sta Wag	500	1600	2700	5400	9500	13,500
4d 9P T&C Sta Wag	500	1650	2750	5500	9600	13,700
300 Letter Series "D"						
2d HT	1500	4800	8000	16,000	28,000	40,000
2d Conv	1850	5900	9800	19,600	34,300	49,000
NOTE: Add 40 percent for EFI.						
Imperial Line, V-8						
4d Sed	500	1550	2600	5200	9100	13,000
4d HT S Hamp	550	1800	3000	6000	10,500	15,000
2d HT S Hamp	850	2650	4400	8800	15,400	22,000
Crown Imperial Line, V-8						
4d Sed	550	1700	2800	5600	9800	14,000
4d HT S Hamp	600	1900	3200	6400	11,200	16,000
2d HT S Hamp	850	2750	4600	9200	16,100	23,000
2d Conv	1050	3350	5600	11,200	19,600	28,000
Imperial LeBaron Line, V-8						
4d Sed	550	1800	3000	6000	10,500	15,000
4d HT S Hamp	700	2150	3600	7200	12,600	18,000
Crown Imperial Ghia, V-8						
4d Limo	950	3000	5000	10,000	17,500	25,000
1959						
Windsor Series, V-8						
4d Sed	400	1200	2000	4000	7000	10,000
4d HT	450	1450	2400	4800	8400	12,000
2d HT	600	1900	3200	6400	11,200	16,000
2d 2d Conv	850	2650	4400	8800	15,400	22,000
Town & Country Series, V-8						
4d 6P Sta Wag	450	1400	2300	4600	8100	11,500
4d 9P Sta Wag	450	1400	2350	4700	8200	11,700
Saratoga Series, V-8						
4d Sed	400	1200	2000	4000	7000	10,000
4d HT	500	1550	2600	5200	9100	13,000
2d HT	650	2050	3400	6800	11,900	17,000
New Yorker Series, V-8						
4d Sed	400	1250	2100	4200	7400	10,500
4d HT	550	1700	2800	5600	9800	14,000
2d HT	700	2300	3800	7600	13,300	19,000
2d Conv	1150	3600	6000	12,000	21,000	30,000
Town & Country, V-8						
4d 6P Sta Wag	500	1550	2600	5200	9100	13,000
4d 9P Sta Wag	500	1600	2650	5300	9200	13,200

	6	5	4	3	2	1
300 Letter Series "E", V-8						
2d HT	1500	4800	8000	16,000	28,000	40,000
2d Conv	1750	5500	9200	18,400	32,200	46,000
Imperial Custom Line, V-8						
4d Sed	400	1300	2200	4400	7700	11,000
4d HT S Hamp	550	1700	2800	5600	9800	14,000
2d HT S Hamp	700	2300	3800	7600	13,300	19,000
Crown Imperial Line, V-8						
4d Sed	450	1450	2400	4800	8400	12,000
4d HT S Hamp	550	1800	3000	6000	10,500	15,000
2d HT S Hamp	700	2300	3800	7600	13,300	19,000
2d Conv	1050	3350	5600	11,200	19,600	28,000
Imperial LeBaron Line, V-8						
4d Sed	500	1550	2600	5200	9100	13,000
4d HT S Hamp	600	1900	3200	6400	11,200	16,000
Crown Imperial Ghia, V-8						
4d Limo	950	3000	5000	10,000	17,500	25,000
1960						
Windsor Series, V-8						
4d Sed	350	1020	1700	3400	5950	8500
4d HT	400	1200	2000	4000	7000	10,000
2d HT	400	1300	2200	4400	7700	11,000
2d Conv	550	1800	3000	6000	10,500	15,000
Town & Country Series, V-8						
4d 9P Sta Wag	450	1160	1950	3900	6800	9700
4d 6P Sta Wag	450	1140	1900	3800	6650	9500
Saratoga Series, V-8						
4d Sed	350	1040	1750	3500	6100	8700
4d HT	400	1300	2200	4400	7700	11,000
2d HT	450	1450	2400	4800	8400	12,000
New Yorker Series, V-8						
4d Sed	450	1080	1800	3600	6300	9000
4d HT	450	1450	2400	4800	8400	12,000
2d HT	550	1700	2800	5600	9800	14,000
2d Conv	700	2150	3600	7200	12,600	18,000
Town & Country Series, V-8, 126" wb						
4d 9P Sta Wag	400	1350	2250	4500	7800	11,200
4d 6P Sta Wag	400	1300	2200	4400	7700	11,000
300 Letter Series "F", V-8						
2d HT	1800	5750	9600	19,200	33,600	48,000
2d Conv	2250	7200	12,000	24,000	42,000	60,000
NOTE: 300 Letter Series cars containing the Pont-A-Mousson 4-speed transmission, the value is not estimable.						
Custom Imperial Line, V-8						
4d Sed	450	1080	1800	3600	6300	9000
4d HT S Hamp	400	1200	2000	4000	7000	10,000
2d HT S Hamp	450	1450	2400	4800	8400	12,000
Crown Imperial Line, V-8						
4d Sed	450	1140	1900	3800	6650	9500
4d HT S Hamp	400	1300	2200	4400	7700	11,000
2d HT S Hamp	500	1550	2600	5200	9100	13,000
2d Conv	1000	3100	5200	10,400	18,200	26,000
Imperial LeBaron Line						
4d Sed	400	1200	2000	4000	7000	10,000
4d HT S Hamp	450	1450	2400	4800	8400	12,000
Crown Imperial Ghia, V-8						
4d Limo	950	3000	5000	10,000	17,500	25,000
1961						
Newport Series, V-8						
4d Sed	350	900	1500	3000	5250	7500
4d HT	350	1020	1700	3400	5950	8500
2d HT	450	1140	1900	3800	6650	9500
2d Conv	500	1550	2600	5200	9100	13,000
4d 9P Sta Wag	350	1040	1700	3450	6000	8600
4d 6P Sta Wag	350	1020	1700	3400	5950	8500
Windsor Series, V-8						
4d Sed	350	975	1600	3200	5600	8000
4d HT	450	1080	1800	3600	6300	9000
2d HT	400	1200	2000	4000	7000	10,000
New Yorker Series, V-8						
4d Sed	350	1020	1700	3400	5950	8500
4d HT	450	1140	1900	3800	6650	9500
2d HT	400	1250	2100	4200	7400	10,500
2d Conv	550	1800	3000	6000	10,500	15,000
4d 9P Sta Wag	450	1150	1900	3850	6700	9600
4d 6P Sta Wag	450	1140	1900	3800	6650	9500

	6	5	4	3	2	1
300 Letter Series "G", V-8						
2d HT	1350	4300	7200	14,400	25,200	36,000
2d Conv	1750	5500	9200	18,400	32,200	46,000
NOTE: Add 20 percent for 400HP engine.						
Custom Imperial Line, V-8						
4d HT S Hamp	450	1140	1900	3800	6650	9500
2d HT S Hamp	400	1250	2100	4200	7400	10,500
Crown Imperial Line, V-8						
4d HT S Hamp	400	1200	2000	4000	7000	10,000
2d HT S Hamp	400	1300	2200	4400	7700	11,000
2d Conv	750	2400	4000	8000	14,000	20,000
Imperial LeBaron Line, V-8						
4d HT S Hamp	400	1300	2200	4400	7700	11,000
Crown Imperial Ghia, V-8						
4d Limo	900	2900	4800	9600	16,800	24,000
1962						
Newport Series, V-8						
4d Sed	350	950	1500	3050	5300	7600
4d HT	350	975	1600	3200	5600	8000
2d HT	400	1250	2100	4200	7400	10,500
2d Conv	450	1450	2400	4800	8400	12,000
4d 9P HT Wag	400	1200	2050	4100	7100	10,200
4d 6P HT Wag	400	1200	2000	4000	7000	10,000
300 Series						
4d HT	450	1140	1900	3800	6650	9500
2d HT	400	1300	2200	4400	7700	11,000
2d Conv	550	1800	3000	6000	10,500	15,000
300 Letter Series "H", V-8						
2d HT	1300	4200	7000	14,000	24,500	35,000
2d Conv	1700	5400	9000	18,000	31,500	45,000
New Yorker Series, V-8						
4d Sed	350	840	1400	2800	4900	7000
4d HT	450	1140	1900	3800	6650	9500
4d 9P HT Wag	400	1350	2250	4500	7800	11,200
4d 6P HT Wag	400	1300	2200	4400	7700	11,000
Custom Imperial Line, V-8						
4d HT S Hamp	400	1200	2000	4000	7000	10,000
2d HT S Hamp	400	1300	2200	4400	7700	11,000
Crown Imperial Line, V-8						
4d HT S Hamp	400	1250	2100	4200	7400	10,500
2d HT S Hamp	400	1300	2200	4400	7700	11,000
2d Conv	700	2150	3600	7200	12,600	18,000
Imperial LeBaron Line, V-8						
4d HT S Hamp	400	1300	2200	4400	7700	11,000
1963						
Newport Series, V-8						
4d Sed	350	780	1300	2600	4550	6500
4d HT	350	840	1400	2800	4900	7000
2d HT	450	1140	1900	3800	6650	9500
2d Conv	450	1450	2400	4800	8400	12,000
4d 9P Sta Wag	950	1100	1850	3700	6450	9200
4d 6P Sta Wag	450	1080	1800	3600	6300	9000
300 Series, "383" V-8						
4d HT	350	1020	1700	3400	5950	8500
2d HT	400	1250	2100	4200	7400	10,500
2d Conv	550	1800	3000	6000	10,500	15,000
300 "Pacesetter" Series, "383" V-8						
2d HT	400	1200	2000	4000	7000	10,000
2d Conv	550	1800	3000	6000	10,500	15,000
300 Letter Series "J", "413" V-8						
2d HT	1000	3100	5200	10,400	18,200	26,000
New Yorker Series, V-8						
4d Sed	350	840	1400	2800	4900	7000
4d HT	350	900	1500	3000	5250	7500
4d HT Salon	350	975	1600	3200	5600	8000
4d 9P HT Wag	450	1160	1950	3900	6800	9700
4d 6P HT Wag	450	1160	1950	3900	6800	9700
Custom Imperial Line, V-8						
4d HT S Hamp	450	1080	1800	3600	6300	9000
2d HT S Hamp	400	1250	2100	4200	7400	10,500
Crown Imperial Line, V-8						
4d HT S Hamp	400	1200	2000	4000	7000	10,000
2d HT S Hamp	450	1400	2300	4600	8100	11,500
2d Conv	650	2050	3400	6800	11,900	17,000

	6	5	4	3	2	1
Imperial LeBaron Line, V-8						
4d HT S Hamp	400	1300	2200	4400	7700	11,000
Crown Imperial Ghia, V-8						
4d 8P Sed	550	1700	2800	5600	9800	14,000
4d 8P Limo	750	2400	4000	8000	14,000	20,000
1964						
Newport Series, V-8						
4d Sed	350	780	1300	2600	4550	6500
4d HT	350	840	1400	2800	4900	7000
2d HT	350	975	1600	3200	5600	8000
2d Conv	450	1450	2400	4800	8400	12,000
Town & Country Series, V-8						
4d 9P Sta Wag	350	900	1500	3000	5250	7500
4d 6P Sta Wag	350	880	1500	2950	5180	7400
300 Series						
4d HT	350	900	1500	3000	5250	7500
2d HT	450	1140	1900	3800	6650	9500
2d Conv	550	1800	3000	6000	10,500	15,000
300 Letter Series "K", V-8						
2d HT	1000	3100	5200	10,400	18,200	26,000
2d Conv	1200	3850	6400	12,800	22,400	32,000
NOTE: Add 10 percent for two 4 barrel carbs.						
New Yorker Series, V-8						
4d Sed	350	900	1500	3000	5250	7500
4d HT	350	975	1600	3200	5600	8000
4d HT Salon	350	1020	1700	3400	5950	8500
Town & Country Series, V-8						
4d 9P HT Wag	950	1100	1850	3700	6450	9200
4d 6P HT Wag	450	1080	1800	3600	6300	9000
Imperial Crown, V-8						
4d HT	400	1250	2100	4200	7400	10,500
2d HT	400	1300	2200	4400	7700	11,000
2d Conv	650	2050	3400	6800	11,900	17,000
Imperial LeBaron, V-8						
4d HT	450	1450	2400	4800	8400	12,000
Crown Imperial Ghia, V-8						
4d Limo	700	2200	3700	7400	13,000	18,500
1965						
Newport Series, V-8						
4 dr Sed	350	780	1300	2600	4550	6500
4d 6W Sed	200	750	1275	2500	4400	6300
4d HT	350	900	1500	3000	5250	7500
2d HT	350	1020	1700	3400	5950	8500
2d Conv	450	1400	2300	4600	8100	11,500
Town & Country Series, V-8						
4d 9P Wag	350	1000	1650	3300	5750	8200
4d 6P Wag	350	975	1600	3200	5600	8000
300 Series						
4d HT	350	1020	1700	3400	5950	8500
2d HT	400	1200	2000	4000	7000	10,000
2d Conv	550	1700	2800	5600	9800	14,000
300 Letter Series "L", V-8						
2d HT	950	3000	5000	10,000	17,500	25,000
2d Conv	1100	3500	5800	11,600	20,300	29,000
New Yorker Series, V-8						
4d 6W Sed	350	840	1400	2800	4900	7000
4d HT	350	975	1600	3200	5600	8000
2d HT	450	1140	1900	3800	6650	9500
Town & Country Series, V-8						
4d 9P Wag	400	1200	2050	4100	7100	10,200
4d 6P Wag	400	1200	2000	4000	7000	10,000
Crown Imperial Line, V-8						
4d HT	450	1080	1800	3600	6300	9000
2d HT	400	1200	2000	4000	7000	10,000
2d Conv	600	1900	3200	6400	11,200	16,000
Imperial LeBaron Line, V-8						
4d HT	400	1300	2200	4400	7700	11,000
Crown Imperial Ghia, V-8						
4d Limo	700	2300	3800	7600	13,300	19,000
1966						
Newport Series, V-8						
4d Sed	350	840	1400	2800	4900	7000
4d 6W Sed	350	830	1400	2950	4830	6900
4d HT	350	975	1600	3200	5600	8000

1966 Chrysler 300 convertible

	6	5	4	3	2	1
2d HT	450	1080	1800	3600	6300	9000
2d Conv	450	1450	2400	4800	8400	12,000
Town & Country Series, V-8						
4d 9P Sta Wag	950	1100	1850	3700	6450	9200
4d 6P Sta Wag	450	1080	1800	3600	6300	9000
Chrysler 300, V-8						
4d HT	450	1080	1800	3600	6300	9000
2d HT	500	1550	2600	5200	9100	13,000
2d Conv	700	2300	3800	7600	13,300	19,000
New Yorker, V-8						
4d 6W Sed	350	1020	1700	3400	5950	8500
4d HT	450	1050	1750	3550	6150	8800
2d HT	450	1140	1900	3800	6650	9500
Imperial, V-8						
4d HT	400	1200	2000	4000	7000	10,000
2d HT	400	1300	2200	4400	7700	11,000
2d Conv	650	2050	3400	6800	11,900	17,000
Imperial LeBaron, V-8						
4d HT	450	1450	2400	4800	8400	12,000
1967						
Newport, V-8, 124" wb						
4d Sed	350	850	1450	2850	4970	7100
4d HT	350	1020	1700	3400	5950	8500
2d HT	450	1140	1900	3800	6650	9500
2d Conv	450	1450	2400	4800	8400	12,000
4d Sta Wag	450	1140	1900	3800	6650	9500
Newport Custom, V-8, 124" wb						
4d Sed	350	860	1450	2900	5050	7200
4d HT	350	1020	1700	3400	5950	8500
2d HT	450	1140	1900	3800	6650	9500
300, V-8, 124" wb						
2d HT	400	1250	2100	4200	7400	10,500
4d HT	450	1080	1800	3600	6300	9000
2d Conv	650	2050	3400	6800	11,900	17,000
New Yorker, V-8, 124" wb						
4d Sed	350	900	1500	3000	5250	7500
2d HT	400	1200	2000	4000	7000	10,000
4d HT	450	1080	1800	3600	6300	9000
Imperial, V-8, 127" wb						
4d Sed	400	1250	2100	4200	7400	10,500
2d Conv	700	2300	3800	7600	13,300	19,000
Imperial Crown						
4d HT	400	1300	2200	4400	7700	11,000
2d HT	500	1600	2700	5400	9500	13,500
Imperial LeBaron						
4d HT	450	1400	2300	4600	8100	11,500

	6	5	4	3	2	1
1968						
Newport, V-8, 124" wb						
2d HT	450	1140	1900	3800	6650	9500
4d Sed	350	900	1500	3000	5250	7500
4d HT	350	1020	1700	3400	5950	8500
2d Conv	450	1450	2400	4800	8400	12,000
Newport Custom, V-8, 124" wb						
4d Sed	350	950	1550	3100	5400	7700
4d HT	350	1040	1700	3450	6000	8600
2d HT	400	1200	2000	4000	7000	10,000
300, V-8, 124" wb						
4d HT	450	1080	1800	3600	6300	9000
2d HT	400	1250	2100	4200	7400	10,500
2d Conv	650	2050	3400	6800	11,900	17,000
Town & Country, V-8, 122" wb						
4d Sta Wag	450	1140	1900	3800	6650	9500
New Yorker, V-8, 124" wb						
4d Sed	350	975	1600	3200	5600	8000
4d HT	450	1140	1900	3800	6650	9500
2d HT	400	1250	2100	4200	7400	10,500
Imperial, V-8, 127" wb						
4d Sed	450	1140	1900	3800	6650	9500
4d HT	400	1300	2200	4400	7700	11,000
2d HT	500	1600	2700	5400	9500	13,500
2d Conv	700	2300	3800	7600	13,300	19,000
Imperial LeBaron						
4d HT	450	1500	2500	5000	8800	12,500
1969						
Newport, V-8, 124" wb						
4d Sed	200	700	1050	2100	3650	5200
4d HT	200	650	1100	2150	3780	5400
2d HT	350	790	1350	2650	4620	6600
2d Conv	400	1300	2200	4400	7700	11,000
Newport Custom, V-8, 124" wb						
4d Sed	200	700	1075	2150	3700	5300
4d HT	200	660	1100	2200	3850	5500
2d HT	200	745	1250	2500	4340	6200
300, V-8, 124" wb						
2d HT	350	840	1400	2800	4900	7000
4d HT	350	780	1300	2600	4550	6500
2d Conv	400	1300	2200	4400	7700	11,000
New Yorker, V-8, 124" wb						
4d Sed	200	670	1200	2300	4060	5800
4d HT	200	720	1200	2400	4200	6000
2d HT	350	840	1400	2800	4900	7000
Town & Country, V-8, 122" wb						
4d Sta Wag	200	720	1200	2400	4200	6000
Imperial Crown, V-8, 127" wb						
4d Sed	200	720	1200	2400	4200	6000
4d HT	350	780	1300	2600	4550	6500
2d HT	350	840	1400	2800	4900	7000
Imperial LeBaron						
4d HT	350	780	1300	2600	4550	6500
2d HT	350	900	1500	3000	5250	7500
1970						
Newport, V-8, 124" wb						
4d Sed	200	685	1150	2300	3990	5700
4d HT	200	720	1200	2400	4200	6000
2d HT	350	780	1300	2600	4550	6500
2d Conv	400	1250	2100	4200	7400	10,500
Newport Custom						
4d Sed	200	720	1200	2400	4200	6000
4d HT	350	800	1350	2700	4700	6700
2d HT	350	840	1400	2800	4900	7000
300, V-8, 124" wb						
4d HT	350	900	1500	3000	5250	7500
2d HT	350	975	1600	3200	5600	8000
2d HT Hurst	500	1550	2600	5200	9100	13,000
2d Conv	550	1800	3000	6000	10,500	15,000
New Yorker, V-8, 124" wb						
4d Sed	350	780	1300	2600	4550	6500
4d HT	350	840	1400	2800	4900	7000
2d HT	350	900	1500	3000	5250	7500
Town & Country, V-8, 122" wb						
4d Sta Wag	350	780	1300	2600	4550	6500

	6	5	4	3	2	1
Imperial Crown, V-8, 127" wb						
4d HT	350	900	1500	3000	5250	7500
2d HT	350	975	1600	3200	5600	8000
Imperial LeBaron, V-8, 127" wb						
4d HT	350	975	1600	3200	5600	8000
2d HT	350	1020	1700	3400	5950	8500
1971						
Newport Royal, V-8, 124" wb						
4d Sed	150	650	975	1950	3350	4800
4d HT	200	675	1000	1950	3400	4900
2d HT	200	675	1000	2000	3500	5000
Newport, V-8, 124" wb						
4d Sed	200	675	1000	1950	3400	4900
4d HT	200	700	1050	2100	3650	5200
2d HT	200	720	1200	2400	4200	6000
Newport Custom						
4d Sed	200	675	1000	2000	3500	5000
4d HT	200	660	1100	2200	3850	5500
2d HT	350	780	1300	2600	4550	6500
300						
4d HT	200	700	1050	2100	3650	5200
2d HT	200	685	1150	2300	3990	5700
New Yorker						
4d Sed	200	700	1050	2050	3600	5100
4d HT	200	720	1200	2400	4200	6000
2d HT	350	840	1400	2800	4900	7000
Town & Country						
4d Sta Wag	200	660	1100	2200	3850	5500
Imperial LeBaron						
4d HT	350	780	1300	2600	4550	6500
2d HT	350	900	1500	3000	5250	7500
1972						
Newport Royal						
4d Sed	150	575	900	1750	3100	4400
4d HT	200	675	1000	2000	3500	5000
2d HT	200	660	1100	2200	3850	5500
Newport Custom						
4d Sed	150	600	900	1800	3150	4500
4d HT	200	660	1100	2200	3850	5500
2d HT	200	720	1200	2400	4200	6000
New Yorker Brougham						
4d Sed	200	675	1000	2000	3500	5000
4d HT	200	720	1200	2400	4200	6000
2d HT	350	780	1300	2600	4550	6500
Town & Country						
4d Sta Wag	200	660	1100	2200	3850	5500
Imperial LeBaron						
4d HT	350	780	1300	2600	4550	6500
2d HT	350	840	1400	2800	4900	7000
1973						
Newport, V-8, 124" wb						
4d Sed	150	475	775	1500	2650	3800
4d HT	150	500	800	1600	2800	4000
2d HT	150	550	850	1650	2900	4100
Newport Custom V-8						
4d Sed	150	500	800	1600	2800	4000
4d HT	150	550	850	1650	2900	4100
2d HT	150	550	850	1675	2950	4200
New Yorker Brgm V-8						
4d Sed	150	550	850	1650	2900	4100
4d HT	150	600	900	1800	3150	4500
2d HT	200	675	1000	2000	3500	5000
Town & Country V-8						
4d 3S Sta Wag	150	475	775	1500	2650	3800
Imperial LeBaron V-8						
2d HT	150	650	975	1950	3350	4800
4d HT	150	650	950	1900	3300	4700
1974						
Newport V-8						
4d Sed	125	400	700	1375	2400	3400
4d HT	125	450	700	1400	2450	3500
2d HT	150	475	775	1500	2650	3800
Newport Custom V-8						
4d Sed	125	450	750	1450	2500	3600
4d HT	150	475	750	1475	2600	3700

	6	5	4	3	2	1
2d HT	150	500	800	1600	2800	4000
New Yorker V-8						
4d Sed	150	475	750	1475	2600	3700
4d HT	150	550	850	1675	2950	4200
New Yorker Brgm V-8						
4d Sed	150	500	800	1550	2700	3900
4d HT	150	500	800	1600	2800	4000
2d HT	150	550	850	1675	2950	4200
Town & Country V-8						
4d 3S Sta Wag	150	500	800	1550	2700	3900
Imperial LeBaron						
2d HT	150	575	900	1750	3100	4400
4d HT	150	575	875	1700	3000	4300

NOTE: Add 20 percent for Crown Coupe package (Orig. price $542.).

	6	5	4	3	2	1
1975						
Cordoba V-8						
2d HT	150	600	900	1800	3150	4500
Newport V-8						
4d Sed	125	400	700	1375	2400	3400
4d HT	125	450	700	1400	2450	3500
2d HT	125	450	700	1400	2450	3500
Newport Custom V-8						
4d Sed	125	450	700	1400	2450	3500
4d HT	125	450	750	1450	2500	3600
2d HT	125	450	750	1450	2500	3600
New Yorker Brgm V-8						
4d Sed	125	450	750	1450	2500	3600
4d HT	150	475	775	1500	2650	3800
2d HT	150	475	775	1500	2650	3800
Town & Country V-8						
4d 3S Sta Wag	125	450	750	1450	2500	3600
Imperial LeBaron						
2d HT	150	550	850	1650	2900	4100
4d HT	150	500	800	1600	2800	4000

NOTE: Add 20 percent for Crown Coupe package (Orig. price $569.).

	6	5	4	3	2	1
1976						
Cordoba, V-8						
2d HT	200	675	1000	2000	3500	5000
Newport, V-8						
4 dr Sed	125	450	700	1400	2450	3500
4d HT	150	500	800	1550	2700	3900
2d HT	150	475	750	1475	2600	3700
Newport Custom, V-8						
4d Sed	125	450	750	1450	2500	3600
4d HT	150	475	775	1500	2650	3800
2d HT	150	500	800	1600	2800	4000
Town & Country, V-8						
4d 2S Sta Wag	125	450	750	1450	2500	3600
4d 3S Sta Wag	150	475	750	1475	2600	3700
New Yorker Brougham, V-8						
4d HT	150	475	775	1500	2650	3800
2d HT	150	550	850	1675	2950	4200
1977						
LeBaron, V-8						
4d Sed	150	475	775	1500	2650	3800
2d Cpe	150	500	800	1600	2800	4000
LeBaron Medallion, V-8						
4d Sed	150	500	800	1600	2800	4000
2d Cpe	150	550	850	1675	2950	4200
Cordoba, V-8						
2d HT	200	675	1000	2000	3500	5000
Newport, V-8						
4d Sed	125	450	750	1450	2500	3600
4d HT	150	475	775	1500	2650	3800
2d HT	150	500	800	1600	2800	4000
Town & Country, V-8						
4d 2S Sta Wag	150	475	750	1475	2600	3700
4d 3S Sta Wag	150	475	775	1500	2650	3800
New Yorker Brougham, V-8						
4d HT	150	500	800	1550	2700	3900
2d HT	150	600	900	1800	3150	4500
1978						
LeBaron						
4d 'S' Sed	125	400	700	1375	2400	3400
2d 'S' Cpe	125	450	700	1400	2450	3500

	6	5	4	3	2	1
4d Sed	125	450	700	1400	2450	3500
2d Cpe	125	450	750	1450	2500	3600
Town & Country						
4d Sta Wag	125	450	700	1400	2450	3500
LeBaron Medallion						
4d Sed	125	450	750	1450	2500	3600
2d Cpe	150	475	750	1475	2600	3700
Cordoba						
2d Cpe	200	675	1000	2000	3500	5000
Newport						
4d Sed	150	475	750	1475	2600	3700
2d Cpe	150	475	775	1500	2650	3800
New Yorker Brougham						
4d Sed	150	500	800	1550	2700	3900
2d Cpe	150	500	800	1600	2800	4000

1979

	6	5	4	3	2	1
LeBaron, V-8						
4d Sed	125	450	700	1400	2450	3500
2d Cpe	125	450	750	1450	2500	3600
LeBaron Salon, V-8						
4d Sed	125	450	750	1450	2500	3600
2d Cpe	150	475	750	1475	2600	3700
LeBaron Medallion, V-8						
4d Sed	150	475	775	1500	2650	3800
2d Cpe	150	500	800	1550	2700	3900
LeBaron Town & Country						
4d Sta Wag	150	475	775	1500	2650	3800
NOTE: Deduct 5 percent for 6-cyl.						
Cordoba, V-8						
2d Cpe	200	675	1000	1950	3400	4900
NOTE: Add 20 percent for 300 option.						
Newport, V-8						
4d Sed	150	500	800	1550	2700	3900
NOTE: Deduct 7 percent for 6-cyl.						
New Yorker, V-8						
4d Sed	150	550	850	1650	2900	4100

1980 Chrysler LeBaron LS coupe

1980

	6	5	4	3	2	1
LeBaron, V-8						
4d Sta Wag T&C	150	500	800	1600	2800	4000
4d Sed Medallion	150	500	800	1550	2700	3900
2d Cpe Medallion	150	500	800	1600	2800	4000
NOTE: Deduct 5 percent for lesser models.						
Cordoba, V-8						
2d Cpe Specialty	200	720	1200	2400	4200	6000
2d Cpe Spl Crown	350	780	1300	2600	4550	6500
2d Cpe Spl LS	200	700	1200	2350	4130	5900
NOTE: Deduct 12 percent for 6-cyl.						
Newport, V-8						
4d Sed	150	575	875	1700	3000	4300
New Yorker, V-8						
4d Sed	150	600	900	1800	3150	4500

	6	5	4	3	2	1
1981						
LeBaron, V-8						
4d Sta Wag T&C	150	550	850	1650	2900	4100
4d Sed Medallion	150	500	800	1600	2800	4000
2d Cpe Medallion	150	550	850	1650	2900	4100
NOTE: Deduct 12 percent for 6-cyl. Deduct 5 percent for lesser models.						
Cordoba, V-8						
2d Cpe Specialty LS	200	720	1200	2400	4200	6000
2d Cpe Specialty	200	730	1250	2450	4270	6100
NOTE: Deduct 12 percent for 6-cyl.						
Newport, V-8						
4d Sed	150	575	900	1750	3100	4400
NOTE: Deduct 10 percent for 6-cyl.						
New Yorker, V-8						
4d Sed	150	600	950	1850	3200	4600
Imperial, V-8						
2d Cpe	200	720	1200	2400	4200	6000
1982						
LeBaron, 4-cyl.						
4d Sed	150	500	800	1600	2800	4000
2d Cpe Specialty	150	500	800	1600	2800	4000
2d Conv	200	720	1200	2400	4200	6000
4d Sed Medallion	150	550	850	1650	2900	4100
2d Cpe Spec Medallion	150	550	850	1650	2900	4100
2d Conv Medallion	200	660	1100	2200	3850	5500
4d Sta Wag T&C	150	575	900	1750	3100	4400
Cordoba, V-8						
2d Cpe Specialty LS	200	730	1250	2450	4270	6100
2d Cpe Specialty	200	745	1250	2500	4340	6200
NOTE: Deduct 12 percent for 6-cyl.						
New Yorker, V-8						
4d Sed	150	650	950	1900	3300	4700
NOTE: Deduct 11 percent for 6-cyl.						
Imperial, V-8						
2d Cpe Luxury	200	720	1200	2400	4200	6000
1983						
LeBaron, 4-cyl.						
4d Sed	150	550	850	1650	2900	4100
2d Cpe	150	550	850	1650	2900	4100
4d Limo	200	675	1000	1950	3400	4900
4d Sta Wag T&C	150	600	900	1800	3150	4500
2d Conv	200	730	1250	2450	4270	6100
2d Conv T&C Marc Cross	350	790	1350	2650	4620	6600
E Class, 4-cyl.						
4d Sed	150	600	900	1800	3150	4500
Cordoba, V-8						
2d Cpe	200	750	1275	2500	4400	6300
NOTE: Deduct 12 percent for 6-cyl.						
New Yorker, 4-cyl.						
4d Sed	150	650	975	1950	3350	4800
New Yorker Fifth Avenue, V-8						
4d Sed	200	675	1000	1950	3400	4900
4 dr Sed Luxury	200	675	1000	2000	3500	5000
NOTE: Deduct 12 percent for 6-cyl.						
Imperial, V-8						
2d Cpe	200	720	1200	2400	4200	6000
1984						
LeBaron, 4-cyl.						
4d Sed	150	550	850	1650	2900	4100
2d Sed	150	550	850	1650	2900	4100
2d Conv	200	745	1250	2500	4340	6200
2d Conv Marc Cross	350	800	1350	2700	4700	6700
4d Sta Wag T&C	150	550	850	1675	2950	4200
2d Conv T&C Marc Cross	350	790	1350	2650	4620	6600
Laser, 4-cyl.						
2d HBk	150	550	850	1675	2950	4200
2d HBk XE	150	575	875	1700	3000	4300
E Class, 4-cyl.						
4d Sed	150	600	900	1800	3150	4500
New Yorker, 4-cyl.						
4d Sed	150	650	975	1950	3350	4800
New Yorker Fifth Avenue, V-8						
4d Sed	200	675	1000	2000	3500	5000

	6	5	4	3	2	1
1985						
LeBaron, 4-cyl.						
4d Sed	150	550	850	1675	2950	4200
2d Cpe	150	550	850	1650	2900	4100
2d Conv	200	745	1250	2500	4340	6200
2d Conv Marc Cross	350	800	1350	2700	4700	6700
2d Conv T&C Marc Cross	350	800	1350	2700	4700	6700
4d Sta Wag T&C	150	575	875	1700	3000	4300
Laser, 4-cyl.						
2d HBk	150	575	875	1700	3000	4300
2d HBk XE	150	575	900	1750	3100	4400
LeBaron GTS, 4-cyl.						
4d Spt	150	600	950	1850	3200	4600
4d Spt Premium	150	650	950	1900	3300	4700
New Yorker, 4-cyl.						
4d	200	675	1000	1950	3400	4900
Fifth Avenue, V-8						
4d Sed	200	700	1050	2050	3600	5100
1986						
Laser						
2d HBk	150	575	875	1700	3000	4300
LeBaron						
2d Cpe	150	600	950	1850	3200	4600
4d Sed	150	650	950	1900	3300	4700
2d Conv	200	745	1250	2500	4340	6200
2d Mark Cross Conv	350	840	1400	2800	4900	7000
4d T&C Sta Wag	150	650	975	1950	3350	4800
New Yorker						
4d Sed	200	675	1000	2000	3500	5000
Fifth Avenue						
4d Sed	200	700	1050	2100	3650	5200
Executive						
4d Limo	200	660	1100	2200	3850	5500
NOTES: Add 10 percent for deluxe models. Deduct 5 percent for smaller engines.						
1987						
LeBaron						
4d Sed	150	575	875	1700	3000	4300
4d Sta Wag	150	575	900	1750	3100	4400
2d Cpe	150	550	850	1675	2950	4200
2d Cpe Premium	150	575	875	1700	3000	4300
2d Conv	350	780	1300	2600	4550	6500
4d HBk Spt GTS	150	600	900	1800	3150	4500
4d HBk Spt Prem GTS	150	600	950	1850	3200	4600
NOTE: Add 5 percent for 2.2 Turbo engine.						
Conquest, 4-cyl. Turbo						
2d HBk	150	575	875	1700	3000	4300
New Yorker, 4-cyl.						
4d Sed	200	660	1100	2200	3850	5500
New Yorker, V-6						
4d Sed	150	650	950	1900	3300	4700
4d Sed Lan	200	675	1000	1950	3400	4900
NOTE: Add 5 percent for 2.2 Turbo engine.						
NOTE: Add 10 percent for V-6.						
Fifth Avenue, V-8						
4d Sed	200	720	1200	2400	4200	6000
1988						
LeBaron, 4-cyl.						
4d Sed	125	400	675	1350	2300	3300
4d Sta Wag T&C	150	550	850	1675	2950	4200
2d Cpe	150	475	775	1500	2650	3800
2d Cpe Prem	150	600	900	1800	3150	4500
2d Conv	350	820	1400	2700	4760	6800
4d HBk GTS	125	380	650	1300	2250	3200
4d HBk Prem GTS	125	450	700	1400	2450	3500
Conquest, 4-cyl.						
2d HBk	150	500	800	1600	2800	4000
New Yorker, 4-cyl., Turbo						
4d Sed	150	600	950	1850	3200	4600
New Yorker, V-6						
4d Sed	200	700	1050	2100	3650	5200
4d Sed Landau	200	670	1150	2250	3920	5600
Fifth Avenue,V-8						
4d Sed	350	820	1400	2700	4760	6800

	6	5	4	3	2	1
1989						
LeBaron, 4-cyl.						
4d HBk	200	660	1100	2200	3850	5500
4d HBk Prem	200	685	1150	2300	3990	5700
4d HBk GTS Turbo	200	745	1250	2500	4340	6200
2d Cpe	200	670	1150	2250	3920	5600
2d Conv	350	840	1400	2800	4900	7000
2d Prem	200	670	1200	2300	4060	5800
2d Conv Prem	350	975	1600	3200	5600	8000
Conquest, 4-cyl.						
2d HBk	200	720	1200	2400	4200	6000
New Yorker, V-6						
4d Sed	350	790	1350	2650	4620	6600
4d Lan Sed	350	820	1400	2700	4760	6800
Fifth Avenue, V-8						
4d Sed	350	860	1450	2900	5050	7200
T&C, 4-cyl. Turbo						
2d Conv	650	2050	3400	6800	11,900	17,000
1990						
LeBaron						
4-cyl.						
2d Cpe	200	675	1000	2000	3500	5000
2d Conv	350	780	1300	2600	4550	6500
V-6						
2d Cpe	200	660	1100	2200	3850	5500
2d Conv	350	840	1400	2800	4900	7000
2d Prem Cpe	200	720	1200	2400	4200	6000
2d Prem Conv	350	900	1500	3000	5250	7500
4d Sed	200	660	1100	2200	3850	5500
New Yorker, V-6						
4d Sed	350	780	1300	2600	4550	6500
4d Lan Sed	350	840	1400	2800	4900	7000
4d Fifth Ave Sed	350	975	1600	3200	5600	8000
Imperial, V-6						
4d Sed	450	1080	1800	3600	6300	9000

CORD

1930						
Series L-29, 8-cyl., 137.5" wb						
4d 5P Sed	3000	9600	16,000	32,000	56,000	80,000
4d 5P Brgm	3100	9850	16,400	32,800	57,400	82,000
2d 4P Conv 2-4 Pas	6400	20,400	34,000	68,000	119,000	170,000
4d Conv Sed	6550	21,000	35,000	70,000	122,500	175,000

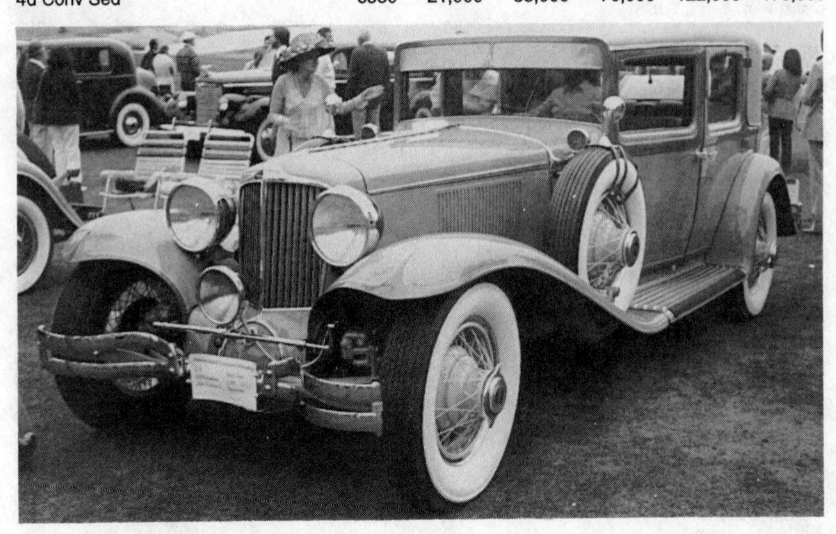

1931 Cord L-29 four-door sedan

	6	5	4	3	2	1
1931						
Series L-29, 8-cyl., 137.5" wb						
4d 5P Sed	3100	9850	16,400	32,800	57,400	82,000
4d 5P Brgm	3150	10,100	16,800	33,600	58,800	84,000
2d 2-4P Cabr	6400	20,400	34,000	68,000	119,000	170,000
4d Conv Sed	6550	21,000	35,000	70,000	122,500	175,000
1932						
Series L-29, 8-cyl., 137.5" wb						
4d 5P Sed	3100	9850	16,400	32,800	57,400	82,000
4d 5P Brgm	3150	10,100	16,800	33,600	58,800	84,000
2d 2-4P Conv	6400	20,400	34,000	68,000	119,000	170,000
4d Conv Sed	6550	21,000	35,000	70,000	122,500	175,000
1933-34-35						
(Not Manufacturing)						
4d Phae	5200	16,550	27,600	55,200	96,600	138,000
1936						
Model 810, 8-cyl., 125" wb						
4d West Sed	2250	7200	12,000	24,000	42,000	60,000
4d Bev Sed	2350	7450	12,400	24,800	43,400	62,000
2d Sportsman	5200	16,550	27,600	55,200	96,600	138,000
2d Phae	5200	16,550	27,600	55,200	96,600	138,000

1937 Cord Model 812 phaeton

	6	5	4	3	2	1
1937						
Model 812, 8-cyl., 125" wb						
4d West Sed	2250	7200	12,000	24,000	42,000	60,000
4d Bev Sed	2350	7450	12,400	24,800	43,400	62,000
2d Sportsman	5200	16,550	27,600	55,200	96,600	138,000
2d Phae	5200	16,550	27,600	55,200	96,600	138,000
Model 812, 8-cyl., 132" wb						
4d Cus Bev	2350	7450	12,400	24,800	43,400	62,000
4d Cus Berline	2400	7700	12,800	25,600	44,800	64,000

NOTE: Add 40 percent for S/C Models.

CROSLEY

	6	5	4	3	2	1
1939						
2-cyl., 80" wb						
Conv	200	720	1200	2400	4200	6000
1940						
2-cyl., 80" wb						
Conv	200	720	1200	2400	4200	6000
Sed	150	650	950	1900	3300	4700
Sta Wag	200	700	1050	2050	3600	5100
1941						
2-cyl., 80" wb						
Conv	200	720	1200	2400	4200	6000
Sed	150	650	950	1900	3300	4700
Sta Wag	200	700	1050	2050	3600	5100

	6	5	4	3	2	1
1942						
4-cyl., 80" wb						
Conv	200	720	1200	2400	4200	6000
Sed	150	650	950	1900	3300	4700
Sta Wag	200	675	1000	2000	3500	5000
1946-47-48						
4-cyl., 80" wb						
Conv	200	720	1200	2400	4200	6000
Sed	200	675	1000	2000	3500	5000
Sta Wag	200	700	1075	2150	3700	5300
1949						
4-cyl., 80" wb						
Conv	350	780	1300	2600	4550	6500
Sed	200	675	1000	2000	3500	5000
Sta Wag	200	700	1075	2150	3700	5300

1950 Crosley station wagon

	6	5	4	3	2	1
1950						
Standard, 4-cyl., 80" wb						
Conv	350	780	1300	2600	4550	6500
Sed	200	675	1000	2000	3500	5000
Sta Wag	200	700	1075	2150	3700	5300
Super, 4-cyl., 80" wb						
Conv.	350	790	1350	2650	4620	6600
Sed	200	700	1050	2050	3600	5100
Sta Wag	200	650	1100	2150	3780	5400
Hot Shot, 4-cyl., 85" wb						
Rds	350	900	1500	3000	5250	7500
1951						
Standard, 4-cyl., 80" wb						
Cpe	200	675	1000	2000	3500	5000
Sta Wag	200	700	1075	2150	3700	5300
Super, 4-cyl., 80" wb						
Conv	350	780	1300	2600	4550	6500
Sed	200	700	1050	2100	3650	5200
Sta Wag	200	650	1100	2150	3780	5400
Hot Shot, 4-cyl., 85" wb						
Rds	350	900	1500	3000	5250	7500
1952						
Standard, 4-cyl., 80" wb						
Cpe	200	675	1000	2000	3500	5000
Sta Wag	200	700	1075	2150	3700	5300
Super, 4-cyl., 80" wb						
Conv	350	790	1350	2650	4620	6600
Sed	200	700	1050	2050	3600	5100
Sta Wag	200	700	1075	2150	3700	5300
Hot Shot, 4-cyl., 85" wb						
Rds	350	900	1500	3000	5250	7500

DESOTO

1929 DeSoto Six Series K roadster

	6	5	4	3	2	1
1929						
Model K, 6-cyl.						
2d Rds	950	3000	5000	10,000	17,500	25,000
4d Phae	1000	3100	5200	10,400	18,200	26,000
2d Bus Cpe	450	1400	2300	4600	8100	11,500
2d DeL Cpe	400	1300	2200	4400	7700	11,000
2d Sed	400	1300	2150	4300	7500	10,700
4d Sed	400	1300	2150	4300	7500	10,700
4d DeL Sed	400	1300	2200	4400	7700	11,000
1930						
Model CK, 6-cyl.						
2d Rds	900	2900	4800	9600	16,800	24,000
4d Tr	950	3000	5000	10,000	17,500	25,000
2d Bus Cpe	400	1300	2200	4400	7700	11,000
2d DeL Cpe	450	1400	2300	4600	8100	11,500
2d Sed	400	1200	2000	4000	7000	10,000
4d Sed	400	1250	2100	4200	7400	10,500
Model CF, 8-cyl.						
2d Rds	950	3000	5000	10,000	17,500	25,000
4d Phae	1000	3100	5200	10,400	18,200	26,000
2d Bus Cpe	400	1250	2100	4200	7400	10,500
2d DeL Cpe	450	1400	2300	4600	8100	11,500
4d Sed	450	1400	2300	4600	8100	11,500
4d DeL Sed	450	1450	2400	4800	8400	12,000
2d Conv	900	2900	4800	9600	16,800	24,000
1931						
Model SA, 6-cyl.						
2d Rds	950	3000	5000	10,000	17,500	25,000
4d Phae	1000	3100	5200	10,400	18,200	26,000
2d 2d Cpe	400	1200	2000	4000	7000	10,000
2d DeL Cpe	450	1400	2300	4600	8100	11,500
2d Sed	400	1200	2000	4000	7000	10,000
4d Sed	400	1200	2000	4000	7000	10,000
4d DeL Sed	400	1250	2100	4200	7400	10,500
2d Conv	900	2900	4800	9600	16,800	24,000
Model CF, 8-cyl.						
2d Rds	1000	3100	5200	10,400	18,200	26,000
2d Bus Cpe	450	1450	2400	4800	8400	12,000
2d DeL Cpe	450	1500	2500	5000	8700	12,400
4d Sed	450	1400	2350	4700	8300	11,800
4d DeL Sed	450	1450	2400	4800	8400	12,000
2d Conv	950	3000	5000	10,000	17,500	25,000
1932						
SA, 6-cyl., 109" wb						
4d Phae	1000	3250	5400	10,800	18,900	27,000

	6	5	4	3	2	1
2d Rds	1000	3100	5200	10,400	18,200	26,000
2d Cpe	450	1500	2500	5000	8800	12,500
2d DeL Cpe	400	1200	2000	4000	7000	10,000
2d Conv	950	3000	5000	10,000	17,500	25,000
2d Sed	400	1200	2000	4000	7000	10,000
4d Sed	400	1200	2050	4100	7100	10,200
4d DeL Sed	400	1250	2100	4200	7400	10,500
SC, 6-cyl., 112" wb						
2d Conv Sed	950	3000	5000	10,000	17,500	25,000
2d Rds	1000	3100	5200	10,400	18,200	26,000
4d Phae	1000	3250	5400	10,800	18,900	27,000
2d Conv	900	2900	4800	9600	16,800	24,000
2d Bus Cpe	450	1500	2500	5000	8800	12,500
2d RS Cpe	500	1600	2700	5400	9500	13,500
4d Sed	450	1080	1800	3600	6300	9000
4d DeL Sed	400	1250	2100	4200	7400	10,600
CF, 8-cyl., 114" wb						
2d Rds	1000	3250	5400	10,800	18,900	27,000
2d Bus Cpe	500	1550	2600	5200	9100	13,000
2d DeL Cpe	550	1700	2800	5600	9800	14,000
4d Brgm	400	1200	2000	4000	7000	10,000
4d Sed	400	1250	2100	4200	7400	10,500
4d DeL Sed	400	1300	2150	4300	7500	10,700
1933						
SD, 6-cyl.						
2d Conv	850	2750	4600	9200	16,100	23,000
2d Conv Sed	950	3000	5000	10,000	17,500	25,000
2d 2P Cpe	400	1300	2150	4300	7600	10,800
2d RS Cpe	450	1400	2300	4600	8100	11,500
2d DeL Cpe	400	1300	2200	4400	7700	11,000
2d Std Brgm	400	1300	2150	4300	7500	10,700
4d Cus Brgm	400	1300	2200	4400	7700	11,000
4d Sed	400	1250	2100	4200	7400	10,500
4d Cus Sed	400	1300	2150	4300	7600	10,800
1934						
Airflow SE, 6-cyl.						
2d Cpe	550	1800	3000	6000	10,500	15,000
4d Brgm	550	1700	2800	5600	9800	14,000
4d Sed	500	1550	2600	5200	9100	13,000
4d Twn Sed	550	1700	2800	5600	9800	14,000
1935						
Airstream, 6-cyl.						
2d Bus Cpe	400	1250	2050	4100	7200	10,300
2d Cpe	400	1300	2150	4300	7600	10,800
2d Conv	850	2750	4600	9200	16,100	23,000
2d Sed	450	1080	1800	3600	6300	9000
2d Tr Sed	450	1090	1800	3650	6400	9100
4d Sed	450	1050	1800	3600	6200	8900
4d Tr Sed	450	1080	1800	3600	6300	9000
Airflow, 6-cyl.						
2d Bus Cpe	500	1550	2600	5200	9100	13,000
2d Cpe	550	1700	2800	5600	9800	14,000
4d Sed	400	1300	2200	4400	7700	11,000
4d Twn Sed	500	1550	2600	5200	9100	13,000
1936						
DeLuxe Airstream S-1, 6-cyl.						
2d Bus Cpe	450	1190	2000	3950	6900	9900
4d Tr Brgm	450	1170	1975	3900	6850	9800
4d Tr Sed	400	1200	2000	4000	7100	10,100
Custom Airstream S-1, 6-cyl.						
2d Bus Cpe	400	1200	2000	4000	7000	10,000
2d Cpe	400	1250	2050	4100	7200	10,300
2d Conv	950	3000	5000	10,000	17,500	25,000
4d Tr Brgm	400	1200	2050	4100	7100	10,200
4d Tr Sed	400	1250	2100	4200	7300	10,400
4d Conv Sed	1000	3100	5200	10,400	18,200	26,000
4d Trv Sed	400	1300	2150	4300	7500	10,700
4d 7P Sed	400	1300	2150	4300	7600	10,800
Airflow III S-2, 6-cyl.						
2d Cpe	550	1700	2800	5600	9800	14,000
4d Sed	450	1450	2400	4800	8400	12,000
1937						
S-3, 6-cyl.						
2d Conv	1000	3100	5200	10,400	18,200	26,000
4d Conv Sed	1000	3250	5400	10,800	18,900	27,000

	6	5	4	3	2	1
2d Bus Cpe	450	1170	1975	3900	6850	9800
2d Cpe	400	1250	2050	4100	7200	10,300
4d Brgm	450	1130	1900	3800	6600	9400
4d Tr Brgm	450	1140	1900	3800	6650	9500
4d Sed	450	1150	1900	3850	6700	9600
4d Tr Sed	450	1160	1950	3900	6800	9700
4d 7P Sed	450	1170	1975	3900	6850	9800
4d Limo	400	1300	2200	4400	7700	11,000
1938						
S-5, 6-cyl.						
2d Conv	1000	3100	5200	10,400	18,200	26,000
4d Conv Sed	1000	3250	5400	10,800	18,900	27,000
2d Bus Cpe	400	1200	2000	4000	7000	10,000
4d Cpe	400	1200	2050	4100	7100	10,200
4d Tr Brgm	450	1170	1975	3900	6850	9800
4d Sed	400	1200	2000	4000	7000	10,000
4d Tr Sed	400	1200	2000	4000	7100	10,100
4d 7P Sed	400	1250	2100	4200	7400	10,600
4d Limo	450	1450	2400	4800	8400	12,000
1939						
S-6 DeLuxe, 6-cyl.						
2d Bus Cpe	400	1250	2050	4100	7200	10,300
2d Cpe	400	1250	2100	4200	7400	10,500
4d Tr Sed	450	1170	1975	3900	6850	9800
4d Tr Sed	400	1200	2000	4000	7000	10,000
4d Limo	450	1450	2400	4800	8400	12,000
S-6 Custom, 6-cyl.						
2d Cpe	400	1250	2100	4200	7400	10,500
2d Cus Cpe	400	1300	2150	4300	7500	10,700
2d Cus Clb Cpe	400	1300	2200	4400	7700	11,000
2d Tr Sed	400	1250	2100	4200	7400	10,500
4d Tr Sed	400	1250	2100	4200	7400	10,600
4d 7P Sed	400	1300	2150	4300	7500	10,700
4d Limo	450	1450	2400	4800	8400	12,000
1940						
S-7 DeLuxe, 6-cyl.						
2d Bus Cpe	450	1450	2400	4800	8400	12,000
2d Cpe	450	1500	2500	5000	8800	12,500
2d Tr Sed	400	1300	2150	4300	7500	10,700
4d Tr Sed	400	1300	2200	4400	7700	11,000
4d 7P Sed	450	1500	2500	5000	8800	12,500
S-7 Custom, 6-cyl.						
2d Conv	1000	3100	5200	10,400	18,200	26,000
2d 2P Cpe	500	1500	2550	5100	8900	12,700
2d Clb Cpe	500	1550	2550	5100	9000	12,800
2d Sed	400	1300	2200	4400	7700	11,000
4d Sed	400	1300	2200	4400	7700	11,000
4d 7P Sed	450	1500	2500	5000	8800	12,500
4d Limo	500	1550	2600	5200	9100	13,000

1941 DeSoto Deluxe four-door sedan

	6	5	4	3	2	1
1941						
S-8 DeLuxe, 6-cyl.						
2d Bus Cpe	450	1450	2400	4800	8400	12,000
2d Cpe	450	1450	2450	4900	8500	12,200
2d Sed	400	1300	2200	4400	7700	11,000
4d Sed	400	1350	2200	4400	7800	11,100
2d 7P Sed	450	1450	2400	4800	8400	12,000
S-8 Custom, 6-cyl.						
2d Conv	1000	3250	5400	10,800	18,900	27,000
2d Cpe	450	1500	2450	4900	8600	12,300
2d Clb Cpe	450	1500	2500	5000	8800	12,500
2d Brgm	400	1350	2250	4500	7900	11,300
4d Sed	450	1350	2300	4600	8000	11,400
4d Twn Sed	450	1400	2300	4600	8100	11,500
4d 7P Sed	450	1500	2500	5000	8800	12,500
4d Limo	500	1550	2600	5200	9100	13,000
1942						
S-10 DeLuxe, 6-cyl.						
2d Bus Cpe	450	1400	2300	4600	8100	11,500
2d Cpe	450	1400	2350	4700	8200	11,700
2d Sed	400	1350	2200	4400	7800	11,100
4d Sed	400	1350	2250	4500	7800	11,200
4d Twn Sed	400	1350	2250	4500	7900	11,300
4d 7P Sed	450	1500	2500	5000	8800	12,600
2d S-10 Custom, 6-cyl.						
2d Conv	1000	3100	5200	10,400	18,200	26,000
2d Cpe	450	1450	2400	4800	8400	12,000
2d Clb Cpe	450	1450	2450	4900	8500	12,200
4d Brgm	450	1400	2300	4600	8100	11,500
4d Sed	450	1400	2300	4600	8100	11,600
4d Twn Sed	450	1450	2400	4800	8400	12,000
4d 7P Sed	500	1550	2600	5200	9100	13,000
4d Limo	500	1600	2650	5300	9200	13,200
1946-1948						
S-11 DeLuxe, 6-cyl.						
2d Cpe	450	1400	2300	4600	8100	11,500
2d Clb Cpe	450	1400	2350	4700	8200	11,700
2d Sed	400	1200	2000	4000	7000	10,000
4d Sed	400	1250	2050	4100	7200	10,300
S-11 Custom, 6-cyl.						
2d Conv	950	3000	5000	10,000	17,500	25,000
2d Clb Cpe	450	1500	2500	5000	8800	12,500
2d Sed	400	1250	2050	4100	7200	10,300
4d Sed	400	1250	2100	4200	7400	10,500
4d 7P Sed	400	1300	2200	4400	7700	11,000
4d Limo	450	1450	2400	4800	8400	12,000
4d Sub	450	1500	2500	5000	8800	12,500
1949						
First series values same as 1947-48						
S-13 DeLuxe, 6-cyl.						
2d Clb Cpe	450	1450	2400	4800	8400	12,000
4d Sed	400	1250	2100	4200	7400	10,500
4d C-A Sed	400	1300	2150	4300	7500	10,700
4d Sta Wag	600	1900	3200	6400	11,200	16,000
S-13 Custom, 6-cyl.						
2d Conv	800	2500	4200	8400	14,700	21,000
2d Clb Cpe	450	1500	2500	5000	8800	12,500
4d Sed	400	1300	2200	4400	7700	11,000
4d 8P Sed	450	1400	2300	4600	8100	11,500
4d Sub	550	1700	2800	5600	9800	14,000
1950						
S-14 DeLuxe, 6-cyl.						
2d Clb Cpe	450	1400	2300	4600	8100	11,500
4d Sed	400	1250	2100	4200	7400	10,500
4d C-A Sed	400	1300	2150	4300	7500	10,700
4d 8P Sed	400	1300	2200	4400	7700	11,000
S-14 Custom, 6-cyl.						
2d Conv	850	2750	4600	9200	16,100	23,000
2d HT Sptman	600	1900	3200	6400	11,200	16,000
2d Clb Cpe	450	1450	2400	4800	8400	12,000
4d Sed	400	1300	2200	4400	7700	11,000
4d 6P Sta Wag	600	1900	3200	6400	11,200	16,000
4d Stl Sta Wag	550	1700	2800	5600	9800	14,000
4d 8P Sed	450	1400	2350	4700	8300	11,800
4d Sub Sed	450	1400	2300	4600	8100	11,500

	6	5	4	3	2	1
1951-1952						
DeLuxe, 6-cyl., 125.5" wb						
4d Sed	450	1120	1875	3750	6500	9300
2d Clb Cpe	400	1250	2100	4200	7400	10,500
4d C-A Sed	450	1120	1875	3750	6500	9300
DeLuxe, 6-cyl., 139.5" wb						
4d Sed	450	1130	1900	3800	6600	9400
Custom, 6-cyl., 125.5" wb						
4d Sed	450	1140	1900	3800	6650	9500
2d Clb Cpe	400	1300	2200	4400	7700	11,000
2d HT Sptman	650	2050	3400	6800	11,900	17,000
2d Conv	850	2750	4600	9200	16,100	23,000
4d Sta Wag	550	1800	3000	6000	10,500	15,000
Custom, 6-cyl., 139.5" wb						
4d Sed	450	1160	1950	3900	6800	9700
4d Sub	400	1200	2000	4000	7000	10,000
Firedome, V-8, 125.5" wb (1952 only)						
4d Sed	400	1200	2000	4000	7000	10,000
2d Clb Cpe	450	1400	2300	4600	8100	11,500
2d HT Sptman	700	2300	3800	7600	13,300	19,000
2d Conv	1000	3100	5200	10,400	18,200	26,000
4d Sta Wag	550	1800	3000	6000	10,500	15,000
Firedome, V-8, 139.5" wb (1952 only)						
4d 8P Sed	400	1250	2100	4200	7400	10,500
1953-1954						
Powermaster Six, 6-cyl., 125.5" wb						
4d Sed	450	1080	1800	3600	6300	9000
2d Clb Cpe	450	1120	1875	3750	6500	9300
4d Sta Wag	450	1130	1900	3800	6600	9400
2d HT Sptman ('53 only)	550	1800	3000	6000	10,500	15,000
Powermaster Six, 6-cyl., 139.5" wb						
4d Sed	450	1050	1750	3550	6150	8800
Firedome, V-8, 125.5" wb						
4d Sed	450	1150	1900	3850	6700	9600
2d Clb Cpe	400	1200	2000	4000	7000	10,000
2d HT Sptman	650	2050	3400	6800	11,900	17,000
2d Conv	1000	3100	5200	10,400	18,200	26,000
4d Sta Wag	550	1700	2800	5600	9800	14,000
Firedome, V-8, 139.5" wb						
4d Sed	450	1120	1875	3750	6500	9300
1955						
Firedome, V-8						
4d Sed	400	1250	2050	4100	7200	10,300
2d HT	600	1900	3200	6400	11,200	16,000
2d HT Sptman	750	2400	4000	8000	14,000	20,000
2d Conv	950	3000	5000	10,000	17,500	25,000
4d Sta Wag	750	2400	4000	8000	14,000	20,000
Fireflite, V-8						
4d Sed	400	1300	2150	4300	7600	10,800
2d HT Sptman	850	2650	4400	8800	15,400	22,000
2d Conv	1000	3250	5400	10,800	18,900	27,000

1956 DeSoto Firedome Seville two-door hardtop

	6	5	4	3	2	1
1956						
Firedome, V-8						
4d Sed	450	1140	1900	3800	6650	9500
4d HT Sev	450	1450	2400	4800	8400	12,000
4d HT Sptman	550	1800	3000	6000	10,500	15,000
2d HT Sev	700	2150	3600	7200	12,600	18,000
2d HT Sptman	750	2400	4000	8000	14,000	20,000
2d Conv	1000	3250	5400	10,800	18,900	27,000
4d Sta Wag	550	1800	3000	6000	10,500	15,000
Fireflite, V-8						
4d Sed	400	1200	2000	4000	7000	10,000
4d HT Sptman	550	1800	3000	6000	10,500	15,000
2d HT Sptman	800	2500	4200	8400	14,700	21,000
2d Conv	1050	3350	5600	11,200	19,600	28,000
2d Conv IPC	1150	3600	6000	12,000	21,000	30,000
Adventurer						
2d HT	700	2150	3600	7200	12,600	18,000
1957						
Firesweep, V 8, 122" wb						
4d Sed	350	900	1500	3000	5250	7500
4d HT Sptman	450	1450	2400	4800	8400	12,000
2d HT Sptman	700	2150	3600	7200	12,600	18,000
4d 2S Sta Wag	450	1080	1800	3600	6300	9000
4d 3S Sta Wag	450	1090	1800	3650	6400	9100
Firedome, V-8, 126" wb						
4d Sed	350	975	1600	3200	5600	8000
4d HT Sptman	500	1550	2600	5200	9100	13,000
2d HT Sptman	700	2300	3800	7600	13,300	19,000
2d Conv	1050	3350	5600	11,200	19,600	28,000
Fireflite, V-8, 126" wb						
4d Sed	350	1020	1700	3400	5950	8500
4d HT Sptman	550	1700	2800	5600	9800	14,000
2d HT Sptman	750	2400	4000	8000	14,000	20,000
2d Conv	1300	4100	6800	13,600	23,800	34,000
4d 2S Sta Wag	950	1100	1850	3700	6450	9200
4d 3S Sta Wag	450	1120	1875	3750	6500	9300
Fireflite Adventurer, 126" wb						
2d HT	950	3000	5000	10,000	17,500	25,000
2d Conv	1600	5050	8400	16,800	29,400	42,000
1958						
Firesweep, V-8						
4d Sed	200	720	1200	2400	4200	6000
4d HT Sptman	450	1450	2400	4800	8400	12,000
2d HT Sptman	550	1800	3000	6000	10,500	15,000
2d Conv	1000	3250	5400	10,800	18,900	27,000
4d 2S Sta Wag	350	1040	1700	3450	6000	8600
4d 3S Sta Wag	350	975	1600	3250	5700	8100
Firedome, V-8						
4d Sed	350	900	1500	3000	5250	7500
4d HT Sptman	550	1700	2800	5600	9800	14,000
2d HT Sptman	600	1900	3200	6400	11,200	16,000
2d Conv	1100	3500	5800	11,600	20,300	29,000
Fireflite, V-8						
4d Sed	350	975	1600	3200	5600	8000
4d HT Sptman	550	1800	3000	6000	10,500	15,000
2d HT Sptman	700	2150	3600	7200	12,700	18,100
2d Conv	1300	4100	6800	13,600	23,800	34,000
4d 2S Sta Wag	350	1020	1700	3400	5950	8500
4d 3S Sta Wag	350	1040	1700	3450	6000	8600
Adventurer, V-8						
2d HT	900	2900	4800	9600	16,800	24,000
2d Conv	1550	4900	8200	16,400	28,700	41,000
1959						
Firesweep, V-8						
4d Sed	350	820	1400	2700	4760	6800
4d HT Sptman	450	1450	2400	4800	8400	12,000
2d HT Sptman	550	1700	2800	5600	9800	14,000
2d Conv	850	2650	4400	8800	15,400	22,000
4d 2S Sta Wag	350	870	1450	2900	5100	7300
4d 3S Sta Wag	350	880	1500	2950	5180	7400
Firedome, V-8						
4d Sed	350	830	1400	2950	4830	6900
4d HT Sptman	500	1550	2600	5200	9100	13,000
2d HT Sptman	550	1800	3000	6000	10,500	15,000
2d Conv	950	3000	5000	10,000	17,500	25,000

1959 DeSoto Firedome Sportsman four-door hardtop

	6	5	4	3	2	1
Fireflite, V-8						
4d Sed	350	840	1400	2800	4900	7000
4d HT Sptman	550	1700	2800	5600	9800	14,000
2d HT Sptman	600	1900	3200	6400	11,200	16,000
2d Conv	1050	3350	5600	11,200	19,600	28,000
4d 2S Sta Wag	350	900	1500	3000	5250	7500
4d 3S Sta Wag	350	950	1550	3100	5400	7700
Adventurer, V-8						
2d HT	650	2050	3400	6800	11,900	17,000
2d Conv	1300	4100	6800	13,600	23,800	34,000
1960						
Fireflite, V-8						
4d Sed	350	900	1500	3000	5250	7500
4d HT	350	1020	1700	3400	5950	8500
2d HT	400	1250	2100	4200	7400	10,500
Adventurer, V-8						
4d Sed	350	975	1600	3200	5600	8000
4d HT	400	1200	2000	4000	7000	10,000
2d HT	500	1550	2600	5200	9100	13,000
1961						
Fireflite, V-8						
4d HT	400	1250	2100	4200	7400	10,500
2d HT	550	1700	2800	5600	9800	14,000

DODGE

1914						
4-cyl., 110" wb						
(Serial #1-249)						
Tr	700	2300	3800	7600	13,300	19,000
1915						
4-cyl., 110" wb						
Rds	700	2150	3600	7200	12,600	18,000
Tr	700	2300	3800	7600	13,300	19,000
1916						
4-cyl., 110" wb						
Rds	700	2150	3600	7200	12,600	18,000
W.T. Rds	700	2300	3800	7600	13,300	19,000
Tr	750	2400	4000	8000	14,000	20,000
W.T. Tr	800	2500	4200	8400	14,700	21,000
1917						
4-cyl., 114" wb						
Rds	650	2050	3400	6800	11,900	17,000
W.T. Rds	700	2150	3600	7200	12,600	18,000
Tr	700	2300	3800	7600	13,300	19,000
W.T. Tr	750	2400	4000	8000	14,000	20,000
Cpe	350	1020	1700	3400	5950	8500
C.D. Sed	350	975	1600	3200	5600	8000
1918						
4-cyl., 114" wb						
Rds	650	2050	3400	6800	11,900	17,000
W.T. Rds	700	2150	3600	7200	12,600	18,000
Tr	700	2300	3800	7600	13,300	19,000
WT Tr	750	2400	4000	8000	14,000	20,000

	6	5	4	3	2	1
Cpe	350	975	1600	3200	5600	8000
Sed	350	900	1500	3000	5250	7500
1919						
4-cyl., 114" wb						
Rds	600	1900	3200	6400	11,200	16,000
Tr	650	2050	3400	6800	11,900	17,000
Cpe	350	975	1600	3200	5600	8000
Rex Cpe	350	1020	1700	3400	5950	8500
Rex Sed	350	880	1500	2950	5180	7400
4d Sed	350	900	1500	3000	5250	7500
Dep Hk	350	840	1400	2800	4900	7000
Sed Dely	350	975	1600	3200	5600	8000
1920						
4-cyl., 114" wb						
Rds	550	1800	3000	6000	10,500	15,000
Tr	600	1850	3100	6200	10,900	15,500
Cpe	200	720	1200	2400	4200	6000
Sed	200	660	1100	2200	3850	5500
1921						
4-cyl., 114" wb						
Rds	550	1700	2800	5600	9800	14,000
Tr	550	1750	2900	5800	10,200	14,500
Cpe	200	675	1000	2000	3500	5000
Sed	150	600	900	1800	3150	4500
1922						
1st series, 4-cyl., 114" wb, (low hood models)						
Rds	550	1700	2800	5600	9800	14,000
Tr	550	1750	2900	5800	10,200	14,500
Cpe	200	700	1050	2100	3650	5200
Sed	200	675	1000	2000	3500	5000
2nd series, 4-cyl., 114" wb, (high hood models)						
Rds	500	1600	2700	5400	9500	13,500
Tr	550	1700	2800	5600	9800	14,000
Bus Cpe	200	660	1100	2200	3850	5500
Bus Sed	200	700	1050	2050	3600	5100
Sed	200	675	1000	2000	3500	5000

1923 Dodge Brothers Series 116 touring

	6	5	4	3	2	1
1923						
4-cyl., 114" wb						
Rds	450	1450	2400	4800	8400	12,000
Tr	450	1500	2500	5000	8800	12,500
Bus Cpe	200	700	1075	2150	3700	5300
Bus Sed	200	700	1050	2100	3650	5200
Sed	200	675	1000	2000	3500	5000
1924						
4-cyl., 116" wb						
Rds	500	1550	2600	5200	9100	13,000
Tr	500	1600	2700	5400	9500	13,500
Bus Cpe	200	720	1200	2400	4200	6000
4P Cpe	200	745	1250	2500	4340	6200
Bus Sed	200	720	1200	2400	4200	6000
Sed	200	700	1200	2350	4130	5900
Special Series (deluxe equip.-introduced Jan. 1924)						
Rds	500	1600	2700	5400	9500	13,500
Tr	550	1700	2800	5600	9800	14,000
Bus Cpe	200	720	1200	2400	4200	6000
4P Cpe	350	780	1300	2600	4550	6500
Bus Sed	200	720	1200	2400	4200	6000
Sed	200	730	1250	2450	4270	6100
1925						
4-cyl., 116" wb						
Rds	450	1450	2400	4800	8400	12,000
Spl Rds	450	1500	2500	5000	8800	12,500
Tr	500	1550	2600	5200	9100	13,000
Spl Tr	500	1600	2700	5400	9500	13,500
Bus Cpe	350	780	1300	2600	4550	6500
Spl Bus Cpe	350	800	1350	2700	4700	6700
4P Cpe	350	770	1300	2550	4480	6400
Sp Cpe	350	780	1300	2600	4550	6500
Bus Sed	200	720	1200	2400	4200	6000
Spl Bus Sed	200	730	1250	2450	4270	6100
Sed	200	745	1250	2500	4340	6200
Spl Sed	200	750	1275	2500	4400	6300
2d Sed	200	720	1200	2400	4200	6000
2d Spl Sed	200	730	1250	2450	4270	6100
1926						
4-cyl., 116" wb						
Rds	400	1300	2200	4400	7700	11,000
Spl Rds	450	1400	2300	4600	8100	11,500
Spt Rds	450	1450	2400	4800	8400	12,000
Tr	450	1400	2300	4600	8100	11,500
Spl Tr	450	1450	2400	4800	8400	12,000
Spt Tr	500	1550	2600	5200	9100	13,000
Cpe	200	720	1200	2400	4200	6000
Spl Cpe	350	780	1300	2600	4550	6500
2d Sed	200	670	1200	2300	4060	5800
2d Spl Sed	200	720	1200	2400	4200	6000
Bus Sed	200	685	1150	2300	3990	5700
Spl Bus Sed	200	730	1250	2450	4270	6100
Sed	200	670	1200	2300	4060	5800
Spl Sed	200	720	1200	2400	4200	6000
DeL Sed	200	730	1250	2450	4270	6100
1927-28						
4-cyl., 116" wb						
Rds	450	1400	2300	4600	8100	11,500
Spl Rds	450	1450	2400	4800	8400	12,000
Spt Rds	450	1500	2500	5000	8800	12,500
Cabr	400	1300	2200	4400	7700	11,000
Tr	400	1300	2200	4400	7700	11,000
Spl Tr	450	1400	2300	4600	8100	11,500
Spt Tr	450	1450	2400	4800	8400	12,000
Cpe	200	730	1250	2450	4270	6100
Spl Cpe	350	780	1300	2600	4550	6500
Sed	200	720	1200	2400	4200	6000
Spl Sed	200	730	1250	2450	4270	6100
DeL Sed	200	745	1250	2500	4340	6200
A-P Sed	350	780	1300	2600	4550	6500
1928						
'Fast Four', 4-cyl., 108" wb						
Cabr	400	1200	2000	4000	7000	10,000
Cpe	350	860	1450	2900	5050	7200

	6	5	4	3	2	1
Sed	350	840	1400	2800	4900	7000
DeL Sed	350	850	1450	2850	4970	7100
Standard Series, 6-cyl., 110" wb						
Cabr	450	1400	2300	4600	8100	11,500
Cpe	350	975	1600	3200	5600	8000
Sed	350	900	1500	3000	5250	7500
DeL Sed	350	975	1600	3200	5500	7900
Victory Series, 6-cyl., 112" wb						
Tr	600	1900	3200	6400	11,200	16,000
Cpe	350	1020	1700	3400	5950	8500
RS Cpe	450	1080	1800	3600	6300	9000
Brgm	350	1020	1700	3400	5950	8500
Brgm	350	975	1600	3200	5600	8000
Brgm	350	1020	1700	3400	5950	8500
Series 2249, Standard 6-cyl., 116" wb						
Cabr	600	1900	3200	6400	11,200	16,000
Brgm	350	1020	1700	3400	5900	8400
Sed	350	900	1500	3000	5250	7500
DeL Sed	350	975	1600	3200	5600	8000
Series 2251, Senior 6-cyl., 116" wb						
Cabr	700	2150	3600	7200	12,600	18,000
Spt Cabr	700	2300	3800	7600	13,300	19,000
RS Cpe	350	1020	1700	3400	5950	8500
Spt Cpe	450	1080	1800	3600	6300	9000
Sed	350	975	1600	3200	5600	8000
Spt Sed	350	1020	1700	3400	5950	8500
1929						
Standard Series, 6-cyl., 110" wb						
Bus Cpe	400	1250	2100	4200	7400	10,500
Cpe	400	1300	2200	4400	7700	11,000
Sed	450	1140	1900	3800	6650	9500
DeL Sed	400	1200	2000	4000	7000	10,000
Spt DeL Sed	400	1250	2100	4200	7400	10,500
A-P Sed	400	1300	2150	4300	7500	10,700
Victory Series, 6-cyl., 112" wb						
Rds	900	2900	4800	9600	16,800	24,000
Spt Rds	950	3000	5000	10,000	17,500	25,000
Tr	950	3000	5000	10,000	17,500	25,000
Spt Tr	1000	3100	5200	10,400	18,200	26,000
Cpe	400	1250	2100	4200	7400	10,500
DeL Cpe	400	1300	2200	4400	7700	11,000
Sed	450	1080	1800	3600	6300	9000
Spt Sed	450	1140	1900	3800	6650	9500
Standard Series DA, 6-cyl., 63 hp, 112" wb (Introduced Jan. 1, 1929).						
Rds	950	3000	5000	10,000	17,500	25,000
Spt Rds	1000	3100	5200	10,400	18,200	26,000
Phae	1000	3250	5400	10,800	18,900	27,000
Spt Phae	1050	3350	5600	11,200	19,600	28,000
Bus Cpe	400	1300	2200	4400	7700	11,000
DeL RS Cpe	450	1400	2300	4600	8100	11,500
Vic	400	1250	2100	4200	7400	10,500
Brgm	450	1080	1800	3600	6300	9000
Sed	350	1020	1700	3400	5950	8500
DeL Sed	450	1050	1750	3550	6150	8800
DeL Spt Sed	450	1080	1800	3600	6300	9000
Senior Series, 6-cyl., 120" wb						
Rds	1000	3100	5200	10,400	18,200	26,000
2P Cpe	450	1400	2300	4600	8100	11,500
RS Spt Cpe	450	1500	2500	5000	8800	12,500
Vic Brgm	450	1400	2300	4600	8100	11,500
Sed	400	1250	2100	4200	7400	10,500
Spt Sed	400	1300	2200	4400	7700	11,000
Lan Sed	450	1400	2300	4600	8100	11,500
Spt Lan Sed	450	1450	2400	4800	8300	11,900
1930						
Series DA, 6-cyl., 112" wb						
Rds	1050	3350	5600	11,200	19,600	28,000
Phae	1100	3500	5800	11,600	20,300	29,000
Bus Cpe	400	1200	2000	4000	7000	10,000
DeL Cpe	400	1250	2100	4200	7400	10,500
Vic	400	1300	2150	4300	7500	10,700
Brgm	400	1200	2000	4000	7000	10,000
2d Sed	450	1160	1950	3900	6800	9700
Sed	450	1170	1975	3900	6850	9800

	6	5	4	3	2	1
DeL Sed	400	1200	2000	4000	7000	10,000
RS Rds	1100	3500	5800	11,600	20,300	29,000
RS Cpe	450	1500	2500	5000	8800	12,500
Lan Sed	400	1250	2100	4200	7400	10,500
Series DD, 6-cyl., 109" wb						
(Introduced Jan. 1, 1930).						
RS Rds	1000	3250	5400	10,800	18,900	27,000
Phae	1050	3350	5600	11,200	19,600	28,000
RS Conv	1050	3350	5600	11,200	19,600	28,000
Bus Cpe	450	1400	2300	4600	8100	11,500
RS Cpe	450	1450	2400	4800	8400	12,000
Sed	450	1140	1900	3800	6650	9500
Series DC, 8-cyl., 114" wb						
(Introduced Jan. 1, 1930).						
Rds	1050	3350	5600	11,200	19,600	28,000
RS Conv	1000	3250	5400	10,800	18,900	27,000
Phae	1100	3500	5800	11,600	20,300	29,000
Bus Cpe	450	1450	2400	4800	8400	12,000
RS Cpe	450	1500	2500	5000	8800	12,500
Sed	400	1200	2000	4000	7000	10,000
1931						
Series DH, 6-cyl., 114" wb						
(Introduced Dec. 1, 1930).						
Rds	1100	3500	5800	11,600	20,300	29,000
RS Conv	1050	3350	5600	11,200	19,600	28,000
Bus Cpe	450	1450	2400	4800	8400	12,000
RS Cpe	450	1500	2500	5000	8800	12,500
Sed	350	1020	1700	3400	5950	8500
Series DG, 8-cyl., 118.3" wb						
(Introduced Jan. 1, 1931).						
RS Rds	1150	3700	6200	12,400	21,700	31,000
RS Conv	1100	3500	5800	11,600	20,300	29,000
Phae	1150	3700	6200	12,400	21,700	31,000
RS Cpe	450	1500	2500	5000	8800	12,500
Sed	400	1250	2100	4200	7400	10,500
5P Cpe	450	1500	2500	5000	8800	12,500
1932						
Series DL, 6-cyl., 114.3" wb						
(Introduced Jan. 1, 1932).						
RS Conv	1000	3250	5400	10,800	18,900	27,000
Bus Cpe	450	1400	2300	4600	8100	11,500
RS Cpe	450	1500	2500	5000	8800	12,500
Sed	400	1250	2100	4200	7400	10,500
Series DK, 8-cyl., 122" wb						
(Introduced Jan. 1, 1932).						
Conv	1050	3350	5600	11,200	19,600	28,000
Conv Sed	1150	3600	6000	12,000	21,000	30,000
RS Cpe	450	1500	2500	5000	8800	12,500
5P Cpe	450	1450	2400	4800	8400	12,000
Sed	400	1300	2200	4400	7700	11,000
1933						
Series DP, 6-cyl., 111.3" wb						
RS Conv	1150	3600	6000	12,000	21,000	30,000
Bus Cpe	400	1250	2100	4200	7400	10,500
RS Cpe	450	1400	2300	4600	8100	11,500
Sed	450	1140	1900	3800	6650	9500
Brgm	450	1160	1950	3900	6800	9700
DeL Brgm	350	840	1400	2800	4900	7000
NOTE: Second Series DP introduced April 5, 1933 increasing WB from 111" to 115" included in above.						
Series DO, 8-cyl., 122" wb						
RS Conv	1250	3950	6600	13,200	23,100	33,000
Conv Sed	1250	3950	6600	13,200	23,100	33,000
RS Cpe	450	1500	2500	5000	8800	12,500
Cpe	450	1450	2400	4800	8400	12,000
Sed	450	1400	2300	4600	8100	11,500
1934						
DeLuxe Series DR, 6-cyl., 117" wb						
RS Conv	1150	3600	6000	12,000	21,000	30,000
Bus Cpe	400	1250	2100	4200	7400	10,500
RS Cpe	400	1300	2200	4400	7700	11,000
2d Sed	450	1140	1900	3800	6650	9500
Sed	950	1100	1850	3700	6450	9200
Series DS, 6-cyl., 121" wb						
Conv Sed	1150	3700	6200	12,400	21,700	31,000
Brgm	450	1140	1900	3800	6650	9500

	6	5	4	3	2	1
DeLuxe Series DRXX, 6-cyl., 117" wb						
(Introduced June 2, 1934).						
Conv	1100	3500	5800	11,600	20,300	29,000
Bus Cpe	400	1250	2100	4200	7400	10,500
Cpe	400	1300	2200	4400	7700	11,000
2d Sed	450	1090	1800	3650	6400	9100
Sed	450	1080	1800	3600	6300	9000
1935						
Series DU, 6-cyl., 116" wb - 128" wb, (*)						
RS Conv	1000	3250	5400	10,800	18,900	27,000
Cpe	400	1300	2150	4300	7600	10,800
RS Cpe	400	1350	2250	4500	7900	11,300
2d Sed	450	1150	1900	3850	6700	9600
2d Tr Sed	450	1160	1950	3900	6800	9700
4d Sed	450	1170	1975	3900	6850	9800
4d Tr Sed	450	1190	2000	3950	6900	9900
4d Car Sed (*)	400	1250	2050	4100	7200	10,300
4d 7P Sed (*)	400	1300	2150	4300	7600	10,800

1936 Dodge D-2 four-door touring sedan

	6	5	4	3	2	1
1936						
Series D2, 6-cyl., 116" wb - 128" wb, (*)						
2d RS Conv	1000	3250	5400	10,800	18,900	27,000
4d Conv Sed	1050	3350	5600	11,200	19,600	28,000
2d 2P Cpe	400	1300	2200	4400	7700	11,000
2d RS Cpe	450	1400	2300	4600	8100	11,500
2d Sed	450	1120	1875	3750	6500	9300
2d Tr Sed	450	1130	1900	3800	6600	9400
4d Sed	450	1130	1900	3800	6600	9400
4d Tr Sed	450	1140	1900	3800	6650	9500
4d 7P Sed (*)	450	1170	1975	3900	6850	9800
1937						
Series D5, 6-cyl., 115" wb - 132" wb, (*)						
2d RS Conv	900	2900	4800	9600	16,800	24,000
4d Conv Sed	950	3000	5000	10,000	17,500	25,000
2d Bus Cpe	400	1300	2150	4300	7600	10,800
2d RS Cpe	400	1350	2250	4500	7900	11,300
2d Sed	450	1120	1875	3750	6500	9300
2d Tr Sed	450	1150	1900	3850	6700	9600
4d Sed	450	1150	1900	3850	6700	9600
4d Tr Sed	450	1170	1975	3900	6850	9800
4d 7P Sed (*)	400	1250	2100	4200	7400	10,500
4d Limo (*)	400	1300	2200	4400	7700	11,000
1938						
Series D8, 6-cyl., 115" wb - 132" wb, (*)						
2d Conv Cpe	950	3000	5000	10,000	17,500	25,000
4d Conv Sed	1000	3100	5200	10,400	18,200	26,000
2d Bus Cpe	450	1170	1975	3900	6850	9800
2d Cpe 2-4	400	1250	2050	4100	7200	10,300
2d Sed	450	1140	1900	3800	6650	9500
2d Tr Sed	450	1160	1950	3900	6800	9700
4d Sed	450	1190	2000	3950	6900	9900

	6	5	4	3	2	1
4d Tr Sed	400	1200	2000	4000	7100	10,100
4d Sta Wag	400	1350	2250	4500	7900	11,300
4d 7P Sed (*)	400	1300	2200	4400	7700	11,000
4d Limo	450	1400	2300	4600	8100	11,600
1939						
Special Series D11S, 6-cyl., 117" wb						
2d Cpe	400	1350	2250	4500	7900	11,300
2d Sed	450	1120	1875	3750	6500	9300
4d Sed	450	1140	1900	3800	6650	9500
DeLuxe Series D11, 6-cyl., 117" wb - 134" wb, (*)						
2d Cpe	450	1400	2300	4600	8100	11,500
2d A/S Cpe	450	1400	2350	4700	8300	11,800
2d Twn Cpe	500	1600	2700	5400	9500	13,500
2d Sed	450	1140	1900	3800	6650	9500
4d Sed	450	1160	1950	3900	6800	9700
4d Ewb Sed (*)	450	1400	2350	4700	8300	11,800
4d Limo (*)	450	1450	2400	4800	8400	12,000
1940						
Special Series D17, 6-cyl., 119.5" wb						
2d Cpe	400	1350	2250	4500	7800	11,200
2d Sed	400	1200	2000	4000	7000	10,000
4d Sed	400	1200	2050	4100	7100	10,200
DeLuxe Series D14, 6-cyl., 119.5" wb - 139.5" wb, (*)						
2d Conv	1000	3100	5200	10,400	18,200	26,000
2d Cpe	500	1550	2600	5200	9100	13,000
2d 4P Cpe	500	1600	2700	5400	9500	13,500
2d Sed	400	1250	2100	4200	7400	10,500
4d Sed	400	1300	2150	4300	7600	10,800
4d Ewb Sed (*)	400	1300	2150	4300	7600	10,800
4d Limo (*)	450	1400	2350	4700	8300	11,800
1941						
DeLuxe Series D19, 6-cyl., 119.5" wb						
2d Cpe	450	1450	2400	4800	8400	12,000
2d Sed	400	1250	2050	4100	7200	10,300
4d Sed	400	1250	2100	4200	7400	10,500
Custom Series D19, 6-cyl., 119.5" wb - 137.5" wb, (*)						
2d Conv	1000	3100	5200	10,400	18,200	26,000
2d Clb Cpe	450	1500	2500	5000	8800	12,500
2d Brgm	400	1300	2150	4300	7500	10,700
4d Sed	400	1250	2100	4200	7400	10,600
4d Twn Sed	400	1300	2150	4300	7600	10,800
4d 7P Sed (*)	450	1400	2350	4700	8300	11,800
4d Limo (*)	450	1500	2450	4900	8600	12,300
1942						
DeLuxe Series D22, 6-cyl., 119.5" wb						
2d Cpe	450	1400	2350	4700	8300	11,800
2d Clb Cpe	450	1450	2400	4800	8400	12,000
2d Sed	400	1200	2000	4000	7000	10,000
4d Sed	400	1250	2050	4100	7200	10,300
Custom Series D22, 6-cyl., 119.5" wb - 137.5" wb, (*)						
2d Conv	900	2900	4800	9600	16,800	24,000
2d Clb Cpe	500	1550	2600	5200	9100	13,000
2d Brgm	450	1400	2300	4600	8100	11,500
4d Sed	400	1350	2250	4500	7900	11,300
4d Twn Sed	450	1350	2300	4600	8000	11,400
4d 7P Sed (*)	450	1400	2350	4700	8300	11,800
4d Limo (*)	500	1550	2600	5200	9100	13,000
1946-1948						
DeLuxe Series D24, 6-cyl., 119.5" wb						
2d Cpe	400	1300	2200	4400	7700	11,000
2d Sed	400	1200	2050	4100	7100	10,200
4d Sed	400	1250	2050	4100	7200	10,300
Custom Series D24, 6-cyl., 119.5" wb - 137.5" wb, (*)						
2d Conv	900	2900	4800	9600	16,800	24,000
2d Clb Cpe	450	1400	2300	4600	8100	11,500
4d Sed	400	1250	2100	4200	7400	10,500
4d Twn Sed	400	1250	2100	4200	7400	10,600
4d 7P Sed (*)	400	1300	2150	4300	7500	10,700
1949						
First Series 1949 is the same as 1948						
Series D29 Wayfarer, 6-cyl., 115" wb						
2d Rds	950	3000	5000	10,000	17,500	25,000
2d Bus Cpe	400	1250	2100	4200	7400	10,500
2d Sed	400	1200	2000	4000	7100	10,100

1949 Dodge Coronet four-door sedan

	6	5	4	3	2	1
Series D30 Meadowbrook, 6-cyl., 123.5" wb						
4d Sed	400	1200	2000	4000	7000	10,000
Series D30 Coronet, 6-cyl., 123.5" wb - 137.5" wb, (*)						
2d Conv	850	2750	4600	9200	16,100	23,000
2d Clb Cpe	400	1300	2200	4400	7700	11,000
4d Sed	400	1250	2050	4100	7200	10,300
4d Twn Sed	400	1250	2100	4200	7400	10,500
4d Sta Wag	550	1700	2800	5600	9800	14,000
4d 8P Sed (*)	450	1400	2300	4600	8100	11,500
1950						
Series D33 Wayfarer, 6-cyl., 115" wb						
2d Rds	950	3000	5000	10,000	17,500	25,000
2d Cpe	400	1300	2200	4400	7700	11,000
2d Sed	400	1200	2050	4100	7100	10,200
Series D34 Meadowbrook, 6-cyl., 123.5" wb						
4d Sed	400	1200	2000	4000	7000	10,000
Series D34 Coronet, 123.5" wb - 137.5" wb, (*)						
2d Conv	950	3000	5000	10,000	17,500	25,000
2d Clb Cpe	400	1300	2200	4400	7700	11,000
2d HT Dipl	550	1800	3000	6000	10,500	15,000
4d Sed	400	1200	2050	4100	7100	10,200
4d Twn Sed	400	1250	2100	4200	7300	10,400
4d Sta Wag	600	1900	3200	6400	11,200	16,000
4d Mtl Sta Wag	500	1550	2600	5200	9100	13,000
4d 8P Sed (*)	450	1400	2300	4600	8100	11,600
1951-1952						
Wayfarer Series D41, 6-cyl., 115" wb						
2d Rds (1951 only)	850	2750	4600	9200	16,100	23,000
2d Sed	450	1080	1800	3600	6300	9000
2d Cpe	400	1200	2000	4000	7000	10,000
Meadowbrook Series D42, 6-cyl., 123.5" wb						
4d Sed	450	1050	1750	3550	6150	8800
Coronet Series D42, 6-cyl., 123.5" wb						
4d Sed	450	1090	1800	3650	6400	9100
2d Clb Cpe	400	1250	2100	4200	7400	10,600
2d HT Dipl	650	2050	3400	6800	11,900	17,000
2d Conv	850	2750	4600	9200	16,100	23,000
4d Mtl Sta Wag	500	1550	2600	5200	9100	13,000
4d 8P Sed	450	1170	1975	3900	6850	9800
1953						
Meadowbrook Special, 6-cyl., disc 4/53						
4d Sed	450	1120	1875	3750	6500	9300
2d Clb Cpe	450	1140	1900	3800	6650	9500
Series D46 Meadowbrook, 6-cyl., 119" wb						
4d Sed	450	1140	1900	3800	6650	9500
2d Clb Cpe	450	1150	1900	3850	6700	9600
2d Sub	450	1120	1875	3750	6500	9300
Coronet, 6-cyl., 119" wb						
4d Sed	450	1160	1950	3900	6800	9700
2d Clb Cpe	450	1170	1975	3900	6850	9800
Series D44 Coronet, V-8, 119" wb						
4d Sed	400	1200	2000	4000	7000	10,000

1953 Dodge Coronet four-door sedan

	6	5	4	3	2	1
2d Clb Cpe	400	1200	2000	4000	7100	10,100
Series D48 Coronet, V-8, 119" wb - 114" wb, (*)						
2d HT Dipl	600	1900	3200	6400	11,200	16,000
2d Conv	850	2750	4600	9200	16,100	23,000
2d Sta Wag (*)	450	1450	2400	4800	8400	12,000
1954						
Series D51-1 Meadowbrook, 6-cyl., 119" wb						
4d Sed	450	1170	1975	3900	6850	9800
2d Clb Cpe	450	1170	1975	3900	6850	9800
Series D51-2 Coronet, 6-cyl., 119" wb						
4d Sed	450	1190	2000	3950	6900	9900
2d Clb Cpe	400	1200	2000	4000	7000	10,000
Series D52 Coronet, 6-cyl., 114" wb						
2d Sub	400	1250	2100	4200	7400	10,500
4d 6P Sta Wag	450	1450	2400	4800	8400	12,000
4d 8P Sta Wag	500	1550	2600	5200	9100	13,000
Series D50-1 Meadowbrook, V-8, 119" wb						
4d Sed	450	1170	1975	3900	6850	9800
2d Clb Cpe	400	1200	2000	4000	7000	10,000
Series D50-2 Coronet, V-8, 119" wb						
4d Sed	400	1250	2050	4100	7200	10,300
2d Clb Cpe	400	1250	2100	4200	7400	10,500
Series D53-2 Coronet, V-8, 114" wb						
2d Sub	400	1250	2050	4100	7200	10,300
4d 2S Sta Wag	450	1500	2500	5000	8800	12,500
4d 3S Sta Wag	500	1600	2700	5400	9500	13,500
Series D50-3 Royal, V-8, 119" wb						
4d Sed	400	1350	2200	4400	7800	11,100
2d Clb Cpe	400	1300	2200	4400	7700	11,000
Series D53-3 Royal, V-8, 114" wb						
2D HT	650	2050	3400	6800	11,900	17,000
2d Conv	900	2900	4800	9600	16,800	24,000
2d Pace Car Replica Conv	1000	3250	5400	10,800	18,900	27,000
1955						
Coronet, V-8, 120" wb						
4d Sed	450	1170	1975	3900	6850	9800
2d Sed	450	1160	1950	3900	6800	9700
2d HT	650	2050	3400	6800	11,900	17,000
2d Sub Sta Wag	400	1300	2200	4400	7700	11,000
4d 6P Sta Wag	450	1400	2300	4600	8100	11,500
4d 8P Sta Wag	450	1400	2350	4700	8200	11,700
NOTE: Deduct 5 percent for 6-cyl. models.						
Royal, V-8, 120" wb						
4d Sed	450	1170	1975	3900	6850	9800
2d HT	700	2150	3600	7200	12,600	18,000
4d 6P Sta Wag	450	1450	2400	4800	8400	12,000
4d 8P Sta Wag	450	1500	2500	5000	8800	12,500
Custom Royal, V-8, 120" wb						
4d Sed	400	1300	2200	4400	7700	11,000
4d Lancer	500	1550	2600	5200	9100	13,000
2d HT	750	2400	4000	8000	14,000	20,000

	6	5	4	3	2	1
2d Conv	950	3000	5000	10,000	17,500	25,000

NOTE: Deduct 5 percent for 6-cyl. models.
Add 10 percent for La-Femme.

1956

Coronet, V-8, 120" wb

	6	5	4	3	2	1
4d Sed	350	1020	1700	3400	5950	8500
4d HT	400	1250	2100	4200	7400	10,500
2d Clb Sed	350	975	1600	3200	5600	8000
2d HT	600	1900	3200	6400	11,200	16,000
2d Conv	1000	3250	5400	10,800	18,900	27,000
2d Sub Sta Wag	400	1200	2000	4000	7000	10,000
4d 6P Sta Wag	400	1200	2050	4100	7100	10,200
4d 8P Sta Wag	400	1250	2100	4200	7400	10,500

NOTE: Deduct 5 percent for 6-cyl. models.

Royal, V-8, 120" wb

	6	5	4	3	2	1
4d Sed	400	1250	2100	4200	7400	10,600
4d HT	450	1450	2400	4800	8400	12,000
2d HT	750	2400	4000	8000	14,000	20,000
2d Sub Sta Wag	400	1250	2050	4100	7200	10,300
4d 6P Sta Wag	400	1250	2100	4200	7400	10,500
4d 8P Sta Wag	400	1300	2150	4300	7500	10,700

Custom Royal, V-8, 120" wb

	6	5	4	3	2	1
4d Sed	400	1300	2150	4300	7500	10,700
4d HT	550	1700	2800	5600	9800	14,000
2d HT	850	2650	4400	8800	15,400	22,000
2d Conv	1150	3600	6000	12,000	21,000	30,000

NOTE: Add 30 percent for D500 option.
Add 10 percent for Golden Lancer.
Add 10 percent for La-Femme or Texan options.

1957

Coronet, V-8, 122" wb

	6	5	4	3	2	1
4d Sed	350	950	1550	3100	5400	7700
4d HT	400	1250	2100	4200	7400	10,500
2d Sed	350	975	1600	3200	5600	8000
2d HT	700	2150	3600	7200	12,600	18,000

NOTE: Deduct 5 percent for 6-cyl. models.

Coronet Lancer

	6	5	4	3	2	1
2d Conv	1100	3500	5800	11,600	20,300	29,000

Royal, V-8, 122" wb

	6	5	4	3	2	1
4d Sed	350	1000	1650	3300	5750	8200
4d HT	450	1400	2300	4600	8100	11,500
2d HT	900	2900	4800	9600	16,800	24,000

Royal Lancer

	6	5	4	3	2	1
2d Conv	1250	3950	6600	13,200	23,100	33,000

Custom Royal, V-8, 122" wb

	6	5	4	3	2	1
4d Sed	450	1080	1800	3600	6300	9000
4d HT	450	1400	2300	4600	8100	11,500
2d HT	950	3000	5000	10,000	17,500	25,000
4d 6P Sta Wag	400	1200	2000	4000	7000	10,000
4d 9P Sta Wag	400	1200	2050	4100	7100	10,200
2d Sub Sta Wag	400	1250	2100	4200	7400	10,500

Custom Royal Lancer

	6	5	4	3	2	1
2d Conv	1350	4300	7200	14,400	25,200	36,000

NOTE: Add 30 percent for D500 option.

1958

Coronet, V-8, 122" wb

	6	5	4	3	2	1
4d Sed	350	950	1550	3100	5400	7700
4d HT	400	1200	2050	4100	7100	10,200
2d Sed	350	950	1550	3150	5450	7800
2d HT	650	2050	3400	6800	11,900	17,000
2d Conv	1000	3250	5400	10,800	18,900	27,000

NOTE: Deduct 5 percent for 6-cyl. models.

Royal

	6	5	4	3	2	1
4d Sed	350	975	1600	3200	5600	8000
4d HT	400	1250	2100	4200	7400	10,500
2d HT	750	2400	4000	8000	14,000	20,000

Custom Royal

	6	5	4	3	2	1
4d Sed	450	1050	1750	3550	6150	8800
4d HT	400	1300	2200	4400	7700	11,000
2d HT	750	2400	4000	8000	14,000	20,000
2d Conv	1300	4100	6800	13,600	23,800	34,000
4d 6P Sta Wag	350	975	1600	3250	5700	8100
4d 9P Sta Wag	350	1000	1650	3300	5750	8200
4d 6P Cus Wag	350	1000	1650	3350	5800	8300
4d 9P Cus Wag	350	1000	1650	3350	5800	8300

	6	5	4	3	2	1
2d Sub Sta Wag	350	1020	1700	3400	5900	8400

NOTE: Add 30 percent for D500 option. Add 30 percent for E.F.I. Super D500. Add 20 percent for Regal Lancer.

1959

Eight cylinder models

Coronet

	6	5	4	3	2	1
4d Sed	350	860	1450	2900	5050	7200
4d HT	350	1040	1750	3500	6100	8700
2d Sed	350	850	1450	2850	4970	7100
2d HT	600	1900	3200	6400	11,200	16,000
2d Conv	1000	3250	5400	10,800	18,900	27,000

NOTE: Deduct 10 percent for 6-cyl. models.

Royal

	6	5	4	3	2	1
4d Sed	350	850	1450	2850	4970	7100
4d HT	450	1090	1800	3650	6400	9100
2d HT	650	2050	3400	6800	11,900	17,000

Custom Royal

	6	5	4	3	2	1
4d Sed	350	900	1500	3000	5250	7500
4d HT	450	1140	1900	3800	6650	9500
2d HT	700	2150	3600	7200	12,600	18,000
2d Conv	1200	3850	6400	12,800	22,400	32,000

Sierra

	6	5	4	3	2	1
4d 6P Sta Wag	350	975	1600	3250	5700	8100
4d 9P Sta Wag	350	1000	1650	3300	5750	8200
4d 6P Cus Wag	350	975	1600	3250	5700	8100
4d 9P Cus Wag	350	1000	1650	3300	5750	8200

NOTE: Add 30 percent for D500 option.

1960

Dart Series

Seneca, V-8, 118" wb

	6	5	4	3	2	1
4d Sed	200	745	1250	2500	4340	6200
2d Sed	200	730	1250	2450	4270	6100
4d Sta Wag	350	820	1400	2700	4760	6800

Pioneer, V-8, 118" wb

	6	5	4	3	2	1
4d Sed	350	790	1350	2650	4620	6600
2d Sed	350	800	1350	2700	4700	6700
2d HT	400	1300	2150	4300	7500	10,700
4d 9P Sta Wag	350	790	1350	2650	4620	6600
4d 6P Sta Wag	350	780	1300	2600	4550	6500

Phoenix, V-8, 118" wb

	6	5	4	3	2	1
4d Sed	350	860	1450	2900	5050	7200
4d HT	400	1300	2200	4400	7700	11,000
2d HT	550	1700	2800	5600	9800	14,000
2d Conv	700	2150	3600	7200	12,600	18,000

Dodge Series

Matador

	6	5	4	3	2	1
4d Sed	350	870	1450	2900	5100	7300
4d HT	450	1400	2300	4600	8100	11,500
2d HT	550	1800	3000	6000	10,500	15,000
4d 9P Sta Wag	350	800	1350	2700	4700	6700
4d 6P Sta Wag	350	820	1400	2700	4760	6800

Polara

	6	5	4	3	2	1
4d Sed	350	900	1500	3000	5250	7500
4d HT	450	1400	2350	4700	8200	11,700
2d HT	550	1800	3000	6000	10,500	15,000
2d Conv	700	2300	3800	7600	13,300	19,000
4d 9P Sta Wag	350	840	1400	2800	4900	7000
4d 6P Sta Wag	350	850	1450	2850	4970	7100

NOTE: Deduct 5 percent for 6-cyl. models.
Add 30 percent for D500 option.

1961

Lancer, 6-cyl., 106.5" wb

	6	5	4	3	2	1
4d Sed	200	720	1200	2400	4200	6000
2d HT	350	860	1450	2900	5050	7200
2d Spt Cpe	350	770	1300	2550	4480	6400

Lancer 770

NOTE: Add 10 percent for Hyper Pak 170-180 hp engine option, and 20 percent for Hyper Pak 225-200 hp.

	6	5	4	3	2	1
4d Sta Wag	200	700	1200	2350	4130	5900

Dart Series

Seneca, V-8, 118" wb

	6	5	4	3	2	1
4d Sed	200	745	1250	2500	4340	6200
2d Sed	200	730	1250	2450	4270	6100
4d Sta Wag	200	730	1250	2450	4270	6100

Pioneer, V-8, 118" wb

	6	5	4	3	2	1
4d Sed	200	750	1275	2500	4400	6300
2d Sed	200	730	1250	2450	4270	6100

	6	5	4	3	2	1
2d HT	350	900	1500	3000	5250	7500
4d 9P Sta Wag	350	770	1300	2550	4480	6400
4d 6P Sta Wag	200	745	1250	2500	4340	6200
Phoenix, V-8, 118" wb						
4d Sed	200	750	1275	2500	4400	6300
4d HT	350	975	1600	3200	5600	8000
2d HT	450	1080	1800	3600	6300	9000
2d Conv	550	1700	2800	5600	9800	14,000
Polara						
4d Sed	350	800	1350	2700	4700	6700
4d HT	350	1020	1700	3400	5950	8500
2d HT	400	1250	2100	4200	7400	10,500
2d Conv	550	1800	3000	6000	10,500	15,000
4d 9P Sta Wag	200	750	1275	2500	4400	6300
4d 6P Sta Wag	200	745	1250	2500	4340	6200

NOTE: Deduct 5 percent for 6-cyl. models. Addd 30 percent for D500 option. Add 30 percent for Ram Charger "413".

1962

	6	5	4	3	2	1
Lancer, 6-cyl., 106.5" wb						
4d Sed	200	670	1200	2300	4060	5800
2d Sed	200	685	1150	2300	3990	5700
4d Sta Wag	200	670	1200	2300	4060	5800
Lancer 770, 6-cyl., 106.5" wb						
4d Sed	200	700	1200	2350	4130	5900
2d Sed	200	700	1200	2350	4130	5900
4d Sta Wag	200	720	1200	2400	4200	6000
2d GT Cpe	350	840	1400	2800	4900	7000

Dart Series

	6	5	4	3	2	1
Dart, V-8, 116" wb						
4d Sed	200	730	1250	2450	4270	6100
2d Sed	200	720	1200	2400	4200	6000
2d HT	350	780	1300	2600	4550	6500
4d 9P Sta Wag	200	720	1200	2400	4200	6000
4d 6P Sta Wag	200	700	1200	2350	4130	5900
Dart 440, V-8, 116" wb						
4d Sed	200	745	1250	2500	4340	6200
4d HT	350	800	1350	2700	4700	6700
2d HT	350	840	1400	2800	4900	7000
2d Conv	400	1200	2000	4000	7000	10,000
4d 9P Sta Wag	200	730	1250	2450	4270	6100
4d 6P Sta Wag	200	720	1200	2400	4200	6000
Polara 500, V-8, 116" wb						
4d HT	350	840	1400	2800	4900	7000
2d HT	350	900	1500	3000	5250	7500
2d Conv	550	1800	3000	6000	10,500	15,000

NOTE: Add 20 percent for Daytona 500 Pace Car.

	6	5	4	3	2	1
Custom 880, V-8, 122" wb						
4d Sed	200	750	1275	2500	4400	6300
4d HT	350	900	1500	3000	5250	7500
2d HT	350	975	1600	3200	5600	8000
2d Conv	500	1550	2600	5200	9100	13,000
4d 9P Sta Wag	200	700	1200	2350	4130	5900
4d 6P Sta Wag	200	730	1250	2450	4270	6100

NOTE: Deduct 5 percent for 6-cyl. models. Add 50 percent for Ram Charger "413".

1963 Dodge Polara convertible

	6	5	4	3	2	1
1963						
Dart 170, 6-cyl., 111" wb						
4d Sed	200	700	1050	2100	3650	5200
2d Sed	200	700	1050	2050	3600	5100
4d Sta Wag	200	700	1050	2100	3650	5200
Dart 270, 6-cyl., 111" wb						
4d Sed	200	700	1075	2150	3700	5300
2d Sed	200	700	1050	2100	3650	5200
2d Conv	350	950	1500	3050	5300	7600
4d Sta Wag	200	700	1075	2150	3700	5300
Dart GT						
2d HT	450	1080	1800	3600	6300	9000
2d Conv	400	1200	2000	4000	7000	10,000
Dodge, V-8, 119" wb						
4d Sed	200	670	1150	2250	3920	5600
2d Sed	200	685	1150	2300	3990	5700
2d HT	350	840	1400	2800	4900	7000
4d 9P Sta Wag	200	660	1100	2200	3850	5500
4d 6P Sta Wag	200	650	1100	2150	3780	5400
Polara, 318 CID V-8, 119" wb						
4d Sed	200	700	1200	2350	4130	5900
4d HT	350	770	1300	2550	4480	6400
2d HT	350	900	1500	3000	5250	7500
2d Conv	350	975	1600	3200	5600	8000
Polara 500, 383 CID V-8, 122" wb						
2d HT	350	1020	1700	3400	5950	8500
2d Conv	400	1250	2100	4200	7400	10,500
880, V-8, 122" wb						
4d Sed	350	770	1300	2550	4480	6400
4d HT	350	840	1400	2800	4900	7000
2d HT	350	975	1600	3200	5600	8000
2d Conv	400	1200	2000	4000	7000	10,000
4d 9P Sta Wag	200	720	1200	2400	4200	6000
4d 6P Sta Wag	200	670	1200	2300	4060	5800

NOTE: Deduct 5 percent for 6-cyl. models. Autos equipped with 426 Ramcharger engine, value inestimable.

	6	5	4	3	2	1
1964						
Dart 170, 6-cyl., 111" wb						
4d Sed	200	700	1050	2100	3650	5200
2d Sed	200	700	1050	2050	3600	5100
4d Sta Wag	200	700	1050	2100	3650	5200
Dart 270, 6-cyl., 106" wb						
4d Sed	200	700	1075	2150	3700	5300
2d Sed	200	700	1050	2100	3650	5200
2d Conv	450	1450	2400	4800	8400	12,000
4d Sta Wag	200	700	1075	2150	3700	5300
Dart GT						
2d HT	450	1140	1900	3800	6650	9500
2d Conv	600	1900	3200	6400	11,200	16,000
Dodge, V-8, 119" wb						
4d Sed	200	670	1150	2250	3920	5600
2d Sed	200	685	1150	2300	3990	5700
2d HT	350	840	1400	2800	4900	7000
4d 9P Sta Wag	200	660	1100	2200	3850	5500
4d 6P Sta Wag	200	650	1100	2150	3780	5400
Polara, V-8, 119" wb						
4d Sed	200	700	1200	2350	4130	5900
4d HT	350	770	1300	2550	4480	6400
2d HT	350	1020	1700	3400	5950	8500
2d Conv	500	1550	2600	5200	9100	13,000
880, V-8, 122" wb						
4d Sed	200	730	1250	2450	4270	6100
4d HT	350	790	1350	2650	4620	6600
2d HT	450	1080	1800	3600	6300	9000
2d Conv	500	1600	2700	5400	9500	13,500
4d 9P Sta Wag	200	720	1200	2400	4200	6000
4d 6P Sta Wag	200	700	1200	2350	4130	5900

NOTE: Add 50 percent for 426 wedge. Autos equipped with 426 Hemi, value inestimable. Add 30 percent for Polara 500 option. Deduct 5 percent for 6-cyl. models.

	6	5	4	3	2	1
1965						
Dart, V8, 106" wb						
4d Sed	200	700	1050	2100	3650	5200
2d Sed	200	700	1050	2050	3600	5100
4d Sta Wag	200	700	1050	2100	3650	5200
Dart 270, V-8, 106" wb						
4d Sed	200	700	1075	2150	3700	5300

	6	5	4	3	2	1
2d Sed	200	700	1050	2100	3650	5200
2 Dr HT	350	840	1400	2800	4900	7000
2d Conv	450	1400	2300	4600	8100	11,500
4d Sta Wag	200	700	1075	2150	3700	5300
Dart GT						
2 Dr HT	450	1400	2300	4600	8100	11,500
2d Conv	700	2200	3700	7400	13,000	18,500
Coronet, V-8, 117" wb						
4d Sed	200	650	1100	2150	3780	5400
2d Sed	200	700	1075	2150	3700	5300
Coronet Deluxe, V-8, 117" wb						
4d Sed	200	670	1150	2250	3920	5600
2d Sed	200	660	1100	2200	3850	5500
4d Sta Wag	200	670	1150	2250	3920	5600
Coronet 440, V-8, 117" wb						
4d Sed	200	685	1150	2300	3990	5700
2d HT	450	1080	1800	3600	6300	9000
2d Conv	600	1850	3100	6200	10,900	15,500
4d 9P Sta Wag	200	670	1150	2250	3920	5600
4d 6P Sta Wag	200	660	1100	2200	3850	5500
Coronet 500, V-8, 117" wb						
2d HT	450	1140	1900	3800	6650	9500
2d Conv	600	1900	3200	6400	11,200	16,000
Polara, V-8, 121" wb						
4d Sed	200	685	1150	2300	3990	5700
4d HT	200	700	1200	2350	4130	5900
2d HT	350	900	1500	3000	5250	7500
2d Conv	600	2000	3300	6600	11,600	16,500
4d 9P Sta Wag	200	670	1150	2250	3920	5600
4d 6P Sta Wag	200	660	1100	2200	3850	5500
Custom 880, V-8, 121" wb						
4d Sed	200	670	1200	2300	4060	5800
4d HT	350	780	1300	2600	4550	6500
2d HT	350	1020	1700	3400	5950	8500
2d Conv	650	2050	3400	6800	11,900	17,000
4d 9P Sta Wag	200	670	1200	2300	4060	5800
4d 6P Sta Wag	200	685	1150	2300	3990	5700
Monaco, V-8, 121" wb						
2d HT	350	975	1600	3200	5600	8000

NOTE: Deduct 5 percent for 6-cyl. models. Autos equipped with 426 Hemi, value inestimable.

1966

	6	5	4	3	2	1
Dart, 6-cyl., 111" wb						
4d Sed	200	700	1075	2150	3700	5300
2d Sed	200	700	1050	2100	3650	5200
4d Sta Wag	200	700	1075	2150	3700	5300
Dart 270, V-8, 111" wb						
4d Sed	200	650	1100	2150	3780	5400
2d Sed	200	700	1075	2150	3700	5300
2d HT	350	950	1500	3050	5300	7600
2d Conv	500	1600	2700	5400	9500	13,500
4d Sta Wag	200	650	1100	2150	3780	5400
Dart GT, V-8, 111" wb						
2d HT	450	1160	1950	3900	6800	9700
2d Conv	500	1600	2700	5400	9500	13,500

NOTE: Add 30 percent for 273 V-8, 275 hp engine option.

	6	5	4	3	2	1
Coronet, V-8, 117" wb						
4d Sed	200	675	1000	2000	3500	5000
2d Sed	200	675	1000	1950	3400	4900
Coronet DeLuxe, V-8, 117" wb						
4d Sed	200	700	1050	2100	3650	5200
2d Sed	200	700	1050	2050	3600	5100
4d Sta Wag	200	700	1050	2100	3650	5200
Coronet 440, V-8, 117" wb						
4d Sed	200	700	1075	2150	3700	5300
2d HT	450	1080	1800	3600	6300	9000
2d Conv	450	1400	2300	4600	8100	11,500
4d Sta Wag	200	700	1075	2150	3700	5300
Coronet 500, V-8, 117" wb						
4Dr Sed	200	700	1075	2150	3700	5300
2Dr HT	450	1140	1900	3800	6650	9500
2d Conv	550	1750	2900	5800	10,200	14,500

NOTE: Deduct 5 percent for all Dodge 6-cyl.

	6	5	4	3	2	1
Polara, V-8, 121" wb						
4d Sed	200	650	1100	2150	3780	5400
4d HT	200	700	1200	2350	4130	5900

	6	5	4	3	2	1
2d HT	350	900	1500	3000	5250	7500
2d Conv	400	1200	2000	4000	7000	10,000
4d Sta Wag	200	700	1050	2100	3650	5200
Monaco, V-8, 121" wb						
NOTE: Add 10 Percent for Polara 500 Option.						
4d Sed	200	650	1100	2150	3780	5400
4d HT	350	840	1400	2800	4900	7000
2d HT	350	950	1500	3050	5300	7600
4d Sta Wag	350	770	1300	2550	4480	6400
Monaco 500						
2d HT	350	975	1600	3250	5700	8100
Charger, 117" wb						
2d HT	550	1750	2900	5800	10,200	14,500
NOTE: Autos equipped with 426 Hemi, value inestimable.						
1967						
Dart, 6-cyl., 111" wb						
4d Sed	200	700	1050	2100	3650	5200
2d Sed	200	700	1050	2050	3600	5100
Dart 270, 6-cyl., 111" wb						
4d Sed	200	700	1075	2150	3700	5300
2d Ht	200	720	1200	2400	4200	6000
Dart GT, V-8						
2d HT	400	1250	2100	4200	7400	10,500
2d Conv	550	1800	3000	6000	10,500	15,000
Coronet DeLuxe, V-8, 117" wb						
4d Sed	200	700	1050	2100	3650	5200
2d Sed	200	700	1050	2050	3600	5100
4d Sta Wag	200	700	1050	2100	3650	5200
Coronet 440, V-8, 117" wb						
4d Sed	200	700	1075	2150	3700	5300
2d HT	450	1080	1800	3600	6300	9000
2d Conv	450	1500	2500	5000	8800	12,500
4d Sta Wag	200	700	1075	2150	3700	5300
Coronet 500, V-8, 117" wb						
4d Sed	150	650	975	1950	3350	4800
2d HT	400	1200	2000	4000	7000	10,000
2d Conv	450	1450	2400	4800	8400	12,000
Coronet R/T, V-8, 117" wb						
2d HT	600	1900	3200	6400	11,200	16,000
2d Conv	650	2050	3400	6800	11,900	17,000
Charger, V-8, 117 " wb						
2d HT	600	2000	3300	6600	11,600	16,500
Polara, V-8, 122" wb						
4d Sed	200	700	1075	2150	3700	5300
4d HT	200	660	1100	2200	3850	5500
2d HT	350	780	1300	2600	4550	6500
2d Conv	400	1250	2100	4200	7400	10,500
4d Sta Wag	200	660	1100	2200	3850	5500
Polara 500, V-8, 122" wb						
2d HT	350	840	1400	2800	4900	7000
2d Conv	400	1200	2000	4000	7000	10,000
Monaco, V-8, 122" wb						
4d Sed	200	720	1200	2400	4200	6000
4d HT	200	730	1250	2450	4270	6100
2d HT	350	900	1500	3000	5250	7500
4d Sta Wag	200	720	1200	2400	4200	6000
Monaco 500, V-8, 122" wb						
2d HT	350	1020	1700	3400	5950	8500
NOTE: Add 40 percent for 440 Magnum. Autos equipped with 426 Hemi, value inestimable.						
1968						
Dart, 6-cyl., 111" wb						
4d Sed	200	650	1100	2150	3780	5400
2d Sed	200	700	1075	2150	3700	5300
Dart, V-8, 111" wb						
4d Sed	200	660	1100	2200	3850	5500
2d HT	350	850	1450	2850	4970	7100
Dart GT						
2d HT	450	1140	1900	3800	6650	9500
2d Conv	400	1300	2200	4400	7700	11,000
Dart GT Sport 340, 111" wb						
2d HT	550	1700	2800	5600	9800	14,000
2d Conv	700	2150	3600	7200	12,600	18,000
Dart GT Sport 383, 111" wb						
2d HT	600	1900	3200	6400	11,200	16,000
2d Conv	700	2300	3800	7600	13,300	19,000

	6	5	4	3	2	1
Coronet DeLuxe, V-8, 117" wb						
4d Sed	200	700	1075	2150	3700	5300
2d Sed	200	700	1050	2100	3650	5200
4d Sta Wag	200	700	1075	2150	3700	5300
Coronet 440						
2d Sed	200	650	1100	2150	3780	5400
2d HT	400	1250	2100	4200	7400	10,500
4d Sed	200	660	1100	2200	3850	5500
4d Sta Wag	200	675	1000	2000	3500	5000
Coronet 500						
4d Sed	200	660	1100	2200	3850	5500
2d HT	400	1300	2200	4400	7700	11,000
2d Conv	500	1550	2600	5200	9100	13,000
4d Sta Wag	200	670	1150	2250	3920	5600
Coronet Super Bee, V-8, 117" wb						
2d Sed	650	2050	3400	6800	11,900	17,000
Coronet R/T						
2d HT	850	2750	4600	9200	16,100	23,000
2d Conv	1000	3100	5200	10,400	18,200	26,000
Charger						
2d HT	650	2050	3400	6800	11,900	17,000
Charger R/T						
2d HT	750	2400	4000	8000	14,000	20,000
Polara, V-8, 122" wb						
4d Sed	200	650	1100	2150	3780	5400
2d HT	350	850	1450	2850	4970	7100
4d HT	350	790	1350	2650	4620	6600
2d Conv	450	1500	2500	5000	8800	12,500
4d Sta Wag	200	670	1150	2250	3920	5600
Polara 500						
2d HT	350	900	1500	3000	5250	7500
2d Conv	500	1550	2600	5200	9100	13,000
Monaco						
2d HT	950	1100	1850	3700	6450	9200
4d HT	350	840	1400	2800	4900	7000
4d Sed	200	720	1200	2400	4200	6000
4d Sta Wag	200	670	1150	2250	3920	5600
Monaco 500						
2d HT	450	1140	1900	3800	6650	9500

NOTE: Add 40 percent for 440 Magnum. Autos equipped with 426 Hemi, value inestimable.

1969

	6	5	4	3	2	1
Dart V-8						
2d HT	200	675	1000	2000	3500	5000
4d Sed	200	670	1200	2300	4060	5800
Dart Swinger						
2d HT	350	820	1400	2700	4760	6800
Dart Swinger 340						
2d HT	550	1750	2900	5800	10,200	14,500
Dart Custom, V-8, 111" wb						
4d Sed	200	700	1200	2350	4130	5900
2d HT	350	975	1600	3200	5600	8000
Dart GT						
2d HT	500	1550	2600	5200	9100	13,000
2d Conv	550	1800	3000	6000	10,500	15,000
Dart GT Sport 340						
2d HT	600	1900	3200	6400	11,200	16,000
2d Conv	700	2300	3800	7600	13,300	19,000
Dart GT Sport 383, 111" wb						
2d HT (383 HP)	700	2150	3600	7200	12,600	18,000
2d Conv (330 HP)	750	2400	4000	8000	14,000	20,000
Dart GT Sport 440, 111" wb						
2d HT	750	2400	4000	8000	14,000	20,000
Coronet DeLuxe, V-8, 117" wb						
4d Sed	200	685	1150	2300	3990	5700
2d Sed	200	670	1150	2250	3920	5600
4d Sta Wag	200	685	1150	2300	3990	5700
Coronet 440						
2d Sed	200	685	1150	2300	3990	5700
2d HT	400	1250	2100	4200	7400	10,500
4d Sed	200	670	1200	2300	4060	5800
4d Sta Wag	200	700	1200	2350	4130	5900
Coronet 500						
2d HT	400	1300	2200	4400	7700	11,000
2d Conv	500	1550	2600	5200	9100	13,000
4d Sta Wag	200	700	1200	2350	4130	5900
4d Sed	200	720	1200	2400	4200	6000

	6	5	4	3	2	1
Coronet Super Bee, V-8						
2d HT	700	2300	3800	7600	13,300	19,000
2d Cpe (base 440/375)	650	2050	3400	6800	11,900	17,000
NOTE: Add 40 percent for Super Bee six pack.						
Coronet R/T						
2d HT	850	2750	4600	9200	16,100	23,000
2d Conv	1000	3100	5200	10,400	18,200	26,000
Charger						
2d HT	700	2150	3600	7200	12,600	18,000
Charger 500						
2d HT	1000	3250	5400	10,800	18,900	27,000
Charger R/T						
2d HT	800	2500	4200	8400	14,700	21,000
Charger Daytona						
2d HT	2050	6500	10,800	21,600	37,800	54,000
Polara V-8						
4d Sed	200	700	1050	2100	3650	5200
2d HT	200	730	1250	2450	4270	6100
4d HT	200	650	1100	2150	3780	5400
2d Conv	450	1150	1900	3850	6700	9600
4d Sta Wag	200	700	1050	2050	3600	5100
Polara 500						
2d HT	350	790	1350	2650	4620	6600
2d Conv	400	1200	2000	4000	7100	10,100
Monaco						
2d HT	350	800	1350	2700	4700	6700
4d HT	200	670	1200	2300	4060	5800
4d Sed	200	700	1050	2100	3650	5200
4d Sta Wag	200	700	1050	2050	3600	5100

NOTE: Add 40 percent for 440 Magnum 440/1x4V. Autos equipped with 426 Hemi, value inestimable. Add 20 percent for 383 engine. Add 50 percent for 440/3x2V.

1970

	6	5	4	3	2	1
Dart, V-8, 111" wb						
4d Sed	150	650	975	1950	3350	4800
2d HT Swinger	200	720	1200	2400	4200	6000
Dart Custom						
4d Sed	200	675	1000	1950	3400	4900
2d HT	350	780	1300	2600	4550	6500
Dart Swinger 340						
2d HT	350	1040	1700	3450	6000	8600
Challenger, V-8, 110" wb						
2d HT	550	1800	3000	6000	10,500	15,000
2d HT Fml	600	1900	3200	6400	11,200	16,000
2d Conv	750	2400	4000	8000	14,000	20,000
Challenger R/T						
2d HT	650	2050	3400	6800	11,900	17,000
2d HT Fml	700	2150	3600	7200	12,600	18,000
2d Conv	850	2650	4400	8800	15,400	22,000
Challenger T/A						
2d Cpe	1150	3600	6000	12,000	21,000	30,000
Coronet, V-8, 117" wb						
4d Sed	150	650	950	1900	3300	4700
2d Sed	150	650	975	1950	3350	4800
4d Sta Wag	150	650	950	1900	3300	4700
Coronet 440						
2d HT	450	1080	1800	3600	6300	9000
4d Sed	200	675	1000	2000	3500	5000
2d Sed	200	700	1050	2050	3600	5100
4d Sta Wag	150	650	975	1950	3350	4800
Coronet 500						
4d Sed	200	660	1100	2200	3850	5500
2d HT	400	1200	2000	4000	7000	10,000
2d Conv	500	1550	2600	5200	9100	13,000
4d Sta Wag	200	675	1000	1950	3400	4900
Coronet Super Bee						
2d HT	750	2400	4000	8000	14,000	20,000
2d Cpe	700	2300	3800	7600	13,300	19,000
Coronet R/T						
2d HT	900	2900	4800	9600	16,800	24,000
2d Conv	1050	3350	5600	11,200	19,600	28,000
Charger						
2d HT	700	2300	3800	7600	13,300	19,000
2d HT 500	850	2650	4400	8800	15,400	22,000
2d HT R/T	1000	3100	5200	10,400	18,200	26,000
Polara, V-8, 122" wb						
2d HT	200	720	1200	2400	4200	6000

	6	5	4	3	2	1
4d HT	200	675	1000	2000	3500	5000
2d Conv	450	1080	1800	3600	6300	9000
4d Sed	200	675	1000	1950	3400	4900
Polara Custom						
4d Sed	200	675	1000	2000	3500	5000
2d HT	350	780	1300	2600	4550	6500
4d HT	150	650	950	1900	3300	4700
Monaco						
4d Sed	200	675	1000	1950	3400	4900
2d HT	200	720	1200	2400	4200	6000
4d HT	150	600	950	1850	3200	4600
4d Sta Wag	150	600	900	1800	3150	4500

NOTE: Add 40 percent for 440 Magnum. 440/1x4V Autos equipped with 426 Hemi, value inestimable. Add 20 percent for 383 engine. Add 50 percent for 440/3x2V.

1971

	6	5	4	3	2	1
Demon						
2d Cpe	150	600	900	1800	3150	4500
2d 340 Cpe	200	660	1100	2200	3850	5500
Dart						
4d Cus Sed	150	575	875	1700	3000	4300
Swinger						
2d HT	350	840	1400	2800	4900	7000
Challenger						
2d HT	550	1700	2800	5600	9800	14,000
2d Conv	700	2300	3800	7600	13,300	19,000
2d HT R/T	700	2150	3600	7200	12,600	18,000
Coronet Brougham						
4d Sed	125	450	750	1450	2500	3600
4d Sta Wag	150	475	750	1475	2600	3700
Charger						
2d HT 500	650	2050	3400	6800	11,900	17,000
2d HT	550	1800	3000	6000	10,500	15,000
2d Super Bee HT	700	2150	3600	7200	12,600	18,000
2d HT R/T	750	2400	4000	8000	14,000	20,000
2d HT SE	700	2300	3800	7600	13,300	19,000
Polara Brougham						
4d HT	150	475	750	1475	2600	3700
2d HT	150	475	775	1500	2650	3800
Monaco						
4d HT	150	475	775	1500	2650	3800
2d HT	150	500	800	1550	2700	3900
4d Sta Wag	150	475	775	1500	2650	3800

NOTE: Add 40 percent for 440 Magnum. Autos equipped with 426 Hemi, value inestimable. Add 50 percent for 440/3x2V.

1972

	6	5	4	3	2	1
Colt						
4d Sed	125	450	700	1400	2450	3500
2d Cpe	125	450	750	1450	2500	3600
2d HT	150	500	800	1550	2700	3900
4d Sta Wag	125	450	700	1400	2450	3500
Dart						
4d Sed	150	575	900	1750	3100	4400
2d Demon 340 Cpe	350	975	1600	3200	5600	8000
Swinger						
2d HT	350	840	1400	2800	4900	7000
Challenger						
2d HT	500	1550	2600	5200	9100	13,000
2d HT Rallye	550	1800	3000	6000	10,500	15,000
Coronet						
4d 4d Sed	150	475	750	1475	2600	3700
4d Sta Wag	125	450	750	1450	2500	3600
Charger						
2d Sed	400	1200	2000	4000	7000	10,000
2d HT	400	1200	2000	4000	7000	10,000
2d HT SE	450	1450	2400	4800	8400	12,000

NOTE: Add 20 percent for Rallye.

	6	5	4	3	2	1
Polara V-8						
4d Sed	125	450	700	1400	2450	3500
4d HT	125	450	750	1450	2500	3600
2d HT	150	500	800	1550	2700	3900
4d Sta Wag	150	475	750	1475	2600	3700
Polara Custom						
4d Sed	150	475	750	1475	2600	3700
4d HT	150	475	775	1500	2650	3800
2d HT	150	600	900	1800	3150	4500
4d 2S Sta Wag	150	550	850	1675	2950	4200

	6	5	4	3	2	1
4d 3S Sta Wag	150	575	875	1700	3000	4300
Monaco						
4d Sed	150	475	775	1500	2650	3800
4d HT	150	500	800	1550	2700	3900
2d HT	150	650	950	1900	3300	4700
4d 2S Sta Wag	150	575	900	1750	3100	4400
4d 3S Sta Wag	150	600	900	1800	3150	4500

NOTE: Add 60 percent for 440/3x2V

1973 Dodge Challenger Rallye two-door hardtop

1973						
Colt						
4d Sed	125	450	700	1400	2450	3500
2d Cpe	125	400	700	1375	2400	3400
2d HT	150	475	750	1475	2600	3700
4d Sta Wag	125	450	700	1400	2450	3500
2d HT GT	150	500	800	1600	2800	4000
Dart						
4d Sed	125	450	750	1450	2500	3600
2d Cpe	150	550	850	1650	2900	4100
Dart Sport						
2d Cpe	150	600	950	1850	3200	4600
Dart Sport '340'						
2d Cpe	200	660	1100	2200	3850	5500
Dart Custom						
2d Cpe	150	550	850	1675	2950	4200
Swinger						
2d HT	200	670	1200	2300	4060	5800
2d Spl HT	200	650	1100	2150	3780	5400
Challenger						
2d HT	400	1300	2200	4400	7700	11,000
2d Rallye HT	450	1450	2400	4800	8400	12,000
Coronet						
4d Sed	125	370	650	1250	2200	3100
4d Sta Wag	125	380	650	1300	2250	3200
Coronet Custom						
4d Sed	125	400	700	1375	2400	3400
4d Sta Wag	125	450	700	1400	2450	3500
Crestwood						
4d 6P Sta Wag	125	450	750	1450	2500	3600
4d 9P Sta Wag	150	475	750	1475	2600	3700
Charger						
2d Cpe	350	975	1600	3250	5700	8100
2d HT	450	1080	1800	3600	6300	9000
2d 'SE' HT	950	1100	1850	3700	6450	9200
2d Rallye	450	1140	1900	3800	6650	9500
Polara						
4d Sed	125	380	650	1300	2250	3200
2d HT	125	450	750	1450	2500	3600
4d Sta Wag	125	380	650	1300	2250	3200

	6	5	4	3	2	1
Polara Custom						
4d Sed	125	400	700	1375	2400	3400
2d HT	150	475	775	1500	2650	3800
4d HT Sed	150	475	750	1475	2600	3700
4d 2S Sta Wag	125	400	675	1350	2300	3300
4d 3S Sta Wag	125	400	700	1375	2400	3400
Monaco						
4d Sed	125	450	700	1400	2450	3500
4d HT Sed	150	475	750	1475	2600	3700
2d HT	150	550	850	1650	2900	4100
4d 2S Sta Wag	125	400	675	1350	2300	3300
4d 3S Sta Wag	125	450	700	1400	2450	3500
1974						
Colt						
4d Sed	100	360	600	1200	2100	3000
2d Cpe	100	350	600	1150	2000	2900
2d HT	125	380	650	1300	2250	3200
2d Sta Wag	100	360	600	1200	2100	3000
2d HT GT	125	450	700	1400	2450	3500
4d Sta Wag	100	360	600	1200	2100	3000
Dart						
4d Sed	150	475	750	1475	2600	3700
2d Spe Cpe	150	550	850	1675	2950	4200
Dart Sport '360'						
2d Cpe	150	600	950	1850	3200	4600
Dart Special Edition						
2d HT	150	550	850	1650	2900	4100
4d Sed	150	500	800	1550	2700	3900
Dart Custom						
4d Sed	150	475	775	1500	2650	3800
Swinger						
2d HT	150	500	800	1550	2700	3900
Swinger Special						
2d HT	150	500	800	1600	2800	4000
Challenger						
2d HT	400	1300	2200	4400	7700	11,000
Coronet						
4d Sta Wag	125	450	700	1400	2450	3500
4d Sta Wag	125	400	675	1350	2300	3300
Coronet Custom						
4d Sed	125	400	700	1375	2400	3400
4d Sta Wag	125	400	700	1375	2400	3400
Coronet Crestwood						
4d Sta Wag	125	450	750	1450	2500	3600
Coronet Charger						
2d Cpe	200	670	1150	2250	3920	5600
2d HT	350	780	1300	2600	4550	6500
2d 'SE' HT	350	840	1400	2800	4900	7000
Monaco						
4d Sed	125	400	675	1350	2300	3300
2d HT Cpe	125	450	700	1400	2450	3500
4d Sta Wag	125	400	675	1350	2300	3300
Monaco Custom						
4d Sed	125	450	700	1400	2450	3500
2d HT	150	475	775	1500	2650	3800
4d HT Sed	150	475	750	1475	2600	3700
4d 2S Sta Wag	125	400	700	1375	2400	3400
4d 3S Sta Wag	125	450	700	1400	2450	3500
Monaco Brougham						
2d Sed	125	450	750	1450	2500	3600
2d HT	150	500	800	1550	2700	3900
4d HT Sed	150	475	775	1500	2650	3800
4d 2S Sta Wag	125	450	750	1450	2500	3600
4d 3S Sta Wag	150	475	775	1500	2650	3800
1975						
Dart						
4d Sed	125	380	650	1300	2250	3200
Dart Sport						
2d Cpe	125	450	750	1450	2500	3600
Swinger						
2d HT	150	475	775	1500	2650	3800
2d Spl HT	125	400	675	1350	2300	3300
Dart Custom						
4d Sed	150	475	775	1500	2650	3800
2d '360' Cpe	150	600	950	1850	3200	4600

	6	5	4	3	2	1
Dart S.E.						
2d HT	150	550	850	1650	2900	4100
4d Sed	125	450	750	1450	2500	3600
Coronet						
2d HT	150	475	775	1500	2650	3800
4d Sed	125	380	650	1300	2250	3200
4d Sta Wag	125	400	700	1375	2400	3400
Coronet Custom						
2d HT	150	500	800	1600	2800	4000
4d Sed	125	400	675	1350	2300	3300
4d Sta Wag	125	400	700	1375	2400	3400
Coronet Brougham						
2d HT	150	550	850	1650	2900	4100
Crestwood						
4d Sta Wag	125	450	750	1450	2500	3600
Charger S.E.						
2d HT	150	650	975	1950	3350	4800
Monaco						
2d HT	150	550	850	1675	2950	4200
4d Sed	125	400	675	1350	2300	3300
4d Sta Wag	125	400	700	1375	2400	3400
Royal Monaco						
2d HT	150	575	900	1750	3100	4400
4d Sed	125	450	700	1400	2450	3500
4d HT Sed	150	550	850	1650	2900	4100
4d 2S Sta Wag	125	450	700	1400	2450	3500
4d 3S Sta Wag	125	450	750	1450	2500	3600
Royal Monaco Brougham						
2d Cpe	150	600	900	1800	3150	4500
4d Sed	125	450	750	1450	2500	3600
4d HT Sed	150	550	850	1675	2950	4200
4d 2S Sta Wag	150	475	750	1475	2600	3700
4d 3S Sta Wag	150	475	775	1500	2650	3800
1976						
Colt, 4-cyl.						
4d Sed	125	370	650	1250	2200	3100
2d Cpe	125	380	650	1300	2250	3200
2d HT Carøusel	125	450	700	1400	2450	3500
4d Sta Wag	125	380	650	1300	2250	3200
2d HT GT	125	400	700	1375	2400	3400
Dart Sport, 6-cyl.						
2d Spt Cpe	125	400	700	1375	2400	3400
Dart Swinger Special, 6-cyl.						
2d HT	125	450	700	1400	2450	3500
Dart, 6-cyl.						
4d Sed	125	400	675	1350	2300	3300
2d Swinger	125	400	700	1375	2400	3400
2d HT	125	450	750	1450	2500	3600
Aspen, V-8						
4d Sed	125	400	700	1375	2400	3400
2d Spt Cpe	125	450	750	1450	2500	3600
4d Sta Wag	125	450	700	1400	2450	3500
Aspen Custom, V-8						
4d Sed	125	450	700	1400	2450	3500
2d Spt Cpe	150	475	750	1475	2600	3700
Aspen Special Edition, V-8						
4d Sed	125	450	750	1450	2500	3600
2d Spt Cpe	150	475	775	1500	2650	3800
4d Sta Wag	150	475	750	1475	2600	3700
Coronet, V-8						
4d Sed	125	400	700	1375	2400	3400
4d 2S Sta Wag	125	400	675	1350	2300	3300
4d 3S Sta Wag	125	400	700	1375	2400	3400
Coronet Brougham, V-8						
4d Sed	125	450	700	1400	2450	3500
Crestwood, V-8						
4d 2S Sta Wag	125	400	700	1375	2400	3400
4d 3S Sta Wag	125	450	700	1400	2450	3500
Charger, V-8						
2d HT	150	650	950	1900	3300	4700
2d HT Spt	150	650	975	1950	3350	4800
Charger Special Edition, V-8						
2d HT	200	675	1000	1950	3400	4900
Monaco, V-8						
4d Sed	150	500	800	1550	2700	3900
4d Sta Wag	150	475	750	1475	2600	3700

	6	5	4	3	2	1
Royal Monaco, V-8						
4d Sed	150	500	800	1600	2800	4000
2d HT	150	550	850	1675	2950	4200
4d 2S Sta Wag	150	500	800	1600	2800	4000
4d 3S Sta Wag	150	550	850	1650	2900	4100
Royal Monaco Brougham, V-8						
4d Sed	125	450	750	1450	2500	3600
2d HT	150	550	850	1675	2950	4200
4d Sta Wag	150	550	850	1650	2900	4100
1977						
Colt, 4-cyl.						
4d Sed	125	380	650	1300	2250	3200
2d Cpe	125	400	675	1350	2300	3300
2d Cus Cpe	125	400	700	1375	2400	3400
2d HT Carousel	125	450	750	1450	2500	3600
4d Sta Wag	125	400	675	1350	2300	3300
2d HT GT	125	450	700	1400	2450	3500
Aspen, V-8						
4d Sed	125	450	700	1400	2450	3500
2d Spt Cpe	150	475	750	1475	2600	3700
4d Sta Wag	125	400	700	1375	2400	3400
Aspen Custom, V-8						
4d Sed	125	450	750	1450	2500	3600
2d Spt Cpe	150	475	775	1500	2650	3800
Aspen Special Edition, V-8						
4d Sed	150	475	750	1475	2600	3700
2d Spt Cpe	150	500	800	1600	2800	4000
4d Sta Wag	150	475	775	1500	2650	3800
Monaco, V-8						
4d Sed	125	450	700	1400	2450	3500
2d HT	150	475	775	1500	2650	3800
4d 2S Sta Wag	125	400	700	1375	2400	3400
4d 3S Sta Wag	125	450	700	1400	2450	3500
Monaco Brougham, V-8						
4d Sed	150	475	750	1475	2600	3700
2d HT	150	500	800	1600	2800	4000
Monaco Crestwood, V-8						
4d 2S Sta Wag	125	400	700	1375	2400	3400
4d 3S Sta Wag	125	450	700	1400	2450	3500
Charger Special Edition, V-8						
2d HT	200	700	1050	2050	3600	5100
Diplomat, V-8						
4d Sed	150	550	850	1675	2950	4200
2d Cpe	150	575	900	1750	3100	4400
Diplomat Medallion, V-8						
4d Sed	150	575	900	1750	3100	4400
2d Cpe	150	600	950	1850	3200	4600
Royal Monaco, V-8						
4d Sed	150	575	875	1700	3000	4300
2d HT	150	600	900	1800	3150	4500
4d Sta Wag	150	575	900	1750	3100	4400
Royal Monaco Brougham, V-8						
4d Sed	150	475	750	1475	2600	3700
2d HT	150	575	875	1700	3000	4300
4d 2S Sta Wag	150	550	850	1650	2900	4100
4d 3S Sta Wag	150	550	850	1675	2950	4200
1978						
Omni						
4d HBk	125	400	675	1350	2300	3300
Colt						
4d Sed	125	380	650	1300	2250	3200
2d Cpe	125	400	675	1350	2300	3300
2d Cus Cpe	125	400	700	1375	2400	3400
4d Sta Wag	125	380	650	1300	2250	3200
Aspen						
4d Sed	125	450	700	1400	2450	3500
2d Cpe	125	450	750	1450	2500	3600
4d Sta Wag	125	450	700	1400	2450	3500
Monaco						
4d Sed	125	450	750	1450	2500	3600
2d	150	475	750	1475	2600	3700
4d 3S Sta Wag	150	475	750	1475	2600	3700
4d 2S Sta Wag	125	450	750	1450	2500	3600
Monaco Brougham						
4d Sed	150	475	750	1475	2600	3700
2d Cpe	150	475	775	1500	2650	3800

	6	5	4	3	2	1
4d 3S Sta Wag	150	475	775	1500	2650	3800
4d 2S Sta Wag	150	475	750	1475	2600	3700
Charger SE						
2d Cpe	200	700	1050	2100	3650	5200
Magnum XE						
2d Cpe	200	700	1075	2150	3700	5300
Challenger						
2d Cpe	200	670	1150	2250	3920	5600
Diplomat						
4d 'S' Sed	150	500	800	1550	2700	3900
2d 'S' Cpe	150	500	800	1600	2800	4000
4d Sed	150	500	800	1600	2800	4000
2d Cpe	150	550	850	1650	2900	4100
4d Sta Wag	150	500	800	1600	2800	4000
Diplomat Medallion						
4d Sed	150	550	850	1650	2900	4100
2d Cpe	150	550	850	1675	2950	4200
1979						
Omni, 4-cyl.						
4d HBk	125	380	650	1300	2250	3200
2d HBk	125	400	675	1350	2300	3300
Colt, 4-cyl.						
2d HBk	125	370	650	1250	2200	3100
2d Cus HBk	125	380	650	1300	2250	3200
2d Cpe	125	400	675	1350	2300	3300
4d Sed	125	380	650	1300	2250	3200
4d Sta Wag	125	400	675	1350	2300	3300
Aspen, V-8						
4d Sed	125	450	750	1450	2500	3600
2d Cpe	150	475	750	1475	2600	3700
4d Sta Wag	125	450	750	1450	2500	3600
NOTE: Deduct 5 percent for 6-cyl.						
Magnum XE, V-8						
2d Cpe	200	660	1100	2200	3850	5500
Challenger, 4-cyl.						
2d Cpe	200	685	1150	2300	3990	5700
Diplomat, V-8						
4d Sed	150	500	800	1550	2700	3900
2d Cpe	150	500	800	1600	2800	4000
Diplomat Salon, V-8						
4d Sed	150	500	800	1600	2800	4000
2d Cpe	150	550	850	1650	2900	4100
4d Sta Wag	150	500	800	1600	2800	4000
Diplomat Medallion, V-8						
4d Sed	150	550	850	1675	2950	4200
2d Cpe	150	575	875	1700	3000	4300
NOTE: Deduct 5 percent for 6-cyl.						
St. Regis, V-8						
4d Sed	150	575	900	1750	3100	4400
NOTE: Deduct 5 percent for 6-cyl.						
1980						
Omni, 4-cyl.						
4d HBk	125	450	700	1400	2450	3500
2d HBk 2 plus 2 024	150	500	800	1550	2700	3900
Colt, 4-cyl.						
2d HBk	125	400	700	1375	2400	3400
2d HBk Cus	125	450	700	1400	2450	3500
4d Sta Wag	125	450	750	1450	2500	3600
Aspen, 6-cyl.						
4d Sed Spl	150	475	775	1500	2650	3800
2d Cpe Spl	150	500	800	1550	2700	3900
Aspen, V-8						
4d Sed	150	500	800	1600	2800	4000
2d Cpe	150	550	850	1650	2900	4100
4d Sta Wag	150	550	850	1650	2900	4100
NOTE: Deduct 10 percent for 6-cyl.						
Challenger						
2d Cpe	150	600	950	1850	3200	4600
Diplomat, V-8						
4d Sed Salon	125	450	750	1450	2500	3600
2d Cpe Salon	150	475	750	1475	2600	3700
4d Sta Wag Salon	150	500	800	1550	2700	3900
NOTE: Deduct 5 percent for lesser models.						
4d Sed Medallion	150	475	750	1475	2600	3700
2d Cpe Medallion	150	475	775	1500	2650	3800
NOTE: Deduct 10 percent for 6-cyl.						

	6	5	4	3	2	1
Mirada, V-8						
2d Cpe Specialty S	200	700	1200	2350	4130	5900
2d Cpe Specialty	200	730	1250	2450	4270	6100
NOTE: Deduct 12 percent for 6-cyl.						
St. Regis, V-8						
4d Sed	150	550	850	1650	2900	4100
NOTE: Deduct 12 percent for 6-cyl.						
1981						
Omni, 4-cyl.						
4d HBk	150	475	775	1500	2650	3800
2d HBk 024	150	550	850	1650	2900	4100
NOTE: Deduct 5 percent for lesser models.						
Colt, 4-cyl.						
2d HBk	125	450	700	1400	2450	3500
2d HBk DeL	125	450	750	1450	2500	3600
2d HBk Cus	150	475	750	1475	2600	3700
Aries, 4-cyl.						
4d Sed SE	150	500	800	1550	2700	3900
2d Sed SE	150	500	800	1600	2800	4000
4d Sta Wag SE	150	550	850	1675	2950	4200
NOTE: Deduct 5 percent for lesser models.						
Challenger, 4-cyl.						
2d Cpe	150	600	900	1800	3150	4500
Diplomat, V-8						
4d Sed Medallion	150	500	800	1550	2700	3900
2d Cpe Medallion	150	500	800	1600	2800	4000
4d Sta Wag	150	550	850	1650	2900	4100
NOTE: Deduct 5 percent for lesser models. Deduct 10 percent for 6-cyl.						
Mirada, V-8						
2d Cpe	200	720	1200	2400	4200	6000
NOTE: Deduct 12 percent for 6-cyl.						
St. Regis, V-8						
4d Sed	150	550	850	1675	2950	4200
NOTE: Deduct 12 percent for 6-cyl.						
1982						
Colt, 4-cyl.						
2d HBk Cus	150	500	800	1600	2800	4000
4d HBk Cus	150	500	800	1550	2700	3900
NOTE: Deduct 5 percent for lesser models.						
Omni, 4-cyl.						
4d HBk Euro	150	575	875	1700	3000	4300
2d HBk 024 Charger	150	600	900	1800	3150	4500
NOTE: Deduct 5 percent for lesser models.						
Aries, 4-cyl.						
4d Sed SE	150	500	800	1550	2700	3900
2d Cpe SE	150	550	850	1675	2950	4200
4d Sta Wag SE	150	575	900	1750	3100	4400
NOTE: Deduct 5 percent for lesser models.						
400, 4-cyl.						
2d Cpe Specialty LS	150	550	850	1675	2950	4200
4d Sed LS	150	575	875	1700	3000	4300
2d Conv	200	660	1100	2200	3850	5500
NOTE: Deduct 5 percent for lesser models.						
Challenger, 4-cyl.						
2d Cpe	150	650	950	1900	3300	4700
Diplomat, V-8						
4d Sed	150	550	850	1650	2900	4100
4d Sed Medallion	150	575	875	1700	3000	4300
NOTE: Deduct 10 percent for 6-cyl.						
Mirada, V-8						
2d Cpe Specialty	200	730	1250	2450	4270	6100
NOTE: Deduct 12 percent for 6-cyl.						
1983						
Colt, 4-cyl.						
4d HBk Cus	150	500	800	1550	2700	3900
2d HBk Cus	150	550	850	1675	2950	4200
NOTE: Deduct 5 percent for lesser models.						
Omni, 4-cyl.						
4d HBk	150	500	800	1600	2800	4000
4d HBk Cus	150	575	875	1700	3000	4300
Charger, 4-cyl.						
2d HBk	150	575	900	1750	3100	4400
2d HBk 2 plus 2	150	600	950	1850	3200	4600
2d HBk Shelby	200	660	1100	2200	3850	5500

	6	5	4	3	2	1
Aries, 4-cyl.						
4d Sed SE	150	500	800	1600	2800	4000
2d Sed SE	150	500	800	1550	2700	3900
4d Sta Wag SE	150	600	900	1800	3150	4500
NOTE: Deduct 5 percent for lesser models.						
Challenger, 4-cyl.						
2d Cpe	150	650	975	1950	3350	4800
400, 4-cyl.						
4d Sed	150	550	850	1675	2950	4200
2d Cpe	150	550	850	1650	2900	4100
2d Conv	200	685	1150	2300	3990	5700
600, 4-cyl.						
4d Sed	150	575	900	1750	3100	4400
4d Sed ES	150	600	950	1850	3200	4600
Diplomat, V-8						
4d Sed	150	550	850	1675	2950	4200
4d Sed Medallion	150	575	900	1750	3100	4400
NOTE: Deduct 10 percent for 6-cyl.						
Mirada, V-8						
2d Cpe Specialty	200	745	1250	2500	4340	6200
NOTE: Deduct 12 percent for 6-cyl.						

1984 Dodge Shelby Charger hatchback coupe

1984

	6	5	4	3	2	1
Colt, 4-cyl.						
4d HBk DL	150	550	850	1675	2950	4200
2d HBk DL	150	550	850	1650	2900	4100
4d Sta Wag	150	500	800	1600	2800	4000
NOTE: Deduct 5 percent for lesser models.						
Omni, 4-cyl.						
4d HBk GLH	150	550	850	1675	2950	4200
NOTE: Deduct 5 percent for lesser models.						
Charger, 4-cyl.						
2d HBk	150	575	900	1750	3100	4400
2d HBk 2 plus 2	150	600	950	1850	3200	4600
2d HBk Shelby	200	660	1100	2200	3850	5500
Aries, 4-cyl.						
4d Sed SE	150	550	850	1650	2900	4100
2d Sed SE	150	550	850	1675	2950	4200
4d Sta Wag SE	150	575	875	1700	3000	4300
NOTE: Deduct 5 percent for lesser models.						
Conquest, 4-cyl. Turbo						
2d HBk	150	600	900	1800	3150	4500
Daytona, 4-cyl.						
2d HBk	150	600	900	1800	3150	4500
2d HBk Turbo	150	650	950	1900	3300	4700
2d HBk Turbo Z	200	675	1000	1950	3400	4900
600, 4-cyl.						
4d Sed	150	575	900	1750	3100	4400
2d Sed	150	575	900	1750	3100	4400
4d Sed ES	150	600	900	1800	3150	4500
2d Conv	200	670	1200	2300	4060	5800
2d Conv ES	200	745	1250	2500	4340	6200

	6	5	4	3	2	1
Diplomat, V-8						
4d Sed	150	575	900	1750	3100	4400
4d Sed SE	150	600	950	1850	3200	4600
1985						
Colt, 4-cyl.						
4d Sed DL	150	500	800	1550	2700	3900
2d HBk DL	150	500	800	1600	2800	4000
4d Sed Premiere	150	500	800	1600	2800	4000
4d Sta Wag Vista	150	600	900	1800	3150	4500
4d Sta Wag Vista 4WD	200	660	1100	2200	3850	5500
NOTE: Deduct 5 percent for lesser models.						
Omni, 4-cyl.						
4d HBk GLH	150	575	875	1700	3000	4300
NOTE: Deduct 5 percent for lesser models.						
Charger, 4-cyl.						
2d HBk	200	675	1000	1950	3400	4900
2d HBk 2 plus 2	200	700	1050	2050	3600	5100
2d HBk Shelby	200	660	1100	2200	3850	5500
Aries, 4-cyl.						
4d Sed LE	150	550	850	1675	2950	4200
2d Sed LE	150	550	850	1675	2950	4200
4d Sta Wag LE	150	575	900	1750	3100	4400
NOTE: Deduct 5 percent for lesser models.						
Conquest, 4-cyl.						
2d HBk Turbo	150	600	950	1850	3200	4600
Daytona, 4-cyl.						
2d HBk	150	600	950	1850	3200	4600
2d HBk Turbo	150	650	975	1950	3350	4800
2d HBk Turbo Z	200	675	1000	2000	3500	5000
600, 4-cyl.						
4d Sed SE	150	600	900	1800	3150	4500
2d Sed	150	600	950	1850	3200	4600
Conv	200	670	1200	2300	4060	5800
Conv ES Turbo	200	745	1250	2500	4340	6200
Lancer						
4d HBk	150	650	975	1950	3350	4800
4d HBk ES	200	675	1000	1950	3400	4900
Diplomat, V-8						
4d Sed	150	600	900	1800	3150	4500
4d Sed SE	150	650	950	1900	3300	4700
1986						
Colt						
4d E Sed	150	550	850	1650	2900	4100
2d E HBk	150	500	800	1600	2800	4000
4d DL Sed	150	550	850	1675	2950	4200
2d DL HBk	150	550	850	1650	2900	4100
4d Premiere Sed	150	575	875	1700	3000	4300
4d Vista Sta Wag	150	600	950	1850	3200	4600
4d Vista Sta Wag 4WD	200	670	1150	2250	3920	5600
Omni						
4d HBk	150	550	850	1675	2950	4200
4d Hbk GLH	150	600	900	1800	3150	4500
Charger						
2d HBk	200	675	1000	2000	3500	5000
2d Hbk 2 plus 2	200	700	1075	2150	3700	5300
2d Hbk Shelby	200	685	1150	2300	3990	5700
2d HBk Daytona	200	650	1100	2150	3780	5400
HBk Daytona Turbo	200	670	1150	2250	3920	5600
Aries						
2d Sed	150	575	875	1700	3000	4300
4d Sed	150	575	875	1700	3000	4300
Lancer						
4d HBk	200	675	1000	1950	3400	4900
600						
2d Cpe	150	600	900	1800	3150	4500
2d Conv	200	720	1200	2400	4200	6000
2d ES Conv	350	770	1300	2550	4480	6400
4d Sed	150	600	950	1850	3200	4600
Conquest						
2d HBk	200	700	1200	2350	4130	5900
Diplomat						
4d Sed	150	650	975	1950	3350	4800

NOTES: Add 10 percent for deluxe models. Deduct 5 percent for smaller engines.

	6	5	4	3	2	1
1987						
Colt, 4-cyl.						
4d E Sed	150	550	850	1675	2950	4200
2d E HBk	150	550	850	1650	2900	4100
4d DL Sed	150	575	875	1700	3000	4300
2d DL HBk	150	550	850	1675	2950	4200
4d Sed Premiere	150	575	900	1750	3100	4400
4d Vista Sta Wag	150	650	950	1900	3300	4700
4d Vista Sta Wag 4WD	200	685	1150	2300	3990	5700
Omni, 4-cyl.						
4d HBk America	150	550	850	1675	2950	4200
2d HBk Charger	150	600	900	1800	3150	4500
2d HBk Charger Shelby	200	675	1000	2000	3500	5000
Aries, 4-cyl.						
2d Sed	150	550	850	1675	2950	4200
4d Sed	150	575	875	1700	3000	4300
2d LE Sed	150	575	875	1700	3000	4300
4d Sed LE	150	575	900	1750	3100	4400
4d LE Sta Wag	150	575	900	1750	3100	4400
Shadow, 4-cyl.						
2d LBk	150	575	875	1700	3000	4300
4d LBk	150	575	900	1750	3100	4400
NOTE: Add 5 percent for 2.2 Turbo.						
Daytona, 4-cyl.						
2d HBk	150	650	975	1950	3350	4800
2d HBk Pacifica	200	685	1150	2300	3990	5700
2d HBk Shelby 2	200	745	1250	2500	4340	6200
600, 4-cyl.						
4d Sed	150	600	900	1800	3150	4500
4d Sed SE	150	600	950	1850	3200	4600
NOTE: Add 5 percent for 2.2 Turbo.						
Lancer, 4-cyl.						
4d HBk	150	650	950	1900	3300	4700
4d HBk ES	150	650	975	1950	3350	4800
NOTE: Add 5 percent for 2.2 Turbo.						
Diplomat, V-8						
4d Sed	200	670	1150	2250	3920	5600
4d Sed SE	200	670	1200	2300	4060	5800
1988						
Colt, 4-cyl.						
3d HBk	100	260	450	900	1540	2200
4d E Sed	100	330	575	1150	1950	2800
3d E HBk	100	320	550	1050	1850	2600
4d DL Sed	100	350	600	1150	2000	2900
3d DL HBk	100	330	575	1150	1950	2800
4d DL Sta Wag	100	360	600	1200	2100	3000
4d Sed Premiere	125	450	700	1400	2450	3500
4d Vista Sta Wag	150	500	800	1600	2800	4000
4d Vista Sta Wag 4x4	200	675	1000	2000	3500	5000
Omni, 4-cyl.						
4d HBk	100	330	575	1150	1950	2800
Aries, 4-cyl.						
2d Sed	100	330	575	1150	1950	2800
4d Sed	100	330	575	1150	1950	2800
4d Sta Wag	125	400	675	1350	2300	3300
Shadow, 4-cyl.						
2d HBk	125	380	650	1300	2250	3200
4d HBk	125	400	700	1375	2400	3400
Daytona, 4-cyl.						
2d HBk	150	600	900	1800	3150	4500
2d HBk Pacifica	200	670	1150	2250	3920	5600
2d HBk Shelby Z	200	720	1200	2400	4200	6000
600, 4-cyl.						
4d Sed	125	450	700	1400	2450	3500
4d SE Sed	150	500	800	1550	2700	3900
Lancer, 4-Cyl.						
4d Spt HBk	150	550	850	1675	2950	4200
4d Spt ES HBk	200	675	1000	2000	3500	5000
Dynasty						
4d Sed, 4-cyl.	150	500	800	1600	2800	4000
4d Sed Prem, 4-cyl.	150	575	875	1700	3000	4300
4d Sed, V-6	150	600	900	1800	3150	4500
4d Sed Prem, V-6	150	600	950	1850	3200	4600
Diplomat, V-8						
4d Sed Salon	150	475	775	1500	2650	3800

	6	5	4	3	2	1
4d Sed	125	400	675	1350	2300	3300
4d SE Sed	150	550	850	1675	2950	4200
1989						
Colt, 4-cyl.						
2d HBk	150	475	775	1500	2650	3800
2d HBk E	150	500	800	1550	2700	3900
2d HBk GT	150	550	850	1650	2900	4100
4d DL Sta Wag	200	675	1000	2000	3500	5000
4d DL Sta Wag 4x4	200	650	1100	2150	3780	5400
4d Vista Sta Wag	200	700	1050	2100	3650	5200
4d Vista Sta Wag 4x4	200	670	1150	2250	3920	5600
Omni, 4-cyl.						
4d HBk	125	450	750	1450	2500	3600
Aries, 4-cyl.						
4d Sed	125	450	700	1400	2450	3500
2d Sed	125	400	700	1375	2400	3400
Shadow, 4-cyl.						
4d HBk	150	550	850	1675	2950	4200
2d HBk	150	550	850	1650	2900	4100
Daytona, 4-cyl.						
2d HBk	150	600	950	1850	3200	4600
2d ES HBk	200	675	1000	2000	3500	5000
2d ES HBk Turbo	200	660	1100	2200	3850	5500
2d HBk Shelby	200	745	1250	2500	4340	6200
Spirit, 4-cyl.						
4d Sed	150	550	850	1675	2950	4200
4d LE Sed	150	600	900	1800	3150	4500
4d ES Sed Turbo	200	700	1050	2050	3600	5100
4d ES Sed V-6	200	700	1050	2050	3600	5100
Lancer, 4-cyl.						
4d Spt HBk	200	700	1050	2050	3600	5100
4d Spt HBk ES	200	700	1075	2150	3700	5300
4d Spt HBk Shelby	350	780	1300	2600	4550	6500
Dynasty						
4-cyl.						
4d Sed	150	600	950	1850	3200	4600
V-6						
4d Sed	150	650	975	1950	3350	4800
4d LE Sed	200	650	1100	2150	3780	5400
Diplomat, V-8						
4d Sed Salon	200	660	1100	2200	3850	5500
4d SE Sed	200	670	1150	2250	3920	5600
1990						
Colt, 4-cyl.						
2d HBk	150	475	775	1500	2650	3800
2d GL HBk	150	500	800	1600	2800	4000
2d GT HBk	150	550	850	1675	2950	4200
4d DL Sta Wag	150	600	950	1850	3200	4600
4d DL Sta Wag, 4x4	200	660	1100	2200	3850	5500
4d Vista	200	700	1050	2100	3650	5200
4d Vista, 4x4	200	745	1250	2500	4340	6200
Omni, 4-cyl.						
4d HBk	125	450	700	1400	2450	3500
Shadow, 4-cyl.						
2d HBk	150	550	850	1650	2900	4100
4d HBk	150	550	850	1675	2950	4200
Daytona, 4-cyl.						
2d HBk	200	675	1000	2000	3500	5000
2d ES HBk	200	660	1100	2200	3850	5500
2d ES HBk Turbo	200	720	1200	2400	4200	6000
2d Shelby HBk	350	780	1300	2600	4550	6500
NOTE: Add 10 percent for V-6 where available.						
Spirit, 4-cyl.						
4d Sed	150	500	800	1600	2800	4000
4d LE Sed	150	600	900	1800	3150	4500
4d ES Sed Turbo	200	675	1000	2000	3500	5000
NOTE: Add 10 percent for V-6 where available.						
Monaco, V-6						
4d LE Sed	150	500	800	1600	2800	4000
4d ES Sed	150	575	900	1750	3100	4400
Dynasty						
4-cyl.						
4d Sed	150	650	975	1950	3350	4800
V-6						
4d Sed	200	660	1100	2200	3850	5500
4d LE Sed	200	720	1200	2400	4200	6000

EDSEL

1958 Edsel Citation two-door hardtop and convertible

	6	5	4	3	2	1
1958						
Ranger Series, V-8, 118" wb						
2d Sed	350	1020	1700	3400	5950	8500
4d Sed	350	1020	1700	3400	5950	8500
4d HT	450	1140	1900	3800	6650	9500
2d HT	450	1450	2400	4800	8400	12,000
Pacer Series, V-8, 118" wb						
4d Sed	450	1080	1800	3600	6300	9000
4d HT	400	1200	2000	4000	7000	10,000
2d HT	500	1550	2600	5200	9100	13,000
2d Conv	950	3000	5000	10,000	17,500	25,000
Corsair Series, V-8, 124" wb						
4d HT	400	1300	2200	4400	7700	11,000
2d HT	550	1700	2800	5600	9800	14,000
Citation Series, V-8, 124" wb						
4d HT	500	1550	2600	5200	9100	13,000
2d HT	600	1900	3200	6400	11,200	16,000
2d Conv	1150	3600	6000	12,000	21,000	30,000
NOTE: Deduct 5 percent for 6 cyl.						
Station Wagons, V-8						
4d Vill	400	1200	2000	4000	7000	10,000
4d Ber	400	1250	2100	4200	7400	10,500
4d 9P Vill	400	1200	2050	4100	7100	10,200
4d 9P Ber	400	1250	2100	4200	7400	10,500
2d Rdup	450	1080	1800	3600	6300	9000
1959						
Ranger Series, V-8, 120" wb						
2d Sed	350	1000	1650	3300	5750	8200
4d Sed	350	975	1600	3200	5600	8000
4d HT	450	1140	1900	3800	6650	9500
2d HT	450	1450	2400	4800	8400	12,000
Corsair Series, V-8, 120" wb						
4d Sed	350	1020	1700	3400	5950	8500
4d HT	400	1200	2000	4000	7000	10,000
2d HT	500	1550	2600	5200	9100	13,000
2d Conv	900	2900	4800	9600	16,800	24,000
Station Wagons, V-8, 118" wb						
4d Vill	450	1080	1800	3600	6300	9000
4d 9P Vill	450	1140	1900	3800	6650	9500
NOTE: Deduct 5 percent for 6 cyl.						
1960						
Ranger Series, V-8, 120" wb						
2d Sed	350	1000	1650	3300	5750	8200
4d Sed	350	975	1600	3250	5700	8100
4d HT	450	1140	1900	3800	6650	9500
2d HT	700	2150	3600	7200	12,600	18,000
2d Conv	1050	3350	5600	11,200	19,600	28,000
Station Wagons, V-8, 120" wb						
4d 9P Vill	400	1200	2000	4000	7000	10,000
4d 6P Vill	400	1200	2000	4000	7100	10,100
NOTE: Deduct 5 percent for 6 cyl.						

FORD

1903 Ford Model A runabout

	6	5	4	3	2	1
Model A						
1903, 2-cyl., Ser. No. 1-670, 8 hp						
1904, 2-cyl., Ser. No. 671-1708, 10 hp						
Rbt	1100	3500	5800	11,600	20,300	29,000
Rbt W/ton	1150	3700	6200	12,400	21,700	31,000
Model B						
10 hp, 4-cyl.						
Tr					Value inestimable	
Model C						
10 hp, 2-cyl., Ser. No. 1709-2700						
Rbt	1100	3500	5800	11,600	20,300	29,000
Rbt W/ton	1150	3700	6200	12,400	21,700	31,000
Dr's Mdl	1100	3500	5800	11,600	20,300	29,000
Model F						
16 hp, 2-cyl., (Produced 1904-05-06)						
Tr	1000	3250	5400	10,800	18,900	27,000
Model K						
40 hp, 6-cyl., (Produced 1905-06-07-08)						
Tr	2650	8400	14,000	28,000	49,000	70,000
Rds	2650	8400	14,000	28,000	49,000	70,000
Model N						
18 hp, 4-cyl., (Produced 1906-07-08)						
Rbt	850	2650	4400	8800	15,400	22,000
Model R						
4-cyl., (Produced 1907-08)						
Rbt	850	2650	4400	8800	15,400	22,000
Model S						
4-cyl.						
Rbt	850	2650	4400	8800	15,400	22,000
1908						
Model T, 4-cyl., 2 levers, 2 foot pedals (1,000 produced)						
Tr	1000	3250	5400	10,800	18,900	27,000

	6	5	4	3	2	1
1909						
Model T, 4-cyl.						
Rbt	800	2500	4200	8400	14,700	21,000
Tr	850	2650	4400	8800	15,400	22,000
Trbt	750	2400	4000	8000	14,000	20,000
Cpe	700	2150	3600	7200	12,600	18,000
Twn Car	850	2750	4600	9200	16,100	23,000
Lan'let	750	2400	4000	8000	14,000	20,000
1910						
Model T, 4-cyl.						
Rbt	750	2400	4000	8000	14,000	20,000
Tr	800	2500	4200	8400	14,700	21,000
Cpe	650	2050	3400	6800	11,900	17,000
Twn Car	700	2150	3600	7200	12,600	18,000
C'ml Rds	650	2050	3400	6800	11,900	17,000
1911						
Model T, 4-cyl.						
Rbt	700	2300	3800	7600	13,300	19,000
Tor Rds	750	2400	4000	8000	14,000	20,000
Tr	750	2400	4000	8000	14,000	20,000
Trbt	700	2300	3800	7600	13,300	19,000
Cpe	550	1800	3000	6000	10,500	15,000
Twn Car	700	2300	3800	7600	13,300	19,000
C'ml Rds	600	1900	3200	6400	11,200	16,000
Dely Van	550	1700	2800	5600	9800	14,000
1912						
Model T, 4-cyl.						
Rds	700	2150	3600	7200	12,600	18,000
Tor Rds	700	2300	3800	7600	13,300	19,000
Tr	750	2400	4000	8000	14,000	20,000
Twn Car	700	2300	3800	7600	13,300	19,000
Dely Van	550	1800	3000	6000	10,500	15,000
C'ml Rds	650	2050	3400	6800	11,900	17,000
1913						
Model T, 4-cyl.						
Rds	700	2150	3600	7200	12,600	18,000
Tr	750	2400	4000	8000	14,000	20,000
Twn Car	650	2050	3400	6800	11,900	17,000

1914 Ford Model T touring

	6	5	4	3	2	1
1914						
Model T, 4-cyl.						
Rds	700	2150	3600	7200	12,600	18,000
Tr	750	2400	4000	8000	14,000	20,000

	6	5	4	3	2	1
Twn Car	700	2150	3600	7200	12,600	18,000
Cpe	400	1200	2000	4000	7000	10,000
1915 & early 1916						
Model T, 4-cyl., (brass rad.)						
Rds	700	2150	3600	7200	12,600	18,000
Tr	700	2300	3800	7600	13,300	19,000
Conv Cpe	750	2400	4000	8000	14,000	20,000
Ctr dr Sed	500	1550	2600	5200	9100	13,000
Twn Car	650	2050	3400	6800	11,900	17,000
1916						
Model T, 4-cyl., (steel rad.)						
Rds	650	2050	3400	6800	11,900	17,000
Tr	700	2150	3600	7200	12,600	18,000
Conv Cpe	700	2300	3800	7600	13,300	19,000
Ctr dr Sed	500	1550	2600	5200	9100	13,000
Twn Car	550	1800	3000	6000	10,500	15,000
1917						
Model T, 4-cyl.						
Rds	600	1900	3200	6400	11,200	16,000
Tr	650	2050	3400	6800	11,900	17,000
Conv Cpe	550	1700	2800	5600	9800	14,000
Twn Car	450	1450	2400	4800	8400	12,000
Ctr dr Sed	400	1200	2000	4000	7000	10,000
Cpe	400	1300	2200	4400	7700	11,000
1918						
Model T, 4-cyl.						
Rds	600	1900	3200	6400	11,200	16,000
Tr	650	2050	3400	6800	11,900	17,000
Cpe	400	1300	2200	4400	7700	11,000
Twn Car	550	1700	2800	5600	9800	14,000
Ctr dr Sed	400	1200	2000	4000	7000	10,000
1919						
Model T, 4-cyl.						
Rds	650	2050	3400	6800	11,900	17,000
Tr	700	2150	3600	7200	12,600	18,000
Cpe	400	1300	2200	4400	7700	11,000
Twn Car	550	1800	3000	6000	10,500	15,000
Ctr dr Sed	400	1300	2200	4400	7700	11,000
1920-1921						
Model T, 4-cyl.						
Rds	650	2050	3400	6800	11,900	17,000
Tr	700	2150	3600	7200	12,600	18,000
Cpe	400	1200	2000	4000	7000	10,000
Ctr dr Sed	400	1200	2000	4000	7000	10,000
1922-1923						
Model T, 4-cyl.						
Rds	550	1800	3000	6000	10,500	15,000
'22 Tr	600	1900	3200	6400	11,200	16,000
'23 Tr	600	2000	3300	6600	11,600	16,500
Cpe	400	1200	2000	4000	7000	10,000
4d Sed	350	900	1500	3000	5250	7500
2d Sed	350	870	1450	2900	5100	7300
1924						
Model T, 4-cyl.						
Rds	550	1800	3000	6000	10,500	15,000
Tr	600	2000	3300	6600	11,600	16,500
Cpe	400	1300	2200	4400	7700	11,000
4d Sed	350	900	1500	3000	5250	7500
2d Sed	350	950	1550	3100	5400	7700
Rds PU	450	1450	2400	4800	8400	12,000
1925						
Model T, 4-cyl.						
Rds	550	1800	3000	6000	10,500	15,000
Tr	600	1900	3200	6400	11,200	16,000
Cpe	400	1300	2200	4400	7700	11,000
2d	350	900	1500	3000	5250	7500
4d	350	975	1600	3200	5600	8000
1926						
Model T, 4-cyl.						
Rds	600	1900	3200	6400	11,200	16,000
Tr	650	2050	3400	6800	11,900	17,000
Cpe	400	1300	2200	4400	7700	11,000
2d	350	975	1600	3200	5600	8000
4d	350	975	1600	3250	5700	8100

	6	5	4	3	2	1
1927						
Model T, 4-cyl.						
Rds	650	2050	3400	6800	11,900	17,000
Tr	700	2150	3600	7200	12,600	18,000
Cpe	450	1400	2300	4600	8100	11,500
2d	350	1020	1700	3400	5950	8500
4d	350	1000	1650	3350	5800	8300
1928						
Model A, 4-cyl.						
(Add 20 percent avg for early 'AR' features)						
Rds	950	3000	5000	10,000	17,500	25,000
Phae	1000	3100	5200	10,400	18,200	26,000
Cpe	500	1550	2600	5200	9100	13,000
Spl Cpe	500	1600	2700	5400	9500	13,500
Bus Cpe	500	1550	2600	5200	9100	13,000
Spt Cpe	550	1700	2800	5600	9800	14,000
2d	450	1400	2300	4600	8100	11,500
4d	450	1400	2300	4600	8100	11,600
1929						
Model A, 4-cyl.						
Rds	900	2950	4900	9800	17,200	24,500
Phae	950	3050	5100	10,200	17,900	25,500
Cabr	850	2750	4600	9200	16,100	23,000
Cpe	450	1500	2500	5000	8800	12,500
Bus Cpe	450	1450	2400	4800	8400	12,000
Spl Cpe	450	1500	2500	5000	8800	12,500
Spt Cpe	500	1600	2700	5400	9500	13,500
2d Sed	450	1400	2300	4600	8100	11,500
4d 3W Sed	450	1450	2400	4800	8400	12,000
4d 5W Sed	450	1400	2300	4600	8100	11,500
4d DeL Sed	450	1450	2400	4800	8400	12,000
Twn Sed	450	1500	2500	5000	8800	12,500
Taxi	550	1700	2800	5600	9800	14,000
Twn Car	800	2500	4200	8400	14,700	21,000
Sta Wag	700	2150	3600	7200	12,600	18,000

1930 Ford Model A Cabriolet convertible

	6	5	4	3	2	1
1930						
Model A, 4-cyl.						
Rds	950	3000	5000	10,000	17,500	25,000
DeL Rds	1000	3100	5200	10,400	18,200	26,000
Phae	1000	3250	5400	10,800	18,900	27,000
DeL Phae	1050	3350	5600	11,200	19,600	28,000
Cabr	900	2900	4800	9600	16,800	24,000
Cpe	450	1450	2400	4800	8400	12,000

	6	5	4	3	2	1
DeL Cpe	450	1500	2500	5000	8800	12,500
Spt Cpe	500	1600	2700	5400	9500	13,500
2d Std	450	1400	2300	4600	8100	11,500
2d DeL	450	1450	2400	4800	8400	12,000
4d 3W	450	1450	2400	4800	8400	12,000
4d 5W	450	1400	2300	4600	8100	11,500
4d DeL	500	1550	2600	5200	9100	13,000
Twn Sed	450	1450	2400	4800	8400	12,000
Vic	600	1900	3200	6400	11,200	16,000
Sta Wag	650	2050	3400	6800	11,900	17,000
1931						
Model A, 4-cyl.						
Rds	950	3000	5000	10,000	17,500	25,000
DeL Rds	1000	3100	5200	10,400	18,200	26,000
Phae	1000	3250	5400	10,800	18,900	27,000
DeL Phae	1050	3350	5600	11,200	19,600	28,000
Cabr	900	2900	4800	9600	16,800	24,000
SW Cabr	950	3000	5000	10,000	17,500	25,000
Conv Sed	1000	3250	5400	10,800	18,900	27,000
Cpe	450	1450	2400	4800	8400	12,000
DeL Cpe	500	1550	2600	5200	9100	13,000
Spt Cpe	550	1700	2800	5600	9800	14,000
2d Sed	450	1400	2300	4600	8100	11,500
2d DeL Sed	450	1450	2400	4800	8400	12,000
4d Sed	450	1450	2400	4800	8400	12,000
4d DeL Sed	500	1550	2600	5200	9100	13,000
Twn Sed	500	1600	2700	5400	9500	13,500
Vic	600	1900	3200	6400	11,200	16,000
Sta Wag	650	2050	3400	6800	11,900	17,000
1932						
Model B, 4-cyl.						
Rds	1000	3100	5200	10,400	18,200	26,000
Phae	1000	3250	5400	10,800	18,900	27,000
Cabr	950	3000	5000	10,000	17,500	25,000
Conv Sed	1000	3100	5200	10,400	18,200	26,000
Cpe	600	1900	3200	6400	11,200	16,000
Spt Cpe	650	2050	3400	6800	11,900	17,000
2d Sed	450	1450	2400	4800	8400	12,000
4d Sed	400	1300	2200	4400	7700	11,000
Vic	850	2650	4400	8800	15,400	22,000
Sta Wag	700	2300	3800	7600	13,300	19,000
Model 18, V-8						
Rds	1100	3500	5800	11,600	20,300	29,000
DeL Rds	1150	3600	6000	12,000	21,000	30,000
Phae	1150	3700	6200	12,400	21,700	31,000
DeL Phae	1200	3850	6400	12,800	22,400	32,000
Cabr	1000	3250	5400	10,800	18,900	27,000
Conv Sed	1050	3350	5600	11,200	19,600	28,000
Cpe	650	2050	3400	6800	11,900	17,000
DeL Cpe	700	2150	3600	7200	12,600	18,000
Spt Cpe	700	2150	3600	7200	12,600	18,000
2d Sed	550	1700	2800	5600	9800	14,000
2d DeL Sed	550	1800	3000	6000	10,500	15,000
4d Sed	500	1550	2600	5200	9100	13,000
4d DeL Sed	550	1700	2800	5600	9800	14,000
Vic	850	2650	4400	8800	15,400	22,000
Sta Wag	850	2750	4600	9200	16,100	23,000
1933						
Model 40, V-8						
Phae	1000	3250	5400	10,800	18,900	27,000
DeL Phae	1050	3350	5600	11,200	19,600	28,000
Rds	1000	3250	5400	10,800	18,900	27,000
DeL Rds	1050	3350	5600	11,200	19,600	28,000
3W Cpe	500	1550	2600	5200	9100	13,000
3W DeL Cpe	550	1700	2800	5600	9800	14,000
5W Cpe	500	1550	2600	5200	9100	13,000
5W DeL Cpe	550	1700	2800	5600	9800	14,000
Cabr	850	2750	4600	9200	16,100	23,000
2d Sed	500	1550	2600	5200	9100	13,000
2d DeL Sed	550	1700	2800	5600	9800	14,000
4d Sed	400	1300	2200	4400	7700	11,000
4d DeL Sed	450	1450	2400	4800	8400	12,000
Vic	650	2050	3400	6800	11,900	17,000
Sta Wag	850	2650	4400	8800	15,400	22,000

	6	5	4	3	2	1
Model 40, 4-cyl.						
(All models deduct 20 percent avg from V-8 models)						
1934						
Model 40, V-8						
Rds	1050	3350	5600	11,200	19,600	28,000
Phae	1100	3500	5800	11,600	20,300	29,000
Cabr	1000	3250	5400	10,800	18,900	27,000
SW Cpe	500	1550	2600	5200	9100	13,000
3W DeL Cpe	550	1800	3000	6000	10,500	15,000
5W DeL Cpe	500	1550	2600	5200	9100	13,000
2d Sed	400	1300	2200	4400	7700	11,000
2d DeL Sed	450	1400	2300	4600	8100	11,500
4d Sed	450	1400	2300	4600	8100	11,500
4d DeL Sed	450	1400	2350	4700	8200	11,700
Vic	650	2050	3400	6800	11,900	17,000
Sta Wag	850	2650	4400	8800	15,400	22,000
1935						
Model 48, V-8						
Phae	1100	3500	5800	11,600	20,300	29,000
Rds	1050	3350	5600	11,200	19,600	28,000
Cabr	1000	3100	5200	10,400	18,200	26,000
Conv Sed	1000	3250	5400	10,800	18,900	27,000
3W DeL Cpe	650	2050	3400	6800	11,900	17,000
5W Cpe	550	1800	3000	6000	10,500	15,000
5W DeL Cpe	600	1900	3200	6400	11,200	16,000
2d Sed	400	1350	2250	4500	7800	11,200
2d DeL Sed	450	1400	2350	4700	8200	11,700
4d Sed	400	1350	2200	4400	7800	11,100
4d DeL Sed	450	1400	2300	4600	8100	11,600
Sta Wag	850	2650	4400	8800	15,400	22,000
C'ham Twn Car	950	3000	5000	10,000	17,500	25,000
1936						
Model 68, V-8						
Rds	1050	3350	5600	11,200	19,600	28,000
Phae	1100	3500	5800	11,600	20,300	29,000
Cabr	1000	3100	5200	10,400	18,200	26,000
Clb Cabr	1000	3250	5400	10,800	18,900	27,000
Conv Trk Sed	1050	3350	5600	11,200	19,600	28,000
Conv Sed	1000	3250	5400	10,800	18,900	27,000
3W Cpe	650	2050	3400	6800	11,900	17,000
5W Cpe	550	1800	3000	6000	10,500	15,000
5W DeL Cpe	600	1900	3200	6400	11,200	16,000
2d Sed	450	1400	2300	4600	8100	11,600
2d Tr Sed	450	1450	2400	4800	8500	12,100
2d DeL Sed	450	1450	2400	4800	8500	12,100
4d Sed	450	1400	2300	4600	8100	11,500
4d Tr Sed	450	1450	2400	4800	8400	12,000
4d DeL Sed	450	1500	2500	5000	8800	12,500
4d DeL Tr Sed	450	1450	2400	4800	8400	12,000
Sta Wag	850	2650	4400	8800	15,400	22,000
1937						
Model 74, V-8, 60-hp						
2d Sed	450	1090	1800	3650	6400	9100
2d Tr Sed	450	1150	1900	3850	6700	9600
4d Sed	450	1080	1800	3600	6300	9000
4d Tr Sed	450	1140	1900	3800	6650	9500
Cpe	400	1200	2000	4000	7000	10,000
Cpe PU	400	1300	2200	4400	7700	11,000
V-8 DeLuxe						
Sta Wag	850	2650	4400	8800	15,400	22,000
Model 78, V-8, 85-hp						
Rds	1000	3100	5200	10,400	18,200	26,000
Phae	1000	3250	5400	10,800	18,900	27,000
Cabr	1000	3250	5400	10,800	18,900	27,000
Clb Cabr	1050	3350	5600	11,200	19,600	28,000
Conv Sed	1100	3500	5800	11,600	20,300	29,000
Cpe	400	1300	2200	4400	7700	11,000
Clb Cpe	450	1450	2400	4800	8400	12,000
2d Sed	450	1150	1900	3850	6700	9600
2d Tr Sed	400	1200	2000	4000	7100	10,100
4d Sed	450	1140	1900	3800	6650	9500
4d Tr Sed	400	1200	2000	4000	7000	10,000
Sta Wag	850	2750	4600	9200	16,100	23,000

	6	5	4	3	2	1
1938						
Model 81A Standard, V-8						
Cpe	400	1250	2100	4200	7400	10,500
2d Sed	450	1090	1800	3650	6400	9100
4d Sed	450	1080	1800	3600	6300	9000
Sta Wag	800	2500	4200	8400	14,700	21,000
Model 81A DeLuxe, V-8						
Phae	1100	3500	5800	11,600	20,300	29,000
Conv	1050	3350	5600	11,200	19,600	28,000
Clb Conv	1100	3500	5800	11,600	20,300	29,000
Conv Sed	1150	3600	6000	12,000	21,000	30,000
Cpe	400	1300	2200	4400	7700	11,000
Clb Cpe	450	1450	2400	4800	8400	12,000
2d Sed	400	1200	2000	4000	7100	10,100
4d Sed	400	1200	2000	4000	7000	10,000

NOTE: Deduct 10 percent avg. for 60 hp 82A Cord.

1939 Ford Model 91A Deluxe coupe

	6	5	4	3	2	1
1939						
Model 922A Standard, V-8						
Cpe	500	1550	2600	5200	9100	13,000
2d Sed	450	1150	1900	3850	6700	9600
4d Sed	450	1140	1900	3800	6650	9500
Sta Wag	850	2650	4400	8800	15,400	22,000
Model 91A DeLuxe, V-8						
Conv	1250	3950	6600	13,200	23,100	33,000
Conv Sed	1300	4100	6800	13,600	23,800	34,000
Cpe	550	1700	2800	5600	9800	14,000
2d Sed	400	1200	2000	4000	7100	10,100
4d Sed	400	1200	2000	4000	7000	10,000
Sta Wag	850	2750	4600	9200	16,100	23,000

NOTE: Deduct 10 percent avg. for V-60 hp models.

	6	5	4	3	2	1
1940						
Model 022A, V-8						
Conv	1300	4100	6800	13,600	23,800	34,000
Cpe	550	1700	2800	5600	9800	14,000
DeL Cpe	600	1900	3200	6400	11,200	16,000
2d Sed	400	1350	2200	4400	7800	11,100
2d DeL Sed	450	1400	2300	4600	8100	11,600
4d Sed	400	1300	2200	4400	7700	11,000
4d DeL Sed	450	1400	2300	4600	8100	11,500
Sta Wag	900	2900	4800	9600	16,800	24,000

NOTE: Deduct 10 percent avg. for V-8, 60 hp models.

	6	5	4	3	2	1
1941						
Model 11A Special, V-8						
Cpe	500	1550	2600	5200	9100	13,000
2d Sed	350	1040	1700	3450	6000	8600
4d Sed	350	1020	1700	3400	5950	8500
DeLuxe						
3P Cpe	550	1700	2800	5600	9800	14,000
5P Cpe	550	1700	2800	5600	9800	14,000
2d Sed	400	1200	2000	4000	7100	10,100
4d Sed	400	1200	2000	4000	7000	10,000
Sta Wag	1000	3100	5200	10,400	18,200	26,000

	6	5	4	3	2	1
Super DeLuxe						
Conv	1200	3850	6400	12,800	22,400	32,000
3P Cpe	550	1800	3000	6000	10,500	15,000
5P Cpe	550	1800	3000	6000	10,500	15,000
2d Sed	400	1250	2100	4200	7400	10,600
4d Sed	400	1250	2100	4200	7400	10,500
Sta Wag	1000	3250	5400	10,800	18,900	27,000
NOTE: Deduct 10 percent average for 6-cyl.						
1942						
Model 2GA Special, 6-cyl.						
3P Cpe	400	1300	2200	4400	7700	11,000
2d Sed	350	975	1600	3250	5700	8100
4d Sed	350	975	1600	3200	5600	8000
Model 21A DeLuxe, V-8						
Cpe	450	1450	2400	4800	8400	12,000
5P Cpe	500	1550	2600	5200	9100	13,000
2d Sed	350	1040	1700	3450	6000	8600
4d Sed	350	1020	1700	3400	5950	8500
Super DeLuxe						
Conv	1000	3250	5400	10,800	18,900	27,000
3P Cpe	500	1550	2600	5200	9100	13,000
5P Cpe	550	1700	2800	5600	9800	14,000
2d Sed	450	1090	1800	3650	6400	9100
4d Sed	450	1080	1800	3600	6300	9000
4d Sta Wag	1000	3250	5400	10,800	18,900	27,000
NOTE: Deduct 10 percent avg. for 6-cyl.						
1946-1948						
Model 89A DeLuxe, V-8						
3P Cpe	450	1450	2400	4800	8400	12,000
2d Sed	450	1090	1800	3650	6400	9100
4d Sed	450	1080	1800	3600	6300	9000
Model 89A Super DeLuxe, V-8						
2d Conv	1050	3350	5600	11,200	19,600	28,000
2d Sptman Conv	2050	6600	11,000	22,000	38,500	55,000
2d 3P Cpe	500	1550	2600	5200	9100	13,000
2d 5P Cpe	500	1600	2700	5400	9500	13,500
2d Sed	450	1150	1900	3850	6700	9600
4d Sed	450	1140	1900	3800	6650	9500
4d Sta Wag	1050	3350	5600	11,200	19,600	28,000
NOTE: Deduct 5 percent avg. for 6-cyl.						
1949-1950						
DeLuxe, V-8, 114" wb						
2d Bus Cpe	450	1450	2400	4800	8400	12,000
2d Sed	400	1200	2000	4000	7100	10,100
4d Sed	400	1200	2000	4000	7000	10,000
Custom DeLuxe, V-8, 114" wb						
2d Clb Cpe	500	1550	2600	5200	9100	13,000
2d Sed	400	1250	2050	4100	7200	10,300
4d Sed	400	1200	2050	4100	7100	10,200
2d Crest (1950 only)	550	1700	2800	5600	9800	14,000
2d Conv	950	3000	5000	10,000	17,500	25,000
2d Sta Wag	700	2300	3800	7600	13,300	19,000
NOTE: Deduct 5 percent average for 6-cyl.						
1951						
DeLuxe, V-8, 114" wb						
2d Bus Cpe	450	1450	2400	4800	8400	12,000
2d Sed	400	1200	2050	4100	7100	10,200
4d Sed	400	1200	2000	4000	7100	10,100
Custom DeLuxe, V-8, 114" wb						
2d Clb Cpe	550	1700	2800	5600	9800	14,000
2d Sed	400	1250	2100	4200	7300	10,400
4d Sed	500	1550	2600	5200	9100	13,000
2d Crest	550	1800	3000	6000	10,500	15,000
2d HT	500	1550	2600	5200	9100	13,000
2d Conv	1000	3100	5200	10,400	18,200	26,000
2d Sta Wag	600	1900	3200	6400	11,200	16,000
NOTE: Deduct 5 percent average for 6-cyl.						
1952-1953						
Mainline, V-8, 115" wb						
2d Bus Cpe	400	1300	2200	4400	7700	11,000
2d Sed	450	1090	1800	3650	6400	9100
4d Sed	450	1080	1800	3600	6300	9000
4d Sta Wag	400	1300	2200	4400	7700	11,000

1951 Ford Custom Deluxe Country Squire station wagon

	6	5	4	3	2	1
Customline, V-8, 115" wb						
2d CLB Cpe	450	1500	2500	5000	8800	12,500
2d Sed	400	1250	2100	4200	7400	10,500
4d Sed	400	1250	2100	4200	7300	10,400
4d Sta Wag	450	1450	2400	4800	8400	12,000
Crestline, 8-cyl., 115" wb						
2d HT	600	1850	3100	6200	10,900	15,500
2d Conv	850	2750	4600	9200	16,100	23,000
4d Sta Wag	450	1500	2500	5000	8800	12,500

NOTE: Deduct 5 percent average for 6-cyl.
Add 50 percent for Indy Pace Car replica convertible.

1954

	6	5	4	3	2	1
Mainline, 8-cyl., 115.5" wb						
2d Bus Cpe	400	1300	2200	4400	7700	11,000
2d Sed	400	1200	2000	4000	7100	10,100
4d Sed	400	1200	2000	4000	7000	10,000
4d Sta Wag	450	1450	2400	4800	8400	12,000
Customline, V-8, 115.5" wb						
2d Clb Cpe	550	1700	2800	5600	9800	14,000
2d Sed	450	1400	2300	4600	8100	11,500
4d Sed	450	1350	2300	4600	8000	11,400
4d Sta Wag	500	1550	2600	5200	9100	13,000
Crestline, V-8, 115.5" wb						
4d Sed	450	1400	2300	4600	8100	11,500
2d HT	650	2050	3400	6800	11,900	17,000
2d Sky Cpe	950	3000	5000	10,000	17,500	25,000
2d Conv	1000	3250	5400	10,800	18,900	27,000
4d Sta Wag	550	1700	2800	5600	9800	14,000

NOTE: Deduct 5 percent average for 6-cyl.

1955

	6	5	4	3	2	1
Mainline, V-8, 115.5" wb						
2d Bus Sed	450	1150	1900	3850	6700	9600
2d Sed	450	1160	1950	3900	6800	9700
4d Sed	450	1170	1975	3900	6850	9800
Customline, V-8, 115.5" wb						
2d Sed	400	1250	2050	4100	7200	10,300
4d Sed	400	1250	2100	4200	7300	10,400
Fairlane, V-8, 115.5" wb						
2d Sed	400	1300	2150	4300	7500	10,700
4d Sed	400	1300	2150	4300	7600	10,800
2d HT	650	2050	3400	6800	11,900	17,000
2d Crn Vic	1000	3250	5400	10,800	18,900	27,000
2d Crn Vic Plexi-top	1150	3600	6000	12,000	21,000	30,000
2d Conv	1300	4200	7000	14,000	24,500	35,000
Station Wagon, V-8, 115.5" wb						
2/4d Ran Wag	450	1400	2300	4600	8100	11,500
4d Ctry Sed	500	1550	2600	5200	9100	13,000

	6	5	4	3	2	1
4d Ctry Sq	550	1700	2800	5600	9800	14,000

NOTE: Deduct 5 percent average for 6-cyl.

1956

	6	5	4	3	2	1
Mainline, V-8, 115.5" wb						
2d Bus Sed	450	1160	1950	3900	6800	9700
2d Sed	450	1190	2000	3950	6900	9900
4d Sed	450	1170	1975	3900	6850	9800
Customline, V-8, 115.5" wb						
2d Sed	400	1250	2100	4200	7300	10,400
4d Sed	400	1250	2050	4100	7200	10,300
2d HT Vic	600	1850	3100	6200	10,900	15,500
Fairlane, V-8, 115.5" wb						
2d Sed	400	1300	2150	4300	7600	10,800
4d Sed	400	1300	2150	4300	7500	10,700
4d HT Vic	600	1900	3200	6400	11,200	16,000
2d HT Vic	850	2750	4600	9200	16,100	23,000
2d Crn Vic	1000	3100	5200	10,400	18,200	26,000
2d Crn Vic Plexi-top	1150	3600	6000	12,000	21,000	30,000
2d Conv	1450	4550	7600	15,200	26,600	38,000
Station Wagons, V-8, 115.5" wb						
2/4d Ran Wag	400	1300	2200	4400	7700	11,000
2d Parklane	600	1900	3200	6400	11,200	16,000
4d Ctry Sed	500	1550	2600	5200	9100	13,000
4d Ctry Sq	550	1700	2800	5600	9800	14,000

NOTE: Deduct 5 percent average for 6-cyl.
Add 10 percent for "T-Bird Special" V-8.

1957

	6	5	4	3	2	1
Custom, V-8, 116" wb						
2d Bus Cpe	350	975	1600	3250	5700	8100
2d Sed	350	1020	1700	3400	5900	8400
4d Sed	350	1000	1650	3350	5800	8300
Custom 300, V-8, 116" wb						
2d Sed	450	1080	1800	3600	6300	9000
4d Sed	350	1040	1700	3450	6000	8600
Fairlane, V-8, 118" wb						
2d Sed	450	1080	1800	3600	6300	9000
4d Sed	450	1050	1800	3600	6200	8900
4d HT Vic	550	1800	3000	6000	10,500	15,000
2d Vic HT	650	2050	3400	6800	11,900	17,000
Fairlane 500, V-8, 118" wb						
2d Sed	450	1120	1875	3750	6500	9300
4d Sed	950	1100	1850	3700	6450	9200
4d HT Vic	550	1800	3000	6000	10,500	15,000
2d HT Vic	700	2300	3800	7600	13,300	19,000
2d Conv	1050	3350	5600	11,200	19,600	28,000
2d Sky HT Conv	1300	4200	7000	14,000	24,500	35,000
Station Wagons, 8-cyl., 116" wb						
2/4d Ran Wag	400	1200	2000	4000	7000	10,000
2/4d DeL Rio Ran	400	1250	2100	4200	7400	10,500
4d Ctry Sed	500	1550	2600	5200	9100	13,000
4d Ctry Sq	450	1450	2400	4800	8400	12,000

NOTE: Deduct 5 percent average for 6-cyl.
Add 20 percent for "T-Bird Special" V-8 (Code E).
Add 30 percent for Supercharged V-8 (Code F).

1958

	6	5	4	3	2	1
Custom 300, V-8, 116.03" wb						
2d Bus Cpe	350	800	1350	2700	4700	6700
2d Sed	350	975	1600	3200	5600	8000
4d Sed	350	870	1450	2900	5100	7300
Fairlane, V-8, 116.03" wb						
2d Sed	350	900	1500	3000	5250	7500
4d Sed	350	880	1500	2950	5180	7400
4d HT	500	1550	2600	5200	9100	13,000
2d HT	550	1700	2800	5600	9800	14,000
Fairlane 500, V-8, 118.04" wb						
2d Sed	350	1000	1650	3350	5800	8300
4d Sed	350	975	1600	3200	5500	7900
4d HT	550	1700	2800	5600	9800	14,000
2d HT	600	1900	3200	6400	11,200	16,000
2d Conv	850	2750	4600	9200	16,100	23,000
2d Sky HT Conv	1100	3500	5800	11,600	20,300	29,000
Station Wagons, V-8, 116.03" wb						
2d Ran	450	1160	1950	3900	6800	9700
4d Ran	450	1140	1900	3800	6650	9500
4d Ctry Sed	400	1250	2100	4200	7400	10,500

1959 Ford Fairlane 500 Galaxie Sunliner convertible

	6	5	4	3	2	1
2/4d DeL Rio Ran	400	1300	2200	4400	7700	11,000
4d Ctry Sq	450	1400	2300	4600	8100	11,500

NOTE: Deduct 5 percent average for 6-cyl.

1959

	6	5	4	3	2	1
Custom 300, V-8, 118" wb						
2d Bus Cpe	350	900	1500	3000	5250	7500
2d Sed	350	950	1500	3050	5300	7600
4d Sed	350	900	1500	3000	5250	7500
Fairlane, V-8, 118" wb						
2d Sed	350	830	1400	2950	4830	6900
4d Sed	350	820	1400	2700	4760	6800
Fairlane 500, V-8, 118" wb						
2d Sed	350	850	1450	2850	4970	7100
4d Sed	350	840	1400	2800	4900	7000
4d HT	450	1500	2500	5000	8800	12,500
2d HT	600	1850	3100	6200	10,900	15,500
2d Sun Conv	1000	3250	5400	10,800	18,900	27,000
2d Sky HT Conv	1400	4450	7400	14,800	25,900	37,000
Galaxie, V-8, 118" wb						
2d Sed	350	870	1450	2900	5100	7300
4d Sed	350	860	1450	2900	5050	7200
4d HT	500	1600	2700	5400	9500	13,500
2d HT	600	2000	3300	6600	11,600	16,500
2d Sun Conv	1000	3250	5400	10,800	18,900	27,000
2d Sky HT Conv	1300	4200	7000	14,000	24,500	35,000
Station Wagons, V-8, 118" wb						
2d Ran	350	1020	1700	3400	5950	8500
2/4d DeL Rio Ran	400	1200	2000	4000	7000	10,000
4d Ran	400	1200	2000	4000	7000	10,000
4d Ctry Sed	400	1250	2100	4200	7400	10,500
4d Ctry Sq	400	1300	2200	4400	7700	11,000

NOTE: Deduct 5 percent average for 6-cyl.

1960

	6	5	4	3	2	1
Falcon, 6-cyl., 109.5" wb						
2d Sed	200	730	1250	2450	4270	6100
4d Sed	200	745	1250	2500	4340	6200
2d Sta Wag	200	745	1250	2500	4340	6200
4d Sta Wag	200	750	1275	2500	4400	6300
Fairlane, V-8, 119" wb						
2d Bus Cpe	200	750	1275	2500	4400	6300
2d Sed	350	790	1350	2650	4620	6600
4d Sed	350	780	1300	2600	4550	6500
Fairlane 500, V-8, 119" wb						
2d Sed	350	800	1350	2700	4700	6700
4d Sed	350	790	1350	2650	4620	6600
Galaxie, V-8, 119" wb						
2d Sed	350	900	1500	3000	5250	7500
4d Sed	350	880	1500	2950	5180	7400
4d HT	400	1300	2200	4400	7700	11,000
2d HT	550	1800	3000	6000	10,500	15,000
Galaxie Special, V-8, 119" wb						
2d HT	650	2050	3400	6800	11,900	17,000
2d Sun Conv	950	3000	5000	10,000	17,500	25,000

	6	5	4	3	2	1
Station Wagons, V-8, 119" wb						
2d Ran	450	1050	1750	3550	6150	8800
4d Ran	350	1020	1700	3400	5950	8500
4d Ctry Sed	450	1080	1800	3600	6300	9000
4d Ctry Sq	450	1140	1900	3800	6650	9500

NOTE: Deduct 5 percent average for 6-cyl.

1961

	6	5	4	3	2	1
Falcon, 6-cyl., 109.5" wb						
2d Sed	350	800	1350	2700	4700	6700
4d Sed	350	820	1400	2700	4760	6800
2d Futura Sed	450	1080	1800	3600	6300	9000
2d Sta Wag	350	830	1400	2950	4830	6900
4d Sta Wag	350	820	1400	2700	4760	6800
Fairlane, V-8, 119" wb						
2d Sed	350	820	1400	2700	4760	6800
4d Sed	350	830	1400	2950	4830	6900
Galaxie, V-8, 119" wb						
2d Sed	350	830	1400	2950	4830	6900
4d Sed	350	840	1400	2800	4900	7000
4d Vic HT	350	1020	1700	3400	5950	8500
2d Vic HT	550	1700	2800	5600	9800	14,000
2d Star HT	550	1800	3000	6000	10,500	15,000
2d Sun Conv	700	2150	3600	7200	12,600	18,000
Station Wagons, V-8, 119" wb						
4d Ran	350	975	1600	3200	5600	8000
2d Ran	350	1000	1650	3300	5750	8200
4d 6P Ctry Sed	350	1020	1700	3400	5950	8500
4d Ctry Sq	450	1080	1800	3600	6300	9000

NOTE: Deduct 5 percent average for 6-cyl.

1962

	6	5	4	3	2	1
Falcon, 6-cyl., 109.5" wb						
4d Sed	200	660	1100	2200	3850	5500
2d	200	650	1100	2150	3780	5400
2d Fut Spt Cpe	400	1200	2000	4000	7000	10,000
4d Sq Wag	200	670	1200	2300	4060	5800
Falcon Station Bus, 6-cyl., 109.5" wb						
Sta Bus	200	700	1075	2150	3700	5300
Clb Wag	200	650	1100	2150	3780	5400
DeL Wag	200	660	1100	2200	3850	5500
Fairlane, V-8, 115.5" wb						
4d Sed	200	650	1100	2150	3780	5400
2d Sed	200	700	1075	2150	3700	5300
4d Spt Sed	200	670	1200	2300	4060	5800
Galaxie 500, V-8, 119" wb						
4d Sed	200	670	1200	2300	4060	5800
4d HT	350	900	1500	3000	5250	7500
2d Sed	200	685	1150	2300	3990	5700
2d HT	400	1300	2200	4400	7700	11,000
2d Conv	550	1800	3000	6000	10,500	15,000
Galaxie 500 XL, V-8, 119" wb						
2d HT	500	1550	2600	5200	9100	13,000
2d Conv	700	2150	3600	7200	12,600	18,000
Station Wagons, V-8, 119" wb						
4d Ranch	350	840	1400	2800	4900	7000
4d Ctry Sed	350	900	1500	3000	5250	7500
4d Ctry Sq	350	975	1600	3200	5600	8000

NOTE: Deduct 5 percent for 6-cyl.
NOTE: Add 30 percent for 406 V-8.

1963

	6	5	4	3	2	1
Falcon, 6-cyl., 109.5" wb						
4d Sed	200	685	1150	2300	3990	5700
2d Sed	200	670	1150	2250	3920	5600
2d Spt Sed	200	720	1200	2400	4200	6000
2d HT	450	1080	1800	3600	6300	9000
2d Spt HT	400	1200	2000	4000	7000	10,000
2d Conv	500	1550	2600	5200	9100	13,000
2d Spt Conv	550	1700	2800	5600	9800	14,000
4d Sq Wag	350	780	1300	2600	4550	6500
4d Sta Wag	200	720	1200	2400	4200	6000
2d Sta Wag	200	730	1250	2450	4270	6100
Station Buses, 6-cyl., 90" wb						
Sta Bus	200	750	1275	2500	4400	6300
Clb Wag	350	770	1300	2550	4480	6400
DeL Clb Wag	200	720	1200	2400	4200	6000

	6	5	4	3	2	1
Sprint, V-8, 109.5" wb						
2d HT	450	1450	2400	4800	8400	12,000
2d Conv	550	1800	3000	6000	10,500	15,000
Fairlane, V-8, 115.5" wb						
4d Sed	200	650	1100	2150	3780	5400
2d Sed	200	700	1075	2150	3700	5300
2d HT	350	900	1500	3000	5250	7500
2d Spt Cpe	350	975	1600	3200	5600	8000
4d Sq Wag	350	780	1300	2600	4550	6500
4d Cus Ran	350	770	1300	2550	4480	6400
NOTE: Add 20 percent for 271 hp V-8.						
Ford 300, V-8, 119" wb						
4d Sed	200	660	1100	2200	3850	5500
2d Sed	200	650	1100	2150	3780	5400
Galaxie 500, V-8, 119" wb						
4d Sed	200	670	1150	2250	3920	5600
4d HT	350	840	1400	2800	4900	7000
2d Sed	200	660	1100	2200	3850	5500
2d HT	500	1550	2600	5200	9100	13,000
2d FBk	550	1800	3000	6000	10,500	15,000
2d Conv	650	2050	3400	6800	11,900	17,000
Galaxie 500 XL, V-8, 119" wb						
4d HT	350	1020	1700	3400	5950	8500
2d HT	550	1700	2800	5600	9800	14,000
2d FBk	600	1900	3200	6400	11,200	16,000
2d Conv	700	2300	3800	7600	13,300	19,000
Station Wagons, V-8, 119" wb						
4d Ctry Sed	350	840	1400	2800	4900	7000
4d Ctry Sq	350	900	1500	3000	5250	7500
NOTE: Deduct 5 percent average for 6-cyl. Add 30 percent for 406 & add 40 percent for 427.						
1964						
NOTE: Add 5 percent for V-8 except Sprint.						
Falcon, 6-cyl., 109.5" wb						
4d Sed	200	670	1150	2250	3920	5600
2d Sed	200	660	1100	2200	3850	5500
2d HT	350	1020	1700	3400	5950	8500
2d Spt HT	400	1250	2100	4200	7400	10,500
2d Conv	400	1300	2200	4400	7700	11,000
2d Spt Conv	450	1450	2400	4800	8400	12,000
4d Sq Wag	350	780	1300	2600	4550	6500
4d DeL Wag	200	720	1200	2400	4200	6000
4d Sta	200	720	1200	2400	4200	6000
2d Sta	200	730	1250	2450	4270	6100
Station Bus, 6-cyl., 90" wb						
Sta Bus	200	720	1200	2400	4200	6000
Clb Wag	200	730	1250	2450	4270	6100
DeL Clb	200	750	1275	2500	4400	6300
Sprint, V-8, 109.5" wb						
2d HT	450	1400	2300	4600	8100	11,500
2d Conv	500	1550	2600	5200	9100	13,000
Fairlane, V-8, 115.5" wb						
4d Sed	200	700	1050	2100	3650	5200
2d Sed	200	700	1050	2050	3600	5100
2d HT	450	1140	1900	3800	6650	9500
2d Spt HT	400	1250	2100	4200	7400	10,500
4d Ran Cus	350	850	1450	2850	4970	7100
NOTE: Add 20 percent for 271 hp V-8.						
Fairlane Thunderbolt						
2d Sed	value not estimable					
Custom, V-8, 119" wb						
4d Sed	200	700	1050	2100	3650	5200
2d Sed	200	700	1050	2050	3600	5100
Custom 500, V-8, 119" wb						
4d Sed	200	700	1075	2150	3700	5300
2d Sed	200	700	1050	2100	3650	5200
Galaxie 500, V-8, 119" wb						
4d Sed	350	780	1300	2600	4550	6500
4d HT	350	975	1600	3200	5600	8000
2d Sed	350	770	1300	2550	4480	6400
2d HT	550	1800	3000	6000	10,500	15,000
2d Conv	700	2150	3600	7200	12,600	18,000
Galaxie 500XL, V-8, 119" wb						
4d HT	400	1200	2000	4000	7000	10,000
2d HT	600	1900	3200	6400	11,200	16,000
2d Conv	850	2650	4400	8800	15,400	22,000

	6	5	4	3	2	1
Station Wagons, V-8, 119" wb						
4d Ctry Sed	350	975	1600	3200	5600	8000
4d Ctry Sq	350	1020	1700	3400	5950	8500
NOTE: Add 40 percent for 427 V-8.						
1965						
Falcon, 6-cyl., 109.5" wb						
4d Sed	200	675	1000	2000	3500	5000
2d Sed	200	675	1000	1950	3400	4900
2d HT	350	840	1400	2800	4900	7000
2d Conv	450	1450	2400	4800	8400	12,000
4d Sq Wag	200	720	1200	2400	4200	6000
4d DeL Wag	200	660	1100	2200	3850	5500
4d Sta	200	675	1000	2000	3500	5000
2d Sta	200	700	1050	2100	3650	5200
Sprint V-8, 109.5" wb						
2d HT	400	1300	2200	4400	7700	11,000
2d Conv	500	1550	2600	5200	9100	13,000
Falcon Station Buses, 6-cyl., 90" wb						
Sta Bus	200	700	1050	2050	3600	5100
Clb Wag	200	700	1075	2150	3700	5300
DeL Wag	200	660	1100	2200	3850	5500
Fairlane, V-8, 116" wb						
4d Sed	200	700	1075	2150	3700	5300
2d Sed	200	700	1050	2100	3650	5200
2d HT	350	840	1400	2800	4900	7000
2d Spt HT	450	1140	1900	3800	6650	9500
4d Sta Wag	200	700	1050	2100	3650	5200
NOTE: Add 10 percent for 271 hp V-8. Add 50 percent for 427 Thunderbolt.						
Custom, V-8, 119" wb						
4d Sed	200	675	1000	2000	3500	5000
2d Sed	200	675	1000	1950	3400	4900
Custom 500, V-8, 119" wb						
4d Sed	200	700	1050	2050	3600	5100
2d Sed	200	675	1000	2000	3500	5000
Galaxie 500, V-8, 119" wb						
4d Sed	200	720	1200	2400	4200	6000
4d HT	350	900	1500	3000	5250	7500
2d HT	400	1200	2000	4000	7000	10,000
2d Conv	450	1450	2400	4800	8400	12,000
Galaxie 500 XL, V-8, 119" wb						
2d HT	400	1300	2200	4400	7700	11,000
2d Conv	500	1550	2600	5200	9100	13,000
Galaxie 500 LTD, V-8, 119" wb						
4d HT	350	1020	1700	3400	5950	8500
2d HT	450	1500	2500	5000	8800	12,500
Station Wagons, V-8, 119" wb						
4d 9P Ctry Sq	350	780	1300	2600	4550	6500
4d 9P Ctry Sed	200	730	1250	2450	4270	6100
4d Ran	200	720	1200	2400	4200	6000
NOTE: Add 40 percent for 427 V-8.						

1966 Ford LTD four-door hardtop

	6	5	4	3	2	1
1966						
NOTE: Add 5 percent for V-8.						
Falcon, 6-cyl., 110.9" wb						
4d Sed	200	675	1000	2000	3500	5000
2d Clb Cpe	200	675	1000	1950	3400	4900

	6	5	4	3	2	1
2d Spt Cpe	200	700	1075	2150	3700	5300
4d 6P Wag	200	675	1000	1950	3400	4900
4d Sq Wag	200	660	1100	2200	3850	5500
Falcon Station Bus, 6-cyl., 90" wb						
Clb Wag	150	650	975	1950	3350	4800
Cus Clb Wag	200	675	1000	1950	3400	4900
DeL Clb Wag	200	675	1000	2000	3500	5000
Fairlane, V-8, 116" wb						
4d Sed	200	700	1050	2050	3600	5100
2d Clb Cpe	200	675	1000	2000	3500	5000
2d HT Cpe	350	780	1300	2600	4550	6500
2d Conv	450	1450	2400	4800	8400	12,000
Fairlane 500 XL, V-8, 116" wb						
2d HT	350	1020	1700	3400	5950	8500
2d Conv	600	1900	3200	6400	11,200	16,000
Fairlane 500 GT, V-8, 116" wb						
2d HT	450	1140	1900	3800	6650	9500
2d Conv	650	2050	3400	6800	11,900	17,000
Station Wagons, V-8, 113" wb						
6P DeL	200	675	1000	2000	3500	5000
2d Sq Wag	200	700	1050	2100	3650	5200
Custom, V-8, 119" wb						
4d Sed	200	700	1050	2100	3650	5200
2d Sed	200	700	1050	2050	3600	5100
Galaxie 500, V-8, 119" wb						
4d Sed	200	720	1200	2400	4200	6000
4d HT	350	900	1500	3000	5250	7500
2d HT	350	1020	1700	3400	5950	8500
2d Conv	450	1450	2400	4800	8400	12,000
Galaxie 500, XL, V-8, 119" wb						
2d HT	450	1140	1900	3800	6650	9500
2d Conv	500	1550	2600	5200	9100	13,000
LTD, V-8, 119" wb						
4d HT	350	975	1600	3200	5600	8000
2d HT	450	1080	1800	3600	6300	9000
Galaxie 500 7-litre, V-8, 119" wb						
2d HT	450	1450	2400	4800	8400	12,000
2d Conv	550	1800	3000	6000	10,500	15,000
NOTE: Add 50 percent for 427 engine option on 7-litre models.						
Station Wagons, V-8, 119" wb						
4d Ran Wag	200	675	1000	2000	3500	5000
4d Ctry Sed	200	700	1050	2100	3650	5200
4d Ctry Sq	200	650	1100	2150	3780	5400
NOTE: Add 40 percent for 427 or 30 percent for 428 engine option.						
1967						
Falcon, 6-cyl, 111" wb						
4d Sed	200	675	1000	2000	3500	5000
2d Sed	200	675	1000	1950	3400	4900
4d Sta Wag	200	675	1000	2000	3500	5000
Futura						
4d Sed	200	700	1050	2050	3600	5100
2d Clb Cpe	200	675	1000	2000	3500	5000
2d HT	350	780	1300	2600	4550	6500
Fairlane						
4d Sed	200	675	1000	2000	3500	5000
2d Cpe	200	675	1000	1950	3400	4900
Fairlane 500, V-8, 116" wb						
4d Sed	200	700	1050	2050	3600	5100
2d Cpe	200	675	1000	2000	3500	5000
2d HT	350	900	1500	3000	5250	7500
2d Conv	400	1250	2100	4200	7400	10,500
4d Wag	200	675	1000	2000	3500	5000
Fairlane 500 XL V-8						
2d HT	350	975	1600	3200	5600	8000
2d Conv	500	1550	2600	5200	9100	13,000
2d HT GT	450	1080	1800	3600	6300	9000
2d Conv GT	550	1700	2800	5600	9800	14,000
Fairlane Wagons						
4d Sta Wag	200	675	1000	2000	3500	5000
4d 500 Wag	200	700	1050	2050	3600	5100
4d Sq Wag	200	700	1075	2150	3700	5300
Ford Custom						
4d Sed	200	675	1000	2000	3500	5000
2d Sed	200	675	1000	1950	3400	4900
Ford Custom 500						
4d Sed	200	700	1050	2050	3600	5100

	6	5	4	3	2	1
2d Sed	200	675	1000	2000	3500	5000
Galaxie 500, V-8, 119" wb						
4d Sed	200	700	1075	2150	3700	5300
4d HT	350	900	1500	3000	5250	7500
2d HT	450	1140	1900	3800	6650	9500
2d Conv	500	1550	2600	5200	9100	13,000
Galaxie 500 XL						
2d HT	400	1250	2100	4200	7400	10,500
2d Conv	550	1700	2800	5600	9800	14,000
LTD, V-8, 119" wb						
4d HT	450	1080	1800	3600	6300	9000
2d HT	400	1300	2200	4400	7700	11,000
Wagons						
4d Ranch	200	675	1000	2000	3500	5000
4d Ctry Sq	200	660	1100	2200	3850	5500
4d Ctry Sed	200	700	1050	2100	3650	5200

NOTE: Add 5 percent for V-8.
Add 40 percent for 427 or 428 engine option.

1968

NOTE: Add 5 percent for V-8.

	6	5	4	3	2	1
Standard Falcon						
4d Sed	150	600	900	1800	3150	4500
2d Sed	150	575	900	1750	3100	4400
4d Sta Wag	150	575	875	1700	3000	4300
Falcon Futura, 6-cyl, 110.0" wb						
4d Sed	150	600	950	1850	3200	4600
2d Sed	150	600	900	1800	3150	4500
2d Spt Cpe	150	650	975	1950	3350	4800
4d Sta Wag	150	575	875	1700	3000	4300
Fairlane						
4d Sed	150	600	950	1850	3200	4600
2d HT	350	780	1300	2600	4550	6500
4d Sta Wag	150	575	900	1750	3100	4400
Fairlane 500, V-8, 116" wb						
4d Sed	150	650	950	1900	3300	4700
2d HT	350	840	1400	2800	4900	7000
2d FBk	350	975	1600	3200	5600	8000
2d Conv	400	1300	2200	4400	7700	11,000
4d Sta Wag	150	575	875	1700	3000	4300
Torino, V-8, 116" wb						
4d Sed	150	575	875	1700	3000	4300
2d HT	350	900	1500	3000	5250	7500
4d Wag	150	575	875	1700	3000	4300
Torino GT V-8						
2d HT	450	1080	1800	3600	6300	9000
2d FBk	400	1300	2200	4400	7700	11,000
2d Conv	500	1550	2600	5200	9100	13,000
Custom						
4d Sed	150	600	900	1800	3150	4500
2d Sed	150	575	900	1750	3100	4400
Custom 500						
4d Sed	150	600	950	1850	3200	4600
2d Sed	150	600	900	1800	3150	4500
Galaxie 500, V-8, 119" wb						
4d Sed	150	650	950	1900	3300	4700
4d HT	150	650	975	1950	3350	4800
2d HT	350	975	1600	3200	5600	8000
2d FBk	400	1200	2000	4000	7000	10,000
2d Conv	450	1450	2400	4800	8400	12,000
XL						
2d FBk	400	1300	2200	4400	7700	11,000
2d Conv	500	1550	2600	5200	9100	13,000
LTD						
4d Sed	200	675	1000	2000	3500	5000
4d HT	200	660	1100	2200	3850	5500
2d HT	350	1020	1700	3400	5950	8500
Ranch Wag						
4d Std Wag	150	575	875	1700	3000	4300
4d 500 Wag	150	575	900	1750	3100	4400
4d DeL 500 Wag	150	600	900	1800	3150	4500
Country Sedan						
4d Std Wag	150	600	950	1850	3200	4600
DeL Wag	150	650	950	1900	3300	4700
Country Squire						
4d Sta Wag	200	675	1000	2000	3500	5000

	6	5	4	3	2	1
4d DeL Wag	200	700	1050	2100	3650	5200
NOTE: Add 50 percent for 429 engine option.						
NOTE: Add 40 percent for 427 or 428 engine option.						
1969						
NOTE: Add 10 percent for V-8.						
Falcon Futura, 6-cyl, 111" wb						
2d Spt Cpe	150	550	850	1650	2900	4100
2d Sed	150	475	750	1475	2600	3700
Fairlane 500, V-8, 116" wb						
4d Sed	125	450	750	1450	2500	3600
2d HT	350	780	1300	2600	4550	6500
2d FBk	200	720	1200	2400	4200	6000
2d Conv	450	1080	1800	3600	6300	9000
Torino, V-8, 116" wb						
4d Sed	150	500	800	1600	2800	4000
2d HT	350	840	1400	2800	4900	7000
Torino GT V-8						
2d HT	450	1080	1800	3600	6300	9000
2d FBk	400	1300	2200	4400	7700	11,000
2d Conv	550	1700	2800	5600	9800	14,000
Cobra						
2d HT	550	1800	3000	6000	10,500	15,000
2d FBk	600	1900	3200	6400	11,200	16,000
Galaxie 500, V-8, 121" wb						
4d HT	200	660	1100	2200	3850	5500
2d HT	350	780	1300	2600	4550	6500
2d FBk	350	975	1600	3200	5600	8000
2d Conv	400	1300	2200	4400	7700	11,000
XL						
2d FBk	450	1140	1900	3800	6650	9500
2d Conv	450	1450	2400	4800	8400	12,000
LTD						
4d HT	200	720	1200	2400	4200	6000
2d HT	350	900	1500	3000	5250	7500
Falcon Wagon, 6-cyl.						
4d Wag	150	500	800	1550	2700	3900
4d Futura Sta Wag	150	550	850	1650	2900	4100
Fairlane, 6-cyl.						
4d Wag	150	500	800	1600	2800	4000
4d 500 Sta Wag	150	550	850	1650	2900	4100
4d Torino Sta Wag	150	575	875	1700	3000	4300
NOTE: Add 30 percent for V-8 where available.						
Custom Ranch Wagon, V-8						
4d Wag	150	500	800	1600	2800	4000
4d 500 Sta Wag 2S	150	550	850	1650	2900	4100
4d 500 Sta Wag 4S	150	550	850	1675	2950	4200
NOTE: Deduct 30 percent for 6-cyl.						
Galaxie 500 Country Sedan, V-8						
4d Wag 2S	150	550	850	1675	2950	4200
4d Wag 4S	150	575	875	1700	3000	4300
Ltd Country Squire, V-8						
4d Wag 2S	150	600	900	1800	3150	4500
4d Wag 4S	150	600	950	1850	3200	4600
NOTE: Add 40 percent for 428 engine option. Add 50 percent for 429 engine option.						
1970						
Falcon, 6-cyl, 110" wb						
4d Sed	150	575	900	1750	3100	4400
2d Sed	150	575	875	1700	3000	4300
4d Sta Wag	150	575	875	1700	3000	4300
1970-1/2 Falcon, 6-cyl, 117" wb						
4d Sed	150	600	950	1850	3200	4600
2d Sed	150	575	900	1750	3100	4400
4d Sta Wag	150	600	900	1800	3150	4500
Futura, 6-cyl, 110" wb						
4d Sed	150	650	950	1900	3300	4700
2d Sed	150	600	900	1800	3150	4500
4d Sta Wag	150	600	900	1800	3150	4500
NOTE: Add 10 percent for V-8.						
Maverick						
2d Sed	150	550	850	1675	2950	4200
Fairlane 500, V-8, 117" wb						
4d Sed	150	650	975	1950	3350	4800
2d HT	200	720	1200	2400	4200	6000
4d Sta Wag	150	650	950	1900	3300	4700

	6	5	4	3	2	1
Torino, V-8, 117" wb						
4d Sed	200	675	1000	1950	3400	4900
4d HT	200	720	1200	2400	4200	6000
2d HT	350	900	1500	3000	5250	7500
2d HT Sports Roof	350	1020	1700	3400	5950	8500
4d Sta Wag	200	675	1000	2000	3500	5000
Torino Brougham, V-8, 117" wb						
4d HT	350	780	1300	2600	4550	6500
2d HT	350	900	1500	3000	5250	7500
4d Sta Wag	150	650	975	1950	3350	4800
Torino GT, V-8, 117" wb						
2d HT	450	1080	1800	3600	6300	9000
2d Conv	450	1450	2400	4800	8400	12,000
Cobra, V-8, 117" wb						
2d HT	700	2300	3800	7600	13,300	19,000
Custom, V-8, 121" wb						
4d Sed	150	500	800	1600	2800	4000
4d Sta Wag	150	500	800	1600	2800	4000
Custom 500, V-8, 121" wb						
4d Sed	150	550	850	1650	2900	4100
4d Sta Wag	150	550	850	1650	2900	4100
Galaxie 500, V-8, 121" wb						
4d Sed	150	550	850	1675	2950	4200
4d HT	200	660	1100	2200	3850	5500
2d HT	350	780	1300	2600	4550	6500
4d Sta Wag	150	600	900	1800	3150	4500
2d FBk HT	350	975	1600	3200	5600	8000
XL, V-8, 121" wb						
2 dr FsBk HdTp	350	1020	1700	3400	5950	8500
2d Conv	400	1250	2100	4200	7400	10,500
LTD, V-8, 121" wb						
4d Sed	150	575	875	1700	3000	4300
4d HT	150	650	950	1900	3300	4700
2d HT	200	660	1100	2200	3850	5500
4d Sta Wag	150	600	950	1850	3200	4600
LTD Brougham, V-8, 121" wb						
4d Sed	150	575	900	1750	3100	4400
4d HT	200	675	1000	2000	3500	5000
2d HT	200	720	1200	2400	4200	6000

NOTE: Add 40 percent for 428 engine option.
Add 50 percent for 429 engine option.

1971

	6	5	4	3	2	1
Pinto						
2d Rbt	150	550	850	1675	2950	4200
Maverick						
2d Sed	150	650	950	1900	3300	4700
4d Sed	150	650	975	1950	3350	4800
2d Grabber Sed	200	675	1000	1950	3400	4900
Torino, V-8, 114" wb, Sta Wag 117" wb						
4d Sed	200	675	1000	1950	3400	4900
2d HT	350	780	1300	2600	4550	6500
4d Sta Wag	150	650	975	1950	3350	4800
Torino 500, V-8, 114" wb, Sta Wag 117" wb						
4d Sed	200	675	1000	2000	3500	5000
4d HT	200	730	1250	2450	4270	6100
2d HT Formal Roof	450	1080	1800	3600	6300	9000
2d HT Sports Roof	450	1140	1900	3800	6650	9500
4d Sta Wag	150	650	950	1900	3300	4700
4d HT Brougham	200	730	1250	2450	4270	6100
2d HT Brougham	350	900	1500	3000	5250	7500
4d Sq Sta Wag	150	600	950	1850	3200	4600
2d HT Cobra	700	2300	3800	7600	13,300	19,000
2d HT GT	450	1450	2400	4800	8400	12,000
2d Conv	550	1750	2900	5800	10,200	14,500
Custom, V-8, 121" wb						
4d Sed	150	600	950	1850	3200	4600
4d Sta Wag	150	600	950	1850	3200	4600
Custom 500, V-8, 121" wb						
4d Sed	150	650	950	1900	3300	4700
4d Sta Wag	150	650	975	1950	3350	4800
Galaxie 500, V-8, 121" wb						
4d Sed	200	675	1000	1950	3400	4900
4d HT	200	675	1000	2000	3500	5000
2d HT	200	700	1050	2050	3600	5100
4d Sta Wag	200	675	1000	1950	3400	4900

	6	5	4	3	2	1
LTD						
4d Sed	200	675	1000	2000	3500	5000
4d HT	200	700	1050	2050	3600	5100
2d HT	200	660	1100	2200	3850	5500
2d Conv	450	1140	1900	3800	6650	9500
Ctry Sq	200	675	1000	2000	3500	5000
LTD Brougham, V-8, 121" wb						
4d Sed	200	700	1050	2050	3600	5100
4d HT	200	660	1100	2200	3850	5500
2d HT	350	840	1400	2800	4900	7000
NOTE: Add 40 percent for 429 engine option.						
1972						
Pinto						
2d Sed	150	575	900	1750	3100	4400
3d HBK	150	600	900	1800	3150	4500
2d Wag	150	600	950	1850	3200	4600
Maverick						
4d Sed	150	575	900	1750	3100	4400
2d Sed	150	600	900	1800	3150	4500
2d Grabber Sed	200	675	1000	1950	3400	4900
NOTE: Deduct 20 percent for 6-cyl.						
Torino, V-8, 118" wb, 2 dr 114" wb						
4d Sed	150	575	900	1750	3100	4400
2d HT	350	780	1300	2600	4550	6500
4d Sta Wag	150	575	900	1750	3100	4400
Gran Torino						
4d	150	600	900	1800	3150	4500
2d HT	350	900	1500	3000	5250	7500
Custom, V-8, 121" wb						
4d Sed	150	600	950	1850	3200	4600
4d Sta Wag	150	650	950	1900	3300	4700
Custom 500, V-8, 121" wb						
4d Sed	150	650	950	1900	3300	4700
4d Sta Wag	150	650	975	1950	3350	4800
Galaxie 500, V-8, 121" wb						
4d Sed	150	650	975	1950	3350	4800
4d HT	200	720	1200	2400	4200	6000
2d HT	350	840	1400	2800	4900	7000
4d Sta Wag	150	650	975	1950	3350	4800
LTD, V-8, 121" wb						
4d Sed	200	675	1000	1950	3400	4900
4d HT	200	700	1050	2100	3650	5200
2d HT	350	900	1500	3000	5250	7500
2d Conv	400	1250	2100	4200	7400	10,500
4d Sta Wag	200	720	1200	2400	4200	6000
LTD Brougham, V-8, 121" wb						
4d Sed	200	675	1000	2000	3500	5000
4d HT	350	800	1350	2700	4700	6700
2d HT	350	975	1600	3200	5600	8000
NOTE: Add 40 percent for 429 engine option. Add 30 percent for 460 engine option.						
1973						
Pinto, 4-cyl.						
2d Sed	150	475	775	1500	2650	3800
2d Rbt	150	500	800	1550	2700	3900
2d Sta Wag	150	500	800	1600	2800	4000
Maverick V8						
2d Sed	150	550	850	1650	2900	4100
4d Sed	150	550	850	1675	2950	4200
2d Grabber Sed	150	650	950	1900	3300	4700
Torino V8						
4d Sed	150	500	800	1550	2700	3900
2d HT	200	720	1200	2400	4200	6000
4d Sta Wag	150	550	850	1650	2900	4100
Gran Torino V8						
4d	150	500	800	1600	2800	4000
2d HT	350	780	1300	2600	4550	6500
4d Sta Wag	150	550	850	1675	2950	4200
Gran Torino Sport V8						
2d SR HT	350	975	1600	3200	5600	8000
2d FR HT	350	1020	1700	3400	5950	8500
4d Sq Wag	150	600	900	1800	3150	4500
Gran Torino Brgm V8						
4d	150	550	850	1650	2900	4100
2d HT	350	975	1600	3200	5600	8000

	6	5	4	3	2	1
Custom 500 V8						
4d	150	550	850	1650	2900	4100
4d Sta Wag	150	550	850	1675	2950	4200
Galaxie 500 V8						
4d	150	550	850	1675	2950	4200
2d HT	200	685	1150	2300	3990	5700
4d HT	150	575	875	1700	3000	4300
4d Sta Wag	150	550	850	1675	2950	4200
LTD V8						
4d	150	575	875	1700	3000	4300
2d HT	200	720	1200	2400	4200	6000
4d HT	150	600	900	1800	3150	4500
4d Sta Wag	150	575	875	1700	3000	4300
LTD Brgm V8						
4d	150	575	900	1750	3100	4400
2d HT	350	780	1300	2600	4550	6500
4d HT	200	660	1100	2200	3850	5500

NOTE: Add 30 percent for 429 engine option.
Add 30 percent for 460 engine option.

1974

	6	5	4	3	2	1
Pinto						
2d Sed	150	475	775	1500	2650	3800
3d HBk	150	500	800	1550	2700	3900
2d Sta Wag	150	475	775	1500	2650	3800
Maverick, V-8						
2d Sed	150	550	850	1650	2900	4100
4d Sed	150	550	850	1675	2950	4200
2d Grabber Sed	150	575	900	1750	3100	4400
Torino, V-8						
4d Sed	150	550	850	1650	2900	4100
2d HT	200	685	1150	2300	3990	5700
4d Sta Wag	150	500	800	1600	2800	4000
Gran Torino, V-8						
4d Sed	150	550	850	1675	2950	4200
2d HT	200	730	1250	2450	4270	6100
4d Sta Wag	150	550	850	1650	2900	4100
Gran Torino Sport, V-8						
2d HT	350	790	1350	2650	4620	6600
Gran Torino Brgm, V-8						
4d Sed	150	575	875	1700	3000	4300
2d HT	200	720	1200	2400	4200	6000
Gran Torino Elite, V-8						
2d HT	350	780	1300	2600	4550	6500
Gran Torino Squire, V-8						
4d Sta Wag	150	550	850	1675	2950	4200
Custom 500						
4d Sed	150	500	800	1600	2800	4000
4d Sta Wag	150	500	800	1600	2800	4000
Galaxie 500, V-8						
4d Sed	150	550	850	1650	2900	4100
2d HT	150	650	950	1900	3300	4700
4d HT	150	575	900	1750	3100	4400
4d Sta Wag	150	550	850	1650	2900	4100
LTD, V-8						
2d HT	200	675	1000	2000	3500	5000
4d Sed	150	550	850	1675	2950	4200
4d HT	150	600	900	1800	3150	4500
4d Sta Wag	150	550	850	1675	2950	4200
Ltd Brgm, V-8						
4d Sed	150	550	850	1675	2950	4200
2d HT	200	660	1100	2200	3850	5500
4d HT	200	675	1000	2000	3500	5000

NOTE: Add 30 percent for 460 engine option.

1975

	6	5	4	3	2	1
Pinto						
2d Sed	150	500	800	1600	2800	4000
3d HBk	150	550	850	1650	2900	4100
2d Sta Wag	150	500	800	1600	2800	4000
Maverick						
2d Sed	150	575	900	1750	3100	4400
4d Sed	150	600	900	1800	3150	4500
2d Grabber Sed	150	600	950	1850	3200	4600
Torino						
2d Cpe	150	600	900	1800	3150	4500
4d Sed	150	500	800	1600	2800	4000
4d Sta Wag	150	550	850	1650	2900	4100

	6	5	4	3	2	1
Gran Torino						
2d Cpe	150	600	950	1850	3200	4600
4d Sed	150	550	850	1675	2950	4200
4d Sta Wag	150	550	850	1675	2950	4200
Gran Torino Brougham						
2d Cpe	150	650	975	1950	3350	4800
4d Sed	200	700	1050	2100	3650	5200
Gran Torino Sport						
2d HT	200	675	1000	2000	3500	5000
Torino Squire						
4d Sta Wag	150	575	875	1700	3000	4300
Elite						
2d HT	200	660	1100	2200	3850	5500
Granada						
2d Cpe	150	575	875	1700	3000	4300
4d Sed	150	475	750	1475	2600	3700
2d Ghia Cpe	150	600	950	1850	3200	4600
4d Ghia Sed	150	600	900	1800	3150	4500
Custom 500						
4d Sed	150	550	850	1650	2900	4100
4d Sta Wag	150	550	850	1650	2900	4100
LTD						
2d Cpe	150	575	900	1750	3100	4400
4d Sed	150	550	850	1675	2950	4200
LTD Brougham						
2d Cpe	150	600	900	1800	3150	4500
4d Sed	150	575	875	1700	3000	4300
LTD Landau						
2d Cpe	150	650	950	1900	3300	4700
4d Sed	150	575	900	1750	3100	4400
LTD Station Wagon						
4d Sta Wag	150	550	850	1675	2950	4200
4d Ctry Sq	150	575	875	1700	3000	4300

NOTE: Add 30 percent for 460 engine option.

1976 Ford LTD Landau coupe

1976						
Pinto, 4-cyl.						
2d Sed	125	450	700	1400	2450	3500
2d Rbt	125	450	750	1450	2500	3600
2d Sta Wag	150	475	750	1475	2600	3700
2d Sq Wag	150	475	775	1500	2650	3800

NOTE: Add 10 percent for V-6.

Maverick, V-8						
4d Sed	125	400	700	1375	2400	3400
2d Sed	125	400	675	1350	2300	3300

NOTE: Deduct 5 percent for 6-cyl.

Torino, V-8						
4d Sed	125	450	700	1400	2450	3500
2d HT	125	450	750	1450	2500	3600
Gran Torino, V-8						
4d Sed	125	450	750	1450	2500	3600
2d HT	150	475	750	1475	2600	3700
Gran Torino Brougham, V-8						
4d Sed	150	475	750	1475	2600	3700
2d HT	150	475	775	1500	2650	3800

	6	5	4	3	2	1
Station Wagons, V-8						
4d 2S Torino	125	450	700	1400	2450	3500
4d 2S Gran Torino	125	450	750	1450	2500	3600
4d 2S Gran Torino Sq	150	475	750	1475	2600	3700
Granada, V-8						
4d Sed	125	380	650	1300	2250	3200
2d Sed	125	400	675	1350	2300	3300
Granada Ghia, V-8						
4d Sed	125	400	675	1350	2300	3300
2d Sed	125	400	700	1375	2400	3400
Elite, V-8						
2d HT	150	475	750	1475	2600	3700
Custom, V-8						
4d Sed	125	400	700	1375	2400	3400
LTD, V-8						
4d Sed	125	450	750	1450	2500	3600
2d Sed	150	475	775	1500	2650	3800
LTD Brougham V-8						
4d Sed	150	475	775	1500	2650	3800
2d Sed	150	500	800	1600	2800	4000
LTD Landau, V-8						
4d Sed	150	500	800	1600	2800	4000
2d Sed	150	550	850	1675	2950	4200
Station Wagons, V-8						
4d Ranch Wag	125	450	750	1450	2500	3600
4d LTD Wag	150	475	775	1500	2650	3800
4d Ctry Sq Wag	150	500	800	1600	2800	4000
1977						
Pinto, 4-cyl.						
2d Sed	125	450	750	1450	2500	3600
2d Rbt	150	475	750	1475	2600	3700
2d Sta Wag	150	475	775	1500	2650	3800
2d Sq Wag	150	500	800	1550	2700	3900
NOTE: Add 5 percent for V-6.						
Maverick, V-8						
4d Sed	125	450	700	1400	2450	3500
2d Sed	125	400	700	1375	2400	3400
NOTE: Deduct 5 percent for 6-cyl.						
Granada, V-8						
4d Sed	125	380	650	1300	2250	3200
2d Sed	125	400	675	1350	2300	3300
Granada Ghia, V-8						
4d Sed	125	400	700	1375	2400	3400
2d Sed	125	450	700	1400	2450	3500
LTD II "S", V-8						
4d Sed	125	400	675	1350	2300	3300
2d Sed	125	400	700	1375	2400	3400
LTD II, V-8						
4d Sed	125	400	700	1375	2400	3400
2d Sed	125	450	700	1400	2450	3500
LTD II Brougham, V-8						
4d Sed	125	450	750	1450	2500	3600
2d Sed	150	475	750	1475	2600	3700
Station Wagons, V-8						
4d 2S LTD II	125	450	700	1400	2450	3500
4d 3S LTD II	125	450	750	1450	2500	3600
4d 3S LTD II Sq	150	475	775	1500	2650	3800
LTD, V-8						
4d Sed	150	475	750	1475	2600	3700
2d Sed	150	475	775	1500	2650	3800
LTD Landau, V-8						
4d Sed	150	500	800	1550	2700	3900
2d Sed	150	500	800	1600	2800	4000
Station Wagons, V-8						
4d 2S LTD	150	475	775	1500	2650	3800
4d 3S LTD	150	500	800	1550	2700	3900
4d 3S Ctry Sq	150	500	800	1600	2800	4000
1978						
Fiesta						
2d HBk	100	330	575	1150	1950	2800
Pinto						
2d	100	350	600	1150	2000	2900
3d Rbt	125	450	750	1450	2500	3600
2d Sta Wag	150	475	750	1475	2600	3700

	6	5	4	3	2	1
Fairmont						
4d Sed	125	370	650	1250	2200	3100
2d Sed	100	360	600	1200	2100	3000
2d Cpe Futura	125	450	700	1400	2450	3500
4d Sta Wag	125	380	650	1300	2250	3200
Granada						
4d Sed	125	380	650	1300	2250	3200
2d Sed	125	370	650	1250	2200	3100
LTD II 'S'						
4d Sed	125	370	650	1250	2200	3100
2d Cpe	100	360	600	1200	2100	3000
LTD II						
4d Sed	125	380	650	1300	2250	3200
2d Cpe	125	370	650	1250	2200	3100
LTD II Brougham						
4d Sed	125	400	675	1350	2300	3300
2d Cpe	125	380	650	1300	2250	3200
LTD						
4d	125	450	750	1450	2500	3600
2d Cpe	150	475	750	1475	2600	3700
4d 2S Sta Wag	125	450	700	1400	2450	3500
LTD Landau						
4d Sed	150	475	775	1500	2650	3800
2d Cpe	150	500	800	1550	2700	3900
1979						
Fiesta, 4-cyl.						
3d HBk	100	350	600	1150	2000	2900
Pinto, V-6						
2d Sed	125	370	650	1250	2200	3100
2d Rbt	125	450	750	1450	2500	3600
2d Sta Wag	125	450	750	1450	2500	3600
2d Sq Wag	150	475	750	1475	2600	3700
NOTE: Deduct 5 percent for 4-cyl.						
Fairmont, 6-cyl.						
4d Sed	125	380	650	1300	2250	3200
2d Sed	125	370	650	1250	2200	3100
2d Cpe	125	450	750	1450	2500	3600
4d Sta Wag	125	400	675	1350	2300	3300
4d Sq Wag	125	400	700	1375	2400	3400
NOTE: Deduct 5 percent for 4-cyl. Add 5 percent for V-8.						
Granada, V-8						
4d Sed	125	400	675	1350	2300	3300
2d Sed	125	380	650	1300	2250	3200
NOTE: Deduct 5 percent for 6-cyl.						
LTD II, V-8						
4d Sed	125	380	650	1300	2250	3200
2d Sed	125	370	650	1250	2200	3100
LTD II Brougham, V-8						
4d Sed	125	400	675	1350	2300	3300
2d Sed	125	380	650	1300	2250	3200
LTD, V-8						
4d Sed	125	450	750	1450	2500	3600
2d Sed	125	400	700	1375	2400	3400
4d 2S Sta Wag	125	450	700	1400	2450	3500
4d 3S Sta Wag	125	450	750	1450	2500	3600
4d 2S Sq Wag	150	475	750	1475	2600	3700
4d 3S Sq Wag	150	475	775	1500	2650	3800
LTD Landau						
4d Sed	150	475	775	1500	2650	3800
2d Sed	125	450	750	1450	2500	3600
1980						
Fiesta, 4-cyl.						
2d HBk	125	370	650	1250	2200	3100
Pinto, 4-cyl.						
2d Cpe Pony	125	380	650	1300	2250	3200
2d Sta Wag Pony	125	400	700	1375	2400	3400
2d Cpe	125	400	675	1350	2300	3300
2d HBk	125	400	700	1375	2400	3400
2d Sta Wag	125	450	700	1400	2450	3500
2d Sta Wag Sq	125	450	750	1450	2500	3600
Fairmont, 6-cyl.						
4d Sed	125	400	700	1375	2400	3400
2d Sed	125	400	675	1350	2300	3300
4d Sed Futura	125	450	750	1450	2500	3600

1980 Ford LTD Country Squire station wagon

	6	5	4	3	2	1
2d Cpe Futura	150	550	850	1650	2900	4100
4d Sta Wag	150	475	775	1500	2650	3800
NOTES: Deduct 10 percent for 4-cyl.						
Add 12 percent for V-8.						
Granada, V-8						
4d Sed	150	500	800	1550	2700	3900
2d Sed	150	475	775	1500	2650	3800
4d Sed Ghia	150	550	850	1650	2900	4100
2d Sed Ghia	150	500	800	1600	2800	4000
4d Sed ESS	150	550	850	1675	2950	4200
2d Sed ESS	150	550	850	1650	2900	4100
NOTE: Deduct 10 percent for 6-cyl.						
LTD, V-8						
4d Sed S	150	550	850	1675	2950	4200
4d Sta Wag	150	575	900	1750	3100	4400
4d Sed	150	575	875	1700	3000	4300
2d Sed	150	550	850	1675	2950	4200
4d Sta Wag	150	600	900	1800	3150	4500
4d Sta Wag CS	150	650	950	1900	3300	4700
LTD Crown Victoria, V-8						
4d Sed	150	600	950	1850	3200	4600
2d Sed	150	600	900	1800	3150	4500
1981						
Escort, 4-cyl.						
2d HBk SS	125	450	750	1450	2500	3600
4d HBk SS	150	475	750	1475	2600	3700
NOTE: Deduct 5 percent for lesser models.						
Fairmont, 6-cyl.						
2d Sed S	125	400	700	1375	2400	3400
4d Sed	125	450	700	1400	2450	3500
2d Sed	125	450	700	1400	2450	3500
4d Futura	125	450	750	1450	2500	3600
2d Cpe Futura	150	550	850	1675	2950	4200
4d Sta Wag	150	500	800	1550	2700	3900
4d Sta Wag Futura	150	500	800	1600	2800	4000
NOTES: Deduct 10 percent for 4-cyl.						
Add 12 percent for V-8.						
Granada, 6-cyl.						
4d Sed GLX	150	500	800	1600	2800	4000
2d Sed GLX	150	500	800	1550	2700	3900
NOTES: Deduct 5 percent for lesser models.						
Deduct 10 percent for 4-cyl.						
Deduct 10 percent for 4-cyl.						
Add 12 percent for V-8.						
LTD, V-8						
4d Sed S	150	575	875	1700	3000	4300
4d Sta Wag S	150	600	900	1800	3150	4500
4d Sed	150	575	900	1750	3100	4400
2d Sed	150	575	875	1700	3000	4300

	6	5	4	3	2	1
4d Sta Wag	150	600	950	1850	3200	4600
4d Sta Wag CS	150	650	975	1950	3350	4800
LTD Crown Victoria, V-8						
4d Sed	150	650	975	1950	3350	4800
2d Sed	150	650	950	1900	3300	4700
NOTE: Deduct 15 percent for 6-cyl.						
1982						
Escort, 4-cyl.						
2d HBk GLX	125	450	750	1450	2500	3600
4d HBk GLX	150	475	750	1475	2600	3700
4d Sta Wag GLX	150	475	775	1500	2650	3800
2d HBk GT	150	500	800	1550	2700	3900
NOTE: Deduct 5 percent for lesser models.						
EXP, 4-cyl.						
2d Cpe	150	600	900	1800	3150	4500
Fairmont Futura, 4-cyl.						
4d Sed	100	360	600	1200	2100	3000
2d Sed	100	350	600	1150	2000	2900
2d Cpe Futura	125	400	675	1350	2300	3300
Fairmont Futura, 6-cyl.						
4d Sed	150	475	750	1475	2600	3700
2d Cpe Futura	150	575	875	1700	3000	4300
Granada, 6-cyl.						
4d Sed GLX	150	550	850	1650	2900	4100
2d Sed GLX	150	500	800	1600	2800	4000
NOTE: Deduct 10 percent for 4-cyl. Deduct 5 percent for lesser models.						
Granada Wagon, 6-cyl.						
4d Sta Wag GL	150	575	875	1700	3000	4300
LTD, V-8						
4d Sed S	150	575	900	1750	3100	4400
4d Sed	150	600	900	1800	3150	4500
2d Sed	150	575	900	1750	3100	4400
LTD Crown Victoria, V-8						
4d Sed	200	675	1000	1950	3400	4900
2d Sed	150	650	975	1950	3350	4800
LTD Station Wagon, V-8						
4d Sta Wag S	150	600	950	1850	3200	4600
4d Sta Wag	150	650	950	1900	3300	4700
4d Sta Wag CS	200	675	1000	1950	3400	4900
NOTE: Deduct 15 percent for V-6.						
1983						
Escort, 4-cyl.						
2d HBk GLX	125	450	750	1450	2500	3600
4d HBk GLX	150	475	750	1475	2600	3700
4d Sta Wag GLX	150	475	775	1500	2650	3800
2d HBk GT	150	475	750	1475	2600	3700
NOTE: Deduct 5 percent for lesser models.						
EXP, 4-cyl.						
2d Cpe	150	600	900	1800	3150	4500
Fairmont Futura, 6-cyl.						
4d Sed	150	475	750	1475	2600	3700
2d Sed	125	450	750	1450	2500	3600
2d Cpe	150	575	875	1700	3000	4300
NOTE: Deduct 5 percent for 4-cyl.						
LTD, 6-cyl.						
4d Sed	150	550	850	1675	2950	4200
4d Sed Brgm	150	575	900	1750	3100	4400
4d Sta Wag	150	600	950	1850	3200	4600
NOTE: Deduct 10 percent for 4-cyl.						
LTD Crown Victoria, V-8						
4d Sed	200	675	1000	2000	3500	5000
2d Sed	200	675	1000	1950	3400	4900
4d Sta Wag	200	700	1050	2050	3600	5100
1984						
Escort, 4-cyl.						
4d HBk LX	125	450	700	1400	2450	3500
2d HBk LX	125	450	700	1400	2450	3500
4 dr Sta Wag LX	125	450	750	1450	2500	3600
2d HBk GT	125	450	750	1450	2500	3600
2d HBk Turbo GT	150	475	775	1500	2650	3800
NOTE: Deduct 5 percent for lesser models.						
EXP, 4-cyl.						
2d Cpe	150	500	800	1600	2800	4000

	6	5	4	3	2	1
2d Cpe L	150	550	850	1675	2950	4200
2d Cpe Turbo	150	600	950	1850	3200	4600
Tempo, 4-cyl.						
2d Sed GLX	125	450	700	1400	2450	3500
4d Sed GLX	125	450	700	1400	2450	3500
NOTE: Deduct 5 percent for lesser models.						
LTD, V-6						
4d Sed	150	550	850	1675	2950	4200
4d Sed Brgm	150	575	875	1700	3000	4300
4d Sta Wag	150	575	875	1700	3000	4300
4d Sed LX, (V-8)	150	600	950	1850	3200	4600
NOTE: Deduct 8 percent for 4-cyl.						
LTD Crown Victoria, V-8						
4d Sed S	150	650	950	1900	3300	4700
4d Sed	200	675	1000	1950	3400	4900
2d Sed	200	675	1000	1950	3400	4900
4d Sta Wag S	200	675	1000	2000	3500	5000
4d Sta Wag	200	700	1050	2050	3600	5100
4d Sta Wag Sq	200	700	1050	2100	3650	5200
Thunderbird, V-8						
2d Cpe	200	750	1275	2500	4400	6300
2d Cpe Elan	350	790	1350	2650	4620	6600
2d Cpe Fila	350	800	1350	2700	4700	6700
NOTE: Deduct 10 percent for V-6 non turbo.						
1985						
Escort, 4-cyl.						
4d HBk LX	125	450	750	1450	2500	3600
4d Sta Wag LX	125	450	750	1450	2500	3600
2d HBk GT	150	475	750	1475	2600	3700
2d HBk Turbo GT	150	500	800	1550	2700	3900
NOTE: Deduct 5 percent for lesser models.						
EXP, 4-cyl.						
2d Cpe HBk	150	550	850	1650	2900	4100
2d Cpe HBk Luxury	150	575	875	1700	3000	4300
2d Cpe HBk Turbo	150	650	950	1900	3300	4700
NOTE: Deduct 20 percent for diesel.						
Tempo, 4-cyl.						
2d Sed GLX	125	450	700	1400	2450	3500
4d Sed GLX	125	450	700	1400	2450	3500
NOTE: Deduct 5 percent for lesser models.						
Deduct 20 percent for diesel.						
LTD						
4d V-6 Sed	150	575	875	1700	3000	4300
4d V-6 Sed Brgm	150	575	900	1750	3100	4400
4d V-6 Sta Wag	150	575	900	1750	3100	4400
4d V-8 Sed LX	150	650	950	1900	3300	4700
NOTE: Deduct 20 percent for 4-cyl. where available.						
LTD Crown Victoria, V-8						
4d Sed S	150	650	975	1950	3350	4800
4d Sed	200	675	1000	2000	3500	5000
2d Sed	200	675	1000	1950	3400	4900
4d Sta Wag S	200	700	1050	2050	3600	5100
4d Sta Wag	200	700	1050	2100	3650	5200
4d Sta Wag Ctry Sq	200	650	1100	2150	3780	5400
1986						
Escort						
2d HBk	125	450	750	1450	2500	3600
4d HBk	125	450	700	1400	2450	3500
4d Sta Wag	150	475	750	1475	2600	3700
2d GT HBk	150	500	800	1600	2800	4000
EXP						
2d Cpe	150	600	950	1850	3200	4600
Tempo						
2d Sed	125	450	750	1450	2500	3600
4d Sed	125	450	750	1450	2500	3600
Taurus						
4d Sed	150	650	950	1900	3300	4700
4d Sta Wag	150	650	975	1950	3350	4800
LTD						
4d Sed	200	700	1050	2100	3650	5200
4d Brgm Sed	200	700	1050	2100	3650	5200
4d Sta Wag	200	650	1100	2150	3780	5400
LTD Crown Victoria						
2d Sed	200	650	1100	2150	3780	5400
4d Sed	200	650	1100	2150	3780	5400

	6	5	4	3	2	1
4d Sta Wag	200	660	1100	2200	3850	5500

NOTES: Add 10 percent for deluxe models.
Deduct 5 percent for smaller engines.

1987

	6	5	4	3	2	1
Escort, 4-cyl.						
2d HBk Pony	150	475	750	1475	2600	3700
2d HBk GL	150	475	775	1500	2650	3800
4d HBk GL	150	500	800	1550	2700	3900
4d Sta Wag GL	150	500	800	1550	2700	3900
2d HBk GT	150	500	800	1600	2800	4000
EXP, 4-cyl.						
2d HBk LX	150	650	950	1900	3300	4700
2d HBk Spt	150	650	975	1950	3350	4800
Tempo						
2d Sed GL	150	475	750	1475	2600	3700
4d Sed GL	150	475	775	1500	2650	3800
2d Sed GL Spt	150	475	775	1500	2650	3800
4d Sed GL Spt	150	500	800	1550	2700	3900
2d Sed LX	150	500	800	1550	2700	3900
4d Sed LX	150	500	800	1600	2800	4000
2d Sed 4WD	150	600	900	1800	3150	4500
4d Sed 4WD	150	600	950	1850	3200	4600
Taurus, 4-cyl.						
4d Sed	150	650	975	1950	3350	4800
4d Sta Wag	200	675	1000	1950	3400	4900
Taurus, V-6						
4d Sed L	200	675	1000	1950	3400	4900
4d Sta Wag L	200	675	1000	2000	3500	5000
4d Sed GL	200	675	1000	2000	3500	5000
4d Sta Wag GL	200	700	1050	2050	3600	5100
4d Sed LX	200	700	1050	2050	3600	5100
4d Sta Wag LX	200	700	1050	2100	3650	5200
LTD Crown Victoria, V-8						
4d Sed S	200	660	1100	2200	3850	5500
4d Sta Wag S	200	670	1150	2250	3920	5600
4d Sed	200	670	1150	2250	3920	5600
2d Cpe	200	660	1100	2200	3850	5500
4d Sta Wag	200	670	1150	2250	3920	5600
4d Sta Wag Ctry Sq	200	670	1200	2300	4060	5800
4d Sed LX	200	685	1150	2300	3990	5700
2d Cpe LX	200	670	1150	2250	3920	5600
4d Sta Wag LX	200	685	1150	2300	3990	5700
4d Sta Wag Ctry Sq LX	200	700	1200	2350	4130	5900

1988

	6	5	4	3	2	1
Festiva, 4-cyl.						
2d HBk L	100	275	475	950	1600	2300
2d HBk L Plus	100	300	500	1000	1750	2500
2d HBk LX	100	350	600	1150	2000	2900
Escort, 4-cyl.						
2d HBk Pony	100	260	450	900	1540	2200
2d HBk GL	100	300	500	1000	1750	2500
4d HBk GL	100	320	550	1050	1850	2600
4d Sta Wag GL	100	350	600	1150	2000	2900
2d HBk GT	125	450	700	1400	2450	3500
2d HBk LX	100	330	575	1150	1950	2800
4d HBk LX	100	350	600	1150	2000	2900
4d Sta Wag LX	125	370	650	1250	2200	3100
EXP, 4-cyl.						
2d HBk	100	360	600	1200	2100	3000
Tempo, 4-cyl.						
2d Sed GL	125	400	675	1350	2300	3300
4d Sed GL	125	450	700	1400	2450	3500
2d Sed GLS	125	450	700	1400	2450	3500
4d Sed GLS	125	450	750	1450	2500	3600
4d Sed LX	150	475	750	1475	2600	3700
4d Sed 4x4	150	600	900	1800	3150	4500
Taurus, 4-cyl., V-6						
4d Sed	150	550	850	1675	2950	4200
4d Sed L	150	575	900	1750	3100	4400
4d Sta Wag L	150	600	950	1850	3200	4600
4d Sed GL	150	600	900	1800	3150	4500
4d Sta Wag GL	200	675	1000	2000	3500	5000
4d Sed LX	200	660	1100	2200	3850	5500
4d Sta Wag LX	200	685	1150	2300	3990	5700

	6	5	4	3	2	1
LTD Crown Victoria, V-8						
4d Sed	200	700	1050	2050	3600	5100
4d Sta Wag	200	700	1075	2150	3700	5300
4d Ctry Sq Sta Wag	200	670	1200	2300	4060	5800
4d Sed S	200	700	1075	2150	3700	5300
4d Sed LX	200	650	1100	2150	3780	5400
4d Sta Wag LX	200	660	1100	2200	3850	5500
4d Ctry Sq Sta Wag	200	720	1200	2400	4200	6000
1989						
Festiva, 4-cyl.						
2d HBk L	125	380	650	1300	2250	3200
2d HBk L Plus	125	400	675	1350	2300	3300
2d HBk LX	125	400	700	1375	2400	3400
Escort, 4-cyl.						
2d HBk Pony	125	400	675	1350	2300	3300
2d HBk LX	125	400	700	1375	2400	3400
2d HBk GT	150	475	775	1500	2650	3800
4d HBk LX	125	450	700	1400	2450	3500
4d Sta Wag LX	125	450	750	1450	2500	3600
Tempo, 4-cyl.						
2d Sed GL	125	450	700	1400	2450	3500
4d Sed GL	125	450	750	1450	2500	3600
2d Sed GLS	150	475	775	1500	2650	3800
4d Sed GLS	150	500	800	1550	2700	3900
4d Sed LX	150	550	850	1675	2950	4200
4d Sed 4x4	150	650	975	1950	3350	4800
Probe, 4-cyl.						
2d GL HBk	200	675	1000	2000	3500	5000
2d LX HBk	200	660	1100	2200	3850	5500
2d GT Turbo HBk	200	720	1200	2400	4200	6000
Taurus						
4-cyl.						
4d Sed L	150	600	950	1850	3200	4600
4d Sed GL	150	650	950	1900	3300	4700
V-6						
4d Sed L	150	650	975	1950	3350	4800
4d Sta Wag L	200	675	1000	2000	3500	5000
4d Sed GL	200	700	1050	2050	3600	5100
4d Sta Wag GL	200	720	1200	2400	4200	6000
4d Sed LX	200	670	1200	2300	4060	5800
4d Sta Wag LX	350	840	1400	2800	4900	7000
4d Sed SHO	350	975	1600	3200	5600	8000
LTD Crown Victoria, V-8						
4d Sed S	200	660	1100	2200	3850	5500
4d Sed	200	685	1150	2300	3990	5700
4d Sed LX	200	750	1275	2500	4400	6300
4d Sta Wag	350	770	1300	2550	4480	6400
4d Sta Wag LX	350	780	1300	2600	4550	6500
4d Ctry Sq Sta Wag	350	790	1350	2650	4620	6600
4d Ctry Sq LX Sta Wag	350	800	1350	2700	4700	6700
1990						
Festiva, 4-cyl.						
2d	100	330	575	1150	1950	2800
2d L	100	360	600	1200	2100	3000
2d LX	125	450	700	1400	2450	3500
Escort, 4-cyl.						
2d Pony HBk	100	360	600	1200	2100	3000
2d LX HBk	125	450	700	1400	2450	3500
4d LX HBk	125	450	750	1450	2500	3600
4d LX Sta Wag	150	475	775	1500	2650	3800
2d GT HBk	150	550	850	1650	2900	4100
Tempo, 4-cyl.						
2d GL Sed	125	450	750	1450	2500	3600
4d GL Sed	150	475	750	1475	2600	3700
2d GLS Sed	150	500	800	1600	2800	4000
4d GLS Sed	150	550	850	1650	2900	4100
4d LX Sed	150	550	850	1675	2950	4200
4d Sed 4x4	200	660	1100	2200	3850	5500
Probe						
2d GL HBk, 4-cyl.	200	660	1100	2200	3850	5500
2d LX HBk, V-6	350	780	1300	2600	4550	6500
2d GT HBk, Turbo	350	840	1400	2800	4900	7000
Taurus						
4-cyl.						
4d L Sed	150	500	800	1600	2800	4000

	6	5	4	3	2	1
4d GL Sed	150	550	850	1675	2950	4200
V-6						
4d L Sed	150	650	950	1900	3300	4700
4d L Sta Wag	200	675	1000	2000	3500	5000
4d GL Sed	200	675	1000	1950	3400	4900
4d GL Sta Wag	200	700	1050	2100	3650	5200
4d LX Sed	200	670	1200	2300	4060	5800
4d LX Sta Wag	350	770	1300	2550	4480	6400
4d SHO Sed	350	840	1400	2800	4900	7000
Ltd Crown Victoria, V-8						
4d S Sed	200	660	1100	2200	3850	5500
4d Sed	200	720	1200	2400	4200	6000
4d LX Sed	350	780	1300	2600	4550	6500
4d Sta Wag	200	670	1200	2300	4060	5800
4d LX Sta Wag	200	745	1250	2500	4340	6200
4d Ctry Sq Sta Wag	350	780	1300	2600	4550	6500
4d LX Ctry Sq Sta Wag	350	820	1400	2700	4760	6800

MUSTANG

	6	5	4	3	2	1
1964						
2d HT	600	1900	3200	6400	11,200	16,000
Conv	1000	3250	5400	10,800	18,900	27,000

NOTE: Deduct 15 percent for 6-cyl.
Add 20 percent for Challenger Code "K" V-8.
First Mustang introduced April 17, 1964 at N.Y. World's Fair.

	6	5	4	3	2	1
1965						
2d HT	600	1900	3200	6400	11,200	16,000
Conv	1000	3250	5400	10,800	18,900	27,000
FBk	850	2650	4400	8800	15,400	22,000

NOTE: Add 30 percent for 271 hp Hi-perf engine.
Add 10 percent for "GT" Package.
Add 10 percent for original "pony interior".
Deduct 15 percent for 6-cyl.

	6	5	4	3	2	1
1965 Shelby GT						
GT-350 FBk	1900	6000	10,000	20,000	35,000	50,000

1966 Ford Mustang two-door hardtop

	6	5	4	3	2	1
1966						
2d HT	550	1800	3000	6000	10,500	15,000
Conv	1000	3100	5200	10,400	18,200	26,000
FsBk	800	2500	4200	8400	14,700	21,000

NOTE: Same as 1965.

	6	5	4	3	2	1
1966 Shelby GT						
GT-350 FBk	1700	5400	9000	18,000	31,500	45,000
GT-350H FBk	1750	5650	9400	18,800	32,900	47,000
GT-350 Conv	2850	9100	15,200	30,400	53,200	76,000
1967						
2d HT	550	1700	2800	5600	9800	14,000

	6	5	4	3	2	1
Conv	850	2650	4400	8800	15,400	22,000
FBk	650	2050	3400	6800	11,900	17,000

NOTES: Same as 1964-65, plus;
Add 10 percent for 390 cid V-8 (code "Z").
Deduct 15 percent for 6-cyl.

1967 Shelby GT

	6	5	4	3	2	1
GT-350 FBk	1450	4550	7600	15,200	26,600	38,000
GT-500 FBk	1600	5150	8600	17,200	30,100	43,000

1968

	6	5	4	3	2	1
2d HT	550	1700	2800	5600	9800	14,000
Conv	850	2650	4400	8800	15,400	22,000
FBk	650	2050	3400	6800	11,900	17,000

NOTES: Same as 1964-67, plus;
Add 10 percent for GT-390.
Add 50 percent for 427 cid V-8 (code "W").
Add 30 percent for 428 cid V-8 (code "Q").
Add 15 percent for "California Special" trim.

1968 Shelby GT

	6	5	4	3	2	1
350 Conv	1900	6000	10,000	20,000	35,000	50,000
350 FBk	1050	3350	5600	11,200	19,600	28,000
500 Conv	2550	8150	13,600	27,200	47,600	68,000
500 FBk	1500	4800	8000	16,000	28,000	40,000

NOTE: Add 30 percent for KR models.

1969

	6	5	4	3	2	1
2d HT	550	1700	2800	5600	9800	14,000
Conv	700	2150	3600	7200	12,600	18,000
FBk	600	1900	3200	6400	11,200	16,000

NOTE: Deduct 20 percent for 6-cyl.

	6	5	4	3	2	1
Mach 1	650	2050	3400	6800	11,900	17,000
Boss 302	1050	3350	5600	11,200	19,600	28,000
Boss 429	1950	6250	10,400	20,800	36,400	52,000
Grande	550	1800	3000	6000	10,500	15,000

NOTES: Same as 1968; plus;
Add 30 percent for Cobra Jet V-8.
Add 40 percent for "Super Cobra Jet" engine.

1969 Shelby GT

	6	5	4	3	2	1
350 Conv	1900	6000	10,000	20,000	35,000	50,000
350 FBk	1150	3600	6000	12,000	21,000	30,000
500 Conv	2350	7450	12,400	24,800	43,400	62,000
500 FBk	1300	4200	7000	14,000	24,500	35,000

1970

	6	5	4	3	2	1
2d HT	550	1700	2800	5600	9800	14,000
Conv	700	2150	3600	7200	12,600	18,000
FBk	600	1900	3200	6400	11,200	16,000
Mach 1	650	2050	3400	6800	11,900	17,000
Boss 302	1050	3350	5600	11,200	19,600	28,000
Boss 429	1950	6250	10,400	20,800	36,400	52,000
Grande	550	1800	3000	6000	10,500	15,000

NOTE: Add 30 percent for Cobra Jet V-8.
Add 40 percent for "Super Cobra Jet".
Deduct 20 percent for 6-cyl.

1970 Shelby GT

	6	5	4	3	2	1
350 Conv	1800	5750	9600	19,200	33,600	48,000
350 FBk	1150	3600	6000	12,000	21,000	30,000
500 Conv	2350	7450	12,400	24,800	43,400	62,000
500 FBk	1300	4200	7000	14,000	24,500	35,000

1971

	6	5	4	3	2	1
2d HT	400	1200	2000	4000	7000	10,000
Grande	400	1250	2100	4200	7400	10,500
Conv	700	2150	3600	7200	12,600	18,000
FBk	600	1900	3200	6400	11,200	16,000
Mach 1	650	2050	3400	6800	11,900	17,000
Boss 351	1150	3600	6000	12,000	21,000	30,000

NOTE: Same as 1970.
Deduct 20 percent for 6-cyl.

1972

	6	5	4	3	2	1
2d HT	400	1200	2000	4000	7000	10,000
Grande	400	1250	2100	4200	7400	10,500
FBk	550	1700	2800	5600	9800	14,000
Mach 1	600	1900	3200	6400	11,200	16,000
Conv	700	2150	3600	7200	12,600	18,000

Deduct 20 percent for 6-cyl.

	6	5	4	3	2	1
1973						
2d HT	450	1140	1900	3800	6650	9500
Grande	400	1250	2100	4200	7400	10,500
FBk	500	1550	2600	5200	9100	13,000
Mach 1	600	1900	3200	6400	11,200	16,000
Conv	700	2150	3600	7200	12,600	18,000
1974						
Mustang II						
Mustang Four						
HT Cpe	150	600	900	1800	3150	4500
FBk	150	650	975	1950	3350	4800
Ghia	150	650	975	1950	3350	4800
Mustang Six						
HT Cpe	150	600	900	1800	3150	4500
FBk	200	675	1000	1950	3400	4900
Ghia	200	675	1000	1950	3400	4900
Mach 1 Six						
FBk	200	720	1200	2400	4200	6000
1975						
Mustang						
HT Cpe	150	600	900	1800	3150	4500
FBk	150	650	975	1950	3350	4800
Ghia	150	650	975	1950	3350	4800
Mustang Six						
HT Cpe	150	600	950	1850	3200	4600
FBk	200	675	1000	1950	3400	4900
Ghia	200	675	1000	1950	3400	4900
Mach 1	200	720	1200	2400	4200	6000
Mustang, V-8						
HT Cpe	200	670	1150	2250	3920	5600
FBk Cpe	200	685	1150	2300	3990	5700
Ghia	200	720	1200	2400	4200	6000
Mach 1	350	840	1400	2800	4900	7000

1976 Ford Mustang II Cobra II hatchback coupe

	6	5	4	3	2	1
1976						
Mustang II, V-6						
2d	150	650	975	1950	3350	4800
3d 2 plus 2	200	675	1000	1950	3400	4900
2d Ghia	200	700	1050	2100	3650	5200

NOTE: Deduct 10 percent for 4-cyl.
Add 20 percent for V-8.
Add 20 percent for Cobra II.

	6	5	4	3	2	1
Mach 1, V-6						
3d	200	660	1100	2200	3850	5500
1977						
Mustang II, V-6						
2d	200	675	1000	2000	3500	5000
3d 2 plus 2	200	700	1050	2100	3650	5200
2d Ghia	200	650	1100	2150	3780	5400

NOTE: Deduct 10 percent for 4-cyl.
Add 30 percent for Cobra II option.
Add 20 percent for V-8.

	6	5	4	3	2	1
Mach 1, V-6						
2d	200	685	1150	2300	3990	5700
1978						
Mustang II						
Cpe	150	600	950	1850	3200	4600
3d 2 plus 2	150	650	975	1950	3350	4800
Ghia Cpe	200	675	1000	1950	3400	4900
Mach 1, V-6						
Cpe	200	660	1100	2200	3850	5500
NOTE: Add 20 percent for V-8.						
Add 30 percent for Cobra II option.						
Add 50 percent for King Cobra option.						
1979						
Mustang, V-6						
2d Cpe	150	650	950	1900	3300	4700
3d Cpe	150	650	975	1950	3350	4800
2d Ghia Cpe	200	675	1000	2000	3500	5000
3d Ghia Cpe	200	700	1050	2050	3600	5100
NOTE: Add 30 percent for Pace Car package.						
Add 30 percent for Cobra.						
1980						
Mustang, 6-cyl.						
2d Cpe	150	650	975	1950	3350	4800
2d HBk	200	675	1000	1950	3400	4900
2d Ghia Cpe	200	700	1050	2050	3600	5100
2d Ghia HBk	200	700	1050	2100	3650	5200
NOTES: Deduct 15 percent for 4-cyl.						
Add 30 percent for V-8.						
1981						
Mustang, 6-cyl.						
2d S Cpe	200	675	1000	1950	3400	4900
2d Cpe	200	700	1050	2050	3600	5100
2d HBk	200	700	1050	2100	3650	5200
2d Ghia Cpe	200	700	1050	2100	3650	5200
2d Ghia HBk	200	700	1075	2150	3700	5300
NOTES: Deduct 15 percent for 4-cyl.						
Add 30 percent for V-8.						
1982						
Mustang, 4-cyl.						
2d L Cpe	150	600	900	1800	3150	4500
2d GL Cpe	150	600	950	1850	3200	4600
2d GL HBk	150	650	950	1900	3300	4700
2d GLX Cpe	200	675	1000	1950	3400	4900
2d GLX HBk	200	675	1000	2000	3500	5000
Mustang, 6-cyl.						
2d L Cpe	200	675	1000	1950	3400	4900
2d GL Cpe	200	675	1000	2000	3500	5000
2d GL HBk	200	700	1050	2050	3600	5100
2d GLX Cpe	200	700	1075	2150	3700	5300
2d GLX HBk	200	650	1100	2150	3780	5400
Mustang, V-8						
2d GT HBk	350	770	1300	2550	4480	6400
1983						
Mustang, 4-cyl.						
2d L Cpe	150	600	950	1850	3200	4600
2d GL Cpe	150	650	950	1900	3300	4700
2d GL HBk	200	675	1000	1950	3400	4900
2d GLX Cpe	200	675	1000	2000	3500	5000
2d GLX HBk	200	700	1050	2050	3600	5100
Mustang, 6-cyl.						
2d GL Cpe	200	700	1050	2050	3600	5100
2d GL HBk	200	700	1050	2100	3650	5200
2d GLX Cpe	200	650	1100	2150	3780	5400
2d GLX HBk	200	660	1100	2200	3850	5500
2d GLX Conv	200	720	1200	2400	4200	6000
Mustang, V-8						
2d GT HBk	350	840	1400	2800	4900	7000
2d GT Conv	350	975	1600	3200	5600	8000
1984						
Mustang, 4-cyl.						
2d L Cpe	150	650	950	1900	3300	4700
2d L HBk	150	650	975	1950	3350	4800
2d LX Cpe	150	650	975	1950	3350	4800
2d LX HBk	200	675	1000	1950	3400	4900

	6	5	4	3	2	1
2d GT Turbo HBk	200	700	1075	2150	3700	5300
2d GT Turbo Conv	350	780	1300	2600	4550	6500
Mustang, V-6						
2d L Cpe	150	650	975	1950	3350	4800
2d L HBk	200	675	1000	1950	3400	4900
2d LX Cpe	200	675	1000	1950	3400	4900
2d LX HBk	200	675	1000	2000	3500	5000
LX 2d Conv	350	840	1400	2800	4900	7000
Mustang, V-8						
2d L HBk	200	675	1000	2000	3500	5000
2d LX Cpe	200	700	1050	2050	3600	5100
2d LX HBk	200	700	1050	2050	3600	5100
2d LX Conv	350	975	1600	3200	5600	8000
2d GT HBk	200	700	1075	2150	3700	5300
2d GT Conv	350	1020	1700	3400	5950	8500

NOTE: Add 20 percent for 20th Anniversary Edition.
Add 40 percent for SVO Model.

	6	5	4	3	2	1
1985						
Mustang						
4-cyl.						
2d LX	200	675	1000	1950	3400	4900
2d LX HBk	200	675	1000	2000	3500	5000
2d SVO Turbo	200	720	1200	2400	4200	6000
V-6						
2d LX	200	700	1050	2050	3600	5100
2d LX HBk	200	700	1050	2100	3650	5200
2d LX Conv	350	975	1600	3200	5500	7900
V-8						
2d LX	200	660	1100	2200	3850	5500
2d LX HBk	200	670	1150	2250	3920	5600
2d LX Conv	350	1020	1700	3400	5950	8500
2d GT HBk	350	975	1600	3200	5600	8000
2d GT Conv	400	1200	2000	4000	7000	10,000
1986						
Mustang						
2d Cpe	200	675	1000	2000	3500	5000
2d HBk	200	675	1000	2000	3500	5000
2d Conv	350	900	1500	3000	5250	7500
2d Turbo HBk	200	720	1200	2400	4200	6000
Mustang, V-8						
2d HBk	200	720	1200	2400	4200	6000
2d Conv	350	1020	1700	3400	5950	8500
2d GT HBk	350	975	1600	3200	5600	8000
2d GT Conv	400	1200	2000	4000	7000	10,000
1987						
Mustang, 4-cyl.						
2d LX Sed	200	675	1000	2000	3500	5000
2d LX HBk	200	700	1050	2050	3600	5100
2d LX Conv	350	840	1400	2800	4900	7000
Mustang, V-8						
2d LX Sed	200	675	1000	2000	3500	5000
2d LX HBk	200	700	1050	2050	3600	5100
2d LX Conv	350	1040	1700	3450	6000	8600
2d GT HBk	200	660	1100	2200	3850	5500
2d GT Conv	450	1050	1750	3550	6150	8800
1988						
Mustang, V-6						
2d LX Sed	150	500	800	1600	2800	4000
2d LX HBk	150	550	850	1675	2950	4200
2d LX Conv	350	840	1400	2800	4900	7000
Mustang, V-8						
2d LX Sed	200	675	1000	2000	3500	5000
2d LX HBk	200	660	1100	2200	3850	5500
2d LX Conv	350	975	1600	3200	5600	8000
2d GT HBk	350	900	1500	3000	5250	7500
2d GT Conv	400	1200	2000	4000	7000	10,000
1989						
Mustang, 4-cyl.						
2d LX Cpe	150	600	900	1800	3150	4500
2d LX HBk	150	650	950	1900	3300	4700
2d LX Conv	350	1020	1700	3400	5950	8500
Mustang, V-8						
2d LX Spt Cpe	200	700	1200	2350	4130	5900
2d LX Spt HBk	200	720	1200	2400	4200	6000

	6	5	4	3	2	1
2d LX Spt Conv	400	1200	2000	4000	7000	10,000
2d GT HBk	350	950	1550	3100	5400	7700
2d GT Conv	500	1550	2600	5200	9100	13,000
1990						
Mustang, 4-cyl.						
2d LX	150	600	950	1850	3200	4600
2d LX HBk	150	650	975	1950	3350	4800
2d LX Conv	350	900	1500	3000	5250	7500
Mustang, V-8						
2d LX Spt	200	720	1200	2400	4200	6000
2d LX HBk Spt	200	745	1250	2500	4340	6200
2d LX Conv Spt	450	1080	1800	3600	6300	9000
2d GT HBk	350	975	1600	3200	5600	8000
2d GT Conv	400	1200	2000	4000	7000	10,000

THUNDERBIRD

	6	5	4	3	2	1
1955						
102" wb						
Conv	1750	5650	9400	18,800	32,900	47,000
NOTE: Add $1,800. for hardtop.						
1956						
102" wb						
Conv	1850	5900	9800	19,600	34,300	49,000
NOTE: Add $1,800. for hardtop. Add 10 percent for 312 engine.						
1957						
102" wb						
Conv	1900	6000	10,000	20,000	35,000	50,000
NOTE: Add $1,800. for hardtop. Add 30 percent for supercharged V-8 (Code F). Add 20 percent for "T-Bird Special" V-8 (Code E).						

1958 Ford Thunderbird two-door hardtop

	6	5	4	3	2	1
1958						
113" wb						
2d HT	950	3000	5000	10,000	17,500	25,000
Conv	1350	4300	7200	14,400	25,200	36,000
1959						
113" wb						
2d HT	900	2900	4800	9600	16,800	24,000
Conv	1300	4200	7000	14,000	24,500	35,000
NOTE: Add 30 percent for 430 engine option.						
1960						
113" wb						
SR HT	900	2900	4800	9600	16,800	24,000
2d HT	850	2650	4400	8800	15,400	22,000
Conv	1300	4200	7000	14,000	24,500	35,000
NOTE: Add 30" for 430 engine option, code J.						
1961						
113" wb						
2d HT	700	2150	3600	7200	12,600	18,000
Conv	1150	3700	6200	12,400	21,700	31,000

1962 Ford Thunderbird convertible

	6	5	4	3	2	1
1962						
113" wb						
2d HT	700	2150	3600	7200	12,600	18,000
2d Lan HT	700	2300	3800	7600	13,300	19,000
Conv	1150	3600	6000	12,000	21,000	30,000
Spt Rds	1300	4100	6800	13,600	23,800	34,000
NOTE: Add 20 percent for 390 engine.						
1963						
113" wb						
2d HT	700	2150	3600	7200	12,600	18,000
2d Lan HT	700	2300	3800	7600	13,300	19,000
Conv	1150	3600	6000	12,000	21,000	30,000
Spt Rds	1300	4100	6800	13,600	23,800	34,000
NOTES: Add 5 percent for Monaco option. Add 20 percent for 390 engine.						
1964						
113" wb						
2d HT	550	1800	3000	6000	10,500	15,000
2d Lan HT	600	1900	3200	6400	11,200	16,000
Conv	1050	3350	5600	11,200	19,600	28,000
NOTES: Add 25 percent for Tonneau convertible option.						
1965						
113" wb						
2d HT	550	1800	3000	6000	10,500	15,000
2d Lan HT	600	1900	3200	6400	11,200	16,000
Conv	1050	3350	5600	11,200	19,600	28,000
NOTES: Add 5 percent for Special Landau option.						
1966						
113" wb						
2d HT Cpe	600	1900	3200	6400	11,200	16,000
2d Twn Lan	700	2150	3600	7200	12,600	18,000
2d HT Twn	650	2050	3400	6800	11,900	17,000
Conv	950	3000	5000	10,000	17,500	25,000
NOTE: Add 30 percent for 428 engine.						
1967						
117" wb						
4d Lan	450	1140	1900	3800	6650	9500
115" wb						
2d Lan	400	1250	2100	4200	7400	10,500
2d HT	400	1300	2150	4300	7500	10,700
NOTE: Add 30 percent for 428 engine option.						
1968						
117" wb						
4d Lan Sed	400	1200	2000	4000	7000	10,000
115" wb						
4d Lan Sed	400	1250	2100	4200	7400	10,500
2d Lan HT	400	1300	2150	4300	7500	10,700
NOTE: Add 30 percent for 429 engine option, code K or 428 engine.						
1969						
117" wb						
4d Lan	400	1200	2000	4000	7000	10,000
115" wb						
2d Lan HT	400	1300	2150	4300	7500	10,700
4d Lan	400	1250	2100	4200	7400	10,500

	6	5	4	3	2	1
1970						
117" wb						
4d Lan	400	1200	2000	4000	7000	10,000
115" wb						
2d Lan HT	400	1300	2150	4300	7500	10,700
4d Lan	400	1250	2100	4200	7400	10,500
1971						
117" wb						
4d HT	400	1200	2000	4000	7000	10,000
115" wb						
2d HT	400	1250	2100	4200	7400	10,500
2d Lan HT	400	1300	2150	4300	7500	10,700

1972 Ford Thunderbird two-door hardtop

	6	5	4	3	2	1
1972						
120" wb						
2d HT	450	1140	1900	3800	6650	9500
NOTE: Add 20 percent for 429 engine option.						
1973						
120" wb						
2d HT	450	1080	1800	3600	6300	9000
1974						
120" wb						
2d HT	450	1080	1800	3600	6300	9000
1975						
120" wb						
2d HT	450	1050	1750	3550	6150	8800
1976						
120" wb						
2d HT	350	1000	1650	3350	5800	8300
1977						
114" wb						
2d HT	350	850	1450	2850	4970	7100
2d Lan	350	860	1450	2900	5050	7200
1978						
114" wb						
2d HT	350	900	1500	3000	5250	7500
2d Twn Lan	350	1020	1700	3400	5950	8500
2d Diamond Jubilee	450	1080	1800	3600	6300	9000
1979						
V-8, 114" wb						
2d HT	350	840	1400	2800	4900	7000
2d HT Lan	350	900	1500	3000	5250	7500
2d HT Heritage	350	975	1600	3200	5600	8000
1980						
V-8, 108" wb						
2d Cpe	200	720	1200	2400	4200	6000
2d Twn Lan Cpe	200	750	1275	2500	4400	6300
2d Silver Anniv. Cpe	350	780	1300	2600	4550	6500
1981						
V-8, 108" wb						
2d Cpe	200	670	1150	2250	3920	5600

	6	5	4	3	2	1
2d Twn Lan Cpe	200	670	1200	2300	4060	5800
2d Heritage Cpe	200	700	1200	2350	4130	5900
NOTE: Deduct 15 percent for 6-cyl.						
1982						
V-8, 108" wb						
2d Cpe	200	670	1200	2300	4060	5800
2d Twn Lan Cpe	200	720	1200	2400	4200	6000
2d Heritage Cpe	200	745	1250	2500	4340	6200
NOTE: Deduct 15 percent for V-6.						
1983						
4-cyl. Turbo, 104" wb						
2d Cpe	350	900	1500	3000	5250	7500
2d Heritage Cpe	350	950	1550	3150	5450	7800
NOTE: Deduct 15 percent for V-6.						
1984						
4-cyl., 104" wb						
2d Turbo Cpe	350	840	1400	2800	4900	7000
1985						
V-8, 104" wb						
2d Cpe	350	770	1300	2550	4480	6400
2d Elan Cpe	350	820	1400	2700	4760	6800
2d Fila Cpe	350	830	1400	2950	4830	6900
4-cyl. Turbo						
2d Cpe	350	840	1400	2800	4900	7000
NOTE: Deduct 10 percent for V-6 non-turbo.						
1986						
104" wb						
2d Cpe	350	770	1300	2550	4480	6400
2d Elan Cpe	350	790	1350	2650	4620	6600
2d Turbo Cpe	350	860	1450	2900	5050	7200
1987						
V-6, 104" wb						
2d Cpe	350	780	1300	2600	4550	6500
2d LX Cpe	350	790	1350	2650	4620	6600
V-8, 104" wb						
2d Cpe	350	840	1400	2800	4900	7000
2d Spt Cpe	350	860	1450	2900	5050	7200
2d LX Cpe	350	870	1450	2900	5100	7300
4-cyl. Turbo						
2d Cpe	350	860	1450	2900	5050	7200
1988						
V-6						
2d Cpe	150	600	900	1800	3150	4500
2d LX Cpe	200	675	1000	2000	3500	5000
V-8						
2d Spt Cpe	200	660	1100	2200	3850	5500
4-cyl. Turbo						
2d Cpe	150	650	950	1900	3300	4700
NOTE: Add 20 percent for V-8 where available.						
1989						
V-6						
2d Cpe	350	820	1400	2700	4760	6800
2d LX Cpe	350	840	1400	2800	4900	7000
2d Sup Cpe	450	1080	1800	3600	6300	9000
1990						
V-6						
2d Cpe	350	780	1300	2600	4550	6500
2d LX Cpe	350	840	1400	2800	4900	7000
2d Sup Cpe	450	1080	1800	3600	6300	9000

FRANKLIN

	6	5	4	3	2	1
1903						
Four, 10 hp, 72" wb						
Rbt	1200	3850	6400	12,800	22,400	32,000
1904						
Type A, 4-cyl., 12 hp, 82" wb						
2/4P Light Rbt	1150	3700	6200	12,400	21,700	31,000
Type B, 4-cyl., 12 hp, 82" wb						
4P Light Ton	1150	3700	6200	12,400	21,700	31,000
Type C, 4-cyl., 30 hp, 110" wb						
5P Side Entrance Ton	1150	3700	6200	12,400	21,700	31,000

	6	5	4	3	2	1
Type D, 4-cyl., 20 hp, 100" wb						
5P Light Tr	1150	3600	6000	12,000	21,000	30,000
Type E, 4-cyl., 12 hp, 74" wb						
2P Gentleman's Rbt	1100	3500	5800	11,600	20,300	29,000
Type F, 4-cyl., 12 hp, 82" wb						
4P Light Ton	1150	3600	6000	12,000	21,000	30,000
1905						
Type A, 4-cyl., 12 hp, 80" wb						
Rbt	1000	3250	5400	10,800	18,900	27,000
Detachable Ton	1050	3350	5600	11,200	19,600	28,000
Type B, 4-cyl., 12 hp, 80" wb						
Tr	1050	3350	5600	11,200	19,600	28,000
Type C, 4-cyl., 30 hp, 107" wb						
Tr	1150	3700	6200	12,400	21,700	31,000
Type D, 4-cyl., 20 hp, 100" wb						
Tr	1150	3600	6000	12,000	21,000	30,000
Type E, 4-cyl., 12 hp, 80" wb						
Rbt	1000	3250	5400	10,800	18,900	27,000
1906						
Type E, 4-cyl., 12 hp, 81-1/2" wb						
2P Rbt	950	3000	5000	10,000	17,500	25,000
Type G, 4-cyl., 12 hp, 88" wb						
5P Tr	1000	3100	5200	10,400	18,200	26,000
Type D, 4-cyl., 20 hp, 100" wb						
5P Tr	1000	3250	5400	10,800	18,900	27,000
5P Limo (115" wb)	800	2500	4200	8400	14,700	21,000
Type H, 6-cyl., 30 hp, 114" wb						
5P Tr	1050	3350	5600	11,200	19,600	28,000
1907						
Model G, 4-cyl., 12 hp, 90" wb						
2P Rbt	1100	3500	5800	11,600	20,300	29,000
4P Tr	1150	3600	6000	12,000	21,000	30,000
Model D, 4-cyl., 20 hp, 105" wb						
5P Tr	1150	3700	6200	12,400	21,700	31,000
2P Rbt	1150	3600	6000	12,000	21,000	30,000
5P Lan'let	950	3000	5000	10,000	17,500	25,000
Model H, 6-cyl., 30 hp, 127" wb						
7P Tr	1200	3850	6400	12,800	22,400	32,000
2P Rbt	1150	3700	6200	12,400	21,700	31,000
5P Limo	1000	3100	5200	10,400	18,200	26,000
1908						
Model G, 4-cyl., 16 hp, 90" wb						
Tr	1050	3350	5600	11,200	19,600	28,000
Rbt	1100	3500	5800	11,600	20,300	29,000
Brgm	800	2500	4200	8400	14,700	21,000
Lan'let	850	2650	4400	8800	15,400	22,000
Model D, 4-cyl., 28 hp, 105" wb						
Tr	1100	3500	5800	11,600	20,300	29,000
Surrey-Seat Rbt	1050	3350	5600	11,200	19,600	28,000
Lan'let	850	2750	4600	9200	16,100	23,000
Model H, 6-cyl., 42 hp, 127" wb						
Tr	1150	3700	6200	12,400	21,700	31,000
Limo	1000	3250	5400	10,800	18,900	27,000
Rbt	1150	3600	6000	12,000	21,000	30,000
1909						
Model G, 4-cyl., 18 hp, 91-1/2" wb						
4P Tr	1050	3350	5600	11,200	19,600	28,000
4P Cape Top Tr	1100	3500	5800	11,600	20,300	29,000
Brgm	800	2500	4200	8400	14,700	21,000
Lan'let	850	2650	4400	8800	15,400	22,000
Model D, 4-cyl., 28 hp, 106" wb						
5P Tr	1100	3500	5800	11,600	20,300	29,000
5P Cape Top Tr	1150	3600	6000	12,000	21,000	30,000
Rbt, Single Rumble	1150	3700	6200	12,400	21,700	31,000
Rbt, Double Rumble	1200	3850	6400	12,800	22,400	32,000
Lan'let	850	2750	4600	9200	16,100	23,000
Model H, 6-cyl., 42 hp, 127" wb						
7P Tr	1150	3600	6000	12,000	21,000	30,000
7P Cape Top Tr	1150	3700	6200	12,400	21,700	31,000
Limo	1050	3350	5600	11,200	19,600	28,000
1910						
Model G, 4-cyl., 18 hp, 91-1/2" wb						
5P Tr	1150	3600	6000	12,000	21,000	30,000
4P Rbt	1100	3500	5800	11,600	20,300	29,000
2P Rbt	1050	3350	5600	11,200	19,600	28,000

	6	5	4	3	2	1
Model K, 4-cyl., 18 hp, 91-1/2" wb						
Twn Car	1000	3250	5400	10,800	18,900	27,000
Taxicab	950	3000	5000	10,000	17,500	25,000
Model D, 4-cyl., 28 hp, 106" wb						
5P Tr	1150	3700	6200	12,400	21,700	31,000
4P Surrey	1000	3250	5400	10,800	18,900	27,000
6P Limo(111-1/2"wb)	950	3000	5000	10,000	17,500	25,000
Lan'let						
6P (111-1/2"wb)	1000	3100	5200	10,400	18,200	26,000
Model H, 6-cyl., 42 hp, 127" wb						
7P Tr	1200	3850	6400	12,800	22,400	32,000
4P Surrey	1050	3350	5600	11,200	19,600	28,000
7P Limo	1000	3100	5200	10,400	18,200	26,000
1911						
Model G, 4-cyl., 18 hp, 100" wb						
5P Tr	1100	3500	5800	11,600	20,300	29,000
Torp Phae (108" wb)	1150	3600	6000	12,000	21,000	30,000
Model M, 4-cyl., 25 hp, 108" wb						
5P Tr	1150	3600	6000	12,000	21,000	30,000
7P Limo	900	2900	4800	9600	16,800	24,000
7P Lan'let	950	3000	5000	10,000	17,500	25,000
Model D, 6-cyl., 38 hp, 123" wb						
4P Torp Phae	1200	3850	6400	12,800	22,400	32,000
5P Tr	1150	3700	6200	12,400	21,700	31,000
6P Limo	950	3000	5000	10,000	17,500	25,000
6P Lan'let	1000	3100	5200	10,400	18,200	26,000
Model H, 6-cyl., 48 hp, 133" wb						
7P Tr	1200	3850	6400	12,800	22,400	32,000
Torp Phae (126" wb)	1250	3950	6600	13,200	23,100	33,000
1912						
Model G, 4-cyl., 18 hp, 100" wb						
Rbt	1100	3500	5800	11,600	20,300	29,000
Model G, 4-cyl., 25 hp, 103" wb						
Tr	1100	3500	5800	11,600	20,300	29,000
Model M, 6-cyl., 30 hp, 116" wb						
Tr	1150	3600	6000	12,000	21,000	30,000
Torp Phae	1200	3850	6400	12,800	22,400	32,000
Rds	1150	3700	6200	12,400	21,700	31,000
Model K-6, 4-cyl., 18 hp, 100" wb						
Taxicab	950	3000	5000	10,000	17,500	25,000
Model D, 6-cyl., 38 hp, 123" wb						
Tr	1150	3700	6200	12,400	21,700	31,000
Torp Phae	1200	3850	6400	12,800	22,400	32,000
Model H, 6-cyl., 38 hp, 126" wb						
Tr	1200	3850	6400	12,800	22,400	32,000
Limo	1050	3350	5600	11,200	19,600	28,000
1913						
Model G, 4-cyl., 18 hp, 100" wb						
2P Rbt	1050	3350	5600	11,200	19,600	28,000
Model G, 4-cyl., 25 hp, 103" wb						
5P Tr	1050	3350	5600	11,200	19,600	28,000
Model M, 6-cyl., 30 hp, 116" wb						
5P Little Six Tr	1100	3500	5800	11,600	20,300	29,000
2P Little Six Vic	1000	3250	5400	10,800	18,900	27,000
Model D, 6-cyl., 38 hp, 123" wb						
5P Tr	1150	3700	6200	12,400	21,700	31,000
4P Torp Phae	1200	3850	6400	12,800	22,400	32,000
Model H, 4-cyl., 38 hp, 126" wb						
7P Tr	1200	3850	6400	12,800	22,400	32,000
7P Limo	1050	3350	5600	11,200	19,600	28,000
1914						
Model Six-30, 6-cyl., 31.6 hp, 120" wb						
5P Tr	1050	3350	5600	11,200	19,600	28,000
Rds	1150	3600	6000	12,000	21,000	30,000
Cpe	900	2900	4800	9600	16,800	24,000
Sed	850	2750	4600	9200	16,100	23,000
Limo	1000	3100	5200	10,400	18,200	26,000
Berlin	1050	3350	5600	11,200	19,600	28,000
1915						
Model Six-30, 6-cyl., 31.6 hp, 120" wb						
2P Rds	1150	3700	6200	12,400	21,700	31,000
5P Tr	1150	3600	6000	12,000	21,000	30,000
Cpe	900	2900	4800	9600	16,800	24,000
Sed	850	2750	4600	9200	16,100	23,000
Berlin	1050	3350	5600	11,200	19,600	28,000

	6	5	4	3	2	1
1916						
Model Six-30, 6-cyl., 31.6 hp, 120" wb						
5P Tr	1150	3700	6200	12,400	21,700	31,000
3P Rds	1200	3850	6400	12,800	22,400	32,000
5P Sed	900	2900	4800	9600	16,800	24,000
4P Doctor's Car	950	3000	5000	10,000	17,500	25,000
7P Berlin	1100	3500	5800	11,600	20,300	29,000
1917						
Series 9, 6-cyl., 25.35 hp, 115" wb						
5P Tr	1200	3850	6400	12,800	22,400	32,000
4P Rds	1250	3950	6600	13,200	23,100	33,000
2P Rbt	1050	3350	5600	11,200	19,600	28,000
7P Limo	1000	3250	5400	10,800	18,900	27,000
5P Sed	900	2900	4800	9600	16,800	24,000
7P Twn Car	1050	3350	5600	11,200	19,600	28,000
4P Brgm	1000	3100	5200	10,400	18,200	26,000
4P Cabr	1150	3700	6200	12,400	21,700	31,000
1918						
Series 9, 6-cyl., 25.35 hp, 115" wb						
5P Tr	1200	3850	6400	12,800	22,400	32,000
2P Rds	1250	3950	6600	13,200	23,100	33,000
4P Rds	1250	3950	6600	13,200	23,100	33,000
Sed	850	2650	4400	8800	15,400	22,000
Brgm	850	2750	4600	9200	16,100	23,000
Limo	1000	3250	5400	10,800	18,900	27,000
Twn Car	1050	3350	5600	11,200	19,600	28,000
Cabr	1150	3700	6200	12,400	21,700	31,000
1919						
Series 9, 6-cyl., 25.35 hp, 115" wb						
5P Tr	1200	3850	6400	12,800	22,400	32,000
Rbt	1200	3850	6400	12,800	22,400	32,000
4P Rds	1250	3950	6600	13,200	23,100	33,000
Brgm	850	2750	4600	9200	16,100	23,000
Sed	850	2650	4400	8800	15,400	22,000
Limo	1000	3250	5400	10,800	18,900	27,000
1920						
Model 9-B, 6-cyl., 25.3 hp, 115" wb						
5P Tr	1200	3850	6400	12,800	22,400	32,000
4P Rds	1200	3850	6400	12,800	22,400	32,000
2P Rds	1150	3700	6200	12,400	21,700	31,000
5P Sed	850	2650	4400	8800	15,400	22,000
4P Brgm	850	2750	4600	9200	16,100	23,000
1921						
Model 9-B, 6-cyl., 25 hp, 115" wb						
2P Rbt	1200	3850	6400	12,800	22,400	32,000
4P Rds	1200	3850	6400	12,800	22,400	32,000
5P Tr	1250	3950	6600	13,200	23,100	33,000
2P Conv Rbt	1300	4100	6800	13,600	23,800	34,000
5P Conv Tr	1300	4200	7000	14,000	24,500	35,000
4P Brgm	850	2750	4600	9200	16,100	23,000
5P Sed	850	2650	4400	8800	15,400	22,000
1922						
Model 9-B, 6-cyl., 25 hp, 115" wb						
2P Rds	1150	3700	6200	12,400	21,700	31,000
5P Tr	1150	3600	6000	12,000	21,000	30,000
2P Demi Cpe	900	2900	4800	9600	16,800	24,000
5P Demi Cpe	900	2900	4800	9600	16,800	24,000
4P Brgm	850	2750	4600	9200	16,100	23,000
5P Sed	850	2650	4400	8800	15,400	22,000
5P Limo	1000	3100	5200	10,400	18,200	26,000
1923						
Model 10, 6-cyl., 25 hp, 115" wb						
5P Tr	1050	3350	5600	11,200	19,600	28,000
2P Rds	1150	3600	6000	12,000	21,000	30,000
5P Demi Sed	850	2750	4600	9200	16,100	23,000
4P Brgm	900	2900	4800	9600	16,800	24,000
4P Cpe	950	3000	5000	10,000	17,500	25,000
5P Sed	850	2650	4400	8800	15,400	22,000
5P Tr Limo	1050	3350	5600	11,200	19,600	28,000
1924						
Model 10-B, 6-cyl., 25 hp, 115" wb						
5P Tr	1050	3350	5600	11,200	19,600	28,000
5P Demi Sed	850	2750	4600	9200	16,100	23,000
4P Cpe	900	2900	4800	9600	16,800	24,000

	6	5	4	3	2	1
5P Brgm	900	2900	4800	9600	16,800	24,000
5P Sed	850	2650	4400	8800	15,400	22,000
Tr Limo	1050	3350	5600	11,200	19,600	28,000
1925						
Model 10-C, 6-cyl., 32 hp, 115" wb						
5P Tr	1050	3350	5600	11,200	19,600	28,000
5P Demi Sed	850	2750	4600	9200	16,100	23,000
4P Cpe	900	2900	4800	9600	16,800	24,000
4P Brgm	850	2750	4600	9200	16,100	23,000
5P Sed	850	2650	4400	8800	15,400	22,000
NOTE: Series II introduced spring of 1925.						
1926						
Model 11-A, 6-cyl., 32 hp, 119" wb						
5P Sed	850	2650	4400	8800	15,400	22,000
5P Spt Sed	850	2750	4600	9200	16,100	23,000
4P Cpe	900	2900	4800	9600	16,800	24,000
5P Encl Dr Limo	1050	3350	5600	11,200	19,600	28,000
4P Cabr	1150	3600	6000	12,000	21,000	30,000
5P Tr	1150	3700	6200	12,400	21,700	31,000
2P Spt Rbt	1150	3600	6000	12,000	21,000	30,000
5P Cpe Rumble	950	3000	5000	10,000	17,500	25,000
1927						
Model 11-B, 6-cyl., 32 hp, 119" wb						
4P Vic	900	2900	4800	9600	16,800	24,000
2P Spt Cpe	950	3000	5000	10,000	17,500	25,000
4P Tandem Spt	1100	3500	5800	11,600	20,300	29,000
5P Sed	850	2650	4400	8800	15,400	22,000
5P Spt Sed	850	2750	4600	9200	16,100	23,000
3P Cpe	900	2900	4800	9600	16,800	24,000
5P Encl Dr Limo	1050	3350	5600	11,200	19,600	28,000
5P Cabr	1550	4900	8200	16,400	28,700	41,000
5P Tr	1500	4800	8000	16,000	28,000	40,000
2P Spt Rbt	1600	5050	8400	16,800	29,400	42,000
5P Cpe Rumble	950	3000	5000	10,000	17,500	25,000
1928						
Airman, 6-cyl., 46 hp, 119" wb						
3P Cpe	1000	3250	5400	10,800	18,900	27,000
4P Vic	1000	3100	5200	10,400	18,200	26,000
5P Sed	850	2750	4600	9200	16,100	23,000
5P Oxford Sed	900	2900	4800	9600	16,800	24,000
5P Spt Sed	900	2900	4800	9600	16,800	24,000
3/5P Conv	1750	5650	9400	18,800	32,900	47,000
Airman, 6-cyl., 46 hp, 128" wb						
Spt Rbt	1850	5900	9800	19,600	34,300	49,000
Spt Tr	1800	5750	9600	19,200	33,600	48,000
7P Sed	850	2750	4600	9200	16,100	23,000
Oxford Sed	900	2900	4800	9600	16,800	24,000
7P Tr	1700	5400	9000	18,000	31,500	45,000
7P Limo	1100	3500	5800	11,600	20,300	29,000

1929 Franklin 135 Derham sport sedan

	6	5	4	3	2	1
1929						
Model 130, 6-cyl., 46 hp, 120" wb						
3/5P Cpe	1050	3350	5600	11,200	19,600	28,000
5P Sed	900	2900	4800	9600	16,800	24,000
Model 135, 6-cyl., 60 hp, 125" wb						
3P Cpe	1100	3500	5800	11,600	20,300	29,000
5P Sed	950	3000	5000	10,000	17,500	25,000
3/5P Conv Cpe	1700	5400	9000	18,000	31,500	45,000
4P Vic Brgm	1000	3250	5400	10,800	18,900	27,000
5P Oxford Sed	1000	3250	5400	10,800	18,900	27,000
5P Spt Sed	1000	3250	5400	10,800	18,900	27,000
Model 137, 6-cyl., 60 hp, 132" wb						
5P Spt Tr	1850	5900	9800	19,600	34,300	49,000
4P Spt Rbt	1900	6000	10,000	20,000	35,000	50,000
7P Tr	1700	5400	9000	18,000	31,500	45,000
7P Sed	1000	3100	5200	10,400	18,200	26,000
7P Oxford Sed	1000	3250	5400	10,800	18,900	27,000
7P Limo	1100	3500	5800	11,600	20,300	29,000
1930						
Model 145, 6-cyl., 87 hp, 125" wb						
Sed	850	2750	4600	9200	16,100	23,000
Cpe	950	3000	5000	10,000	17,500	25,000
Clb Sed	950	3000	5000	10,000	17,500	25,000
DeL Sed	900	2900	4800	9600	16,800	24,000
Vic Brgm	950	3000	5000	10,000	17,500	25,000
Conv Cpe	1750	5650	9400	18,800	32,900	47,000
Tr Sed	950	3000	5000	10,000	17,500	25,000
Pursuit	950	3000	5000	10,000	17,500	25,000
Model 147, 6-cyl., 87 hp, 132" wb						
Rds	2050	6600	11,000	22,000	38,500	55,000
Pirate Tr	1900	6100	10,200	20,400	35,700	51,000
Pirate Phae	1950	6250	10,400	20,800	36,400	52,000
5P Sed	950	3000	5000	10,000	17,500	25,000
7P Sed	1000	3100	5200	10,400	18,200	26,000
Limo	1150	3600	6000	12,000	21,000	30,000
Sed Limo	1150	3700	6200	12,400	21,700	31,000
Spds	1150	3600	6000	12,000	21,000	30,000
Conv Spds	2350	7450	12,400	24,800	43,400	62,000
Deauville Sed	1600	5150	8600	17,200	30,100	43,000
Twn Car	1250	3950	6600	13,200	23,100	33,000
Cabr	2250	7200	12,000	24,000	42,000	60,000
Conv Sed	2500	7900	13,200	26,400	46,200	66,000
1931						
Series 15, 6-cyl., 100 hp, 125" wb						
Pursuit	1050	3350	5600	11,200	19,600	28,000
5P Sed	1000	3250	5400	10,800	18,900	27,000
Cpe	1150	3600	6000	12,000	21,000	30,000
Oxford Sed	1050	3300	5500	11,000	19,300	27,500
Vic Brgm	1100	3500	5800	11,600	20,300	29,000
Conv Cpe	2050	6600	11,000	22,000	38,500	55,000
Twn Sed	1150	3600	6000	12,000	21,000	30,000
Series 15, 6-cyl., 100 hp, 132" wb						
Rds	2650	8400	14,000	28,000	49,000	70,000
7P Sed	1150	3600	6000	12,000	21,000	30,000
Spt Salon	1150	3700	6200	12,400	21,700	31,000
Limo	1250	3950	6600	13,200	23,100	33,000
Series 15 DeLuxe, 6-cyl., 100 hp, 132" wb						
5P Tr	2500	7900	13,200	26,400	46,200	66,000
7P Tr	2500	7900	13,200	26,400	46,200	66,000
Spds	1250	3950	6600	13,200	23,100	33,000
5P Sed	1150	3700	6200	12,400	21,700	31,000
Clb Sed	1200	3850	6400	12,800	22,400	32,000
Conv Cpe	2500	7900	13,200	26,400	46,200	66,000
Twn Sed	1250	3950	6600	13,200	23,100	33,000
7P Sed	1150	3700	6200	12,400	21,700	31,000
Limo	1300	4100	6800	13,600	23,800	34,000
1932						
Airman, 6-cyl., 100 hp, 132" wb						
Spds	1150	3600	6000	12,000	21,000	30,000
5P Sed	1100	3500	5800	11,600	20,300	29,000
Cpe	1150	3600	6000	12,000	21,000	30,000
Clb Sed	1100	3550	5900	11,800	20,700	29,500
Vic Brgm	1150	3600	6000	12,000	21,000	30,000
Conv Cpe	2100	6700	11,200	22,400	39,200	56,000
7P Sed	1150	3600	6000	12,000	21,000	30,000

	6	5	4	3	2	1
Limo	1150	3700	6200	12,400	21,700	31,000
Sed Oxford	1100	3500	5800	11,600	20,300	29,000
1933						
Olympic, 6-cyl., 100 hp, 118" wb						
5P Sed	850	2650	4400	8800	15,400	22,000
4P Cpe	900	2900	4800	9600	16,800	24,000
4P Conv Cpe	1600	5150	8600	17,200	30,100	43,000
Airman, 6-cyl., 100 hp, 132" wb						
4P Spds	1000	3100	5200	10,400	18,200	26,000
5P Sed	950	3000	5000	10,000	17,500	25,000
5P Cpe	1000	3250	5400	10,800	18,900	27,000
5P Clb Sed	1000	3100	5200	10,400	18,200	26,000
5P Vic Brgm	1000	3250	5400	10,800	18,900	27,000
7P Sed	900	2900	4800	9600	16,800	24,000
6P Oxford Sed	950	3000	5000	10,000	17,500	25,000
7P Limo	1000	3100	5200	10,400	18,200	26,000
Twelve, V-12, 150 hp, 144" wb						
5P Sed	1700	5400	9000	18,000	31,500	45,000
5P Clb Brgm	1750	5650	9400	18,800	32,900	47,000
7P Sed	1500	4800	8000	16,000	28,000	40,000
7P Limo	1900	6000	10,000	20,000	35,000	50,000
1934						
Olympic, 6-cyl., 100 hp, 118" wb						
Sed	850	2650	4400	8800	15,400	22,000
Cpe	900	2900	4800	9600	16,800	24,000
Conv Cpe	1700	5400	9000	18,000	31,500	45,000
Airman, 6-cyl., 100 hp, 132" wb						
Sed	950	3000	5000	10,000	17,500	25,000
Clb Sed	1000	3100	5200	10,400	18,200	26,000
Sed	950	3050	5100	10,200	17,900	25,500
Oxford Sed	1000	3200	5300	10,600	18,600	26,500
Limo	1150	3700	6200	12,400	21,700	31,000
Twelve, V-12, 150 hp, 144" wb						
Sed	1700	5400	9000	18,000	31,500	45,000
Clb Brgm	1750	5650	9400	18,800	32,900	47,000
Sed	1500	4800	8000	16,000	28,000	40,000
Limo	1900	6000	10,000	20,000	35,000	50,000

GARDNER

	6	5	4	3	2	1
1920						
Model G, 4-cyl., 35 hp, 112" wb						
5P Tr	850	2650	4400	8800	15,400	22,000
3P Rds	950	3000	5000	10,000	17,500	25,000
5P Sed	550	1800	3000	6000	10,500	15,000
1921						
Model G, 4-cyl., 35 hp, 112" wb						
3P Rds	650	2050	3400	6800	11,900	17,000
5P Tr	850	2650	4400	8800	15,400	22,000
5P Sed	550	1800	3000	6000	10,500	15,000
1922						
Four, 35 hp, 112" wb						
3P Rds	950	3000	5000	10,000	17,500	25,000
5P Tr	850	2650	4400	8800	15,400	22,000
5P Sed	550	1800	3000	6000	10,500	15,000
1923						
Model 5, 4-cyl., 43 hp, 112" wb						
5P Tr	850	2650	4400	8800	15,400	22,000
2P Rds	950	3000	5000	10,000	17,500	25,000
2P Cpe	700	2300	3800	7600	13,300	19,000
5P Sed	550	1800	3000	6000	10,500	15,000
1924						
Model 5, 4-cyl., 43 hp, 112" wb						
3P Rds	950	3000	5000	10,000	17,500	25,000
5P Tr	850	2650	4400	8800	15,400	22,000
5P Spt Tr	850	2750	4600	9200	16,100	23,000
3P Cpe	700	2300	3800	7600	13,300	19,000
5P Brgm	600	1900	3200	6400	11,200	16,000
5P Sed	550	1800	3000	6000	10,500	15,000
1925						
Model 5, 4-cyl., 44 hp, 112" wb						
5P Tr	850	2650	4400	8800	15,400	22,000
3P Rds	950	3000	5000	10,000	17,500	25,000

	6	5	4	3	2	1
5P Std Tr	850	2750	4600	9200	16,100	23,000
5P DeL Tr	900	2900	4800	9600	16,800	24,000
5P Sed	550	1800	3000	6000	10,500	15,000
4P Cpe	700	2300	3800	7600	13,300	19,000
5P Radio Sed	700	2150	3600	7200	12,600	18,000
Six, 57 hp, 117" wb						
5P Tr	850	2750	4600	9200	16,100	23,000
Line 8, 8-cyl., 65 hp, 125" wb						
5P Tr	900	2900	4800	9600	16,800	24,000
5P Brgm	650	2050	3400	6800	11,900	17,000

1926 Gardner sport coupe

	6	5	4	3	2	1
1926						
Six, 57 hp, 117" wb						
5P Tr	1000	3100	5200	10,400	18,200	26,000
4P Rds	1150	3600	6000	12,000	21,000	30,000
4P Cabr	950	3000	5000	10,000	17,500	25,000
5P 4d Brgm	700	2150	3600	7200	12,600	18,000
5P Sed	600	1900	3200	6400	11,200	16,000
DeL Sed	650	2050	3400	6800	11,900	17,000
Line 8, 65 hp, 125" wb						
5P Tr	1350	4300	7200	14,400	25,200	36,000
4P Rds	1500	4800	8000	16,000	28,000	40,000
4P Cabr	1300	4200	7000	14,000	24,500	35,000
5P 4d Brgm	1000	3100	5200	10,400	18,200	26,000
5P Sed	900	2900	4800	9600	16,800	24,000
5P DeL Sed	950	3000	5000	10,000	17,500	25,000
1927						
Model 6-B, 6-cyl., 55 hp, 117" wb						
5P Tr	1000	3100	5200	10,400	18,200	26,000
4P Rds	1150	3600	6000	12,000	21,000	30,000
4P Cabr	1000	3250	5400	10,800	18,900	27,000
5P 4d Brgm	700	2150	3600	7200	12,600	18,000
5P Sed	600	1900	3200	6400	11,200	16,000
Model 8-80, 8-cyl., 70 hp, 122" wb						
4P Rds	1450	4550	7600	15,200	26,600	38,000
5P Sed	900	2900	4800	9600	16,800	24,000
Vic Cpe	1000	3250	5400	10,800	18,900	27,000

	6	5	4	3	2	1
Model 8-90, 8-cyl., 84 hp, 130" wb						
4P Rds	1500	4800	8000	16,000	28,000	40,000
5P Sed	650	2050	3400	6800	11,900	17,000
5P Brgm	700	2300	3800	7600	13,300	19,000
5P Vic	700	2300	3800	7600	13,300	19,000
1928						
Model 8-75, 8-cyl., 65 hp, 122" wb						
4P Rds	1450	4700	7800	15,600	27,300	39,000
Vic	1000	3250	5400	10,800	18,900	27,000
Cpe	1000	3100	5200	10,400	18,200	26,000
5P Clb Sed	950	3000	5000	10,000	17,500	25,000
5P Sed	850	2750	4600	9200	16,100	23,000
Model 8-85, 8-cyl., 74 hp, 125" wb						
4P Rds	1500	4800	8000	16,000	28,000	40,000
5P Brgm	1000	3250	5400	10,800	18,900	27,000
5P Sed	900	2900	4800	9600	16,800	24,000
4P Cus Cpe	1050	3350	5600	11,200	19,600	28,000
Model 8-95, 8-cyl., 115 hp, 130" wb						
4P Rds	1600	5150	8600	17,200	30,100	43,000
5P Brgm	1050	3350	5600	11,200	19,600	28,000
5P Sed	950	3000	5000	10,000	17,500	25,000
4P Cus Cpe	1100	3500	5800	11,600	20,300	29,000
1929-1930						
Model 120, 8-cyl., 65 hp, 122" wb						
4P Rds	1500	4800	8000	16,000	28,000	40,000
5P Spt Sed	1050	3350	5600	11,200	19,600	28,000
4P Cpe	1100	3500	5800	11,600	20,300	29,000
5P Sed	900	2900	4800	9600	16,800	24,000
Model 125, 8-cyl., 85 hp, 125" wb						
4P Rds	1600	5150	8600	17,200	30,100	43,000
4P Cabr	1350	4300	7200	14,400	25,200	36,000
5P Brgm	1000	3250	5400	10,800	18,900	27,000
5P Sed	950	3000	5000	10,000	17,500	25,000
4P Vic	1000	3100	5200	10,400	18,200	26,000
Cpe	1100	3500	5800	11,600	20,300	29,000
Model 130, 8-cyl., 115 hp, 130" wb						
4P Rds	1600	5050	8400	16,800	29,400	42,000
4P Cpe	1150	3600	6000	12,000	21,000	30,000
5P Brgm	1050	3350	5600	11,200	19,600	28,000
5P Sed	1000	3250	5400	10,800	18,900	27,000
5P Vic	1150	3600	6000	12,000	21,000	30,000
1930						
Model 136, 6-cyl., 70 hp, 122" wb						
Rds	1550	4900	8200	16,400	28,700	41,000
5P Spt Phae	1450	4700	7800	15,600	27,300	39,000
7P Spt Phae	1500	4800	8000	16,000	28,000	40,000
Spt Sed	1000	3250	5400	10,800	18,900	27,000
Cpe	1150	3600	6000	12,000	21,000	30,000
Brgm	1000	3250	5400	10,800	18,900	27,000
5P Sed	900	2900	4800	9600	16,800	24,000
7P Sed	950	3000	5000	10,000	17,500	25,000
Model 140, 8-cyl., 90 hp, 125" wb						
Rds	1600	5150	8600	17,200	30,100	43,000
5P Spt Phae	1500	4800	8000	16,000	28,000	40,000
7P Spt Phae	1550	4900	8200	16,400	28,700	41,000
Spt Sed	1100	3500	5800	11,600	20,300	29,000
Cpe	1150	3700	6200	12,400	21,700	31,000
Brgm	1050	3350	5600	11,200	19,600	28,000
5P Sed	950	3000	5000	10,000	17,500	25,000
7P Sed	1000	3100	5200	10,400	18,200	26,000
Model 150, 8-cyl., 126 hp, 130" wb						
Rds	1700	5400	9000	18,000	31,500	45,000
5P Spt Phae	1600	5150	8600	17,200	30,100	43,000
7P Spt Phae	1650	5300	8800	17,600	30,800	44,000
Spt Sed	1150	3600	6000	12,000	21,000	30,000
Cpe	1200	3850	6400	12,800	22,400	32,000
Brgm	1100	3500	5800	11,600	20,300	29,000
5P Sed	1000	3100	5200	10,400	18,200	26,000
7P Sed	1000	3250	5400	10,800	18,900	27,000
1931						
Model 136, 6-cyl., 70 hp, 122" wb						
Rds	1600	5050	8400	16,800	29,400	42,000
Spt Sed	1100	3500	5800	11,600	20,300	29,000
Cpe	1150	3600	6000	12,000	21,000	30,000
Sed	1000	3100	5200	10,400	18,200	26,000

	6	5	4	3	2	1
Model 148, 6-cyl., 100 hp, 125" wb						
Rds	1600	5150	8600	17,200	30,100	43,000
Phae	1600	5050	8400	16,800	29,400	42,000
Spt Sed	1150	3700	6200	12,400	21,700	31,000
Cpe	1200	3850	6400	12,800	22,400	32,000
Brgm	1150	3700	6200	12,400	21,700	31,000
Sed	1000	3250	5400	10,800	18,900	27,000
Model 158, 8-cyl., 130 hp, 130" wb						
Rds	1650	5300	8800	17,600	30,800	44,000
Cpe	1250	3950	6600	13,200	23,100	33,000
Brgm	1200	3850	6400	12,800	22,400	32,000
Sed	1050	3350	5600	11,200	19,600	28,000

GRAHAM-PAIGE

1928						
Model 610, 6-cyl., 111" wb						
Cpe	450	1140	1900	3800	6650	9500
4d Sed	350	1000	1650	3350	5800	8300
Model 614, 6-cyl., 114" wb						
Cpe	350	1040	1750	3500	6100	8700
4d Sed	350	1020	1700	3400	5950	8500
Model 619, 6-cyl., 119" wb						
Cpe	450	1050	1800	3600	6200	8900
4d Sed	350	1020	1700	3400	5950	8500
DeL Cpe	450	1080	1800	3600	6300	9000
DeL 4d Sed	350	1040	1700	3450	6000	8600
Model 629, 6-cyl., 129" wb						
2P Cpe	450	1050	1800	3600	6200	8900
5P Cpe	450	1090	1800	3650	6400	9100
Cabr	850	2650	4400	8800	15,400	22,000
5P 4d Sed	400	1200	2000	4000	7100	10,100
4d Twn Sed	400	1200	2050	4100	7100	10,200
7P 4d Sed	400	1250	2050	4100	7200	10,300
Model 835, 8-cyl., 137" wb						
Cpe 2P	400	1250	2100	4200	7400	10,500
Cpe 5P	400	1300	2200	4400	7700	11,000
Cabr	850	2650	4400	8800	15,400	22,000
5P 4d Sed	400	1250	2050	4100	7200	10,300
7P 4d Sed	400	1250	2100	4200	7300	10,400
4d Twn Sed	400	1250	2050	4100	7200	10,300
Limo	400	1300	2150	4300	7500	10,700
1929						
Model 612, 6-cyl., 112" wb						
Rds	1050	3300	5500	11,000	19,300	27,500
Tr	1050	3350	5600	11,200	19,600	28,000
Cpe	400	1200	2000	4000	7000	10,000
Cabr	950	3000	5000	10,000	17,500	25,000
2d Sed	400	1200	2000	4000	7000	10,000
4d Sed	400	1200	2000	4000	7100	10,100
Model 615, 6-cyl., 115" wb						
Rds	1050	3350	5600	11,200	19,600	28,000
Tour	1050	3400	5700	11,400	20,000	28,500
Cpe	400	1200	2050	4100	7100	10,200
Cabr	1000	3100	5200	10,400	18,200	26,000
2 dr Sed	400	1250	2100	4200	7400	10,500
4 dr Sed	400	1250	2100	4200	7400	10,600
Model 621, 6-cyl., 121" wb						
Rds	1050	3400	5700	11,400	20,000	28,500
Tr	1100	3500	5800	11,600	20,300	29,000
Cpe	400	1250	2100	4200	7400	10,500
Cabr	1000	3200	5300	10,600	18,600	26,500
4d Sed	400	1300	2150	4300	7600	10,800
Model 827, 8-cyl., 127" wb						
Rds	1150	3700	6200	12,400	21,700	31,000
Tr	1200	3850	6400	12,800	22,400	32,000
Cpe	500	1550	2600	5200	9100	13,000
Cabr	1150	3700	6200	12,400	21,700	31,000
4d Sed	450	1450	2400	4800	8400	12,000
Model 837, 8-cyl., 137" wb						
Tr	1350	4300	7200	14,400	25,200	36,000
Cpe	650	2050	3400	6800	11,900	17,000
5P 4d Sed	600	1900	3200	6400	11,200	16,000
7P 4d Sed	650	2050	3400	6800	11,900	17,000

	6	5	4	3	2	1
4d Twn Sed	700	2150	3600	7200	12,600	18,000
Limo	850	2650	4400	8800	15,400	22,000
LeB Limo	900	2900	4800	9600	16,800	24,000
LeB Twn Car	950	3000	5000	10,000	17,500	25,000

GRAHAM

	6	5	4	3	2	1
1930						
Standard, 6-cyl., 115" wb						
Rds	1350	4300	7200	14,400	25,200	36,000
Phae	1300	4200	7000	14,000	24,500	35,000
Cabr	1150	3600	6000	12,000	21,000	30,000
Cpe	450	1450	2400	4800	8400	12,000
DeL Cpe	500	1550	2600	5200	9100	13,000
2d Sed	400	1300	2150	4300	7500	10,700
4d Sed	400	1300	2150	4300	7600	10,800
4d DeL Sed	400	1300	2200	4400	7700	11,000
4d Twn Sed	400	1300	2200	4400	7700	11,000
DeL Twn Sed	400	1350	2250	4500	7800	11,200
Special, 6-cyl., 115" wb						
Cpe	500	1600	2700	5400	9500	13,500
R/S Cpe	550	1700	2800	5600	9800	14,000
4d Sed	450	1450	2400	4800	8400	12,000
Standard, 8-cyl., 122" and *134" wb						
Cpe	550	1800	3000	6000	10,500	15,000
4d Sed	500	1550	2600	5200	9100	13,000
Conv Sed	1350	4300	7200	14,400	25,200	36,000
7P 4d Sed	550	1700	2800	5600	9800	14,000
Special, 8-cyl., 122" and *134" wb						
Cpe	600	1850	3100	6200	10,900	15,500
4d Sed	500	1600	2700	5400	9500	13,500
Conv Sed	1450	4550	7600	15,200	26,600	38,000
7P 4d Sed	550	1800	3000	6000	10,500	15,000
Custom, 8-cyl., 127" wb						
Rds	1450	4700	7800	15,600	27,300	39,000
Phae	1450	4550	7600	15,200	26,600	38,000
Cpe	650	2050	3400	6800	11,900	17,000
Cabr	1350	4300	7200	14,400	25,200	36,000
4d Sed	600	1900	3200	6400	11,200	16,000
Custom, 8-cyl., 137" wb						
Phae	1550	4900	8200	16,400	28,700	41,000
5P 4d Sed	600	2000	3300	6600	11,600	16,500
4d Twn Sed	650	2050	3400	6800	11,900	17,000
7P 4d Sed	650	2100	3500	7000	12,300	17,500
Limo	850	2650	4400	8800	15,400	22,000
LeB Limo	900	2900	4800	9600	16,800	24,000
LeB Twn Car	850	2650	4400	8800	15,400	22,000
1931						
First Series						
Standard, 6-cyl., 115" wb						
Rds	1300	4200	7000	14,000	24,500	35,000
Phae	1300	4100	6800	13,600	23,800	34,000
Bus Cpe	450	1450	2400	4800	8400	12,000
Cpe	450	1500	2500	5000	8800	12,500
Spt Cpe	500	1550	2600	5200	9100	13,000
2d Sed	400	1350	2250	4500	7900	11,300
4d Twn Sed	450	1350	2300	4600	8000	11,400
4d Univ Sed	450	1400	2300	4600	8100	11,500
4d DeL Sed	450	1400	2350	4700	8200	11,700
4d DeL Twn Sed	450	1450	2400	4800	8400	12,000
Special, 6-cyl., 115" wb						
Bus Cpe	450	1450	2400	4800	8500	12,100
Cpe	450	1450	2450	4900	8500	12,200
4d Sed	450	1350	2300	4600	8000	11,400
Model 621, 6-cyl., 121" wb						
Rds	1200	3850	6400	12,800	22,400	32,000
Phae	1150	3700	6200	12,400	21,700	31,000
Vic	500	1550	2550	5100	9000	12,800
Cpe	500	1600	2650	5300	9300	13,300
4d Sed	450	1500	2500	5000	8800	12,500
Standard, 8-cyl., 122" and *134" wb						
Cpe	550	1700	2800	5600	9800	14,000
4d Sed	500	1600	2700	5400	9500	13,500
Conv Sed	1200	3850	6400	12,800	22,400	32,000

	6	5	4	3	2	1
7P 4d Sed	500	1600	2700	5400	9500	13,500
5P 4d Sed	500	1600	2700	5400	9500	13,500
*Limo	550	1800	3000	6000	10,500	15,000
Special 822, 8-cyl., 122" and *134" wb						
Cpe	600	1850	3100	6200	10,900	15,500
4d Sed	550	1700	2800	5600	9800	14,000
Conv Sed	1300	4200	7000	14,000	24,500	35,000
7P 4d Sed	550	1800	3000	6000	10,500	15,000
5P 4d Sed	550	1800	3000	6000	10,500	15,000
*Limo	600	1900	3200	6400	11,200	16,000
Custom, 8-cyl., 127" wb						
Rds	1450	4550	7600	15,200	26,600	38,000
Phae	1400	4450	7400	14,800	25,900	37,000
Vic	600	1900	3200	6400	11,200	16,000
Cabr	1300	4200	7000	14,000	24,500	35,000
4d Sed	600	1850	3100	6200	10,900	15,500
Custom, 8-cyl., 137" wb						
7P Phae	1900	6100	10,200	20,400	35,700	51,000
4d Sed	650	2050	3400	6800	11,900	17,000
LeB Limo	850	2750	4600	9200	16,100	23,000
	Second Series					
Prosperity, 6-cyl., 113" wb						
Cpe	450	1400	2350	4700	8200	11,700
Cpe 2-4	450	1450	2400	4800	8400	12,000
4d Sed	400	1350	2250	4500	7900	11,300
4d Twn Sed	450	1400	2300	4600	8100	11,500
Standard, 6-cyl., 115" wb						
Rds	1300	4100	6800	13,600	23,800	34,000
4d Sed	450	1400	2350	4700	8200	11,700
Bus Cpe	450	1450	2400	4800	8500	12,100
Cpe 2-4	450	1500	2450	4900	8600	12,300
4d Twn Sed	450	1450	2400	4800	8300	11,900
Special, 6-cyl., 115" wb						
Bus Cpe	450	1450	2450	4900	8500	12,200
Cpe 2-4	450	1500	2500	5000	8700	12,400
4d Sed	450	1450	2400	4800	8300	11,900
4d Twn Sed	450	1450	2400	4800	8500	12,100
Special 820, 8-cyl., 120" wb						
Bus Cpe	500	1600	2700	5400	9500	13,500
Cpe 2-4	550	1700	2800	5600	9800	14,000
4d Spt Sed	500	1600	2700	5400	9500	13,500
4d Sed	500	1550	2600	5200	9100	13,000
Custom 834, 8-cyl., 134" wb						
4d Sed	500	1600	2700	5400	9500	13,500
7P 4d Sed	550	1700	2800	5600	9800	14,000
Limo	600	1900	3200	6400	11,200	16,000
1932						
Prosperity, 6-cyl., 113" wb						
Cpe	500	1500	2550	5100	8900	12,700
Cpe 2-4	500	1550	2600	5200	9100	13,000
4d Sed	450	1500	2450	4900	8600	12,300
4d Twn Sed	450	1500	2500	5000	8800	12,500
Graham, 6-cyl., 113" wb						
Bus Cpe	500	1550	2600	5200	9000	12,900
Cpe 2-4	500	1550	2600	5200	9200	13,100
Cabr	950	3000	5000	10,000	17,500	25,000
4d Sed	450	1500	2500	5000	8800	12,500
Standard, 6-cyl., 115" wb						
Rds	1000	3250	5400	10,800	18,900	27,000
Bus Cpe	450	1500	2500	5000	8800	12,600
Cpe 2-4	500	1600	2650	5300	9300	13,300
4d Sed	500	1500	2550	5100	8900	12,700
4d Twn Sed	500	1550	2600	5200	9000	12,900
Special, 6-cyl., 115" wb						
Rds	1300	4100	6800	13,600	23,800	34,000
Bus Cpe	500	1600	2650	5300	9200	13,200
Cpe 2-4	500	1600	2700	5400	9400	13,400
4d Sed	500	1550	2550	5100	9000	12,800
4d Twn Sed	500	1550	2600	5200	9000	12,900
Model 57, 8-cyl., 123" wb						
Cpe	550	1750	2900	5800	10,200	14,500
Cpe 2-4	550	1800	3000	6000	10,500	15,000
4d Sed	550	1700	2800	5600	9800	14,000
DeL Cpe	600	1850	3100	6200	10,900	15,500
DeL Cpe 2-4	600	1900	3200	6400	11,200	16,000

	6	5	4	3	2	1
Conv Cpe	1250	3950	6600	13,200	23,100	33,000
4d DeL Sed	550	1750	2900	5800	10,200	14,500
Special 820, 8-cyl., 120" wb						
Bus Cpe	550	1800	3000	6000	10,500	15,000
Cpe 2-4	600	1900	3200	6400	11,200	16,000
4d Spt Sed	550	1750	2900	5800	10,200	14,500
4d Sed	550	1700	2850	5700	10,000	14,300
Special 822, 8-cyl., 122" wb						
4d Sed	550	1750	2900	5800	10,200	14,500
Conv Sed	1700	5400	9000	18,000	31,500	45,000
Custom 834, 8-cyl., 134" wb						
4d Sed	700	2300	3800	7600	13,300	19,000
7P 4d Sed	750	2350	3900	7800	13,700	19,500
Limo	900	2900	4800	9600	16,800	24,000
1933						
Graham, 6-cyl., 113" wb						
4d Sed	450	1450	2400	4800	8500	12,100
4d Twn Sed	450	1500	2450	4900	8600	12,300
Model 65, 6-cyl., 113" wb						
Bus Cpe	450	1500	2500	5000	8800	12,600
Cpe 2-4	500	1550	2550	5100	9000	12,800
Conv Cpe	850	2750	4600	9200	16,100	23,000
4d Sed	450	1500	2500	5000	8700	12,400
Graham, 6-cyl., 118" wb						
Bus Cpe	500	1550	2600	5200	9000	12,900
Cpe 2-4	500	1550	2600	5200	9200	13,100
Cabr	1000	3250	5400	10,800	18,900	27,000
4d Sed	450	1500	2500	5000	8800	12,500
Model 64, 8-cyl., 119" wb						
Bus Cpe	500	1550	2600	5200	9200	13,100
Cpe 2-4	500	1600	2650	5300	9300	13,300
Conv Cpe	1050	3350	5600	11,200	19,600	28,000
4d Sed	500	1500	2550	5100	8900	12,700
Model 57A, 8-cyl., 123" wb						
Cpe	500	1600	2700	5400	9500	13,500
Cpe 2-4	550	1700	2800	5600	9800	14,000
4d Sed	500	1550	2600	5200	9000	12,900
DeL Cpe	550	1700	2850	5700	9900	14,200
DeL Cpe 2-4	550	1750	2900	5800	10,200	14,500
DeL Conv Cpe	1150	3600	6000	12,000	21,000	30,000
4d DeL Sed	500	1600	2650	5300	9200	13,200
Custom 57A, 8-cyl., 123" wb						
Cpe	550	1750	2900	5800	10,200	14,600
Cpe 2-4	550	1800	3000	6000	10,500	15,000
4d Sed	500	1600	2700	5400	9500	13,500

1934 Graham Standard 8 convertible coupe

	6	5	4	3	2	1
1934						
Model 65, 6-cyl., 113" wb						
Cpe	500	1500	2550	5100	8900	12,700
Cpe 2-4	500	1550	2600	5200	9000	12,900
Conv Cpe	900	2900	4800	9600	16,800	24,000
4d Sed	450	1350	2300	4600	8000	11,400

	6	5	4	3	2	1
Model 64, 6-cyl., 119" wb						
Cpe	500	1550	2600	5200	9000	12,900
Cpe 2-4	500	1550	2600	5200	9200	13,100
Conv Cpe	950	3000	5000	10,000	17,500	25,000
4d Sed	450	1400	2300	4600	8100	11,500
Model 68, 6-cyl., 116" wb						
Bus Cpe	500	1550	2600	5200	9100	13,000
Cpe 2-4	500	1600	2650	5300	9300	13,300
Conv Cpe	1050	3350	5600	11,200	19,600	28,000
4d Sed	450	1400	2300	4600	8100	11,600
4d Sed Trunk	450	1400	2350	4700	8200	11,700
Model 67, 8-cyl., 123" wb						
Bus Cpe	500	1600	2700	5400	9500	13,500
Cpe 2-4	550	1700	2800	5600	9800	14,000
Conv Cpe	1100	3500	5800	11,600	20,300	29,000
4d Sed	400	1200	2000	4000	7000	10,000
4d Sed Trunk	450	1450	2450	4900	8500	12,200
Model 69, 8-cyl., 123" wb						
Bus Cpe	500	1650	2750	5500	9700	13,800
Cpe 2-4	550	1700	2850	5700	9900	14,200
Conv Cpe	1150	3600	6000	12,000	21,000	30,000
4d Sed	450	1450	2450	4900	8500	12,200
4d Sed Trunk	450	1500	2500	5000	8700	12,400
Custom 8-71, 8-cyl., 138" wb						
7P 4d Sed	500	1500	2550	5100	8900	12,700
7P 4d Sed Trunk	500	1550	2600	5200	9100	13,000
1935						
Model 74, 6-cyl., 111" wb						
2d Sed	400	1350	2250	4500	7800	11,200
4d Sed	400	1350	2250	4500	7900	11,300
2d DeL Sed	400	1350	2250	4500	7900	11,300
4d DeL Sed	450	1350	2300	4600	8000	11,400
Model 68, 6-cyl., 116" wb						
Bus Cpe	450	1500	2500	5000	8800	12,500
Cpe 3-5	500	1550	2550	5100	9000	12,800
Conv Cpe	850	2750	4600	9200	16,100	23,000
4d Sed	450	1350	2300	4600	8000	11,400
4d Sed Trunk	450	1400	2300	4600	8100	11,500
Model 67, 8-cyl., 123" wb						
Cpe	500	1550	2600	5200	9100	13,000
Cpe 3-5	500	1600	2700	5400	9500	13,500
Conv Cpe	900	2900	4800	9600	16,800	24,000
4d Sed	450	1400	2350	4700	8200	11,700
4d Sed Trunk	450	1400	2350	4700	8300	11,800
Model 72, 8-cyl., 123" wb						
Cpe	500	1600	2650	5300	9200	13,200
Cpe 2-4	500	1650	2750	5500	9600	13,700
Conv Cpe	1000	3100	5200	10,400	18,200	26,000
4d Sed	450	1400	2350	4700	8300	11,800
Custom Model 69, Supercharged, 8-cyl., 123" wb						
Cpe	500	1600	2700	5400	9500	13,500
Cpe 3-5	550	1700	2800	5600	9800	14,000
Conv Cpe	1000	3250	5400	10,800	18,900	27,000
4d Sed	450	1450	2400	4800	8400	12,000
4d Sed Trunk	450	1450	2400	4800	8500	12,100
Model 75, Supercharged, 8-cyl., 123" wb						
Cpe	500	1600	2700	5400	9400	13,400
Cpe 2-4	550	1700	2800	5600	9800	14,000
Conv Cpe	1000	3100	5200	10,400	18,200	26,000
4d Sed	450	1450	2400	4800	8400	12,000
1936						
Crusader Model 80, 6-cyl., 111" wb						
2d Sed	400	1350	2200	4400	7800	11,100
2d Sed Trunk	400	1350	2250	4500	7800	11,200
4d Sed	400	1350	2250	4500	7800	11,200
4d Sed Trunk	400	1350	2250	4500	7900	11,300
Cavalier Model 90, 6-cyl., 115" wb						
Bus Cpe	450	1500	2450	4900	8600	12,300
Cpe 2-4	450	1500	2500	5000	8800	12,500
2d Sed	400	1350	2250	4500	7800	11,200
2d Sed Trunk	400	1350	2250	4500	7900	11,300
4d Sed	400	1350	2250	4500	7800	11,200
4d Sed Trunk	450	1350	2300	4600	8000	11,400
Model 110, Supercharged, 6-cyl., 115" wb						
Cpe	500	1500	2550	5100	8900	12,700

	6	5	4	3	2	1
Cpe 2-4	500	1550	2600	5200	9100	13,000
2d Sed	450	1350	2300	4600	8000	11,400
2d Sed Trunk	450	1400	2300	4600	8100	11,500
4d Sed	450	1400	2300	4600	8100	11,500
4d Sed Trunk	450	1400	2350	4700	8300	11,800
4d Cus Sed	450	1450	2400	4800	8400	12,000

1937 Graham Cavalier coupe

	6	5	4	3	2	1
1937						
Crusader, 6-cyl., 111" wb						
2d Sed	400	1300	2200	4400	7700	11,000
2d Sed Trunk	400	1350	2200	4400	7800	11,100
4d Sed	400	1350	2250	4500	7800	11,200
4d Sed Trunk	400	1350	2250	4500	7900	11,300
Cavalier, 6-cyl., 116" wb						
Bus Cpe	450	1500	2500	5000	8800	12,500
Cpe 3-5	500	1500	2550	5100	8900	12,700
Conv Cpe	900	2900	4800	9600	16,800	24,000
2d Sed	400	1350	2200	4400	7800	11,100
2d Sed Trunk	400	1350	2250	4500	7800	11,200
4d Sed	400	1350	2250	4500	7900	11,300
4d Sed Trunk	450	1350	2300	4600	8000	11,400
Series 116, Supercharged, 6-cyl., 116" wb						
Bus Cpe	500	1550	2600	5200	9100	13,000
Cpe 3-5	500	1600	2650	5300	9300	13,300
Conv Cpe	950	3000	5000	10,000	17,500	25,000
2d Sed	450	1400	2300	4600	8100	11,500
2d Sed Trunk	450	1400	2300	4600	8100	11,600
4d Sed	450	1400	2300	4600	8100	11,600
4d Sed Trunk	450	1400	2350	4700	8200	11,700
Series 120, Custom Supercharged, 6-cyl., 116" and 120" wb						
Bus Cpe	500	1600	2650	5300	9200	13,200
Cpe 3-5	500	1600	2700	5400	9500	13,500
Conv Cpe	1000	3250	5400	10,800	18,900	27,000
4d Sed	450	1450	2400	4800	8400	12,000
4d Sed Trunk	450	1450	2450	4900	8500	12,200
1938						
Standard Model 96, 6-cyl., 120" wb						
4d Sed	400	1300	2150	4300	7500	10,700
Special Model 96, 6-cyl., 120" wb						
4d Sed	400	1300	2200	4400	7700	11,000
Model 97, Supercharged, 6-cyl., 120" wb						
4d Sed	450	1400	2300	4600	8100	11,500
Custom Model 97, Supercharged, 6-cyl., 120" wb						
4d Sed	450	1450	2400	4800	8400	12,000
1939						
Special Model 96, 6-cyl., 120" wb						
Cpe	450	1450	2400	4800	8400	12,000

	6	5	4	3	2	1
2d Sed	450	1400	2350	4700	8200	11,700
4d Sed	450	1400	2350	4700	8300	11,800
Custom Special 96, 6-cyl., 120" wb						
Cpe	450	1500	2450	4900	8600	12,300
2d Sed	450	1400	2350	4700	8300	11,800
4 dr Sed	450	1450	2400	4800	8300	11,900
Model 97, Supercharged, 6-cyl., 120" wb						
Cpe	550	1800	3000	6000	10,500	15,000
2d Sed	550	1700	2850	5700	10,000	14,300
4d Sed	550	1750	2900	5800	10,200	14,500
Custom Model 97, Supercharged, 6-cyl., 120" wb						
Cpe	600	1850	3100	6200	10,900	15,500
2d Sed	550	1750	2900	5800	10,200	14,500
4d Sed	550	1800	3000	6000	10,500	15,000
1940						
DeLuxe Model 108, 6-cyl., 120" wb						
Cpe	450	1500	2500	5000	8700	12,400
2d Sed	450	1450	2400	4800	8300	11,900
4d Sed	450	1450	2400	4800	8400	12,000
Custom Model 108, 6-cyl., 120" wb						
Cpe	450	1500	2500	5000	8800	12,500
2d Sed	450	1450	2400	4800	8400	12,000
4d Sed	450	1450	2450	4900	8500	12,200
DeLuxe Model 107, Supercharged, 6-cyl., 120" wb						
Cpe	550	1800	3000	6000	10,500	15,000
2d Sed	550	1750	2900	5800	10,200	14,500
4d Sed	550	1750	2950	5900	10,300	14,700
Custom Model 107, Supercharged, 6-cyl., 120" wb						
Cpe	600	1850	3100	6200	10,900	15,500
2d Sed	550	1750	2950	5900	10,300	14,700
4d Sed	550	1800	3000	6000	10,500	15,000
1941						
Custom Hollywood Model 113, 6-cyl., 115" wb						
4d Sed	600	1900	3200	6400	11,200	16,000
Custom Hollywood Model 113, Supercharged, 6-cyl., 115" wb						
4d Sed	650	2050	3400	6800	11,900	17,000

HUDSON

	6	5	4	3	2	1
1909						
Model 20, 4-cyl.						
2d Rds	1150	3700	6200	12,400	21,700	31,000
1910						
Model 20, 4-cyl.						
2d Rds	1150	3600	6000	12,000	21,000	30,000
4d Tr	1150	3600	6000	12,000	21,000	30,000
1911						
Model 33, 4-cyl.						
2d Rds	1150	3600	6000	12,000	21,000	30,000
2d Tor Rds	1150	3700	6200	12,400	21,700	31,000
4d Pony Ton	1200	3850	6400	12,800	22,400	32,000
4d Tr	1250	3950	6600	13,200	23,100	33,000
1912						
Model 33, 4-cyl.						
2d Rds	1300	4200	7000	14,000	24,500	35,000
2d Tor Rds	1350	4300	7200	14,400	25,200	36,000
4d Tr	1450	4550	7600	15,200	26,600	38,000
2d Cpe	1000	3100	5200	10,400	18,200	26,000
4d Limo	1100	3500	5800	11,600	20,300	29,000
1913						
Model 37, 4-cyl.						
2d Rds	1200	3850	6400	12,800	22,400	32,000
2d Tor Rds	1250	3950	6600	13,200	23,100	33,000
4d Tr	1300	4100	6800	13,600	23,800	34,000
2d Cpe	950	3000	5000	10,000	17,500	25,000
4d Limo	1050	3350	5600	11,200	19,600	28,000
Model 54, 6-cyl.						
2d 2P Rds	1250	3950	6600	13,200	23,100	33,000
2d 5P Rds	1300	4100	6800	13,600	23,800	34,000
2d Tor Rds	1300	4200	7000	14,000	24,500	35,000
4d Tr	1350	4300	7200	14,400	25,200	36,000
4d 7P Tr	1400	4450	7400	14,800	25,900	37,000

	6	5	4	3	2	1
2d Cpe	1000	3250	5400	10,800	18,900	27,000
4d Limo	1100	3500	5800	11,600	20,300	29,000
1914						
Model 40, 6-cyl.						
2d Rbt	1100	3500	5800	11,600	20,300	29,000
4d Tr	1150	3700	6200	12,400	21,700	31,000
2d Cabr	1150	3600	6000	12,000	21,000	30,000
Model 54, 6-cyl.						
4d 7P Tr	1200	3850	6400	12,800	22,400	32,000
1915						
Model 40, 6-cyl.						
2d Rds	1050	3350	5600	11,200	19,600	28,000
4d Phae	1150	3600	6000	12,000	21,000	30,000
4d Tr	1100	3500	5800	11,600	20,300	29,000
2d Cabr	1100	3500	5800	11,600	20,300	29,000
2d Cpe	700	2150	3600	7200	12,600	18,000
4d Limo	750	2400	4000	8000	14,000	20,000
4d Lan Limo	800	2500	4200	8400	14,700	21,000
Model 54, 6-cyl.						
4d Phae	1200	3850	6400	12,800	22,400	32,000
4d 7P Tr	1150	3700	6200	12,400	21,700	31,000
4d Sed	700	2300	3800	7600	13,300	19,000
4d Limo	850	2650	4400	8800	15,400	22,000
1916						
Super Six, 6-cyl.						
2d Rds	1000	3100	5200	10,400	18,200	26,000
2d Cabr	1000	3250	5400	10,800	18,900	27,000
4d Phae	1050	3350	5600	11,200	19,600	28,000
4d Tr Sed	650	2050	3400	6800	11,900	17,000
4d T&C	700	2150	3600	7200	12,600	18,000
Model 54, 6-cyl.						
4d 7P Phae	1150	3700	6200	12,400	21,700	31,000
1917						
Super Six, 6-cyl.						
2d Rds	900	2900	4800	9600	16,800	24,000
2d Cabr	950	3000	5000	10,000	17,500	25,000
4d 7P Phae	1000	3100	5200	10,400	18,200	26,000
4d Tr Sed	550	1800	3000	6000	10,500	15,000
4d T&C	700	2150	3600	7200	12,600	18,000
4d Twn Lan	650	2050	3400	6800	11,900	17,000
4d Limo Lan	700	2150	3600	7200	12,600	18,000
1918						
Super Six, 6-cyl.						
2d Rds	850	2650	4400	8800	15,400	22,000
2d Cabr	850	2750	4600	9200	16,100	23,000
4d 4P Phae	850	2750	4600	9200	16,100	23,000
4d 5P Phae	900	2900	4800	9600	16,800	24,000
2d 4P Cpe	550	1800	3000	6000	10,500	15,000
4d Tr Sed	600	1900	3200	6400	11,200	16,000

1919 Hudson Super Six coupe

	6	5	4	3	2	1
4d Sed	600	1900	3200	6400	11,200	16,000
4d Tr Limo	650	2050	3400	6800	11,900	17,000
4d T&C	650	2050	3400	6800	11,900	17,000
4d Limo	700	2150	3600	7200	12,600	18,000
4d Twn Limo	700	2150	3600	7200	12,600	18,000
4d Limo Lan	700	2150	3600	7200	12,600	18,000
4d F F Lan	700	2300	3800	7600	13,300	19,000
1919						
Super Six Series O, 6-cyl.						
2d Cabr	700	2300	3800	7600	13,300	19,000
4d 4P Phae	750	2400	4000	8000	14,000	20,000
4d 7P Phae	800	2500	4200	8400	14,700	21,000
2d 4P Cpe	450	1450	2400	4800	8400	12,000
4d Sed	400	1300	2200	4400	7700	11,000
4d Tr Limo	450	1450	2400	4800	8400	12,000
4d T&C	500	1550	2600	5200	9100	13,000
4d Twn Lan	500	1550	2600	5200	9100	13,000
4d Limo Lan	550	1700	2800	5600	9800	14,000
1920						
Super Six Series 10-12, 6-cyl.						
4d 4P Phae	750	2400	4000	8000	14,000	20,000
4d 7P Phae	800	2500	4200	8400	14,700	21,000
2d Cabr	600	1900	3200	6400	11,200	16,000
2d Cpe	400	1300	2200	4400	7700	11,000
4d Sed	400	1200	2000	4000	7000	10,000
4d Tr Limo	450	1450	2400	4800	8400	12,000
4d Limo	500	1550	2600	5200	9100	13,000
1921						
Super Six, 6-cyl.						
4d 4P Phae	750	2400	4000	8000	14,000	20,000
4d 7P Phae	800	2500	4200	8400	14,700	21,000
2d Cabr	600	1900	3200	6400	11,200	16,000
2d 4P Cpe	400	1200	2000	4000	7000	10,000
4d Sed	450	1080	1800	3600	6300	9000
4d Tr Limo	400	1200	2000	4000	7000	10,000
4d Limo	400	1300	2200	4400	7700	11,000
1922						
Super Six, 6-cyl.						
2d Spds	750	2400	4000	8000	14,000	20,000
4d Phae	700	2300	3800	7600	13,300	19,000
2d Cabr	600	1900	3200	6400	11,200	16,000
2d Cpe	450	1140	1900	3800	6650	9500
2d Sed	350	1020	1700	3400	5950	8500
4d Sed	350	1020	1700	3400	5950	8500
4d Tr Limo	400	1300	2200	4400	7700	11,000
4d Limo	400	1200	2000	4000	7000	10,000
1923						
Super Six, 6-cyl.						
2d Spds	750	2400	4000	8000	14,000	20,000
4d Phae	700	2300	3800	7600	13,300	19,000
2d Cpe	450	1140	1900	3800	6650	9500
2d Sed	350	1020	1700	3400	5950	8500
4d Sed	350	1020	1700	3400	5950	8500
4d 7P Sed	450	1080	1800	3600	6300	9000
1924						
Super Six, 6-cyl.						
2d Spds	700	2300	3800	7600	13,300	19,000
4d Phae	700	2150	3600	7200	12,600	18,000
2d Sed	350	975	1600	3200	5600	8000
4d Sed	350	975	1600	3250	5700	8100
4d 7P Sed	350	1020	1700	3400	5950	8500
1925						
Super Six, 6-cyl.						
2d Spds	700	2300	3800	7600	13,300	19,000
4d Phae	700	2150	3600	7200	12,600	18,000
2d Sed	450	1140	1900	3800	6650	9500
4d Brgm	400	1200	2000	4000	7000	10,000
4d Sed	450	1140	1900	3800	6650	9500
4d 7P Sed	400	1200	2000	4000	7000	10,000
1926						
Super Six, 6-cyl.						
4d Phae	750	2400	4000	8000	14,000	20,000
2d Sed	400	1200	2000	4000	7000	10,000

	6	5	4	3	2	1
4d Brgm	400	1300	2200	4400	7700	11,000
4d 7P Sed	400	1250	2100	4200	7400	10,500
1927						
Standard Six, 6-cyl.						
4d Phae	750	2400	4000	8000	14,000	20,000
2d Sed	450	1160	1950	3900	6800	9700
2d Spl Sed	400	1200	2000	4000	7000	10,000
4d Brgm	400	1250	2100	4200	7400	10,500
4d 7P Sed	400	1250	2100	4200	7400	10,500
Super Six						
2d Cus Rds	1250	3950	6600	13,200	23,100	33,000
4d Cus Phae	1300	4100	6800	13,600	23,800	34,000
2d Sed	400	1300	2200	4400	7700	11,000
4d Sed	450	1450	2400	4800	8400	12,000
4d Cus Brgm	600	1900	3200	6400	11,200	16,000
4d Cus Sed	650	2050	3400	6800	11,900	17,000
1928						
First Series, 6-cyl., (Start June, 1927)						
2d Std Sed	450	1140	1900	3800	6650	9500
4d Std Sed	450	1160	1950	3900	6800	9700
2d Sed	400	1200	2000	4000	7000	10,000
4d Sed	400	1250	2100	4200	7400	10,500
2d Rds	750	2400	4000	8000	14,000	20,000
4d Cus Phae	850	2750	4600	9200	16,100	23,000
4d Cus Brgm	450	1450	2400	4800	8400	12,000
4d Cus Sed	500	1550	2600	5200	9100	13,000
Second Series, 6-cyl., (Start Jan. 1928)						
2d Sed	400	1200	2000	4000	7000	10,000
4d Sed	400	1250	2100	4200	7400	10,500
2d RS Cpe	450	1450	2400	4800	8400	12,000
2d Rds	750	2400	4000	8000	14,000	20,000
4d EWB Sed	400	1250	2100	4200	7400	10,500
4d Lan Sed	400	1250	2100	4200	7400	10,500
2d Vic	400	1250	2100	4200	7400	10,600
4d 7P Sed	400	1300	2200	4400	7700	11,000
1929						
Series Greater Hudson, 6-cyl., 122" wb						
2d RS Rds	1200	3850	6400	12,800	22,400	32,000
4d Phae	1300	4100	6800	13,600	23,800	34,000
2d Cpe	550	1800	3000	6000	10,500	15,000
2d Sed	550	1700	2800	5600	9800	14,000
2d Conv	1150	3600	6000	12,000	21,000	30,000
2d Vic	550	1800	3000	6000	10,500	15,000
4d Sed	450	1450	2400	4800	8400	12,000
4d Twn Sed	450	1500	2500	5000	8800	12,500
4d Lan Sed	500	1550	2600	5200	9100	13,000
Series Greater Hudson, 6-cyl., 139" wb						
4d Spt Sed	700	2150	3600	7200	12,600	18,000
4d 7P Sed	750	2400	4000	8000	14,000	20,000
4d Limo	850	2650	4400	8800	15,400	22,000
4d DC Phae	1600	5150	8600	17,200	30,100	43,000
1930						
Great Eight, 8-cyl., 119" wb						
2d Rds	1400	4450	7400	14,800	25,900	37,000
4d Phae	1450	4700	7800	15,600	27,300	39,000
2d RS Cpe	750	2400	4000	8000	14,000	20,000
2d Sed	550	1800	3000	6000	10,500	15,000
4d Sed	600	1850	3100	6200	10,900	15,500
4d Conv Sed	1500	4800	8000	16,000	28,000	40,000
Great Eight, 8-cyl., 126" wb						
4d Phae	1600	5050	8400	16,800	29,400	42,000
4d Tr Sed	600	1850	3100	6200	10,900	15,500
4d 7P Sed	600	1900	3200	6400	11,200	16,000
4d Brgm	600	1900	3200	6400	11,200	16,000
1931						
Greater Eight, 8-cyl., 119" wb						
2d Rds	1600	5050	8400	16,800	29,400	42,000
4d Phae	1650	5300	8800	17,600	30,800	44,000
2d Cpe	550	1700	2800	5600	9800	14,000
2d Spl Cpe	600	2000	3300	6600	11,600	16,500
2d RS Cpe	650	2050	3400	6800	11,900	17,000
2d Sed	500	1550	2600	5200	9100	13,000
4d Sed	500	1600	2650	5300	9200	13,200
4d Twn Sed	550	1700	2800	5600	9800	14,000

1931 Hudson coupe

	6	5	4	3	2	1
Great Eight, l.w.b., 8-cyl., 126" wb						
4d Spt Phae	1750	5500	9200	18,400	32,200	46,000
4d Brgm	700	2300	3800	7600	13,300	19,000
4d Fam Sed	700	2300	3800	7600	13,300	19,000
4d 7P Sed	700	2200	3700	7400	13,000	18,500
4d Clb Sed	700	2200	3700	7400	13,000	18,500
4d Tr Sed	600	1900	3200	6400	11,200	16,000
4d Spl Sed	600	2000	3300	6600	11,600	16,500
1932						
(Standard) Greater, 8-cyl., 119" wb						
2d 2P Cpe	500	1600	2700	5400	9500	13,500
2d 4P Cpe	550	1700	2800	5600	9800	14,000
2d Spl Cpe	550	1800	3000	6000	10,500	15,000
2d Conv	1100	3500	5800	11,600	20,300	29,000
2d Sed	500	1550	2600	5200	9100	13,000
4d 5P Sed	500	1600	2700	5400	9500	13,500
4d Twn Sed	500	1650	2700	5400	9500	13,600
(Sterling) Series, 8-cyl., 132" wb						
4d Spl Sed	550	1800	3000	6000	10,500	15,000
4d Sub	550	1700	2800	5600	9800	14,000
Major Series, 8-cyl., 132" wb						
4d Phae	1050	3350	5600	11,200	19,600	28,000
4d Tr Sed	550	1800	3000	6000	10,500	15,000
4d Clb Sed	600	1850	3100	6200	10,900	15,500
4d Brgm	600	2000	3300	6600	11,600	16,500
4d 7P Sed	600	1900	3200	6400	11,200	16,000
1933						
Pacemaker Super Six, 6-cyl., 113" wb						
2d Conv	850	2650	4400	8800	15,400	22,000
4d Phae	850	2750	4600	9200	16,100	23,000
2d Bus Cpe	400	1250	2100	4200	7400	10,500
2d RS Cpe	450	1400	2300	4600	8100	11,500
2d Sed	450	1080	1800	3600	6300	9000
4d Sed	450	1140	1900	3800	6650	9500
Pacemaker Standard, 8-cyl., 119" wb						
2d Conv	900	2900	4800	9600	16,800	24,000
2d RS Cpe	400	1250	2100	4200	7400	10,500
2d Sed	450	1140	1900	3800	6650	9500
4d Sed	450	1400	2300	4600	8100	11,500
Pacemaker Major, 8-cyl., 132" wb						
4d Phae	1000	3100	5200	10,400	18,200	26,000
4d Tr Sed	450	1400	2300	4600	8100	11,500
4d Brgm	450	1400	2300	4600	8100	11,500
2d Clb Sed	450	1450	2400	4800	8400	12,000
4d 7P Sed	450	1500	2500	5000	8800	12,500
1934						
Special, 8-cyl., 116" wb						
2d Conv	1000	3250	5400	10,800	18,900	27,000
2d Bus Cpe	400	1200	2050	4100	7100	10,200
2d Cpe	400	1250	2100	4200	7400	10,500

	6	5	4	3	2	1
2d RS Cpe	450	1450	2400	4800	8400	12,000
2d Comp Vic	400	1300	2150	4300	7500	10,700
2d Sed	400	1250	2100	4200	7400	10,500
4d Sed	400	1200	2000	4000	7000	10,000
4d Comp Sed	400	1300	2200	4400	7700	11,000
DeLuxe Series, 8-cyl., 116" wb						
2d 2P Cpe	400	1250	2100	4200	7400	10,500
2d RS Cpe	450	1400	2300	4600	8100	11,500
2d Comp Vic	400	1300	2200	4400	7700	11,000
2d Sed	400	1300	2150	4300	7600	10,800
4d Sed	400	1250	2050	4100	7200	10,300
4d Comp Sed	400	1250	2100	4200	7400	10,600
Challenger Series, 8-cyl., 116" wb						
2d 2P Cpe	400	1250	2100	4200	7400	10,600
2d RS Cpe	450	1400	2350	4700	8300	11,800
2d Conv	1150	3700	6200	12,400	21,700	31,000
2d Sed	400	1250	2100	4200	7400	10,600
4d Sed	400	1300	2150	4300	7500	10,700
Major Series, 8-cyl., 123" wb						
(Special)						
4d Tr Sed	450	1450	2400	4800	8400	12,000
4d Comp Trs	450	1450	2450	4900	8500	12,200
(DeLuxe)						
4d Clb Sed	450	1500	2500	5000	8800	12,500
4d Brgm	450	1450	2450	4900	8500	12,200
4d Comp Clb Sed	450	1450	2400	4800	8500	12,100
1935						
Big Six, 6-cyl., 116" wb						
2d Conv	1150	3600	6000	12,000	21,000	30,000
2d Cpe	400	1250	2100	4200	7400	10,500
2d RS Cpe	400	1200	2000	4000	7000	10,000
4d Tr Brgm	400	1200	2000	4000	7000	10,000
2d Sed	450	1140	1900	3800	6650	9500
4d Sed	400	1200	2000	4000	7000	10,000
4d Sub Sed	400	1250	2100	4200	7300	10,400
Eight Special, 8-cyl., 117" wb						
2d Conv	1150	3700	6200	12,400	21,700	31,000
2d Cpe	400	1300	2150	4300	7500	10,700
2d RS Cpe	450	1400	2300	4600	8100	11,500
4d Tr Brgm	400	1200	2050	4100	7100	10,200
2d Sed	400	1200	2000	4000	7100	10,100
4d Sed	400	1250	2100	4200	7400	10,600
4d Sub Sed	400	1300	2150	4300	7500	10,700
Eight DeLuxe						
Eight Special, 8-cyl., 124" wb						
4d Brgm	400	1250	2100	4200	7400	10,600
4d Tr Brgm	400	1300	2150	4300	7500	10,700
4d Clb Sed	400	1250	2100	4200	7400	10,500
4d Sub Sed	400	1250	2100	4200	7400	10,600
Eight DeLuxe, 8-cyl., 117" wb						
2d 2P Cpe	400	1300	2150	4300	7600	10,800
2d RS Cpe	450	1400	2300	4600	8100	11,600
2d Conv	1200	3850	6400	12,800	22,400	32,000
4d Tr Brgm	400	1250	2050	4100	7200	10,300
2d Sed	400	1200	2050	4100	7100	10,200
4d Sed	400	1300	2150	4300	7500	10,700
4d Sub Sed	400	1300	2150	4300	7600	10,800
Eight Custom, 8-cyl., 124" wb						
4d Brgm	400	1300	2150	4300	7500	10,700
4d Tr Brgm	400	1300	2150	4300	7600	10,800
4d Sed	400	1250	2100	4200	7400	10,500
Sub Sed	400	1300	2150	4300	7600	10,800
Late Special, 8-cyl., 124" wb						
4d Brgm	400	1200	2050	4100	7100	10,200
4d Tr Brgm	400	1250	2050	4100	7200	10,300
4d Clb Sed	400	1200	2000	4000	7100	10,100
4d Sub Sed	400	1300	2150	4300	7600	10,800
Late DeLuxe, 8-cyl., 124" wb						
4d Brgm	400	1250	2050	4100	7200	10,300
4d Tr Brgm	400	1250	2100	4200	7300	10,400
4d Clb Sed	400	1200	2050	4100	7100	10,200
4d Sub Sed	400	1300	2200	4400	7600	10,900
1936						
Custom Six, 6-cyl., 120" wb						
2d Conv	1100	3500	5800	11,600	20,300	29,000

	6	5	4	3	2	1
2d Cpe	400	1250	2100	4200	7400	10,500
2d RS Cpe	450	1450	2400	4800	8400	12,000
4d Brgm	400	1200	2000	4000	7000	10,000
4d Tr Brgm	400	1200	2000	4000	7100	10,100
4d Sed	400	1200	2000	4000	7000	10,000
4d Tr Sed	400	1250	2100	4200	7400	10,500
DeLuxe Eight, Series 64, 8-cyl., 120" wb						
2d Conv	1200	3850	6400	12,800	22,400	32,000
2d Cpe	400	1300	2150	4300	7500	10,700
2d RS Cpe	400	1250	2100	4200	7300	10,400
4d Brgm	400	1200	2050	4100	7100	10,200
4d Tr Brgm	400	1250	2050	4100	7200	10,300
DeLuxe Eight, Series 66, 8-cyl., 127" wb						
4d Sed	400	1300	2150	4300	7500	10,700
4d Tr Sed	400	1300	2200	4400	7700	11,000
Custom Eight, Series 65, 120" wb						
2d 2P Cpe	400	1300	2150	4300	7600	10,800
2d RS Cpe	450	1400	2300	4600	8100	11,500
2d Conv	1200	3850	6400	12,800	22,400	32,000
4d Brgm	400	1250	2050	4100	7200	10,300
4d Tr Brgm	400	1250	2100	4200	7300	10,400
Custom Eight, Series 67, 127" wb						
4d Sed	400	1250	2100	4200	7400	10,600
4d Tr Sed	400	1300	2150	4300	7500	10,700
1937						
Custom Six, Series 73, 6-cyl., 122" wb						
2d Conv	1150	3700	6200	12,400	21,700	31,000
2d Conv Brgm	1200	3850	6400	12,800	22,400	32,000
2d Bus Cpe	400	1250	2100	4200	7400	10,500
2d 3P Cpe	400	1300	2200	4400	7700	11,000
2d Vic Cpe	450	1400	2300	4600	8100	11,500
2d Brgm	400	1250	2100	4200	7400	10,500
2d Tr Brgm	400	1300	2150	4300	7500	10,700
4d Sed	400	1300	2200	4400	7700	11,000
4d Tr Sed	400	1350	2200	4400	7800	11,100
DeLuxe Eight, Series 74, 8-cyl., 122" wb						
2d Cpe	450	1450	2400	4800	8400	12,000
2d Vic Cpe	450	1500	2500	5000	8800	12,500
2d Conv	1150	3700	6200	12,400	21,700	31,000
2d Brgm	450	1500	2500	5000	8800	12,600
2d Tr Brgm	500	1500	2550	5100	8900	12,700
4d Sed	500	1500	2550	5100	8900	12,700
4d Tr Sed	500	1550	2550	5100	9000	12,800
2d Conv Brgm	1050	3350	5600	11,200	19,600	28,000
DeLuxe Eight, Series 76, 8-cyl., 129" wb						
4d Sed	500	1550	2600	5200	9100	13,000
4d Tr Sed	500	1600	2700	5400	9500	13,500
Custom Eight, Series 75, 8-cyl., 122" wb						
2d Cpe	450	1450	2400	4800	8400	12,000
2d Vic Cpe	450	1450	2450	4900	8500	12,200
2d Conv Cpe	1200	3850	6400	12,800	22,400	32,000
2d Brgm	450	1400	2350	4700	8300	11,800
2d Tr Brgm	450	1450	2400	4800	8400	12,000
4d Sed	450	1400	2350	4700	8300	11,800
4d Tr Sed	450	1450	2400	4800	8300	11,900
2d Conv Brgm	1250	3950	6600	13,200	23,100	33,000
Custom Eight, Series 77, 8-cyl., 129" wb						
4d Sed	450	1450	2400	4800	8400	12,000
4d Tr Sed	450	1450	2450	4900	8500	12,200
1938						
Standard Series 89, 6-cyl., 112" wb						
2d Conv	1150	3700	6200	12,400	21,700	31,000
2d Conv Brgm	1200	3850	6400	12,800	22,400	32,000
2d 3P Cpe	450	1450	2400	4800	8400	12,000
2d Vic Cpe	450	1500	2500	5000	8800	12,500
4d Brgm	450	1350	2300	4600	8000	11,400
4d Tr Brgm	450	1400	2300	4600	8100	11,500
4d Sed	450	1400	2300	4600	8100	11,600
4d Tr Sed	450	1400	2350	4700	8200	11,700
Utility Series 89, 6-cyl., 112" wb						
2d Cpe	450	1400	2300	4600	8100	11,500
2d Sed	400	1300	2150	4300	7600	10,800
2d Tr Sed	400	1300	2200	4400	7600	10,900
DeLuxe Series 89, 6-cyl., 112" wb						
2d Conv	1150	3600	6000	12,000	21,000	30,000
2d Conv Brgm	1150	3700	6200	12,400	21,700	31,000

	6	5	4	3	2	1
2d 3P Cpe	500	1550	2600	5200	9100	13,000
2d Vic Cpe	500	1600	2700	5400	9500	13,500
4d Brgm	450	1450	2400	4800	8400	12,000
4d Tr Brgm	450	1450	2450	4900	8500	12,200
4d Sed	450	1500	2450	4900	8600	12,300
4d Tr Sed	450	1500	2500	5000	8700	12,400
Custom Series 83, 6-cyl., 122" wb						
2d Conv	1150	3700	6200	12,400	21,700	31,000
2d Conv Brgm	1200	3850	6400	12,800	22,400	32,000
2d 3P Cpe	500	1600	2700	5400	9500	13,500
2d Vic Cpe	550	1700	2800	5600	9800	14,000
4d Brgm	450	1500	2500	5000	8800	12,500
4d Tr Brgm	450	1500	2500	5000	8800	12,600
4d Sed	450	1500	2500	5000	8700	12,400
4d Tr Sed	450	1500	2500	5000	8800	12,500
4d DeLuxe Series 84, 8-cyl., 122" wb						
2d Conv	1150	3700	6200	12,400	21,700	31,000
2d Conv Brgm	1200	3850	6400	12,800	22,400	32,000
2d 3P Cpe	550	1700	2800	5600	9800	14,000
2d Vic Cpe	550	1750	2900	5800	10,200	14,500
4d Brgm	500	1600	2650	5300	9200	13,200
4d Tr Brgm	450	1500	2500	5000	8800	12,500
4d Tr Sed	450	1450	2400	4800	8400	12,000
4d Custom Series 85, 8-cyl., 122" wb						
2d 3P Cpe	550	1800	3000	6000	10,500	15,000
2d Vic Cpe	600	1850	3100	6200	10,900	15,500
4d Brgm	550	1700	2800	5600	9800	14,000
4d Tr Brgm	550	1750	2900	5800	10,200	14,500
4d Sed	500	1600	2700	5400	9500	13,500
4d Tr Sed	500	1650	2700	5400	9500	13,600
Country Club Series 87, 8-cyl., 129" wb						
4d Sed	550	1800	3000	6000	10,500	15,000
4d Tr Sed	550	1800	3050	6100	10,600	15,200
1939						
DeLuxe Series 112, 6-cyl., 112" wb						
2d Conv	1150	3600	6000	12,000	21,000	30,000
2d Conv Brgm	450	1500	2500	5000	8700	12,400
2d Trav Cpe	450	1450	2400	4800	8400	12,000
2d Utl Cpe	450	1500	2500	5000	8800	12,500
2d 3P Cpe	500	1500	2550	5100	8900	12,700
2d Vic Cpe	500	1550	2600	5200	9100	13,000
2d Utl Sed	450	1400	2300	4600	8100	11,500
4d Tr Brgm	450	1450	2400	4800	8300	11,900
4d Tr Sed	450	1450	2400	4800	8400	12,000
4d Sta Wag	900	2900	4800	9600	16,800	24,000
4d Pacemaker Series 91, 6-cyl., 118" wb						
2d 3P Cpe	500	1600	2700	5400	9500	13,500
2d Vic Cpe	550	1700	2800	5600	9800	14,000
4d Tr Brgm	500	1600	2650	5300	9200	13,200
4d Tr Sed	500	1550	2600	5200	9100	13,000
Series 92, 6-cyl., 118" wb						
2d Conv	1200	3850	6400	12,800	22,400	32,000
2d Conv Brgm	1250	3950	6600	13,200	23,100	33,000
2d 3P Cpe	550	1800	3000	6000	10,500	15,000
2d Vic Cpe	600	1850	3100	6200	10,900	15,500
4d Tr Brgm	550	1750	2900	5800	10,200	14,500
4d Tr Sed	550	1700	2800	5600	9800	14,000
Country Club Series 93, 6-cyl., 122" wb						
2d Conv	1250	3950	6600	13,200	23,100	33,000
2d Conv Brgm	1300	4100	6800	13,600	23,800	34,000
2d 3P Cpe	600	1850	3100	6200	10,900	15,500
2d Vic Cpe	600	1900	3200	6400	11,200	16,000
4d Tr Brgm	600	1850	3100	6200	10,900	15,500
4d Tr Sed	550	1800	3000	6000	10,500	15,000
Big Boy Series 96, 6-cyl., 129" wb						
4d 6P Sed	600	1900	3200	6400	11,200	16,000
4d 7P Sed	600	1950	3250	6500	11,400	16,300
Country Club Series 95, 8-cyl., 122" wb						
2d Conv	1300	4100	6800	13,600	23,800	34,000
2d Conv Brgm	1300	4200	7000	14,000	24,500	35,000
2d 3P Cpe	600	1900	3200	6400	11,200	16,000
2d Vic Cpe	600	2000	3300	6600	11,600	16,500
4d Tr Brgm	600	1900	3150	6300	11,100	15,800
4d Tr Sed	600	1850	3100	6200	10,900	15,500

	6	5	4	3	2	1
Custom Series 97, 8-cyl., 129" wb						
4d 5P Tr Sed	600	1950	3250	6500	11,300	16,200
4d 7P Sed	600	2000	3300	6600	11,600	16,500
1940						
Traveler Series 40-T, 6-cyl., 113" wb						
2d Cpe	450	1450	2450	4900	8500	12,200
2d Vic Cpe	450	1500	2500	5000	8700	12,400
2d Tr Sed	450	1450	2400	4800	8400	12,000
4d Tr Sed	450	1450	2400	4800	8500	12,100
DeLuxe Series, 40-P, 6-cyl., 113" wb						
2d 6P Conv	1000	3100	5200	10,400	18,200	26,000
2d Cpe	450	1500	2500	5000	8800	12,600
2d Vic Cpe	500	1500	2550	5100	8900	12,700
2d Tr Sed	450	1450	2450	4900	8500	12,200
4d Sed	450	1500	2450	4900	8600	12,300
Super Series 41, 6-cyl., 118" wb						
2d 5P Conv	1000	3250	5400	10,800	18,900	27,000
2d 6P Conv	1050	3350	5600	11,200	19,600	28,000
2d Cpe	550	1700	2800	5600	9800	14,000
2d Vic Cpe	550	1750	2900	5800	10,200	14,500
2d Tr Sed	450	1450	2400	4800	8400	12,000
4d Tr Sed	450	1450	2450	4900	8500	12,200
Country Club Series 43, 6-cyl., 125" wb						
4d 6P Sed	500	1550	2600	5200	9100	13,000
4d 7P Sed	500	1600	2700	5400	9500	13,500
Series 44, 8-cyl., 118" wb						
2d 5P Conv	1050	3350	5600	11,200	19,600	28,000
2d 6P Conv	1100	3500	5800	11,600	20,300	29,000
2d Cpe	600	1900	3200	6400	11,200	16,000
2d Vic Cpe	600	2000	3300	6600	11,600	16,500
2d Tr Sed	600	1850	3100	6200	10,900	15,600
4d Tr Sed	600	1900	3150	6300	11,000	15,700
DeLuxe Series 45, 8-cyl., 118" wb						
2d Tr Sed	600	1900	3150	6300	11,100	15,800
4d Tr Sed	600	1900	3200	6400	11,100	15,900
Country Club Eight Series 47, 8-cyl., 125" wb						
4d Tr Sed	600	1950	3200	6400	11,300	16,100
4d 7P Sed	600	1950	3250	6500	11,300	16,200
Big Boy Series 48, 6-cyl., 125" wb						
4d C-A Sed	550	1800	3000	6000	10,500	15,000
4d 7P Sed	550	1800	3050	6100	10,600	15,200
1941						
Utility Series 10-C, 6-cyl., 116" wb						
2d Cpe	450	1500	2500	5000	8800	12,500
2d Sed	450	1400	2300	4600	8100	11,500
Traveler Series 10-T, 6-cyl., 116" wb						
2d Cpe	500	1550	2600	5200	9100	13,000
2d Clb Cpe	500	1600	2700	5400	9500	13,500
2d Sed	450	1400	2350	4700	8200	11,700
4d Sed	450	1450	2400	4800	8300	11,900
DeLuxe Series 10-P, 6-cyl., 116" wb						
2d Conv	1000	3250	5400	10,800	18,900	27,000
2d Cpe	550	1700	2800	5600	9800	14,000
2d Clb Cpe	550	1750	2900	5800	10,200	14,500
2d Sed	450	1450	2400	4800	8500	12,100
4d Sed	450	1450	2450	4900	8500	12,200
Super Series 11, 6-cyl., 121" wb						
2d Conv	1100	3500	5800	11,600	20,300	29,000
2d Cpe	550	1750	2900	5800	10,200	14,500
2d Clb Cpe	550	1800	3000	6000	10,500	15,000
2d Sed	450	1500	2500	5000	8700	12,400
4d Sed	450	1500	2500	5000	8800	12,500
4d Sta Wag	1000	3250	5400	10,800	18,900	27,000
Commodore Series 12, 6-cyl., 121" wb						
2d Conv	1150	3600	6000	12,000	21,000	30,000
2d Cpe	550	1800	3050	6100	10,600	15,200
2d Clb Cpe	600	1850	3100	6200	10,800	15,400
2d Sed	500	1550	2600	5200	9100	13,000
4d Sed	500	1550	2600	5200	9200	13,100
Commodore Series 14, 8-cyl., 121" wb						
2d Conv	1150	3700	6200	12,400	21,700	31,000
2d Cpe	600	1850	3100	6200	10,900	15,500
2d Clb Cpe	600	1900	3150	6300	11,000	15,700
2d Sed	550	1750	2900	5800	10,200	14,600
4d Sed	550	1750	2950	5900	10,300	14,700
4d Sta Wag	1050	3350	5600	11,200	19,600	28,000

	6	5	4	3	2	1
Commodore Custom Series 15, 8-cyl., 121" wb						
2d Cpe	600	1900	3150	6300	11,100	15,800
2d Clb Cpe	600	1900	3200	6400	11,200	16,000
Commodore Custom Series 17, 8-cyl., 128" wb						
4d Sed	550	1800	2950	5900	10,400	14,800
4d 7P Sed	550	1800	3000	6000	10,500	15,000
Big Boy Series 18, 6-cyl., 128" wb						
4d C-A Sed	550	1700	2850	5700	10,000	14,300
4d 7P Sed	550	1750	2900	5800	10,200	14,500

1942 Hudson Series 21 station wagon

1942

	6	5	4	3	2	1
Traveler Series 20-T, 6-cyl., 116" wb						
2d Cpe	450	1500	2500	5000	8800	12,500
2d Clb Cpe	500	1500	2550	5100	8900	12,700
2d Sed	450	1400	2300	4600	8100	11,600
4d Sed	450	1400	2350	4700	8200	11,700
DeLuxe Series 20-P, 6-cyl., 116" wb						
2d Conv	1050	3350	5600	11,200	19,600	28,000
2d Cpe	500	1500	2550	5100	8900	12,700
2d Clb Cpe	500	1550	2600	5200	9100	13,000
2d Sed	450	1450	2400	4800	8400	12,000
4d Sed	450	1450	2400	4800	8500	12,100
Super Series 21, 6-cyl., 121" wb						
2d Conv	1100	3500	5800	11,600	20,300	29,000
2d Cpe	500	1550	2600	5200	9100	13,000
2d Clb Cpe	500	1600	2650	5300	9200	13,200
2d Sed	450	1500	2500	5000	8800	12,600
4d Sed	500	1500	2550	5100	8900	12,700
4d Sta Wag	1100	3500	5800	11,600	20,300	29,000
Commodore Series 22, 6-cyl., 121" wb						
2d Conv	1150	3700	6200	12,400	21,700	31,000
2d Cpe	500	1600	2700	5400	9500	13,500
2d Clb Cpe	550	1700	2800	5600	9800	14,000
2d Sed	450	1500	2500	5000	8800	12,500
4d Sed	450	1500	2500	5000	8800	12,600
Commodore Series 24, 8-cyl., 121" wb						
2d Conv	1200	3850	6400	12,800	22,400	32,000
2d Cpe	550	1800	3000	6000	10,500	15,000
2d Clb Cpe	600	1850	3100	6200	10,900	15,500
2d Sed	550	1700	2850	5700	9900	14,200
4d Sed	550	1700	2850	5700	10,000	14,300
Commodore Custom Series 25, 8-cyl., 121" wb						
2d Clb Cpe	600	1850	3100	6200	10,900	15,600
Commodore Series 27, 8-cyl., 128" wb						
4d Sed	550	1750	2900	5800	10,200	14,500

1946-1947

	6	5	4	3	2	1
Super Series, 6-cyl., 121" wb						
2d Cpe	450	1450	2400	4800	8300	11,900
2d Clb Cpe	450	1450	2400	4800	8400	12,000
2d Conv	950	3000	5000	10,000	17,500	25,000
2d Sed	400	1300	2150	4300	7600	10,800
4d Sed	400	1300	2200	4400	7600	10,900
Commodore Series, 6-cyl., 121" wb						
2d Clb Cpe	450	1500	2500	5000	8800	12,600
4d Sed	450	1450	2400	4800	8400	12,000

	6	5	4	3	2	1
Super Series, 8-cyl., 121" wb						
2d Clb Cpe	500	1500	2550	5100	8900	12,700
4d Sed	450	1450	2450	4900	8500	12,200
Commodore Series, 8-cyl., 121" wb						
2d Clb Cpe	500	1600	2650	5300	9300	13,300
2d Conv	1050	3350	5600	11,200	19,600	28,000
4d Sed	500	1550	2550	5100	9000	12,800
1948-1949						
Super Series, 6-cyl., 124" wb						
2d Cpe	450	1450	2400	4800	8400	12,000
2d Clb Cpe	450	1500	2450	4900	8600	12,300
2d Conv	1200	3850	6400	12,800	22,400	32,000
2d Sed	400	1350	2200	4400	7800	11,100
4d Sed	400	1300	2200	4400	7700	11,000
Commodore Series, 6-cyl., 124" wb						
2d Clb Cpe	500	1550	2600	5200	9100	13,000
2d Conv	1350	4300	7200	14,400	25,200	36,000
4d Sed	450	1500	2500	5000	8800	12,500
Super Series, 8-cyl., 124" wb						
2d Clb Cpe	500	1600	2700	5400	9500	13,500
2d Sed (1949 only)	450	1500	2500	5000	8800	12,600
4d Sed	450	1500	2500	5000	8800	12,500
Commodore Series, 8-cyl., 124" wb						
2d Clb Cpe	550	1700	2800	5600	9800	14,000
2d Conv	1450	4550	7600	15,200	26,600	38,000
4d Sed	500	1600	2700	5400	9500	13,500
1950						
Pacemaker Series 500, 6-cyl., 119" wb						
2d Bus Cpe	400	1200	2000	4000	7000	10,000
2d Clb Cpe	400	1300	2200	4400	7700	11,000
2d Conv	1300	4200	7000	14,000	24,500	35,000
2d Sed	400	1200	2000	4000	7100	10,100
4d Sed	400	1200	2050	4100	7100	10,200
DeLuxe Series 50A, 6-cyl., 119" wb						
2d Clb Cpe	450	1450	2450	4900	8500	12,200
2d Conv	1350	4300	7200	14,400	25,200	36,000
2d Sed	400	1250	2100	4200	7400	10,500
4d Sed	400	1250	2100	4200	7400	10,600
Super Six Series 501, 6-cyl., 124" wb						
2d Clb Cpe	450	1500	2500	5000	8800	12,500
2d Conv	1400	4450	7400	14,800	25,900	37,000
2d Sed	400	1350	2200	4400	7800	11,100
4d Sed	400	1350	2250	4500	7800	11,200
Commodore Series 502, 6-cyl., 124" wb						
2d Clb Cpe	500	1550	2600	5200	9100	13,000
2d Conv	1450	4550	7600	15,200	26,600	38,000
4d Sed	450	1450	2400	4800	8400	12,000
Super Series 503, 8-cyl., 124" wb						
2d Sed	450	1400	2300	4600	8100	11,500
2d Clb Cpe	500	1600	2700	5400	9500	13,500
4d Sed	450	1400	2350	4700	8200	11,700
Commodore Series 504, 8-cyl., 124" wb						
2d Clb Cpe	550	1700	2800	5600	9800	14,000
2d Conv	1500	4800	8000	16,000	28,000	40,000
4d Sed	450	1450	2400	4800	8400	12,000
1951						
Pacemaker Custom Series 4A, 6-cyl., 119" wb						
2d Cpe	400	1250	2100	4200	7400	10,500
2d Clb Cpe	450	1400	2300	4600	8100	11,500
2d Conv	1300	4200	7000	14,000	24,500	35,000
2d Sed	450	1160	1950	3900	6800	9700
4d Sed	450	1170	1975	3900	6850	9800
Super Custom Series 5A, 6-cyl., 124" wb						
2d Clb Cpe	450	1450	2400	4800	8400	12,000
2d Hlywd HT	600	1900	3200	6400	11,200	16,000
2d Conv	1350	4300	7200	14,400	25,200	36,000
2d Sed	400	1250	2100	4200	7400	10,500
4d Sed	400	1300	2150	4300	7500	10,700
Commodore Custom Series 6A, 6-cyl., 124" wb						
2d Clb Cpe	450	1500	2500	5000	8800	12,500
2d Hlywd HT	650	2050	3400	6800	11,900	17,000
2d Conv	1400	4450	7400	14,800	25,900	37,000
4d Sed	450	1500	2500	5000	8800	12,600

1951 Hudson Pacemaker four-door sedan

	6	5	4	3	2	1
Hornet Series 7A, 6-cyl., 124" wb						
2d Clb Cpe	500	1550	2600	5200	9100	13,000
2d Hlywd HT	700	2150	3600	7200	12,600	18,000
2d Conv	1450	4700	7800	15,600	27,300	39,000
4d Sed	500	1550	2600	5200	9200	13,100
Commodore Custom Series 8A, 8-cyl., 124" wb						
2d Clb Cpe	500	1600	2700	5400	9500	13,500
2d Hlywd HT	700	2300	3800	7600	13,300	19,000
2d Conv	1500	4800	8000	16,000	28,000	40,000
4d Sed	500	1650	2700	5400	9500	13,600
1952						
Pacemaker Series 4B, 6-cyl., 119" wb						
2d Cpe	400	1300	2150	4300	7500	10,700
2d Clb Cpe	400	1300	2150	4300	7600	10,800
2d Sed	400	1250	2100	4200	7400	10,500
4d Sed	400	1250	2100	4200	7400	10,600
Wasp Series 5B, 6-cyl., 119" wb						
2d Clb Cpe	400	1300	2200	4400	7700	11,000
2d Hlywd HT	550	1700	2800	5600	9800	14,000
2d Conv	1300	4200	7000	14,000	24,500	35,000
2d Sed	400	1250	2100	4200	7400	10,600
4d Sed	400	1300	2150	4300	7500	10,700
Commodore Series 6B, 6-cyl., 124" wb						
2d Clb Cpe	400	1350	2250	4500	7800	11,200
2d Hlywd HT	550	1800	3000	6000	10,500	15,000
2d Conv	1350	4300	7200	14,400	25,200	36,000
4d Sed	400	1300	2200	4400	7700	11,000
Hornet Series 7B, 6-cyl., 124" wb						
2d Clb Cpe	450	1350	2300	4600	8000	11,400
2d Hlywd HT	600	1900	3200	6400	11,200	16,000
2d Conv	1400	4450	7400	14,800	25,900	37,000
4d Sed	400	1350	2200	4400	7800	11,100
Commodore Series 8B, 8-cyl., 124" wb						
2d Clb Cpe	450	1350	2300	4600	8000	11,400
2d Hlywd HT	650	2050	3400	6800	11,900	17,000
2d Conv	1450	4550	7600	15,200	26,600	38,000
4d Sed	400	1350	2200	4400	7800	11,100
1953						
Jet Series 1C, 6-cyl., 105" wb						
4d Sed	450	1080	1800	3600	6300	9000
Super Jet Series 2C, 6-cyl., 105" wb						
2d Clb Sed	450	1140	1900	3800	6650	9500
4d Sed	450	1150	1900	3850	6700	9600
Wasp Series 4C, 6-cyl., 119" wb						
2d Clb Cpe	450	1170	1975	3900	6850	9800
2d Sed	450	1140	1900	3800	6650	9500
4d Sed	450	1150	1900	3850	6700	9600
Super Wasp Series 5C, 6-cyl., 119" wb						
2d Clb Cpe	400	1200	2000	4000	7000	10,000
2d Hlywd HT	550	1700	2800	5600	9800	14,000
2d Conv	1300	4200	7000	14,000	24,500	35,000
2d Sed	450	1150	1900	3850	6700	9600
4d Sed	450	1160	1950	3900	6800	9700

1953 Hudson Super Jet four-door sedan

	6	5	4	3	2	1
Hornet Series 7C, 6-cyl., 124" wb						
2d Clb Cpe	450	1400	2300	4600	8100	11,500
2d Hlywd HT	550	1800	3000	6000	10,500	15,000
2d Conv	1450	4550	7600	15,200	26,600	38,000
4d Sed	400	1300	2200	4400	7700	11,000
1954						
Jet Series 1D, 6-cyl., 105" wb						
2 dr Utl Sed	450	1080	1800	3600	6300	9000
2d Clb Sed	950	1100	1850	3700	6450	9200
4d Sed	450	1090	1800	3650	6400	9100
Super Jet Series 2D, 6-cyl., 105" wb						
2d Clb Sed	450	1140	1900	3800	6650	9500
4d Sed	450	1150	1900	3850	6700	9600
Jet Liner Series 3D, 6-cyl., 105" wb						
2d Clb Sed	450	1190	2000	3950	6900	9900
4d Sed	400	1200	2000	4000	7000	10,000
Wasp Series 4D, 6-cyl., 119" wb						
2d Clb Cpe	450	1140	1900	3800	6650	9500
2d Clb Sed	450	1120	1875	3750	6500	9300
4d Sed	450	1130	1900	3800	6600	9400
Super Wasp Series 5D, 6-cyl., 119" wb						
2d Clb Cpe	450	1160	1950	3900	6800	9700
2d Hlywd HT	500	1550	2600	5200	9100	13,000
2d Conv	1350	4300	7200	14,400	25,200	36,000
2d Clb Sed	450	1150	1900	3850	6700	9600
4d Sed	450	1140	1900	3800	6650	9500
Hornet Special Series 6D, 6-cyl., 124" wb						
2d Clb Cpe	400	1300	2200	4400	7700	11,000
2d Clb Sed	400	1200	2000	4000	7100	10,100
4d Sed	400	1250	2100	4200	7300	10,400
Hornet Series 7D, 6-cyl., 124" wb						
2d Clb Cpe	450	1450	2400	4800	8400	12,000
2d Hlywd HT	550	1800	3000	6000	10,500	15,000
2d Brgm Conv	1450	4700	7800	15,600	27,300	39,000
4d Sed	400	1250	2100	4200	7400	10,600
Italia, 6-cyl.						
2d	1200	3850	6400	12,800	22,400	32,000
1955						
Super Wasp, 6-cyl., 114" wb						
4d Sed	350	1020	1700	3400	5950	8500
Custom Wasp, 6-cyl., 114" wb						
2d Hlywd HT	550	1700	2800	5600	9800	14,000
4d Sed	350	1040	1700	3450	6000	8600
Hornet Super, 6-cyl., 121" wb						
4d Sed	450	1050	1800	3600	6200	8900
Hornet Custom, 6-cyl., 121" wb						
2d Hlywd HT	550	1800	3000	6000	10,500	15,000
4d Sed	450	1140	1900	3800	6650	9500
Italia, 6-cyl.						
2d Cpe	1200	3850	6400	12,800	22,400	32,000

NOTE: Add 5 percent for V-8.
For Hudson Rambler prices see AMC.

	6	5	4	3	2	1
1956						
Super Wasp, 6-cyl., 114" wb						
4d Sed	550	1800	3000	6000	10,500	15,000
Super Hornet, 6-cyl., 121" wb						
4d Sed	450	1080	1800	3600	6300	9000
Custom Hornet, 6-cyl., 121" wb						
2d Hlywd HT	550	1800	3000	6000	10,500	15,000
4d Sed	400	1200	2000	4000	7000	10,000
Hornet Super Special, 8-cyl., 114" wb						
2d Hlywd HT	600	1900	3200	6400	11,200	16,000
4d Sed	400	1200	2050	4100	7100	10,200
Hornet Custom, 8-cyl., 121" wb						
2d Hlywd HT	650	2050	3400	6800	11,900	17,000
4d Sed	400	1250	2100	4200	7400	10,500

NOTE: For Hudson Rambler prices see AMC.

1957 Hudson Hornet V-8 four-door sedan

	6	5	4	3	2	1
1957						
Hornet Super, 8-cyl., 121" wb						
2d Hlywd HT	550	1700	2800	5600	9800	14,000
4d Sed	450	1400	2300	4600	8100	11,500
Hornet Custom, 8-cyl., 121" wb						
2d Hlywd HT	650	2050	3400	6800	11,900	17,000
4d Sed	450	1500	2500	5000	8800	12,500

NOTE: For Hudson Rambler prices see AMC.

ESSEX

	6	5	4	3	2	1
1919						
Model A (4-cyl.)						
2d Rds	450	1450	2400	4800	8400	12,000
4d Tr	450	1400	2300	4600	8100	11,500
4d Sed	400	1200	2000	4000	7000	10,000
1920						
4-cyl.						
2d Rds	450	1450	2400	4800	8400	12,000
4d Tr	450	1400	2300	4600	8100	11,500
4d Sed	400	1200	2000	4000	7000	10,000
1921						
4-cyl.						
2d Rds	450	1500	2500	5000	8800	12,500
4d Tr	400	1300	2200	4400	7700	11,000
2d Cabr	450	1450	2400	4800	8400	12,000
2d Sed	350	1020	1700	3400	5950	8500
4d Sed	350	1040	1700	3450	6000	8600
1922						
4-cyl.						
4d Tr	400	1300	2200	4400	7700	11,000
2d Cabr	450	1450	2400	4800	8400	12,000

	6	5	4	3	2	1
2 dr Sed	350	1020	1700	3400	5950	8500
4d Sed	350	1040	1700	3450	6000	8600
1923						
4-cyl.						
2d Cabr	450	1450	2400	4800	8400	12,000
4d Phae	400	1300	2200	4400	7700	11,000
2d Sed	350	975	1600	3200	5600	8000
1924						
Six, 6-cyl.						
4d Tr	450	1450	2400	4800	8400	12,000
2d Sed	350	975	1600	3200	5600	8000
1925						
Six, 6-cyl.						
4d Tr	450	1450	2400	4800	8400	12,000
2d Sed	350	950	1550	3150	5450	7800
1926						
Six, 6-cyl.						
4d Tr	450	1450	2400	4800	8400	12,000
2d Sed	350	1020	1700	3400	5950	8500
4d Sed	350	1040	1700	3450	6000	8600
1927						
Six, 6-cyl.						
4d Tr	550	1700	2800	5600	9800	14,000
2d Sed	350	840	1400	2800	4900	7000
4d Sed	350	860	1450	2900	5050	7200
Super Six, 6-cyl.						
2d BT Spds	850	2750	4600	9200	16,100	23,000
4d Tr	550	1700	2800	5600	9800	14,000
2d 4P Spds	700	2300	3800	7600	13,300	19,000
2d Cpe	350	1020	1700	3400	5950	8500
2d Sed	350	900	1500	3000	5250	7500
4d Sed	350	950	1500	3050	5300	7600
4d DeL Sed	350	975	1600	3200	5600	8000
1928						
First Series, 6-cyl.						
2d BT Spds	750	2400	4000	8000	14,000	20,000
2d 4P Spds	700	2300	3800	7600	13,300	19,000
2d Cpe	350	1020	1700	3400	5900	8400
2d Sed	350	950	1500	3050	5300	7600
4d Sed	350	950	1550	3150	5450	7800
Second Series, 6-cyl.						
2d Spt Rds	800	2500	4200	8400	14,700	21,000
4d Phae	750	2400	4000	8000	14,000	20,000
2d 2P Cpe	450	1050	1800	3600	6200	8900
2d RS Cpe	950	1100	1850	3700	6450	9200
2d Sed	350	950	1500	3050	5300	7600
4d Sed	350	950	1550	3150	5450	7800

1929 Essex Speedabout boattail roadster

	6	5	4	3	2	1
1929						
Challenger Series, 6-cyl.						
2d Rds	1100	3500	5800	11,600	20,300	29,000
2d Phae	1050	3350	5600	11,200	19,600	28,000
2d 2P Cpe	350	1040	1750	3500	6100	8700
2d 4P Cpe	450	1050	1800	3600	6200	8900

	6	5	4	3	2	1
2d Sed	350	975	1600	3200	5500	7900
4d Sed	350	1020	1700	3400	5900	8400
2d RS Rds	1150	3600	6000	12,000	21,000	30,000
4d Phae	1100	3500	5800	11,600	20,300	29,000
2d Conv	1000	3250	5400	10,800	18,900	27,000
2d RS Cpe	400	1200	2000	4000	7000	10,000
4d Twn Sed	450	1090	1800	3650	6400	9100
4d DeL Sed	450	1120	1875	3750	6500	9300
1930						
First Series, Standard, 6-cyl.						
2d Rds	1250	3950	6600	13,200	23,100	33,000
2d Conv	1100	3500	5800	11,600	20,300	29,000
4d Phae	1150	3600	6000	12,000	21,000	30,000
2d 2P Cpe	350	1020	1700	3400	5900	8400
2d RS Cpe	450	1050	1800	3600	6200	8900
2d Sed	350	1000	1650	3300	5750	8200
4d Std Sed	350	1000	1650	3350	5800	8300
4d Twn Sed	350	1020	1700	3400	5900	8400
Second Series, Standard, 6-cyl.						
2d RS Rds	1300	4200	7000	14,000	24,500	35,000
4d Phae	1300	4100	6800	13,600	23,800	34,000
4d Sun Sed	450	1450	2400	4800	8400	12,000
4d Tr	1200	3850	6400	12,800	22,400	32,000
2d 2P Cpe	350	1020	1700	3400	5900	8400
2d RS Cpe	450	1130	1900	3800	6600	9400
2d Sed	350	840	1400	2800	4900	7000
4d Sed	350	850	1450	2850	4970	7100
4d Twn Sed	350	975	1600	3200	5600	8000
4d DeL Sed	350	1020	1700	3400	5900	8400
4d Brgm	450	1080	1800	3600	6300	9000

1931 Essex Brougham four-door sedan

	6	5	4	3	2	1
1931						
Standard, 6-cyl.						
2d BT Rds	1750	5650	9400	18,800	32,900	47,000
4d Phae	1150	3700	6200	12,400	21,700	31,000
2d RS Cpe	450	1450	2400	4800	8400	12,000
2d 2P Cpe	400	1300	2200	4400	7700	11,000
4d Sed	350	1020	1700	3400	5900	8400
2d Sed	350	1000	1650	3350	5800	8300
4d Tr Sed	350	1020	1700	3400	5950	8500
1932						
Pacemaker, 6-cyl.						
2d Conv	1050	3350	5600	11,200	19,600	28,000
4d Phae	1150	3600	6000	12,000	21,000	30,000
2d 2P Cpe	400	1300	2200	4400	7700	11,000
2d RS Cpe	500	1550	2600	5200	9000	12,900
2d Sed	400	1250	2100	4200	7300	10,400
4d Sed	400	1250	2100	4200	7400	10,500

TERRAPLANE

	6	5	4	3	2	1
1933						
Six, 6-cyl., 106" wb						
2d Rds	1050	3350	5600	11,200	19,600	28,000
4d Phae	1100	3500	5800	11,600	20,300	29,000
2d 2P Cpe	450	1190	2000	3950	6900	9900
2d RS Cpe	400	1250	2100	4200	7300	10,400
2d Sed	450	1130	1900	3800	6600	9400
4d Sed	450	1150	1900	3850	6700	9600
Special Six, 6-cyl., 113" wb						
2d Spt Rds	1100	3500	5800	11,600	20,300	29,000
4d Phae	1150	3600	6000	12,000	21,000	30,000
2d Conv	1000	3250	5400	10,800	18,900	27,000
2d Bus Cpe	400	1250	2050	4100	7200	10,300
2d RS Cpe	400	1250	2100	4200	7400	10,600
2d Sed	450	1150	1900	3850	6700	9600
4d Sed	450	1170	1975	3900	6850	9800
DeLuxe Six, 6-cyl., 113" wb						
2d Conv	1050	3350	5600	11,200	19,600	28,000
2d 2P Cpe	400	1250	2100	4200	7400	10,500
2d RS Cpe	400	1300	2200	4400	7700	11,000
2d Sed	450	1160	1950	3900	6800	9700
4d Sed	450	1190	2000	3950	6900	9900
Terraplane, 8-cyl.						
2d 2P Rds	1100	3500	5800	11,600	20,300	29,000
2d RS Rds	1150	3600	6000	12,000	21,000	30,000
2d 2P Cpe	400	1300	2150	4300	7600	10,800
2d RS Cpe	450	1450	2400	4800	8400	12,000
2d Conv	1000	3250	5400	10,800	18,900	27,000
2d Sed	400	1300	2150	4300	7600	10,800
4d Sed	400	1300	2200	4400	7700	11,000
Terraplane DeLuxe Eight, 8-cyl.						
2d Conv	1100	3500	5800	11,600	20,300	29,000
2P Cpe	400	1300	2200	4400	7700	11,000
2d RS Cpe	450	1500	2500	5000	8800	12,500
2d Sed	400	1300	2150	4300	7600	10,800
4d Sed	400	1300	2200	4400	7700	11,000
1934						
Terraplane Challenger KS, 6-cyl., 112" wb						
2P Cpe	450	1130	1900	3800	6600	9400
2d RS Cpe	400	1250	2100	4200	7300	10,400
2d Sed	350	1040	1750	3500	6100	8700
4d Sed	450	1080	1800	3600	6300	9000
Major Line KU, 6-cyl.						
2P Cpe	450	1140	1900	3800	6650	9500
2d RS Cpe	400	1250	2100	4200	7400	10,500
2d Conv	1050	3350	5600	11,200	19,600	28,000
2d Comp Vic	450	1140	1900	3800	6650	9500
2d Sed	350	975	1600	3200	5600	8000
4d Sed	450	1090	1800	3650	6400	9100
4d Comp Sed	450	1120	1875	3750	6500	9300
Special Line K, 8-cyl.						
2P Cpe	450	1170	1975	3900	6850	9800
2d RS Cpe	400	1300	2200	4400	7700	11,000
2d Conv	1100	3500	5800	11,600	20,300	29,000
2d Comp Vic	450	1150	1900	3850	6700	9600
2d Sed	450	1080	1800	3600	6300	9000
4d Sed	450	1090	1800	3650	6400	9100
4d Comp Sed	450	1120	1875	3750	6500	9300
1935						
Special G, 6-cyl.						
2P Cpe	450	1130	1900	3800	6600	9400
2d RS Cpe	450	1160	1950	3900	6800	9700
4d Tr Brgm	950	1100	1850	3700	6450	9200
2d Sed	450	1090	1800	3650	6400	9100
4d Sed	950	1100	1850	3700	6450	9200
4d Sub Sed	450	1120	1875	3750	6500	9300
DeLuxe GU, 6-cyl., Big Six						
2d 2P Cpe	450	1140	1900	3800	6650	9500
2d RS Cpe	400	1200	2000	4000	7000	10,000
2d Conv	1000	3100	5200	10,400	18,200	26,000
4d Tr Brgm	450	1150	1900	3850	6700	9600

	6	5	4	3	2	1
2d Sed	450	1130	1900	3800	6600	9400
4d Sed	450	1140	1900	3800	6650	9500
4d Sub Sed	450	1160	1950	3900	6800	9700
1936						
DeLuxe 61, 6-cyl.						
2d Conv	1000	3100	5200	10,400	18,200	26,000
2d 2P Cpe	450	1080	1800	3600	6300	9000
2d RS Cpe	450	1190	2000	3950	6900	9900
4d Brgm	350	1040	1700	3450	6000	8600
4d Tr Brgm	450	1050	1800	3600	6200	8900
4d Sed	350	1040	1750	3500	6100	8700
4d Tr Sed	450	1050	1750	3550	6150	8800
Custom 62, 6-cyl.						
2d Conv	1000	3250	5400	10,800	18,900	27,000
2d 2P Cpe	450	1150	1900	3850	6700	9600
2d RS Cpe	400	1300	2200	4400	7700	11,000
4d Brgm	450	1130	1900	3800	6600	9400
4d Tr Brgm	450	1150	1900	3850	6700	9600
4d Sed	450	1130	1900	3800	6600	9400
4d Tr Sed	450	1140	1900	3800	6650	9500
1937						
DeLuxe 71, 6-cyl.						
2d Bus Cpe	450	1080	1800	3600	6300	9000
2d 3P Cpe	450	1090	1800	3650	6400	9100
2d Vic Cpe	450	1130	1900	3800	6600	9400
2d Conv	950	3000	5000	10,000	17,500	25,000
4d Brgm	450	1080	1800	3600	6300	9000
1938						
Terraplane Utility Series 80, 6-cyl., 117" wb						
2d 3P Cpe	350	1020	1700	3400	5900	8400
2d Sed	350	975	1600	3250	5700	8100
4d Twn Sed	350	1000	1650	3300	5750	8200
4d Sed	350	975	1600	3250	5700	8100
4d Tr Sed	350	1000	1650	3300	5750	8200
4d Sta Wag	500	1550	2600	5200	9100	13,000
Terraplane Deluxe Series 81, 6-cyl., 117" wb						
2d 3P Conv	950	3000	5000	10,000	17,500	25,000
2d Conv Brgm	1000	3100	5200	10,400	18,200	26,000
2d 3P Cpe	350	1040	1700	3450	6000	8600
2d Vic Cpe	400	1200	2000	4000	7000	10,000
4d Brgm	350	1000	1650	3350	5800	8300
4d Tr Brgm	350	975	1600	3250	5700	8100
4d Sed	350	1000	1650	3300	5750	8200
4d Tr Sed	350	1000	1650	3350	5800	8300
Terraplane Super Series 82, 6-cyl., 117" wb						
2d Conv	1000	3100	5200	10,400	18,200	26,000
2d Conv Brgm	950	3000	5000	10,000	17,500	25,000
2d Vic Cpe	400	1200	2000	4000	7100	10,100
4d Brgm	450	1130	1900	3800	6600	9400
4d Tr Brgm	950	1100	1850	3700	6450	9200
4d Sed	450	1120	1875	3750	6500	9300
4d Tr Sed	450	1130	1900	3800	6600	9400

HUPMOBILE

	6	5	4	3	2	1
1909						
Model 20, 4-cyl., 16.9 hp, 86" wb						
2P Rbt	1050	3350	5600	11,200	19,600	28,000
1910						
Model 20, 4-cyl., 18/20 hp, 86" wb						
2P B Rbt	1050	3350	5600	11,200	19,600	28,000
1911						
Model 20, 4-cyl., 20 hp, 86" wb						
2P C Rbt	1050	3350	5600	11,200	19,600	28,000
2P T Torp	1100	3500	5800	11,600	20,300	29,000
4P D Tr	1150	3600	6000	12,000	21,000	30,000
4P F Cpe	950	3000	5000	10,000	17,500	25,000
1912						
Model 20, 4-cyl., 20 hp, 86" wb						
2P Rbt	1050	3350	5600	11,200	19,600	28,000
2P Rds	1100	3500	5800	11,600	20,300	29,000
2P Cpe	950	3000	5000	10,000	17,500	25,000

	6	5	4	3	2	1
Model 32, 4-cyl., 32 hp, 106" wb						
4P Torp Tr	1150	3600	6000	12,000	21,000	30,000
1913						
Model 20-C, 4-cyl., 20 hp, 86" wb						
2P Rbt	1050	3350	5600	11,200	19,600	28,000
Model 20-E, 4-cyl., 20 hp, 110" wb						
Rds	900	2900	4800	9600	16,800	24,000
Model 32, 4-cyl., 32 hp, 106" wb						
5P H Tr	1100	3500	5800	11,600	20,300	29,000
2P H Rds	1150	3600	6000	12,000	21,000	30,000
H L Cpe	850	2750	4600	9200	16,100	23,000
Model 32, 4-cyl., 32 hp, 126" wb						
6P Tr	1150	3700	6200	12,400	21,700	31,000
1914						
Model 32, 4-cyl., 32 hp, 106" wb						
6P HM Tr	1000	3250	5400	10,800	18,900	27,000
2P HR Rds	1050	3350	5600	11,200	19,600	28,000
5P H Tr	1100	3500	5800	11,600	20,300	29,000
3P HAK Cpe	850	2650	4400	8800	15,400	22,000
1915						
Model 32, 4-cyl., 32 hp, 106" wb						
4P Tr	1150	3600	6000	12,000	21,000	30,000
2P Rds	1100	3500	5800	11,600	20,300	29,000
Model K, 4-cyl., 36 hp, 119" wb						
2P Rds	1150	3600	6000	12,000	21,000	30,000
5P Tr	1150	3700	6200	12,400	21,700	31,000
2P Cpe	850	2650	4400	8800	15,400	22,000
Limo	850	2750	4600	9200	16,100	23,000
1916						
Model N, 4-cyl., 22.5 hp, 119" wb						
5P Tr	950	3000	5000	10,000	17,500	25,000
2P Rds	900	2900	4800	9600	16,800	24,000
5P Sed	700	2300	3800	7600	13,300	19,000
5P Year-'Round Tr	1000	3100	5200	10,400	18,200	26,000
Year-'Round Cpe	750	2400	4000	8000	14,000	20,000
Model N, 4-cyl., 22.5 hp, 134" wb						
7P Tr	1100	3500	5800	11,600	20,300	29,000
7P Limo	850	2650	4400	8800	15,400	22,000
1917						
Model N, 4-cyl., 22 hp, 119" wb						
5P Tr	850	2750	4600	9200	16,100	23,000
6P Rds	900	2900	4800	9600	16,800	24,000
5P Year-'Round Tr	950	3000	5000	10,000	17,500	25,000
2P Year-'Round Cpe	550	1800	3000	6000	10,500	15,000
5P Sed	550	1800	3000	6000	10,500	15,000
Model N, 4-cyl., 22.5 hp, 134" wb						
7P Tr	1000	3100	5200	10,400	18,200	26,000
NOTE: Series R introduced October 1917.						
1918						
Series R-1, 4-cyl., 16.9 hp, 112" wb						
5P Tr	700	2300	3800	7600	13,300	19,000
2P Rds	700	2150	3600	7200	12,600	18,000
1919						
Series R-1,2,3, 4-cyl., 16.9 hp, 112" wb						
5P Tr	750	2400	4000	8000	14,000	20,000
2P Rds	700	2300	3800	7600	13,300	19,000
5P Sed	450	1450	2400	4800	8400	12,000
4P Cpe	550	1700	2800	5600	9800	14,000
1920						
Series R-3,4,5, 4-cyl., 35 hp, 112" wb						
5P Tr	750	2400	4000	8000	14,000	20,000
2P Rds	700	2300	3800	7600	13,300	19,000
4P Cpe	550	1700	2800	5600	9800	14,000
5P Sed	450	1450	2400	4800	8400	12,000
1921						
Series R-4,5,6, 4-cyl., 35 hp, 112" wb						
5P Tr	750	2400	4000	8000	14,000	20,000
2P Rds	700	2300	3800	7600	13,300	19,000
4P Cpe	550	1700	2800	5600	9800	14,000
5P Sed	450	1450	2400	4800	8400	12,000
1922						
Series R-7,8,9,10, 4-cyl., 35 hp, 112" wb						
5P Tr	750	2400	4000	8000	14,000	20,000

	6	5	4	3	2	1
2P Rds	700	2300	3800	7600	13,300	19,000
2P Cpe	550	1700	2800	5600	9800	14,000
4P Cpe	550	1750	2900	5800	10,200	14,500
5P Sed	450	1450	2400	4800	8400	12,000
1923						
Series R-10,11,12, 4-cyl., 35 hp, 112" wb						
5P Tr	700	2300	3800	7600	13,300	19,000
5P Spl Tr	750	2400	4000	8000	14,000	20,000
2P Rds	750	2400	4000	8000	14,000	20,000
Spl Rds	800	2500	4200	8400	14,700	21,000
5P Sed	450	1450	2400	4800	8400	12,000
4P Cpe	550	1800	3000	6000	10,500	15,000
2P Cpe	550	1700	2800	5600	9800	14,000
1924						
Series R-12,13, 4-cyl., 39 hp, 115" wb						
5P Tr	700	2150	3600	7200	12,600	18,000
5P Spl Tr	700	2300	3800	7600	13,300	19,000
2P Spl Rds	750	2400	4000	8000	14,000	20,000
2P Cpe	550	1700	2800	5600	9800	14,000
4P Cpe	550	1800	3000	6000	10,500	15,000
5P Sed	450	1450	2400	4800	8400	12,000
5P Clb Sed	500	1550	2600	5200	9100	13,000
1925						
Model R-14,15, 4-cyl., 39 hp, 115" wb						
5P Tr	700	2150	3600	7200	12,600	18,000
2P Rds	700	2300	3800	7600	13,300	19,000
2P Cpe	500	1550	2600	5200	9100	13,000
5P Clb Sed	500	1550	2600	5200	9100	13,000
5P Sed	450	1450	2400	4800	8400	12,000
Model E-1, 8-cyl., 60 hp, 118-1/4" wb						
5P Tr	850	2750	4600	9200	16,100	23,000
2P Rds	900	2900	4800	9600	16,800	24,000
4P Cpe	550	1800	3000	6000	10,500	15,000
5P Sed	500	1550	2600	5200	9100	13,000
1926						
Model A-1, 6-cyl., 50 hp, 114" wb						
5P Tr	700	2150	3600	7200	12,600	18,000
5P Sed	450	1450	2400	4800	8400	12,000
Model E-2, 8-cyl., 63 hp, 118-1/4" wb						
4P Rds	900	2900	4800	9600	16,800	24,000
5P Tr	850	2750	4600	9200	16,100	23,000
2P Cpe	550	1800	3000	6000	10,500	15,000
4P Cpe	600	1900	3200	6400	11,200	16,000
5P Sed	500	1550	2600	5200	9100	13,000
1927						
Series A, 6-cyl., 50 hp, 114" wb						
5P Tr	700	2300	3800	7600	13,300	19,000
2P Rds	750	2400	4000	8000	14,000	20,000
5P Sed	450	1450	2400	4800	8400	12,000
4P Cpe	550	1700	2800	5600	9800	14,000
5P Brgm	500	1550	2600	5200	9100	13,000
Series E-3, 8-cyl., 67 hp, 125" wb						
4P Rds	850	2750	4600	9200	16,100	23,000
5P Tr	850	2650	4400	8800	15,400	22,000
5P Spt Tr	850	2750	4600	9200	16,100	23,000
2P Cpe	550	1800	3000	6000	10,500	15,000
7P Tr	800	2500	4200	8400	14,700	21,000
5P Sed	450	1450	2400	4800	8400	12,000
7P Sed	450	1500	2500	5000	8800	12,500
5P Berl	500	1550	2600	5200	9100	13,000
5P Brgm	450	1500	2500	5000	8800	12,500
5P Vic	500	1550	2600	5200	9100	13,000
Limo Sed	550	1700	2800	5600	9800	14,000
1928						
Century Series A, 6-cyl., 57 hp, 114" wb						
5P Phae	850	2750	4600	9200	16,100	23,000
7P Phae	850	2650	4400	8800	15,400	22,000
4P 4d Cpe	550	1700	2800	5600	9800	14,000
5P 4d Sed	450	1450	2400	4800	8400	12,000
5P 2d Sed	400	1300	2200	4400	7700	11,000
Century Series M, 8-cyl., 80 hp, 120" wb						
Rds	1000	3100	5200	10,400	18,200	26,000
5P Tr	950	3000	5000	10,000	17,500	25,000
7P Tr	900	2900	4800	9600	16,800	24,000

	6	5	4	3	2	1
2P Cpe	700	2150	3600	7200	12,600	18,000
Brgm	600	1900	3200	6400	11,200	16,000
Vic	650	2050	3400	6800	11,900	17,000
5P Sed	500	1550	2600	5200	9100	13,000
7P Sed	450	1450	2400	4800	8400	12,000
Sed-Limo	550	1700	2800	5600	9800	14,000
Century Series 125 (E-4), 8-cyl., 80 hp, 125" wb						
R.S. Rds	1000	3250	5400	10,800	18,900	27,000
5P Tr	1000	3100	5200	10,400	18,200	26,000
7P Tr	950	3000	5000	10,000	17,500	25,000
R.S. Cpe	700	2150	3600	7200	12,600	18,000
5P Brgm	650	2050	3400	6800	11,900	17,000
5P Sed	550	1700	2800	5600	9800	14,000
7P Sed	500	1550	2600	5200	9100	13,000
Vic	700	2150	3600	7200	12,600	18,000
Sed-Limo	600	1900	3200	6400	11,200	16,000

NOTE: Series A and Series E-3 of 1927 carried over as 1928 models. Both Century Series A and M available in custom line.

1929

	6	5	4	3	2	1
Series A, 6-cyl., 57 hp, 114" wb						
5P Tr	1000	3100	5200	10,400	18,200	26,000
4P Rds	1000	3250	5400	10,800	18,900	27,000
7P Tr	950	3000	5000	10,000	17,500	25,000
5P Brgm	600	1900	3200	6400	11,200	16,000
4P Cpe	650	2050	3400	6800	11,900	17,000
5P Sed	500	1550	2600	5200	9100	13,000
2P Cabr	900	2900	4800	9600	16,800	24,000
4P Cabr	950	3000	5000	10,000	17,500	25,000
Series M, 8-cyl., 80 hp, 120" wb						
5P Tr	1000	3250	5400	10,800	18,900	27,000
4P Rds	1050	3350	5600	11,200	19,600	28,000
7P Tr	1000	3100	5200	10,400	18,200	26,000
5P Brgm	650	2050	3400	6800	11,900	17,000
4P Cpe	700	2150	3600	7200	12,600	18,000
5P Sed	550	1700	2800	5600	9800	14,000
5P Cabr	1000	3100	5200	10,400	18,200	26,000
5P Twn Sed	600	1900	3200	6400	11,200	16,000
7P Sed (130" wb)	650	2050	3400	6800	11,900	17,000
7P Limo (130" wb)	850	2750	4600	9200	16,100	23,000

NOTE: Both series available in custom line models.

1930

	6	5	4	3	2	1
Model S, 6-cyl., 70 hp, 114" wb						
Phae	1200	3850	6400	12,800	22,400	32,000
Cpe	700	2150	3600	7200	12,600	18,000
Sed	550	1700	2800	5600	9800	14,000
Conv Cabr	1100	3500	5800	11,600	20,300	29,000
Model C, 8-cyl., 100 hp, 121" wb						
Cpe	700	2150	3600	7200	12,600	18,000
Sed	550	1800	3000	6000	10,500	15,000
Cabr	1150	3700	6200	12,400	21,700	31,000
Tr Sed	600	1900	3200	6400	11,200	16,000
Model H, 8-cyl., 133 hp, 125" wb						
Sed	650	2050	3400	6800	11,900	17,000
Cpe	700	2300	3800	7600	13,300	19,000
Cabr	1200	3850	6400	12,800	22,400	32,000
Tr Sed	650	2050	3400	6800	11,900	17,000
Model U, 8-cyl., 133 hp, 137" wb						
Sed	700	2300	3800	7600	13,300	19,000
Sed Limo	900	2900	4800	9600	16,800	24,000

NOTE: All models available in custom line.

1931

	6	5	4	3	2	1
Century Six, Model S, 70 hp, 114" wb						
Phae	1300	4100	6800	13,600	23,800	34,000
2P Cpe	700	2150	3600	7200	12,600	18,000
4P Cpe	700	2300	3800	7600	13,300	19,000
Rds	1300	4200	7000	14,000	24,500	35,000
Sed	550	1700	2800	5600	9800	14,000
Cabr	1100	3500	5800	11,600	20,300	29,000
Century Eight, Model L, 90 hp, 118" wb						
Phae	1350	4300	7200	14,400	25,200	36,000
Rds	1400	4450	7400	14,800	25,900	37,000
2P Cpe	700	2150	3600	7200	12,600	18,000
4P Cpe	700	2300	3800	7600	13,300	19,000
Sed	550	1800	3000	6000	10,500	15,000
Cabr	1150	3600	6000	12,000	21,000	30,000

1931 Hupmobile Century Six roadster

	6	5	4	3	2	1
Model C, 8-cyl., 100 hp, 121" wb						
Spt Phae	1500	4800	8000	16,000	28,000	40,000
4P Cpe	750	2400	4000	8000	14,000	20,000
Sed	600	1900	3200	6400	11,200	16,000
Vic Cpe	700	2300	3800	7600	13,300	19,000
Cabr	1150	3700	6200	12,400	21,700	31,000
Twn Sed	700	2150	3600	7200	12,600	18,000
Model H, 8-cyl., 133 hp, 125" wb						
Cpe	800	2500	4200	8400	14,700	21,000
Sed	650	2050	3400	6800	11,900	17,000
Twn Sed	700	2150	3600	7200	12,600	18,000
Phae	1600	5150	8600	17,200	30,100	43,000
Vic Cpe	750	2400	4000	8000	14,000	20,000
Cabr	1200	3850	6400	12,800	22,400	32,000
Model U, 8-cyl., 133 hp, 137" wb						
Vic Cpe	850	2650	4400	8800	15,400	22,000
Sed	700	2150	3600	7200	12,600	18,000
Sed Limo	850	2750	4600	9200	16,100	23,000
NOTE: All models available in custom line.						
1932						
Series S-214, 6-cyl., 70 hp, 114" wb						
Rds	1350	4300	7200	14,400	25,200	36,000
Cpe	700	2300	3800	7600	13,300	19,000
Sed	550	1800	3000	6000	10,500	15,000
Cabr	1300	4100	6800	13,600	23,800	34,000
Series B-216, 6-cyl., 75 hp, 116" wb						
Phae	1450	4550	7600	15,200	26,600	38,000
Rds	1450	4700	7800	15,600	27,300	39,000
2P Cpe	700	2300	3800	7600	13,300	19,000
4P Cpe	750	2400	4000	8000	14,000	20,000
Sed	600	1900	3200	6400	11,200	16,000
Conv Cabr	1400	4450	7400	14,800	25,900	37,000
Series L-218, 8-cyl., 90 hp, 118" wb						
Rds	1400	4450	7400	14,800	25,900	37,000
Cpe	750	2400	4000	8000	14,000	20,000
Sed	650	2050	3400	6800	11,900	17,000
Cabr	1350	4300	7200	14,400	25,200	36,000
Series C-221, 8-cyl., 100 hp, 121" wb						
Sed	700	2150	3600	7200	12,600	18,000
Vic	750	2400	4000	8000	14,000	20,000
Twn Sed	650	2050	3400	6800	11,900	17,000
Series F-222, 8-cyl., 93 hp, 122" wb						
Cabr	1450	4550	7600	15,200	26,600	38,000
Cpe	750	2400	4000	8000	14,000	20,000
Sed	700	2150	3600	7200	12,600	18,000
Vic	800	2500	4200	8400	14,700	21,000
Series H-225, 8-cyl., 133 hp, 125" wb						
Sed	700	2300	3800	7600	13,300	19,000
Series I-226, 8-cyl., 103 hp, 126" wb						
Cpe	800	2500	4200	8400	14,700	21,000

	6	5	4	3	2	1
Cabr Rds	1450	4700	7800	15,600	27,300	39,000
Sed	700	2300	3800	7600	13,300	19,000
Vic	850	2650	4400	8800	15,400	22,000
Series V-237, 8-cyl., 133 hp, 137" wb						
Vic	850	2750	4600	9200	16,100	23,000
Sed	750	2400	4000	8000	14,000	20,000

NOTE: Series S-214, L-218, C-221, H-225 and V-237 were carryovers of 1931 models. Horsepower of Series F-222 raised to 96 mid-year.

1933

	6	5	4	3	2	1
Series K-321, 6-cyl., 90 hp, 121" wb						
4P Cpe	650	2050	3400	6800	11,900	17,000
5P Sed	550	1700	2800	5600	9800	14,000
5P Vic	600	1900	3200	6400	11,200	16,000
3P Cabr	1350	4300	7200	14,400	25,200	36,000
Series KK-321A, 6-cyl., 90 hp, 121" wb						
4P Cpe	700	2150	3600	7200	12,600	18,000
5P Sed	550	1800	3000	6000	10,500	15,000
5P Vic	650	2050	3400	6800	11,900	17,000
Series F-322, 8-cyl., 96 hp, 122" wb						
4P Cpe	700	2300	3800	7600	13,300	19,000
5P Sed	600	1900	3200	6400	11,200	16,000
5P Vic	700	2150	3600	7200	12,600	18,000
3P Cabr	1400	4450	7400	14,800	25,900	37,000
Series I-326, 8-cyl., 109 hp, 126" wb						
4P Cpe	700	2300	3800	7600	13,300	19,000
5P Sed	650	2050	3400	6800	11,900	17,000
5P Vic	700	2150	3600	7200	12,600	18,000
3P Cabr	1450	4550	7600	15,200	26,600	38,000

1934

	6	5	4	3	2	1
Series 417-W, 6-cyl., 80 hp, 117" wb						
Cpe	600	1900	3200	6400	11,200	16,000
Sed	450	1450	2400	4800	8400	12,000
Series KK-421A, 6-cyl., 90 hp, 121" wb						
DeL Sed	550	1700	2800	5600	9800	14,000
Sed	500	1550	2600	5200	9100	13,000
Tr Sed	550	1700	2800	5600	9800	14,000
Cpe	700	2300	3800	7600	13,300	19,000
Cabr	1450	4550	7600	15,200	26,600	38,000
Vic	700	2150	3600	7200	12,600	18,000
Series K-421, 6-cyl., 90 hp, 121" wb						
Cpe	500	1550	2600	5200	9100	13,000
Sed	450	1450	2400	4800	8400	12,000
Vic	550	1700	2800	5600	9800	14,000
Cabr	1300	4100	6800	13,600	23,800	34,000
Series 421-J, 6-cyl., 93 hp, 121" wb						
Cpe	700	2300	3800	7600	13,300	19,000
Sed	550	1800	3000	6000	10,500	15,000
Vic	700	2300	3800	7600	13,300	19,000
Series F-442, 8-cyl., 96 hp, 122" wb						
Cpe	750	2400	4000	8000	14,000	20,000
Sed	600	1900	3200	6400	11,200	16,000
Vic	750	2400	4000	8000	14,000	20,000
Cabr	1300	4200	7000	14,000	24,500	35,000
Series I-426, 8-cyl., 109 hp, 126" wb						
Cpe	800	2500	4200	8400	14,700	21,000
Sed	650	2050	3400	6800	11,900	17,000
Vic	800	2500	4200	8400	14,700	21,000
Cabr	1350	4300	7200	14,400	25,200	36,000
Series 427-T, 8-cyl., 115 hp, 127" wb						
Cpe	850	2650	4400	8800	15,400	22,000
Sed	700	2150	3600	7200	12,600	18,000
Vic	850	2650	4400	8800	15,400	22,000

NOTE: Series KK-421A, K-421, F-422, I-426 were carryover 1933 models.

1935

	6	5	4	3	2	1
Series 517-W, 6-cyl., 91 hp, 117" wb						
Sed	450	1140	1900	3800	6650	9500
Sed Tr	400	1200	2000	4000	7000	10,000
Series 518-D, 6-cyl., 91 hp, 118" wb						
Sed	400	1200	2000	4000	7000	10,000
Series 521-J, 6-cyl., 101 hp, 121" wb						
Sed	400	1250	2100	4200	7400	10,500
Cpe	450	1450	2400	4800	8400	12,000
Vic	450	1450	2400	4800	8400	12,000
Series 521-O, 8-cyl., 120 hp, 121" wb						
Cpe	450	1450	2400	4800	8400	12,000

	6	5	4	3	2	1
Vic	450	1450	2400	4800	8400	12,000
Vic Tr	450	1500	2500	5000	8800	12,500
Sed	400	1250	2100	4200	7400	10,500
Sed Tr	400	1300	2200	4400	7700	11,000
Series 527-T, 8-cyl., 120 hp, 127-1/2" wb						
Sed	450	1500	2500	5000	8800	12,500
Cpe	550	1700	2800	5600	9800	14,000
Vic	550	1800	3000	6000	10,500	15,000

NOTE: All series except 517-W available in deluxe models.

1936

	6	5	4	3	2	1
Series 618-D, 6-cyl., 101 hp, 118" wb						
4d Sed	450	1080	1800	3600	6300	9000
4d Tr Sed	450	1140	1900	3800	6650	9500
Series 618-G, 6-cyl., 101 hp, 118" wb						
Bus Cpe	400	1300	2200	4400	7700	11,000
5P Cpe	450	1450	2400	4800	8400	12,000
6P 4d Sed	400	1200	2000	4000	7000	10,000
6P 2d Sed	450	1080	1800	3600	6300	9000
6P 4d Tr Sed	400	1250	2100	4200	7400	10,500
6P 2d Tr Sed	450	1140	1900	3800	6650	9500
Series 621-N, 8-cyl., 120 hp, 121" wb						
5P Cpe	450	1500	2500	5000	8800	12,500
6P 2d Sed	400	1200	2000	4000	7000	10,000
6P 4d Sed	400	1250	2100	4200	7400	10,500
6P 4d Tr Sed	400	1300	2200	4400	7700	11,000
6P 2d Tr Sed	400	1250	2100	4200	7400	10,500
Series 621-O, 8-cyl., 120 hp, 121" wb						
5P Cpe	500	1550	2600	5200	9100	13,000
5P 4d Vic	550	1700	2800	5600	9800	14,000
5P 4d Tr Vic	550	1750	2900	5800	10,200	14,500
5P 4d Sed	400	1300	2200	4400	7700	11,000
5P 4d Tr Sed	450	1400	2300	4600	8100	11,500

NOTE: Series 618-G and 621-N available in custom models. Series 618-D and 621-O available in deluxe models.

1937

Although ostensibly there were no 1937 Hupmobiles, beginning July 1937, some 1936 style 618-G and 621-N models were run off to use up parts. Some of these cars may have been sold in the U.S. as 1937 models.

1938

	6	5	4	3	2	1
Series 822-ES, 6-cyl., 101 hp, 122" wb						
Std Sed	200	720	1200	2400	4200	6000
Series 822-E, 6-cyl., 101 hp, 122" wb						
Sed	350	780	1300	2600	4550	6500
DeL Sed	350	840	1400	2800	4900	7000
Cus Sed	350	900	1500	3000	5250	7500
Series 825-H, 8-cyl., 120 hp, 125" wb						
Sed	350	840	1400	2800	4900	7000
DeL Sed	350	900	1500	3000	5250	7500
Cus Sed	350	975	1600	3200	5600	8000

1940 Hupmobile Skylark four-door sedan

	6	5	4	3	2	1
1939						
Model R, 6-cyl., 101 hp, 115" wb						
Spt Sed	350	840	1400	2800	4900	7000
Cus Sed	350	860	1450	2900	5050	7200
Model E, 6-cyl., 101 hp, 122" wb						
DeL Sed	350	900	1500	3000	5250	7500
Cus Sed	350	950	1550	3100	5400	7700
Model H, 8-cyl., 120 hp, 125" wb						
DeL Sed	350	975	1600	3200	5600	8000
Cus Sed	350	1000	1650	3300	5750	8200

NOTE: The first pilot models of the Skylark were built April, 1939.

	6	5	4	3	2	1
1940						
Skylark, 6-cyl., 101 hp, 115" wb						
5P Sed	400	1300	2200	4400	7700	11,000
1941						
Series 115-R Skylark, 6-cyl., 101 hp, 115" wb						
5P Sed	450	1450	2400	4800	8400	12,000

KAISER

1948 Kaiser four-door sedan

	6	5	4	3	2	1
1947-1948						
Special, 6-cyl.						
4d Sed	450	1450	2400	4800	8400	12,000
Custom, 6-cyl.						
4d Sed	450	1500	2500	5000	8800	12,500
1949-1950						
Special, 6-cyl.						
4d Sed	500	1550	2550	5100	9000	12,800
Traveler, 6-cyl.						
4d Sed	500	1550	2600	5200	9100	13,000
DeLuxe, 6-cyl.						
4d Sed	500	1600	2650	5300	9300	13,300
4d Conv Sed	1500	4800	8000	16,000	28,000	40,000
Vagabond, 6-cyl.						
4d Sed	650	2050	3400	6800	11,900	17,000
Virginian, 6-cyl.						
4d Sed HT	950	3000	5000	10,000	17,500	25,000
1951						
Special, 6-cyl.						
4d Sed	500	1550	2600	5200	9100	13,000
4d Trav Sed	500	1600	2650	5300	9300	13,300
2d Sed	500	1550	2600	5200	9200	13,100

1951 Kaiser Deluxe two-door sedan

	6	5	4	3	2	1
2d Trav Sed	500	1600	2700	5400	9500	13,500
2d Bus Cpe	550	1800	3000	6000	10,500	15,000
DeLuxe						
4d Sed	500	1600	2700	5400	9400	13,400
4d Trav Sed	500	1650	2700	5400	9500	13,600
2d Sed	500	1600	2700	5400	9500	13,500
2d Trav Sed	500	1650	2750	5500	9600	13,700
2d Clb Cpe	650	2050	3400	6800	11,900	17,000
1952						
Kaiser DeLuxe, 6-cyl.						
4d Sed	500	1550	2600	5200	9100	13,000
Ta Sed	500	1600	2700	5400	9500	13,500
2d Sed	500	1550	2600	5200	9100	13,000
2d Trav	550	1700	2800	5600	9800	14,000
2d Bus Cpe	600	2000	3300	6600	11,600	16,500
Kaiser Manhattan, 6-cyl.						
4d Sed	550	1750	2900	5800	10,200	14,500
2d Sed	550	1800	3000	6000	10,500	15,000
2d Clb Cpe	650	2050	3400	6800	11,900	17,000
Virginian, 6-cyl.						
4d Sed	500	1600	2700	5400	9500	13,500
2d Sed	500	1650	2700	5400	9500	13,600
2d Clb Cpe	600	1900	3200	6400	11,200	16,000
1953						
Carolina, 6-cyl.						
2d Sed	500	1600	2650	5300	9300	13,300
4d Sed	500	1600	2650	5300	9200	13,200
Deluxe						
2d Clb Sed	500	1600	2700	5400	9500	13,500
4d Trav Sed	500	1650	2700	5400	9500	13,600
4d Sed	500	1600	2700	5400	9400	13,400
Manhattan, 6-cyl.						
2d Clb Sed	550	1750	2950	5900	10,300	14,700
4d Sed	550	1750	2900	5800	10,200	14,600
Dragon 4d Sed, 6-cyl.						
4d Sed	700	2300	3800	7600	13,300	19,000
1954						
Early Special, 6-cyl.						
4d Sed	550	1750	2900	5800	10,200	14,600
2d Clb Sed	550	1750	2950	5900	10,300	14,700
Late Special, 6-cyl.						
4d Sed	550	1750	2900	5800	10,200	14,500
2d Clb Sed	550	1750	2900	5800	10,200	14,600
Manhattan, 6-cyl.						
4d Sed	550	1800	3000	6000	10,500	15,000
2d Clb Sed	550	1800	3050	6100	10,600	15,200
Kaiser Darrin Spts Car, 6-cyl.						
2d Spt Car	1300	4200	7000	14,000	24,500	35,000

1954 Kaiser Manhattan four-door sedan

1954 Kaiser-Darrin sport convertible

	6	5	4	3	2	1
1955						
Manhattan, 6-cyl.						
4d Sed	600	1850	3100	6200	10,900	15,500
2d Clb Sed	600	1850	3100	6200	10,900	15,600

FRAZER

	6	5	4	3	2	1
1947-1948						
4d Sed	400	1350	2250	4500	7900	11,300
Manhattan, 6-cyl.						
4d Sed	450	1500	2500	5000	8800	12,600
1949-1950						
4d Sed	450	1450	2400	4800	8400	12,000
Manhattan, 6-cyl.						
4d Sed	500	1600	2700	5400	9500	13,500
4d Conv Sed	1550	4900	8200	16,400	28,700	41,000
1951						
Manhattan, 6-cyl.						
4d Sed	500	1550	2600	5200	9100	13,000
4d Vag	550	1800	3000	6000	10,500	15,000
4d Sed HT	800	2500	4200	8400	14,700	21,000
4d Conv Sed	1500	4800	8000	16,000	28,000	40,000

HENRY J

1951 Henry J two-door sedan

	6	5	4	3	2	1
1951						
Four						
2d Sed	450	1090	1800	3650	6400	9100
DeLuxe Six						
2d Sed	450	1120	1875	3750	6500	9300
1952						
Vagabond (4 cyl.)						
2d Sed	450	1140	1900	3800	6650	9500
Vagabond (6 cyl.)						
2d Sed	450	1160	1950	3900	6800	9700
Corsair (4 cyl.)						
2d Sed	400	1200	2000	4000	7000	10,000
Corsair (6 cyl.)						
2d Sed	400	1200	2050	4100	7100	10,200
Allstate						
2d 4-Cyl	400	1200	2000	4000	7100	10,100
2d DeL Six	400	1250	2050	4100	7200	10,300
1953						
Corsair (4 cyl.)						
2 dr Sed	450	1050	1800	3600	6200	8900
Corsair (6 cyl.)						
2d DeL Sed	450	1090	1800	3650	6400	9100
Allstate						
2d Sed 4-Cyl	450	1090	1800	3650	6400	9100
2d Sed DeL Six	450	1120	1875	3750	6500	9300
1954						
Corsair (4 cyl.)						
2d Sed	450	1080	1800	3600	6300	9000
Corsair Deluxe (6 cyl.)						
2d Sed	950	1100	1850	3700	6450	9200

LINCOLN

	6	5	4	3	2	1
1920						
Lincoln, V-8, 130" - 136" wb						
3P Rds	1700	5400	9000	18,000	31,500	45,000
5P Phae	1800	5750	9600	19,200	33,600	48,000
7P Tr	1750	5500	9200	18,400	32,200	46,000
4P Cpe	1250	4000	6700	13,400	23,500	33,500
5P Sed	1200	3900	6500	13,000	22,800	32,500
Sub Sed	1200	3900	6500	13,000	22,800	32,500
7P Town Car	1300	4150	6900	13,800	24,200	34,500

	6	5	4	3	2	1
1921						
Lincoln, V-8, 130" - 136" wb						
3P Rds	1650	5300	8800	17,600	30,800	44,000
5P Phae	1750	5500	9200	18,400	32,200	46,000
7P Tr	1700	5400	9000	18,000	31,500	45,000
4P Cpe	1250	4000	6700	13,400	23,500	33,500
4P Sed	1200	3800	6300	12,600	22,100	31,500
5P Sed	1200	3900	6500	13,000	22,800	32,500
Sub Sed	1200	3900	6500	13,000	22,800	32,500
Town Car	1300	4150	6900	13,800	24,200	34,500

1922 Lincoln Model L Brunn town car

	6	5	4	3	2	1
1922						
Lincoln, V-8, 130" wb						
3P Rds	1750	5650	9400	18,800	32,900	47,000
5P Phae	1700	5400	9000	18,000	31,500	45,000
7P Tr	1650	5300	8800	17,600	30,800	44,000
Conv Tr	1700	5400	9000	18,000	31,500	45,000
4P Cpe	1300	4150	6900	13,800	24,200	34,500
5P Sed	1250	4000	6700	13,400	23,500	33,500
Lincoln, V-8, 136" wb						
Spt Rds	1750	5500	9200	18,400	32,200	46,000
DeL Phae	1750	5650	9400	18,800	32,900	47,000
DeL Tr	1700	5400	9000	18,000	31,500	45,000
Std Sed	1300	4150	6900	13,800	24,200	34,500
Jud Sed	1350	4250	7100	14,200	24,900	35,500
FW Sed	1350	4250	7100	14,200	24,900	35,500
York Sed	1350	4250	7100	14,200	24,900	35,500
4P Jud Sed	1350	4400	7300	14,600	25,600	36,500
7P Jud Limo	1450	4700	7800	15,600	27,300	39,000
Sub Limo	1550	4900	8200	16,400	28,700	41,000
Town Car	1600	5050	8400	16,800	29,400	42,000
FW Limo	1650	5300	8800	17,600	30,800	44,000
Std Limo	1600	5050	8400	16,800	29,400	42,000
FW Cabr	1850	5900	9800	19,600	34,300	49,000
FW Coll Cabr	2050	6500	10,800	21,600	37,800	54,000
FW Lan'let	1650	5300	8800	17,600	30,800	44,000
FW Town Car	1750	5500	9200	18,400	32,200	46,000
Holbrk Cabr	1850	5900	9800	19,600	34,300	49,000
Brn Town Car	1650	5300	8800	17,600	30,800	44,000
Brn OD Limo	1750	5500	9200	18,400	32,200	46,000
1923						
Model L, V-8						
Tr	1650	5300	8800	17,600	30,800	44,000
Phae	1700	5400	9000	18,000	31,500	45,000
Rds	1650	5300	8800	17,600	30,800	44,000
Cpe	1350	4400	7300	14,600	25,600	36,500
5P Sed	1350	4250	7100	14,200	24,900	35,500
7P Sed	1350	4400	7300	14,600	25,600	36,500
Limo	1550	4900	8200	16,400	28,700	41,000
OD Limo	1600	5050	8400	16,800	29,400	42,000

	6	5	4	3	2	1
Town Car	1600	5150	8600	17,200	30,100	43,000
4P Sed	1300	4150	6900	13,800	24,200	34,500
Berl	1350	4250	7100	14,200	24,900	35,500
FW Cabr	1600	5150	8600	17,200	30,100	43,000
FW Limo	1600	5050	8400	16,800	29,400	42,000
FW Town Car	1600	5150	8600	17,200	30,100	43,000
Jud Cpe	1350	4400	7300	14,600	25,600	36,500
Brn Town Car	1600	5150	8600	17,200	30,100	43,000
Brn OD Limo	1650	5300	8800	17,600	30,800	44,000
Jud 2W Berl	1350	4400	7300	14,600	25,600	36,500
Jud 3W Berl	1350	4400	7300	14,600	25,600	36,500
Holbrk Cabr	1850	5900	9800	19,600	34,300	49,000
1924						
V-8						
Tr	1650	5300	8800	17,600	30,800	44,000
Phae	1700	5400	9000	18,000	31,500	45,000
Rds	1750	5500	9200	18,400	32,200	46,000
Cpe	1400	4500	7500	15,000	26,300	37,500
5P Sed	1350	4250	7100	14,200	24,900	35,500
7P Sed	1300	4150	6900	13,800	24,200	34,500
Limo	1350	4400	7300	14,600	25,600	36,500
4P Sed	1300	4150	6900	13,800	24,200	34,500
Town Car	1450	4700	7800	15,600	27,300	39,000
Twn Limo	1500	4800	8000	16,000	28,000	40,000
FW Limo	1550	4900	8200	16,400	28,700	41,000
Jud Cpe	1350	4250	7100	14,200	24,900	35,500
Jud Berl	1350	4400	7300	14,600	25,600	36,500
Brn Cabr	1600	5150	8600	17,200	30,100	43,000
Brn Cpe	1350	4400	7300	14,600	25,600	36,500
Brn OD Limo	1550	4900	8200	16,400	28,700	41,000
Leb Sed	1600	5050	8400	16,800	29,400	42,000
1925						
Model L, V-8						
Tr	1750	5650	9400	18,800	32,900	47,000
Spt Tr	1900	6100	10,200	20,400	35,700	51,000
Phae	1800	5750	9600	19,200	33,600	48,000
Rds	1750	5650	9400	18,800	32,900	47,000
Cpe	1450	4550	7600	15,200	26,600	38,000
4P Sed	1100	3500	5800	11,600	20,300	29,000
5P Sed	1050	3350	5600	11,200	19,600	28,000
7P Sed	1050	3350	5600	11,200	19,600	28,000
Limo	1450	4550	7600	15,200	26,600	38,000
FW Limo	1450	4700	7800	15,600	27,300	39,000
Jud Cpe	1300	4150	6900	13,800	24,200	34,500
Jud Berl	1350	4250	7100	14,200	24,900	35,500
Brn Cabr	1800	5750	9600	19,200	33,600	48,000
FW Coll Clb Rds	1750	5650	9400	18,800	32,900	47,000
FW Sed	1600	5050	8400	16,800	29,400	42,000
FW Brgm	1600	5150	8600	17,200	30,100	43,000
FW Cabr	1750	5500	9200	18,400	32,200	46,000
3W Jud Berl	1600	5150	8600	17,200	30,100	43,000
4P Jud Cpe	1600	5150	8600	17,200	30,100	43,000
Jud Brgm	1600	5050	8400	16,800	29,400	42,000
Mur OD Limo	1750	5500	9200	18,400	32,200	46,000
Holbrk Brgm	1650	5300	8800	17,600	30,800	44,000
Holbrk Coll	1700	5400	9000	18,000	31,500	45,000
Brn OD Limo	1700	5400	9000	18,000	31,500	45,000
Brn Spt Phae	1900	6100	10,200	20,400	35,700	51,000
Brn Lan Sed	1700	5400	9000	18,000	31,500	45,000
Brn Town Car	1750	5500	9200	18,400	32,200	46,000
Brn Pan Brgm	1700	5400	9000	18,000	31,500	45,000
Hume Limo	1750	5650	9400	18,800	32,900	47,000
Hume Cpe	1600	5150	8600	17,200	30,100	43,000
5P Leb Sed	1750	5500	9200	18,400	32,200	46,000
4P Leb Sed	1650	5300	8800	17,600	30,800	44,000
Leb DC Phae	2500	7900	13,200	26,400	46,200	66,000
Leb Clb Rds	2050	6500	10,800	21,600	37,800	54,000
Leb Limo	1650	5300	8800	17,600	30,800	44,000
Leb Brgm	1700	5400	9000	18,000	31,500	45,000
Leb Twn Brgm	1750	5500	9200	18,400	32,200	46,000
Leb Cabr	1850	5900	9800	19,600	34,300	49,000
Leb Coll Spt Cabr	2050	6500	10,800	21,600	37,800	54,000
Lke Cabr	1950	6250	10,400	20,800	36,400	52,000
Dtrch Coll Cabr	2000	6350	10,600	21,200	37,100	53,000

	6	5	4	3	2	1
1926						
Model L, V-8						
Tr	1900	6100	10,200	20,400	35,700	51,000
Spt Tr	2100	6700	11,200	22,400	39,200	56,000
Phae	2050	6500	10,800	21,600	37,800	54,000
Rds	1950	6250	10,400	20,800	36,400	52,000
Cpe	1250	4000	6700	13,400	23,500	33,500
4P Sed	1100	3500	5800	11,600	20,300	29,000
5P Sed	1050	3350	5600	11,200	19,600	28,000
7P Sed	1050	3350	5600	11,200	19,600	28,000
Limo	1300	4150	6900	13,800	24,200	34,500
FW Limo	1350	4250	7100	14,200	24,900	35,500
Jud Cpe	1550	4900	8200	16,400	28,700	41,000
Jud Berl	1500	4800	8000	16,000	28,000	40,000
Brn Cabr	1900	6000	10,000	20,000	35,000	50,000
Holbrk Coll Cabr	1900	6100	10,200	20,400	35,700	51,000
Hume Limo	1500	4800	8000	16,000	28,000	40,000
W'by Limo	1500	4800	8000	16,000	28,000	40,000
W'by Lan'let	1550	4900	8200	16,400	28,700	41,000
Dtrch Sed	1450	4550	7600	15,200	26,600	38,000
Dtrch Coll Cabr	1950	6250	10,400	20,800	36,400	52,000
Dtrch Brgm	1600	5050	8400	16,800	29,400	42,000
Dtrch Cpe Rds	1900	6100	10,200	20,400	35,700	51,000
3W Jud Berl	1450	4700	7800	15,600	27,300	39,000
Jud Brgm	1450	4550	7600	15,200	26,600	38,000
Brn Phae	1900	6000	10,000	20,000	35,000	50,000
Brn Sed	1400	4500	7500	15,000	26,300	37,500
Brn Brgm	1450	4550	7600	15,200	26,600	38,000
Brn Semi-Coll Cabr	1900	6000	10,000	20,000	35,000	50,000
2W LeB Sed	1400	4500	7500	15,000	26,300	37,500
3W LeB Sed	1400	4500	7500	15,000	26,300	37,500
LeB Cpe	1450	4700	7800	15,600	27,300	39,000
LeB Spt Cabr	1900	6100	10,200	20,400	35,700	51,000
LeB A-W Cabr	1850	5900	9800	19,600	34,300	49,000
LeB Limo	1550	4900	8200	16,400	28,700	41,000
LeB Clb Rds	1950	6250	10,400	20,800	36,400	52,000
Lke Rds	2050	6500	10,800	21,600	37,800	54,000
Lke Semi-Coll Cabr	1850	5900	9800	19,600	34,300	49,000
Lke Cabr	1950	6250	10,400	20,800	36,400	52,000
LeB Conv Phae	2050	6500	10,800	21,600	37,800	54,000
LeB Conv	2050	6500	10,800	21,600	37,800	54,000
1927						
Model L, V-8						
Spt Rds	2700	8650	14,400	28,800	50,400	72,000
Spt Tr	2650	8400	14,000	28,000	49,000	70,000
Phae	2800	8900	14,800	29,600	51,800	74,000
Cpe	1450	4700	7800	15,600	27,300	39,000
2W Sed	1150	3600	6000	12,000	21,000	30,000
3W Sed	1100	3500	5800	11,600	20,300	29,000
Sed	1050	3350	5600	11,200	19,600	28,000
FW Limo	1600	5050	8400	16,800	29,400	42,000
Jud Cpe	1550	4900	8200	16,400	28,700	41,000
Brn Cabr	2650	8400	14,000	28,000	49,000	70,000
Holbrk Cabr	2800	8900	14,800	29,600	51,800	74,000
Brn Brgm	1900	6000	10,000	20,000	35,000	50,000
Dtrch Conv Sed	2850	9100	15,200	30,400	53,200	76,000
Dtrch Conv Vic	2850	9100	15,200	30,400	53,200	76,000
Brn Conv	2700	8650	14,400	28,800	50,400	72,000
Brn Semi-Coll Cabr	2800	8900	14,800	29,600	51,800	74,000
Holbrk Coll Cabr	2850	9100	15,200	30,400	53,200	76,000
LeB A-W Cabr	2850	9100	15,200	30,400	53,200	76,000
LeB A-W Brgm	2850	9100	15,200	30,400	53,200	76,000
W'by Semi-Coll Cabr	2800	8900	14,800	29,600	51,800	74,000
Jud Brgm	1900	6000	10,000	20,000	35,000	50,000
Clb Rds	2050	6500	10,800	21,600	37,800	54,000
2W Jud Berl	1450	4700	7800	15,600	27,300	39,000
3W Jud Berl	1450	4700	7800	15,600	27,300	39,000
7P E d Limo	1600	5150	8600	17,200	30,100	43,000
LeB Spt Cabr	2850	9100	15,200	30,400	53,200	76,000
W'by Lan'let	2650	8400	14,000	28,000	49,000	70,000
W'by Limo	1650	5300	8800	17,600	30,800	44,000
LeB Cpe	1600	5050	8400	16,800	29,400	42,000
Der Spt Sed	1550	4900	8200	16,400	28,700	41,000
Lke Conv Sed	2850	9100	15,200	30,400	53,200	76,000

	6	5	4	3	2	1
Dtrch Cpe Rds	2800	8900	14,800	29,600	51,800	74,000
Dtrch Spt Phae	2850	9100	15,200	30,400	53,200	76,000
1928						
Model L, V-8						
164 Spt Tr	3150	10,100	16,800	33,600	58,800	84,000
163 Lke Spt Phae	3300	10,550	17,600	35,200	61,600	88,000
151 Lke Spt Rds	3250	10,300	17,200	34,400	60,200	86,000
154 Clb Rds	3100	9850	16,400	32,800	57,400	82,000
156 Cpe	1800	5750	9600	19,200	33,600	48,000
144W 2W Sed	1150	3600	6000	12,000	21,000	30,000
144B Sed	1150	3600	6000	12,000	21,000	30,000
152 Sed	1100	3500	5800	11,600	20,300	29,000
147A Sed	1100	3500	5800	11,600	20,300	29,000
147B Limo	1800	5750	9600	19,200	33,600	48,000
161 Jud Berl	1900	6000	10,000	20,000	35,000	50,000
161C Jud Berl	1900	6000	10,000	20,000	35,000	50,000
Jud Cpe	2050	6500	10,800	21,600	37,800	54,000
159 Brn Cabr	3150	10,100	16,800	33,600	58,800	84,000
145 Brn Brgm	2650	8400	14,000	28,000	49,000	70,000
155A Hlbrk Coll Cabr	3300	10,550	17,600	35,200	61,600	88,000
155 LeB Spt Cabr	3700	11,750	19,600	39,200	68,600	98,000
157 W'by Lan'let Berl	3300	10,550	17,600	35,200	61,600	88,000
160 W'by Limo	3550	11,300	18,800	37,600	65,800	94,000
162A LeB A-W Cabr	3400	10,800	18,000	36,000	63,000	90,000
162 LeB A-W Lan'let	3250	10,300	17,200	34,400	60,200	86,000
Jud Spt Cpe	3000	9600	16,000	32,000	56,000	80,000
LeB Cpe	3150	10,100	16,800	33,600	58,800	84,000
Dtrch Conv Vic	3550	11,300	18,800	37,600	65,800	94,000
Dtrch Cpe Rds	3600	11,500	19,200	38,400	67,200	96,000
Dtrch Conv Sed	3700	11,750	19,600	39,200	68,600	98,000
Holbrk Cabr	3600	11,500	19,200	38,400	67,200	96,000
W'by Spt Sed	1750	5500	9200	18,400	32,200	46,000
Der Spt Sed	1750	5500	9200	18,400	32,200	46,000
Brn Spt Conv	3250	10,300	17,200	34,400	60,200	86,000
1929						
Model L, V-8						
Standard Line						
Lke Spt Rds	3550	11,300	18,800	37,600	65,800	94,000
Clb Rds	3450	11,050	18,400	36,800	64,400	92,000
Lke Spt Phae	3750	12,000	20,000	40,000	70,000	100,000
Lke TWS Spt Phae	4150	13,200	22,000	44,000	77,000	110,000
Lke Spt Phae TC & WS	4300	13,700	22,800	45,600	79,800	114,000
Lke Spt Tr	3600	11,500	19,200	38,400	67,200	96,000
Lke Clb Rds	3900	12,500	20,800	41,600	72,800	104,000
4P Cpe	1850	5900	9800	19,600	34,300	49,000
Twn Sed	1150	3700	6200	12,400	21,700	31,000
5P Sed	1150	3600	6000	12,000	21,000	30,000
7P Sed	1100	3500	5800	11,600	20,300	29,000
7P Limo	1800	5750	9600	19,200	33,600	48,000
2W Jud Berl	1950	6250	10,400	20,800	36,400	52,000
3W Jud Berl	1900	6100	10,200	20,400	35,700	51,000
Brn A-W Brgm	3300	10,550	17,600	35,200	61,600	88,000
Brn Cabr	3450	11,050	18,400	36,800	64,400	92,000
Brn Non-Coll Cabr	3300	10,550	17,600	35,200	61,600	88,000
Holbrk Coll Cabr	3700	11,750	19,600	39,200	68,600	98,000
LeB A-W Cabr	3750	12,000	20,000	40,000	70,000	100,000
LeB Semi-Coll Cabr	3300	10,550	17,600	35,200	61,600	88,000
LeB Coll Cabr	3700	11,750	19,600	39,200	68,600	98,000
W'by Lan'let	2800	8900	14,800	29,600	51,800	74,000
W'by Limo	2650	8400	14,000	28,000	49,000	70,000
Dtrch Cpe	2400	7700	12,800	25,600	44,800	64,000
Dtrch Sed	2400	7700	12,800	25,600	44,800	64,000
Dtrch Conv	3550	11,300	18,800	37,600	65,800	94,000
LeB Spt Sed	2500	7900	13,200	26,400	46,200	66,000
Leb Aero Phae	3550	11,300	18,800	37,600	65,800	94,000
LeB Sal Cabr	3450	11,050	18,400	36,800	64,400	92,000
Brn Spt Conv	3550	11,300	18,800	37,600	65,800	94,000
Dtrch Conv Sed	3700	11,750	19,600	39,200	68,600	98,000
Dtrch Conv Vic	3750	12,000	20,000	40,000	70,000	100,000
1930						
Model L, V-8						
Standard Line						
Conv Rds	3550	11,300	18,800	37,600	65,800	94,000
5P Lke Spt Phae	3900	12,500	20,800	41,600	72,800	104,000
5P Lke Spt Phae TC & WS	4000	12,700	21,200	42,400	74,200	106,000

	6	5	4	3	2	1
7P Lke Spt Phae	3700	11,750	19,600	39,200	68,600	98,000
Lke Rds	3900	12,500	20,800	41,600	72,800	104,000
4P Cpe	1850	5900	9800	19,600	34,300	49,000
Twn Sed	1150	3700	6200	12,400	21,700	31,000
5P Sed	1150	3600	6000	12,000	21,000	30,000
7P Sed	1100	3500	5800	11,600	20,300	29,000
7P Limo	1800	5750	9600	19,200	33,600	48,000
Custom Line						
Jud Cpe	1950	6250	10,400	20,800	36,400	52,000
2W Jud Berl	2350	7450	12,400	24,800	43,400	62,000
3W Jud Berl	2350	7450	12,400	24,800	43,400	62,000
Brn A-W Cabr	2950	9350	15,600	31,200	54,600	78,000
Brn Non-Coll Cabr	2400	7700	12,800	25,600	44,800	64,000
LeB A-W Cabr	3750	12,000	20,000	40,000	70,000	100,000
LeB Semi-Coll Cabr	3550	11,300	18,800	37,600	65,800	94,000
W'by Limo	2350	7450	12,400	24,800	43,400	62,000
Dtrch Cpe	2100	6700	11,200	22,400	39,200	56,000
Dtrch Sed	2100	6700	11,200	22,400	39,200	56,000
2W W'by Twn Sed	2100	6700	11,200	22,400	39,200	56,000
3W W'by Twn Sed	2200	7100	11,800	23,600	41,300	59,000
W'by Pan Brgm	2400	7700	12,800	25,600	44,800	64,000
LeB Cpe	2100	6700	11,200	22,400	39,200	56,000
LeB Conv Rds	3550	11,300	18,800	37,600	65,800	94,000
LeB Spt Sed	2800	8900	14,800	29,600	51,800	74,000
Der Spt Conv	3600	11,500	19,200	38,400	67,200	96,000
Der Conv Phae	3700	11,750	19,600	39,200	68,600	98,000
Brn Semi-Coll Cabr	3550	11,300	18,800	37,600	65,800	94,000
Dtrch Conv Cpe	3700	11,750	19,600	39,200	68,600	98,000
Dtrch Conv Sed	3750	12,000	20,000	40,000	70,000	100,000
Wolf Conv Sed	3750	12,000	20,000	40,000	70,000	100,000
1931						
Model K, V-8						
Type 201, V-8, 145" wb						
202B Spt Phae	4300	13,700	22,800	45,600	79,800	114,000
202A Spt Phae	4350	13,900	23,200	46,400	81,200	116,000
203 Spt Tr	3900	12,500	20,800	41,600	72,800	104,000
214 Conv Rds	3750	12,000	20,000	40,000	70,000	100,000
206 Cpe	1650	5300	8800	17,600	30,800	44,000
204 Twn Sed	1250	3950	6600	13,200	23,100	33,000
205 Sed	1150	3700	6200	12,400	21,700	31,000
207A Sed	1150	3700	6200	12,400	21,700	31,000
207B Limo	1750	5500	9200	18,400	32,200	46,000
212 Conv Phae	3900	12,500	20,800	41,600	72,800	104,000
210 Conv Cpe	3750	12,000	20,000	40,000	70,000	100,000
211 Conv Sed	3900	12,500	20,800	41,600	72,800	104,000
216 W'by Pan Brgm	2350	7450	12,400	24,800	43,400	62,000
213A Jud Berl	2050	6500	10,800	21,600	37,800	54,000
213B Jud Berl	2050	6500	10,800	21,600	37,800	54,000
Jud Cpe	2000	6350	10,600	21,200	37,100	53,000
Brn Cabr	3750	12,000	20,000	40,000	70,000	100,000
LeB Cabr	3750	12,000	20,000	40,000	70,000	100,000
W'by Limo	2350	7450	12,400	24,800	43,400	62,000
Lke Spt Rds	3900	12,500	20,800	41,600	72,800	104,000
Der Conv Sed	4200	13,450	22,400	44,800	78,400	112,000
Leb Conv Rds	4000	12,700	21,200	42,400	74,200	106,000
Mur DC Phae	4350	13,900	23,200	46,400	81,200	116,000
Dtrch Conv Sed	4350	13,900	23,200	46,400	81,200	116,000
Dtrch Conv Cpe	4300	13,700	22,800	45,600	79,800	114,000
Wtrhs Conv Vic	4350	13,900	23,200	46,400	81,200	116,000
1932						
Model KA, V-8, 8-cyl., 136" wb						
Rds	3600	11,500	19,200	38,400	67,200	96,000
Phae	3900	12,500	20,800	41,600	72,800	104,000
Twn Sed	1350	4300	7200	14,400	25,200	36,000
Sed	1300	4100	6800	13,600	23,800	34,000
Cpe	1900	6100	10,200	20,400	35,700	51,000
Vic	1900	6000	10,000	20,000	35,000	50,000
7P Sed	1850	5900	9800	19,600	34,300	49,000
Limo	2050	6500	10,800	21,600	37,800	54,000
Model KB, V-12						
Standard, 12-cyl., 145" wb						
Phae	4000	12,700	21,200	42,400	74,200	106,000
Spt Phae	4150	13,200	22,000	44,000	77,000	110,000
Cpe	1950	6250	10,400	20,800	36,400	52,000
2W Tr Sed	1500	4800	8000	16,000	28,000	40,000

1932 Lincoln Model KB Judkins coupe

	6	5	4	3	2	1
3W Tr Sed	1450	4700	7800	15,600	27,300	39,000
5P Sed	1450	4550	7600	15,200	26,600	38,000
7P Sed	1400	4450	7400	14,800	25,900	37,000
Limo	1850	5900	9800	19,600	34,300	49,000
Custom, 145" wb						
LeB Conv Cpe	4500	14,400	24,000	48,000	84,000	120,000
2P Dtrch Cpe	2650	8400	14,000	28,000	49,000	70,000
4P Dtrch Cpe	2500	7900	13,200	26,400	46,200	66,000
Jud Cpe	2700	8650	14,400	28,800	50,400	72,000
Jud Berl	2350	7450	12,400	24,800	43,400	62,000
W'by Limo	2400	7700	12,800	25,600	44,800	64,000
Wtrhs Conv Vic	4350	13,900	23,200	46,400	81,200	116,000
Dtrch Conv Sed	4500	14,400	24,000	48,000	84,000	120,000
W'by Twn Brgm	2950	9350	15,600	31,200	54,600	78,000
Brn Brgm	2850	9100	15,200	30,400	53,200	76,000
Brn Non-Coll Cabr	3300	10,550	17,600	35,200	61,600	88,000
Brn Semi-Coll Cabr	4500	14,400	24,000	48,000	84,000	120,000
LeB Twn Cabr	4900	15,600	26,000	52,000	91,000	130,000
Dtrch Spt Berl	3750	12,000	20,000	40,000	70,000	100,000
5P Rlstn TwnC	4350	13,900	23,200	46,400	81,200	116,000
7P Rlstn TwnC	4350	13,900	23,200	46,400	81,200	116,000
Brn Phae	4750	15,100	25,200	50,400	88,200	126,000
Brn dbl-entry Spt Sed	3700	11,750	19,600	39,200	68,600	98,000
Brn A-W Brgm	4750	15,100	25,200	50,400	88,200	126,000
Brn Clb Sed	3300	10,550	17,600	35,200	61,600	88,000
Mur Conv Rds	6550	21,000	35,000	70,000	122,500	175,000
1933						
Model KA, V-12, 12-cyl., 136" wb						
512B Cpe	1900	6100	10,200	20,400	35,700	51,000
512A RS Cpe	2050	6500	10,800	21,600	37,800	54,000
513A Conv Rds	3750	12,000	20,000	40,000	70,000	100,000
514 Twn Sed	1450	4550	7600	15,200	26,600	38,000
515 Sed	1400	4450	7400	14,800	25,900	37,000
516 Cpe	1950	6250	10,400	20,800	36,400	52,000
517 Sed	1400	4450	7400	14,800	25,900	37,000
517B Limo	1850	5900	9800	19,600	34,300	49,000
518A DC Phae	4500	14,400	24,000	48,000	84,000	120,000
518B Phae	4350	13,900	23,200	46,400	81,200	116,000
519 7P Tr	4200	13,450	22,400	44,800	78,400	112,000
520B RS Rds	3850	12,250	20,400	40,800	71,400	102,000
520A Rds	3750	12,000	20,000	40,000	70,000	100,000
Model KB, V-8						
12-cyl., 145" wb						
252A DC Phae	4750	15,100	25,200	50,400	88,200	126,000
252B Phae	4500	14,400	24,000	48,000	84,000	120,000
253 7P Tr	4500	14,400	24,000	48,000	84,000	120,000
Twn Sed	1650	5300	8800	17,600	30,800	44,000
255 5P Sed	1700	5400	9000	18,000	31,500	45,000
256 5P Cpe	2050	6500	10,800	21,600	37,800	54,000
257 7P Sed	1650	5300	8800	17,600	30,800	44,000
257B Limo	2100	6700	11,200	22,400	39,200	56,000
258C Brn Semi-Coll Cabr	4350	13,900	23,200	46,400	81,200	116,000

	6	5	4	3	2	1
258d Brn Non-Coll Cabr	4000	12,700	21,200	42,400	74,200	106,000
259 Brn Brgm	2800	8900	14,800	29,600	51,800	74,000
260 Brn Conv Cpe	6550	21,000	35,000	70,000	122,500	175,000
Dtrch Conv Sed	6750	21,600	36,000	72,000	126,000	180,000
2P Dtrch Cpe	2800	8900	14,800	29,600	51,800	74,000
4P Dtrch Cpe	2800	8900	14,800	29,600	51,800	74,000
Jud Berl	2350	7450	12,400	24,800	43,400	62,000
2P Jud Cpe	2500	7900	13,200	26,400	46,200	66,000
4P Jud Cpe	2500	7900	13,200	26,400	46,200	66,000
Jud Limo	2650	8400	14,000	28,000	49,000	70,000
LeB Conv Rds	5250	16,800	28,000	56,000	98,000	140,000
W'by Limo	2650	8400	14,000	28,000	49,000	70,000
W'by Brgm	2800	8900	14,800	29,600	51,800	74,000
1934						
Series K, V-12						
12-cyl., 136" wb						
4P Conv Rds	3850	12,250	20,400	40,800	71,400	102,000
4P Twn Sed	1550	4900	8200	16,400	28,700	41,000
5P Sed	1500	4800	8000	16,000	28,000	40,000
5P Cpe	2050	6500	10,800	21,600	37,800	54,000
7P Sed	1600	5150	8600	17,200	30,100	43,000
7P Limo	2100	6700	11,200	22,400	39,200	56,000
2P Cpe	2100	6700	11,200	22,400	39,200	56,000
5P Conv Phae	3750	12,000	20,000	40,000	70,000	100,000
4P Cpe	1850	5900	9800	19,600	34,300	49,000
V-12, 145" wb						
Tr	3700	11,750	19,600	39,200	68,600	98,000
Sed	1750	5500	9200	18,400	32,200	46,000
Limo	2050	6500	10,800	21,600	37,800	54,000
2W Jud Berl	2400	7700	12,800	25,600	44,800	64,000
3W Jud Berl	2350	7450	12,400	24,800	43,400	62,000
Jud Sed Limo	2100	6700	11,200	22,400	39,200	56,000
Brn Brgm	2350	7450	12,400	24,800	43,400	62,000
Brn Semi-Coll Cabr	3150	10,100	16,800	33,600	58,800	84,000
Brn Conv Cpe	4350	13,900	23,200	46,400	81,200	116,000
W'by Limo	2050	6500	10,800	21,600	37,800	54,000
LeB Rds	4350	13,900	23,200	46,400	81,200	116,000
Dtrch Conv Sed	4750	15,100	25,200	50,400	88,200	126,000
Brn Conv Vic	4750	15,100	25,200	50,400	88,200	126,000
LeB Cpe	2350	7450	12,400	24,800	43,400	62,000
Dtrch Conv Rds	4350	13,900	23,200	46,400	81,200	116,000
W'by Spt Sed	2050	6500	10,800	21,600	37,800	54,000
LeB Conv Cpe	4350	13,900	23,200	46,400	81,200	116,000
Brn Conv Sed	4750	15,100	25,200	50,400	88,200	126,000
Brn Cus Phae	4750	15,100	25,200	50,400	88,200	126,000
Brwstr Non-Coll Cabr	3600	11,500	19,200	38,400	67,200	96,000
1935						
Series K, V-12						
V-12, 136" wb						
LeB Conv Rds	3850	12,250	20,400	40,800	71,400	102,000
LeB Cpe	1850	5900	9800	19,600	34,300	49,000
Cpe	1750	5650	9400	18,800	32,900	47,000
Brn Conv Vic	3900	12,500	20,800	41,600	72,800	104,000
2W Sed	1450	4550	7600	15,200	26,600	38,000
3W Sed	1400	4450	7400	14,800	25,900	37,000
LeB Conv Phae	4000	12,700	21,200	42,400	74,200	106,000
V-12, 145" wb						
7P Tr	3750	12,000	20,000	40,000	70,000	100,000
7P Sed	1450	4700	7800	15,600	27,300	39,000
7P Limo	1850	5900	9800	19,600	34,300	49,000
LeB Conv Sed	4350	13,900	23,200	46,400	81,200	116,000
Brn Semi-Coll Cabr	3550	11,300	18,800	37,600	65,800	94,000
Brn Non-Coll Cabr	3400	10,800	18,000	36,000	63,000	90,000
Brn Brgm	1850	5900	9800	19,600	34,300	49,000
W'by Limo	1900	6100	10,200	20,400	35,700	51,000
W'by Spt Sed	1850	5900	9800	19,600	34,300	49,000
2W Jud Berl	1900	6100	10,200	20,400	35,700	51,000
3W Jud Berl	1850	5900	9800	19,600	34,300	49,000
Jud Sed Limo	2050	6500	10,800	21,600	37,800	54,000
1936						
Zephyr, V-12, 122" wb						
4d Sed	900	2900	4800	9600	16,800	24,000
2d Sed	950	3000	5000	10,000	17,500	25,000

	6	5	4	3	2	1
12-cyl., 136" wb						
LeB Rds Cabr	3150	10,100	16,800	33,600	58,800	84,000
2P LeB Cpe	1500	4800	8000	16,000	28,000	40,000
5P Cpe	1450	4550	7600	15,200	26,600	38,000
Brn Conv Vic	3400	10,800	18,000	36,000	63,000	90,000
2W Sed	1250	3950	6600	13,200	23,100	33,000
3W Sed	1200	3850	6400	12,800	22,400	32,000
LeB Conv Sed	3550	11,300	18,800	37,600	65,800	94,000
V-12, 145" wb						
7P Tr	3550	11,300	18,800	37,600	65,800	94,000
7P Sed	1500	4800	8000	16,000	28,000	40,000
7P Limo	1650	5300	8800	17,600	30,800	44,000
LeB Conv Sed W/part	3750	12,000	20,000	40,000	70,000	100,000
Brn Semi-Coll Cabr	3400	10,800	18,000	36,000	63,000	90,000
Brn Non-Coll Cabr	2650	8400	14,000	28,000	49,000	70,000
Brn Brgm	1700	5400	9000	18,000	31,500	45,000
W'by Limo	1750	5650	9400	18,800	32,900	47,000
W'by Spt Sed	1600	5150	8600	17,200	30,100	43,000
2W Jud Berl	1700	5400	9000	18,000	31,500	45,000
3W Jud Berl	1750	5500	9200	18,400	32,200	46,000
Jud Limo	1800	5750	9600	19,200	33,600	48,000
1937						
Zephyr, V-12						
3P Cpe	1000	3250	5400	10,800	18,900	27,000
2d Sed	900	2900	4800	9600	16,800	24,000
4d Sed	850	2750	4600	9200	16,100	23,000
Twn Sed	900	2900	4800	9600	16,800	24,000
Conv Sed	2150	6850	11,400	22,800	39,900	57,000
Series K, V-12						
V-12, 136" wb						
LeB Conv Rds	3000	9600	16,000	32,000	56,000	80,000
LeB Cpe	1450	4700	7800	15,600	27,300	39,000
W'by Cpe	1550	4900	8200	16,400	28,700	41,000
Brn Conv Vic	3150	10,100	16,800	33,600	58,800	84,000
2W Sed	1300	4200	7000	14,000	24,500	35,000
3W Sed	1300	4100	6800	13,600	23,800	34,000
V-12, 145" wb						
7P Sed	1400	4450	7400	14,800	25,900	37,000
7P Limo	1450	4700	7800	15,600	27,300	39,000
LeB Conv Sed	3250	10,300	17,200	34,400	60,200	86,000
LeB Conv Sed W/part	3400	10,800	18,000	36,000	63,000	90,000
Brn Semi-Coll Cabr	3000	9600	16,000	32,000	56,000	80,000
Brn Non-Coll Cabr	2350	7450	12,400	24,800	43,400	62,000
Brn Brgm	1750	5500	9200	18,400	32,200	46,000
Brn Tr Cabr	3150	10,100	16,800	33,600	58,800	84,000
2W Jud Berl	1700	5400	9000	18,000	31,500	45,000
3W Jud Berl	1650	5300	8800	17,600	30,800	44,000
Jud Limo	1900	6000	10,000	20,000	35,000	50,000
W'by Tr	2150	6850	11,400	22,800	39,900	57,000
W'by Limo	1850	5900	9800	19,600	34,300	49,000
W'by Spt Sed	1650	5300	8800	17,600	30,800	44,000
W'by Cpe	1750	5500	9200	18,400	32,200	46,000
W'by Pan Brgm	1750	5650	9400	18,800	32,900	47,000
Jud Cpe	1750	5500	9200	18,400	32,200	46,000
1938						
Zephyr, V-12						
3P Cpe	1050	3350	5600	11,200	19,600	28,000
3P Conv Cpe	1500	4800	8000	16,000	28,000	40,000
4d Sed	700	2150	3600	7200	12,600	18,000
2d Sed	700	2300	3800	7600	13,300	19,000
Conv Sed	2100	6700	11,200	22,400	39,200	56,000
Twn Sed	800	2500	4200	8400	14,700	21,000
Series K, V-12						
V-12, 136" wb						
LeB Conv Rds	3000	9600	16,000	32,000	56,000	80,000
LeB Cpe	1450	4700	7800	15,600	27,300	39,000
W'by Cpe	1500	4800	8000	16,000	28,000	40,000
2W Sed	1300	4200	7000	14,000	24,500	35,000
3W Sed	1300	4100	6800	13,600	23,800	34,000
Brn Conv Vic	3100	9850	16,400	32,800	57,400	82,000
V-12, 145" wb						
7P Sed	1350	4300	7200	14,400	25,200	36,000
Sed Limo	1400	4450	7400	14,800	25,900	37,000
LeB Conv Sed	3400	10,800	18,000	36,000	63,000	90,000
LeB Conv Sed W/part	3550	11,300	18,800	37,600	65,800	94,000
2W Jud Berl	1400	4450	7400	14,800	25,900	37,000

	6	5	4	3	2	1
3W Jud Berl	1450	4550	7600	15,200	26,600	38,000
Jud Limo	1500	4800	8000	16,000	28,000	40,000
Brn Tr Cabr	3450	11,050	18,400	36,800	64,400	92,000
W'by Tr	2200	6950	11,600	23,200	40,600	58,000
W'by Spt Sed	1500	4800	8000	16,000	28,000	40,000
Brn Non-Coll Cabr	2050	6600	11,000	22,000	38,500	55,000
Brn Semi-Coll Cabr	3000	9600	16,000	32,000	56,000	80,000
Brn Brgm	1500	4800	8000	16,000	28,000	40,000
W'by Pan Brgm	1550	4900	8200	16,400	28,700	41,000
W'by Limo	1700	5400	9000	18,000	31,500	45,000
1939						
Zephyr, V-12						
3P Cpe	1000	3100	5200	10,400	18,200	26,000
Conv Cpe	1600	5150	8600	17,200	30,100	43,000
2d Sed	750	2400	4000	8000	14,000	20,000
5P Sed	750	2400	4000	8000	14,000	20,000
Conv Sed	2050	6600	11,000	22,000	38,500	55,000
Twn Sed	800	2500	4200	8400	14,700	21,000
Series K, V-12						
V-12, 136" wb						
LeB Conv Rds	2650	8400	14,000	28,000	49,000	70,000
LeB Cpe	1550	4900	8200	16,400	28,700	41,000
W'by Cpe	1600	5050	8400	16,800	29,400	42,000
2W Sed	1450	4550	7600	15,200	26,600	38,000
3W Sed	1450	4550	7600	15,200	26,600	38,000
Brn Conv Vic	2650	8400	14,000	28,000	49,000	70,000
V-12, 145" wb						
2W Jud Berl	1450	4700	7800	15,600	27,300	39,000
3W Jud Berl	1450	4550	7600	15,200	26,600	38,000
Jud Limo	1550	4900	8200	16,400	28,700	41,000
Brn Tr Cabr	2200	7100	11,800	23,600	41,300	59,000
7P Sed	1450	4700	7800	15,600	27,300	39,000
7P Limo	1600	5050	8400	16,800	29,400	42,000
LeB Conv Sed	3400	10,800	18,000	36,000	63,000	90,000
LeB Conv Sed W/part	3550	11,300	18,800	37,600	65,800	94,000
W'by Spt Sed	1700	5400	9000	18,000	31,500	45,000
V-12, 145" wb, 6 wheels						
Brn Non-Coll Cabr	3000	9600	16,000	32,000	56,000	80,000
Brn Semi-Coll Cabr	3400	10,800	18,000	36,000	63,000	90,000
Brn Brgm	1500	4800	8000	16,000	28,000	40,000
W'by Limo	1750	5650	9400	18,800	32,900	47,000

1940 Lincoln Continental Cabriolet convertible coupe

	6	5	4	3	2	1
1940						
Zephyr, V-12						
3P Cpe	900	2900	4800	9600	16,800	24,000
OS Cpe	950	3000	5000	10,000	17,500	25,000
Clb Cpe	1000	3100	5200	10,400	18,200	26,000
Conv Clb Cpe	1550	4900	8200	16,400	28,700	41,000
6P Sed	750	2400	4000	8000	14,000	20,000
Twn Limo	1150	3600	6000	12,000	21,000	30,000
Cont Clb Cpe	1850	5900	9800	19,600	34,300	49,000
Cont Conv Cabr	2500	7900	13,200	26,400	46,200	66,000

Series K, V-12

Available on special request, black emblems rather than blue.

	6	5	4	3	2	1
1941						
Zephyr, V-12						
3P Cpe	900	2900	4800	9600	16,800	24,000
OS Cpe	950	3000	5000	10,000	17,500	25,000
Clb Cpe	1000	3100	5200	10,400	18,200	26,000
Conv Cpe	1500	4800	8000	16,000	28,000	40,000
Cont Cpe	1800	5750	9600	19,200	33,600	48,000
Cont Conv Cabr	2400	7700	12,800	25,600	44,800	64,000
6P Sed	750	2400	4000	8000	14,000	20,000
Cus Sed	800	2500	4200	8400	14,700	21,000
8P Limo	1000	3100	5200	10,400	18,200	26,000
1942						
Zephyr, V-12						
3P Cpe	650	2050	3400	6800	11,900	17,000
Clb Cpe	700	2150	3600	7200	12,600	18,000
Conv Clb Cpe	1450	4700	7800	15,600	27,300	39,000
Cont Cpe	1800	5750	9600	19,200	33,600	48,000
Cont Conv Cabr	2400	7700	12,800	25,600	44,800	64,000
6P Sed	550	1800	3000	6000	10,500	15,000
Cus Sed	600	1900	3200	6400	11,200	16,000
8P Limo	1000	3250	5400	10,800	18,900	27,000
1946-1948						
8th Series, V-12, 125" wb						
2d Clb Cpe	650	2050	3400	6800	11,900	17,000
2d Conv	1400	4450	7400	14,800	25,900	37,000
4d Sed	550	1800	3000	6000	10,500	15,000
2d Cont Cpe	1850	5900	9800	19,600	34,300	49,000
2d Cont Conv	2500	7900	13,200	26,400	46,200	66,000

1950 Lincoln Club Coupe two-door sedan

	6	5	4	3	2	1
1949-1950						
Model OEL, V-8, 121" wb						
4d Spt Sed	550	1700	2800	5600	9800	14,000
2d Cpe	700	2150	3600	7200	12,600	18,000
2d Lido Cpe (1950 only)	800	2500	4200	8400	14,700	21,000
Cosmopolitan, V-8, 125" wb						
4d Town Sed (1949 only)	550	1800	3000	6000	10,500	15,000
4d Spt Sed	600	1850	3100	6200	10,900	15,500
2d Cpe	700	2150	3600	7200	12,600	18,000
2d Capri (1950 only)	850	2650	4400	8800	15,400	22,000
2d Conv	1150	3700	6200	12,400	21,700	31,000
1951						
Model Del, V-8, 121" wb						
4d Spt Sed	550	1800	3000	6000	10,500	15,000
2d Cpe	700	2150	3600	7200	12,600	18,000
2d Lido Cpe	800	2500	4200	8400	14,700	21,000
Cosmopolitan, V-8, 125" wb						
4d Spt Sed	600	1900	3200	6400	11,200	16,000
2d Cpe	700	2300	3800	7600	13,300	19,000
2d Capri	850	2650	4400	8800	15,400	22,000
2d Conv	1100	3500	5800	11,600	20,300	29,000

	6	5	4	3	2	1
1952-1953						
Model BH, V-8, 123" wb						
Cosmopolitan						
4d Sed	550	1800	3000	6000	10,500	15,000
2d HdTp	850	2650	4400	8800	15,400	22,000
Capri, V-8, 123" wb						
4d Sed	600	1900	3200	6400	11,200	16,000
2d HdTp	850	2750	4600	9200	16,100	23,000
2d Conv	1200	3850	6400	12,800	22,400	32,000
1954						
V-8, 123" wb						
4d Sed	550	1800	3000	6000	10,500	15,000
2d HT	850	2750	4600	9200	16,100	23,000
Capri, V-8, 123" wb						
4d Sed	550	1800	3000	6000	10,500	15,000
2d HT	950	3000	5000	10,000	17,500	25,000
2d Conv	1250	3950	6600	13,200	23,100	33,000
1955						
V-8, 123" wb						
4d Sed	550	1800	3000	6000	10,500	15,000
2d HT	850	2650	4400	8800	15,400	22,000
Capri, V-8, 123" wb						
4d Sed	600	1900	3200	6400	11,200	16,000
2d HdTp	900	2900	4800	9600	16,800	24,000
2d Conv	1300	4100	6800	13,600	23,800	34,000
1956						
Capri, V-8, 126" wb						
4d Sed	600	1900	3200	6400	11,200	16,000
2d HT	950	3000	5000	10,000	17,500	25,000
Premiere, V-8, 126" wb						
4d Sed	650	2050	3400	6800	11,900	17,000
2d HT	1000	3100	5200	10,400	18,200	26,000
2d Conv	1450	4550	7600	15,200	26,600	38,000
Lincoln Continental Mark II, V-8, 126" wb						
2d HT	1450	4700	7800	15,600	27,300	39,000
1957						
Capri, V-8, 126" wb						
4d Sed	550	1700	2800	5600	9800	14,000
4d HT	600	1900	3200	6400	11,200	16,000
2d HT	850	2750	4600	9200	16,100	23,000
Premiere, V-8, 126" wb						
4d Sed	550	1800	3000	6000	10,500	15,000
4d HT	650	2050	3400	6800	11,900	17,000
2d HT	900	2900	4800	9600	16,800	24,000
2d Conv	1350	4300	7200	14,400	25,200	36,000
Lincoln Continental Mark II, V-8, 126" wb						
2d HT	1450	4700	7800	15,600	27,300	39,000
1958-1959						
Capri, V-8, 131" wb						
4d Sed	400	1300	2200	4400	7700	11,000
4d HT	500	1550	2600	5200	9100	13,000
2d HT	600	1900	3200	6400	11,200	16,000
Premiere, V-8, 131" wb						
4d Sed	450	1450	2400	4800	8400	12,000
4d HT	550	1700	2800	5600	9800	14,000
2d HT	650	2050	3400	6800	11,900	17,000
Continental Mark III and IV, V-8, 131" wb						
4d Sed	550	1700	2800	5600	9800	14,000
4d HT	600	1900	3200	6400	11,200	16,000
2d HT	700	2300	3800	7600	13,300	19,000
2d Conv	1000	3100	5200	10,400	18,200	26,000
4d Town Car (1959 only)	750	2400	4000	8000	14,000	20,000
4d Limo (1959 only)	800	2500	4200	8400	14,700	21,000
1960						
Lincoln, V-8, 131" wb						
4d Sed	450	1450	2400	4800	8400	12,000
4d HT	550	1700	2800	5600	9800	14,000
2d HT	600	1900	3200	6400	11,200	16,000
Premiere, V-8, 131" wb						
4d Sed	500	1550	2600	5200	9100	13,000
4d HT	550	1800	3000	6000	10,500	15,000
2d HT	650	2050	3400	6800	11,900	17,000
Continental Mark V, V-8, 131" wb						
4d Sed	550	1800	3000	6000	10,500	15,000

	6	5	4	3	2	1
4d HT	650	2050	3400	6800	11,900	17,000
2d HT	850	2650	4400	8800	15,400	22,000
2d Conv	1100	3500	5800	11,600	20,300	29,000
4d Town Car	800	2500	4200	8400	14,700	21,000
4d Limo	850	2650	4400	8800	15,400	22,000
1961-1963						
Lincoln Continental, V-8, 123" wb						
4d Sed	400	1300	2200	4400	7700	11,000
4d Conv	800	2500	4200	8400	14,700	21,000
1964-1965						
Lincoln Continental, V-8, 126" wb						
4d Sed	400	1300	2200	4400	7700	11,000
4d Conv	800	2500	4200	8400	14,700	21,000
4d Exec Limo	500	1550	2600	5200	9100	13,000
1966						
Lincoln Continental, V-8, 126" wb						
4d Sed	400	1300	2200	4400	7700	11,000
2d HT	550	1700	2800	5600	9800	14,000
4d Conv	800	2500	4200	8400	14,700	21,000

1967 Lincoln Continental two-door hardtop

	6	5	4	3	2	1
1967						
Lincoln Continental, V-8, 126" wb						
4d Sed	400	1300	2200	4400	7700	11,000
2d HT	550	1700	2800	5600	9800	14,000
4d Conv	800	2500	4200	8400	14,700	21,000
1968						
Lincoln Continental, V-8, 126" wb						
4d Sed	400	1200	2000	4000	7000	10,000
2d HT	500	1550	2600	5200	9100	13,000
Continental, V-8, 117" wb						
2d HT	550	1700	2800	5600	9800	14,000
1969						
Lincoln Continental, V-8, 126" wb						
4d Sed	450	1080	1800	3600	6300	9000
2d HdTp	400	1200	2000	4000	7000	10,000
Continental Mark III, V-8, 117" wb						
2d HdTp	550	1700	2800	5600	9800	14,000
1970						
Lincoln Continental						
4d Sed	450	1080	1800	3600	6300	9000
2d HT	400	1200	2000	4000	7000	10,000
Continental Mark III, V-8, 117" wb						
2d HT	550	1700	2800	5600	9800	14,000
1971						
Continental						
4d Sed	450	1080	1800	3600	6300	9000
2d	400	1200	2000	4000	7000	10,000
Mark III						
2d	550	1700	2800	5600	9800	14,000
1972						
Continental						
4d Sed	450	1080	1800	3600	6300	9000

	6	5	4	3	2	1
2d	400	1200	2000	4000	7000	10,000
Mark IV						
2d	550	1700	2800	5600	9800	14,000
1973						
Continental V-8						
2d HT	450	1140	1900	3800	6650	9500
4d HT	350	1020	1700	3400	5950	8500
Mark IV V-8						
2d HT	550	1700	2800	5600	9800	14,000
1974						
Continental, V-8						
4d Sed	350	975	1600	3200	5600	8000
2d Cpe	350	1020	1700	3400	5950	8500
Mark IV, V-8						
2d HT	500	1550	2600	5200	9100	13,000
1975						
Continental, V-8						
4d Sed	350	950	1550	3150	5450	7800
2d Cpe	350	975	1600	3200	5600	8000
Mark IV, V-8						
2d HT	500	1550	2600	5200	9100	13,000

1976 Lincoln Continental Mark IV two-door hardtop

	6	5	4	3	2	1
1976						
Continental, V-8						
4d Sed	350	900	1500	3000	5250	7500
2d Cpe	350	975	1600	3200	5600	8000
Mark IV, V-8						
2d Cpe	500	1550	2600	5200	9100	13,000
1977						
Versailles, V-8						
4d Sed	350	780	1300	2600	4550	6500
Continental, V-8						
4d Sed	350	820	1400	2700	4760	6800
2d Cpe	350	840	1400	2800	4900	7000
Mark V, V-8						
2d Cpe	450	1450	2400	4800	8400	12,000
1978						
Versailles						
4d Sed	200	720	1200	2400	4200	6000
Continental						
4d Sed	150	650	950	1900	3300	4700
2d Cpe	200	675	1000	1950	3400	4900
Mark V						
2d Cpe	500	1550	2600	5200	9100	13,000

NOTE: Add 10 percent for Diamond Jubilee.
Add 5 percent for Collector Series.
Add 5 percent for Designer Series.

	6	5	4	3	2	1
1979						
Versailles, V-8						
4d Sed	200	720	1200	2400	4200	6000
Continental, V-8						
4d Sed	200	675	1000	2000	3500	5000
2d Cpe	200	700	1050	2100	3650	5200
Mark V, V-8						
2d Cpe	450	1450	2400	4800	8400	12,000

NOTE: Add 5 percent for Collector Series.

1979 Lincoln Continental Collector's Series four-door sedan

	6	5	4	3	2	1
1980						
Versailles, V-8						
4d Sed	200	730	1250	2450	4270	6100
Continental, V-8						
4d Sed	200	720	1200	2400	4200	6000
2d Cpe	200	745	1250	2500	4340	6200
Mark VI, V-8						
4d Sed	350	840	1400	2800	4900	7000
2d Cpe	350	860	1450	2900	5050	7200
1981						
Town Car, V-8						
4d Sed	200	670	1200	2300	4060	5800
2d Cpe	200	700	1200	2350	4130	5900
Mark VI						
4d Sed	200	685	1150	2300	3990	5700
2d Cpe	200	670	1200	2300	4060	5800
1982						
Town Car, V-8						
4d Sed	350	780	1300	2600	4550	6500
Mark VI, V-8						
4d Sed	200	730	1250	2450	4270	6100
2d Cpe	200	745	1250	2500	4340	6200
Continental, V-8						
4d Sed	450	1080	1800	3600	6300	9000
1983						
Town Car, V-8						
4d Sed	350	820	1400	2700	4760	6800
Mark VI, V-8						
4d Sed	200	730	1250	2450	4270	6100
2d Cpe	200	745	1250	2500	4340	6200
Continental, V-8						
4d Sed	450	1080	1800	3600	6300	9000
1984						
Town Car, V-8						
4d Sed	350	830	1400	2950	4830	6900
Mark VII, V-8						
2d Cpe	350	840	1400	2800	4900	7000
Continental, V-8						
4d Sed	450	1080	1800	3600	6300	9000
1985						
Town Car, V-8						
4d Sed	350	840	1400	2800	4900	7000
Mark VII, V-8						
2d Cpe	350	860	1450	2900	5050	7200
Continental, V-8						
4d Sed	450	1130	1900	3800	6600	9400
1986						
Town Car						
4d Sed	350	900	1500	3000	5250	7500
Mark VII						
2d Cpe	450	1080	1800	3600	6300	9000

	6	5	4	3	2	1
2d LSC Cpe	450	1140	1900	3800	6650	9500
Continental						
4d Sed	450	1170	1975	3900	6850	9800
NOTE: Add 20 percent for Designer Series.						
1987						
Town Car, V-8						
4d Sed	350	950	1550	3150	5450	7800
4d Sed Signature	350	1020	1700	3400	5950	8500
4d Sed Cartier	450	1140	1900	3800	6650	9500
Mark VII, V-8						
2d Cpe	350	1020	1700	3400	5950	8500
2d Cpe LSC	450	1140	1900	3800	6650	9500
2d Cpe Bill Blass	400	1200	2000	4000	7000	10,000
Continental, V-8						
4d Sed	350	900	1500	3000	5250	7500
4d Sed Givenchy	350	1020	1700	3400	5950	8500
1988						
Town Car, V-8						
4d Sed	350	975	1600	3200	5600	8000
4d Sed Signature	450	1080	1800	3600	6300	9000
4d Sed Cartier	450	1140	1900	3800	6650	9500
Mark VII, V-8						
2d Cpe LSC	450	1170	1975	3900	6850	9800
2d Cpe Bill Blass	450	1190	2000	3950	6900	9900
Continental,V-6						
4d Sed	350	1000	1650	3350	5800	8300
4d Sed Signature	450	1120	1875	3750	6500	9300
1989						
Town Car, V-8						
4d Sed	450	1140	1900	3800	6650	9500
4d Sed Signature	400	1200	2000	4000	7000	10,000
4d Sed Cartier	400	1300	2200	4400	7700	11,000
Mark VII, V-8						
2d Cpe LSC	400	1200	2000	4000	7000	10,000
2d Cpe Bill Blass	400	1200	2000	4000	7000	10,000
Continental, V-6						
4d Sed	350	1020	1700	3400	5950	8500
4d Sed Signature	450	1140	1900	3800	6650	9500
1990						
Town Car, V-8						
4d Sed	400	1300	2200	4400	7700	11,000
4d Sed Signature	450	1450	2400	4800	8400	12,000
4d Sed Cartier	450	1500	2500	5000	8800	12,500
Mark VII, V-8						
2d LSC Cpe	400	1200	2000	4000	7000	10,000
2d Cpe Bill Blass	400	1250	2100	4200	7400	10,500
Continental, V-6						
4d Sed	450	1080	1800	3600	6300	9000
4d Sed Signature	450	1140	1900	3800	6650	9500

LOCOMOBILE

	6	5	4	3	2	1
1901						
Style 2 Steam Rbt	1400	4450	7400	14,800	25,900	37,000
Style 02 Steam Rbt	1450	4550	7600	15,200	26,600	38,000
Style 3 Buggy Top Rbt	1450	4700	7800	15,600	27,300	39,000
Style 03 Vic Top Rbt	1450	4700	7800	15,600	27,300	39,000
Style 003 Vic Top Rbt	1450	4700	7800	15,600	27,300	39,000
Style 5 Locosurrey	1500	4800	8000	16,000	28,000	40,000
Style 05 Locosurrey	1550	4900	8200	16,400	28,700	41,000
1902						
4P Model A Steam Tr	1450	4700	7800	15,600	27,300	39,000
2/4P Model B Steam Tr	1500	4800	8000	16,000	28,000	40,000
2P Steam Vic	1400	4450	7400	14,800	25,900	37,000
Style No. 2 Std Steam Rbt	1350	4300	7200	14,400	25,200	36,000
Style No. 02 Steam Rbt	1400	4450	7400	14,800	25,900	37,000
4P Style No. 5 Steam Locosurrey	1450	4700	7800	15,600	27,300	39,000
4P Style No. 05 Steam Locosurrey	1500	4800	8000	16,000	28,000	40,000
Style No. 3 Steam Physician's Car	1400	4450	7400	14,800	25,900	37,000

1901 Locomobile Style 03 Victoria Top Runabout

	6	5	4	3	2	1
Style No. 03 Steam Stanhope	1300	4200	7000	14,000	24,500	35,000
Style No. 003 Stanhope	1350	4300	7200	14,400	25,200	36,000
Steam Locotrap	1350	4300	7200	14,400	25,200	36,000
Steam Locodelivery	1400	4450	7400	14,800	25,900	37,000
1903						
Steam Cars						
Dos-a-Dos	1450	4550	7600	15,200	26,600	38,000
Locosurrey	1450	4700	7800	15,600	27,300	39,000
Rbt	1400	4450	7400	14,800	25,900	37,000
Gasoline Car, 2-cyl., 9 hp, 76" wb						
5P Tonn	1450	4550	7600	15,200	26,600	38,000
Gasoline Car, 4-cyl., 16 hp, 86" wb						
5P Tonn	1550	4900	8200	16,400	28,700	41,000
1904						
Steam Cars						
Tr, 85" wb	1500	4800	8000	16,000	28,000	40,000
Tr, 79" wb	1550	4900	8200	16,400	28,700	41,000
Stanhope, 79" wb	1400	4450	7400	14,800	25,900	37,000
Dos-a-Dos, 79" wb	1450	4700	7800	15,600	27,300	39,000
LWB Rbt	1450	4550	7600	15,200	26,600	38,000
Locosurrey, 75" wb	1550	4900	8200	16,400	28,700	41,000
Spl Surrey, 93" wb	1600	5050	8400	16,800	29,400	42,000
Gasoline Model C, 2-cyl., 9/12 hp, 76" wb						
5P Tonn	1500	4800	8000	16,000	28,000	40,000
5P Canopy Top Tonn	1650	5300	8800	17,600	30,800	44,000
Gasoline Model D, 4-cyl., 16/22 hp, 86" wb						
6/8P Limo	1300	4100	6800	13,600	23,800	34,000
6P King of Belgian Tonn	1400	4450	7400	14,800	25,900	37,000
6P DeL Tonn	1250	3950	6600	13,200	23,100	33,000
1905						
Model E, 4-cyl., 15/20 hp, 92" wb						
5P Tr	1550	4900	8200	16,400	28,700	41,000
5P Lan'let	1450	4700	7800	15,600	27,300	39,000
Model D, 4-cyl., 20/25 hp, 96" wb						
7P Tr	1600	5050	8400	16,800	29,400	42,000
Model H, 4-cyl., 30/35 hp, 106" wb						
7P Tr	1600	5150	8600	17,200	30,100	43,000
7P Limo	1300	4200	7000	14,000	24,500	35,000
Model F, 4-cyl., 40/45 hp, 110" wb						
7P Limo	1350	4300	7200	14,400	25,200	36,000
1906						
Model E, 4-cyl., 15/20 hp, 93" wb						
5P Tr	1550	4900	8200	16,400	28,700	41,000

	6	5	4	3	2	1
2P Fishtail Rbt	1600	5050	8400	16,800	29,400	42,000
5P Limo	1300	4100	6800	13,600	23,800	34,000
Model H, 4-cyl., 30/35 hp, 106" wb						
5/7P Tr	1600	5150	8600	17,200	30,100	43,000
5/7P Limo	1300	4200	7000	14,000	24,500	35,000
Special, 4-cyl., 90 hp, 110" wb						
Vanderbilt Racer	—			value not estimable		
1907						
Model E, 4-cyl., 20 hp, 96" wb						
5P Tr	1600	5050	8400	16,800	29,400	42,000
2P Fishtail Rbt	1600	5150	8600	17,200	30,100	43,000
5P Limo	1300	4200	7000	14,000	24,500	35,000
Model H, 4-cyl., 35 hp, 120" wb						
7P Tr	1650	5300	8800	17,600	30,800	44,000
7P Limo	1350	4300	7200	14,400	25,200	36,000
Special, 4-cyl., 90 hp, 120" wb						
Vanderbilt Racer	—			value not estimable		
1908						
Model E, 4-cyl., 20 hp, 102" wb						
Std Tr	1600	5150	8600	17,200	30,100	43,000
Model E, 4-cyl., 20 hp, 116" wb						
6P Limo	1300	4200	7000	14,000	24,500	35,000
6P Lan'let	1450	4550	7600	15,200	26,600	38,000
Model I, 4-cyl., 40 hp, 123" wb						
3P Rbt	1700	5400	9000	18,000	31,500	45,000
1909						
Model 30, 4-cyl., 32 hp, 120" wb						
5P Tr	1650	5300	8800	17,600	30,800	44,000
4P Rbt	1700	5400	9000	18,000	31,500	45,000
Model 40, 4-cyl., 40 hp, 123" wb						
7P Tr	1750	5500	9200	18,400	32,200	46,000
4P Baby Tonn	1750	5650	9400	18,800	32,900	47,000
7P Limo	1300	4200	7000	14,000	24,500	35,000
1910						
Model 30(L), 4-cyl., 30 hp, 120" wb						
4P Rds	1750	5500	9200	18,400	32,200	46,000
4P Baby Tonn	1700	5400	9000	18,000	31,500	45,000
5P Tr	1650	5300	8800	17,600	30,800	44,000
Limo	1300	4200	7000	14,000	24,500	35,000
Model 40(I), 4-cyl., 40 hp, 123" wb						
7P Tr	1950	6250	10,400	20,800	36,400	52,000
Rbt	1900	6100	10,200	20,400	35,700	51,000
7P Limo	1600	5050	8400	16,800	29,400	42,000
7P Lan'let	1700	5400	9000	18,000	31,500	45,000
4P Baby Tonn	1900	6100	10,200	20,400	35,700	51,000
1911						
Model 30(L), 4-cyl., 32 hp, 120" wb						
5P Tr	1750	5500	9200	18,400	32,200	46,000
4P Baby Tonn	1800	5750	9600	19,200	33,600	48,000
4P Torp	1850	5900	9800	19,600	34,300	49,000
6P Limo	1400	4450	7400	14,800	25,900	37,000
6P Lan'let	1500	4800	8000	16,000	28,000	40,000
Model 48(M), 6-cyl., 48 hp, 125" wb						
7P Tr	2000	6350	10,600	21,200	37,100	53,000
4P Baby Tonn	2100	6700	11,200	22,400	39,200	56,000
7P Limo	1650	5300	8800	17,600	30,800	44,000
7P Lan'let	1750	5650	9400	18,800	32,900	47,000
1912						
Model 30(L), 4-cyl., 30 hp, 120" wb						
Tr	1750	5500	9200	18,400	32,200	46,000
Baby Tonn	1750	5650	9400	18,800	32,900	47,000
Torp	1800	5750	9600	19,200	33,600	48,000
Limo	1400	4450	7400	14,800	25,900	37,000
Berl	1550	4900	8200	16,400	28,700	41,000
Lan'let	1650	5300	8800	17,600	30,800	44,000
Model 48(M), 6-cyl., 48 hp, 135" wb						
Tr	2000	6350	10,600	21,200	37,100	53,000
4P Torp	2050	6500	10,800	21,600	37,800	54,000
5P Torp	2050	6600	11,000	22,000	38,500	55,000
Limo	1600	5150	8600	17,200	30,100	43,000
Berl	1750	5650	9400	18,800	32,900	47,000
Lan'let	1900	6000	10,000	20,000	35,000	50,000

	6	5	4	3	2	1
1913						
Model 30(L), 4-cyl., 32.4 hp, 120" wb						
4P Torp	1850	5900	9800	19,600	34,300	49,000
5P Tr	1900	6000	10,000	20,000	35,000	50,000
Rds	1850	5900	9800	19,600	34,300	49,000
Model 38(R), 6-cyl., 43.8 hp, 128" wb						
4P Torp	2250	7200	12,000	24,000	42,000	60,000
5P Tr	2200	7100	11,800	23,600	41,300	59,000
Rds	2400	7700	12,800	25,600	44,800	64,000
Limo	1650	5300	8800	17,600	30,800	44,000
Lan'let	1750	5500	9200	18,400	32,200	46,000
Berl Limo	1850	5900	9800	19,600	34,300	49,000
Berl Lan'let	1900	6100	10,200	20,400	35,700	51,000
1914						
Model 38, 6-cyl., 43.8 hp, 132" wb						
4P Torp	2650	8400	14,000	28,000	49,000	70,000
5P Tr	2700	8650	14,400	28,800	50,400	72,000
2P Rds	2800	8900	14,800	29,600	51,800	74,000
7P Limo	1950	6250	10,400	20,800	36,400	52,000
7P Lan'let	2000	6350	10,600	21,200	37,100	53,000
7P Berl	2050	6600	11,000	22,000	38,500	55,000
Model 48, 6-cyl., 48.6 hp, 136 & 140" wb						
7P Tr	2700	8650	14,400	28,800	50,400	72,000
6P Torp	2800	8900	14,800	29,600	51,800	74,000
2P Rds	2850	9100	15,200	30,400	53,200	76,000
7P Limo	2050	6600	11,000	22,000	38,500	55,000
7P Lan'let	2150	6850	11,400	22,800	39,900	57,000
7P Berl	2200	7100	11,800	23,600	41,300	59,000
1915						
Model 38, 6-cyl., 43.3 hp, 132" wb						
5P Tr	2700	8650	14,400	28,800	50,400	72,000
2P Rds	2800	8900	14,800	29,600	51,800	74,000
4P Torp	2700	8650	14,400	28,800	50,400	72,000
7P Limo	1400	4450	7400	14,800	25,900	37,000
7P Lan'let	1450	4550	7600	15,200	26,600	38,000
7P Berl	1450	4700	7800	15,600	27,300	39,000
Model 48, 6-cyl., 48.6 hp, 140" wb						
7P Tr	2800	8900	14,800	29,600	51,800	74,000
2P Rds	2850	9100	15,200	30,400	53,200	76,000
6P Torp	2800	8900	14,800	29,600	51,800	74,000
7P Limo	1450	4550	7600	15,200	26,600	38,000
7P Lan'let	1450	4700	7800	15,600	27,300	39,000
7P Berl	1500	4800	8000	16,000	28,000	40,000
1916						
Model 38, 6-cyl., 43.35 hp, 140" wb						
7P Tr	2950	9350	15,600	31,200	54,600	78,000
6P Tr	3000	9600	16,000	32,000	56,000	80,000
7P Limo	1400	4450	7400	14,800	25,900	37,000
7P Lan'let	1450	4550	7600	15,200	26,600	38,000
7P Berl	1450	4700	7800	15,600	27,300	39,000
Model 48, 6-cyl., 48.6 hp, 143" wb						
6P Tr	3600	11,500	19,200	38,400	67,200	96,000
7P Tr	3300	10,550	17,600	35,200	61,600	88,000
7P Lan'let	1550	4900	8200	16,400	28,700	41,000
7P Berl	1600	5050	8400	16,800	29,400	42,000
7P Limo	1500	4800	8000	16,000	28,000	40,000
1917						
Model 38, 6-cyl., 43.34 hp, 139" wb						
7P Tr	3450	11,050	18,400	36,800	64,400	92,000
6P Tr	3600	11,500	19,200	38,400	67,200	96,000
4P Tr	3700	11,750	19,600	39,200	68,600	98,000
7P Limo	1500	4800	8000	16,000	28,000	40,000
7P Lan'let	1550	4900	8200	16,400	28,700	41,000
7P Berl	1600	5150	8600	17,200	30,100	43,000
Model 48, 6-cyl., 48.6 hp, 142" wb						
Sportif	5650	18,000	30,000	60,000	105,000	150,000
6P Tr	3700	11,750	19,600	39,200	68,600	98,000
7P Tr	3600	11,500	19,200	38,400	67,200	96,000
7P Lan'let	1600	5150	8600	17,200	30,100	43,000
7P Berl	1700	5400	9000	18,000	31,500	45,000
7P Limo	1600	5050	8400	16,800	29,400	42,000
1918						
Model 38, Series Two, 6-cyl., 43.35 hp, 139" wb						
7P Tr	3450	11,050	18,400	36,800	64,400	92,000
6P Tr	3550	11,300	18,800	37,600	65,800	94,000

	6	5	4	3	2	1
4P Tr	3600	11,500	19,200	38,400	67,200	96,000
7P Lan'let	1500	4800	8000	16,000	28,000	40,000
7P Berl	1600	5150	8600	17,200	30,100	43,000
7P Limo	1450	4700	7800	15,600	27,300	39,000
Model 48, Series Two, 6-cyl., 48.6 hp, 142" wb						
Sportif	5650	18,000	30,000	60,000	105,000	150,000
7P Tr	3600	11,500	19,200	38,400	67,200	96,000
6P Tr	3700	11,750	19,600	39,200	68,600	98,000
4P Tr	3700	11,750	19,600	39,200	68,600	98,000
7P Limo	1600	5050	8400	16,800	29,400	42,000
7P Lan'let	1600	5150	8600	17,200	30,100	43,000
7P Berl	1700	5400	9000	18,000	31,500	45,000

1919 Locomobile Model 48 touring

	6	5	4	3	2	1
1919						
Model 48, 6-cyl., 48.6 hp, 142" wb						
7P Tr	3700	11,750	19,600	39,200	68,600	98,000
Torp	3700	11,750	19,600	39,200	68,600	98,000
Sportif	5650	18,000	30,000	60,000	105,000	150,000
Limo	1900	6000	10,000	20,000	35,000	50,000
Lan'let	1950	6250	10,400	20,800	36,400	52,000
Berl	2050	6600	11,000	22,000	38,500	55,000
1920						
Model 48, 6-cyl., 142" wb						
4P Spl Tr	3750	12,000	20,000	40,000	70,000	100,000
4P Tr	3600	11,500	19,200	38,400	67,200	96,000
7P Tr	3400	10,800	18,000	36,000	63,000	90,000
7P Limo	2050	6600	11,000	22,000	38,500	55,000
7P Lan'let	2150	6850	11,400	22,800	39,900	57,000
7P Sed	1200	3850	6400	12,800	22,400	32,000
4P Cabr	1700	5400	9000	18,000	31,500	45,000
5P Semi-Tr	2050	6600	11,000	22,000	38,500	55,000
1921						
Model 48, 6-cyl., 95 hp, 142" wb						
7P Tr	3400	10,800	18,000	36,000	63,000	90,000
Sportif	5450	17,400	29,000	58,000	101,500	145,000
7P Limo	2050	6600	11,000	22,000	38,500	55,000
7P Lan	2150	6850	11,400	22,800	39,900	57,000
1922						
Model 48, 6-cyl., 95 hp, 142" wb						
7P Tr	3400	10,800	18,000	36,000	63,000	90,000
4P Sportif	5450	17,400	29,000	58,000	101,500	145,000
6P Limo	2050	6600	11,000	22,000	38,500	55,000
Lan'let	2150	6850	11,400	22,800	39,900	57,000
DC Phae	5250	16,800	28,000	56,000	98,000	140,000
Cpe-Limo	2250	7200	12,000	24,000	42,000	60,000
Cabr	2500	7900	13,200	26,400	46,200	66,000
Sed	1700	5400	9000	18,000	31,500	45,000

	6	5	4	3	2	1
1923						
Model 48, 6-cyl., 95 hp, 142" wb						
4P Sportif	5650	18,000	30,000	60,000	105,000	150,000
7P Tr	3400	10,800	18,000	36,000	63,000	90,000
4P Tr	3600	11,500	19,200	38,400	67,200	96,000
7P Limo	2250	7200	12,000	24,000	42,000	60,000
4P DC Phae	5250	16,800	28,000	56,000	98,000	140,000
5P Cpe	1700	5400	9000	18,000	31,500	45,000
5P Cabr	2500	7900	13,200	26,400	46,200	66,000
7P Sed	1500	4800	8000	16,000	28,000	40,000
1924						
Model 48, 6-cyl., 95 hp, 142" wb						
4P Sportif	5250	16,800	28,000	56,000	98,000	140,000
7P Tr	3600	11,500	19,200	38,400	67,200	96,000
7P Tr Limo	2500	7900	13,200	26,400	46,200	66,000
5P Brgm	2250	7200	12,000	24,000	42,000	60,000
Encl Dr Limo	2350	7450	12,400	24,800	43,400	62,000
Vic Sed	1700	5400	9000	18,000	31,500	45,000
5P Cabr	2650	8400	14,000	28,000	49,000	70,000
1925						
Junior 8, 8-cyl., 66 hp, 124" wb						
5P Tr	2950	9350	15,600	31,200	54,600	78,000
5P Sed	1350	4300	7200	14,400	25,200	36,000
5P Brgm	1750	5500	9200	18,400	32,200	46,000
4P Rds	3100	9850	16,400	32,800	57,400	82,000
4P Cpe	1550	4900	8200	16,400	28,700	41,000
Model 48, 6-cyl., 103 hp, 142" wb						
4P Sportif	5450	17,400	29,000	58,000	101,500	145,000
7P Tr	3700	11,750	19,600	39,200	68,600	98,000
7P Tr Limo	2550	8150	13,600	27,200	47,600	68,000
6P Brgm	2350	7450	12,400	24,800	43,400	62,000
5P Vic Sed	1750	5500	9200	18,400	32,200	46,000
7P Encl Limo	2400	7700	12,800	25,600	44,800	64,000
7P Cabr	2700	8650	14,400	28,800	50,400	72,000
1926						
Junior 8, 8-cyl., 66 hp, 124" wb						
5P Tr	3000	9600	16,000	32,000	56,000	80,000
5P Sed	1350	4300	7200	14,400	25,200	36,000
5P Brgm	1550	4900	8200	16,400	28,700	41,000
4P Rds	3100	9850	16,400	32,800	57,400	82,000
4P Cpe	1600	5150	8600	17,200	30,100	43,000
Model 90, 6-cyl., 86 hp, 138" wb						
4P Sportif	4950	15,850	26,400	52,800	92,400	132,000
4P Rds	4800	15,350	25,600	51,200	89,600	128,000
5P Vic Cpe	1600	5150	8600	17,200	30,100	43,000
5P Vic Sed	1550	4900	8200	16,400	28,700	41,000
5P Vic Div Sed	1750	5500	9200	18,400	32,200	46,000
7P Brgm	1800	5750	9600	19,200	33,600	48,000
7P Sub Limo	1850	5900	9800	19,600	34,300	49,000
7P Cabr	2500	7900	13,200	26,400	46,200	66,000
Model 48, 6-cyl., 103 hp, 138" wb						
4P Sportif	5200	16,550	27,600	55,200	96,600	138,000
7P Tr	3700	11,750	19,600	39,200	68,600	98,000
7P Cabr	2550	8150	13,600	27,200	47,600	68,000
5P Vic Sed	1750	5500	9200	18,400	32,200	46,000
7P Encl Dr Limo	2100	6700	11,200	22,400	39,200	56,000
7P Tr Limo	1900	6100	10,200	20,400	35,700	51,000
6P Twn Brgm	1900	6000	10,000	20,000	35,000	50,000
1927						
Junior 8, 8-cyl., 66 hp, 124" wb						
5P Tr	3300	10,550	17,600	35,200	61,600	88,000
5P Sed	1750	5500	9200	18,400	32,200	46,000
5P Brgm	2100	6700	11,200	22,400	39,200	56,000
4P Rds	3150	10,100	16,800	33,600	58,800	84,000
4P Cpe	2200	6950	11,600	23,200	40,600	58,000
Model 8-80, 8-cyl., 90 hp, 130" wb						
5P Sed	1550	4900	8200	16,400	28,700	41,000
Model 90, 6-cyl., 86 hp, 138" wb						
4P Tr	3450	11,050	18,400	36,800	64,400	92,000
4P Sportif	4950	15,850	26,400	52,800	92,400	132,000
4P Rds	3750	12,000	20,000	40,000	70,000	100,000
5P Vic Cpe	2350	7450	12,400	24,800	43,400	62,000
5P Sed	1900	6100	10,200	20,400	35,700	51,000
5P Div Sed	2000	6350	10,600	21,200	37,100	53,000
7P Sed	1950	6250	10,400	20,800	36,400	52,000

	6	5	4	3	2	1
7P Brgm	2350	7450	12,400	24,800	43,400	62,000
7P Cabr	2700	8650	14,400	28,800	50,400	72,000
Model 48, 6-cyl., 103 hp, 138" wb						
4P Sportif	5200	16,550	27,600	55,200	96,600	138,000
7P Tr	3550	11,300	18,800	37,600	65,800	94,000
4P Rds	3850	12,250	20,400	40,800	71,400	102,000
5P Cabr	2950	9350	15,600	31,200	54,600	78,000
5P Vic Sed	1750	5500	9200	18,400	32,200	46,000
7P Encl Dr Limo	2100	6700	11,200	22,400	39,200	56,000
7P Tr Limo	2000	6350	10,600	21,200	37,100	53,000
6P Twn Brgm	2350	7450	12,400	24,800	43,400	62,000
1928						
Model 8-70, 8-cyl., 70 hp, 122" wb						
5P Sed	1350	4300	7200	14,400	25,200	36,000
5P Brgm	1450	4550	7600	15,200	26,600	38,000
5P DeL Brgm	1500	4800	8000	16,000	28,000	40,000
4P Vic Cpe	1600	5150	8600	17,200	30,100	43,000
Model 8-80, 8-cyl., 90 hp, 130" wb						
5P Spt Phae	2550	8150	13,600	27,200	47,600	68,000
5P Sed	1450	4550	7600	15,200	26,600	38,000
5P Brgm	1500	4800	8000	16,000	28,000	40,000
4P Vic Cpe	1750	5500	9200	18,400	32,200	46,000
Spl Rds	2650	8400	14,000	28,000	49,000	70,000
4P Collegiate Cpe	1850	5900	9800	19,600	34,300	49,000
7P Tr	2550	8150	13,600	27,200	47,600	68,000
Vic Sed	1500	4800	8000	16,000	28,000	40,000
7P Sed, 140" wb	1450	4550	7600	15,200	26,600	38,000
7P Sub, 140" wb	1500	4800	8000	16,000	28,000	40,000
Model 90, 6-cyl., 86 hp, 138" wb						
4P Sportif	3300	10,550	17,600	35,200	61,600	88,000
4P Rds	2950	9350	15,600	31,200	54,600	78,000
7P Tr	2850	9100	15,200	30,400	53,200	76,000
Cpe	1800	5750	9600	19,200	33,600	48,000
5P Vic Sed	1600	5150	8600	17,200	30,100	43,000
5P Div Vic Sed	1750	5500	9200	18,400	32,200	46,000
7P Sub	1750	5650	9400	18,800	32,900	47,000
7P Twn Brgm	1750	5650	9400	18,800	32,900	47,000
7P Cabr	2550	8150	13,600	27,200	47,600	68,000
7P Semi-Collapsbl.Cabr	2500	7900	13,200	26,400	46,200	66,000
Model 48, 6-cyl., 103 hp, 142" wb						
4P Sportif	3450	11,050	18,400	36,800	64,400	92,000
7P Tr	3300	10,550	17,600	35,200	61,600	88,000
Rds	3400	10,800	18,000	36,000	63,000	90,000
7P Cabr	2650	8400	14,000	28,000	49,000	70,000
5P Vic Sed	2650	8400	14,000	28,000	49,000	70,000
7P Encl Dr Limo	2550	8150	13,600	27,200	47,600	68,000
7P Tr Limo	2700	8650	14,400	28,800	50,400	72,000
6P Twn Brgm	2700	8650	14,400	28,800	50,400	72,000
1929						
Model 88, 8-cyl., 115 hp, 130" wb						
4P Phae	2950	9350	15,600	31,200	54,600	78,000
5P Sed	1550	4900	8200	16,400	28,700	41,000
Vic Cpe	2100	6700	11,200	22,400	39,200	56,000
5P Brgm	1900	6100	10,200	20,400	35,700	51,000
4P Collegiate Cpe	2200	6950	11,600	23,200	40,600	58,000
7P Sed	1450	4700	7800	15,600	27,300	39,000
7P Sub	1500	4800	8000	16,000	28,000	40,000
7P A/W Cabr	2350	7450	12,400	24,800	43,400	62,000
Model 90, 6-cyl., 86 hp, 138" wb						
4P Sportif	3300	10,550	17,600	35,200	61,600	88,000
4P Rds	3300	10,550	17,600	35,200	61,600	88,000
7P Tr	3000	9600	16,000	32,000	56,000	80,000
5P Vic Sed	2100	6700	11,200	22,400	39,200	56,000
5P Vic Div Sed	2350	7450	12,400	24,800	43,400	62,000
6P Twn Brgm	2400	7700	12,800	25,600	44,800	64,000
7P Cabr	2700	8650	14,400	28,800	50,400	72,000
Semi-Collapsible Cabr	2650	8400	14,000	28,000	49,000	70,000
Model 48, 6-cyl., 103 hp, 142" wb						
4P Sportif	3550	11,300	18,800	37,600	65,800	94,000
7P Tr	3300	10,550	17,600	35,200	61,600	88,000
Rds	3450	11,050	18,400	36,800	64,400	92,000
7P Cabr	2950	9350	15,600	31,200	54,600	78,000
5P Vic Sed	2350	7450	12,400	24,800	43,400	62,000
7P Encl Dr Limo	2500	7900	13,200	26,400	46,200	66,000
7P Tr Limo	2550	8150	13,600	27,200	47,600	68,000
6P Twn Brgm	2550	8150	13,600	27,200	47,600	68,000

MARMON

NOTE: Marmon production started in 1902, but the earliest car known to exist is a 1909 speedster. Therefore "ballpark values" on pre-1909 models are inestimable.

	6	5	4	3	2	1
1909-1912						
Model 32, 4-cyl., 32 hp, 120" wb						
Rds	1500	4800	8000	16,000	28,000	40,000
4P Tr	1550	4900	8200	16,400	28,700	41,000
5P Tr	1550	4900	8200	16,400	28,700	41,000
Spds	1450	4700	7800	15,600	27,300	39,000
Limo	1400	4450	7400	14,800	25,900	37,000
1913						
Model 32, 4-cyl., 32 hp, 120" wb						
Rds	1500	4800	8000	16,000	28,000	40,000
5P Tr	1550	4900	8200	16,400	28,700	41,000
7P Tr	1600	5050	8400	16,800	29,400	42,000
Spds	1600	5150	8600	17,200	30,100	43,000
Limo	1400	4450	7400	14,800	25,900	37,000
Model 48, 6-cyl., 48 hp, 145" wb						
Rds	2100	6700	11,200	22,400	39,200	56,000
4P Tr	2150	6850	11,400	22,800	39,900	57,000
5P Tr	2200	6950	11,600	23,200	40,600	58,000
7P Tr	2200	7100	11,800	23,600	41,300	59,000
Spds	2400	7700	12,800	25,600	44,800	64,000
Limo	2000	6350	10,600	21,200	37,100	53,000
1914						
Model 32, 4-cyl., 32 hp, 120" wb						
Rds	1500	4800	8000	16,000	28,000	40,000
4P Tr	1550	4900	8200	16,400	28,700	41,000
5P Tr	1600	5050	8400	16,800	29,400	42,000
Spds	1800	5750	9600	19,200	33,600	48,000
Limo	1550	4900	8200	16,400	28,700	41,000
Model 41, 6-cyl., 41 hp, 132" wb						
Rds	1600	5150	8600	17,200	30,100	43,000
4P Tr	1650	5300	8800	17,600	30,800	44,000
5P Tr	1700	5400	9000	18,000	31,500	45,000
7P Tr	1750	5500	9200	18,400	32,200	46,000
Spds	1900	6100	10,200	20,400	35,700	51,000
Model 48, 6-cyl., 48 hp, 145" wb						
Rds	1950	6250	10,400	20,800	36,400	52,000
4P Tr	2000	6350	10,600	21,200	37,100	53,000
5P Tr	2050	6500	10,800	21,600	37,800	54,000
7P Tr	2050	6600	11,000	22,000	38,500	55,000
Spds	2250	7200	12,000	24,000	42,000	60,000
Limo	2000	6350	10,600	21,200	37,100	53,000
Ber Limo	2050	6500	10,800	21,600	37,800	54,000
1915						
Model 41, 6-cyl., 41 hp, 132" wb						
Rds	1600	5050	8400	16,800	29,400	42,000
4P Tr	1600	5150	8600	17,200	30,100	43,000
5P Tr	1650	5300	8800	17,600	30,800	44,000
7P Tr	1700	5400	9000	18,000	31,500	45,000
Spds	1900	6000	10,000	20,000	35,000	50,000
Model 48, 6-cyl., 48 hp, 145" wb						
7P Tr	1800	5750	9600	19,200	33,600	48,000
1916						
Model 41, 6-cyl., 41 hp, 132" wb						
Rds	1550	4900	8200	16,400	28,700	41,000
4P Tr	1600	5050	8400	16,800	29,400	42,000
5P Tr	1600	5150	8600	17,200	30,100	43,000
5P Tr	1650	5300	8800	17,600	30,800	44,000
Spds	1800	5750	9600	19,200	33,600	48,000
Model 34, 6-cyl., 34 hp, 136" wb						
Clb Rds	1500	4800	8000	16,000	28,000	40,000
5P Tr	1550	4900	8200	16,400	28,700	41,000
7P Tr	1600	5050	8400	16,800	29,400	42,000
Limo	1450	4700	7800	15,600	27,300	39,000
Lan'let	1500	4800	8000	16,000	28,000	40,000
Sed	1200	3850	6400	12,800	22,400	32,000
Twn Car	1300	4200	7000	14,000	24,500	35,000

	6	5	4	3	2	1
1917						
Model 34, 6-cyl., 34 hp, 136" wb						
5P Tr	1200	3850	6400	12,800	22,400	32,000
4P Rds	1150	3700	6200	12,400	21,700	31,000
7P Tr	1300	4100	6800	13,600	23,800	34,000
Limo	750	2400	4000	8000	14,000	20,000
Lan'let	900	2900	4800	9600	16,800	24,000
Sed	700	2150	3600	7200	12,600	18,000
Twn Car	950	3000	5000	10,000	17,500	25,000
1918						
Model 34, 6-cyl., 34 hp, 136" wb						
5P Tr	1200	3850	6400	12,800	22,400	32,000
4P Rds	1150	3700	6200	12,400	21,700	31,000
7P Tr	1300	4100	6800	13,600	23,800	34,000
Sed	700	2150	3600	7200	12,600	18,000
Limo-Twn Car	950	3000	5000	10,000	17,500	25,000
Lan'let	1000	3100	5200	10,400	18,200	26,000
Rubay Twn Car	1100	3500	5800	11,600	20,300	29,000
Rubay Limo	1150	3600	6000	12,000	21,000	30,000
1919						
Model 34, 6-cyl., 34 hp, 136" wb						
5P Tr	1200	3850	6400	12,800	22,400	32,000
4P Rds	1150	3700	6200	12,400	21,700	31,000
7P Tr	1300	4100	6800	13,600	23,800	34,000
Sed	700	2150	3600	7200	12,600	18,000
Limo	900	2900	4800	9600	16,800	24,000
Twn Car	1000	3100	5200	10,400	18,200	26,000
Lan'let	1000	3250	5400	10,800	18,900	27,000
1920						
Model 34, 6-cyl., 34 hp, 136" wb						
4P Rds	1250	3950	6600	13,200	23,100	33,000
4P 4d Tr	1300	4100	6800	13,600	23,800	34,000
4P Cpe	700	2150	3600	7200	12,600	18,000
7P Sed	650	2050	3400	6800	11,900	17,000
Twn Car	800	2500	4200	8400	14,700	21,000
7P Tr	1150	3600	6000	12,000	21,000	30,000
1921						
Model 34, 6-cyl., 34 hp, 136" wb						
4P Rds	1250	3950	6600	13,200	23,100	33,000
7P Tr	1300	4200	7000	14,000	24,500	35,000
2P Spds	1500	4800	8000	16,000	28,000	40,000
4P Cpe	700	2150	3600	7200	12,600	18,000
4P Tr	1100	3500	5800	11,600	20,300	29,000
7P Sed	650	2050	3400	6800	11,900	17,000
Limo	700	2150	3600	7200	12,600	18,000
Twn Car	800	2500	4200	8400	14,700	21,000
1922						
Model 34, 6-cyl., 34 hp, 136" wb						
4P Rds	1150	3600	6000	12,000	21,000	30,000
4P Tr	1150	3700	6200	12,400	21,700	31,000
7P Tr	1200	3850	6400	12,800	22,400	32,000
2P Spds	1400	4450	7400	14,800	25,900	37,000
4P Spds	1350	4300	7200	14,400	25,200	36,000
W'by Cpe	750	2400	4000	8000	14,000	20,000
N & M Cpe	650	2050	3400	6800	11,900	17,000
7P N & M Sed	650	2050	3400	6800	11,900	17,000
Rubay Limo	1000	3250	5400	10,800	18,900	27,000
4P N & M Sed	550	1800	3000	6000	10,500	15,000
7P Sub	550	1800	3050	6100	10,600	15,200
Spt Sed	600	1850	3100	6200	10,900	15,500
N & H Sed	700	2150	3600	7200	12,600	18,000
Rubay Twn Car	1000	3100	5200	10,400	18,200	26,000
W'by Limo	1150	3700	6200	12,400	21,700	31,000
W'by Twn Car	1000	3250	5400	10,800	18,900	27,000

NOTE: N & M bodies by Nordyke & Marmon Co. (factory custom).

	6	5	4	3	2	1
1923						
Model 34, 6-cyl., 34 hp, 132" wb						
4P Phae	1150	3600	6000	12,000	21,000	30,000
2P Rds	1100	3500	5800	11,600	20,300	29,000
4P Rds	1100	3500	5800	11,600	20,300	29,000
7P Phae	1150	3700	6200	12,400	21,700	31,000
4P Tr	1150	3600	6000	12,000	21,000	30,000
2P Spds	1450	4700	7800	15,600	27,300	39,000
4P Spds	1450	4550	7600	15,200	26,600	38,000

	6	5	4	3	2	1
4P Cpe	650	2050	3400	6800	11,900	17,000
4P Sed	550	1800	3000	6000	10,500	15,000
7P Sed	600	1850	3100	6200	10,900	15,500
7P Limo	1000	3100	5200	10,400	18,200	26,000
Twn Car	950	3050	5100	10,200	17,900	25,500
Sub Sed	550	1800	3000	6000	10,500	15,000
1924						
Model 34, 6-cyl., 34 hp, 132" wb						
Spt Spds	1450	4700	7800	15,600	27,300	39,000
4P Spds	1450	4550	7600	15,200	26,600	38,000
4P Phae	1250	3950	6600	13,200	23,100	33,000
4P Conv Phae	1300	4100	6800	13,600	23,800	34,000
7P Conv Phae	1300	4200	7000	14,000	24,500	35,000
4P Cpe	650	2100	3500	7000	12,300	17,500
4P Sed	550	1800	3000	6000	10,500	15,000
7P Sed	600	1900	3200	6400	11,200	16,000
Sub Sed	550	1800	3000	6000	10,500	15,000
Limo	1000	3100	5200	10,400	18,200	26,000
Twn Car	950	3050	5100	10,200	17,900	25,500

NOTE: The Phaeton (Phae) is a touring car; the convertible Phaeton (Conv Phae) is a convertible sedan with glass slide-in windows.

The following Marmon models are authentic Classic Cars: all 16-cyl., all Models 74 (1925-26); all Models 75 (1927); all Models E75 (1928), 1930 "Big Eight" and 1931 Model "88" and "Big Eight".

	6	5	4	3	2	1
1925						
Model D-74, 6-cyl., 34 hp, 136" wb						
R/S Rds	1850	5900	9800	19,600	34,300	49,000
5P Phae	1900	6100	10,200	20,400	35,700	51,000
7P Tr	1600	5050	8400	16,800	29,400	42,000
Std Sed	750	2400	4000	8000	14,000	20,000
Brgm Cpe	750	2450	4100	8200	14,400	20,500
DeL Cpe	800	2500	4200	8400	14,700	21,000
DeL Sed	750	2450	4100	8200	14,400	20,500
7P DeL Sed	800	2500	4200	8400	14,700	21,000
5P Sed Limo	800	2500	4200	8400	14,700	21,000
7P Sed Limo	800	2500	4200	8400	14,700	21,000
7P Std Sed	750	2450	4100	8200	14,400	20,500
4P Vic Cpe	750	2450	4100	8200	14,400	20,500
2P Std Cpe	800	2500	4200	8400	14,700	21,000

1926 Marmon Model 74 seven-passenger phaeton

	6	5	4	3	2	1
1926						
Model D-74, 6-cyl., 34 hp, 136" wb						
2P Spds	1850	5900	9800	19,600	34,300	49,000
5P Phae	1900	6100	10,200	20,400	35,700	51,000
7P Tr	1600	5050	8400	16,800	29,400	42,000
Std Cpe	800	2500	4200	8400	14,700	21,000
Std Sed	750	2400	4000	8000	14,000	20,000
5P DeL Sed	750	2450	4100	8200	14,400	20,500
7P Del Sed	800	2500	4200	8400	14,700	21,000
Std Vic	800	2600	4300	8600	15,100	21,500
Std Brgm	750	2450	4100	8200	14,400	20,500
5P DeL Limo	800	2600	4300	8600	15,100	21,500

	6	5	4	3	2	1
7P DeL Limo	850	2650	4400	8800	15,400	22,000
Spl Brgm	800	2500	4200	8400	14,700	21,000
7P Spl Sed	800	2500	4200	8400	14,700	21,000
5P Spl Sed	750	2450	4100	8200	14,400	20,500
1927						
Little Marmon Series, 8-cyl., 24 hp						
2P Spds	850	2650	4400	8800	15,400	22,000
4P Spds	800	2500	4200	8400	14,700	21,000
4d Sed	500	1550	2600	5200	9100	13,000
2d Sed	450	1500	2500	5000	8800	12,500
R/S Cpe	550	1800	3000	6000	10,500	15,000
Coll Rds Cpe	850	2650	4400	8800	15,400	22,000
4P Brgm	500	1600	2700	5400	9500	13,500
E-75 Series (Factory-body), 6-cyl., 34 hp, 136" wb						
5P Sed	800	2600	4300	8600	15,100	21,500
7P Sed	850	2650	4400	8800	15,400	22,000
5P Brgm	850	2700	4500	9000	15,800	22,500
R/M Cpe	850	2750	4600	9200	16,100	23,000
Twn Cpe	900	2800	4700	9400	16,500	23,500
Vic	900	2900	4800	9600	16,800	24,000
4P Spds	1750	5650	9400	18,800	32,900	47,000
2P Spds	1950	6250	10,400	20,800	36,400	52,000
E-75 Series (Custom Body), 6-cyl., 136" wb						
7P Sed	1000	3250	5400	10,800	18,900	27,000
5P Sed	1000	3100	5200	10,400	18,200	26,000
Limo	1000	3200	5300	10,600	18,600	26,500
7P Spds	2350	7450	12,400	24,800	43,400	62,000
1928						
Series 68, 8-cyl., 24 hp, 114" wb						
Rds	1200	3850	6400	12,800	22,400	32,000
Sed	500	1600	2700	5400	9500	13,500
Cpe	600	1850	3100	6200	10,900	15,500
Vic	600	1900	3200	6400	11,200	16,000
Series 78, 8-cyl., 28 hp, 120" wb						
Cpe	650	2050	3400	6800	11,900	17,000
Sed	550	1750	2900	5800	10,200	14,500
Rds	1200	3850	6400	12,800	22,400	32,000
Spds	1250	3950	6600	13,200	23,100	33,000
Coll Cpe	850	2750	4600	9200	16,100	23,000
Vic Cpe	700	2150	3600	7200	12,600	18,000
Series 75 Standard Line, 6-cyl., 34 hp						
Twn Cpe	850	2750	4600	9200	16,100	23,000
2P Spds	1400	4450	7400	14,800	25,900	37,000
Cpe	800	2500	4200	8400	14,700	21,000
Vic	850	2650	4400	8800	15,400	22,000
Cpe Rds	1000	3100	5200	10,400	18,200	26,000
Brgm	800	2500	4200	8400	14,700	21,000
5P Sed	750	2400	4000	8000	14,000	20,000
7P Sed	750	2450	4100	8200	14,400	20,500
Series 75 Custom Line, 6-cyl., 34 hp						
4P Spds	1950	6250	10,400	20,800	36,400	52,000
7P Spds	1900	6100	10,200	20,400	35,700	51,000
5P Sed	750	2400	4000	8000	14,000	20,000
7P Sed	800	2500	4200	8400	14,700	21,000
Limo	800	2600	4300	8600	15,100	21,500
1929						
Marmon Roosevelt, 8-cyl., 24 hp, 112.75" wb						
Sed	700	2300	3800	7600	13,300	19,000
Cpe	750	2400	4000	8000	14,000	20,000
Vic Cpe	750	2450	4100	8200	14,400	20,500
Coll Cpe	950	3000	5000	10,000	17,500	25,000
Series 68, 8-cyl., 28 hp, 114" wb						
Sed	750	2400	4000	8000	14,000	20,000
Coll Cpe	1100	3500	5800	11,600	20,300	29,000
Cpe	850	2650	4400	8800	15,400	22,000
Rds	1500	4800	8000	16,000	28,000	40,000
Vic Cpe	850	2750	4600	9200	16,100	23,000
Series 78, 8-cyl., 28 hp, 120" wb						
Sed	800	2500	4200	8400	14,700	21,000
Cpe	850	2750	4600	9200	16,100	23,000
Vic Cpe	900	2900	4800	9600	16,800	24,000
Coll Cpe	1300	4200	7000	14,000	24,500	35,000
Rds	1550	4900	8200	16,400	28,700	41,000
6P Spds	1700	5400	9000	18,000	31,500	45,000

	6	5	4	3	2	1
1930						
Marmon Roosevelt, 8-cyl., 24 hp, 112.75" wb						
Sed	700	2300	3800	7600	13,300	19,000
R/S Cpe	800	2500	4200	8400	14,700	21,000
Vic Cpe	750	2400	4000	8000	14,000	20,000
Conv	1300	4200	7000	14,000	24,500	35,000
Model 8-69, 8-cyl., 25.5 hp, 118" wb						
Sed	750	2400	4000	8000	14,000	20,000
Cpe	800	2500	4200	8400	14,700	21,000
Phae	1750	5500	9200	18,400	32,200	46,000
Conv	1700	5400	9000	18,000	31,500	45,000
Brgm	750	2400	4000	8000	14,000	20,000
Clb Sed	800	2500	4200	8400	14,700	21,000
Model 8-79, 8-cyl., 32.5 hp, 125" wb						
Sed	750	2400	4000	8000	14,000	20,000
R/S Cpe	850	2750	4600	9200	16,100	23,000
Phae	1900	6100	10,200	20,400	35,700	51,000
Conv	1900	6000	10,000	20,000	35,000	50,000
Brgm	850	2650	4400	8800	15,400	22,000
Clb Sed	700	2300	3800	7600	13,300	19,000
Model "Big Eight", 8-cyl., 34 hp, 136" wb						
5P Sed	1200	3850	6400	12,800	22,400	32,000
R/S Cpe	1450	4550	7600	15,200	26,600	38,000
7P Tr	2050	6600	11,000	22,000	38,500	55,000
Conv Sed	2400	7700	12,800	25,600	44,800	64,000
7P Sed	1250	3950	6600	13,200	23,100	33,000
Limo	1300	4200	7000	14,000	24,500	35,000
Brgm	1250	3950	6600	13,200	23,100	33,000
Clb Sed	1300	4100	6800	13,600	23,800	34,000
1931						
Model "Big Eight" (First Series), 8-cyl., 33.8 hp, 136" wb						
5P Sed	1000	3250	5400	10,800	18,900	27,000
Cpe	1250	3950	6600	13,200	23,100	33,000
Tr	1700	5400	9000	18,000	31,500	45,000
Conv Sed	2150	6850	11,400	22,800	39,900	57,000
Weyman Sed	—				value inestimable	
7P Sed	1050	3350	5600	11,200	19,600	28,000
Limo	1150	3600	6000	12,000	21,000	30,000
Brgm	1050	3350	5600	11,200	19,600	28,000
Clb Sed	1100	3500	5800	11,600	20,300	29,000
Model 8-79 (First Series), 8-cyl., 32.5 hp, 125" wb						
5P Sed	750	2400	4000	8000	14,000	20,000
Cpe	850	2750	4600	9200	16,100	23,000
Phae	1700	5400	9000	18,000	31,500	45,000
Conv Cpe	1600	5150	8600	17,200	30,100	43,000
Brgm	750	2400	4000	8000	14,000	20,000
Clb Sed	750	2400	4000	8000	14,000	20,000
Model 8-69 (First Series), 8-cyl., 25.3 hp, 118" wb						
Sed	750	2400	4000	8000	14,000	20,000
Cpe	850	2650	4400	8800	15,400	22,000
Phae	1500	4800	8000	16,000	28,000	40,000
Conv Cpe	1450	4700	7800	15,600	27,300	39,000
Brgm	700	2300	3800	7600	13,300	19,000
Clb Sed	700	2300	3800	7600	13,300	19,000
Marmon Roosevelt (First Series), 8-cyl., 25.3 hp, 112.75" wb						
Sed	700	2150	3600	7200	12,600	18,000
Cpe	750	2400	4000	8000	14,000	20,000
Vic Cpe	700	2300	3800	7600	13,300	19,000
Conv Cpe	1300	4200	7000	14,000	24,500	35,000
Model 70 (Second Series), 8-cyl., 25.3 hp, 112.75" wb						
Sed	650	2050	3400	6800	11,900	17,000
Cpe	700	2300	3800	7600	13,300	19,000
Vic Cpe	700	2150	3600	7200	12,600	18,000
Conv Cpe	1300	4100	6800	13,600	23,800	34,000

NOTE: Effective with release of the Second Series on January 1, 1931 the Roosevelt became the Marmon Model 70.

	6	5	4	3	2	1
Model 88 (Second Series), 8-cyl., 33.8 hp, 130"-136" wb						
5P Sed	1050	3300	5500	11,000	19,300	27,500
Cpe	1050	3350	5600	11,200	19,600	28,000
Conv Cpe	1950	6250	10,400	20,800	36,400	52,000
Spl Sed	1050	3350	5600	11,200	19,600	28,000
Clb Sed	1000	3250	5400	10,800	18,900	27,000
Tr	1750	5650	9400	18,800	32,900	47,000
Spl Cpe	1150	3650	6100	12,200	21,400	30,500
7P Sed	1050	3300	5500	11,000	19,300	27,500

	6	5	4	3	2	1
Limo	1200	3800	6300	12,600	22,100	31,500
Series 16 (Second Series), 16-cyl., 62.5 hp, 145" wb						
5P Sed	2400	7700	12,800	25,600	44,800	64,000
2P Cpe	2500	7900	13,200	26,400	46,200	66,000
5P Cpe	2500	7900	13,200	26,400	46,200	66,000
Conv Cpe	5250	16,800	28,000	56,000	98,000	140,000
Conv Sed	6000	19,200	32,000	64,000	112,000	160,000
7P Sed	2550	8150	13,600	27,200	47,600	68,000
Limo	2650	8400	14,000	28,000	49,000	70,000
C.C. Sed	2650	8400	14,000	28,000	49,000	70,000
1932						
Series 70, 8-cyl., 25.3 hp, 112.75" wb						
Sed	750	2400	4000	8000	14,000	20,000
Cpe	850	2650	4400	8800	15,400	22,000
Series 125, 8-cyl., 33.8 hp, 125" wb						
Sed	800	2500	4200	8400	14,700	21,000
Cpe	900	2900	4800	9600	16,800	24,000
Conv Cpe	1650	5300	8800	17,600	30,800	44,000
Series 16, 16-cyl., 62.5 hp, 145" wb						
Sed	3250	10,300	17,200	34,400	60,200	86,000
Cpe	3400	10,800	18,000	36,000	63,000	90,000
2d Cpe	3450	11,050	18,400	36,800	64,400	92,000
Conv Cpe	10,150	32,400	54,000	108,000	189,000	270,000
Conv Sed	10,300	33,000	55,000	110,000	192,500	275,000
Sed	3400	10,800	18,000	36,000	63,000	90,000
Limo	3600	11,500	19,200	38,400	67,200	96,000
C.C. Sed	3450	11,050	18,400	36,800	64,400	92,000
1933						
Series 16, 16-cyl., 62.5 hp, 145" wb						
Sed	3250	10,300	17,200	34,400	60,200	86,000
2P Cpe	3400	10,800	18,000	36,000	63,000	90,000
5P Cpe	3450	11,050	18,400	36,800	64,400	92,000
Conv Cpe	10,150	32,400	54,000	108,000	189,000	270,000
Conv Sed	10,300	33,000	55,000	110,000	192,500	275,000
Sed	3400	10,800	18,000	36,000	63,000	90,000
Limo	3600	11,500	19,200	38,400	67,200	96,000
C.C. Sed	3450	11,050	18,400	36,800	64,400	92,000

NOTE: Marmon discontinued after close of 1933 model year.

MERCURY

1941 Mercury Eight Series 19A convertible

	6	5	4	3	2	1
1939						
Series 99A, V-8, 116" wb						
2d Conv	1100	3500	5800	11,600	20,300	29,000
2d Cpe	550	1750	2900	5800	10,200	14,500
2d Sed	450	1500	2450	4900	8600	12,300
4d Sed	450	1500	2450	4900	8600	12,300
1940						
Series O9A, V-8, 116" wb						
2d Conv	1050	3350	5600	11,200	19,600	28,000
4d Conv Sed	900	2900	4800	9600	16,800	24,000
2d Cpe	550	1700	2800	5600	9800	14,000
2d Sed	450	1500	2500	5000	8700	12,400
4d Sed	450	1500	2500	5000	8700	12,400
1941						
Series 19A, V-8, 118" wb						
2d Conv	1000	3250	5400	10,800	18,900	27,000
2d Bus Cpe	450	1450	2400	4800	8400	12,000
2d 5P Cpe	450	1500	2450	4900	8600	12,300
2d 6P Cpe	500	1550	2550	5100	9000	12,800
2d Sed	450	1450	2400	4800	8500	12,100
4d Sed	450	1450	2400	4800	8400	12,000
4d Sta Wag	1000	3250	5400	10,800	18,900	27,000
1942						
Series 29A, V-8, 118" wb						
2d Conv	950	3000	5000	10,000	17,500	25,000
2d Bus Cpe	500	1500	2550	5100	8900	12,700
2d 6P Cpe	500	1550	2600	5200	9100	13,000
2d Sed	450	1400	2300	4600	8100	11,500
4d Sed	450	1350	2300	4600	8000	11,400
4d Sta Wag	1000	3100	5200	10,400	18,200	26,000
NOTE: Add 10 percent for liquamatic drive models.						
1946-1948						
Series 69M, V-8, 118" wb						
2d Conv	950	3000	5000	10,000	17,500	25,000
2d 6P Cpe	500	1600	2650	5300	9200	13,200
2d Sed	400	1350	2250	4500	7800	11,200
4d Sed	400	1350	2200	4400	7800	11,100
4d Sta Wag	1000	3250	5400	10,800	18,900	27,000
2d Sptsman Conv (46-47 only)	1750	5500	9200	18,400	32,200	46,000
1949-1950						
Series OCM, V-8, 118" wb						
2d Conv	950	3000	5000	10,000	17,500	25,000
2d Cpe	550	1700	2800	5600	9800	14,000
2d Clb Cpe	550	1750	2900	5800	10,200	14,500
2d Mon Cpe (1950 only)	550	1800	3000	6000	10,500	15,000
4d Sed	450	1450	2400	4800	8400	12,000
2d Sta Wag	750	2400	4000	8000	14,000	20,000
1951						
Mercury, V-8, 118" wb						
4d Sed	450	1500	2500	5000	8800	12,500
2d Cpe	550	1700	2800	5600	9800	14,000
2d Conv	900	2900	4800	9600	16,800	24,000
2d Sta Wag	800	2500	4200	8400	14,700	21,000
Monterey, V-8, 118" wb						
2d Clth Cpe	550	1800	3000	6000	10,500	15,000
2d Lthr Cpe	600	1900	3200	6400	11,200	16,000

1952 Mercury Series 2M Monterey convertible

	6	5	4	3	2	1
1952-1953						
Mercury Custom, V-8, 118" wb						
4d Sta Wag (1952 only)	500	1550	2600	5200	9100	13,000
4d Sed	450	1450	2400	4800	8500	12,100
2d Sed	450	1450	2400	4800	8400	12,000
2d HT	700	2300	3800	7600	13,300	19,000
Monterey Special Custom, V-8, 118" wb						
4d Sed	450	1450	2400	4800	8400	12,000
2d HT	750	2400	4000	8000	14,000	20,000
2d Conv	950	3000	5000	10,000	17,500	25,000
4d Sta Wag(1953 only)	550	1700	2800	5600	9800	14,000
1954						
Mercury Custom, V-8, 118" wb						
4d Sed	550	1750	2900	5800	10,200	14,600
2d Sed	450	1400	2300	4600	8100	11,500
2d HT	750	2400	4000	8000	14,000	20,000
Monterey Special Custom, V-8, 118" wb						
4d Sed	450	1450	2400	4800	8400	12,000
2d HT SV	1050	3350	5600	11,200	19,600	28,000
2d HT	800	2500	4200	8400	14,700	21,000
2d Conv	1050	3350	5600	11,200	19,600	28,000
4d Sta Wag	550	1800	3000	6000	10,500	15,000
1955						
Custom Series, V-8, 119" wb						
4d Sed	450	1400	2300	4600	8100	11,500
2d Sed	450	1350	2300	4600	8000	11,400
2d HT	700	2150	3600	7200	12,600	18,000
4d Sta Wag	450	1500	2500	5000	8800	12,500
Monterey Series, V-8, 119" wb						
4d Sed	450	1500	2500	5000	8800	12,500
2d HT	700	2300	3800	7600	13,300	19,000
4d Sta Wag	550	1700	2800	5600	9800	14,000
Montclair Series, V-8, 119" wb						
4d Sed	500	1550	2600	5200	9100	13,000
2d HT	800	2500	4200	8400	14,700	21,000
2d HT SV	1100	3500	5800	11,600	20,300	29,000
2d Conv	1150	3600	6000	12,000	21,000	30,000
1956						
Medalist Series, V-8, 119" wb						
4d Sed	450	1400	2300	4600	8100	11,500
2d Sed	450	1350	2300	4600	8000	11,400
2d HT	600	1900	3200	6400	11,200	16,000
Custom Series, V-8, 119" wb						
4d Sed	450	1450	2400	4800	8400	12,000
2d Sed	450	1450	2450	4900	8500	12,200
2d HT	650	2050	3400	6800	11,900	17,000
4d HT	550	1700	2800	5600	9800	14,000
2d Conv	1000	3250	5400	10,800	18,900	27,000
4d Sta Wag	550	1750	2900	5800	10,200	14,500
2d Sta Wag	550	1800	3000	6000	10,500	15,000
Monterey Series, V-8, 119" wb						
4d Sed	450	1500	2500	5000	8800	12,500
4d Spt Sed	500	1550	2600	5200	9100	13,000
2d HT	700	2300	3800	7600	13,300	19,000
4d HT	550	1800	3000	6000	10,500	15,000
4d Sta Wag	600	1850	3100	6200	10,900	15,500
Montclair Series, V-8, 119" wb						
4d Spt Sed	500	1600	2700	5400	9500	13,500
2d HT	800	2500	4200	8400	14,700	21,000
4d HT	600	1900	3200	6400	11,200	16,000
2d Conv	1150	3700	6200	12,400	21,700	31,000
1957						
Monterey Series, V-8, 122" wb						
4d Sed	450	1400	2300	4600	8100	11,500
2d Sed	450	1350	2300	4600	8000	11,400
4d HT	550	1800	3000	6000	10,500	15,000
2d HT	700	2150	3600	7200	12,600	18,000
2d Conv	800	2500	4200	8400	14,700	21,000
Montclair Series, V-8, 122" wb						
4d Sed	450	1450	2400	4800	8400	12,000
4d HT	600	1900	3200	6400	11,200	16,000
2d HT	700	2300	3800	7600	13,300	19,000
2d Conv	950	3000	5000	10,000	17,500	25,000
Turnpike Cruiser, V-8, 122" wb						
4d HT	750	2400	4000	8000	14,000	20,000

	6	5	4	3	2	1
2d HT	950	3000	5000	10,000	17,500	25,000
2d Conv	1150	3700	6200	12,400	21,700	31,000
Station Wagons, V-8, 122" wb						
2d Voy HT	750	2400	4000	8000	14,000	20,000
4d Voy HT	750	2350	3900	7800	13,700	19,500
2d Com HT	800	2500	4200	8400	14,700	21,000
4d Com HT	750	2450	4100	8200	14,400	20,500
4d Col Pk HT	850	2750	4600	9200	16,100	23,000
1958						
Mercury, V-8, 122" wb						
4d Sed	400	1200	2000	4000	7000	10,000
2d Sed	400	1200	2050	4100	7100	10,200
Monterey, V-8, 122" wb						
4d Sed	400	1200	2050	4100	7100	10,200
2d Sed	400	1250	2050	4100	7200	10,300
4d HT	450	1450	2400	4800	8400	12,000
2d HT	550	1700	2800	5600	9800	14,000
2d Conv	800	2500	4200	8400	14,700	21,000
Montclair, V-8, 122" wb						
4d Sed	400	1200	2000	4000	7000	10,000
4d HT	550	1800	3000	6000	10,500	15,000
2d HT	700	2300	3800	7600	13,300	19,000
2d Conv	850	2750	4600	9200	16,100	23,000
Turnpike Cruiser, V-8, 122" wb						
4d HT	700	2150	3600	7200	12,600	18,000
2d HT	850	2650	4400	8800	15,400	22,000
Station Wagons, V-8, 122" wb						
2d Voy HT	700	2150	3600	7200	12,600	18,000
4d Voy HT	650	2100	3500	7000	12,300	17,500
2d Com HT	700	2200	3700	7400	13,000	18,500
4d Com HT	700	2150	3600	7200	12,600	18,000
4d Col Pk HT	700	2300	3800	7600	13,300	19,000
Park Lane, V-8, 125" wb						
4d HT	600	1900	3200	6400	11,200	16,000
2d HT	750	2400	4000	8000	14,000	20,000
2d Conv	1150	3600	6000	12,000	21,000	30,000
1959						
Monterey, V-8, 126" wb						
4d Sed	450	1140	1900	3800	6650	9500
2d Sed	450	1150	1900	3850	6700	9600
4d HT	400	1300	2200	4400	7700	11,000
2d HT	550	1700	2800	5600	9800	14,000
2d Conv	850	2650	4400	8800	15,400	22,000
Montclair, V-8, 126" wb						
4d Sed	400	1200	2000	4000	7000	10,000
4d HT	450	1450	2400	4800	8400	12,000
2d HT	600	1900	3200	6400	11,200	16,000
Park Lane, V-8, 128" wb						
4d HT	500	1550	2600	5200	9100	13,000
2d HT	650	2050	3400	6800	11,900	17,000
2d Conv	850	2750	4600	9200	16,100	23,000
Country Cruiser Station Wagons, V-8, 126" wb						
2d Com HT	650	2050	3400	6800	11,900	17,000
4d Com HT	600	2000	3300	6600	11,600	16,500
4d Voy HT	700	2150	3600	7200	12,600	18,000
4d Col Pk HT	700	2200	3700	7400	13,000	18,500
1960						
Comet, 6-cyl., 114" wb						
4d Sed	350	880	1500	2950	5180	7400
2d Sed	350	870	1450	2900	5100	7300
4d Sta Wag	350	900	1500	3000	5250	7500
2d Sta Wag	350	950	1500	3050	5300	7600
Monterey, V-8, 126" wb						
4d Sed	350	900	1500	3000	5250	7500
2d Sed	350	880	1500	2950	5180	7400
4d HT	350	1020	1700	3400	5950	8500
2d HT	450	1450	2400	4800	8400	12,000
2d Conv	700	2300	3800	7600	13,300	19,000
Country Cruiser Station Wagons, V-8, 126" wb						
4d Com HT	600	1900	3200	6400	11,200	16,000
4d Col Pk HT	650	2050	3400	6800	11,900	17,000
Montclair, V-8, 126" wb						
4d Sed	350	950	1550	3150	5450	7800
4d HT	400	1300	2200	4400	7700	11,000
2d HT	500	1550	2600	5200	9100	13,000

	6	5	4	3	2	1
Park Lane, V-8, 126" wb						
4d HT	450	1450	2400	4800	8400	12,000
2d HT	550	1800	3000	6000	10,500	15,000
2d Conv	900	2900	4800	9600	16,800	24,000
1961						
Comet, 6-cyl., 114" wb						
4d Sed	200	700	1200	2350	4130	5900
2d Sed	200	670	1200	2300	4060	5800
2d S-22 Cpe	450	1080	1800	3600	6300	9000
4d Sta Wag	350	790	1350	2650	4620	6600
2d Sta Wag	350	800	1350	2700	4700	6700
Meteor 600, V-8, 120" wb						
4d Sed	200	670	1200	2300	4060	5800
2d Sed	200	685	1150	2300	3990	5700
Meteor 800, V-8, 120" wb						
4d Sed	200	720	1200	2400	4200	6000
4d HT	200	730	1250	2450	4270	6100
2d Sed	200	700	1200	2350	4130	5900
2d HT	350	780	1300	2600	4550	6500
Monterey, V-8, 120" wb						
4d Sed	350	770	1300	2550	4480	6400
4d HT	350	780	1300	2600	4550	6500
2d HT	350	900	1500	3000	5250	7500
2d Conv	450	1450	2400	4800	8400	12,000
Station Wagon, V-8, 120" wb						
4d Com	350	770	1300	2550	4480	6400
4d Col Pk	350	780	1300	2600	4550	6500

1962 Mercury Monterey Custom convertible

	6	5	4	3	2	1
1962						
Comet, 6-cyl.						
(Add 10 percent for Custom line)						
4d Sed	200	650	1100	2150	3780	5400
2d Sed	200	700	1075	2150	3700	5300
4d Sta Wag	200	700	1075	2150	3700	5300
2d Sta Wag	200	650	1100	2150	3780	5400
2d S-22 Cpe	450	1080	1800	3600	6300	9000
4d Vill Sta Wag	200	660	1100	2200	3850	5500
Meteor, 8-cyl.						
(Deduct 10 percent for 6-cyl. Add 10 percent for Custom line).						
4d Sed	200	660	1100	2200	3850	5500
2d Sed	200	650	1100	2150	3780	5400
2d S-33 Cpe	350	900	1500	3000	5250	7500
Monterey, V-8						
(Add 10 percent for Custom line)						
4d Sed	200	670	1150	2250	3920	5600
4d HT Sed	200	685	1150	2300	3990	5700
2d Sed	200	650	1100	2150	3780	5400
2d HT	200	720	1200	2400	4200	6000
2d Conv	400	1200	2000	4000	7000	10,000
4d Sta Wag	200	685	1150	2300	3990	5700
Custom S-55 Sport Series, V-8						
2d HT	350	1020	1700	3400	5950	8500

	6	5	4	3	2	1
2d Conv	450	1450	2400	4800	8400	12,000

NOTE: Add 30 percent for 406 cid.

1963

Comet, 6-cyl.

(Add 10 percent for Custom line)

	6	5	4	3	2	1
4d Sed	200	650	1100	2150	3780	5400
2d Sed	200	700	1075	2150	3700	5300
2d Cus HT	350	900	1500	3000	5250	7500
2d Cus Conv	400	1200	2000	4000	7000	10,000
2d S-22 Cpe	350	1020	1700	3400	5950	8500
2d S-22 HT	450	1140	1900	3800	6650	9500
2d S-22 Conv	450	1450	2400	4800	8400	12,000
4d Sta Wag	200	650	1100	2150	3780	5400
2d Sta Wag	200	660	1100	2200	3850	5500
4d Vill Sta Wag	200	685	1150	2300	3990	5700

Meteor, V-8

(Deduct 10 percent for 6-cyl. Add 10 percent for Custom line).

	6	5	4	3	2	1
4d Sed	200	660	1100	2200	3850	5500
2d Sed	200	650	1100	2150	3780	5400
4d Sta Wag	200	660	1100	2200	3850	5500
2d Cus HT	200	720	1200	2400	4200	6000
2d S-33 HT	350	975	1600	3200	5600	8000

Monterey, V-8

(Add 10 percent for Custom line)

	6	5	4	3	2	1
4d Sed	200	685	1150	2300	3990	5700
4d HT	200	720	1200	2400	4200	6000
2d Sed	200	670	1150	2250	3920	5600
2d HT	200	730	1250	2450	4270	6100
2d Cus Conv	350	860	1450	2900	5050	7200
2d S-55 HT	450	1080	1800	3600	6300	9000
2d S-55 Conv	500	1550	2600	5200	9100	13,000
2d Maraud FBk	350	1020	1700	3400	5950	8500
2d Mar S-55 FBk	450	1140	1900	3800	6650	9500
4d Col Pk	350	780	1300	2600	4550	6500

NOTES: Add 30 percent for 406 cid.
Add 40 percent for 427 cid.

1964

Comet, 6-cyl., 114" wb

	6	5	4	3	2	1
4d Sed	200	675	1000	2000	3500	5000
2d Sed	200	675	1000	1950	3400	4900
4d Sta Wag	200	675	1000	2000	3500	5000

Comet 404, 6-cyl., 114" wb

	6	5	4	3	2	1
4d Sed	200	700	1050	2050	3600	5100
2d Sed	200	675	1000	2000	3500	5000
2d HT	350	780	1300	2600	4550	6500
2d Conv	400	1200	2000	4000	7000	10,000
4d DeL Wag	200	700	1050	2100	3650	5200
4d Sta Wag	200	700	1050	2050	3600	5100

Comet Caliente, V-8 cyl., 114" wb

	6	5	4	3	2	1
4d Sed	200	700	1050	2100	3650	5200
2d HT	450	1080	1800	3600	6300	9000
2d Conv	500	1550	2600	5200	9100	13,000

Comet Cyclone, V-8 cyl., 114" wb

	6	5	4	3	2	1
2d HT	450	1450	2400	4800	8400	12,000

NOTE: Deduct 25 percent for 6-cyl. Caliente.

Monterey, V-8

	6	5	4	3	2	1
4d Sed	200	675	1000	1950	3400	4900
4d HT	200	700	1050	2050	3600	5100
2d Sed	150	650	975	1950	3350	4800
2d HT	200	700	1075	2150	3700	5300
2d HT FBk	350	780	1300	2600	4550	6500
2d Conv	450	1140	1900	3800	6650	9500

Montclair, V-8, 120" wb

	6	5	4	3	2	1
4d Sed	200	675	1000	2000	3500	5000
4d HT FBk	200	660	1100	2200	3850	5500
2d HT	350	840	1400	2800	4900	7000
2d HT FBk	350	900	1500	3000	5250	7500

Park Lane, V-8, 120" wb

	6	5	4	3	2	1
4d Sed	200	700	1050	2100	3650	5200
4d HT	200	660	1100	2200	3850	5500
4d HT FBk	350	780	1300	2600	4550	6500
2d HT	350	975	1600	3200	5600	8000
2d HT FBk	450	1080	1800	3600	6300	9000
2d Conv	450	1450	2400	4800	8400	12,000

	6	5	4	3	2	1
Station Wagon, V-8, 120" wb						
4d Col Pk	200	660	1100	2200	3850	5500
4d Com	200	650	1100	2150	3780	5400

NOTES: Add 10 percent for Marauder.
Add 5 percent for bucket seat option where available.
Add 40 percent for 427 Super Marauder.

1965

	6	5	4	3	2	1
Comet 202, V-8, 114" wb						
(Deduct 20 percent for 6 cyl.)						
4d Sed	200	700	1050	2050	3600	5100
2d Sed	200	675	1000	2000	3500	5000
4d Sta Wag	200	700	1050	2050	3600	5100
Comet 404						
4d Sed	200	700	1050	2100	3650	5200
2d Sed	200	700	1050	2050	3600	5100
4d Vill Wag	200	700	1050	2100	3650	5200
4d Sta Wag	200	700	1050	2050	3600	5100
Comet Caliente, V-8, 114" wb						
(Deduct 20 percent for 6 cyl.)						
4d Sed	200	700	1075	2150	3700	5300
2d HT	350	840	1400	2800	4900	7000
2d Conv	500	1550	2600	5200	9100	13,000
Comet Cyclone, V-8, 114" wb						
2d HT	450	1450	2400	4800	8400	12,000
Monterey, V-8, 123" wb						
4d Sed	200	660	1100	2200	3850	5500
4d HT	200	670	1200	2300	4060	5800
4d Brzwy	350	780	1300	2600	4550	6500
2d Sed	200	650	1100	2150	3780	5400
2d HT	350	820	1400	2700	4760	6800
2d Conv	400	1300	2200	4400	7700	11,000
Montclair, V-8, 123" wb						
4d Brzwy	350	840	1400	2800	4900	7000
4d HT	200	720	1200	2400	4200	6000
2d HT	350	840	1400	2800	4900	7000
Park Lane, V-8, 123" wb						
4d Brzwy	350	900	1500	3000	5250	7500
4d HT	350	780	1300	2600	4550	6500
2d HT	350	900	1500	3000	5250	7500
2d Conv	450	1450	2400	4800	8400	12,000
Station Wagon, V-8, 119" wb						
4d Col Pk	200	660	1100	2200	3850	5500
4d Com	200	650	1100	2150	3780	5400

NOTE: Add 20 percent for 427 cid engine.

1966

	6	5	4	3	2	1
Comet Capri, V8, 116" wb						
4d Sed	200	700	1050	2100	3650	5200
2d HT	200	720	1200	2400	4200	6000
4d Sta Wag	200	700	1075	2150	3700	5300
Comet Caliente, V8, 116" wb						
4d Sed	200	700	1075	2150	3700	5300
2d HT	350	975	1600	3200	5600	8000
2d Conv	400	1200	2000	4000	7000	10,000
Comet Cyclone, V8, 116" wb						
2d HT	350	1020	1700	3400	5950	8500
2d Conv	400	1300	2200	4400	7700	11,000
Comet Cyclone GT/GTA, V8, 116" wb						
2d HT	400	1300	2200	4400	7700	11,000
2d Conv	500	1550	2600	5200	9100	13,000
Comet 202, V8, 116" wb						
4d Sed	200	675	1000	2000	3500	5000
2d Sed	200	700	1050	2100	3650	5200
4d Sta Wag	200	675	1000	2000	3500	5000
Monterey, V-8, 123" wb						
4d Sed	200	700	1075	2150	3700	5300
4d Brzwy Sed	200	720	1200	2400	4200	6000
4d HT	350	780	1300	2600	4550	6500
2d Sed	200	650	1100	2150	3780	5400
2d HT FBk	350	840	1400	2800	4900	7000
2d Conv	450	1140	1900	3800	6650	9500
Montclair, V-8, 123" wb						
4d Sed	200	660	1100	2200	3850	5500
4d HT	350	800	1350	2700	4700	6700
2d HT	350	840	1400	2800	4900	7000
Park Lane, V-8, 123" wb						
4d Brzwy Sed	350	780	1300	2600	4550	6500

	6	5	4	3	2	1
4d HT	350	840	1400	2800	4900	7000
2d HT	350	900	1500	3000	5250	7500
2d Conv	450	1450	2400	4800	8400	12,000
S-55, V-8, 123" wb						
2d HT	450	1080	1800	3600	6300	9000
2d Conv	400	1300	2200	4400	7700	11,000
Station Wagons, V-8, 123" wb						
4d Comm	350	780	1300	2600	4550	6500
4d Col Pk	350	840	1400	2800	4900	7000
NOTE: Add 18 percent for 410 cid engine. Add 40 percent for 428 cid engine.						
1967						
Comet 202, V-8, 116" wb						
2d Sed	200	700	1075	2150	3700	5300
4d Sed	200	650	1100	2150	3780	5400
Capri, V-8, 116" wb						
2d HT	200	685	1150	2300	3990	5700
4d Sdn	200	700	1075	2150	3700	5300
Caliante, V-8, 116" wb						
4d Sed	200	670	1200	2300	4060	5800
2d HT	350	900	1500	3000	5250	7500
2d Conv	400	1250	2100	4200	7400	10,500
Cyclone, V-8, 116" wb						
2d HT	400	1200	2000	4000	7000	10,000
2d Conv	500	1550	2600	5200	9100	13,000
Station Wagons, V-8, 113" wb						
4d Voyager	200	660	1100	2200	3850	5500
4d Villager	200	670	1150	2250	3920	5600
Cougar, V-8, 111" wb						
2d HT	450	1450	2400	4800	8400	12,000
2d X-R7 HT	500	1550	2600	5200	9100	13,000
Monterey, V-8, 123" wb						
4d Sed	200	700	1075	2150	3700	5300
4d Brzwy	200	720	1200	2400	4200	6000
2d Conv	400	1200	2000	4000	7000	10,000
2d HT	200	720	1200	2400	4200	6000
4d HT	200	660	1100	2200	3850	5500
Montclair, V-8, 123" wb						
4d Sed	200	650	1100	2150	3780	5400
4d Brzwy	350	780	1300	2600	4550	6500
2d HT	350	780	1300	2600	4550	6500
4d HT	200	720	1200	2400	4200	6000
Park Lane, V-8, 123" wb						
4d Brzwy	350	840	1400	2800	4900	7000
2d Conv	400	1300	2200	4400	7700	11,000
2d HT	350	840	1400	2800	4900	7000
4d HT	350	780	1300	2600	4550	6500
Brougham, V-8, 123" wb						
4d Brzwy	350	900	1500	3000	5250	7500
4d HT	350	840	1400	2800	4900	7000
Marquis, V-8, 123" wb						
2d HT	350	975	1600	3200	5600	8000
Station Wagons, 119" wb						
4d Commuter	350	780	1300	2600	4550	6500
4d Col Park	350	840	1400	2800	4900	7000
NOTES: Add 10 percent for GT option. Add 15 percent for S-55 performance package. Add 40 percent for 427 cid engine. Add 50 percent for 428 cid V-8.						
1968						
Comet, V-8						
2d Ht	200	720	1200	2400	4200	6000
Montego, V-8						
4d Sed	150	600	900	1800	3150	4500
2d HT	200	675	1000	2000	3500	5000
Montego MX						
4d Sta Wag	150	575	875	1700	3000	4300
4d Sed	150	575	875	1700	3000	4300
2d HT	200	720	1200	2400	4200	6000
2d Conv	450	1140	1900	3800	6650	9500
Cyclone, V-8						
2d FBk Cpe	400	1200	2000	4000	7000	10,000
2d HT	450	1080	1800	3600	6300	9000
Cyclone GT 427, V-8						
2d FBk Cpe	700	2300	3800	7600	13,300	19,000

1968 Mercury Cyclone GT two-door hardtop/fastback

	6	5	4	3	2	1
2d HT	700	2150	3600	7200	12,600	18,000
Cyclone GT 428, V-8						
2d FBk Cpe	500	1550	2600	5200	9100	13,000
Cougar, V-8						
2d HT Cpe	400	1200	2000	4000	7000	10,000
2d XR-7 Cpe	450	1450	2400	4800	8400	12,000
NOTE: Add 10 percent for GTE package. Add 5 percent for XR-7G.						
Monterey, V-8						
4d Sed	150	575	875	1700	3000	4300
2d Conv	400	1200	2000	4000	7000	10,000
2d HT	200	660	1100	2200	3850	5500
4d HT	200	700	1075	2150	3700	5300
Montclair, V-8						
4d Sed	150	575	900	1750	3100	4400
2d HT	200	685	1150	2300	3990	5700
4d HT	200	660	1100	2200	3850	5500
Park Lane, V-8						
4d Sed	150	600	900	1800	3150	4500
2d Conv	400	1250	2100	4200	7400	10,500
2d HT	350	780	1300	2600	4550	6500
4d HT	200	660	1100	2200	3850	5500
Marquis, V-8						
2d HT	350	840	1400	2800	4900	7000
Station Wagons, V-8						
4d Commuter	350	780	1300	2600	4550	6500
4d Col Pk	350	840	1400	2800	4900	7000
NOTES: Deduct 5 percent for six-cylinder engine. Add 5 percent for Brougham package. Add 5 percent for 'yacht paneling'. Add 40 percent for 427 cid engine. Add 50 percent for 428 cid engine.						
1969						
Comet, 6-cyl.						
2d HT	200	675	1000	2000	3500	5000
Montego, 6-cyl.						
4d Sed	150	475	775	1500	2650	3800
2d HT	150	500	800	1600	2800	4000
Montego MX, V8						
4d Sed	150	500	800	1550	2700	3900
2d HT	200	675	1000	2000	3500	5000
2d Conv	350	975	1600	3200	5600	8000
4d Sta Wag	150	600	900	1800	3150	4500
Cyclone, V-8						
2d HT	350	975	1600	3200	5600	8000
Cyclone CJ, V-8						
2d HT	950	1100	1850	3700	6450	9200
Cougar, V-8						
2d HT	450	1080	1800	3600	6300	9000
2d Conv	400	1250	2100	4200	7400	10,500
2d XR-7	400	1200	2000	4000	7000	10,000
2d XR-7 Conv	450	1400	2300	4600	8100	11,500
NOTE: Add 45 percent for Eliminator 428 V-8 option.						
Monterey, V-8						
4d Sed	150	650	975	1950	3350	4800

	6	5	4	3	2	1
4d HT	200	675	1000	1950	3400	4900
2d HT	200	700	1050	2100	3650	5200
2d Conv	350	840	1400	2800	4900	7000
4d Sta Wag	200	675	1000	2000	3500	5000
Marauder, V-8						
2d HT	350	780	1300	2600	4550	6500
2d X-100 HT	450	1080	1800	3600	6300	9000
Marquis, V-8						
4d Sed	200	675	1000	1950	3400	4900
4 dr HdTp	200	675	1000	2000	3500	5000
2d HT	350	780	1300	2600	4550	6500
2d Conv	400	1200	2000	4000	7000	10,000
4d Sta Wag	200	700	1050	2050	3600	5100
Marquis Brgm, V-8						
4d Sed	200	675	1000	2000	3500	5000
4d HT	200	660	1100	2200	3850	5500
2d HT	350	840	1400	2800	4900	7000

NOTES: Add 10 percent for Montego/Comet V-8.
Add 15 percent for GT option.
Add 20 percent for GT Spoiler II.
Add 10 percent for bucket seats (except Cougar).
Add 10 percent for bench seats (Cougar only).
Add 40 percent for 'CJ' 428 V-8.
Add 50 percent for 429 cid engine.

1970

	6	5	4	3	2	1
Montego						
4d Sed	200	675	1000	1950	3400	4900
2d HT	200	675	1000	2000	3500	5000
Montego MX, V-8						
4d Sed	200	700	1075	2150	3700	5300
2d HT	200	720	1200	2400	4200	6000
4d Sta Wag	200	675	1000	2000	3500	5000
Montego MX Brgm, V-8						
4d Sed	200	700	1050	2100	3650	5200
4d HT	200	660	1100	2200	3850	5500
2d HT	350	780	1300	2600	4550	6500
4d Vill Sta Wag	200	660	1100	2200	3850	5500
Cyclone, V-8						
2d HT	450	1140	1900	3800	6650	9500
Cyclone GT, V-8						
2d HT	400	1250	2100	4200	7400	10,500
Cyclone Spoiler, V-8						
2d HT	450	1400	2300	4600	8100	11,500

NOTE: Add 40 percent for 429 V-8 GT and Spoiler. .

	6	5	4	3	2	1
Cougar, V-8						
2d HT	450	1140	1900	3800	6650	9500
2d Conv	400	1300	2200	4400	7700	11,000
Cougar XR-7, V-8						
2d HT	400	1300	2200	4400	7700	11,000
2d Conv	500	1550	2600	5200	9100	13,000

NOTE: Add 45 percent for Eliminator 428 V-8 option.

	6	5	4	3	2	1
Monterey, V-8						
4d Sed	200	675	1000	2000	3500	5000
4d HT	200	670	1200	2300	4060	5800
2d HT	200	750	1275	2500	4400	6300
2d Conv	350	1020	1700	3400	5950	8500
4d Sta Wag	200	745	1250	2500	4340	6200
Monterey Custom, V-8						
4d Sed	200	700	1050	2100	3650	5200
4d HT	200	720	1200	2400	4200	6000
2d HT	350	780	1300	2600	4550	6500
Marauder, V-8						
2d HT	350	840	1400	2800	4900	7000
2d X-100 HT	450	1080	1800	3600	6300	9000
Marquis, V-8						
4d Sed	200	700	1075	2150	3700	5300
4d HT	200	745	1250	2500	4340	6200
2d HT	350	800	1350	2700	4700	6700
2d Conv	450	1450	2400	4800	8400	12,000
4d Sta Wag	200	675	1000	2000	3500	5000
4d Col Pk	200	660	1100	2200	3850	5500
Marquis Brgm, V-8						
4d Sed	200	660	1100	2200	3850	5500
4d HT	200	720	1200	2400	4200	6000
2d HT	350	800	1350	2700	4700	6700

NOTE: Add 50 percent for any 429 engine option.

	6	5	4	3	2	1
1971						
Comet, V-8						
4d Sed	150	550	850	1650	2900	4100
2d Sed	150	550	850	1675	2950	4200
2d HT GT	200	720	1200	2400	4200	6000
Montego, V-8						
4d Sed	150	500	800	1600	2800	4000
2d HT	150	650	975	1950	3350	4800
Montego MX						
4 Sed	150	550	850	1650	2900	4100
2d HT	150	650	950	1900	3300	4700
4d Sta Wag	150	550	850	1675	2950	4200
Montego MX Brgm						
4d Sed	150	550	850	1675	2950	4200
4d HT	150	600	950	1850	3200	4600
2d HT	200	675	1000	2000	3500	5000
4d Villager Sta Wag	150	600	900	1800	3150	4500
Cyclone, V-8						
2d HT	350	975	1600	3200	5600	8000
Cyclone GT, V-8						
2d HT	450	1080	1800	3600	6300	9000
Cyclone Spoiler, V-8						
2d HT	450	1140	1900	3800	6650	9500
NOTE: Add 40 percent for 429 V-8 GT and Spoiler.						
Cougar, V-8						
2d HT	350	975	1600	3200	5600	8000
2d Conv	450	1080	1800	3600	6300	9000
Cougar XR-7, V-8						
2d HT	450	1140	1900	3800	6650	9500
2d Conv	400	1250	2100	4200	7400	10,500
Monterey, V-8						
4d Sed	150	500	800	1600	2800	4000
4d HT	150	575	900	1750	3100	4400
2d HT	200	700	1050	2100	3650	5200
4d Sta Wag	200	675	1000	2000	3500	5000
Monterey Custom, V-8						
4d Sed	150	550	850	1650	2900	4100
4d HT	150	600	900	1800	3150	4500
2d HT	200	660	1100	2200	3850	5500
Marquis, V-8						
4d Sed	150	575	875	1700	3000	4300
4d HT	150	650	950	1900	3300	4700
2d HT	200	720	1200	2400	4200	6000
4d Sta Wag	200	660	1100	2200	3850	5500
Marquis Brgm						
4d Sed	150	600	900	1800	3150	4500
4d HT	200	675	1000	2000	3500	5000
2d HT	350	780	1300	2600	4550	6500
4d Col Pk	150	600	900	1800	3150	4500
NOTE: Add 30 percent for 429.						
1972						
Comet, V-8						
4d Sed	150	550	850	1650	2900	4100
2d Sed	150	600	900	1800	3150	4500
Montego, V-8						
4d Sed	150	500	800	1600	2800	4000
2d HT	150	575	900	1750	3100	4400
Montego MX, V-8						
4d Sed	150	550	850	1675	2950	4200
2d HT	200	675	1000	2000	3500	5000
4d Sta Wag	150	575	875	1700	3000	4300
Montego Brgm, V-8						
4d Sed	150	575	875	1700	3000	4300
2d HT	200	660	1100	2200	3850	5500
4d Sta Wag	150	575	900	1750	3100	4400
Montego GT, V-8						
2d HT FBk	200	720	1200	2400	4200	6000
Cougar, V-8						
2d HT	350	975	1600	3200	5600	8000
2d Conv	450	1140	1900	3800	6650	9500
Cougar XR-7, V-8						
2d HT	450	1140	1900	3800	6650	9500
2d Conv	400	1300	2200	4400	7700	11,000
Monterey, V-8						
4d Sed	150	575	875	1700	3000	4300
4d HT	150	600	900	1800	3150	4500

	6	5	4	3	2	1
2d HT	200	675	1000	2000	3500	5000
4d Sta Wag	150	600	900	1800	3150	4500
Monterey Custom, V-8						
4d Sed	150	575	900	1750	3100	4400
4d HT	200	675	1000	2000	3500	5000
2d HT	200	660	1100	2200	3850	5500
Marquis, V-8						
4d Sed	150	600	900	1800	3150	4500
4d HT	200	660	1100	2200	3850	5500
2d HT	350	780	1300	2600	4550	6500
4d Sta Wag	200	660	1100	2200	3850	5500
Marquis Brougham, V-8						
4d Sed	150	600	950	1850	3200	4600
4d HT	150	650	950	1900	3300	4700
2d HT	200	670	1200	2300	4060	5800
4d Col Pk	200	720	1200	2400	4200	6000
1973						
Comet, V-8						
4d Sed	150	550	850	1650	2900	4100
2d Sed	150	600	900	1800	3150	4500
Montego, V-8						
4d Sed	150	500	800	1600	2800	4000
2d HT	150	650	975	1950	3350	4800
Montego MX, V-8						
4d Sed	150	550	850	1650	2900	4100
2d HT	200	675	1000	2000	3500	5000
Montego MX Brougham, V-8						
4d Sed	150	550	850	1675	2950	4200
2d HT	200	700	1050	2100	3650	5200
Montego GT, V-8						
2d HT	200	720	1200	2400	4200	6000
Montego MX						
4d Village Wag	150	550	850	1675	2950	4200
Cougar, V-8						
2d HT	350	900	1500	3000	5250	7500
2d Conv	350	1020	1700	3400	5950	8500
Cougar XR-7, V-8						
2d HT	350	1020	1700	3400	5950	8500
2d Conv	450	1140	1900	3800	6650	9500
Monterey, V-8						
4d Sed	150	500	800	1600	2800	4000
2d HT	150	550	850	1650	2900	4100
Monterey Custom, V-8						
4d Sed	150	550	850	1650	2900	4100
2d HT	200	675	1000	2000	3500	5000
Marquis, V-8						
4d Sed	150	575	875	1700	3000	4300
4d HT	150	600	900	1800	3150	4500
2d HT	200	660	1100	2200	3850	5500
Marquis Brougham, V-8						
4d Sed	150	575	900	1750	3100	4400
4d HT	200	675	1000	2000	3500	5000
2d HT	350	780	1300	2600	4550	6500
Station Wagon, V-8						
4d Monterey	150	575	875	1700	3000	4300
4d Marquis	150	575	900	1750	3100	4400
4d Col Pk	200	750	1275	2500	4400	6300
1974						
Comet, V-8						
4d Sed	150	550	850	1650	2900	4100
2d Sed	150	600	900	1800	3150	4500
Montego, V-8						
4d Sed	150	550	850	1675	2950	4200
2d HT	150	600	950	1850	3200	4600
Montego MX, V-8						
4d Sed	150	575	875	1700	3000	4300
2d HT	150	650	950	1900	3300	4700
Montego MX Brougham, V-8						
4d Sed	150	575	900	1750	3100	4400
2d HT	200	675	1000	1950	3400	4900
4d Villager	150	575	900	1750	3100	4400
Cougar, V-8						
2d HT	350	780	1300	2600	4550	6500
Monterey, V-8						
4d Sed	150	550	850	1650	2900	4100

	6	5	4	3	2	1
2d HT	200	660	1100	2200	3850	5500
Monterey Custom, V-8						
4d Sed	150	550	850	1675	2950	4200
2d HT	200	660	1100	2200	3850	5500
Marquis, V-8						
4d Sed	150	575	875	1700	3000	4300
4d HT	150	600	900	1800	3150	4500
2d HT	200	720	1200	2400	4200	6000
Marquis Brougham, V-8						
4d Sed	150	575	900	1750	3100	4400
4d HT	200	675	1000	2000	3500	5000
2d HT	200	720	1200	2400	4200	6000
Station Wagons, V-8						
4d Monterey	200	720	1200	2400	4200	6000
4d Marquis	200	745	1250	2500	4340	6200
4d Col Pk	350	780	1300	2600	4550	6500
1975						
Bobcat 4-cyl.						
2d HBk	150	550	850	1650	2900	4100
4d Sta Wag	150	500	800	1600	2800	4000
Comet, V-8						
4d Sed	125	450	750	1450	2500	3600
2d Sed	150	475	750	1475	2600	3700
Monarch, V-8						
4d Sed	150	500	800	1550	2700	3900
2d Cpe	150	500	800	1600	2800	4000
Monarch Ghia, V-8						
4d Sed	150	500	800	1600	2800	4000
2d Cpe	150	550	850	1650	2900	4100
Monarch Grand Ghia, V-8						
4d Sed	150	550	850	1675	2950	4200
Montego, V-8						
4d Sed	150	475	775	1500	2650	3800
2d HT	150	500	800	1550	2700	3900
Montego MX, V-8						
4d Sed	150	500	800	1550	2700	3900
2d HT	150	500	800	1600	2800	4000
Montego Brougham, V-8						
4d Sed	150	500	800	1600	2800	4000
2d HT	150	550	850	1650	2900	4100
Station Wagons, V-8						
4d Villager	150	500	800	1550	2700	3900
Cougar, V-8						
2d HT	150	550	850	1650	2900	4100
Marquis, V-8						
4d Sed	150	500	800	1550	2700	3900
2d HT	150	500	800	1600	2800	4000
Marquis Brgm, V-8						
4d Sed	150	500	800	1600	2800	4000
2d HT	150	550	850	1650	2900	4100
Grand Marquis, V-8						
4d Sed	150	550	850	1650	2900	4100
2d HT	150	550	850	1675	2950	4200
Station Wagons, V-8						
4d Marquis	200	675	1000	2000	3500	5000
4d Col Pk	200	720	1200	2400	4200	6000
1976						
Bobcat, 4-cyl.						
3d Hatchback	150	550	850	1650	2900	4100
4d Sta Wag	150	550	850	1675	2950	4200
Comet, V-8						
4d Sed	150	500	800	1600	2800	4000
2d Sed	150	500	800	1550	2700	3900
Monarch, V-8						
4d Sed	150	475	775	1500	2650	3800
2d Sed	150	500	800	1550	2700	3900
Monarch Ghia, V-8						
4d Sed	150	500	800	1600	2800	4000
2d Sed	150	550	850	1650	2900	4100
Monarch Grand Ghia, V-8						
4d Sed	150	575	900	1750	3100	4400
Montego, V-8						
4d Sed	150	550	850	1650	2900	4100
2d Cpe	150	550	850	1675	2950	4200

	6	5	4	3	2	1
Montego MX, V-8						
4d Sed	150	575	875	1700	3000	4300
2d Cpe	150	575	900	1750	3100	4400
Montego Brougham, V-8						
4d Sed	150	600	900	1800	3150	4500
2d Cpe	150	600	950	1850	3200	4600
Station Wagons, V-8						
4d Montego MX	150	550	850	1675	2950	4200
4d Montego Vill	150	575	875	1700	3000	4300
Cougar XR7, V-8						
2d HT	150	575	875	1700	3000	4300
Marquis, V-8						
4d Sed	150	550	850	1650	2900	4100
2d Cpe	150	550	850	1675	2950	4200
Marquis Brougham, V-8						
4d Sed	150	575	875	1700	3000	4300
2d Cpe	150	575	900	1750	3100	4400
Grand Marquis, V-8						
4d Sed	150	600	900	1800	3150	4500
2d Cpe	150	600	950	1850	3200	4600
Station Wagons, V-8						
4d Marquis	200	675	1000	2000	3500	5000
4d Col Pk	200	660	1100	2200	3850	5500
1977						
Bobcat, 4-cyl.						
3d Hatchback	150	475	750	1475	2600	3700
4d Sta Wag	150	475	775	1500	2650	3800
4d Vill Wag	150	500	800	1550	2700	3900
NOTE: Add 5 percent for V-6.						
Comet, V-8						
4d Sed	125	450	750	1450	2500	3600
2d Sed	150	475	750	1475	2600	3700
Monarch, V-8						
4d Sed	125	400	700	1375	2400	3400
2d Sed	125	450	700	1400	2450	3500
Monarch Ghia, V-8						
4d Sed	125	450	750	1450	2500	3600
2d Sed	150	475	750	1475	2600	3700
Cougar, V-8						
4d Sed	150	475	775	1500	2650	3800
2d Sed	150	500	800	1550	2700	3900
Cougar Brougham, V-8						
4d Sed	150	500	800	1550	2700	3900
2d Sed	150	500	800	1600	2800	4000
Cougar XR7, V-8						
2d HT	150	550	850	1675	2950	4200
Station Wagons, V-8						
4d Cougar	150	475	775	1500	2650	3800
4d Vill	150	500	800	1550	2700	3900
Marquis, V-8						
4d Sed	150	500	800	1550	2700	3900
2d Sed	150	500	800	1600	2800	4000
Marquis Brougham, V-8						
4d Sed	150	500	800	1550	2700	3900
2d Sed	150	500	800	1600	2800	4000
Grand Marquis, V-8						
4d HT	150	550	850	1650	2900	4100
2d HT	150	550	850	1675	2950	4200
Station Wagons, V-8						
4d 2S Marquis	150	550	850	1675	2950	4200
4d 3S Marquis	150	600	900	1800	3150	4500
1978						
Bobcat						
3d Rbt	125	450	750	1450	2500	3600
4d Sta Wag	150	475	750	1475	2600	3700
Zephyr						
4d Sed	125	400	675	1350	2300	3300
2d Sed	125	380	650	1300	2250	3200
2d Cpe	125	450	700	1400	2450	3500
4d Sta Wag	125	400	700	1375	2400	3400
Monarch						
4d Sed	125	400	675	1350	2300	3300
2d Sed	125	400	700	1375	2400	3400
Cougar						
4d Sed	125	450	700	1400	2450	3500

	6	5	4	3	2	1
2d HT	125	450	750	1450	2500	3600
Cougar XR7						
2d HT	150	550	850	1650	2900	4100
Marquis						
4d Sed	150	475	775	1500	2650	3800
2d HT	150	500	800	1550	2700	3900
4d Sta Wag	150	475	775	1500	2650	3800
Marquis Brougham						
4d Sed	150	500	800	1550	2700	3900
2d HT	150	500	800	1600	2800	4000
Grand Marquis						
4d Sed	150	550	850	1650	2900	4100
2d HT	150	550	850	1675	2950	4200
1979						
Bobcat, 4-cyl.						
3d Rbt	150	475	750	1475	2600	3700
4d Wag	125	450	750	1450	2500	3600
4d Villager Wag	150	475	750	1475	2600	3700
Capri, 4-cyl.						
2d Cpe	150	475	775	1500	2650	3800
2d Ghia Cpe	150	500	800	1600	2800	4000
NOTES: Add 5 percent for 6-cyl. Add 8 percent for V-8.						
Zephyr, 6-cyl.						
4d Sed	125	400	700	1375	2400	3400
2d Cpe	125	450	750	1450	2500	3600
2d Spt Cpe	150	475	775	1500	2650	3800
4d Sta Wag	125	450	700	1400	2450	3500
NOTE: Add 5 percent for V-8.						
Monarch, V-8						
4d Sed	125	400	700	1375	2400	3400
2d Cpe	125	450	750	1450	2500	3600
NOTE: Deduct 5 percent for 6-cyl.						
Cougar, V-8						
4d Sed	125	450	750	1450	2500	3600
2d HT	150	475	750	1475	2600	3700
2d HT XR7	150	550	850	1650	2900	4100
Marquis, V-8						
4d Sed	150	475	775	1500	2650	3800
2d HT	150	500	800	1550	2700	3900
Marquis Brougham, V-8						
4d Sed	150	500	800	1550	2700	3900
2d HT	150	500	800	1600	2800	4000
Grand Marquis, V-8						
4d Sed	150	500	800	1600	2800	4000
2d HT	150	550	850	1650	2900	4100
Station Wagons, V-8						
4d 3S Marquis	150	475	775	1500	2650	3800
4d 3S Colony Park	150	500	800	1600	2800	4000

1980 Mercury Cougar XR-7 coupe

	6	5	4	3	2	1
1980						
Bobcat, 4-cyl.						
2d HBk	125	450	700	1400	2450	3500
2d Sta Wag	125	450	750	1450	2500	3600
2d Sta Wag Villager	150	475	775	1500	2650	3800

	6	5	4	3	2	1
Capri, 6-cyl.						
2d HBk	150	650	950	1900	3300	4700
2d HBk Ghia	200	675	1000	2000	3500	5000
NOTE: Deduct 10 percent for 4-cyl.						
Zephyr, 6-cyl.						
4d Sed	125	450	700	1400	2450	3500
2d Sed	125	400	700	1375	2400	3400
2d Cpe Z-7	150	550	850	1675	2950	4200
4d Sta Wag	150	500	800	1550	2700	3900
NOTE: Deduct 10 percent for 4-cyl.						
Monarch, V-8						
4d Sed	150	550	850	1675	2950	4200
2d Cpe	150	550	850	1650	2900	4100
NOTE: Deduct 10 percent for 4-cyl.						
Cougar XR7, V-8						
2d Cpe	200	670	1200	2300	4060	5800
Marquis, V-8						
4d Sed	150	575	900	1750	3100	4400
2d Sed	150	575	875	1700	3000	4300
Marquis Brougham, V-8						
4d Sed	150	600	950	1850	3200	4600
2d Sed	150	600	900	1800	3150	4500
Grand Marquis, V-8						
4d Sed	150	650	950	1900	3300	4700
2d Sed	150	600	950	1850	3200	4600
4d Sta Wag CP	200	675	1000	2000	3500	5000
4d Sta Wag	150	650	975	1950	3350	4800
4d Sta Wag CP	200	675	1000	2000	3500	5000
1981						
Lynx, 4-cyl.						
2d HBk RS	150	475	750	1475	2600	3700
4d HBk RS	150	475	775	1500	2650	3800
2d HBk LS	150	475	775	1500	2650	3800
NOTE: Deduct 5 percent for lesser models.						
Zephyr, 6-cyl.						
4d Sed S	125	450	700	1400	2450	3500
4d Sed	125	450	750	1450	2500	3600
2d Sed	125	450	700	1400	2450	3500
2d Cpe Z-7	150	575	875	1700	3000	4300
4d Sta Wag	150	500	800	1600	2800	4000
NOTE: Deduct 10 percent for 4-cyl.						
Capri, 6-cyl.						
2d HBk	150	600	900	1800	3150	4500
2d HBk GS	150	650	950	1900	3300	4700
NOTE: Deduct 10 percent for 4-cyl.						
Cougar, 6-cyl.						
4d Sed	150	550	850	1675	2950	4200
2d Sed	150	550	850	1650	2900	4100
NOTE: Deduct 10 percent for 4-cyl.						
Cougar XR7, V-8						
2d Cpe	200	700	1200	2350	4130	5900
NOTE: Deduct 12 percent for 6-cyl.						
Marquis, V-8						
4d Sed	150	575	900	1750	3100	4400
Marquis Brougham, V-8						
4d Sed	150	600	950	1850	3200	4600
2d Sed	150	600	900	1800	3150	4500
Grand Marquis, V-8						
4d Sed	150	650	975	1950	3350	4800
2d Sed	150	650	950	1900	3300	4700
4d Sta Wag	200	675	1000	1950	3400	4900
4d Sta Wag CP	200	675	1000	1950	3400	4900
1982						
Lynx, 4-cyl.						
2d HBk LS	150	475	775	1500	2650	3800
4d HBk LS	150	500	800	1550	2700	3900
4d Sta Wag LS	150	500	800	1600	2800	4000
2d HBk RS	150	500	800	1550	2700	3900
NOTE: Deduct 5 percent for lesser models.						
LN7, 4-cyl.						
2d HBk	150	600	950	1850	3200	4600
Zephyr, 6-cyl.						
4d Sed	150	475	750	1475	2600	3700
2d Cpe Z-7	150	575	875	1700	3000	4300
4d Sed GS	150	475	775	1500	2650	3800
2d Cpe Z-7 GS	150	600	900	1800	3150	4500

	6	5	4	3	2	1
Capri, 6-cyl.						
2d HBk L	200	700	1075	2150	3700	5300
2d HBk GS	200	660	1100	2200	3850	5500
Capri, V-8						
2d HBk RS	200	670	1150	2250	3920	5600
NOTE: Deduct 10 percent for 4-cyl.						
Cougar, 6-cyl.						
4d Sed GS	150	500	800	1600	2800	4000
2d Sed GS	150	500	800	1550	2700	3900
4d Sta Wag GS	150	550	850	1675	2950	4200
4d Sed LS	150	550	850	1650	2900	4100
2d Sed LS	150	500	800	1600	2800	4000
Cougar XR7, V-8						
2d Cpe	200	720	1200	2400	4200	6000
2d Cpe LS	200	745	1250	2500	4340	6200
NOTE: Deduct 10 percent for 6-cyl.						
Marquis, V-8						
4d Sed	150	600	900	1800	3150	4500
Marquis Brougham, V-8						
4d Sed	150	650	950	1900	3300	4700
2d Cpe	150	600	950	1850	3200	4600
Grand Marquis, V-8						
4d Sed	200	675	1000	1950	3400	4900
2d Cpe	150	650	975	1950	3350	4800
4d Sta Wag	200	675	1000	1950	3400	4900
4d Sta Wag CP	200	675	1000	2000	3500	5000
1983						
Lynx, 4-cyl.						
2d HBk LS	150	475	775	1500	2650	3800
4d HBk LS	150	500	800	1550	2700	3900
4d Sta Wag LS	150	500	800	1600	2800	4000
2d HBk RS	150	500	800	1550	2700	3900
4 dr Hatch LTS	150	500	800	1600	2800	4000
NOTE: Deduct 5 percent for lesser models.						
LN7, 4-cyl.						
2d HBk	150	650	950	1900	3300	4700
2d HBk Spt	150	650	975	1950	3350	4800
2d HBk GS	200	675	1000	2000	3500	5000
2d HBk RS	200	700	1050	2100	3650	5200
Zephyr, V-6						
4d Sed	150	475	775	1500	2650	3800
2d Cpe Z-7	150	575	900	1750	3100	4400
4d Sed GS	150	500	800	1550	2700	3900
2d Cpe Z-7 GS	150	600	950	1850	3200	4600
NOTE: Deduct 10 percent for 4-cyl.						
Capri, 6-cyl.						
2d HBk L	200	650	1100	2150	3780	5400
2d HBk GS	200	670	1150	2250	3920	5600
Capri, V-8						
2d HBk RS	200	685	1150	2300	3990	5700
NOTE: Deduct 10 percent for 4-cyl.						
Cougar, V-8						
2d Cpe	350	780	1300	2600	4550	6500
2d Cpe LS	350	800	1350	2700	4700	6700
NOTE: Deduct 15 percent for V-6.						
Marquis, 4-cyl.						
4d Sed	150	550	850	1675	2950	4200
4d Brgm	150	575	900	1750	3100	4400
Marquis, 6-cyl.						
4d Sed	150	575	900	1750	3100	4400
4d Sta Wag	150	650	950	1900	3300	4700
4d Sed Brgm	150	650	975	1950	3350	4800
4d Sta Wag Brgm	200	675	1000	1950	3400	4900
Grand Marquis, V-8						
4d Sed	200	700	1050	2100	3650	5200
2d Cpe	200	700	1050	2050	3600	5100
4d Sed LS	200	650	1100	2150	3780	5400
2d Cpe LS	200	700	1075	2150	3700	5300
4d Sta Wag	200	660	1100	2200	3850	5500
1984						
Lynx, 4-cyl.						
4d HBk LTS	125	450	700	1400	2450	3500
2d HBk RS	125	450	750	1450	2500	3600
2d HBk RS Turbo	150	475	775	1500	2650	3800
NOTE: Deduct 5 percent for lesser models.						

	6	5	4	3	2	1
Topaz, 4-cyl.						
2d Sed	125	400	675	1350	2300	3300
4d Sed	125	400	675	1350	2300	3300
2d Sed GS	125	400	700	1375	2400	3400
4d Sed GS	125	400	700	1375	2400	3400
Capri, 4-cyl.						
2d HBk GS	150	575	900	1750	3100	4400
2d HBk RS Turbo	150	650	975	1950	3350	4800
2d HBk GS, V-6	150	600	950	1850	3200	4600
2d HBk GS, V-8	150	650	975	1950	3350	4800
2d HBk RS, V-8	200	675	1000	2000	3500	5000
Cougar, V-6						
2d Cpe	150	550	850	1675	2950	4200
2d Cpe LS	150	575	875	1700	3000	4300
Cougar, V-8						
2d Cpe	150	600	900	1800	3150	4500
2d Cpe LS	150	650	975	1950	3350	4800
2d Cpe XR7	200	660	1100	2200	3850	5500
Marquis, 4-cyl.						
4d Sed	150	550	850	1650	2900	4100
4d Sed Brgm	150	550	850	1675	2950	4200
Marquis, V-6						
4d Sed	150	550	850	1675	2950	4200
4d Sed Brgm	150	575	875	1700	3000	4300
4d Sta Wag	150	575	875	1700	3000	4300
4d Sta Wag Brgm	150	575	900	1750	3100	4400
Grand Marquis, V-8						
4d Sed	200	675	1000	1950	3400	4900
2d Sed	200	675	1000	1950	3400	4900
4d Sed LS	200	675	1000	2000	3500	5000
2d Sed LS	200	675	1000	2000	3500	5000
4d Sta Wag Colony Park	200	675	1000	2000	3500	5000
1985						
Lynx, 4-cyl.						
2d HBk GS	125	400	700	1375	2400	3400
4d HBk GS	125	450	700	1400	2450	3500
4d Sta Wag GS	125	450	700	1400	2450	3500
NOTE Deduct 20 percent for diesel. Deduct 5 percent for lesser models.						
Topaz, 4-cyl.						
2d Sed	125	400	700	1375	2400	3400
4d Sed	125	400	700	1375	2400	3400
2d Sed LS	125	400	700	1375	2400	3400
4d Sed LS	125	450	700	1400	2450	3500
NOTE: Deduct 20 percent for diesel.						
Capri, 4-cyl.						
2d HBk GS	150	600	900	1800	3150	4500
2d HBk GS, V-6	150	600	950	1850	3200	4600
2d HBk GS, V-8	200	675	1000	1950	3400	4900
2d HBk 5.0 liter, V-8	200	700	1050	2100	3650	5200
Cougar, V-6						
2d Cpe	150	575	875	1700	3000	4300
2d Cpe LS	150	575	900	1750	3100	4400
2d Cpe, V-8	150	600	950	1850	3200	4600
2d Cpe LS, V-8	200	675	1000	1950	3400	4900
2d Cpe XR7 Turbo, 4-cyl.	200	670	1150	2250	3920	5600
Marquis, V-6						
4d Sed	150	575	875	1700	3000	4300
4d Sed Brgm	150	575	900	1750	3100	4400
4d Sta Wag	150	575	900	1750	3100	4400
4d Sta Wag Brgm	150	600	900	1800	3150	4500
NOTE: Deduct 20 percent for 4-cyl. where available.						
Grand Marquis, V-8						
4d Sed	200	675	1000	2000	3500	5000
2d Sed	200	675	1000	1950	3400	4900
4d Sed LS	200	700	1050	2050	3600	5100
2d Sed LS	200	675	1000	2000	3500	5000
4d Sta Wag Colony Park	200	700	1050	2100	3650	5200
1986						
Lynx						
2d HBk	125	450	700	1400	2450	3500
4d HBk	150	475	750	1475	2600	3700
4d Sta Wag	150	475	750	1475	2600	3700
Capri						
2d HBk	150	600	950	1850	3200	4600

	6	5	4	3	2	1
Topaz						
2d Sed	125	450	750	1450	2500	3600
4d Sed	125	450	750	1450	2500	3600
Marquis						
4d Sed	150	575	900	1750	3100	4400
4d Sta Wag	150	600	900	1800	3150	4500
Marquis Brougham						
4d Sed	150	600	900	1800	3150	4500
4d Sta Wag	150	600	950	1850	3200	4600
Cougar						
2d Cpe	150	650	975	1950	3350	4800
2d LS Cpe	200	675	1000	2000	3500	5000
XR7 2d Cpe	200	685	1150	2300	3990	5700
Grand Marquis						
2d Sed	200	700	1050	2050	3600	5100
4d Sed	200	700	1050	2100	3650	5200
4d Sta Wag	200	660	1100	2200	3850	5500

NOTES: Add 10 percent for deluxe models.
Deduct 5 percent for smaller engines.

	6	5	4	3	2	1
1987						
Lynx, 4-cyl.						
2d HBk L	150	475	750	1475	2600	3700
2d HBk GS	150	475	775	1500	2650	3800
4d HBk GS	150	500	800	1550	2700	3900
4d Sta Wag GS	150	500	800	1550	2700	3900
2d HBk XR3	150	500	800	1600	2800	4000
Topaz, 4-cyl.						
2d Sed GS	150	475	775	1500	2650	3800
4d Sed GS	150	500	800	1550	2700	3900
2d Sed GS Spt	150	500	800	1550	2700	3900
4d Sed GS Spt	150	500	800	1600	2800	4000
4d Sed LS	150	550	850	1650	2900	4100
Cougar						
2d Cpe LS, V-6	350	770	1300	2550	4480	6400
2d Cpe LS, V-8	350	840	1400	2800	4900	7000
2d Cpe XR-7, V-8	350	860	1450	2900	5050	7200
Sable, V-6						
4d Sed GS	200	675	1000	2000	3500	5000
4d Sed LS	200	700	1050	2050	3600	5100
4d Sta Wag GS	200	700	1050	2050	3600	5100
4d Sta Wag LS	200	700	1050	2100	3650	5200
Grand Marquis, V-8						
4d Sed GS	200	685	1150	2300	3990	5700
4d Sta Wag Col Park GS	200	700	1200	2350	4130	5900
2d Sed LS	200	685	1150	2300	3990	5700
4d Sed LS	200	670	1200	2300	4060	5800
4d Sta Wag Col Park LS	200	720	1200	2400	4200	6000
1988						
Tracer, 4-cyl.						
2d HBk	100	360	600	1200	2100	3000
4d HBk	125	370	650	1250	2200	3100
4d Sta Wag	125	400	675	1350	2300	3300
Topaz, 4-cyl.						
2d Sed	125	380	650	1300	2250	3200
4d Sed	125	400	675	1350	2300	3300
4d Sed LS	125	450	750	1450	2500	3600
4d Sed LTS	150	475	775	1500	2650	3800
2d Sed XR5	150	500	800	1600	2800	4000
Cougar						
2d LS V-6	200	670	1200	2300	4060	5800
2d LS V-8	200	745	1250	2500	4340	6200
2d XR7 V-8	350	820	1400	2700	4760	6800
Sable, V-6						
4d Sed GS	150	600	950	1850	3200	4600
4d Sta Wag GS	200	700	1050	2100	3650	5200
4d Sed LS	150	650	975	1950	3350	4800
4d Sta Wag LS	200	670	1200	2300	4060	5800
Grand Marquis, V-8						
4d Sed GS	200	660	1100	2200	3850	5500
4d Sta Wag Col Park GS	200	670	1200	2300	4060	5800
4d Sed LS	200	670	1150	2250	3920	5600
4d Sta Wag Col Park LS	200	730	1250	2450	4270	6100
1989						
Tracer, 4-cyl.						
4d HBk	150	500	800	1550	2700	3900

	6	5	4	3	2	1
2d HBk	150	475	775	1500	2650	3800
4d Sta Wag	150	500	800	1600	2800	4000
Topaz, 4-cyl.						
2d Sed GS	125	450	750	1450	2500	3600
4d Sed GS	150	475	750	1475	2600	3700
4d Sed LS	150	500	800	1550	2700	3900
4d Sed LTS	150	575	875	1700	3000	4300
2d Sed XR5	200	675	1000	1950	3400	4900
Cougar, V-6						
2d Cpe LS	350	840	1400	2800	4900	7000
2d Cpe XR7	350	975	1600	3200	5600	8000
Sable, V-6						
4d Sed GS	200	700	1075	2150	3700	5300
4d Sta Wag GS	200	745	1250	2500	4340	6200
4d Sed LS	200	700	1200	2350	4130	5900
4d Sta Wag LS	350	860	1450	2900	5050	7200
Grand Marquis, V-8						
4d Sed GS	200	750	1275	2500	4400	6300
4d Sed LS	350	770	1300	2550	4480	6400
4d Sta Wag Col Park GS	350	800	1350	2700	4700	6700
4d Sta Wag Col Park LS	350	830	1400	2950	4830	6900
1990						
Topaz, 4-cyl						
2d Sed GS	150	500	800	1550	2700	3900
4d Sed GS	150	500	800	1600	2800	4000
4d Sed LS	150	550	850	1675	2950	4200
4d Sed LTS	150	600	950	1850	3200	4600
2d Sed XR5	150	550	850	1675	2950	4200
Cougar, V-6						
2d Cpe LS	350	780	1300	2600	4550	6500
2d Cpe XR7	350	840	1400	2800	4900	7000
Sable, V-6						
4d Sed GS	200	660	1100	2200	3850	5500
4d Sed LS	200	720	1200	2400	4200	6000
4d Sta Wag GS	200	720	1200	2400	4200	6000
4d Sta Wag LS	350	780	1300	2600	4550	6500
Grand Marquis, V-8						
4d Sed GS	350	780	1300	2600	4550	6500
4d Sed LS	350	840	1400	2800	4900	7000
4d Sta Wag GS	350	840	1400	2800	4900	7000
4d Sta Wag LS	350	900	1500	3000	5250	7500

RAMBLER

	6	5	4	3	2	1
1902						
One cylinder, 4 hp						
2P Rbt	1200	3850	6400	12,800	22,400	32,000
1903						
One cylinder, 6 hp						
2/4P Lt Tr	1150	3700	6200	12,400	21,700	31,000
1904						
Model E, 1-cyl., 7 hp, 78" wb						
Rbt	1000	3250	5400	10,800	18,900	27,000
Model G, 1-cyl., 7 hp, 81" wb						
Rbt	1050	3350	5600	11,200	19,600	28,000
Model H, 1-cyl., 7 hp, 81" wb						
Tonn	1050	3350	5600	11,200	19,600	28,000
Model J, 2-cyl., 16 hp, 84" wb						
Rbt	1100	3500	5800	11,600	20,300	29,000
Model K, 2-cyl., 16 hp, 84" wb						
Tonn	1100	3500	5800	11,600	20,300	29,000
Model L, 2-cyl., 16 hp, 84" wb						
Canopy Tonn	1150	3600	6000	12,000	21,000	30,000
1905						
Model G, 1-cyl., 8 hp, 81" wb						
Rbt	1000	3250	5400	10,800	18,900	27,000
Model H, 1-cyl., 8 hp, 81" wb						
Tr	1000	3250	5400	10,800	18,900	27,000
Type One, 2-cyl., 18 hp, 90" wb						
Tr	1050	3350	5600	11,200	19,600	28,000
Type Two, 2-cyl., 20 hp, 100" wb						
Surrey	1100	3500	5800	11,600	20,300	29,000
Limo	1150	3700	6200	12,400	21,700	31,000

1906 Rambler Type 1 surrey

	6	5	4	3	2	1
1906						
Model 17, 2-cyl., 10/12 hp, 88" wb						
2P Rbt	1000	3100	5200	10,400	18,200	26,000
Type One, 2-cyl., 18/20 hp, 90" wb						
5P Surrey	1000	3250	5400	10,800	18,900	27,000
Type Two, 2-cyl., 20 hp, 100" wb						
5P Surrey	1050	3350	5600	11,200	19,600	28,000
Type Three, 2-cyl., 18/20 hp, 96" wb						
5P Surrey	1100	3500	5800	11,600	20,300	29,000
Model 14, 4-cyl., 25 hp, 106" wb						
5P Tr	1150	3600	6000	12,000	21,000	30,000
Model 15, 4-cyl., 35/40 hp, 112" wb						
5P Tr	1200	3850	6400	12,800	22,400	32,000
Model 16, 4-cyl., 35/40 hp, 112" wb						
5P Limo	1100	3500	5800	11,600	20,300	29,000
1907						
Model 27, 2-cyl., 14/16 hp, 90" wb						
2P Rbt	1000	3100	5200	10,400	18,200	26,000
Model 22, 2-cyl., 20/22 hp, 100" wb						
2P Rbt	1000	3250	5400	10,800	18,900	27,000
Model 21, 2-cyl., 20/22 hp, 100" wb						
5P Tr	1050	3350	5600	11,200	19,600	28,000
Model 24, 4-cyl., 25/30 hp, 108" wb						
5P Tr	1100	3500	5800	11,600	20,300	29,000
Model 25, 4-cyl., 35/40 hp, 112" wb						
5P Tr	1150	3700	6200	12,400	21,700	31,000
1908						
Model 31, 2-cyl., 22 hp, 106" wb						
Det Tonneau	1100	3500	5800	11,600	20,300	29,000
Model 34, 4-cyl., 32 hp, 112" wb						
3P Rds	1150	3600	6000	12,000	21,000	30,000
5P Tr	1150	3700	6200	12,400	21,700	31,000
1909						
Model 47, 2-cyl., 22 hp, 106" wb						
2P Rbt	1100	3500	5800	11,600	20,300	29,000
Model 41, 2-cyl., 22 hp, 106" wb						
5P Tr	1150	3600	6000	12,000	21,000	30,000
Model 44, 4-cyl., 34 hp, 112" wb						
5P Tr	1150	3700	6200	12,400	21,700	31,000
4P C.C. Tr	1200	3850	6400	12,800	22,400	32,000
Model 45, 4-cyl., 45 hp, 123" wb						
7P Tr	1400	4450	7400	14,800	25,900	37,000
4P C.C. Tr	1450	4550	7600	15,200	26,600	38,000
3P Rds	1350	4300	7200	14,400	25,200	36,000

	6	5	4	3	2	1
1910						
Model 53, 4-cyl., 34 hp, 109" wb						
Tr	1300	4100	6800	13,600	23,800	34,000
Model 54, 4-cyl., 45 hp, 117" wb						
Tr	1350	4300	7200	14,400	25,200	36,000
Model 55, 4-cyl., 45 hp, 123" wb						
Tr	1450	4550	7600	15,200	26,600	38,000
Limo	1100	3500	5800	11,600	20,300	29,000
1911						
Model 63, 4-cyl., 34 hp, 112" wb						
Tr	1300	4100	6800	13,600	23,800	34,000
Rds	1250	3950	6600	13,200	23,100	33,000
Cpe	800	2500	4200	8400	14,700	21,000
Twn Car	850	2750	4600	9200	16,100	23,000
Model 64, 4-cyl., 34 hp, 120" wb						
Tr	1350	4300	7200	14,400	25,200	36,000
Toy Tonn	1400	4450	7400	14,800	25,900	37,000
Lan'let	1150	3700	6200	12,400	21,700	31,000
Model 65, 4-cyl., 34 hp, 128" wb						
Tr	1450	4550	7600	15,200	26,600	38,000
Toy Tonn	1450	4700	7800	15,600	27,300	39,000
Limo	1150	3700	6200	12,400	21,700	31,000
1912						
Four, 38 hp, 120" wb						
5P Cr Ctry Tr	1400	4450	7400	14,800	25,900	37,000
4P Sub Ctry Clb	1350	4300	7200	14,400	25,200	36,000
2P Rds	1350	4300	7200	14,400	25,200	36,000
4P Sed	800	2500	4200	8400	14,700	21,000
7P Gotham Limo	1000	3100	5200	10,400	18,200	26,000
Four, 50 hp, 120" wb						
Ctry Clb	1450	4550	7600	15,200	26,600	38,000
Valkyrie	1400	4450	7400	14,800	25,900	37,000
Four, 50 hp, 128" wb						
Morraine Tr	1500	4800	8000	16,000	28,000	40,000
Metropolitan	1550	4900	8200	16,400	28,700	41,000
Greyhound	1550	4900	8200	16,400	28,700	41,000
Knickerbocker	2050	6500	10,800	21,600	37,800	54,000
1913						
Four, 42 hp, 120" wb						
2/3P Cr Ctry Rds	1300	4200	7000	14,000	24,500	35,000
4/5P Cr Ctry Tr	1350	4300	7200	14,400	25,200	36,000
4P Inside Drive Cpe	900	2900	4800	9600	16,800	24,000
7P Gotham Limo	1000	3250	5400	10,800	18,900	27,000

JEFFERY

	6	5	4	3	2	1
1914						
Four, 40 hp, 116" wb						
4d 5P Tr	1000	3100	5200	10,400	18,200	26,000
4d 5P Sed	600	1900	3200	6400	11,200	16,000
Four, 27 hp, 120" wb						
2d 2P Rds	1000	3250	5400	10,800	18,900	27,000
4d 4P/5P/7P Tr	1050	3350	5600	11,200	19,600	28,000
Six, 48 hp, 128" wb						
4d 5P Tr	1150	3600	6000	12,000	21,000	30,000
4d 6P Tr	1150	3700	6200	12,400	21,700	31,000
4d 7P Limo	950	3000	5000	10,000	17,500	25,000
1915						
Four, 40 hp, 116" wb						
4d 5P Tr	1150	3600	6000	12,000	21,000	30,000
2d 2P Rds	1100	3500	5800	11,600	20,300	29,000
2d 2P A/W	1050	3350	5600	11,200	19,600	28,000
4d 7P Limo	900	2900	4800	9600	16,800	24,000
4d 4P Sed	700	2150	3600	7200	12,600	18,000
Chesterfield Six, 48 hp, 122" wb						
4d 5P Tr	1300	4200	7000	14,000	24,500	35,000
2d 2P Rds	1250	3950	6600	13,200	23,100	33,000
2d 2P A/W	1200	3850	6400	12,800	22,400	32,000
1916						
Four, 40 hp, 116" wb						
4d 7P Tr	1200	3850	6400	12,800	22,400	32,000
4d 5P Tr	1250	3950	6600	13,200	23,100	33,000

	6	5	4	3	2	1
4d 7P Sed	700	2150	3600	7200	12,600	18,000
4d 5P Sed	650	2050	3400	6800	11,900	17,000
2d 3P Rds	1150	3700	6200	12,400	21,700	31,000
Chesterfield Six, 48 hp, 122" wb						
4d 5P Tr	1450	4550	7600	15,200	26,600	38,000
1917						
Model 472, 4-cyl., 40 hp, 116" wb						
4d 7P Tr	1150	3700	6200	12,400	21,700	31,000
2d 2P Rds	1150	3600	6000	12,000	21,000	30,000
4d 7P Sed	650	2050	3400	6800	11,900	17,000
Model 671, 6-cyl., 48 hp, 125" wb						
4d 7P Tr	1250	3950	6600	13,200	23,100	33,000
2d 3P Rds	1200	3850	6400	12,800	22,400	32,000
4d 5P Sed	700	2150	3600	7200	12,600	18,000

NASH

	6	5	4	3	2	1
1918						
Series 680, 6-cyl.						
4d 7P Tr	900	2900	4800	9600	16,800	24,000
4d 5P Tr	850	2750	4600	9200	16,100	23,000
4d 4P Rds	950	3000	5000	10,000	17,500	25,000
4d Sed	700	2300	3800	7600	13,300	19,000
2d Cpe	700	2300	3850	7700	13,400	19,200
1919						
Series 680, 6-cyl.						
2d Rds	900	2900	4800	9600	16,800	24,000
2d Spt Rds	850	2750	4600	9200	16,100	23,000
4d 5P Tr	550	1800	3000	6000	10,500	15,000
4d 7P Tr	900	2900	4800	9600	16,800	24,000
2d 4P Rds	950	3000	5000	10,000	17,500	25,000
4d Sed	700	2150	3600	7200	12,600	18,000
2d Cpe	700	2200	3700	7400	13,000	18,500
1920						
Series 680, 6-cyl.						
4d 5P Tr	850	2750	4600	9200	16,100	23,000
2d Rds	850	2650	4400	8800	15,400	22,000
4d 7P Tr	900	2900	4800	9600	16,800	24,000
2d Cpe	700	2200	3700	7400	13,000	18,500
4d Sed	700	2150	3600	7200	12,600	18,000
4d Spt Tr	700	2150	3600	7200	12,600	18,000
1921						
Series 680, 6-cyl.						
4d 5P Tr	800	2500	4200	8400	14,700	21,000
2d Rds	850	2650	4400	8800	15,400	22,000
4d Spt Tr	850	2750	4600	9200	16,100	23,000
4d Tr	850	2650	4400	8800	15,400	22,000
2d Cpe	700	2200	3700	7400	13,000	18,500
4d Sed	650	2050	3400	6800	11,900	17,000
Series 40, 4-cyl.						
4d Tr	750	2450	4100	8200	14,400	20,500
2d Rds	800	2500	4200	8400	14,700	21,000
2d Cpe	600	1900	3200	6400	11,200	16,000
4d Sed	550	1700	2800	5600	9800	14,000
2d Cabr	750	2400	4000	8000	14,000	20,000
1922						
Series 680, 6-cyl.						
4d 5P Tr	800	2500	4200	8400	14,700	21,000
4d 7P Tr	850	2650	4400	8800	15,400	22,000
4d 7P Sed	600	1900	3200	6400	11,200	16,000
2d Cpe	700	2150	3600	7200	12,600	18,000
2d Rds	850	2750	4600	9200	16,100	23,000
2d Spt	900	2900	4800	9600	16,800	24,000
4d 5P Sed	650	2050	3400	6800	11,900	17,000
Series 40, 4-cyl.						
4d Tr	750	2400	4000	8000	14,000	20,000
2d Rds	800	2500	4200	8400	14,700	21,000
2d Cpe	650	2050	3400	6800	11,900	17,000
4d Sed	500	1550	2600	5200	9100	13,000
2d Cabr	750	2400	4000	8000	14,000	20,000
Ca'ole	550	1800	3000	6000	10,500	15,000
1923						
Series 690, 6-cyl., 121" wb						
2d Rds	850	2650	4400	8800	15,400	22,000

	6	5	4	3	2	1
4d Tr	850	2750	4600	9200	16,100	23,000
4d Spt	900	2900	4800	9600	16,800	24,000
4d Sed	450	1450	2400	4800	8400	12,000
2d Cpe	550	1800	3000	6000	10,500	15,000
Series 690, 6-cyl., 127" wb						
4d Tr	850	2750	4600	9200	16,100	23,000
4d Sed	450	1500	2500	5000	8800	12,500
2d Cpe	600	1850	3100	6200	10,900	15,500
Series 40, 4-cyl.						
4d Tr	800	2500	4200	8400	14,700	21,000
2d Rds	850	2650	4400	8800	15,400	22,000
4d Spt Tr	850	2750	4600	9200	16,100	23,000
Ca'ole	550	1700	2800	5600	9800	14,000
4d Sed	500	1550	2600	5200	9100	13,000
1924						
Series 690, 6-cyl., 121" wb						
2d Rds	850	2650	4400	8800	15,400	22,000
4d Tr	800	2500	4200	8400	14,700	21,000
4d Spl DeL	450	1140	1900	3800	6650	9500
2d Cpe	450	1400	2300	4600	8100	11,500
4d Spl Sed	400	1200	2000	4000	7000	10,000
Series 690, 6-cyl., 127" wb						
4d 7P Tr	850	2750	4600	9200	16,100	23,000
4d 7P Sed	400	1250	2100	4200	7400	10,500
2d Vic	400	1300	2200	4400	7700	11,000
4 cyl.						
4d Tr	850	2650	4400	8800	15,400	22,000
2d Rds	850	2700	4500	9000	15,800	22,500
2d Cab	800	2600	4300	8600	15,100	21,500
4d 5P Sed	350	1020	1700	3400	5950	8500
4d Sed	350	1040	1700	3450	6000	8600
4d Spt Sed	450	1080	1800	3600	6300	9000
2d Cpe	400	1250	2100	4200	7400	10,500
1925						
Advanced models, 6-cyl.						
4d Tr	700	2300	3800	7600	13,300	19,000
4d 7P Tr	750	2400	4000	8000	14,000	20,000
4d Sed	450	1450	2400	4800	8400	12,000
2d Vic Cpe	500	1550	2600	5200	9100	13,000
4d 7P Sed	450	1500	2500	5000	8800	12,500
2d Rds	750	2400	4000	8000	14,000	20,000
2d Cpe	450	1450	2400	4800	8400	12,000
2d Sed	400	1200	2000	4000	7000	10,000
Special models, 6-cyl.						
4d Tr	700	2150	3600	7200	12,600	18,000
4d Sed	400	1300	2200	4400	7700	11,000
2d Rds	700	2300	3800	7600	13,300	19,000
2d Sed	400	1300	2150	4300	7600	10,800
Light six, (Ajax), 6-cyl.						
4d Tr	600	1900	3200	6400	11,200	16,000
4d Sed	450	1140	1900	3800	6650	9500
1926						
Advanced models, 6-cyl.						
4d 5P Tr	700	2300	3800	7600	13,300	19,000
4d 7P Tr	750	2350	3900	7800	13,700	19,500
2d Sed	400	1200	2000	4000	7000	10,000
4d Sed	400	1200	2050	4100	7100	10,200
4d 7P Sed	400	1250	2100	4200	7400	10,500
2d Cpe	400	1300	2200	4400	7600	10,900
2d Rds	750	2400	4000	8000	14,000	20,000
2d Vic Cpe	500	1550	2600	5200	9100	13,000
Special models, 6-cyl.						
2d Rds	700	2150	3600	7200	12,600	18,000
2d Sed	400	1250	2100	4200	7400	10,500
4d 7P Sed	400	1300	2150	4300	7500	10,700
2d Cpe	400	1300	2200	4400	7700	11,000
4d Sed	450	1150	1900	3850	6700	9600
2d Spl Rds	650	2050	3400	6800	11,900	17,000
Light Six (formerly Ajax)						
4d Tr	550	1800	3000	6000	10,500	15,000
2d Sed	450	1140	1900	3800	6650	9500
1927						
Standard, 6-cyl.						
4d Tr	600	1900	3200	6400	11,200	16,000
2d Cpe	400	1250	2100	4200	7400	10,500

1927 Nash Model 241 2/4-passenger cabriolet

	6	5	4	3	2	1
2d Sed	450	1140	1900	3800	6650	9500
4d Sed	450	1150	1900	3850	6700	9600
4d DeL Sed	450	1160	1950	3900	6800	9700
Special, 6-cyl.						
(Begin September 1926)						
2d Rds	650	2050	3400	6800	11,900	17,000
4d Tr	600	1900	3200	6400	11,200	16,000
2d Cpe	400	1300	2200	4400	7700	11,000
2d Sed	400	1200	2000	4000	7000	10,000
4d Sed	400	1200	2050	4100	7100	10,200
(Begin January 1927)						
4d Cav Sed	400	1250	2100	4200	7400	10,500
4d Sed	400	1250	2100	4200	7300	10,400
2d RS Cab	600	1900	3200	6400	11,200	16,000
2d RS Rds	650	2050	3400	6800	11,900	17,000
Advanced, 6-cyl.						
(Begin August 1926)						
2d Rds	700	2300	3800	7600	13,300	19,000
4d 5P Tr	700	2150	3600	7200	12,600	18,000
4d 7P Tr	650	2150	3550	7100	12,500	17,800
2d Cpe	450	1450	2400	4800	8400	12,000
2d Vic	450	1500	2500	5000	8800	12,500
2d Sed	400	1200	2000	4000	7000	10,000
4d Sed	400	1200	2050	4100	7100	10,200
4d 7P Sed	400	1250	2100	4200	7400	10,500
(Begin January 1927)						
2d RS Cpe	500	1550	2600	5200	9100	13,000
4d Spl Sed	400	1250	2100	4200	7400	10,500
4d Amb Sed	400	1300	2150	4300	7500	10,700
1928						
Standard, 6-cyl.						
4d Tr	700	2150	3600	7200	12,600	18,000
2d Cpe	400	1250	2100	4200	7400	10,500
2d Conv Cabr	700	2150	3600	7200	12,600	18,000
2d Sed	450	1140	1900	3800	6650	9500
4d Sed	450	1150	1900	3850	6700	9600
4d Lan Sed	450	1160	1950	3900	6800	9700
Special, 6-cyl.						
4d Tr	650	2100	3500	7000	12,200	17,400
2d RS Rds	650	2100	3500	7000	12,200	17,400
2d Cpe	400	1350	2250	4500	7800	11,200
2d Conv Cabr	750	2400	4000	8000	14,000	20,000
2d Vic	550	1700	2800	5600	9800	14,000
2d Sed	450	1450	2400	4800	8400	12,000
4d Sed	450	1450	2450	4900	8500	12,200
4d Cpe	450	1500	2500	5000	8800	12,500
Advanced, 6-cyl.						
4d Spt Tr	850	2650	4400	8800	15,400	22,000
4d Tr	950	3000	5000	10,000	17,500	25,000
2d RS Rds	1000	3100	5200	10,400	18,200	26,000
2d Cpe	450	1450	2400	4800	8400	12,000
2d Vic	450	1500	2500	5000	8800	12,500

	6	5	4	3	2	1
2d Sed	400	1250	2050	4100	7200	10,300
4d Sed	400	1250	2100	4200	7400	10,600
4d Cpe	400	1300	2200	4400	770C	11,000
4d 7P Sed	400	1250	2100	4200	7300	10,400
1929						
Standard, 6-cyl.						
4d Sed	950	1100	1850	3700	6450	9200
4d Tr	700	2150	3600	7200	12,600	18,000
2d Cabr	650	2050	3400	6800	11,900	17,000
2d Sed	950	1100	1850	3700	6450	9200
2P Cpe	450	1090	1800	3650	6400	9100
4P Cpe	450	1130	1900	3800	6600	9400
4d Lan Sed	450	1120	1875	3750	6500	9300
Special, 6-cyl.						
2d Sed	450	1130	1900	3800	6600	9400
2d 2P Cpe	400	1250	2100	4200	7400	10,500
2d 4P Cpe	400	1200	2000	4000	7000	10,000
2d Rds	850	2750	4600	9200	16,100	23,000
4d Sed	400	1200	2000	4000	7000	10,000
2d Cabr	850	2650	4400	8800	15,400	22,000
2d Vic	400	1250	2100	4200	7300	10,400
Advanced, 6-cyl.						
2d Cpe	400	1300	2200	4400	7700	11,000
2d Cabr	850	2750	4600	9200	16,100	23,000
2d Sed	400	1250	2100	4200	7300	10,400
4d 7P Sed	400	1250	2100	4200	7400	10,500
4d Amb Sed	400	1300	2150	4300	7600	10,800
4d Sed	400	1250	2100	4200	7400	10,500
1930						
Single, 6-cyl.						
2d Rds	700	2300	3800	7600	13,300	19,000
4d Tr	600	1900	3200	6400	11,200	16,000
2P Cpe	450	1140	1900	3800	6650	9500
2d Sed	450	1080	1800	3600	6300	9000
4P Cpe	400	1250	2100	4200	7300	10,400
2d Cabr	600	1900	3200	6400	11,200	16,000
4d Sed	450	1090	1800	3650	6400	9100
4d DeL Sed	450	1120	1875	3750	6500	9300
4d Lan'let	400	1200	2000	4000	7000	10,000
Twin-Ign, 6-cyl.						
2d Rds	850	2750	4600	9200	16,100	23,000
4d 7P Tr	950	3000	5000	10,000	17,500	25,000
4d 5P Tr	900	2900	4800	9600	16,800	24,000
2d 2P Cpe	400	1200	2000	4000	7000	10,000
2d 4P Cpe	400	1200	2050	4100	7100	10,200
2d Sed	450	1080	1800	3600	6300	9000
2d Cabr	850	2650	4400	8800	15,400	22,000
2d Vic	500	1550	2600	5200	9100	13,000
4d Sed	400	1250	2100	4200	7300	10,400
4d 7P Sed	400	1300	2150	4300	7500	10,700
Twin-Ign, 8-cyl.						
2d Sed	450	1500	2500	5000	8700	12,400
2d 2P Cpe	600	1850	3100	6200	10,900	15,500
2d 4P Cpe	600	1900	3200	6400	11,200	16,000
2d Vic	700	2150	3600	7200	12,600	18,000
2d Cabr	1500	4800	8000	16,000	28,000	40,000
4d Sed	450	1500	2500	5000	8800	12,500
4d Amb Sed	500	1600	2700	5400	9500	13,500
4d 7P Sed	500	1550	2600	5200	9100	13,000
4d 7P Limo	550	1700	2800	5600	9800	14,000
1931						
Series 660, 6-cyl.						
4d 5P Tr	800	2500	4200	8400	14,700	21,000
2d 2P Cpe	400	1250	2100	4200	7400	10,500
2d 4P Cpe	400	1300	2150	4300	7500	10,700
2d Sed	400	1200	2000	4000	7000	10,000
4d Sed	400	1200	2000	4000	7000	10,000
Series 870, 8-cyl.						
2d 2P Cpe	500	1550	2600	5200	9100	13,000
2d 4P Cpe	500	1600	2650	5300	9200	13,200
4d Conv Sed	1900	6000	10,000	20,000	35,000	50,000
2d Sed	450	1450	2450	4900	8500	12,200
4d Spl Sed	450	1500	2500	5000	8700	12,400
Series 880 - Twin-Ign, 8-cyl.						
2d 2P Cpe	550	1800	3000	6000	10,500	15,000

	6	5	4	3	2	1
2d 4P Cpe	600	1850	3100	6200	10,900	15,500
4d Conv Sed	2000	6350	10,600	21,200	37,100	53,000
2d Sed	500	1550	2600	5200	9100	13,000
4d Twn Sed	500	1600	2700	5400	9500	13,500
Series 890 - Twin-Ign, 8-cyl.						
4d 7P Tr	1700	5400	9000	18,000	31,500	45,000
2d 2P Cpe	850	2750	4600	9200	16,100	23,000
2d 4P Cpe	900	2900	4800	9600	16,800	24,000
2d Cabr	1900	6000	10,000	20,000	35,000	50,000
2d Vic	700	2300	3800	7600	13,300	19,000
2d Sed	650	2050	3400	6800	11,900	17,000
4d Amb Sed	700	2150	3600	7200	12,600	18,000
4d 7P Sed	700	2300	3800	7600	13,300	19,000
4d 7P Limo	800	2500	4200	8400	14,700	21,000
1932						
Series 960, 6-cyl.						
4d 5P Tr	1150	3700	6200	12,400	21,700	31,000
2d 2P Cpe	450	1450	2400	4800	8400	12,000
2d 4P Cpe	450	1500	2500	5000	8800	12,500
2d Sed	450	1080	1800	3600	6300	9000
4d Sed	950	1100	1850	3700	6450	9200
Series 970, 8-cyl., 116.5" wb						
2d 2P Cpe	550	1800	3000	6000	10,500	15,000
2d 4P Cpe	600	1850	3100	6200	10,900	15,500
4d Conv Sed	2050	6500	10,800	21,600	37,800	54,000
2d Sed	450	1500	2500	5000	8800	12,500
4d Spl Sed	500	1500	2550	5100	8900	12,700
Series 980 - Twin-Ign, 8-cyl., 121" wb						
2d 2P Cpe	900	2900	4800	9600	16,800	24,000
2d 4P Cpe	950	3000	5000	10,000	17,500	25,000
4d Conv Sed	1950	6250	10,400	20,800	36,400	52,000
4d Sed	800	2500	4200	8400	14,700	21,000
4d Twn Sed	850	2650	4400	8800	15,400	22,000
Series 990 - Twin-Ign, 8-cyl., 124"-133" wb						
4d 7P Tr	1800	5750	9600	19,200	33,600	48,000
2d 2P Cpe	1000	3100	5200	10,400	18,200	26,000
2d 4P Cpe	1000	3250	5400	10,800	18,900	27,000
2d Cabr	1900	6000	10,000	20,000	35,000	50,000
2d Vic	1000	3100	5200	10,400	18,200	26,000
2d Sed	850	2650	4400	8800	15,400	22,000
4d Spl Sed	900	2900	4800	9600	16,800	24,000
4d Amb Sed	950	3000	5000	10,000	17,500	25,000
4d 7P Sed	900	2900	4800	9600	16,800	24,000
4d Limo	1100	3500	5800	11,600	20,300	29,000
1933						
Standard Series						
2d Rds	900	2900	4800	9600	16,800	24,000
2d 2P Cpe	400	1250	2100	4200	7400	10,500
2d 4P Cpe	400	1200	2000	4000	7000	10,000
4d Sed	450	1080	1800	3600	6300	9000
4d Twn Sed	450	1140	1900	3800	6650	9500
Special Series, 8-cyl.						
2d Rds	1050	3350	5600	11,200	19,600	28,000
2d 2P Cpe	450	1500	2500	5000	8800	12,500
2d 4P Cpe	500	1550	2600	5200	9100	13,000
4d Sed	450	1450	2400	4800	8400	12,000
4d Conv Sed	1700	5400	9000	18,000	31,500	45,000
4d Twn Sed	450	1500	2500	5000	8800	12,500
Advanced Series, 8-cyl.						
2d Cabr	1300	4200	7000	14,000	24,500	35,000
2d 2P Cpe	500	1550	2600	5200	9100	13,000
2d 4P Cpe	500	1600	2700	5400	9500	13,500
4d Sed	400	1350	2250	4500	7800	11,200
4d Conv Sed	1950	6250	10,400	20,800	36,400	52,000
2d Vic	550	1700	2800	5600	9800	14,000
Ambassador Series, 8-cyl.						
2d Cabr	1700	5400	9000	18,000	31,500	45,000
2d Cpe	550	1800	3000	6000	10,500	15,000
4d Sed	550	1700	2800	5600	9800	14,000
4d Conv Sed	2050	6600	11,000	22,000	38,500	55,000
2d Vic	1000	3250	5400	10,800	18,900	27,000
4d 142" Brgm	900	2900	4800	9600	16,800	24,000
4d 142" Sed	850	2650	4400	8800	15,400	22,000
4d 142" Limo	1050	3350	5600	11,200	19,600	28,000

	6	5	4	3	2	1
1934						
Big Six, 6-cyl.						
2d Bus Cpe	400	1250	2100	4200	7400	10,500
2d Cpe	400	1300	2200	4400	7700	11,000
4d Brgm	450	1080	1800	3600	6300	9000
2d Sed	350	1020	1700	3400	5950	8500
4d Twn Sed	450	1080	1800	3600	6300	9000
4d Tr Sed	450	1130	1900	3800	6600	9400
Advanced, 8-cyl.						
2d Bus Cpe	400	1300	2200	4400	7700	11,000
2d Cpe	450	1400	2300	4600	8100	11,500
4d Brgm	400	1300	2200	4400	7700	11,000
2d Sed	400	1250	2100	4200	7400	10,500
4d Twn Sed	450	1400	2300	4600	8100	11,500
4d Tr Sed	400	1300	2200	4400	7700	11,000
Ambassador, 8-cyl.						
4d Brgm	450	1400	2300	4600	8100	11,500
2d Sed	400	1300	2200	4400	7700	11,000
4d Tr Sed	400	1350	2250	4500	7800	11,200
4d 7P Sed	450	1450	2400	4800	8400	12,000
4d Limo	550	1700	2800	5600	9800	14,000
Lafayette, 6-cyl.						
2d Sed	350	975	1600	3200	5600	8000
4d Twn Sed	350	975	1600	3250	5700	8100
4d Brgm	350	1000	1650	3350	5800	8300
2d Spl Cpe	450	1140	1900	3800	6650	9500
2d Spl 4P Cpe	400	1200	2000	4000	7000	10,000
4d Spl Tr Sed	350	1020	1700	3400	5950	8500
4d Spl Sed	350	1040	1750	3500	6100	8700
4d Brgm	450	1080	1800	3600	6300	9000
1935						
Lafayette, 6-cyl.						
2d Bus Cpe	450	1140	1900	3800	6650	9500
2d Sed	350	1040	1750	3500	6100	8700
4d Brgm	450	1080	1800	3600	6300	9000
4d Tr Sed	450	1050	1750	3550	6150	8800
4d Twn Sed	450	1050	1800	3600	6200	8900
2d Spl Cpe	400	1250	2100	4200	7400	10,500
4d Spl 6W Sed	450	1140	1900	3800	6650	9500
4d 6W Brgm	450	1150	1900	3850	6700	9600
Advanced, 6-cyl.						
2d Vic	400	1200	2000	4000	7000	10,000
4d 6W Sed	450	1080	1800	3600	6300	9000
Advanced, 8-cyl.						
2d Vic	400	1350	2250	4500	7800	11,200
4d 6W Sed	400	1200	2050	4100	7100	10,200
Ambassador, 8-cyl.						
2d Vic	450	1400	2300	4600	8100	11,500
4d 6W Sed	400	1250	2100	4200	7400	10,500
1936						
Lafayette, 6-cyl.						
2d Bus Cpe	450	1140	1900	3800	6650	9500
2d Cpe	450	1160	1950	3900	6800	9700
2d Cabr	700	2150	3600	7200	12,600	18,000
4d Sed	350	1020	1700	3400	5950	8500
2d Vic	450	1080	1800	3600	6300	9000
4d Tr Sed	350	1040	1700	3450	6000	8600
400 Series, 6-cyl.						
2d Bus Cpe	450	1160	1950	3900	6800	9700
2d Cpe	400	1200	2000	4000	7000	10,000
2d Vic	450	1140	1900	3800	6650	9500
4d Tr Vic	400	1200	2000	4000	7000	10,000
4d Sed	350	1040	1700	3450	6000	8600
4d Tr Sed	350	1040	1750	3500	6100	8700
2d Spl Bus Cpe	400	1200	2000	4000	7000	10,000
2d Spl Cpe	400	1250	2100	4200	7400	10,500
2d Spl Spt Cabr	850	2750	4600	9200	16,100	23,000
2d Spl Vic	450	1140	1900	3800	6650	9500
2d Spl Tr Vic	400	1200	2000	4000	7000	10,000
4d Spl Sed	350	1040	1700	3450	6000	8600
4d Spl Tr Sed	350	1040	1750	3500	6100	8700
Ambassador Series, 6-cyl.						
2d Vic	400	1200	2000	4000	7000	10,000
4d Tr Sed	450	1080	1800	3600	6300	9000
Ambassador Series, 8-cyl.						
4d Tr Sed	400	1250	2100	4200	7400	10,500

	6	5	4	3	2	1
1937						
Lafayette 400, 6-cyl.						
2d Bus Cpe	350	1020	1700	3400	5950	8500
2d Cpe	450	1080	1800	3600	6300	9000
2d A-P Cpe	450	1080	1800	3600	6300	9000
2d Cabr	700	2150	3600	7200	12,600	18,000
2d Vic Sed	350	975	1600	3200	5600	8000
4d Tr Sed	350	975	1600	3250	5700	8100
Ambassador, 6-cyl.						
2d Bus Cpe	450	1080	1800	3600	6300	9000
2d Cpe	450	1140	1900	3800	6650	9500
2d A-P Cpe	450	1160	1950	3900	6800	9700
2d Cabr	750	2400	4000	8000	14,000	20,000
2d Vic Sed	450	1080	1800	3600	6300	9000
4d Tr Sed	450	1090	1800	3650	6400	9100
Ambassador, 8-cyl.						
2d Bus Cpe	400	1250	2100	4200	7400	10,500
2d Cpe	400	1300	2200	4400	7700	11,000
2d A-P Cpe	400	1350	2200	4400	7800	11,100
2d Cabr	850	2650	4400	8800	15,400	22,000
2d Vic Sed	400	1250	2100	4200	7400	10,500
4d Tr Sed	400	1250	2100	4200	7400	10,600
1938						
Lafayette						
Master, 6-cyl.						
2d Bus Cpe	350	1040	1700	3450	6000	8600
2d Vic	350	1020	1700	3400	5900	8400
4d Tr Sed	350	1020	1700	3400	5950	8500
DeLuxe, 6-cyl.						
2d Bus Cpe	450	1050	1750	3550	6150	8800
2d A-P Cpe	450	1080	1800	3600	6300	9000
2d Cabr	600	1900	3200	6400	11,200	16,000
2d Vic	350	900	1500	3000	5250	7500
4d Tr Sed	350	950	1500	3050	5300	7600
Ambassador, 6-cyl.						
2d Bus Cpe	350	1020	1700	3400	5950	8500
2d A-P Cpe	450	1080	1800	3600	6300	9000
2d Cabr	650	2050	3400	6800	11,900	17,000
2d Vic	350	975	1600	3200	5600	8000
4d Tr Sed	350	975	1600	3250	5700	8100
Ambassador, 8-cyl.						
2d Bus Cpe	400	1200	2000	4000	7000	10,000
2d A-P Cpe	400	1250	2100	4200	7400	10,500
2d Cabr	750	2400	4000	8000	14,000	20,000
2d Vic	400	1200	2000	4000	7100	10,100
4d Tr Sed	400	1200	2000	4000	7000	10,000
1939						
Lafayette, 6-cyl.						
(Add 10 percent for DeLuxe)						
2d Bus Cpe	350	1020	1700	3400	5950	8500
2d Sed	350	975	1600	3200	5600	8000
4d Sed	350	975	1600	3250	5700	8100
4d Tr Sed	350	1000	1650	3300	5750	8200
2d A-P Cpe	450	1140	1900	3800	6650	9500
2d A-P Cabr	750	2350	3900	7800	13,700	19,500
Ambassador, 6-cyl.						
2d Bus Cpe	450	1150	1900	3850	6700	9600
2d A-P Cpe	400	1200	2000	4000	7000	10,000
2d A-P Cabr	850	2650	4400	8800	15,400	22,000
2d Sed	350	1040	1750	3500	6100	8700
4d Sed	450	1050	1750	3550	6150	8800
4d Tr Sed	450	1080	1800	3600	6300	9000
Ambassador, 8-cyl.						
2d Bus Cpe	450	1400	2300	4600	8100	11,500
2d A-P Cpe	450	1400	2300	4600	8100	11,600
2d A-P Cabr	1100	3500	5800	11,600	20,300	29,000
2d Sed	400	1250	2100	4200	7400	10,500
4d Sed	400	1250	2100	4200	7400	10,600
4d Tr Sed	400	1300	2150	4300	7500	10,700
1940						
DeLuxe Lafayette, 6-cyl.						
2d Bus Cpe	450	1140	1900	3800	6650	9500
2d A-P Cpe	450	1150	1900	3850	6700	9600
2d A-P Cabr	1000	3100	5200	10,400	18,200	26,000
2d FBk	350	1000	1650	3300	5750	8200

1940 Nash Ambassador coupe

	6	5	4	3	2	1
4d FBk	350	1000	1650	3350	5800	8300
4d Trk Sed	350	1020	1700	3400	5900	8400
Ambassador, 6-cyl.						
2d Bus Cpe	450	1150	1900	3850	6700	9600
2d A-P Cpe	400	1200	2000	4000	7000	10,000
2d A-P Cabr	1200	3850	6400	12,800	22,400	32,000
2d FBk	450	1150	1900	3850	6700	9600
4d FBk	450	1160	1950	3900	6800	9700
4d Trk Sed	450	1170	1975	3900	6850	9800
Ambassador, 8-cyl.						
2d Bus Cpe	450	1400	2300	4600	8100	11,500
2d A-P Cpe	450	1400	2300	4600	8100	11,600
2d A-P Cabr	1300	4200	7000	14,000	24,500	35,000
2d FBk	400	1300	2200	4400	7700	11,000
4d FBk	400	1350	2200	4400	7800	11,100
4d Trk Sed	400	1350	2250	4500	7800	11,200
1941						
Ambassador 600, 6-cyl.						
2d Bus Cpe	450	1080	1800	3600	6300	9000
2d FBk	350	1040	1700	3450	6000	8600
4d FBk	350	1040	1750	3500	6100	8700
2d DeL Bus Cpe	450	1150	1900	3850	6700	9600
4d DeL Brgm	450	1140	1900	3800	6650	9500
2d DeL FBk	450	1080	1800	3600	6300	9000
4d DeL FBk	450	1090	1800	3650	6400	9100
4d Tr Sed	950	1100	1850	3700	6450	9200
Ambassador, 6-cyl.						
2d Bus Cpe	400	1250	2100	4200	7400	10,600
2d Spl Bus Cpe	400	1300	2150	4300	7500	10,700
2d A-P Cabr	1050	3350	5600	11,200	19,600	28,000
2d Brgm	400	1250	2100	4200	7300	10,400
4d Spl Sed	400	1250	2100	4200	7400	10,500
4d Spl FBk	400	1250	2100	4200	7300	10,400
4d DeL FBk	400	1250	2100	4200	7400	10,500
4d Tr Sed	400	1250	2100	4200	7400	10,600
Ambassador, 8-cyl.						
2d A-P Cabr	1150	3700	6200	12,400	21,700	31,000
2d DeL Brgm	450	1400	2300	4600	8100	11,500
4d Spl FBk	450	1400	2300	4600	8100	11,600
4d DeL FBk	450	1400	2350	4700	8200	11,700
4d Tr Sed	450	1400	2350	4700	8300	11,800
1942						
Ambassador 600, 6-cyl.						
2d Bus Cpe	450	1160	1950	3900	6800	9700
2d Brgm	450	1150	1900	3850	6700	9600

	6	5	4	3	2	1
2d SS	450	1140	1900	3800	6650	9500
4d SS	450	1150	1900	3850	6700	9600
4d Tr Sed	450	1160	1950	3900	6800	9700
Ambassador, 6-cyl.						
2d Bus Cpe	400	1300	2200	4400	7700	11,000
2d Brgm	400	1300	2150	4300	7600	10,800
2d SS	400	1300	2150	4300	7500	10,700
4d SS	400	1300	2150	4300	7600	10,800
4d Tr Sed	400	1300	2200	4400	7600	10,900
Ambassador, 8-cyl.						
2d Bus Cpe	450	1400	2300	4600	8100	11,500
2d Brgm	400	1300	2200	4400	7700	11,000
2d SS	400	1300	2150	4300	7600	10,800
4d SS	400	1300	2200	4400	7600	10,900
4d Tr Sed	400	1300	2200	4400	7700	11,000
1946						
600, 6-cyl.						
2d Brgm	450	1090	1800	3650	6400	9100
4d Sed	450	1080	1800	3600	6300	9000
4d Trk Sed	450	1120	1875	3750	6500	9300
Ambassador, 6-cyl.						
2d Brgm	400	1250	2100	4200	7400	10,500
4d Sed	400	1250	2100	4200	7400	10,600
4d Trk Sed	400	1300	2150	4300	7500	10,700
4d Sub Sed	850	2750	4600	9200	16,100	23,000
1947						
600, 6-cyl.						
2d Brgm	450	1090	1800	3650	6400	9100
4d Sed	450	1080	1800	3600	6300	9000
4d Trk Sed	450	1120	1875	3750	6500	9300
Ambassador, 6-cyl.						
2d Brgm	400	1250	2100	4200	7400	10,500
4d Sed	400	1250	2100	4200	7400	10,600
4d Trk Sed	400	1300	2150	4300	7500	10,700
4d Sub Sed	850	2750	4600	9200	16,100	23,000
1948						
600, 6-cyl.						
DeL Bus Cpe	400	1300	2150	4300	7600	10,800
4d Sup Sed	350	1040	1700	3450	6000	8600
4d Sup Trk Sed	350	1040	1750	3500	6100	8700
2d Sup Brgm	350	1040	1750	3500	6100	8700
4d Cus Sed	450	1050	1750	3550	6150	8800
4d Cus Trk Sed	450	1050	1800	3600	6200	8900
2d Cus Brgm	450	1080	1800	3600	6300	9000
Ambassador, 6-cyl.						
4d Sed	400	1200	2050	4100	7100	10,200
4d Trk Sed	400	1250	2050	4100	7200	10,300
2d Brgm	400	1250	2050	4100	7200	10,300
4d Sub Sed	900	2900	4800	9600	16,800	24,000
Custom Ambassador, 6-cyl.						
4d Sed	400	1250	2100	4200	7400	10,500
4d Trk Sed	400	1250	2100	4200	7400	10,600
2d Brgm	400	1250	2100	4200	7400	10,500
2d Cabr	950	3000	5000	10,000	17,500	25,000
1949						
600 Super, 6-cyl.						
4d Sed	450	1080	1800	3600	6300	9000
2d Sed	450	1090	1800	3650	6400	9100
2d Brgm	950	1100	1850	3700	6450	9200
600 Super Special, 6-cyl.						
4d Sed	450	1090	1800	3650	6400	9100
2d Sed	950	1100	1850	3700	6450	9200
2d Brgm	450	1120	1875	3750	6500	9300
600 Custom, 6-cyl.						
4d Sed	450	1120	1875	3750	6500	9300
2d Sed	450	1130	1900	3800	6600	9400
2d Brgm	450	1140	1900	3800	6650	9500
Ambassador Super, 6-cyl.						
4d Sed	400	1200	2000	4000	7100	10,100
2d Sed	400	1200	2050	4100	7100	10,200
2d Brgm	400	1250	2050	4100	7200	10,300
Ambassador Super Special, 6-cyl.						
4d Sed	400	1200	2050	4100	7100	10,200
2d Sed	400	1250	2050	4100	7200	10,300
2d Brgm	400	1250	2100	4200	7300	10,400

1949 Nash 600 four-door sedan

	6	5	4	3	2	1
Ambassador Custom, 6-cyl.						
4d Sed	400	1250	2100	4200	7300	10,400
2d Sed	400	1250	2100	4200	7400	10,500
2d Brgm	400	1250	2100	4200	7400	10,600
1950						
Rambler Custom, 6-cyl.						
2d Conv Lan	450	1450	2400	4800	8400	12,000
2d Sta Wag	450	1140	1900	3800	6650	9500
Nash Super Statesman, 6-cyl.						
2d DeL Cpe	450	1120	1875	3750	6500	9300
4d Sed	450	1090	1800	3650	6400	9100
2d Sed	950	1100	1850	3700	6450	9200
2d Clb Cpe	450	1120	1875	3750	6500	9300
Nash Custom Statesman, 6-cyl.						
4d Sed	450	1120	1875	3750	6500	9300
2d Sed	450	1130	1900	3800	6600	9400
2d Clb Cpe	450	1140	1900	3800	6650	9500
Ambassador, 6-cyl.						
4d Sed	400	1200	2000	4000	7100	10,100
2d Sed	400	1200	2050	4100	7100	10,200
2d Clb Cpe	400	1250	2050	4100	7200	10,300
Ambassador Custom, 6-cyl.						
4d Sed	400	1250	2100	4200	7300	10,400
2d Sed	400	1250	2100	4200	7400	10,500
2d Clb Cpe	400	1250	2100	4200	7400	10,600
1951						
Rambler, 6-cyl.						
2d Utl Wag	450	1140	1900	3800	6650	9500
2d Sta Wag	450	1160	1950	3900	6800	9700
2d Cus Clb Sed	450	1050	1750	3550	6150	8800
2d Cus Conv	500	1550	2600	5200	9100	13,000
2d Ctry Clb HT	450	1450	2400	4800	8400	12,000
2d Cus Sta Wag	400	1200	2000	4000	7000	10,000
Nash Statesman, 6-cyl.						
2d DeL Bus Cpe	450	1140	1900	3800	6650	9500
4d Sup Sed	450	1120	1875	3750	6500	9300
2d Sup	950	1100	1850	3700	6450	9200
2d Sup Cpe	450	1140	1900	3800	6650	9500
2d Cus Cpe	450	1150	1900	3850	6700	9600
2d Cus	450	1140	1900	3800	6650	9500
Ambassador, 6-cyl.						
4d Sup Sed	400	1200	2050	4100	7100	10,200
2d Sup	400	1200	2000	4000	7100	10,100
2d Sup Cpe	400	1250	2050	4100	7200	10,300
4d Cus Sed	400	1250	2100	4200	7300	10,400
2d Cus	400	1200	2050	4100	7100	10,200
2d Cus Cpe	400	1250	2050	4100	7200	10,300
Nash-Healey						
Spt Car	1200	3850	6400	12,800	22,400	32,000

	6	5	4	3	2	1
1952-1953						
Rambler, 6-cyl.						
2d Utl Wag	450	1140	1900	3800	6650	9500
2d Sta Wag	450	1160	1950	3900	6800	9700
2d Cus Clb Sed	450	1140	1900	3800	6650	9500
2d Cus Conv	500	1550	2600	5200	9100	13,000
2d Cus Ctry Clb HT	400	1300	2200	4400	7700	11,000
2d Cus Sta Wag	400	1200	2000	4000	7000	10,000
Nash Statesman, 6-cyl.						
(Add 10 percent for Custom)						
2d Sed	450	1160	1950	3900	6800	9700
4d Sed	450	1150	1900	3850	6700	9600
2d Cus Ctry Clb	450	1450	2400	4800	8400	12,000
Ambassador, 6-cyl.						
(Add 10 percent for Custom)						
2d Sed	400	1300	2200	4400	7700	11,000
4d Sed	400	1300	2200	4400	7700	11,000
2d Cus Ctry Clb	500	1550	2600	5200	9100	13,000
Nash-Healey						
2d Cpe	1350	4300	7200	14,400	25,200	36,000
2d Spt Car	1500	4800	8000	16,000	28,000	40,000

1954 Nash Ambassador Custom four-door sedan

	6	5	4	3	2	1
1954						
Rambler, 6-cyl.						
2d DeL Clb Sed	450	1140	1900	3800	6650	9500
2d Sup Clb Sed	450	1150	1900	3850	6700	9600
2d Sup Ctry Clb HT	400	1250	2100	4200	7400	10,500
2d Sup Suburban Sta Wag	450	1170	1975	3900	6850	9800
4d Sup Sed (108")	450	1150	1900	3850	6700	9600
2d Cus Ctry Clb HT	450	1400	2300	4600	8100	11,500
2d Cus Conv	500	1550	2600	5200	9100	13,000
2d Cus Sta Wag	400	1250	2100	4200	7400	10,500
4d Cus Sed (108")	450	1160	1950	3900	6800	9700
4d Cus Wag (108)	400	1250	2100	4200	7400	10,600
2d Cus Wag (108")	400	1300	2200	4400	7700	11,000
Nash Statesman, 6-cyl.						
4d Sup Sed	450	1080	1800	3600	6300	9000
2d Sup Sed	450	1090	1800	3650	6400	9100
4d Cus Sed	950	1100	1850	3700	6450	9200
2d Cus Ctry Clb HT	500	1550	2600	5200	9100	13,000
Nash Ambassador, 6-cyl.						
(Add 5 percent for LeMans option).						
4d Sup Sed	400	1200	2050	4100	7100	10,200
2d Sup Sed	400	1250	2050	4100	7200	10,300
4d Cus Sed	400	1250	2100	4200	7400	10,500
2d Cus Ctry Clb HT	550	1700	2800	5600	9800	14,000
Nash-Healey						
2d Cpe	1400	4500	7500	15,000	26,300	37,500
2d Spt Car	1600	5050	8400	16,800	29,400	42,000
1955						
Rambler, 6-cyl.						
2d DeL Clb Sed	450	1140	1900	3800	6650	9500
2d DeL Bus Sed	450	1130	1900	3800	6600	9400

	6	5	4	3	2	1
4d DeL Sed (108")	450	1140	1900	3800	6650	9500
2d Sup Clb Sed	450	1150	1900	3850	6700	9600
2d Sup Sta Wag	450	1130	1900	3800	6600	9400
4d Sup Sed (108")	450	1150	1900	3850	6700	9600
4d Sup Crs Ctry (108")	400	1200	2000	4000	7000	10,000
2d Cus Ctry Clb HT	450	1450	2400	4800	8400	12,000
4d Cus Sed (108")	450	1160	1950	3900	6800	9700
4d Cus Crs Ctry (108")	400	1300	2200	4400	7700	11,000
Nash Statesman, 6-cyl.						
4d Sup Sed	450	1140	1900	3800	6650	9500
4d Cus Sed	450	1150	1900	3850	6700	9600
2d Cus Ctry Clb	450	1500	2500	5000	8800	12,500
Nash Ambassador, 6-cyl.						
4d Sup Sed	400	1250	2100	4200	7400	10,600
4d Cus Sed	400	1300	2150	4300	7500	10,700
2d Cus Ctry Clb	500	1600	2700	5400	9500	13,500
Nash Ambassador, 8-cyl.						
4d Sup Sed	400	1300	2150	4300	7500	10,700
4d Cus Sed	400	1300	2200	4400	7700	11,000
2d Cus Ctry Clb	550	1700	2800	5600	9800	14,000
1956						
Rambler, 6-cyl.						
4d DeL Sed	350	860	1450	2900	5050	7200
4d Sup Sed	350	870	1450	2900	5100	7300
4d Sup Crs Ctry	350	975	1600	3250	5700	8100
4d Cus Sed	350	1000	1650	3300	5750	8200
4d Cus HT	450	1050	1800	3600	6200	8900
4d Cus Crs Ctry	350	1040	1700	3450	6000	8600
4d HT Wag	450	1080	1800	3600	6300	9000
Nash Statesman, 6-cyl.						
4d Sup Sed	350	1020	1700	3400	5950	8500
Nash Ambassador, 6-cyl.						
4d Sup Sed	450	1080	1800	3600	6300	9000
Nash Ambassador, 8-cyl.						
4d Sup Sed	950	1100	1850	3700	6450	9200
4d Cus Sed	450	1140	1900	3800	6650	9500
2d Cus HT	550	1700	2800	5600	9800	14,000

1957 Nash Ambassador Country Club V-8 two-door hardtop

	6	5	4	3	2	1
1957						
Rambler, 6-cyl.						
4d DeL Sed	200	750	1275	2500	4400	6300
4d Sup Sed	350	780	1300	2600	4550	6500
4d Sup HT	350	830	1400	2950	4830	6900
4d Sup Crs Ctry	350	850	1450	2850	4970	7100
4d Cus Sed	350	770	1300	2550	4480	6400
4d Cus Crs Ctry	350	860	1450	2900	5050	7200
Rambler, 8-cyl.						
4d Sup Sed	350	780	1300	2600	4550	6500
4d Sup Crs Ctry Wag	350	860	1450	2900	5050	7200
4d Cus Sed	350	790	1350	2650	4620	6600
4d Cus HT	350	870	1450	2900	5100	7300
4d Cus Crs Ctry Wag	350	880	1500	2950	5180	7400
4d Cus HT Crs Ctry	350	975	1600	3200	5500	7900
Rebel, 8-cyl.						
4d HT	400	1300	2200	4400	7700	11,000

	6	5	4	3	2	1
Nash Ambassador, 8-cyl.						
4d Sup Sed	450	1160	1950	3900	6800	9700
2d Sup HT	550	1700	2800	5600	9800	14,000
4d Cus Sed	400	1200	2000	4000	7000	10,000
2d Cus HT	550	1800	3000	6000	10,500	15,000

NASH-HEALEY

1951						
Series 25 - (6-cyl) - (102" wb) - (3847cc)						
2d 162 Spt Rds	1450	4700	7800	15,600	27,300	39,000
1952						
Series 25 - (6-cyl) - (102" wb) - (3847cc-4140cc)						
2d 262 Spt Rds	1500	4800	8000	16,000	28,000	40,000

1953 Nash-Healey roadster

1953-54						
Series 25 - (6-cyl) - (102" wb) - (4140cc)						
2d 362 Spt Conv	1500	4800	8000	16,000	28,000	40,000
LeMans - (6-cyl) - (102" wb) - (4140cc)						
2d 367 HdTp Cpe	1150	3600	6000	12,000	21,000	30,000

AMC

1959 Rambler Rebel Custom four-door sedan

	6	5	4	3	2	1
1958-1959						
American DeLuxe, 6-cyl.						
2d Sed	200	700	1050	2100	3650	5200
4d Sta Wag (1959 only)	200	700	1075	2150	3700	5300
American Super, 6-cyl.						
2d Sed	200	700	1075	2150	3700	5300
4d Sta Wag (1959 only)	200	650	1100	2150	3780	5400
Rambler DeLuxe, 6-cyl.						
4d Sed	200	700	1050	2100	3650	5200
4d Sta Wag	200	700	1075	2150	3700	5300
Rambler Super, 6-cyl.						
4d Sed	200	675	1000	1950	3400	4900
4d HT	200	675	1000	2000	3500	5000
4d Sta Wag	200	650	1100	2150	3780	5400
Rambler Custom, 6-cyl.						
4d Sed	200	685	1150	2300	3990	5700
4d HT	200	700	1200	2350	4130	5900
4d Sta Wag	200	660	1100	2200	3850	5500
Rebel Super V-8						
4d Sed DeL (1958 only)	200	685	1150	2300	3990	5700
4d Sed	200	670	1200	2300	4060	5800
4d Sta Wag	200	700	1200	2350	4130	5900
Rebel Custom, V-8						
4d Sed	200	700	1200	2350	4130	5900
4d HT	200	720	1200	2400	4200	6000
4d Sta Wag	200	720	1200	2400	4200	6000
Ambassador Super, V-8						
4d Sed	200	685	1150	2300	3990	5700
4d Sta Wag	200	670	1200	2300	4060	5800
Ambassador Custom, V-8						
4d Sed	200	670	1200	2300	4060	5800
4d Ht	200	700	1200	2350	4130	5900
4d Sta Wag	200	700	1200	2350	4130	5900
4d HT Sta Wag	200	730	1250	2450	4270	6100

1960 Rambler American station wagon

	6	5	4	3	2	1
1960						
American DeLuxe, 6-cyl.						
2d Sed	200	700	1050	2050	3600	5100
4d Sed	200	675	1000	2000	3500	5000
4d Sta Wag	200	700	1050	2100	3650	5200
American Super, 6-cyl.						
2d Sed	200	700	1050	2100	3650	5200
4d Sed	200	700	1050	2050	3600	5100
4d Sta Wag	200	700	1075	2150	3700	5300
American Custom, 6-cyl.						
2d Sed	200	700	1075	2150	3700	5300
4d Sed	200	700	1050	2100	3650	5200
4d Sta Wag	200	650	1100	2150	3780	5400
Rambler DeLuxe, 6-cyl.						
4d Sed	200	700	1050	2050	3600	5100
4d Sta Wag	200	700	1050	2100	3650	5200

	6	5	4	3	2	1
Rambler Super, 6-cyl.						
4d Sed	200	700	1050	2100	3650	5200
4d 6P Sta Wag	200	700	1075	2150	3700	5300
4d 8P Sta Wag	200	650	1100	2150	3780	5400
Rambler Custom, 6-cyl.						
4d Sed	200	700	1075	2150	3700	5300
4d HT	200	650	1100	2150	3780	5400
4d 6P Sta Wag	200	650	1100	2150	3780	5400
4d 8P Sta Wag	200	660	1100	2200	3850	5500
Rebel Super, V-8						
Sed	200	650	1100	2150	3780	5400
4d 6P Sta Wag	200	660	1100	2200	3850	5500
4d 8P Sta Wag	200	670	1150	2250	3920	5600
Rebel Custom, V-8						
4d Sed	200	660	1100	2200	3850	5500
4d HT	200	670	1150	2250	3920	5600
4d 6P Sta Wag	200	670	1150	2250	3920	5600
4d 8P Sta Wag	200	685	1150	2300	3990	5700
Ambassador Super, V-8						
4d Sed	200	670	1150	2250	3920	5600
4d 6P Sta Wag	200	685	1150	2300	3990	5700
4d 8P Sta Wag	200	670	1200	2300	4060	5800
Ambassador Custom, V-8						
4d Sed	200	685	1150	2300	3990	5700
4d HT	200	700	1200	2350	4130	5900
6P Sta Wag	200	670	1200	2300	4060	5800
4d HT Sta Wag	200	720	1200	2400	4200	6000
4d 8P Sta Wag	200	700	1200	2350	4130	5900

1961

	6	5	4	3	2	1
American						
4d DeL Sed	200	675	1000	1950	3400	4900
2d DeL Sed	200	675	1000	2000	3500	5000
4d DeL Sta Wag	200	700	1050	2050	3600	5100
2d DeL Sta Wag	200	675	1000	2000	3500	5000
4d Sup Sed	200	675	1000	2000	3500	5000
2d Sup Sed	200	700	1050	2050	3600	5100
4d Sup Sta Wag	200	700	1050	2100	3650	5200
2d Sup Sta Wag	200	700	1050	2050	3600	5100
4d Cus Sed	200	700	1050	2050	3600	5100
2d Cus Sed	200	700	1050	2100	3650	5200
2d Cus Conv	350	780	1300	2600	4550	6500
4d Cus Sta Wag	200	700	1050	2100	3650	5200
2d Cus Sta Wag	200	700	1075	2150	3700	5300
4d 400 Sed	200	700	1050	2100	3650	5200
2d 400 Conv	350	800	1350	2700	4700	6700
Rambler Classic						
4d DeL Sed	200	675	1000	2000	3500	5000
4d DeL Sta Wag	200	700	1050	2050	3600	5100
4d Sup Sed	200	700	1050	2050	3600	5100
4d Sup Sta Wag	200	700	1050	2100	3650	5200
4d Cus Sed	200	700	1050	2100	3650	5200
4d Cus Sta Wag	200	700	1075	2150	3700	5300
4d 400 Sed	200	700	1075	2150	3700	5300

NOTE: Add 5 percent for V-8.

	6	5	4	3	2	1
Ambassador						
4d DeL Sed	200	700	1050	2050	3600	5100
4d Sup Sed	200	700	1050	2100	3650	5200
5d Sup Sta Wag	200	700	1075	2150	3700	5300
4d Sup Sta Wag	200	700	1050	2100	3650	5200
4d Cus Sed	200	700	1075	2150	3700	5300
5d Cus Sta Wag	200	660	1100	2200	3850	5500
4d Cus Sta Wag	200	650	1100	2150	3780	5400
4d 400 Sed	200	650	1100	2150	3780	5400

1962

	6	5	4	3	2	1
American						
4d DeL Sed	150	600	900	1800	3150	4500
2d DeL Sed	150	600	950	1850	3200	4600
4d DeL Sta Wag	150	600	950	1850	3200	4600
2d DeL Sta Wag	150	600	900	1800	3150	4500
4d Cus Sed	150	600	950	1850	3200	4600
2d Cus Sed	150	600	950	1850	3200	4600
4d Cus Sta Wag	150	650	950	1900	3300	4700
2d Cus Sta Wag	150	600	950	1850	3200	4600
4d 400	150	600	950	1850	3200	4600
2d 400	150	650	950	1900	3300	4700

	6	5	4	3	2	1
2d 400 Conv	350	800	1350	2700	4700	6700
4d 400 Sta Wag	200	675	1000	2000	3500	5000
Classic						
4d DeL Sed	150	600	900	1800	3150	4500
2d DeL	150	600	950	1850	3200	4600
4d DeL Sta Wag	150	650	950	1900	3300	4700
4d Cus Sed	150	650	975	1950	3350	4800
2d Cus	200	675	1000	1950	3400	4900
4d Cus Sta Wag	150	650	975	1950	3350	4800
5d Cus Sta Wag	200	675	1000	1950	3400	4900
4d 400 Sed	200	675	1000	1950	3400	4900
2d 400	200	675	1000	2000	3500	5000
4d 400 Sta Wag	200	700	1050	2050	3600	5100
NOTE: Add 5 percent for V-8.						
Ambassador						
4d Cus Sed	150	650	950	1900	3300	4700
2d Cus Sed	150	650	975	1950	3350	4800
4d Cus Sta Wag	200	700	1050	2100	3650	5200
4d 400 Sed	200	675	1000	2000	3500	5000
2d 400 Sed	200	700	1050	2050	3600	5100
4d 400 Sta Wag	200	700	1050	2100	3650	5200
5d 400 Sta Wag	200	700	1075	2150	3700	5300
1963						
American						
4d 220 Sed	150	600	950	1850	3200	4600
2d 220 Sed	150	650	950	1900	3300	4700
4d 220 Bus Sed	150	600	900	1800	3150	4500
4d 220 Sta Wag	150	650	950	1900	3300	4700
2 dr 220 Sta Wag	150	600	950	1850	3200	4600
4d 330 Sed	150	650	950	1900	3300	4700
2d 330 Sed	150	600	950	1850	3200	4600
4d 330 Sta Wag	200	675	1000	1950	3400	4900
2d 330 Sta Wag	200	675	1000	2000	3500	5000
4d 440 Sed	200	675	1000	1950	3400	4900
2d 440 Sed	200	675	1000	2000	3500	5000
2d 440 HT	200	700	1075	2150	3700	5300
2d 440-H HT	200	720	1200	2400	4200	6000
2d 440 Conv	350	780	1300	2600	4550	6500
4d 440 Sta Wag	200	700	1050	2050	3600	5100
Classic						
4d 550 Sed	150	600	900	1800	3150	4500
2d 550 Sed	150	600	950	1850	3200	4600
4d 550 Sta Wag	150	600	900	1800	3150	4500
4d 660 Sed	150	600	900	1800	3150	4500
2d 660 Sed	150	600	950	1850	3200	4600
4d 660 Sta Wag	150	650	950	1900	3300	4700
4d 770 Sed	200	675	1000	1950	3400	4900
2d 770 Sed	150	650	975	1950	3350	4800
4d 770 Sta Wag	200	700	1050	2050	3600	5100
NOTE: Add 5 percent for V-8 models.						
Ambassador						
4d 800 Sed	150	650	975	1950	3350	4800
2d 800 Sed	200	675	1000	1950	3400	4900
4d 800 Sta Wag	200	675	1000	2000	3500	5000
4d 880 Sed	200	675	1000	1950	3400	4900
2d 880 Sed	200	675	1000	2000	3500	5000
4d 880 Sta Wag	200	700	1050	2050	3600	5100
4d 990 Sed	200	675	1000	2000	3500	5000
2d 990 Sed	200	700	1050	2050	3600	5100
5d 990 Sta Wag	200	700	1075	2150	3700	5300
4d 990 Sta Wag	200	700	1050	2100	3650	5200
1964						
American						
4d 220 Sed	150	600	950	1850	3200	4600
2d 220	150	650	950	1900	3300	4700
4d 220 Sta Wag	150	650	975	1950	3350	4800
4d 330 Sed	150	650	975	1950	3350	4800
2d 330	200	675	1000	1950	3400	4900
4d 330 Sta Wag	200	675	1000	1950	3400	4900
4d 440 Sed	150	650	975	1950	3350	4800
2d 440 HT	200	700	1075	2150	3700	5300
2d 440-H HT	200	720	1200	2400	4200	6000
2d Conv	350	780	1300	2600	4550	6500
Classic						
4d 550 Sed	150	600	900	1800	3150	4500

	6	5	4	3	2	1
2d 550	150	600	950	1850	3200	4600
4d 550 Sta Wag	150	650	950	1900	3300	4700
4d 660 Sed	150	600	950	1850	3200	4600
2d 660	150	650	950	1900	3300	4700
4d 660 Sta Wag	150	650	975	1950	3350	4800
4d 770 Sed	150	650	950	1900	3300	4700
2d 770	150	650	975	1950	3350	4800
2d 770 Ht	200	700	1075	2150	3700	5300
2d 770 Typhoon HT	350	780	1300	2600	4550	6500
4d 770 Sta Wag	150	650	975	1950	3350	4800
NOTE: Add 5 percent for V-8 models.						
Ambassador						
4d Sed	200	700	1075	2150	3700	5300
2d HT	200	670	1200	2300	4060	5800
4d 990H	200	720	1200	2400	4200	6000
4d Sta Wag	200	675	1000	2000	3500	5000
1965						
American						
4d 220 Sed	150	650	950	1900	3300	4700
2d 220	150	650	975	1950	3350	4800
4d 220 Sta Wag	150	650	975	1950	3350	4800
4d 330 Sed	150	650	975	1950	3350	4800
2 dr 330	200	675	1000	2000	3500	5000
4d 330 Sta Wag	200	700	1050	2050	3600	5100
4d 440 Sed	200	675	1000	2000	3500	5000
2d 440 HT	200	720	1200	2400	4200	6000
2d 440-H HT	200	745	1250	2500	4340	6200
2d Conv	350	790	1350	2650	4620	6600
Classic						
4d 550 Sed	150	600	950	1850	3200	4600
2d 550	150	650	950	1900	3300	4700
4d 550 Sta Wag	150	650	950	1900	3300	4700
4d 660 Sed	200	675	1000	1950	3400	4900
2d 660	200	675	1000	2000	3500	5000
4d 660 Sta Wag	200	700	1050	2050	3600	5100
4d 770 Sed	200	675	1000	1950	3400	4900
2d 770 HT	200	700	1050	2100	3650	5200
2d 770-H HT	200	750	1275	2500	4400	6300
2d 770 Conv	350	800	1350	2700	4700	6700
4d 770 Sta Wag	200	675	1000	2000	3500	5000
NOTE: Add 5 percent for V-8 models.						
Marlin						
2d FBk	350	780	1300	2600	4550	6500
Ambassador						
4d 880 Sed	200	675	1000	2000	3500	5000
2d 880	200	700	1050	2050	3600	5100
4d 880 Sta Wag	200	700	1050	2100	3650	5200
4d 990 Sed	200	700	1050	2050	3600	5100
2d 990 HT	200	700	1075	2150	3700	5300
2d 990-H HT	200	720	1200	2400	4200	6000
2d Conv	350	780	1300	2600	4550	6500
4d Sta Wag	200	675	1000	2000	3500	5000
Marlin, V-8						
2d FBk	200	745	1250	2500	4340	6200
1966						
American						
4d 220 Sed	150	600	900	1800	3150	4500
2d 220 Sed	150	600	950	1850	3200	4600
4d 220 Wag	150	650	950	1900	3300	4700
4d 440 Sed	150	650	975	1950	3350	4800
2d 440 Sed	200	675	1000	1950	3400	4900
2d 440 Conv	150	650	975	1950	3350	4800
4d 440 Wag	150	650	950	1900	3300	4700
2d 440 HT	200	675	1000	2000	3500	5000
2d Rogue HT	200	720	1200	2400	4200	6000
Classic						
4d 550 Sed	150	600	950	1850	3200	4600
2d 550 Sed	150	600	950	1850	3200	4600
4d 550 Sta Wag	150	650	950	1900	3300	4700
4d 770 Sed	150	650	975	1950	3350	4800
2d 770 HT	200	700	1050	2100	3650	5200
2d 770 Conv	350	780	1300	2600	4550	6500
4d 770 Sta Wag	150	650	950	1900	3300	4700
Rebel						
2d HT	200	720	1200	2400	4200	6000

	6	5	4	3	2	1
Marlin						
2d FBk Cpe	350	780	1300	2600	4550	6500
Ambassador						
4d 880 Sed	200	675	1000	1950	3400	4900
2d 880 Sed	200	675	1000	2000	3500	5000
4d 880 Sta Wag	200	700	1050	2100	3650	5200
4d 990 Sed	200	700	1050	2050	3600	5100
2d 990 HT	200	660	1100	2200	3850	5500
2d 990 Conv	350	840	1400	2800	4900	7000
4d 990 Sta Wag	150	600	900	1800	3150	4500
DPL (Diplomat)						
2d DPL HT	200	720	1200	2400	4200	6000
1967						
American 220						
4d Sed	150	600	900	1800	3150	4500
2d Sed	150	600	900	1800	3150	4500
4d Sta Wag	150	600	900	1800	3150	4500
American 440						
4d Sed	150	600	950	1850	3200	4600
2d Sed	150	600	950	1850	3200	4600
2d HT	200	675	1000	2000	3500	5000
4d Sta Wag	150	600	900	1800	3150	4500
American Rogue						
2d HT	350	790	1350	2650	4620	6600
2d Conv	350	900	1500	3000	5250	7500
Rebel 550						
4d Sed	150	600	900	1800	3150	4500
2d Sed	150	600	900	1800	3150	4500
4d Sta Wag	150	600	900	1800	3150	4500
Rebel 770						
4d Sed	150	600	950	1850	3200	4600
2d HT	200	675	1000	2000	3500	5000
4d Sta Wag	150	600	900	1800	3150	4500
Rebel SST						
2d HT	200	700	1050	2100	3650	5200
2d Conv	350	840	1400	2800	4900	7000
Rambler Marlin						
2d FBk Cpe	350	780	1300	2600	4550	6500
Ambassador 880						
4d Sed	150	600	950	1850	3200	4600
2d Sed	150	600	950	1850	3200	4600
4d Sta Wag	150	650	950	1900	3300	4700
Ambassador 990						
4d Sed	200	675	1000	2000	3500	5000
2d HT	200	670	1200	2300	4060	5800
4d Sta Wag	200	700	1050	2050	3600	5100
Ambassador DPL						
2d HT	200	730	1250	2450	4270	6100
2d Conv	350	900	1500	3000	5250	7500
1968						
American 220						
4d Sed	150	650	950	1900	3300	4700
2d Sed	150	650	950	1900	3300	4700
American 440						
4d Sed	150	650	975	1950	3350	4800
4d Sta Wag	150	650	950	1900	3300	4700
Rogue						
2d HT	350	840	1400	2800	4900	7000
Rebel 550						
4d Sed	150	650	950	1900	3300	4700
2d Conv	200	685	1150	2300	3990	5700
4d Sta Wag	150	600	900	1800	3150	4500
2d HT	200	700	1050	2100	3650	5200
Rebel 770						
4d Sed	150	650	950	1900	3300	4700
4d Sta Wag	150	600	950	1850	3200	4600
2d HT	200	650	1100	2150	3780	5400
Rebel SST						
2d Conv	350	840	1400	2800	4900	7000
2d HT	200	670	1150	2250	3920	5600
Ambassador						
4d Sed	150	650	975	1950	3350	4800
2d HT	200	660	1100	2200	3850	5500
Ambassador DPL						
4d Sed	200	675	1000	2000	3500	5000

	6	5	4	3	2	1
2d HT	200	685	1150	2300	3990	5700
4d Sta Wag	200	675	1000	2000	3500	5000
Ambassador SST						
4d Sed	200	675	1000	2000	3500	5000
2d HT	200	720	1200	2400	4200	6000
Javelin						
2d FBk	350	975	1600	3200	5600	8000
Javelin SST						
2d FsBk	450	1140	1900	3800	6650	9500
NOTE: Add 20 percent for GO pkg. Add 30 percent for Big Bad pkg.						
AMX						
2d FBk	550	1700	2800	5600	9800	14,000
NOTE: Add 25 percent for Craig Breedlove Edit.						
1969						
Rambler						
4d Sed	150	600	950	1850	3200	4600
2d Sed	150	600	950	1850	3200	4600
Rambler 440						
4d Sed	150	650	950	1900	3300	4700
2d Sed	150	650	950	1900	3300	4700
Rambler Rogue						
2d HT	350	840	1400	2800	4900	7000
Rambler Hurst S/C						
2d HT	500	1550	2600	5200	9100	13,000
Rebel						
4d Sed	150	600	900	1800	3150	4500
2d HT	200	675	1000	2000	3500	5000
4d Sta Wag	150	600	950	1850	3200	4600
Rebel SST						
4d Sed	150	650	950	1900	3300	4700
2d HT	200	700	1050	2100	3650	5200
4d Sta Wag	150	650	950	1900	3300	4700
AMX						
2d FBk Cpe	550	1700	2800	5600	9800	14,000
NOTE: Add 25 percent for Big Bad Pkg.						
Javelin						
2d FBk Cpe	350	975	1600	3200	5600	8000
Javelin SST						
2d FBk Cpe	450	1140	1900	3800	6650	9500
NOTE: Add 20 percent for GO Pkg. Add 30 percent for Big Bad Pkg.						
Ambassador						
4d Sed	150	650	975	1950	3350	4800
Ambassador DPL						
4d Sed	200	675	1000	2000	3500	5000
4d Sta Wag	200	675	1000	2000	3500	5000
2d HT	200	700	1050	2100	3650	5200
Ambassador SST						
4d Sed	150	650	975	1950	3350	4800
2d HT	200	700	1075	2150	3700	5300
1970						
Hornet						
4d Sed	150	500	800	1600	2800	4000
2d Sed	150	500	800	1600	2800	4000
Hornet SST						
4d Sed	150	550	850	1650	2900	4100
2d Sed	150	550	850	1650	2900	4100
Rebel						
4d Sed	150	550	850	1675	2950	4200
2d HT	200	675	1000	2000	3500	5000
4d Sta Wag	150	600	950	1850	3200	4600
Rebel SST						
4d Sed	150	575	875	1700	3000	4300
2d HT	350	780	1300	2600	4550	6500
4d Sta Wag	150	550	850	1675	2950	4200
Rebel 'Machine'						
2d HT	450	1500	2500	5000	8800	12,500
AMX						
2d FBk Cpe	550	1700	2800	5600	9800	14,000
Gremlin						
2d Comm	150	575	875	1700	3000	4300
2d Sed	150	575	900	1750	3100	4400
Javelin						
2d FBk Cpe	350	975	1600	3200	5600	8000

	6	5	4	3	2	1
Javelin SST						
2d FBk Cpe	450	1130	1900	3800	6600	9400
NOTE: Add 20 percent for GO pkg.						
Add 30 percent for Big Bad pkg.						
'Trans Am'						
2d FBk Cpe	400	1200	2000	4000	7000	10,000
'Mark Donohue'						
2d FBk Cpe	450	1140	1900	3800	6650	9500
Ambassador						
4d Sed	150	575	875	1700	3000	4300
Ambassador DPL						
4d Sed	150	575	900	1750	3100	4400
2d HT	150	600	900	1800	3150	4500
4d Sta Wag	150	575	875	1700	3000	4300
Ambassador SST						
4d Sed	150	600	900	1800	3150	4500
2d HT	150	600	950	1850	3200	4600
4d Sta Wag	150	575	900	1750	3100	4400
1971						
Gremlin						
2d Sed	150	500	800	1600	2800	4000
4d Sed	150	500	800	1600	2800	4000
Hornet						
2d Sed	150	550	850	1650	2900	4100
4d Sed	150	550	850	1650	2900	4100
Hornet SST						
2d Sed	150	500	800	1600	2800	4000
4d Sed	150	500	800	1600	2800	4000
Hornet SC/360						
2d HT	350	975	1600	3200	5600	8000
Javelin						
2d HT	200	675	1000	2000	3500	5000
2d SST HT	200	720	1200	2400	4200	6000
NOTE: Add 10 percent for 401 V-8.						
Javelin AMX						
2d HT	350	900	1500	3000	5250	7500
NOTE: Add 15 percent for GO Pkg.						
Matador						
4d Sed	150	500	800	1600	2800	4000
2d HT	150	550	850	1675	2950	4200
4d Sta Wag	150	550	850	1650	2900	4100
Ambassador DPL						
4d Sed	150	550	850	1650	2900	4100
Ambassador SST						
4d Sed	150	550	850	1675	2950	4200
2d HT	150	575	900	1750	3100	4400
4d Sta Wag	150	575	875	1700	3000	4300
NOTE: Add 10 percent to Ambassador SST for Broughams.						

1972 AMC Gremlin X hatchback coupe

	6	5	4	3	2	1
1972						
Hornet SST						
2d Sed	150	500	800	1600	2800	4000
4d Sed	150	550	850	1650	2900	4100
4d Sta Wag	150	550	850	1675	2950	4200
2d Gucci	200	675	1000	2000	3500	5000
4d DeL Wag	150	575	875	1700	3000	4300
4d 'X' Wag	150	550	850	1675	2950	4200
Matador						
4d Sed	150	550	850	1675	2950	4200
2d HT	150	575	900	1750	3100	4400
4d Sta Wag	150	575	875	1700	3000	4300
Gremlin						
2d Sed	150	550	850	1650	2900	4100
2d 'X' Sed	200	675	1000	2000	3500	5000
Javelin						
2d SST	200	675	1000	2000	3500	5000
2d AMX	200	720	1200	2400	4200	6000
2d Go '360'	350	840	1400	2800	4900	7000
2d Go '401'	350	975	1600	3200	5500	7900
2d Cardin	350	820	1400	2700	4760	6800
NOTE: Add 20 percent for 401 V-8. Add 25 percent for 401 Police Special V-8. Add 30 percent for GO Pkg.						
Ambassador SST						
4d Sed	150	550	850	1675	2950	4200
2d HT	150	575	900	1750	3100	4400
4d Sta Wag	150	575	875	1700	3000	4300
Ambassador Brougham						
NOTE: Add 10 percent to SST prices for Brougham.						
Gremlin V8						
2d	150	600	950	1850	3200	4600
Hornet V8						
2d	150	575	900	1750	3100	4400
4d	150	650	975	1950	3350	4800
2d HBk	150	600	900	1800	3150	4500
4d Sta Wag	150	575	900	1750	3100	4400
AMX V8						
2d HT	350	1000	1650	3300	5750	8200
NOTE: Add 15 percent for GO Pkg.						
Matador V8						
4d Sed	150	550	850	1675	2950	4200
2d HT	150	575	875	1700	3000	4300
Sta Wag	150	550	850	1675	2950	4200
Ambassador Brgm V8						
4d Sed	150	575	875	1700	3000	4300
2d HT	150	475	775	1500	2650	3800
4d Sta Wag	150	575	875	1700	3000	4300
1973						
Gremlin V8						
2d	150	600	900	1800	3150	4500
Hornet V8						
2d	150	500	800	1550	2700	3900
4d	150	475	775	1500	2650	3800
2d 2d HBk	150	500	800	1600	2800	4000
4d Sta Wag	150	500	800	1550	2700	3900
Javelin V8						
2d HT	200	675	1000	2000	3500	5000
AMX V8						
2d HT	350	975	1600	3200	5600	8000
Matador V8						
4d Sed	150	475	750	1475	2600	3700
2d HT	150	475	775	1500	2650	3800
4d Sta Wag	150	475	750	1475	2600	3700
Ambassador Brgm V8						
4d Sed	150	475	775	1500	2650	3800
2d HT	150	500	800	1550	2700	3900
4d Sta Wag	150	475	775	1500	2650	3800
1974						
Gremlin V8						
2d Sed	150	600	900	1800	3150	4500
Hornet						
4d Sed	125	400	700	1375	2400	3400
2d Sed	125	450	700	1400	2450	3500

	6	5	4	3	2	1
2d HBk	125	450	750	1450	2500	3600
4d Sta Wag	125	450	700	1400	2450	3500
Javelin						
2d FBk	150	550	850	1675	2950	4200
Javelin AMX						
2d FBk	350	780	1300	2600	4550	6500
Matador						
4d Sed	125	380	650	1300	2250	3200
2d Sed	125	450	750	1450	2500	3600
4d Sta Wag	125	400	675	1350	2300	3300
Matador Brougham						
2d Cpe	150	475	750	1475	2600	3700
Matador 'X'						
2d Cpe	150	475	775	1500	2650	3800
Ambassador Brougham						
4d Sed	125	400	675	1350	2300	3300
4d Sta Wag	125	400	700	1375	2400	3400

NOTE: Add 10 percent for Oleg Cassini coupe.
Add 12 percent for 'Go-Package'.

	6	5	4	3	2	1
1975						
Gremlin						
2d Sed	150	475	775	1500	2650	3800
Hornet						
4d Sed	125	450	700	1400	2450	3500
2d Sed	125	400	700	1375	2400	3400
2d HBk	125	450	700	1400	2450	3500
4d Sta Wag	125	450	700	1400	2450	3500
Pacer						
2d Sed	150	500	800	1550	2700	3900
Matador						
4d Sed	125	400	700	1375	2400	3400
2d Cpe	125	450	750	1450	2500	3600
4d Sta Wag	125	450	700	1400	2450	3500
1976						
Gremlin, V-8						
2d Sed	125	450	700	1400	2450	3500
2d Cus Sed	150	475	775	1500	2650	3800
Hornet, V-8						
4d Sed	125	370	650	1250	2200	3100
2d Sed	100	360	600	1200	2100	3000
2d HBk	125	380	650	1300	2250	3200
4d Sptabt	125	400	675	1350	2300	3300
Pacer, 6-cyl.						
2d Sed	125	450	700	1400	2450	3500
Matador, V-8						
4d Sed	100	360	600	1200	2100	3000
2d Cpe	125	380	650	1300	2250	3200
4d Sta Wag	125	370	650	1250	2200	3100

NOTE: Deduct 5 percent for 6 cylinder.

	6	5	4	3	2	1
1977						
Gremlin, V-8						
2d Sed	150	475	750	1475	2600	3700
2d Cus Sed	150	475	775	1500	2650	3800
Hornet, V-8						
4d Sed	125	380	650	1300	2250	3200
2d Sed	125	370	650	1250	2200	3100
2d HBk	125	400	675	1350	2300	3300
4d Sta Wag	125	400	700	1375	2400	3400
Pacer, 6-cyl.						
2d Sed	125	450	750	1450	2500	3600
4d Sta Wag	150	475	750	1475	2600	3700
Matador, V-8						
4d Sed	125	370	650	1250	2200	3100
2d Cpe	125	400	675	1350	2300	3300
4d Sta Wag	125	380	650	1300	2250	3200

NOTE: Deduct 5 percent for 6 cylinder.
Add 10 percent for AMX package.

	6	5	4	3	2	1
1978						
Gremlin						
2d Sed	125	400	700	1375	2400	3400
2d Cus Sed	125	450	700	1400	2450	3500
Concord						
4d Sed	100	350	600	1150	2000	2900
2d Sed	100	330	575	1150	1950	2800

	6	5	4	3	2	1
2d HBk	100	360	600	1200	2100	3000
4d Sta Wag	125	370	650	1250	2200	3100
Pacer						
2 dr Hatch	125	400	675	1350	2300	3300
4d Sta Wag	125	400	700	1375	2400	3400
AMX						
2 dr Hatch	125	450	750	1450	2500	3600
Matador						
4d Sed	100	330	575	1150	1950	2800
2d Cpe	100	360	600	1200	2100	3000
4d Sta Wag	100	350	600	1150	2000	2900
1979						
Spirit, 6-cyl.						
2d HBk	125	450	700	1400	2450	3500
2d Sed	125	400	700	1375	2400	3400
Spirit DL, 6-cyl.						
2d HBk	125	450	750	1450	2500	3600
2d Sed	125	450	700	1400	2450	3500
Spirit Limited, 6-cyl.						
2d HBk	150	475	750	1475	2600	3700
2d Sed	125	450	750	1450	2500	3600
NOTE: Deduct 5 percent for 4-cyl.						
Concord, V-8						
4d Sed	125	370	650	1250	2200	3100
2d Sed	100	360	600	1200	2100	3000
2d HBk	125	380	650	1300	2250	3200
4d Sta Wag	125	380	650	1300	2250	3200
Concord DL, V-8						
4d Sed	125	380	650	1300	2250	3200
2d Sed	125	370	650	1250	2200	3100
2d HBk	125	400	675	1350	2300	3300
4d Sta Wag	125	400	675	1350	2300	3300
Concord Limited, V-8						
4d Sed	125	400	675	1350	2300	3300
2d Sed	125	380	650	1300	2250	3200
4d Sta Wag	125	400	700	1375	2400	3400
NOTE: Deduct 5 percent for 6-cyl.						
Pacer DL, V-8						
2d HBk	125	400	700	1375	2400	3400
2d Sta Wag	125	450	700	1400	2450	3500
Pacer Limited, V-8						
2d HBk	125	450	700	1400	2450	3500
2d Sta Wag	125	450	750	1450	2500	3600
NOTE: Deduct 5 percent for 6-cyl.						
AMX, V-8						
2d HBk	150	475	750	1475	2600	3700
NOTE: Deduct 7 percent for 6-cyl.						
1980						
Spirit, 6-cyl.						
2d HBk	150	500	800	1600	2800	4000
2d Cpe	150	500	800	1550	2700	3900
2d HBk DL	150	550	850	1650	2900	4100
2d Cpe DL	150	500	800	1600	2800	4000
2d HBk Ltd	150	575	875	1700	3000	4300
2d Cpe Ltd	150	550	850	1675	2950	4200
NOTE: Deduct 10 percent for 4-cyl.						
Concord, 6-cyl.						
4d Sed	125	450	750	1450	2500	3600
2d Cpe	125	450	700	1400	2450	3500
4d Sta Wag	150	475	750	1475	2600	3700
4d Sed DL	150	475	750	1475	2600	3700
2d Cpe DL	125	450	750	1450	2500	3600
4d Sta Wag DL	150	475	775	1500	2650	3800
4d Sed Ltd	150	500	800	1550	2700	3900
2d Cpe Ltd	150	475	775	1500	2650	3800
4d Sta Wag Ltd	150	500	800	1550	2700	3900
Pacer, 6-cyl.						
2d HBk DL	125	450	750	1450	2500	3600
2d Sta Wag DL	150	475	750	1475	2600	3700
2d HBk Ltd	150	475	775	1500	2650	3800
2d Sta Wag Ltd	150	500	800	1550	2700	3900
AMX, 6-cyl.						
2d HBk	150	550	850	1675	2950	4200
Eagle 4WD, 6-cyl.						
4d Sed	200	675	1000	2000	3500	5000

	6	5	4	3	2	1
2d Cpe	200	675	1000	1950	3400	4900
4d Sta Wag	200	700	1050	2100	3650	5200
4d Sed Ltd	200	700	1050	2100	3650	5200
2d Cpe Ltd	200	700	1050	2050	3600	5100
4d Sta Wag Ltd	200	650	1100	2150	3780	5400
1981						
Spirit, 4-cyl.						
2d HBk	150	475	750	1475	2600	3700
2d Cpe	125	450	750	1450	2500	3600
2d HBk DL	150	500	800	1550	2700	3900
2d Cpe DL	150	475	775	1500	2650	3800
Spirit, 6-cyl.						
2d HBk	150	550	850	1650	2900	4100
2d Cpe	150	500	800	1600	2800	4000
2d HBk DL	150	575	875	1700	3000	4300
2d Cpe DL	150	550	850	1675	2950	4200
Concord, 6-cyl.						
4d Sed	150	475	750	1475	2600	3700
2d Cpe	125	450	750	1450	2500	3600
4d Sta Wag	150	475	775	1500	2650	3800
4d Sed DL	150	475	775	1500	2650	3800
2d Cpe DL	150	475	750	1475	2600	3700
4d Sta Wag DL	150	500	800	1550	2700	3900
4d Sed Ltd	150	500	800	1550	2700	3900
2d Cpe Ltd	150	475	775	1500	2650	3800
4d Sta Wag Ltd	150	500	800	1600	2800	4000
NOTE: Deduct 12 percent for 4-cyl.						
Eagle 50 4WD, 4-cyl.						
2d HBk SX4	200	675	1000	2000	3500	5000
2d HBk	200	675	1000	1950	3400	4900
2d HBk SX4 DL	200	700	1050	2100	3650	5200
2d HBk DL	200	700	1050	2050	3600	5100
Eagle 50 4WD, 6-cyl.						
2d HBk SX4	200	650	1100	2150	3780	5400
2d HBk	200	700	1075	2150	3700	5300
2d HBk SX4 DL	200	670	1150	2250	3920	5600
2d HBk DL	200	660	1100	2200	3850	5500
1982						
Spirit, 6-cyl.						
2d HBk	150	550	850	1675	2950	4200
2d Cpe	150	550	850	1650	2900	4100
2d HBk DL	150	575	900	1750	3100	4400
2d Cpe DL	150	575	875	1700	3000	4300
NOTE: Deduct 10 percent for 4-cyl.						
Concord, 6-cyl.						
4d Sed	150	475	775	1500	2650	3800
2d Cpe	150	475	750	1475	2600	3700
4d Sta Wag	150	500	800	1550	2700	3900
4d Sed DL	150	500	800	1550	2700	3900
2d Cpe DL	150	475	775	1500	2650	3800
4d Sta Wag DL	150	500	800	1600	2800	4000
4d Sed Ltd	150	500	800	1600	2800	4000
2d Cpe Ltd	150	500	800	1550	2700	3900
4d Sta Wag Ltd	150	550	850	1650	2900	4100
NOTE: Deduct 12 percent for 4-cyl.						
Eagle 50 4WD, 4-cyl.						
2d HBk SX4	200	700	1050	2050	3600	5100
2d HBk	200	675	1000	2000	3500	5000
2d HBk SX4 DL	200	700	1075	2150	3700	5300
2d HBk DL	200	700	1050	2100	3650	5200
Eagle 50 4WD, 6-cyl.						
2d HBk SX4	200	660	1100	2200	3850	5500
2d HBk	200	650	1100	2150	3780	5400
2d HBk SX4 DL	200	685	1150	2300	3990	5700
2d HBk DL	200	670	1150	2250	3920	5600
Eagle 30 4WD, 4-cyl.						
4d Sed	200	675	1000	1950	3400	4900
2d Cpe	150	650	975	1950	3350	4800
4d Sta Wag	200	675	1000	2000	3500	5000
4d Sed Ltd	200	675	1000	2000	3500	5000
2d Cpe Ltd	200	675	1000	1950	3400	4900
4d Sta Wag Ltd	200	700	1050	2100	3650	5200
Eagle 30 4WD, 6-cyl.						
4d Sed	200	700	1075	2150	3700	5300
2d Cpe	200	700	1050	2100	3650	5200

	6	5	4	3	2	1
4d Sta Wag	200	660	1100	2200	3850	5500
4d Sed Ltd	200	660	1100	2200	3850	5500
2d Cpe Ltd	200	650	1100	2150	3780	5400
4d Sta Wag Ltd	200	685	1150	2300	3990	5700
1983						
Spirit, 6-cyl.						
2d HBk DL	150	575	875	1700	3000	4300
2d HBk GT	150	575	900	1750	3100	4400
Concord, 6-cyl.						
4d Sed	150	500	800	1550	2700	3900
4d Sta Wag	150	500	800	1600	2800	4000
4d Sed DL	150	500	800	1600	2800	4000
4d Sta Wag DL	150	550	850	1650	2900	4100
4d Sta Wag Ltd	150	575	875	1700	3000	4300
Alliance, 4-cyl.						
2d Sed	125	450	750	1450	2500	3600
4d Sed L	150	475	750	1475	2600	3700
2d Sed L	150	475	750	1475	2600	3700
4d Sed DL	150	475	775	1500	2650	3800
2d Sed DL	150	475	775	1500	2650	3800
4d Sed Ltd	150	500	800	1550	2700	3900
Eagle 50 4WD, 4-cyl.						
2d HBk SX4	200	700	1050	2100	3650	5200
2d HBk SX4 DL	200	650	1100	2150	3780	5400
Eagle 50 4WD, 6-cyl.						
2d HBk SX4	200	670	1150	2250	3920	5600
2d HBk SX4 DL	200	670	1200	2300	4060	5800
Eagle 30 4WD, 4-cyl.						
4d Sed	200	675	1000	2000	3500	5000
4d Sta Wag	200	700	1050	2100	3650	5200
4d Sta Wag Ltd	200	650	1100	2150	3780	5400
Eagle 30 4WD, 6-cyl.						
4d Sed	200	650	1100	2150	3780	5400
4d Sta Wag	200	670	1150	2250	3920	5600
4d Sta Wag Ltd	200	670	1200	2300	4060	5800
1984						
Alliance, 4-cyl.						
2d	150	475	750	1475	2600	3700
L						
4d	150	475	775	1500	2650	3800
2d	150	475	775	1500	2650	3800
DL						
4d	150	500	800	1550	2700	3900
2d	150	500	800	1550	2700	3900
Limited						
4d	150	500	800	1600	2800	4000
Encore, 4-cyl.						
2d Liftback	125	400	700	1375	2400	3400
S						
2d Liftback	125	450	700	1400	2450	3500
4d Liftback	125	450	700	1400	2450	3500
LS						
2d Liftback	125	450	750	1450	2500	3600
4d Liftback	125	450	750	1450	2500	3600
GS						
2d Liftback	150	475	750	1475	2600	3700
Eagle 4WD, 4-cyl.						
4d Sed	200	700	1050	2050	3600	5100
4d Sta Wag	200	700	1075	2150	3700	5300
4d Sta Wag Ltd	200	660	1100	2200	3850	5500
Eagle 4WD, 6-cyl.						
4d Sed	200	660	1100	2200	3850	5500
4d Sta Wag	200	685	1150	2300	3990	5700
4d Sta Wag Ltd	200	700	1200	2350	4130	5900
1985						
Alliance						
2d Sed	100	320	550	1050	1850	2600
4d Sed L	100	330	575	1150	1950	2800
2d Sed L	100	350	600	1150	2000	2900
Conv L	150	475	750	1475	2600	3700
4d Sed DL	125	380	650	1300	2250	3200
2d Sed DL	125	450	700	1400	2450	3500
Conv DL	150	550	850	1650	2900	4100
4d Ltd Sed	150	500	800	1550	2700	3900

	6	5	4	3	2	1
Eagle 4WD						
4d Sed	200	670	1150	2250	3920	5600
4d Sta Wag	200	670	1200	2300	4060	5800
4d Ltd Sta Wag	200	720	1200	2400	4200	6000
1986						
Encore 90						
2d HBk	125	450	700	1400	2450	3500
4d HBk	125	450	750	1450	2500	3600
Alliance						
2d Sed	125	450	750	1450	2500	3600
4d Sed	150	475	750	1475	2600	3700
Conv	200	660	1100	2200	3850	5500
Eagle						
4d Sed	200	685	1150	2300	3990	5700
4d Sta Wag	200	670	1200	2300	4060	5800
4d Ltd Sta Wag	200	720	1200	2400	4200	6000

NOTES: Add 10 percent for deluxe models.
Deduct 5 percent for smaller engines.

	6	5	4	3	2	1
1987						
2d Sed	150	500	800	1600	2800	4000
4d Sed	150	500	800	1600	2800	4000
2d HBk	150	550	850	1650	2900	4100
4d HBk	150	550	850	1650	2900	4100
2d Conv	350	820	1400	2700	4760	6800

NOTES: Add 10 percent for deluxe models.
Add 20 percent for GTA models.

	6	5	4	3	2	1
Eagle						
4d Sed	350	780	1300	2600	4550	6500
4d Sta Wag	350	800	1350	2700	4700	6700
4d Sta Wag Ltd	350	830	1400	2950	4830	6900

AMC-CHRYSLER CORP.

	6	5	4	3	2	1
1988						
Medallion, 4-cyl.						
4d Sed	100	325	550	1100	1900	2700
4d Sta Wag	100	350	600	1150	2000	2900
4d LX Sed	100	360	600	1200	2100	3000
Premier, V-6						
4d LX Sed	125	450	700	1400	2450	3500
4d ES Sed	150	500	800	1600	2800	4000
Eagle, 6-cyl.						
4d Ltd Sta Wag	200	720	1200	2400	4200	6000
1989						
Jeep/Eagle						
Summit, 4-cyl.						
4d Sed DL	125	450	700	1400	2450	3500
4d Sed LX	150	500	800	1600	2800	4000
4d Sed LX DOHC	150	550	850	1675	2950	4200
Medallion, 4-cyl.						
4d Sed DL	125	370	650	1250	2200	3100
4d Sta Wag DL	125	380	650	1300	2250	3200
4d Sed LX	125	400	675	1350	2300	3300
4d Sta Wag LX	125	400	700	1375	2400	3400
Premier, V-6						
4d Sed LX, 4-cyl.	125	400	700	1375	2400	3400
4d Sed LX	150	475	775	1500	2650	3800
4d Sed ES	150	500	800	1550	2700	3900
4d Sed ES Ltd	150	600	900	1800	3150	4500
1990						
Jeep/Eagle						
Summit, 4-cyl.						
4d Sed	125	450	700	1400	2450	3500
4d Sed DL	150	475	750	1475	2600	3700
4d Sed LX	150	500	800	1600	2800	4000
4d Sed ES	150	550	850	1675	2950	4200
Talon, 4-cyl.						
2d Cpe	350	840	1400	2800	4900	7000
2d Cpe Turbo	350	975	1600	3200	5600	8000
2d Cpe Turbo 4x4	450	1080	1800	3600	6300	9000
Premier, V-6						
4d LX	150	500	800	1600	2800	4000
4d ES	150	600	900	1800	3150	4500
4d ES Ltd	200	675	1000	2000	3500	5000

METROPOLITAN

	6	5	4	3	2	1
1954						
Series E, (Nash), 4-cyl., 85" wb, 42 hp						
HT	200	745	1250	2500	4340	6200
Conv	350	860	1450	2900	5050	7200
1955						
Series A & B, Nash/Hudson, 4-cyl., 85" wb, 42 hp						
HT	200	745	1250	2500	4340	6200
Conv	350	860	1450	2900	5050	7200
1956						
Series 1500, Nash/Hudson, 4-cyl., 85" wb, 52 hp						
HT	200	750	1275	2500	4400	6300
Conv	350	870	1450	2900	5100	7300
Series A, Nash/Hudson, 4-cyl., 85" wb, 42 hp						
HT	200	720	1200	2400	4200	6000
Conv	350	820	1400	2700	4760	6800
1957						
Series 1500, Nash/Hudson, 4-cyl., 85" wb, 52 hp						
HT	200	750	1275	2500	4400	6300
Conv	350	870	1450	2900	5100	7300
Series A-85, Nash/Hudson, 4-cyl., 85" wb, 42 hp						
HT	200	720	1200	2400	4200	6000
Conv	350	820	1400	2700	4760	6800
1958						
Series 1500, (AMC), 4-cyl., 85" wb, 55 hp						
HT	200	750	1275	2500	4400	6300
Conv	350	870	1450	2900	5100	7300
1959						
Series 1500, (AMC), 4-cyl., 85" wb, 55 hp						
HT	350	790	1350	2650	4620	6600
Conv	350	900	1500	3000	5250	7500

1960 Metropolitan convertible

	6	5	4	3	2	1
1960						
Series 1500, (AMC), 4-cyl., 85" wb, 55 hp						
HT	350	790	1350	2650	4620	6600
Conv	350	900	1500	3000	5250	7500
1961						
HT	350	790	1350	2650	4620	6600
Conv	350	900	1500	3000	5250	7500
1962						
Series 1500, (AMC), 4-cyl., 85" wb, 55 hp						
HT	350	790	1350	2650	4620	6600
Conv	350	900	1500	3000	5250	7500

OLDSMOBILE

	6	5	4	3	2	1
1901						
Curved dash 1 cyl.						
Rbt	1450	4550	7600	15,200	26,600	38,000
1902						
Curved Dash, 1-cyl.						
Rbt	1400	4450	7400	14,800	25,900	37,000
1903						
Curved Dash, 1-cyl.						
Rbt	1400	4450	7400	14,800	25,900	37,000
1904						
Curved Dash, 1-cyl.						
Rbt	1400	4450	7400	14,800	25,900	37,000
French Front, 1-cyl., 7 hp						
Rbt	1300	4100	6800	13,600	23,800	34,000
Light Tonneau, 1-cyl., 10 hp						
Tonn	1250	3950	6600	13,200	23,100	33,000
1905						
Curved Dash, 1-cyl.						
Rbt	1400	4450	7400	14,800	25,900	37,000
French Front, 1-cyl., 7 hp						
Rbt	1300	4100	6800	13,600	23,800	34,000
Touring Car, 2-cyl.						
Tr	1250	3950	6600	13,200	23,100	33,000
1906						
Straight Dash B, 1-cyl.						
Rbt	1100	3500	5800	11,600	20,300	29,000
Curved Dash B, 1-cyl.						
Rbt	1400	4450	7400	14,800	25,900	37,000
Model L, 2-cyl.						
Tr	1150	3700	6200	12,400	21,700	31,000
Model S, 4-cyl.						
Tr	1300	4100	6800	13,600	23,800	34,000
1907						
Straight Dash F, 2-cyl.						
Rbt	1100	3500	5800	11,600	20,300	29,000
Model H, 4-cyl.						
Fly Rds	1250	3950	6600	13,200	23,100	33,000
Model A, 4-cyl.						
Pal Tr	1350	4300	7200	14,400	25,200	36,000
Limo	1300	4200	7000	14,000	24,500	35,000
1908						
Model X, 4-cyl.						
Tr	1250	3950	6600	13,200	23,100	33,000
Model M-MR, 4-cyl.						
Rds	1300	4100	6800	13,600	23,800	34,000
Tr	1250	3950	6600	13,200	23,100	33,000
Model Z, 6-cyl.						
Tr	1700	5400	9000	18,000	31,500	45,000
1909						
Model D, 4-cyl.						
Tr	1800	5750	9600	19,200	33,600	48,000
Limo	1700	5400	9000	18,000	31,500	45,000
Lan	1650	5300	8800	17,600	30,800	44,000
Model DR, 4-cyl.						
Rds	1750	5650	9400	18,800	32,900	47,000
Cpe	1600	5050	8400	16,800	29,400	42,000
Model X, 4-cyl.						
Rbt	1250	3950	6600	13,200	23,100	33,000
Model Z, 6-cyl.						
Rbt	2500	7900	13,200	26,400	46,200	66,000
Tr	2550	8150	13,600	27,200	47,600	68,000
1910						
Special, 4-cyl.						
Rbt	1250	3950	6600	13,200	23,100	33,000
Tr	1300	4200	7000	14,000	24,500	35,000
Limo	1400	4450	7400	14,800	25,900	37,000
Limited, 6-cyl.						
Rbt	3400	10,800	18,000	36,000	63,000	90,000
Tr	4000	12,700	21,200	42,400	74,200	106,000
Limo	2350	7450	12,400	24,800	43,400	62,000

1910 Oldsmobile Limited touring

	6	5	4	3	2	1
1911						
Special, 4-cyl.						
Rbt	1250	3950	6600	13,200	23,100	33,000
Tr	1300	4200	7000	14,000	24,500	35,000
Limo	1300	4100	6800	13,600	23,800	34,000
Autocrat, 4-cyl.						
Rbt	2150	6850	11,400	22,800	39,900	57,000
Tr	2200	6950	11,600	23,200	40,600	58,000
Limo	2200	6950	11,600	23,200	40,600	58,000
Limited, 6-cyl.						
Rbt	3400	10,800	18,000	36,000	63,000	90,000
Tr	4000	12,700	21,200	42,400	74,200	106,000
Limo	2250	7200	12,000	24,000	42,000	60,000
1912						
Autocrat, 4-cyl., 40 hp						
Rds	2500	7900	13,200	26,400	46,200	66,000
Tr	2500	7900	13,200	26,400	46,200	66,000
Limo	2550	8150	13,600	27,200	47,600	68,000
Despatch, 4-cyl., 26 hp						
Rds	1300	4200	7000	14,000	24,500	35,000
Tr	1400	4450	7400	14,800	25,900	37,000
Cpe	1200	3850	6400	12,800	22,400	32,000
Defender, 4-cyl., 35 hp						
2P Tr	1350	4300	7200	14,400	25,200	36,000
4P Tr	1400	4450	7400	14,800	25,900	37,000
2P Rds	1300	4200	7000	14,000	24,500	35,000
3P Cpe	1200	3850	6400	12,800	22,400	32,000
5P Cpe	1150	3700	6200	12,400	21,700	31,000
Limited, 6-cyl.						
Rds	3250	10,300	17,200	34,400	60,200	86,000
Tr	3750	12,000	20,000	40,000	70,000	100,000
Limo	2500	7900	13,200	26,400	46,200	66,000
1913						
Light Six, 6-cyl.						
4P Tr	1250	3950	6600	13,200	23,100	33,000
Phae	1300	4100	6800	13,600	23,800	34,000
7P Tr	1200	3850	6400	12,800	22,400	32,000
Limo	1250	3950	6600	13,200	23,100	33,000
6-cyl., 60 hp						
Tr	2500	7900	13,200	26,400	46,200	66,000
4-cyl., 35 hp						
Tr	1600	5050	8400	16,800	29,400	42,000
1914						
Model 54, 6-cyl.						
Phae	1550	4900	8200	16,400	28,700	41,000
5P Tr	1500	4800	8000	16,000	28,000	40,000

	6	5	4	3	2	1
7P Tr	1550	4900	8200	16,400	28,700	41,000
Limo	1300	4200	7000	14,000	24,500	35,000
Model 42, 4-cyl.						
5P Tr	1200	3850	6400	12,800	22,400	32,000
1915						
Model 42, 4-cyl.						
Rds	1150	3600	6000	12,000	21,000	30,000
Tr	1150	3700	6200	12,400	21,700	31,000
Model 55, 6-cyl.						
Tr	2050	6600	11,000	22,000	38,500	55,000
1916						
Model 43, 4-cyl.						
Rds	1100	3500	5800	11,600	20,300	29,000
5P Tr	1150	3600	6000	12,000	21,000	30,000
Model 44, V-8						
Rds	1550	4900	8200	16,400	28,700	41,000
Tr	1600	5050	8400	16,800	29,400	42,000
Sed	850	2650	4400	8800	15,400	22,000
Cabr	1500	4800	8000	16,000	28,000	40,000
1917						
Model 37, 6-cyl.						
Tr	1000	3250	5400	10,800	18,900	27,000
Rds	1000	3100	5200	10,400	18,200	26,000
Cabr	950	3000	5000	10,000	17,500	25,000
Sed	700	2150	3600	7200	12,600	18,000
Model 45, V-8						
5P Tr	1500	4800	8000	16,000	28,000	40,000
7P Tr	1550	4900	8200	16,400	28,700	41,000
Conv Sed	1500	4800	8000	16,000	28,000	40,000
Rds	1450	4550	7600	15,200	26,600	38,000
Model 44-B, V-8						
Rds	1450	4700	7800	15,600	27,300	39,000
Tr	1450	4550	7600	15,200	26,600	38,000
1918						
Model 37, 6-cyl.						
Rds	800	2500	4200	8400	14,700	21,000
Tr	850	2650	4400	8800	15,400	22,000
Cabr	750	2400	4000	8000	14,000	20,000
Cpe	550	1800	3000	6000	10,500	15,000
Sed	500	1550	2600	5200	9100	13,000
Model 45-A, V-8						
5P Tr	1400	4450	7400	14,800	25,900	37,000
7P Tr	1450	4550	7600	15,200	26,600	38,000
Rds	1350	4300	7200	14,400	25,200	36,000
Spt	1400	4450	7400	14,800	25,900	37,000
Cabr	1300	4200	7000	14,000	24,500	35,000
Sed	1050	3350	5600	11,200	19,600	28,000
1919						
Model 37-A, 6-cyl.						
Rds	750	2400	4000	8000	14,000	20,000
Tr	800	2500	4200	8400	14,700	21,000
Sed	500	1550	2600	5200	9100	13,000
Cpe	550	1800	3000	6000	10,500	15,000
Model 45-A, V-8						
Rds	1250	3950	6600	13,200	23,100	33,000
Tr	1300	4100	6800	13,600	23,800	34,000
Model 45-B, V-8						
4P Tr	1300	4100	6800	13,600	23,800	34,000
7P Tr	1300	4200	7000	14,000	24,500	35,000
1920						
Model 37-A, 6-cyl.						
Rds	700	2150	3600	7200	12,600	18,000
Tr	700	2300	3800	7600	13,300	19,000
Model 37-B, 6-cyl.						
Cpe	500	1550	2600	5200	9100	13,000
Sed	400	1300	2200	4400	7700	11,000
Model 45-B, V-8						
4P Tr	1050	3350	5600	11,200	19,600	28,000
5P Tr	1100	3500	5800	11,600	20,300	29,000
7P Sed	750	2400	4000	8000	14,000	20,000
1921						
Model 37, 6-cyl.						
Rds	650	2050	3400	6800	11,900	17,000
Tr	700	2150	3600	7200	12,600	18,000

	6	5	4	3	2	1
Cpe	450	1450	2400	4800	8400	12,000
Sed	400	1200	2000	4000	7000	10,000
Model 43-A, 4-cyl.						
Rds	550	1800	3000	6000	10,500	15,000
Tr	600	1900	3200	6400	11,200	16,000
Cpe	400	1300	2200	4400	7700	11,000
Model 46, V-8						
4P Tr	1000	3100	5200	10,400	18,200	26,000
Tr	1000	3250	5400	10,800	18,900	27,000
7P Sed	650	2050	3400	6800	11,900	17,000
Model 47, V-8						
Spt Tr	1000	3250	5400	10,800	18,900	27,000
4P Cpe	750	2400	4000	8000	14,000	20,000
5P Sed	1050	3350	5600	11,200	19,600	28,000
1922						
Model 46, V-8						
Spt Tr	1000	3250	5400	10,800	18,900	27,000
4P Tr	950	3000	5000	10,000	17,500	25,000
7P Tr	1000	3100	5200	10,400	18,200	26,000
7P Sed	600	1900	3200	6400	11,200	16,000
Model 47, V-8						
Rds	950	3000	5000	10,000	17,500	25,000
Tr	1000	3250	5400	10,800	18,900	27,000
4P Spt	1050	3350	5600	11,200	19,600	28,000
4P Cpe	700	2150	3600	7200	12,600	18,000
5P Sed	550	1800	3000	6000	10,500	15,000

1923 Oldsmobile Model 47 V-8 touring

	6	5	4	3	2	1
1923						
Model M30-A, 6-cyl.						
Rds	700	2300	3800	7600	13,300	19,000
Tr	750	2400	4000	8000	14,000	20,000
Cpe	450	1450	2400	4800	8400	12,000
Sed	400	1200	2000	4000	7000	10,000
Spt Tr	850	2650	4400	8800	15,400	22,000
Model 43-A, 4-cyl.						
Rds	750	2400	4000	8000	14,000	20,000
Tr	800	2500	4200	8400	14,700	21,000
Cpe	450	1450	2400	4800	8400	12,000
Sed	400	1200	2000	4000	7000	10,000
Brgm	400	1300	2200	4400	7700	11,000
Cal Tp Sed	450	1450	2400	4800	8400	12,000
Model 47, V-8						
4P Tr	1000	3100	5200	10,400	18,200	26,000
5P Tr	1000	3250	5400	10,800	18,900	27,000
Rds	950	3000	5000	10,000	17,500	25,000
Sed	600	1900	3200	6400	11,200	16,000
Cpe	700	2150	3600	7200	12,600	18,000
Spt Tr	1050	3350	5600	11,200	19,600	28,000
1924						
Model 30-B, 6-cyl.						
Rds	550	1800	3000	6000	10,500	15,000

	6	5	4	3	2	1
Tr	600	1900	3200	6400	11,200	16,000
Spt Rds	600	1900	3200	6400	11,200	16,000
Spt Tr	650	2050	3400	6800	11,900	17,000
Cpe	450	1080	1800	3600	6300	9000
Sed	350	975	1600	3200	5600	8000
2d Sed	350	900	1500	3000	5250	7500
DeL Sed	350	975	1600	3200	5600	8000
1925						
Series 30-C, 6-cyl.						
Rds	550	1800	3000	6000	10,500	15,000
Tr	600	1900	3200	6400	11,200	16,000
Spt Rds	600	1900	3200	6400	11,200	16,000
Spt Tr	650	2050	3400	6800	11,900	17,000
Cpe	350	975	1600	3200	5600	8000
Sed	350	900	1500	3000	5250	7500
DeL Sed	350	950	1550	3150	5450	7800
2d DeL	350	840	1400	2800	4900	7000
1926						
Model 30-D, 6-cyl.						
DeL Rds	700	2150	3600	7200	12,600	18,000
Tr	650	2050	3400	6800	11,900	17,000
DeL Tr	650	2100	3500	7000	12,300	17,500
Cpe	450	1080	1800	3600	6300	9000
DeL Cpe	450	1140	1900	3800	6650	9500
2d Sed	350	780	1300	2600	4550	6500
2d DeL Sed	350	840	1400	2800	4900	7000
Sed	350	840	1400	2800	4900	7000
DeL Sed	350	900	1500	3000	5250	7500
Lan Sed	500	1550	2600	5200	9100	13,000
1927						
Series 30-E, 6-cyl.						
DeL Rds	550	1700	2800	5600	9800	14,000
Tr	500	1550	2600	5200	9100	13,000
DeL Tr	550	1700	2800	5600	9800	14,000
Cpe	450	1080	1800	3600	6300	9000
DeL Cpe	450	1140	1900	3800	6650	9500
Spt Cpe	400	1200	2000	4000	7000	10,000
2d Sed	350	900	1500	3000	5250	7500
2d DeL Sed	350	975	1600	3200	5600	8000
Sed	350	975	1600	3200	5600	8000
DeL Sed	350	1020	1700	3400	5950	8500
Lan	400	1300	2200	4400	7700	11,000
1928						
Model F-28, 6-cyl.						
Rds	500	1550	2600	5200	9100	13,000
DeL Rds	550	1700	2800	5600	9800	14,000
Tr	550	1700	2800	5600	9800	14,000
DeL Tr	550	1800	3000	6000	10,500	15,000
Cpe	450	1080	1800	3600	6300	9000
Spl Cpe	450	1140	1900	3800	6650	9500
Spt Cpe	400	1200	2000	4000	7000	10,000
DeL Spt Cpe	400	1250	2100	4200	7400	10,500
2d Sed	350	975	1600	3200	5600	8000
Sed	350	1000	1650	3300	5750	8200
DeL Sed	350	1020	1700	3400	5950	8500
Lan	400	1200	2000	4000	7000	10,000
DeL Lan	400	1300	2200	4400	7700	11,000
1929						
Model F-29, 6-cyl.						
Rds	750	2400	4000	8000	14,000	20,000
Conv	700	2150	3600	7200	12,600	18,000
Tr	700	2300	3800	7600	13,300	19,000
Cpe	400	1250	2100	4200	7400	10,500
2d Sed	450	1080	1800	3600	6300	9000
Sed	950	1100	1850	3700	6450	9200
Spt Cpe	400	1300	2150	4300	7500	10,700
Lan	450	1140	1900	3800	6650	9500
1929						
Viking, V-8						
Conv Cpe	1000	3100	5200	10,400	18,200	26,000
Sed	700	2300	3800	7600	13,300	19,000
CC Sed	750	2400	4000	8000	14,000	20,000

	6	5	4	3	2	1
1930						
Model F-30, 6-cyl.						
Conv	800	2500	4200	8400	14,700	21,000
Tr	850	2650	4400	8800	15,400	22,000
Cpe	400	1200	2000	4000	7000	10,000
Spt Cpe	400	1300	2200	4400	7700	11,000
2d Sed	400	1200	2000	4000	7000	10,000
Sed	750	2400	4000	8000	14,000	20,000
Pat Sed	800	2500	4200	8400	14,700	21,000
1930						
Viking, V-8						
Conv Cpe	950	3000	5000	10,000	17,500	25,000
Sed	450	1450	2400	4800	8400	12,000
CC Sed	500	1550	2600	5200	9100	13,000
1931						
Model F-31, 6-cyl.						
Conv	900	2900	4800	9600	16,800	24,000
Cpe	450	1500	2500	5000	8800	12,500
Spt Cpe	500	1550	2600	5200	9100	13,000
2d Sed	400	1200	2000	4000	7000	10,000
Sed	400	1200	2000	4000	7000	10,000
Pat Sed	400	1250	2100	4200	7400	10,500

1932 Oldsmobile Series L Eight sport coupe

	6	5	4	3	2	1
1932						
Model F-32, 6-cyl.						
Conv	1000	3250	5400	10,800	18,900	27,000
Cpe	500	1550	2600	5200	9100	13,000
Spt Cpe	550	1700	2800	5600	9800	14,000
2d Sed	400	1200	2000	4000	7000	10,000
Sed	400	1300	2200	4400	7700	11,000
Pat Sed	450	1400	2300	4600	8100	11,500
Model L-32, 8-cyl.						
Conv	1150	3600	6000	12,000	21,000	30,000
Cpe	550	1700	2800	5600	9800	14,000
Spt Cpe	550	1800	3000	6000	10,500	15,000
2 dr Sed	400	1300	2200	4400	7700	11,000
Sed	450	1400	2300	4600	8100	11,500
Pat Sed	450	1450	2400	4800	8400	12,000
1933						
Model F-33, 6-cyl.						
Conv	900	2900	4800	9600	16,800	24,000
Bus Cpe	400	1250	2100	4200	7400	10,500
Spt Cpe	450	1450	2400	4800	8400	12,000
5P Cpe	450	1400	2300	4600	8100	11,500
Tr Cpe	400	1250	2100	4200	7400	10,500
Sed	400	1200	2050	4100	7100	10,200
Trk Sed	400	1250	2100	4200	7400	10,500
Model L-33, 8-cyl.						
Conv	950	3000	5000	10,000	17,500	25,000
Bus Cpe	400	1300	2200	4400	7700	11,000
Spt Cpe	450	1450	2400	4800	8400	12,000
5P Cpe	450	1400	2300	4600	8100	11,500

	6	5	4	3	2	1
Sed	400	1250	2100	4200	7400	10,500
Trk Sed	400	1300	2200	4400	7700	11,000
1934						
Model F-34, 6-cyl.						
Bus Cpe	400	1250	2100	4200	7400	10,500
Spt Cpe	400	1300	2200	4400	7700	11,000
5P Cpe	400	1200	2000	4000	7000	10,000
SB Sed	450	1140	1900	3800	6650	9500
Trk Sed	450	1160	1950	3900	6800	9700
Model L-34, 8-cyl.						
Conv	950	3000	5000	10,000	17,500	25,000
Bus Cpe	400	1300	2200	4400	7700	11,000
Spt Cpe	450	1450	2400	4800	8400	12,000
5P Cpe	450	1400	2300	4600	8100	11,500
Tr Cpe	400	1200	2000	4000	7000	10,000
Sed	400	1200	2000	4000	7000	10,000
Trk Sed	400	1250	2050	4100	7200	10,300
1935						
F-35, 6-cyl.						
Conv	850	2750	4600	9200	16,100	23,000
Clb Cpe	450	1160	1950	3900	6800	9700
Bus Cpe	450	1130	1900	3800	6600	9400
Spt Cpe	450	1190	2000	3950	6900	9900
Tr Cpe	450	1120	1875	3750	6500	9300
Sed	350	975	1600	3250	5700	8100
Trk Sed	350	1000	1650	3300	5750	8200
L-35, 8-cyl.						
Conv	950	3000	5000	10,000	17,500	25,000
Clb Cpe	400	1250	2100	4200	7300	10,400
Bus Cpe	400	1200	2000	4000	7100	10,100
Spt Cpe	400	1300	2200	4400	7700	11,000
2d Sed	350	1040	1750	3500	6100	8700
2d Trk Sed	450	1050	1800	3600	6200	8900
Sed	450	1050	1800	3600	6200	8900
Trk Sed	450	1090	1800	3650	6400	9100
1936						
F-36, 6-cyl.						
Conv	950	3000	5000	10,000	17,500	25,000
Bus Cpe	400	1250	2100	4200	7400	10,500
Spt Cpe	400	1300	2200	4400	7700	11,000
2d Sed	450	1050	1750	3550	6150	8800
2d Trk Sed	450	1080	1800	3600	6300	9000
Sed	450	1090	1800	3650	6400	9100
Trk Sed	950	1100	1850	3700	6450	9200
L-36, 8-cyl.						
Conv	1000	3250	5400	10,800	18,900	27,000
Bus Cpe	400	1200	2000	4000	7000	10,000
Spt Cpe	400	1250	2100	4200	7400	10,500
2d Sed	950	1100	1850	3700	6450	9200
2d Trk Sed	450	1140	1900	3800	6650	9500
Sed	450	1160	1950	3900	6800	9700
Trk Sed	450	1190	2000	3950	6900	9900
1937						
F-37, 6-cyl.						
Conv	1050	3350	5600	11,200	19,600	28,000
Bus Cpe	400	1250	2100	4200	7300	10,400
Clb Cpe	450	1400	2300	4600	8100	11,500
2d Sed	400	1300	2200	4400	7700	11,000
2d Trk Sed	400	1200	2000	4000	7100	10,100
Sed	400	1300	2200	4400	7700	11,000
Trk Sed	400	1200	2050	4100	7100	10,200
L-37, 8-cyl.						
Conv	1150	3700	6200	12,400	21,700	31,000
Bus Cpe	400	1300	2200	4400	7700	11,000
Clb Cpe	400	1300	2150	4300	7600	10,800
2d Sed	400	1200	2050	4100	7100	10,200
2d Trk Sed	400	1250	2050	4100	7200	10,300
Sed	400	1200	2050	4100	7100	10,200
Trk Sed	400	1250	2100	4200	7300	10,400
1938						
F-38, 6-cyl.						
Conv	1150	3600	6000	12,000	21,000	30,000
Bus Cpe	400	1250	2100	4200	7300	10,400
Clb Cpe	400	1300	2200	4400	7600	10,900
2d Sed	450	1140	1900	3800	6650	9500

	6	5	4	3	2	1
2d Tr Sed	400	1200	2000	4000	7000	10,000
Sed	450	1190	2000	3950	6900	9900
Tr Sed	400	1200	2000	4000	7000	10,000
L-38, 8-cyl.						
Conv	1300	4100	6800	13,600	23,800	34,000
Bus Cpe	400	1250	2100	4200	7300	10,400
Clb Cpe	400	1300	2150	4300	7500	10,700
2d Sed	400	1200	2000	4000	7000	10,000
2d Tr Sed	400	1250	2100	4200	7300	10,400
Sed	400	1200	2000	4000	7000	10,000
Tr Sed	400	1250	2100	4200	7300	10,400
1939						
F-39 "60" Series, 6-cyl.						
Bus Cpe	400	1250	2050	4100	7200	10,300
Clb Cpe	400	1250	2100	4200	7300	10,400
2d Sed	400	1200	2050	4100	7100	10,200
Sed	400	1250	2100	4200	7300	10,400
G-39 "70" Series, 6-cyl.						
Conv	1050	3350	5600	11,200	19,600	28,000
Bus Sed	400	1250	2100	4200	7400	10,500
Clb Cpe	400	1300	2150	4300	7500	10,700
2d Sed	400	1250	2100	4200	7300	10,400
2d Sed	400	1250	2100	4200	7400	10,600
Sed	400	1250	2100	4200	7400	10,500
Sr Sed	400	1250	2100	4200	7400	10,600
L-39, 8-cyl.						
Conv	1150	3700	6200	12,400	21,700	31,000
Bus Cpe	400	1300	2200	4400	7700	11,000
Clb Cpe	450	1350	2300	4600	8000	11,400
2d Sed	400	1250	2100	4200	7400	10,600
2d SR Sed	400	1300	2150	4300	7600	10,800
Sed	400	1250	2100	4200	7400	10,600
SR Sed	400	1300	2150	4300	7600	10,800
1940						
Series 60, 6-cyl.						
Conv	1100	3500	5800	11,600	20,300	29,000
Bus Cpe	450	1350	2300	4600	8000	11,400
Clb Cpe	450	1450	2400	4800	8400	12,000
Sta Wag	750	2400	4000	8000	14,000	20,000
2d Sed	400	1300	2150	4300	7500	10,700
2d SR Sed	400	1300	2200	4400	7700	11,000
Sed	400	1300	2150	4300	7600	10,800
SR Sed	400	1350	2200	4400	7800	11,100
Series 70, 6-cyl.						
Conv	1150	3700	6200	12,400	21,700	31,000
Bus Cpe	450	1450	2400	4800	8400	12,000
Clb Cpe	450	1400	2300	4600	8100	11,500
2d Sed	450	1350	2300	4600	8000	11,400
Sed	450	1400	2300	4600	8100	11,600
Series 90, 8-cyl.						
Conv Cpe	1750	5650	9400	18,800	32,900	47,000
Conv Sed	1800	5750	9600	19,200	33,600	48,000
Clb Cpe	600	1900	3200	6400	11,200	16,000
Tr Sed	550	1700	2800	5600	9800	14,000
1941						
Series 66, 6-cyl.						
Conv Cpe	1000	3100	5200	10,400	18,200	26,000
Bus Cpe	400	1300	2200	4400	7700	11,000
Clb Cpe	450	1400	2300	4600	8100	11,500
2d Sed	400	1250	2100	4200	7300	10,400
Sed	400	1250	2100	4200	7400	10,600
Twn Sed	400	1300	2150	4300	7500	10,700
Sta Wag	1050	3350	5600	11,200	19,600	28,000
Series 68, 8-cyl.						
Conv Cpe	1050	3350	5600	11,200	19,600	28,000
Bus Cpe	450	1400	2300	4600	8100	11,500
Clb Cpe	450	1450	2400	4800	8400	12,000
2d Sed	400	1250	2100	4200	7400	10,600
Sed	400	1300	2150	4300	7600	10,800
Twn Sed	400	1300	2200	4400	7700	11,000
Sta Wag	1050	3350	5600	11,200	19,600	28,000
Series 76, 6-cyl.						
Bus Cpe	450	1450	2400	4800	8400	12,000
Clb Sed	400	1300	2200	4400	7700	11,000
Sed	400	1300	2200	4400	7700	11,000

1941 Oldsmobile 78 four-door sedan

	6	5	4	3	2	1
Series 78, 8-cyl.						
Bus Sed	400	1350	2200	4400	7800	11,100
Clb Sed	450	1350	2300	4600	8000	11,400
Sed	450	1400	2300	4600	8100	11,500
Series 96, 6-cyl.						
Conv Cpe	1550	4900	8200	16,400	28,700	41,000
Clb Cpe	550	1800	3000	6000	10,500	15,000
Sed	500	1550	2600	5200	9100	13,000
Series 98, 8-cyl.						
Conv Cpe	1800	5750	9600	19,200	33,600	48,000
Conv Sed	1850	5900	9800	19,600	34,300	49,000
Clb Cpe	600	1900	3200	6400	11,200	16,000
Sed	550	1700	2800	5600	9800	14,000
1942						
Special Series 66 & 68						
Conv	950	3000	5000	10,000	17,500	25,000
Bus Cpe	400	1250	2100	4200	7400	10,500
Clb Cpe	400	1300	2200	4400	7700	11,000
Clb Sed	400	1250	2100	4200	7400	10,600
2d Sed	400	1250	2050	4100	7200	10,300
Sed	400	1250	2100	4200	7400	10,500
Twn Sed	400	1300	2150	4300	7500	10,700
Sta Wag	1000	3250	5400	10,800	18,900	27,000
Dynamic Series 76-78						
Clb Sed	450	1400	2300	4600	8100	11,500
Sed	400	1300	2200	4400	7700	11,000
Custom Series 98, 8-cyl.						
Conv	1100	3500	5800	11,600	20,300	29,000
Clb Sed	450	1500	2500	5000	8800	12,500
Sed	450	1450	2450	4900	8500	12,200
1946-1947						
Special Series 66, 6-cyl.						
Conv	950	3000	5000	10,000	17,500	25,000
Clb Cpe	450	1150	1900	3850	6700	9600
Clb Sed	450	1130	1900	3800	6600	9400
Sed	450	1120	1875	3750	6500	9300
Sta Wag	1000	3250	5400	10,800	18,900	27,000
Special Series 68, 8-cyl.						
Conv	1000	3100	5200	10,400	18,200	26,000
Clb Cpe	450	1170	1975	3900	6850	9800
Clb Sed	450	1150	1900	3850	6700	9600
Sed	450	1140	1900	3800	6650	9500
Sta Wag	1050	3350	5600	11,200	19,600	28,000
Dynamic Cruiser, Series 76, 6-cyl.						
Clb Sed	450	1160	1950	3900	6800	9700
DeL Clb Sed (1947 only)	450	1170	1975	3900	6850	9800
Sed	450	1150	1900	3850	6700	9600
DeL Sed (1947 only)	450	1160	1950	3900	6800	9700
Dynamic Cruiser Series 78, 8-cyl.						
Clb Sed	450	1190	2000	3950	6900	9900
DeL Clb Sed (1947 only)	400	1200	2000	4000	7000	10,000
Sed	450	1170	1975	3900	6850	9800
DeL Sed (1947 only)	450	1190	2000	3950	6900	9900
Custom Cruiser Series 98, 8-cyl.						
Conv	1000	3250	5400	10,800	18,900	27,000

	6	5	4	3	2	1
Clb Sed	450	1400	2300	4600	8100	11,500
Sed	400	1350	2250	4500	7800	11,200
1948						
Dynamic Series 66, 6-cyl., 119" wb						
Conv	1000	3100	5200	10,400	18,200	26,000
Clb Cpe	450	1140	1900	3800	6650	9500
Clb Sed	950	1100	1850	3700	6450	9200
Sed	450	1120	1875	3750	6500	9300
Sta Wag	1000	3250	5400	10,800	18,900	27,000
Dynamic Series 68, 8-cyl., 119" wb						
Conv	1000	3250	5400	10,800	18,900	27,000
Clb Cpe	400	1200	2000	4000	7000	10,000
Clb Sed	450	1140	1900	3800	6650	9500
Sed	450	1150	1900	3850	6700	9600
Sta Wag	1050	3350	5600	11,200	19,600	28,000
Dynamic Series 76, 6-cyl., 125" wb						
2d Clb Sed	450	1140	1900	3800	6650	9500
4d Sed	450	1150	1900	3850	6700	9600
Dynamic Series 78, 8-cyl., 125" wb						
Clb Sed	450	1160	1950	3900	6800	9700
Sed	450	1170	1975	3900	6850	9800
Futuramic Series 98, 8-cyl., 125" wb						
Conv	1050	3350	5600	11,200	19,600	28,000
Clb Sed	450	1450	2400	4800	8400	12,000
Sed	450	1400	2300	4600	8100	11,600
1949						
Futuramic 76, 6-cyl., 119.5" wb						
Conv	1000	3100	5200	10,400	18,200	26,000
Clb Cpe	450	1350	2300	4600	8000	11,400
2d Sed	450	1090	1800	3650	6400	9100
4d Sed	450	1080	1800	3600	6300	9000
Sta Wag	550	1800	3000	6000	10,500	15,000
Futuramic Series 88, V-8, 119.5" wb						
Conv	1300	4200	7000	14,000	24,500	35,000
Clb Cpe	500	1550	2600	5200	9100	13,000
2d Clb Sed	400	1200	2000	4000	7100	10,100
4d Sed	400	1200	2000	4000	7000	10,000
Sta Wag	600	1900	3200	6400	11,200	16,000
Futuramic Series 98, V-8, 125" wb						
Conv	1300	4100	6800	13,600	23,800	34,000
Holiday	800	2500	4200	8400	14,700	21,000
Clb Sed	450	1400	2300	4600	8100	11,500
Sed	450	1450	2400	4800	8400	12,000

1950 Oldsmobile 88 two-door Club Sedan

	6	5	4	3	2	1
1950						
Futuramic 76, 6-cyl., 119.5" wb						
Conv	1000	3250	5400	10,800	18,900	27,000
Holiday	850	2650	4400	8800	15,400	22,000
Clb Cpe	500	1550	2600	5200	9100	13,000
2d Sed	400	1200	2050	4100	7100	10,200
Clb Sed	400	1250	2050	4100	7200	10,300
Sed	400	1200	2000	4000	7100	10,100
Sta Wag	750	2400	4000	8000	14,000	20,000

	6	5	4	3	2	1
Futuramic 88, V-8, 119.5" wb						
Conv	1500	4800	8000	16,000	28,000	40,000
DeL Holiday	1000	3250	5400	10,800	18,900	27,000
DeL Clb Cpe	600	1900	3200	6400	11,200	16,000
2d DeL	500	1550	2600	5200	9100	13,000
DeL Clb Sed	500	1600	2700	5400	9500	13,500
DeL Sed	500	1550	2600	5200	9000	12,900
DeL Sta Wag	900	2900	4800	9600	16,800	24,000
Futuramic 98, V-8, 122" wb						
DeL Conv	1300	4200	7000	14,000	24,500	35,000
2d DeL Holiday HT	850	2750	4600	9200	16,100	23,000
2d Holiday HT	850	2650	4400	8800	15,400	22,000
2d DeL Clb Sed	450	1500	2500	5000	8800	12,500
4d DeL FBk	450	1450	2400	4800	8400	12,000
4 dr DeL FsBk	450	1450	2400	4800	8500	12,100
4d DeL Sed	450	1400	2300	4600	8100	11,600
4d DeL Twn Sed	500	1550	2600	5200	9100	13,000
Deduct 10 percent for 6-cyl.						
1951-1952						
Standard 88, V-8, 119.5" wb						
2d Sed (1951 only)	500	1600	2700	5400	9500	13,500
4d Sed (1951 only)	500	1600	2700	5400	9400	13,400
DeLuxe 88, V-8, 120" wb						
2d Sed	450	1400	2300	4600	8100	11,600
4d Sed	450	1400	2300	4600	8100	11,500
Super 88, V-8, 120" wb						
Conv	1000	3100	5200	10,400	18,200	26,000
2d Holiday HT	800	2500	4200	8400	14,700	21,000
Clb Cpe	550	1700	2800	5600	9800	14,000
2d Sed	450	1400	2350	4700	8300	11,800
4d Sed	450	1400	2350	4700	8200	11,700
Series 98, V-8, 122" wb						
Conv	1050	3350	5600	11,200	19,600	28,000
2d DeL Holiday HT ('51)	850	2750	4600	9200	16,100	23,000
2d Holiday HT	850	2650	4400	8800	15,400	22,000
4d Sed	450	1450	2400	4800	8400	12,000
1953						
Series 88, V-8, 120" wb						
2d Sed	450	1190	2000	3950	6900	9900
4d Sed	400	1200	2000	4000	7000	10,000
Series Super 88, V-8, 120" wb						
Conv	1100	3500	5800	11,600	20,300	29,000
2d Holiday HT	850	2750	4600	9200	16,100	23,000
2d Sed	400	1200	2000	4000	7000	10,000
4d Sed	400	1200	2000	4000	7100	10,100
Classic 98, V-8, 124" wb						
Conv	1250	3950	6600	13,200	23,100	33,000
2d Holiday HT	950	3000	5000	10,000	17,500	25,000
4d Sed	450	1400	2300	4600	8100	11,500
Fiesta 98, V-8, 124" wb						
Conv	2500	7900	13,200	26,400	46,200	66,000
1954						
Series 88, V-8, 122" wb						
2d Holiday HT	850	2650	4400	8800	15,400	22,000
2d Sed	400	1250	2100	4200	7400	10,600
4d Sed	400	1250	2100	4200	7400	10,500
Series Super 88, V-8, 122" wb						
Conv	1150	3700	6200	12,400	21,700	31,000
2d Holiday HT	900	2900	4800	9600	16,800	24,000
2d Sed	400	1350	2250	4500	7800	11,200
4d Sed	400	1300	2200	4400	7700	11,000
Classic 98, V-8, 126" wb						
Starfire Conv	1450	4550	7600	15,200	26,600	38,000
2d DeL Holiday HT	1050	3350	5600	11,200	19,600	28,000
2d Holiday HT	1000	3250	5400	10,800	18,900	27,000
4d Sed	500	1550	2600	5200	9100	13,000
1955						
Series 88, V-8, 122" wb						
2d DeL Holiday HT	750	2400	4000	8000	14,000	20,000
4d Holiday HT	500	1550	2600	5200	9100	13,000
2d Sed	400	1250	2100	4200	7400	10,600
4d Sed	400	1250	2100	4200	7400	10,500
Series Super 88, V-8, 122" wb						
Conv	1150	3600	6000	12,000	21,000	30,000
2d DeL Holiday HT	850	2650	4400	8800	15,400	22,000

	6	5	4	3	2	1
4d Holiday HT	550	1700	2800	5600	9800	14,000
2d Sed	400	1350	2200	4400	7800	11,100
4d Sed	400	1300	2200	4400	7700	11,000
Classic 98, V-8, 126" wb						
Starfire Conv	1350	4300	7200	14,400	25,200	36,000
2d DeL Holiday HT	950	3000	5000	10,000	17,500	25,000
4d DeL Holiday HT	550	1800	3000	6000	10,500	15,000
4d Sed	500	1550	2600	5200	9100	13,000
1956						
Series 88, V-8, 122" wb						
2d Holiday HT	750	2400	4000	8000	14,000	20,000
4d Holiday HT	550	1800	3000	6000	10,500	15,000
2d Sed	450	1450	2400	4800	8400	12,000
4d Sed	450	1400	2300	4600	8100	11,500
Series Super 88, V-8, 122" wb						
Conv	1150	3600	6000	12,000	21,000	30,000
2d Holiday HT	850	2750	4600	9200	16,100	23,000
4d Holiday HT	650	2050	3400	6800	11,900	17,000
2d Sed	500	1550	2600	5200	9100	13,000
4d Sed	450	1500	2500	5000	8800	12,500
Series 98, V-8, 126" wb						
Starfire Conv	1400	4450	7400	14,800	25,900	37,000
2d DeL Holiday HT	950	3000	5000	10,000	17,500	25,000
4d DeL Holiday HT	700	2150	3600	7200	12,600	18,000
4d Sed	550	1700	2800	5600	9800	14,000
1957						
(Add 10 percent for J-2 option).						
Series 88, V-8, 122" wb						
Conv	1200	3850	6400	12,800	22,400	32,000
2d Holiday HT	750	2400	4000	8000	14,000	20,000
4d Holiday HT	550	1800	3000	6000	10,500	15,000
2d Sed	450	1400	2300	4600	8100	11,600
4d Sed	450	1400	2300	4600	8100	11,500
4d HT Wag	700	2150	3600	7200	12,600	18,000
4d Sta Wag	500	1550	2600	5200	9100	13,000
Series Super 88, V-8, 122" wb						
Conv	1350	4300	7200	14,400	25,200	36,000
2d Holiday HT	900	2900	4800	9600	16,800	24,000
4d Holiday HT	650	2050	3400	6800	11,900	17,000
2d Sed	450	1500	2500	5000	8800	12,600
4d Sed	450	1500	2500	5000	8800	12,500
4d HT Wag	750	2400	4000	8000	14,000	20,000
Series 98, V-8, 126" wb						
Starfire Conv	1450	4700	7800	15,600	27,300	39,000
2d Holiday HT	950	3000	5000	10,000	17,500	25,000
4d Holiday HT	700	2300	3800	7600	13,300	19,000
4d Sed	500	1600	2700	5400	9500	13,500
1958						
NOTE: Add 10 percent for J-2 option.						
Series 88, V-8, 122.5" wb						
Conv	850	2650	4400	8800	15,400	22,000
2d Holiday HT	800	2500	4200	8400	14,700	21,000
4d Holiday HT	550	1700	2800	5600	9800	14,000
2d Sed	400	1250	2100	4200	7400	10,500
4d Sed	400	1250	2100	4200	7300	10,400
4d HT Wag	550	1800	3000	6000	10,500	15,000
4d Sta Wag	450	1450	2400	4800	8400	12,000
Series Super 88, V-8, 122.5" wb						
Conv	1000	3100	5200	10,400	18,200	26,000
2d Holiday HT	900	2900	4800	9600	16,800	24,000
4d Holiday HT	600	1900	3200	6400	11,200	16,000
4d Sed	400	1300	2200	4400	7700	11,000
4d HT Wag	650	2050	3400	6800	11,900	17,000
Series 98, V-8, 126.5" wb						
Conv	1150	3600	6000	12,000	21,000	30,000
2d Holiday HT	850	2650	4400	8800	15,400	22,000
4d Holiday HT	700	2150	3600	7200	12,600	18,000
4d Sed	450	1450	2400	4800	8400	12,000
1959						
(Add 10 percent for hp option).						
Series 88, V-8, 123" wb						
Conv	850	2750	4600	9200	16,100	23,000
2d Holiday HT	550	1700	2800	5600	9800	14,000
4d Holiday HT	450	1450	2400	4800	8400	12,000

	6	5	4	3	2	1
4d Sed	400	1200	2000	4000	7000	10,000
Sta Wag	400	1250	2100	4200	7400	10,500
Series Super 88, V-8, 123" wb						
Conv	950	3000	5000	10,000	17,500	25,000
2d Holiday HT	700	2300	3800	7600	13,300	19,000
4d Holiday HT	500	1550	2600	5200	9100	13,000
4d Sed	400	1250	2100	4200	7400	10,500
Sta Wag	400	1300	2200	4400	7700	11,000
Series 98, V-8, 126.3" wb						
Conv	1100	3500	5800	11,600	20,300	29,000
2d Holiday HT	800	2500	4200	8400	14,700	21,000
4d Holiday HT	550	1700	2800	5600	9800	14,000
4d Sed	400	1300	2200	4400	7700	11,000

1960 Oldsmobile Super 88 SceniCoupe two-door hardtop

1960

	6	5	4	3	2	1
Series 88, V-8, 123" wb						
Conv	850	2750	4600	9200	16,100	23,000
2d Holiday HT	600	1900	3200	6400	11,200	16,000
4d Holiday HT	450	1450	2400	4800	8400	12,000
4d Sed	400	1200	2000	4000	7000	10,000
Sta Wag	400	1250	2100	4200	7400	10,500
Series Super 88, V-8, 123" wb						
Conv	950	3000	5000	10,000	17,500	25,000
2d Holiday HT	700	2300	3800	7600	13,300	19,000
4d Holiday HT	550	1700	2800	5600	9800	14,000
4d Sed	400	1250	2100	4200	7400	10,500
Wagon	400	1300	2200	4400	7700	11,000
Series 98, V-8, 126.3" wb						
Conv	1100	3500	5800	11,600	20,300	29,000
2d Holiday HT	800	2500	4200	8400	14,700	21,000
4d Holiday HT	550	1800	3000	6000	10,500	15,000
4d Sed	400	1300	2200	4400	7700	11,000

1961

Deduct 10 percent for std. line values; add 10 percent for Cutlass.
(All factory prices for top-line models).

	6	5	4	3	2	1
F-85, V-8, 112" wb						
4d Sed	350	830	1400	2950	4830	6900
Clb Cpe	350	840	1400	2800	4900	7000
Sta Wag	350	900	1500	3000	5250	7500
Dynamic 88, V-8, 123" wb						
2d Sed	350	880	1500	2950	5180	7400
4d Sed	350	900	1500	3000	5250	7500
2d Holiday HT	550	1800	3000	6000	10,500	15,000
4d Holiday HT	400	1300	2200	4400	7700	11,000
Conv	800	2500	4200	8400	14,700	21,000
Sta Wag	350	1020	1700	3400	5950	8500
Super 88, V-8, 123" wb						
4d Sed	350	975	1600	3200	5600	8000
4d Holiday HT	450	1450	2400	4800	8400	12,000
2d Holiday HT	650	2050	3400	6800	11,900	17,000
Conv	850	2750	4600	9200	16,100	23,000
Sta Wag	450	1080	1800	3600	6300	9000
Starfire Conv	1150	3600	6000	12,000	21,000	30,000

	6	5	4	3	2	1
Series 98, V-8, 126" wb						
4d Twn Sed	400	1250	2100	4200	7400	10,500
4d Spt Sed	400	1300	2150	4300	7500	10,700
4d Holiday HT	500	1550	2600	5200	9100	13,000
2d Holiday HT	700	2150	3600	7200	12,600	18,000
Conv	950	3000	5000	10,000	17,500	25,000
1962						
F-85 Series, V-8, 112" wb						
4d Sed	350	840	1400	2800	4900	7000
Cutlass Cpe	350	975	1600	3200	5600	8000
Cutlass Conv	400	1200	2000	4000	7000	10,000
Sta Wag	350	840	1400	2800	4900	7000
Jetfire Turbo-charged, V-8, 112" wb						
2d HT	450	1450	2400	4800	8400	12,000
Dynamic 88, V-8, 123" wb						
4d Sed	350	900	1500	3000	5250	7500
4d Holiday HT	400	1300	2200	4400	7700	11,000
2d Holiday HT	600	1900	3200	6400	11,200	16,000
Conv	800	2500	4200	8400	14,700	21,000
Sta Wag	350	1020	1700	3400	5950	8500
Super 88, V-8, 123" wb						
4d Sed	350	975	1600	3200	5600	8000
4d Holiday HT	450	1450	2400	4800	8400	12,000
2d Holiday HT	650	2050	3400	6800	11,900	17,000
Sta Wag	450	1080	1800	3600	6300	9000
Starfire, 345 hp V-8, 123" wb						
2d HT	850	2650	4400	8800	15,400	22,000
Conv	1000	3250	5400	10,800	18,900	27,000
Series 98, V-8, 126" wb						
4d Twn Sed	450	1140	1900	3800	6650	9500
4d Spt Sed	450	1160	1950	3900	6800	9700
4d Holiday HT	550	1700	2800	5600	9800	14,000
2d Holiday Spt HT	700	2300	3800	7600	13,300	19,000
Conv	900	2900	4800	9600	16,800	24,000
1963						
F-85 Series, V-8, 112" wb						
4d Sed	350	840	1400	2800	4900	7000
Cutlass Cpe	350	975	1600	3200	5600	8000
Cutlass Conv	400	1300	2200	4400	7700	11,000
Sta Wag	350	900	1500	3000	5250	7500
Jetfire Series, V-8, 112" wb						
2d HT	450	1450	2400	4800	8400	12,000
Dynamic 88, V-8, 123" wb						
4d Sed	350	975	1600	3200	5600	8000
4d Holiday HT	400	1300	2200	4400	7700	11,000
2d Holiday HT	550	1800	3000	6000	10,500	15,000
Conv	700	2150	3600	7200	12,600	18,000
Sta Wag	350	1040	1750	3500	6100	8700
Super 88, V-8, 123" wb						
4d Sed	350	1020	1700	3400	5950	8500
4d Holiday HT	450	1450	2400	4800	8400	12,000
2d Holiday HT	600	1900	3200	6400	11,200	16,000
Sta Wag	350	1040	1750	3500	6100	8700
Starfire, V-8, 123" wb						
Cpe	700	2300	3800	7600	13,300	19,000
Conv	1000	3250	5400	10,800	18,900	27,000
Series 98, V-8, 126" wb						
4d Sed	450	1080	1800	3600	6300	9000
4d 4W Holiday HT	500	1550	2600	5200	9100	13,000
4d 6W Holiday HT	450	1400	2300	4600	8100	11,500
2d Holiday HT	650	2050	3400	6800	11,900	17,000
2d Cus Spt HT	650	2100	3500	7000	12,300	17,500
Conv	1000	3100	5200	10,400	18,200	26,000
1964						
F-85 Series, V-8, 115" wb						
4d Sed	350	850	1450	2850	4970	7100
Sta Wag	350	860	1450	2900	5050	7200
Cutlass 3200, V-8						
Spt Cpe	350	900	1500	3000	5250	7500
2d HT	450	1140	1900	3800	6650	9500
Conv	450	1450	2400	4800	8400	12,000
Cutlass 4-4-2						
2d Sed	350	1040	1700	3450	6000	8600
2d HT	400	1250	2100	4200	7400	10,500
Conv	550	1700	2800	5600	9800	14,000

	6	5	4	3	2	1
Vista Cruiser, V-8, 120" wb						
Sta Wag	350	900	1500	3000	5250	7500
Cus Wag	350	950	1550	3100	5400	7700
Jetstar, V-8, 123" wb						
4d Sed	350	975	1600	3200	5600	8000
4d HT	450	1080	1800	3600	6300	9000
2d HT	400	1300	2200	4400	7700	11,000
Conv	700	2300	3800	7600	13,300	19,000
Jetstar I, V-8, 123" wb						
2d HT	600	1900	3200	6400	11,200	16,000
Dynamic 88, V-8, 123" wb						
4d Sed	350	1020	1700	3400	5950	8500
4d HT	400	1200	2000	4000	7000	10,000
2d HT	550	1800	3000	6000	10,500	15,000
Conv	800	2500	4200	8400	14,700	21,000
Sta Wag	450	1080	1800	3600	6300	9000
Super 88, V-8, 123" wb						
4d Sed	450	1080	1800	3600	6300	9000
4d HT	400	1300	2200	4400	7700	11,000
Starfire, 123" wb						
2d HT	700	2300	3800	7600	13,300	19,000
Conv	900	2900	4800	9600	16,800	24,000
Series 98, V-8, 126" wb						
4d Sed	450	1140	1900	3800	6650	9500
4d 6W HT	450	1450	2400	4800	8400	12,000
4d 4W HT	500	1550	2600	5200	9100	13,000
2d HT	650	2050	3400	6800	11,900	17,000
2d Cus Spt HT	650	2100	3500	7000	12,300	17,500
Conv	1000	3100	5200	10,400	18,200	26,000
1965						
F-85 Series, V-8, 115" wb						
4d Sed	200	730	1250	2450	4270	6100
Cpe	350	780	1300	2600	4550	6500
Sta Wag	200	745	1250	2500	4340	6200
DeL Sed	200	750	1275	2500	4400	6300
DeL Wag	350	780	1300	2600	4550	6500
Cutlass Series, V-8, 115" wb						
Cpe	350	900	1500	3000	5250	7500
2d HT	450	1140	1900	3800	6650	9500
Conv	400	1250	2100	4200	7400	10,500
Cutlass 4-4-2						
2d Sed	450	1050	1750	3550	6150	8800
2d HT	400	1300	2200	4400	7700	11,000
Conv	550	1700	2800	5600	9800	14,000
Vista Cruiser, V-8, 120" wb						
Sta Wag	350	840	1400	2800	4900	7000
Jetstar Series, V-8, 123" wb						
4d Sed	350	790	1350	2650	4620	6600
4d HT	350	975	1600	3200	5600	8000
2d HT	400	1250	2100	4200	7400	10,500
Conv	450	1450	2400	4800	8400	12,000
Dynamic 88, V-8, 123" wb						
4d Sed	350	840	1400	2800	4900	7000
4d HT	450	1080	1800	3600	6300	9000
2d HT	400	1250	2100	4200	7400	10,500
Conv	550	1800	3000	6000	10,500	15,000
Delta 88, V-8, 123" wb						
4d Sed	350	850	1450	2850	4970	7100
4d HT	450	1140	1900	3800	6650	9500
2d HT	450	1400	2300	4600	8100	11,500
Jetstar I, V-8, 123" wb						
2d HT	450	1450	2400	4800	8400	12,000
Starfire, 123" wb						
2d HT	550	1700	2800	5600	9800	14,000
Conv	650	2050	3400	6800	11,900	17,000
Series 98, V-8, 126" wb						
4d Twn Sed	350	900	1500	3000	5250	7500
4d Lux Sed	350	950	1500	3050	5300	7600
4d HT	350	975	1600	3200	5600	8000
2d HT	400	1200	2000	4000	7000	10,000
Conv	650	2050	3400	6800	11,900	17,000
1966						
F-85 Series, Standard V-8, 115" wb						
4d Sed	200	730	1250	2450	4270	6100
Cpe	350	780	1300	2600	4550	6500

	6	5	4	3	2	1
Sta Wag	350	780	1300	2600	4550	6500
F-85 Series, Deluxe, V-8, 115" wb						
4d Sed	200	745	1250	2500	4340	6200
4d HT	350	780	1300	2600	4550	6500
2d HT	350	975	1600	3200	5600	8000
Sta Wag	350	800	1350	2700	4700	6700
Cutlass, V-8, 115" wb						
4d Sed	200	750	1275	2500	4400	6300
4d HT	350	800	1350	2700	4700	6700
Cpe	350	790	1350	2650	4620	6600
2d HT	350	1020	1700	3400	5950	8500
Conv	550	1700	2800	5600	9800	14,000
Cutlass 4-4-2						
2d Sed	450	1090	1800	3650	6400	9100
2d HT	550	1700	2800	5600	9800	14,000
Conv	600	1900	3200	6400	11,200	16,000
NOTE: Add 10 percent for triple two-barrel carbs. Add 30 percent for W-30.						
3S Sta Wag	350	840	1400	2800	4900	7000
2S Sta Wag	350	820	1400	2700	4760	6800
3S Cus Sta Wag	350	860	1450	2900	5050	7200
Cus Sta Wag 2S	350	840	1400	2800	4900	7000
Jetstar 88, V-8, 123" wb						
4d Sed	350	780	1300	2600	4550	6500
4d HT	350	840	1400	2800	4900	7000
2d HT	450	1080	1800	3600	6300	9000
Dynamic 88, V-8, 123" wb						
4d Sed	350	800	1350	2700	4700	6700
4d HT	350	900	1500	3000	5250	7500
2d HT	450	1140	1900	3800	6650	9500
Conv	400	1300	2200	4400	7700	11,000
Delta 88, V-8, 123" wb						
4d Sed	350	840	1400	2800	4900	7000
4d HT	350	975	1600	3200	5600	8000
2d HT	400	1200	2000	4000	7000	10,000
Conv	400	1300	2200	4400	7700	11,000
Starfire, V-8, 123" wb						
2d HT	450	1450	2400	4800	8400	12,000
Ninety-Eight, V-8, 126" wb						
4d Twn Sed	350	860	1450	2900	5050	7200
4d Lux Sed	350	870	1450	2900	5100	7300
4d HT	350	1020	1700	3400	5950	8500
2d HT	400	1300	2200	4400	7700	11,000
Conv	500	1550	2600	5200	9100	13,000
Toronado, FWD V-8, 119" wb						
2d Spt HT	400	1300	2200	4400	7700	11,000
2d Cus HT	450	1400	2300	4600	8100	11,500
1967						
F-85 Series, Standard, V-8, 115" wb						
4d Sed	200	730	1250	2450	4270	6100
Cpe	350	780	1300	2600	4550	6500
2S Sta Wag	200	730	1250	2450	4270	6100
Cutlass, V-8, 115" wb						
4d Sed	200	750	1275	2500	4400	6300
4d HT	350	780	1300	2600	4550	6500
2d HT	350	1020	1700	3400	5950	8500
Conv	600	1900	3200	6400	11,200	16,000
2S Sta Wag	350	780	1300	2600	4550	6500
NOTE: Deduct 20 percent for 6-cyl.						
Cutlass-Supreme, V-8, 115" wb						
4d Sed	350	780	1300	2600	4550	6500
4d HT	350	830	1400	2950	4830	6900
Cpe	350	850	1450	2850	4970	7100
2d HT	400	1300	2200	4400	7700	11,000
Conv	650	2050	3400	6800	11,900	17,000
Cutlass 4-4-2						
2d Sed	450	1140	1900	3800	6650	9500
2d HT	550	1700	2800	5600	9800	14,000
Conv	700	2150	3600	7200	12,600	18,000
NOTE: Add 30 percent for W-30.						
Vista Cruiser, V-8, 120" wb						
3S Sta Wag	350	780	1300	2600	4550	6500
2S Cus Sta Wag	350	840	1400	2800	4900	7000
3S Cus Sta Wag	350	860	1450	2900	5050	7200
Delmont 88, 330 V-8, 123" wb						
4d Sed	200	720	1200	2400	4200	6000

	6	5	4	3	2	1
4d HT	350	780	1300	2600	4550	6500
2d HT	350	975	1600	3200	5600	8000
Delmont 88, 425 V-8, 123" wb						
4d Sed	350	780	1300	2600	4550	6500
4d HT	350	840	1400	2800	4900	7000
2d HT	350	1020	1700	3400	5950	8500
Conv	500	1550	2600	5200	9100	13,000
Delta 88, V-8, 123" wb						
4d Sed	350	800	1350	2700	4700	6700
4d HT	350	860	1450	2900	5050	7200
2d HT	450	1080	1800	3600	6300	9000
Conv	550	1800	3000	6000	10,500	15,000
Delta 88, Custom V-8, 123" wb						
4d HT	350	840	1400	2800	4900	7000
2d HT	450	1140	1900	3800	6650	9500
Ninety-Eight, V-8, 126" wb						
4d Twn Sed	350	860	1450	2900	5050	7200
4d Lux Sed	350	870	1450	2900	5100	7300
4d HT	350	1000	1650	3350	5800	8300
2d HT	400	1200	2000	4000	7000	10,000
Conv	600	1900	3200	6400	11,200	16,000
Toronado, V-8, 119" wb						
2d HT	400	1250	2100	4200	7400	10,500
2d Cus HT	400	1300	2200	4400	7700	11,000

NOTE: Add 10 percent for "425" Delmont Series.
Add 30 percent for W-30.

1968

	6	5	4	3	2	1
F-85, V-8, 116" wb, 2 dr 112" wb						
4d Sed	200	745	1250	2500	4340	6200
Cpe	350	780	1300	2600	4550	6500
Cutlass, V-8, 116" wb, 2 dr 112" wb						
4d Sed	200	750	1275	2500	4400	6300
4d HT	350	770	1300	2550	4480	6400
Cpe S	350	800	1350	2700	4700	6700
2d HT S	350	1020	1700	3400	5950	8500
Conv S	600	1900	3200	6400	11,200	16,000
Sta Wag	350	780	1300	2600	4550	6500
Cutlass Supreme, V-8, 116" wb, 2 dr 112" wb						
4d Sed	350	780	1300	2600	4550	6500
4d HT	350	830	1400	2950	4830	6900
2d HT	450	1140	1900	3800	6650	9500

NOTE: Deduct 5 percent for 6-cyl.

	6	5	4	3	2	1
4-4-2, V-8, 112" wb						
Cpe	400	1200	2000	4000	7000	10,000
2d HT	550	1700	2800	5600	9800	14,000
Conv	700	2300	3800	7600	13,300	19,000
Hurst/Olds						
2d HT	650	2050	3400	6800	11,900	17,000
2d Sed	550	1800	3000	6000	10,500	15,000
Vista Cruiser, V-8, 121" wb						
2S Sta Wag	200	745	1250	2500	4340	6200
3S Sta Wag	350	780	1300	2600	4550	6500
Delmont 88, V-8, 123" wb						
4d Sed	350	780	1300	2600	4550	6500
4d HT	350	800	1350	2700	4700	6700
2d HT	350	1020	1700	3400	5950	8500
Conv	550	1700	2800	5600	9800	14,000
Delta 88, V-8, 123" wb						
4d Sed	350	800	1350	2700	4700	6700
2d HT	450	1080	1800	3600	6300	9000
4d HT	350	840	1400	2800	4900	7000
Ninety-Eight, V-8, 126" wb						
4d Sed	350	840	1400	2800	4900	7000
4d Lux Sed	350	860	1450	2900	5050	7200
4d HT	350	900	1500	3000	5250	7500
2d HT	400	1200	2000	4000	7000	10,000
Conv	550	1800	3000	6000	10,500	15,000
Toronado, V-8, 119" wb						
Cus Cpe	450	1140	1900	3800	6650	9500

NOTE: Add 30 percent for W-30.
Add 20 percent for 455 when not standard.
Add 20 percent for W-34 option on Toronado.

1969

	6	5	4	3	2	1
F-85, V-8, 116" wb, 2d 112" wb						
Cpe	200	720	1200	2400	4200	6000

	6	5	4	3	2	1
Cutlass, V-8, 116" wb, 2d 112" wb						
4d Sed	200	670	1150	2250	3920	5600
4d HT	200	670	1200	2300	4060	5800
Sta Wag	200	670	1150	2250	3920	5600
Cutlass - S						
Cpe	350	780	1300	2600	4550	6500
2d HT	450	1080	1800	3600	6300	9000
Conv	550	1800	3000	6000	10,500	15,000
Cutlass Supreme, V-8, 116" wb, 2d 112" wb						
4d Sed	200	730	1250	2450	4270	6100
4d HT	350	780	1300	2600	4550	6500
2d HT	500	1550	2600	5200	9100	13,000
4-4-2, V-8 112" wb						
Cpe	400	1300	2200	4400	7700	11,000
2d HT	550	1800	3000	6000	10,500	15,000
Conv	700	2300	3800	7600	13,300	19,000
Hurst/Olds						
2d HT	700	2150	3600	7200	12,600	18,000
Vista Cruiser						
2S Sta Wag	200	745	1250	2500	4340	6200
3S Sta Wag	200	750	1275	2500	4400	6300
Delta 88, V-8, 124" wb						
4d Sed	350	840	1400	2800	4900	7000
Conv	400	1300	2200	4400	7700	11,000
4d HT	350	900	1500	3000	5250	7500
2d HT	450	1080	1800	3600	6300	9000
Delta 88 Custom, V-8, 124" wb						
4d Sed	350	820	1400	2700	4760	6800
4d HT	350	975	1600	3200	5600	8000
2d HT	450	1140	1900	3800	6650	9500
Delta 88 Royale, V-8, 124" wb						
2d HT	400	1200	2000	4000	7000	10,000
Ninety Eight, V-8, 127" wb						
4d Sed	350	900	1500	3000	5250	7500
4d Lux Sed	350	950	1500	3050	5300	7600
4d Lux HT	350	1040	1700	3450	6000	8600
4d HT	350	1020	1700	3400	5950	8500
2d HT	400	1300	2200	4400	7700	11,000
Conv	500	1550	2600	5200	9100	13,000
Cus Cpe	350	1040	1750	3500	6100	8700
Toronado, V-8, 119" wb						
2d HT	450	1140	1900	3800	6650	9500

NOTE: Add 30 percent for W-30.
Add 20 percent for W-34 option on Toronado.
Add 20 percent for 455 when not standard.

1970

	6	5	4	3	2	1
F-85, V-8, 116" wb, 2d 112" wb						
Cpe	350	780	1300	2600	4550	6500
Cutlass, V-8, 116" wb, 2d 112" wb						
4d Sed	200	720	1200	2400	4200	6000
4d HT	350	780	1300	2600	4550	6500
Sta Wag	200	745	1250	2500	4340	6200
NOTE: Deduct 5 percent for 6-cyl.						
Cutlass-S, V-8, 112" wb						
Cpe	200	720	1200	2400	4200	6000
2d HT	450	1450	2400	4800	8400	12,000
NOTE: Add 25 percent for W45-W30-W31.						
Cutlass-Supreme, V-8, 112" wb						
4d HT	350	780	1300	2600	4550	6500
2d HT	550	1700	2800	5600	9800	14,000
Conv	700	2150	3600	7200	12,600	18,000
4-4-2, V-8, 112" wb						
Cpe	500	1550	2600	5200	9100	13,000
2d HT	700	2300	3800	7600	13,300	19,000
Conv	850	2650	4400	8800	15,400	22,000
Rallye 350 112" wb						
2d HT	700	2150	3600	7200	12,600	18,000
Vista Cruiser, V-8, 121" wb						
2S Sta Wag	200	745	1250	2500	4340	6200
3S Sta Wag	200	750	1275	2500	4400	6300
Delta 88, V-8, 124" wb						
4d Sed	200	750	1275	2500	4400	6300
4d HT	350	780	1300	2600	4550	6500
2d HT	350	1020	1700	3400	5950	8500
Conv	450	1450	2400	4800	8400	12,000

	6	5	4	3	2	1
Delta 88 Custom, V-8, 124" wb						
4d Sed	350	780	1300	2600	4550	6500
4d HT	350	790	1350	2650	4620	6600
2d HT	450	1080	1800	3600	6300	9000
Delta 88 Royale, V-8, 124" wb						
2d HT	450	1140	1900	3800	6650	9500
Ninety Eight, V-8, 127" wb						
4d Sed	350	790	1350	2650	4620	6600
4d Lux Sed	350	820	1400	2700	4760	6800
4d Lux HT	350	850	1450	2850	4970	7100
4d HT	350	840	1400	2800	4900	7000
2d HT	400	1200	2000	4000	7000	10,000
Conv	500	1550	2600	5200	9100	13,000
Toronado, V-8, 119" wb						
Std Cpe	450	1140	1900	3800	6650	9500
Cus Cpe	400	1200	2000	4000	7000	10,000

NOTE: Add 20 percent for SX Cutlass Supreme option.
Add 35 percent for Y-74 Indy Pace Car option.
Add 30 percent for W-30.
Add 20 percent for 455 when not standard.
Add 15 percent for Toronado GT W-34 option.

1971

	6	5	4	3	2	1
F-85, V-8, 116" wb						
4d Sed	150	575	900	1750	3100	4400
Cutlass, V-8, 116" wb, 2d 112" wb						
4d Sed	150	600	900	1800	3150	4500
2d HT	450	1140	1900	3800	6650	9500
Sta Wag	150	575	900	1750	3100	4400
Cutlass -S, V-8, 112" wb						
Cpe	350	840	1400	2800	4900	7000
2d HT	400	1300	2200	4400	7700	11,000

NOTE: Deduct 5 percent for 6 cyl.

	6	5	4	3	2	1
Cutlass Supreme, V-8, 116" wb, 2d 112" wb						
4d Sed	200	670	1150	2250	3920	5600
2d HT	500	1550	2600	5200	9100	13,000
Conv	700	2150	3600	7200	12,600	18,000

NOTE: Add 15 percent for SX Cutlass Supreme option.

	6	5	4	3	2	1
4-4-2, V-8, 112" wb						
2d HT	700	2150	3600	7200	12,600	18,000
Conv	850	2650	4400	8800	15,400	22,000
Vista Cruiser, 121" wb						
2S Sta Wag	150	600	900	1800	3150	4500
3S Sta Wag	150	600	950	1850	3200	4600
Delta 88, V-8, 124" wb						
4d Sed	150	600	900	1800	3150	4500
4d HT	200	675	1000	2000	3500	5000
2d HT	350	840	1400	2800	4900	7000
Delta 88 Custom V-8, 124" wb						
4d Sed	150	600	950	1850	3200	4600
4d HT	200	700	1050	2100	3650	5200
2d HT	350	900	1500	3000	5250	7500
Delta 88 Royale, V-8, 124" wb						
2d HT	350	975	1600	3200	5600	8000
Conv	450	1450	2400	4800	8400	12,000
Ninety Eight, V-8, 127" wb						
2d HT	450	1140	1900	3800	6650	9500
4d HT	200	660	1100	2200	3850	5500
4d Lux HT	200	685	1150	2300	3990	5700
2d Lux HT	400	1200	2000	4000	7000	10,000
Custom Cruiser, V-8, 127" wb						
2S Sta Wag	200	660	1100	2200	3850	5500
3S Sta Wag	200	685	1150	2300	3990	5700
Toronado, 122" wb						
2d HT	400	1200	2000	4000	7000	10,000

NOTES: Add 30 percent for W-30.
Add 20 percent for 455 when not standard.

1972

	6	5	4	3	2	1
F-85, V-8, 116" wb						
4d Sed	150	575	900	1750	3100	4400
Cutlass, V-8, 116" wb, 2d 112" wb						
4d Sed	150	600	900	1800	3150	4500
2d HT	400	1300	2200	4400	7700	11,000
Sta Wag	150	575	900	1750	3100	4400
Cutlass -S, V-8, 112" wb						
Cpe	350	840	1400	2800	4900	7000

1972 Oldsmobile Toronado Custom two-door hardtop

	6	5	4	3	2	1
2d HT	500	1550	2600	5200	9100	13,000
NOTE: Deduct 5 percent for 6-cyl.						
Cutlass Supreme, V-8, 116" wb. 2d 112" wb						
4d HT	350	780	1300	2600	4550	6500
2d HT	550	1700	2800	5600	9800	14,000
Conv	700	2150	3600	7200	12,600	18,000
NOTE: Add 40 percent for 4-4-2 option.						
Add 20 percent for Hurst option.						
Vista Cruiser, 121" wb						
2S Sta Wag	150	600	900	1800	3150	4500
3S Sta Wag	150	600	950	1850	3200	4600
Delta 88, V-8, 124" wb						
4d Sed	150	575	875	1700	3000	4300
4d HT	200	675	1000	2000	3500	5000
2d HT	450	1080	1800	3600	6300	9000
Delta 88 Royale, 124" wb						
4d Sed	150	575	900	1750	3100	4400
4d HT	200	700	1050	2100	3650	5200
2d HT	450	1140	1900	3800	6650	9500
Conv	450	1450	2400	4800	8400	12,000
Custom Cruiser, 127" wb						
2S Sta Wag	200	675	1000	2000	3500	5000
3S Sta Wag	200	700	1050	2100	3650	5200
Ninety-Eight, 127" wb						
4d HT	200	700	1050	2100	3650	5200
2d HT	400	1200	2000	4000	7000	10,000
Ninety-Eight Luxury, 127" wb						
4d HT	200	660	1100	2200	3850	5500
2d HT	400	1250	2100	4200	7400	10,500
Toronado, 122" wb						
2d HT	400	1200	2000	4000	7000	10,000
NOTES: Add 30 percent for W-30.						
Add 20 percent for 455 when not standard.						
1973						
Omega, V-8, 111" wb						
Sed	150	575	900	1750	3100	4400
Cpe	150	600	950	1850	3200	4600
HBk	200	675	1000	1950	3400	4900
Cutlass, 112" - 116" wb						
2d Col HT	200	700	1050	2050	3600	5100
4d Col HT	150	650	950	1900	3300	4700
Cutlass S, 112" wb						
Cpe	200	650	1100	2150	3780	5400
Cutlass Supreme, 112" - 116" wb						
2d Col HT	200	660	1100	2200	3850	5500
4d Col HT	150	650	975	1950	3350	4800
NOTE: Add 10 percent for 4-4-2 option.						
Vista Cruiser, 116" wb						
2S Sta Wag	200	675	1000	2000	3500	5000
3S Sta Wag	200	700	1050	2050	3600	5100
Delta 88, 124" wb						
4d Sed	150	575	875	1700	3000	4300
4d HT	200	675	1000	2000	3500	5000
2d HT	350	840	1400	2800	4900	7000

	6	5	4	3	2	1
Delta 88 Royale, 124" wb						
4d Sed	150	575	900	1750	3100	4400
4d HT	200	700	1050	2100	3650	5200
2d HT	350	900	1500	3000	5250	7500
Conv	400	1250	2100	4200	7400	10,500
Custom Cruiser, 127" wb						
3S Sta Wag	200	700	1050	2100	3650	5200
2S Sta Wag	200	675	1000	2000	3500	5000
3S Roy Wag	200	650	1100	2150	3780	5400
2S Roy Wag	200	700	1050	2100	3650	5200
Ninety-Eight, 127" wb						
4d HT	200	675	1000	2000	3500	5000
2d HT	350	975	1600	3200	5600	8000
4d Lux HT	200	650	1100	2150	3780	5400
2d Lux HT	350	1020	1700	3400	5950	8500
4d HT Reg	200	660	1100	2200	3850	5500
Toronado, 122" wb						
HT Cpe	350	1020	1700	3400	5950	8500

NOTE: Add 20 percent for Hurst/Olds.

1974

	6	5	4	3	2	1
Omega, 111" wb						
Cpe	150	550	850	1675	2950	4200
HBk	150	600	900	1800	3150	4500
4d Sed	150	500	800	1600	2800	4000
Cutlass, 112" - 116" wb						
Cpe	150	600	950	1850	3200	4600
4d Sed	150	500	800	1600	2800	4000
Cutlass S, 112" wb						
Cpe	150	600	950	1850	3200	4600
Cutlass Supreme, 112" - 116" wb						
4d Sed	150	550	850	1675	2950	4200
Cpe	150	650	975	1950	3350	4800

NOTE: Add 10 percent for 4-4-2 option.

	6	5	4	3	2	1
Vista Cruiser, 116" wb						
6P Sta Wag	150	475	775	1500	2650	3800
8P Sta Wag	150	500	800	1550	2700	3900
Delta 88, 124" wb						
2d HT	200	720	1200	2400	4200	6000
4d HT	150	575	900	1750	3100	4400
4d Sed	150	500	800	1600	2800	4000
Custom Cruiser, 127" wb						
6P Sta Wag	150	575	875	1700	3000	4300
8P Sta Wag	150	600	900	1800	3150	4500
Delta 88 Royale, 124" wb						
2d HT	350	780	1300	2600	4550	6500
4d HT	150	600	950	1850	3200	4600
4d Sed	150	550	850	1650	2900	4100
Conv	400	1200	2000	4000	7000	10,000

NOTE: Add 20 percent for Indy Pace car.

	6	5	4	3	2	1
Ninety-Eight, 127" wb						
4d HT	200	675	1000	2000	3500	5000
2d HT Lux	350	840	1400	2800	4900	7000
4d HT Lux	200	700	1050	2050	3600	5100
2d HT Reg	350	900	1500	3000	5250	7500
4d Reg Sed	200	700	1050	2050	3600	5100
Toronado, 122" wb						
2d Cpe	350	975	1600	3200	5600	8000

1975

	6	5	4	3	2	1
Starfire, 97" wb						
Cpe 'S'	125	370	650	1250	2200	3100
Cpe	125	380	650	1300	2250	3200
Omega, 111" wb						
Cpe	125	370	650	1250	2200	3100
HBk	125	450	700	1400	2450	3500
4d Sed	125	380	650	1300	2250	3200
Omega Salon, 111" wb						
Cpe	125	400	700	1375	2400	3400
HBk	125	450	750	1450	2500	3600
4d Sed	125	450	700	1400	2450	3500
Cutlass, 112" - 116" wb						
Cpe	150	475	750	1475	2600	3700
4d Sed	125	380	650	1300	2250	3200
Cpe 'S'	150	475	775	1500	2650	3800
Cutlass Supreme, 112" - 116" wb						
Cpe	150	500	800	1550	2700	3900

	6	5	4	3	2	1
4d Sed	125	450	700	1400	2450	3500
Cutlass Salon, 112" - 116" wb						
Cpe	150	500	800	1600	2800	4000
4d Sed	125	450	750	1450	2500	3600
NOTE: Add 10 percent for 4-4-2 option.						
Vista Cruiser, 116" wb						
Sta Wag	125	400	700	1375	2400	3400
Delta 88, 124" wb						
Cpe	125	450	700	1400	2450	3500
4d Twn Sed	125	370	650	1250	2200	3100
4d HT	150	500	800	1600	2800	4000
Delta 88 Royale, 124" wb						
Cpe	125	450	750	1450	2500	3600
4d Twn Sed	125	380	650	1300	2250	3200
4d HT	150	550	850	1675	2950	4200
Conv	450	1140	1900	3800	6650	9500
Ninety-Eight, 127" wb						
2d Lux Cpe	150	650	975	1950	3350	4800
4d Lux HT	150	600	900	1800	3150	4500
2d Reg Cpe	200	675	1000	1950	3400	4900
4d Reg HT	150	650	950	1900	3300	4700
Toronado, 122" wb						
Cus Cpe	350	840	1400	2800	4900	7000
Brgm Cpe	350	900	1500	3000	5250	7500
Custom Cruiser, 127" wb						
Sta Wag	125	450	750	1450	2500	3600
NOTE: Add 20 percent for Hurst/Olds.						
1976						
Starfire, V-6						
Spt Cpe	125	400	675	1350	2300	3300
Spt Cpe SX	125	400	700	1375	2400	3400
NOTE: Add 5 percent for V-8.						
Omega F-85, V-8						
Cpe	125	370	650	1250	2200	3100
Omega, V-8						
4d Sed	125	380	650	1300	2250	3200
Cpe	125	400	675	1350	2300	3300
HBk	125	400	700	1375	2400	3400
Omega Brougham V-8						
4d Sed	125	400	675	1350	2300	3300
Cpe	125	400	700	1375	2400	3400
HBk	125	450	700	1400	2450	3500
Cutlass "S", V-8						
4d Sed	125	370	650	1250	2200	3100
Cpe	150	475	750	1475	2600	3700
Cutlass Supreme, V-8						
4d Sed	125	380	650	1300	2250	3200
Cpe	150	475	775	1500	2650	3800
Cutlass Salon, V-8						
4d Sed	125	400	700	1375	2400	3400
Cpe	150	500	800	1550	2700	3900
Cutlass Supreme Brougham, V-8						
Cpe	150	500	800	1600	2800	4000
Station Wagons, V-8						
2S Cruiser	125	450	700	1400	2450	3500
3S Cruiser	125	450	750	1450	2500	3600
2S Vista Cruiser	125	450	750	1450	2500	3600
3S Vista Cruiser	150	475	750	1475	2600	3700
Delta 88, V-8						
4d Sed	125	400	700	1375	2400	3400
4d HT	150	475	775	1500	2650	3800
2d Sed	125	450	700	1400	2450	3500
Delta 88 Royle, V-8						
4d Sed	125	450	750	1450	2500	3600
4d HT	150	500	800	1600	2800	4000
2d Sed	150	475	750	1475	2600	3700
Station Wagons, V-8						
2S Cus Cruiser	150	500	800	1600	2800	4000
3S Cus Cruiser	150	500	800	1600	2800	4000
Ninety-Eight, V-8						
4d Lux HT	150	550	850	1675	2950	4200
2d Lux Cpe	150	600	950	1850	3200	4600
4d HT Reg	150	600	900	1800	3150	4500
2d Reg Cpe	150	650	950	1900	3300	4700

	6	5	4	3	2	1
Toronado, V-8						
Cus Cpe	350	780	1300	2600	4550	6500
Brgm Cpe	350	840	1400	2800	4900	7000
NOTE: Deduct 5 percent for V-6.						
1977						
Starfire, V-6						
Spt Cpe	100	350	600	1150	2000	2900
Spt Cpe SX	125	370	650	1250	2200	3100
NOTE: Add 5 percent for V-8.						
Omega F85, V-8						
Cpe	100	325	550	1100	1900	2700
Omega, V-8						
4d Sed	125	400	700	1375	2400	3400
Cpe	125	450	700	1400	2450	3500
2d HBk	125	450	750	1450	2500	3600
Omega Brougham, V-8						
4d Sed	125	450	700	1400	2450	3500
Cpe	125	450	750	1450	2500	3600
2d HBk	150	475	750	1475	2600	3700
NOTE: Deduct 5 percent for V-6.						
Cutlass - "S", V-8						
4d Sed	125	380	650	1300	2250	3200
2d Sed	125	400	675	1350	2300	3300
Cutlass Supreme, V-8						
4d Sed	125	400	700	1375	2400	3400
2d Sed	125	450	700	1400	2450	3500
Cutlass Salon, V-8						
2d	125	450	700	1400	2450	3500
Cutlass Supreme Brougham, V-8						
4d Sed	125	450	750	1450	2500	3600
2d Sed	150	475	775	1500	2650	3800
Station Wagons, V-8						
3S Cruiser	125	450	700	1400	2450	3500
Delta 88, V-8						
4d Sed	125	450	700	1400	2450	3500
Cpe	125	450	750	1450	2500	3600
Delta 88 Royale, V-8						
4d Sed	150	475	750	1475	2600	3700
Cpe	150	475	775	1500	2650	3800
Station Wagons, V-8						
2S Cus Cruiser	125	450	750	1450	2500	3600
3S Cus Cruiser	150	475	750	1475	2600	3700
Ninety Eight, V-8						
4d Lux Sed	150	500	800	1550	2700	3900
Lux Cpe	150	500	800	1600	2800	4000
4d Regency Sed	150	500	800	1600	2800	4000
Regency Cpe	150	550	850	1650	2900	4100
Toronado, V-8						
Cpe XS	350	900	1500	3000	5250	7500
Cpe	200	720	1200	2400	4200	6000
NOTE: Deduct 5 percent for V-6.						
1978						
Starfire						
Cpe	100	360	600	1200	2100	3000
Cpe SX	125	380	650	1300	2250	3200
Omega						
4d Sed	125	450	700	1400	2450	3500
Cpe	125	450	750	1450	2500	3600
2d HBk	150	475	750	1475	2600	3700
Omega Brougham						
4d Sed	125	450	750	1450	2500	3600
Cpe	150	475	750	1475	2600	3700
Cutlass Salon						
4d Sed	125	400	675	1350	2300	3300
Cpe	125	400	700	1375	2400	3400
Cutlass Salon Brougham						
4d Sed	125	400	700	1375	2400	3400
Cpe	125	450	700	1400	2450	3500
Cutlass Supreme						
Cpe	125	450	750	1450	2500	3600
Cutlass Calais						
Cpe	150	475	750	1475	2600	3700
Cutlass Supreme Brougham						
Cpe	150	475	775	1500	2650	3800
Cutlass Cruiser						
2S Sta Wag	125	450	700	1400	2450	3500

	6	5	4	3	2	1
Delta 88						
4d Sed	125	450	750	1450	2500	3600
Cpe	150	475	750	1475	2600	3700
Delta 88 Royale						
4d Sed	150	475	750	1475	2600	3700
Cpe	150	475	775	1500	2650	3800
Custom Cruiser						
Sta Wag	125	450	750	1450	2500	3600
Ninety Eight						
4d Lux Sed	150	500	800	1550	2700	3900
Lux Cpe	150	500	800	1600	2800	4000
4d Regency Sed	150	500	800	1600	2800	4000
Regency Cpe	150	550	850	1650	2900	4100
Toronado Brougham						
Cpe	200	720	1200	2400	4200	6000
1979						
Starfire, 4-cyl.						
Spt Cpe	125	370	650	1250	2200	3100
Spt Cpe SX	125	380	650	1300	2250	3200
Omega, V-8						
Sed	125	450	750	1450	2500	3600
Cpe	150	475	750	1475	2600	3700
HBk	150	475	775	1500	2650	3800
Omega Brougham, V-8						
Sed	150	475	750	1475	2600	3700
Cpe	150	475	775	1500	2650	3800
Cutlass Salon, V-8						
Sed	125	400	700	1375	2400	3400
Cpe	125	450	700	1400	2450	3500
Cutlass Salon Brougham, V-8						
Sed	125	450	700	1400	2450	3500
Cpe	125	450	750	1450	2500	3600
Cutlass Supreme, V-8						
Cpe	150	475	750	1475	2600	3700
Cutlass Calais, V-8						
Cpe	150	475	775	1500	2650	3800
Cutlass Supreme Brougham, V-8						
Cpe	150	500	800	1550	2700	3900
Cutlass Cruiser, V-8						
Sta Wag	125	450	750	1450	2500	3600
Cutlass Cruiser Brougham, V-8						
Sta Wag	150	475	750	1475	2600	3700
Delta 88, V-8						
Sed	150	475	775	1500	2650	3800
Cpe	150	500	800	1550	2700	3900
Delta 88 Royale, V-8						
Sed	150	500	800	1550	2700	3900
Cpe	150	500	800	1600	2800	4000
Custom Cruiser, V-8						
2S Sta Wag	150	500	800	1550	2700	3900
3S Sta Wag	150	500	800	1600	2800	4000
Ninety Eight						
Lux Sed	150	550	850	1650	2900	4100
Lux Cpe	150	550	850	1675	2950	4200
Regency Sed	150	575	875	1700	3000	4300
Regency Cpe	150	575	900	1750	3100	4400
Toronado						
Cpe	200	675	1000	2000	3500	5000

NOTE: Deduct 5 percent for V-6.
Add 60 percent for Hurst/Olds option.
Deduct 10 percent for diesel.

	6	5	4	3	2	1
1980						
Starfire, 4-cyl.						
2d Cpe	150	475	775	1500	2650	3800
2d Cpe SX	150	500	800	1550	2700	3900
Omega, V-6						
4d Sed	150	475	775	1500	2650	3800
2d Cpe	150	500	800	1550	2700	3900

NOTE: Deduct 10 percent for 4-cyl.

	6	5	4	3	2	1
Omega Brougham, V-6						
4d Sed	150	500	800	1550	2700	3900
2d Cpe	150	500	800	1600	2800	4000

NOTE: Deduct 10 percent for 4-cyl.

	6	5	4	3	2	1
Cutlass, V-8						
4d Sed	125	450	750	1450	2500	3600

NOTE: Deduct 12 percent for V-6.

	6	5	4	3	2	1
Cutlass Salon, V-8						
2d Cpe	150	500	800	1550	2700	3900
NOTE: Deduct 12 percent for V-6.						
Cutlass Salon Brougham, V-8						
2d Cpe	150	500	800	1600	2800	4000
NOTE: Deduct 12 percent for V-6.						
Cutlass Supreme, V-8						
2d Cpe	150	550	850	1650	2900	4100
NOTE: Deduct 12 percent for V-6.						
Cutlass LS, V-8						
4d Sed	150	475	750	1475	2600	3700
NOTE: Deduct 12 percent for V-6.						
Cutlass Calais, V-8						
2d Cpe	150	550	850	1675	2950	4200
NOTE: Deduct 12 percent for V-6.						
Cutlass Brougham, V-8						
4d Sed	150	475	775	1500	2650	3800
2d Cpe Supreme	150	550	850	1675	2950	4200
NOTE: Deduct 12 percent for V-6.						
Cutlass Cruiser, V-8						
4d Sta Wag	150	500	800	1550	2700	3900
4d Sta Wag Brgm	150	500	800	1600	2800	4000
NOTE: Deduct 12 percent for V-6.						
Delta 88, V-8						
4d Sed	150	550	850	1650	2900	4100
2d Cpe	150	550	850	1675	2950	4200
NOTE: Deduct 12 percent for V-6.						
Delta 88 Royale, V-8						
4d Sed	150	550	850	1675	2950	4200
2d Cpe	150	575	875	1700	3000	4300
NOTE: Deduct 12 percent for V-6.						
Delta 88 Royale Brougham, V-8						
4d Sed	150	575	900	1750	3100	4400
2d Cpe	150	600	900	1800	3150	4500
NOTE: Deduct 12 percent for V-6.						
Custom Cruiser, V-8						
4d 2S Sta Wag	150	575	875	1700	3000	4300
4d 3S Sta Wag	150	575	900	1750	3100	4400
Ninety Eight, V-8						
4d Lux Sed	150	600	950	1850	3200	4600
4d Regency Sed	200	675	1000	1950	3400	4900
2d Regency Cpe	200	700	1050	2050	3600	5100
Toronado Brougham, V-8						
2d Cpe	350	770	1300	2550	4480	6400
1981						
Omega, V-6						
4d Sed	150	500	800	1550	2700	3900
2d Cpe	150	500	800	1600	2800	4000
NOTE: Deduct 10 percent for 4-cyl.						
Omega Brougham, V-6						
4d Sed	150	500	800	1600	2800	4000
2d Cpe	150	550	850	1650	2900	4100
NOTE: Deduct 10 percent for 4-cyl.						
Cutlass, V-8						
4d Sed	150	475	750	1475	2600	3700
NOTE: Deduct 12 percent for V-6.						
Cutlass Supreme, V-8						
2d Cpe	150	550	850	1675	2950	4200
NOTE: Deduct 12 percent for V-6.						
Cutlass LS, V-8						
4d Sed	150	475	775	1500	2650	3800
NOTE: Deduct 12 percent for V-6.						
Cutlass Calais, V-8						
2d Cpe	150	575	900	1750	3100	4400
NOTE: Deduct 12 percent for V-6.						
Cutlass Supreme Brougham, V-8						
2d Cpe	150	575	875	1700	3000	4300
NOTE: Deduct 12 percent for V-6.						
Cutlass Brougham, V-8						
4d Sed	150	500	800	1550	2700	3900
NOTE: Deduct 12 percent for V-6.						
Cutlass Cruiser, V-8						
4d Sta Wag	150	500	800	1550	2700	3900
4d Brgm Sta Wag	150	500	800	1600	2800	4000
NOTE: Deduct 12 percent for V-6.						

	6	5	4	3	2	1
Delta 88, V-8						
4d Sed	150	550	850	1675	2950	4200
2d Cpe	150	575	875	1700	3000	4300
NOTE: Deduct 12 percent for V-6.						
Delta 88 Royale, V-8						
4d Sed	150	575	875	1700	3000	4300
2d Cpe	150	575	900	1750	3100	4400
NOTE: Deduct 12 percent for V-6.						
Delta 88 Royale Brougham, V-8						
4d Sed	150	600	900	1800	3150	4500
2d Cpe	150	600	950	1850	3200	4600
Custom Cruiser, V-8						
4d 2S Sta Wag	150	575	900	1750	3100	4400
4d 3S Sta Wag	150	600	900	1800	3150	4500
Ninety Eight, V-8						
4d Lux Sed	150	650	950	1900	3300	4700
4d Regency Sed	150	650	975	1950	3350	4800
2d Regency Cpe	200	675	1000	1950	3400	4900
NOTE: Deduct 12 percent for V-6.						
Toronado Brougham, V-8						
2d Cpe	350	800	1350	2700	4700	6700
NOTE: Deduct 12 percent for V-6.						
1982						
Firenza, 4-cyl.						
2d Cpe	150	550	850	1675	2950	4200
4d Sed	150	575	875	1700	3000	4300
4d Sta Wag	150	600	900	1800	3150	4500
Cutlass Calais, 4 Cyl.						
NOTE: Deduct 5 percent for lesser models.						
2d Cpe	150	575	900	1750	3100	4400
4d Sed	150	600	900	1800	3150	4500
2d Cpe SL	150	650	975	1950	3350	4800
2d Cpe Int.	200	660	1100	2200	3850	5500
4d Sed Int.	200	670	1150	2250	3920	5600
2d Cpe V-6	200	700	1050	2100	3650	5200
4d Sed V-6	200	700	1075	2150	3700	5300
2d Cpe SL V-6	200	650	1100	2150	3780	5400
4d Sed SL V-6	200	660	1100	2200	3850	5500
Cutlass Ciera, 4 Cyl.						
2d Cpe	200	675	1000	1950	3400	4900
4d Sed	200	675	1000	2000	3500	5000
4d Sta Wag	200	700	1050	2050	3600	5100
2d Cpe Brgm	200	675	1000	2000	3500	5000
4d Sed Brgm SL	75	230	380	760	1330	1900
4d Sta Wag Brgm	200	700	1050	2100	3650	5200
2d Cpe V-6	200	700	1050	2050	3600	5100
4d Sed V-6	200	700	1050	2100	3650	5200
4d Sta Wag V-6	200	700	1075	2150	3700	5300
2d Cpe SL V-6	200	650	1100	2150	3780	5400
4d Sed V-6	200	660	1100	2200	3850	5500
4d Sta Wag V-6	200	670	1150	2250	3920	5600
2d Cpe Int. V-6	200	670	1200	2300	4060	5800
4d Sed Int. V-6	200	700	1200	2350	4130	5900
Cutlass Supreme						
2d Cpe V-6	200	730	1250	2450	4270	6100
2d Cpe SL V-6	350	780	1300	2600	4550	6500
2d Cpe Int. V-6	350	800	1350	2700	4700	6700
2d Cpe V-8	350	790	1350	2650	4620	6600
2d Cpe Brgm V-8	350	780	1300	2600	4550	6500
Delta 88 Royale						
2d Cpe V-6	200	660	1100	2200	3850	5500
4d Sed V-6	200	670	1150	2250	3920	5600
2d Cpe Brgm V-6	200	700	1200	2350	4130	5900
4d Sed Brgm V-6	200	720	1200	2400	4200	6000
Custom Cruiser V-8						
4d Sta Wag	350	780	1300	2600	4550	6500
Ninety Eight, V-6						
4d Sed Regency	350	780	1300	2600	4550	6500
4d Sed Regency Brgm	350	840	1400	2800	4900	7000
4d Sed Touring Sed	350	840	1400	2800	4900	7000
Toronado V-8						
2d Cpe	350	900	1500	3000	5250	7500
2d Cpe Brgm	350	1020	1700	3400	5950	8500
Custom Cruiser, V-8						
4d Sta Wag	200	675	1000	1950	3400	4900

	6	5	4	3	2	1
Ninety Eight Regency, V-8						
4d Sed	200	700	1050	2050	3600	5100
2d Cpe	200	700	1050	2100	3650	5200
4d Brgm Sed	200	700	1050	2100	3650	5200
NOTE: Deduct 12 percent for V-6.						
Toronado Brougham, V-8						
2d Cpe	350	820	1400	2700	4760	6800
NOTE: Deduct 12 percent for V-6.						
1983						
Firenza, 4-cyl.						
4d LX Sed	150	550	850	1650	2900	4100
2d SX Cpe	150	550	850	1675	2950	4200
4d LX Sta Wag	150	575	875	1700	3000	4300
NOTE: Deduct 5 percent for lesser models.						
Omega, V-6						
4d Sed	150	550	850	1650	2900	4100
2d Cpe	150	550	850	1675	2950	4200
NOTE: Deduct 10 percent for 4-cyl.						
Omega Brougham, V-6						
4d Sed	150	550	850	1675	2950	4200
2d Cpe	150	575	875	1700	3000	4300
NOTE: Deduct 10 percent for 4-cyl.						
Cutlass Supreme, V-8						
4d Sed	150	600	950	1850	3200	4600
2d Cpe	150	650	950	1900	3300	4700
NOTE: Deduct 12 percent for V-6.						
Cutlass Supreme Brougham, V-8						
4d Sed	150	650	950	1900	3300	4700
2d Cpe	150	650	975	1950	3350	4800
NOTE: Deduct 12 percent for V-6.						
Cutlass Calais, V-8						
2d Cpe	200	675	1000	1950	3400	4900
NOTE: Deduct 12 percent for V-6.						
Cutlass Cruiser, V-8						
4d Sta Wag	150	650	975	1950	3350	4800
NOTE: Deduct 12 percent for V-6.						
Cutlass Ciera, V-6						
4d Sed	150	600	950	1850	3200	4600
2d Cpe	150	650	950	1900	3300	4700
NOTE: Deduct 10 percent for 4-cyl.						
Cutlass Ciera Brougham, V-6						
4d Sed	150	650	950	1900	3300	4700
2d Cpe	150	650	975	1950	3350	4800
NOTE: Deduct 10 percent for 4-cyl.						
Delta 88, V-8						
4d Sed	150	650	975	1950	3350	4800
NOTE: Deduct 12 percent for V-6.						
Delta 88 Royale, V-8						
4d Sed	200	675	1000	1950	3400	4900
2d Cpe	200	675	1000	2000	3500	5000
NOTE: Deduct 12 percent for V-6.						
Delta 88 Royale Brougham, V-8						
4d Sed	200	700	1050	2050	3600	5100
2d Cpe	200	700	1050	2100	3650	5200
NOTE: Deduct 12 percent for V-6.						
Custom Cruiser, V-8						
4d Sta Wag	200	700	1050	2050	3600	5100
Ninety Eight Regency, V-8						
4d Sed	200	700	1075	2150	3700	5300
2d Cpe	200	660	1100	2200	3850	5500
4d Sed Brgm	200	650	1100	2150	3780	5400
NOTE: Deduct 13 percent for V-6.						
Toronado Brougham, V-8						
2d Cus Cpe	350	830	1400	2950	4830	6900
NOTE: Deduct 13 percent for V-6. Add 15 percent for Hurst/Olds package.						
1984						
Firenza, 4-cyl.						
4d LX Sed	150	550	850	1650	2900	4100
2d LX Sed	150	550	850	1650	2900	4100
4d LX Sta Wag Cruiser	150	575	875	1700	3000	4300
NOTE: Deduct 5 percent for lesser models.						
4d Sed Brgm	150	575	875	1700	3000	4300
2d Sed Brgm	150	575	875	1700	3000	4300
NOTE: Deduct 5 percent for 4-cyl. Deduct 8 percent for 4cyl.						

1984 Oldsmobile Cutlass Hurst/Olds coupe

	6	5	4	3	2	1
Cutlass, V-8						
4d Sed Supreme Brgm	150	650	975	1950	3350	4800
2d Sed Supreme Brgm	150	650	975	1950	3350	4800
2d Sed Calais	200	675	1000	1950	3400	4900
2d Sed Calais Hurst/Olds	200	660	1100	2200	3850	5500
Cutlass Ciera, V-6						
4d Sed	150	600	950	1850	3200	4600
2d Sed	150	600	950	1850	3200	4600
4d Sta Wag Cruiser	150	600	950	1850	3200	4600
4d Sed Brgm	150	650	950	1900	3300	4700
2d Sed Brgm	150	650	950	1900	3300	4700
NOTE: Deduct 8 percent for 4-cyl.						
Cutlass Ciera, V-8						
4d Sed	150	650	975	1950	3350	4800
2d Sed	150	650	975	1950	3350	4800
4d Sta Wag	150	650	975	1950	3350	4800
4d Sed Brgm	200	675	1000	1950	3400	4900
2d Sed Brgm	200	675	1000	1950	3400	4900
Delta 88 Royale, V-8						
4d Sed	200	675	1000	2000	3500	5000
2d Sed	200	675	1000	2000	3500	5000
4d Sed Brgm	200	700	1050	2100	3650	5200
2d Sed Brgm	200	700	1050	2100	3650	5200
4d Cus Sta Wag Cruiser	200	700	1075	2150	3700	5300
4d LS Sed	200	700	1075	2150	3700	5300
NOTE: Deduct 10 percent for V-6 cyl.						
Ninety Eight Regency, V-8						
4d Sed	200	660	1100	2200	3850	5500
2d Sed	200	660	1100	2200	3850	5500
4d Sed Brgm	200	670	1150	2250	3920	5600
Toronado Brgm						
2d V-6 Cpe	350	780	1300	2600	4550	6500
2d V-8 Cpe	350	840	1400	2800	4900	7000
1985						
Firenza, V-6						
4d LX Sed	150	575	875	1700	3000	4300
2d LX Sed	150	575	875	1700	3000	4300
4d LX Sta Wag	150	575	900	1750	3100	4400
NOTE: Deduct 8 percent for 4-cyl. Deduct 5 percent for lesser models.						
Cutlass, V-8						
4d Sed	150	650	975	1950	3350	4800
2d Sed	150	650	975	1950	3350	4800
Cutlass Supreme Brougham, V-8						
4d Sed	150	650	975	1950	3350	4800
2d Sed	150	650	975	1950	3350	4800
Cutlass Salon, V-8						
2d Cpe	200	675	1000	1950	3400	4900
2d 442 Cpe	200	675	1000	2000	3500	5000
NOTE: Deduct 8 percent for 4-cyl. Deduct 30 percent for diesel.						
Calais, V-6						
2d Sed	200	675	1000	1950	3400	4900
2d Sed Brgm	200	675	1000	1950	3400	4900
NOTE: Deduct 8 percent for 4-cyl.						

	6	5	4	3	2	1
Cutlass Ciera, V-6						
4d Sed	150	600	950	1850	3200	4600
2d Sed	150	600	950	1850	3200	4600
4d Sta Wag	150	650	950	1900	3300	4700
Cutlass Ciera Brougham, V-6						
4d Sed	150	650	950	1900	3300	4700
2d Sed	150	650	950	1900	3300	4700
NOTE: Deduct 8 percent for 4-cyl. Deduct 30 percent for diesel.						
Delta 88 Royale, V-8						
4d Sed	200	700	1050	2050	3600	5100
2d Sed	200	700	1050	2050	3600	5100
4 dr Sed Brgm	200	700	1075	2150	3700	5300
2d Sed Brgm	200	700	1075	2150	3700	5300
4d Sta Wag	200	650	1100	2150	3780	5400
NOTE: Deduct 10 percent for V-6 where available. Deduct 30 percent for diesel.						
Ninety Eight Regency, V-6						
4d Sed	200	670	1150	2250	3920	5600
2d Sed	200	670	1150	2250	3920	5600
4d Sed Brgm	200	685	1150	2300	3990	5700
2d Sed Brgm	200	685	1150	2300	3990	5700
Toronado, V-8						
2d Cpe	350	850	1450	2850	4970	7100
NOTE: Deduct 30 percent for diesel.						
1986						
Firenza						
2d Cpe	150	575	900	1750	3100	4400
2d HBk	150	575	900	1750	3100	4400
4d Sed	150	600	900	1800	3150	4500
4d Sta Wag	150	600	950	1850	3200	4600
2d GT	150	600	950	1850	3200	4600
Calais						
2d Cpe	200	700	1050	2050	3600	5100
4d Sed	200	700	1050	2050	3600	5100
Cutlass						
2d Cpe	150	650	950	1900	3300	4700
4d Sed	150	650	950	1900	3300	4700
4d Sta Wag	150	650	975	1950	3350	4800
Delta 88 Royale						
2d Cpe	200	700	1050	2100	3650	5200
4d Sed	200	700	1050	2100	3650	5200
4d Sta Wag	200	720	1200	2400	4200	6000
Ninety Eight Regency						
2d Cpe	200	670	1150	2250	3920	5600
4d Sed	200	670	1150	2250	3920	5600
Toronado, V-6						
2d Cpe	350	860	1450	2900	5050	7200
NOTES: Add 10 percent for deluxe models. Deduct 5 percent for smaller engines.						
1987						
Firenza, 4-cyl.						
4d Sed	150	600	900	1800	3150	4500
2d Cpe	150	575	900	1750	3100	4400
2d HBk S	150	600	900	1800	3150	4500
4d Sed LX	150	600	950	1850	3200	4600
2d Cpe LC	150	600	900	1800	3150	4500
4d Sta Wag	150	600	950	1850	3200	4600
2d HBk GT	150	600	950	1850	3200	4600
Cutlass Supreme, V-6						
4d Sed	150	650	975	1950	3350	4800
2d Cpe	150	650	950	1900	3300	4700
Cutlass Supreme, V-8						
4d Sed	200	675	1000	2000	3500	5000
2d Cpe	200	675	1000	1950	3400	4900
2d Cpe 442	350	950	1550	3150	5450	7800
Cutlass Supreme Brougham, V-6						
4d Sed	200	675	1000	1950	3400	4900
2d Cpe	150	650	975	1950	3350	4800
Cutlass Supreme Brougham, V-8						
4d Sed	200	700	1050	2050	3600	5100
2d Cpe	200	675	1000	2000	3500	5000
Cutlass Salon						
2d Cpe V-6	200	700	1050	2050	3600	5100
2d Cpe V-8	200	700	1050	2100	3650	5200

	6	5	4	3	2	1
Calais, 4-cyl.						
4d Sed	200	700	1050	2100	3650	5200
2d Cpe	200	700	1050	2050	3600	5100
Calais, V-6						
4d Sed	200	700	1075	2150	3700	5300
2d Cpe	200	700	1050	2100	3650	5200
Calais Supreme, 4-cyl.						
4d Sed	200	700	1075	2150	3700	5300
2d Cpe	200	700	1050	2100	3650	5200
Calais Supreme, V-6						
4d Sed	200	650	1100	2150	3780	5400
2d Cpe	200	700	1075	2150	3700	5300
Cutlass Ciera, 4-cyl.						
4d Sed	200	650	1100	2150	3780	5400
2d Cpe	200	700	1075	2150	3700	5300
4d Sta Wag	200	660	1100	2200	3850	5500
Cutlass Ciera, V-6						
4d Sed	200	660	1100	2200	3850	5500
2d Cpe	200	650	1100	2150	3780	5400
4d Sta Wag	200	670	1150	2250	3920	5600
Cutlass Ciera Brougham, 4-cyl.						
4d Sed	200	660	1100	2200	3850	5500
2d Cpe SL	200	650	1100	2150	3780	5400
4d Sta Wag	200	670	1150	2250	3920	5600
Cutlass Ciera Brougham, V-6						
4d Sed	200	670	1150	2250	3920	5600
2d Cpe SL	200	660	1100	2200	3850	5500
4d Sta Wag	200	685	1150	2300	3990	5700
Delta 88 Royale, V-6						
4d Sed	200	650	1100	2150	3780	5400
2d Cpe	200	700	1075	2150	3700	5300
4d Sed Brgm	200	670	1150	2250	3920	5600
2d Cpe Brgm	200	660	1100	2200	3850	5500
Custom Cruiser, V-8						
4d Sta Wag	200	660	1100	2200	3850	5500
Ninety Eight, V-6						
4d Sed	200	670	1150	2250	3920	5600
4d Sed Regency Brgm	200	685	1150	2300	3990	5700
2d Sed Regency Brgm	200	670	1150	2250	3920	5600
Toronado, V-6						
2d Cpe Brgm	350	880	1500	2950	5180	7400

NOTE: Add 10 percent for Trofeo option.

1988

	6	5	4	3	2	1
Firenza, 4-cyl.						
2d Cpe	150	550	850	1675	2950	4200
4d Sed	150	575	875	1700	3000	4300
4d Sta Wag	150	600	900	1800	3150	4500
Cutlass Calais, 4-cyl.						
2d Cpe	150	575	900	1750	3100	4400
4d Sed	150	600	900	1800	3150	4500
2d SL Cpe	150	650	975	1950	3350	4800
4d SL Sed	200	675	1000	1950	3400	4900
2d Int'l Cpe	200	660	1100	2200	3850	5500
4d Int'l Sed	200	670	1150	2250	3920	5600
2d Cpe, V-6	200	700	1050	2100	3650	5200
4d Sed, V-6	200	700	1075	2150	3700	5300
2d SL Cpe, V-6	200	650	1100	2150	3780	5400
4d SL Sed, V-6	200	660	1100	2200	3850	5500
Cutlass Ciera, 4-cyl.						
2d Cpe	200	675	1000	1950	3400	4900
4d Sed	200	675	1000	2000	3500	5000
4d Sta Wag	200	700	1050	2050	3600	5100
Cutlass Ciera Brougham, 4-cyl.						
2d Cpe	200	675	1000	2000	3500	5000
4d SL Sed	200	700	1050	2050	3600	5100
4d Sta Wag	200	700	1050	2100	3650	5200
Cutlass Ciera, V-6						
2d Cpe	200	700	1050	2050	3600	5100
4d Sed	200	700	1050	2100	3650	5200
4d Sta Wag	200	700	1075	2150	3700	5300
Cutlass Ciera Brougham, V-6						
2d Cpe SL	200	650	1100	2150	3780	5400
4d Sed	200	660	1100	2200	3850	5500
4d Sta Wag	200	670	1150	2250	3920	5600
2d Int'l Cpe	200	670	1200	2300	4060	5800
4d Int'l Cpe	200	700	1200	2350	4130	5900

	6	5	4	3	2	1
Cutlass Supreme, V-6						
2d Cpe	200	730	1250	2450	4270	6100
2d SL Cpe	350	780	1300	2600	4550	6500
2d Int'l Cpe	350	800	1350	2700	4700	6700
Cutlass Supreme, V-8						
2d Cpe	200	750	1275	2500	4400	6300
2d Cpe Brgm	350	780	1300	2600	4550	6500
Delta 88 Royale, V-6						
2d Cpe	200	660	1100	2200	3850	5500
4d Sed	200	670	1150	2250	3920	5600
2d Cpe Brgm	200	700	1200	2350	4130	5900
4d Sed Brgm	200	720	1200	2400	4200	6000
Custom Cruiser, V-8						
4d Sta Wag	350	780	1300	2600	4550	6500
Ninety Eight, V-6						
4d Sed Regency	350	780	1300	2600	4550	6500
4d Sed Regency Brgm	350	840	1400	2800	4900	7000
4d Trg Sed	350	975	1600	3200	5600	8000
Toronado, V-6						
2d Cpe	350	900	1500	3000	5250	7500
2d Cpe Trofeo	350	1020	1700	3400	5950	8500
1989						
Cutlass Calais						
4-cyl.						
4d Sed	150	600	900	1800	3150	4500
2d Cpe	150	575	900	1750	3100	4400
4d Sed S	150	650	975	1950	3350	4800
2d Cpe S	150	650	950	1900	3300	4700
4d Sed SL	200	700	1075	2150	3700	5300
2d Cpe SL	200	700	1050	2100	3650	5200
4d Sed Int'l Series	350	780	1300	2600	4550	6500
2d Cpe Int'l Series	350	770	1300	2550	4480	6400
V-6						
4d Sed S	200	700	1075	2150	3700	5300
2d Cpe S	200	700	1050	2100	3650	5200
4d Sed SL	200	670	1150	2250	3920	5600
2d Cpe SL	200	660	1100	2200	3850	5500
Cutlass Ciera						
4-cyl.						
4d Sed	200	675	1000	1950	3400	4900
2d Cpe	150	650	975	1950	3350	4800
4d Sta Wag	200	720	1200	2400	4200	6000
4d Sed SL	200	685	1150	2300	3990	5700
2d Cpe SL	200	670	1150	2250	3920	5600
4d Sta Wag SL	200	745	1250	2500	4340	6200
V-6						
4d Sed	200	660	1100	2200	3850	5500
2d Cpe	200	650	1100	2150	3780	5400
4d Sta Wag	200	750	1275	2500	4400	6300
4d Sed SL	200	685	1150	2300	3990	5700
2d Cpe SL	200	670	1150	2250	3920	5600
4d Sta Wag SL	350	780	1300	2600	4550	6500
4d Sed Int'l Series	350	790	1350	2650	4620	6600
2d Cpe Int'l Series	350	780	1300	2600	4550	6500
Cutlass Supreme, V-6						
2d Cpe	350	840	1400	2800	4900	7000
2d Cpe SL	350	900	1500	3000	5250	7500
2d Cpe Int'l Series	350	975	1600	3200	5600	8000
Eighty Eight Royale, V-6						
4d Sed	350	840	1400	2800	4900	7000
2d Cpe	350	830	1400	2950	4830	6900
4d Sed Brgm	350	900	1500	3000	5250	7500
2d Cpe Brgm	350	880	1500	2950	5180	7400
Custom Cruiser, V-8						
4d Sta Wag	350	900	1500	3000	5250	7500
Ninety Eight, V-6						
4d Sed Regency	350	900	1500	3000	5250	7500
4d Sed Regency Brgm	350	1020	1700	3400	5950	8500
4d Sed Trg	450	1140	1900	3800	6650	9500
Toronado, V-6						
2d Cpe	350	1020	1700	3400	5950	8500
2d Cpe Trofeo	450	1140	1900	3800	6650	9500
1990						
Cutlass Calais						
4-cyl.						
2d Cpe	150	650	975	1950	3350	4800

	6	5	4	3	2	1
4d Sed	200	675	1000	1950	3400	4900
2d Cpe S	200	675	1000	1950	3400	4900
4d Sed S	200	675	1000	2000	3500	5000
2d Cpe SL Quad	200	660	1100	2200	3850	5500
4d Sed SL Quad	200	670	1150	2250	3920	5600
2d Cpe Int'l Quad	200	670	1150	2250	3920	5600
4d Sed Int'l Quad	200	685	1150	2300	3990	5700
V-6						
2d Cpe SL	200	670	1200	2300	4060	5800
4d Sed SL	200	700	1200	2350	4130	5900
Cutlass Ciera						
4-cyl.						
4d Sed	200	675	1000	2000	3500	5000
2d Cpe S	200	700	1050	2050	3600	5100
4d Sed S	200	700	1050	2100	3650	5200
4d Sta Wag S	200	660	1100	2200	3850	5500
V-6						
4d Sed	200	700	1050	2100	3650	5200
2d Cpe S	200	660	1100	2200	3850	5500
4d Sed S	200	670	1150	2250	3920	5600
4d Sta Wag S	200	685	1150	2300	3990	5700
4d Sed SL	200	670	1200	2300	4060	5800
4d Sta Wag SL	200	700	1200	2350	4130	5900
2d Cpe Int'l	200	720	1200	2400	4200	6000
4d Sed Int'l	200	730	1250	2450	4270	6100
Cutlass Supreme						
4-cyl.						
2d Cpe Quad	350	780	1300	2600	4550	6500
4d Sed Quad	350	790	1350	2650	4620	6600
2d Cpe Int'l Quad	350	900	1500	3000	5250	7500
4d Sed Int'l Quad	350	950	1550	3100	5400	7700
V-6						
2d Cpe	350	800	1350	2700	4700	6700
4d Sed	350	820	1400	2700	4760	6800
2d Cpe SL	350	830	1400	2950	4830	6900
4d Sed SL	350	840	1400	2800	4900	7000
2d Cpe Int'l	350	900	1500	3000	5250	7500
4d Sed Int'l	350	950	1500	3050	5300	7600
Eighty Eight Royale, V-6						
4d Sed	350	840	1400	2800	4900	7000
2d Cpe Brgm	350	900	1500	3000	5250	7500
4d Sed Brgm	350	950	1500	3050	5300	7600
Custom Cruiser, V-8						
4d Sta Wag	350	900	1500	3000	5250	7500
Ninety Eight, V-6						
4d Sed Regency	350	975	1600	3200	5600	8000
4d Sed Regency Brgm	350	1020	1700	3400	5950	8500
4d Sed Trg	450	1140	1900	3800	6650	9500
Toronado, V-6						
2d Cpe	350	1020	1700	3400	5950	8500
2d Cpe Trofeo	450	1140	1900	3800	6650	9500

PACKARD

	6	5	4	3	2	1
1899						
Model A, 1-cyl.						
Rds					value not estimable	
1900						
Model B, 1-cyl.						
Rds					value not estimable	
1901						
Model C, 1-cyl.						
Rds					value not estimable	
1902-03						
Model F, 4-cyl.						
Tr	2500	7900	13,200	26,400	46,200	66,000
1904						
Model L, 4-cyl.						
Tr	2250	7200	12,000	24,000	42,000	60,000
Model M, 4-cyl.						
Tr	2350	7450	12,400	24,800	43,400	62,000

1903 Packard Model F runabout

	6	5	4	3	2	1
1905						
Model N, 4-cyl.						
Tr	2050	6600	11,000	22,000	38,500	55,000
1906						
Model S, 4-cyl., 24 hp						
Tr	2050	6600	11,000	22,000	38,500	55,000
1907						
Model U, 4-cyl., 30 hp						
Tr	2150	6850	11,400	22,800	39,900	57,000
1908						
Model UA, 4-cyl., 30 hp						
Tr	2050	6600	11,000	22,000	38,500	55,000
Rds	1950	6250	10,400	20,800	36,400	52,000
1909						
Model UB UBS, 4-cyl., 30 hp						
Tr	2000	6350	10,600	21,200	37,100	53,000
Rbt	1600	5150	8600	17,200	30,100	43,000
Model NA, 4-cyl., 18 hp						
Tr	1700	5400	9000	18,000	31,500	45,000
1910-11						
Model UC UCS, 4-cyl., 30 hp						
Tr	2050	6600	11,000	22,000	38,500	55,000
Rbt	2000	6350	10,600	21,200	37,100	53,000
Model NB, 4-cyl., 18 hp						
Tr	1900	6000	10,000	20,000	35,000	50,000
1912						
Model NE, 4-cyl., 18 hp						
Tr	1700	5400	9000	18,000	31,500	45,000
Rbt	1750	5500	9200	18,400	32,200	46,000
Cpe	1150	3600	6000	12,000	21,000	30,000
Limo	1400	4450	7400	14,800	25,900	37,000
Imp Limo	1500	4800	8000	16,000	28,000	40,000
1911-12						
Model UE, 4-cyl., 30 hp						
Tr	2250	7200	12,000	24,000	42,000	60,000
Phae	2350	7450	12,400	24,800	43,400	62,000
Rbt	2400	7700	12,800	25,600	44,800	64,000

	6	5	4	3	2	1
Cpe	1300	4200	7000	14,000	24,500	35,000
Brgm	1200	3850	6400	12,800	22,400	32,000
Limo	1500	4800	8000	16,000	28,000	40,000
Imp Limo	1600	5050	8400	16,800	29,400	42,000
1912						
Model 12-48, 6-cyl., 36 hp						
Tr	2850	9100	15,200	30,400	53,200	76,000
Phae	2650	8400	14,000	28,000	49,000	70,000
Rbt	2500	7900	13,200	26,400	46,200	66,000
Cpe	1600	5050	8400	16,800	29,400	42,000
Brgm	1450	4700	7800	15,600	27,300	39,000
Limo	1600	5050	8400	16,800	29,400	42,000
Imp Limo	1650	5300	8800	17,600	30,800	44,000
Model 1-38, 6-cyl., 38 hp						
Tr	2050	6600	11,000	22,000	38,500	55,000
Phae	2100	6700	11,200	22,400	39,200	56,000
4P Phae	2150	6850	11,400	22,800	39,900	57,000
Rbt	1900	6000	10,000	20,000	35,000	50,000
Cpe	1700	5400	9000	18,000	31,500	45,000
Imp Cpe	1750	5500	9200	18,400	32,200	46,000
Lan'let	1750	5650	9400	18,800	32,900	47,000
Imp Lan'let	1800	5750	9600	19,200	33,600	48,000
Limo	1900	6000	10,000	20,000	35,000	50,000
Imp Limo	2000	6350	10,600	21,200	37,100	53,000

1913 Packard Model 2-48 phaeton

	6	5	4	3	2	1
1913						
Model 13-48, 6-cyl.						
Tr	2050	6600	11,000	22,000	38,500	55,000
1914						
Model 2-38, 6-cyl.						
Tr	1950	6250	10,400	20,800	36,400	52,000
Sal Tr	2000	6350	10,600	21,200	37,100	53,000
Spl Tr	2050	6500	10,800	21,600	37,800	54,000
Phae	2050	6600	11,000	22,000	38,500	55,000
4P Phae	2100	6700	11,200	22,400	39,200	56,000
Cpe	1700	5400	9000	18,000	31,500	45,000
Brgm	1500	4800	8000	16,000	28,000	40,000
4P Brgm	1500	4800	8000	16,000	28,000	40,000
2-38						
Lan'let	1600	5050	8400	16,800	29,400	42,000
Cabr Lan'let	1750	5650	9400	18,800	32,900	47,000
Limo	1500	4800	8000	16,000	28,000	40,000
Cabr Limo	1800	5750	9600	19,200	33,600	48,000
Imp Limo	1750	5500	9200	18,400	32,200	46,000
Sal Limo	1750	5650	9400	18,800	32,900	47,000
Model 14-48, 6-cyl.						
Tr	1900	6000	10,000	20,000	35,000	50,000

	6	5	4	3	2	1
Model 4-48, 6-cyl., 48 hp						
Tr	1900	6100	10,200	20,400	35,700	51,000
Sal Tr	1900	6100	10,200	20,400	35,700	51,000
Phae	2050	6600	11,000	22,000	38,500	55,000
4P Phae	2100	6700	11,200	22,400	39,200	56,000
Cpe	1750	5500	9200	18,400	32,200	46,000
Brgm	1700	5400	9000	18,000	31,500	45,000
Sal Brgm	1750	5500	9200	18,400	32,200	46,000
Lan'let	1750	5650	9400	18,800	32,900	47,000
Cabr Lan'let	1900	6000	10,000	20,000	35,000	50,000
Limo	1750	5650	9400	18,800	32,900	47,000
Imp Limo	1850	5900	9800	19,600	34,300	49,000
Sal Limo	1900	6000	10,000	20,000	35,000	50,000
1915						
Model 3-38, 6-cyl.						
Tr	1900	6000	10,000	20,000	35,000	50,000
Sal Tr	1950	6250	10,400	20,800	36,400	52,000
Spl Tr	2050	6500	10,800	21,600	37,800	54,000
Phae	2050	6600	11,000	22,000	38,500	55,000
4P Phae	2050	6500	10,800	21,600	37,800	54,000
3-38 (38 hp)						
Brgm	1550	4900	8200	16,400	28,700	41,000
4P Brgm	1500	4800	8000	16,000	28,000	40,000
Cpe	1600	5050	8400	16,800	29,400	42,000
Lan'let	1700	5400	9000	18,000	31,500	45,000
Cabr Lan'let	1950	6250	10,400	20,800	36,400	52,000
Limo	1750	5650	9400	18,800	32,900	47,000
Limo Cabr	1900	6000	10,000	20,000	35,000	50,000
Imp Limo	1850	5900	9800	19,600	34,300	49,000
Sal Limo	1900	6100	10,200	20,400	35,700	51,000
Model 5-48, 6-cyl., 48 hp						
Tr	1900	6100	10,200	20,400	35,700	51,000
Sal Tr	1950	6250	10,400	20,800	36,400	52,000
Phae	2000	6350	10,600	21,200	37,100	53,000
4P Phae	2050	6500	10,800	21,600	37,800	54,000
Rbt	2200	6950	11,600	23,200	40,600	58,000
Cpe	1500	4800	8000	16,000	28,000	40,000
Brgm	1450	4700	7800	15,600	27,300	39,000
Sal Brgm	1500	4800	8000	16,000	28,000	40,000
Lan'let	1900	6000	10,000	20,000	35,000	50,000
Cabr Lan'let	2050	6500	10,800	21,600	37,800	54,000
Limo	2150	6850	11,400	22,800	39,900	57,000
Cabr Limo	2350	7450	12,400	24,800	43,400	62,000
Imp Limo	2350	7450	12,400	24,800	43,400	62,000
1916						
Twin Six, 12-cyl., 125" wb						
Tr	1900	6100	10,200	20,400	35,700	51,000
Sal Tr	1950	6250	10,400	20,800	36,400	52,000
Phae	2000	6350	10,600	21,200	37,100	53,000
Sal Phae	2050	6500	10,800	21,600	37,800	54,000
Rbt	1950	6250	10,400	20,800	36,400	52,000
Brgm	1500	4800	8000	16,000	28,000	40,000
Cpe	1550	4900	8200	16,400	28,700	41,000
Lan'let	1600	5150	8600	17,200	30,100	43,000
Limo	1650	5300	8800	17,600	30,800	44,000
Twin Six, 12-cyl., 135" wb						
Tr	2050	6500	10,800	21,600	37,800	54,000
Sal Tr	2050	6600	11,000	22,000	38,500	55,000
Phae	2050	6500	10,800	21,600	37,800	54,000
Sal Phae	2100	6700	11,200	22,400	39,200	56,000
Brgm	1600	5150	8600	17,200	30,100	43,000
Lan'let	1700	5400	9000	18,000	31,500	45,000
Sal Lan'let	1750	5500	9200	18,400	32,200	46,000
Cabr Lan'let	2000	6350	10,600	21,200	37,100	53,000
Limo	1750	5500	9200	18,400	32,200	46,000
Cabr Limo	2050	6500	10,800	21,600	37,800	54,000
Imp Limo	2000	6350	10,600	21,200	37,100	53,000
1917 Series II						
Twin Six, 12-cyl., 126" wb						
Tr	1750	5500	9200	18,400	32,200	46,000
Phae	1750	5650	9400	18,800	32,900	47,000
Sal Phae	1800	5750	9600	19,200	33,600	48,000
2P Rbt	1700	5400	9000	18,000	31,500	45,000
4P Rbt	1750	5500	9200	18,400	32,200	46,000
Brgm	1300	4100	6800	13,600	23,800	34,000

	6	5	4	3	2	1
Cpe	1350	4300	7200	14,400	25,200	36,000
Lan'let	1600	5150	8600	17,200	30,100	43,000
Limo	1650	5300	8800	17,600	30,800	44,000
Twin Six, 12-cyl., 135" wb						
Tr	1850	5900	9800	19,600	34,300	49,000
Sal Tr	1900	6000	10,000	20,000	35,000	50,000
Phae	1900	6100	10,200	20,400	35,700	51,000
Sal Phae	1950	6250	10,400	20,800	36,400	52,000
Brgm	1150	3600	6000	12,000	21,000	30,000
Lan'let	1550	4900	8200	16,400	28,700	41,000
Cabr Lan'let	1650	5300	8800	17,600	30,800	44,000
Limo	1600	5150	8600	17,200	30,100	43,000
Cabr Limo	1650	5300	8800	17,600	30,800	44,000
Imp Limo	1700	5400	9000	18,000	31,500	45,000
1918-1920						
Twin Six, 12-cyl., 128" wb						
Tr	1650	5300	8800	17,600	30,800	44,000
Sal Tr	1700	5400	9000	18,000	31,500	45,000
Phae	1750	5650	9400	18,800	32,900	47,000
Sal Phae	1850	5900	9800	19,600	34,300	49,000
Rbt	1800	5750	9600	19,200	33,600	48,000
2d Brgm	1200	3850	6400	12,800	22,400	32,000
Cpe	1300	4100	6800	13,600	23,800	34,000
Lan'let	1600	5050	8400	16,800	29,400	42,000
Limo	1650	5300	8800	17,600	30,800	44,000
Twin Six, 12-cyl., 136" wb						
Tr	1850	5900	9800	19,600	34,300	49,000
Sal Tr	1900	6100	10,200	20,400	35,700	51,000
Brgm	1250	3950	6600	13,200	23,100	33,000
Lan'let	1650	5300	8800	17,600	30,800	44,000
Limo	1700	5400	9000	18,000	31,500	45,000
Imp Limo	1750	5650	9400	18,800	32,900	47,000

1922 Packard Single Six roadster

	6	5	4	3	2	1
1921-1922						
Single Six (1st Series), 116" wb						
5P Tr	1300	4100	6800	13,600	23,800	34,000
Rbt	1250	3950	6600	13,200	23,100	33,000
7P Tr	1300	4200	7000	14,000	24,500	35,000
Cpe	1100	3500	5800	11,600	20,300	29,000
Sed	1000	3250	5400	10,800	18,900	27,000
Single Six, 6-cyl., 126" wb						
Rbt	1350	4300	7200	14,400	25,200	36,000
Rds	1450	4550	7600	15,200	26,600	38,000
Tr	1400	4450	7400	14,800	25,900	37,000
Cpe	1150	3600	6000	12,000	21,000	30,000
5P Cpe	1100	3500	5800	11,600	20,300	29,000
Sed	1050	3350	5600	11,200	19,600	28,000
Limo Sed	1150	3700	6200	12,400	21,700	31,000
Single Six, 6-cyl., 133" wb						
Tr	1450	4550	7600	15,200	26,600	38,000
Sed	1050	3350	5600	11,200	19,600	28,000
Limo	1150	3700	6200	12,400	21,700	31,000

	6	5	4	3	2	1
Single Eight, 8-cyl., 136" wb						
Rbt	1450	4550	7600	15,200	26,600	38,000
Spt Rds	1500	4800	8000	16,000	28,000	40,000
Cpe	1150	3600	6000	12,000	21,000	30,000
5P Cpe	1100	3500	5800	11,600	20,300	29,000
Sed	1000	3250	5400	10,800	18,900	27,000
Sed Limo	1150	3600	6000	12,000	21,000	30,000
Single Eight, 8-cyl., 143" wb						
Tr	1450	4700	7800	15,600	27,300	39,000
Sed	1100	3500	5800	11,600	20,300	29,000
Sed Limo	1200	3850	6400	12,800	22,400	32,000
Rds	1550	4900	8200	16,400	28,700	41,000
1923-24						
Single Six, 6-cyl., 126" wb						
Rbt	1200	3850	6400	12,800	22,400	32,000
Spt Rds	1300	4100	6800	13,600	23,800	34,000
Tr	1250	3950	6600	13,200	23,100	33,000
Sed	900	2900	4800	9600	16,800	24,000
Tr Sed	950	3000	5000	10,000	17,500	25,000
Limo Sed	1050	3350	5600	11,200	19,600	28,000
Single Six, 6-cyl., 133" wb						
Tr	1300	4200	7000	14,000	24,500	35,000
Sed	950	3000	5000	10,000	17,500	25,000
Sed Limo	1100	3500	5800	11,600	20,300	29,000
Single Eight, 8-cyl., 136" wb						
Tr	1500	4800	8000	16,000	28,000	40,000
Rbt	1600	5050	8400	16,800	29,400	42,000
Spt Rds	1700	5400	9000	18,000	31,500	45,000
Cpe	1050	3350	5600	11,200	19,600	28,000
5P Cpe	1000	3250	5400	10,800	18,900	27,000
Sed	1000	3100	5200	10,400	18,200	26,000
Sed Limo	1150	3600	6000	12,000	21,000	30,000
Single Eight, 8-cyl., 143" wb						
Tr	1600	5050	8400	16,800	29,400	42,000
Sed	1000	3250	5400	10,800	18,900	27,000
Clb Sed	1050	3350	5600	11,200	19,600	28,000
Sed Limo	1150	3700	6200	12,400	21,700	31,000
1925-26						
Single Six (3rd Series), 6-cyl., 126" wb						
Rbt	1300	4100	6800	13,600	23,800	34,000
Spt Rds	1400	4450	7400	14,800	25,900	37,000
Phae	1450	4550	7600	15,200	26,600	38,000
2P Cpe	1000	3100	5200	10,400	18,200	26,000
Cpe	950	3000	5000	10,000	17,500	25,000
5P Cpe	900	2900	4800	9600	16,800	24,000
Sed	850	2650	4400	8800	15,400	22,000
Sed Limo	1000	3250	5400	10,800	18,900	27,000
Single Six (3rd Series), 6-cyl., 133" wb						
Tr	1200	3850	6400	12,800	22,400	32,000
Sed	850	2750	4600	9200	16,100	23,000
Clb Sed	900	2900	4800	9600	16,800	24,000
Sed Limo	1050	3350	5600	11,200	19,600	28,000
1927						
Single Six (4th Series), 6-cyl., 126" wb						
Rds	1350	4300	7200	14,400	25,200	36,000
Phae	1400	4450	7400	14,800	25,900	37,000
Sed	900	2900	4800	9600	16,800	24,000
Single Six (4th Series), 6-cyl., 133" wb						
Tr	1400	4450	7400	14,800	25,900	37,000
Cpe	1000	3100	5200	10,400	18,200	26,000
Sed	950	3000	5000	10,000	17,500	25,000
Clb Sed	1000	3100	5200	10,400	18,200	26,000
Sed Limo	1100	3500	5800	11,600	20,300	29,000
Single Eight (3rd Series), 8-cyl., 136" wb						
Rbt	1650	5300	8800	17,600	30,800	44,000
Phae	1600	5150	8600	17,200	30,100	43,000
Sed	900	2900	4800	9600	16,800	24,000
Single Eight (3rd Series), 8-cyl., 143" wb						
Tr	1750	5500	9200	18,400	32,200	46,000
Cpe	1050	3350	5600	11,200	19,600	28,000
Sed	950	3000	5000	10,000	17,500	25,000
Clb Sed	1000	3100	5200	10,400	18,200	26,000
Sed Limo	1100	3500	5800	11,600	20,300	29,000

	6	5	4	3	2	1
1928						
Single Six (5th Series), 6-cyl., 126" wb						
Phae	1500	4800	8000	16,000	28,000	40,000
Rbt	1450	4700	7800	15,600	27,300	39,000
Conv	1300	4200	7000	14,000	24,500	35,000
RS Cpe	900	2900	4800	9600	16,800	24,000
Sed	850	2650	4400	8800	15,400	22,000
Single Six (5th Series), 6-cyl., 133" wb						
Phae	1750	5500	9200	18,400	32,200	46,000
7P Tr	1750	5650	9400	18,800	32,900	47,000
Rbt	1650	5300	8800	17,600	30,800	44,000
Sed	850	2750	4600	9200	16,100	23,000
Clb Sed	900	2900	4800	9600	16,800	24,000
Sed Limo	950	3000	5000	10,000	17,500	25,000
Standard, Single Eight (4th Series), 8-cyl., 143" wb						
Rds	1900	6000	10,000	20,000	35,000	50,000
Phae	1950	6250	10,400	20,800	36,400	52,000
Conv	1650	5300	8800	17,600	30,800	44,000
7P Tr	1900	6100	10,200	20,400	35,700	51,000
4P Cpe	850	2750	4600	9200	16,100	23,000
4P Cpe	900	2900	4800	9600	16,800	24,000
5P Cpe	950	3000	5000	10,000	17,500	25,000
Sed	850	2650	4400	8800	15,400	22,000
Clb Sed	850	2750	4600	9200	16,100	23,000
Sed Limo	950	3000	5000	10,000	17,500	25,000
Custom, Single Eight (4th Series), 8-cyl., 143" wb						
7P Tr	2350	7450	12,400	24,800	43,400	62,000
Phae	2350	7450	12,400	24,800	43,400	62,000
RDS	2250	7200	12,000	24,000	42,000	60,000
Conv Cpe	2050	6600	11,000	22,000	38,500	55,000
RS Cpe	950	3000	5000	10,000	17,500	25,000
7P Sed	900	2900	4800	9600	16,800	24,000
Sed	850	2750	4600	9200	16,100	23,000
Sed Limo	1000	3100	5200	10,400	18,200	26,000
1929						
Model 626, Standard Eight (6th Series), 8-cyl.						
Conv	2700	8650	14,400	28,800	50,400	72,000
Cpe	1150	3600	6000	12,000	21,000	30,000
Sed	950	3000	5000	10,000	17,500	25,000
Model 633, Standard Eight (6th Series), 8-cyl.						
Phae	3250	10,300	17,200	34,400	60,200	86,000
ROS	3400	10,800	18,000	36,000	63,000	90,000
7P Tr	3250	10,300	17,200	34,400	60,200	86,000
Cpe	1500	4800	8000	16,000	28,000	40,000
Sed	1000	3250	5400	10,800	18,900	27,000
Clb Sed	1050	3350	5600	11,200	19,600	28,000
Limo Sed	1300	4100	6800	13,600	23,800	34,000
Model 626, Speedster Eight (6th Series), 8-cyl.						
Phae	9750	31,200	52,000	104,000	182,000	260,000
Rds	10,700	34,200	57,000	114,000	199,500	285,000
Model 640, Custom Eight (6th Series), 8-cyl.						
DC Phae	5100	16,300	27,200	54,400	95,200	136,000
7P Tr	4900	15,600	26,000	52,000	91,000	130,000
Rds	4900	15,600	26,000	52,000	91,000	130,000
Conv	4750	15,100	25,200	50,400	88,200	126,000
RS Cpe	2050	6600	11,000	22,000	38,500	55,000
4P Cpe	1700	5400	9000	18,000	31,500	45,000
Sed	1100	3500	5800	11,600	20,300	29,000
Clb Sed	1150	3600	6000	12,000	21,000	30,000
Limo	1250	3950	6600	13,200	23,100	33,000
Model 645, DeLuxe Eight (6th Series), 8-cyl.						
Phae	5650	18,000	30,000	60,000	105,000	150,000
Spt Phae	5650	18,000	30,000	60,000	105,000	150,000
7P Tr	5650	18,000	30,000	60,000	105,000	150,000
Rds	5650	18,000	30,000	60,000	105,000	150,000
RS Cpe	2250	7200	12,000	24,000	42,000	60,000
5P Cpe	1900	6000	10,000	20,000	35,000	50,000
Sed	1500	4800	8000	16,000	28,000	40,000
Clb Sed	1600	5050	8400	16,800	29,400	42,000
Limo	1750	5500	9200	18,400	32,200	46,000
1930						
Model 726, Standard 8 (7th Series), 8-cyl.						
Sed	1150	3700	6200	12,400	21,700	31,000
Model 733, Standard 8 (7th Series), 8-cyl., 134" wb						
Phae	4800	15,350	25,600	51,200	89,600	128,000

	6	5	4	3	2	1
Spt Phae	4900	15,600	26,000	52,000	91,000	130,000
Rds	4800	15,350	25,600	51,200	89,600	128,000
7P Tr	4750	15,100	25,200	50,400	88,200	126,000
RS Cpe	2250	7200	12,000	24,000	42,000	60,000
4P Cpe	1300	4200	7000	14,000	24,500	35,000
Conv	3400	10,800	18,000	36,000	63,000	90,000
Sed	1400	4450	7400	14,800	25,900	37,000
Clb Sed	1450	4700	7800	15,600	27,300	39,000
Limo Sed	1600	5150	8600	17,200	30,100	43,000
Model 734, Speedster Eight (7th Series), 8-cyl.						
Boat	10,900	34,800	58,000	116,000	203,000	290,000
RS Rds	9950	31,800	53,000	106,000	185,500	265,000
Phae	10,150	32,400	54,000	108,000	189,000	270,000
Vic	4750	15,100	25,200	50,400	88,200	126,000
Sed	3400	10,800	18,000	36,000	63,000	90,000
Model 740, Custom Eight (7th Series), 8-cyl.						
Phae	5100	16,300	27,200	54,400	95,200	136,000
Spt Phae	5100	16,300	27,200	54,400	95,200	136,000
7P Tr	5650	18,000	30,000	60,000	105,000	150,000
Rds	6550	21,000	35,000	70,000	122,500	175,000
Conv	5650	18,000	30,000	60,000	105,000	150,000
RS Cpe	2650	8400	14,000	28,000	49,000	70,000
5P Cpe	1900	6000	10,000	20,000	35,000	50,000
Sed	1800	5750	9600	19,200	33,600	48,000
7P Sed	1850	5900	9800	19,600	34,300	49,000
Clb Sed	1900	6000	10,000	20,000	35,000	50,000
Limo	2050	6500	10,800	21,600	37,800	54,000
Model 745, DeLuxe Eight (7th Series)						
Phae	9750	31,200	52,000	104,000	182,000	260,000
Spt Phae	10,150	32,400	54,000	108,000	189,000	270,000
Rds	9550	30,600	51,000	102,000	178,500	255,000
Conv	10,300	33,000	55,000	110,000	192,500	275,000
7P Tr	9400	30,000	50,000	100,000	175,000	250,000
RS Cpe	2850	9100	15,200	30,400	53,200	76,000
5P Cpe	2500	7900	13,200	26,400	46,200	66,000
Sed	2050	6600	11,000	22,000	38,500	55,000
7P Sed	2150	6850	11,400	22,800	39,900	57,000
Clb Sed	2200	7100	11,800	23,600	41,300	59,000
Limo	2550	8150	13,600	27,200	47,600	68,000
1931						
Model 826, Standard Eight (8th Series)						
Sed	1150	3700	6200	12,400	21,700	31,000
Model 833, Standard Eight (8th Series)						
Phae	4750	15,100	25,200	50,400	88,200	126,000
Spt Phae	4800	15,350	25,600	51,200	89,600	128,000
7P Tr	4650	14,900	24,800	49,600	86,800	124,000
Conv Sed	5250	16,800	28,000	56,000	98,000	140,000
Rds	4750	15,100	25,200	50,400	88,200	126,000
Conv	3600	11,500	19,200	38,400	67,200	96,000
RS Cpe	2250	7200	12,000	24,000	42,000	60,000
5P Cpe	2000	6350	10,600	21,200	37,100	53,000
7P Sed	1500	4800	8000	16,000	28,000	40,000
Clb Sed	1550	4900	8200	16,400	28,700	41,000
NOTE: Add 45 percent for 845 models.						
Model 840, Custom						
A/W Cabr	6550	21,000	35,000	70,000	122,500	175,000
A/W Spt Cabr	6750	21,600	36,000	72,000	126,000	180,000
A/W Lan'let	6950	22,200	37,000	74,000	129,500	185,000
A/W Spt Lan'let	7150	22,800	38,000	76,000	133,000	190,000
Dtrch Cv Sed	7300	23,400	39,000	78,000	136,500	195,000
Limo Cabr	7300	23,400	39,000	78,000	136,500	195,000
A/W Twn Car	7150	22,800	38,000	76,000	133,000	190,000
Dtrch Cv Vic	7700	24,600	41,000	82,000	143,500	205,000
Conv	7900	25,200	42,000	84,000	147,000	210,000
Spt Phae	8650	27,600	46,000	92,000	161,000	230,000
Phae	8450	27,000	45,000	90,000	157,500	225,000
Rds	8250	26,400	44,000	88,000	154,000	220,000
Tr	7900	25,200	42,000	84,000	147,000	210,000
Rs Cpe	2950	9350	15,600	31,200	54,600	78,000
5P Cpe	2250	7200	12,000	24,000	42,000	60,000
Sed	1900	6000	10,000	20,000	35,000	50,000
Clb Sed	2000	6350	10,600	21,200	37,100	53,000
Model 840, Individual Custom						
A/W Cabr	10,300	33,000	55,000	110,000	192,500	275,000
A/W Spt Cabr	10,500	33,600	56,000	112,000	196,000	280,000
A/W Lan'let	9000	28,800	48,000	96,000	168,000	240,000

	6	5	4	3	2	1
A/W Spt Lan'let	9200	29,400	49,000	98,000	171,500	245,000
Dtrch Conv Sed	9950	31,800	53,000	106,000	185,500	265,000
Cabr Sed Limo	9200	29,400	49,000	98,000	171,500	245,000
A/W Twn Car	9750	31,200	52,000	104,000	182,000	260,000
Lan'let Twn Car	8650	27,600	46,000	92,000	161,000	230,000
Conv Vic	10,150	32,400	54,000	108,000	189,000	270,000
Sed	2500	7900	13,200	26,400	46,200	66,000
Sed Limo	3000	9600	16,000	32,000	56,000	80,000
1932						
Model 900, Light Eight (9th Series)						
Rds	2350	7450	12,400	24,800	43,400	62,000
Cpe	1150	3700	6200	12,400	21,700	31,000
Cpe Sed	1100	3500	5800	11,600	20,300	29,000
Sed	1000	3250	5400	10,800	18,900	27,000
1932						
Model 901 Standard Eight (9th Series) 129" wb						
Sed	1000	3250	5400	10,800	18,900	27,000
Model 902 Standard Eight (9th Series) 136" wb						
Rds	4600	14,650	24,400	48,800	85,400	122,000
Phae	4900	15,600	26,000	52,000	91,000	130,000
Spt Phae	5100	16,300	27,200	54,400	95,200	136,000
RS Cpe	1900	6000	10,000	20,000	35,000	50,000
5P Cpe	1700	5400	9000	18,000	31,500	45,000
Sed	1150	3700	6200	12,400	21,700	31,000
7P Sed	1200	3850	6400	12,800	22,400	32,000
Clb Sed	1250	3950	6600	13,200	23,100	33,000
Limo	1300	4200	7000	14,000	24,500	35,000
Tr	4800	15,350	25,600	51,200	89,600	128,000
Conv Sed	5100	16,300	27,200	54,400	95,200	136,000
Conv Vic	5250	16,800	28,000	56,000	98,000	140,000
Model 903, DeLuxe Eight, 142" wb						
Conv	5250	16,800	28,000	56,000	98,000	140,000
Phae	5250	16,800	28,000	56,000	98,000	140,000
Spt Phae	5650	18,000	30,000	60,000	105,000	150,000
Conv Sed	5650	18,000	30,000	60,000	105,000	150,000
Conv Vic	5650	18,000	30,000	60,000	105,000	150,000
7P Tr	4350	13,900	23,200	46,400	81,200	116,000
RS Cpe	2500	7900	13,200	26,400	46,200	66,000
5P Cpe	2350	7450	12,400	24,800	43,400	62,000
Sed	1600	5050	8400	16,800	29,400	42,000
Clb Sed	1650	5300	8800	17,600	30,800	44,000
Model 904, DeLuxe Eight, 147" wb						
Sed	2350	7450	12,400	24,800	43,400	62,000
Limo	2700	8650	14.400	28.800	50.400	72.000
Model 904, Individual Custom, 147" wb						
Dtrch Conv Cpe	10,300	33,000	55,000	110,000	192,500	275,000
Dtrch Cpe	6550	21,000	35,000	70,000	122,500	175,000
Cabr	10,500	33,600	56,000	112,000	196,000	280,000
Spt Cabr	10,900	34,800	58,000	116,000	203,000	290,000
A/W Brgm	11,050	35,400	59,000	118,000	206,500	295,000
Dtrch Spt Phae	11,050	35,400	59,000	118,000	206,500	295,000
Dtrch Conv Sed	11,650	37,200	62,000	124,000	217,000	310,000
Spt Sed	6550	21,000	35,000	70,000	122,500	175,000
Limo Cabr	11,250	36,000	60,000	120,000	210,000	300,000
Dtrch Limo	7500	24,000	40,000	80,000	140,000	200,000
A-W Twn Car	11,650	37,200	62,000	124,000	217,000	310,000
Dtrch Conv Vic	12,200	39,000	65,000	130,000	227,500	325,000
Lan'let	7150	22,800	38,000	76,000	133,000	190,000
Spt Lan	7700	24,600	41,000	82,000	143,500	205,000
Twn Car Lan'let	8450	27,000	45,000	90,000	157,500	225,000
Model 905, Twin Six, (9th Series), 142" wb						
Conv	11,450	36,600	61,000	122,000	213,500	305,000
Phae	11,250	36,000	60,000	120,000	210,000	300,000
Spt Phae	11,050	35,400	59,000	118,000	206,500	295,000
7P Tr	10,700	34,200	57,000	114,000	199,500	285,000
Conv Sed	11,450	36,600	61,000	122,000	213,500	305,000
Conv Vic	11,650	37,200	62,000	124,000	217,000	310,000
RS Cpe	3600	11,500	19,200	38,400	67,200	96,000
5P Cpe	3400	10,800	18,000	36,000	63,000	90,000
Sed	2650	8400	14,000	28,000	49,000	70,000
Clb Sed	2700	8650	14,400	28,800	50,400	72,000
Model 906, Twin Six, 147" wb						
7P Sed	3400	10,800	18,000	36,000	63,000	90,000
Limo	4000	12,700	21,200	42,400	74,200	106,000

	6	5	4	3	2	1
Model 906, Individual Custom, Twin Six, 147" wb						
Conv						value not estimable
Cabr						value not estimable
Dtrch Spt Phae						value not estimable
Dtrch Conv Vic						value not estimable
Dtrch Sed						value not estimable
Dtrch Cpe						value not estimable
Lan'let						value not estimable
Twn Car Lan'let						value not estimable
A/W Twn Car						value not estimable

1933 Packard Twelve four-door club sedan

1933

10th Series

	6	5	4	3	2	1
Model 1001, Eight, 127" wb						
Conv	4000	12,700	21,200	42,400	74,200	106,000
RS Cpe	1300	4200	7000	14,000	24,500	35,000
Cpe Sed	1250	3950	6600	13,200	23,100	33,000
Sed	1150	3700	6200	12,400	21,700	31,000
Model 1002, Eight, 136" wb						
Phae	5800	18,600	31,000	62,000	108,500	155,000
Conv Sed	6000	19,200	32,000	64,000	112,000	160,000
Conv Vic	6200	19,800	33,000	66,000	115,500	165,000
7P Tr	5250	16,800	28,000	56,000	98,000	140,000
RS Cpe	1700	5400	9000	18,000	31,500	45,000
5P Cpe	1400	4450	7400	14,800	25,900	37,000
Sed	1300	4200	7000	14,000	24,500	35,000
7P Sed	1350	4300	7200	14,400	25,200	36,000
Clb Sed	1400	4450	7400	14,800	25,900	37,000
Limo	1500	4800	8000	16,000	28,000	40,000
Model 1003, Super Eight, 135" wb						
Sed	1500	4800	8000	16,000	28,000	40,000
Model 1004, Super Eight, 142" wb						
Conv	6550	21,000	35,000	70,000	122,500	175,000
Phae	6750	21,600	36,000	72,000	126,000	180,000
Spt Phae	7300	23,400	39,000	78,000	136,500	195,000
Conv Vic	7700	24,600	41,000	82,000	143,500	205,000
Conv Sed	7300	23,400	39,000	78,000	136,500	195,000
7P Tr	6950	22,200	37,000	74,000	129,500	185,000
RS Cpe	2250	7200	12,000	24,000	42,000	60,000
5P Cpe	1900	6000	10,000	20,000	35,000	50,000
Sed	1300	4200	7000	14,000	24,500	35,000
Clb Sed	1400	4450	7400	14,800	25,900	37,000
Limo	1650	5300	8800	17,600	30,800	44,000
Fml Sed	1750	5650	9400	18,800	32,900	47,000
Model 1005, Twelve, 142" wb						
Conv	9950	31,800	53,000	106,000	185,500	265,000
Spt Phae	10,150	32,400	54,000	108,000	189,000	270,000
Conv Sed	10,150	32,400	54,000	108,000	189,000	270,000
Conv Vic	10,300	33,000	55,000	110,000	192,500	275,000
RS Cpe	2950	9350	15,600	31,200	54,600	78,000
5P Cpe	2400	7700	12,800	25,600	44,800	64,000

	6	5	4	3	2	1
Sed	1900	6000	10,000	20,000	35,000	50,000
Fml Sed	2000	6350	10,600	21,200	37,100	53,000
Clb Sed	2050	6500	10,800	21,600	37,800	54,000
Model 1006, Standard, 147" wb						
7P Sed	2850	9100	15,200	30,400	53,200	76,000
Limo	3100	9850	16,400	32,800	57,400	82,000
Model 1006, Custom Twelve, 147" wb, Dietrich						
Conv	10,500	33,600	56,000	112,000	196,000	280,000
Conv Vic	10,900	34,800	58,000	116,000	203,000	290,000
Spt Phae	10,700	34,200	57,000	114,000	199,500	285,000
Conv Sed	10,900	34,800	58,000	116,000	203,000	290,000
Cpe	3250	10,300	17,200	34,400	60,200	86,000
Fml Sed	3100	9850	16,400	32,800	57,400	82,000
Model 1006, LeBaron Custom, Twelve, 147" wb						
A/W Cabr					value not estimable	
A/W Twn Car					value not estimable	
Model 1006, Packard Custom, Twelve, 147" wb						
A/W Cabr					value not estimable	
A/W Lan'let					value not estimable	
Spt Sed					value not estimable	
A/W Twn Car					value not estimable	
Twn Car Lan'let					value not estimable	
Limo					value not estimable	
Lan'let Limo					value not estimable	
A/W Cabr					value not estimable	
A/W Twn Car					value not estimable	

1934

11th Series

	6	5	4	3	2	1
Model 1100, Eight, 129" wb						
Sed	1500	4800	8000	16,000	28,000	40,000
Model 1101, Eight, 141" wb						
Conv	4350	13,900	23,200	46,400	81,200	116,000
Phae	4600	14,650	24,400	48,800	85,400	122,000
Conv Vic	4650	14,900	24,800	49,600	86,800	124,000
Conv Sed	4750	15,100	25,200	50,400	88,200	126,000
RS Cpe	1900	6000	10,000	20,000	35,000	50,000
5P Cpe	1600	5050	8400	16,800	29,400	42,000
Sed	1500	4800	8000	16,000	28,000	40,000
Clb Sed	1550	4900	8200	16,400	28,700	41,000
Fml Sed	1600	5050	8400	16,800	29,400	42,000
Model 1102, Eight, 141" wb						
7P Sed	1600	5150	8600	17,200	30,100	43,000
Limo	1700	5400	9000	18,000	31,500	45,000
Model 1103, Super Eight, 135" wb						
Sed	1650	5300	8800	17,600	30,800	44,000
Model 1104, Super Eight, 142" wb						
Conv	5100	16,300	27,200	54,400	95,200	136,000
Phae	5200	16,550	27,600	55,200	96,600	138,000
Spt Phae	5650	18,000	30,000	60,000	105,000	150,000
Conv Vic	5650	18,000	30,000	60,000	105,000	150,000
Conv Sed	5650	18,000	30,000	60,000	105,000	150,000
RS Cpe	3000	9600	16,000	32,000	56,000	80,000
5P Cpe	2500	7900	13,200	26,400	46,200	66,000
Clb Sed	2400	7700	12,800	25,600	44,800	64,000
Fml Sed	2500	7900	13,200	26,400	46,200	66,000
Model 1105, Super Eight, Standard, 147" wb						
7P Sed	2700	8650	14,400	28,800	50,400	72,000
Limo	2850	9100	15,200	30,400	53,200	76,000
Model 1105, Dietrich, Super Eight, 147" wb						
Conv	5800	18,600	31,000	62,000	108,500	155,000
Conv Vic	6950	22,200	37,000	74,000	129,500	185,000
Conv Sed	6750	21,600	36,000	72,000	126,000	180,000
Cpe	3550	11,300	18,800	37,600	65,800	94,000
Spt Sed	3450	11,050	18,400	36,800	64,400	92,000
Model 1105, LeBaron, Super Eight, 147" wb						
Model 1106, Twelve, LeBaron, 135" wb						
Spds					value not estimable	
Spt Phae					value not estimable	
Model 1107, Twelve, 142" wb						
Conv					value not estimable	
Phae					value not estimable	
Spt Phae					value not estimable	
Conv Vic					value not estimable	
Conv Sed					value not estimable	
7P Tr					value not estimable	

	6	5	4	3	2	1
RS Cpe					value not estimable	
5P Cpe					value not estimable	
Sed					value not estimable	
Clb Sed					value not estimable	
Fml Sed					value not estimable	
Model 1108, Twelve, Standard, 147" wb						
7P Sed	3250	10,300	17,200	34,400	60,200	86,000
Limo	3400	10,800	18,000	36,000	63,000	90,000
Model 1108, Twelve, Dietrich, 147" wb						
Conv					value not estimable	
Spt Phae					value not estimable	
Conv Sed					value not estimable	
Vic Conv					value not estimable	
Cpe					value not estimable	
Spt Sed					value not estimable	
Model 1108, Twelve, LeBaron, 147" wb						
Cabr					value not estimable	
Spt Phae					value not estimable	
A/W Twn Car					value not estimable	
1935						
120-A, 8 cyl., 120" wb						
Conv	1700	5400	9000	18,000	31,500	45,000
Bus Cpe	1050	3350	5600	11,200	19,600	28,000
Spt Cpe	1150	3600	6000	12,000	21,000	30,000
Tr Cpe	1150	3600	6000	12,000	21,000	30,000
Sed	750	2400	4000	8000	14,000	20,000
Clb Sed	850	2650	4400	8800	15,400	22,000
Tr Sed	800	2500	4200	8400	14,700	21,000
Series 1200, 8 cyl., 127" wb						
Sed	900	2900	4800	9600	16,800	24,000
Series 1201, 8 cyl., 134" wb						
Cpe Rds	2350	7450	12,400	24,800	43,400	62,000
Phae	2400	7700	12,800	25,600	44,800	64,000
Conv Vic	2700	8650	14,400	28,800	50,400	72,000
LeB A/W Cabr	3000	9600	16,000	32,000	56,000	80,000
RS Cpe	1800	5750	9600	19,200	33,600	48,000
5P Cpe	1750	5650	9400	18,800	32,900	47,000
Sed	1350	4300	7200	14,400	25,200	36,000
Fml Sed	1300	4200	7000	14,000	24,500	35,000
Clb Sed	1400	4450	7400	14,800	25,900	37,000
Series 1202, 8 cyl., 139" wb						
7P Sed	1700	5400	9000	18,000	31,500	45,000
Limo	1900	6000	10,000	20,000	35,000	50,000
Conv Sed	3400	10,800	18,000	36,000	63,000	90,000
LeB A/W Twn Car	3750	12,000	20,000	40,000	70,000	100,000
Series 1203, Super 8, 132" wb						
5P Sed	1800	5750	9600	19,200	33,600	48,000
Series 1204, Super 8, 139" wb						
Rds	3400	10,800	18,000	36,000	63,000	90,000
Phae	3450	11,050	18,400	36,800	64,400	92,000
Spt Phae	3600	11,500	19,200	38,400	67,200	96,000
Conv Vic	3550	11,300	18,800	37,600	65,800	94,000
RS Cpe	2350	7450	12,400	24,800	43,400	62,000
5P Cpe	2000	6350	10,600	21,200	37,100	53,000
Clb Sed	1700	5400	9000	18,000	31,500	45,000
Fml Sed	1650	5300	8800	17,600	30,800	44,000
LeB A/W Cabr	3400	10,800	18,000	36,000	63,000	90,000
Series 1205, Super 8, 144" wb						
Tr Sed	2550	8150	13,600	27,200	47,600	68,000
Conv Sed	3750	12,000	20,000	40,000	70,000	100,000
7P Sed	1900	6000	10,000	20,000	35,000	50,000
Limo	2150	6850	11,400	22,800	39,900	57,000
LeB A/W Twn Car	3600	11,500	19,200	38,400	67,200	96,000
Series 1207, V-12, 139" wb						
Rds	6000	19,200	32,000	64,000	112,000	160,000
Phae	6200	19,800	33,000	66,000	115,500	165,000
Spt Phae	6550	21,000	35,000	70,000	122,500	175,000
RS Cpe	3000	9600	16,000	32,000	56,000	80,000
5P Cpe	2800	8900	14,800	29,600	51,800	74,000
Clb Sed	2500	7900	13,200	26,400	46,200	66,000
Sed	2550	8150	13,600	27,200	47,600	68,000
Fml Sed	2650	8400	14,000	28,000	49,000	70,000
Conv Vic	6000	19,200	32,000	64,000	112,000	160,000
LeB A/W Cabr	6200	19,800	33,000	66,000	115,500	165,000
Series 1208, V-12, 144" wb						
Conv Sed	7300	23,400	39,000	78,000	136,500	195,000

	6	5	4	3	2	1
7P Sed	2650	8400	14,000	28,000	49,000	70,000
Limo	3000	9600	16,000	32,000	56,000	80,000
LeB A/W Twn Car	6750	21,600	36,000	72,000	126,000	180,000
1936 14th Series						
Series 120-B, 8 cyl., 120" wb						
Conv	2050	6600	11,000	22,000	38,500	55,000
Conv Sed	2200	6950	11,600	23,200	40,600	58,000
Bus Cpe	1150	3600	6000	12,000	21,000	30,000
Spt Cpe	1150	3700	6200	12,400	21,700	31,000
Tr Cpe	1150	3600	6000	12,000	21,000	30,000
2d Sed	600	1900	3200	6400	11,200	16,000
Sed	650	2050	3400	6800	11,900	17,000
Clb Sed	700	2300	3800	7600	13,300	19,000
Tr Sed	700	2150	3600	7200	12,600	18,000
Series 1400, 8 cyl., 127" wb						
Sed	750	2400	4000	8000	14,000	20,000
Series 1401, 8 cyl., 134" wb						
Rds	3250	10,300	17,200	34,400	60,200	86,000
Phae	3300	10,550	17,600	35,200	61,600	88,000
Conv Vic	3700	11,750	19,600	39,200	68,600	98,000
LeB A/W Cabr	3400	10,800	18,000	36,000	63,000	90,000
RS Cpe	1700	5400	9000	18,000	31,500	45,000
5P Cpe	1600	5150	8600	17,200	30,100	43,000
Clb Sed	1400	4450	7400	14,800	25,900	37,000
Sed	1300	4200	7000	14,000	24,500	35,000
Fml Sed	1350	4300	7200	14,400	25,200	36,000
Series 1402, 8 cyl., 139" wb						
Conv Sed	4000	12,700	21,200	42,400	74,200	106,000
7P Tr	3850	12,250	20,400	40,800	71,400	102,000
7P Sed	1700	5400	9000	18,000	31,500	45,000
Bus Sed	1600	5150	8600	17,200	30,100	43,000
Limo	1900	6000	10,000	20,000	35,000	50,000
Bus Limo	1800	5750	9600	19,200	33,600	48,000
LeB Twn Car	3600	11,500	19,200	38,400	67,200	96,000
Series 1403, Super 8, 132" wb						
Sed	1600	5150	8600	17,200	30,100	43,000
Series 1404, Super 8, 139" wb						
Cpe Rds	3450	11,050	18,400	36,800	64,400	92,000
Phae	3750	12,000	20,000	40,000	70,000	100,000
Spt Phae	4000	12,700	21,200	42,400	74,200	106,000
Conv Vic	3850	12,250	20,400	40,800	71,400	102,000
LeB A/W Cabr	4000	12,700	21,200	42,400	74,200	106,000
RS Cpe	2350	7450	12,400	24,800	43,400	62,000
5P Cpe	2150	6850	11,400	22,800	39,900	57,000
Clb Sed	1950	6250	10,400	20,800	36,400	52,000
Fml Sed	1900	6000	10,000	20,000	35,000	50,000
Series 1405, Super 8, 144" wb						
7P Tr	4200	13,450	22,400	44,800	78,400	112,000
Conv Sed	4350	13,900	23,200	46,400	81,200	116,000
Series 1407, V-12, 139" wb						
Cpe Rds	6000	19,200	32,000	64,000	112,000	160,000
Phae	6200	19,800	33,000	66,000	115,500	165,000
Spt Phae	6200	19,800	33,000	66,000	115,500	165,000
LeB A/W Cabr	6400	20,400	34,000	68,000	119,000	170,000
Conv Vic	6400	20,400	34,000	68,000	119,000	170,000
RS Cpe	2850	9100	15,200	30,400	53,200	76,000
5P Cpe	2500	7900	13,200	26,400	46,200	66,000
Clb Sed	1900	6100	10,200	20,400	35,700	51,000
Sed	1750	5500	9200	18,400	32,200	46,000
Fml Sed	1700	5400	9000	18,000	31,500	45,000
Series 1408, V-12, 144" wb						
7P Tr	6400	20,400	34,000	68,000	119,000	170,000
Conv Sed	6550	21,000	35,000	70,000	122,500	175,000
7P Sed	1900	6000	10,000	20,000	35,000	50,000
Limo	2250	7200	12,000	24,000	42,000	60,000
LeB A/W Twn Car	6750	21,600	36,000	72,000	126,000	180,000
1937 15th Series						
Model 115-C, 6 cyl., 115" wb						
Conv	1500	4800	8000	16,000	28,000	40,000
Bus Cpe	950	3000	5000	10,000	17,500	25,000
Spt Cpe	1000	3250	5400	10,800	18,900	27,000
2d Sed	700	2150	3600	7200	12,600	18,000
Sed	650	2050	3400	6800	11,900	17,000
Clb Sed	700	2300	3800	7600	13,300	19,000
Tr Sed	700	2150	3600	7200	12,600	18,000

	6	5	4	3	2	1
Sta Wag	1500	4800	8000	16,000	28,000	40,000
Model 120-C, 8 cyl., 120" wb						
Conv	1900	6000	10,000	20,000	35,000	50,000
Conv Sed	1950	6250	10,400	20,800	36,400	52,000
Bus Cpe	1200	3850	6400	12,800	22,400	32,000
Spt Cpe	1250	3950	6600	13,200	23,100	33,000
2d Sed	850	2650	4400	8800	15,400	22,000
Sed	800	2500	4200	8400	14,700	21,000
Clb Sed	850	2750	4600	9200	16,100	23,000
Tr Sed	850	2650	4400	8800	15,400	22,000
Sta Wag	1700	5400	9000	18,000	31,500	45,000
Model 120-CD, 8 cyl., 120" wb						
2d Sed	950	3000	5000	10,000	17,500	25,000
Clb Sed	1000	3250	5400	10,800	18,900	27,000
Tr Sed	1000	3100	5200	10,400	18,200	26,000
Model 138-CD, 8 cyl., 138" wb						
Tr Sed	1050	3350	5600	11,200	19,600	28,000
Tr Limo	1150	3700	6200	12,400	21,700	31,000
Model 1500, Super 8, 127" wb						
Sed	1000	3250	5400	10,800	18,900	27,000
Model 1501, Super 8, 134" wb						
Conv	3400	10,800	18,000	36,000	63,000	90,000
LeB A/W Cabr	3600	11,500	19,200	38,400	67,200	96,000
RS Cpe	2150	6850	11,400	22,800	39,900	57,000
5P Cpe	1900	6000	10,000	20,000	35,000	50,000
Clb Sed	1350	4300	7200	14,400	25,200	36,000
Tr Sed	1250	3950	6600	13,200	23,100	33,000
Fml Sed	1300	4100	6800	13,600	23,800	34,000
Vic	2700	8650	14,400	28,800	50,400	72,000
Model 1502, Super 8, 139" wb						
Conv Sed	3750	12,000	20,000	40,000	70,000	100,000
Bus Sed	1300	4200	7000	14,000	24,500	35,000
Tr Sed	1350	4300	7200	14,400	25,200	36,000
Tr Limo	1500	4800	8000	16,000	28,000	40,000
Bus Limo	1450	4700	7800	15,600	27,300	39,000
LeB A/W Twn Car	4150	13,200	22,000	44,000	77,000	110,000
Model 1506, V-12, 132" wb						
Tr Sed	1500	4800	8000	16,000	28,000	40,000
Model 1507, V-12, 139" wb						
Conv	6000	19,200	32,000	64,000	112,000	160,000
LeB A/W Cabr	6200	19,800	33,000	66,000	115,500	165,000
RS Cpe	2400	7700	12,800	25,600	44,800	64,000
5P Cpe	2350	7450	12,400	24,800	43,400	62,000
Clb Sed	1700	5400	9000	18,000	31,500	45,000
Fml Sed	1650	5300	8800	17,600	30,800	44,000
Tr Sed	1600	5150	8600	17,200	30,100	43,000
Conv Vic	5450	17,400	29,000	58,000	101,500	145,000
Model 1508, V-12, 144" wb						
Conv Sed	9400	30,000	50,000	100,000	175,000	250,000
Tr Sed	3000	9600	16,000	32,000	56,000	80,000
Tr Limo	3250	10,300	17,200	34,400	60,200	86,000
LeB A/W Twn Car	7300	23,400	39,000	78,000	136,500	195,000
1938 16th Series						
Model 1600, 6 cyl., 122" wb						
Conv	1400	4450	7400	14,800	25,900	37,000
Bus Cpe	800	2500	4200	8400	14,700	21,000
Clb Cpe	750	2400	4000	8000	14,000	20,000
2d Sed	550	1700	2800	5600	9800	14,000
Sed	550	1800	3000	6000	10,500	15,000
Model 1601, 8 cyl., 127" wb						
Conv	1700	5400	9000	18,000	31,500	45,000
Conv Sed	1750	5650	9400	18,800	32,900	47,000
Bus Cpe	1000	3250	5400	10,800	18,900	27,000
Clb Cpe	1050	3350	5600	11,200	19,600	28,000
2d Sed	750	2400	4000	8000	14,000	20,000
Sed	700	2300	3800	7600	13,300	19,000
Model 1601-D, 8 cyl., 127" wb						
Tr Sed	900	2900	4800	9600	16,800	24,000
Model 1601, 8 cyl., 139" wb						
Roll A/W Cabr	4500	14,400	24,000	48,000	84,000	120,000
Roll A/W Twn Car	4350	13,900	23,200	46,400	81,200	116,000
Roll Brgm	3600	11,500	19,200	38,400	67,200	96,000
Model 1602, 8 cyl., 148" wb						
Tr Sed	1150	3600	6000	12,000	21,000	30,000
Tr Limo	1300	4200	7000	14,000	24,500	35,000

	6	5	4	3	2	1
Model 1603, Super 8, 127" wb						
Tr Sed	1350	4300	7200	14,400	25,200	36,000
Model 1604, Super 8, 134" wb						
Conv	3400	10,800	18,000	36,000	63,000	90,000
RS Cpe	1700	5400	9000	18,000	31,500	45,000
5P Cpe	1500	4800	8000	16,000	28,000	40,000
Clb Sed	1000	3250	5400	10,800	18,900	27,000
Tr Sed	950	3000	5000	10,000	17,500	25,000
Fml Sed	1000	3100	5200	10,400	18,200	26,000
Vic	3250	10,300	17,200	34,400	60,200	86,000
Model 1605, Super 8, 139" wb						
Bus Sed	1300	4200	7000	14,000	24,500	35,000
Conv Sed	4000	12,700	21,200	42,400	74,200	106,000
Bus Limo	1900	6000	10,000	20,000	35,000	50,000
Model 1605, Super 8, Customs						
Brn A/W Cabr					value not estimable	
Brn Tr Cabr					value not estimable	
Roll A/W Cabr					value not estimable	
Roll A/W Twn Car					value not estimable	
Model 1607, V-12, 134" wb						
Conv Cpe	7300	23,400	39,000	78,000	136,500	195,000
2-4P Cpe	2400	7700	12,800	25,600	44,800	64,000
5P Cpe	2350	7450	12,400	24,800	43,400	62,000
Clb Sed	1900	6100	10,200	20,400	35,700	51,000
Conv Vic	7300	23,400	39,000	78,000	136,500	195,000
Tr Sed	1800	5750	9600	19,200	33,600	48,000
Fml Sed	1900	6000	10,000	20,000	35,000	50,000
Model 1608, V-12, 139" wb						
Conv Sed	7500	24,000	40,000	80,000	140,000	200,000
Tr Sed	2400	7700	12,800	25,600	44,800	64,000
Tr Limo	2550	8150	13,600	27,200	47,600	68,000
Model 1607-8, V-12, 139" wb						
Brn A/W Cabr					value not estimable	
Brn Tr Cabr					value not estimable	
Roll A/W Cabr					value not estimable	
Roll A/W Twn Car					value not estimable	

1939 Packard Six four-door touring sedan

1939 17th Series

	6	5	4	3	2	1
Model 1700, 6 cyl., 122" wb						
Conv	1400	4450	7400	14,800	25,900	37,000
Bus Cpe	700	2300	3800	7600	13,300	19,000
Clb Cpe	750	2400	4000	8000	14,000	20,000
2d Sed	550	1700	2800	5600	9800	14,000
Tr Sed	550	1750	2900	5800	10,200	14,500
Sta Wag	1150	3700	6200	12,400	21,700	31,000
Model 1701, 8 cyl., 127" wb						
Conv	1900	6000	10,000	20,000	35,000	50,000
Conv Sed	1950	6250	10,400	20,800	36,400	52,000
Clb Cpe	850	2750	4600	9200	16,100	23,000
Bus Cpe	800	2500	4200	8400	14,700	21,000
2d Sed	650	2050	3400	6800	11,900	17,000

	6	5	4	3	2	1
Sed	650	2050	3400	6800	11,900	17,000
Sta Wag	1200	3850	6400	12,800	22,400	32,000
Model 1702, 8-cyl., 148" wb						
Tr Sed	850	2650	4400	8800	15,400	22,000
Tr Limo	950	3000	5000	10,000	17,500	25,000
Model 1703, Super 8, 127" wb						
Tr Sed	1000	3250	5400	10,800	18,900	27,000
Conv	4500	14,400	24,000	48,000	84,000	120,000
Conv Sed	4900	15,600	26,000	52,000	91,000	130,000
Clb Cpe	1300	4200	7000	14,000	24,500	35,000
Model 1705, Super 8, 148" wb						
Tr Sed	1150	3600	6000	12,000	21,000	30,000
Tr Limo	1300	4200	7000	14,000	24,500	35,000
Model 1707, V-12, 134" wb						
Conv Cpe	6550	21,000	35,000	70,000	122,500	175,000
Conv Vic	6550	21,000	35,000	70,000	122,500	175,000
Roll A/W Cabr	5250	16,800	28,000	56,000	98,000	140,000
2-4P Cpe	2500	7900	13,200	26,400	46,200	66,000
5P Cpe	2250	7200	12,000	24,000	42,000	60,000
Sed	1900	6000	10,000	20,000	35,000	50,000
Clb Sed	1900	6100	10,200	20,400	35,700	51,000
Fml Sed	2150	6850	11,400	22,800	39,900	57,000
Model 1708, V-12, 139" wb						
Conv Sed					value not estimable	
Brn Tr Cabr					value not estimable	
Brn A/W Cabr					value not estimable	
Tr Sed	2850	9100	15,200	30,400	53,200	76,000
Tr Limo	2950	9350	15,600	31,200	54,600	78,000
Roll A/W Twn Car					value not estimable	
1940 18th Series						
Model 1800, 6 cyl., 122" wb, (110)						
Conv	1300	4200	7000	14,000	24,500	35,000
Bus Cpe	750	2400	4000	8000	14,000	20,000
Clb Cpe	800	2500	4200	8400	14,700	21,000
2d Sed	550	1700	2800	5600	9800	14,000
Sed	550	1700	2800	5600	9800	14,000
Sta Wag	1150	3600	6000	12,000	21,000	30,000
Model 1801, Std., 8 cyl., 127" wb, (120)						
Conv	1600	5050	8400	16,800	29,400	42,000
Conv Sed	1850	5900	9800	19,600	34,300	49,000
Bus Cpe	900	2900	4800	9600	16,800	24,000
Clb Cpe	950	3000	5000	10,000	17,500	25,000
2d Sed	700	2150	3600	7200	12,600	18,000
Clb Sed	700	2300	3800	7600	13,300	19,000
Sed	700	2150	3600	7200	12,600	18,000
Darr Vic	3750	12,000	20,000	40,000	70,000	100,000
Sta Wag	1250	3950	6600	13,200	23,100	33,000
Model 1801, DeLuxe, 8-cyl., 127" wb, (120)						
Conv	1750	5650	9400	18,800	32,900	47,000
Clb Cpe	950	3000	5000	10,000	17,500	25,000
Clb Sed	750	2400	4000	8000	14,000	20,000
Tr Sed	700	2300	3800	7600	13,300	19,000
Model 1803, Super 8, 127" wb, (160)						
Conv	2850	9100	15,200	30,400	53,200	76,000
Conv Sed	3000	9600	16,000	32,000	56,000	80,000
Bus Cpe	1000	3250	5400	10,800	18,900	27,000
Clb Cpe	1100	3500	5800	11,600	20,300	29,000
Clb Sed	1000	3250	5400	10,800	18,900	27,000
Sed	950	3000	5000	10,000	17,500	25,000
Model 1804, Super 8, 138" wb, (160)						
Sed	1050	3350	5600	11,200	19,600	28,000
Model 1805, Super 8, 148" wb, (160)						
Tr Sed	1100	3500	5800	11,600	20,300	29,000
Tr Limo	1150	3600	6000	12,000	21,000	30,000
Model 1806, Custom, Super 8, 127" wb, (180)						
Clb Sed	1300	4100	6800	13,600	23,800	34,000
Darr Conv Vic	4750	15,100	25,200	50,400	88,200	126,000
Model 1807, Custom, Super 8, 138" wb, (180)						
Darr Conv Sed	4900	15,600	26,000	52,000	91,000	130,000
Roll A/W Cabr	4500	14,400	24,000	48,000	84,000	120,000
Darr Spt Sed	3400	10,800	18,000	36,000	63,000	90,000
Fml Sed	1700	5400	9000	18,000	31,500	45,000
Tr Sed	1650	5300	8800	17,600	30,800	44,000
Model 1808, Custom, Super 8, 148" wb, (180)						
Roll A/W Twn Car	3400	10,800	18,000	36,000	63,000	90,000

	6	5	4	3	2	1
Tr Sed	1700	5400	9000	18,000	31,500	45,000
Tr Limo	1750	5650	9400	18,800	32,900	47,000
1941 19th Series						
Model 1900, Std., 6 cyl., 122" wb, (110)						
Conv	1200	3850	6400	12,800	22,400	32,000
Bus Cpe	650	2050	3400	6800	11,900	17,000
Clb Cpe	700	2150	3600	7200	12,600	18,000
2d Sed	550	1700	2800	5600	9800	14,000
Tr Sed	550	1700	2800	5600	9800	14,000
Sta Wag	1450	4700	7800	15,600	27,300	39,000
Model 1900, Dlx., 6-cyl., 122" wb, (110)						
Conv	1400	4450	7400	14,800	25,900	37,000
Clb Cpe	750	2400	4000	8000	14,000	20,000
2d Sed	650	2050	3400	6800	11,900	17,000
Sed	550	1800	3000	6000	10,500	15,000
Sta Wag	1550	4900	8200	16,400	28,700	41,000
Model 1901, 8-cyl., 127" wb, (120)						
Conv	1500	4800	8000	16,000	28,000	40,000
Conv Sed	1600	5050	8400	16,800	29,400	42,000
Bus Cpe	850	2650	4400	8800	15,400	22,000
Clb Cpe	850	2750	4600	9200	16,100	23,000
2d Sed	700	2300	3800	7600	13,300	19,000
Sed	650	2050	3400	6800	11,900	17,000
Sta Wag	1750	5650	9400	18,800	32,900	47,000
DeL Sta Wag	1900	6000	10,000	20,000	35,000	50,000
Model 1903, Super 8, 127" wb, (160)						
Conv	2700	8650	14,400	28,800	50,400	72,000
DeL Conv	2800	8900	14,800	29,600	51,800	74,000
Conv Sed	2850	9100	15,200	30,400	53,200	76,000
DeL Conv Sed	2950	9350	15,600	31,200	54,600	78,000
Clb Cpe	950	3000	5000	10,000	17,500	25,000
Bus Cpe	900	2900	4800	9600	16,800	24,000
Sed	850	2750	4600	9200	16,100	23,000
Model 1904, Super 8, 138" wb, (160)						
Sed	1000	3250	5400	10,800	18,900	27,000
Model 1905, Super 8, 148" wb, (160)						
Tr Sed	1100	3500	5800	11,600	20,300	29,000
Tr Limo	1200	3850	6400	12,800	22,400	32,000
Model 1906, Custom, Super 8, 127" wb, (180)						
Darr Conv Vic	4350	13,900	23,200	46,400	81,200	116,000
Model 1907, Custom, Super 8, 138" wb, (180)						
Leb Spt Brgm	2650	8400	14,000	28,000	49,000	70,000
Roll A/W Cabr	3400	10,800	18,000	36,000	63,000	90,000
Darr Spt Sed	2850	9100	15,200	30,400	53,200	76,000
Tr Sed	1500	4800	8000	16,000	28,000	40,000
Fml Sed	1600	5050	8400	16,800	29,400	42,000
Model 1908, Custom, Super 8, 148" wb, (180)						
Roll A/W Twn Car	3300	10,550	17,600	35,200	61,600	88,000
Tr Sed	1700	5400	9000	18,000	31,500	45,000
LeB Tr Sed	1900	6000	10,000	20,000	35,000	50,000
Tr Limo	1950	6250	10,400	20,800	36,400	52,000
LeB Tr Limo	2250	7200	12,000	24,000	42,000	60,000
Series 1951, Clipper, 8 cyl., 127" wb						
Sed	600	1900	3200	6400	11,200	16,000
1942 20th Series						
Clipper Series -(6 cyl.)						
Series 2000, Special, 120" wb						
Bus Cpe	600	1900	3200	6400	11,200	16,000
Clb Sed	550	1800	3000	6000	10,500	15,000
Tr Sed	550	1700	2800	5600	9800	14,000
Series 2010, Custom, 120" wb						
Clb Sed	700	2150	3600	7200	12,600	18,000
Tr Sed	650	2050	3400	6800	11,900	17,000
Series 2020, Custom, 122" wb						
Conv	1350	4300	7200	14,400	25,200	36,000
Clipper Series -(8 cyl.)						
Series 2001, Special, 120" wb						
Bus Cpe	650	2050	3400	6800	11,900	17,000
Clb Sed	700	2150	3600	7200	12,600	18,000
Tr Sed	650	2050	3400	6800	11,900	17,000
Series 2011, Custom, 120" wb						
Clb Sed	800	2500	4200	8400	14,700	21,000
Tr Sed	750	2400	4000	8000	14,000	20,000
Series 2021, Custom, 127" wb						
Conv	1500	4800	8000	16,000	28,000	40,000

	6	5	4	3	2	1
Super 8, 160 Series, Clipper, 127" wb, 2003						
Clb Sed	950	3000	5000	10,000	17,500	25,000
Tr Sed	900	2900	4800	9600	16,800	24,000
Super 8, 160, 127" wb, 2023						
Conv	2700	8650	14,400	28,800	50,400	72,000
Super 8, 160, 138" wb, 2004						
Tr Sed	1000	3250	5400	10,800	18,900	27,000
Super 8, 160, 148" wb, 2005						
7P Sed	1100	3500	5800	11,600	20,300	29,000
Limo	1150	3700	6200	12,400	21,700	31,000
Super 8, 160, 148" wb, 2055						
Bus Sed	1000	3250	5400	10,800	18,900	27,000
Bus Limo	1100	3500	5800	11,600	20,300	29,000
Super 8, 180, Clipper, 127" wb, 2006						
Clb Sed	1000	3100	5200	10,400	18,200	26,000
Tr Sed	950	3000	5000	10,000	17,500	25,000
Super 8, 180, Special, 127" wb, 2006						
Darr Conv Vic	4350	13,900	23,200	46,400	81,200	116,000
Super 8, 180, 138" wb, 2007						
Tr Sed	950	3000	5000	10,000	17,500	25,000
Fml Sed	1000	3250	5400	10,800	18,900	27,000
Roll A/W Cabr	3400	10,800	18,000	36,000	63,000	90,000
Super 8, 180, 148" wb, 2008						
Tr Sed	1200	3850	6400	12,800	22,400	32,000
Limo	1300	4200	7000	14,000	24,500	35,000
LeB Sed	1750	5650	9400	18,800	32,900	47,000
LeB Limo	1900	6100	10,200	20,400	35,700	51,000
Roll A/W Twn Car	3400	10,800	18,000	36,000	63,000	90,000
1946 21st Series						
Clipper, 6-cyl., 120" wb, 2100						
Clb Sed	550	1700	2800	5600	9800	14,000
Sed	500	1550	2600	5200	9100	13,000
Clipper, 6-cyl., 120" wb, 2130						
4d Taxi					value not estimable	
Clipper, 8-cyl., 120" wb, 2101						
Tr Sed	500	1550	2600	5200	9100	13,000
Clipper, DeLuxe, 8-cyl., 120" wb, 2111						
Clb Sed	550	1800	3000	6000	10,500	15,000
Tr Sed	550	1700	2800	5600	9800	14,000
Clipper, Super 8, 127" wb, 2103						
Clb Sed	600	1900	3200	6400	11,200	16,000
Tr Sed	550	1800	3000	6000	10,500	15,000
Clipper, Super 8, 127" wb, 2106 Custom						
Clb Sed	700	2150	3600	7200	12,600	18,000
Tr Sed	650	2050	3400	6800	11,900	17,000
Clipper, Super, 148" wb, 2126 Custom						
8P Sed	900	2900	4800	9600	16,800	24,000
Limo	1100	3500	5800	11,600	20,300	29,000
1947 21st Series						
Clipper, 6-cyl., 120" wb, 2100						
Clb Sed	550	1700	2800	5600	9800	14,000
Tr Sed	500	1550	2600	5200	9100	13,000
Clipper, DeLuxe, 8-cyl., 120" wb, 2111						
Clb Sed	550	1700	2800	5600	9800	14,000
Tr Sed	500	1550	2600	5200	9100	13,000
Clipper, Super 8, 127" wb, 2103						
Clb Sed	700	2150	3600	7200	12,600	18,000
Tr Sed	600	1900	3200	6400	11,200	16,000
Clipper, Super 8, 127" wb, 2106 Custom						
Clb Sed	800	2500	4200	8400	14,700	21,000
Tr Sed	700	2150	3600	7200	12,600	18,000
Clipper, Super 8, 148" wb, 2126 Custom						
7P Sed	900	2900	4800	9600	16,800	24,000
Limo	1100	3500	5800	11,600	20,300	29,000
1948 & Early 1949 22nd Series						
Series 2201, 8-cyl., 120" wb						
Clb Sed	500	1550	2600	5200	9100	13,000
Sed	450	1450	2400	4800	8400	12,000
Sta Sed	1450	4550	7600	15,200	26,600	38,000
Series 2211, DeLuxe, 8-cyl., 120" wb						
Clb Sed	550	1800	3000	6000	10,500	15,000
Tr Sed	550	1700	2800	5600	9800	14,000
Super 8, 120" wb, 2202						
Clb Sed	700	2150	3600	7200	12,600	18,000
Sed	650	2050	3400	6800	11,900	17,000

1948 Packard Super Eight Victoria convertible

	6	5	4	3	2	1
Super 8, 120" wb, 2232						
Conv	1450	4550	7600	15,200	26,600	38,000
Super 8, 141" wb, 2222						
Sed	850	2750	4600	9200	16,100	23,000
Limo	1050	3350	5600	11,200	19,600	28,000
Super 8, DeLuxe, 141" wb						
Sed	900	2900	4800	9600	16,800	24,000
Limo	1100	3500	5800	11,600	20,300	29,000
Custom 8, 127" wb, 2206						
Clb Sed	850	2750	4600	9200	16,100	23,000
Tr Sed	850	2650	4400	8800	15,400	22,000
Custom 8, 127" wb, 2233						
Conv	1500	4800	8000	16,000	28,000	40,000
Custom 8, 148" wb, 2226						
7P Sed	1100	3500	5800	11,600	20,300	29,000
Limo	1150	3600	6000	12,000	21,000	30,000
1949-1950 23rd Series						
Series 2301, 120" wb						
Clb Sed	550	1700	2800	5600	9800	14,000
Sed	500	1550	2600	5200	9100	13,000
Sta Sed	1450	4550	7600	15,200	26,600	38,000
2301 DeLuxe, 120" wb						
Clb Sed	550	1800	3000	6000	10,500	15,000
Sed	550	1700	2800	5600	9800	14,000
Super 8, 127" wb, 2302						
Clb Sed	650	2050	3400	6800	11,900	17,000
Sed	600	1900	3200	6400	11,200	16,000
Super 8, 2302 DeLuxe						
Clb Sed	700	2150	3600	7200	12,600	18,000
Sed	650	2050	3400	6800	11,900	17,000
Super 8, Super DeLuxe, 127" wb, 2332						
Conv	1450	4550	7600	15,200	26,600	38,000
Super 8, 141" wb, 2322						
7P Sed	950	3000	5000	10,000	17,500	25,000
Limo	1100	3500	5800	11,600	20,300	29,000
Custom 8, 127" wb, 2306						
Sed	850	2650	4400	8800	15,400	22,000
Custom 8, 127" wb, 2333						
Conv	1500	4800	8000	16,000	28,000	40,000
1951 24th Series						
200, Standard, 122" wb, 2401						
Bus Cpe	400	1300	2200	4400	7700	11,000
2d Sed	450	1400	2300	4600	8100	11,500
Sed	450	1450	2400	4800	8400	12,000
200, DeLuxe						
2d Sed	450	1450	2400	4800	8400	12,000
Sed	450	1500	2500	5000	8800	12,500
122" wb, 2402						
M.F HT	550	1800	3000	6000	10,500	15,000
Conv	1000	3100	5200	10,400	18,200	26,000

	6	5	4	3	2	1
300, 127" wb, 2402						
Sed	500	1550	2600	5200	9100	13,000
Patrician, 400, 127" wb, 2406						
Sed	550	1800	3000	6000	10,500	15,000
1952 25th Series						
200, Std., 122" wb, 2501						
2d Sed	450	1400	2300	4600	8100	11,500
Sed	450	1450	2400	4800	8400	12,000
200, DeLuxe						
2d Sed	450	1500	2450	4900	8600	12,300
Sed	450	1500	2500	5000	8800	12,500
122" wb, 2531						
Conv	1000	3100	5200	10,400	18,200	26,000
M.F HT	600	1900	3200	6400	11,200	16,000
300, 122" wb, 2502						
Sed	500	1600	2700	5400	9500	13,500
Patrician, 400, 127" wb, 2506						
Sed	550	1800	3000	6000	10,500	15,000
Der Cus Sed	600	1900	3200	6400	11,200	16,000
1953 26th Series						
Clipper, 122" wb, 2601						
2d HT	550	1800	3000	6000	10,500	15,000
2d Sed	450	1450	2400	4800	8400	12,000
Sed	450	1450	2450	4900	8500	12,200
Clipper DeLuxe						
2d Sed	450	1500	2500	5000	8800	12,500
Sed	450	1500	2500	5000	8800	12,600
Cavalier, 127" wb, 2602						
Cav Sed	500	1550	2600	5200	9100	13,000
Packard 8, 122" wb, 2631						
Conv	1050	3350	5600	11,200	19,600	28,000
Carr Conv	1500	4800	8000	16,000	28,000	40,000
M.F HdTp	600	1900	3200	6400	11,200	16,000
Patrician, 127" wb, 2606						
Sed	600	1900	3200	6400	11,200	16,000
Der Fml Sed	700	2150	3600	7200	12,600	18,000
149" wb, 2626						
Exec Sed	650	2050	3400	6800	11,900	17,000
Corp Limo	700	2300	3800	7600	13,300	19,000
1954 54th Series						
Clipper, 122" wb, DeLuxe 5401						
2d HdTp	550	1800	3000	6000	10,500	15,000
Clb Sed	450	1450	2400	4800	8400	12,000
Sed	450	1450	2450	4900	8500	12,200
Clipper Super 5411						
Pan HT	600	1900	3200	6400	11,200	16,000
Clb Sed	500	1550	2600	5200	9100	13,000
Sed	500	1600	2650	5300	9200	13,200
Cavalier, 127" wb, 5402						
Sed	550	1700	2800	5600	9800	14,000
Packard 8, 122" wb, 5431						
Pac HT	650	2050	3400	6800	11,900	17,000
Conv	1050	3350	5600	11,200	19,600	28,000
Carr Conv	1500	4800	8000	16,000	28,000	40,000
Patrician, 127" wb, 5406						
Sed	550	1800	3000	6000	10,500	15,000
Der Cus Sed	650	2050	3400	6800	11,900	17,000
149" wb, 5426						
8P Sed	700	2150	3600	7200	12,600	18,000
Limo	700	2300	3800	7600	13,300	19,000
1955 55th Series						
Clipper, DeLuxe, 122" wb, 5540						
Sed	400	1200	2000	4000	7000	10,000
Clipper, Super, 5540						
Pan HT	550	1700	2800	5600	9800	14,000
Sed	400	1250	2100	4200	7400	10,500
Clipper Custom 5560 (352 cid V-8)						
Con HdTp	600	1900	3200	6400	11,200	16,000
Sed	400	1300	2200	4400	7700	11,000
Packard, 400, 127" wb, 5580						
"400" HT	950	3000	5000	10,000	17,500	25,000
Caribbean 5580						
Conv	1650	5300	8800	17,600	30,800	44,000
Patrician 5580						
Sed	650	2050	3400	6800	11,900	17,000

1955 Packard Clipper Constellation two-door hardtop

	6	5	4	3	2	1
1956 56th Series						
Clipper, DeLuxe, 122" wb, 5640						
Sed	400	1250	2100	4200	7400	10,500
Clipper, Super, 5640						
HT	550	1800	3000	6000	10,500	15,000
Sed	400	1300	2200	4400	7700	11,000
Clipper, Custom, 5660						
Con HT	600	1900	3200	6400	11,200	16,000
Sed	450	1450	2400	4800	8400	12,000
Clipper Executive						
HT	650	2050	3400	6800	11,900	17,000
Sed	500	1550	2600	5200	9100	13,000
Packard, 400, 127" wb, 5680						
"400" HT	1000	3100	5200	10,400	18,200	26,000
Caribbean, 5688						
Conv	1700	5400	9000	18,000	31,500	45,000
HT	1100	3500	5800	11,600	20,300	29,000
Patrician, 5680						
Sed	600	1900	3200	6400	11,200	16,000
1957 57th L Series						
Clipper						
Sed	450	1140	1900	3800	6650	9500
Sta Wag	400	1200	2000	4000	7000	10,000
1958 58th L Series						
HT	500	1550	2600	5200	9100	13,000
Sed	350	1040	1750	3500	6100	8700
Sta Wag	450	1080	1800	3600	6300	9000
Hawk	900	2900	4800	9600	16,800	24,000

1958 Packard two-door hardtop

PIERCE-ARROW

	6	5	4	3	2	1
1901						
1-cyl., 2-3/4 hp						
Motorette	1050	3350	5600	11,200	19,600	28,000
1-cyl., 3-3/4 hp						
Motorette	1150	3600	6000	12,000	21,000	30,000
1902						
1-cyl., 3-1/2 hp, 58" wb						
Motorette	1150	3600	6000	12,000	21,000	30,000
1903						
1-cyl., 5 hp						
Rbt	1200	3850	6400	12,800	22,400	32,000
1-cyl., 6-1/2 hp						
Stanhope	1300	4100	6800	13,600	23,800	34,000
2-cyl., 15 hp						
5P Tr	1500	4800	8000	16,000	28,000	40,000
1904						
1-cyl., 8 hp, 70" wb						
Stanhope	1300	4200	7000	14,000	24,500	35,000
2P Stanhope	1250	3950	6600	13,200	23,100	33,000
4 cyl., 24/28 hp, 93" wb						
5P Great Arrow Tr	2700	8650	14,400	28,800	50,400	72,000
2-cyl., 15 hp, 81" wb						
5P Tr	1500	4800	8000	16,000	28,000	40,000
4-cyl., 24/28 hp 93" wb						
Great Arrow Tr	2400	7700	12,800	25,600	44,800	64,000
1905						
1-cyl., 8 hp, 70" wb						
Stanhope	1250	3950	6600	13,200	23,100	33,000
Stanhope	1300	4200	7000	14,000	24,500	35,000
Great Arrow - 4-cyl., 24/28 hp, 100" wb						
5P Tonn	2350	7450	12,400	24,800	43,400	62,000
5P Canopy Tonn	2400	7700	12,800	25,600	44,800	64,000
5P Vic	2050	6600	11,000	22,000	38,500	55,000
5P Cape Tonn	2150	6850	11,400	22,800	39,900	57,000
Great Arrow - 4-cyl., 28/32 hp, 104" wb						
5P Tonn	2500	7900	13,200	26,400	46,200	66,000
5P Canopy Tonn	2400	7700	12,800	25,600	44,800	64,000
5P Vic	2350	7450	12,400	24,800	43,400	62,000
5P Cape Tonn	2400	7700	12,800	25,600	44,800	64,000
Great Arrow - 4-cyl., 28/32 hp, 109" wb						
7P Lan'let	1900	6000	10,000	20,000	35,000	50,000
7P Sub	1700	5400	9000	18,000	31,500	45,000
8P Opera Coach	1950	6250	10,400	20,800	36,400	52,000
4-cyl., 24/28 hp, 100" wb						
Great Arrow Tr	2400	7700	12,800	25,600	44,800	64,000
Great Arrow Lan'let	2200	7100	11,800	23,600	41,300	59,000
Great Arrow Sub	2050	6600	11,000	22,000	38,500	55,000
4-cyl., 28/32 hp, 104" wb						
Great Arrow Opera Ch	2550	8150	13,600	27,200	47,600	68,000
1906						
Motorette - 1-cyl., 8 hp, 70" wb						
Stanhope	1150	3600	6000	12,000	21,000	30,000
Great Arrow - 4-cyl., 28/32 hp, 107" wb						
5P Tr	2500	7900	13,200	26,400	46,200	66,000
5P Vic	2050	6600	11,000	22,000	38,500	55,000
8P Open Coach	2650	8400	14,000	28,000	49,000	70,000
7P Sub	2550	8150	13,600	27,200	47,600	68,000
7P Lan'let	2350	7450	12,400	24,800	43,400	62,000
Great Arrow - 4-cyl., 40/45 hp, 109" wb						
7P Tr	2700	8650	14,400	28,800	50,400	72,000
8P Open Coach	2800	8900	14,800	29,600	51,800	74,000
7P Sub	2700	8650	14,400	28,800	50,400	72,000
7P Lan'let	2500	7900	13,200	26,400	46,200	66,000
1907						
Great Arrow - 4-cyl., 28/32 hp, 112" wb						
5P Tr	2800	8900	14,800	29,600	51,800	74,000
5P Limo	2500	7900	13,200	26,400	46,200	66,000
7P Sub	2550	8150	13,600	27,200	47,600	68,000
Great Arrow - 4-cyl., 40/45 hp, 124" wb						
7P Tr	2850	9100	15,200	30,400	53,200	76,000
7P Limo	2700	8650	14,400	28,800	50,400	72,000
7P Sub	2800	8900	14,800	29,600	51,800	74,000

	6	5	4	3	2	1
Great Arrow - 6-cyl., 65 hp, 135" wb						
7P Tr	2850	9100	15,200	30,400	53,200	76,000
1908						
Great Arrow - 4-cyl., 30 hp, 112" wb						
Tr	2650	8400	14,000	28,000	49,000	70,000
Great Arrow - 4-cyl., 40 hp, 124" wb						
Tr	2850	9100	15,200	30,400	53,200	76,000
Sub	2700	8650	14,400	28,800	50,400	72,000
Great Arrow - 6-cyl., 40 hp, 130" wb						
Tr	3100	9850	16,400	32,800	57,400	82,000
Sub	2850	9100	15,200	30,400	53,200	76,000
Rds	3000	9600	16,000	32,000	56,000	80,000
Great Arrow - 6-cyl., 60 hp, 135" wb						
Tr	3400	10,800	18,000	36,000	63,000	90,000
Sub	3000	9600	16,000	32,000	56,000	80,000
Rds	3250	10,300	17,200	34,400	60,200	86,000

1909 Pierce-Arrow Model 40 suburban

	6	5	4	3	2	1
1909						
Model 24 - 4 cyl., 24 hp, 111-1/2" wb						
3P Rbt	1300	4200	7000	14,000	24,500	35,000
3P Vic Top Rbt	1400	4450	7400	14,800	25,900	37,000
2P Rbt	1300	4100	6800	13,600	23,800	34,000
4P Tr Car	1500	4800	8000	16,000	28,000	40,000
5P Lan'let	1450	4550	7600	15,200	26,600	38,000
5P Brgm	1450	4700	7800	15,600	27,300	39,000
Model 36 - 6-cyl., 36 hp, 119" wb						
5P Tr	1650	5300	8800	17,600	30,800	44,000
5P Cape Top Tr	1700	5400	9000	18,000	31,500	45,000
2P Rbt	1450	4700	7800	15,600	27,300	39,000
3P Rbt	1500	4750	7900	15,800	27,700	39,500
4P Tr	1600	5150	8600	17,200	30,100	43,000
5P Brgm	1500	4800	8000	16,000	28,000	40,000
5P Lan'let	1600	5050	8400	16,800	29,400	42,000
Model 40 - 4-cyl., 40 hp, 124" wb						
7P Sub	1900	6000	10,000	20,000	35,000	50,000
4P Tr Car	1850	5900	9800	19,600	34,300	49,000
7P Tr	1900	6000	10,000	20,000	35,000	50,000
7P Lan	1700	5400	9000	18,000	31,500	45,000
Model 48 - 6-cyl., 48 hp, 130" wb						
4P Tr	2150	6850	11,400	22,800	39,900	57,000
4P Cape Top Tr	2200	7100	11,800	23,600	41,300	59,000
2P Tr	2050	6600	11,000	22,000	38,500	55,000
3P Tr	2150	6850	11,400	22,800	39,900	57,000
7P Tr	2350	7450	12,400	24,800	43,400	62,000
7P Lan	2050	6600	11,000	22,000	38,500	55,000
7P Sub	2350	7450	12,400	24,800	43,400	62,000
Model 60 - 6-cyl., 60 hp, 135" wb						
7P Tr	2850	9100	15,200	30,400	53,200	76,000

	6	5	4	3	2	1
7P Cape Top Tr	2950	9350	15,600	31,200	54,600	78,000
7P Sub	2950	9350	15,600	31,200	54,600	78,000
7P Lan	2650	8400	14,000	28,000	49,000	70,000
1910						
Model 36 - 6-cyl., 36 hp, 125" wb						
5P Lan'let	1650	5300	8800	17,600	30,800	44,000
4P Miniature Tonn	1600	5050	8400	16,800	29,400	42,000
5P Tr	1650	5300	8800	17,600	30,800	44,000
5P Brgm	1500	4800	8000	16,000	28,000	40,000
Rbt (119" wb)	1500	4800	8000	16,000	28,000	40,000
Model 48 - 6-cyl., 48 hp, 134-1/2" wb						
7P Lan'let	1900	6000	10,000	20,000	35,000	50,000
Miniature Tonn	1800	5750	9600	19,200	33,600	48,000
7P Tr	2050	6600	11,000	22,000	38,500	55,000
7P Sub	2050	6600	11,000	22,000	38,500	55,000
Rbt (128" wb)	1900	6000	10,000	20,000	35,000	50,000
Model 66 - 6-cyl., 66 hp, 140" wb						
7P Tr	2850	9100	15,200	30,400	53,200	76,000
4P Miniature Tonn	2650	8400	14,000	28,000	49,000	70,000
7P Sub	2850	9100	15,200	30,400	53,200	76,000
7P Lan'let	2650	8400	14,000	28,000	49,000	70,000
Rbt (133-1/2" wb)	2550	8150	13,600	27,200	47,600	68,000
1911						
Model 36T - 6-cyl., 38 hp, 125" wb						
5P Tr	2550	8150	13,600	27,200	47,600	68,000
3P Rbt	2400	7700	12,800	25,600	44,800	64,000
4P Miniature Tonn	2400	7700	12,800	25,600	44,800	64,000
5P Brgm	2150	6850	11,400	22,800	39,900	57,000
5P Lan'let	2350	7450	12,400	24,800	43,400	62,000
Model 48T - 6-cyl., 48 hp, 134-1/2" wb						
7P Tr	2800	8900	14,800	29,600	51,800	74,000
Rbt	2500	7900	13,200	26,400	46,200	66,000
Miniature Tonn	2550	8150	13,600	27,200	47,600	68,000
5P Close Coupled	2050	6600	11,000	22,000	38,500	55,000
5P Protected Tr	2500	7900	13,200	26,400	46,200	66,000
Sub	2700	8650	14,400	28,800	50,400	72,000
Lan	2700	8650	14,400	28,800	50,400	72,000
Model 66T - 6-cyl., 66 hp, 140" wb						
7P Tr	3100	9850	16,400	32,800	57,400	82,000
Rbt	2850	9100	15,200	30,400	53,200	76,000
Miniature Tonn	2950	9350	15,600	31,200	54,600	78,000
5P Protected Tr	2850	9100	15,200	30,400	53,200	76,000
Close Coupled	2500	7900	13,200	26,400	46,200	66,000
Sub	3000	9600	16,000	32,000	56,000	80,000
Lan	3000	9600	16,000	32,000	56,000	80,000
1912						
Model 36T - 6 cyl., 36 hp, 127-1/2" wb						
4P Tr	2500	7900	13,200	26,400	46,200	66,000
5P Tr	2500	7900	13,200	26,400	46,200	66,000
Brgm	2350	7450	12,400	24,800	43,400	62,000
Lan'let	2350	7450	12,400	24,800	43,400	62,000
Rbt (119" wb)	2400	7700	12,800	25,600	44,800	64,000
Model 48 - 6-cyl., 48 hp, 134-1/2" wb						
4P Tr	2700	8650	14,400	28,800	50,400	72,000
5P Tr	2700	8650	14,400	28,800	50,400	72,000
7P Tr	2800	8900	14,800	29,600	51,800	74,000
Brgm	2500	7900	13,200	26,400	46,200	66,000
Lan'let	2500	7900	13,200	26,400	46,200	66,000
Sub	2650	8400	14,000	28,000	49,000	70,000
Lan	2650	8400	14,000	28,000	49,000	70,000
Vestibule Sub	2550	8150	13,600	27,200	47,600	68,000
Rbt (128" wb)	2550	8150	13,600	27,200	47,600	68,000
Model 66 - 6-cyl., 66 hp, 140" wb						
4P Tr	3000	9600	16,000	32,000	56,000	80,000
5P Tr	3100	9850	16,400	32,800	57,400	82,000
7P Tr	3150	10,100	16,800	33,600	58,800	84,000
Sub	3100	9850	16,400	32,800	57,400	82,000
Lan	3000	9600	16,000	32,000	56,000	80,000
Vestibule Sub	3000	9600	16,000	32,000	56,000	80,000
Rbt (133-1/2" wb)	3000	9600	16,000	32,000	56,000	80,000
1913						
Model 38-C - 6-cyl., 38.4 hp, 119" wb						
3P Rbt	2050	6600	11,000	22,000	38,500	55,000
4P Tr	2150	6850	11,400	22,800	39,900	57,000
5P Tr	2200	7100	11,800	23,600	41,300	59,000

	6	5	4	3	2	1
6P Brgm	2000	6350	10,600	21,200	37,100	53,000
6P Lan'let	2050	6500	10,800	21,600	37,800	54,000
Model 48-B - 6-cyl., 48.6 hp, 134-1/2" wb						
5P Tr	2700	8650	14,400	28,800	50,400	72,000
Rbt	2650	8400	14,000	28,000	49,000	70,000
4P Tr	2700	8650	14,400	28,800	50,400	72,000
7P Tr	2800	8900	14,800	29,600	51,800	74,000
Brgm	2050	6600	11,000	22,000	38,500	55,000
Lan'let	2150	6850	11,400	22,800	39,900	57,000
7P Sub	2350	7450	12,400	24,800	43,400	62,000
7P Lan	2200	7100	11,800	23,600	41,300	59,000
Vestibule Sub	2400	7700	12,800	25,600	44,800	64,000
Vestibule Lan	2400	7700	12,800	25,600	44,800	64,000
Model 66-A - 6-cyl., 60 hp, 147-1/2" wb						
7P Tr	3300	10,550	17,600	35,200	61,600	88,000
Rbt	3000	9600	16,000	32,000	56,000	80,000
4P Tr	3250	10,300	17,200	34,400	60,200	86,000
5P Tr	3250	10,300	17,200	34,400	60,200	86,000
Brgm	2650	8400	14,000	28,000	49,000	70,000
Lan'let	2650	8400	14,000	28,000	49,000	70,000
7P Sub	2850	9100	15,200	30,400	53,200	76,000
7P Lan	2850	9100	15,200	30,400	53,200	76,000
Vestibule Sub	2950	9350	15,600	31,200	54,600	78,000
Vestibule Lan	2950	9350	15,600	31,200	54,600	78,000
1914						
Model 38-C - 6-cyl., 38.4 hp, 132" wb						
5P Tr	2200	7100	11,800	23,600	41,300	59,000
4P Tr	2150	6850	11,400	22,800	39,900	57,000
7P Brgm	2000	6350	10,600	21,200	37,100	53,000
7P Lan'let	2050	6500	10,800	21,600	37,800	54,000
Vestibule Brgm	2050	6600	11,000	22,000	38,500	55,000
Vestibule Lan	2050	6600	11,000	22,000	38,500	55,000
3P Rbt (127-1/2" wb)	2150	6850	11,400	22,800	39,900	57,000
Model 48-B - 6-cyl., 48.6 hp, 142" wb						
4P Tr	2700	8650	14,400	28,800	50,400	72,000
5P Tr	2800	8900	14,800	29,600	51,800	74,000
7P Tr	2850	9100	15,200	30,400	53,200	76,000
7P Sub	2800	8900	14,800	29,600	51,800	74,000
7P Lan	2550	8150	13,600	27,200	47,600	68,000
Vestibule Sub	2500	7900	13,200	26,400	46,200	66,000
Vestibule Lan	2500	7900	13,200	26,400	46,200	66,000
Brgm	2500	7900	13,200	26,400	46,200	66,000
Lan	2550	8150	13,600	27,200	47,600	68,000
Vestibule Brgm	2550	8150	13,600	27,200	47,600	68,000
Vestibule Lan'let	2550	8150	13,600	27,200	47,600	68,000
3P Rbt (134-1/2 "wb)	2650	8400	14,000	28,000	49,000	70,000
Model 66-A - 6-cyl., 60 hp, 147-1/2" wb						
4P Tr	3150	10,100	16,800	33,600	58,800	84,000
5P Tr	3250	10,300	17,200	34,400	60,200	86,000
7P Tr	3300	10,550	17,600	35,200	61,600	88,000
7P Sub	3150	10,100	16,800	33,600	58,800	84,000
7P Lan	3000	9600	16,000	32,000	56,000	80,000
Vestibule Lan	3000	9600	16,000	32,000	56,000	80,000
7P Brgm	3000	9600	16,000	32,000	56,000	80,000
7P Lan	3000	9600	16,000	32,000	56,000	80,000
Vestibule Brgm	3100	9850	16,400	32,800	57,400	82,000
Vestibule Lan	3100	9850	16,400	32,800	57,400	82,000
3P Rbt	3100	9850	16,400	32,800	57,400	82,000
1915						
Model 38-C - 6-cyl., 38.4 hp, 134" wb						
5P Tr	2350	7450	12,400	24,800	43,400	62,000
4P Tr	2250	7200	12,000	24,000	42,000	60,000
2P Rbt	2150	6850	11,400	22,800	39,900	57,000
2P Cpe Rbt	2050	6600	11,000	22,000	38,500	55,000
7P Brgm	2050	6500	10,800	21,600	37,800	54,000
7P Lan'let	2050	6500	10,800	21,600	37,800	54,000
7P Sed	1900	6000	10,000	20,000	35,000	50,000
7P Brgm Lan'let	2050	6600	11,000	22,000	38,500	55,000
Vestibule Brgm	2150	6850	11,400	22,800	39,900	57,000
Vestibule Lan'let	2150	6850	11,400	22,800	39,900	57,000
Vestibule Brgm Lan'let	2150	6850	11,400	22,800	39,900	57,000
Model 48-B - 6-cyl., 48.6 hp, 142" wb						
5P Tr	2800	8900	14,800	29,600	51,800	74,000
4P Tr	2800	8900	14,800	29,600	51,800	74,000
7P Tr	2850	9100	15,200	30,400	53,200	76,000

	6	5	4	3	2	1
2P Rbt	2700	8650	14,400	28,800	50,400	72,000
2P Cpe Rbt	2650	8400	14,000	28,000	49,000	70,000
Cpe	2550	8150	13,600	27,200	47,600	68,000
7P Sub	2500	7900	13,200	26,400	46,200	66,000
7P Lan	2500	7900	13,200	26,400	46,200	66,000
7P Brgm	2500	7900	13,200	26,400	46,200	66,000
Sub Lan	2500	7900	13,200	26,400	46,200	66,000
Vestibule Sub	2550	8150	13,600	27,200	47,600	68,000
Vestibule Lan	2550	8150	13,600	27,200	47,600	68,000
Vestibule Brgm	2500	7900	13,200	26,400	46,200	66,000
Vestibule Sub Lan	2500	7900	13,200	26,400	46,200	66,000
Model 66-A - 6-cyl., 60 hp, 147-1/2" wb						
7P Tr	3300	10,550	17,600	35,200	61,600	88,000
4P Tr	3150	10,100	16,800	33,600	58,800	84,000
5P Tr	3250	10,300	17,200	34,400	60,200	86,000
2P Rbt	3100	9850	16,400	32,800	57,400	82,000
2P Cpe Rbt	3000	9600	16,000	32,000	56,000	80,000
7P Sub	3150	10,100	16,800	33,600	58,800	84,000
7P Lan	3150	10,100	16,800	33,600	58,800	84,000
7P Brgm	3150	10,100	16,800	33,600	58,800	84,000
7P Sub Lan	3150	10,100	16,800	33,600	58,800	84,000
Vestibule Lan	3250	10,300	17,200	34,400	60,200	86,000
Vestibule Sub	3250	10,300	17,200	34,400	60,200	86,000
Vestibule Brgm	3150	10,100	16,800	33,600	58,800	84,000
Vestibule Sub Lan	3250	10,300	17,200	34,400	60,200	86,000
1916						
Model 38-C - 6-cyl., 38.4 hp, 134" wb						
5P Tr	2400	7700	12,800	25,600	44,800	64,000
4P Tr	2400	7700	12,800	25,600	44,800	64,000
2P Rbt	2350	7450	12,400	24,800	43,400	62,000
3P Rbt	2350	7450	12,400	24,800	43,400	62,000
3P Cpe	1900	6000	10,000	20,000	35,000	50,000
2P Cpe	1900	6000	10,000	20,000	35,000	50,000
7P Brgm	1850	5900	9800	19,600	34,300	49,000
7P Lan'let	1850	5900	9800	19,600	34,300	49,000
7P Sed	1750	5650	9400	18,800	32,900	47,000
Brgm Lan'let	1900	6000	10,000	20,000	35,000	50,000
Vestibule Brgm	1950	6250	10,400	20,800	36,400	52,000
Vestibule Lan'let	1950	6250	10,400	20,800	36,400	52,000
Vestibule Brgm Lan'let	1950	6250	10,400	20,800	36,400	52,000
Model 48-B - 6-cyl., 48.6 hp, 142" wb						
7P Tr	2800	8900	14,800	29,600	51,800	74,000
4P Tr	2700	8650	14,400	28,800	50,400	72,000
5P Tr	2800	8900	14,800	29,600	51,800	74,000
2P Rbt	2700	8650	14,400	28,800	50,400	72,000
3P Rbt	2700	8650	14,400	28,800	50,400	72,000
2P Cpe	2350	7450	12,400	24,800	43,400	62,000
3P Cpe	2350	7450	12,400	24,800	43,400	62,000
7P Sub	2500	7900	13,200	26,400	46,200	66,000
7P Lan	2500	7900	13,200	26,400	46,200	66,000
7P Brgm	2400	7700	12,800	25,600	44,800	64,000
Sub Lan	2500	7900	13,200	26,400	46,200	66,000
Vestibule Sub	2500	7900	13,200	26,400	46,200	66,000
Vestibule Lan	2500	7900	13,200	26,400	46,200	66,000
Vestibule Brgm	2400	7700	12,800	25,600	44,800	64,000
Vestibule Sub Lan	2500	7900	13,200	26,400	46,200	66,000
Model 66-A - 6-cyl., 60 hp, 147-1/2" wb						
7P Tr	3250	10,300	17,200	34,400	60,200	86,000
4P Tr	3150	10,100	16,800	33,600	58,800	84,000
5P Tr	3150	10,100	16,800	33,600	58,800	84,000
2P Rbt	3100	9850	16,400	32,800	57,400	82,000
3P Rbt	3150	10,100	16,800	33,600	58,800	84,000
2P Cpe	2850	9100	15,200	30,400	53,200	76,000
3P Cpe	2850	9100	15,200	30,400	53,200	76,000
7P Sub	3000	9600	16,000	32,000	56,000	80,000
7P Lan	2950	9350	15,600	31,200	54,600	78,000
7P Brgm	2950	9350	15,600	31,200	54,600	78,000
Sub Lan	2950	9350	15,600	31,200	54,600	78,000
Vestibule Lan	2950	9350	15,600	31,200	54,600	78,000
Vestibule Sub	2950	9350	15,600	31,200	54,600	78,000
Vestibule Brgm	2950	9350	15,600	31,200	54,600	78,000
Vestibule Sub Lan	2950	9350	15,600	31,200	54,600	78,000
1917						
Model 38 - 6-cyl., 38.4 hp, 134" wb						
5P Tr	2050	6600	11,000	22,000	38,500	55,000

	6	5	4	3	2	1
2P Rbt	2000	6350	10,600	21,200	37,100	53,000
3P Rbt	2000	6350	10,600	21,200	37,100	53,000
2P Cpe	1500	4800	8000	16,000	28,000	40,000
3P Cpe	1550	4900	8200	16,400	28,700	41,000
4P Tr	2050	6500	10,800	21,600	37,800	54,000
Brgm	1450	4700	7800	15,600	27,300	39,000
Lan'let	1450	4700	7800	15,600	27,300	39,000
Sed	1350	4300	7200	14,400	25,200	36,000
Vestibule Brgm	1500	4800	8000	16,000	28,000	40,000
Brgm Lan'let	1500	4800	8000	16,000	28,000	40,000
Vestibule Brgm Lan'let	1600	5050	8400	16,800	29,400	42,000
Fr Brgm	1600	5050	8400	16,800	29,400	42,000
Fr Brgm Lan'let	1600	5050	8400	16,800	29,400	42,000
Model 48 - 6-cyl., 48.6 hp, 142" wb						
7P Tr	2500	7900	13,200	26,400	46,200	66,000
2P Rbt	2350	7450	12,400	24,800	43,400	62,000
3P Rbt	2400	7700	12,800	25,600	44,800	64,000
2P Cpe	1900	6000	10,000	20,000	35,000	50,000
3P Cpe	1900	6000	10,000	20,000	35,000	50,000
5P Tr	2500	7900	13,200	26,400	46,200	66,000
4P Tr	2400	7700	12,800	25,600	44,800	64,000
Brgm	1850	5900	9800	19,600	34,300	49,000
Sub	1900	6000	10,000	20,000	35,000	50,000
Lan	1900	6000	10,000	20,000	35,000	50,000
Sub Lan	1900	6000	10,000	20,000	35,000	50,000
Vestibule Sub	1950	6250	10,400	20,800	36,400	52,000
Vestibule Lan	1950	6250	10,400	20,800	36,400	52,000
Vestibule Brgm	1900	6100	10,200	20,400	35,700	51,000
Vestibule Sub Lan	1950	6250	10,400	20,800	36,400	52,000
Model 66 - 6-cyl., 60 hp, 147-1/2" wb						
7P Tr	3250	10,300	17,200	34,400	60,200	86,000
2P Rbt	3100	9850	16,400	32,800	57,400	82,000
3P Rbt	3100	9850	16,400	32,800	57,400	82,000
2P Cpe	2850	9100	15,200	30,400	53,200	76,000
3P Cpe	2850	9100	15,200	30,400	53,200	76,000
4P Tr	3150	10,100	16,800	33,600	58,800	84,000
5P Tr	3150	10,100	16,800	33,600	58,800	84,000
Brgm	2550	8150	13,600	27,200	47,600	68,000
Sub	2650	8400	14,000	28,000	49,000	70,000
Lan	2650	8400	14,000	28,000	49,000	70,000
Sub Lan	2650	8400	14,000	28,000	49,000	70,000
Vestibule Sub	2650	8400	14,000	28,000	49,000	70,000
Vestibule Lan	2650	8400	14,000	28,000	49,000	70,000
Vestibule Brgm	2650	8400	14,000	28,000	49,000	70,000
Vestibule Sub Lan	2650	8400	14,000	28,000	49,000	70,000
1918						
Model 38 - 6-cyl., 38.4 hp, 134" wb						
5P Tr	2500	7900	13,200	26,400	46,200	66,000
2P Rbt	2400	7700	12,800	25,600	44,800	64,000
3P Rbt	2400	7700	12,800	25,600	44,800	64,000
2P Cpe	2050	6500	10,800	21,600	37,800	54,000
3P Cpe	2050	6500	10,800	21,600	37,800	54,000
2P Conv Rds	2400	7700	12,800	25,600	44,800	64,000
3P Conv Rds	2400	7700	12,800	25,600	44,800	64,000
4P Rds	2500	7900	13,200	26,400	46,200	66,000
4P Tr	2400	7700	12,800	25,600	44,800	64,000
Brgm	2050	6600	11,000	22,000	38,500	55,000
Lan'let	2050	6600	11,000	22,000	38,500	55,000
Sed	1900	6000	10,000	20,000	35,000	50,000
Vestibule Brgm	1950	6250	10,400	20,800	36,400	52,000
Brgm Lan'let	1900	6100	10,200	20,400	35,700	51,000
Vestibule Lan'let	2050	6500	10,800	21,600	37,800	54,000
Vestibule Brgm Lan'let	2050	6500	10,800	21,600	37,800	54,000
Fr Brgm	2000	6350	10,600	21,200	37,100	53,000
Fr Brgm Lan'let	2050	6500	10,800	21,600	37,800	54,000
Twn Brgm	2000	6350	10,600	21,200	37,100	53,000
Model 48 - 6-cyl., 48.6 hp, 142" wb						
2P Rbt	2500	7900	13,200	26,400	46,200	66,000
4P Rbt	2500	7900	13,200	26,400	46,200	66,000
3P Rbt	2500	7900	13,200	26,400	46,200	66,000
2P Cpe	2150	6850	11,400	22,800	39,900	57,000
3P Cpe	2150	6850	11,400	22,800	39,900	57,000
2P Conv Rds	2500	7900	13,200	26,400	46,200	66,000
3P Conv Rds	2550	8150	13,600	27,200	47,600	68,000
4P Tr	2650	8400	14,000	28,000	49,000	70,000
5P Tr	2650	8400	14,000	28,000	49,000	70,000

	6	5	4	3	2	1
Brgm	2350	7450	12,400	24,800	43,400	62,000
Sub	2350	7450	12,400	24,800	43,400	62,000
Lan	2350	7450	12,400	24,800	43,400	62,000
Sub Lan	2350	7450	12,400	24,800	43,400	62,000
Vestibule Sub	2350	7450	12,400	24,800	43,400	62,000
Vestibule Lan	2350	7450	12,400	24,800	43,400	62,000
Vestibule Brgm	2400	7700	12,800	25,600	44,800	64,000
Vestibule Sub Lan	2500	7900	13,200	26,400	46,200	66,000
Fr Brgm	2350	7450	12,400	24,800	43,400	62,000
7P Tr	2700	8650	14,400	28,800	50,400	72,000
7P Sub Lan	2500	7900	13,200	26,400	46,200	66,000
Model 66 - 6-cyl., 60 hp, 147-1/2" wb						
2P Rbt	3000	9600	16,000	32,000	56,000	80,000
3P Rbt	3000	9600	16,000	32,000	56,000	80,000
2P Cpe	2850	9100	15,200	30,400	53,200	76,000
3P Cpe	2850	9100	15,200	30,400	53,200	76,000
2P Con Rds	3000	9600	16,000	32,000	56,000	80,000
3P Con Rds	3100	9850	16,400	32,800	57,400	82,000
4P Tr	3150	10,100	16,800	33,600	58,800	84,000
5P Tr	3150	10,100	16,800	33,600	58,800	84,000
7P Tr	3250	10,300	17,200	34,400	60,200	86,000
Brgm	2650	8400	14,000	28,000	49,000	70,000
Sub	2700	8650	14,400	28,800	50,400	72,000
Lan	2700	8650	14,400	28,800	50,400	72,000
Sub Lan	2700	8650	14,400	28,800	50,400	72,000
Vestibule Lan	2850	9100	15,200	30,400	53,200	76,000
Vestibule Brgm	2850	9100	15,200	30,400	53,200	76,000
Vestibule Sub	2850	9100	15,200	30,400	53,200	76,000
Vestibule Sub Lan	2850	9100	15,200	30,400	53,200	76,000
1919						
Model 48-B-5 - 6-cyl., 48.6 hp, 142" wb						
7P Tr	2850	9100	15,200	30,400	53,200	76,000
2P Rbt	2550	8150	13,600	27,200	47,600	68,000
3P Rbt	2550	8150	13,600	27,200	47,600	68,000
4P Tr	2650	8400	14,000	28,000	49,000	70,000
4P Rds	2800	8900	14,800	29,600	51,800	74,000
5P Tr	2850	9100	15,200	30,400	53,200	76,000
2P Cpe	2250	7200	12,000	24,000	42,000	60,000
3P Cpe	2250	7200	12,000	24,000	42,000	60,000
2P Con Rds	2500	7900	13,200	26,400	46,200	66,000
3P Con Rds	2500	7900	13,200	26,400	46,200	66,000
Brgm	2250	7200	12,000	24,000	42,000	60,000
Brgm Lan'let	2250	7200	12,000	24,000	42,000	60,000
Fr Brgm	2350	7450	12,400	24,800	43,400	62,000
Fr Brgm Lan'let	2400	7700	12,800	25,600	44,800	64,000
Sub	2250	7200	12,000	24,000	42,000	60,000
Sub Lan	2250	7200	12,000	24,000	42,000	60,000
Vestibule Brgm	2350	7450	12,400	24,800	43,400	62,000
Vestibule Brgm Lan	2400	7700	12,800	25,600	44,800	64,000
Vestibule Sub	2350	7450	12,400	24,800	43,400	62,000
Vestibule Lan	2350	7450	12,400	24,800	43,400	62,000
Vestibule Sub Lan	2400	7700	12,800	25,600	44,800	64,000
1920						
Model 38 - 6 cyl., 38 hp, 134" wb						
2P & 3P Rbt	2050	6600	11,000	22,000	38,500	55,000
4P Tr	2100	6700	11,200	22,400	39,200	56,000
4P Rds	2150	6850	11,400	22,800	39,900	57,000
5P Tr	2200	6950	11,600	23,200	40,600	58,000
7P Tr	2250	7200	12,000	24,000	42,000	60,000
2P & 3P Cpe	1700	5400	9000	18,000	31,500	45,000
4P Sed	1150	3600	6000	12,000	21,000	30,000
7P Sed	1200	3850	6400	12,800	22,400	32,000
Brgm	1300	4200	7000	14,000	24,500	35,000
Fr Brgm	1400	4450	7400	14,800	25,900	37,000
Brgm Lan'let	1450	4550	7600	15,200	26,600	38,000
Tourer Brgm	1450	4700	7800	15,600	27,300	39,000
Vestibule Brgm	1500	4800	8000	16,000	28,000	40,000
Model 48 - 6-cyl., 48 hp, 142" wb						
2P & 4P Rbt	2200	6950	11,600	23,200	40,600	58,000
4P Tr	2250	7200	12,000	24,000	42,000	60,000
4P Rds	2250	7200	12,000	24,000	42,000	60,000
5P Tr	2350	7450	12,400	24,800	43,400	62,000
6P Tr	2500	7900	13,200	26,400	46,200	66,000
2P & 3P Cpe	1900	6000	10,000	20,000	35,000	50,000
5P Brgm	2050	6500	10,800	21,600	37,800	54,000

	6	5	4	3	2	1
7P Fr Brgm	2050	6500	10,800	21,600	37,800	54,000
7P Sub	2100	6700	11,200	22,400	39,200	56,000
7P Vestibule Sub	2200	6950	11,600	23,200	40,600	58,000
7P Fr Sub	2100	6700	11,200	22,400	39,200	56,000
1921						
Model 38 - 6-cyl., 38 hp, 138" wb						
4P Tr	2100	6700	11,200	22,400	39,200	56,000
6P Tr	2100	6700	11,200	22,400	39,200	56,000
7P Tr	2200	6950	11,600	23,200	40,600	58,000
3P Rds	2200	6950	11,600	23,200	40,600	58,000
4P Cpe	1700	5400	9000	18,000	31,500	45,000
7P Brgm	1500	4800	8000	16,000	28,000	40,000
7P Limo	1600	5050	8400	16,800	29,400	42,000
6P Sed	1500	4800	8000	16,000	28,000	40,000
6P Vestibule Sed	1600	5050	8400	16,800	29,400	42,000
7P Lan	1650	5300	8800	17,600	30,800	44,000
1922						
Model 38 - 6-cyl., 38 hp, 138" wb						
4P Tr	2100	6700	11,200	22,400	39,200	56,000
7P Tr	2200	6950	11,600	23,200	40,600	58,000
3P Rds	2100	6700	11,200	22,400	39,200	56,000
7P Brgm	1500	4800	8000	16,000	28,000	40,000
Cpe Sed	1500	4800	8000	16,000	28,000	40,000
3P Cpe	1700	5400	9000	18,000	31,500	45,000
4P Sed	1750	5500	9200	18,400	32,200	46,000
Lan'let	1500	4800	8000	16,000	28,000	40,000
Limo	1600	5050	8400	16,800	29,400	42,000
Fml Limo	1650	5300	8800	17,600	30,800	44,000
Vestibule Sed	1700	5400	9000	18,000	31,500	45,000
Sed	1650	5300	8800	17,600	30,800	44,000
1923						
Model 38 - 6-cyl., 138" wb						
7P Tr	1900	6000	10,000	20,000	35,000	50,000
4P Tr	1800	5750	9600	19,200	33,600	48,000
2P Rbt	1700	5400	9000	18,000	31,500	45,000
3P Cpe	1450	4550	7600	15,200	26,600	38,000
4P Cpe Sed	1350	4300	7200	14,400	25,200	36,000
6P Brgm	1300	4200	7000	14,000	24,500	35,000
4P Sed	1200	3850	6400	12,800	22,400	32,000
7P Sed	1300	4100	6800	13,600	23,800	34,000
6P Lan'let	1500	4800	8000	16,000	28,000	40,000
7P Limo	1600	5050	8400	16,800	29,400	42,000
7P Encl Drive Limo	1650	5300	8800	17,600	30,800	44,000
7P Fml Limo	1700	5400	9000	18,000	31,500	45,000
1924						
Model 33 - 6-cyl., 138" wb						
7P Tr	1900	6000	10,000	20,000	35,000	50,000
6P Tr	1800	5750	9600	19,200	33,600	48,000
4P Tr	1750	5500	9200	18,400	32,200	46,000
Rbt	1600	5050	8400	16,800	29,400	42,000
6P Brgm	1500	4800	8000	16,000	28,000	40,000
3P Cpe	1550	4900	8200	16,400	28,700	41,000
4P Cpe Sed	1550	4900	8200	16,400	28,700	41,000
4d 4P Sed	1450	4550	7600	15,200	26,600	38,000
7P Encl Drive Limo	1750	5650	9400	18,800	32,900	47,000
7P Fml Limo	1800	5750	9600	19,200	33,600	48,000
6P Lan'let	1850	5900	9800	19,600	34,300	49,000
7P Limo	1900	6000	10,000	20,000	35,000	50,000
7P Sed	1800	5750	9600	19,200	33,600	48,000
7P Fml Lan	1900	6000	10,000	20,000	35,000	50,000
7P Limo Lan	1900	6100	10,200	20,400	35,700	51,000
4P Sed Lan	1900	6000	10,000	20,000	35,000	50,000
3P Cpe Lan	2050	6600	11,000	22,000	38,500	55,000
7P Encl Drive Lan	2050	6600	11,000	22,000	38,500	55,000
7P Sed Lan	2050	6500	10,800	21,600	37,800	54,000
1925						
Model 80 - 6-cyl., 130" wb						
7P Tr	1900	6000	10,000	20,000	35,000	50,000
4P Tr	1850	5900	9800	19,600	34,300	49,000
5P Sed	1400	4450	7400	14,800	25,900	37,000
4P Cpe	1600	5150	8600	17,200	30,100	43,000
7P Sed	1450	4550	7600	15,200	26,600	38,000
Encl Drive Limo	1700	5400	9000	18,000	31,500	45,000
2P Rbt	1750	5650	9400	18,800	32,900	47,000

	6	5	4	3	2	1
Model 33 - 6-cyl., 138" wb						
2P Rbt	1950	6250	10,400	20,800	36,400	52,000
4P Tr	2000	6350	10,600	21,200	37,100	53,000
6P Tr	2050	6500	10,800	21,600	37,800	54,000
7P Tr	2050	6600	11,000	22,000	38,500	55,000
Brgm	1750	5650	9400	18,800	32,900	47,000
Cpe	1900	6000	10,000	20,000	35,000	50,000
4P Sed	1700	5400	9000	18,000	31,500	45,000
Cpe Sed	1700	5400	9000	18,000	31,500	45,000
Lan'let	1750	5650	9400	18,800	32,900	47,000
7P Sed	1750	5500	9200	18,400	32,200	46,000
Encl Drive Sed	1750	5650	9400	18,800	32,900	47,000
Limo	1900	6000	10,000	20,000	35,000	50,000
Lan	1850	5900	9800	19,600	34,300	49,000
Encl Drive Lan	1900	6100	10,200	20,400	35,700	51,000
1926						
Model 80 - 6-cyl., 70 hp, 130" wb						
7P Tr	1900	6000	10,000	20,000	35,000	50,000
4P Tr	1750	5650	9400	18,800	32,900	47,000
2P Rds	1800	5750	9600	19,200	33,600	48,000
4P Cpe	1600	5150	8600	17,200	30,100	43,000
7P Sed	1500	4800	8000	16,000	28,000	40,000
7P Encl Drive Limo	1700	5400	9000	18,000	31,500	45,000
5P Sed	1450	4700	7800	15,600	27,300	39,000
4P Cpe Lan	1550	4900	8200	16,400	28,700	41,000
5P Coach	1400	4450	7400	14,800	25,900	37,000
Model 33 - 6-cyl., 100 hp, 138" wb						
4P Tr	2050	6600	11,000	22,000	38,500	55,000
2P Rbt	2000	6350	10,600	21,200	37,100	53,000
6P Tr	2150	6850	11,400	22,800	39,900	57,000
7P Tr	2350	7450	12,400	24,800	43,400	62,000
6P Brgm	1900	6000	10,000	20,000	35,000	50,000
3P Cpe	1600	5050	8400	16,800	29,400	42,000
4P Sed	1500	4800	8000	16,000	28,000	40,000
4P Cpe Sed	1550	4900	8200	16,400	28,700	41,000
4P Encl Drive Limo	1900	6100	10,200	20,400	35,700	51,000
7P Sed	1750	5650	9400	18,800	32,900	47,000
6P Lan'let	1950	6250	10,400	20,800	36,400	52,000
7P Fr Limo	1950	6250	10,400	20,800	36,400	52,000
7P Sed Lan'let	2000	6350	10,600	21,200	37,100	53,000
4P Sed Lan'let	1950	6250	10,400	20,800	36,400	52,000
3P Cpe Lan'let	2000	6350	10,600	21,200	37,100	53,000
7P Limo	2050	6500	10,800	21,600	37,800	54,000
7P Encl Drive Limo	2050	6600	11,000	22,000	38,500	55,000
7P Encl Drive Lan'let	2150	6850	11,400	22,800	39,900	57,000
1927						
Model 80 - 6-cyl., 70 hp, 130" wb						
7P Tr	1750	5500	9200	18,400	32,200	46,000
4P Tr	1700	5400	9000	18,000	31,500	45,000
2P Rds	1650	5300	8800	17,600	30,800	44,000
4P Cpe	1450	4550	7600	15,200	26,600	38,000
7P Sed	1200	3850	6400	12,800	22,400	32,000
7P Encl Drive Limo	1700	5400	9000	18,000	31,500	45,000
5P Sed	1150	3700	6200	12,400	21,700	31,000
2d 5P Coach	1200	3850	6400	12,800	22,400	32,000
4d 5P Coach	1300	4200	7000	14,000	24,500	35,000
4P Cpe	1450	4700	7800	15,600	27,300	39,000
2P Cpe	1400	4450	7400	14,800	25,900	37,000
4d 7P Coach	1400	4450	7400	14,800	25,900	37,000
7P Limo Coach	1600	5050	8400	16,800	29,400	42,000
Model 36 - 6-cyl., 100 hp, 138" wb						
2P Rbt	1950	6250	10,400	20,800	36,400	52,000
4P Tr	2050	6500	10,800	21,600	37,800	54,000
7P Tr	2150	6850	11,400	22,800	39,900	57,000
3P Cpe	1850	5900	9800	19,600	34,300	49,000
4d 4P Sed	1500	4800	8000	16,000	28,000	40,000
4P Cpe Sed	1600	5050	8400	16,800	29,400	42,000
4P Encl Drive Limo	1800	5750	9600	19,200	33,600	48,000
7P Encl Drive Lan	1750	5650	9400	18,800	32,900	47,000
7P Sed	1700	5400	9000	18,000	31,500	45,000
7P Fr Lan	1750	5500	9200	18,400	32,200	46,000
7P Sed Lan	1750	5500	9200	18,400	32,200	46,000
4P Sed Lan	1700	5400	9000	18,000	31,500	45,000
7P Encl Drive Limo	1850	5900	9800	19,600	34,300	49,000
7P Fr Limo	1750	5650	9400	18,800	32,900	47,000
4P Encl Drive Limo	1800	5750	9600	19,200	33,600	48,000

	6	5	4	3	2	1
1928						
Model 81 - 6-cyl., 75 hp, 130" wb						
4P Rbt	1900	6000	10,000	20,000	35,000	50,000
4P Tr	1950	6250	10,400	20,800	36,400	52,000
4P Rds	2000	6350	10,600	21,200	37,100	53,000
5P Brgm	1650	5300	8800	17,600	30,800	44,000
2P Cpe	1700	5400	9000	18,000	31,500	45,000
5P Clb Sed	1650	5300	8800	17,600	30,800	44,000
4P Cpe	1750	5500	9200	18,400	32,200	46,000
5P Sed	1600	5050	8400	16,800	29,400	42,000
Spt Sed Lan	1600	5150	8600	17,200	30,100	43,000
Clb Sed Lan	1650	5300	8800	17,600	30,800	44,000
7P Sed	1650	5300	8800	17,600	30,800	44,000
4P Cpe DeL	1750	5650	9400	18,800	32,900	47,000
7P Encl Drive Limo	1850	5900	9800	19,600	34,300	49,000
Model 36 - 6-cyl., 100 hp, 138" wb						
4P Rbt	2500	7900	13,200	26,400	46,200	66,000
4P Tr	2550	8150	13,600	27,200	47,600	68,000
7P Tr	2650	8400	14,000	28,000	49,000	70,000
Encl Drive Limo	2200	7100	11,800	23,600	41,300	59,000
7P Sed	2050	6500	10,800	21,600	37,800	54,000
7P Encl Drive Lan'let	2200	7100	11,800	23,600	41,300	59,000
7P Sed Lan	2050	6600	11,000	22,000	38,500	55,000
3P Cpe	2100	6700	11,200	22,400	39,200	56,000
4P Cpe Sed	2100	6700	11,200	22,400	39,200	56,000
4P Encl Drive Sed	2350	7450	12,400	24,800	43,400	62,000
4P Sed	1900	6000	10,000	20,000	35,000	50,000
6P Encl Drive Limo	2500	7900	13,200	26,400	46,200	66,000
4P CC Sed	2150	6850	11,400	22,800	39,900	57,000
4P Sed Lan	2200	7100	11,800	23,600	41,300	59,000
4P Encl Drive Lan	2150	6850	11,400	22,800	39,900	57,000
6P Fml Limo	2500	7900	13,200	26,400	46,200	66,000
6P Fr Lan	2550	8150	13,600	27,200	47,600	68,000

1929 Pierce-Arrow four-door sedan

	6	5	4	3	2	1
1929						
Model 125 - 8-cyl., 125 hp, 133" wb						
4P Rds	3000	9600	16,000	32,000	56,000	80,000
4P Tr	2950	9350	15,600	31,200	54,600	78,000
5P Brgm	1900	6000	10,000	20,000	35,000	50,000
4P Cpe	2150	6850	11,400	22,800	39,900	57,000
5P Sed	1950	6250	10,400	20,800	36,400	52,000
5P Twn Sed	2050	6500	10,800	21,600	37,800	54,000
7P Sed	2000	6350	10,600	21,200	37,100	53,000
7P Encl Drive Limo	2200	7100	11,800	23,600	41,300	59,000
Model 126 - 8-cyl., 125 hp, 143" wb						
7P Tr	3250	10,300	17,200	34,400	60,200	86,000
4P Conv Cpe	3300	10,550	17,600	35,200	61,600	88,000
7P Sed	2400	7700	12,800	25,600	44,800	64,000
7P Encl Drive Limo	2500	7900	13,200	26,400	46,200	66,000
4P Sed	2250	7200	12,000	24,000	42,000	60,000
1930						
Model C - 8-cyl., 115 hp, 132" wb						
Clb Brgm	1500	4800	8000	16,000	28,000	40,000

	6	5	4	3	2	1
Cpe	1600	5050	8400	16,800	29,400	42,000
Sed	1400	4450	7400	14,800	25,900	37,000
Model B - 8-cyl., 125 hp, 134" wb						
Rds	3400	10,800	18,000	36,000	63,000	90,000
Tr	3400	10,800	18,000	36,000	63,000	90,000
Spt Phae	3600	11,500	19,200	38,400	67,200	96,000
Conv Cpe	3300	10,550	17,600	35,200	61,600	88,000
Model B8-cyl., 125 hp, 139" wb						
5P Sed	2150	6850	11,400	22,800	39,900	57,000
Vic Cpe	2200	7100	11,800	23,600	41,300	59,000
7P Sed	2150	6850	11,400	22,800	39,900	57,000
Clb Sed	2250	7200	12,000	24,000	42,000	60,000
Encl Drive Limo	2650	8400	14,000	28,000	49,000	70,000
Model A - 8-cyl., 132 hp, 144" wb						
Tr	3750	12,000	20,000	40,000	70,000	100,000
Conv Cpe	3600	11,500	19,200	38,400	67,200	96,000
Sed	2500	7900	13,200	26,400	46,200	66,000
Encl Drive Limo	3250	10,300	17,200	34,400	60,200	86,000
Twn Car	2950	9350	15,600	31,200	54,600	78,000
1931						
Model 43 - 8-cyl., 125 hp, 134" wb						
Rds	3400	10,800	18,000	36,000	63,000	90,000
Tourer	3400	10,800	18,000	36,000	63,000	90,000
Cpe	2250	7200	12,000	24,000	42,000	60,000
Model 43 - 8-cyl., 125 hp, 137" wb						
5P Sed	1500	4800	8000	16,000	28,000	40,000
Clb Sed	1700	5400	9000	18,000	31,500	45,000
7P Sed	1750	5650	9400	18,800	32,900	47,000
Encl Drive Limo	1900	6000	10,000	20,000	35,000	50,000
Model 42 - 8-cyl., 132 hp, 142" wb						
Rds	3750	12,000	20,000	40,000	70,000	100,000
Tourer	3750	12,000	20,000	40,000	70,000	100,000
Spt Tourer	4000	12,700	21,200	42,400	74,200	106,000
Conv Cpe	3450	11,050	18,400	36,800	64,400	92,000
5P Sed	1700	5400	9000	18,000	31,500	45,000
Clb Sed	1800	5750	9600	19,200	33,600	48,000
7P Sed	1750	5650	9400	18,800	32,900	47,000
Clb Berl	1900	6000	10,000	20,000	35,000	50,000
Encl Drive Limo	2250	7200	12,000	24,000	42,000	60,000
Model 41 - 8-cyl., 132 hp, 147" wb						
Tr	3750	12,000	20,000	40,000	70,000	100,000
Conv Cpe	3750	12,000	20,000	40,000	70,000	100,000
Sed	1900	6000	10,000	20,000	35,000	50,000
Encl Drive Limo	2200	7100	11,800	23,600	41,300	59,000
Twn Car	2250	7200	12,000	24,000	42,000	60,000
1932						
Model 54 - 8-cyl., 125 hp, 137" wb						
Conv Cpe Rds	3550	11,300	18,800	37,600	65,800	94,000
5P Tr	3400	10,800	18,000	36,000	63,000	90,000
Phae	3400	10,800	18,000	36,000	63,000	90,000
Brgm	1650	5300	8800	17,600	30,800	44,000
Cpe	1900	6000	10,000	20,000	35,000	50,000
5P Sed	1600	5150	8600	17,200	30,100	43,000
Clb Sed	1650	5300	8800	17,600	30,800	44,000
Clb Berl	1700	5400	9000	18,000	31,500	45,000
Con Sed	3450	11,050	18,400	36,800	64,400	92,000
Model 54 - 8-cyl., 125 hp, 142" wb						
7P Tr	3600	11,500	19,200	38,400	67,200	96,000
7P Sed	1700	5400	9000	18,000	31,500	45,000
Limo	1900	6000	10,000	20,000	35,000	50,000
Model 53 - 12-cyl., 140 hp, 137" wb						
Conv Cpe Rds	4000	12,700	21,200	42,400	74,200	106,000
5P Tr	3850	12,250	20,400	40,800	71,400	102,000
Phae	3750	12,000	20,000	40,000	70,000	100,000
Clb Brgm	1900	6000	10,000	20,000	35,000	50,000
Cpe	1950	6250	10,400	20,800	36,400	52,000
5P Sed	1750	5650	9400	18,800	32,900	47,000
Clb Sed	1850	5900	9800	19,600	34,300	49,000
Clb Berl	2050	6600	11,000	22,000	38,500	55,000
Con Sed	3450	11,050	18,400	36,800	64,400	92,000
Model 53 - 12-cyl., 140 hp, 142" wb						
7P Tr	3750	12,000	20,000	40,000	70,000	100,000
7P Sed	2050	6600	11,000	22,000	38,500	55,000
Limo	2350	7450	12,400	24,800	43,400	62,000
Model 51 - 12-cyl., 150 hp, 147" wb						
Cpe	2150	6850	11,400	22,800	39,900	57,000

	6	5	4	3	2	1
Conv Vic Cpe	4000	12,700	21,200	42,400	74,200	106,000
Clb Sed	2150	6850	11,400	22,800	39,900	57,000
Conv Sed	3750	12,000	20,000	40,000	70,000	100,000
Encl Drive Limo	2700	8650	14,400	28,800	50,400	72,000
A/W Twn Brgm	3250	10,300	17,200	34,400	60,200	86,000
A/W Twn Cabr	3450	11,050	18,400	36,800	64,400	92,000
Encl Drive Brgm	3100	9850	16,400	32,800	57,400	82,000
1933						
Model 836 - 8-cyl., 135 hp, 136" wb						
5P Clb Brgm	1350	4300	7200	14,400	25,200	36,000
5P Sed	1400	4450	7400	14,800	25,900	37,000
5P Clb Sed	1550	4900	8200	16,400	28,700	41,000
7P Sed	1450	4550	7600	15,200	26,600	38,000
7P Encl Drive Limo	1700	5400	9000	18,000	31,500	45,000
Model 1236 - 12-cyl., 160 hp, 136" wb						
5P Clb Brgm	1550	4900	8200	16,400	28,700	41,000
5P Sed	1600	5050	8400	16,800	29,400	42,000
5P Clb Sed	1750	5500	9200	18,400	32,200	46,000
7P Sed (139")	1600	5150	8600	17,200	30,100	43,000
7P Encl Drive Limo	1900	6000	10,000	20,000	35,000	50,000
Model 1242 - 12-cyl., 175 hp, 137" wb						
5P Tr	3250	10,300	17,200	34,400	60,200	86,000
5P Spt Phae	3450	11,050	18,400	36,800	64,400	92,000
7P Tourer (142")	3300	10,550	17,600	35,200	61,600	88,000
5P Clb Brgm	1600	5150	8600	17,200	30,100	43,000
5P Sed	1650	5300	8800	17,600	30,800	44,000
5P Clb Sed	1800	5750	9600	19,200	33,600	48,000
5P Clb Berl	1900	6000	10,000	20,000	35,000	50,000
4P Cpe	1950	6250	10,400	20,800	36,400	52,000
4P Cus Rds	3550	11,300	18,800	37,600	65,800	94,000
5P Conv Sed	3250	10,300	17,200	34,400	60,200	86,000
7P Sed (142")	1700	5400	9000	18,000	31,500	45,000
7P Encl Drive Limo	2050	6600	11,000	22,000	38,500	55,000
Model 1247 - 12-cyl., 175 hp, 142" wb						
5P Sed	2050	6600	11,000	22,000	38,500	55,000
5P Clb Sed	2150	6850	11,400	22,800	39,900	57,000
7P Sed (147")	2150	6850	11,400	22,800	39,900	57,000
5P Clb Berl	2150	6850	11,400	22,800	39,900	57,000
7P Encl Drive Limo	2350	7450	12,400	24,800	43,400	62,000
5P Conv Sed	3250	10,300	17,200	34,400	60,200	86,000
4P Cpe (147")	2500	7900	13,200	26,400	46,200	66,000
5P Conv Sed (147")	4000	12,700	21,200	42,400	74,200	106,000
5P Clb Sed (147")	2350	7450	12,400	24,800	43,400	62,000
Encl Drive Limo (147")	2500	7900	13,200	26,400	46,200	66,000
7P Twn Brgm (147")	2550	8150	13,600	27,200	47,600	68,000
7P Twn Car (147")	2700	8650	14,400	28,800	50,400	72,000
7P Twn Cabr (147")	4200	13,450	22,400	44,800	78,400	112,000
7P Encl Drive Brgm	2700	8650	14,400	28,800	50,400	72,000
1934						
Model 836A, 136" wb						
Clb Brgm	1450	4550	7600	15,200	26,600	38,000
Clb Brgm Salon	1500	4800	8000	16,000	28,000	40,000
4d Sed	1500	4800	8000	16,000	28,000	40,000
4d Sed Salon	1600	5050	8400	16,800	29,400	42,000
Model 840A - 8-cyl., 139" wb						
Rds	2350	7450	12,400	24,800	43,400	62,000
Brgm	1600	5050	8400	16,800	29,400	42,000
Sed	1600	5150	8600	17,200	30,100	43,000
Clb Sed	1650	5300	8800	17,600	30,800	44,000
Cpe	1750	5650	9400	18,800	32,900	47,000
Model 840A - 8-cyl., 144" wb						
Silver Arrow	4000	12,700	21,200	42,400	74,200	106,000
Sed	1700	5400	9000	18,000	31,500	45,000
Encl Drive Limo	2050	6600	11,000	22,000	38,500	55,000
Model 1240A - 12-cyl., 139" wb						
Rds	3100	9850	16,400	32,800	57,400	82,000
Brgm	1700	5400	9000	18,000	31,500	45,000
Sed	1750	5500	9200	18,400	32,200	46,000
Clb Sed	1750	5650	9400	18,800	32,900	47,000
Cpe	1900	6000	10,000	20,000	35,000	50,000
Model 1250A - 12-cyl., 144" wb						
Silver Arrow	4350	13,900	23,200	46,400	81,200	116,000
Sed	1900	6000	10,000	20,000	35,000	50,000
Encl Drive Limo	2350	7450	12,400	24,800	43,400	62,000

1935 Pierce-Arrow Twelve coupe

	6	5	4	3	2	1
Model 1248A - 12-cyl., 147" wb						
Sed	2050	6600	11,000	22,000	38,500	55,000
Encl Drive Limo	2500	7900	13,200	26,400	46,200	66,000
1935						
Model 845 - 8-cyl., 140 hp, 138" wb						
Conv Rds	2200	7100	11,800	23,600	41,300	59,000
Clb Brgm	1500	4800	8000	16,000	28,000	40,000
Cpe	1650	5300	8800	17,600	30,800	44,000
5P Sed	1550	4900	8200	16,400	28,700	41,000
Clb Sed	1600	5050	8400	16,800	29,400	42,000
Model 845 - 8-cyl., 140 hp, 144" wb						
7P Sed	1600	5150	8600	17,200	30,100	43,000
Encl Drive Limo	1900	6000	10,000	20,000	35,000	50,000
Silver Arrow	4000	12,700	21,200	42,400	74,200	106,000
Model 1245 - 12-cyl., 175 hp, 138" wb						
Conv Rds	2850	9100	15,200	30,400	53,200	76,000
Clb Brgm	1700	5400	9000	18,000	31,500	45,000
Cpe	1900	6000	10,000	20,000	35,000	50,000
5P Sed	1750	5500	9200	18,400	32,200	46,000
Clb Sed	1750	5650	9400	18,800	32,900	47,000
Model 1245 - 12-cyl., 175 hp, 144" wb						
7P Sed	1950	6250	10,400	20,800	36,400	52,000
Encl Drive Limo	2050	6600	11,000	22,000	38,500	55,000
Silver Arrow	4350	13,900	23,200	46,400	81,200	116,000
Model 1255 - 12-cyl., 175 hp, 147" wb						
7P Sed	2050	6600	11,000	22,000	38,500	55,000
Encl Drive Limo	2350	7450	12,400	24,800	43,400	62,000
1936						
Deluxe 8 - 150 hp, 139" wb						
Cpe	1500	4800	8000	16,000	28,000	40,000
Ctry Club Rds	2050	6600	11,000	22,000	38,500	55,000
Clb Sed	1300	4200	7000	14,000	24,500	35,000
5P Sed	1300	4100	6800	13,600	23,800	34,000
Clb Berl	1500	4800	8000	16,000	28,000	40,000
Deluxe 8 - 150 hp, 144" wb						
7P Sed	1400	4450	7400	14,800	25,900	37,000
Limo	1700	5400	9000	18,000	31,500	45,000
Metropolitan Twn Car	1900	6000	10,000	20,000	35,000	50,000
Conv Sed	2350	7450	12,400	24,800	43,400	62,000
Salon Twelve - 185 hp, 139" wb						
Cpe	1700	5400	9000	18,000	31,500	45,000
Ctry Club Rds	2500	7900	13,200	26,400	46,200	66,000
Clb Sed	1450	4700	7800	15,600	27,300	39,000
5P Sed	1450	4550	7600	15,200	26,600	38,000
Clb Berl	1700	5400	9000	18,000	31,500	45,000
Salon Twelve - 185 hp, 144" wb						
7P Sed	1600	5150	8600	17,200	30,100	43,000
Limo	1900	6000	10,000	20,000	35,000	50,000
Metropolitan Twn Car	2050	6600	11,000	22,000	38,500	55,000
Conv Sed	2700	8650	14,400	28,800	50,400	72,000
7P Sed (147")	1900	6000	10,000	20,000	35,000	50,000
7P Encl Drive Limo	2150	6850	11,400	22,800	39,900	57,000

	6	5	4	3	2	1
1937						
Pierce-Arrow 8 - 150 hp, 138" wb						
Cpe	1450	4700	7800	15,600	27,300	39,000
5P Sed	1250	3950	6600	13,200	23,100	33,000
Conv Rds	2050	6600	11,000	22,000	38,500	55,000
Clb Sed	1300	4100	6800	13,600	23,800	34,000
Clb Berl	1300	4200	7000	14,000	24,500	35,000
Fml Sed	1550	4900	8200	16,400	28,700	41,000
Pierce-Arrow 8 - 150 hp, 144" wb						
7P Fml Sed	1700	5400	9000	18,000	31,500	45,000
7P Sed	1600	5050	8400	16,800	29,400	42,000
Limo	1900	6000	10,000	20,000	35,000	50,000
Conv Sed	2500	7900	13,200	26,400	46,200	66,000
Brunn Metro Twn Car	2050	6600	11,000	22,000	38,500	55,000
Twn Brgm	1950	6250	10,400	20,800	36,400	52,000
5P Encl Drive Limo (147")	1900	6100	10,200	20,400	35,700	51,000
Pierce-Arrow 12 - 185 hp, 139" wb						
Cpe	1600	5150	8600	17,200	30,100	43,000
5P Sed	1400	4450	7400	14,800	25,900	37,000
Conv Rds	2500	7900	13,200	26,400	46,200	66,000
Clb Sed	1450	4550	7600	15,200	26,600	38,000
Clb Berl	1450	4700	7800	15,600	27,300	39,000
5P Fml Sed	1700	5400	9000	18,000	31,500	45,000
Pierce-Arrow 12 - 185 hp, 144" wb						
7P Sed	1500	4800	8000	16,000	28,000	40,000
Limo	1700	5400	9000	18,000	31,500	45,000
Conv Sed	3100	9850	16,400	32,800	57,400	82,000
Brunn Metro Twn Brgm	2500	7900	13,200	26,400	46,200	66,000
Pierce-Arrow 12 - 185 hp, 147" wb						
7P Sed	1900	6000	10,000	20,000	35,000	50,000
Encl Drive Limo	2150	6850	11,400	22,800	39,900	57,000
Metro Twn Car	2550	8150	13,600	27,200	47,600	68,000
1938						
Pierce-Arrow 8 - 150 hp, 139" wb						
5P Sed	1150	3700	6200	12,400	21,700	31,000
Clb Sed	1250	3950	6600	13,200	23,100	33,000
Cpe	1450	4550	7600	15,200	26,600	38,000
Conv Cpe	2050	6600	11,000	22,000	38,500	55,000
Clb Berl	1400	4450	7400	14,800	25,900	37,000
Fml Sed	1300	4100	6800	13,600	23,800	34,000
Pierce-Arrow 8 - 150 hp, 144" wb						
Brunn Metro Twn Brgm	1900	6100	10,200	20,400	35,700	51,000
7P Sed	1600	5150	8600	17,200	30,100	43,000
Encl Drive Limo	1750	5650	9400	18,800	32,900	47,000
Con Sed	2500	7900	13,200	26,400	46,200	66,000
Spl Sed	1600	5050	8400	16,800	29,400	42,000
Fml Sed	1700	5400	9000	18,000	31,500	45,000
Pierce-Arrow 12 - 185 hp, 139" wb						
5P Sed	1700	5400	9000	18,000	31,500	45,000
Clb Sed	1750	5650	9400	18,800	32,900	47,000
Cpe	2000	6350	10,600	21,200	37,100	53,000
Conv Cpe	2700	8650	14,400	28,800	50,400	72,000
Clb Berl	1500	4800	8000	16,000	28,000	40,000
Fml Sed	1500	4800	8000	16,000	28,000	40,000
Pierce-Arrow 12 - 185 hp, 144" wb						
Spl Sed	1900	6000	10,000	20,000	35,000	50,000
7P Sed	1950	6250	10,400	20,800	36,400	52,000
Encl Drive Limo	2350	7450	12,400	24,800	43,400	62,000
Conv Sed	2800	8900	14,800	29,600	51,800	74,000
Brunn Metro Twn Brgm	2400	7700	12,800	25,600	44,800	64,000
Pierce-Arrow 12 - 147" wb						
7P Sed	2050	6500	10,800	21,600	37,800	54,000
Encl Drive Limo	2500	7900	13,200	26,400	46,200	66,000

PLYMOUTH

1928						
Model Q, 4-cyl.						
Rds	850	2650	4400	8800	15,400	22,000
Tr	800	2500	4200	8400	14,700	21,000
Cpe	450	1090	1800	3650	6400	9100
DeL Cpe	450	1140	1900	3800	6650	9500

	6	5	4	3	2	1
2d Sed	350	950	1550	3100	5400	7700
Sed	350	975	1600	3200	5600	8000
DeL Sed	350	975	1600	3250	5700	8100
1929-30						
Model U, 4-cyl.						
Rds	850	2750	4600	9200	16,100	23,000
4d Tr	850	2650	4400	8800	15,400	22,000
Cpe	350	1020	1700	3400	5950	8500
DeL Cpe	450	1080	1800	3600	6300	9000
2d Sed	350	1040	1700	3450	6000	8600
4d Sed	350	1020	1700	3400	5950	8500
4d DeL Sed	450	1080	1800	3600	6300	9000
NOTE: Factory prices reduced app. 40 percent for 1930 model year.						
1931						
PA, 4-cyl.						
Rds	900	2900	4800	9600	16,800	24,000
4d Tr	850	2750	4600	9200	16,100	23,000
Conv	550	1700	2800	5600	9800	14,000
Cpe	400	1200	2000	4000	7000	10,000
2d Sed	350	950	1500	3050	5300	7600
4d Sed	350	1000	1650	3300	5750	8200
4d DeL Sed	450	1080	1800	3600	6300	9000
1932						
Model PA, 4-cyl., 109" wb						
Rds	850	2750	4600	9200	16,100	23,000
Conv	900	2900	4800	9600	16,800	24,000
Cpe	400	1250	2100	4200	7400	10,500
RS Cpe	400	1250	2100	4200	7400	10,500
2d Sed	450	1080	1800	3600	6300	9000
4d Sed	450	1080	1800	3600	6300	9000
4d Phae	850	2750	4600	9200	16,100	23,000
Model PB, 4-cyl., 112" wb						
NOTE: Add 5 percent for 6 cyl. models.						
Rds	850	2750	4600	9200	16,100	23,000
Conv	900	2900	4800	9600	16,800	24,000
Conv Sed	950	3000	5000	10,000	17,500	25,000
RS Cpe	400	1250	2100	4200	7400	10,500
2d Sed	450	1140	1900	3800	6650	9500
4d Sed	450	1140	1900	3800	6650	9500
4d DeL Sed	450	1160	1950	3900	6800	9700

1929 Plymouth Model U two-door sedan

	6	5	4	3	2	1
1933						
PC, 6-cyl., 108" wb						
Conv	850	2650	4400	8800	15,400	22,000
Cpe	350	1020	1700	3400	5950	8500
RS Cpe	450	1080	1800	3600	6300	9000

	6	5	4	3	2	1
2d Sed	350	950	1550	3100	5400	7700
4d Sed	350	900	1500	3000	5250	7500
PD, 6-cyl.						
NOTE: Add 4 percent for PCXX models.						
Conv	900	2900	4800	9600	16,800	24,000
Cpe	450	1140	1900	3800	6650	9500
RS Cpe	400	1250	2100	4200	7400	10,500
2d Sed	350	1020	1700	3400	5950	8500
4d Sed	350	1040	1700	3450	6000	8600
1934						
Standard PG, 6-cyl., 108" wb						
Bus Cpe	350	975	1600	3200	5600	8000
2d Sed	350	900	1500	3000	5250	7500
Standard PF, 6-cyl., 108" wb						
Bus Cpe	350	1020	1700	3400	5950	8500
RS Cpe	450	1080	1800	3600	6300	9000
2d Sed	350	950	1550	3100	5400	7700
4d Sed	350	950	1550	3150	5450	7800
DeLuxe PE, 6-cyl., 114" wb						
Conv	950	3000	5000	10,000	17,500	25,000
Cpe	450	1140	1900	3800	6650	9500
RS Cpe	400	1250	2100	4200	7400	10,500
2d Sed	350	1020	1700	3400	5950	8500
4d Sed	350	1040	1700	3450	6000	8600
4d Twn Sed	400	1200	2000	4000	7000	10,000

1935 Plymouth Model PJ station wagon

	6	5	4	3	2	1
1935						
PJ, 6-cyl., 113" wb						
2P Cpe	350	1000	1650	3350	5800	8300
2P Cpe	350	950	1550	3150	5450	7800
Bus Cpe	350	1020	1700	3400	5900	8400
2d Sed	350	950	1550	3150	5450	7800
4d Bus Sed	350	1000	1650	3350	5800	8300
PJ DeLuxe, 6-cyl., 113" wb						
Conv	850	2650	4400	8800	15,400	22,000
Bus Cpe	450	1120	1875	3750	6500	9300
RS Cpe	450	1170	1975	3900	6850	9800
2d Sed	350	1000	1650	3350	5800	8300
2d Tr Sed	350	1020	1700	3400	5950	8500
4d Sed	450	1050	1750	3550	6150	8800
4d Tr Sed	450	1120	1875	3750	6500	9300
4d 7P Sed	450	1170	1975	3900	6850	9800
4d Trav Sed	400	1250	2050	4100	7200	10,300
1936						
P1 Business Line, 6-cyl., 113" wb						
Bus Cpe	450	1080	1800	3600	6300	9000
2d Bus Sed	350	1000	1650	3350	5800	8300
4d Bus Sed	350	1020	1700	3400	5900	8400
4d Sta Wag	500	1600	2700	5400	9500	13,500
P2 DeLuxe, 6-cyl., 113"-125" wb						
Conv	950	3000	5000	10,000	17,500	25,000

	6	5	4	3	2	1
Cpe	400	1200	2000	4000	7000	10,000
RS Cpe	400	1250	2050	4100	7200	10,300
2d Sed	450	1050	1750	3550	6150	8800
2d Tr Sed	450	1120	1875	3750	6500	9300
4d Sed	450	1050	1750	3550	6150	8800
4d Tr Sed	450	1120	1875	3750	6500	9300
4d 7P Sed	400	1250	2050	4100	7200	10,300
1937						
Roadking, 6-cyl., 112" wb						
Cpe	450	1050	1750	3550	6150	8800
2d Sed	350	850	1450	2850	4970	7100
4d Sed	350	870	1450	2900	5100	7300
DeLuxe, 6-cyl., 112"-132" wb						
Conv	850	2750	4600	9200	16,100	23,000
Cpe	450	1140	1900	3800	6650	9500
RS Cpe	400	1200	2000	4000	7000	10,000
2d Sed	350	975	1600	3200	5600	8000
2d Tr Sed	350	1000	1650	3300	5750	8200
4d Sed	350	975	1600	3200	5500	7900
4d Tr Sed	350	975	1600	3200	5600	8000
4d Limo	450	1170	1975	3900	6850	9800
4d Sub	400	1300	2200	4400	7700	11,000
1938						
Roadking, 6-cyl., 112" wb						
Cpe	450	1050	1750	3550	6150	8800
2d Sed	350	850	1450	2850	4970	7100
4d Sed	350	870	1450	2900	5100	7300
2d Tr Sed	350	900	1500	3000	5250	7500
4d Tr Sed	350	770	1300	2550	4480	6400
DeLuxe, 6-cyl., 112"-132" wb						
Conv	850	2750	4600	9200	16,100	23,000
Cpe	450	1140	1900	3800	6650	9500
RS Cpe	400	1200	2000	4000	7000	10,000
2d Sed	350	975	1600	3200	5600	8000
2d Tr Sed	350	975	1600	3250	5700	8100
4d Sed	350	975	1600	3200	5500	7900
4d Tr Sed	350	975	1600	3200	5600	8000
4d 7P Sed	450	1120	1875	3750	6500	9300
4d Limo	400	1250	2100	4200	7400	10,500
4d Sub	400	1200	2000	4000	7000	10,000
1939						
P7 Roadking, 6-cyl., 114" wb						
Cpe	450	1140	1900	3800	6650	9500
2d Sed	350	900	1500	3000	5250	7500
2d Tr Sed	350	950	1500	3050	5300	7600
4d Sed	350	950	1550	3100	5400	7700
4d Tr Sed	350	950	1550	3150	5450	7800
4d Utl Sed	350	950	1550	3100	5400	7700
P8 DeLuxe, 6-cyl., 114"-134" wb						
2d Conv	800	2500	4200	8400	14,700	21,000
4d Conv Sed	850	2650	4400	8800	15,400	22,000
2P Cpe	400	1200	2000	4000	7000	10,000
RS Cpe	400	1250	2100	4200	7400	10,500
2d Sed	350	975	1600	3200	5600	8000
2d Tr Sed	350	975	1600	3250	5700	8100
4d Sed	350	975	1600	3200	5600	8000
4d Tr Sed	350	1000	1650	3300	5750	8200
4d Sta Wag W/C	800	2500	4200	8400	14,700	21,000
4d Sta Wag W/G	850	2650	4400	8800	15,400	22,000
4d 7P Ewb Sed	350	975	1600	3200	5600	8000
4d Ewb Limo	400	1200	2000	4000	7000	10,000
1940						
P9 Roadking, 6-cyl., 117" wb						
2d Cpe	400	1200	2000	4000	7000	10,000
2d Tr Sed	350	1020	1700	3400	5950	8500
4d Tr Sed	350	1020	1700	3400	5900	8400
4d Utl Sed	350	870	1450	2900	5100	7300
P10 DeLuxe, 6-cyl., 137" wb						
2d Conv	850	2750	4600	9200	16,100	23,000
2d DeL Cpe	400	1300	2200	4400	7700	11,000
2d 4P Cpe	450	1400	2300	4600	8100	11,500
2d Sed	350	975	1600	3200	5600	8000
4d Sed	350	975	1600	3200	5500	7900
4d Sta Wag	850	2650	4400	8800	15,400	22,000

	6	5	4	3	2	1
4d 7P Sed	450	1050	1750	3550	6150	8800
4d Sed Limo	400	1250	2100	4200	7400	10,500
1941						
P11 Standard, 6-cyl., 117" wb						
Cpe	400	1250	2100	4200	7400	10,500
2d Sed	350	1020	1700	3400	5950	8500
4d Sed	350	1020	1700	3400	5900	8400
4d Utl Sed	350	900	1500	3000	5250	7500
P11 DeLuxe, 6-cyl., 117" wb						
Cpe	400	1300	2150	4300	7500	10,700
2d Sed	350	1040	1750	3500	6100	8700
4d Sed	350	1040	1700	3450	6000	8600
P12 Special DeLuxe, 6 cyl., 117"-137" wb						
2d Conv	850	2650	4400	8800	15,400	22,000
2d DeL Cpe	400	1300	2200	4400	7700	11,000
2d 4P Cpe	450	1400	2300	4600	8100	11,500
2d Sed	350	1020	1700	3400	5950	8500
4d Sed	350	1040	1700	3450	6000	8600
4d Sta Wag	850	2650	4400	8800	15,400	22,000
4d 7P Sed	450	1050	1750	3550	6150	8800
4d Limo	400	1250	2100	4200	7400	10,500
1942						
P14S DeLuxe, 6-cyl., 117" wb						
2d Cpe	400	1200	2000	4000	7000	10,000
2d Sed	350	830	1400	2950	4830	6900
4d Utl Sed	350	790	1350	2650	4620	6600
2d Clb Cpe	400	1250	2100	4200	7400	10,500
4d Sed	350	800	1350	2700	4700	6700
P14C Special DeLuxe, 6-cyl., 117" wb						
2d Conv	700	2300	3800	7600	13,300	19,000
2d Cpe	400	1300	2200	4400	7700	11,000
2d Sed	350	850	1450	2850	4970	7100
4d Sed	350	840	1400	2800	4900	7000
4d Twn Sed	350	850	1450	2850	4970	7100
2d Clb Cpe	450	1400	2300	4600	8100	11,500
4d Sta Wag	850	2650	4400	8800	15,400	22,000

1947 Plymouth Special Deluxe convertible

	6	5	4	3	2	1
1946-1948						
P15 DeLuxe, 6-cyl., 117" wb						
2d Cpe	400	1200	2000	4000	7000	10,000
2d Clb Cpe	400	1250	2100	4200	7400	10,500
2d Sed	450	1080	1800	3600	6300	9000
4d 2d Sed	450	1050	1800	3600	6200	8900
P15 Special DeLuxe, 6-cyl., 117" wb						
2d Conv	850	2650	4400	8800	15,400	22,000
2d Cpe	400	1250	2100	4200	7400	10,500
2d Clb Cpe	400	1300	2200	4400	7700	11,000
2d Sed	450	1140	1900	3800	6650	9500

	6	5	4	3	2	1
4d Sed	450	1130	1900	3800	6600	9400
4d Sta Wag	850	2750	4600	9200	16,100	23,000
1949						
First Series 1949 is the same as 1948						
Second Series						
DeLuxe, 6-cyl., 111" wb						
2d Cpe	450	1080	1800	3600	6300	9000
2d Sed	350	1020	1700	3400	5950	8500
2d Sta Wag	350	1020	1700	3400	5950	8500
DeLuxe, 6-cyl., 118.5" wb						
2d Clb Cpe	450	1140	1900	3800	6650	9500
4d Sed	350	1020	1700	3400	5900	8400
Special DeLuxe, 6-cyl., 118.5" wb						
2d Conv	750	2400	4000	8000	14,000	20,000
2d Clb Cpe	450	1160	1950	3900	6800	9700
4d Sed	350	1040	1700	3450	6000	8600
4d Sta Wag	500	1550	2600	5200	9100	13,000
1950						
DeLuxe, 6-cyl., 111" wb						
2d Cpe	450	1140	1900	3800	6650	9500
2d Sed	450	1080	1800	3600	6300	9000
2d Sta Wag	400	1200	2000	4000	7000	10,000
DeLuxe, 6-cyl., 118.5" wb						
2d Clb Cpe	450	1150	1900	3850	6700	9600
4d Sed	950	1100	1850	3700	6450	9200
Special DeLuxe, 6-cyl., 118.5" wb						
2d Conv	700	2300	3800	7600	13,300	19,000
2d Clb Cpe	450	1160	1950	3900	6800	9700
4d Sed	450	1140	1900	3800	6650	9500
4d Sta Wag	550	1800	3000	6000	10,500	15,000

NOTE: Add 5 percent for P-19 Special DeLuxe Suburban.

	6	5	4	3	2	1
1951-1952						
P22 Concord, 6-cyl., 111" wb						
2d Sed	350	975	1600	3200	5600	8000
2d Cpe	350	1020	1700	3400	5950	8500
2d Sta Wag	350	975	1600	3200	5600	8000
P23 Cambridge, 6-cyl., 118.5" wb						
4d Sed	350	1000	1650	3300	5750	8200
2d Clb Cpe	450	1080	1800	3600	6300	9000
P23 Cranbrook, 6-cyl., 118.5" wb						
4d Sed	350	1020	1700	3400	5900	8400
2d Clb Cpe	450	1140	1900	3800	6650	9500
2d HT	550	1700	2800	5600	9800	14,000
2d Conv	700	2300	3800	7600	13,300	19,000
1953						
P24-1 Cambridge, 6-cyl., 114" wb						
4d Sed	350	800	1350	2700	4700	6700
2d Sed	350	790	1350	2650	4620	6600
2d Bus Cpe	350	820	1400	2700	4760	6800
Sta Wag	350	800	1350	2700	4700	6700
P24-2 Cranbrook, 6-cyl., 114" wb						
4d Sed	350	840	1400	2800	4900	7000
2d Clb Cpe	350	900	1500	3000	5250	7500
2d HT	550	1700	2800	5600	9800	14,000
Sta Wag	450	1080	1800	3600	6300	9000
2d Conv	750	2400	4000	8000	14,000	20,000
1954						
P25-1 Plaza, 6-cyl., 114" wb						
4d Sed	350	950	1550	3150	5450	7800
2d Sed	350	975	1600	3200	5500	7900
2d Bus Cpe	350	975	1600	3200	5600	8000
Sta Wag	950	1100	1850	3700	6450	9200
P25-2 Savoy, 6-cyl., 114" wb						
4d Sed	350	975	1600	3200	5600	8000
2d Sed	350	975	1600	3250	5700	8100
2d Clb Cpe	350	1020	1700	3400	5950	8500
P25-3 Belvedere, 6-cyl., 114" wb						
4d Sed	350	1020	1700	3400	5950	8500
2d HT	600	1900	3200	6400	11,200	16,000
2d Conv	850	2650	4400	8800	15,400	22,000
Sta Wag	400	1200	2000	4000	7000	10,000
1955						
Plaza, V-8, 115" wb						
4d Sed	350	975	1600	3200	5500	7900

	6	5	4	3	2	1
2d Sed	350	975	1600	3200	5600	8000
2d Sta Wag	350	975	1600	3200	5600	8000
4d Sta Wag	350	1020	1700	3400	5950	8500
Savoy, V-8, 115" wb						
4d Sed	350	975	1600	3200	5600	8000
2d Sed	350	975	1600	3250	5700	8100
Belvedere, V-8, 115" wb						
4d Sed	350	1020	1700	3400	5950	8500
2d Sed	350	1020	1700	3400	5900	8400
2d HT	650	2050	3400	6800	11,900	17,000
2d Conv	950	3000	5000	10,000	17,500	25,000
Sta Wag	400	1200	2000	4000	7000	10,000

NOTE: Deduct 10 percent for 6-cyl. models.

1956

	6	5	4	3	2	1
Plaza, V-8, 115" wb						
4d Sed	350	880	1500	2950	5180	7400
2d Sed	350	900	1500	3000	5250	7500
Bus Cpe	350	860	1450	2900	5050	7200
Savoy, V-8, 115" wb						
4d Sed	350	900	1500	3000	5250	7500
2d 2d Sed	350	950	1500	3050	5300	7600
2d HT	550	1800	3000	6000	10,500	15,000
Belvedere, V-8, 115" wb (conv. avail. as 8 cyl. only)						
4d Sed	350	975	1600	3200	5600	8000
4d HT	400	1200	2000	4000	7000	10,000
2d Sed	350	975	1600	3200	5600	8000
2d HT	700	2300	3800	7600	13,300	19,000
2d Conv	1000	3100	5200	10,400	18,200	26,000
Suburban, V-8, 115" wb						
DeL Sta Wag	450	1080	1800	3600	6300	9000
Cus Sta Wag	450	1140	1900	3800	6650	9500
4d Spt Sta Wag	400	1200	2000	4000	7000	10,000
Fury, V-8, (avail. as 8-cyl. only)						
2d HT	900	2900	4800	9600	16,800	24,000

NOTE: Deduct 10 percent for 6-cyl. models.

1957 Plymouth Belvedere four-door sedan

1957-1958

	6	5	4	3	2	1
Plaza, V-8, 118" wb						
4d Sed	200	750	1275	2500	4400	6300
2d Sed	200	745	1250	2500	4340	6200
2d Bus Cpe	200	730	1250	2450	4270	6100
Savoy, V-8						
4d Sed	350	770	1300	2550	4480	6400
4d HT	350	1020	1700	3400	5950	8500
2d Sed	350	880	1500	2950	5180	7400
2d HT	550	1800	3000	6000	10,500	15,000
Belvedere, V-8, 118" wb (conv. avail. as 8-cyl. only)						
4d Sed	350	850	1450	2850	4970	7100
4d Spt HT	450	1140	1900	3800	6650	9500
2d Sed	350	840	1400	2800	4900	7000

	6	5	4	3	2	1
2d HT	850	2750	4600	9200	16,100	23,000
2d Conv	1100	3500	5800	11,600	20,300	29,000
Suburban, V-8, 122" wb						
4d Cus Sta Wag	350	900	1500	3000	5250	7500
2d Cus Sta Wag	350	950	1500	3050	5300	7600
4d Spt Sta Wag	350	950	1550	3100	5400	7700
Fury, V-8, 118" wb (318 cid/290 hp, 1958)						
2d HT	950	3000	5000	10,000	17,500	25,000

NOTE: Deduct 10 percent for 6-cyl. model. Add 20 percent for 350 cid/305 hp V-8. Add 20 percent for 392 cid/345 hp (1957). Add 40 percent for 315 hp Bendix EFI V-8.

1959

	6	5	4	3	2	1
Savoy, 6-cyl., 118" wb						
4d Sed	200	730	1250	2450	4270	6100
2d Sed	200	720	1200	2400	4200	6000
Belvedere, V-8, 118" wb						
4d Sed	200	720	1200	2400	4200	6000
4d HT	350	900	1500	3000	5250	7500
2d Sed	200	720	1200	2400	4200	6000
2d HT	550	1800	3000	6000	10,500	15,000
2d Conv	950	3000	5000	10,000	17,500	25,000
Fury, V-8, 118" wb						
4d Sed	200	720	1200	2400	4200	6000
4d HT	350	975	1600	3200	5600	8000
2d HT	600	1900	3200	6400	11,200	16,000
Sport Fury, V-8, 118" wb (260 hp - V-8 offered)						
2d HT	650	2050	3400	6800	11,900	17,000
2d Conv	1000	3250	5400	10,800	18,900	27,000
Suburban, V-8, 122" wb						
4d Spt Sta Wag	350	860	1450	2900	5050	7200
2d Cus Sta Wag	350	850	1450	2850	4970	7100
4d Cus Sta Wag	350	840	1400	2800	4900	7000

NOTE: Deduct 10 percent for 6-cyl. models.

1960

	6	5	4	3	2	1
Valiant 100, 6-cyl., 106.5" wb						
4d Sed	200	685	1150	2300	3990	5700
Sta Wag	200	670	1200	2300	4060	5800
Valiant 200, 6-cyl., 106" wb						
4d Sed	200	670	1200	2300	4060	5800
Sta Wag	200	700	1200	2350	4130	5900
Fleet Special, V8, 118" wb						
4d Sed	200	660	1100	2200	3850	5500
2d Sed	200	660	1100	2200	3850	5500
Savoy, V-8, 118" wb						
4d Sed	200	670	1200	2300	4060	5800
2d Sed	200	685	1150	2300	3990	5700
Belvedere, V-8, 118" wb						
4d Sed	200	700	1200	2350	4130	5900
2d Sed	200	670	1200	2300	4060	5800
2d HT	400	1200	2000	4000	7000	10,000
Fury, V-8, 118" wb (conv. avail. as 8-cyl. only)						
4d Sed	350	780	1300	2600	4550	6500
4d HT	350	975	1600	3200	5600	8000
2d HT	450	1450	2400	4800	8400	12,000
Conv	550	1800	3000	6000	10,500	15,000
Suburban, V-8, 122" wb						
4d DeL Sta Wag	200	685	1150	2300	3990	5700
2d DeL Sta Wag	200	670	1150	2250	3920	5600
4d 9P Cus Sta Wag	200	685	1150	2300	3990	5700
9P Spt Sta Wag	200	670	1200	2300	4060	5800

NOTE: Deduct 20 percent for 6-cyl. model except Valiant.

1961

	6	5	4	3	2	1
Valiant 100, 6-cyl., 106.5" wb						
4d Sed	200	700	1200	2350	4130	5900
2d Sed	200	670	1200	2300	4060	5800
Sta Wag	200	670	1200	2300	4060	5800
Valiant 200, 6-cyl., 106.5" wb						
4d Sed	200	720	1200	2400	4200	6000
2d HT	350	975	1600	3200	5600	8000
Sta Wag	200	685	1150	2300	3990	5700

NOTE: Add 20 percent for Hyper Pak 170 cid/148 hp and 30 percent for Hyper Pak 225 cid/200 hp engines.

	6	5	4	3	2	1
Fleet Special, V8, 118" wb						
4d Sed	200	685	1150	2300	3990	5700
2d Sed	200	670	1150	2250	3920	5600
Savoy, V-8, 118" wb						
4d Sed	200	670	1200	2300	4060	5800

	6	5	4	3	2	1
2d Sed	200	685	1150	2300	3990	5700
Belvedere, V-8, 118" wb						
4d Sed	200	685	1150	2300	3990	5700
2d Clb Sed	200	685	1150	2300	3990	5700
2d HT	350	900	1500	3000	5250	7500
Fury, V-8, 118" wb						
4d Sed	200	700	1200	2350	4130	5900
4d HT	350	840	1400	2800	4900	7000
2d HT	400	1300	2200	4400	7700	11,000
Conv	500	1550	2600	5200	9100	13,000
Suburban, V-8, 122" wb						
4d 6P DeL Sta Wag	200	685	1150	2300	3990	5700
2d 6P DeL Sta Wag	200	670	1150	2250	3920	5600
6P Cus Sta Wag	200	685	1150	2300	3990	5700
9P Spt Sta Wag	200	670	1200	2300	4060	5800

NOTE: Deduct 10 percent for 6-cyl. models.
Add 30 percent for 330, 340, 350, 375 hp engines.

1962

	6	5	4	3	2	1
Valiant 100, 6-cyl., 106.5" wb						
4d Sed	200	685	1150	2300	3990	5700
2d Sed	200	670	1150	2250	3920	5600
Sta Wag	200	670	1200	2300	4060	5800
Valiant 200, 6-cyl., 106.5" wb						
4d Sed	200	670	1200	2300	4060	5800
2d Sed	200	685	1150	2300	3990	5700
Sta Wag	200	700	1200	2350	4130	5900
Valiant Signet, 6-cyl., 106.5" wb						
2d HT	350	900	1500	3000	5250	7500

NOTE: Add 20 percent for Hyper Pak 170 cid/148 hp and 30 percent for Hyper Pak 225 cid/200 hp engines.

	6	5	4	3	2	1
Fleet Special, V8, 116" wb						
4d Sed	200	670	1150	2250	3920	5600
2d Sed	200	660	1100	2200	3850	5500
Savoy, V-8, 116" wb						
4d Sed	200	685	1150	2300	3990	5700
2d Sed	200	670	1150	2250	3920	5600
Belvedere, V-8, 116" wb						
4d Sed	200	670	1200	2300	4060	5800
2d Sed	200	685	1150	2300	3990	5700
2d HT	350	1020	1700	3400	5950	8500
Fury, V-8, 116" wb						
4d Sed	200	700	1200	2350	4130	5900
4d HT	350	780	1300	2600	4550	6500
2d HT	400	1200	2000	4000	7000	10,000
Conv	500	1550	2600	5200	9100	13,000
Sport Fury, V-8, 116" wb						
2d HT	400	1300	2200	4400	7700	11,000
Conv	550	1700	2800	5600	9800	14,000
Suburban, V-8, 116" wb						
6P Savoy Sta Wag	200	685	1150	2300	3990	5700
6P Belv Sta Wag	200	670	1200	2300	4060	5800
9P Fury Sta Wag	200	700	1200	2350	4130	5900

NOTE: Deduct 10 percent for 6-cyl. models.
Add 30 percent for Golden Commando 410 hp engine.

1963

	6	5	4	3	2	1
Valiant 100, 6-cyl., 106.5" wb						
4d Sed	200	700	1050	2050	3600	5100
2d Sed	200	675	1000	2000	3500	5000
Sta Wag	200	700	1050	2050	3600	5100
Valiant 200, 6-cyl., 106.5" wb						
4d Sed	200	700	1050	2100	3650	5200
2d Sed	200	700	1050	2050	3600	5100
Conv	450	1140	1900	3800	6650	9500
Sta Wag	200	700	1050	2050	3600	5100
Valiant Signet, 6-cyl., 106.5" wb						
2d HT	450	1140	1900	3800	6650	9500
Conv	400	1250	2100	4200	7400	10,500
Savoy, V-8, 116" wb						
4d Sed	200	660	1100	2200	3850	5500
2d Sed	200	670	1150	2250	3920	5600
6P Sta Wag	200	650	1100	2150	3780	5400
Belvedere, V-8, 116" wb						
4d Sed	200	670	1150	2250	3920	5600
2d Sed	200	670	1150	2250	3920	5600
4d HT	200	745	1250	2500	4340	6200
6P Sta Wag	200	650	1100	2150	3780	5400

	6	5	4	3	2	1
Fury, V-8, 116" wb						
4d Sed	200	685	1150	2300	3990	5700
4d HT	350	780	1300	2600	4550	6500
2d HT	400	1250	2100	4200	7400	10,500
Conv	450	1450	2400	4800	8400	12,000
9P Sta Wag	200	670	1150	2250	3920	5600
Sport Fury, V-8, 116" wb						
2d HT	450	1400	2300	4600	8100	11,500
Conv	450	1500	2500	5000	8800	12,500

NOTES: Deduct 10 percent for 6-cyl. models.
Add 60 percent for Max Wedge II 426 engine.
Add 40 percent for 413.

1964

	6	5	4	3	2	1
Valiant 100, 6-cyl., 106.5" wb						
4d Sed	200	700	1050	2050	3600	5100
2d Sed	200	675	1000	2000	3500	5000
Sta Wag	200	700	1050	2050	3600	5100
Valiant 200, 6 or V-8, 106.5" wb						
4d Sed	200	700	1050	2100	3650	5200
2d Sed	200	700	1050	2050	3600	5100
Conv	400	1300	2200	4400	7700	11,000
Sta Wag	200	700	1050	2050	3600	5100
Valiant Signet, V-8 cyl., 106.5" wb						
2d HT	400	1200	2000	4000	7000	10,000
Barracuda	450	1450	2400	4800	8400	12,000
Conv	550	1800	3000	6000	10,500	15,000
Savoy, V-8, 116" wb						
4d Sed	200	660	1100	2200	3850	5500
2d Sed	200	670	1150	2250	3920	5600
6P Sta Wag	200	650	1100	2150	3780	5400
Belvedere, V-8, 116" wb						
2d HT	450	1080	1800	3600	6300	9000
4d Sed	200	670	1150	2250	3920	5600
2d Sed	200	670	1150	2250	3920	5600
6P Sta Wag	200	650	1100	2150	3780	5400
Fury, V-8, 116" wb						
4d Sed	200	685	1150	2300	3990	5700
4d HT	200	730	1250	2450	4270	6100
2d HT	400	1300	2200	4400	7700	11,000
Conv	450	1450	2400	4800	8400	12,000
9P Sta Wag	200	670	1150	2250	3920	5600
Sport Fury, V-8, 116" wb						
2d HT	450	1400	2300	4600	8100	11,500
Conv	450	1500	2500	5000	8800	12,500

NOTES: Deduct 10 percent for 6-cyl. models.
Add 70 percent for Max Wedge III 426-425 engine.
Add 60 percent for 426-415 MW II.
Autos equipped with 426 Hemi value inestimable.

1965

	6	5	4	3	2	1
Valiant 100, V8, 106" wb						
4d Sed	200	700	1050	2050	3600	5100
2d Sed	200	675	1000	2000	3500	5000
Sta Wag	200	700	1050	2050	3600	5100
Valiant 200, V-8, 106" wb						
4d Sed	200	700	1050	2100	3650	5200
2d Sed	200	700	1050	2050	3600	5100
Conv	400	1300	2200	4400	7700	11,000
Sta Wag	200	700	1050	2050	3600	5100
Valiant Signet, V8, 106" wb						
2d HT	450	1450	2400	4800	8400	12,000
Conv	600	1900	3200	6400	11,200	16,000
Barracuda, V-8, 106" wb						
2d HT	550	1800	3000	6000	10,500	15,000

NOTE: Add 10 percent for Formula S option.

	6	5	4	3	2	1
Belvedere I, V-8, 116" wb						
4d Sed	150	650	975	1950	3350	4800
2d Sed	150	650	950	1900	3300	4700
Sta Wag	150	650	975	1950	3350	4800
Belvedere II, V8, 116" wb						
4d Sed	200	675	1000	2000	3500	5000
2d HT	350	900	1500	3000	5250	7500
Conv	350	1020	1700	3400	5950	8500
9P Sta Wag	200	675	1000	2000	3500	5000
6P Sta Wag	200	675	1000	1950	3400	4900

	6	5	4	3	2	1
Satellite, V8, 116"wb						
2d	400	1300	2200	4400	7700	11,000
Conv	700	2150	3600	7200	12,600	18,000
Fury, V-8, 119" wb.; 121" Sta. Wag.						
4d Sed	200	700	1050	2100	3650	5200
2d Sed	200	700	1050	2050	3600	5100
Sta Wag	200	675	1000	1950	3400	4900
Fury II, V8, 119" wb, Sta Wag 121" wb						
4d Sed	200	700	1075	2150	3700	5300
2d Sed	200	700	1075	2150	3700	5300
9P Sta Wag	200	675	1000	2000	3500	5000
6P Sta Wag	200	675	1000	1950	3400	4900
Fury III, V8, 119" wb, Sta Wag 121" wb						
4d Sed	200	650	1100	2150	3780	5400
4d HT	200	660	1100	2200	3850	5500
2d HT	450	1140	1900	3800	6650	9500
Conv	550	1800	3000	6000	10,500	15,000
9P Sta Wag	200	700	1050	2050	3600	5100
6P Sta Wag	200	675	1000	2000	3500	5000
Sport Fury, V-8						
2d HT	550	1700	2800	5600	9800	14,000
Conv	650	2050	3400	6800	11,900	17,000

NOTES: Deduct 5 percent for 6-cyl. models.
Add 60 percent for 426 Commando engine option.
Autos equipped with 426 Hemi value inestimable.

1966

	6	5	4	3	2	1
Valiant 100, V8, 106" wb						
4d Sed	200	700	1050	2100	3650	5200
2d Sed	200	700	1050	2050	3600	5100
Sta Wag	200	700	1050	2100	3650	5200
Valiant 200, V8, 106" wb						
4d Sed	200	700	1075	2150	3700	5300
Sta Wag	200	700	1050	2100	3650	5200
Valiant Signet, V8, 106" wb						
2d HT	400	1250	2100	4200	7400	10,500
Conv	500	1550	2600	5200	9100	13,000
Barracuda, V8, 106" wb						
2d HT	450	1450	2400	4800	8400	12.000

NOTE: Add 10 percent for Formula S.

	6	5	4	3	2	1
Belvedere I, V-8, 116" wb						
4d Sed	200	675	1000	1950	3400	4900
2d Sed	150	650	975	1950	3350	4800
Sta Wag	200	675	1000	1950	3400	4900
Belvedere II, V8, 116" wb						
4d Sed	200	700	1050	2050	3600	5100
2d HT	450	1140	1900	3800	6650	9500
Conv	400	1300	2200	4400	7700	11,000
Sta Wag	200	700	1050	2050	3600	5100
Satellite, V-8, 116" wb						
2d HT	450	1450	2400	4800	8400	12,000
Conv	550	1700	2800	5600	9800	14,000
Fury I, V-8, 119" wb						
Sed	200	675	1000	2000	3500	5000
2d Sed	200	675	1000	2000	3500	5000
6P Sta Wag	200	700	1050	2050	3600	5100

NOTE: Deduct 5 percent for 6-cyl. models.

	6	5	4	3	2	1
Fury II, V-8, 119" wb						
Sed	200	700	1050	2050	3600	5100
2d Sed	200	675	1000	2000	3500	5000
9P Sta Wag	200	700	1050	2050	3600	5100
Fury III, V8, 119" wb						
Sed	200	700	1050	2100	3650	5200
2d HT	400	1250	2100	4200	7400	10,500
4d HT	200	670	1150	2250	3920	5600
Conv	550	1700	2800	5600	9800	14,000
9P Sta Wag	200	700	1050	2100	3650	5200
Sport Fury, V-8, 119" wb						
2d HT	400	1300	2200	4400	7700	11,000
Conv	550	1800	3000	6000	10,500	15,000
VIP, V-8, 119" wb						
4d HT	350	900	1500	3000	5250	7500
2d HT	400	1300	2200	4400	7700	11,000

NOTE: Autos equipped with 426 Street Hemi or Race Hemi, value inestimable.

1967 Plymouth Sport Fury two-door hardtop

	6	5	4	3	2	1
1967						
Valiant 100, V8, 108" wb						
4d Sed	200	700	1050	2100	3650	5200
2d Sed	200	700	1050	2050	3600	5100
Valiant Signet, V-8, 108" wb						
4d Sed	200	700	1075	2150	3700	5300
2d Sed	200	700	1050	2100	3650	5200
Barracuda, V-8, 108" wb						
2d HT	400	1300	2200	4400	7700	11,000
2d FBk	450	1450	2400	4800	8400	12,000
Conv	550	1700	2800	5600	9800	14,000
NOTE: Add 10 percent for Formula S and 40 percent for 383 CID.						
Belvedere I, V-8, 116" wb						
4d Sed	200	675	1000	1950	3400	4900
2d Sed	150	650	975	1950	3350	4800
6P Sta Wag	200	675	1000	2000	3500	5000
Belvedere II, V8, 116" wb						
4d Sed	200	700	1050	2050	3600	5100
2d HT	450	1140	1900	3800	6650	9500
Conv	450	1450	2400	4800	8400	12,000
9P Sta Wag	200	700	1075	2150	3700	5300
Satellite, V-8, 116" wb						
2d HT	650	2050	3400	6800	11,900	17,000
Conv	600	2000	3300	6600	11,600	16,500
GTX, V8, 116" wb						
2d HT	700	2150	3600	7200	12,600	18,000
Conv	700	2150	3600	7200	12,600	18,000
Fury I, V8, 122" wb						
4d Sed	200	675	1000	2000	3500	5000
2d Sed	200	675	1000	2000	3500	5000
6P Sta Wag	200	700	1050	2050	3600	5100
Fury II, V8, 122" wb						
4d Sed	200	700	1050	2050	3600	5100
2d Sed	200	675	1000	2000	3500	5000
9P Sta Wag	200	700	1050	2100	3650	5200
Fury III, V8, 122" wb						
4d Sed	200	700	1050	2100	3650	5200
4d HT	200	650	1100	2150	3780	5400
2d HT	350	1020	1700	3400	5950	8500
Conv	400	1300	2200	4400	7700	11,000
9P Sta Wag	200	700	1050	2100	3650	5200
Sport Fury, V-8, 119" wb						
2d HT	450	1080	1800	3600	6300	9000
2d FBk	450	1140	1900	3800	6650	9500
Conv	450	1450	2400	4800	8400	12,000
VIP, V-8, 119" wb						
4d HT	350	900	1500	3000	5250	7500
2d HT	450	1140	1900	3800	6650	9500
NOTE: Add 50 percent for 440 engine. Autos equipped with 426 Hemi, value inestimable.						
1968						
Valiant 100, V8, 108" wb						
4d Sed	200	700	1075	2150	3700	5300
2d Sed	200	700	1050	2100	3650	5200
Valiant Signet, V-8, 108" wb						
4d Sed	200	660	1100	2200	3850	5500
2d Sed	200	650	1100	2150	3780	5400

	6	5	4	3	2	1
Barracuda, V-8, 108" wb						
2d HT	450	1450	2400	4800	8400	12,000
2d FBk	500	1550	2600	5200	9100	13,000
Conv	600	1900	3200	6400	11,200	16,000
NOTE: Add 20 percent for Barracuda/Formula S' and 40 percent for 383 cid.						
Belvedere, V8, 116" wb						
4d Sed	200	700	1050	2100	3650	5200
2d Sed	200	700	1050	2050	3600	5100
6P Sta Wag	200	700	1075	2150	3700	5300
Satellite, V8, 116" wb						
4d Sed	200	700	1075	2150	3700	5300
2d HT	400	1300	2200	4400	7700	11,000
Conv	450	1450	2400	4800	8400	12,000
Sta Wag	200	660	1100	2200	3850	5500
Sport Satellite, V8, 116" wb						
2d HT	500	1550	2600	5200	9100	13,000
Conv	550	1700	2800	5600	9800	14,000
Sta Wag	200	685	1150	2300	3990	5700
Road Runner, V8, 116" wb						
Cpe	700	2300	3800	7600	13,300	19,000
2d HT	800	2500	4200	8400	14,700	21,000
GTX, V8, 116" wb						
2d HT	800	2500	4200	8400	14,700	21,000
Conv	850	2650	4400	8800	15,400	22,000
Fury I, V8, 119" & 122" wb						
4d Sed	200	700	1075	2150	3700	5300
2d Sed	200	700	1050	2100	3650	5200
6P Sta Wag	200	650	1100	2150	3780	5400
Fury II, V8, 119" & 122" wb						
4d Sed	200	650	1100	2150	3780	5400
2d Sed	200	700	1075	2150	3700	5300
6P Sta Wag	200	660	1100	2200	3850	5500
Fury III, V8, 119" & 122" wb						
4d Sed	200	660	1100	2200	3850	5500
4d HT	350	800	1350	2700	4700	6700
2d HT	400	1200	2000	4000	7000	10,000
2d HT FBk	450	1140	1900	3800	6650	9500
Conv	450	1450	2400	4800	8400	12,000
6P Sta Wag	200	660	1100	2200	3850	5500
Suburban, V-8, 121" wb						
6P Cus Sta Wag	200	670	1150	2250	3920	5600
9P Cus Sta Wag	200	685	1150	2300	3990	5700
6P Spt Sta Wag	200	670	1200	2300	4060	5800
9P Spt Sta Wag	200	700	1200	2350	4130	5900
Sport Fury, V8, 119" wb						
2d HT	400	1200	2000	4000	7000	10,000
2d HT FBk	400	1250	2100	4200	7400	10,500
Conv	450	1450	2400	4800	8400	12,000
VIP, V8, 119" wb						
4d HT	350	1020	1700	3400	5950	8500
2d FBk	400	1250	2100	4200	7400	10,500
NOTES: Add 50 percent for 440 engine. Autos equipped with 426 Hemi value inestimable.						
1969						
Valiant 100, V8, 108" wb						
4d Sed	200	675	1000	1950	3400	4900
2d Sed	150	650	975	1950	3350	4800
Valiant Signet, V-8, 108" wb						
4d Sed	200	675	1000	2000	3500	5000
2d Sed	200	675	1000	1950	3400	4900
Barracuda, V-8, 108" wb						
2d HT	550	1800	3000	6000	10,500	15,000
2d HT FBk	600	1900	3200	6400	11,200	16,000
Conv	700	2150	3600	7200	12,600	18,000
NOTE: Add 40 percent for Formula S 383 cid option. Add 50 percent for Barracuda 440.						
Belvedere, V-8, 117" wb						
4d Sed	150	650	950	1900	3300	4700
2d Sed	150	600	950	1850	3200	4600
6P Sta Wag	150	650	975	1950	3350	4800
Satellite, V8, 116" & 117" wb						
4d Sed	200	675	1000	1950	3400	4900
2d HT	400	1300	2200	4400	7700	11,000
Conv	500	1550	2600	5200	9100	13,000
6P Sta Wag	200	675	1000	2000	3500	5000
Sport Satellite, V8, 116" & 117" wb						
4d Sed	200	675	1000	2000	3500	5000

	6	5	4	3	2	1
2d HT	450	1450	2400	4800	8400	12,000
Conv	600	1900	3200	6400	11,200	16,000
9P Sta Wag	200	675	1000	2000	3500	5000
Road Runner, V8, 116" wb						
2d Sed	700	2300	3800	7600	13,300	19,000
2d HT	850	2650	4400	8800	15,400	22,000
Conv	1000	3100	5200	10,400	18,200	26,000
GTX, V8, 116" wb						
2d HT	700	2150	3600	7200	12,600	18,000
Conv	700	2300	3800	7600	13,300	19,000
Fury I, V-8, 120" & 122" wb						
4d Sed	150	650	975	1950	3350	4800
2d Sed	150	650	950	1900	3300	4700
6P Sta Wag	200	675	1000	1950	3400	4900
Fury II, V8, 120" & 122" wb						
4d Sed	200	675	1000	1950	3400	4900
2d Sed	150	650	975	1950	3350	4800
6P Sta Wag	200	675	1000	1950	3400	4900
Fury III, V8, 120" & 122" wb						
4d Sed	200	675	1000	2000	3500	5000
4d HT	200	700	1050	2100	3650	5200
2d HT	450	1080	1800	3600	6300	9000
Conv	400	1250	2100	4200	7400	10,500
9P Sta Wag	200	675	1000	2000	3500	5000
Sport Fury						
2d HT	450	1140	1900	3800	6650	9500
Conv	400	1300	2200	4400	7700	11,000
VIP						
4d HT	350	780	1300	2600	4550	6500
2d HT	400	1200	2000	4000	7000	10,000

NOTES: Add 60 percent for 440 6 pack.
Autos equipped with 426 Hemi value inestimable.

1970

	6	5	4	3	2	1
Valiant						
4d Sed	150	650	975	1950	3350	4800
Valiant Duster						
2d Cpe	200	720	1200	2400	4200	6000
Duster '340'						
2d Cpe	350	1020	1700	3400	5950	8500
Barracuda						
2d HT	650	2050	3400	6800	11,900	17,000
Conv	700	2150	3600	7200	12,600	18,000
Gran Coupe						
2d HT	800	2500	4200	8400	14,700	21,000
Conv	850	2650	4400	8800	15,400	22,000
Cuda						
2d HT	850	2750	4600	9200	16,100	23,000
Conv	900	2900	4800	9600	16,800	24,000
Hemi Cuda Conv					value inestimable	
Cuda AAR						
2d HT	1150	3600	6000	12,000	21,000	30,000
Belvedere						
4d Sed	150	600	950	1850	3200	4600
2d Cpe	150	650	975	1950	3350	4800
4d Wag	150	600	950	1850	3200	4600
Road Runner						
2d Cpe	600	1900	3200	6400	11,200	16,000
2d HT	700	2300	3800	7600	13,300	19,000
2d Superbird	2050	6600	11,000	22,000	38,500	55,000
Conv	900	2900	4800	9600	16,800	24,000
Satellite						
4d Sed	150	650	975	1950	3350	4800
2d HT	400	1300	2200	4400	7700	11,000
Conv	450	1450	2400	4800	8400	12,000
4d 6P Wag	200	675	1000	1950	3400	4900
4d 9P Wag	150	650	975	1950	3350	4800
Sport Satellite						
4d Sed	200	675	1000	2000	3500	5000
2d HT	550	1700	2800	5600	9800	14,000
4d 6P Wag	200	675	1000	1950	3400	4900
4d 9P Wag	200	675	1000	2000	3500	5000
GTX						
2d HT	700	2300	3800	7600	13,300	19,000
Fury I						
4d Sed	150	650	975	1950	3350	4800
2d Sed	150	650	950	1900	3300	4700

	6	5	4	3	2	1
Fury II						
4d Sed	200	675	1000	1950	3400	4900
2d Sed	150	650	975	1950	3350	4800
4d 9P Wag	200	675	1000	2000	3500	5000
4d 6P Wag	200	675	1000	1950	3400	4900
Gran Coupe						
2d Sed	350	975	1600	3200	5600	8000
Fury III						
4d Sed	150	575	875	1700	3000	4300
2d HT	350	900	1500	3000	5250	7500
4d HT	200	660	1100	2200	3850	5500
2d Fml	350	860	1450	2900	5050	7200
Conv	400	1300	2200	4400	7700	11,000
4d 9P Wag	200	660	1100	2200	3850	5500
4d 6P Wag	200	700	1075	2150	3700	5300
Sport Fury						
4d Sed	200	650	1100	2150	3780	5400
2d HT	350	1020	1700	3400	5950	8500
4d HT	200	720	1200	2400	4200	6000
2d Fml	350	975	1600	3200	5600	8000
4d Wag	200	675	1000	2000	3500	5000
Fury S-23						
2d HT	450	1400	2300	4600	8100	11,500
Fury GT						
2d HT	450	1450	2400	4800	8400	12,000

NOTES: Add 60 percent for 440 6 pack.
Autos equipped with 426 Hemi value inestimable.
Add 40 percent for 'Cuda 340.
Add 40 percent for 'Cuda 383 (not avail. on conv.).

1971

	6	5	4	3	2	1
Valiant						
4d Sed	150	650	950	1900	3300	4700
Duster						
2d Cpe	200	675	1000	2000	3500	5000
Duster '340'						
2d Cpe	350	1040	1700	3450	6000	8600
Scamp						
2d HT	350	900	1500	3000	5250	7500
Barracuda						
2d Cpe	500	1550	2600	5200	9100	13,000
2d HT	550	1800	3000	6000	10,500	15,000
Conv	650	2050	3400	6800	11,900	17,000
Gran Coupe						
2d HT	650	2050	3400	6800	11,900	17,000
'Cuda						
2d HT	700	2300	3800	7600	13,300	19,000
Conv	800	2500	4200	8400	14,700	21,000
Satellite						
4d Sed	150	600	950	1850	3200	4600
2d Cpe	200	720	1200	2400	4200	6000
4d Sta Wag	150	650	950	1900	3300	4700
Satellite Sebring						
2d HT	450	1400	2300	4600	8100	11,500
Satellite Custom						
4d Sed	150	650	950	1900	3300	4700
4d 9P Sta Wag	200	675	1000	1950	3400	4900
4d 6P Sta Wag	150	650	975	1950	3350	4800
Road Runner						
2d HT	600	1900	3200	6400	11,200	16,000
Sebring Plus						
2d HT	400	1300	2200	4400	7700	11,000
Satellite Brougham						
4d Sed	150	650	975	1950	3350	4800
Regent Wagon						
4d 9P Sta Wag	150	650	975	1950	3350	4800
4d 6P Sta Wag	150	650	975	1950	3350	4800
GTX						
2d HT	450	1450	2400	4800	8400	12,000
Fury I						
4d Sed	200	675	1000	1950	3400	4900
2d Sed	150	650	950	1900	3300	4700
Fury Custom						
4d Sed	200	675	1000	2000	3500	5000
2d Sed	150	650	975	1950	3350	4800
Fury II						
4d Sed	200	700	1050	2050	3600	5100

	6	5	4	3	2	1
2d HT	350	975	1600	3200	5600	8000
4d 9P Sta Wag	150	650	950	1900	3300	4700
4d 6P Sta Wag	150	600	950	1850	3200	4600
Fury III						
4d Sed	200	700	1050	2100	3650	5200
2d HT	350	1020	1700	3400	5950	8500
4d HT	200	675	1000	1950	3400	4900
2d Fml Cpe	450	1050	1750	3550	6150	8800
4d 9P Sta Wag	150	650	975	1950	3350	4800
4d 6P Sta Wag	150	650	950	1900	3300	4700
Sport Fury						
4d Sed	150	650	950	1900	3300	4700
4d HT	200	660	1100	2200	3850	5500
2d Fml Cpe	350	840	1400	2800	4900	7000
2d HT	350	900	1500	3000	5250	7500
4d 9P Sta Wag	200	675	1000	1950	3400	4900
4d 6P Sta Wag	150	650	975	1950	3350	4800
Sport Fury 'GT'						
2d HT	400	1250	2100	4200	7400	10,500

NOTES: Add 60 percent for 440 engine.
Add 70 percent for 440 6 pack.
Autos equipped with 426 Hemi value inestimable.

1972

	6	5	4	3	2	1
Valiant						
4d Sed	150	650	950	1900	3300	4700
Duster						
2d Cpe	350	780	1300	2600	4550	6500
2d '340' Cpe	350	1020	1700	3400	5950	8500
Scamp						
2d HT	350	1020	1700	3400	5950	8500
Barracuda						
2d HT	550	1800	3000	6000	10,500	15,000
'Cuda'						
2d HT	600	1900	3200	6400	11,200	16,000
Satellite						
4d Sed	200	675	1000	1950	3400	4900
2d Cpe	350	780	1300	2600	4550	6500
4d 6P Wag	150	575	900	1750	3100	4400
Satellite Sebring						
2d HT	400	1250	2100	4200	7400	10,500
Satellite Custom						
4d Sed	200	675	1000	2000	3500	5000
4d 6P Wag	200	700	1075	2150	3700	5300
4d 9P Wag	200	700	1050	2100	3650	5200
Sebring-Plus						
2d HT	400	1300	2200	4400	7700	11,000
Regent						
4d 6P Wag	150	575	900	1750	3100	4400
4d 9P Wag	150	600	900	1800	3150	4500
Road Runner						
2d HT	700	2150	3600	7200	12,600	18,000
Fury I						
4d Sed	150	600	950	1850	3200	4600
Fury II						
4d Sed	150	650	950	1900	3300	4700
2d HT	350	900	1500	3000	5250	7500
Fury III						
4d Sed	150	650	975	1950	3350	4800
4d HT	200	675	1000	2000	3500	5000
2d Fml Cpe	350	950	1550	3100	5400	7700
2d HT	350	950	1500	3050	5300	7600
Gran Fury						
4d HT	200	700	1050	2100	3650	5200
2d Fml Cpe	350	950	1550	3150	5450	7800
Suburban						
4d 6P Sta Wag	150	575	900	1750	3100	4400
4d 9P Sta Wag	150	600	900	1800	3150	4500
4d 6P Cus Wag	150	600	900	1800	3150	4500
4d 9P Cus Wag	150	600	950	1850	3200	4600
4d 6P Spt Wag	150	650	950	1900	3300	4700
4d 9P Spt Wag	150	650	975	1950	3350	4800

1973

	6	5	4	3	2	1
Valiant, V-8						
4d Sed	150	550	850	1650	2900	4100

	6	5	4	3	2	1
Duster, V-8						
2d Cpe Sport	150	600	950	1850	3200	4600
2d 340 Cpe Spt	200	720	1200	2400	4200	6000
Scamp, V-8						
2d HT	200	745	1250	2500	4340	6200
Barracuda, V-8						
2d HT	400	1300	2200	4400	7700	11,000
2d 'Cuda HT	450	1450	2400	4800	8400	12,000
Satellite Custom, V-8						
4d Sed	150	500	800	1550	2700	3900
4d 3S Sta Wag	150	500	800	1550	2700	3900
4d 3S Sta Wag Regent	150	500	800	1600	2800	4000
4d Satellite Cpe	150	575	875	1700	3000	4300
Road Runner, V-8						
2d Cpe	500	1550	2600	5200	9100	13,000
Sebring Plus, V-8						
2d HT	450	1450	2400	4800	8400	12,000
Fury, V-8						
4d Sed I	150	500	800	1600	2800	4000
4d Sed II	150	550	850	1650	2900	4100
4d Sed III	150	550	850	1675	2950	4200
2d HT	350	840	1400	2800	4900	7000
4d HT	150	575	875	1700	3000	4300
Gran Fury, V-8						
2d HT	350	900	1500	3000	5250	7500
4d HT	150	575	875	1700	3000	4300
Fury Suburban, V-8						
4d 3S Spt Sta Wag	150	475	775	1500	2650	3800
1974						
Valiant						
4d Sed	150	500	800	1600	2800	4000
Duster						
2d Cpe	150	550	850	1650	2900	4100
Scamp						
2d HT	200	670	1150	2250	3920	5600
Duster '360'						
2d Cpe	200	700	1050	2100	3650	5200
Valiant Brougham						
4d Sed	150	550	850	1650	2900	4100
2d HT	350	780	1300	2600	4550	6500
Barracuda						
2d Spt Cpe	400	1300	2200	4400	7700	11,000
'Cuda						
2d Spt Cpe	450	1450	2400	4800	8400	12,000
Satellite						
4d Sed	150	500	800	1550	2700	3900
2d Cpe	150	500	800	1600	2800	4000
Satellite Custom						
4d Sed	150	550	850	1650	2900	4100
Sebring						
2d HT	350	950	1550	3150	5450	7800
Sebring-Plus						
2d HT	350	975	1600	3250	5700	8100
Road Runner						
2d Cpe	350	1020	1700	3400	5950	8500
Satellite Wagon						
4d Std Wag	125	400	700	1375	2400	3400
4d 6P Cus Wag	125	450	700	1400	2450	3500
4d 9P Cus Wag	125	450	750	1450	2500	3600
4d 6P Regent	125	450	700	1400	2450	3500
4d 9P Regent	125	450	750	1450	2500	3600
Fury I						
4d Sed	125	400	700	1375	2400	3400
Fury II						
4d Sed	125	450	700	1400	2450	3500
Fury III						
4d Sed	125	450	750	1450	2500	3600
2d HT	200	675	1000	1950	3400	4900
4d HT	150	475	750	1475	2600	3700
Gran Fury						
2d HT	200	675	1000	2000	3500	5000
4d HT	150	475	750	1475	2600	3700
Suburban						
4d Std Wag	125	370	650	1250	2200	3100
4d 6P Cus	125	380	650	1300	2250	3200

	6	5	4	3	2	1
4d 9P Cus	125	400	675	1350	2300	3300
4d 6P Spt	125	400	675	1350	2300	3300
4d 9P Spt	125	400	700	1375	2400	3400
1975						
Valiant						
4d Sed	125	450	700	1400	2450	3500
4d Cus Sed	125	450	750	1450	2500	3600
Brougham						
4d Sed	125	450	750	1450	2500	3600
2d HT	150	575	875	1700	3000	4300
Duster						
2d Cpe	125	370	650	1250	2200	3100
2d Cus	125	380	650	1300	2250	3200
2d '360' Cpe	150	500	800	1600	2800	4000
Scamp						
2d HT	125	450	700	1400	2450	3500
2d Brghm	150	475	750	1475	2600	3700
Fury						
2d HT	125	450	700	1400	2450	3500
2d Cus HT	125	450	750	1450	2500	3600
2d Spt HT	150	475	750	1475	2600	3700
4d Sed	125	400	700	1375	2400	3400
4d Cus Sed	125	450	700	1400	2450	3500
Suburban						
4d Std Wag	125	370	650	1250	2200	3100
4d 6P Cus	125	380	650	1300	2250	3200
4d 9P Cus	125	400	700	1375	2400	3400
4d 6P Spt	125	400	675	1350	2300	3300
4d 9P Spt	125	450	700	1400	2450	3500
Road Runner						
2d HT	150	550	850	1650	2900	4100
Gran Fury						
4d Sed	125	400	675	1350	2300	3300
Gran Fury Custom						
4d Sed	125	400	700	1375	2400	3400
4d HT	125	450	700	1400	2450	3500
2d HT	125	450	750	1450	2500	3600
Gran Fury Brougham						
4d HT	125	450	750	1450	2500	3600
2d HT	150	475	750	1475	2600	3700
Suburban						
4d Std	125	370	650	1250	2200	3100
4d 6P Cus	125	380	650	1300	2250	3200
4d 9P Cus	125	400	675	1350	2300	3300
4d 6P Spt	125	400	675	1350	2300	3300
4d 9P Spt	125	400	700	1375	2400	3400
1976						
Arrow, 4-cyl.						
2d HBk	125	400	675	1350	2300	3300
2d GT HBk	125	400	700	1375	2400	3400
Valiant, 6-cyl.						
2d Duster Spt Cpe	125	400	700	1375	2400	3400
4d Sed Valiant	125	380	650	1300	2250	3200
2d HT Scamp Spec	125	400	675	1350	2300	3300
2d HT Scamp	125	450	700	1400	2450	3500
Volare, V-8						
4d Sed	150	475	750	1475	2600	3700
2d Spt Cpe	150	550	850	1650	2900	4100
4d Sta Wag	150	475	775	1500	2650	3800
Volare Custom, V-8						
4d Sed	150	475	775	1500	2650	3800
2d Spt Cpe	150	550	850	1675	2950	4200
Volare Premier, V-8						
4d Sed	150	500	800	1550	2700	3900
2d Spt Cpe	150	575	900	1750	3100	4400
4d Sta Wag	150	500	800	1600	2800	4000
Fury, V-8						
4d Sed	125	400	675	1350	2300	3300
2d HT	150	550	850	1650	2900	4100
4d Sed Salon	125	400	700	1375	2400	3400
2d HT Spt	150	575	875	1700	3000	4300
4d 2S Suburban	125	400	700	1375	2400	3400
4d 3S Suburban	125	450	700	1400	2450	3500
4d 2S Spt Suburban	125	450	750	1450	2500	3600
4d 3S Spt Suburban	150	475	775	1500	2650	3800

	6	5	4	3	2	1
Gran Fury, V-8						
4d Sed	125	400	700	1375	2400	3400
Gran Fury Custom, V-8						
4d Sed	125	450	700	1400	2450	3500
2d HT	150	475	775	1500	2650	3800
Gran Fury Brougham, V-8						
4d Sed	125	450	700	1400	2450	3500
2d HT	150	550	850	1650	2900	4100
4d 2S Gran Fury Sta Wag	150	475	775	1500	2650	3800
4d 3S Gran Fury Sta Wag	150	500	800	1600	2800	4000

1977 Plymouth Gran Fury Brougham coupe

	6	5	4	3	2	1
1977						
Arrow, 4-cyl.						
2d HBk	125	400	675	1350	2300	3300
2d GS HBk	125	400	700	1375	2400	3400
2d GT HBk	125	450	700	1400	2450	3500
Volare, V-8						
4d Sed	125	400	675	1350	2300	3300
2d Spt Cpe	125	450	700	1400	2450	3500
4d Sta Wag	125	400	700	1375	2400	3400
Volare Custom, V-8						
4d Sed	125	400	700	1375	2400	3400
2d Spt Cpe	125	450	750	1450	2500	3600
Volare Premier, V-8						
4d Sed	125	450	700	1400	2450	3500
2d Spt Cpe	150	475	750	1475	2600	3700
4d Sta Wag	125	450	750	1450	2500	3600
Fury, V-8						
4d Spt Sed	125	400	700	1375	2400	3400
2d Spt HT	150	550	850	1675	2950	4200
4d 3S Sub	125	380	650	1300	2250	3200
4d 3S Spt Sub	125	400	675	1350	2300	3300
Gran Fury, V-8						
4d Sed	125	450	700	1400	2450	3500
2d HT	150	500	800	1600	2800	4000
Gran Fury Brougham, V-8						
4d Sed	125	450	750	1450	2500	3600
2d HT	150	550	850	1675	2950	4200
Station Wagons, V-8						
2S Gran Fury	125	400	700	1375	2400	3400
3S Gran Fury Spt	125	450	750	1450	2500	3600
1978						
Horizon						
4d HBk	125	400	700	1375	2400	3400
Arrow						
2d HBk	125	450	700	1400	2450	3500
2d GS HBk	125	450	750	1450	2500	3600
2d GT HBk	150	475	750	1475	2600	3700
Volare						
4d Sed	125	450	750	1450	2500	3600
Spt Cpe	150	475	775	1500	2650	3800
Sta Wag	150	475	750	1475	2600	3700
Sapporo						
Cpe	150	475	775	1500	2650	3800

	6	5	4	3	2	1
Fury						
4d Sed	125	450	750	1450	2500	3600
2d	150	475	750	1475	2600	3700
4d Salon	150	475	750	1475	2600	3700
2d Spt	150	475	775	1500	2650	3800
Station Wagons						
3S Fury Sub	150	475	750	1475	2600	3700
2S Fury Sub	125	450	750	1450	2500	3600
3S Spt Fury Sub	150	475	775	1500	2650	3800
2S Spt Fury Sub	150	475	750	1475	2600	3700
1979						
Champ, 4-cyl.						
2d HBk	125	400	700	1375	2400	3400
2d Cus HBk	125	450	700	1400	2450	3500
Horizon, 4-cyl.						
4d HBk	125	450	700	1400	2450	3500
TC 3 HBk	150	475	750	1475	2600	3700
Arrow, 4-cyl.						
2d HBk	125	450	750	1450	2500	3600
2d GS HBk	150	475	750	1475	2600	3700
2d GT HBk	150	475	775	1500	2650	3800
Volare, V-8						
Sed	150	475	775	1500	2650	3800
Spt Cpe	150	500	800	1600	2800	4000
Sta Wag	150	500	800	1550	2700	3900
Sapporo, 4-cyl.						
Cpe	150	500	800	1550	2700	3900
1980						
Champ, 4-cyl.						
2d HBk	125	400	675	1350	2300	3300
2d Cus HBk	125	400	700	1375	2400	3400
Horizon, 4-cyl.						
4d HBk	125	400	700	1375	2400	3400
2d HBk 2 plus 2 TC3	150	475	775	1500	2650	3800
Arrow, 4-cyl.						
2d HBk	150	600	900	1800	3150	4500
Fire Arrow, 4-cyl.						
2d HBk	150	600	950	1850	3200	4600
Volare, V-8						
4d Sed	125	400	700	1375	2400	3400
2d Cpe	125	450	700	1400	2450	3500
4d Sta Wag	150	475	750	1475	2600	3700
NOTE: Deduct 10 percent for 6-cyl.						
Sapporo, 4-cyl.						
2d Cpe	150	500	800	1550	2700	3900
Gran Fury, V-8						
4d Sed	150	475	775	1500	2650	3800
NOTE: Deduct 10 percent for 6-cyl.						
Gran Fury Salon, V-8						
4d Sed	150	500	800	1600	2800	4000
NOTE: Deduct 10 percent for 6-cyl.						
1981						
Champ, 4-cyl.						
2d HBk	125	400	700	1375	2400	3400
2d DeL HBk	125	450	700	1400	2450	3500
2d Cus HBk	125	450	750	1450	2500	3600
Horizon, 4-cyl.						
4d Miser HBk	125	450	700	1400	2450	3500
4d Miser HBk TC3	150	475	775	1500	2650	3800
4d HBk	150	475	750	1475	2600	3700
2d HBk TC3	150	500	800	1600	2800	4000
Reliant, 4-cyl.						
4d Sed	125	400	700	1375	2400	3400
2d Cpe	125	450	700	1400	2450	3500
Reliant Custom, 4-cyl.						
4d Sed	125	450	700	1400	2450	3500
2d Cpe	125	450	750	1450	2500	3600
4d Sta Wag	150	475	775	1500	2650	3800
Reliant SE, 4-cyl.						
4d Sed	125	450	750	1450	2500	3600
2d Cpe	150	475	750	1475	2600	3700
4d Sta Wag	150	500	800	1550	2700	3900
Sapporo, 4-cyl.						
2d HT	150	500	800	1600	2800	4000

	6	5	4	3	2	1
Gran Fury, V-8						
4d Sed	150	550	850	1650	2900	4100
NOTE: Deduct 10 percent for 6-cyl.						
1982						
Champ, 4-cyl.						
4d Cus HBk	125	450	750	1450	2500	3600
2d Cus HBk	150	475	750	1475	2600	3700
NOTE: Deduct 5 percent for lesser models.						
Horizon, 4-cyl.						
4d Miser HBk	125	450	750	1450	2500	3600
2d Miser HBk TC3	150	500	800	1550	2700	3900
4d Cus HBk	150	475	750	1475	2600	3700
2d Cus HBk	150	475	775	1500	2650	3800
4d E Type HBk	150	500	800	1550	2700	3900
Turismo, 4-cyl.						
2d HBk TC3	150	600	900	1800	3150	4500
Reliant, 4-cyl.						
4d Sed	125	450	750	1450	2500	3600
2d Cpe	150	475	750	1475	2600	3700
Reliant Custom, 4-cyl.						
4d Sed	150	475	750	1475	2600	3700
2d Cpe	150	475	775	1500	2650	3800
4d Sta Wag	150	500	800	1550	2700	3900
Reliant SE, 4-cyl.						
4d Sed	150	475	775	1500	2650	3800
2d Cpe	150	500	800	1550	2700	3900
4d Sta Wag	150	500	800	1600	2800	4000
Sapporo						
2d HT	150	650	950	1900	3300	4700
Gran Fury, V-8						
4d Sed	150	500	800	1600	2800	4000
NOTE: Deduct 10 percent for 6-cyl.						
1983						
Colt, 4-cyl.						
4d Cus HBk	150	500	800	1600	2800	4000
2d Cus HBk	150	550	850	1650	2900	4100
NOTE: Deduct 5 percent for lesser models.						
Horizon, 4-cyl.						
4d HBk	150	475	775	1500	2650	3800
4d Cus HBk	150	500	800	1550	2700	3900
Turismo, 4-cyl.						
2d HBk	150	600	900	1800	3150	4500
2d HBk 2 plus 2	150	650	975	1950	3350	4800
Reliant, 4-cyl.						
4d Sed	150	475	750	1475	2600	3700
2d Cpe	150	475	775	1500	2650	3800
4d Sta Wag	150	500	800	1600	2800	4000
Reliant SE, 4-cyl.						
4d Sed	150	475	775	1500	2650	3800
2d Cpe	150	500	800	1550	2700	3900
4d Sta Wag	150	550	850	1650	2900	4100
Sapporo, 4-cyl.						
2d HT	150	650	975	1950	3350	4800
Gran Fury, V-8						
4d Sed	150	550	850	1650	2900	4100
NOTE: Deduct 10 percent for 6-cyl.						
1984						
Colt, 4-cyl.						
4d HBk DL	150	475	750	1475	2600	3700
2d HBk DL	150	475	750	1475	2600	3700
4d Sta Wag Vista	150	475	750	1475	2600	3700
NOTE: Deduct 5 percent for lesser models.						
Horizon, 4-cyl.						
4d HBk	150	475	775	1500	2650	3800
4d HBk SE	150	500	800	1550	2700	3900
Turismo, 4-cyl.						
2d HBk	150	650	950	1900	3300	4700
2d HBk 2 plus 2	150	650	975	1950	3350	4800
Reliant, 4-cyl.						
4d Sed	125	450	750	1450	2500	3600
2d Sed	125	450	750	1450	2500	3600
4d Sta Wag	150	475	750	1475	2600	3700
Conquest, 4-cyl.						
2d HBk	150	600	900	1800	3150	4500

	6	5	4	3	2	1
Gran Fury, V-8						
4d Sed	150	550	850	1675	2950	4200
1985						
Colt, 4-cyl.						
4d HBk E	150	475	750	1475	2600	3700
2d HBk E	150	475	750	1475	2600	3700
4d Sed DL	150	475	775	1500	2650	3800
2d HBk DL	150	475	775	1500	2650	3800
4d Sed Premier	150	475	775	1500	2650	3800
4d Sta Wag Vista	150	500	800	1550	2700	3900
4d Sta Wag Vista 4WD	150	650	950	1900	3300	4700
Horizon, 4-cyl.						
4d HBk	150	500	800	1550	2700	3900
4d HBk SE	150	500	800	1600	2800	4000
Turismo, 4-cyl.						
2d HBk	150	650	975	1950	3350	4800
2d HBk 2 plus 2	200	675	1000	1950	3400	4900
Reliant, 4-cyl.						
4d Sed	150	475	750	1475	2600	3700
2d Sed	150	475	750	1475	2600	3700
4d Sed SE	150	475	775	1500	2650	3800
2d Sed SE	150	475	775	1500	2650	3800
4d Sta Wag SE	150	475	775	1500	2650	3800
4d Sed LE	150	500	800	1550	2700	3900
2d Sed LE	150	500	800	1550	2700	3900
4d Sta Wag LE	150	500	800	1550	2700	3900
Conquest, 4-cyl.						
2d HBk Turbo	150	650	950	1900	3300	4700
Caravelle, 4-cyl.						
4d Sed SE	150	550	850	1650	2900	4100
NOTE: Add 10 percent for turbo.						
Grand Fury, V-8						
4d Sed Salon	150	575	875	1700	3000	4300

1986 Plymouth Turismo Duster hatchback coupe

	6	5	4	3	2	1
1986						
Colt						
4d Sed E	150	550	850	1650	2900	4100
2d HBk E	150	500	800	1600	2800	4000
4d Sed DL	150	550	850	1675	2950	4200
2d HBk DL	150	550	850	1650	2900	4100
4d Sed Premier	150	575	875	1700	3000	4300
4d Vista Sta Wag	150	600	950	1850	3200	4600
4d Vista Sta Wag 4WD	200	670	1150	2250	3920	5600
Horizon						
4d HBk	150	500	800	1600	2800	4000
Turismo						
2d HBk	200	675	1000	1950	3400	4900
Reliant						
2d Sed	150	475	775	1500	2650	3800
4d Sed	150	500	800	1550	2700	3900
Caravelle						
4d Sed	150	550	850	1675	2950	4200
Grand Fury						
4d Salon Sed	150	650	950	1900	3300	4700

	6	5	4	3	2	1
NOTES: Add 10 percent for deluxe models. Deduct 5 percent for smaller engines.						
1987						
Colt, 4-cyl.						
4d Sed E	150	550	850	1675	2950	4200
2d HBk E	150	550	850	1650	2900	4100
4d Sed DL	150	575	875	1700	3000	4300
2d HBk DL	150	550	850	1675	2950	4200
4d Sed Premier	150	575	900	1750	3100	4400
4d Vista Sta Wag	150	650	950	1900	3300	4700
4d Vista Sta Wag 4WD	200	685	1150	2300	3990	5700
Horizon, 4-cyl.						
4d HBk	150	550	850	1675	2950	4200
Turismo, 4-cyl.						
2d HBk	150	600	900	1800	3150	4500
Sundance, 4-cyl.						
2d LBk	150	575	875	1700	3000	4300
4d LBk	150	575	900	1750	3100	4400
NOTE: Add 5 percent for 2.2 Turbo.						
Reliant, 4-cyl.						
2d Sed	150	550	850	1675	2950	4200
4d Sed	150	575	875	1700	3000	4300
2d Sed LE	150	575	875	1700	3000	4300
4d Sed LE	150	575	900	1750	3100	4400
4d Sta Wag LE	150	575	900	1750	3100	4400
Caravelle, 4-cyl.						
4d Sed	150	600	900	1800	3150	4500
4d Sed SE	150	600	950	1850	3200	4600
NOTE: Add 5 percent for 2.2 Turbo.						
Grand Fury, V-8						
4d Sed	200	660	1100	2200	3850	5500
1988						
Colt, 4-cyl.						
3d HBk	100	260	450	900	1540	2200
4d Sed E	100	330	575	1150	1950	2800
3d HBk E	100	320	550	1050	1850	2600
4d Sed DL	100	350	600	1150	2000	2900
3d HBk DL	100	330	575	1150	1950	2800
4d Sta Wag DL	100	360	600	1200	2100	3000
4d Sed Premier	125	450	700	1400	2450	3500
4d Sta Wag Vista	150	500	800	1600	2800	4000
4d Sta Wag Vista 4x4	200	675	1000	2000	3500	5000
Horizon, 4-cyl.						
4d HBk	100	330	575	1150	1950	2800
Reliant, 4-cyl.						
2d Sed	100	330	575	1150	1950	2800
4d Sed	100	350	600	1150	2000	2900
4d Sta Wag	125	400	675	1350	2300	3300
Sundance, 4-cyl.						
2d HBk	125	380	650	1300	2250	3200
4d HBk	125	400	700	1375	2400	3400
Caravelle, 4-cyl.						
4d Sed	125	450	700	1400	2450	3500
4d Sed SE	150	500	800	1550	2700	3900
Gran Fury, V-8						
4d Salon	150	475	775	1500	2650	3800
4d SE	150	550	850	1675	2950	4200
1989						
Colt, 4-cyl.						
2d HBk	150	475	775	1500	2650	3800
2d HBk E	150	500	800	1550	2700	3900
2d HBk GT	150	550	850	1650	2900	4100
4d Sta Wag DL	200	675	1000	2000	3500	5000
4d Sta Wag DL 4x4	200	650	1100	2150	3780	5400
4d Sta Wag Vista	200	700	1050	2100	3650	5200
4d Sta Wag Vista 4x4	200	670	1150	2250	3920	5600
Horizon, 4-cyl.						
4d HBk	125	450	750	1450	2500	3600
Reliant, 4-cyl.						
4d Sed	125	450	700	1400	2450	3500
2d Sed	125	400	700	1375	2400	3400
Sundance, 4-cyl.						
4d HBk	150	550	850	1675	2950	4200
2d HBk	150	550	850	1650	2900	4100

	6	5	4	3	2	1
Acclaim, 4-cyl.						
4d Sed	200	700	1050	2100	3650	5200
4d Sed LE	200	700	1075	2150	3700	5300
Gran Fury, V-8						
4d Sed Salon	200	650	1100	2150	3780	5400
1990						
Colt, 4-cyl.						
2d HBk	150	475	775	1500	2650	3800
2d HBk GL	150	500	800	1600	2800	4000
2d HBk GT	150	550	850	1675	2950	4200
4d Sta Wag DL	150	600	950	1850	3200	4600
4d Sta Wag DL 4x4	200	660	1100	2200	3850	5500
4d Vista	200	700	1050	2100	3650	5200
4d Vista 4x4	200	745	1250	2500	4340	6200
Horizon, 4-cyl.						
4d HBk	125	450	700	1400	2450	3500
Sundance, 4-cyl.						
2d HBk	150	550	850	1675	2950	4200
4d HBk	150	550	850	1650	2900	4100
Laser, 4-cyl.						
2d HBk	200	675	1000	2000	3500	5000
2d HBk RS	200	660	1100	2200	3850	5500
2d HBk Turbo RS	200	720	1200	2400	4200	6000
Acclaim						
4-cyl.						
4d Sed	150	500	800	1600	2800	4000
4d Sed LE	150	600	900	1800	3150	4500
V-6						
4d Sed	150	575	900	1750	3100	4400
4d Sed LE	200	675	1000	2000	3500	5000
4d Sed LX	200	660	1100	2200	3850	5500

PONTIAC

1926 Pontiac Series 6-27 coupe

	6	5	4	3	2	1
1926						
Model 6-27, 6-cyl.						
Cpe	500	1600	2700	5400	9500	13,500
2d Sed	450	1500	2500	5000	8800	12,500

	6	5	4	3	2	1
1927						
Model 6-27, 6-cyl.						
Spt Rds	650	2050	3400	6800	11,900	17,000
Spt Cabr	600	1900	3200	6400	11,200	16,000
Cpe	450	1450	2400	4800	8400	12,000
DeL Cpe	450	1500	2500	5000	8800	12,500
2d Sed	400	1300	2200	4400	7700	11,000
Lan Sed	450	1450	2400	4800	8400	12,000
1928						
Model 6-28, 6-cyl.						
Rds	650	2050	3400	6800	11,900	17,000
Cabr	600	1900	3200	6400	11,200	16,000
Phae	600	1900	3200	6400	11,200	16,000
2d Sed	400	1200	2000	4000	7000	10,000
Sed	450	1140	1900	3800	6650	9500
Trs	400	1250	2100	4200	7400	10,500
Cpe	450	1400	2300	4600	8100	11,500
Spt Cpe	450	1500	2500	5000	8800	12,500
Lan Sed	500	1550	2600	5200	9100	13,000
1929						
Model 6-29A, 6-cyl.						
Rds	750	2400	4000	8000	14,000	20,000
Phae	700	2300	3800	7600	13,300	19,000
Conv	700	2300	3800	7600	13,300	19,000
Cpe	450	1400	2300	4600	8100	11,500
2d Sed	400	1200	2000	4000	7000	10,000
4d Sed	400	1200	2000	4000	7000	10,000
Spt Lan Sed	400	1300	2200	4400	7700	11,000
NOTE: Add 5 percent for horizontal louvers on early year cars.						
1930						
Model 6-30B, 6-cyl.						
Spt Rds	750	2400	4000	8000	14,000	20,000
Phae	750	2350	3900	7800	13,700	19,500
Cpe	400	1300	2200	4400	7700	11,000
Spt Cpe	450	1400	2300	4600	8100	11,500
2d Sed	400	1200	2000	4000	7000	10,000
4d Sed	400	1200	2000	4000	7000	10,000
Cus Sed	400	1250	2100	4200	7400	10,500
1931						
Model 401, 6-cyl.						
Conv	750	2400	4000	8000	14,000	20,000
2P Cpe	450	1400	2300	4600	8100	11,500
Spt Cpe	450	1450	2400	4800	8400	12,000
2d Sed	400	1200	2050	4100	7100	10,200
Sed	400	1250	2100	4200	7400	10,500
Cus Sed	400	1300	2200	4400	7700	11,000
1932						
Model 402, 6-cyl.						
Conv	900	2900	4800	9600	16,800	24,000
Cpe	450	1500	2500	5000	8800	12,500
RS Cpe	500	1550	2600	5200	9100	13,000
2d Sed	400	1250	2100	4200	7400	10,500
Cus Sed	400	1300	2200	4400	7700	11,000
Model 302, V-8						
Conv	1050	3350	5600	11,200	19,600	28,000
Cpe	600	1850	3100	6200	10,900	15,500
Spt Cpe	600	1900	3200	6400	11,200	16,000
2d Sed	450	1500	2500	5000	8800	12,500
4d Sed	500	1550	2600	5200	9100	13,000
Cus Sed	550	1700	2800	5600	9800	14,000
1933						
Model 601, 8-cyl.						
Rds	850	2750	4600	9200	16,100	23,000
Conv	800	2500	4200	8400	14,700	21,000
Cpe	500	1550	2600	5200	9100	13,000
Spt Cpe	550	1700	2800	5600	9800	14,000
2d Sed	450	1400	2300	4600	8100	11,500
2d Trg Sed	450	1400	2350	4700	8200	11,700
Sed	450	1450	2400	4800	8400	12,000
1934						
Model 603, 8-cyl.						
Conv	600	1900	3200	6400	11,200	16,000
Cpe	400	1300	2200	4400	7700	11,000
Spt Cpe	450	1450	2400	4800	8400	12,000
2d Sed	400	1250	2100	4200	7400	10,500

	6	5	4	3	2	1
2d Trg Sed	400	1200	2000	4000	7000	10,000
Sed	400	1300	2150	4300	7500	10,700
Trg Sed	400	1300	2200	4400	7700	11,000
1935						
Master Series 701, 6-cyl.						
Cpe	400	1300	2200	4400	7700	11,000
2d Sed	450	1130	1900	3800	6600	9400
2d Trg Sed	450	1140	1900	3800	6650	9500
Sed	400	1200	2000	4000	7000	10,000
Trg Sed	400	1250	2100	4200	7400	10,500
DeLuxe Series 701, 6-cyl.						
Cpe	450	1400	2300	4600	8100	11,500
Spt Cpe	450	1450	2400	4800	8400	12,000
Cabr	600	1900	3200	6400	11,200	16,000
2d Sed	450	1140	1900	3800	6650	9500
2d Trg Sed	450	1150	1900	3850	6700	9600
Sed	450	1160	1950	3900	6800	9700
Trg Sed	400	1200	2000	4000	7000	10,000
Series 605, 8-cyl.						
Cpe	450	1400	2300	4600	8100	11,500
Spt Cpe	450	1450	2400	4800	8400	12,000
Cabr	750	2400	4000	8000	14,000	20,000
2d Sed	450	1150	1900	3850	6700	9600
2d Trg Sed	400	1200	2000	4000	7000	10,000
Sed	400	1300	2200	4400	7700	11,000
Trg Sed	450	1400	2300	4600	8100	11,500
1936						
DeLuxe Series Silver Streak, 6-cyl.						
Cpe	450	1450	2400	4800	8400	12,000
Spt Cpe	500	1550	2600	5200	9100	13,000
Cabr	800	2500	4200	8400	14,700	21,000
2d Sed	450	1130	1900	3800	6600	9400
2d Trg Sed	450	1150	1900	3850	6700	9600
4d Sed	450	1160	1950	3900	6800	9700
4d Trg Sed	400	1200	2000	4000	7000	10,000
DeLuxe Series Silver Streak, 8-cyl.						
Cpe	450	1450	2400	4800	8400	12,000
Spt Cpe	500	1550	2600	5200	9100	13,000
Cabr	700	2300	3800	7600	13,300	19,000
2d Sed	400	1200	2000	4000	7000	10,000
2d Trg Sed	400	1200	2050	4100	7100	10,200
4d Sed	400	1200	2000	4000	7100	10,100
4d Trg Sed	400	1250	2050	4100	7200	10,300

1937 Pontiac convertible sedan

	6	5	4	3	2	1
1937-1938						
DeLuxe Model 6DA, 6-cyl.						
Conv	1000	3250	5400	10,800	18,900	27,000
Conv Sed	1050	3350	5600	11,200	19,600	28,000
Bus Cpe	400	1250	2100	4200	7400	10,500
Spt Cpe	400	1300	2200	4400	7700	11,000
2d Sed	450	1130	1900	3800	6600	9400
2d Trg Sed	450	1140	1900	3800	6650	9500
4d Sed	400	1200	2000	4000	7000	10,000
4d Trg Sed	400	1200	2000	4000	7100	10,100
Sta Wag	1050	3350	5600	11,200	19,600	28,000
DeLuxe Model 8DA, 8-cyl.						
Conv	1100	3500	5800	11,600	20,300	29,000
Conv Sed	1150	3600	6000	12,000	21,000	30,000
Bus Cpe	400	1300	2200	4400	7700	11,000
Spt Cpe	450	1400	2300	4600	8100	11,500
2d Sed	400	1250	2100	4200	7400	10,500
2d Trg Sed	400	1250	2100	4200	7400	10,600
4d Sed	400	1250	2100	4200	7400	10,600
4d Trg Sed	400	1300	2150	4300	7500	10,700
1939						
Special Series 25, 6-cyl.						
Bus Cpe	450	1400	2300	4600	8100	11,500
Spt Cpe	450	1500	2500	5000	8800	12,500
2d Trg Sed	400	1300	2200	4400	7700	11,000
4d Trg Sed	400	1300	2200	4400	7700	11,000
Sta Wag	1050	3350	5600	11,200	19,600	28,000
DeLuxe Series 26, 6-cyl.						
Conv	950	3000	5000	10,000	17,500	25,000
Bus Cpe	450	1400	2300	4600	8100	11,500
Spt Cpe	450	1450	2400	4800	8400	12,000
2d Sed	400	1300	2200	4400	7700	11,000
4d Sed	400	1350	2200	4400	7800	11,100
DeLuxe Series 28, 8-cyl.						
Conv	1000	3250	5400	10,800	18,900	27,000
Bus Cpe	450	1450	2400	4800	8400	12,000
Spt Cpe	450	1500	2500	5000	8800	12,500
2d Sed	450	1400	2300	4600	8100	11,500
4d Trg Sed	450	1400	2300	4600	8100	11,600
1940						
Special Series 25, 6-cyl., 117" wb						
Bus Cpe	400	1300	2200	4400	7700	11,000
Spt Cpe	400	1350	2200	4400	7800	11,100
2d Sed	400	1250	2100	4200	7300	10,400
4d Sed	400	1250	2100	4200	7400	10,500
Sta Wag	1000	3100	5200	10,400	18,200	26,000
DeLuxe Series 26, 6-cyl., 120" wb						
Conv	1000	3100	5200	10,400	18,200	26,000
Bus Cpe	400	1350	2200	4400	7800	11,100
Spt Cpe	450	1350	2300	4600	8000	11,400
2d Sed	400	1200	2000	4000	7000	10,000
4d Sed	400	1300	2150	4300	7500	10,700
DeLuxe Series 28, 8-cyl., 120" wb						
Conv	1000	3250	5400	10,800	18,900	27,000
Bus Cpe	450	1350	2300	4600	8000	11,400
Spt Cpe	450	1400	2300	4600	8100	11,600
2d Sed	400	1300	2150	4300	7500	10,700
4d Sed	400	1300	2150	4300	7600	10,800
Torpedo Series 29, 8-cyl., 122" wb						
Spt Cpe	450	1500	2500	5000	8800	12,500
4d Sed	450	1450	2400	4800	8400	12,000
1941						
DeLuxe Torpedo, 8-cyl.						
Bus Cpe	400	1300	2200	4400	7700	11,000
Spt Cpe	400	1350	2250	4500	7800	11,200
Conv	1000	3250	5400	10,800	18,900	27,000
2d Sed	400	1250	2100	4200	7300	10,400
4W Sed	400	1250	2100	4200	7400	10,600
6W Sed	400	1250	2100	4200	7400	10,500
Streamliner, 8-cyl.						
Cpe	450	1500	2500	5000	8800	12,500
4d Sed	450	1450	2400	4800	8400	12,000
Super Streamliner, 8-cyl.						
Cpe	500	1550	2600	5200	9100	13,000
4d Sed	450	1500	2500	5000	8800	12,500

	6	5	4	3	2	1
Custom, 8-cyl.						
Spt Cpe	550	1800	3000	6000	10,500	15,000
4d Sed	550	1700	2800	5600	9800	14,000
Sta Wag	1050	3350	5600	11,200	19,600	28,000
DeL Sta Wag	1100	3500	5800	11,600	20,300	29,000
NOTE: Deduct 10 percent for 6-cyl. models.						
1942						
Torpedo, 8-cyl.						
Conv	800	2500	4200	8400	14,700	21,000
Bus Cpe	400	1200	2000	4000	7000	10,000
Spt Cpe	400	1250	2100	4200	7400	10,500
5P Cpe	400	1300	2200	4400	7700	11,000
2d Sed	450	1140	1900	3800	6650	9500
4d Sed	450	1130	1900	3800	6600	9400
Metro Sed	450	1170	1975	3900	6850	9800
Streamliner, 8-cyl.						
Cpe	400	1300	2200	4400	7700	11,000
Sed	400	1250	2100	4200	7400	10,500
Sta Wag	1000	3100	5200	10,400	18,200	26,000
Chieftain, 8-cyl.						
Cpe	400	1300	2150	4300	7600	10,800
Sed	400	1300	2150	4300	7500	10,700
Sta Wag	1000	3250	5400	10,800	18,900	27,000
NOTE: Deduct 10 percent for 6-cyl. models.						
1946						
Torpedo, 8-cyl.						
Conv	800	2500	4200	8400	14,700	21,000
Bus Cpe	400	1250	2050	4100	7200	10,300
Spt Cpe	400	1300	2150	4300	7600	10,800
5P Cpe	400	1250	2100	4200	7400	10,600
2d Sed	400	1250	2100	4200	7400	10,500
4d Sed	400	1250	2100	4200	7400	10,600
Streamliner, 8-Cyl.						
5P Cpe	400	1300	2200	4400	7700	11,000
4d Sed	400	1300	2150	4300	7600	10,800
Sta Wag	1000	3250	5400	10,800	18,900	27,000
DeL Sta Wag	1050	3350	5600	11,200	19,600	28,000
NOTE: Deduct 5 percent for 6-cyl. models.						

1947 Pontiac Streamliner station wagon

	6	5	4	3	2	1
1947						
Torpedo, 8-cyl.						
Conv	800	2500	4200	8400	14,700	21,000
DeL Conv	850	2750	4600	9200	16,100	23,000
Bus Cpe	400	1250	2050	4100	7200	10,300
Spt Cpe	400	1300	2150	4300	7600	10,800
5P Cpe	400	1250	2100	4200	7400	10,600
2d Sed	400	1250	2100	4200	7400	10,500
4d Sed	400	1250	2100	4200	7400	10,600
Streamliner, 8-cyl.						
Cpe	400	1300	2200	4400	7700	11,000
Sed	400	1300	2150	4300	7600	10,800

	6	5	4	3	2	1
Sta Wag	1000	3250	5400	10,800	18,900	27,000
DeL Sta Wag	1050	3350	5600	11,200	19,600	28,000
NOTE: Deduct 5 percent for 6-cyl. models.						
1948						
Torpedo, 8-cyl.						
Bus Cpe	400	1250	2050	4100	7200	10,300
Spt Cpe	400	1300	2150	4300	7600	10,800
5P Cpe	400	1250	2100	4200	7400	10,600
2d Sed	400	1250	2100	4200	7400	10,500
4d Sed	400	1250	2100	4200	7400	10,600
DeLuxe Torpedo, 8-cyl.						
Conv	850	2650	4400	8800	15,400	22,000
Spt Cpe	400	1200	2000	4000	7000	10,000
5P Cpe	400	1300	2150	4300	7600	10,800
4d Sed	400	1300	2150	4300	7500	10,700
DeLuxe Streamliner, 8-cyl.						
Cpe	400	1300	2150	4300	7600	10,800
4d Sed	400	1300	2200	4400	7700	11,000
Sta Wag	1050	3350	5600	11,200	19,600	28,000
NOTE: Deduct 5 percent for 6-cyl. models.						
1949-1950						
Streamliner, 8-cyl.						
Cpe Sed	400	1200	2050	4100	7100	10,200
4d Sed	400	1200	2000	4000	7100	10,100
Sta Wag	450	1400	2300	4600	8100	11,500
Wood Sta Wag ('49 only)	550	1700	2800	5600	9800	14,000
Streamliner DeLuxe, 8-cyl.						
4d Sed	400	1250	2050	4100	7200	10,300
Cpe Sed	400	1250	2100	4200	7300	10,400
Stl Sta Wag	400	1300	2200	4400	7700	11,000
Woodie (1949 only)	600	1900	3200	6400	11,200	16,000
Sed Dely	550	1700	2800	5600	9800	14,000
Chieftain, 8-cyl.						
4d Sed	400	1250	2100	4200	7300	10,400
2d Sed	400	1200	2050	4100	7100	10,200
Cpe Sed	400	1250	2100	4200	7400	10,600
Bus Cpe	400	1250	2100	4200	7400	10,500
Chieftain DeLuxe, 8-cyl.						
4d Sed	400	1250	2100	4200	7400	10,500
2d Sed	400	1250	2050	4100	7200	10,300
Bus Cpe (1949 only)	400	1250	2100	4200	7400	10,600
2d HT (1950 only)	550	1800	3000	6000	10,500	15,000
Cpe Sed	400	1300	2150	4300	7500	10,700
2d Sup HT (1950 only)	550	1800	3000	6000	10,500	15,000
Conv	800	2500	4200	8400	14,700	21,000
NOTE: Deduct 5 percent for 6-cyl. models.						
1951-1952						
Streamliner, 8-cyl. (1951 only)						
Cpe Sed	400	1250	2050	4100	7200	10,300
Sta Wag	450	1400	2300	4600	8100	11,500
Streamliner DeLuxe, 8-cyl. (1951 only)						
Cpe Sed	400	1250	2100	4200	7400	10,500
Sta Wag	450	1450	2400	4800	8400	12,000
Sed Dely)	500	1600	2700	5400	9500	13,500
Chieftain, 8-cyl.						
4d Sed	400	1250	2100	4200	7400	10,500
2d Sed	400	1250	2050	4100	7200	10,300
Cpe Sed	400	1250	2100	4200	7400	10,600
Bus Cpe	400	1250	2100	4200	7400	10,500
Chieftain DeLuxe, 8-cyl.						
4d Sed	400	1250	2100	4200	7400	10,600
2d Sed	400	1250	2100	4200	7400	10,500
Cpe Sed	400	1300	2200	4400	7700	11,000
2d HT	600	1900	3200	6400	11,200	16,000
2d HT Sup	650	2050	3400	6800	11,900	17,000
Conv	850	2650	4400	8800	15,400	22,000
NOTE: Deduct 5 percent for 6-cyl. models.						
1953						
Chieftain, 8-cyl., 122" wb						
4d Sed	400	1250	2100	4200	7400	10,600
2d Sed	400	1250	2100	4200	7400	10,500
Paint Sta Wag	450	1400	2300	4600	8100	11,500
Wood grain Sta Wag	450	1450	2400	4800	8400	12,000
Sed Dely	600	1850	3100	6200	10,900	15,500

	6	5	4	3	2	1
Chieftain DeLuxe, 8-cyl.						
4d Sed	400	1300	2150	4300	7500	10,700
2d Sed	400	1250	2100	4200	7400	10,600
2d HT	550	1800	3000	6000	10,500	15,000
Conv	900	2900	4800	9600	16,800	24,000
Mtl Sta Wag	400	1300	2200	4400	7700	11,000
Sim W Sta Wag	450	1450	2400	4800	8400	12,000
Custom Catalina, 8-cyl.						
2d HT	600	1900	3200	6400	11,200	16,000
NOTE: Deduct 5 percent for 6-cyl. models.						
1954						
Chieftain, 8-cyl., 122" wb						
4d Sed	400	1300	2150	4300	7600	10,800
2d Sed	400	1300	2150	4300	7500	10,700
Sta Wag	450	1450	2400	4800	8400	12,000
Chieftain DeLuxe, 8-cyl.						
4d Sed	400	1300	2200	4400	7700	11,000
2d Sed	400	1300	2150	4300	7600	10,800
2d HT	600	1900	3200	6400	11,200	16,000
Sta Wag	450	1500	2500	5000	8800	12,500
Custom Catalina, 8-cyl.						
2d HT	650	2050	3400	6800	11,900	17,000
Star Chief DeLuxe, 8-cyl.						
4d Sed	450	1450	2400	4800	8400	12,000
Conv	950	3000	5000	10,000	17,500	25,000
Custom Star Chief, 8-cyl.						
4d Sed	500	1550	2600	5200	9100	13,000
2d HT	700	2150	3600	7200	12,600	18,000
NOTE: Deduct 5 percent for 6-cyl. models.						
1955						
Chieftain 860, V-8						
4d Sed	400	1200	2000	4000	7000	10,000
2d Sed	400	1200	2000	4000	7100	10,100
2d Sta Wag	400	1300	2200	4400	7700	11,000
4d Sta Wag	400	1250	2100	4200	7400	10,500
Chieftain 870, V-8, 122" wb						
4d Sed	400	1250	2100	4200	7400	10,500
2d Sed	400	1250	2100	4200	7400	10,600
2d HT	650	2050	3400	6800	11,900	17,000
4d Sta Wag	400	1300	2200	4400	7700	11,000
Star Chief Custom Safari, 122" wb						
2d Sta Wag	800	2500	4200	8400	14,700	21,000
Star Chief, V-8, 124" wb						
4d Sed	450	1400	2300	4600	8100	11,500
Conv	1200	3850	6400	12,800	22,400	32,000
Custom Star Chief, V-8, 124" wb						
4d Sed	450	1500	2500	5000	8800	12,500
2d HT	700	2300	3800	7600	13.300	19,000
1956						
Chieftain 860, V-8, 122" wb						
4d Sed	400	1200	2000	4000	7000	10,000
4d HT	400	1300	2200	4400	7700	11,000
2d Sed	400	1200	2000	4000	7000	10,000
2d HT	600	1900	3200	6400	11,200	16,000
2d Sta Wag	450	1450	2400	4800	8400	12,000
4d Sta Wag	450	1400	2300	4600	8100	11,500
Chieftain 870, V-8, 122" wb						
4d Sed	400	1250	2050	4100	7200	10,300
4d HT	450	1450	2400	4800	8400	12,000
2d HT	700	2150	3600	7200	12,600	18,000
4d Sta Wag	450	1500	2500	5000	8800	12,500
Custom Star Chief Safari, V-8, 122" wb						
2d Sta Wag	850	2650	4400	8800	15,400	22,000
Star Chief, V-8, 124" wb						
4d Sed	400	1300	2200	4400	7700	11,000
Conv	1300	4200	7000	14,000	24,500	35,000
Custom Star Chief, V-8, 124" wb						
4d HT	550	1700	2800	5600	9800	14,000
2d HT	750	2400	4000	8000	14,000	20,000
1957						
Chieftain, V-8, 122" wb						
4d Sed	400	1200	2000	4000	7000	10,000
4d HT	400	1300	2200	4400	7700	11,000
2d Sed	400	1300	2150	4300	7500	10,700
2d HT	550	1800	3000	6000	10,500	15,000

1957 Pontiac Star Chief Custom Bonneville convertible

	6	5	4	3	2	1
4d Sta Wag	400	1250	2100	4200	7400	10,500
2d Sta Wag	400	1300	2200	4400	7700	11,000
Super Chief, V-8, 122" wb						
4d Sed	400	1250	2100	4200	7400	10,500
4d HT	450	1450	2400	4800	8400	12,000
2d HT	650	2050	3400	6800	11,900	17,000
4d Sta Wag	450	1450	2400	4800	8400	12,000
Star Chief Custom Safari, V-8, 122" wb						
4d Sta Wag	750	2400	4000	8000	14,000	20,000
2d Sta Wag	850	2750	4600	9200	16,100	23,000
Star Chief, V-8, 124" wb						
4d Sed	450	1450	2400	4800	8400	12,000
Conv	1250	3950	6600	13,200	23,100	33,000
Bonneville Conv*	2200	6950	11,600	23,200	40,600	58,000
Custom Star Chief, V-8, 124" wb						
4d Sed	450	1500	2500	5000	8800	12,500
4d HT	550	1700	2800	5600	9800	14,000
2d HT	800	2500	4200	8400	14,700	21,000

*Available on one-to-a-dealer basis.

1958

	6	5	4	3	2	1
Chieftain, V-8, 122" wb						
4d Sed	350	975	1600	3250	5700	8100
4d HT	400	1250	2100	4200	7400	10,500
2d Sed	450	1080	1800	3600	6300	9000
2d HT	550	1800	3000	6000	10,500	15,000
Conv	1000	3250	5400	10,800	18,900	27,000
4d 9P Safari	400	1200	2000	4000	7000	10,000
Super-Chief, V-8, 122" wb						
4d Sed	350	1040	1700	3450	6000	8600
4d HT	450	1450	2400	4800	8400	12,000
2d HT	600	1900	3200	6400	11,200	16,000
Star Chief, V-8, 124" wb						
4d Cus Sed	450	1080	1800	3600	6300	9000
4d HT	500	1550	2600	5200	9100	13,000
2d HT	650	2050	3400	6800	11,900	17,000
4d Cus Safari	500	1550	2600	5200	9100	13,000
Bonneville, V-8, 122" wb						
2d HT	1150	3600	6000	12,000	21,000	30,000
Conv	1900	6000	10,000	20,000	35,000	50,000

NOTE: Add 20 percent for fuel-injection Bonneville.

1959

	6	5	4	3	2	1
Catalina, V-8, 122" wb						
4d Sed	350	975	1600	3200	5600	8000
4d HT	450	1080	1800	3600	6300	9000
2d Sed	350	900	1500	3000	5250	7500
2d HT	550	1700	2800	5600	9800	14,000
Conv	850	2650	4400	8800	15,400	22,000
Safari, V-8, 124" wb						
4d 6P Sta Wag	450	1080	1800	3600	6300	9000
4d 9P Sta Wag	950	1100	1850	3700	6450	9200
Star Chief, V-8, 124" wb						
4d Sed	450	1080	1800	3600	6300	9000
4d HT	400	1300	2200	4400	7700	11,000
2d Sed	450	1140	1900	3800	6650	9500

	6	5	4	3	2	1
Bonneville, V-8, 124" wb						
4d HT	450	1450	2400	4800	8400	12,000
2d HT	650	2050	3400	6800	11,900	17,000
Conv	1050	3350	5600	11,200	19,600	28,000
Custom Safari, V-8, 122" wb						
4d Sta Wag	450	1400	2300	4600	8100	11,500
1960						
Catalina, V-8, 122" wb						
4d Sed	350	950	1500	3050	5300	7600
4d HT	450	1080	1800	3600	6300	9000
2d Sed	350	975	1600	3200	5600	8000
2d HT	550	1700	2800	5600	9800	14,000
Conv	850	2750	4600	9200	16,100	23,000
Safari, V-8, 122" wb						
4d Sta Wag	400	1200	2000	4000	7000	10,000
4d 6P Sta Wag	400	1250	2100	4200	7400	10,500
Ventura, V-8, 122" wb						
4d HT	400	1200	2000	4000	7000	10,000
2d HT	550	1800	3000	6000	10,500	15,000
Star Chief, V-8, 124" wb						
4d Sed	450	1140	1900	3800	6650	9500
4d HT	400	1300	2200	4400	7700	11,000
2d Sed	400	1200	2000	4000	7000	10,000
Bonneville, V-8, 124" wb						
4d HT	450	1450	2400	4800	8400	12,000
2d HT	700	2150	3600	7200	12,600	18,000
Conv	1000	3250	5400	10,800	18,900	27,000
Bonneville Safari, V-8, 122" wb						
4d Sta Wag	450	1450	2400	4800	8400	12,000
1961						
Tempest Compact, 4-cyl.						
4d Sed	200	685	1150	2300	3990	5700
Cpe	200	670	1200	2300	4060	5800
Cus Cpe	200	720	1200	2400	4200	6000
Safari Wag	200	720	1200	2400	4200	6000
NOTE: Add 20 percent for Tempest V-8.						
Catalina, V-8, 119" wb						
4d Sed	350	780	1300	2600	4550	6500
4d HT	350	900	1500	3000	5250	7500
2d Sed	350	790	1350	2650	4620	6600
2d HT	450	1450	2400	4800	8400	12,000
Conv	650	2050	3400	6800	11,900	17,000
Safari Wag	350	975	1600	3200	5600	8000
Ventura, V-8, 119" wb						
4d HT	350	1020	1700	3400	5950	8500
2d HT	550	1700	2800	5600	9800	14,000
Star Chief, V-8, 123" wb						
4d Sed	350	900	1500	3000	5250	7500
4d HT	450	1080	1800	3600	6300	9000
Bonneville, V-8, 123" wb						
4d HT	450	1140	1900	3800	6650	9500
2d HT	550	1700	2800	5600	9800	14,000
Conv	850	2650	4400	8800	15,400	22,000
Bonneville Safari, V-8, 119" wb						
4d Sta Wag	400	1200	2000	4000	7000	10,000
1962						
Tempest Series, 4-cyl., 122" wb						
4d Sed	200	685	1150	2300	3990	5700
Cpe	200	670	1200	2300	4060	5800
2d HT	350	975	1600	3200	5600	8000
Conv	450	1450	2400	4800	8400	12,000
Safari	200	720	1200	2400	4200	6000
NOTE: Add 20 percent for Tempest V-8.						
Catalina Series, V-8, 120" wb						
4d Sed	350	780	1300	2600	4550	6500
4d HT	350	900	1500	3000	5250	7500
2d Sed	350	790	1350	2650	4620	6600
2d HT	450	1450	2400	4800	8400	12,000
Conv	600	1900	3200	6400	11,200	16,000
Sta Wag	350	900	1500	3000	5250	7500
2d HT (421/405)	1950	6250	10,400	20,800	36,400	52,000
2d Sed (421/405)	1950	6250	10,400	20,800	36,400	52,000
Star Chief Series, V-8, 123" wb						
4d Sed	350	840	1400	2800	4900	7000
4d HT	350	1020	1700	3400	5950	8500

	6	5	4	3	2	1
Bonneville Series, V-8, 123" wb, Sta Wag 119" wb						
4d HT	450	1080	1800	3600	6300	9000
2d HT	550	1700	2800	5600	9800	14,000
Conv	750	2400	4000	8000	14,000	20,000
Sta Wag	450	1140	1900	3800	6650	9500
Grand Prix Series, V-8, 120" wb						
2d HT	550	1700	2800	5600	9800	14,000

NOTE: Add 30 percent for 421.
Add 30 percent for "421" S-D models.

1963

	6	5	4	3	2	1
Tempest (Compact) Series, 4-cyl., 112" wb						
4d Sed	200	660	1100	2200	3850	5500
Cpe	200	720	1200	2400	4200	6000
2d HT	350	900	1500	3000	5250	7500
Conv	450	1450	2400	4800	8400	12,000
Sta Wag	200	720	1200	2400	4200	6000
NOTE: Add 20 percent for Tempest V-8.						
LeMans Series, V-8, 112" wb						
2d HT	450	1080	1800	3600	6300	9000
Conv	500	1550	2600	5200	9100	13,000
Catalina Series, V-8, 119" wb						
4d Sed	200	730	1250	2450	4270	6100
4d HT	350	950	1500	3050	5300	7600
2d Sed	350	790	1350	2650	4620	6600
2d HT	500	1550	2600	5200	9100	13,000
Conv	550	1800	3000	6000	10,500	15,000
Sta Wag	450	1080	1800	3600	6300	9000
Catalina Super-Duty						
2d HT (421/405)	1900	6000	10,000	20,000	35,000	50,000
2d HT (421/410)	1950	6250	10,400	20,800	36,400	52,000
2d Sed (421/405)	1900	6000	10,000	20,000	35,000	50,000
2d Sed (421/410)	1900	6000	10,000	20,000	35,000	50,000
NOTE: Add 5 percent for four-speed.						
Star Chief Series, V-8, 123" wb						
4d Sed	350	780	1300	2600	4550	6500
4d HT	350	1020	1700	3400	5950	8500
Bonneville Series, V-8, 123" wb						
2d HT	550	1700	2800	5600	9800	14,000
4d HT	450	1140	1900	3800	6650	9500
Conv	700	2300	3800	7600	13,300	19,000
Sta Wag	450	1140	1900	3800	6650	9500
Grand Prix Series, V-8, 120" wb						
2d HT	550	1800	3000	6000	10,500	15,000

NOTE: Add 5 percent for Catalina Ventura.
Add 30 percent for "421" engine option.

1964

	6	5	4	3	2	1
Tempest Custom 21, V-8, 115" wb						
4d Sed	200	685	1150	2300	3990	5700
2d HT	350	900	1500	3000	5250	7500
Conv	450	1450	2400	4800	8400	12,000
Sta Wag	200	720	1200	2400	4200	6000
NOTE: Deduct 10 percent for 6-cyl. where available.						
LeMans Series, V-8, 115" wb						
2d HT	450	1450	2400	4800	8400	12,000
Cpe	450	1140	1900	3800	6650	9500
Conv	500	1550	2600	5200	9100	13,000
GTO Cpe	600	1900	3200	6400	11,200	16,000
GTO Conv	700	2300	3800	7600	13,300	19,000
GTO HT	700	2150	3600	7200	12,600	18,000
NOTE: Deduct 10 percent for Tempest 6-cyl.						
Catalina Series, V-8, 120" wb						
4d Sed	350	780	1300	2600	4550	6500
4d HT	350	900	1500	3000	5250	7500
2d Sed	350	780	1300	2600	4550	6500
2d HT	450	1450	2400	4800	8400	12,000
Conv	550	1800	3000	6000	10,500	15,000
Sta Wag	350	840	1400	2800	4900	7000
Star Chief Series, 123" wb						
4d Sed	350	780	1300	2600	4550	6500
4d HT	350	1020	1700	3400	5950	8500
Bonneville Series, V-8, 123" wb						
4d HT	450	1140	1900	3800	6650	9500
2d HT	500	1550	2600	5200	9100	13,000
Conv	700	2150	3600	7200	12,600	18,000
Sta Wag	450	1140	1900	3800	6650	9500

	6	5	4	3	2	1
Grand Prix Series, V-8, 120" wb						
2d HT	550	1700	2800	5600	9800	14,000
NOTES: Add 20 percent for tri power.						
Add 5 percent for Catalina-Ventura option.						
Add 10 percent for 2 plus 2.						
1965						
Tempest Series, V-8, 115" wb						
4d Sed	200	670	1150	2250	3920	5600
2d Spt Cpe	200	730	1250	2450	4270	6100
2d HT	350	900	1500	3000	5250	7500
Conv	400	1200	2000	4000	7000	10,000
Sta Wag	200	720	1200	2400	4200	6000
NOTE: Add 20 percent for V-8.						
LeMans Series, V-8, 115" wb						
4d Sed	200	720	1200	2400	4200	6000
Cpe	350	900	1500	3000	5250	7500
2d HT	450	1140	1900	3800	6650	9500
Conv	550	1800	3000	6000	10,500	15,000
GTO Conv	700	2300	3800	7600	13,300	19,000
GTO HT	700	2150	3600	7200	12,600	18,000
GTO Cpe	550	1700	2800	5600	9800	14,000
NOTE: Deduct 10 percent for 6-cyl. where available.						
Add 5 percent for four-speed.						
Catalina Series, V-8, 121" wb						
4d Sed	200	670	1200	2300	4060	5800
4d HT	350	840	1400	2800	4900	7000
2d Sed	350	780	1300	2600	4550	6500
2d HT	400	1250	2100	4200	7400	10,500
Conv	500	1550	2600	5200	9100	13,000
Sta Wag	350	1020	1700	3400	5950	8500
Star Chief Series, V-8, 123" wb						
4d Sed	200	720	1200	2400	4200	6000
4d HT	350	900	1500	3000	5250	7500
Bonneville Series, V-8, 123" wb						
4d HT	350	1020	1700	3400	5950	8500
2d HT	450	1450	2400	4800	8400	12,000
Conv	650	2050	3400	6800	11,900	17,000
2S Sta Wag	450	1140	1900	3800	6650	9500
Grand Prix Series, 120" wb						
2d HT	450	1450	2400	4800	8400	12,000
NOTE: Add 30 percent for "421" H.O. Tri-power V-8.						
Add 20 percent for tri power.						
Add 10 percent for 2 plus 2.						
Add 10 percent for Catalina-Ventura option.						
Add 10 percent for Ram Air.						

1966 Pontiac Catalina 2+2 two-door hardtop

	6	5	4	3	2	1
1966						
Tempest Custom, OHC-6, 115" wb						
4d Sed	200	670	1150	2250	3920	5600
4d HT	200	685	1150	2300	3990	5700
2d HT	350	1000	1650	3350	5800	8300
Cpe	350	840	1400	2800	4900	7000
Conv	450	1080	1800	3600	6300	9000
Sta Wag	200	660	1100	2200	3850	5500
NOTE: Add 20 percent for V-8.						

	6	5	4	3	2	1
Lemans Series, OHC-6, 115" wb						
4d HT	200	700	1200	2350	4130	5900
Cpe	350	820	1400	2700	4760	6800
2d HT	450	1080	1800	3600	6300	9000
Conv	400	1250	2100	4200	7400	10,500
NOTE: Add 20 percent for V-8.						
GTO Series, V-8, 115" wb						
2d HT	650	2050	3400	6800	11,900	17,000
Cpe	500	1550	2600	5200	9100	13,000
Conv	700	2150	3600	7200	12,600	18,000
NOTE: Add 5 percent for four-speed.						
Catalina, V-8, 121" wb						
4d Sed	200	685	1150	2300	3990	5700
4d HT	350	840	1400	2800	4900	7000
2d Sed	350	780	1300	2600	4550	6500
2d HT	400	1250	2100	4200	7400	10,500
Conv	600	1900	3200	6400	11,200	16,000
Sta Wag	350	975	1600	3200	5600	8000
2 Plus 2, V-8, 121" wb						
2d HT	450	1400	2300	4600	8100	11,500
Conv	550	1800	3000	6000	10,500	15,000
Executive, V-8, 124" wb						
4d Sed	350	780	1300	2600	4550	6500
4d HT	350	900	1500	3000	5250	7500
2d HT	450	1400	2300	4600	8100	11,500
Bonneville, V-8, 124" wb						
4d HT	350	1020	1700	3400	5950	8500
2d HT	450	1500	2500	5000	8800	12,500
Conv	700	2150	3600	7200	12,600	18,000
Sta Wag	450	1080	1800	3600	6300	9000
Grand Prix, V-8, 121" wb						
2d HT	500	1550	2600	5200	9100	13,000

NOTE: Add 30 percent for 421.
Add 20 percent for Ram Air.
Add 20 percent for tri power.
Add 10 percent for Ventura Custom trim option.

1967

	6	5	4	3	2	1
Tempest, 6-cyl., 115" wb						
4d Sed	200	660	1100	2200	3850	5500
Cpe	200	720	1200	2400	4200	6000
Sta Wag	350	790	1350	2650	4620	6600
NOTE: Add 20 percent for V-8.						
Tempest Custom, 6-cyl., 115" wb						
Cpe	200	730	1250	2450	4270	6100
2d HT	350	950	1500	3050	5300	7600
Conv	450	1080	1800	3600	6300	9000
4d HT	200	745	1250	2500	4340	6200
4d Sed	200	670	1150	2250	3920	5600
Sta Wag	200	720	1200	2400	4200	6000
NOTE: Add 20 percent for V-8.						
Lemans, 6-cyl., 115" wb						
4d HT	200	720	1200	2400	4200	6000
Cpe	200	745	1250	2500	4340	6200
2d HT	350	975	1600	3200	5600	8000
Conv	450	1400	2300	4600	8100	11,500
NOTE: Add 20 percent for V-8.						
Tempest Safari, 6-cyl., 115" wb						
Sta Wag	200	720	1200	2400	4200	6000
NOTE: Add 20 percent for V-8.						
GTO, V-8, 115" wb						
Cpe	500	1550	2600	5200	9100	13,000
2d HT	600	1900	3200	6400	11,200	16,000
Conv	700	2300	3800	7600	13,300	19,000
Catalina, V-8, 121" wb						
4d Sed	200	685	1150	2300	3990	5700
4d HT	350	840	1400	2800	4900	7000
2d Sed	350	790	1350	2650	4620	6600
2d HT	400	1250	2100	4200	7400	10,500
Conv	450	1450	2400	4800	8400	12,000
2 Plus 2, V-8, 121" Wb						
2d HT	450	1500	2500	5000	8800	12,500
2d Conv	700	2150	3600	7200	12,600	18,000
3S Sta Wag	350	840	1400	2800	4900	7000
Executive, V-8, 124" wb, Sta Wag 121" wb						
4d Sed	200	720	1200	2400	4200	6000

	6	5	4	3	2	1
4d HT	350	900	1500	3000	5250	7500
2d HT	400	1300	2200	4400	7700	11,000
3S Sta Wag	350	975	1600	3200	5600	8000
Bonneville, V-8, 124" wb						
4d HT	350	975	1600	3200	5600	8000
2d HT	450	1400	2300	4600	8100	11,500
Conv	550	1800	3000	6000	10,500	15,000
Sta Wag	450	1080	1800	3600	6300	9000
Grand Prix, V-8, 121" wb						
2d HT	400	1300	2200	4400	7700	11,000
Conv	650	2050	3400	6800	11,900	17,000

NOTE: Add 30 percent for 428.
Add 10 percent for Sprint option.
Add 15 percent for 2 plus 2 option.
Add 10 percent for Ventura Custom trim option.

	6	5	4	3	2	1
Firebird, V-8, 108" wb						
Cpe	450	1140	1900	3800	6650	9500
Conv	400	1250	2100	4200	7400	10,500

NOTE: Add 10 percent for V-8 or SOHC six Sprint option.
Add 15 percent for 350 HO.
Add 20 percent for the Ram Air 400 Firebird.

1968

	6	5	4	3	2	1
Tempest, 6-cyl., 112" wb						
Spt Cpe	200	720	1200	2400	4200	6000
Cus "S" Cpe	350	780	1300	2600	4550	6500
Cus "S" HT	350	975	1600	3200	5600	8000
Cus "S" Conv	350	975	1600	3200	5600	8000
2d LeMans	200	720	1200	2400	4200	6000
LeMans Spt Cpe	350	840	1400	2800	4900	7000
LeMans Conv	550	1700	2800	5600	9800	14,000

NOTE: Add 20 percent for V-8.

	6	5	4	3	2	1
GTO, V-8, 112" wb						
2d HT	550	1800	3000	6000	10,500	15,000
Conv	700	2300	3800	7600	13,300	19,000
Catalina, V-8, 122" wb						
4d Sed	200	660	1100	2200	3850	5500
4d HT	200	720	1200	2400	4200	6000
2d Sed	350	800	1350	2700	4700	6700
2d HT	350	975	1600	3200	5600	8000
Conv	400	1300	2200	4400	7700	11,000
Sta Wag	350	840	1400	2800	4900	7000
Executive, V-8, 124" wb, Sta Wag 121" wb						
4d Sed	350	780	1300	2600	4550	6500
4d HT	350	840	1400	2800	4900	7000
2d HT	450	1140	1900	3800	6650	9500
3S Sta Wag	350	975	1600	3200	5600	8000
Bonneville, V-8, 125" wb						
4d Sed	350	800	1350	2700	4700	6700
4d HT	350	900	1500	3000	5250	7500
2d HT	400	1200	2000	4000	7000	10,000
Conv	500	1550	2600	5200	9100	13,000
Sta Wag	350	1020	1700	3400	5950	8500
Grand Prix, V-8, 118" wb						
2d HT	400	1200	2000	4000	7000	10,000

NOTES: Add 10 percent for Sprint option.
Add 30 percent for 428.
Add 20 percent for Ram Air I or II.
Add 10 percent for Ventura Custom trim option.

	6	5	4	3	2	1
Firebird, V-8, 108" wb						
Cpe	450	1080	1800	3600	6300	9000
Conv	400	1250	2100	4200	7400	10,500

NOTE: Add 10 percent for V-8 or SOHC six Sprint option.
Add 10 percent for 350 HO.
Add 25 percent for the Ram Air 400 Firebird.

1969

	6	5	4	3	2	1
Tempest, 6-cyl., 116" wb, 2 dr 112" wb						
4d Sed	200	700	1050	2050	3600	5100
Cpe	200	700	1050	2100	3650	5200

NOTE: Add 20 percent for V-8.

	6	5	4	3	2	1
Tempest 'S' Custom, 6-cyl., 116" wb, 2 dr 112" wb						
4d Sed	200	700	1050	2100	3650	5200
4d HT	200	650	1100	2150	3780	5400
Cpe	200	700	1075	2150	3700	5300
2d HT	350	840	1400	2800	4900	7000
Conv	350	975	1600	3200	5600	8000

	6	5	4	3	2	1
Sta Wag	200	660	1100	2200	3850	5500
NOTE: Add 20 percent for V-8.						
Tempest Lemans, 6-cyl., 116" wb, 2 dr 112" wb						
4d HT	200	660	1100	2200	3850	5500
Cpe	200	660	1100	2200	3850	5500
2d HT	350	900	1500	3000	5250	7500
Conv	400	1250	2100	4200	7400	10,500
NOTE: Add 20 percent for V-8.						
Tempest Safari, 6-cyl., 116" wb						
Sta Wag	200	685	1150	2300	3990	5700
NOTE: Add 20 percent for V-8.						
GTO, V-8, 112" wb						
2d HT	650	2050	3400	6800	11,900	17,000
Conv	800	2500	4200	8400	14,700	21,000
Catalina, V-8, 122" wb						
4d Sed	200	660	1100	2200	3850	5500
4d HT	200	685	1150	2300	3990	5700
2d HT	350	900	1500	3000	5250	7500
Conv	450	1140	1900	3800	6650	9500
3S Sta Wag	350	840	1400	2800	4900	7000
Executive, V-8, 125" wb, Sta Wag 122" wb						
4d Sed	200	670	1150	2250	3920	5600
4d HT	200	670	1200	2300	4060	5800
2d HT	350	975	1600	3200	5600	8000
3S Sta Wag	350	860	1450	2900	5050	7200
Bonneville, V-8, 125" wb						
4d Sed	200	670	1150	2250	3920	5600
4d HT	200	720	1200	2400	4200	6000
2d HT	350	1020	1700	3400	5950	8500
Conv	400	1250	2100	4200	7400	10,500
Sta Wag	350	900	1500	3000	5250	7500
Grand Prix, V-8, 118" wb						
2d HT	450	1080	1800	3600	6300	9000
NOTES: Add 10 percent for LeMans Rally E Pkg.						
Add 30 percent for 428 cid V-8.						
Add 20 percent for Ram Air III.						
Add 25 percent for Ram Air IV.						
Add 40 percent for GTO Judge option.						
Add 25 percent for Ram Air IV.						
Firebird, V-8, 108" wb						
Cpe	450	1140	1900	3800	6650	9500
Conv	400	1200	2000	4000	7000	10,000
Trans Am Cpe	550	1700	2800	5600	9800	14,000
Trans Am Conv	850	2650	4400	8800	15,400	22,000
NOTE: Add 10 percent for V-8 or SOHC six Sprint option.						
Add 15 percent for "HO" 400 Firebird.						
Add 20 percent for Ram Air IV Firebird.						
Add 50 percent for '303' V-8 SCCA race engine.						
1970						
Tempest, 6-cyl., 116" wb, 2 dr 112" wb						
4d Sed	200	700	1075	2150	3700	5300
2d HT	350	840	1400	2800	4900	7000
Cpe	200	660	1100	2200	3850	5500
NOTE: Add 20 percent for V-8.						
LeMans, 6 cyl., 116" wb, 2 dr 112" wb						
4d Sed	200	650	1100	2150	3780	5400
4d HT	200	720	1200	2400	4200	6000
Cpe	200	670	1150	2250	3920	5600
2d HT	350	900	1500	3000	5250	7500
Sta Wag	200	670	1200	2300	4060	5800
NOTE: Add 20 percent for V-8.						
LeMans Sport, 6 cyl., 116" wb, 2 dr 112" wb						
4d HT	200	745	1250	2500	4340	6200
Cpe	350	780	1300	2600	4550	6500
2d HT	350	975	1600	3200	5600	8000
Conv	350	1020	1700	3400	5950	8500
Sta Wag	200	720	1200	2400	4200	6000
NOTE: Add 20 percent for V-8.						
LeMans GT 37, V-8, 112" wb						
Cpe	350	975	1600	3200	5600	8000
2d HT	450	1140	1900	3800	6650	9500
GTO, V-8, 112" wb						
HT	750	2400	4000	8000	14,000	20,000
Conv	850	2650	4400	8800	15,400	22,000
Catalina, V-8, 122" wb						
4d Sed	200	660	1100	2200	3850	5500

	6	5	4	3	2	1
4d HT	350	780	1300	2600	4550	6500
2d HT	350	975	1600	3200	5600	8000
Conv	450	1080	1800	3600	6300	9000
3S Sta Wag	350	840	1400	2800	4900	7000
Executive, V-8, 125" wb, Sta Wag 122" wb						
4d Sed	200	670	1150	2250	3920	5600
4d HT	350	840	1400	2800	4900	7000
2d HT	350	1020	1700	3400	5950	8500
3S Sta Wag	350	860	1450	2900	5050	7200
Bonneville, V-8, 125" wb, Sta Wag 122" wb						
4d Sed	200	720	1200	2400	4200	6000
4d HT	350	900	1500	3000	5250	7500
2d HT	450	1080	1800	3600	6300	9000
Conv	400	1250	2100	4200	7400	10,500
3S Sta Wag	350	900	1500	3000	5250	7500
Grand Prix, V-8, 118" wb						
Hurst "SSJ" HT	400	1250	2100	4200	7400	10,500
2d HT	450	1140	1900	3800	6650	9500
NOTES: Add 10 percent for V-8 LeMans Rally Pkg.						
Add 40 percent for GTO Judge.						
Add 30 percent for 428.						
Add 10 percent for Grand Prix S.J.						
Add 20 percent for Ram Air IV.						
Firebird, V-8, 108" wb						
Firebird	400	1200	2000	4000	7000	10,000
Esprit	400	1250	2100	4200	7400	10,500
Formula 400	400	1300	2200	4400	7700	11,000
Trans Am	550	1700	2800	5600	9800	14,000
NOTES: Add 10 percent for V-8, (Firebird).						
Add 25 percent for Trans Am with 4-speed.						
Add 25 percent for Ram Air IV Firebird.						
1971						
Ventura II, 6 cyl., 111" wb						
Cpe	200	675	1000	2000	3500	5000
4d Sed	200	700	1050	2100	3650	5200
Ventura II, V-8, 111" wb						
Cpe	150	600	950	1850	3200	4600
4d Sed	150	650	975	1950	3350	4800
LeMans T37, 6 cyl., 116" wb, 2 dr 112" wb						
2d Sed	200	660	1100	2200	3850	5500
4d Sed	200	675	1000	2000	3500	5000
2d HT	350	840	1400	2800	4900	7000
LeMans, 6 cyl., 116" wb, 2 dr 112" wb						
2d Sed	200	675	1000	2000	3500	5000
4d Sed	200	700	1050	2050	3600	5100
4d HT	200	650	1100	2150	3780	5400
2d HT	350	975	1600	3200	5600	8000
3S Sta Wag	200	675	1000	2000	3500	5000
LeMans Sport, 6 cyl., 116" wb, 2 dr 112" wb						
4d HT	200	700	1075	2150	3700	5300
2d HT	350	1020	1700	3400	5950	8500
Conv	400	1300	2200	4400	7700	11,000
NOTE: Add 20 percent for V-8.						
LeMans GT 37, V-8, 112" wb						
2d HT	400	1300	2200	4400	7700	11,000
GTO						
2d HT	550	1800	3000	6000	10,500	15,000
Conv	850	2750	4600	9200	16,100	23,000
NOTE: Add 40 percent for GTO Judge option.						
Catalina						
4d	150	600	950	1850	3200	4600
4d HT	150	650	950	1900	3300	4700
2d HT	350	780	1300	2600	4550	6500
Conv	450	1080	1800	3600	6300	9000
Safari, V-8, 127" wb						
2S Sta Wag	150	650	950	1900	3300	4700
3S Sta Wag	150	650	975	1950	3350	4800
Catalina Brougham, V-8, 123" wb						
4d Sed	150	650	950	1900	3300	4700
4d HT	150	650	975	1950	3350	4800
2d HT	350	800	1350	2700	4700	6700
Grand Safari, V-8, 127" wb						
2S Sta Wag	200	675	1000	2000	3500	5000
3S Sta Wag	200	700	1050	2050	3600	5100
Bonneville						
4d Sed	150	650	975	1950	3350	4800

	6	5	4	3	2	1
4d HT	200	700	1050	2050	3600	5100
2d HT	350	840	1400	2800	4900	7000
Grandville						
4d HT	200	675	1000	2000	3500	5000
2d HT	350	860	1450	2900	5050	7200
Conv	450	1450	2400	4800	8400	12,000
Grand Prix						
2d HT	350	975	1600	3200	5600	8000
Hurst "SSJ" Cpe	450	1140	1900	3800	6650	9500
Firebird, V-8, 108" wb						
Firebird	400	1250	2100	4200	7400	10,500
Esprit	400	1200	2000	4000	7000	10,000
Formula	400	1300	2200	4400	7700	11,000
Trans Am	550	1700	2800	5600	9800	14,000

NOTES: Add 25 percent for Formula 455.
Add 25 percent for 455 HO V-8.
(Formula Series -350, 400, 455).

1972

	6	5	4	3	2	1
Ventura, 6 cyl., 111" wb						
4d Sed	150	650	950	1900	3300	4700
Cpe	150	600	900	1800	3150	4500

NOTE: Add 20 percent for V-8.

	6	5	4	3	2	1
LeMans, 6 cyl., 116" wb, 2 dr 112" wb						
Cpe	200	675	1000	2000	3500	5000
4d Sed	150	650	950	1900	3300	4700
2d HT	350	1020	1700	3400	5950	8500
Conv	400	1300	2200	4400	7700	11,000
3S Sta Wag	200	675	1000	2000	3500	5000
GTO						
2d HT	500	1550	2600	5200	9100	13,000
2d Sed	400	1200	2000	4000	7000	10,000
Luxury LeMans, V-8						
4d HT	200	700	1050	2100	3650	5200
2d HT	450	1080	1800	3600	6300	9000

NOTE: Add 20 percent for V-8.

	6	5	4	3	2	1
Catalina, V-8, 123" wb						
4d Sed	150	600	900	1800	3150	4500
4d HT	150	650	950	1900	3300	4700
2d HT	350	780	1300	2600	4550	6500
Conv	450	1140	1900	3800	6650	9500
Catalina Brougham, V-8, 123" wb						
4d Sed	150	600	950	1850	3200	4600
4d HT	200	675	1000	2000	3500	5000
2d HT	350	840	1400	2800	4900	7000
Bonneville						
4d Sed	150	650	950	1900	3300	4700
4d HT	200	660	1100	2200	3850	5500
2d HT	350	900	1500	3000	5250	7500
Grandville						
4d HT	200	660	1100	2200	3850	5500
2d HT	350	950	1550	3100	5400	7700
Conv	450	1450	2400	4800	8400	12,000
Safari, V-8, 127" wb						
2S Sta Wag	150	600	950	1850	3200	4600
3S Sta Wag	150	650	950	1900	3300	4700
Grand Safari, V-8, 127" wb						
2S Sta Wag	150	650	975	1950	3350	4800
3S Sta Wag	200	675	1000	1950	3400	4900
Grand Prix						
Hurst "SSJ" HdTp	350	1020	1700	3400	5950	8500
2d HT	350	860	1450	2900	5050	7200
Firebird, V-8, 108" wb						
Firebird	450	1140	1900	3800	6650	9500
Esprit	450	1080	1800	3600	6300	9000
Formula	400	1200	2000	4000	7000	10,000
Trans Am	500	1550	2600	5200	9100	13,000

NOTE: Add 10 percent for Trans Am with 4-speed.

1973

	6	5	4	3	2	1
Ventura						
4d Sed	150	550	850	1675	2950	4200
Cpe	150	500	800	1550	2700	3900
HBk Cpe	150	575	875	1700	3000	4300
Ventura Custom						
4d Sed	150	575	875	1700	3000	4300
Cpe	150	575	900	1750	3100	4400

1973 Pontiac Firebird Trans Am coupe

	6	5	4	3	2	1
HBk Cpe	150	550	850	1650	2900	4100
NOTE: Deduct 5 percent for 6-cyl.						
LeMans						
4d Sed	150	600	900	1800	3150	4500
2d HT	200	685	1150	2300	3990	5700
LeMans Spt						
Cpe	200	675	1000	2000	3500	5000
Luxury LeMans						
Cpe	200	700	1050	2100	3650	5200
4d HT	200	675	1000	2000	3500	5000
LeMans Safari, V-8, 116" wb						
2S Sta Wag	150	600	900	1800	3150	4500
3S Sta Wag	150	600	900	1800	3150	4500
Grand AM						
2d HT	450	1080	1800	3600	6300	9000
4d HT	200	660	1100	2200	3850	5500
GTO Spt Cpe	450	1080	1800	3600	6300	9000
Deduct 5 percent for 6-cyl.						
Catalina						
4d HT	150	550	850	1650	2900	4100
2d HT	200	660	1100	2200	3850	5500
Bonneville						
4d Sed	150	550	850	1650	2900	4100
4d HT	150	600	900	1800	3150	4500
2d HT	200	700	1200	2350	4130	5900
Safari, V-8, 127" wb						
2S Sta Wag	150	600	900	1800	3150	4500
3S Sta Wag	150	600	950	1850	3200	4600
Grand Safari, V-8, 127" wb						
2S Sta Wag	150	650	950	1900	3300	4700
3S Sta Wag	150	650	975	1950	3350	4800
Grandville						
4d HT	150	650	950	1900	3300	4700
2d HT	200	730	1250	2450	4270	6100
Conv	450	1450	2400	4800	8400	12,000
Grand Prix						
2d HT	350	780	1300	2600	4550	6500
2d 'SJ' HT	350	800	1350	2700	4700	6700
Firebird, V-8, 108" wb						
Cpe	450	1080	1800	3600	6300	9000
Esprit	450	1140	1900	3800	6650	9500
Formula	400	1200	2000	4000	7000	10,000
Trans Am	400	1250	2100	4200	7400	10,500
NOTE: Add 50 percent for 455 SD V-8 (Formula & Trans Am only).						
1974						
Ventura						
4d Sed	150	475	750	1475	2600	3700
Cpe	125	400	700	1375	2400	3400
HBk	150	475	775	1500	2650	3800
Ventura Custom						
4d Sed	150	475	775	1500	2650	3800
Cpe	125	450	700	1400	2450	3500
HBk	150	500	800	1550	2700	3900
GTO	200	660	1100	2200	3850	5500
NOTE: Deduct 4 percent for 6-cyl.						

	6	5	4	3	2	1
LeMans						
4d HT	125	380	650	1300	2250	3200
2d HT	150	650	950	1900	3300	4700
Sta Wag	125	450	700	1400	2450	3500
LeMans Sport						
2d Cpe	150	500	800	1600	2800	4000
Luxury LeMans						
4d HT	150	475	775	1500	2650	3800
2d HT	200	700	1050	2100	3650	5200
Safari	150	500	800	1600	2800	4000
NOTE: Add 10 percent for GT option.						
Grand AM						
2d HT	350	975	1600	3200	5600	8000
4d HT	150	650	975	1950	3350	4800
Catalina						
4d HT	150	475	775	1500	2650	3800
2d HT	200	675	1000	2000	3500	5000
4d Sed	100	360	600	1200	2100	3000
Safari	150	475	775	1500	2650	3800
Bonneville						
4d Sed	125	380	650	1300	2250	3200
4d HT	150	500	800	1600	2800	4000
2d HT	200	650	1100	2150	3780	5400
Grandville						
4d HT	150	550	850	1650	2900	4100
2d HT	200	660	1100	2200	3850	5500
Conv	400	1300	2200	4400	7700	11,000
Grand Prix						
2d HT	200	720	1200	2400	4200	6000
'SJ' Cpe	200	745	1250	2500	4340	6200
Firebird, V-8, 108" wb						
Firebird	350	900	1500	3000	5250	7500
Esprit	350	975	1600	3200	5600	8000
Formula	450	1140	1900	3800	6650	9500
Trans Am	400	1200	2000	4000	7000	10,000
NOTE: Add 40 percent for 455-SD V-8 (Formula & Trans Am only).						
1975						
Astre S						
2d Cpe	100	330	575	1150	1950	2800
2d HBk	100	350	600	1150	2000	2900
Safari	100	360	600	1200	2100	3000
Astre						
2d HBk	125	370	650	1250	2200	3100
Safari	125	380	650	1300	2250	3200
NOTE: Add 10 percent for Astre 'SJ'.						
Ventura						
4d Sed	125	400	675	1350	2300	3300
2d Cpe	125	450	700	1400	2450	3500
2d HBk	125	450	750	1450	2500	3600
NOTES: Deduct 5 percent for Ventura 'S'. Add 15 percent for Ventura 'SJ'. Add 5 percent for Ventura Custom.						
LeMans						
4d HT	100	360	600	1200	2100	3000
2d HT	150	600	900	1800	3150	4500
Safari	125	400	700	1375	2400	3400
NOTE: Add 10 percent for Grand LeMans.						
LeMans Sport						
2d HT Cpe	150	650	950	1900	3300	4700
Grand AM						
4d HT	125	450	750	1450	2500	3600
2d HT	200	675	1000	2000	3500	5000
NOTE: Add 5 percent for four-speed. Add 20 percent for 455 H.O. V-8.						
Catalina						
4d Sed	125	370	650	1250	2200	3100
2d Cpe	125	450	700	1400	2450	3500
Safari	100	360	600	1200	2100	3000
Bonneville						
4d HT	125	400	675	1350	2300	3300
2d Cpe	125	450	750	1450	2500	3600
Gr. Safari	125	400	700	1375	2400	3400
Grand Ville Brougham						
4d HT	125	400	675	1350	2300	3300
2d Cpe	150	475	775	1500	2650	3800
Conv	500	1550	2600	5200	9100	13,000

	6	5	4	3	2	1
NOTE: Add 20 percent for 455 V-8.						
Grand Prix						
Cpe	150	600	900	1800	3150	4500
'LJ' Cpe	150	600	950	1850	3200	4600
'SJ' Cpe	150	650	950	1900	3300	4700
NOTE: Add 12 percent for 455 V-8.						
Firebird, V-8, 108" wb						
Cpe	350	780	1300	2600	4550	6500
Esprit	350	900	1500	3000	5250	7500
Formula	350	900	1500	3000	5250	7500
Trans Am	350	1020	1700	3400	5950	8500
NOTE: Add 18 percent for 455 H.O. V-8. Add 5 percent for four speed. Add $150.00 for Honeycomb wheels.						
1976						
Astre, 4-cyl.						
Cpe	125	370	650	1250	2200	3100
HBk	125	380	650	1300	2250	3200
Sta Wag	125	400	675	1350	2300	3300
Sunbird, 4-cyl.						
Cpe	150	575	875	1700	3000	4300
Ventura, V-8						
4d Sed	150	550	850	1650	2900	4100
Cpe	150	550	850	1675	2950	4200
HBk	150	575	875	1700	3000	4300
Ventura SJ, V-8						
4d Sed	150	550	850	1675	2950	4200
Cpe	150	575	875	1700	3000	4300
HBk	150	575	900	1750	3100	4400
LeMans, V-8						
4d Sed	150	575	875	1700	3000	4300
Cpe	150	575	900	1750	3100	4400
2S Safari Wag	150	550	850	1675	2950	4200
3S Safari Wag	150	575	875	1700	3000	4300
LeMans Sport Cpe, V-8						
Cpe	150	650	950	1900	3300	4700
Grand LeMans, V-8						
4d Sed	150	575	900	1750	3100	4400
2d Sed	150	600	900	1800	3150	4500
2S Safari Wag	150	575	875	1700	3000	4300
3S Safari Wag	150	575	900	1750	3100	4400
Catalina, V-8						
4d Sed	150	550	850	1675	2950	4200
Cpe	150	575	875	1700	3000	4300
2S Safari Wag	150	600	950	1850	3200	4600
3S Safari Wag	150	550	850	1675	2950	4200
Bonneville, V-8						
4d Sed	150	575	900	1750	3100	4400
Cpe	150	600	900	1800	3150	4500
Bonneville Brougham, V-8						
4d Sed	150	600	950	1850	3200	4600
Cpe	150	650	975	1950	3350	4800
Grand Safari, V-8						
2S Sta Wag	150	575	875	1700	3000	4300
3S Sta Wag	150	575	900	1750	3100	4400
Grand Prix, V-8						
Cpe	200	675	1000	2000	3500	5000
Cpe SJ	200	700	1050	2100	3650	5200
Cpe LJ	200	685	1150	2300	3990	5700
NOTE: Add 10 percent for T tops & Anniversary model.						
Firebird, V-8						
Cpe	200	685	1150	2300	3990	5700
Esprit Cpe	200	720	1200	2400	4200	6000
Formula Cpe	200	745	1250	2500	4340	6200
Trans Am Cpe	350	770	1300	2550	4480	6400
NOTE: Add 20 percent for 455 H.O. V-8. Add $150.00 for Honeycomb wheels.						
1977						
Astre, 4-cyl.						
Cpe	100	330	575	1150	1950	2800
HBk	100	350	600	1150	2000	2900
Sta Wag	100	360	600	1200	2100	3000
Sunbird, 4-cyl.						
Cpe	150	500	800	1600	2800	4000
HBk	150	550	850	1650	2900	4100

	6	5	4	3	2	1
Phoenix, V-8						
4d Sed	150	500	800	1550	2700	3900
Cpe	150	500	800	1600	2800	4000
Ventura, V-8						
4d Sed	150	500	800	1550	2700	3900
Cpe	150	500	800	1600	2800	4000
HBk	150	550	850	1650	2900	4100
Ventura SJ, V-8						
4d Sed	150	500	800	1600	2800	4000
Cpe	150	550	850	1650	2900	4100
HBk	150	550	850	1675	2950	4200
LeMans, V-8						
4d Sed	150	500	800	1600	2800	4000
Cpe	150	550	850	1650	2900	4100
2S Sta Wag	150	500	800	1550	2700	3900
3S Sta Wag	150	500	800	1600	2800	4000
LeMans Sport Cpe, V-8						
NOTE: Add 20 percent for Can Am option.						
Cpe	150	575	900	1750	3100	4400
Grand LeMans, V-8						
4d Sed	150	550	850	1650	2900	4100
Cpe	150	550	850	1675	2950	4200
2S Sta Wag	150	500	800	1600	2800	4000
3S Sta Wag	150	550	850	1650	2900	4100
Catalina, V-8						
4d Sed	150	500	800	1550	2700	3900
Cpe	150	500	800	1600	2800	4000
2S Safari Wag	150	475	775	1500	2650	3800
3S Safari Wag	150	500	800	1550	2700	3900
Bonneville, V-8						
4d Sed	150	550	850	1650	2900	4100
Cpe	150	550	850	1675	2950	4200
Bonneville Brougham, V-8						
4d Sed	150	575	875	1700	3000	4300
Cpe	150	600	900	1800	3150	4500
Grand Safari						
2S Sta Wag	150	550	850	1675	2950	4200
3S Sta Wag	150	575	875	1700	3000	4300
Grand Prix, V-8						
Cpe	150	650	950	1900	3300	4700
Cpe LJ	200	675	1000	2000	3500	5000
Cpe SJ	200	720	1200	2400	4200	6000
Firebird, V-8						
Cpe	200	670	1200	2300	4060	5800
Esprit Cpe	200	720	1200	2400	4200	6000
Formula Cpe	200	750	1275	2500	4400	6300
Trans Am Cpe	350	780	1300	2600	4550	6500
1978						
Sunbird						
Cpe	100	350	600	1150	2000	2900
Spt Cpe	100	360	600	1200	2100	3000
Spt HBk	125	370	650	1250	2200	3100
Spt Wag	100	360	600	1200	2100	3000
Phoenix						
4d Sed	100	360	600	1200	2100	3000
Cpe	125	400	675	1350	2300	3300
HBk	125	370	650	1250	2200	3100
Phoenix LJ						
4d Sed	125	370	650	1250	2200	3100
Cpe	125	450	700	1400	2450	3500
LeMans						
4d Sed	150	500	800	1600	2800	4000
Cpe	150	550	850	1675	2950	4200
2S Sta Wag	150	500	800	1600	2800	4000
Grand LeMans						
4d Sed	150	550	850	1650	2900	4100
Cpe	150	575	875	1700	3000	4300
2S Sta Wag	150	550	850	1650	2900	4100
Grand Am						
4d Sed	150	550	850	1675	2950	4200
Cpe	150	600	900	1800	3150	4500
Catalina						
4d Sed	150	500	800	1600	2800	4000
Cpe	150	550	850	1650	2900	4100
2S Sta Wag	150	550	850	1675	2950	4200

	6	5	4	3	2	1
Bonneville						
4d Sed	150	575	875	1700	3000	4300
Cpe	150	600	900	1800	3150	4500
2S Sta Wag	150	600	900	1800	3150	4500
Bonneville Brougham						
4d Sed	150	600	900	1800	3150	4500
Cpe	150	650	950	1900	3300	4700
Grand Prix						
Cpe	200	675	1000	1950	3400	4900
Cpe LJ	200	675	1000	2000	3500	5000
Cpe SJ	200	700	1050	2100	3650	5200
Firebird, V-8, 108" wb						
Cpe	200	670	1200	2300	4060	5800
Esprit Cpe	200	720	1200	2400	4200	6000
Formula Cpe	200	750	1275	2500	4400	6300
Trans Am Cpe	350	780	1300	2600	4550	6500
1979						
Sunbird						
Cpe	100	360	600	1200	2100	3000
Spt Cpe	125	370	650	1250	2200	3100
HBk	125	370	650	1250	2200	3100
Sta Wag	125	380	650	1300	2250	3200
Phoenix						
Sed	125	370	650	1250	2200	3100
Cpe	125	400	675	1350	2300	3300
HBk	125	380	650	1300	2250	3200
Phoenix LJ						
Sed	125	380	650	1300	2250	3200
Cpe	125	400	700	1375	2400	3400
LeMans						
Sed	150	550	850	1650	2900	4100
Cpe	150	575	875	1700	3000	4300
Sta Wag	150	550	850	1650	2900	4100
Grand LeMans						
Sed	150	550	850	1675	2950	4200
Cpe	150	600	900	1800	3150	4500
Sta Wag	150	550	850	1675	2950	4200
Grand Am						
Sed	150	600	900	1800	3150	4500
Cpe	150	650	950	1900	3300	4700
Catalina						
Sed	150	550	850	1650	2900	4100
Cpe	150	550	850	1675	2950	4200
Sta Wag	150	550	850	1650	2900	4100
Bonneville						
Sed	150	575	900	1750	3100	4400
Cpe	150	600	900	1800	3150	4500
Sta Wag	150	575	900	1750	3100	4400
Bonneville Brougham						
Sed	150	600	950	1850	3200	4600
Cpe	150	650	975	1950	3350	4800
Grand Prix						
Cpe	200	675	1000	2000	3500	5000
LJ Cpe	200	700	1050	2100	3650	5200
SJ Cpe	200	650	1100	2150	3780	5400
Firebird, V-8, 108" wb						
Cpe	200	745	1250	2500	4340	6200
Esprit Cpe	350	770	1300	2550	4480	6400
Formula Cpe	350	790	1350	2650	4620	6600
Trans Am Cpe	350	975	1600	3200	5600	8000
NOTE: Add 15 percent for 10th Anniversary Edition.						
1980						
Sunbird, V-6						
2d Cpe	125	450	700	1400	2450	3500
2d HBk	125	450	750	1450	2500	3600
2d Spt Cpe	125	450	750	1450	2500	3600
2d Cpe HBk	150	475	750	1475	2600	3700
NOTE: Deduct 10 percent for 4-cyl.						
Phoenix, V-6						
2d Cpe	150	475	750	1475	2600	3700
4d Sed HBk	125	450	750	1450	2500	3600
NOTE: Deduct 10 percent for 4-cyl.						
Phoenix LJ, V-6						
2d Cpe	150	475	775	1500	2650	3800
4d Sed HBk	150	475	750	1475	2600	3700
NOTE: Deduct 10 percent for 4-cyl.						

	6	5	4	3	2	1
LeMans, V-8						
4d Sed	150	475	750	1475	2600	3700
2d Cpe	150	500	800	1550	2700	3900
4d Sta Wag	150	475	775	1500	2650	3800
NOTE: Deduct 10 percent for V-6.						
Grand LeMans, V-8						
4d Sed	150	475	775	1500	2650	3800
2d Cpe	150	500	800	1600	2800	4000
4d Sta Wag	150	500	800	1550	2700	3900
NOTE: Deduct 10 percent for V-6.						
Grand Am, V-8						
2d Cpe	150	550	850	1650	2900	4100
Firebird, V-8						
2d Cpe	200	700	1200	2350	4130	5900
2d Cpe Esprit	200	720	1200	2400	4200	6000
2d Cpe Formula	200	730	1250	2450	4270	6100
2d Cpe Trans Am	200	750	1275	2500	4400	6300
NOTE: Deduct 15 percent for V-6.						
Catalina, V-8						
4d Sed	150	475	775	1500	2650	3800
2d Cpe	150	500	800	1550	2700	3900
4d 2S Sta Wag	150	500	800	1550	2700	3900
4d 3S Sta Wag	150	500	800	1600	2800	4000
NOTE: Deduct 10 percent for V-6.						
Bonneville, V-8						
4d Sed	150	500	800	1550	2700	3900
2d Cpe	150	500	800	1600	2800	4000
4d 2S Sta Wag	150	500	800	1600	2800	4000
4d 3S Sta Wag	150	550	850	1650	2900	4100
NOTE: Deduct 10 percent for V-6.						
Bonneville Brougham, V-8						
4d Sed	150	550	850	1650	2900	4100
2d Cpe	150	575	875	1700	3000	4300
NOTE: Deduct 10 percent for V-6.						
Grand Prix, V-8						
2d Cpe	200	650	1100	2150	3780	5400
2d Cpe LJ	200	660	1100	2200	3850	5500
2d Cpe SJ	200	670	1150	2250	3920	5600
NOTE: Deduct 10 percent for V-6.						

1981

	6	5	4	3	2	1
T1000, 4-cyl.						
2d Sed HBk	125	450	700	1400	2450	3500
4d Sed HBk	125	450	750	1450	2500	3600
Phoenix, V-6						
2d Cpe	150	475	750	1475	2600	3700
4d Sed HBk	125	450	750	1450	2500	3600
NOTE: Deduct 10 percent for 4-cyl.						
Phoenix LJ, V-6						
2d Cpe	150	475	775	1500	2650	3800
4d Sed HBk	150	475	750	1475	2600	3700
NOTE: Deduct 10 percent for 4-cyl.						
LeMans, V-8						
4d Sed	150	500	800	1550	2700	3900
4d Sed LJ	150	500	800	1600	2800	4000
2d Cpe	150	500	800	1600	2800	4000
4d Sta Wag	150	500	800	1600	2800	4000
NOTE: Deduct 10 percent for V-6.						
Grand LeMans, V-8						
4d Sed	150	600	950	1850	3200	4600
2d Cpe	150	550	850	1675	2950	4200
4d Sta Wag	150	550	850	1675	2950	4200
NOTE: Deduct 10 percent for V-6.						
Firebird, V-8						
2d Cpe	200	720	1200	2400	4200	6000
2 pe Esprit	200	730	1250	2450	4270	6100
2d Cpe Formula	200	745	1250	2500	4340	6200
2d Cpe Trans Am	350	780	1300	2600	4550	6500
2d Cpe Trans Am SE	350	820	1400	2700	4760	6800
NOTE: Deduct 15 percent for V-6.						
Catalina, V-8						
4d Sed	150	550	850	1675	2950	4200
2d Cpe	150	575	875	1700	3000	4300
4d 2S Sta Wag	150	575	875	1700	3000	4300
4d 3S Sta Wag	150	575	900	1750	3100	4400
NOTE: Deduct 10 percent for V-6.						

	6	5	4	3	2	1
Bonneville, V-8						
4d Sed	150	575	875	1700	3000	4300
2d Cpe	150	575	900	1750	3100	4400
4d 2S Sta Wag	150	575	900	1750	3100	4400
4d 3S Sta Wag	150	600	900	1800	3150	4500
NOTE: Deduct 10 percent for V-6.						
Bonneville Brougham, V-8						
4d Sed	150	600	900	1800	3150	4500
2d Cpe	150	600	950	1850	3200	4600
Grand Prix, V-8						
2d Cpe	200	650	1100	2150	3780	5400
2d Cpe LJ	200	660	1100	2200	3850	5500
2d Cpe Brgm	200	670	1150	2250	3920	5600
NOTE: Deduct 10 percent for V-6.						
1982						
T1000, 4-cyl.						
4d Sed HBk	150	475	750	1475	2600	3700
2d Cpe HBk	125	450	750	1450	2500	3600
J2000 S, 4-cyl.						
4d Sed	150	500	800	1550	2700	3900
2d Cpe	150	500	800	1600	2800	4000
4d Sta Wag	150	500	800	1600	2800	4000
J2000, 4-cyl.						
4d Sed	150	500	800	1600	2800	4000
2d Cpe	150	550	850	1650	2900	4100
2d Cpe HBk	150	550	850	1675	2950	4200
4d Sta Wag	150	550	850	1675	2950	4200
J2000 LE, 4-cyl.						
4d Sed	150	550	850	1650	2900	4100
2d Cpe	150	550	850	1675	2950	4200
J2000 SE, 4-cyl.						
2d Cpe HBk	150	575	900	1750	3100	4400
Phoenix, V-6						
4d Sed HBk	150	475	775	1500	2650	3800
2d Cpe	150	500	800	1550	2700	3900
NOTE: Deduct 10 percent for 4-cyl.						
Phoenix LJ, V-6						
4d Sed HBk	150	500	800	1550	2700	3900
2d Cpe	150	500	800	1600	2800	4000
NOTE: Deduct 10 percent for 4-cyl.						
Phoenix SJ, V-6						
4d Sed HBk	150	500	800	1600	2800	4000
2d Cpe	150	550	850	1650	2900	4100
6000, V-6						
4d Sed	150	550	850	1675	2950	4200
2d Cpe	150	575	875	1700	3000	4300
NOTE: Deduct 10 percent for 4-cyl.						
6000 LE, V-6						
4d Sed	150	575	875	1700	3000	4300
2d Cpe	150	575	900	1750	3100	4400
NOTE: Deduct 10 percent for 4-cyl.						
Firebird, V-8						
2d Cpe	200	750	1275	2500	4400	6300
2d Cpe SE	350	790	1350	2650	4620	6600
2d Cpe Trans Am	350	830	1400	2950	4830	6900
NOTE: Deduct 15 percent for V-6.						
Bonneville, V-6						
4d Sed	150	600	900	1800	3150	4500
4d Sta Wag	150	600	900	1800	3150	4500
Bonneville Brougham						
4d Sed	150	650	950	1900	3300	4700
Grand Prix, V-6						
2d Cpe	200	700	1200	2350	4130	5900
2d Cpe LJ	200	730	1250	2450	4270	6100
2d Cpe Brgm	200	745	1250	2500	4340	6200
1983						
1000, 4-cyl.						
4d Sed HBk	150	475	775	1500	2650	3800
2d Cpe	150	475	750	1475	2600	3700
2000, 4-cyl.						
4d Sed	150	500	800	1600	2800	4000
2d Cpe	150	550	850	1650	2900	4100
2d Cpe HBk	150	550	850	1675	2950	4200
4d Sta Wag	150	550	850	1675	2950	4200
2000 LE, 4-cyl.						
4d Sed	150	550	850	1675	2950	4200

	6	5	4	3	2	1
2d Cpe	150	575	875	1700	3000	4300
4d Sta Wag	150	575	875	1700	3000	4300
2000 SE, 4-cyl.						
2d Cpe HBk	150	575	900	1750	3100	4400
Sunbird, 4-cyl.						
2d Conv	350	1020	1700	3400	5950	8500
Phoenix, V-6						
4d Sed HBk	150	500	800	1550	2700	3900
2d Cpe	150	500	800	1600	2800	4000
NOTE: Deduct 10 percent for 4-cyl.						
Phoenix LJ, V-6						
4d Sed HBk	150	500	800	1600	2800	4000
2d Cpe	150	550	850	1650	2900	4100
NOTE: Deduct 10 percent for 4-cyl.						
Phoenix SJ, V-6						
4d Sed HBk	150	550	850	1650	2900	4100
2d Cpe	150	550	850	1675	2950	4200
6000, V-6						
4d Sed	150	575	875	1700	3000	4300
2d Cpe	150	575	900	1750	3100	4400
NOTE: Deduct 10 percent for 4-cyl.						
6000 LE, V-6						
4d Sed	150	575	900	1750	3100	4400
2d Cpe	150	600	900	1800	3150	4500
NOTE: Deduct 10 percent for 4-cyl.						
6000 STE, V-6						
4d Sed	150	650	950	1900	3300	4700
Firebird, V-8						
2d Cpe	200	750	1275	2500	4400	6300
2d Cpe SE	350	770	1300	2550	4480	6400
2d Cpe Trans Am	350	790	1350	2650	4620	6600
NOTE: Deduct 15 percent for V-6.						
Bonneville, V-8						
4d Sed	150	650	975	1950	3350	4800
4d Brgm	200	675	1000	1950	3400	4900
4d Sta Wag	200	675	1000	1950	3400	4900
NOTE: Deduct 10 percent for V-6.						
Grand Prix, V-8						
2d Cpe	200	660	1100	2200	3850	5500
2d Cpe LJ	200	685	1150	2300	3990	5700
2d Cpe Brgm	200	670	1200	2300	4060	5800

1984 Pontiac Fiero coupe

	6	5	4	3	2	1
1984						
1000, 4-cyl.						
4d HBk	150	475	775	1500	2650	3800
2d HBk	150	475	750	1475	2600	3700
Sunbird 2000, 4-cyl.						
4d Sed LE	150	550	850	1650	2900	4100
2d Sed LE	150	500	800	1600	2800	4000
2d Conv LE	350	1020	1700	3400	5950	8500
4d Sta Wag LE	150	550	850	1675	2950	4200
4d Sed SE	150	550	850	1675	2950	4200
2d Sed SE	150	550	850	1650	2900	4100
2d HBk SE	150	575	875	1700	3000	4300
NOTE: Deduct 5 percent for lesser models.						
Phoenix, 4-cyl.						
2d Sed	150	500	800	1550	2700	3900
4d HBk	150	500	800	1600	2800	4000

	6	5	4	3	2	1
2d Sed LE	150	500	800	1600	2800	4000
4d HBk LE	150	550	850	1650	2900	4100
Phoenix, V-6						
2d Sed	150	550	850	1650	2900	4100
4d HBk	150	550	850	1675	2950	4200
2d Sed LE	150	550	850	1675	2950	4200
4d HBk LE	150	575	875	1700	3000	4300
2d Sed SE	150	575	900	1750	3100	4400
6000, 4-cyl.						
4d Sed LE	150	600	900	1800	3150	4500
2d Sed LE	150	600	950	1850	3200	4600
4d Sta Wag LE	150	650	950	1900	3300	4700
NOTE: Deduct 5 percent for lesser models.						
6000, V-6						
4d Sed LE	150	600	950	1850	3200	4600
2d Sed LE	150	650	950	1900	3300	4700
4d Sta Wag LE	150	650	975	1950	3350	4800
4d Sed STE	200	675	1000	1950	3400	4900
NOTE: Deduct 5 percent for lesser models.						
Fiero, 4-cyl.						
2d Cpe	200	670	1200	2300	4060	5800
2d Cpe Spt	200	700	1200	2350	4130	5900
2d Cpe SE	200	720	1200	2400	4200	6000
NOTE: Add 40 percent for Indy Pace Car.						
Firebird, V-6						
2d Cpe	200	730	1250	2450	4270	6100
2d Cpe SE	200	750	1275	2500	4400	6300
Firebird, V-8						
2d Cpe	350	790	1350	2650	4620	6600
2d Cpe SE	350	800	1350	2700	4700	6700
2d Cpe TA	350	820	1400	2700	4760	6800
Bonneville, V-6						
4d Sed	150	600	950	1850	3200	4600
4d Sed LE	150	650	950	1900	3300	4700
4d Sed Brgm	150	650	975	1950	3350	4800
Bonneville, V-8						
4d Sed	150	650	975	1950	3350	4800
4d Sed LE	200	675	1000	1950	3400	4900
4d Sed Brgm	200	675	1000	2000	3500	5000
Grand Prix, V-6						
2d Cpe	200	660	1100	2200	3850	5500
2d Cpe LE	200	685	1150	2300	3990	5700
2d Cpe Brgm	200	700	1200	2350	4130	5900
Grand Prix, V-8						
2d Cpe	200	670	1200	2300	4060	5800
2d Cpe LE	200	720	1200	2400	4200	6000
2d Cpe Brgm	350	770	1300	2550	4480	6400
Parisienne, V-6						
4d Sed	150	600	900	1800	3150	4500
4d Sed Brgm	150	600	950	1850	3200	4600
Parisienne, V-8						
4d Sed	150	650	950	1900	3300	4700
4d Sed Brgm	150	650	975	1950	3350	4800
4d Sta Wag	200	675	1000	1950	3400	4900
1985						
1000, 4-cyl.						
4d Sed	150	475	775	1500	2650	3800
2d Sed	150	475	750	1475	2600	3700
2d HBk	150	500	800	1550	2700	3900
4d Sta Wag	150	500	800	1600	2800	4000
Sunbird, 4-cyl.						
4d Sed	150	550	850	1650	2900	4100
2d Cpe	150	500	800	1600	2800	4000
Conv	350	1020	1700	3400	5950	8500
4d Sta Wag	150	550	850	1675	2950	4200
4d Sed SE	150	550	850	1675	2950	4200
2d Cpe SE	150	550	850	1650	2900	4100
2d HBk SE	150	575	875	1700	3000	4300
NOTE: Add 20 percent for turbo.						
Grand AM, V-6						
2d Cpe	150	600	900	1800	3150	4500
2d Cpe LE	150	600	950	1850	3200	4600
NOTE: Deduct 15 percent for 4-cyl.						
6000, V-6						
4d Sed LE	150	600	950	1850	3200	4600
2d Sed LE	150	650	950	1900	3300	4700

	6	5	4	3	2	1
4d Sta Wag LE	150	650	975	1950	3350	4800
4d Sed STE	200	675	1000	1950	3400	4900
NOTE: Deduct 20 percent for 4-cyl. where available. Deduct 5 percent for lesser models.						
Fiero, V-6						
2d Cpe	200	670	1200	2300	4060	5800
2d Cpe Spt	200	700	1200	2350	4130	5900
2d Cpe SE	200	720	1200	2400	4200	6000
2d Cpe GT	200	730	1250	2450	4270	6100
NOTE: Deduct 20 percent for 4-cyl. where available.						
Firebird, V-8						
2d Cpe	350	790	1350	2650	4620	6600
2d Cpe SE	350	800	1350	2700	4700	6700
2d Cpe Trans AM	350	820	1400	2700	4760	6800
NOTE: Deduct 30 percent for V-6 where available.						
Bonneville, V-8						
4d Sed	150	600	950	1850	3200	4600
4d Sed LE	150	650	950	1900	3300	4700
4d Sed Brgm	150	650	975	1950	3350	4800
NOTE: Deduct 25 percent for V-6.						
Grand Prix, V-8						
2d Cpe	200	660	1100	2200	3850	5500
2d Cpe LE	200	685	1150	2300	3990	5700
2d Cpe Brgm	200	700	1200	2350	4130	5900
NOTE: Deduct 25 percent for V-6.						
Parisienne, V-8						
4d Sed	150	650	950	1900	3300	4700
4d Sed Brgm	150	650	975	1950	3350	4800
4d Sta Wag	200	675	1000	1950	3400	4900
NOTE: Deduct 20 percent for V-6 where available. Deduct 30 percent for diesel.						

1986

	6	5	4	3	2	1
Fiero						
2d Cpe	200	720	1200	2400	4200	6000
NOTES: Add 20 percent for V-6.						
1000						
Add 10 percent for GT.						
2d HBk	150	475	775	1500	2650	3800
4d HBk	150	500	800	1550	2700	3900
Sunbird						
2d Cpe	150	500	800	1600	2800	4000
2d HBk	150	550	850	1650	2900	4100
2d Conv	350	1040	1700	3450	6000	8600
4d GT Sed	150	550	850	1650	2900	4100
2d GT Conv	450	1050	1750	3550	6150	8800
Grand Am						
2d Cpe	150	650	950	1900	3300	4700
4d Sed	150	600	950	1850	3200	4600
Firebird						
2d Cpe	350	790	1350	2650	4620	6600
2d SE V-8 Cpe	350	800	1350	2700	4700	6700
Trans Am Cpe	350	830	1400	2950	4830	6900
6000						
2d Cpe	150	650	975	1950	3350	4800
4d Sed	150	650	950	1900	3300	4700
4d Sta Wag	150	650	975	1950	3350	4800
4d STE Sed	200	675	1000	2000	3500	5000
Grand Prix						
2d Cpe	200	685	1150	2300	3990	5700
Bonneville						
4d Sed	150	650	975	1950	3350	4800
Parisienne						
4d Sed	200	675	1000	1950	3400	4900
4d Sta Wag	200	670	1200	2300	4060	5800
4d Brgm Sed	200	675	1000	2000	3500	5000
NOTES: Add 10 percent for deluxe models.						
1986-1/2 Grand Prix 2 plus 2						
2d Aero Cpe	450	1050	1800	3600	6200	8900
Deduct 5 percent for smaller engines.						

1987

	6	5	4	3	2	1
1000, 4-cyl.						
2d HBk	150	475	775	1500	2650	3800
4d HBk	150	500	800	1550	2700	3900
Sunbird, 4-cyl.						
4d Sed	150	500	800	1550	2700	3900

	6	5	4	3	2	1
4d Sta Wag	150	500	800	1600	2800	4000
2d SE Cpe	150	550	850	1650	2900	4100
2d SE HBk	150	550	850	1675	2950	4200
2d SE Conv	450	1080	1800	3600	6300	9000
4d GT Turbo Sed	150	575	875	1700	3000	4300
2d GT Turbo Cpe	150	550	850	1675	2950	4200
2d GT Turbo HBk	150	575	875	1700	3000	4300
2d GT Turbo Conv	400	1200	2000	4000	7000	10,000
NOTE: Add 5 percent for Turbo on all models except GT.						
Grand Am, 4-cyl.						
4d Sed	150	650	975	1950	3350	4800
2d Cpe	200	675	1000	1950	3400	4900
4d LE Sed	200	675	1000	1950	3400	4900
2d LE Cpe	200	675	1000	2000	3500	5000
4d SE Sed	200	700	1050	2050	3600	5100
2d SE Cpe	200	700	1050	2100	3650	5200
Grand Am, V-6						
4d Sed	200	675	1000	1950	3400	4900
2d Cpe	200	675	1000	2000	3500	5000
4d LE Sed	200	675	1000	2000	3500	5000
2d LE Cpe	200	700	1050	2050	3600	5100
4d SE Sed	200	700	1075	2150	3700	5300
2d SE Cpe	200	650	1100	2150	3780	5400
6000, 4-cyl.						
4d Sed	200	675	1000	2000	3500	5000
2d Cpe	200	675	1000	1950	3400	4900
4d Sta Wag	200	700	1050	2050	3600	5100
4d LE Sed	200	700	1050	2050	3600	5100
4d LE Sta Wag	200	700	1050	2100	3650	5200
6000, V-6						
4d Sed	200	700	1050	2050	3600	5100
2d Cpe	200	675	1000	2000	3500	5000
4d Sta Wag	200	700	1050	2100	3650	5200
4d LE Sed	200	700	1050	2100	3650	5200
4d LE Sta Wag	200	700	1075	2150	3700	5300
4d SE Sed	200	700	1075	2150	3700	5300
4d SE Sta Wag	200	650	1100	2150	3780	5400
4d STE Sed	200	650	1100	2150	3780	5400
Fiero, 4-cyl.						
2d Cpe	200	730	1250	2450	4270	6100
2d Spt Cpe	200	745	1250	2500	4340	6200
2d SE Cpe	200	750	1275	2500	4400	6300
NOTE: Add 5 percent for V-6.						
Fiero, V-6						
2d GT Cpe	350	780	1300	2600	4550	6500
Firebird, V-6						
2d Cpe	350	800	1350	2700	4700	6700
Firebird, V-8						
2d Cpe	350	830	1400	2950	4830	6900
2d Cpe Formula	350	840	1400	2800	4900	7000
2d Cpe Trans Am	350	860	1450	2900	5050	7200
2d Cpe GTA	350	880	1500	2950	5180	7400
NOTE: Add 10 percent for 5.7 liter V-8 where available.						
Bonneville, V-6						
4d Sed	200	675	1000	2000	3500	5000
4d LE Sed	200	700	1050	2100	3650	5200
Grand Prix, V-6						
2d Cpe	200	670	1200	2300	4060	5800
2d LE Cpe	200	700	1200	2350	4130	5900
2d Brgm Cpe	200	720	1200	2400	4200	6000
Grand Prix, V-8						
2d Cpe	200	720	1200	2400	4200	6000
2d LE Cpe	200	730	1250	2450	4270	6100
2d Brgm Cpe	200	745	1250	2500	4340	6200
Safari, V-8						
4d Sta Wag	200	700	1050	2100	3650	5200
1988						
LeMans, 4-cyl.						
3d HBk	100	300	500	1000	1750	2500
4d Sed	100	330	575	1150	1950	2800
4d SE Sed	100	360	600	1200	2100	3000
Sunbird, 4-cyl.						
4d Sed	125	400	700	1375	2400	3400
2d SE Cpe	125	450	750	1450	2500	3600
4d SE Sed	150	475	750	1475	2600	3700
4d Sta Wag	150	475	775	1500	2650	3800

	6	5	4	3	2	1
2d GT Cpe	200	675	1000	2000	3500	5000
2d GT Conv	350	1020	1700	3400	5950	8500
Grand Am, 4-cyl.						
2d Cpe	150	600	900	1800	3150	4500
4d Sed	150	600	950	1850	3200	4600
2d LE Cpe	150	650	975	1950	3350	4800
4d Sed LE	200	675	1000	1950	3400	4900
2d SE Turbo Cpe	200	670	1150	2250	3920	5600
4d SE Turbo Sed	200	685	1150	2300	3990	5700
6000, 4-cyl.						
4d Sed	150	500	800	1550	2700	3900
4d Sta Wag	150	500	800	1600	2800	4000
4d LE Sed	150	500	800	1600	2800	4000
4d LE Sta Wag	150	550	850	1675	2950	4200
6000, V-6						
4d Sed	150	550	850	1675	2950	4200
4d Sta Wag	150	600	900	1800	3150	4500
4d Sed LE	200	675	1000	2000	3500	5000
4d LE Sta Wag	200	675	1000	2000	3500	5000
4d SE Sed	200	700	1050	2100	3650	5200
4d SE Sta Wag	200	660	1100	2200	3850	5500
4d STE Sed	350	860	1450	2900	5050	7200
Fiero V-6						
2d Cpe III	200	720	1200	2400	4200	6000
2d Formula Cpe	350	780	1300	2600	4550	6500
2d GT Cpe	350	820	1400	2700	4760	6800
Firebird, V-6						
2d Cpe	200	720	1200	2400	4200	6000
Firebird, V-8						
2d Cpe	350	840	1400	2800	4900	7000
2d Formula Cpe	350	975	1600	3200	5600	8000
2d Cpe Trans Am	450	1080	1800	3600	6300	9000
2d Cpe GTA	400	1300	2200	4400	7700	11,000
Bonneville, V-6						
4d LE Sed	200	720	1200	2400	4200	6000
4d SE Sed	350	900	1500	3000	5250	7500
4d SSE Sed	450	1080	1800	3600	6300	9000
Grand Prix, V-6						
2d Cpe	350	780	1300	2600	4550	6500
2d LE Cpe	350	840	1400	2800	4900	7000
2d SE Cpe	350	975	1600	3200	5600	8000
1989						
LeMans, 4-cyl.						
2d HBk	100	325	550	1100	1900	2700
2d LE HBk	100	350	600	1150	2000	2900
2d GSE HBk	125	400	700	1375	2400	3400
4d LE Sed	125	400	675	1350	2300	3300
4d SE Sed	125	450	700	1400	2450	3500
Sunbird, 4-cyl.						
4d LE Sed	150	600	950	1850	3200	4600
2d LE Cpe	150	600	900	1800	3150	4500
2d SE Cpe	150	650	950	1900	3300	4700
2d GT Turbo Cpe	350	800	1350	2700	4700	6700
2d GT Turbo Conv	450	1140	1900	3800	6650	9500
Grand Am, 4-cyl.						
4d LE Sed	200	670	1150	2250	3920	5600
2d LE Cpe	200	660	1100	2200	3850	5500
4d SE Sed	200	750	1275	2500	4400	6300
2d SE Cpe	200	745	1250	2500	4340	6200
6000, 4-cyl.						
4d Sed LE	200	685	1150	2300	3990	5700
6000, V-6						
4d LE Sed	200	730	1250	2450	4270	6100
4d LE Sta Wag	350	770	1300	2550	4480	6400
4d STE Sed	350	975	1600	3200	5600	8000
Firebird, V-6						
2d Cpe	350	780	1300	2600	4550	6500
Firebird, V-8						
2d Cpe	350	840	1400	2800	4900	7000
2d Formula Cpe	350	900	1500	3000	5250	7500
2d Trans Am Cpe	450	1450	2400	4800	8400	12,000
2d GTA Cpe	500	1550	2600	5200	9100	13,000
Bonneville, V-6						
4d LE Sed	350	820	1400	2700	4760	6800
4d SE Sed	350	950	1550	3150	5450	7800
4d SSE Sed	450	1050	1750	3550	6150	8800

	6	5	4	3	2	1
Grand Prix, V-6						
2d Cpe	350	840	1400	2800	4900	7000
2d LE Cpe	350	900	1500	3000	5250	7500
2d SE Cpe	350	975	1600	3200	5600	8000
Safari, V-8						
4d Sta Wag	350	860	1450	2900	5050	7200
1989-1/2 Firebird Trans Am Pace Car						
Cpe	400	1300	2200	4400	7700	11,000
1990						
LeMans, 4-cyl.						
2d Cpe	100	330	575	1150	1950	2800
2d LE Cpe	125	380	650	1300	2250	3200
2d GSE Cpe	125	450	750	1450	2500	3600
4d LE Sed	125	380	650	1300	2250	3200
Sunbird, 4-cyl.						
2d VL Cpe	150	500	800	1600	2800	4000
4d VL Sed	150	550	850	1650	2900	4100
2d LE Cpe	150	550	850	1675	2950	4200
2d LE Conv	350	900	1500	3000	5250	7500
4d LE Sed	150	575	875	1700	3000	4300
2d SE Cpe	200	675	1000	2000	3500	5000
2d GT Turbo Cpe	200	720	1200	2400	4200	6000
Grand Am, 4-cyl.						
2d LE Cpe	200	685	1150	2300	3990	5700
4d LE Cpe	200	720	1200	2400	4200	6000
2d SE Quad Cpe	350	780	1300	2600	4550	6500
4d SE Quad Sed	350	790	1350	2650	4620	6600
6000, 4-cyl.						
4d LE Sed	150	600	900	1800	3150	4500
6000, V-6						
4d LE Sed	200	675	1000	2000	3500	5000
4d LE Sta Wag	200	660	1100	2200	3850	5500
4d SE Sed	200	660	1100	2200	3850	5500
4d SE Sta Wag	200	720	1200	2400	4200	6000
Firebird, V-6						
2d Cpe	350	780	1300	2600	4550	6500
Firebird, V-8						
2d Cpe	350	900	1500	3000	5250	7500
2d Formula Cpe	350	975	1600	3200	5600	8000
2d Trans Am Cpe	450	1080	1800	3600	6300	9000
2d GTA Cpe	400	1300	2200	4400	7700	11,000
Bonneville, V-6						
4d LE Sed	350	840	1400	2800	4900	7000
4d SE Sed	350	900	1500	3000	5250	7500
4d SSE Sed	350	1020	1700	3400	5950	8500
Grand Prix, 4-cyl.						
2d LE Cpe	200	720	1200	2400	4200	6000
4d LE Sed	200	730	1250	2450	4270	6100
Grand Prix, V-6						
2d LE Cpe	200	750	1275	2500	4400	6300
4d LE Sed	350	770	1300	2550	4480	6400
2d SE Cpe	350	975	1600	3200	5600	8000
4d STE Sed	350	1020	1700	3400	5950	8500

OAKLAND

	6	5	4	3	2	1
1907						
Model A, 4-cyl., 96" wb - 100" wb						
All Body Styles	1250	3950	6600	13,200	23,100	33,000
1909						
Model 20, 2-cyl., 112" wb						
All Body Styles	1150	3600	6000	12,000	21,000	30,000
Model 40, 4-cyl., 112" wb						
All Body Styles	1050	3350	5600	11,200	19,600	28,000
1910-1911						
Model 24, 4-cyl., 96" wb						
Rds	850	2650	4400	8800	15,400	22,000
Model 25, 4-cyl., 100" wb						
Tr	750	2400	4000	8000	14,000	20,000
Model 33, 4-cyl., 106" wb						
Tr	900	2900	4800	9600	16,800	24,000
Model K, 4-cyl., 102" wb						
Tr	1000	3100	5200	10,400	18,200	26,000

	6	5	4	3	2	1
Model M, 4-cyl., 112" wb						
Rds	1000	3250	5400	10,800	18,900	27,000
NOTE: Model 33 1911 only.						
1912						
Model 30, 4-cyl., 106" wb						
5P Tr	550	1800	3000	6000	10,500	15,000
Rbt	600	1850	3100	6200	10,900	15,500
Model 40, 4-cyl., 112" wb						
5P Tr	550	1800	3000	6000	10,500	15,000
Cpe	400	1300	2200	4400	7700	11,000
Rds	600	1900	3200	6400	11,200	16,000
Model 45, 4-cyl., 120" wb						
7P Tr	800	2500	4200	8400	14,700	21,000
4P Tr	850	2650	4400	8800	15,400	22,000
Limo	750	2400	4000	8000	14,000	20,000
1913						
Greyhound 6-60, 6-cyl., 130" wb						
4P Tr	900	2900	4800	9600	16,800	24,000
7P Tr	850	2750	4600	9200	16,100	23,000
Rbt	700	2300	3800	7600	13,300	19,000
Model 42, 4-cyl., 116" wb						
5P Tr	700	2150	3600	7200	12,600	18,000
3P Rds	650	2050	3400	6800	11,900	17,000
4P Cpe	400	1300	2200	4400	7700	11,000
Model 35, 4-cyl., 112" wb						
5P Tr	600	1900	3200	6400	11,200	16,000
3P Rds	600	1900	3200	6400	11,200	16,000
Model 40, 4-cyl., 114" wb						
5P Tr	650	2050	3400	6800	11,900	17,000
Model 45, 4-cyl., 120" wb						
7P Limo	550	1800	3000	6000	10,500	15,000
1914						
Model 6-60, 6-cyl., 130" wb						
Rbt	650	2050	3400	6800	11,900	17,000
Rds	800	2500	4200	8400	14,700	21,000
Cl Cpl	600	1900	3200	6400	11,200	16,000
Tr	850	2750	4600	9200	16,100	23,000
Model 6-48, 6-cyl., 130" wb						
Spt	450	1450	2400	4800	8400	12,000
Rds	700	2300	3800	7600	13,300	19,000
Tr	750	2400	4000	8000	14,000	20,000
Model 43, 4-cyl., 116" wb						
5P Tr	600	1900	3200	6400	11,200	16,000
Cpe	400	1200	2000	4000	7000	10,000
Sed	450	1140	1900	3800	6650	9500
Model 36, 4-cyl., 112" wb						
5P Tr	550	1800	3000	6000	10,500	15,000
Cabr	550	1750	2900	5800	10,200	14,500
Model 35, 4-cyl., 112" wb						
Rds	550	1700	2800	5600	9800	14,000
5P Tr	550	1750	2900	5800	10,200	14,500
1915-1916						
Model 37-Model 38, 4-cyl., 112" wb						
Tr	550	1700	2800	5600	9800	14,000
Rds	500	1550	2600	5200	9100	13,000
Spd	450	1500	2500	5000	8800	12,500
Model 49-Model 32, 6-cyl., 110"-123.5" wb						
Tr	600	1900	3200	6400	11,200	16,000
Rds	600	1850	3100	6200	10,900	15,500
Model 50, 8-cyl., 127" wb						
7P Tr	700	2300	3800	7600	13,300	19,000
NOTE: Model 37 and model 49 are 1915 models.						
1917						
Model 34, 6-cyl., 112" wb						
Rds	450	1450	2400	4800	8400	12,000
5P Tr	450	1500	2500	5000	8800	12,500
Cpe	450	1140	1900	3800	6650	9500
Sed	450	1080	1800	3600	6300	9000
Model 50, 8-cyl., 127" wb						
7P Tr	700	2300	3800	7600	13,300	19,000
1918						
Model 34-B, 6-cyl., 112" wb						
5P Tr	450	1450	2400	4800	8400	12,000
Rds	450	1400	2300	4600	8100	11,500
Rds Cpe	450	1140	1900	3800	6650	9500

	6	5	4	3	2	1
Tr Sed	450	1080	1800	3600	6300	9000
4P Cpe	350	1020	1700	3400	5950	8500
Sed	350	975	1600	3200	5600	8000
1919						
Model 34-B, 6-cyl., 112" wb						
5P Tr	450	1450	2400	4800	8400	12,000
Rds	450	1400	2300	4600	8100	11,500
Rds Cpe	450	1140	1900	3800	6650	9500
Cpe	350	1020	1700	3400	5950	8500
Sed	350	975	1600	3200	5600	8000
1920						
Model 34-C, 6-cyl., 112" wb						
Tr	450	1450	2400	4800	8400	12,000
Rds	450	1400	2300	4600	8100	11,500
Sed	350	1020	1700	3400	5950	8500
Cpe	450	1080	1800	3600	6300	9000
1921-22						
Model 34-C, 6-cyl., 115" wb						
Tr	500	1550	2600	5200	9100	13,000
Rds	450	1500	2500	5000	8800	12,500
Sed	350	1020	1700	3400	5950	8500
Cpe	450	1080	1800	3600	6300	9000
1923						
Model 6-44, 6-cyl., 115" wb						
Rds	500	1550	2600	5200	9100	13,000
Tr	500	1600	2700	5400	9500	13,500
Spt Rds	500	1600	2700	5400	9500	13,500
Spt Tr	550	1700	2800	5600	9800	14,000
2P Cpe	350	900	1500	3000	5250	7500
4P Cpe	350	880	1500	2950	5180	7400
Sed	350	780	1300	2600	4550	6500
1924-25						
Model 6-54, 6-cyl., 113" wb						
5P Tr	550	1800	3000	6000	10,500	15,000
Spl Tr	600	1850	3100	6200	10,900	15,500
Rds	550	1750	2900	5800	10,200	14,500
Spl Rds	550	1800	3000	6000	10,500	15,000
4P Cpe	450	1140	1900	3800	6650	9500
Lan Cpe	450	1140	1900	3800	6650	9500
Sed	350	975	1600	3200	5600	8000
Lan Sed	350	1020	1700	3400	5950	8500
2d Sed	350	900	1500	3000	5250	7500
2d Lan Sed	350	975	1600	3200	5600	8000
1926-27						
Greater Six, 6-cyl., 113" wb						
Tr	600	1850	3100	6200	10,900	15,500
Spt Phae	600	1900	3200	6400	11,200	16,000
Rds	550	1800	3000	6000	10,500	15,000
Spt Rds	600	1850	3100	6200	10,900	15,500
Lan Cpe	450	1140	1900	3800	6650	9500
2d Sed	350	975	1600	3200	5600	8000
Sed	350	900	1500	3000	5250	7500
Lan Sed	350	975	1600	3200	5600	8000
1928						
Model 212, All-American, 6-cyl., 117" wb						
Spt Rds	600	2000	3300	6600	11,600	16,500
Phae	650	2050	3400	6800	11,900	17,000
Lan Cpe	400	1200	2000	4000	7000	10,000
Cabr	550	1800	3000	6000	10,500	15,000
2d Sed	350	975	1600	3200	5600	8000
Sed	350	900	1500	3000	5250	7500
Lan Sed	350	975	1600	3200	5600	8000
1929						
Model Aas, 6-cyl., 117" wb						
Spt Rds	900	2900	4800	9600	16,800	24,000
Spt Phae	950	3000	5000	10,000	17,500	25,000
Cpe	400	1200	2000	4000	7000	10,000
Conv	850	2650	4400	8800	15,400	22,000
2d Sed	350	975	1600	3200	5600	8000
Brgm	450	1080	1800	3600	6300	9000
Sed	350	900	1500	3000	5250	7500
Spl Sed	350	975	1600	3200	5600	8000
Lan Sed	350	1020	1700	3400	5950	8500

	6	5	4	3	2	1
1930						
Model 101, V-8, 117" wb						
Spt Rds	900	2900	4800	9600	16,800	24,000
Phae	950	3000	5000	10,000	17,500	25,000
Cpe	500	1550	2600	5200	9100	13,000
Spt Cpe	550	1700	2800	5600	9800	14,000
2d Sed	450	1080	1800	3600	6300	9000
Sed	350	1020	1700	3400	5950	8500
Cus Sed	450	1050	1750	3550	6150	8800
1931						
Model 301, V-8, 117" Wb						
Cpe	550	1700	2800	5600	9800	14,000
Spt Cpe	550	1800	3000	6000	10,500	15,000
Conv	950	3000	5000	10,000	17,500	25,000
2d Sed	350	1020	1700	3400	5950	8500
Sed	450	1050	1750	3550	6150	8800
Cus Sed	450	1080	1800	3600	6300	9000

REO

1910 Reo touring

	6	5	4	3	2	1
1905						
Two Cyl., 16 hp, 88" wb						
5P Detachable Tonn	750	2400	4000	8000	14,000	20,000
One Cyl., 7-1/2 hp, 76" wb						
Rbt	700	2300	3800	7600	13,300	19,000
1906						
One Cyl., 8 hp, 76" wb						
2P Bus Rbt	700	2300	3800	7600	13,300	19,000
One Cyl., 8 hp, 78" wb						
4P Rbt	750	2400	4000	8000	14,000	20,000
Two Cyl., 16 hp, 90" wb						
2P Physician's Vehicle	800	2500	4200	8400	14,700	21,000
4P Cpe/Depot Wag	850	2650	4400	8800	15,400	22,000
5P Tr	750	2400	4000	8000	14,000	20,000
Four - 24 hp, 100" wb						
5P Tr	800	2500	4200	8400	14,700	21,000
1907						
Two Cyl., 16/20 hp, 94" wb						
5P Tr	800	2500	4200	8400	14,700	21,000
7P Limo	850	2650	4400	8800	15,400	22,000
One Cyl., 8 hp, 78" wb						
2/4P Rbt	800	2500	4200	8400	14,700	21,000
2P Rbt	750	2400	4000	8000	14,000	20,000

	6	5	4	3	2	1
1908						
One Cyl., 8/10 hp, 78" wb						
Rbt	750	2400	4000	8000	14,000	20,000
Two Cyl., 18/20 hp, 94" wb						
Tr	800	2500	4200	8400	14,700	21,000
Rds	750	2400	4000	8000	14,000	20,000
1909						
One Cyl., 10/12 hp, 78" wb						
Rbt	700	2300	3800	7600	13,300	19,000
Two Cyl., 20/22 hp, 96" wb						
Tr	800	2500	4200	8400	14,700	21,000
Semi-Racer	750	2400	4000	8000	14,000	20,000
1910						
One Cyl., 10/12 hp, 78" wb						
Rbt	700	2300	3800	7600	13,300	19,000
Two Cyl., 20 hp, 96" wb						
Tr	750	2400	4000	8000	14,000	20,000
Four, 35 hp, 108" wb						
5P Tr	800	2500	4200	8400	14,700	21,000
4P Demi-Tonn	800	2500	4200	8400	14,700	21,000
1911						
Twenty-Five, 4-cyl., 22.5 hp, 98" wb						
Rbt	800	2500	4200	8400	14,700	21,000
Thirty, 4-cyl., 30 hp, 108" wb						
2P Torp Rds	850	2750	4600	9200	16,100	23,000
5P Tr	850	2750	4600	9200	16,100	23,000
4P Rds	850	2650	4400	8800	15,400	22,000
Thirty-Five, 4-cyl., 35 hp, 108" wb						
Tr-5P	950	3000	5000	10,000	17,500	25,000
4P Demi-Tonn	900	2900	4800	9600	16,800	24,000
1912						
The Fifth, 4-cyl., 30/35 hp, 112" wb						
5P Tr	850	2750	4600	9200	16,100	23,000
4P Rds	850	2650	4400	8800	15,400	22,000
2P Rbt	850	2650	4400	8800	15,400	22,000
1913						
The Fifth, 4-cyl., 30/35 hp, 112" wb						
5P Tr	850	2650	4400	8800	15,400	22,000
2P Rbt	800	2500	4200	8400	14,700	21,000
1914						
The Fifth, 4-cyl., 30/35 hp, 112" wb						
5P Tr	850	2650	4400	8800	15,400	22,000
2P Rbt	800	2500	4200	8400	14,700	21,000
1915						
The Fifth, 4-cyl., 30/35 hp, 115" wb						
5P Tr	850	2750	4600	9200	16,100	23,000
2P Rds	850	2650	4400	8800	15,400	22,000
3P Cpe	700	2150	3600	7200	12,600	18,000
1916						
The Fifth, 4-cyl., 30/35 hp, 115" wb						
5P Tr	850	2650	4400	8800	15,400	22,000
3P Rbt	800	2500	4200	8400	14,700	21,000
Model M, 6-cyl., 45 hp, 126" wb						
7P Tr	950	3000	5000	10,000	17,500	25,000
1917						
The Fifth, 4-cyl., 30/35 hp, 115" wb						
5P Tr	850	2650	4400	8800	15,400	22,000
3P Rds	800	2500	4200	8400	14,700	21,000
Model M, 6-cyl., 45 hp, 126" wb						
7P Tr	950	3000	5000	10,000	17,500	25,000
4P Rds	900	2900	4800	9600	16,800	24,000
7P Sed	500	1550	2600	5200	9100	13,000
1918						
The Fifth, 4-cyl., 30/35 hp, 120" wb						
5P Tr	850	2750	4600	9200	16,100	23,000
3P Rds	850	2650	4400	8800	15,400	22,000
Model M, 6-cyl., 45 hp, 126" wb						
7P Tr	950	3000	5000	10,000	17,500	25,000
4P Rds	900	2900	4800	9600	16,800	24,000
4P Encl Rds	850	2750	4600	9200	16,100	23,000
7P Sed	500	1550	2600	5200	9100	13,000
1919						
The Fifth, 4-cyl., 30/35 hp, 120" wb						
5P Tr	800	2500	4200	8400	14,700	21,000

	6	5	4	3	2	1
3P Rds	750	2400	4000	8000	14,000	20,000
4P Cpe	450	1450	2400	4800	8400	12,000
5P Sed	400	1300	2200	4400	7700	11,000
1920						
Model T-6, 6-cyl., 50 hp, 120" wb						
5P Tr	850	2750	4600	9200	16,100	23,000
3P Rds	850	2700	4500	9000	15,800	22,500
4P Cpe	550	1700	2800	5600	9800	14,000
5P Sed	450	1450	2400	4800	8400	12,000
1921						
Model T-6, 6-cyl., 50 hp, 120" wb						
5P Tr	850	2750	4600	9200	16,100	23,000
3P Rds	850	2700	4500	9000	15,800	22,500
4P Cpe	550	1700	2800	5600	9800	14,000
5P Sed	450	1450	2400	4800	8400	12,000
1922						
Model T-6, 6-cyl., 50 hp, 120" wb						
7P Tr	850	2650	4400	8800	15,400	22,000
3P Rds	800	2600	4300	8600	15,100	21,500
3P Bus Cpe	450	1450	2400	4800	8400	12,000
4P Cpe	500	1550	2600	5200	9100	13,000
5P Sed	400	1300	2200	4400	7700	11,000
1923						
Model T-6, 6-cyl., 50 hp, 120" wb						
7P Tr	800	2500	4200	8400	14,700	21,000
5P Phae	850	2650	4400	8800	15,400	22,000
4P Cpe	450	1450	2400	4800	8400	12,000
5P Sed	400	1300	2200	4400	7700	11,000
1924						
Model T-6, 6-cyl., 50 hp, 120" wb						
5P Tr	800	2500	4200	8400	14,700	21,000
5P Phae	850	2650	4400	8800	15,400	22,000
4P Cpe	500	1550	2600	5200	9100	13,000
5P Sed	400	1300	2200	4400	7700	11,000
5P Brgm	450	1450	2400	4800	8400	12,000
1925						
Model T-6, 6-cyl., 50 hp, 120" wb						
5P Tr	800	2500	4200	8400	14,700	21,000
5P Sed	450	1450	2400	4800	8400	12,000
4P Cpe	550	1800	3000	6000	10,500	15,000
5P Brgm	550	1700	2800	5600	9800	14,000
1926						
Model T-6, 6-cyl., 50 hp, 120" wb						
4P Rds	700	2300	3800	7600	13,300	19,000
2P Cpe	450	1450	2400	4800	8400	12,000
5P Sed	400	1300	2200	4400	7700	11,000
5P Tr	750	2400	4000	8000	14,000	20,000
1927						
Flying Cloud, 6-cyl., 65 hp, 121" wb						
4P Spt Rds	900	2900	4800	9600	16,800	24,000
4P Cpe	500	1550	2600	5200	9100	13,000
4P DeL Cpe	550	1700	2800	5600	9800	14,000
2d 5P Brgm	500	1550	2600	5200	9100	13,000
5P DeL Sed	450	1450	2400	4800	8400	12,000
1928						
Flying Cloud, 6-cyl., 65 hp, 121" wb						
4P Spt Rds	900	2900	4800	9600	16,800	24,000
4P Cpe	500	1550	2600	5200	9100	13,000
4P DeL Cpe	550	1700	2800	5600	9800	14,000
2d 5P Brgm	450	1450	2400	4800	8400	12,000
5P DeL Sed	400	1300	2200	4400	7700	11,000
1929						
Flying Cloud Mate, 6-cyl., 65 hp, 115" wb						
5P Sed	400	1200	2000	4000	7000	10,000
4P Cpe	400	1300	2200	4400	7700	11,000
Flying Cloud Master, 6-cyl., 80 hp, 121" wb						
4P Rds	1000	3100	5200	10,400	18,200	26,000
4P Cpe	500	1550	2600	5200	9100	13,000
5P Brgm	450	1450	2400	4800	8400	12,000
5P Sed	400	1300	2200	4400	7700	11,000
4P Vic	450	1450	2400	4800	8400	12,000
1930						
Flying Cloud, Model 15, 6-cyl., 60 hp, 115" wb						
5P Sed	400	1300	2200	4400	7700	11,000

	6	5	4	3	2	1
2P Cpe	500	1550	2600	5200	9100	13,000
4P Cpe	550	1700	2800	5600	9800	14,000
Flying Cloud, Model 20, 6-cyl., 80 hp, 120" wb						
5P Sed	450	1450	2400	4800	8400	12,000
2P Cpe	550	1700	2800	5600	9800	14,000
4P Cpe	550	1800	3000	6000	10,500	15,000
Flying Cloud, Model 25, 6-cyl., 80 hp, 124" wb						
7P Sed	500	1550	2600	5200	9100	13,000
1931						
Flying Cloud, Model 15, 6-cyl., 60 hp, 116" wb						
5P Phae	1000	3100	5200	10,400	18,200	26,000
5P Sed	500	1550	2600	5200	9100	13,000
2P Cpe	550	1800	3000	6000	10,500	15,000
4P Cpe	600	1900	3200	6400	11,200	16,000
Flying Cloud, Model 20, 6-cyl., 85 hp, 120" wb						
5P Sed	550	1700	2800	5600	9800	14,000
Spt Cpe	600	1900	3200	6400	11,200	16,000
Spt Sed	550	1800	3000	6000	10,500	15,000
Cpe-4P	550	1800	3000	6000	10,500	15,000
Flying Cloud, Model 25, 6-cyl., 85 hp, 125" wb						
Sed	550	1700	2800	5600	9800	14,000
Vic	550	1800	3000	6000	10,500	15,000
4P Cpe	600	1850	3100	6200	10,900	15,500
Spt Sed	600	1850	3100	6200	10,900	15,500
Spt Vic	600	1900	3200	6400	11,200	16,000
Spt Cpe	600	1900	3200	6400	11,200	16,000
Flying Cloud, Model 30, 8-cyl., 125 hp, 130" wb						
Sed	700	2150	3600	7200	12,600	18,000
Vic	750	2400	4000	8000	14,000	20,000
4P Cpe	750	2400	4000	8000	14,000	20,000
Spt Sed	700	2300	3800	7600	13,300	19,000
Spt Vic	800	2500	4200	8400	14,700	21,000
Spt Cpe	800	2500	4200	8400	14,700	21,000
Royale, Model 35, 8-cyl., 125 hp, 135" wb						
Sed	1000	3250	5400	10,800	18,900	27,000
Vic	1050	3350	5600	11,200	19,600	28,000
4P Cpe	1100	3500	5800	11,600	20,300	29,000
1932						
Flying Cloud, Model 6-21, 6-cyl., 85 hp, 121" wb						
Sed	750	2400	4000	8000	14,000	20,000
Spt Sed	800	2500	4200	8400	14,700	21,000
Flying Cloud, Model 8-21, 8-cyl., 90 hp, 121" wb						
Sed	800	2500	4200	8400	14,700	21,000
Spt Sed	850	2650	4400	8800	15,400	22,000
Flying Cloud, Model 6-25						
Vic	950	3000	5000	10,000	17,500	25,000
Sed	850	2750	4600	9200	16,100	23,000
Cpe	900	2900	4800	9600	16,800	24,000
Flying Cloud, Model 8-25, 8-cyl., 90 hp, 125" wb						
Sed	850	2650	4400	8800	15,400	22,000
Vic	900	2900	4800	9600	16,800	24,000
Cpe	900	2900	4800	9600	16,800	24,000
Spt Sed	850	2750	4600	9200	16,100	23,000
Spt Vic	950	3000	5000	10,000	17,500	25,000
Spt Cpe	950	3000	5000	10,000	17,500	25,000
Royale, Model 8-31, 8-cyl., 125 hp, 131" wb						
Sed	1250	3950	6600	13,200	23,100	33,000
Vic	1300	4200	7000	14,000	24,500	35,000
Cpe	1300	4200	7000	14,000	24,500	35,000
Spt Sed	1300	4100	6800	13,600	23,800	34,000
Spt Vic	1350	4300	7200	14,400	25,200	36,000
Spt Cpe	1350	4300	7200	14,400	25,200	36,000
Royale, Model 8-35, 8-cyl., 125 hp, 135" wb						
Sed	1300	4100	6800	13,600	23,800	34,000
Vic	1350	4300	7200	14,400	25,200	36,000
Cpe	1350	4300	7200	14,400	25,200	36,000
Conv Cpe	2500	7900	13,200	26,400	46,200	66,000
Flying Cloud, Model S						
Std Cpe	700	2150	3600	7200	12,600	18,000
Std Conv Cpe	1050	3350	5600	11,200	19,600	28,000
Std Sed	550	1800	3000	6000	10,500	15,000
Spt Cpe	700	2300	3800	7600	13,300	19,000
Spt Conv Cpe	1100	3500	5800	11,600	20,300	29,000
Spt Sed	600	1900	3200	6400	11,200	16,000
Del Cpe	700	2300	3800	7600	13,300	19,000

1933 Reo Royale four-door sedan

	6	5	4	3	2	1
DeL Conv Cpe	1150	3600	6000	12,000	21,000	30,000
DeL Sed	650	2050	3400	6800	11,900	17,000
NOTE: Model 8-31 had been introduced April 1931; Model 8-21 May 1931.						
1933						
Flying Cloud, 6-cyl., 85 hp, 117-1/2" wb						
5P Sed	750	2400	4000	8000	14,000	20,000
4P Cpe	850	2750	4600	9200	16,100	23,000
Vic	850	2650	4400	8800	15,400	22,000
Royale, 8-cyl., 125 hp, 131" wb						
5P Sed	1150	3700	6200	12,400	21,700	31,000
5P Vic	1300	4100	6800	13,600	23,800	34,000
4P Cpe	1250	3950	6600	13,200	23,100	33,000
Conv Cpe	2050	6600	11,000	22,000	38,500	55,000
1934						
Flying Cloud, 6-cyl., 95 hp, 118" wb						
Cpe	800	2500	4200	8400	14,700	21,000
5P Sed	750	2400	4000	8000	14,000	20,000
Cpe	850	2650	4400	8800	15,400	22,000
5P Sed	800	2500	4200	8400	14,700	21,000
Elite Sed	850	2650	4400	8800	15,400	22,000
Elite Cpe	850	2750	4600	9200	16,100	23,000
Royale, 8-cyl., 95 hp, 131" wb						
5P Sed	1200	3850	6400	12,800	22,400	32,000
Vic	1300	4100	6800	13,600	23,800	34,000
Elite Sed	1250	3950	6600	13,200	23,100	33,000
Elite Vic	1300	4200	7000	14,000	24,500	35,000
Elite Cpe	1350	4300	7200	14,400	25,200	36,000
Royale, 8-cyl., 95 hp, 135" wb						
Cus Sed	1300	4200	7000	14,000	24,500	35,000
Cus Vic	1400	4450	7400	14,800	25,900	37,000
Cus Cpe	1450	4550	7600	15,200	26,600	38,000
1935						
Flying Cloud, 6-cyl., 85 hp, 115" wb						
Cpe	750	2400	4000	8000	14,000	20,000
Sed	650	2050	3400	6800	11,900	17,000
Flying Cloud, 6-cyl., 85 hp, 118" wb						
Sed	700	2150	3600	7200	12,600	18,000
Conv Cpe	1100	3500	5800	11,600	20,300	29,000
2P Cpe	800	2500	4200	8400	14,700	21,000
4P Cpe	850	2650	4400	8800	15,400	22,000
1936						
Flying Cloud, 6-cyl., 85 hp, 115" wb						
Coach	700	2150	3600	7200	12,600	18,000
Sed	700	2300	3800	7600	13,300	19,000
DeL Brgm	800	2500	4200	8400	14,700	21,000
DeL Sed	750	2400	4000	8000	14,000	20,000

STUDEBAKER

	6	5	4	3	2	1
1903						
Model A, 8 hp						
Tonn Tr	NA				Value inestimable	
1904						
Model A						
Tonn Tr	1050	3350	5600	11,200	19,600	28,000
Model B						
Dely Wagon	1000	3250	5400	10,800	18,900	27,000
Model C						
Tonn Tr	1100	3500	5800	11,600	20,300	29,000
1905						
Model 9502, 2-cyl.						
Rear Ent Tr	1150	3600	6000	12,000	21,000	30,000
Side Ent Tr	1150	3700	6200	12,400	21,700	31,000
Model 9503, 4-cyl.						
Side Ent Tr	1250	3950	6600	13,200	23,100	33,000
1906						
Model E, 20 N.A.C.C.H.P.						
Side Ent Tr	1100	3500	5800	11,600	20,300	29,000
Twn Car	1050	3350	5600	11,200	19,600	28,000
Model F, 28 N.A.C.C.H.P.						
Side Ent Tr	1150	3700	6200	12,400	21,700	31,000
Model G, 30 N.A.C.C.H.P.						
Side Ent Tr	1300	4100	6800	13,600	23,800	34,000

1907 Studebaker-Garford Model H touring

	6	5	4	3	2	1
1907						
Model L, 4-cyl., 28 hp, 104" wb						
5P Rear Ent Tr	1300	4200	7000	14,000	24,500	35,000
Model G, 4-cyl., 30 hp, 104" wb						
5P Rear Ent Tr	1350	4300	7200	14,400	25,200	36,000
Model H, 4-cyl., 30 hp, 104" wb						
5P Rear Ent Tr	1350	4300	7200	14,400	25,200	36,000
1908						
Model H, 4-cyl., 30 hp, 104" wb						
5P Rear Ent Tr	1350	4300	7200	14,400	25,200	36,000
Model A, 4-cyl., 30 hp, 104" wb						
5P Tr	1350	4300	7200	14,400	25,200	36,000
5P Twn Car	1300	4200	7000	14,000	24,500	35,000

	6	5	4	3	2	1
2P Rbt	1300	4100	6800	13,600	23,800	34,000
5P Lan'let	1350	4300	7200	14,400	25,200	36,000
Model B, 4-cyl., 40 hp, 114" wb						
5P Tr	1450	4550	7600	15,200	26,600	38,000
2P Rbt	1350	4300	7200	14,400	25,200	36,000
7P Limo	1400	4450	7400	14,800	25,900	37,000
5P Lan'let	1450	4550	7600	15,200	26,600	38,000
4P Trabt	1450	4700	7800	15,600	27,300	39,000
3P Speed Car	1400	4450	7400	14,800	25,900	37,000
1909						
Model A, 4-cyl., 30 hp, 104" wb						
5P Tr	1350	4300	7200	14,400	25,200	36,000
5P Twn Car	1300	4200	7000	14,000	24,500	35,000
Rbt	1300	4100	6800	13,600	23,800	34,000
5P Lan'let	1350	4300	7200	14,400	25,200	36,000
Model B, 4-cyl., 40 hp, 114" wb						
5P Tr	1450	4550	7600	15,200	26,600	38,000
7P Limo	1400	4450	7400	14,800	25,900	37,000
5P Lan'let	1450	4550	7600	15,200	26,600	38,000
Model C, 4-cyl., 30 hp, 104" wb						
5P Tr	1350	4300	7200	14,400	25,200	36,000
Model D, 4-cyl., 40 hp, 117.5" wb						
5P Tr	1450	4700	7800	15,600	27,300	39,000
1910						
Model H, 4-cyl., 30 hp, 104" wb						
5P Tr	1350	4300	7200	14,400	25,200	36,000
Model M, 4-cyl., 28 hp, 104" wb						
5P Tr	1300	4200	7000	14,000	24,500	35,000
Model G-7, 4-cyl., 40 hp, 117.5" wb						
4/5P Tr	1450	4550	7600	15,200	26,600	38,000
7P Tr	1450	4700	7800	15,600	27,300	39,000
Limo (123" wb)	1350	4300	7200	14,400	25,200	36,000
1911						
Model G-8, 4-cyl., 40 hp, 117.5" wb						
7P Limo	1400	4450	7400	14,800	25,900	37,000
5P Lan'let	1450	4550	7600	15,200	26,600	38,000
4/6/7P Tr	1500	4800	8000	16,000	28,000	40,000
2P Rds	1300	4200	7000	14,000	24,500	35,000
Model G-10, 4-cyl., 30 hp, 116" wb						
5P Tr	1450	4550	7600	15,200	26,600	38,000
NOTE: Studebaker-Garford association was discontinued after 1911 model year.						
1913						
Model SA-25, 4-cyl., 101" wb						
Rds	1000	3100	5200	10,400	18,200	26,000
Tr	1000	3250	5400	10,800	18,900	27,000
Model AA-35, 4-cyl., 115.5" wb						
Tr	1050	3350	5600	11,200	19,600	28,000
Cpe	850	2650	4400	8800	15,400	22,000
Sed	800	2500	4200	8400	14,700	21,000
Model E, 6-cyl., 121" wb						
Tr	1100	3500	5800	11,600	20,300	29,000
Limo	900	2900	4800	9600	16,800	24,000
1914						
Series 14, Model 1 SC, 4-cyl., 108.3" wb						
Tr	900	2900	4800	9600	16,800	24,000
Lan Rds	900	2900	4800	9600	16,800	24,000
Series 14, Model EB, 6-cyl., 121.3" wb						
Tr	950	3000	5000	10,000	17,500	25,000
Lan Rds	950	3000	5000	10,000	17,500	25,000
2d Sed	650	2050	3400	6800	11,900	17,000
1915						
Series 15, Model SD, 4-cyl., 108.3" wb						
Rds	900	2900	4800	9600	16,800	24,000
Tr	900	2900	4800	9600	16,800	24,000
Series 15, Model EC, 6-cyl., 121.3" wb						
5P Tr	950	3000	5000	10,000	17,500	25,000
7P Tr	1000	3100	5200	10,400	18,200	26,000
1916						
Model SF, 4-cyl., 112" wb						
Rds	850	2750	4600	9200	16,100	23,000
Lan Rds	900	2900	4800	9600	16,800	24,000
7P Tr	950	3000	5000	10,000	17,500	25,000
A/W Sed	700	2300	3800	7600	13,300	19,000

	6	5	4	3	2	1
Series 16 & 17, Model ED, 6-cyl., 121.8" wb						
Rds	900	2900	4800	9600	16,800	24,000
Lan Rds	950	3000	5000	10,000	17,500	25,000
7P Tr	1000	3100	5200	10,400	18,200	26,000
Cpe	500	1550	2600	5200	9100	13,000
Sed	400	1300	2200	4400	7700	11,000
Limo	700	2300	3800	7600	13,300	19,000
A/W Sed	700	2300	3800	7600	13,300	19,000

NOTE: The All Weather sedan was available only in the Series 17.

1917 (Series 18)

	6	5	4	3	2	1
Series 18, Model SF, 4-cyl., 112" wb						
Rds	750	2400	4000	8000	14,000	20,000
Lan Rds	800	2500	4200	8400	14,700	21,000
7P Tr	850	2650	4400	8800	15,400	22,000
A/W Sed	650	2050	3400	6800	11,900	17,000
Series 18, Model ED, 6-cyl., 121.8" wb						
Rds	800	2500	4200	8400	14,700	21,000
Lan Rds	850	2650	4400	8800	15,400	22,000
7P Tr	850	2750	4600	9200	16,100	23,000
Cpe	450	1450	2400	4800	8400	12,000
Sed	400	1300	2200	4400	7700	11,000
Limo	550	1700	2800	5600	9800	14,000
A/W Sed	700	2300	3800	7600	13,300	19,000

1918 Studebaker touring

1918-1919

	6	5	4	3	2	1
Series 19, Model SH, 4-cyl., 112" wb						
Rds	650	2050	3400	6800	11,900	17,000
Tr	650	2050	3400	6800	11,900	17,000
Sed	450	1140	1900	3800	6650	9500
Series 19, Model EH, 6-cyl., 119" wb						
Tr	700	2150	3600	7200	12,600	18,000
Clb Rds	700	2150	3600	7200	12,600	18,000
Rds	550	1700	2800	5600	9800	14,000
Sed	450	1150	1900	3850	6700	9600
Cpe	400	1200	2000	4000	7000	10,000
Series 19, Model EG, 6-cyl., 126" wb						
7P Tr	750	2400	4000	8000	14,000	20,000

1920-21

	6	5	4	3	2	1
Model EJ, 6-cyl., 112" wb						
Tr	550	1700	2800	5600	9800	14,000
Lan Rds *	550	1800	3000	6000	10,500	15,000
Rds	550	1700	2850	5700	9900	14,200
Cpe Rds **	600	1850	3100	6200	10,900	15,500
Sed	450	1080	1800	3600	6300	9000
Model EH, 6-cyl., 119" wb						
Tr	550	1800	3000	6000	10,500	15,000
Rds	550	1800	3050	6100	10,600	15,200
4d Rds	600	1850	3100	6200	10,900	15,500
Cpe	400	1200	2000	4000	7000	10,000
Sed	450	1080	1800	3600	6300	9000

	6	5	4	3	2	1
Model EG, Big Six						
7P Tr	650	2050	3400	6800	11,900	17,000
Cpe **	400	1300	2200	4400	7700	11,000
7P Sed	400	1200	2000	4000	7000	10,000
* 1920 Model only.						
** 1921 Model only.						
1922						
Model EJ, Light Six, 6-cyl., 112" wb						
Rds	550	1700	2800	5600	9800	14,000
4d Tr	500	1600	2700	5400	9500	13,500
Cpe Rds	550	1750	2900	5800	10,200	14,500
Sed	450	1140	1900	3800	6650	9500
Model EL, Special Six, 6-cyl., 119" wb						
Rds	550	1750	2900	5800	10,200	14,500
Tr	550	1700	2800	5600	9800	14,000
4d Rds	550	1800	3000	6000	10,500	15,000
Cpe	400	1300	2200	4400	7700	11,000
Sed	400	1200	2000	4000	7000	10,000
Model EK, Big Six, 6-cyl., 126" wb						
Tr	550	1800	3000	6000	10,500	15,000
Cpe	400	1250	2100	4200	7400	10,500
Sed	400	1200	2000	4000	7000	10,000
4d Spds	600	1900	3200	6400	11,200	16,000
1923						
Model EM, Light Six						
Rds	550	1700	2800	5600	9800	14,000
Tr	500	1600	2700	5400	9500	13,500
Cpe	400	1200	2000	4000	7000	10,000
Sed	450	1140	1900	3800	6650	9500
Model EL, Special Six						
Tr	550	1700	2800	5600	9800	14,000
4P Cpe	400	1250	2100	4200	7400	10,500
Rds	550	1750	2900	5800	10,200	14,600
5P Cpe	400	1300	2200	4400	7700	11,000
Sed	400	1200	2000	4000	7000	10,000
Model EK, Big Six						
Tr	600	1850	3100	6200	10,900	15,500
Spds	700	2150	3600	7200	12,600	18,000
5P Cpe	450	1400	2300	4600	8100	11,500
4P Cpe	450	1350	2300	4600	8000	11,400
Sed	400	1250	2100	4200	7400	10,500
1924						
Model EM, Light Six, 6-cyl., 112" wb						
Tr	500	1550	2600	5200	9100	13,000
Rds	500	1600	2700	5400	9500	13,500
Cpe Rds	550	1750	2900	5800	10,200	14,500
Cus Tr	550	1700	2800	5600	9800	14,000
Sed	350	1020	1700	3400	5950	8500
Cpe	450	1140	1900	3800	6650	9500
Model EL, Special Six, 6-cyl., 119" wb						
Tr	550	1700	2800	5600	9800	14,000
Rds	550	1750	2900	5800	10,200	14,500
Cpe	400	1300	2200	4400	7700	11,000
Sed	400	1200	2000	4000	7000	10,000
Model EK, Big Six, 6-cyl., 126" wb						
7P Tr	650	2100	3500	7000	12,300	17,500
Spds	700	2150	3600	7200	12,600	18,000
Cpe	450	1400	2300	4600	8100	11,500
Sed	400	1200	2000	4000	7000	10,000
1925-1926						
Model ER, Standard Six, 6-cyl., 113" wb						
Dplx Phae	600	1900	3200	6400	11,200	16,000
Dplx Rds	600	2000	3300	6600	11,600	16,500
Coach	450	1050	1750	3550	6150	8800
Cty Clb Cpe	450	1450	2400	4800	8400	12,000
Spt Rds	600	1850	3100	6200	10,900	15,500
Spt Phae	550	1800	3000	6000	10,500	15,000
Sed	450	1080	1800	3600	6300	9000
Cpe Rds	600	1900	3200	6400	11,200	16,000
w/Sed	450	1140	1900	3800	6650	9500
Sed	450	1080	1800	3600	6300	9000
Cpe	400	1300	2200	4400	7700	11,000
Ber	400	1250	2100	4200	7400	10,500
Model EQ, Special Six 6-cyl., 120" - 127" wb						
Dplx Phae	700	2150	3600	7200	12,600	18,000

	6	5	4	3	2	1
Dplx Rds	750	2350	3900	7800	13,700	19,500
Vic	400	1300	2150	4300	7600	10,800
Sed	400	1250	2100	4200	7400	10,500
Ber	450	1400	2300	4600	8100	11,500
Brgm	400	1300	2200	4400	7700	11,000
Spt Rds	700	2300	3800	7600	13,300	19,000
Coach	400	1200	2000	4000	7000	10,000
Model EP, Big Six, 6-cyl., 120" wb						
Dplx Phae	750	2400	4000	8000	14,000	20,000
Cpe	450	1450	2400	4800	8400	12,000
Brgm	450	1140	1900	3800	6650	9500
7P Sed	450	1130	1900	3800	6600	9400
Ber	400	1300	2200	4400	7700	11,000
Sed	450	1140	1900	3800	6650	9500
Spt Phae	700	2300	3800	7600	13,300	19,000
Clb Cpe	950	1100	1850	3700	6450	9200
Shff	600	1900	3200	6400	11,200	16,000
Dplx Shff	650	2050	3400	6800	11,900	17,000
NOTE: Add 10 percent for 4 wheel brake option.						
1927						
Dictator, Model EU Standard, 6-cyl., 113" wb						
Spt Rds	850	2650	4400	8800	15,400	22,000
Tr	750	2450	4100	8200	14,400	20,500
Dplx Tr	800	2500	4200	8400	14,700	21,000
7P Tr	750	2400	4000	8000	14,000	20,000
Bus Cpe	450	1400	2300	4600	8100	11,500
Spt Cpe	450	1450	2400	4800	8400	12,000
Vic	450	1140	1900	3800	6650	9500
(P) Sed	450	1080	1800	3600	6300	9000
(M) Sed	400	1200	2000	4000	7000	10,000
Special, Model EQ						
Dplx Phae	850	2750	4600	9200	16,100	23,000
Coach	400	1200	2000	4000	7000	10,000
Brgm	400	1300	2200	4400	7700	11,000
Spt Rds	900	2900	4800	9600	16,800	24,000
Commander, Model EW						
Spt Rds	950	3000	5000	10,000	17,500	25,000
Bus Cpe	450	1450	2400	4800	8400	12,000
Spt Cpe	450	1500	2500	5000	8800	12,500
Sed	400	1250	2100	4200	7400	10,500
Cus Vic	450	1400	2300	4600	8100	11,500
Dplx Rds	900	2900	4800	9600	16,800	24,000
Spt Phae	900	2900	4800	9600	16,800	24,000
Cus Brgm	400	1300	2150	4300	7500	10,700
President, Model ES						
Cus Sed	400	1250	2100	4200	7400	10,500
Limo	700	2150	3600	7200	12,600	18,000
Dplx Phae	850	2750	4600	9200	16,100	23,000

1928 Studebaker 8 FA State Cabriolet

	6	5	4	3	2	1
1928						
Dictator, Model GE						
Roy Rds	1300	4200	7000	14,000	24,500	35,000
Tr	1250	3950	6600	13,200	23,100	33,000
Dplx Tr	1300	4100	6800	13,600	23,800	34,000
7P Roy Tr	1300	4200	7000	14,000	24,500	35,000
Bus Cpe	400	1250	2100	4200	7400	10,500
Roy Cpe	400	1300	2200	4400	7700	11,000
Roy Vic	400	1250	2100	4200	7400	10,500
Clb Sed	450	1160	1950	3900	6800	9700
Sed	950	1100	1850	3700	6450	9200
Roy Sed	450	1140	1900	3800	6650	9500
Commander, Model GB						
Reg Rds	1350	4300	7200	14,400	25,200	36,000
Cpe	450	1400	2300	4600	8100	11,500
Reg Cpe	450	1450	2400	4800	8400	12,000
Reg Cabr	400	1250	2100	4200	7400	10,500
Vic	400	1250	2100	4200	7400	10,500
Reg Vic	400	1300	2200	4400	7700	11,000
Sed	400	1250	2100	4200	7400	10,500
Clb Sed	400	1300	2150	4300	7500	10,700
Reg Sed	400	1200	2000	4000	7000	10,000
President Six, Model ES						
Cus Sed	400	1250	2100	4200	7400	10,500
Limo	600	1900	3200	6400	11,200	16,000
Cus Tr	850	2750	4600	9200	16,100	23,000
President Eight, Model FA						
7P Tr	1150	3600	6000	12,000	21,000	30,000
Sta Cabr	1150	3700	6200	12,400	21,700	31,000
Sed	400	1350	2250	4500	7800	11,200
Sta Sed	450	1400	2300	4600	8100	11,500
7P Sed	450	1400	2300	4600	8100	11,500
7P Sta Sed	450	1450	2400	4800	8400	12,000
Limo	650	2050	3400	6800	11,900	17,000
Sta Ber	700	2150	3600	7200	12,600	18,000
1928-1/2						
Dictator, Model GE						
Tr	900	2900	4800	9600	16,800	24,000
7P Tr	900	2950	4900	9800	17,200	24,500
Bus Cpe	400	1200	2000	4000	7000	10,000
Roy Cabr	1150	3600	6000	12,000	21,000	30,000
Roy Vic	400	1250	2100	4200	7400	10,500
Clb Sed	450	1160	1950	3900	6800	9700
Sed	450	1130	1900	3800	6600	9400
Roy Sed	400	1200	2000	4000	7000	10,000
Commander, Model GH						
Reg Vic	400	1300	2150	4300	7500	10,700
Sed	400	1200	2050	4100	7100	10,200
Reg Sed	400	1250	2100	4200	7300	10,400
President, Model FB						
Sta Rds	1150	3600	6000	12,000	21,000	30,000
Sta Cabr	1100	3500	5800	11,600	20,300	29,000
Sta Vic	400	1300	2150	4300	7600	10,800
Sed	400	1250	2100	4200	7300	10,400
Sta Sed	400	1250	2100	4200	7400	10,600
President, Model FA						
Tr	1150	3700	6200	12,400	21,700	31,000
Sta Tr	1200	3850	6400	12,800	22,400	32,000
Sta Cabr	1250	3950	6600	13,200	23,100	33,000
Sta Sed	450	1450	2400	4800	8400	12,000
Sed	450	1400	2350	4700	8300	11,800
7P Sta Sed	450	1500	2500	5000	8800	12,500
Limo	700	2150	3600	7200	12,600	18,000
1929						
Dictator GE, 6-cyl., 113" wb						
5P Tr	900	2900	4800	9600	16,800	24,000
7P Tr	900	2900	4800	9600	16,800	24,000
Bus Cpe	400	1250	2100	4200	7400	10,500
Cabr	900	2900	4800	9600	16,800	24,000
Vic Ryl	400	1300	2200	4400	7700	11,000
Commander Six, Model GJ						
Rds	1450	4550	7600	15,200	26,600	38,000
Reg Rds	1450	4700	7800	15,600	27,300	39,000
Tr	1300	4100	6800	13,600	23,800	34,000
Reg Tr	1350	4300	7200	14,400	25,200	36,000

	6	5	4	3	2	1
7P Tr	1300	4100	6800	13,600	23,800	34,000
7P Reg Tr	1350	4300	7200	14,400	25,200	36,000
Cpe	450	1400	2300	4600	8100	11,500
Spt Cpe	400	1300	2200	4400	7700	11,000
Cabr	1250	3950	6600	13,200	23,100	33,000
Vic	400	1250	2100	4200	7400	10,500
Sed	400	1200	2000	4000	7000	10,000
Reg Sed	400	1300	2200	4400	7700	11,000
Reg Brgm	450	1400	2300	4600	8100	11,500
Commander Eight, Model FD						
Reg Rds	1600	5050	8400	16,800	29,400	42,000
Tr	1400	4450	7400	14,800	25,900	37,000
Reg Tr	1450	4700	7800	15,600	27,300	39,000
7P Tr	1400	4450	7400	14,800	25,900	37,000
7P Reg Tr	1450	4700	7800	15,600	27,300	39,000
Bus Cpe	500	1600	2700	5400	9500	13,500
Spt Cpe	550	1700	2800	5600	9800	14,000
Reg Conv	1400	4450	7400	14,800	25,900	37,000
Vic	450	1450	2400	4800	8400	12,000
Reg Brgm	500	1550	2600	5200	9100	13,000
Sed	450	1500	2500	5000	8800	12,500
Reg Sed	500	1550	2600	5200	9100	13,000
President Eight, Model FH, 125" wb						
Rds	1600	5150	8600	17,200	30,100	43,000
Cabr	1450	4700	7800	15,600	27,300	39,000
Sta Vic	550	1800	3000	6000	10,500	15,000
Sed	550	1700	2800	5600	9800	14,000
Sta Sed	550	1800	3000	6000	10,500	15,000
President Eight, Model FE, 135" wb						
7P Tr	1450	4700	7800	15,600	27,300	39,000
7P Sta Tr	1500	4750	7900	15,800	27,700	39,500
Brgm	550	1800	3000	6000	10,500	15,000
7P Sed	550	1800	3000	6000	10,500	15,000
7P Sta Sed	600	1900	3200	6400	11,200	16,000
7P Limo	650	2050	3400	6800	11,900	17,000
1930						
Studebaker 53 Model, 6-cyl., 114" wb						
Tr	1550	4900	8200	16,400	28,700	41,000
Tr	1250	3950	6600	13,200	23,100	33,000
Reg Tr	1300	4100	6800	13,600	23,800	34,000
Bus Cpe	450	1450	2400	4800	8400	12,000
Reg Cpe	450	1500	2500	5000	8800	12,500
Clb Sed	400	1300	2200	4400	7700	11,000
Sed	400	1200	2000	4000	7000	10,000
Reg Sed	400	1250	2100	4200	7400	10,500
Lan Sed	450	1160	1950	3900	6800	9700
Dictator, 6 & 8 cyl., 115" wb						
Tr	1300	4100	6800	13,600	23,800	34,000
Reg Tr	1300	4200	7000	14,000	24,500	35,000
Cpe	450	1500	2500	5000	8800	12,500
Spt Cpe	500	1600	2700	5400	9500	13,500
Brgm	450	1400	2300	4600	8100	11,500
Clb Sed	400	1300	2200	4400	7700	11,000
Sed	400	1300	2200	4400	7700	11,000
Reg Sed	450	1400	2300	4600	8100	11,500

NOTE: Add $200. for Dictator 8-cyl.

	6	5	4	3	2	1
Commander 6 & 8 cyl., 120" wb						
Commander FD						
Reg Rds	1450	4550	7600	15,200	26,600	38,000
Tr	1350	4300	7200	14,400	25,200	36,000
Reg Tr	1400	4450	7400	14,800	25,900	37,000
7P Tr	1350	4300	7200	14,400	25,200	36,000
7P Reg Tr	1400	4450	7400	14,800	25,900	37,000
Cpe	550	1700	2800	5600	9800	14,000
Spt Cpe	550	1800	3000	6000	10,500	15,000
Conv Cabr	1350	4300	7200	14,400	25,200	36,000
Vic	450	1450	2400	4800	8400	12,000
Brgm	450	1500	2500	5000	8800	12,500
Sed	450	1450	2400	4800	8400	12,000
Reg Sed	500	1550	2600	5200	9100	13,000

NOTE: Add $200. for Commander 8-cyl.

	6	5	4	3	2	1
President FH Model						
Rds	1800	5750	9600	19,200	33,600	48,000
Conv Cabr	1600	5050	8400	16,800	29,400	42,000
Sta Vic	600	1900	3200	6400	11,200	16,000

	6	5	4	3	2	1
Sed	550	1700	2800	5600	9800	14,000
Sta Sed	550	1800	3000	6000	10,500	15,000
President FE Model						
Tr	1700	5400	9000	18,000	31,500	45,000
Sta Tr	1750	5500	9200	18,400	32,200	46,000
Sta Vic	1050	3350	5600	11,200	19,600	28,000
Brgm	550	1800	3000	6000	10,500	15,000
Sed	600	1900	3200	6400	11,200	16,000
Sta Sed	650	2050	3400	6800	11,900	17,000
Limo	750	2400	4000	8000	14,000	20,000
Sta Limo	800	2500	4200	8400	14,700	21,000
1931						
Studebaker Six, Model 53, 114" wb						
Rds	1350	4300	7200	14,400	25,200	36,000
Tr	1200	3850	6400	12,800	22,400	32,000
Reg Tr	1250	3950	6600	13,200	23,100	33,000
Bus Cpe	400	1300	2200	4400	7700	11,000
Spt Cpe	450	1450	2400	4800	8400	12,000
Clb Sed	400	1200	2000	4000	7000	10,000
Sed	450	1080	1800	3600	6300	9000
Model 61 Dictator, 8-cyl., 115" wb						
Reg Sed	450	1130	1900	3800	6600	9400
Lan Sed	450	1140	1900	3800	6650	9500
Series 54						
Rds	1600	5050	8400	16,800	29,400	42,000
Tr	1500	4800	8000	16,000	28,000	40,000
Rea Tr	1550	4900	8200	16,400	28,700	41,000
Bus Cpe	450	1400	2300	4600	8100	11,500
Spt Cpe	400	1300	2200	4400	7700	11,000
Sed	400	1200	2000	4000	7000	10,000
Reg Sed	400	1250	2100	4200	7400	10,500
Dictator Eight, Model FC						
Tr	1450	4700	7800	15,600	27,300	39,000
Reg Tr	1500	4800	8000	16,000	28,000	40,000
Cpe	400	1300	2200	4400	7700	11,000
Spt Cpe	450	1500	2500	5000	8800	12,500
Reg Brgm	400	1300	2200	4400	7700	11,000
Clb Sed	400	1200	2000	4000	7000	10,000
Sed	400	1250	2100	4200	7400	10,500
Reg Sed	400	1300	2150	4300	7500	10,700
Model 61						
Cpe	500	1550	2600	5200	9100	13,000
Spt Cpe	550	1700	2800	5600	9800	14,000
Sed	400	1300	2200	4400	7700	11,000
Reg Sed	450	1450	2400	4800	8400	12,000
Commander Eight, Model 70						
Cpe	500	1600	2700	5400	9500	13,500
Vic	500	1550	2600	5200	9100	13,000
Reg Brgm	500	1600	2700	5400	9500	13,500
Sed	450	1500	2500	5000	8800	12,500
Reg Sed	550	1700	2800	5600	9800	14,000
President Eight, Model 80						
Sta Rds	2050	6600	11,000	22,000	38,500	55,000
Cpe	850	2750	4600	9200	16,100	23,000
Sta Cpe	950	3000	5000	10,000	17,500	25,000
Sed	650	2050	3400	6800	11,900	17,000
Sta Sed	700	2150	3600	7200	12,600	18,000
President Eight Model 90						
Tr	1800	5750	9600	19,200	33,600	48,000
Sta Tr	1900	6000	10,000	20,000	35,000	50,000
Sta Vic	850	2650	4400	8800	15,400	22,000
Sta Brgm	850	2650	4400	8800	15,400	22,000
Sed	750	2400	4000	8000	14,000	20,000
Sta Sed	800	2500	4200	8400	14,700	21,000
Sta Limo	850	2750	4600	9200	16,100	23,000
1932						
Model 55, 6-cyl., 117" wb						
Conv Rds	1250	3950	6600	13,200	23,100	33,000
Reg Conv Rds	1400	4450	7400	14,800	25,900	37,000
Cpe	450	1500	2500	5000	8800	12,500
Reg Cpe	500	1500	2550	5100	8900	12,700
Spt Cpe	450	1500	2500	5000	8800	12,500
Reg Spt Cpe	500	1550	2600	5200	9100	13,000
St R Brgm	450	1400	2300	4600	8100	11,500
Reg St R Brgm	450	1400	2350	4700	8300	11,800

	6	5	4	3	2	1
Conv Sed	1400	4450	7400	14,800	25,900	37,000
Reg Conv Sed	1450	4550	7600	15,200	26,600	38,000
Sed	400	1300	2200	4400	7700	11,000
Reg Sed	400	1350	2250	4500	7800	11,200
Model 62 Dictator, 8-cyl., 117" wb						
Conv Rds	1600	5050	8400	16,800	29,400	42,000
Reg Conv Rds	1600	5150	8600	17,200	30,100	43,000
Cpe	750	2400	4000	8000	14,000	20,000
Reg Cpe	800	2500	4200	8400	14,700	21,000
Spt Cpe	1000	3250	5400	10,800	18,900	27,000
Reg Spt Cpe	1050	3350	5600	11,200	19,600	28,000
St R Brgm	900	2900	4800	9600	16,800	24,000
Reg St R Brgm	950	3000	5000	10,000	17,500	25,000
Conv Sed	1400	4450	7400	14,800	25,900	37,000
Reg Conv Sed	1650	5300	8800	17,600	30,800	44,000
Sed	750	2400	4000	8000	14,000	20,000
Reg Sed	800	2500	4200	8400	14,700	21,000
Model 65 Rockne, 6-cyl., 110" wb						
2P Cpe	450	1450	2400	4800	8400	12,000
5P Sed	400	1300	2200	4400	7700	11,000
2d Sed	400	1250	2100	4200	7400	10,500
5P Conv Sed	1300	4100	6800	13,600	23,800	34,000
Rds	1450	4550	7600	15,200	26,600	38,000
Model 71 Commander, 8-cyl.						
Rds Conv	1700	5400	9000	18,000	31,500	45,000
Reg Rds Conv	1750	5500	9200	18,400	32,200	46,000
Spt Cpe	1000	3100	5200	10,400	18,200	26,000
Reg Spt Cpe	1000	3250	5400	10,800	18,900	27,000
St R Brgm	1000	3100	5200	10,400	18,200	26,000
Reg St R Brgm	1000	3250	5400	10,800	18,900	27,000
Conv Sed	1650	5300	8800	17,600	30,800	44,000
Reg Conv Sed	1700	5400	9000	18,000	31,500	45,000
Sed	750	2400	4000	8000	14,000	20,000
Reg Sed	750	2450	4100	8200	14,400	20,500
Model 75 Rockne, 6-cyl., 114" wb						
2P Cpe	450	1400	2300	4600	8100	11,500
4P Cpe	400	1300	2200	4400	7700	11,000
5P Sed	400	1300	2200	4400	7700	11,000
2P DeL Cpe	450	1500	2500	5000	8800	12,500
4P DeL Cpe	450	1450	2400	4800	8400	12,000
5P DeL Sed	450	1450	2400	4800	8400	12,000
Rds	1500	4800	8000	16,000	28,000	40,000
Conv Sed	1450	4700	7800	15,600	27,300	39,000
Model 91 President, 8-cyl.						
Rds Conv	2250	7200	12,000	24,000	42,000	60,000
Sta Rds Conv	2350	7450	12,400	24,800	43,400	62,000
Cpe	1150	3600	6000	12,000	21,000	30,000
Sta Cpe	1150	3700	6200	12,400	21,700	31,000
Spt Cpe	1200	3850	6400	12,800	22,400	32,000
Sta Spt Cpe	1250	3950	6600	13,200	23,100	33,000
St R Brgm	1000	3250	5400	10,800	18,900	27,000
Sta St R Brgm	1050	3350	5600	11,200	19,600	28,000
Conv Sed	2200	7100	11,800	23,600	41,300	59,000
Sta Conv Sed	2250	7200	12,000	24,000	42,000	60,000
Sed	800	2500	4200	8400	14,700	21,000
Sta Sed	850	2650	4400	8800	15,400	22,000
Limo	950	3000	5000	10,000	17,500	25,000
Sta Limo	1000	3100	5200	10,400	18,200	26,000
7P Sed	750	2400	4000	8000	14,000	20,000
7P Sta Sed	800	2500	4200	8400	14,700	21,000
1933						
Model 10 Rockne, 6-cyl., 110" wb						
4P Conv	1250	3950	6600	13,200	23,100	33,000
4P DeL Conv Rds	1300	4100	6800	13,600	23,800	34,000
2P Cpe	500	1550	2600	5200	9100	13,000
5P Coach	400	1200	2000	4000	7000	10,000
4P Cpe	450	1450	2400	4800	8400	12,000
2P DeL Cpe	500	1550	2600	5200	9100	13,000
5P Sed	400	1200	2000	4000	7000	10,000
5P DeL Coach	400	1250	2100	4200	7400	10,500
4P DeL Cpe	450	1450	2400	4800	8400	12,000
5P DeL Sed	400	1200	2000	4000	7000	10,000
5P Conv Sed	1400	4450	7400	14,800	25,900	37,000
5P DeL Conv Sed	1450	4550	7600	15,200	26,600	38,000
Model 56 Studebaker, 6-cyl., 117" wb						
Conv	1450	4700	7800	15,600	27,300	39,000

	6	5	4	3	2	1
Reg Conv	1500	4800	8000	16,000	28,000	40,000
Cpe	600	1900	3200	6400	11,200	16,000
Reg Cpe	650	2050	3400	6800	11,900	17,000
Spt Cpe	700	2150	3600	7200	12,600	18,000
Reg Spt Cpe	700	2300	3800	7600	13,300	19,000
St R Brgm	550	1800	3000	6000	10,500	15,000
Reg St R Brgm	600	1900	3200	6400	11,200	16,000
Conv Sed	1450	4550	7600	15,200	26,600	38,000
Reg Conv Sed	1450	4700	7800	15,600	27,300	39,000
Sed	500	1550	2600	5200	9100	13,000
Reg Sed	550	1700	2800	5600	9800	14,000
Model 73 Commander, 8-cyl.						
Rds Conv	1500	4800	8000	16,000	28,000	40,000
Reg Rds Conv	1550	4900	8200	16,400	28,700	41,000
Cpe	650	2050	3400	6800	11,900	17,000
Reg Cpe	700	2150	3600	7200	12,600	18,000
Spt Cpe	700	2300	3800	7600	13,300	19,000
Reg Spt Cpe	750	2400	4000	8000	14,000	20,000
St R Brgm	600	1900	3200	6400	11,200	16,000
Reg St R Brgm	650	2050	3400	6800	11,900	17,000
Conv Sed	1500	4800	8000	16,000	28,000	40,000
Reg Conv Sed	1550	4900	8200	16,400	28,700	41,000
Sed	600	1900	3200	6400	11,200	16,000
Reg Sed	650	2050	3400	6800	11,900	17,000
Model 82 President, 8-cyl.						
Sta Rds Conv	1600	5150	8600	17,200	30,100	43,000
Cpe	650	2050	3400	6800	11,900	17,000
Sta Cpe	750	2400	4000	8000	14,000	20,000
St R Brgm	600	1900	3200	6400	11,200	16,000
Sta St R Brgm	650	2050	3400	6800	11,900	17,000
Sta Conv Sed	1600	5150	8600	17,200	30,100	43,000
Sed	650	2050	3400	6800	11,900	17,000
Sta Sed	700	2150	3600	7200	12,600	18,000
Model 92 President Speedway, 8-cyl.						
Sta Rds Conv	1650	5300	8800	17,600	30,800	44,000
Sta Cpe	750	2400	4000	8000	14,000	20,000
Sta St R Brgm	850	2650	4400	8800	15,400	22,000
Sta Conv Sed	1650	5300	8800	17,600	30,800	44,000
Sed	600	1900	3200	6400	11,200	16,000
Sta Sed	650	2050	3400	6800	11,900	17,000
7P Sed	700	2150	3600	7200	12,600	18,000
7P Sta Sed	700	2300	3800	7600	13,300	19,000
7P Sta Limo	800	2500	4200	8400	14,700	21,000
1934						
Model Special A, Dictator						
Cpe	450	1450	2400	4800	8400	12,000
Reg Cpe	550	1700	2800	5600	9800	14,000
4P Cpe	450	1450	2400	4800	8400	12,000
4P Reg Cpe	500	1550	2600	5200	9100	13,000
St R Sed	400	1200	2000	4000	7000	10,000
Reg St R Sed	400	1250	2100	4200	7400	10,500
Sed	400	1200	2000	4000	7000	10,000
Reg Sed	400	1250	2100	4200	7400	10,500
Cus Reg St R	400	1300	2200	4400	7700	11,000
Cus Sed	450	1400	2300	4600	8100	11,500
Model A, Dictator						
Rdst	1300	4100	6800	13,600	23,800	34,000
Rds Regal	1300	4200	7000	14,000	24,500	35,000
Reg Cpe	600	1900	3200	6400	11,200	16,000
St R Sed	500	1550	2600	5200	9100	13,000
Cus St R Sed	400	1250	2100	4200	7400	10,500
Sed	400	1200	2000	4000	7000	10,000
Reg Sed	400	1250	2100	4200	7400	10,500
Model B, Commander						
Rds Conv	1300	4200	7000	14,000	24,500	35,000
Reg Rds Conv	1350	4300	7200	14,400	25,200	36,000
Cpe	600	1900	3200	6400	11,200	16,000
Reg Cpe	650	2050	3400	6800	11,900	17,000
4P Cpe	550	1800	3000	6000	10,500	15,000
4P Reg Cpe	600	1900	3200	6400	11,200	16,000
St R Sed	400	1300	2200	4400	7700	11,000
Cus St R Sed	450	1400	2300	4600	8100	11,500
Sed	400	1200	2000	4000	7000	10,000
Reg Sed	400	1250	2100	4200	7400	10,500

	6	5	4	3	2	1
Cus Sed	400	1300	2150	4300	7500	10,700
L Cruise	400	1300	2200	4400	7700	11,000
Model C, President						
Rds Conv	1450	4550	7600	15,200	26,600	38,000
Reg Rds Conv	1450	4700	7800	15,600	27,300	39,000
Cpe	650	2050	3400	6800	11,900	17,000
Reg Cpe	700	2150	3600	7200	12,600	18,000
4P Cpe	600	1900	3200	6400	11,200	16,000
4P Reg Cpe	650	2050	3400	6800	11,900	17,000
Sed	450	1400	2300	4600	8100	11,500
Reg Sed	450	1450	2400	4800	8400	12,000
Cus Sed	450	1450	2400	4800	8400	12,000
Cus Berl	450	1500	2500	5000	8800	12,500
L Cruise	500	1600	2700	5400	9500	13,500
1935						
Model 1A, Dictator Six						
Rds	1250	3950	6600	13,200	23,100	33,000
Reg Rds	1300	4100	6800	13,600	23,800	34,000
Cpe	400	1300	2200	4400	7700	11,000
Reg Cpe	450	1450	2400	4800	8400	12,000
R/S Cpe	450	1500	2500	5000	8800	12,500
Reg R/S Cpe	500	1600	2700	5400	9500	13,500
St Reg	350	1040	1750	3500	6100	8700
Reg St Reg	450	1080	1800	3600	6300	9000
Cus St Reg	450	1120	1875	3750	6500	9300
Sed	350	1020	1700	3400	5950	8500
Reg Sed	450	1050	1750	3550	6150	8800
Cus Sed	450	1090	1800	3650	6400	9100
L Cr	450	1120	1875	3750	6500	9300
Reg L Cr	450	1140	1900	3800	6650	9500
Model 1B, Commander Eight						
Rds	1350	4300	7200	14,400	25,200	36,000
Reg Rds	1400	4450	7400	14,800	25,900	37,000
Cpe	450	1450	2400	4800	8400	12,000
Reg Cpe	500	1550	2600	5200	9100	13,000
R/S Cpe	500	1600	2700	5400	9500	13,500
Reg R/S Cpe	550	1700	2800	5600	9800	14,000
Reg St R	400	1200	2000	4000	7000	10,000
Cus St R	400	1200	2050	4100	7100	10,200
Reg Sed	400	1250	2050	4100	7200	10,300
Cus Sed	400	1250	2100	4200	7400	10,500
L Cr	400	1300	2200	4400	7700	11,000
Reg L Cr	400	1350	2250	4500	7900	11,300
Model 1C, President Eight						
Rds	1400	4450	7400	14,800	25,900	37,000
Reg Rds	1450	4550	7600	15,200	26,600	38,000
Cpe	550	1800	3000	6000	10,500	15,000
Reg Cpe	600	1900	3200	6400	11,200	16,000
R/S Cpe	600	2000	3300	6600	11,600	16,500
Reg R/S Cpe	650	2050	3400	6800	11,900	17,000
Reg Sed	400	1300	2200	4400	7700	11,000
Cus Sed	450	1450	2400	4800	8400	12,000
L Cr	500	1550	2600	5200	9100	13,000
Reg L Cr	550	1700	2800	5600	9800	14,000
Cus Berl	550	1800	3000	6000	10,500	15,000
Reg Berl	600	1850	3100	6200	10,900	15,500

NOTE: Add 10 percent for 2A Dictator models.

	6	5	4	3	2	1
1936						
Model 3A/4A, Dictator Six						
Bus Cpe	450	1080	1800	3600	6300	9000
Cus Cpe	400	1200	2000	4000	7000	10,000
5P Cus Cpe	400	1300	2200	4400	7700	11,000
Cus St R	350	1000	1650	3300	5750	8200
Cr St R	350	1020	1700	3400	5950	8500
Cus Sed	350	1020	1700	3400	5950	8500
Cr Sed	450	1050	1750	3550	6150	8800
Model 2C, President Eight						
Cus Cpe	450	1450	2400	4800	8400	12,000
5P Cus Cpe	500	1550	2600	5200	9100	13,000
Cus St R	400	1200	2050	4100	7100	10,200
Cr St R	400	1250	2100	4200	7400	10,500
Cus Sed	400	1300	2200	4400	7700	11,000
Cr Sed	450	1450	2400	4800	8400	12,000

NOTE: Add 10 percent for Model 4A Dictator Six.

	6	5	4	3	2	1
1937						
Model 5A/6A, Dictator Six						
Cpe Express	400	1300	2200	4400	7700	11,000
Bus Cpe	400	1200	2000	4000	7000	10,000
Cus Cpe	400	1300	2200	4400	7700	11,000
5P Cus Cpe	400	1250	2100	4200	7400	10,500
Cus St R	350	1020	1700	3400	5950	8500
St R Cr	350	1020	1700	3400	5900	8400
Cus Sed	350	1020	1700	3400	5900	8400
Cr Sed	350	1040	1750	3500	6100	8700
Model 3C, President Eight						
Cus Cpe	450	1450	2400	4800	8400	12,000
5P Cus Cpe	450	1400	2300	4600	8100	11,500
Cus St R	400	1200	2050	4100	7100	10,200
St R Cr	400	1200	2000	4000	7100	10,100
Cus Sed	400	1200	2000	4000	7100	10,100
Cr Sed	400	1250	2100	4200	7300	10,400

NOTE: Add 10 percent for Dictator 6A models.

1938 Studebaker Commander two-door sedan

	6	5	4	3	2	1
1938						
Model 7A, Commander Six						
Cpe Exp	400	1200	2000	4000	7000	10,000
Bus Cpe	450	1080	1800	3600	6300	9000
Cus Cpe	400	1200	2000	4000	7000	10,000
Clb Sed	350	1040	1700	3450	6000	8600
Cr Sed	450	1050	1750	3550	6150	8800
Conv Sed	950	3050	5100	10,200	17,900	25,500
Model 8A, State Commander Six						
Cus Cpe	400	1250	2100	4200	7400	10,500
Clb Sed	350	1040	1700	3450	6000	8600
Cr Sed	450	1050	1750	3550	6150	8800
Conv Sed	1000	3200	5300	10,600	18,600	26,500
Model 4C, President Eight						
Cpe	400	1300	2200	4400	7700	11,000
Clb Sed	400	1200	2000	4000	7000	10,000
Cr Sed	400	1250	2100	4200	7400	10,500
Model 4C, State President Eight						
Cpe	450	1450	2400	4800	8400	12,000
Clb Sed	400	1250	2050	4100	7200	10,300
Cr Sed	400	1300	2200	4400	7700	11,000
Conv Sed	1100	3550	5900	11,800	20,700	29,500
1939						
Model G, Custom Champion Six						
Cpe	450	1080	1800	3600	6300	9000
Clb Sed	350	1040	1750	3500	6100	8700
Cr Sed	450	1050	1750	3550	6150	8800
Model G, Deluxe Champion Six						
Cpe	400	1300	2200	4400	7700	11,000
Clb Sed	450	1170	1975	3900	6850	9800
Cr Sed	400	1200	2000	4000	7000	10,000
Model 9A, Commander Six						
Cpe Express	500	1600	2700	5400	9500	13,500
Bus Cpe	450	1450	2400	4800	8400	12,000

	6	5	4	3	2	1
Cus Cpe	500	1550	2600	5200	9100	13,000
Clb Sed	450	1400	2300	4600	8100	11,600
Cr Sed	450	1400	2350	4700	8200	11,700
Conv Sed	1200	3850	6400	12,800	22,400	32,000
Model 5C, State President Eight						
Cus Cpe	550	1700	2800	5600	9800	14,000
Clb Sed	500	1550	2600	5200	9100	13,000
Cr Sed	500	1600	2700	5400	9500	13,500
Conv Sed	1300	4200	7000	14,000	24,500	35,000
1940						
Champion Custom						
Cpe	400	1250	2100	4200	7400	10,500
OS Cpe	450	1400	2300	4600	8100	11,500
Clb Sed	400	1200	2000	4000	7000	10,000
Cr Sed	400	1200	2000	4000	7100	10,100
Champion Custom Deluxe						
Cpe	450	1450	2400	4800	8400	12,000
OS Cpe	450	1500	2500	5000	8800	12,500
Clb Sed	400	1200	2000	4000	7100	10,100
Cr Sed	400	1200	2050	4100	7100	10,200
Champion Deluxe						
Cpe	450	1500	2500	5000	8800	12,500
OS Cpe	500	1550	2600	5200	9100	13,000
Clb Sed	400	1200	2050	4100	7100	10,200
Cr Sed	400	1250	2050	4100	7200	10,300
Champion Deluxe-Tone						
Cpe	450	1450	2400	4800	8400	12,000
OS Cpe	450	1500	2500	5000	8800	12,500
Clb Sed	400	1250	2050	4100	7200	10,300
Cr Sed	400	1250	2100	4200	7300	10,400
Commander						
Cus Cpe	450	1500	2500	5000	8800	12,500
Clb Sed	400	1250	2100	4200	7400	10,600
Cr Sed	400	1300	2150	4300	7500	10,700
Commander Deluxe-Tone						
Cus Cpe	500	1550	2600	5200	9100	13,000
Clb Sed	400	1250	2100	4200	7400	10,600
Cr Sed	400	1300	2150	4300	7500	10,700
State President						
Cpe	500	1600	2700	5400	9500	13,500
Clb Sed	450	1450	2400	4800	8400	12,000
Cr Sed	500	1550	2600	5200	9100	13,000
President Deluxe-Tone						
Cpe	550	1700	2800	5600	9800	14,000
Clb Sed	450	1450	2450	4900	8500	12,200
Cr Sed	500	1550	2600	5200	9100	13,000
1941						
Champion Custom						
Cpe	400	1300	2200	4400	7700	11,000
D D Cpe	450	1400	2300	4600	8100	11,500
OS Cpe	450	1450	2400	4800	8400	12,000
Clb Sed	400	1300	2150	4300	7500	10,700
Cr Sed	400	1300	2150	4300	7600	10,800
Champion Custom Deluxe						
Cpe	450	1400	2300	4600	8100	11,500
D D Cpe	400	1300	2200	4400	7700	11,000
OS Cpe	450	1500	2500	5000	8800	12,500
Clb Sed	400	1300	2150	4300	7600	10,800
Cr Sed	400	1300	2200	4400	7700	11,000
Champion Deluxe-Tone						
Cpe	450	1450	2400	4800	8400	12,000
D D Cpe	450	1500	2500	5000	8800	12,500
OS Cpe	500	1550	2600	5200	9100	13,000
Clb Sed	400	1300	2150	4300	7600	10,800
Cr Sed	400	1300	2200	4400	7700	11,000
Commander Custom						
Sed Cpe	500	1550	2600	5200	9100	13,000
Cr Cpe	500	1600	2700	5400	9500	13,500
L Cruise	500	1550	2600	5200	9100	13,000
Commander Deluxe-Tone						
Cr Sed	500	1600	2650	5300	9300	13,300
L Cruise	500	1600	2700	5400	9500	13,500
Commander Skyway						
Sed Cpe	550	1800	3000	6000	10,500	15,000
Cr Sed	550	1700	2800	5600	9800	14,000

	6	5	4	3	2	1
L Cruise	550	1750	2900	5800	10,200	14,500
President Custom						
Cr Sed	550	1750	2900	5800	10,200	14,500
L Cruise	600	1850	3100	6200	10,900	15,500
President Deluxe-Tone						
Cr Sed	550	1750	2950	5900	10,300	14,700
L Cruise	600	1900	3150	6300	11,000	15,700
President Skyway						
Sed Cpe	700	2150	3600	7200	12,600	18,000
Cr Sed	650	2050	3400	6800	11,900	17,000
L Cruise	650	2100	3500	7000	12,300	17,500
1942						
Champion Custom Series						
Cpe	400	1200	2000	4000	7000	10,000
D D Cpe	400	1250	2100	4200	7400	10,500
Clb Sed	450	1140	1900	3800	6650	9500
Cr Sed	450	1150	1900	3850	6700	9600
Champion Deluxstyle Series						
Cpe	400	1250	2100	4200	7400	10,500
D D Cpe	400	1300	2200	4400	7700	11,000
Clb Sed	450	1150	1900	3850	6700	9600
Cr Sed	450	1160	1950	3900	6800	9700
Commander Custom Series						
2d Sed Cpe	400	1300	2200	4400	7700	11,000
Cr Sed	400	1200	2050	4100	7100	10,200
L Cr	400	1250	2050	4100	7200	10,300
Commander Deluxstyle Series						
2d Sed Cpe	450	1450	2400	4800	8400	12,000
Cr Sed	400	1300	2150	4300	7600	10,800
L Cr	400	1350	2250	4500	7900	11,300
Commander Skyway Series						
2d Sed Cpe	550	1700	2800	5600	9800	14,000
Cr Sed	450	1500	2450	4900	8600	12,300
L Cr	500	1600	2650	5300	9300	13,300
President Custom Series						
2d Sed Cpe	550	1700	2800	5600	9800	14,000
Cr Sed	450	1500	2450	4900	8600	12,300
L Cr	500	1600	2650	5300	9300	13,300
President Deluxstyle Series						
2d Sed Cpe	550	1800	3000	6000	10,500	15,000
Cr Sed	500	1600	2650	5300	9300	13,300
L Cr	550	1700	2850	5700	10,000	14,300
President Skyway Series						
2d Sed Cpe	600	1900	3200	6400	11,200	16,000
Cr Sed	550	1700	2850	5700	10,000	14,300
L Cr	550	1850	3050	6100	10,700	15,300
1946						
Skyway Champion, 6-cyl., 109.5" wb						
3P Cpe	450	1140	1900	3800	6650	9500
5P Cpe	450	1080	1800	3600	6300	9000
2 dr Sed	350	1040	1750	3500	6100	8700
Sed	450	1050	1800	3600	6200	8900

1948 Studebaker Commander Regal Deluxe convertible

	6	5	4	3	2	1
1947-1949						
Champion, 6-cyl., 112" wb						
3P Cpe	350	975	1600	3200	5600	8000
5P Cpe Starlight	450	1130	1900	3800	6600	9400
2d Sed	350	950	1550	3100	5400	7700
Sed	350	950	1550	3150	5450	7800
Conv	700	2300	3800	7600	13,300	19,000
Commander, 6-cyl., 119" wb						
3P Cpe	350	1020	1700	3400	5900	8400
5P Cpe Starlight	450	1170	1975	3900	6850	9800
2d Sed	350	975	1600	3250	5700	8100
Sed	350	1000	1650	3350	5800	8300
Conv	750	2400	4000	8000	14,000	20,000
Land Cruiser, 6-cyl., 123" wb						
Ld Crs Sed	450	1160	1950	3900	6800	9700
1950						
Champion, 6-cyl., 113" wb						
3P Cpe	450	1130	1900	3800	6600	9400
5P Cpe Starlight	400	1250	2100	4200	7400	10,500
2d Sed	450	1090	1800	3650	6400	9100
Sed	450	1120	1875	3750	6500	9300
Conv	750	2400	4000	8000	14,000	20,000
Commander, 6-cyl., 120" - 124" wb						
3P Cpe	450	1140	1900	3800	6650	9500
5P Cpe Starlight	400	1200	2000	4000	7000	10,000
2d Sed	450	1120	1875	3750	6500	9300
Sed	450	1130	1900	3800	6600	9400
Conv	800	2500	4200	8400	14,700	21,000
Land Cruiser, 6-cyl., 124" wb						
Ld Crs Sed	400	1200	2000	4000	7000	10,000
1951						
Champion Custom, 6-cyl., 115" wb						
Sed	350	1040	1700	3450	6000	8600
2d Sed	350	1020	1700	3400	5950	8500
5P Cpe Starlight	400	1250	2100	4200	7400	10,500
3P Cpe	450	1050	1750	3550	6150	8800
Champion DeLuxe, 6-cyl., 115" wb						
Sed	350	1040	1750	3500	6100	8700
2d Sed	450	1050	1750	3550	6150	8800
5P Cpe Starlight	400	1300	2150	4300	7500	10,700
3P Cpe	450	1080	1800	3600	6300	9000
Champion Regal, 6-cyl., 115" wb						
Sed	450	1050	1750	3550	6150	8800
2d Sed	350	1040	1750	3500	6100	8700
5P Cpe Starlight	400	1200	2000	4000	7000	10,000
3P Cpe	450	1080	1800	3600	6300	9000
Conv	750	2400	4000	8000	14,000	20,000
Commander Regal, V-8, 115" wb						
Sed	450	1080	1800	3600	6300	9000
2d Sed	450	1050	1800	3600	6200	8900
5P Cpe Starlight	400	1300	2200	4400	7700	11,000
Commander State, V-8, 115" wb						
Sed	450	1140	1900	3800	6650	9500
2d Sed	450	1130	1900	3800	6600	9400
5P Cpe Starlight	450	1450	2400	4800	8400	12,000
Conv	850	2650	4400	8800	15,400	22,000
Land Cruiser, V-8, 119" wb						
Sed	400	1300	2200	4400	7700	11,000
1952						
Champion Custom, 6-cyl., 115" wb						
Sed	350	1040	1700	3450	6000	8600
2d Sed	350	1020	1700	3400	5950	8500
5P Cpe Starlight	400	1250	2100	4200	7400	10,500
Champion DeLuxe, 6-cyl., 115" wb						
Sed	350	1040	1750	3500	6100	8700
2d Sed	350	1040	1700	3450	6000	8600
5P Cpe Starlight	400	1200	2000	4000	7000	10,000
Champion Regal, 6-cyl., 115" wb						
Sed	450	1050	1750	3550	6150	8800
2d Sed	350	1040	1750	3500	6100	8700
5P Cpe Starlight	400	1250	2100	4200	7400	10,500
Star Cpe	400	1300	2200	4400	7700	11,000
Conv	700	2300	3800	7600	13,300	19,000
Commander Regal, V-8, 115" wb						
Sed	450	1140	1900	3800	6650	9500

	6	5	4	3	2	1
2d Sed	450	1130	1900	3800	6600	9400
5P Cpe Starlight	450	1450	2400	4800	8400	12,000
Commander State, V-8, 115" wb						
Sed	450	1150	1900	3850	6700	9600
2d Sed	450	1140	1900	3800	6650	9500
Cpe Starlight	450	1500	2500	5000	8800	12,500
Star HdTp	550	1800	3000	6000	10,500	15,000
Conv	800	2500	4200	8400	14,700	21,000
Land Cruiser, V-8, 119" wb						
Sed	450	1400	2300	4600	8100	11,500
1953-1954						
Champion Custom, 6-cyl., 116.5" wb						
4d Sed	350	870	1450	2900	5100	7300
2d Sed	350	850	1450	2850	4970	7100
Champion DeLuxe, 6-cyl., 116.5" - 120.5" wb						
4d Sed	350	880	1500	2950	5180	7400
2d Sed	350	850	1450	2850	4970	7100
Cpe	450	1450	2400	4800	8400	12,000
Sta Wag	350	1040	1750	3500	6100	8700
Champion Regal, 6-cyl., 116.5" - 120.5" wb						
4d Sed	350	900	1500	3000	5250	7500
2d Sed	350	860	1450	2900	5050	7200
5P Cpe	500	1550	2600	5200	9100	13,000
HT	550	1700	2800	5600	9800	14,000
Sta Wag (1954 only)	450	1080	1800	3600	6300	9000
Commander DeLuxe, V-8, 116.5" - 120.5" wb						
4d Sed	350	975	1600	3200	5600	8000
2d Sed	350	975	1600	3200	5500	7900
Cpe	550	1700	2800	5600	9800	14,000
Sta Wag (1954 only)	450	1140	1900	3800	6650	9500
Commander Regal, V-8, 116.5" - 120.5" wb						
4d Sed	350	1020	1700	3400	5950	8500
Cpe	550	1750	2900	5800	10,200	14,500
HT	600	1900	3200	6400	11,200	16,000
Sta Wag (1954 only)	450	1170	1975	3900	6850	9800
Land Cruiser, V-8, 120.5" wb						
4d Sed	450	1120	1875	3750	6500	9300
4d Reg Sed (1954 only)	450	1140	1900	3800	6650	9500

1955 Studebaker President Speedster two-door hardtop

	6	5	4	3	2	1
1955						
Champion Custom, 6-cyl., 116.5" wb						
4d Sed	350	860	1450	2900	5050	7200
2d Sed	350	850	1450	2850	4970	7100
Champion DeLuxe, 6-cyl., 116.5" wb, 120.5" wb						
4d Sed	350	880	1500	2950	5180	7400
2d Sed	350	860	1450	2900	5050	7200
Cpe	450	1450	2400	4800	8400	12,000
Champion Regal, 6-cyl., 116.5" wb, 120.5" wb						
4d Sed	350	950	1500	3050	5300	7600
Cpe	500	1550	2600	5200	9100	13,000
2d HT	550	1700	2800	5600	9800	14,000
Sta Wag	450	1080	1800	3600	6300	9000

	6	5	4	3	2	1
Commander Custom, V-8, 116.5" wb						
4d Sed	350	975	1600	3200	5600	8000
2d Sed	350	975	1600	3200	5500	7900
Commander DeLuxe, V-8, 116.5" - 120.5" wb						
4d Sed	350	1000	1650	3300	5750	8200
2d Sed	350	975	1600	3250	5700	8100
Cpe	550	1700	2800	5600	9800	14,000
Sta Wag	450	1140	1900	3800	6650	9500
Commander Regal, V-8, 116.5" 120.5" wb						
4d Sed	350	1020	1700	3400	5950	8500
Cpe	550	1700	2800	5600	9800	14,000
HT	550	1800	3000	6000	10,500	15,000
Sta Wag	400	1200	2000	4000	7000	10,000
President DeLuxe, V-8, 120.5" wb						
4d Sed	450	1080	1800	3600	6300	9000
President State, V-8, 120.5" wb						
4d Sed	450	1140	1900	3800	6650	9500
Cpe	550	1800	3000	6000	10,500	15,000
HT	650	2050	3400	6800	11,900	17,000
Spds HT	750	2400	4000	8000	14,000	20,000

NOTE: Deduct $200. for Champion models in all series.

1956

	6	5	4	3	2	1
Champion, 6-cyl., 116.5" wb						
4d Sed	350	790	1350	2650	4620	6600
2d S'net	350	770	1300	2550	4480	6400
2d Sed	350	780	1300	2600	4550	6500
Flight Hawk, 6-cyl., 120.5" wb						
Cpe	450	1500	2500	5000	8800	12,500
Champion Pelham, 6-cyl., 116.5" wb						
Sta Wag	350	900	1500	3000	5250	7500
Commander, V-8, 116.5" wb						
4d Sed	350	870	1450	2900	5100	7300
2d S'net	350	860	1450	2900	5050	7200
2d Sed	350	870	1450	2900	5100	7300
Power Hawk, V-8, 120.5" wb						
Cpe	500	1600	2700	5400	9500	13,500
Commander Parkview, V-8, 116.5" wb						
2d Sta Wag	450	1140	1900	3800	6650	9500
President, V-8, 116.5" wb						
4d Sed	350	975	1600	3200	5600	8000
4d Classic	350	1020	1700	3400	5950	8500
2d Sed	350	975	1600	3200	5500	7900
Sky Hawk, V-8, 120.5" wb						
HT	550	1800	3000	6000	10,500	15,000
President Pinehurst, V-8, 116.5" wb						
Sta Wag	400	1200	2000	4000	7000	10,000
Golden Hawk, V-8, 120.5" wb						
HT	750	2400	4000	8000	14,000	20,000

1957

	6	5	4	3	2	1
Champion Scotsman, 6-cyl., 116.5" wb						
4d Sed	350	770	1300	2550	4480	6400
2d Sed	350	770	1300	2550	4480	6400
Sta Wag	350	900	1500	3000	5250	7500
Champion Custom, 6-cyl., 116.5" wb						
4d Sed	350	780	1300	2600	4550	6500
2d Clb Sed	350	780	1300	2600	4550	6500
Champion DeLuxe, 6-cyl., 116.5" wb						
4d Sed	350	790	1350	2650	4620	6600
2d Clb Sed	350	770	1300	2550	4480	6400
Silver Hawk, 6-cyl., 120.5" wb						
Cpe	450	1400	2300	4600	8100	11,500
Champion Pelham, 6-cyl., 116.5" wb						
Sta Wag	350	840	1400	2800	4900	7000
Commander Custom, V-8, 116.5" wb						
4d Sed	350	790	1350	2650	4620	6600
2d Clb Sed	350	780	1300	2600	4550	6500
Commander DeLuxe, V-8, 116.5" wb						
4d Sed	350	900	1500	3000	5250	7500
2d Clb Sed	350	870	1450	2900	5100	7300
Commander Station Wagons, V-8, 116.5" wb						
Park	450	1140	1900	3800	6650	9500
Prov	400	1200	2000	4000	7000	10,000
President, V-8, 116.5" wb						
4d Sed	350	1020	1700	3400	5900	8400

	6	5	4	3	2	1
4d Classic	350	1020	1700	3400	5950	8500
2d Clb Sed	350	1000	1650	3350	5800	8300
Silver Hawk, V-8, 120.5" wb						
Cpe	550	1800	3000	6000	10,500	15,000
President Broadmoor, V-8, 116.5" wb						
4d Sta Wag	400	1250	2100	4200	7400	10,500
Golden Hawk, V-8, 120.5" wb						
Spt HT	750	2400	4000	8000	14,000	20,000
1958						
Champion Scotsman, 6-cyl., 116.5" wb						
4d Sed	200	745	1250	2500	4340	6200
2d Sed	200	730	1250	2450	4270	6100
Sta Wag	350	840	1400	2800	4900	7000
Champion, 6-cyl., 116.5" wb						
4d Sed	200	750	1275	2500	4400	6300
2d Sed	200	745	1250	2500	4340	6200
Silver Hawk, 6-cyl., 120.5" wb						
Cpe	400	1200	2000	4000	7000	10,000
Commander, V-8, 116.5" wb						
4d Sed	350	900	1500	3000	5250	7500
HT	450	1080	1800	3600	6300	9000
Sta Wag	350	975	1600	3200	5600	8000
President, V-8, 120.5" & 116.5" wb						
4d Sed	350	950	1550	3100	5400	7700
HT	950	1100	1850	3700	6450	9200
Silver Hawk, V-8, 120.5" wb						
Cpe	550	1700	2800	5600	9800	14,000
Golden Hawk, V-8, 120.5" wb						
Spt HT	700	2150	3600	7200	12,600	18,000
1959-1960						
Lark DeLuxe, V-8, 108.5" wb						
4d Sed	350	900	1500	3000	5250	7500
2d Sed	350	900	1500	3000	5250	7500
4d Sta Wag (1960 only)	350	950	1550	3150	5450	7800
2d Sta Wag	350	975	1600	3200	5500	7900
Lark Regal, V-8, 108.5" wb						
4d Sed	350	975	1600	3200	5600	8000
HT	400	1200	2000	4000	7000	10,000
Conv (1960 only)	550	1800	3000	6000	10,500	15,000
Sta Wag	350	975	1600	3200	5600	8000
NOTE: Deduct 5 percent for 6 cyl. models.						
Hawk, V-8, 120.5" wb						
Spt Cpe	550	1700	2800	5600	9800	14,000
1961						
Lark DeLuxe, V-8, 108.5" wb						
4d Sed	350	870	1450	2900	5100	7300
2d Sed	350	880	1500	2950	5180	7400
Lark Regal, V-8, 108.5" wb						
4d Sed	350	900	1500	3000	5250	7500
HT	450	1140	1900	3800	6650	9500
Conv	500	1550	2600	5200	9100	13,000
Lark Cruiser, V-8, 113" wb						
4d Sed	350	950	1550	3100	5400	7700
Station Wagons, V-8, 113" wb						
4d DeL	350	870	1450	2900	5100	7300
2d	350	870	1450	2900	5100	7300
4d Reg	350	880	1500	2950	5180	7400
Hawk, 8-cyl., 120.5" wb						
Spt Cpe	550	1800	3000	6000	10,500	15,000
NOTE: Deduct 5 percent for 6 cyl. models. First year for 4-speed Hawks.						
1962						
Lark DeLuxe, V-8, 109" - 113" wb						
4d Sed	350	870	1450	2900	5100	7300
2d Sed	350	870	1450	2900	5100	7300
Sta Wag	350	950	1550	3150	5450	7800
Lark Regal, V-8, 109" - 113" wb						
4d Sed	350	870	1450	2900	5100	7300
2d HT	400	1200	2000	4000	7000	10,000
Conv	450	1450	2400	4800	8400	12,000
Sta Wag	350	975	1600	3200	5600	8000
Lark Daytona, V-8, 109" wb						
HT	400	1200	2000	4000	7000	10,000
Conv	450	1500	2500	5000	8800	12,500

	6	5	4	3	2	1
Lark Cruiser, V-8, 113" wb						
4d Sed	450	1140	1900	3800	6650	9500
Gran Turismo Hawk, V-8, 120.5" wb						
HT	550	1800	3000	6000	10,500	15,000

NOTE: Deduct 5 percent for 6 cyl. models.

1963

	6	5	4	3	2	1
Lark Standard, V-8, 109" - 113" wb						
4d Sed	350	870	1450	2900	5100	7300
2d Sed	350	870	1450	2900	5100	7300
Sta Wag	350	975	1600	3200	5600	8000
Lark Regal, V-8, 109" - 113" wb						
4d Sed	350	870	1450	2900	5100	7300
2d Sed	350	870	1450	2900	5100	7300
Sta Wag	350	1000	1650	3300	5750	8200
Lark Custom, V-8, 109" - 113" wb						
4d Sed	350	870	1450	2900	5100	7300
2d Sed	350	880	1500	2950	5180	7400
Lark Daytona, V-8, 109" - 113" wb						
2d HT	400	1200	2000	4000	7000	10,000
Conv	450	1500	2500	5000	8800	12,500
Sta Wag	450	1140	1900	3800	6650	9500
Cruiser, V-8, 113" wb						
4d Sed	450	1150	1900	3850	6700	9600
Gran Turismo Hawk, V-8, 120.5" wb						
2d HT	550	1800	3000	6000	10,500	15,000

NOTE: Deduct 5 percent for 6 cyl.
Add 10 percent for R1 engine option.
Add 20 percent for R2 engine option.
Add 30 percent for R3 engine option.

1964 Studebaker Gran Turismo Hawk two-door hardtop

1964

	6	5	4	3	2	1
Challenger V-8, 109" - 113" wb						
4d Sed	350	880	1500	2950	5180	7400
2d Sed	350	900	1500	3000	5250	7500
Sta Wag	350	950	1550	3100	5400	7700
Commander, V-8, 109" - 113" wb						
4d Sed	350	950	1500	3050	5300	7600
2d Sed	350	950	1550	3100	5400	7700
Sta Wag	350	975	1600	3200	5600	8000
Daytona, V-8, 109" - 113" wb						
4d Sed	350	975	1600	3200	5600	8000
HT	400	1300	2200	4400	7700	11,000
Conv	450	1450	2400	4800	8400	12,000
Sta Wag	400	1200	2000	4000	7000	10,000
Cruiser, V-8, 113" wb						
4d Sed	450	1160	1950	3900	6800	9700
Gran Turismo Hawk, V-8, 120.5" wb						
HT	550	1800	3000	6000	10,500	15,000

	6	5	4	3	2	1
NOTE: Deduct 5 percent for 6 cyl. models. Add 10 percent for R1 engine option. Add 20 percent for R2 engine option. Add 30 percent for R3 engine option.						
1965						
Commander, V-8, 109" - 113" wb						
4d Sed	350	900	1500	3000	5250	7500
2d Sed	350	880	1500	2950	5180	7400
Sta Wag	350	950	1550	3150	5450	7800
Daytona, V-8, 109" - 113" wb						
Spt Sed	350	950	1550	3100	5400	7700
Sta Wag	350	975	1600	3200	5600	8000
Cruiser, V-8, 113" wb						
4d Sed	350	1000	1650	3300	5750	8200
NOTE: Deduct 10 percent for 6 cyl. models.						
1966						
Commander, V-8, 109" wb						
4d Sed	350	900	1500	3000	5250	7500
2d Sed	350	880	1500	2950	5180	7400
Daytona, V-8, 109" - 113" wb						
2d Spt Sed	350	975	1600	3200	5600	8000
Cruiser, V-8, 113" wb						
4d Sed	350	950	1550	3150	5450	7800
Wagonaire, V-8, 113" wb						
Sta Wag	350	975	1600	3200	5600	8000

AVANTI

1963 Studebaker Avanti sport coupe

	6	5	4	3	2	1
1963						
Avanti, V-8, 109" wb						
2d Spt Cpe	800	2500	4200	8400	14,700	21,000
NOTE: Add 20 percent for R2 engine option.						
1964						
Avanti, V-8, 109" wb						
2d Spt Cpe	750	2400	4000	8000	14,000	20,000
NOTE: Add 20 percent for R2 engine option. Add 60 percent for R3 engine option.						

AVANTI II

	6	5	4	3	2	1
Avanti II, V-8, 109" wb						
2d Spt Cpe						
1965 - 5 Prototypes Made	900	2900	4800	9600	16,800	24,000
1966	750	2400	4000	8000	14,000	20,000
1967	750	2400	4000	8000	14,000	20,000
1968	750	2400	4000	8000	14,000	20,000
1969	750	2400	4000	8000	14,000	20,000

	6	5	4	3	2	1
1970	750	2400	4000	8000	14,000	20,000
1971	750	2400	4000	8000	14,000	20,000
1972	750	2400	4000	8000	14,000	20,000
1973	750	2400	4000	8000	14,000	20,000
1974	750	2400	4000	8000	14,000	20,000
1975	850	2650	4400	8800	15,400	22,000
1976	800	2500	4200	8400	14,700	21,000
NOTE: Add 5 percent for leather upholstery.						
Add 5 percent for sun roof.						
Add 6 percent for wire wheels.						
1977	700	2300	3800	7600	13,300	19,000
1978	700	2300	3800	7600	13,300	19,000
1979	800	2500	4200	8400	14,700	21,000
1980	800	2500	4200	8400	14,700	21,000
1981	850	2650	4400	8800	15,400	22,000
Avanti, V-8, 109" wb						
1982 2d Spt Cpe	850	2750	4600	9200	16,100	23,000
1983 2d Spt Cpe	850	2750	4600	9200	16,100	23,000
1984 2d Spt Cpe	850	2750	4600	9200	16,100	23,000
1985 2d Spt Cpe	950	3000	5000	10,000	17,500	25,000
1987 2d Spt Cpe	1050	3350	5600	11,200	19,600	28,000
1987 2d Conv	1150	3700	6200	12,400	21,700	31,000
1988 2d Spt Cpe	1100	3500	5800	11,600	20,300	29,000
1988 2d Conv	1200	3850	6400	12,800	22,400	32,000
1989 2d Spt Cpe	1100	3500	5800	11,600	20,300	29,000
1989 2d Conv	1200	3850	6400	12,800	22,400	32,000
1990 4d Sed	850	2650	4400	8800	15,400	22,000
1991 2d Conv	1250	3950	6600	13,200	23,100	33,000

STUTZ

	6	5	4	3	2	1
1912						
Series A, 4-cyl., 50 hp, 120" wb						
2P Rds	2700	8650	14,400	28,800	50,400	72,000
4P Toy Tonn	2650	8400	14,000	28,000	49,000	70,000
5P Tr	2650	8400	14,000	28,000	49,000	70,000
2P Bearcat	5250	16,800	28,000	56,000	98,000	140,000
4P Cpe	1900	6000	10,000	20,000	35,000	50,000
Series A, 6-cyl., 60 hp, 124" wb						
Touring - 6P (130" wb)						
6P Tr	2500	7900	13,200	26,400	46,200	66,000
4P Toy Tonn	2400	7700	12,800	25,600	44,800	64,000
2P Bearcat	5650	18,000	30,000	60,000	105,000	150,000
1913						
Series B, 4-cyl., 50 hp, 120" wb						
2P Rds	2700	8650	14,400	28,800	50,400	72,000
4P Toy Tonn	2650	8400	14,000	28,000	49,000	70,000
4P Tr (124" wb)	2650	8400	14,000	28,000	49,000	70,000
2P Bearcat	5250	16,800	28,000	56,000	98,000	140,000
6P Tr (124" wb)	2800	8900	14,800	29,600	51,800	74,000
Series B, 6-cyl., 60 hp, 124" wb						
2P Bearcat	5650	18,000	30,000	60,000	105,000	150,000
4P Toy Tonn	2650	8400	14,000	28,000	49,000	70,000
6P Tr (130" wb)	2850	9100	15,200	30,400	53,200	76,000
1914						
Model 4E, 4-cyl., 50 hp, 120" wb						
2P Rds	2650	8400	14,000	28,000	49,000	70,000
Bearcat	5450	17,400	29,000	58,000	101,500	145,000
5P Tr	2650	8400	14,000	28,000	49,000	70,000
Model 6E, 6-cyl., 55 hp, 130" wb						
2P Rds	2850	9100	15,200	30,400	53,200	76,000
6P Tr	2850	9100	15,200	30,400	53,200	76,000
1915						
Model H.C.S., 4-cyl., 23 hp, 108" wb						
2P Rds	1900	6000	10,000	20,000	35,000	50,000
Model 4F, 4-cyl., 36.1 hp, 120" wb						
2P Rds	2250	7200	12,000	24,000	42,000	60,000
Bearcat	5100	16,300	27,200	54,400	95,200	136,000
Cpe	1200	3850	6400	12,800	22,400	32,000
Bulldog	2200	6950	11,600	23,200	40,600	58,000
5P Tr	2350	7450	12,400	24,800	43,400	62,000
5P Sed	1100	3500	5800	11,600	20,300	29,000

	6	5	4	3	2	1
Model 6F, 6-cyl., 38.4 hp, 130" wb						
2P Rds	2400	7700	12,800	25,600	44,800	64,000
Bearcat	5250	16,800	28,000	56,000	98,000	140,000
Cpe	1300	4200	7000	14,000	24,500	35,000
5P Tr	2500	7900	13,200	26,400	46,200	66,000
6P Tr	2500	7900	13,200	26,400	46,200	66,000
5P Sed	1150	3600	6000	12,000	21,000	30,000
1916						
Model C, 4-cyl., 36.1 hp, 120" wb						
2P Rds	2250	7200	12,000	24,000	42,000	60,000
Bearcat	4900	15,600	26,000	52,000	91,000	130,000
Bulldog	2500	7900	13,200	26,400	46,200	66,000
Sed	1100	3500	5800	11,600	20,300	29,000
Bulldog Special, 4-cyl., 36.1 hp, 130" wb						
4P Tr	2500	7900	13,200	26,400	46,200	66,000
5P Tr	2550	8150	13,600	27,200	47,600	68,000
1917						
Series R, 4-cyl., 80 hp, 130" wb						
2P Rds	2650	8400	14,000	28,000	49,000	70,000
4P Bulldog Spl	2500	7900	13,200	26,400	46,200	66,000
6P Bulldog Spl	2550	8150	13,600	27,200	47,600	68,000
Bearcat (120" wb)	5100	16,300	27,200	54,400	95,200	136,000
1918						
Series S, 4-cyl., 80 hp, 130" wb						
2P Rds	2650	8400	14,000	28,000	49,000	70,000
4P Bulldog Spl	2500	7900	13,200	26,400	46,200	66,000
6P Bulldog Spl	2550	8150	13,600	27,200	47,600	68,000
Bearcat (120" wb)	5100	16,300	27,200	54,400	95,200	136,000

1919 Stutz Bearcat roadster

	6	5	4	3	2	1
1919						
Series G, 4-cyl., 80 hp, 130" wb						
6P Tr	2700	8650	14,400	28,800	50,400	72,000
2P Rds	2500	7900	13,200	26,400	46,200	66,000
4P C.C. Tr	2700	8650	14,400	28,800	50,400	72,000
Bearcat (120" wb)	5100	16,300	27,200	54,400	95,200	136,000
1920						
Series H, 4-cyl., 80 hp, 130" wb						
2P Bearcat (120" wb)	5100	16,300	27,200	54,400	95,200	136,000
2P Rds	2650	8400	14,000	28,000	49,000	70,000
4P/5P Tr	2700	8650	14,400	28,800	50,400	72,000
6P/7P Tr	2800	8900	14,800	29,600	51,800	74,000
1921						
Series K, 4-cyl., 80 hp, 130" wb						
2P Bearcat (120" wb)	5100	16,300	27,200	54,400	95,200	136,000
2P Rds	3400	10,800	18,000	36,000	63,000	90,000
4P Tr	2700	8650	14,400	28,800	50,400	72,000
6P Tr	2700	8650	14,400	28,800	50,400	72,000
4P Cpe	1500	4800	8000	16,000	28,000	40,000
1922						
Series K, 4-cyl., 80 hp, 130" wb						
3P Cpe	1500	4800	8000	16,000	28,000	40,000

	6	5	4	3	2	1
2P Rds	2650	8400	14,000	28,000	49,000	70,000
Bearcat (120" wb)	5100	16,300	27,200	54,400	95,200	136,000
6P Tr	2700	8650	14,400	28,800	50,400	72,000
4P Spt	2850	9100	15,200	30,400	53,200	76,000
1923						
Special Six, 70 hp, 120" wb						
5P Sed	1300	4200	7000	14,000	24,500	35,000
5P Tr	2700	8650	14,400	28,800	50,400	72,000
Rds	2700	8650	14,400	28,800	50,400	72,000
Speedway Four, 88 hp, 130" wb						
6P Tr	2850	9100	15,200	30,400	53,200	76,000
Sportster	3000	9600	16,000	32,000	56,000	80,000
4P Cpe	1500	4800	8000	16,000	28,000	40,000
Sportsedan	1400	4450	7400	14,800	25,900	37,000
Rds	2650	8400	14,000	28,000	49,000	70,000
Bearcat	5250	16,800	28,000	56,000	98,000	140,000
Calif Tr	2950	9350	15,600	31,200	54,600	78,000
Calif Sptstr	2950	9350	15,600	31,200	54,600	78,000
1924						
Special Six, 70 hp, 120" wb						
5P Phae	2550	8150	13,600	27,200	47,600	68,000
Tourabout	2550	8150	13,600	27,200	47,600	68,000
2P Rds	2650	8400	14,000	28,000	49,000	70,000
Palanquin	2550	8150	13,600	27,200	47,600	68,000
5P Sed	1200	3850	6400	12,800	22,400	32,000
Speedway Four, 4-cyl., 88 hp, 130" wb						
2P Rds	2650	8400	14,000	28,000	49,000	70,000
2P Bearcat	5100	16,300	27,200	54,400	95,200	136,000
6P Tr	2700	8650	14,400	28,800	50,400	72,000
4P Cpe	1500	4800	8000	16,000	28,000	40,000
1925						
Models 693-694, 6-cyl., 70 hp, 120" wb						
5P Phae	2500	7900	13,200	26,400	46,200	66,000
5P Tourabout	2550	8150	13,600	27,200	47,600	68,000
2P Rds	2500	7900	13,200	26,400	46,200	66,000
4P Cpe	1450	4550	7600	15,200	26,600	38,000
5P Sed	1200	3850	6400	12,800	22,400	32,000
Model 695, 6-cyl., 80 hp, 130" wb						
7P Tourster	2550	8150	13,600	27,200	47,600	68,000
5P Sportster	2550	8150	13,600	27,200	47,600	68,000
7P Sub	1700	5400	9000	18,000	31,500	45,000
Sportbrohm	1650	5300	8800	17,600	30,800	44,000
7P Berline	1750	5500	9200	18,400	32.200	46,000
1926						
Vertical Eight, AA, 92 hp, 131" wb						
4P Spds	5100	16,300	27,200	54,400	95,200	136,000
5P Spds	5100	16,300	27,200	54,400	95,200	136,000
4P Vic Cpe	2050	6600	11,000	22,000	38,500	55,000
5P Brgm	1850	5900	9800	19,600	34,300	49,000
5P Sed	1500	4800	8000	16,000	28,000	40,000
1927						
Vertical Eight, AA, 92 hp, 131" wb						
4P Spds	5100	16,300	27,200	54,400	95,200	136,000
5P Spds	5100	16,300	27,200	54,400	95,200	136,000
2P Cpe	1900	6000	10,000	20,000	35,000	50,000
4P Cpe	1900	6000	10,000	20,000	35,000	50,000
5P Brgm	1850	5900	9800	19,600	34,300	49,000
5P Sed	1500	4800	8000	16,000	28,000	40,000
7P Berline	1850	5900	9800	19,600	34,300	49,000
7P Sed	1600	5050	8400	16,800	29,400	42,000
1928						
Series BB, 8-cyl., 115 hp, 131 & 135" wb						
2P Spds	5100	16,300	27,200	54,400	95,200	136,000
4P Spds	5100	16,300	27,200	54,400	95,200	136,000
5P Spds	5250	16,800	28,000	56,000	98,000	140,000
7P Spds	5200	16,550	27,600	55,200	96,600	138,000
2P Black Hawk Spds	5450	17,400	29,000	58,000	101,500	145,000
4P Black Hawk Spds	5450	17,400	29,000	58,000	101,500	145,000
4P Vic Cpe	2050	6600	11,000	22,000	38,500	55,000
2P Cpe	1950	6250	10,400	20,800	36,400	52,000
5P Sed	1500	4800	8000	16,000	28,000	40,000
5P Brgm	1550	4900	8200	16,400	28,700	41,000
2P Cabr Cpe	3400	10,800	18,000	36,000	63,000	90,000
7P Sed	1600	5050	8400	16.800	29,400	42.000

	6	5	4	3	2	1
7P Sed Limo	2250	7200	12,000	24,000	42,000	60,000
4P Deauville	2350	7450	12,400	24,800	43,400	62,000
5P Chantilly Sed	2350	7450	12,400	24,800	43,400	62,000
4P Monaco Cpe	2500	7900	13,200	26,400	46,200	66,000
5P Riv Sed	2500	7900	13,200	26,400	46,200	66,000
7P Biarritz Sed	2500	7900	13,200	26,400	46,200	66,000
5P Chamonix Sed	2550	8150	13,600	27,200	47,600	68,000
7P Fontainbleau	2550	8150	13,600	27,200	47,600	68,000
5P Aix Les Bains	2550	8150	13,600	27,200	47,600	68,000
7P Versailles	2650	8400	14,000	28,000	49,000	70,000
5P Prince of Wales	2650	8400	14,000	28,000	49,000	70,000
8P Prince of Wales	2700	8650	14,400	28,800	50,400	72,000
Transformable Twn Car	2850	9100	15,200	30,400	53,200	76,000
1929						
Model M, 8-cyl., 115 hp, 134-1/2" wb						
4P Spds	5100	16,300	27,200	54,400	95,200	136,000
7P Spds	5200	16,550	27,600	55,200	96,600	138,000
2P Speed Car	5250	16,800	28,000	56,000	98,000	140,000
5P Cpe	1950	6250	10,400	20,800	36,400	52,000
4P Cpe	1950	6250	10,400	20,800	36,400	52,000
2P Cabr	3600	11,500	19,200	38,400	67,200	96,000
5P Sed	1600	5050	8400	16,800	29,400	42,000
7P Sed	1600	5150	8600	17,200	30,100	43,000
5P Chantilly Sed	2350	7450	12,400	24,800	43,400	62,000
5P Monaco Cpe	2500	7900	13,200	26,400	46,200	66,000
5P Deauville	2350	7450	12,400	24,800	43,400	62,000
7P Limo	2350	7450	12,400	24,800	43,400	62,000
5P Sed	1900	6000	10,000	20,000	35,000	50,000
2P Cabr	3850	12,250	20,400	40,800	71,400	102,000
5P Biarritz	2500	7900	13,200	26,400	46,200	66,000
7P Fontainbleau	2550	8150	13,600	27,200	47,600	68,000
7P Aix Les Baines	2550	8150	13,600	27,200	47,600	68,000
5P Sed	2050	6600	11,000	22,000	38,500	55,000
5P Limo	2500	7900	13,200	26,400	46,200	66,000
6P Brgm	2500	7900	13,200	26,400	46,200	66,000
Brgm Limo	2550	8150	13,600	27,200	47,600	68,000
6P Sed	2050	6500	10,800	21,600	37,800	54,000
6P Sed Limo	2550	8150	13,600	27,200	47,600	68,000
7P Sed Limo	2550	8150	13,600	27,200	47,600	68,000
5P Transformable Cabr	3250	10,300	17,200	34,400	60,200	86,000
7P Trans Twn Car	3250	10,300	17,200	34,400	60,200	86,000
5P Trans Twn Car	3300	10,550	17,600	35,200	61,600	88,000
1930						
Model MA, 8-cyl., 115 hp, 134-1/2" wb						
2P Spds	5100	16,300	27,200	54,400	95,200	136,000
4P Spds	5100	16,300	27,200	54,400	95,200	136,000
2P Cpe	2050	6600	11,000	22,000	38,500	55,000
5P Cpe	2050	6600	11,000	22,000	38,500	55,000
Sed	1500	4800	8000	16,000	28,000	40,000
Cabr	3400	10,800	18,000	36,000	63,000	90,000
Longchamps	2500	7900	13,200	26,400	46,200	66,000
Versailles	2500	7900	13,200	26,400	46,200	66,000
Torpedo	2650	8400	14,000	28,000	49,000	70,000
Model MB, 8-cyl., 115 hp, 145" wb						
4P Spds	5250	16,800	28,000	56,000	98,000	140,000
7P Spds	5250	16,800	28,000	56,000	98,000	140,000
5P Sed	1600	5150	8600	17,200	30,100	43,000
7P Sed	1650	5300	8800	17,600	30,800	44,000
7P Limo	1900	6000	10,000	20,000	35,000	50,000
5P Sed	1750	5500	9200	18,400	32,200	46,000
Cabr	3450	11,050	18,400	36,800	64,400	92,000
Chaumont	2650	8400	14,000	28,000	49,000	70,000
Monte Carlo	2650	8400	14,000	28,000	49,000	70,000
5P Sed	2250	7200	12,000	24,000	42,000	60,000
5P Limo	2350	7450	12,400	24,800	43,400	62,000
Brgm	2250	7200	12,000	24,000	42,000	60,000
Brgm Limo	2500	7900	13,200	26,400	46,200	66,000
6P Sed	2250	7200	12,000	24,000	42,000	60,000
6P Sed Limo	2500	7900	13,200	26,400	46,200	66,000
7P Sed Limo	2550	8150	13,600	27,200	47,600	68,000
Transformable Cabr	3250	10,300	17,200	34,400	60,200	86,000
Transformable Twn Car	3250	10,300	17,200	34,400	60,200	86,000
Transformable Tr Cabr	3400	10,800	18,000	36,000	63,000	90,000
1931						
Model LA, 6-cyl., 85 hp, 127-1/2" wb						

	6	5	4	3	2	1
4P Spds	4750	15,100	25,200	50,400	88,200	126,000
5P Cpe	1700	5400	9000	18,000	31,500	45,000
Sed	1450	4550	7600	15,200	26,600	38,000
4P Cpe	1750	5500	9200	18,400	32,200	46,000
Cabr Cpe	3000	9600	16,000	32,000	56,000	80,000
Model MA, 8-cyl., 115 hp, 134-1/2" wb						
4P Spds	4900	15,600	26,000	52,000	91,000	130,000
Torp	3450	11,050	18,400	36,800	64,400	92,000
4P Spds	5100	16,300	27,200	54,400	95,200	136,000
5P Cpe	1900	6000	10,000	20,000	35,000	50,000
4P Cpe	1900	6100	10,200	20,400	35,700	51,000
Cabr Cpe	3000	9600	16,000	32,000	56,000	80,000
Sed	1600	5050	8400	16,800	29,400	42,000
Longchamps	2050	6500	10,800	21,600	37,800	54,000
Versailles	2050	6500	10,800	21,600	37,800	54,000
Model MB, 8-cyl., 115 hp, 145" wb						
7P Spds	5100	16,300	27,200	54,400	95,200	136,000
5P Sed	1850	5900	9800	19,600	34,300	49,000
7P Sed	1900	6000	10,000	20,000	35,000	50,000
Limo	2250	7200	12,000	24,000	42,000	60,000
Cabr Cpe	3600	11,500	19,200	38,400	67,200	96,000
Conv Sed	4750	15,100	25,200	50,400	88,200	126,000
Chaumont	3600	11,500	19,200	38,400	67,200	96,000
Monte Carlo	3600	11,500	19,200	38,400	67,200	96,000
5P Sed	2250	7200	12,000	24,000	42,000	60,000
Brgm	2350	7450	12,400	24,800	43,400	62,000
7P Sed	2500	7900	13,200	26,400	46,200	66,000
Brgm Limo	2550	8150	13,600	27,200	47,600	68,000
6/7P Sed Limo	2650	8400	14,000	28,000	49,000	70,000
Transformable Cabr	3400	10,800	18,000	36,000	63,000	90,000
Transformable Twn Car	3250	10,300	17,200	34,400	60,200	86,000
Transformable Twn Cabr	3400	10,800	18,000	36,000	63,000	90,000
1932						
Model LAA, 6-cyl., 85 hp, 127-1/2" wb						
Sed	1500	4800	8000	16,000	28,000	40,000
5P Cpe	2050	6600	11,000	22,000	38,500	55,000
4P Cpe	2050	6600	11,000	22,000	38,500	55,000
Clb Sed	1700	5400	9000	18,000	31,500	45,000
Model SV-16, 8-cyl., 115 hp, 134-1/2" wb						
4P Spds	4900	15,600	26,000	52,000	91,000	130,000
Torp	3250	10,300	17,200	34,400	60,200	86,000
5P Cpe	1900	6000	10,000	20,000	35,000	50,000
5P Sed	1700	5400	9000	18,000	31,500	45,000
4P Cpe	2050	6600	11,000	22,000	38,500	55,000
Clb Sed	1750	5650	9400	18,800	32,900	47,000
Cabr Cpe	3250	10,300	17,200	34,400	60,200	86,000
Longchamps	2050	6600	11,000	22,000	38,500	55,000
Versailles	2050	6600	11,000	22,000	38,500	55,000
6P Sed	1950	6250	10,400	20,800	36,400	52,000
Cont Cpe	2550	8150	13,600	27,200	47,600	68,000
Model SV-16, 8 cyl., 115 hp, 145" wb						
7P Spds	5450	17,400	29,000	58,000	101,500	145,000
7P Sed	3000	9600	16,000	32,000	56,000	80,000
5P Sed	2850	9100	15,200	30,400	53,200	76,000
Limo	3250	10,300	17,200	34,400	60,200	86,000
Conv Sed	4750	15,100	25,200	50,400	88,200	126,000
6P Sed	3100	9850	16,400	32,800	57,400	82,000
Chaumont	3600	11,500	19,200	38,400	67,200	96,000
Brgm	3250	10,300	17,200	34,400	60,200	86,000
Monte Carlo	3300	10,550	17,600	35,200	61,600	88,000
Brgm Limo	3400	10,800	18,000	36,000	63,000	90,000
7P Sed Limo	3400	10,800	18,000	36,000	63,000	90,000
6P Sed Limo	3400	10,800	18,000	36,000	63,000	90,000
Transformable Cabr	3600	11,500	19,200	38,400	67,200	96,000
Monte Carlo	3700	11,750	19,600	39,200	68,600	98,000
Prince of Wales	3700	11,750	19,600	39,200	68,600	98,000
Conv Vic	4150	13,200	22,000	44,000	77,000	110,000
Spt Sed	3250	10,300	17,200	34,400	60,200	86,000
Tuxedo Cabr	5100	16,300	27,200	54,400	95,200	136,000
Patrician Cpe	3400	10,800	18,000	36,000	63,000	90,000
Transformable Twn Car	5250	16,800	28,000	56,000	98,000	140,000
Model DV-32, 8-cyl., 156 hp, 134-1/2" wb						
Bearcat	6750	21,600	36,000	72,000	126,000	180,000

NOTE: All other models same as SV-16, with prices $1000 more than SV-16.

Model DV-32, 8-cyl., 156 hp, 145" wb

NOTE: All models same as SV-16, with prices $1000 more than SV-16.

1933 Stutz convertible coupe

	6	5	4	3	2	1
Model DV-32, 8-cyl., 156 hp, 116" wb						
Sup Bearcat	6750	21,600	36,000	72,000	126,000	180,000
1933						
Model LAA, 6-cyl., 85 hp, 127-1/2" wb						
5P Sed	1600	5050	8400	16,800	29,400	42,000
5P Cpe	1900	6000	10,000	20,000	35,000	50,000
4P Cpe	1900	6100	10,200	20,400	35,700	51,000
5P Clb Sed	1700	5400	9000	18,000	31,500	45,000
4P Cabr Cpe	2850	9100	15,200	30,400	53,200	76,000
Model SV-16, 8-cyl., 115 hp, 134-1/2" wb						
4P Spds	4150	13,200	22,000	44,000	77,000	110,000
2P Torp	3000	9600	16,000	32,000	56,000	80,000
4P Spds	4500	14,400	24,000	48,000	84,000	120,000
5P Cpe	2150	6850	11,400	22,800	39,900	57,000
5P Sed	1700	5400	9000	18,000	31,500	45,000
4P Cpe	2200	6950	11,600	23,200	40,600	58,000
5P Clb Sed	1750	5650	9400	18,800	32,900	47,000
4P Cabr Cpe	3000	9600	16,000	32,000	56,000	80,000
5P Versailles	2500	7900	13,200	26,400	46,200	66,000
Model SV-16, 8-cyl., 115 hp, 145" wb						
4P Spds	5250	16,800	28,000	56,000	98,000	140,000
5P Sed	2050	6600	11,000	22,000	38,500	55,000
7P Sed	2150	6850	11,400	22,800	39,900	57,000
7P Limo	2500	7900	13,200	26,400	46,200	66,000
4P Cabr Cpe	3600	11,500	19,200	38,400	67,200	96,000
5P Conv Sed	4900	15,600	26,000	52,000	91,000	130,000
6P Sed	2550	8150	13,600	27,200	47,600	68,000
5P Chaumont	2650	8400	14,000	28,000	49,000	70,000
6P Brgm	2650	8400	14,000	28,000	49,000	70,000
6P Sed	2550	8150	13,600	27,200	47,600	68,000
5P Monte Carlo	2700	8650	14,400	28,800	50,400	72,000
6P Brgm Limo	3250	10,300	17,200	34,400	60,200	86,000
6P Sed Limo	3000	9600	16,000	32,000	56,000	80,000
7P Twn Car	3400	10,800	18,000	36,000	63,000	90,000
5P Monte Carlo	3400	10,800	18,000	36,000	63,000	90,000
Series DV-32, 8-cyl., 156" wb						

NOTE: Same models as the SV-16 on the two chassis, with prices $700 more. Bearcat and Super Bearcat continued from 1932.

	6	5	4	3	2	1
1934						
Model SV-16, 8-cyl., 115 hp, 134-1/2" wb						
Spds	4500	14,400	24,000	48,000	84,000	120,000
Spds	4500	14,400	24,000	48,000	84,000	120,000
Torp	4150	13,200	22,000	44,000	77,000	110,000
4P Cpe	1900	6000	10,000	20,000	35,000	50,000
Conv Cpe	3250	10,300	17,200	34,400	60,200	86,000
Club Sed	2250	7200	12,000	24,000	42,000	60,000
5P Sed	2050	6600	11,000	22,000	38,500	55,000
5P Cpe	2250	7200	12,000	24,000	42,000	60,000
Versailles	2250	7200	12,000	24,000	42,000	60,000
Model SV-16, 8-cyl., 115 hp, 145" wb						
Conv Cpe	3400	10,800	18,000	36,000	63,000	90,000
7P Sed	2200	7100	11,800	23,600	41,300	59,000
Limo	2350	7450	12,400	24,800	43,400	62,000
Chaumont	2350	7450	12,400	24,800	43,400	62,000
Monte Carlo	2400	7700	12,800	25,600	44,800	64,000
Model DV-32, 8-cyl., 156 hp, 134-1/2" wb						
Spds	4900	15,600	26,000	52,000	91,000	130,000
Spds	4950	15,850	26,400	52,800	92,400	132,000
Torp	4800	15,350	25,600	51,200	89,600	128,000
4P Cpe	2250	7200	12,000	24,000	42,000	60,000
Conv Cpe	4750	15,100	25,200	50,400	88,200	126,000
Clb Sed	2200	7100	11,800	23,600	41,300	59,000
5P Sed	2200	6950	11,600	23,200	40,600	58,000
5P Cpe	2350	7450	12,400	24,800	43,400	62,000
Versailles	2500	7900	13,200	26,400	46,200	66,000
Model DV-32, 8-cyl., 156 hp, 145" wb						
Conv Cpe	4500	14,400	24,000	48,000	84,000	120,000
7P Sed	2250	7200	12,000	24,000	42,000	60,000
Limo	2650	8400	14,000	28,000	49,000	70,000
Chaumont	2650	8400	14,000	28,000	49,000	70,000
Monte Carlo	2700	8650	14,400	28,800	50,400	72,000
1935						
Model SV-16, 8-cyl., 134 & 145" wb						
2P Spds	3300	10,550	17,600	35,200	61,600	88,000
2P Cpe	1950	6250	10,400	20,800	36,400	52,000
5P Sed	1600	5050	8400	16,800	29,400	42,000
7P Sed	1800	5750	9600	19,200	33,600	48,000
Model DV-32, 8-cyl., 134 & 145" wb						
2P Spds	3400	10,800	18,000	36,000	63,000	90,000
2/4P Cpe	2050	6600	11,000	22,000	38,500	55,000
5P Sed	1600	5050	8400	16,800	29,400	42,000
7P Limo	2050	6600	11,000	22,000	38,500	55,000

WHIPPET

	6	5	4	3	2	1
1926						
Model 96, 4-cyl.						
2P Cpe	350	950	1500	3050	5300	7600
5P Tr	700	2300	3800	7600	13,300	19,000
5P Sed	350	950	1500	3050	5300	7600
1927						
Model 96, 4-cyl., 30 hp, 104-1/4" wb						
5P Tr	700	2300	3800	7600	13,300	19,000
5P Coach	350	900	1500	3000	5250	7500
5P Rds	700	2150	3600	7200	12,600	18,000
2P Cpe	350	1020	1700	3400	5950	8500
5P Sed	350	950	1500	3050	5300	7600
Cabr	550	1700	2800	5600	9800	14,000
5P Lan Sed	350	880	1500	2950	5180	7400
Model 93A, 6-cyl., 40 hp, 109-1/4" wb						
5P Tr	750	2400	4000	8000	14,000	20,000
2/4P Rds	700	2300	3800	7600	13,300	19,000
2P Cpe	450	1080	1800	3600	6300	9000
5P Cpe	350	975	1600	3200	5600	8000
5P Sed	350	1000	1650	3300	5750	8200
Cabr	550	1700	2800	5600	9800	14,000
5P Lan Sed	350	880	1500	2950	5180	7400
1928						
Model 96, 4-cyl., 32 hp, 100-1/4" wb						
2/4P Spt Rds	700	2150	3600	7200	12,600	18,000
5P Tr	700	2300	3800	7600	13,300	19,000

	6	5	4	3	2	1
5P Coach	350	840	1400	2800	4900	7000
2P Cpe	350	975	1600	3200	5600	8000
2/4P Cabr	550	1700	2800	5600	9800	14,000
5P Sed	350	860	1450	2900	5050	7200
Model 98, 6-cyl.						
2/4P Rds	700	2300	3800	7600	13,300	19,000
5P Tr	750	2400	4000	8000	14,000	20,000
2P Cpe	450	1080	1800	3600	6300	9000
5P Coach	350	975	1600	3200	5600	8000
5P Sed	350	1000	1650	3300	5750	8200
1929						
Model 96A, 4-cyl., 103-1/2" wb						
2P Rds	700	2150	3600	7200	12,600	18,000
2/4P Rds	700	2300	3800	7600	13,300	19,000
2/4P Rds College	700	2300	3800	7600	13,300	19,000
5P Tr	700	2300	3800	7600	13,300	19,000
2P Cpe	350	975	1600	3200	5600	8000
Cabr	550	1700	2800	5600	9800	14,000
2/4P Cpe	550	1700	2800	5600	9800	14,000
5P Coach	350	840	1400	2800	4900	7000
5P Sed	350	860	1450	2900	5050	7200
DeL Sed	350	900	1500	3000	5250	7500
Model 98A, 6-cyl.						
2/4P Spt Rds	800	2500	4200	8400	14,700	21,000
5P Tr	850	2650	4400	8800	15,400	22,000
2P Cpe	350	1020	1700	3400	5950	8500
2/4P Cpe	450	1050	1800	3600	6200	8900
5P Coach	350	860	1450	2900	5050	7200
5P Sed	350	900	1500	3000	5250	7500
5P DeL Sed	350	900	1500	3000	5250	7500
1930						
Model 96A, 4-cyl.						
2P Rds	800	2500	4200	8400	14,700	21,000
2/4P Rds College	900	2900	4800	9600	16,800	24,000
5P Tr	850	2650	4400	8800	15,400	22,000
2P Cpe	350	975	1600	3200	5600	8000
2/4P Cpe	350	1020	1700	3400	5950	8500
5P Coach	350	840	1400	2800	4900	7000
5P Sed	350	860	1450	2900	5050	7200
5P DeL Sed	350	900	1500	3000	5250	7500
Model 98A, 6-cyl.						
5P Tr	850	2750	4600	9200	16,100	23,000
2/4P Spt Rds	800	2500	4200	8400	14,700	21,000
2P Cpe	350	1000	1650	3300	5750	8200
2/4P Cpe	350	1040	1700	3450	6000	8600
5P Coach	350	860	1450	2900	5050	7200
5P Sed	350	870	1450	2900	5100	7300
5P DeL Sed	350	950	1550	3150	5450	7800
Model 96A, 4-cyl.						
2P Cpe	350	975	1600	3200	5600	8000
2/4P Cpe	350	1020	1700	3400	5950	8500
5P Sed	350	860	1450	2900	5050	7200
Model 98A, 6-cyl.						
5P Coach	350	860	1450	2900	5050	7200
5P Sed	350	870	1450	2900	5100	7300
5P DeL Sed	350	950	1550	3150	5450	7800

WILLYS

1902-03						
Model 13, 1-cyl.						
2P Rbt	950	3000	5000	10,000	17,500	25,000
1904						
Model 13, 1-cyl.						
2P Rbt	850	2750	4600	9200	16,100	23,000
1905						
Model 15, 2-cyl.						
2P Rbt	850	2750	4600	9200	16,100	23,000
Model 17, 2-cyl.						
2P Rbt	850	2750	4600	9200	16,100	23,000
Model 18, 4-cyl.						
5P Tr	900	2900	4800	9600	16,800	24,000

	6	5	4	3	2	1
1906						
Model 16, 2-cyl.						
2P Rbt	850	2650	4400	8800	15,400	22,000
Model 18, 4-cyl.						
4P Tr	850	2750	4600	9200	16,100	23,000
1907						
Model 22, 4-cyl.						
2P Rbt	850	2650	4400	8800	15,400	22,000
1908						
Model 24, 4-cyl.						
2P Rds	850	2750	4600	9200	16,100	23,000
1909						
Model 30, 4-cyl.						
3P Rds	850	2650	4400	8800	15,400	22,000
4P Rds	850	2650	4400	8800	15,400	22,000
2P Cpe	750	2400	4000	8000	14,000	20,000
Model 31, 4-cyl.						
4P Toy Tonn	850	2750	4600	9200	16,100	23,000
5P Tourist	850	2750	4600	9200	16,100	23,000
5P Taxi	850	2650	4400	8800	15,400	22,000
Model 32, 4-cyl.						
3P Rds	800	2500	4200	8400	14,700	21,000
4P Rds	850	2650	4400	8800	15,400	22,000
4P Toy Tonn	850	2650	4400	8800	15,400	22,000
5P Tr	850	2750	4600	9200	16,100	23,000
Willys, 6-cyl.						
3P Rds	850	2750	4600	9200	16,100	23,000
4P Rds	850	2750	4600	9200	16,100	23,000
Toy Tonn	900	2900	4800	9600	16,800	24,000
5P Tr	900	2900	4800	9600	16,800	24,000
1910						
Model 38, 4-cyl., 102" wb, 25 hp						
2P Rds	850	2650	4400	8800	15,400	22,000
3P Rds	850	2650	4400	8800	15,400	22,000
4P Rds	850	2700	4500	9000	15,800	22,500
Toy Tonn	850	2650	4400	8800	15,400	22,000
Model 40, 4-cyl., 112" wb, 40 hp						
3P Rds	850	2750	4600	9200	16,100	23,000
4P Rds	850	2750	4600	9200	16,100	23,000
Model 41, 4-cyl.						
5P Tr	900	2900	4800	9600	16,800	24,000
4P C.C. Tr	900	2900	4800	9600	16,800	24,000
Model 42, 4-cyl.						
5P Tr	950	3000	5000	10,000	17,500	25,000
4P C.C. Tr	950	3000	5000	10,000	17,500	25,000
1911						
Model 38, 4-cyl.						
4P Tr	750	2400	4000	8000	14,000	20,000
2P Cpe	550	1800	3000	6000	10,500	15,000
Model 45, 4-cyl.						
2P Rds	800	2500	4200	8400	14,700	21,000
Model 46, 4-cyl.						
2P Torp	800	2500	4200	8400	14,700	21,000
Model 47, 4-cyl.						
Tr	850	2650	4400	8800	15,400	22,000
Model 49, 4-cyl.						
5P Tr	800	2500	4200	8400	14,700	21,000
4P Tr	850	2650	4400	8800	15,400	22,000
Model 50, 4-cyl.						
2P Torp	950	3000	5000	10,000	17,500	25,000
Model 51, 4-cyl.						
4d 5P Tr	900	2900	4800	9600	16,800	24,000
5P Tr	900	2900	4800	9600	16,800	24,000
Model 52, 4-cyl.						
4d 5P Tr	950	3000	5000	10,000	17,500	25,000
5P Tr	950	3000	5000	10,000	17,500	25,000
Model 53, 4-cyl.						
2P Rds	1000	3100	5200	10,400	18,200	26,000
Model 54, 4-cyl.						
5P Tr	1000	3100	5200	10,400	18,200	26,000
Model 55, 4-cyl.						
4d 5P Tr	1000	3100	5200	10,400	18,200	26,000
5P Tr	1000	3100	5200	10,400	18,200	26,000
Model 56, 4-cyl.						
5P Tr	1000	3250	5400	10,800	18,900	27,000

	6	5	4	3	2	1
1912						
Model 58R, 4-cyl., 25 hp						
Torp Rds	800	2500	4200	8400	14,700	21,000
Model 59R-T, 4-cyl., 30 hp						
Rds	850	2650	4400	8800	15,400	22,000
Tr	850	2750	4600	9200	16,100	23,000
Model 59C, 4-cyl., 30 hp						
Cpe	550	1800	3000	6000	10,500	15,000
Model 60, 4-cyl., 35 hp						
Tr	900	2900	4800	9600	16,800	24,000
Model 61, 4-cyl., 45 hp						
Rds	1100	3500	5800	11,600	20,300	29,000
4d Tr	1150	3600	6000	12,000	21,000	30,000
Tr	1150	3600	6000	12,000	21,000	30,000
Cpe	700	2150	3600	7200	12,600	18,000
1913						
Model 69, 4-cyl., 30 hp						
Cpe	550	1700	2800	5600	9800	14,000
Tr	850	2750	4600	9200	16,100	23,000
Rds	850	2650	4400	8800	15,400	22,000
4d Tr	900	2900	4800	9600	16,800	24,000
Model 71, 4-cyl., 45 hp						
Rds	1100	3500	5800	11,600	20,300	29,000
Tr	1150	3600	6000	12,000	21,000	30,000
5P Tr	1150	3700	6200	12,400	21,700	31,000
1914						
Model 79, 4-cyl., 35 hp						
Rds	850	2650	4400	8800	15,400	22,000
Tr	850	2750	4600	9200	16,100	23,000
Cpe	550	1800	3000	6000	10,500	15,000
Model 46, 4-cyl., 35 hp						
Tr	900	2900	4800	9600	16,800	24,000
1915						
Model 81, 4-cyl., 30 hp						
Rds	850	2750	4600	9200	16,100	23,000
Tr	900	2900	4800	9600	16,800	24,000
Willys-Knight K-19, 4-cyl., 45 hp						
Rds	900	2900	4800	9600	16,800	24,000
Tr	950	3000	5000	10,000	17,500	25,000
Willys-Knight K-17, 4-cyl., 45 hp						
Rds	950	3000	5000	10,000	17,500	25,000
Tr	1000	3100	5200	10,400	18,200	26,000
Model 80, 4-cyl., 35 hp						
Rds	750	2400	4000	8000	14,000	20,000
Tr	700	2300	3800	7600	13,300	19,000
Cpe	550	1800	3000	6000	10,500	15,000
Model 82, 6-cyl., 45-50 hp						
7P Tr	1250	3950	6600	13,200	23,100	33,000
1916						
Model 75, 4-cyl., 20-25 hp						
Rds	700	2300	3800	7600	13,300	19,000
Tr	750	2400	4000	8000	14,000	20,000
Model 83, 4-cyl., 35 hp						
Rds	750	2400	4000	8000	14,000	20,000
Tr	800	2500	4200	8400	14,700	21,000
Model 83-B, 4-cyl., 35 hp						
Rds	800	2500	4200	8400	14,700	21,000
Tr	850	2650	4400	8800	15,400	22,000
Willys-Knight, 4-cyl., 40 hp (also Model 84)						
Rds	1000	3100	5200	10,400	18,200	26,000
Tr	1000	3250	5400	10,800	18,900	27,000
Cpe	600	1900	3200	6400	11,200	16,000
Limo	700	2150	3600	7200	12,600	18,000
Willys-Knight, 6-cyl., 45 hp (also Model 86)						
7P Tr	1300	4200	7000	14,000	24,500	35,000
1917-18						
Light Four 90, 4-cyl., 32 hp						
2P Rds	650	2050	3400	6800	11,900	17,000
5P Tr	700	2150	3600	7200	12,600	18,000
4P Ctry Clb	600	1900	3200	6400	11,200	16,000
5P Sed*	400	1200	2000	4000	7000	10,000
Big Four 85, 4-cyl., 35 hp						
3P Rds	700	2150	3600	7200	12,600	18,000
5P Tr	700	2300	3800	7600	13,300	19,000

	6	5	4	3	2	1
3P Tr Cpe	550	1800	3000	6000	10,500	15,000
5P Tr Sed	400	1300	2200	4400	7700	11,000
Light Six 85, 6-cyl., 35-40 hp						
3P Rds	700	2300	3800	7600	13,300	19,000
5P Tr	750	2400	4000	8000	14,000	20,000
3P Tr Cpe	600	1900	3200	6400	11,200	16,000
5P Tr Sed	450	1450	2400	4800	8400	12,000
Willys 89, 6-cyl., 45 hp						
7P Tr	1000	3100	5200	10,400	18,200	26,000
4P Clb Rds	950	3000	5000	10,000	17,500	25,000
6P Sed	550	1700	2800	5600	9800	14,000
Willys-Knight 88-4, 4-cyl., 40 hp						
7P Tr	1100	3500	5800	11,600	20,300	29,000
4P Cpe	650	2050	3400	6800	11,900	17,000
7P Tr Sed	500	1550	2600	5200	9100	13,000
7P Limo	700	2150	3600	7200	12,600	18,000
Willys-Knight 88-8, 8-cyl., 65 hp						
7P Tr	1300	4100	6800	13,600	23,800	34,000
7P Sed	550	1700	2800	5600	9800	14,000
7P Limo	700	2150	3600	7200	12,600	18,000
7P Twn Car	700	2300	3800	7600	13,300	19,000

*This model offered 1917 only.

1919

	6	5	4	3	2	1
Light Four 90, 4-cyl., 32 hp						
Rds	550	1700	2800	5600	9800	14,000
5P Tr	550	1800	3000	6000	10,500	15,000
Clb Rds	550	1800	3000	6000	10,500	15,000
5P Sed	450	1140	1900	3800	6650	9500
Willys 89, 6-cyl., 45 hp						
7P Tr	1000	3100	5200	10,400	18,200	26,000
4P Clb Rds	950	3000	5000	10,000	17,500	25,000
6P Sed	400	1250	2100	4200	7400	10,500
Willys-Knight 88-4, 4-cyl., 40 hp						
7P Tr	900	2900	4800	9600	16,800	24,000
4P Cpe	350	1020	1700	3400	5950	8500
7P Sed	350	1020	1700	3400	5950	8500
7P Limo	450	1450	2400	4800	8400	12,000
Willys-Knight 88-8, 8-cyl., 65 hp						
7P Tr	1000	3250	5400	10,800	18,900	27,000
4P Cpe	450	1140	1900	3800	6650	9500
7P Tr Sed	450	1080	1800	3600	6300	9000
7P Limo	500	1550	2600	5200	9100	13,000

1920

	6	5	4	3	2	1
Model 4, 4-cyl., 100" wb, 27 hp						
2P Rds	700	2150	3600	7200	12,600	18,000
5P Tr	700	2300	3800	7600	13,300	19,000
Clb Rds	550	1700	2800	5600	9800	14,000
5P Sed	450	1080	1800	3600	6300	9000
Model 89-6, Willys Six, 6-cyl.						
Clb Rds	700	2300	3800	7600	13,300	19,000
7P Tr	750	2400	4000	8000	14,000	20,000
6P Sed	400	1200	2000	4000	7000	10,000
Model 20 Willys-Knight, 4-cyl., 118" wb, 48 hp						
3P Rds	700	2300	3800	7600	13,300	19,000
5P Tr	750	2400	4000	8000	14,000	20,000
4P Cpe	450	1140	1900	3800	6650	9500
5P Sed	450	1080	1800	3600	6300	9000

1921

	6	5	4	3	2	1
Model 4, 4-cyl., 100" wb, 27 hp						
5P Tr	700	2150	3600	7200	12,600	18,000
2P Rds	700	2300	3800	7600	13,300	19,000
5P Sed	350	1020	1700	3400	5950	8500
2P Cpe	450	1050	1750	3550	6150	8800
Model 20 Willys-Knight, 4-cyl., 118" wb						
3P Rds	650	2050	3400	6800	11,900	17,000
5P Tr	700	2150	3600	7200	12,600	18,000
4P Cpe	450	1140	1900	3800	6650	9500
5P Sed	450	1080	1800	3600	6300	9000

1922

	6	5	4	3	2	1
Model 4, 4-cyl., 100" wb, 27 hp						
2P Rds	650	2050	3400	6800	11,900	17,000
5P Tr	700	2150	3600	7200	12,600	18,000
5P Sed	350	1020	1700	3400	5950	8500
2P Cpe	350	1040	1750	3500	6100	8700

	6	5	4	3	2	1
Model 20 Willys-Knight, 4-cyl., 118" wb, 40 hp						
3P Rds	700	2300	3800	7600	13,300	19,000
5P Tr	750	2400	4000	8000	14,000	20,000
4P Cpe	450	1080	1800	3600	6300	9000
5P Sed	350	1020	1700	3400	5950	8500
Model 27 Willys-Knight, 4-cyl., 118" wb						
7P Tr	800	2500	4200	8400	14,700	21,000
7P Sed	350	1020	1700	3400	5950	8500
1923-24						
Model 91, 4-cyl., 100" wb, 27 hp						
2P Rds	500	1550	2600	5200	9100	13,000
5P Tr	500	1550	2600	5200	9100	13,000
3P Cpe	350	1020	1700	3400	5950	8500
5P Sed	350	975	1600	3200	5600	8000
Model 92, 4-cyl., 106" wb, 30 hp						
Redbird	950	3000	5000	10,000	17,500	25,000
Blackbird*	950	3000	5000	10,000	17,500	25,000
Bluebird*	950	3000	5000	10,000	17,500	25,000
Model 64 Willys-Knight, 4-cyl., 118" wb, 40 hp						
3P Rds	700	2300	3800	7600	13,300	19,000
5P Tr	750	2400	4000	8000	14,000	20,000
Ctry Clb	450	1450	2400	4800	8400	12,000
4P Cpe	350	1020	1700	3400	5950	8500
5P Sed	350	975	1600	3200	5600	8000
Model 67 Willys-Knight, 4-cyl., 124" wb, 40 hp						
7P Tr	750	2400	4000	8000	14,000	20,000
7P Sed	450	1080	1800	3600	6300	9000
*Model offered 1924 only.						
1925						
Model 91, 4-cyl., 100" wb, 27 hp						
5P Tr	650	2050	3400	6800	11,900	17,000
2P Cpe	350	1020	1700	3400	5950	8500
5P Tr Sed	350	840	1400	2800	4900	7000
5P Cpe Sed	350	870	1450	2900	5100	7300
5P DeL Sed	350	900	1500	3000	5250	7500
Model 92, 4-cyl., 106" wb, 30 hp						
Bluebird	800	2500	4200	8400	14,700	21,000
Model 93, 6-cyl., 113" wb, 38 hp						
5P Sed	350	950	1550	3150	5450	7800
DeL Sed	350	975	1600	3200	5600	8000
Model 65 Willys-Knight, 4-cyl., 124" wb, 40 hp						
5P Tr	700	2300	3800	7600	13,300	19,000
2P Cpe	400	1200	2000	4000	7000	10,000
Cpe Sed	350	1020	1700	3400	5950	8500
Sed	350	840	1400	2800	4900	7000
Brgm	350	975	1600	3200	5600	8000
Model 66 Willys-Knight, 6-cyl., 126" wb, 60 hp						
Rds	750	2400	4000	8000	14,000	20,000
5P Tr	800	2500	4200	8400	14,700	21,000
Cpe Sed	450	1140	1900	3800	6650	9500
Brgm	400	1200	2000	4000	7000	10,000
Cpe	450	1140	1900	3800	6650	9500
Sed	450	1080	1800	3600	6300	9000
1926						
Model 91, 4-cyl., 100" wb, 27 hp						
5P Tr	700	2150	3600	7200	12,600	18,000
2P Cpe	350	1020	1700	3400	5950	8500
5P Sed	350	820	1400	2700	4760	6800
2d Sed	350	790	1350	2650	4620	6600
4P Cpe	350	800	1350	2700	4700	6700
Model 92, 4-cyl., 100" wb, 30 hp						
5P Tr	700	2300	3800	7600	13,300	19,000
Model 93, 6-cyl., 113" wb, 38 hp						
5P Tr	750	2400	4000	8000	14,000	20,000
5P Sed	350	840	1400	2800	4900	7000
DeL Sed	350	900	1500	3000	5250	7500
2P Cpe	350	840	1400	2800	4900	7000
Model 66 Willys-Knight, 6-cyl., 126" wb, 60 hp						
Rds	900	2900	4800	9600	16,800	24,000
7P Tr	950	3000	5000	10,000	17,500	25,000
5P Tr	900	2900	4800	9600	16,800	24,000
4P Cpe	350	1020	1700	3400	5950	8500
Sed	350	975	1600	3200	5600	8000
Model 70 Willys-Knight, 6-cyl., 113" wb, 53 hp						
5P Tr	950	3000	5000	10,000	17,500	25,000
Sed	350	900	1500	3000	5250	7500

	6	5	4	3	2	1
2d Sed	350	840	1400	2800	4900	7000
Cpe	350	1020	1700	3400	5950	8500
Rds	950	3000	5000	10,000	17,500	25,000
1927						
Model 70A Willys-Knight, 6-cyl., 113" wb, 52 hp						
Rds	850	2650	4400	8800	15,400	22,000
Tr	850	2750	4600	9200	16,100	23,000
Cpe	400	1300	2200	4400	7700	11,000
Cabr	800	2500	4200	8400	14,700	21,000
Sed	350	1020	1700	3400	5950	8500
2d Sed	350	975	1600	3200	5600	8000
Model 66A Willys-Knight, 6-cyl., 126" wb, 65 hp						
Rds	1000	3100	5200	10,400	18,200	26,000
Tr	1000	3250	5400	10,800	18,900	27,000
Foursome	1000	3100	5200	10,400	18,200	26,000
Cabr	850	2750	4600	9200	16,100	23,000
5P Sed	450	1140	1900	3800	6650	9500
7P Sed	400	1250	2100	4200	7400	10,500
Limo	450	1450	2400	4800	8400	12,000
1928						
Model 56 Willys-Knight, 6-cyl., 109.5" wb, 45 hp						
Rds	800	2500	4200	8400	14,700	21,000
Tr	850	2650	4400	8800	15,400	22,000
Cpe	400	1250	2100	4200	7400	10,500
2d Sed	350	975	1600	3200	5600	8000
Sed	350	975	1600	3250	5700	8100
Model 70A Willys-Knight, 6-cyl., 113.5" wb, 53 hp						
Rds	850	2750	4600	9200	16,100	23,000
Tr	900	2900	4800	9600	16,800	24,000
Cpe	450	1450	2400	4800	8400	12,000
5P Cpe	450	1500	2500	5000	8800	12,500
Cabr	600	1900	3200	6400	11,200	16,000
2d Sed	450	1140	1900	3800	6650	9500
Sed	400	1200	2000	4000	7000	10,000
Model 66A Willys-Knight, 6-cyl., 126" wb, 70 hp						
Rds	950	3000	5000	10,000	17,500	25,000
Tr	1000	3100	5200	10,400	18,200	26,000
Cabr	900	2900	4800	9600	16,800	24,000
Fml Sed	400	1250	2100	4200	7400	10,500
Sed	450	1080	1800	3600	6300	9000
Model 66A Willys-Knight, 6-cyl., 135" wb, 70 hp						
7P Tr	1000	3250	5400	10,800	18,900	27,000
Cpe	550	1700	2800	5600	9800	14,000
7P Sed	450	1500	2500	5000	8800	12,500
Limo	500	1550	2600	5200	9100	13,000
1929						
		(All Willys-Knight)				
Series 56, 6-cyl., 109.5" wb, 45 hp						
Rds	1000	3100	5200	10,400	18,200	26,000
Tr	800	2500	4200	8400	14,700	21,000
Cpe	400	1300	2200	4400	7700	11,000
2d Sed	350	1020	1700	3400	5950	8500
Sed	450	1080	1800	3600	6300	9000
Series 70A, 6-cyl., 113.2" wb, 53 hp						
Rds	1000	3250	5400	10,800	18,900	27,000
Tr	1050	3350	5600	11,200	19,600	28,000
Cpe	500	1550	2600	5200	9100	13,000
Cabr	1000	3100	5200	10,400	18,200	26,000
2d Sed	450	1080	1800	3600	6300	9000
Sed	450	1140	1900	3800	6650	9500
Series 66A, 6-cyl., 126" wb, 70 hp						
Rds	1050	3350	5600	11,200	19,600	28,000
Tr	1100	3500	5800	11,600	20,300	29,000
Cabr	1000	3250	5400	10,800	18,900	27,000
Fml Sed	500	1550	2600	5200	9100	13,000
DeL Fml Sed	500	1550	2600	5200	9100	13,000
Sed	400	1300	2200	4400	7700	11,000
Series 66A, 6-cyl., 135" wb, 70 hp						
7P Tr	1200	3850	6400	12,800	22,400	32,000
5P Cpe	600	1900	3200	6400	11,200	16,000
7P Sed	500	1550	2600	5200	9100	13,000
Limo	550	1700	2800	5600	9800	14,000
Series 70B, 6-cyl., 112.5" - 115" wb, 53 hp						
Rds	1000	3100	5200	10,400	18,200	26,000
Tr	1000	3250	5400	10,800	18,900	27,000

	6	5	4	3	2	1
2P Cpe	450	1450	2400	4800	8400	12,000
4P Cpe	400	1300	2200	4400	7700	11,000
2d Sed	350	1020	1700	3400	5950	8500
Sed	350	1040	1700	3450	6000	8600
DeL Sed	450	1080	1800	3600	6300	9000
1930						
Willys Models						
Series 98B, 6-cyl., 110" wb, 65 hp						
Rds	1000	3250	5400	10,800	18,900	27,000
4P Rds	1050	3350	5600	11,200	19,600	28,000
5P Tr	1100	3500	5800	11,600	20,300	29,000
2P Cpe	400	1250	2100	4200	7400	10,500
4P Cpe	400	1300	2200	4400	7700	11,000
2d Sed	350	975	1600	3200	5600	8000
Sed	350	1020	1700	3400	5950	8500
DeL Sed	450	1080	1800	3600	6300	9000
Willys-Knight Models						
Series 66B, 6-cyl., 120" wb, 87 hp						
Rds	1050	3350	5600	11,200	19,600	28,000
Tr	1100	3500	5800	11,600	20,300	29,000
2P Cpe	450	1450	2400	4800	8400	12,000
5P Cpe	500	1550	2600	5200	9100	13,000
Sed	400	1300	2200	4400	7700	11,000
Series 70B, "See 1929 Series 70B"						
Series 6-87, "See 1929 Series 56"						
1931						
Willys 98B, "See 1930 98B Series"						
Willys 97, 6-cyl., 110" wb, 65 hp						
Rds	950	3000	5000	10,000	17,500	25,000
Tr	1000	3100	5200	10,400	18,200	26,000
Cpe	400	1300	2200	4400	7700	11,000
2d Sed	350	1020	1700	3400	5950	8500
Clb Sed	450	1080	1800	3600	6300	9000
Sed	350	1020	1700	3400	5950	8500
Willys 98D, 6-cyl., 113" wb, 65 hp						
Vic Cpe	400	1200	2000	4000	7000	10,000
Sed	450	1080	1800	3600	6300	9000
NOTE: Add 10 percent for DeLuxe Willys models.						
Willys-Knight 66B, "See 1930 W-K 66B".						
Willys-Knight 87, "See 1930 Series 6-87"						
Willys-Knight 66D, 6-cyl., 121" wb, 87 hp						
Vic Cpe	450	1450	2400	4800	8400	12,000
Sed	400	1300	2200	4400	7700	11,000
Cus Sed	450	1400	2300	4600	8100	11,500
NOTE: Add 10 percent for DeLuxe Willys-Knight models.						
Willys 8-80, 8-cyl., 120" wb, 80 hp						
Cpe	450	1450	2400	4800	8400	12,000
DeL Cpe	450	1500	2500	5000	8800	12,500
Sed	400	1200	2000	4000	7000	10,000
DeL Sed	450	1400	2300	4600	8100	11,500
Willys 8-80D, 8-cyl., 120" wb, 80 hp						
Vic Cpe	400	1300	2200	4400	7700	11,000
DeL Vic Cpe	450	1400	2300	4600	8100	11,500
Sed	450	1080	1800	3600	6300	9000
DeL Sed	450	1140	1900	3800	6650	9500
Cus Sed	400	1200	2000	4000	7000	10,000
1932						
Willys 97, "See 1931 Willys 97 Series"						
Willys 98D, "See 1931 Willys 98D Series"						
Willys 90 (Silver Streak), 6-cyl., 113" wb, 65 hp						
2P Rds	950	3000	5000	10,000	17,500	25,000
4P Rds	950	3050	5100	10,200	17,900	25,500
Spt Rds	1000	3100	5200	10,400	18,200	26,000
5P Tr	1000	3100	5200	10,400	18,200	26,000
2P Cpe	500	1550	2600	5200	9100	13,000
4P Cpe	500	1600	2700	5400	9500	13,500
Vic Cus	400	1300	2200	4400	7700	11,000
5P Sed	350	1020	1700	3400	5950	8500
2d Sed	350	1040	1750	3500	6100	8700
Spl Sed	450	1170	1975	3900	6850	9800
Cus Sed	450	1400	2300	4600	8100	11,500
Willys 8-80D, "See 1931 Willys 8-80D"						
Willys 8-88 (Silver Streak), 8-cyl., 121" wb, 80 hp						
Rds	1000	3100	5200	10,400	18,200	26,000
Spt Rds	1000	3200	5300	10,600	18,600	26,500

	6	5	4	3	2	1
2P Cpe	450	1450	2400	4800	8400	12,000
4P Cpe	500	1550	2600	5200	9100	13,000
Vic Cus	450	1500	2500	5000	8800	12,500
Sed	400	1250	2050	4100	7200	10,300
Spl Sed	400	1300	2150	4300	7600	10,800
Cus Sed	450	1450	2400	4800	8400	12,000
Willys-Knight 95 DeLuxe, 6-cyl., 113" wb, 60 hp						
2P Cpe	450	1400	2300	4600	8100	11,500
4P Cpe	450	1450	2400	4800	8400	12,000
Vic	400	1300	2200	4400	7700	11,000
2d Sed	400	1200	2000	4000	7000	10,000
Sed	400	1250	2100	4200	7400	10,500
Willys-Knight 66D, 6-cyl., 121" wb, 87 hp						
1st Series (start Oct. 1931)						
Vic	500	1550	2600	5200	9100	13,000
DeL Vic	500	1600	2700	5400	9500	13,500
Sed	400	1300	2200	4400	7700	11,000
DeL Sed	450	1400	2300	4600	8100	11,500
Cus Sed	450	1450	2400	4800	8400	12,000
2nd Series (start Jan. 1932)						
Vic Cus	500	1550	2600	5200	9100	13,000
Cus Sed	500	1600	2700	5400	9500	13.500
1933						
Willys 77, 4-cyl., 100" wb, 48 hp						
Cpe	450	1500	2500	5000	8800	12,500
Cus Cpe	500	1550	2600	5200	9100	13,000
4P Cpe	500	1600	2700	5400	9500	13,500
4P Cus Cpe	550	1700	2800	5600	9800	14,000
Sed	450	1450	2400	4800	8400	12,000
Cus Sed	450	1500	2500	5000	8800	12,500
Willys 6-90A (Silver Streak), 6-cyl., 113" wb, 65 hp						
Rds	700	2150	3600	7200	12,600	18,000
4P Rds	700	2200	3700	7400	13,000	18,500
Spt Rds	700	2300	3800	7600	13,300	19,000
Cpe	400	1300	2200	4400	7700	11,000
Cus Cpe	450	1400	2300	4600	8100	11,500
2d Sed	450	1140	1900	3800	6650	9500
Sed	400	1200	2000	4000	7000	10,000
Cus Sed	400	1250	2100	4200	7400	10,500
Willys 8-88A (Streamline), 8-cyl., 121" wb, 80 hp						
2P Cpe	400	1300	2200	4400	7700	11,000
Cus Cpe	450	1450	2400	4800	8400	12,000
Sed	400	1250	2100	4200	7400	10,500
Cus Sed	450	1450	2400	4800	8400	12,000
Willys-Knight 66E, 6-cyl., 121" wb, 87 hp						
Cus Sed	500	1600	2700	5400	9500	13,500
1934						
Willys 77, 4-cyl., 100" wb, 48 hp						
Cpe	550	1700	2800	5600	9800	14,000
Cus Cpe	550	1750	2900	5800	10,200	14,500
4P Cpe	550	1750	2950	5900	10,300	14,700
4P Cus Cpe	550	1800	3000	6000	10,500	15,000
Sed	500	1550	2600	5200	9100	13,000
Cus Sed	500	1600	2700	5400	9500	13,500
Pan Dely	550	1800	3000	6000	10,500	15,000
1935						
Willys 77, 4-cyl., 100" wb, 48 hp						
Cpe	550	1750	2900	5800	10,200	14,500
Sed	450	1450	2400	4800	8400	12,000
1936						
Willys 77, 4-cyl., 100" wb, 48 hp						
Cpe	550	1700	2800	5600	9800	14,000
Sed	450	1450	2400	4800	8400	12,000
DeL Sed	450	1500	2500	5000	8800	12,500
1937						
Willys 37, 4-cyl., 100" wb, 48 hp						
Cpe	550	1700	2800	5600	9800	14,000
DeL Cpe	550	1750	2900	5800	10,200	14,500
Sed	500	1550	2600	5200	9100	13,000
DeL Sed	500	1600	2700	5400	9500	13,500
1938						
Willys 38, 4-cyl., 100" wb, 48 hp						
Std Cpe	450	1400	2300	4600	8100	11,500
DeL Cpe	450	1450	2400	4800	8400	12,000

	6	5	4	3	2	1
2d Clipper Sed	400	1200	2000	4000	7000	10,000
Std Sed	450	1170	1975	3900	6850	9800
2d DeL Clipper Sed	400	1200	2050	4100	7100	10,200
DeL Sed	400	1200	2000	4000	7000	10,000
Cus Sed	400	1200	2050	4100	7100	10,200
1939						
Willys Std Speedway, 4-cyl., 102" wb, 48 hp						
Cpe	450	1500	2500	5000	8800	12,500
2d Sed	400	1250	2100	4200	7400	10,500
Sed	400	1200	2000	4000	7000	10,000
DeLCpe	500	1500	2550	5100	8900	12,700
DeL 2d Sed	400	1300	2150	4300	7600	10,800
DeL 4d Sed	400	1250	2050	4100	7200	10,300
Spl Speedway Cpe	500	1550	2600	5200	9100	13,000
Spl Speedway 2d Sed	400	1300	2200	4400	7700	11,000
Spl Speedway 4d Sed	400	1250	2100	4200	7400	10,500
Model 48, 100" wb						
Cpe	500	1600	2650	5300	9200	13,200
2d Sed	400	1350	2250	4500	7800	11,200
4d Sed	400	1250	2100	4200	7400	10,600
Model 38, 100" wb						
Std Cpe	500	1600	2650	5300	9200	13,200
Std 2d Sed	400	1350	2250	4500	7800	11,200
Std 4d Sed	400	1300	2150	4300	7500	10,700
DeL Cpe	500	1600	2650	5300	9300	13,300
DeL 2d Sed	400	1350	2250	4500	7900	11,300
DeL 4d Sed	400	1300	2150	4300	7600	10,800
1940						
Willys Speedway, 4-cyl., 102" wb, 48 hp						
Cpe	450	1500	2500	5000	8800	12,500
Sed	400	1300	2150	4300	7500	10,700
Sta Wag	650	2050	3400	6800	11,900	17,000
DeLuxe, 4-cyl., 102" wb						
Cpe	400	1250	2100	4200	7400	10,600
Sed	400	1200	2000	4000	7000	10,000
Sta Wag	700	2150	3600	7200	12,600	18,000
1941						
Willys (Americar)						
Speedway Series, 4-cyl., 104" wb, 63 hp						
Cpe	450	1500	2500	5000	8800	12,500
Sed	400	1300	2200	4400	7700	11,000

1947 Willys-Overland station wagon

	6	5	4	3	2	1
DeLuxe, 4-cyl., 104" wb, 63 hp						
Cpe	500	1550	2600	5200	9100	13,000
Sed	400	1300	2200	4400	7700	11,000
Sta Wag	700	2300	3800	7600	13,300	19,000
Plainsman, 4-cyl., 104" wb, 63 hp						
Cpe	500	1500	2550	5100	8900	12,700
Sed	400	1250	2100	4200	7400	10,500
1946-47						
Willys 4-63, 4-cyl., 104" wb, 63 hp						
Sta Wag	450	1080	1800	3600	6300	9000
1948						
Willys 4-63, 4-cyl., 104" wb, 63 hp						
Sta Wag	450	1080	1800	3600	6300	9000
Jeepster	450	1450	2400	4800	8400	12,000
Willys 6-63, 6-cyl., 104" wb, 75 hp						
Sta Sed	450	1140	1900	3800	6650	9500
Jeepster	450	1500	2500	5000	8800	12,500
1949						
Willys 4X463, 4-cyl., 104.5" wb, 63 hp						
FWD Sta Wag	350	975	1600	3200	5600	8000
Willys VJ3, 4-cyl., 104" wb, 63 hp						
Phae	450	1450	2400	4800	8400	12,000
Willys 463, 4-cyl., 104" wb, 63 hp						
Sta Wag	450	1080	1800	3600	6300	9000
Willys Six, 6-cyl., 104" wb, 75 hp						
Phae	450	1500	2500	5000	8800	12,500
Willys Six, 6-cyl., 104" wb, 75 hp						
Sta Sed	450	1170	1975	3900	6850	9800
Sta Wag	450	1140	1900	3800	6650	9500
1950-51						
Willys 473SW, 4-cyl., 104" wb, 63 hp						
Sta Wag	450	1080	1800	3600	6300	9000
Willys 4X473SW, 4-cyl., 104.5" wb, 63 hp						
FWD Sta Wag	350	1020	1700	3400	5950	8500
Willys 473VJ, 4-cyl., 104" wb, 63 hp						
Phae	450	1500	2500	5000	8800	12,500

NOTE: Add 10 percent for six cylinder models.

	6	5	4	3	2	1
1952						
Willys Aero, 6-cyl., 108" wb, 75 hp						
2d Lark	350	840	1400	2800	4900	7000
2d Wing	350	860	1450	2900	5050	7200
2d Ace	350	950	1500	3050	5300	7600
2d HT Eagle	450	1140	1900	3800	6650	9500
Willys Four, 4-cyl., 104"-104.5" wb, 63 hp						
FWD Sta Wag	350	900	1500	3000	5250	7500
Sta Wag	350	975	1600	3200	5600	8000
Willys Six, 6-cyl., 104" wb, 75 hp						
Sta Wag	350	1020	1700	3400	5950	8500

NOTE: Deduct 10 percent for standard models.

	6	5	4	3	2	1
1953						
Willys Aero, 6-cyl., 108" wb, 90 hp						
4d H.D. Aero	350	950	1550	3150	5450	7800
4d DeL Lark	350	870	1450	2900	5100	7300
2d DeL Lark	350	900	1500	3000	5250	7500
4d Falcon	350	950	1500	3050	5300	7600
2d Falcon	350	900	1500	3000	5250	7500
4d Ace	350	950	1550	3150	5450	7800
2d Ace	350	950	1500	3050	5300	7600
2d HT Eagle	400	1200	2000	4000	7000	10,000
Willys Four, 4-cyl., 104"-104.5" wb, 72 hp						
FWD Sta Wag	350	900	1500	3000	5250	7500
Sta Wag	350	975	1600	3200	5600	8000
Willys Six, 6-cyl., 104" wb, 90 hp						
Sta Wag	350	1000	1650	3350	5800	8300
1954						
Willys, 6-cyl., 108" wb, 90 hp						
4d DeL Ace	350	900	1500	3000	5250	7500
2d DeL Ace	350	860	1450	2900	5050	7200
2d HT DEL Eagle	400	1200	2000	4000	7000	10,000
2d HT Cus Eagle	400	1250	2100	4200	7400	10,500
4d Lark	350	860	1450	2900	5050	7200
2d Lark	350	850	1450	2850	4970	7100
4d Ace	350	860	1450	2900	5050	7200

	6	5	4	3	2	1
2d Ace	350	850	1450	2850	4970	7100
2d HT Eagle	450	1170	1975	3900	6850	9800
Willys Four, 4-cyl., 104"-104.5" wb, 72 hp						
Sta Wag	350	975	1600	3200	5600	8000
Willys Six, 6-cyl., 104" wb, 90 hp						
FWD Sta Wag	350	900	1500	3000	5250	7500
Sta Wag	350	1000	1650	3350	5800	8300

1955 Willys Custom four-door sedan

1955						
Willys Six, 6-cyl., 108" wb, 90 hp						
4d Cus Sed	350	950	1550	3150	5450	7800
2d Cus	350	1000	1650	3350	5800	8300
2d HT Bermuda	450	1400	2300	4600	8100	11,500
Willys Six, 6-cyl., 104"-104.5" wb, 90 hp						
FWD Sta Wag	350	900	1500	3000	5250	7500
Sta Wag	350	975	1600	3200	5600	8000

DOMESTIC TRUCKS

AMERICAN AUSTIN— BANTAM TRUCKS

1931						
Austin Series A						
Cpe Dly	750	2400	4000	8000	14,000	20,000
Panel Dly	850	2650	4400	8800	15,400	22,000
1932						
Austin Series A						
Cpe Dly	750	2400	4000	8000	14,000	20,000
Panel Dly	850	2650	4400	8800	15,400	22,000
1933						
Austin 275						
Cpe Dly	700	2300	3800	7600	13,300	19,000
Panel Dly	800	2500	4200	8400	14,700	21,000
Bantam Van	750	2400	4000	8000	14,000	20,000
Austin 375						
Panel Dly	750	2400	4000	8000	14,000	20,000
PU	700	2300	3800	7600	13,300	19,000
Pony Exp	700	2150	3600	7200	12,600	18,000
Cpe Dly	800	2500	4200	8400	14,700	21,000
1934						
Austin 375						
PU	600	1900	3200	6400	11,200	16,000
Panel Dly	700	2150	3600	7200	12,600	18,000
1935						
Austin 475						
PU	550	1800	3000	6000	10,500	15,000

	6	5	4	3	2	1
Panel Dly	650	2050	3400	6800	11,900	17,000
1936						
No vehicles manufactured.						
1937						
American Bantam 575						
PU	700	2300	3800	7600	13,300	19,000
Panel Dly	850	2750	4600	9200	16,100	23,000
1938						
American Bantam 60						
Bus Cpe	650	2050	3400	6800	11,900	17,000
PU Exp	700	2300	3800	7600	13,300	19,000
Panel Exp	850	2750	4600	9200	16,100	23,000
Boulevard Dly	1700	5400	9000	18,000	31,500	45,000
1939						
American Bantam 60						
PU Exp	700	2300	3800	7600	13,300	19,000
Panel Exp	850	2750	4600	9200	16,100	23,000
Boulevard Dly	1700	5400	9000	18,000	31,500	45,000
1940						
American Bantam 65						
PU	700	2300	3800	7600	13,300	19,000
Panel	850	2750	4600	9200	16,100	23,000
Boulevard Dly	1700	5400	9000	18,000	31,500	45,000
1941						
American Bantam 65						
PU	700	2300	3800	7600	13,300	19,000
Panel	850	2750	4600	9200	16,100	23,000

CHEVROLET TRUCKS

	6	5	4	3	2	1
1927 - 1928						
Capitol AA Series						
Rds PU	450	1500	2500	5000	8700	12,400
Commercial Rds	450	1450	2400	4800	8500	12,100
Open Exp	400	1250	2100	4200	7400	10,500
Sta Wag	450	1450	2400	4800	8400	12,000
Panel Dly	450	1400	2300	4600	8100	11,500
1929 - 1930						
International Series AC						
Rds w/Slip-in Cargo Box	500	1550	2600	5200	9100	13,000
Rds w/Panel Carrier	500	1550	2600	5200	9200	13,100
Open Exp	400	1300	2200	4400	7700	11,000
Canopy Exp	450	1450	2400	4800	8400	12,000
Sed Dly	450	1500	2500	5000	8800	12,500
Screenside Exp	450	1450	2400	4800	8400	12,000
Panel Dly	450	1450	2400	4800	8400	12,000
Ambassador Panel Dly	550	1700	2800	5600	9800	14,000
1931 - 1932						
Open Cab PU	550	1700	2800	5600	9800	14,000
Closed Cab PU	450	1450	2400	4800	8400	12,000
Panel Dly	500	1550	2600	5200	9100	13,000
Canopy Dly (curtains)	550	1700	2800	5600	9800	14,000
Canopy Dly (screens)	550	1700	2800	5600	9800	14,000
Sed Dly	600	1850	3100	6200	10,900	15,500
DeL Sta Wag	550	1800	3000	6000	10,500	15,000

NOTE: Add 5 percent for Deluxe 1/2-Ton models. Add 5 percent for Special Equipment on models other than those noted as "Specials" above. Add 2 percent for Canopy Tops on both pickups.

	6	5	4	3	2	1
1933 - 1936						
Sed Dly	500	1550	2600	5200	9100	13,000
Spl Sed Dly	550	1750	2900	5800	10,200	14,500
Closed Cab PU	400	1300	2200	4400	7700	11,000
Panel Dly	400	1300	2200	4400	7700	11,000
Spl Panel Dly	450	1450	2400	4800	8400	12,000
Canopy Exp	450	1400	2300	4600	8100	11,500
Spl Canopy Exp	450	1450	2400	4800	8400	12,000
Screenside Exp	450	1450	2400	4800	8400	12,000

NOTE: Add 2 percent for canopied pickups.

	6	5	4	3	2	1
1937 - 1940						
Series GB						
Sed Dly	500	1600	2700	5400	9500	13,500

	6	5	4	3	2	1
Series GC						
PU	500	1550	2600	5200	9100	13,000
Panel	450	1500	2500	5000	8800	12,500
Canopy Exp	500	1550	2600	5200	9100	13,000
Carryall Suburban	500	1600	2650	5300	9200	13,200
Series GD						
PU	450	1450	2400	4800	8400	12,000
Stake	400	1300	2200	4400	7700	11,000
Series GE						
PU	450	1400	2350	4700	8200	11,700
Stake	400	1300	2200	4400	7600	10,900
1941 - 1947						
Series AG						
Cpe PU	500	1650	2750	5500	9600	13,700
Sed Dly	550	1750	2900	5800	10,200	14,500
Series AJ						
Panel Dly	500	1550	2550	5100	9000	12,800
Series AK						
PU	500	1600	2700	5400	9500	13,500
Panel Dly	500	1550	2550	5100	9000	12,800
Canopy	500	1600	2700	5400	9400	13,400
Suburban	500	1650	2700	5400	9500	13,600
1948 - 1953						
Series 1500						
Sed Dly	550	1700	2800	5600	9800	14,000
Series 3100						
PU	550	1750	2900	5800	10,200	14,500
Panel	400	1300	2200	4400	7700	11,000
Canopy Exp	450	1400	2300	4600	8100	11,500
Suburban	450	1400	2350	4700	8200	11,700
Series 3600						
PU	500	1550	2600	5200	9100	13,000
Platform	400	1200	2000	4000	7000	10,000
Stake	400	1200	2000	4000	7100	10,100
Series 3800						
PU	450	1500	2500	5000	8800	12,500
Panel	400	1300	2150	4300	7600	10,800
Canopy Exp	400	1300	2200	4400	7700	11,000
Platform	450	1170	1975	3900	6850	9800
Stake	400	1200	2000	4000	7000	10.000

1954 Chevrolet 3800 one-ton panel truck

	6	5	4	3	2	1
1954 - First Series 1955						
Series 1500						
Sed Dly	550	1800	3000	6000	10,500	15,000
Series 3100						
PU	550	1800	3000	6000	10,500	15,000
Panel	450	1450	2400	4800	8400	12,000
Canopy	450	1400	2300	4600	8100	11,500
Suburban	450	1500	2500	5000	8800	12,500
Series 3600						
PU	500	1550	2600	5200	9100	13,000

	6	5	4	3	2	1
Platform	400	1200	2000	4000	7100	10,100
Stake	400	1250	2050	4100	7200	10,300
Series 3800						
PU	500	1550	2600	5200	9100	13,000
Panel	400	1300	2200	4400	7700	11,000
Canopy	400	1300	2200	4400	7700	11,000
Platform	400	1200	2000	4000	7000	10,000
Stake	400	1200	2000	4000	7100	10,100
Second Series 1955 - 1957						
Series 1500						
Sed Dly	550	1800	3000	6000	10,500	15,000
Series 3100						
PU	550	1800	3000	6000	10,500	15,000
Cus Cab PU	600	1850	3100	6200	10,900	15,500
Panel Dly	450	1450	2400	4800	8400	12,000
Suburban	450	1450	2450	4900	8500	12,200
Cameo Carrier	650	2050	3400	6800	11,900	17,000
Cantrell Sta Wag	550	1800	3000	6000	10,500	15,000
NOTE: 1955 and up prices based on top of the line models.						
1958 - 1959						
Series 1100						
Sed Dly	450	1500	2500	5000	8800	12,500
Series 3100						
Stepside PU	400	1300	2200	4400	7700	11,000
Fleetside PU	450	1400	2300	4600	8100	11,500
Cameo PU	550	1800	3000	6000	10,500	15,000
Panel	400	1250	2100	4200	7300	10,400
Suburban	400	1300	2150	4300	7500	10,700
Fleetside (LBx)	400	1250	2100	4200	7400	10,600
NOTE: 1955-up prices based on top of the line models. Deduct 10 percent for 6-cyl.						
Stepside PU	400	1250	2100	4200	7300	10,400
1960 - 1966						
Series 1100						
Sed Dly	450	1450	2400	4800	8400	12,000
El Camino	500	1600	2700	5400	9500	13,500
Series C14, 1/2-Ton						
Stepside PU	400	1300	2200	4400	7700	11,000
Fleetside PU	450	1400	2300	4600	8100	11,500
Panel	400	1250	2100	4200	7300	10,400
Suburban	400	1300	2150	4300	7500	10,700
Series C15 "Long Box", 1/2-Ton						
Stepside PU	400	1250	2100	4200	7300	10,400
Fleetside PU	400	1250	2100	4200	7400	10,600
Series C25, 3/4-Ton						
Stepside PU	400	1250	2100	4200	7300	10,400
Fleetside PU	400	1250	2100	4200	7400	10,600
8-ft. Stake	450	1050	1800	3600	6200	8900
1961 - 1965						
Corvair Series 95						
Loadside	200	670	1200	2300	4060	5800
Rampside	200	730	1250	2450	4270	6100
Corvan Series						
Corvan Panel	200	720	1200	2400	4200	6000
Greenbriar Spt Van	350	780	1300	2600	4550	6500
1967 - 1968						
El Camino Series						
Spt PU	400	1300	2200	4400	7700	11,000
Cus Spt PU	450	1400	2300	4600	8100	11,500
Fleetside Pickups						
C10 PU (SBx)	500	1550	2600	5200	9100	13,000
C10 PU (LBx)	450	1450	2400	4800	8400	12,000
K10 PU (SBx)	450	1400	2350	4700	8200	11,700
K10 PU (LBx)	450	1400	2300	4600	8100	11,500
C20 PU (LBx)	400	1300	2150	4300	7600	10,800
C20 PU (8-1/2 ft. bed)	400	1300	2150	4300	7500	10,700
K20 PU (LBx)	400	1300	2150	4300	7500	10,700
K20 PU (8-1/2 ft. bed)	400	1250	2100	4200	7400	10,600
Stepside Pickups						
C10 PU (SBx)	450	1450	2400	4800	8400	12,000
C10 PU (LBx)	450	1400	2300	4600	8100	11,600
C20 PU (LBx)	400	1300	2150	4300	7500	10,700
K20 PU (LBx)	400	1250	2100	4200	7400	10,600
Panel/Suburbans/Stakes						
C10 Panel	350	975	1600	3200	5600	8000

	6	5	4	3	2	1
C10 Suburban	450	1120	1875	3750	6500	9300
C20 Panel	350	950	1550	3150	5450	7800
C20 Suburban	450	1050	1750	3550	6150	8800

NOTE: 1955-up prices based on top of the line models. Add 5 percent for 4x4. C is conventional drive model. K is 4-wheel drive (4x4) model. 10 is 1/2-Ton series. 20 is 3/4-Ton series. 30 is 1-Ton series. Short box has 6-1/2 ft. bed. Long box has 8-ft. bed.

1969 - 1970

	6	5	4	3	2	1
El Camino Series						
Spt PU	450	1450	2400	4800	8400	12,000
Cus Spt PU	450	1500	2500	5000	8800	12,500

NOTE: Add 15 percent for SS-396 option.

	6	5	4	3	2	1
Blazer Series, 4x4						
Blazer	500	1550	2600	5200	9100	13,000
Fleetside Series						
C10 PU (SBx)	550	1700	2800	5600	9800	14,000
C10 PU (LBx)	500	1600	2700	5400	9500	13,500
K10 PU (SBx)	450	1450	2400	4800	8400	12,000
K10 PU (LBx)	450	1400	2350	4700	8300	11,800
C20 PU (LBx)	400	1300	2150	4300	7600	10,800
C20 PU (long horn)	400	1250	2100	4200	7400	10,600
K20 PU (LBx)	450	1400	2300	4600	8100	11,600
K20 PU (long horn)	450	1400	2350	4700	8200	11,700
Stepside Series						
C10 PU (SBx)	450	1450	2400	4800	8400	12,000
C10 PU (LBx)	450	1400	2300	4600	8100	11,500
K10 PU (SBx)	450	1450	2400	4800	8400	12,000
K10 PU (LBx)	450	1400	2350	4700	8200	11,700
C20 PU (LBx)	450	1400	2350	4700	8300	11,800
C20 PU (long horn)	450	1400	2350	4700	8200	11,700
K20 PU (LBx)	450	1400	2350	4700	8200	11,700
K20 PU (long horn)	450	1400	2300	4600	8100	11,600
Panel/Suburban Series C10/K10, 115" wb						
C10 Panel	450	1170	1975	3900	6850	9800
C10 Suburban	400	1350	2250	4500	7900	11,300
K10 Panel	450	1150	1900	3850	6700	9600
K10 Suburban	400	1350	2200	4400	7800	11,100
Panel/Suburban Series C20/K20, 127" wb						
C20 Panel	450	1150	1900	3850	6700	9600
C20 Suburban	400	1250	2050	4100	7200	10,300
K20 Panel	450	1130	1900	3800	6600	9400
K20 Suburban	400	1200	2000	4000	7100	10,100

NOTE: 1955-up prices based on top of the line models. C is conventional drive model. K is 4-wheel drive (4x4) model. 10 is 1/2-Ton series. 20 is 3/4-Ton series. 30 is 1-Ton series. Short box pickup has 6-1/2 ft. bed and 115" wb. Long box pickup has 8-ft. bed and 127" wb. Long horn pickup has 8-1/2 to 9-ft. bed and 133" wb.

1971 - 1972

	6	5	4	3	2	1
Vega, 1/2-Ton						
Panel Exp	200	720	1200	2400	4200	6000
LUV Pickup, 1/2-Ton, 1972 only						
PU	200	685	1150	2300	3990	5700
El Camino, V-8						
Spt PU	450	1500	2500	5000	8800	12,500
Cus Spt PU	500	1550	2600	5200	9100	13,000
SS PU	650	2050	3400	6800	11,900	17,000

NOTE: Add 30 percent for 350, 40 percent for 402, 45 percent for 454 engine options.

	6	5	4	3	2	1
Blazer, 4x4						
C10 Blazer, 1972 only	400	1300	2200	4400	7700	11,000
K10 Blazer	500	1550	2600	5200	9100	13,000
Fleetside Pickups						
C10 PU (SBx)	550	1750	2900	5800	10,200	14,500
C10 PU (LBx)	550	1700	2800	5600	9800	14,000
K10 PU (SBx)	500	1550	2550	5100	9000	12,800
K10 PU (LBx)	450	1500	2500	5000	8800	12,500
C20 PU (SBx)	450	1400	2350	4700	8300	11,800
C20 PU (LBx)	450	1450	2400	4800	8400	12,000
K20 PU (SBx)	450	1400	2300	4600	8100	11,600
K20 PU (LBx)	450	1400	2350	4700	8200	11,700
Stepside Pickups						
C10 PU (SBx)	500	1550	2600	5200	9100	13,000
C10 PU (LBx)	450	1500	2500	5000	8800	12,500
K10 PU (SBx)	450	1400	2350	4700	8300	11,800
K10 PU (LBx)	450	1400	2300	4600	8100	11,500
K10 PU (LBx)	450	1400	2350	4700	8300	11,800
K20 PU (LBx)	400	1350	2250	4500	7900	11,300
Suburban						
C10 Suburban	450	1450	2400	4800	8400	12,000
K10 Suburban	400	1250	2100	4200	7400	10,500

1978 Chevrolet El Camino ½-ton pickup

	6	5	4	3	2	1
C20 Suburban	400	1250	2100	4200	7400	10,500
K20 Suburban	450	1170	1975	3900	6850	9800
NOTE: 1955-up prices based on top of the line models.						
1973 -1980						
Vega						
Panel	200	720	1200	2400	4200	6000
LUV						
PU	200	700	1075	2150	3700	5300
El Camino						
PU	350	1020	1700	3400	5950	8500
Cus PU	450	1080	1800	3600	6300	9000
Blazer K10						
Blazer 2WD	450	1140	1900	3800	6650	9500
Blazer (4x4)	400	1250	2100	4200	7400	10,500
C10, 1/2-Ton						
Stepside (SBx)	450	1140	1900	3800	6650	9500
Stepside (LBx)	450	1080	1800	3600	6300	9000
Fleetside (SBx)	400	1200	2000	4000	7000	10,000
Fleetside (LBx)	450	1140	1900	3800	6650	9500
Suburban	450	1140	1900	3800	6650	9500
K10, 4x4, 1/2-Ton						
Stepside (SBx)	350	800	1350	2700	4700	6700
Stepside (LBx)	350	820	1400	2700	4760	6800
Fleetside (SBx)	350	830	1400	2950	4830	6900
Fleetside (LBx)	350	840	1400	2800	4900	7000
Suburban	450	1170	1975	3900	6850	9800
C20, 3/4-Ton						
Stepside (LBx)	350	780	1300	2600	4550	6500
Fleetside (LBx)	350	800	1350	2700	4700	6700
6P (LBx)	200	750	1275	2500	4400	6300
Suburban	350	840	1400	2800	4900	7000
K20, 4x4, 3/4-Ton						
Stepside (LBx)	350	820	1400	2700	4760	6800
Fleetside (LBx)	350	830	1400	2950	4830	6900
6P (LBx)	350	780	1300	2600	4550	6500
Suburban	350	840	1400	2800	4900	7000
1981 - 1982						
Luv, 1/2-Ton, 104.3" or 117.9" wb						
PU SBx	150	550	850	1650	2900	4100
PU LBx	150	550	850	1675	2950	4200
El Camino, 1/2-Ton, 117" wb						
PU	350	820	1400	2700	4760	6800
SS PU	350	830	1400	2950	4830	6900
Blazer K10, 1/2-Ton, 106.5" wb						
Blazer (4x4)	350	975	1600	3200	5600	8000
C10, 1/2-Ton, 117" or 131" wb						
Stepside PU SBx	350	820	1400	2700	4760	6800
Stepside PU LBx	350	800	1350	2700	4700	6700
Fleetside PU SBx	350	830	1400	2950	4830	6900
Fleetside PU LBx	350	840	1400	2800	4900	7000
Suburban	350	860	1450	2900	5050	7200
C20, 3/4-Ton, 131" or 164" wb						
Stepside PU LBx	350	800	1350	2700	4700	6700

	6	5	4	3	2	1
Fleetside PU LBx	350	820	1400	2700	4760	6800
Fleetside PU Bonus Cab LBx	350	840	1400	2800	4900	7000
Fleetside PU Crew Cab LBx	350	830	1400	2950	4830	6900
Suburban	350	860	1450	2900	5050	7200
NOTE: Add 15 percent for 4x4.						
1983 - 1987						
El Camino, 1/2-Ton, 117" wb						
PU	200	670	1200	2300	4060	5800
SS PU	200	700	1200	2350	4130	5900
S10, 1/2-Ton, 100.5" wb						
Blazer 2WD	150	600	900	1800	3150	4500
Blazer (4x4)	200	675	1000	2000	3500	5000
Blazer K10, 1/2-Ton, 106.5" wb						
Blazer (4x4)	350	840	1400	2800	4900	7000
S10, 1/2-Ton, 108" or 122" wb						
Fleetside PU SBx	150	475	750	1475	2600	3700
Fleetside PU LBx	150	475	775	1500	2650	3800
Fleetside PU Ext Cab	150	500	800	1600	2800	4000
C10, 1/2-Ton, 117" or 131" wb						
Stepside PU SBx	200	670	1200	2300	4060	5800
Fleetside PU SBx	200	700	1200	2350	4130	5900
Fleetside PU LBx	200	670	1150	2250	3920	5600
Suburban	200	750	1275	2500	4400	6300
C20, 3/4-Ton, 131" or 164" wb						
Stepside PU LBx	200	685	1150	2300	3990	5700
Fleetside PU LBx	200	670	1200	2300	4060	5800
Fleetside PU Bonus Cab LBx	200	730	1250	2450	4270	6100
Fleetside PU Crew Cab LBx	200	670	1150	2250	3920	5600
Suburban	200	750	1275	2500	4400	6300
NOTE: Add 15 percent for 4x4.						
1988 - 1990						
Blazer - (106.5" wb)						
V10 (4x4)	400	1200	2000	4000	7000	10,000
S10 2WD	200	720	1200	2400	4200	6000
S10 (4x4)	350	975	1600	3200	5600	8000
S10 Pickup, 108.3" or 122.9" wb						
Fleetside SBx	200	675	1000	2000	3500	5000
Fleetside LBx	200	700	1050	2100	3650	5200
Fleetside Ext Cab	200	660	1100	2200	3850	5500
C1500, 1/2-Ton, 117.5" or 131.5" wb						
Sportside PU SBx	350	840	1400	2800	4900	7000
Fleetside PU SBx	350	840	1400	2800	4900	7000
Fleetside PU LBx	350	900	1500	3000	5250	7500
Fleetside PU Ext Cab LBx	350	1020	1700	3400	5950	8500
Suburban	400	1300	2200	4400	7700	11,000
C2500, 3/4-Ton, 129.5" or 164.5" wb						
Stepside PU LBx	450	1080	1800	3600	6300	9000
Fleetside PU LBx	450	1080	1800	3600	6300	9000
Bonus Cab PU LBx	350	1020	1700	3400	5950	8500
Crew Cab PU LBx	450	1050	1750	3550	6150	8800
Suburban	450	1450	2400	4800	8400	12,000

CROSLEY TRUCKS

	6	5	4	3	2	1
1940						
Crosley Commercial						
Panel Dly	200	660	1100	2200	3850	5500
1941						
Crosley Commercial						
PU Dly	200	650	1100	2150	3780	5400
Parkway Dly	200	670	1150	2250	3920	5600
Panel Dly	200	660	1100	2200	3850	5500
1942						
Crosley Commercial						
PU Dly	200	650	1100	2150	3780	5400
Parkway Dly	200	670	1150	2250	3920	5600
Panel Dly	200	660	1100	2200	3850	5500
1947						
Crosley Commercial						
PU	200	650	1100	2150	3780	5400

	6	5	4	3	2	1
1948						
Crosley Commercial						
PU	200	650	1100	2150	3780	5400
Panel	200	675	1000	2000	3500	5000
1949						
Series CD						
PU	200	660	1100	2200	3850	5500
Panel	200	670	1150	2250	3920	5600
1950						
Crosley Commercial Series CD						
PU	200	660	1100	2200	3850	5500
Panel	200	670	1150	2250	3920	5600
Farm-O-Road	200	685	1150	2300	3990	5700
1951						
Crosley Commercial Series CD						
PU	200	660	1100	2200	3850	5500
Panel	200	670	1150	2250	3920	5600
Farm-O-Road	200	685	1150	2300	3990	5700
1952						
Crosley Commercial Series CD						
PU	200	660	1100	2200	3850	5500
Panel	200	670	1150	2250	3920	5600
Farm-O-Road	200	685	1150	2300	3990	5700
1959-1962						
Crofton Bug Series						
Bug Utl	200	670	1150	2250	3920	5600
Brawny Bug Utl	200	700	1200	2350	4130	5900

DODGE TRUCKS

	6	5	4	3	2	1
1933-1935						
Series HC, 1/2-Ton, 111-1/4" wb						
PU	400	1200	2000	4000	7000	10,000
Canopy	350	1040	1700	3450	6000	8600
Comm Sed	350	1040	1750	3500	6100	8700
Panel	350	1020	1700	3400	5950	8500
Series HCL, 1/2-Ton, 119" wb						
Panel	350	1020	1700	3400	5900	8400
Series UF-10, 1/2-Ton, 109" wb						
PU	450	1190	2000	3950	6900	9900
Canopy	350	1040	1750	3500	6100	8700
Screen	450	1050	1750	3550	6150	8800
Panel	350	1040	1700	3450	6000	8600
Series F-10, 1/2-Ton, 109" wb, Note 1						
Series H-20, 3/4 - 1 Ton, 131" wb						
Panel	350	1000	1650	3350	5800	8300
1936-1938						
Series LC/D2, 1/2-Ton						
PU	450	1450	2400	4800	8500	12,100
Canopy	400	1300	2150	4300	7500	10,700
Screen	400	1300	2150	4300	7600	10,800
Comm Sed	400	1300	2200	4400	7600	10,900
Panel	400	1250	2100	4200	7400	10,600
Westchester Suburban	1000	3100	5200	10,400	18,200	26,000
Series LE-16, 3/4-Ton, 136" wb						
PU	450	1190	2000	3950	6900	9900
Canopy	350	1040	1700	3450	6000	8600
Screen	350	1040	1750	3500	6100	8700
Panel	350	1040	1700	3450	6000	8600
Platform	350	950	1550	3150	5450	7800
Stake	350	975	1600	3200	5600	8000
1939-1942, 1946-1947						
Series TC, 1/2-Ton, 116" wb						
PU	450	1500	2500	5000	8800	12,500
Canopy	450	1400	2300	4600	8100	11,600
Screen	450	1400	2300	4600	8100	11,600
Panel	450	1400	2350	4700	8300	11,800
Series TD, 3/4-Ton, 120" wb						
PU	450	1400	2350	4700	8200	11,700
Platform	400	1250	2100	4200	7300	10,400
Stake	400	1250	2100	4200	7300	10,400

1948 Dodge Power Wagon 1-ton pickup

	6	5	4	3	2	1
1948-1949						
Series B-1-B, 1/2-Ton, 108" wb						
PU	450	1450	2400	4800	8400	12,000
Panel	350	1020	1700	3400	5950	8500
Series B-1-C, 3/4-Ton, 116" wb						
PU	450	1400	2350	4700	8200	11,700
Platform	350	975	1600	3200	5600	8000
Stake	350	975	1600	3250	5700	8100
Series B-1-Power Wagon, 1-Ton, 126" wb						
PU	500	1550	2600	5200	9100	13,000
1950-1952						
Series B-2-B, 1/2-Ton, 108" wb						
PU	450	1500	2500	5000	8800	12,500
Panel	400	1250	2100	4200	7400	10,500
Series B-2-C, 3/4-Ton, 116" wb						
PU	450	1450	2450	4900	8500	12,200
Platform	400	1200	2000	4000	7000	10,000
Stake	400	1200	2000	4000	7100	10,100
Series B-2-PW Power-Wagon, 1-Ton, 126" wb						
PU	500	1550	2600	5200	9100	13,000
NOTE: Add 3 percent for Fluid Drive.						
1953-1954						
Series B-4-B, 1/2-Ton, 108" wb						
PU	450	1500	2500	5000	8800	12,500
Panel	400	1250	2100	4200	7400	10,500
Series B-4-B, 1/2-Ton, 116" wb						
PU	450	1500	2450	4900	8600	12,300
Series B-4-C, 3/4-Ton, 116" wb						
PU	450	1450	2400	4800	8500	12,100
Platform	450	1190	2000	3950	6900	9900
Stake	400	1200	2000	4000	7000	10,000

	6	5	4	3	2	1
NOTE: Add 3 percent for Fluid Drive.						
Add 5 percent for automatic transmission.						
Series B-2-PW Power-Wagon, 1-Ton, 126" wb						
PU	500	1550	2600	5200	9100	13,000
1955-1957						
Series C-3-BL, 1/2-Ton, 108" wb						
Lowside PU	500	1550	2600	5200	9100	13,000
Series C-3-B, 1/2-Ton, 108" wb						
Lowside PU	500	1550	2550	5100	9000	12,800
Highside PU	500	1550	2600	5200	9000	12,900
Panel	400	1350	2250	4500	7800	11,200
Series C-3-B, 1/2-Ton, 116" wb						
Lowside PU	450	1500	2500	5000	8800	12,500
Highside PU	450	1500	2500	5000	8800	12,600
Platform	400	1250	2100	4200	7400	10,500
Stake	400	1250	2100	4200	7400	10,600
Series C-3-C, 3/4-Ton, 116" wb						
PU	450	1450	2400	4800	8300	11,900
Platform	450	1190	2000	3950	6900	9900
Stake	400	1200	2000	4000	7000	10,000
NOTES: Add 15 percent for V-8 engine.						
Add 5 percent for automatic transmission.						
Series B-2-PW Power-Wagon, 1-Ton, 126" wb						
PU	500	1550	2600	5200	9100	13,000

1959 Dodge 100 Sweptline ½-ton pickup

	6	5	4	3	2	1
1958-1960						
Series L6-D100, 1/2-Ton, 108" wb						
PU	400	1350	2200	4400	7800	11,100
Twn Panel	450	1130	1900	3800	6600	9400
6P Wag	450	1140	1900	3800	6650	9500
8P Wag	450	1140	1900	3800	6650	9500
Series L6-D100, 1/2-Ton, 116" wb						
PU	400	1300	2200	4400	7700	11,000
Sweptside PU	400	1300	2200	4400	7700	11,000
Platform	350	1040	1750	3500	6100	8700
Stake	450	1050	1750	3550	6150	8800
Series L6-D200, 3/4-Ton, 116" wb						
PU	400	1200	2000	4000	7000	10,000
Platform	350	975	1600	3250	5700	8100
Stake	350	1000	1650	3300	5750	8200
NOTES: Add 10 percent for V-8 engine.						
Add 5 percent for automatic transmission.						
Series B-2-PW Power-Wagon, 1-Ton, 126" wb						
PU	500	1550	2600	5200	9100	13,000
1961-1971						
Series R6-D100, 1/2-Ton, 114" wb						
Utiline PU	350	840	1400	2800	4900	7000
Sweptline PU	350	830	1400	2950	4830	6900
Twn Panel	200	670	1200	2300	4060	5800
6P Wag	200	700	1200	2350	4130	5900
8P Wag	200	700	1200	2350	4130	5900

	6	5	4	3	2	1
Series R6-D100, 1/2-Ton, 122" wb						
Series B-2-PW Power-Wagon, 1-Ton, 126" wb						
PU	500	1550	2600	5200	9100	13,000
Utiline PU	350	830	1400	2950	4830	6900
Sweptline PU	350	820	1400	2700	4760	6800
Platform	200	675	1000	2000	3500	5000
Stake	200	700	1050	2050	3600	5100
Series R6-D200, 3/4-Ton, 122" wb						
Utiline PU	350	790	1350	2650	4620	6600
Sweptline PU	350	780	1300	2600	4550	6500
Platform	200	675	1000	1950	3400	4900
Stake	200	675	1000	2000	3500	5000

NOTES: Add 10 percent for V-8 engine.
Add 5 percent for automatic transmission.

1972-1980

	6	5	4	3	2	1
Series B100 Van, 1/2-Ton						
Van (109" wb)	125	450	750	1450	2500	3600
Van (127" wb)	150	475	775	1500	2650	3800
Series B200 Van, 3/4-Ton						
Van (109" wb)	125	400	700	1375	2400	3400
Van (127" wb)	125	450	750	1450	2500	3600
Maxivan	150	475	775	1500	2650	3800
Series B300 Van, 1-Ton						
Van (109" wb)	125	380	650	1300	2250	3200
Van (127" wb)	125	400	700	1375	2400	3400
Maxivan	125	450	750	1450	2500	3600
Series D100, 1/2-Ton						
Utiline PU (115" wb)	200	750	1275	2500	4400	6300
Sweptline PU (115" wb)	200	745	1250	2500	4340	6200
Utiline PU (131" wb)	200	745	1250	2500	4340	6200
Sweptline PU (131" wb)	200	750	1275	2500	4400	6300
Series D200, 3/4-Ton, 131" wb						
Utiline PU	200	720	1200	2400	4200	6000
Sweptline PU	200	730	1250	2450	4270	6100
D200 Crew Cab, 3/4-Ton						
Utiline PU (149" wb)	150	650	975	1950	3350	4800
Sweptline PU (149" wb)	200	675	1000	1950	3400	4900
Utiline PU (165" wb)	150	650	950	1900	3300	4700
Sweptline PU (165" wb)	150	650	975	1950	3350	4800

NOTE: Add 10 percent for V-8 engine.

1981-1990

	6	5	4	3	2	1
Ram 50						
Cus PU	100	360	600	1200	2100	3000
Royal PU	100	360	600	1200	2100	3000
Spt PU	125	370	650	1250	2200	3100
Ramcharger						
2WD	200	675	1000	2000	3500	5000
4x4	200	720	1200	2400	4200	6000
B150						
Van	150	600	900	1800	3150	4500
Long Range Van	150	575	875	1700	3000	4300
Wag	200	650	1100	2150	3780	5400
Mini-Ram Wag	200	700	1075	2150	3700	5300
B250						
Van	150	575	900	1750	3100	4400
Wag	200	650	1100	2150	3780	5400
Mini-Ram Wag	200	700	1075	2150	3700	5300
B350						
Van	150	575	900	1750	3100	4400
Wag	200	650	1100	2150	3780	5400
D150						
Utiline PU SBx	125	400	700	1375	2400	3400
Sweptline PU SBx	125	450	700	1400	2450	3500
Clb Cab PU SBx	150	500	800	1550	2700	3900
Utiline PU LBx	125	450	700	1400	2450	3500
Sweptline PU LBx	125	450	750	1450	2500	3600
Clb Cab PU LBx	150	500	800	1600	2800	4000
D250						
Utiline PU LBx	125	400	675	1350	2300	3300
Sweptline PU LBx	125	400	700	1375	2400	3400
Clb Cab PU LBx	150	500	800	1550	2700	3900
Crew Cab PU Sbx	150	475	775	1500	2650	3800
Crew Cab PU Lbx	150	500	800	1550	2700	3900

NOTE: Add 15 percent for 4x4.

FORD TRUCKS

	6	5	4	3	2	1
1918-1920						
Model T, 100" wb						
Rds PU	400	1300	2200	4400	7700	11,000
Box Body Dly	400	1200	2000	4000	7000	10,000
Open Front Panel	400	1250	2100	4200	7400	10,500
Enclosed Panel	450	1140	1900	3800	6650	9500
Huckster	400	1200	2000	4000	7000	10,000
Model TT, 124" wb						
Exp	350	975	1600	3200	5600	8000
Stake	350	900	1500	3000	5250	7500
Open Front Panel	450	1080	1800	3600	6300	9000
Enclosed Panel	350	975	1600	3200	5600	8000
Huckster	450	1080	1800	3600	6300	9000
1921-1927						
Model T, 100" wb						
Rds PU	400	1300	2200	4400	7700	11,000
Box Body Dly	400	1200	2000	4000	7000	10,000
Open Front Panel	400	1250	2100	4200	7400	10,500
Enclosed Panel	450	1140	1900	3800	6650	9500
Huckster	400	1200	2000	4000	7000	10,000
Model TT, 124" wb						
Exp	350	1020	1700	3400	5950	8500
Stake	350	975	1600	3200	5600	8000
Open Front Panel	400	1200	2000	4000	7000	10,000
Enclosed Panel	450	1080	1800	3600	6300	9000
Huckster	450	1140	1900	3800	6650	9500
1928-1929						
Model A, 103" wb						
Sed Dly	550	1800	3000	6000	10,500	15,000
Open Cab PU	550	1700	2800	5600	9800	14,000
Closed Cab PU	400	1250	2100	4200	7400	10,500
Canopy Exp	400	1300	2200	4400	7700	11,000
Screenside Exp	400	1300	2200	4400	7700	11,000
Panel	450	1450	2400	4800	8400	12,000
1930-1931						
Model A, 103" wb						
Sed Dly	550	1800	3000	6000	10,500	15,000
Twn Car Dly	950	3000	5000	10,000	17,500	25,000
Open Cab PU	500	1550	2600	5200	9100	13,000
Closed Cab PU	400	1250	2100	4200	7400	10,500
Panel	400	1300	2200	4400	7700	11,000
NOTE: Sedan Delivery officially called "Deluxe Delivery".						
1932						
Model B, 4-cyl, 106" wb						
Sed Dly	600	1850	3100	6200	10,900	15,500
Open Cab PU	500	1600	2700	5400	9500	13,500
Closed Cab PU	400	1300	2150	4300	7500	10,700
Std Panel	450	1400	2300	4600	8100	11,500
DeL Panel	400	1300	2200	4400	7700	11,000
Model B-18, V-8, 106" wb						
Sed Dly	650	2050	3400	6800	11,900	17,000
Open Cab PU	550	1750	2900	5800	10,200	14,500
Closed Cab PU	450	1400	2350	4700	8200	11,700
Std Panel	450	1400	2300	4600	8100	11,500
DeL Panel	450	1450	2400	4800	8400	12,000
1933-1934						
Model 46, 4-cyl, 112" wb						
Sed Dly	550	1700	2800	5600	9800	14,000
Panel	400	1250	2100	4200	7400	10,500
DeL Panel	400	1300	2200	4400	7700	11,000
PU	400	1250	2100	4200	7400	10,500
Model 46, V-8, 112" wb						
Sed Dly	550	1800	3000	6000	10,500	15,000
Panel	400	1300	2200	4400	7700	11,000
DeL Panel	450	1400	2300	4600	8100	11,500
PU	400	1300	2200	4400	7700	11,000
1935						
Model 48, V-8, 112" wb						
Sed Dly	550	1700	2800	5600	9800	14,000

	6	5	4	3	2	1
Model 50, V-8, 112" wb						
Panel	400	1250	2100	4200	7400	10,500
DeL Panel	400	1300	2200	4400	7700	11,000
PU	400	1250	2100	4200	7400	10,500
1936						
Model 68, V-8, 112" wb						
Sed Dly	550	1700	2800	5600	9800	14,000
Model 67, V-8, 112" wb						
Panel	400	1200	2000	4000	7000	10,000
DeL Panel	400	1250	2100	4200	7400	10,500
PU	400	1200	2000	4000	7000	10,000

1937 Ford sedan delivery

	6	5	4	3	2	1
1937-1939						
Model 74, V-8, 60 hp, 112" wb						
Cpe PU	400	1300	2200	4400	7700	11,000
Sed Dly	450	1500	2500	5000	8800	12,500
Model 73, V-8, 60 hp, 142" wb						
PU	450	1170	1975	3900	6850	9800
Platform	350	1020	1700	3400	5950	8500
Stake	350	1020	1700	3400	5950	8500
Panel	450	1050	1750	3550	6150	8800
DeL Panel	450	1080	1800	3600	6300	9000
Model 78, V-8, 85 hp, 112" wb						
Cpe PU	450	1400	2300	4600	8100	11,500
DeL Cpe PU	450	1500	2500	5000	8800	12,500
Sed Dly	500	1550	2550	5100	9000	12,800
Model 77, V-8, 85 hp, 112" wb						
PU	400	1200	2000	4000	7000	10,000
Platform	350	1040	1700	3450	6000	8600
Stake	350	1040	1700	3450	6000	8600
Panel	450	1080	1800	3600	6300	9000
DeL Panel	450	1120	1875	3750	6500	9300
1940-1941						
Series OC1, 1/2-Ton, V-8, 60 hp, 112" wb						
PU	450	1400	2300	4600	8100	11,500
Platform	350	900	1500	3000	5250	7500
Stake	350	950	1550	3150	5450	7800
Panel	450	1140	1900	3800	6650	9500
Series O22A, 1/2-Ton, V-8, 60 hp, 112" wb						
Sed Dly	550	1750	2900	5800	10,200	14,500
Series O2D, 3/4-Ton, V-8, 60 hp, 122" wb						
Platform	350	840	1400	2800	4900	7000
Exp	350	1020	1700	3400	5950	8500
Stake	350	900	1500	3000	5250	7500
Panel	450	1140	1900	3800	6650	9500
1942-1947						
Model 2-GA, 1/2-Ton, 6-cyl, 114" wb						
Sed Dly	500	1650	2700	5400	9500	13,600

	6	5	4	3	2	1
Model 2-NC, 1						
PU	400	1300	2150	4300	7600	10,800
Platform	350	870	1450	2900	5100	7300
Stake	350	950	1500	3050	5300	7600
Panel	450	1120	1875	3750	6500	9300
Model 2-ND, 3/4-Ton, 4-cyl, 122" wb						
Platform	350	820	1400	2700	4760	6800
Exp	350	975	1600	3200	5600	8000
Stake	350	870	1450	2900	5100	7300
Panel	450	1120	1875	3750	6500	9300
1948-1950						
F-1 Model 8HC, 1/2-Ton, 6-cyl, 114" wb						
DeL Sed Dly	550	1750	2900	5800	10,200	14,500
PU	450	1400	2300	4600	8100	11,500
Platform	350	975	1600	3200	5600	8000
Stake	350	1000	1650	3300	5750	8200
Panel	400	1300	2200	4400	7700	11,000
F-2 Model 8HD, 3/4-Ton, 6-cyl, 122" wb						
PU	400	1300	2200	4400	7700	11,000
Platform	350	900	1500	3000	5250	7500
Stake	350	950	1550	3100	5400	7700
F-3 Model 8HY, HD 3/4-Ton, 6-cyl, 122" wb						
PU	400	1350	2250	4500	7800	11,200
Platform	350	950	1500	3050	5300	7600
Stake	350	950	1550	3150	5450	7800
1951-1952						
F-1 Model 1HC, 1/2-Ton, 6-cyl, 114" wb						
PU	450	1400	2300	4600	8100	11,500
Platform	350	975	1600	3200	5600	8000
Stake	350	1000	1650	3300	5750	8200
Panel	400	1300	2200	4400	7700	11,000
F-2 Model 1HD, 3/4-Ton, 6-cyl, 122" wb						
PU	450	1400	2300	4600	8100	11,500
Platform	350	900	1500	3000	5250	7500
Stake	350	950	1550	3100	5400	7700
F-3 Model 1HY, Heavy 3/4-Ton, 6-cyl, 122" wb						
PU	400	1350	2250	4500	7800	11,200
Platform	350	950	1500	3050	5300	7600
Stake	350	950	1550	3150	5450	7800
F-3 Model 1HJ-104" wb; Model 1H2J-122" wb 3/4-Ton, 6-cyl						
Parcel Dly	200	720	1200	2400	4200	6000
1953-1955						
Courier Series, 1/2-Ton, 6-cyl, 115" wb						
Sed Dly	450	1450	2450	4900	8500	12,200
F-100 Series, 1/2-Ton, 6-cyl, 110" wb						
PU	450	1400	2350	4700	8200	11,700
Platform	350	1020	1700	3400	5950	8500
Stake	350	1040	1750	3500	6100	8700
Panel	400	1300	2200	4400	7700	11,000
F-250 Series, 3/4-Ton, 6-cyl, 118" wb						
PU	450	1400	2300	4600	8100	11,500
Platform	350	900	1500	3000	5250	7500
Stake	350	950	1550	3100	5400	7700
1956						
Courier Series, 1/2-Ton, 6-cyl, 115.5" wb						
Sed Dly	450	1500	2500	5000	8800	12,500
F-100 Series, 1/2-Ton, 6-cyl, 110" wb						
PU	450	1400	2300	4600	8100	11,500
Platform	350	975	1600	3200	5600	8000
Stake	350	1000	1650	3300	5750	8200
Panel	400	1300	2150	4300	7500	10,700
Cus Panel	400	1300	2200	4400	7700	11,000
F-250 Series, 3/4-Ton, 6-cyl, 118" wb						
PU	450	1400	2300	4600	8100	11,500
Platform	350	860	1450	2900	5050	7200
Stake	350	880	1500	2950	5180	7400
1957-1960						
Courier Series, 1/2-Ton, 6-cyl, 116" wb						
Sed Dly	400	1300	2200	4400	7700	11,000
Ranchero Series, 1/2-Ton, 6-cyl, 116" wb						
PU	400	1350	2250	4500	7900	11,300
Cus PU	450	1450	2400	4800	8400	12,000
F-100 Series, 1/2-Ton, 6-cyl, 110" wb						
Flareside PU	450	1400	2300	4600	8100	11,500

1960 Ford Falcon Ranchero ½-ton pickup

	6	5	4	3	2	1
Styleside PU (118" wb)	400	1300	2200	4400	7700	11,000
Styleside PU	400	1350	2250	4500	7800	11,200
Platform	350	975	1600	3200	5600	8000
Stake	350	1000	1650	3300	5750	8200
Panel	400	1200	2000	4000	7000	10,000
F-250 Series, 3/4-Ton, 6-cyl, 118" wb						
Flareside PU	400	1250	2100	4200	7400	10,500
Styleside PU	400	1300	2200	4400	7700	11,000
Platform	350	900	1500	3000	5250	7500
Stake	350	950	1550	3100	5400	7700
1961-1966						
Econoline, Series E-100						
1/2-Ton, 6-cyl, 90" wb						
PU	350	780	1300	2600	4550	6500
Van	200	720	1200	2400	4200	6000
Station Bus	350	780	1300	2600	4550	6500
Falcon Series, 1/2-Ton, 6-cyl, 109.5" wb						
Ranchero PU (to 1965)	350	1020	1700	3400	5900	8400
Sed Dly (to 1965)	350	975	1600	3200	5600	8000
F-100 Series, 1/2-Ton, 6-cyl, 110" wb						
Styleside PU, 6-1/2'	400	1350	2250	4500	7800	11,200
Flareside PU, 6-1/2'	400	1300	2200	4400	7700	11,000
Platform	350	975	1600	3200	5600	8000
Stake	350	1000	1650	3300	5750	8200
Panel	450	1170	1975	3900	6850	9800
F-100 Series, 1/2-Ton, 6-cyl, 118" wb						
Styleside PU, 8'	400	1300	2200	4400	7700	11,000
Flareside PU, 8'	400	1300	2150	4300	7600	10,800
1966						
Bronco U-100, 1/2-Ton, 4x4, 6-cyl, 90" wb						
Rds	400	1200	2050	4100	7100	10,200
Spt Utl	400	1250	2100	4200	7400	10,500
Wag	400	1250	2100	4200	7400	10,500
Fairlane Ranchero, 1/2-Ton, 113" wb						
PU	450	1080	1800	3600	6300	9000
Cus PU	450	1140	1900	3800	6650	9500
1967-1972						
Bronco U-100, 1/2-Ton, 4x4, 6-cyl						
Rds	400	1200	2050	4100	7100	10,200
Spt Utl	400	1250	2100	4200	7400	10,500
Wag	400	1250	2100	4200	7400	10,500
Econoline E-100, 1/2-Ton, 6-cyl						
PU	350	780	1300	2600	4550	6500
Van	200	720	1200	2400	4200	6000
Sup Van	200	670	1150	2250	3920	5600
Panel Van	200	660	1100	2200	3850	5500
Sup Panel Van	200	685	1150	2300	3990	5700
Fairlane Ranchero, 1/2-Ton, 6-cyl						
PU	450	1080	1800	3600	6300	9000
500 PU	450	1140	1900	3800	6650	9500
500 XL PU	400	1200	2000	4000	7000	10,000
F-100/Model F-101, 1/2-Ton, 6-cyl						
Flareside PU, 6-1/2'	400	1200	2000	4000	7000	10,000

	6	5	4	3	2	1
Styleside PU, 6-1/2'	400	1200	2050	4100	7100	10,200
Platform	350	840	1400	2800	4900	7000
Stake	350	860	1450	2900	5050	7200
Flareside, 8'	400	1300	2150	4300	7600	10,800
Styleside, 8'	400	1300	2200	4400	7700	11,000
F-250, 3/4-Ton, 6-cyl						
Flareside PU, 8'	400	1200	2050	4100	7100	10,200
Styleside PU, 8'	400	1250	2100	4200	7400	10,500
Platform	350	820	1400	2700	4760	6800
Stake	350	840	1400	2800	4900	7000
1973-1979						
Courier, 1/2-Ton, 4-cyl						
PU	200	675	1000	2000	3500	5000
Fairlane/Torino, 1/2-Ton, V-8						
500 PU	350	1020	1700	3400	5950	8500
Squire PU	450	1050	1800	3600	6200	8900
GT PU	450	1090	1800	3650	6400	9100
Club Wagon E-100, 1/2-Ton, 6-cyl						
Clb Wag	200	700	1050	2100	3650	5200
Cus Clb Wag	200	660	1100	2200	3850	5500
Chateau Wag	350	780	1300	2600	4550	6500
Bronco U-100, 1/2-Ton, 6-cyl						
Wag	350	1020	1700	3400	5950	8500
Econoline E-100, 1/2-Ton, 6-cyl						
Cargo Van	150	600	900	1800	3150	4500
Window Van	200	675	1000	2000	3500	5000
Display Van	150	650	975	1950	3350	4800
Econoline E-200, 3/4-Ton, 6-cyl						
Cargo Van	150	575	900	1750	3100	4400
Window Van	200	675	1000	1950	3400	4900
Display Van	150	650	950	1900	3300	4700
Econoline E-300, HD 3/4-Ton, 6-cyl						
Cargo Van	150	575	875	1700	3000	4300
Window Van	150	650	975	1950	3350	4800
Display Van	150	600	950	1850	3200	4600
F-100, 1/2-Ton, 6-cyl						
Flareside PU, 6-1/2'	350	975	1600	3200	5600	8000
Styleside PU, 6-1/2'	350	975	1600	3250	5700	8100
Flareside PU, 8'	350	975	1600	3200	5500	7900
Styleside PU, 8'	350	975	1600	3200	5600	8000
F-250, 3/4-Ton, 6-cyl						
Flareside PU	350	880	1500	2950	5180	7400
Styleside PU	350	870	1450	2900	5100	7300
Platform	200	675	1000	2000	3500	5000
Stake	200	700	1050	2100	3650	5200
F-350, HD 3/4-Ton, 6-cyl						
Flareside PU	350	860	1450	2900	5050	7200
Styleside PU	350	850	1450	2850	4970	7100
Platform	150	650	975	1950	3350	4800
Stake	200	675	1000	2000	3500	5000

NOTE: Add 5 percent for base V-8.
Add 10 percent for optional V-8.
Add 5 percent for 4x4 on F250 and F350 models only.

	6	5	4	3	2	1
1980-1986						
Courier to 1982, replaced by Ranger 1983-1986						
PU	200	675	1000	2000	3500	5000
Bronco						
Wag	350	780	1300	2600	4550	6500
Econoline E-100						
Cargo Van	150	500	800	1600	2800	4000
Window Van	150	550	850	1675	2950	4200
Display Van	150	575	900	1750	3100	4400
Clb Wag	200	675	1000	1950	3400	4900
Cus Clb Wag	200	700	1050	2050	3600	5100
Chateau Clb Wag	200	700	1075	2150	3700	5300
Econoline E-200						
Cargo Van	150	500	800	1550	2700	3900
Window Van	150	550	850	1650	2900	4100
Display Van	150	550	850	1675	2950	4200
Econoline E-300						
Cargo Van	150	475	775	1500	2650	3800
Window Van	150	500	800	1600	2800	4000
Display Van	150	550	850	1650	2900	4100

	6	5	4	3	2	1
F-100, 1/2-Ton						
Flareside PU	200	675	1000	2000	3500	5000
Styleside PU	200	700	1050	2050	3600	5100
Sup Cab	200	700	1050	2050	3600	5100
F-250, 3/4-Ton						
Flareside PU	200	675	1000	1950	3400	4900
Styleside PU	200	675	1000	2000	3500	5000
Sup Cab	200	675	1000	2000	3500	5000
F-350, 1-Ton						
PU	150	650	975	1950	3350	4800
Crew Cab PU	200	675	1000	1950	3400	4900
Stake	150	600	900	1800	3150	4500

NOTE: Add 10 percent for 4x4.

	6	5	4	3	2	1
1987-1990						
Bronco II, 1/2-Ton, 94" wb						
Wag	150	600	900	1800	3150	4500
Wag (4x4)	200	720	1200	2400	4200	6000
Bronco, 1/2-Ton, 105" wb						
Wag (4x4)	350	1020	1700	3400	5950	8500
Aerostar, 1/2-Ton, 119" wb						
Cargo Van	150	500	800	1600	2800	4000
Wag	200	660	1100	2200	3850	5500
Window Van	150	500	800	1600	2800	4000
Club Wagon, 138" wb						
E-150 Wag	350	780	1300	2600	4550	6500
E-250 Wag	350	840	1400	2800	4900	7000
E-350 Sup Clb Wag	350	900	1500	3000	5250	7500
Econoline E-150, 1/2-Ton, 124" or 138" wb						
Cargo Van	200	675	1000	2000	3500	5000
Sup Cargo Van	200	660	1100	2200	3850	5500
Econoline E-250, 3/4-Ton, 138" wb						
Cargo Van	200	660	1100	2200	3850	5500
Sup Cargo Van	200	720	1200	2400	4200	6000
Econoline E-350, 1-Ton, 138" or 176" wb						
Cargo Van	200	720	1200	2400	4200	6000
Sup Cargo Van	350	780	1300	2600	4550	6500
Ranger, 1/2-Ton, 108" or 125" wb						
Styleside PU SBx	150	500	800	1550	2700	3900
Styleside PU LBx	150	500	800	1600	2800	4000
Styleside PU Sup Cab	150	600	900	1800	3150	4500
F-150, 1/2-Ton, 116" or 155" wb						
Flareside PU SBx	150	600	900	1800	3150	4500
Styleside PU SBx	200	675	1000	2000	3500	5000
Styleside PU LBx	200	660	1100	2200	3850	5500
Styleside PU Sup Cab SBx	200	720	1200	2400	4200	6000
Styleside PU Sup Cab LBx	350	840	1400	2800	4900	7000
F-250, 3/4-Ton, 133" or 155" wb						
Styleside PU LBx	350	780	1300	2600	4550	6500
Styleside PU Sup Cab LBx	350	840	1400	2800	4900	7000
F-350, 1-Ton, 133" or 168.4" wb						
Styleside PU LBx	350	840	1400	2800	4900	7000
Styleside PU Crew Cab	350	900	1500	3000	5250	7500

NOTE: Add 15 percent for 4x4.

GMC TRUCKS

	6	5	4	3	2	1
1920-1926						
Canopy	350	900	1500	3000	5250	7500
1927-1929						
Light Duty						
PU	350	900	1500	3000	5250	7500
Panel	350	860	1450	2900	5050	7200
1930-1933						
Light Duty						
PU	350	1000	1650	3300	5750	8200
Panel	350	975	1600	3200	5600	8000
Stake	350	840	1400	2800	4900	7000

	6	5	4	3	2	1
1934-1935						
Light Duty						
PU	450	1400	2300	4600	8100	11,500
Panel	400	1250	2100	4200	7400	10,500
1936-1940						
Light Duty						
PU	450	1500	2500	5000	8800	12,500
Panel	450	1400	2300	4600	8100	11,500
1940						
Light Duty, 1/2-Ton, 113.5" wb						
Canopy Dly	450	1500	2500	5000	8800	12,500
Screenside Dly	450	1500	2500	5000	8800	12,500
Suburban	450	1450	2400	4800	8400	12,000

1942 GMC CC-101 ½-ton pickup

	6	5	4	3	2	1
1941-1942, 1946-1947						
Light Duty, 1/2-Ton, 115" wb						
PU	500	1550	2600	5200	9100	13,000
Panel	450	1400	2350	4700	8200	11,700
Canopy Dly	450	1400	2300	4600	8100	11,500
Screenside Dly	450	1500	2500	5000	8800	12,500
Suburban	450	1450	2400	4800	8400	12,000
Stake	350	1020	1700	3400	5950	8500
Light Duty, 1/2-Ton, 125" wb						
PU	500	1550	2600	5200	9100	13,000
Panel	400	1300	2150	4300	7500	10,700
Stake	450	1050	1800	3600	6200	8900
Medium Duty, 3/4-Ton, 125" wb						
PU	950	1100	1850	3700	6450	9200
Panel	450	1080	1800	3600	6300	9000
Stake	350	1020	1700	3400	5900	8400
1948-1953						
Series 1/2-Ton						
PU	550	1800	3000	6000	10,500	15,000
Panel	450	1450	2450	4900	8500	12,200
Canopy Exp	400	1300	2150	4300	7500	10,700
Suburban	450	1500	2500	5000	8800	12,500
Series 3/4-Ton						
PU	450	1400	2300	4600	8100	11,500
Stake	450	1080	1800	3600	6300	9000
Series 1-Ton						
PU	400	1300	2200	4400	7700	11,000
Stake	400	1200	2000	4000	7100	10,100
1954-1955 First Series						
Series 1/2-Ton						
PU	550	1750	2900	5800	10,200	14,500
Panel	450	1400	2300	4600	8100	11.500

1954 GMC 100 ½-ton pickup

	6	5	4	3	2	1
Canopy Dly	450	1400	2350	4700	8200	11,700
Suburban	450	1400	2300	4600	8100	11,500
PU (LWB)	450	1500	2500	5000	8800	12,500
Stake Rack	350	950	1500	3050	5300	7600
Series 3/4-Ton						
PU	400	1250	2100	4200	7400	10,600
Stake Rack	450	1080	1800	3600	6300	9000
Series 1-Ton						
PU	400	1200	2000	4000	7100	10,100
Panel	350	1000	1650	3350	5800	8300
Canopy Exp	350	1020	1700	3400	5900	8400
Stake Rack	350	1000	1650	3300	5750	8200
Platform	350	975	1600	3200	5600	8000
1955-1957 Second Series						
Series 1/2-Ton						
PU	550	1700	2800	5600	9800	14,000
Panel	400	1300	2200	4400	7700	11,000
DeL Panel	400	1350	2250	4500	7800	11,200
Suburban PU	650	2100	3500	7000	12,300	17,500
Suburban	400	1350	2250	4500	7800	11,200
Series 3/4-Ton						
PU	400	1250	2100	4200	7400	10,500
Stake Rack	350	1000	1650	3350	5800	8300
Series 1-Ton						
PU	450	1140	1900	3800	6650	9500
Panel	450	1120	1875	3750	6500	9300
DeL Panel	450	1140	1900	3800	6650	9500
Stake Rack	350	880	1500	2950	5180	7400
Platform	350	870	1450	2900	5100	7300
1958-1959						
Series 100						
PU	450	1450	2400	4800	8400	12,000
Wide-Side PU	450	1400	2350	4700	8200	11,700
PU (LWB)	400	1350	2250	4500	7900	11,300
Wide-Side PU (LWB)	450	1400	2300	4600	8100	11,500
Panel	400	1300	2200	4400	7700	11,000
Panel DeL	400	1350	2250	4500	7800	11,200
Suburban	450	1400	2300	4600	8100	11,500
Series 150						
PU	450	1080	1800	3600	6300	9000
Wide-Side PU	350	1000	1650	3300	5750	8200
Stake Rack	350	840	1400	2800	4900	7000

	6	5	4	3	2	1
Series PM-150						
Panel, 8'	350	1000	1650	3350	5800	8300
Panel, 10'	350	975	1600	3250	5700	8100
Panel, 12'	350	975	1600	3200	5500	7900
Series 250						
PU	350	1020	1700	3400	5950	8500
Panel	350	900	1500	3000	5250	7500
Panel DeL	350	950	1500	3050	5300	7600
Stake Rack	350	820	1400	2700	4760	6800
1960-1966						
(95" wb)						
Dly Van	200	650	1100	2150	3780	5400
1/2-Ton, 115" wb						
Fender-Side PU	400	1350	2250	4500	7800	11,200
Wide-Side PU	400	1300	2200	4400	7700	11,000
1/2-Ton, 127" wb						
Fender-Side PU	400	1250	2100	4200	7400	10,500
Wide-Side PU	400	1300	2200	4400	7700	11,000
Panel	450	1150	1900	3850	6700	9600
Suburban	400	1200	2000	4000	7000	10,000
3/4-Ton, 127" wb						
Fender-Side PU	350	790	1350	2650	4620	6600
Wide-Side PU	350	800	1350	2700	4700	6700
Stake	350	840	1400	2800	4900	7000
1-Ton, 121" or 133" wb						
PU	350	770	1300	2550	4480	6400
Panel	200	745	1250	2500	4340	6200
Stake	200	730	1250	2450	4270	6100
1967-1968						
1/2-Ton, 90" wb						
Handi Van	200	670	1200	2300	4060	5800
Handi Bus	200	700	1200	2350	4130	5900
1/2-Ton, 102" wb						
Van	200	670	1150	2250	3920	5600
1/2-Ton, 115" wb						
Fender-Side PU	450	1400	2300	4600	8100	11,600
Wide-Side PU	450	1400	2350	4700	8200	11,700
1/2-Ton, 127" wb						
Fender-Side PU	450	1400	2300	4600	8100	11,600
Wide-Side PU	450	1400	2350	4700	8200	11,700
Panel	450	1170	1975	3900	6850	9800
Suburban	400	1200	2050	4100	7100	10,200
3/4-Ton, 127" wb						
Fender-Side PU	450	1140	1900	3800	6650	9500
Wide-Side PU	400	1200	2000	4000	7000	10,000
Panel	200	660	1100	2200	3850	5500
Suburban	350	840	1400	2800	4900	7000
Stake	200	650	1100	2150	3780	5400
1-Ton, 133" wb						
PU	350	1020	1700	3400	5950	8500
Stake Rack	350	900	1500	3000	5250	7500
1969-1970						
1/2-Ton, 90" wb						
Handi Van	200	670	1200	2300	4060	5800
Handi Bus DeL	200	700	1200	2350	4130	5900
1/2-Ton, 102" wb						
Van	200	670	1150	2250	3920	5600
1/2-Ton, 115" wb						
Fender-Side PU	450	1400	2300	4600	8100	11,600
Wide-Side PU	450	1400	2350	4700	8200	11,700
1/2-Ton, 127" wb						
Fender-Side PU	450	1400	2300	4600	8100	11,600
Wide-Side PU	450	1400	2350	4700	8200	11,700
Panel	450	1170	1975	3900	6850	9800
Suburban	400	1200	2050	4100	7100	10,200
3/4-Ton, 127" wb						
Fender-Side PU	400	1250	2100	4200	7400	10,500
Wide-Side PU	400	1300	2200	4400	7700	11,000
Panel	350	780	1300	2600	4550	6500
Suburban	350	840	1400	2800	4900	7000
Stake	350	770	1300	2550	4480	6400
1-Ton, 133" wb						
PU	350	1040	1700	3450	6000	8600
Stake Rack	350	950	1500	3050	5300	7600

	6	5	4	3	2	1
1971-1972						
Sprint, 1/2-Ton						
PU	450	1500	2500	5000	8800	12,500
1/2-Ton, 90" wb						
Handi Van	200	670	1200	2300	4060	5800
Handi Bus DeL	200	700	1200	2350	4130	5900
1/2-Ton, 102" wb						
Van	200	670	1150	2250	3920	5600
1/2-Ton, 115" wb						
Fender-Side PU	450	1500	2500	5000	8800	12,500
Wide-Side PU	500	1550	2600	5200	9100	13,000
1/2-Ton, 127" wb						
Fender-Side PU	450	1500	2500	5000	8800	12,500
Wide-Side PU	500	1550	2600	5200	9100	13,000
Panel	450	1120	1875	3750	6500	9300
Suburban	400	1250	2100	4200	7400	10,500
3/4-Ton, 127" wb						
Fender-Side PU	400	1300	2200	4400	7700	11,000
Wide-Side PU	450	1400	2300	4600	8100	11,500
Panel	200	745	1250	2500	4340	6200
Suburban	450	1080	1800	3600	6300	9000
Stake	350	790	1350	2650	4620	6600
1-Ton, 133" wb						
PU	450	1170	1975	3900	6850	9800
Stake Rack	350	1020	1700	3400	5950	8500
Jimmy, 104" wb						
Jimmy (2WD)	450	1140	1900	3800	6650	9500
Jimmy (4x4)	450	1450	2400	4800	8400	12,000
1973-1980						
1/2-Ton, 116" wb						
Sprint Cus	350	900	1500	3000	5250	7500
Jimmy, 1/2-Ton, 106" wb						
Jimmy (2WD)	350	1020	1700	3400	5950	8500
Jimmy (4x4)	450	1140	1900	3800	6650	9500
1/2-Ton, 110" wb						
Rally Van	200	745	1250	2500	4340	6200
1/2-Ton, 117" wb						
Fender-Side PU	450	1080	1800	3600	6300	9000
Wide-Side PU	450	1140	1900	3800	6650	9500
1/2-Ton, 125" wb						
Fender-Side PU	350	1020	1700	3400	5950	8500
Wide-Side PU	450	1080	1800	3600	6300	9000
Suburban	350	900	1500	3000	5250	7500
3/4-Ton, 125" wb						
Fender-Side PU	350	840	1400	2800	4900	7000
Wide-Side PU	350	860	1450	2900	5050	7200
Suburban	350	850	1450	2850	4970	7100
Rally Van	200	720	1200	2400	4200	6000
1-Ton, 125" or 135" wb						
PU	200	720	1200	2400	4200	6000
Crew Cab PU	200	685	1150	2300	3990	5700
1981-1982						
Caballero, 1/2-Ton, 117" wb						
Caballero PU	100	350	600	1150	2000	2900
Diablo PU	100	360	600	1200	2100	3000
K1500, 1/2-Ton, 106.5" wb						
Jimmy (4x4)	350	840	1400	2800	4900	7000
Jimmy Conv. Top (4x4)	350	860	1450	2900	5050	7200
G1500 Van, 1/2-Ton, 110" or 125" wb						
Vandura	150	575	875	1700	3000	4300
Rally	200	700	1050	2100	3650	5200
Rally Cus	200	650	1100	2150	3780	5400
Rally STX	200	670	1150	2250	3920	5600
G2500 Van, 3/4-Ton, 110" or 125" wb						
Vandura	150	550	850	1675	2950	4200
Rally	200	700	1050	2050	3600	5100
Rally Cus	200	700	1075	2150	3700	5300
Rally STX	200	660	1100	2200	3850	5500
Gaucho	200	660	1100	2200	3850	5500
G3500 Van, 1-Ton, 125" or 146" wb						
Vandura	150	550	850	1650	2900	4100
Vandura Spl	200	675	1000	2000	3500	5000
Rally Camper Spl	200	700	1050	2100	3650	5200
Rally	200	650	1100	2150	3780	5400
Rally Cus	200	670	1150	2250	3920	5600

	6	5	4	3	2	1
Rally STX	200	670	1200	2300	4060	5800
Magna Van 10	200	675	1000	1950	3400	4900
Magna Van 12	200	675	1000	1950	3400	4900
C1500, 1/2-Ton, 117.5" or 131.5" wb						
Fender-Side PU SBx	200	670	1200	2300	4060	5800
Wide-Side PU SBx	200	700	1200	2350	4130	5900
Wide-Side PU LBx	200	685	1150	2300	3990	5700
Suburban 4d	200	745	1250	2500	4340	6200
C2500, 3/4-Ton, 131" wb						
Fender-Side PU LBx	200	685	1150	2300	3990	5700
Wide-Side PU LBx	200	670	1200	2300	4060	5800
Bonus Cab 2d PU LBx	200	720	1200	2400	4200	6000
Crew Cab 4d PU LBx	200	700	1200	2350	4130	5900
Suburban 4d	200	745	1250	2500	4340	6200
C3500, 1-Ton, 131.5" or 164.5" wb						
Fender-Side PU LBx	200	670	1150	2250	3920	5600
Wide-Side PU LBx	200	685	1150	2300	3990	5700
Bonus Cab 2d PU LBx	200	670	1200	2300	4060	5800
Crew Cab 4d PU LBx	200	685	1150	2300	3990	5700

NOTE: Add 15 percent for 4x4.

1983-1987

	6	5	4	3	2	1
Caballero, 1/2-Ton, 117.1" wb						
Caballero PU	200	675	1000	1950	3400	4900
Diablo PU	200	675	1000	2000	3500	5000
S15, 1/2-Ton, 100.5" wb						
Jimmy (2WD)	125	370	650	1250	2200	3100
Jimmy (4x4)	150	500	800	1600	2800	4000
K1500, 1/2-Ton, 106.5" wb						
Jimmy (4x4)	200	730	1250	2450	4270	6100
G1500 Van, 1/2-Ton, 110" or 125" wb						
Vandura	125	400	700	1375	2400	3400
Rally	150	575	875	1700	3000	4300
Rally Cus	150	600	900	1800	3150	4500
Rally STX	150	650	950	1900	3300	4700
G2500 Van, 3/4-Ton, 110" or 125" wb						
Vandura	125	400	675	1350	2300	3300
Rally	150	550	850	1675	2950	4200
Rally Cus	150	575	900	1750	3100	4400
Rally STX	150	600	950	1850	3200	4600
G3500 Van, 1-Ton, 125" or 146" wb						
Vandura	125	380	650	1300	2250	3200
Rally	150	550	850	1650	2900	4100
Rally Cus	150	575	875	1700	3000	4300
Rally STX	150	600	900	1800	3150	4500
Magna Van 10	125	400	675	1350	2300	3300
Magna Van 12	125	400	675	1350	2300	3300
S15, 1/2-Ton, 108.3" or 122.9" wb						
Wide-Side PU SBx	100	275	475	950	1600	2300
Wide-Side PU LBx	100	290	500	975	1700	2400
Wide-Side Ext Cab PU	100	320	550	1050	1850	2600
C1500, 1/2-Ton, 117.5" or 131.5" wb						
Fender-Side PU SBx	200	675	1000	1950	3400	4900
Wide-Side PU SBx	200	675	1000	2000	3500	5000
Wide-Side PU LBx	150	650	950	1900	3300	4700
Suburban 4d	200	650	1100	2150	3780	5400
C2500, 3/4-Ton, 131" wb						
Fender-Side PU LBx	150	650	975	1950	3350	4800
Wide-Side PU LBx	200	675	1000	1950	3400	4900
Bonus Cab 2d PU LBx	200	700	1050	2100	3650	5200
Crew Cab 4d PU LBx	150	650	950	1900	3300	4700
Suburban 4d	200	650	1100	2150	3780	5400
C3500, 1-Ton, 131.5" or 164.5" wb						
Fender-Side PU LBx	150	600	950	1850	3200	4600
Wide-Side PU LBx	150	650	950	1900	3300	4700
Bonus Cab 2d PU LBx	200	675	1000	1950	3400	4900
Crew Cab 4d PU LBx	150	650	975	1950	3350	4800

NOTE: Add 15 percent for (4x4).

1988-1990

	6	5	4	3	2	1
V1500 Jimmy, 1/2-Ton, 106.5" wb						
Wag (4x4)	400	1300	2150	4300	7500	10,700
S15, 1/2-Ton, 100.5" wb						
Wag	200	685	1150	2300	3990	5700
Wag (4x4)	350	950	1550	3100	5400	7700
Safari, 1/2-Ton, 111" wb						
Cargo Van	200	660	1100	2200	3850	5500

	6	5	4	3	2	1
SLX Van	350	900	1500	3000	5250	7500
SLE Van	350	1020	1700	3400	5950	8500
SLT Van	450	1140	1900	3800	6650	9500
G1500 Van, 1/2-Ton, 110" or 125" wb						
Vandura	200	745	1250	2500	4340	6200
Rally	350	950	1550	3100	5400	7700
Rally Cus	350	1040	1750	3500	6100	8700
Rally STX	450	1160	1950	3900	6800	9700
G2500 Van, 3/4-Ton, 110" or 125" wb						
Vandura	350	840	1400	2800	4900	7000
Rally	350	1020	1700	3400	5950	8500
Rally Cus	950	1100	1850	3700	6450	9200
Rally STX	400	1200	2050	4100	7100	10,200
G3500, 1-Ton, 125" or 146" wb						
Vandura	350	1040	1750	3500	6100	8700
Rally	950	1100	1850	3700	6450	9200
Rally Cus	400	1200	2050	4100	7100	10,200
Rally STX	400	1300	2150	4300	7500	10,700
Magna Van 10	450	1080	1800	3600	6300	9000
Magna Van 12	400	1200	2000	4000	7000	10,000
S15, 1/2-Ton, 108.3" or 122.9" wb						
Wide-Side PU SBx	200	675	1000	1950	3400	4900
Wide-Side PU LBx	200	675	1000	2000	3500	5000
Wide-Side Ext Cab PU SBx	200	700	1050	2050	3600	5100
C1500, 1/2-Ton, 117.5" or 131.5" wb						
Fender-Side PU SBx	350	800	1350	2700	4700	6700
Wide-Side PU SBx	350	800	1350	2700	4700	6700
Wide-Side PU LBx	350	840	1400	2800	4900	7000
Wide-Side Clb Cab PU LBx	350	975	1600	3200	5600	8000
Suburban	450	1450	2400	4800	8400	12,000
C2500, 3/4-Ton, 117.5" or 131.5" wb						
Fender-Side PU LBx	350	950	1550	3100	5400	7700
Wide-Side PU LBx	350	950	1550	3100	5400	7700
Wide-Side Bonus Cab LBx	350	1000	1650	3300	5750	8200
Wide-Side Crew Cab LBx	350	1020	1700	3400	5950	8500
Suburban	500	1550	2600	5200	9100	13,000
C3500, 1-Ton, 131.5" or 164.5" wb						
Wide-Side PU LBx	350	1000	1650	3300	5750	8200
Wide-Side Clb Cpe PU LBx	350	1000	1650	3300	5750	8200
Wide-Side Bonus Cab LBx	950	1100	1850	3700	6450	9200
Wide-Side Crew Cab LBx	450	1140	1900	3800	6650	9500

NOTE: Add 15 percent for 4x4.

HUDSON TRUCKS

	6	5	4	3	2	1
1929						
Dover Series						
Canopy Exp	400	1300	2150	4300	7600	10,800
Screenside Dly	400	1250	2100	4200	7400	10,500
Panel Dly	400	1300	2200	4400	7700	11,000
Flareboard PU	450	1400	2300	4600	8100	11,500
Bed Rail PU	550	1700	2800	5600	9800	14,000
Sed Dly	450	1450	2400	4800	8400	12,000
Mail Truck w/sl. doors	750	2400	4000	8000	14,000	20,000
1930-1931						
Essex Commercial Car Series						
PU	450	1400	2300	4600	8100	11,500
Canopy Exp	400	1200	2050	4100	7100	10,200
Screenside Exp	400	1250	2100	4200	7400	10,500
Panel Exp	400	1300	2200	4400	7700	11,000
Sed Dly	450	1450	2400	4800	8400	12,000
1933						
Essex-Terraplane Series						
PU Exp	400	1200	2050	4100	7100	10,200
Canopy Dly	450	1160	1950	3900	6800	9700
Screenside Dly	400	1200	2000	4000	7000	10,000
Panel Dly	400	1250	2050	4100	7200	10,300
DeL Panel Dly	400	1250	2100	4200	7400	10,500
Sed Dly	400	1300	2200	4400	7700	11,000
Mail Dly Van	550	1800	3000	6000	10,500	15,000
1934						
Terraplane Series						
Cab PU	400	1250	2100	4200	7400	10,500

	6	5	4	3	2	1
Sed Dly	400	1300	2200	4400	7700	11,000
Cantrell Sta Wag	550	1700	2800	5600	9800	14,000
Cotton Sta Wag	500	1550	2600	5200	9100	13,000
1935-1936						
Terraplane Series GU						
Cab PU	400	1250	2100	4200	7400	10,500
Sed Dly	400	1300	2200	4400	7700	11,000
1937						
Terraplane Series 70, 1/2-Ton						
Utl Cpe PU	450	1160	1950	3900	6800	9700
Terraplane Series 70, 3/4-Ton						
Cab PU	450	1140	1900	3800	6650	9500
Panel Dly	450	1170	1975	3900	6850	9800
"Big Boy" Series 78, 3/4-Ton						
Cab PU	450	1080	1800	3600	6300	9000
Cus Panel Dly	450	1140	1900	3800	6650	9500
1938						
Hudson-Terraplane Series 80						
Cab PU	450	1080	1800	3600	6300	9000
Cus Panel Dly	400	1200	2000	4000	7000	10,000
Hudson "Big Boy" Series 88						
Cab PU	400	1200	2000	4000	7000	10,000
Cus Panel Dly	400	1250	2100	4200	7400	10,500
Hudson 112 Series 89						
Cab PU	450	1140	1900	3800	6650	9500
Panel Dly	400	1200	2000	4000	7000	10,000
1939						
Hudson 112 Series						
PU	450	1140	1900	3800	6650	9500
Cus Panel	400	1200	2000	4000	7000	10,000
Hudson "Big Boy" Series						
PU	400	1200	2000	4000	7000	10,000
Cus Panel	400	1250	2100	4200	7400	10,500
Hudson Pacemaker Series						
Cus Panel	400	1300	2150	4300	7600	10,800
1940						
Hudson Six Series						
PU	400	1250	2100	4200	7400	10,500
Panel Dly	450	1400	2300	4600	8100	11,500
"Big Boy" Series						
PU	450	1500	2500	5000	8800	12,500
Panel Dly	450	1450	2400	4800	8400	12,000
1941						
Hudson Six Series						
PU	450	1500	2500	5000	8800	12,500
All-Purpose Dly	450	1500	2500	5000	8800	12,500
"Big Boy" Series						
PU	450	1500	2500	5000	8800	12,500

1947 Hudson ¾-ton Cab Pickup

	6	5	4	3	2	1
1942						
Hudson Six Series						
PU	450	1500	2500	5000	8800	12,500
Hudson "Big Boy" Series						
PU	450	1500	2500	5000	8800	12,500
1946						
Cab Pickup Series						
Cab PU	500	1550	2600	5200	9100	13,000
1947						
Series 178						
PU	500	1550	2600	5200	9100	13,000

IHC TRUCKS

1934-1936						
Series D-1, 1/2-Ton						
PU	400	1200	2000	4000	7100	10,100
Canopy Dly	400	1200	2000	4000	7000	10,000
Screen Dly	400	1250	2100	4200	7400	10,500
Panel	400	1200	2000	4000	7000	10,000
Sed Dly	400	1250	2100	4200	7400	10,600
Series C-1, 1/2-Ton						
PU (113" wb)	400	1250	2100	4200	7400	10,500
Series A-1, 3/4-Ton						
PU	400	1200	2000	4000	7000	10,000
Canopy Dly	450	1190	2000	3950	6900	9900
Screen Dly	400	1200	2050	4100	7100	10,200
Panel	450	1140	1900	3800	6650	9500
Sed Dly	400	1250	2100	4200	7400	10,500
1937-1940						
Series D-2, 6-cyl, 1/2-Ton, 113" wb						
Exp	400	1250	2050	4100	7200	10,300
Canopy Exp	400	1250	2100	4200	7300	10,400
Panel	400	1250	2100	4200	7400	10,500
DM Body	450	1170	1975	3900	6850	9800
DB Body	450	1170	1975	3900	6850	9800
Sta Wag	400	1300	2200	4400	7700	11,000
Metro	350	840	1400	2800	4900	7000

1941 International K-5 ½-ton Commercial station wagon

	6	5	4	3	2	1
Series D-2, 6-cyl, 1/2-Ton, 125" wb						
Exp	400	1200	2000	4000	7100	10,100
Canopy Exp	400	1200	2050	4100	7100	10,200
Panel	400	1250	2050	4100	7200	10,300
Stake	450	1160	1950	3900	6800	9700
1941-1942, 1946-1949						
Series K-1, 1/2-Ton, 113" wb						
PU	450	1450	2400	4800	8400	12,000
Canopy	450	1450	2450	4900	8500	12,200
Panel	450	1450	2400	4800	8500	12,100
Milk Dly	450	1140	1900	3800	6650	9500
Sta Wag	600	1850	3100	6200	10,900	15,500
Series K-1, 1/2-Ton, 125" wb						
PU	450	1450	2400	4800	8400	12,000
Canopy	450	1450	2400	4800	8400	12,000
Panel	450	1400	2300	4600	8100	11,500
Stake	450	1190	2000	3950	6900	9900
Bakery Dly	450	1120	1875	3750	6500	9300
Series K-2, 3/4-Ton, 125" wb						
PU	400	1250	2100	4200	7400	10,500
Canopy	400	1300	2150	4300	7500	10,700
Panel	400	1250	2100	4200	7400	10,600
Stake	450	1190	2000	3950	6900	9900
Bakery Dly	950	1100	1850	3700	6450	9200

1952 International L-110 ½-ton station wagon

	6	5	4	3	2	1
1950-1952						
Series L-110/L-111, 1/2-Ton						
PU (6-1/2 ft.)	450	1400	2300	4600	8100	11,500
PU (8-ft.)	450	1350	2300	4600	8000	11,400
Sta Wag	550	1750	2900	5800	10,200	14,500
Panel (7-1/2 ft.)	400	1250	2100	4200	7400	10,500
Series L-112, 3/4-Ton						
PU (6-1/2 ft.)	400	1200	2000	4000	7000	10,000
PU (8-ft.)	400	1200	2000	4000	7000	10,000
Sta Wag	550	1700	2800	5600	9800	14,000
PU (8-ft.)	350	1040	1700	3450	6000	8600
Series L-120, 3/4-Ton						
PU (6-1/2 ft.)	450	1080	1800	3600	6300	9000
PU (8-ft.)	450	1090	1800	3650	6400	9100
Panel (7-1/2 ft.)	350	1020	1700	3400	5950	8500
1953-1955						
Series R-100 Light Duty, 1/2-Ton, 115" wb						
PU (6-1/2 ft.)	450	1400	2300	4600	8100	11,500
Series R-110 Heavy Duty, 1/2-Ton, 115" or 127" wb						
PU (6-1/2 ft.)	450	1350	2300	4600	8000	11,400
Panel (7-1/2 ft.)	400	1300	2200	4400	7700	11,000

	6	5	4	3	2	1
PU (8-ft.)	400	1300	2200	4400	7700	11,000
Stake	350	880	1500	2950	5180	7400
Series R-120, 3/4-Ton, 115" or 127" wb						
PU (6-1/2 ft.)	950	1100	1850	3700	6450	9200
Panel (7-1/2 ft.)	450	1080	1800	3600	6300	9000
PU (8-ft.)	350	1020	1700	3400	5950	8500
Stake	350	1000	1650	3350	5800	8300
1956-1957						
Series S-100, 1/2-Ton, 115" wb						
PU (6-1/2 ft.)	450	1400	2300	4600	8100	11,600
Series S-110, Heavy Duty 1/2-Ton, 115" or 127" wb						
PU (6-1/2 ft.)	450	1400	2300	4600	8100	11,500
Panel	400	1350	2250	4500	7800	11,200
Travelall	400	1350	2250	4500	7900	11,300
PU (8-ft.)	400	1300	2200	4400	7700	11,000
Stake	350	1020	1700	3400	5950	8500
Platform	350	1020	1700	3400	5900	8400
Series S-120, 3/4-Ton, 115" or 127" wb						
PU (6-1/2 ft.)	950	1100	1850	3700	6450	9200
Panel	350	1020	1700	3400	5950	8500
Travelall	350	1040	1700	3450	6000	8600
PU (8-ft.)	450	1080	1800	3600	6300	9000
Stake	350	975	1600	3200	5600	8000
1957-1/2 - 1958						
Series A-100, 1/2-Ton, 7-ft.						
PU	400	1250	2100	4200	7400	10,500
Cus PU	400	1300	2150	4300	7500	10,700
Panel	450	1150	1900	3850	6700	9600
Travelall	400	1200	2000	4000	7100	10,100
Series A-110, Heavy Duty, 1/2-Ton						
PU (7-ft.)	400	1250	2100	4200	7300	10,400
Cus PU (7-ft.)	400	1250	2100	4200	7400	10,600
Panel (7-ft.)	450	1140	1900	3800	6650	9500
Travelall	400	1200	2000	4000	7000	10,000
PU (8-1/2 ft.)	400	1200	2000	4000	7000	10,000
Utl PU (6-ft.)	350	1020	1700	3400	5950	8500
Cus Utl PU (6-ft.)	350	1040	1750	3500	6100	8700
Series A-120, 3/4-Ton						
PU (7-ft.)	450	1080	1800	3600	6300	9000
Cus PU (7-ft.)	950	1100	1850	3700	6450	9200
Panel (7-ft.)	350	870	1450	2900	5100	7300
Travelall (7-ft.)	450	1050	1750	3550	6150	8800
PU (8-1/2 ft.)	450	1050	1750	3550	6150	8800
Utl PU (6-ft.)	350	1040	1700	3450	6000	8600
Cus Utl PU (6-ft.)	350	1040	1750	3500	6100	8700
1959-1960						
Series B-100/B-102, 3/4-Ton						
PU (7-ft.)	350	975	1600	3200	5600	8000
Panel (7-ft.)	350	840	1400	2800	4900	7000
Travelall	350	950	1550	3100	5400	7700
Series B-110/B-112, Heavy Duty, 1/2-Ton						
PU (7-ft.)	350	975	1600	3200	5600	8000
Panel	350	840	1400	2800	4900	7000
Travelall	350	950	1550	3100	5400	7700
PU (8-1/2 ft.)	350	900	1500	3000	5250	7500
Travelette	350	860	1450	2900	5050	7200
NOTE: Add 10 percent for Custom trim package.						
Series B-120/B-122, 3/4-Ton						
PU (7-ft.)	350	900	1500	3000	5250	7500
Panel (7-ft.)	350	880	1500	2950	5180	7400
Travelall	350	900	1500	3000	5250	7500
PU (8-1/2 ft.)	350	850	1450	2850	4970	7100
Travelette (6-ft.)	200	700	1200	2350	4130	5900
NOTE: Add 5 percent for 4x4 trucks.						
Series B-130/B-132, 1-Ton						
PU (8-1/2 ft.)	350	840	1400	2800	4900	7000
Travelette	350	820	1400	2700	4760	6800
NOTE: Add 5 percent for V-8 engines.						
1961-1968						
Series Scout 80, 1/4-Ton, 5-ft.						
PU	150	600	900	1800	3150	4500
PU (4x4)	350	820	1400	2700	4760	6800

NOTE: Add 5 percent for vinyl Sport-top (full enclosure).
Add 4 percent for steel Travel-Top.

	6	5	4	3	2	1
Series C-100, 1/2-Ton						
PU (7-ft.)	200	660	1100	2200	3850	5500
Panel (7-ft.)	150	600	900	1800	3150	4500
Travelall	200	720	1200	2400	4200	6000
Cus Travelall	350	780	1300	2600	4550	6500
Series C-110, Heavy Duty, 1/2-Ton						
PU (7-ft.)	200	670	1150	2250	3920	5600
Panel (7-ft.)	150	600	950	1850	3200	4600
Travelall	200	730	1250	2450	4270	6100
Cus Travelall	350	790	1350	2650	4620	6600
PU (8-1/2 ft.)	200	660	1100	2200	3850	5500
Travelette PU	200	675	1000	2000	3500	5000
Series C-120, 3/4-Ton						
PU (7-ft.)	200	700	1050	2050	3600	5100
Panel (7-ft.)	150	550	850	1650	2900	4100
Travelall	200	660	1100	2200	3850	5500
Cus Travelall	200	700	1200	2350	4130	5900
PU (8-1/2 ft.)	200	675	1000	2000	3500	5000
Travelette PU	150	650	975	1950	3350	4800

NOTE: Add 5 percent for vinyl Sport-top (full enclosure).
Add 4 percent for steel Travel-Top.

1969-1975

	6	5	4	3	2	1
Scout 800A Series						
PU	350	770	1300	2550	4480	6400
Rds	200	700	1200	2350	4130	5900
Travel-Top	350	780	1300	2600	4550	6500
Aristocrat	350	840	1400	2800	4900	7000
Metro Series						
M-1100 Panel	150	475	775	1500	2650	3800
M-1200 Panel	150	475	775	1500	2650	3800
MA-1200 Panel	150	500	800	1550	2700	3900
Series 1000D						
PU (6-1/2 ft.)	200	670	1150	2250	3920	5600
Bonus Load PU (6-1/2 ft.)	200	685	1150	2300	3990	5700
PU (8-ft.)	200	660	1100	2200	3850	5500
Bonus Load PU (8-ft.)	200	670	1150	2250	3920	5600
Panel	200	675	1000	2000	3500	5000
Series 1100D						
PU (6-1/2 ft.)	200	670	1200	2300	4060	5800
Bonus Load PU (6-1/2 ft.)	200	700	1200	2350	4130	5900
PU (8-ft.)	200	700	1075	2150	3700	5300
Bonus Load PU (8-ft.)	200	650	1100	2150	3780	5400
Panel	200	700	1050	2050	3600	5100
Series 1200D						
PU (6-1/2 ft.)	200	685	1150	2300	3990	5700
Bonus Load PU (6-1/2 ft.)	200	670	1200	2300	4060	5800
PU (8-ft.)	200	660	1100	2200	3850	5500
Bonus Load PU (8-ft.)	200	670	1150	2250	3920	5600
Panel	200	675	1000	2000	3500	5000
Travelette (6-1/2 ft.)	200	675	1000	2000	3500	5000
B.L. Travelette (8-ft.)	200	700	1050	2050	3600	5100
Series 1300D						
PU (9-ft.)	200	650	1100	2150	3780	5400
Travelette	150	650	975	1950	3350	4800
B.L. Travelette (6-1/2 ft.)	150	650	950	1900	3300	4700

NOTE: See 1967 for percent additions for special equipment, optional engines and 4x4 models (all series).

1976-1980

	6	5	4	3	2	1
Scout II						
Travel-Top (2WD)	200	720	1200	2400	4200	6000
Travel-Top (4x4)	200	745	1250	2500	4340	6200
Scout II Diesel						
Travel-Top (2WD)	200	685	1150	2300	3990	5700
Travel-Top (4x4)	200	700	1200	2350	4130	5900
Terra						
PU (2WD)	200	670	1200	2300	4060	5800
PU (4x4)	200	720	1200	2400	4200	6000
Terra Diesel						
PU (2WD)	200	660	1100	2200	3850	5500
PU (4x4)	200	685	1150	2300	3990	5700
Traveler						
Sta Wag (2WD)	200	745	1250	2500	4340	6200
Sta Wag (4x4)	350	770	1300	2550	4480	6400
Traveler Diesel						
Sta Wag (2WD)	200	700	1200	2350	4130	5900

	6	5	4	3	2	1
Sta Wag (4x4)	200	730	1250	2450	4270	6100

NOTE: Add 3 percent for V-8 engines. Add 3 percent for 4-speed transmission. Add 6 percent for Rally package. Add 4 percent for Custom trim. Add 2 percent for Deluxe trim.

JEEP

WILLYS-OVERLAND JEEP

1945						
Jeep Series, 4x4						
CJ-2 Jeep	500	1650	2750	5500	9600	13,700

NOTE: All Jeep prices in this catalog are for civilian models unless noted otherwise. Military Jeeps may sell for higher prices.

1946						
Jeep Series, 4x4						
CJ-2 Jeep	500	1650	2750	5500	9600	13,700
1947						
Willys Jeep, 4x4						
CJ-2 Jeep	500	1650	2750	5500	9600	13,700
Willys Jeep, 2WD						
Panel	450	1400	2350	4700	8300	11,800
Willys Truck, 4x4						
PU	450	1400	2300	4600	8100	11,500
1948						
Jeep Series, 4x4						
CJ-2 Jeep	500	1500	2550	5100	8900	12,700
Willys Jeep, 2WD						
PU	400	1350	2250	4500	7900	11,300
Panel	450	1400	2350	4700	8300	11,800
Willys Truck, 4x4						
PU	450	1400	2300	4600	8100	11,500
1949						
Jeep Series, 4x4						
CJ-2 Jeep	500	1500	2550	5100	8900	12,700
CJ-3 Jeep	450	1500	2500	5000	8800	12,500
Willys Truck, 2WD						
PU	400	1350	2250	4500	7900	11,300
Panel	450	1400	2350	4700	8300	11,800
Willys Truck, 4x4						
PU	450	1400	2300	4600	8100	11,500
1950						
Jeep Series, 4x4						
CJ-3 Jeep	500	1500	2550	5100	8900	12,700
Willys Truck, 2WD						
PU	450	1400	2300	4600	8100	11,500
Panel	450	1400	2350	4700	8300	11,800
Jeep Truck, 4x4						
PU	450	1400	2300	4600	8100	11,500
Utl Wag	450	1400	2350	4700	8300	11,800
1951						
Jeep Series, 4x4						
Farm Jeep	450	1500	2450	4900	8600	12,300
CJ-3 Jeep	500	1500	2550	5100	8900	12,700
Jeep Trucks, 2WD						
PU	400	1350	2250	4500	7900	11,300
Sed Dly	450	1450	2400	4800	8300	11,900
Jeep Trucks, 4x4						
PU	450	1400	2300	4600	8100	11,500
Utl Wag	450	1400	2350	4700	8300	11,800
1952						
Jeep Series, 4x4						
CJ-3 Open	500	1500	2550	5100	8900	12,700
Jeep Trucks, 2WD						
Sed Dly	450	1450	2400	4800	8300	11,900
Jeep Trucks, 4x4						
PU	450	1400	2300	4600	8100	11,600
Utl Wag	450	1450	2400	4800	8300	11,900
1953						
Jeep Series, 4x4						
CJ-3B Jeep	500	1550	2550	5100	9000	12,800
CJ-3B Farm Jeep	500	1500	2550	5100	8900	12,700
CJ-3A Jeep	500	1500	2550	5100	8900	12,700

	6	5	4	3	2	1
Jeep Trucks, 2WD						
Sed Dly	450	1450	2400	4800	8300	11,900
Jeep Trucks, 4x4						
Sed Dly	400	1350	2250	4500	7900	11,300
PU	450	1400	2350	4700	8200	11,700
Utl Wag	400	1300	2200	4400	7700	11,000
1954						
Jeep Series, 4x4						
Open Jeep	500	1550	2550	5100	9000	12,800
Farm Jeep	500	1500	2550	5100	8900	12,700
Jeep Trucks, 2WD						
Sed Dly	450	1450	2400	4800	8300	11,900
Jeep Trucks, 4x4						
PU	450	1500	2500	5000	8700	12,400
Sed Dly	450	1500	2500	5000	8700	12,400
Utl Wag	500	1500	2550	5100	8900	12,700
1955						
Jeep Series, 4x4						
CJ-3B	500	1650	2750	5500	9600	13,700
CJ-5	500	1650	2750	5500	9600	13,700
Jeep Trucks, 2WD						
Sed Dly	450	1450	2450	4900	8500	12,200
Utl Wag	450	1500	2500	5000	8800	12,500
Jeep Trucks, 4x4						
Sed Dly	450	1500	2500	5000	8800	12,500
Utl Wag	500	1550	2550	5100	9000	12,800
1956						
Jeep Series, 4x4						
CJ-3B	500	1650	2750	5500	9600	13,700
CJ-5	500	1650	2750	5500	9600	13,700
CJ-6	500	1650	2700	5400	9500	13,600
Dispatcher Series, 2WD						
Open Jeep	450	1500	2450	4900	8600	12,300
Canvas Top	450	1500	2500	5000	8800	12,500
HT	500	1500	2550	5100	8900	12,700
Jeep Trucks, 2WD						
Utl Wag	450	1500	2500	5000	8800	12,500
Sed Dly	450	1450	2450	4900	8500	12,200
Jeep Trucks, 4x4						
Sed Dly	450	1500	2500	5000	8800	12,600
Sta Wag	500	1550	2550	5100	9000	12,800
PU	450	1450	2400	4800	8400	12,000
1957						
Jeep Series, 4x4						
CJ-3B	500	1650	2750	5500	9600	13,700
CJ-5	500	1650	2750	5500	9600	13,700
CJ-6	500	1650	2700	5400	9500	13,600
Dispatcher Series, 2WD						
Open Jeep	450	1500	2450	4900	8600	12,300
Soft-Top	450	1500	2500	5000	8800	12,500
HT	500	1500	2550	5100	8900	12,700
Jeep Trucks, 2WD						
Dly	450	1450	2450	4900	8500	12,200
Utl Wag	450	1500	2500	5000	8800	12,500
Jeep Trucks, 4x4						
Dly	450	1500	2500	5000	8800	12,600
PU	450	1450	2400	4800	8400	12,000
Utl Wag	500	1550	2550	5100	9000	12,800
Forward Control, 4x4						
3/4-Ton PU	450	1450	2400	4800	8400	12,000
1958						
Jeep Series, 4x4						
CJ-3B	500	1650	2750	5500	9600	13,700
CJ-5	500	1650	2750	5500	9700	13,800
CJ-6	500	1650	2700	5400	9500	13,600
Dispatcher Series, 2WD						
Open Jeep	450	1500	2450	4900	8600	12,300
Soft-Top	450	1500	2500	5000	8800	12,500
HT	500	1500	2550	5100	8900	12,700
Jeep Trucks, 2WD						
Dly	400	1350	2250	4500	7800	11,200
Utl Wag	400	1350	2250	4500	7900	11,300
Jeep Trucks, 4x4						
Dly	450	1400	2300	4600	8100	11,600
Utl Wag	450	1400	2350	4700	8200	11,700

	6	5	4	3	2	1
Forward Control, 4x4						
PU	450	1450	2400	4800	8400	12,000

NOTE: Add 3 percent for 6-cyl. trucks (not available in Jeeps).

1959

	6	5	4	3	2	1
Jeep Series, 4x4						
CJ-3	500	1650	2750	5500	9600	13,700
CJ-5	500	1650	2750	5500	9700	13,800
CJ-6	500	1650	2700	5400	9500	13,600
Dispatcher Series, 2WD						
Soft-Top	450	1500	2500	5000	8700	12,400
HT	500	1550	2550	5100	9000	12,800
Jeep Trucks, 2WD						
Utl Wag	450	1350	2300	4600	8000	11,400
Dly	400	1350	2250	4500	7900	11,300
Jeep Trucks, 4x4						
Utl Dly	450	1400	2350	4700	8200	11,700
PU	400	1300	2200	4400	7700	11,000
Utl Wag	450	1450	2400	4800	8300	11,900
Forward Control, 4x4						
3/4-Ton PU	450	1450	2400	4800	8500	12,100

NOTE: Add 3 percent for 6-cyl. trucks (not available for Jeeps). Add 5 percent for "Maverick".

1960

	6	5	4	3	2	1
Jeep Series, 4x4						
CJ-3	500	1650	2750	5500	9600	13,700
CJ-5	500	1650	2750	5500	9700	13,800
CJ-6	500	1650	2700	5400	9500	13,600
Dispatcher Series, 2WD						
Soft-Top	450	1500	2500	5000	8700	12,400
HT	500	1550	2550	5100	9000	12,800
Surrey	500	1600	2650	5300	9200	13,200
Jeep Trucks, 2WD						
Economy Dly	400	1300	2150	4300	7500	10,700
Sta Wag	450	1400	2350	4700	8200	11,700
Utl Wag	450	1350	2300	4600	8000	11,400
Utl Dly	400	1350	2250	4500	7800	11,200
Jeep Trucks, 4x4						
Utl Wag	450	1400	2350	4700	8200	11,700
Utl Dly	450	1400	2300	4600	8100	11,500
Forward Control, 4x4						
3/4-Ton PU	450	1400	2300	4600	8100	11,600

NOTE: Add 3 percent for 6-cyl. trucks. Add 5 percent for custom two-tone trim.

1961

	6	5	4	3	2	1
Jeep Series, 4x4						
CJ-3	500	1650	2750	5500	9600	13,700
CJ-5	500	1650	2750	5500	9700	13,800
CJ-6	500	1650	2700	5400	9500	13,600
Dispatcher Series, 2WD						
Jeep (Open)	450	1500	2500	5000	8800	12,500
Soft-Top	450	1500	2500	5000	8800	12,600
HT	500	1550	2550	5100	9000	12,800
Jeep Trucks, 2WD						
Fleetvan	400	1300	2150	4300	7600	10,800
Economy Dly	400	1300	2150	4300	7500	10,700
Sta Wag	450	1400	2300	4600	8100	11,500
Utl Wag	400	1350	2250	4500	7800	11,200
Utl Dly	400	1350	2200	4400	7800	11,100
Jeep Trucks, 4x4						
Utl Wag	450	1400	2300	4600	8100	11,500
Utl Dly	400	1300	2200	4400	7700	11,000
1-Ton PU	400	1300	2150	4300	7600	10,800
Forward Control, 4x4						
3/4-Ton PU	400	1350	2250	4500	7800	11,200

NOTE: Add 3 percent for 6-cyl. trucks.

1962

	6	5	4	3	2	1
Jeep Series, 4x4						
CJ-3	500	1650	2750	5500	9600	13,700
CJ-5	500	1650	2750	5500	9700	13,800
CJ-6	500	1650	2700	5400	9500	13,600
Dispatcher Series, 2WD						
Basic Jeep	450	1400	2300	4600	8100	11,500
Jeep w/Soft-Top	450	1400	2300	4600	8100	11,600
Jeep w/HT	450	1400	2350	4700	8200	11,700
Surrey	450	1400	2350	4700	8300	11,800
Jeep Trucks, 2WD						
Fleetvan	450	1170	1975	3900	6850	9800

	6	5	4	3	2	1
Economy Dly	450	1160	1950	3900	6800	9700
Sta Wag	400	1250	2100	4200	7400	10,500
Utl Wag	400	1200	2050	4100	7100	10,200
Utl Dly	400	1200	2000	4000	7100	10,100
Jeep Trucks, 4x4						
Utl Wag	400	1250	2100	4200	7400	10,500
Utl Dly	400	1200	2000	4000	7000	10,000
Forward Control, 4x4						
3/4-Ton PU	400	1200	2050	4100	7100	10,200

NOTE: Add 3 percent for 6-cyl. trucks.

KAISER - JEEP

1963

	6	5	4	3	2	1
Jeep Universal, 4x4						
CJ-3B Jeep	450	1450	2400	4800	8400	12,000
CJ-5 Jeep	500	1550	2600	5200	9100	13,000
CJ-6 Jeep	450	1500	2500	5000	8800	12,500
Dispatcher, 2WD						
Jeep	450	1150	1900	3850	6700	9600
HT	450	1160	1950	3900	6800	9700
Soft Top	450	1170	1975	3900	6850	9800
"Jeep" Wagons and Trucks, 1/2-Ton						
Sta Wag	450	1080	1800	3600	6300	9000
Traveller	950	1100	1850	3700	6450	9200
Utl (2WD)	350	1020	1700	3400	5950	8500
Utl (4x4)	450	1080	1800	3600	6300	9000
Panel (2WD)	350	1000	1650	3300	5750	8200
Panel (4x4)	450	1050	1750	3550	6150	8800
"Jeep" Wagons and Truck, 1-Ton						
PU (4WD)	350	950	1550	3150	5450	7800

NOTE: Add 3 percent for L-Head 6-cyl.
Add 4 percent for OHC 6-cyl.

	6	5	4	3	2	1
Forward-Control, 4x4, 3/4-Ton						
PU	350	1000	1650	3300	5750	8200
Forward-Control, 1-Ton						
PU	350	975	1600	3250	5700	8100
Stake	450	1050	1750	3550	6150	8800
HD PU	350	1000	1650	3300	5750	8200
Gladiator/Wagoneer, 1/2-Ton						
2d Wag	450	1050	1800	3600	6200	8900
4d Wag	450	1080	1800	3600	6300	9000
2d Cus Wag	450	1080	1800	3600	6300	9000
4d Cus Wag	450	1090	1800	3650	6400	9100
Panel Dly	350	1000	1650	3350	5800	8300
Gladiator, 1/2-Ton, 120" wb						
Thriftside PU	350	1020	1700	3400	5950	8500
Townside PU	350	1040	1750	3500	6100	8700
Gladiator, 1/2-Ton, 126" wb						
Thriftside PU	350	1000	1650	3350	5800	8300
Townside PU	350	1020	1700	3400	5950	8500
Gladiator, 3/4-Ton, 120" wb						
Thriftside PU	350	975	1600	3250	5700	8100
Townside PU	350	1000	1650	3350	5800	8300
Gladiator, 1-Ton, 126" wb						

NOTE: Add 5 percent for 4x4.

1964

	6	5	4	3	2	1
Jeep Universal, 4x4						
CJ-3B Jeep	400	1300	2200	4400	7700	11,000
CJ-5 Jeep	450	1450	2400	4800	8400	12,000
CJ-5A Tuxedo Park	450	1500	2500	5000	8800	12,500
CJ-6 Jeep	450	1450	2450	4900	8500	12,200
CJ-6A Jeep Park	450	1500	2500	5000	8700	12,400
Dispatcher, 2WD						
Jeep	450	1150	1900	3850	6700	9600
HT	450	1160	1950	3900	6800	9700
Soft Top	450	1170	1975	3900	6850	9800
Surrey	400	1200	2000	4000	7000	10,000
"Jeep" Wagons and Trucks, 1/2-Ton						
Sta Wag	350	1020	1700	3400	5950	8500
Utl (2WD)	350	1000	1650	3350	5800	8300
Utl (4x4)	450	1050	1750	3550	6150	8800
Traveler (2WD)	350	1040	1750	3500	6100	8700
Traveler (4x4)	950	1100	1850	3700	6450	9200
Panel (2WD)	350	975	1600	3250	5700	8100
Panel (4x4)	350	1040	1700	3450	6000	8600

	6	5	4	3	2	1
"Jeep" Wagons and Trucks, 1-Ton, 4x4						
PU	350	1000	1650	3350	5800	8300
NOTE: Add 3 percent for L-Head 6-cyl. Add 4 percent for OHC 6-cyl.						
Forward-Control, 3/4-Ton, 4x4						
PU	350	950	1550	3100	5400	7700
Stake	350	880	1500	2950	5180	7400
PU	350	950	1500	3050	5300	7600
HD PU	350	950	1550	3100	5400	7700
Gladiator/Wagoneer, 1/2-Ton						
2d Wag	450	1050	1800	3600	6200	8900
4d Wag	450	1080	1800	3600	6300	9000
2d Cus Wag	450	1080	1800	3600	6300	9000
4d Cus Wag	450	1090	1800	3650	6400	9100
Panel Dly	350	1000	1650	3350	5800	8300
Gladiator Pickup/Truck, 1/2-Ton, 120" wb						
Thriftside PU	350	975	1600	3200	5600	8000
Townside PU	350	1000	1650	3300	5750	8200
Gladiator Pickup/Truck, 1/2-Ton, 126" wb						
Thriftside PU	350	950	1550	3150	5450	7800
Townside PU	350	975	1600	3200	5600	8000
Gladiator Pickup/Truck, 3/4-Ton, 120" wb						
Thriftside PU	350	950	1500	3050	5300	7600
Townside PU	350	950	1550	3150	5450	7800
Gladiator Pickup/Truck, 3/4-Ton, 126" wb						
Thriftside PU	350	900	1500	3000	5250	7500
Townside PU	350	950	1550	3100	5400	7700
1965						
Jeep Universal, 4x4						
CJ-3B Jeep	400	1300	2200	4400	7700	11,000
CJ-5 Jeep	450	1400	2300	4600	8100	11,500
CJ-5A Tuxedo Park	450	1450	2400	4800	8400	12,000
CJ-6 Jeep	450	1400	2300	4600	8100	11,600
CJ-6A Tuxedo Park	450	1400	2350	4700	8300	11,800
Dispatcher, 2WD						
DJ-5 Courier	350	1020	1700	3400	5950	8500
DJ-6 Courier	350	1040	1700	3450	6000	8600
DJ-3A Jeep	350	1040	1750	3500	6100	8700
DJ-3A HT	450	1080	1800	3600	6300	9000
"Jeep" Wagons and Trucks, 1/2-Ton						
Sta Wag	350	1020	1700	3400	5950	8500
Utl Wag (4x4)	450	1050	1750	3550	6150	8800
Traveler (4x4)	950	1100	1850	3700	6450	9200
Panel (2WD)	350	975	1600	3250	5700	8100
Panel (4x4)	350	1040	1700	3450	6000	8600
"Jeep" Wagons and Trucks, 1-Ton, 4x4						
PU	350	1000	1650	3350	5800	8300
NOTE: Add 3 percent for L-Head 6-cyl. engine.						
Forward-Control, 4x4, 3/4-Ton						
PU	350	950	1550	3100	5400	7700
Gladiator/Wagoneer, 1/2-Ton						
2d Wag	450	1050	1800	3600	6200	8900
4d Wag	450	1080	1800	3600	6300	9000
2d Cus Wag	450	1080	1800	3600	6300	9000
4d Cus Wag	450	1090	1800	3650	6400	9100
Panel Dly	350	1000	1650	3350	5800	8300
Gladiator Pickup/Truck, 1/2-Ton, 120" wb						
Thriftside PU	350	975	1600	3200	5600	8000
Townside PU	350	1000	1650	3300	5750	8200
Gladiator Pickup/Truck, 1/2-Ton, 126" wb						
Thriftside PU	350	950	1550	3150	5450	7800
Townside PU	350	975	1600	3200	5600	8000
Gladiator Pickup/Truck, 3/4-Ton, 120" wb						
Thriftside PU	350	950	1500	3050	5300	7600
Townside PU	350	950	1550	3150	5450	7800
Gladiator Pickup/Truck, 3/4-Ton, 126" wb						
Thriftside PU	350	900	1500	3000	5250	7500
Townside PU	350	950	1550	3100	5400	7700
NOTE: Add 5 percent for 4x4. Add 5 percent for V-8. For "first series" 1965 Gladiators refer to 1964 prices.						
1966						
Jeep Universal, 4x4						
CJ-3B Jeep	400	1300	2200	4400	7700	11,000
CJ-5 Jeep	450	1400	2300	4600	8100	11,500
CJ-5A Tuxedo Park	450	1450	2400	4800	8400	12,000

1966 Jeep CJ-5 ¼-ton Universal 4x4

	6	5	4	3	2	1
CJ-6 Jeep	450	1400	2300	4600	8100	11,600
CJ-6A Tuxedo Park	450	1400	2350	4700	8300	11,800
Dispatcher, 2WD						
DJ-5 Courier	350	1020	1700	3400	5950	8500
DJ-6 Courier	350	1040	1700	3450	6000	8600
DJ-3A Jeep	350	1040	1750	3500	6100	8700
DJ-3A HT	450	1080	1800	3600	6300	9000
Forward-Control, 4x4, 3/4-Ton						
PU	350	950	1550	3100	5400	7700
Wagoneer, 1/2-Ton						
2d Wag	350	1020	1700	3400	5900	8400
4d Wag	350	1020	1700	3400	5950	8500
2d Cus Sta Wag	350	1020	1700	3400	5950	8500
4d Cus Sta Wag	350	1040	1700	3450	6000	8600
Panel Dly	350	950	1550	3150	5450	7800
4d Super Wag	450	1120	1875	3750	6500	9300
Gladiator, 1/2-Ton, 120" wb						
Thriftside PU	350	1000	1650	3300	5750	8200
Townside PU	200	700	1050	2100	3650	5200
Gladiator, 1/2-Ton, 126" wb						
Thriftside PU	350	950	1550	3150	5450	7800
Townside PU	350	975	1600	3200	5600	8000
Gladiator, 3/4-Ton, 120" wb						
Thriftside PU	350	950	1500	3050	5300	7600
Townside PU	350	950	1550	3150	5450	7800
Gladiator, 3/4-Ton, 126" wb						
Thriftside PU	350	900	1500	3000	5250	7500
Townside PU	350	950	1550	3100	5400	7700

NOTE: Add 5 percent for 4x4.
Add 5 percent for V-8.

1967

	6	5	4	3	2	1
Jeep Universal, 4x4						
CJ-5 Jeep	400	1300	2200	4400	7700	11,000
CJ-5A Jeep	450	1400	2300	4600	8100	11,500
CJ-6 Jeep	450	1450	2400	4800	8400	12,000
CJ-6A Jeep	450	1500	2500	5000	8800	12,500
Dispatcher, 2WD						
DJ-5 Courier	350	1020	1700	3400	5950	8500
DJ-6 Courier	350	1040	1750	3500	6100	8700
Jeepster Commando, 4x4						
Conv	450	1150	1900	3850	6700	9600
Sta Wag	450	1050	1800	3600	6200	8900
Cpe-Rds	450	1170	1975	3900	6850	9800
PU	350	1020	1700	3400	5950	8500
Wagoneer						
2d Wag	350	1020	1700	3400	5900	8400
4d Wag	350	1020	1700	3400	5950	8500

1967 Jeep Commando hardtop

	6	5	4	3	2	1
2d Cus Sta Wag	350	1020	1700	3400	5950	8500
4d Cus Sta Wag	350	1040	1700	3450	6000	8600
Panel Dly	350	950	1550	3150	5450	7800
4d Sup Wag	450	1050	1750	3550	6150	8800
Gladiator, 4x4, 1/2-Ton, 120" wb						
Thriftside PU	350	975	1600	3250	5700	8100
Townside PU	350	1000	1650	3300	5750	8200
Gladiator, 3/4-Ton, 120" wb						
Thriftside PU	350	950	1500	3050	5300	7600
Townside PU	350	950	1550	3100	5400	7700
Gladiator, 1/2-Ton, 126" wb						
Thriftside PU	350	950	1550	3150	5450	7800
Townside PU	350	975	1600	3200	5500	7900
Gladiator, 3/4-Ton, 126" wb						
Thriftside PU	350	950	1500	3050	5300	7600
Townside PU	350	950	1550	3100	5400	7700

NOTE: Add 5 percent for V-8 (except Super V-8). Add 5 percent for 2WD (Series 2500 only). Add 4 percent for V-6 engine. Add 5 percent for 4x4.

1968

	6	5	4	3	2	1
Jeep Universal, 4x4						
CJ-5 Jeep	400	1300	2200	4400	7700	11,000
CJ-5A Jeep	450	1400	2300	4600	8100	11,500
CJ-6 Jeep	450	1450	2400	4800	8400	12,000
CJ-6A Jeep	450	1500	2500	5000	8800	12,500
Dispatcher, 2WD						
DJ-5 Courier	350	1000	1650	3300	5750	8200
DJ-6 Courier	350	1000	1650	3350	5800	8300

NOTE: Add 4 percent for V-6 engine.
Add 5 percent for diesel engine.

	6	5	4	3	2	1
Wagoneer, V-8, 4x4						
4d Sta Wag	350	1040	1750	3500	6100	8700
4d Sta Wag Cus	450	1050	1750	3550	6150	8800
4d Sta Wag Sup	450	1050	1800	3600	6200	8900
Jeepster Commando, 4x4						
Conv	450	1150	1900	3850	6700	9600
Sta Wag	450	1050	1800	3600	6200	8900
Cpe-Rds	450	1170	1975	3900	6850	9800
PU	350	1020	1700	3400	5950	8500

NOTE: Add 4 percent for V-6 engine.

1969

	6	5	4	3	2	1
Jeep						
CJ-5 Jeep	400	1300	2200	4400	7700	11,000
CJ-6 Jeep	450	1400	2300	4600	8100	11,500
DJ-5 Courier	350	1020	1700	3400	5950	8500
Wagon						
Jeepster Commando						
Conv	350	1040	1700	3450	6000	8600
Sta Wag	350	975	1600	3200	5500	7900

	6	5	4	3	2	1
Cpe-Rds	450	1050	1750	3550	6150	8800
PU	350	900	1500	3000	5250	7500
Conv	450	1050	1800	3600	6200	8900
Wagoneer						
4d Wag	350	950	1550	3150	5450	7800
4d Cus Wag	350	975	1600	3200	5500	7900
Gladiator, 1/2-Ton, 120" wb						
Thriftside PU	350	900	1500	3000	5250	7500
Townside PU	350	950	1500	3050	5300	7600
Gladiator, 3/4-Ton, 120" wb						
Thriftside PU	350	830	1400	2950	4830	6900
Townside PU	350	840	1400	2800	4900	7000
Gladiator, 1/2-Ton, 126" wb						
Townside	350	830	1400	2950	4830	6900
Gladiator, 3/4-Ton, 126" wb						
Townside	350	800	1350	2700	4700	6700

NOTE: Add 4 percent for V-6 engine. Add 5 percent for V-8 engine. Add 10 percent for factory Camper Package.

AMC - JEEP

1970-1976

	6	5	4	3	2	1
Model J-100, 110" wb						
PU	200	720	1200	2400	4200	6000
4d Cus Sta Wag	200	700	1200	2350	4130	5900
Model J-100, 101" wb						
4d Cust Sta Wag	200	670	1150	2250	3920	5600
Jeepster Commando, 101" wb						
Sta Wag	200	700	1200	2350	4130	5900
Rds	350	950	1550	3100	5400	7700
Jeepster						
Conv	350	950	1550	3150	5450	7800
Conv Commando	350	975	1600	3200	5500	7900
CJ-5, 1/4-Ton, 81" wb						
Jeep	400	1200	2000	4000	7000	10,000
CJ-6, 101" wb						
Jeep	450	1140	1900	3800	6650	9500
DJ-5, 1/4-Ton, 81" wb						
Jeep	200	720	1200	2400	4200	6000
Jeepster, 1/4-Ton, 101" wb						
PU	350	840	1400	2800	4900	7000
Wagoneer, V-8						
4d Cus Sta Wag	200	745	1250	2500	4340	6200

NOTE: Deduct 10 percent for 6-cyl.

	6	5	4	3	2	1
Series J-2500						
Thriftside PU	200	675	1000	1950	3400	4900
Townside PU	200	675	1000	2000	3500	5000
Series J-2600						
Thriftside PU	150	650	950	1900	3300	4700
Townside PU	150	650	975	1950	3350	4800
Series J-2700, 3/4-Ton						
Thriftside PU	150	550	850	1675	2950	4200
Townside PU	150	575	875	1700	3000	4300
Series J-3500, 1/2-Ton						
Townside PU	150	575	875	1700	3000	4300
Series J-3600, 1/2-Ton						
Townside PU	150	550	850	1675	2950	4200
Series J-3700, 3/4-Ton						
Townside PU	150	550	850	1650	2900	4100

1977-1980

	6	5	4	3	2	1
Wagoneer, V-8						
4d Sta Wag	200	730	1250	2450	4270	6100
Cherokee, 6-cyl						
2d Sta Wag	200	670	1200	2300	4060	5800
2d "S" Sta Wag	200	700	1200	2350	4130	5900
4d Sta Wag	200	670	1200	2300	4060	5800
CJ-5, 1/4-Ton, 84" wb						
Jeep	950	1100	1850	3700	6450	9200
CJ-7, 1/4-Ton, 94" wb						
Jeep	450	1080	1800	3600	6300	9000
Series J-10, 1/2-Ton, 119" or 131" wb						
Townside PU, SWB	150	600	950	1850	3200	4600
Townside PU, LWB	150	600	900	1800	3150	4500
Series J-20, 3/4-Ton, 131" wb						
Townside PU	150	575	900	1750	3100	4400

1981-1983

Wagoneer, 108.7" wb

	6	5	4	3	2	1
4d Sta Wag	200	720	1200	2400	4200	6000
4d Brgm Sta Wag	200	745	1250	2500	4340	6200
4d Ltd Sta Wag	350	770	1300	2550	4480	6400
Cherokee						
2d Sta Wag	200	675	1000	1950	3400	4900
2d Sta Wag, Wide Wheels	200	675	1000	2000	3500	5000
4d Sta Wag	200	700	1050	2050	3600	5100
Scrambler, 1/2-Ton, 104" wb						
PU	125	450	700	1400	2450	3500
CJ-5, 1/4-Ton, 84" wb						
Jeep	150	500	800	1600	2800	4000
CJ-7, 1/4-Ton, 94" wb						
Jeep	150	550	850	1675	2950	4200
Series J-10, 1/2-Ton, 119" or 131" wb						
Townside PU, SWB	150	600	900	1800	3150	4500
Townside PU, LWB	150	575	900	1750	3100	4400
Series J-20, 3/4-Ton, 131" wb						
Townside PU	150	575	875	1700	3000	4300
1983-1985						
Wagoneer, 4-cyl						
4d Sta Wag	350	860	1450	2900	5050	7200
4d Ltd Sta Wag	350	840	1400	2800	4900	7000
Wagoneer, 6-cyl						
4d Sta Wag	350	880	1500	2950	5180	7400
4d Ltd Sta Wag	350	900	1500	3000	5250	7500
Grand Wagoneer, V-8						
4d Sta Wag	350	950	1550	3150	5450	7800
Cherokee, 4-cyl						
2d Sta Wag	350	850	1450	2850	4970	7100
4d Sta Wag	350	840	1400	2800	4900	7000
Cherokee, 6-cyl						
2d Sta Wag	350	870	1450	2900	5100	7300
4d Sta Wag	350	860	1450	2900	5050	7200
Scrambler, 1/2-Ton, 103.4" wb						
PU	150	575	900	1750	3100	4400
CJ-7, 1/4-Ton, 93.4" wb						
Jeep	350	950	1550	3150	5450	7800
Series J-10, 1/2-Ton, 119" or 131" wb						
Townside PU	200	700	1050	2100	3650	5200
Series J-20, 3/4-Ton, 131" wb						
Townside PU	200	700	1075	2150	3700	5300
1986-1987						
Wagoneer						
4d Sta Wag	350	1020	1700	3400	5950	8500
4d Ltd Sta Wag	450	1050	1750	3550	6150	8800
4d Grand Sta Wag	450	1080	1800	3600	6300	9000
Cherokee						
2d Sta Wag 2WD	350	840	1400	2800	4900	7000
4d Sta Wag 2WD	350	900	1500	3000	5250	7500
2d Sta Wag (4x4)	350	900	1500	3000	5250	7500
4d Sta Wag (4x4)	350	975	1600	3200	5600	8000
Wrangler, 1/4-Ton, 93.4" wb						
Jeep 2WD						
Comanche, 120" wb						
PU	350	770	1300	2550	4480	6400
CJ-7, 1/4-Ton, 93.5" wb						
Jeep	350	1020	1700	3400	5950	8500
Series J-10, 1/2-Ton, 131" wb, 4x4						
Townside PU	350	840	1400	2800	4900	7000
Series J-20, 3/4-Ton, 131" wb, 4x4						
Townside PU	350	900	1500	3000	5250	7500

CHRYSLER - JEEP

	6	5	4	3	2	1
1988						
Jeep Wagoneer						
4d Sta Wag Ltd, 6-cyl	450	1450	2400	4800	8400	12,000
4d Grand Wagoneer, V-8	500	1600	2700	5400	9500	13,500
Jeep Cherokee, 6-cyl.						
2d Sta Wag 2WD	200	720	1200	2400	4200	6000
4d Sta Wag 2WD	350	780	1300	2600	4550	6500
2d Sta Wag 4x4	350	975	1600	3200	5600	8000
4d Sta Wag 4x4	350	1020	1700	3400	5950	8500
2d Ltd Sta Wag 4x4	450	1450	2400	4800	8400	12,000
4d Ltd Sta Wag 4x4	500	1550	2600	5200	9100	13,000

NOTE: Deduct 7 percent for 4-cyl. models.

	6	5	4	3	2	1
Wrangler, 4x4, 93.5" wb						
Jeep	450	1160	1950	3900	6800	9700
Jeep S	350	975	1600	3200	5600	8000
Comanche, 113" or 120" wb						
PU SBx	350	820	1400	2700	4760	6800
PU LBx	350	860	1450	2900	5050	7200
J10, 131" wb						
PU	450	1080	1800	3600	6300	9000
J20, 131" wb						
PU	450	1140	1900	3800	6650	9500
1989						
Jeep Wagoneer						
4d Sta Wag, V-6	450	1450	2400	4800	8400	12,000
4d Grand Wagoneer, V-8	400	1300	2200	4400	7700	11,000
Jeep Cherokee, 4-cyl.						
2d Sta Wag 2WD	350	975	1600	3200	5600	8000
4d Sta Wag 2WD	350	1000	1650	3300	5750	8200
2d Sta Wag 4x4	450	1140	1900	3800	6650	9500
4d Sta Wag 4x4	450	1150	1900	3850	6700	9600
Jeep Cherokee, V-6						
2d Sta Wag 2WD	350	1020	1700	3400	5950	8500
4d Sta Wag 2WD	350	1040	1700	3450	6000	8600
2d Sta Wag 4x4	450	1170	1975	3900	6850	9800
4d Sta Wag 4x4	400	1200	2000	4000	7000	10,000
2d Ltd Sta Wag 4x4	450	1400	2300	4600	8100	11,500
4d Ltd Sta Wag 4x4	450	1400	2350	4700	8200	11,700
Jeep						
2d Wrangler 4x4	450	1140	1900	3800	6650	9500
2d Laredo Sta Wag 4x4	400	1250	2100	4200	7400	10,500
4d Laredo Sta Wag 4x4	400	1300	2150	4300	7500	10,700
1990						
Wrangler, 6-cyl, 4x4						
Jeep	450	1160	1950	3900	6800	9700
Jeep S	400	1200	2000	4000	7100	10,100
Comanche, 6-cyl						
PU	350	1040	1750	3500	6100	8700
PU LBx	450	1050	1750	3550	6150	8800
Wagoneer, 6-cyl, 4x4						
4d Sta Wag	450	1500	2500	5000	8800	12,500
Grand Wagoneer, V-8, 4x4						
4d Sta Wag	500	1600	2700	5400	9500	13,500
Cherokee, 4-cyl						
4d Sta Wag, 2x4	450	1400	2300	4600	8100	11,500
2d Sta Wag, 2x4	400	1300	2200	4400	7700	11,000
4d Sta Wag, 4x4	500	1550	2600	5200	9100	13,000
2d Sta Wag, 4x4	450	1500	2500	5000	8800	12,500
Cherokee, 6-cyl						
4d Sta Wag, 2x4	500	1550	2600	5200	9100	13,000
2d Sta Wag, 2x4	450	1500	2500	5000	8800	12,500
4d Sta Wag, 4x4	500	1600	2700	5400	9500	13,500
2d Sta Wag, 4x4	500	1550	2600	5200	9100	13,000
4d LTD Sta Wag, 4x4	550	1750	2900	5800	10,200	14,500
2d LTD Sta Wag, 4x4	550	1700	2800	5600	9800	14,000

PLYMOUTH TRUCKS

	6	5	4	3	2	1
1935						
Series PJ						
Sed Dly	350	1020	1700	3400	5950	8500
1936						
Series P-1						
Commercial Sed	350	1020	1700	3400	5950	8500
1937						
Series PT-50						
PU	350	975	1600	3200	5600	8000
Sed Dly	450	1120	1875	3750	6500	9300
Sta Wag	600	1900	3200	6400	11,200	16,000
1938						
Series PT-57						
PU	350	1040	1700	3450	6000	8600
Sed Dly	450	1120	1875	3750	6500	9300
1939						
Series P-81						

	6	5	4	3	2	1
PU	350	1040	1750	3500	6100	8700
Sed Dly	450	1120	1875	3750	6500	9300
1940						
Series PT-105						
PU	350	1040	1750	3500	6100	8700
1941						
Series PT-125						
Sed Dly	450	1160	1950	3900	6800	9700
PU	350	1040	1750	3500	6100	8700
1974-1990						
Trail Duster, (4x4), 1/2-Ton						
Utl	200	700	1050	2050	3600	5100
PB-100 Voyager Van, 1/2-Ton, 109" wb						
Wag	150	550	850	1675	2950	4200

PONTIAC TRUCKS

	6	5	4	3	2	1
1949						
Streamliner Series 6						
Sed Dly	400	1300	2200	4400	7700	11,000
Streamliner Series 8						
Sed Dly	450	1400	2300	4600	8100	11,500
1950						
Streamliner Series 6						
Sed Dly	400	1350	2250	4500	7800	11,200
Streamliner Series 8						
Sed Dly	450	1400	2350	4700	8200	11,700
1951						
Streamliner Series 6						
Sed Dly	450	1400	2300	4600	8100	11,500
Streamliner Series 8						
Sed Dly	450	1450	2400	4800	8400	12,000
1952						
Chieftain Series 6						
Sed Dly	400	1350	2250	4500	7800	11,200
Chieftain Series 8						
Sed Dly	450	1400	2350	4700	8200	11,700
1953						
Chieftain Series 6						
Sed Dly	500	1550	2550	5100	9000	12,800
Chieftain Series 8						
Sed Dly	500	1600	2650	5300	9300	13,300

STUDEBAKER TRUCKS

1939 Studebaker L5 Coupe-Express

	6	5	4	3	2	1
1937						
Model 5A/6A, Dictator Six						
Cpe Exp	500	1600	2700	5400	9500	13,500
1938						
Model 7A, Commander Six						
Cpe Exp	500	1600	2700	5400	9500	13,500
1939						
Model 9A, Commander Six						
Cpe Exp	550	1750	2900	5800	10,200	14,500
1941-1942, 1946-1948						
Six-cyl, 113" wb						
1/2-Ton	500	1600	2700	5400	9500	13,500
1949-1953						
Pickup, 1/2-Ton, 6-cyl						
2R5	500	1650	2750	5500	9700	13,800
2R6	500	1650	2800	5600	9700	13,900
Pickup, 3/4-Ton, 6-cyl						
2R10	500	1600	2650	5300	9300	13,300
2R11	500	1600	2700	5400	9400	13,400
1954						
Pickup, 1/2-Ton, 6-cyl						
3R5	500	1650	2750	5500	9700	13,800
3R6	500	1650	2800	5600	9700	13,900
Pickup, 3/4-Ton, 6-cyl						
3R10	500	1600	2650	5300	9300	13,300
3R11	500	1600	2700	5400	9400	13,400
1955						
Pickup, 1/2-Ton, 6-cyl						
E5	550	1700	2800	5600	9800	14,000
E7	550	1700	2800	5600	9900	14,100
Pickup, 3/4-Ton, 6-cyl						
E10	500	1650	2700	5400	9500	13,600
E12	500	1650	2750	5500	9600	13,700
NOTE: Add 10 percent for V-8.						
1956-1958						
Pickup, 1/2-Ton, 6-cyl						
2E5 (SWB)	550	1700	2850	5700	9900	14,200
2E5 (LWB)	550	1700	2850	5700	9900	14,200
2E7 (SWB)	550	1750	2900	5800	10,200	14,500
2E7 (LWB)	550	1750	2900	5800	10,200	14,500
Pickup, 3/4-Ton, 6-cyl						
2E12	550	1700	2800	5600	9900	14,100
NOTE: Add 10 percent for V-8.						
1959-1964						
Pickup, 1/2-Ton, 6-cyl						
4E1 (SWB)	500	1600	2700	5400	9500	13,500
4E1 (LWB)	500	1600	2700	5400	9500	13,500

1961 Studebaker Champ Deluxe wide bed pickup

	6	5	4	3	2	1
4E5 (SWB)	500	1650	2750	5500	9600	13,700
4E5 (LWB)	500	1650	2750	5500	9600	13,700
4E6 (SWB)	500	1650	2750	5500	9700	13,800
4E6 (LWB)	500	1650	2750	5500	9700	13,800
4E7 (SWB)	550	1750	2900	5800	10,200	14,500
4E7 (LWB)	550	1750	2900	5800	10,200	14,500
Pickup, 3/4-Ton, 6-cyl						
4E11	500	1600	2650	5300	9300	13,300
4E12	500	1650	2750	5500	9700	13,800

NOTE: Add 10 percent for V-8.

WILLYS-OVERLAND

TRUCKS

	6	5	4	3	2	1
1911-1912						
Overland "37"						
Dly	400	1250	2100	4200	7400	10,500
Spl Dly	450	1400	2300	4600	8100	11,500
Overland						
1-Ton Truck	350	1000	1650	3300	5750	8200
Gramm						
1-Ton Truck	350	1020	1700	3400	5950	8500
1913						
Overland						
Open Exp	400	1200	2000	4000	7000	10,000
Full Panel	400	1250	2100	4200	7400	10,500
Gramm						
Chassis (1-Ton)	350	1020	1700	3400	5950	8500
Willys						
Chassis (3/4-Ton)	450	1140	1900	3800	6650	9500
1914						
Overland "79"						
Exp	400	1200	2000	4000	7000	10,000
Panel	400	1250	2100	4200	7400	10,500
Willys Utility "65"						
Exp	450	1170	1975	3900	6850	9800
Panel	400	1250	2050	4100	7200	10,300
1915						
Willys Utility						
3/4-Ton Exp	450	1170	1975	3900	6850	9800
1916						
Overland "83"						
Exp Dly	400	1250	2100	4200	7400	10,500
Spl Dly	450	1400	2300	4600	8100	11,500
Open Exp	400	1200	2000	4000	7000	10,000
Overland "75"						
Screen	450	1400	2300	4600	8100	11,600
Panel	450	1400	2350	4700	8200	11,700
1917						
Overland "90"						
Panel	400	1300	2200	4400	7700	11,000
1918						
Overland "90"						
Exp (800 lbs.)	400	1250	2100	4200	7400	10,600
Panel (800 lbs.)	400	1300	2200	4400	7700	11,000
Exp (1200 lbs.)	400	1200	2000	4000	7000	10,000
1919						
Overland Light Four						
Exp (800 lbs.)	400	1250	2100	4200	7400	10,600
Panel (800 lbs.)	400	1300	2200	4400	7700	11,000
Exp (1200 lbs.)	400	1200	2000	4000	7000	10,000
1920						
Overland Model 5 - ("Light Four")						
Exp (800 lbs.)	400	1300	2150	4300	7500	10,700
Panel (800 lbs.)	400	1350	2250	4500	7800	11,200
Exp (1000 lbs.)	400	1200	2000	4000	7100	10,100
1921						
Overland Model Four						
Exp (800 lbs.)	400	1300	2150	4300	7500	10,700

	6	5	4	3	2	1
Panel (800 lbs.)	400	1350	2250	4500	7800	11,200
Exp (1000 lbs.)	400	1200	2000	4000	7100	10,100
1922						
Overland Model Four						
Exp (800 lbs.)	400	1300	2150	4300	7500	10,700
Panel (800 lbs.)	400	1350	2250	4500	7800	11,200
Exp (1000 lbs.)	400	1200	2000	4000	7100	10,100
1923						
Overland "91CE"						
Exp	400	1300	2150	4300	7500	10,700
Canopy	400	1300	2200	4400	7700	11,000
Screen	400	1300	2200	4400	7600	10,900
Panel	400	1350	2250	4500	7800	11,200
1924						
Overland "91CE"						
Exp	400	1300	2150	4300	7500	10,700
Canopy	400	1300	2200	4400	7700	11,000
Screen	400	1300	2200	4400	7600	10,900
Panel	400	1350	2250	4500	7800	11,200
1925						
Overland "91CE"						
Open Exp	400	1300	2150	4300	7500	10,700
Canopy	400	1300	2200	4400	7700	11,000
Screen	400	1300	2200	4400	7600	10,900
Panel	400	1350	2250	4500	7800	11,200
NOTE: (with aftermarket bodies).						
1926						
Overland Model 91						
Open Exp	400	1300	2150	4300	7500	10,700
Canopy	400	1300	2200	4400	7700	11,000
Screen	400	1300	2200	4400	7600	10,900
Panel	400	1350	2250	4500	7800	11,200
NOTE: (with aftermarket bodies.)						
1927						
Whippet Model 96						
PU	350	1000	1650	3300	5750	8200
Canopy	350	1000	1650	3350	5800	8300
Screen	350	1020	1700	3400	5900	8400
Panel	350	1040	1700	3450	6000	8600
Sed Dly	450	1050	1800	3600	6200	8900
NOTE: Add 12 percent for 6-cyl. engine.						
1928						
Whippet Series 96						
PU	350	1000	1650	3300	5750	8200
Canopy	350	1000	1650	3350	5800	8300
Screen	350	1020	1700	3400	5900	8400
Panel	350	1040	1700	3450	6000	8600
Sed Dly	450	1050	1800	3600	6200	8900
NOTE: Add 12 percent for 6-cyl. engine.						
1929						
Whippet Series 96 - (100" wb)						
PU	350	1000	1650	3300	5750	8200
Screen	350	1000	1650	3350	5800	8300
Canopy	350	1020	1700	3400	5900	8400
Panel	350	1040	1700	3450	6000	8600
Sed Dly	450	1050	1800	3600	6200	8900
Whippet Series 96A - (103" wb)						
PU	350	1020	1700	3400	5900	8400
Canopy	350	1020	1700	3400	5950	8500
Screen	350	1040	1700	3450	6000	8600
Panel	450	1050	1750	3550	6150	8800
Sed Dly	450	1090	1800	3650	6400	9100
NOTE: Add 12 percent for Whippet Six.						
Willys Series 98B						
PU	450	1140	1900	3800	6650	9500
Canopy	450	1150	1900	3850	6700	9600
Screenside	450	1170	1975	3900	6850	9800
Panel	400	1200	2000	4000	7000	10,000
Sed Dly	400	1250	2100	4200	7400	10,600
1930						
Whippet Series 96A						
PU	350	1020	1700	3400	5900	8400
Canopy	350	1020	1700	3400	5950	8500
Screenside	350	1040	1700	3450	6000	8600

	6	5	4	3	2	1
Panel	450	1050	1750	3550	6150	8800
Screen Dly	450	1090	1800	3650	6400	9100
1931						
Whippet Series 96						
PU	350	1020	1700	3400	5900	8400
Canopy	350	1020	1700	3400	5950	8500
Screenside	350	1040	1700	3450	6000	8600
Panel	450	1050	1750	3550	6150	8800
Sed Dly	450	1090	1800	3650	6400	9100
NOTE: Add 12 percent for Whippet Six.						
Willys Series 98B						
PU	450	1140	1900	3800	6650	9500
Canopy	450	1150	1900	3850	6700	9600
Screenside	450	1170	1975	3900	6850	9800
Panel	400	1200	2000	4000	7000	10,000
Sed Dly	400	1250	2100	4200	7400	10,600
Willys Series C-113						
PU	350	975	1600	3200	5600	8000
Canopy	350	975	1600	3250	5700	8100
Screenside	350	1000	1650	3300	5750	8200
Panel	350	1020	1700	3400	5900	8400
Sed Dly	350	1040	1750	3500	6100	8700
1932						
Willys Series C-113						
PU	350	975	1600	3200	5600	8000
Canopy	350	975	1600	3250	5700	8100
Screenside	350	1000	1650	3300	5750	8200
Panel	350	1020	1700	3400	5900	8400
Sed Dly	350	1040	1750	3500	6100	8700
1933						
Willys "77"						
Panel	450	1050	1750	3550	6150	8800
1934						
Willys Model 77						
Panel	450	1050	1750	3550	6150	8800
1935						
Willys Model 77						
PU	350	1020	1700	3400	5950	8500
Panel	450	1050	1800	3600	6200	8900
1936						
Willys Model 77						
PU	350	1020	1700	3400	5950	8500
Panel	450	1050	1800	3600	6200	8900
1937						
Willys Model 77						
PU	350	975	1600	3250	5700	8100
Panel	350	1040	1700	3450	6000	8600
1938						
Willys Model 38						
PU	350	975	1600	3250	5700	8100
Stake	350	950	1500	3050	5300	7600
Panel	350	975	1600	3200	5600	8000
1939						
Willys Model 38						
PU	350	975	1600	3200	5600	8000
Stake	350	900	1500	3000	5250	7500
Panel	350	975	1600	3200	5500	7900
Willys Model 48						
PU	350	975	1600	3250	5700	8100
Stake	350	840	1400	2800	4900	7000
Panel	350	975	1600	3200	5600	8000
1940						
Willys Model 440						
PU	350	1020	1700	3400	5950	8500
Panel Dly	350	1000	1650	3350	5800	8300
1941						
Willys Model 441						
PU	350	1040	1750	3500	6100	8700
Panel Dly	350	1020	1700	3400	5950	8500
1942						
Willys Model 442						
PU	350	1040	1750	3500	6100	8700
Panel Dly	350	1020	1700	3400	5950	8500

IMPORTED CARS

AC/ACE/FORD-SHELBY-COBRA

	6	5	4	3	2	1
1947-52						
Two-Litre, 6-cyl, 117" wb, various bodies						
2d DHC	1150	3600	6000	12,000	21,000	30,000
4d Saloon	950	3000	5000	10,000	17,500	25,000
1953-54						
Ace, 6-cyl, 90" wb						
2d Rds	2200	6950	11,600	23,200	40,600	58,000

1956 A.C. Ace roadster

	6	5	4	3	2	1
1955-56						
Ace, 6-cyl, 90" wb						
2d Rds	2200	6950	11,600	23,200	40,600	58,000
Aceca, 6-cyl, 90" wb						
2d FBk Cpe	1600	5150	8600	17,200	30,100	43,000
1957						
Ace, 6-cyl, 90" wb						
2d Rds	2200	6950	11,600	23,200	40,600	58,000
Aceca, 6-cyl, 90" wb						
2d FBk Cpe	1600	5150	8600	17,200	30,100	43,000
1958						
Ace, 6-cyl, 90" wb						
2d Rds	2200	6950	11,600	23,200	40,600	58,000
Aceca, 6-cyl, 90" wb						
2d FBk Cpe	1600	5150	8600	17,200	30,100	43,000
1959						
Ace, 6-cyl, 90" wb						
2d Rds	2200	6950	11,600	23,200	40,600	58,000
Aceca, 6-cyl, 90" wb						
2d FBk Cpe	1600	5150	8600	17,200	30,100	43,000
1960						
Ace, 6-cyl, 90" wb						
2d Rds	2200	6950	11,600	23,200	40,600	58,000
Aceca, 6-cyl, 90" wb						
2d FBk Cpe	1600	5150	8600	17,200	30,100	43,000
1961						
Ace, 6-cyl, 90" wb						
2d Rds	2200	6950	11,600	23,200	40,600	58,000
Aceca, 6-cyl, 90" wb						
2d FBk Cpe	1600	5150	8600	17,200	30,100	43,000
1962						
Ace, 6-cyl, 90" wb						
2d Rds	2200	7100	11,800	23,600	41,300	59,000
Aceca, 6-cyl, 90" wb						
2d FBk Cpe	1650	5300	8800	17,600	30,800	44,000

	6	5	4	3	2	1
Ford/AC Shelby Cobra, 260/289 V-8, 90" wb						
2d Rds	6000	19,200	32,000	64,000	112,000	160,000
1963						
Ace, 6-cyl, 90" wb						
2d Rds	2200	7100	11,800	23,600	41,300	59,000
Aceca, 6-cyl, 90" wb						
2d FBk Cpe	1650	5300	8800	17,600	30,800	44,000
Ford/AC Shelby Cobra Mark II, 289 V-8, 90" wb						
2d Rds	6000	19,200	32,000	64,000	112,000	160,000
NOTE: Add 20 percent for 1956-63 Ace or Aceca with Bristol engine.						
1964						
Ace, 6-cyl, 90" wb						
2d Rds	2250	7200	12,000	24,000	42,000	60,000
Aceca, 6-cyl, 90" wb						
2d FBk Cpe	2250	7200	12,000	24,000	42,000	60,000
Ford/AC Shelby Cobra Mark II, 289 V-8, 90" wb						
2d Rds	6400	20,400	34,000	68,000	119,000	170,000
1965						
Ford/AC Shelby Cobra Mark II, 289 V-8, 90" wb						
2d Rds	6400	20,400	34,000	68,000	119,000	170,000
Ford/AC Shelby Cobra Mark III, 427-428 V-8, 90" wb						
2d Rds	10,500	33,600	56,000	112,000	196,000	280,000
Ford/AC 428, 428 V-8, 96" wb						
2d Conv	2250	7200	12,000	24,000	42,000	60,000
2d Cpe	1900	6000	10,000	20,000	35,000	50,000
Shelby Cobra Mark III, 427 SC V-8, 90" wb						
2d Rds					value not estimable	
NOTE: Approxiamtely 26 made.						
Shelby Cobra Daytona						
2d Cpe					value not estimable	
NOTE: 6 made.						
1966						
Ford/AC Shelby Cobra Mark III, 427/428 V-8, 90" wb						
2d Rds	10,500	33,600	56,000	112,000	196,000	280,000
Ford/AC 289, 289 V-8, 90" wb						
2d Rds	3750	12,000	20,000	40,000	70,000	100,000
Ford/AC 428, 428 V-8, 96" wb						
2d Conv	2250	7200	12,000	24,000	42,000	60,000
2d Cpe	1900	6000	10,000	20,000	35,000	50,000
1967						
Ford/AC Shelby Cobra Mark III 427/428 V-8, 90" wb						
2d Rds	10,500	33,600	56,000	112,000	196,000	280,000
Ford/AC 289, 289 V-8, 90" wb						
2d Rds	4150	13,200	22,000	44,000	77,000	110,000
Ford/AC 428, 428 V-8, 96" wb						
2d Conv	2250	7200	12,000	24,000	42,000	60,000
2d Cpe	1900	6000	10,000	20,000	35,000	50,000
1968						
Ford/AC 289, 289 V-8, 90" wb						
2d Rds	4150	13,200	22,000	44,000	77,000	110,000
Ford/AC 428, 428 V-8, 96" wb						
2d Conv	2250	7200	12,000	24,000	42,000	60,000
2d Cpe	1900	6000	10,000	20,000	35,000	50,000
1969-73						
Ford/AC 428, 428 V-8, 96" wb						
2d Conv	2250	7200	12,000	24,000	42,000	60,000
2d Cpe	1900	6000	10,000	20,000	35,000	50,000

ACURA

	6	5	4	3	2	1
1986						
Integra						
3d HBk RS	200	675	1000	2000	3500	5000
5d HBk RS	200	650	1100	2150	3780	5400
3d HBk LS	200	660	1100	2200	3850	5500
5d HBk LS	200	720	1200	2400	4200	6000
Legend						
4d Sed	350	780	1300	2600	4550	6500
1987						
Integra						
3d HBk RS	200	660	1100	2200	3850	5500

	6	5	4	3	2	1
5d HBk RS	200	685	1150	2300	3990	5700
3d HBk LS	200	720	1200	2400	4200	6000
5d HBk LS	350	780	1300	2600	4550	6500
Legend						
4d Sed	350	840	1400	2800	4900	7000
2d Cpe	350	900	1500	3000	5250	7500
1988						
Integra						
3d HBk RS	200	660	1100	2200	3850	5500
5d HBk RS	200	660	1100	2200	3850	5500
3d HBk LS	350	780	1300	2600	4550	6500
5d HBk LS	350	840	1400	2800	4900	7000
3d HBk SE	350	900	1500	3000	5250	7500
Legend						
4d Sed	350	975	1600	3200	5600	8000
2d Cpe	350	1020	1700	3400	5950	8500
1989						
Integra						
3d HBk RS	350	840	1400	2800	4900	7000
5d HBk RS	350	900	1500	3000	5250	7500
3d HBk LS	350	900	1500	3000	5250	7500
5d HBk LS	350	975	1600	3200	5600	8000
Legend						
4d Sed	450	1450	2400	4800	8400	12,000
2d Cpe	500	1550	2600	5200	9100	13,000
1990						
Integra, 4-cyl.						
2d HBk RS	350	900	1500	3000	5250	7500
4d Sed RS	350	975	1600	3200	5600	8000
2d HBk LS	350	975	1600	3200	5600	8000
4d Sed LS	350	1020	1700	3400	5950	8500
2d HBk GS	350	1020	1700	3400	5950	8500
4d Sed GS	450	1080	1800	3600	6300	9000
Legend, V-6						
4d Sed	400	1200	2000	4000	7000	10,000
2d Cpe	450	1450	2400	4800	8400	12,000
4d Sed L	450	1400	2300	4600	8100	11,500
2d Cpe L	500	1550	2600	5200	9100	13,000
4d Sed LS	450	1500	2500	5000	8800	12,500
2d Cpe LS	550	1700	2800	5600	9800	14,000

ALFA ROMEO

	6	5	4	3	2	1
1946-1953						
6-cyl., 2443 cc, 118" wb (106" SS)						
6C-2500 Series						
3P Spt Cpe	600	1900	3200	6400	11,200	16,000
Spt Cabr	750	2400	4000	8000	14,000	20,000
3P Sup Spt Cpe	850	2750	4600	9200	16,100	23,000
Sup Spt Cabr	1150	3600	6000	12,000	21,000	30,000
Freccia d'Oro Cpe	700	2300	3800	7600	13,300	19,000
Spt Sed	600	1900	3200	6400	11,200	16,000
1950						
4-cyl., 1884 cc, 98.5" wb						
1900 Berlina 4d Sed	400	1200	2000	4000	7000	10,000
1951						
4-cyl., 1884 cc, 98.5" wb						
1900 Berlina 4d Sed	400	1200	2000	4000	7000	10,000
1900 Sprint Cpe	550	1800	3000	6000	10,500	15,000
1952						
4-cyl., 1884 cc, 98.5" wb						
1900 Berlina 4d Sed	400	1200	2000	4000	7000	10,000
1900 T.I. 4d Sed	450	1450	2400	4800	8400	12,000
1900 Sprint Cpe	550	1800	3000	6000	10,500	15,000
1900 Sup Sprint Cpe	700	2150	3600	7200	12,600	18,000
1900 Cabr	800	2500	4200	8400	14,700	21,000
1953						
4-cyl., 1884 cc, 98.5" wb						
1900 Berlina 4d Sed	400	1200	2000	4000	7000	10,000
4-cyl., 1975 cc, 98.5" wb						
1900 T.I. Sup 4d Sed	450	1450	2400	4800	8400	12,000
1900 Sup Sprint Cpe	700	2150	3600	7200	12,600	18,000

	6	5	4	3	2	1
1954						
4-cyl., 1884 cc, 98.5" wb						
1900 Berlina 4d Sed	400	1200	2000	4000	7000	10,000
4-cyl., 1975 cc, 98.5" wb						
1900 T.I. Sup 4d Sed	450	1450	2400	4800	8400	12,000
1900 Sup Sprint Cpe	700	2150	3600	7200	12,600	18,000
4-cyl., 1290 cc, 93.7" wb						
Giulietta Sprint Cpe	500	1550	2600	5200	9100	13,000
1955						
4-cyl., 1975 cc, 98.5" wb						
1900 T.I. Sup 4d Sed	450	1450	2400	4800	8400	12,000
1900 Sup Sprint Cpe	700	2150	3600	7200	12,600	18,000
Giulietta						
4-cyl., 1290 cc, 93.7" wb (88.6" Spider)						
Berlina 4d Sed	450	1080	1800	3600	6300	9000
Sprint Cpe	500	1550	2600	5200	9100	13,000
Spider Conv	700	2300	3800	7600	13,300	19,000
1956						
4-cyl., 1975 cc, 98.5" wb						
Giulietta						
1900 Sup Sprint Cpe	700	2150	3600	7200	12,600	18,000
4-cyl., 1290 cc, 93.7" wb (88.6" Spider)						
Berlina 4d Sed	450	1080	1800	3600	6300	9000
Sprint Cpe	500	1550	2600	5200	9100	13,000
Sp Veloce Cpe	550	1700	2800	5600	9800	14,000
Spider Conv	700	2300	3800	7600	13,300	19,000
Spr Veloce Conv	750	2400	4000	8000	14,000	20,000
1957						
1900, 4-cyl., 1975 cc, 98.5" wb						
Sup Sprint Cpe	700	2150	3600	7200	12,600	18,000
Giulietta						
4-cyl., 1290 cc, 93.7" wb (88.6" Spider & SS)						
Berlina 4d Sed	400	1200	2000	4000	7000	10,000
Sprint Cpe	500	1550	2600	5200	9100	13,000
Veloce Cpe	550	1700	2800	5600	9800	14,000
Spider Conv	700	2300	3800	7600	13,300	19,000
Spr Veloce Conv	950	3000	5000	10,000	17,500	25,000
Sprint Speciale	1150	3600	6000	12,000	21,000	30,000
1958						
1900, 4-cyl., 1975 cc, 98.5" wb						
Sup Sprint Cpe	600	1900	3200	6400	11,200	16,000
Giulietta						
4-cyl., 1290 cc, 93.7" wb (88.6" Spider & SS)						
Berlina 4d Sed	400	1200	2000	4000	7000	10,000
Sprint Cpe	500	1550	2600	5200	9100	13,000
Veloce Cpe	550	1700	2800	5600	9800	14,000
Spider Conv	700	2300	3800	7600	13,300	19,000
Spider Veloce Conv	950	3000	5000	10,000	17,500	25,000
Sprint Speciale	1150	3600	6000	12,000	21,000	30,000
2000, 4-cyl., 1975 cc, 107.1" wb (98.4" Spider)						
Berlina 4d Sed	450	1080	1800	3600	6300	9000
Spider Conv	700	2300	3800	7600	13,300	19,000
1959						
4-cyl., 1290 cc, 93.7" wb (88.6" Spider, SS, SZ)						
Giulietta - 750 Series						
Berlina 4d Sed	400	1200	2000	4000	7000	10,000
Sprint Cpe	500	1550	2600	5200	9100	13,000
Veloce Cpe	550	1700	2800	5600	9800	14,000
Spider Conv	700	2300	3800	7600	13,300	19,000
Spr Veloce Conv	950	3000	5000	10,000	17,500	25,000
Giulietta - 101 Series						
Sprint Cpe	500	1550	2600	5200	9100	13,000
Sp Veloce Cpe	550	1700	2800	5600	9800	14,000
Spider Conv	650	2050	3400	6800	11,900	17,000
Spr Veloce Conv	700	2150	3600	7200	12,600	18,000
Sprint Speciale Cpe	950	3000	5000	10,000	17,500	25,000
Sprint Zagato	1000	3250	5400	10,800	18,900	27,000
2000, 4-cyl., 1975 cc, 107.1" wb (98.4" Spider)						
Berlina 4d Sed	400	1300	2200	4400	7700	11,000
Spider Conv	900	2900	4800	9600	16,800	24,000
1960						
4-cyl., 1290 cc, 93.7" wb (88.6" Spider, SS, SZ)						
Giulietta - 750 Series						
Berlina 4d Sed	400	1200	2000	4000	7000	10,000

1960 Alfa Romeo 101 Giulietta Spider convertible

	6	5	4	3	2	1
Giulietta - 101 Series						
Sprint Cpe	500	1550	2600	5200	9100	13,000
Sp Veloce Cpe	550	1700	2800	5600	9800	14,000
Spider Conv	700	2300	3800	7600	13,300	19,000
Spr Veloce Conv	700	2150	3600	7200	12,600	18,000
Sprint Speciale	1000	3250	5400	10,800	18,900	27,000
Sprint Zagato	1100	3500	5800	11,600	20,300	29,000
2000, 4-cyl., 1975 cc, 107.1" wb (101.6" Sprint, 98.4" Spider)						
Berlina 4d Sed	550	1750	2900	5800	10,200	14,500
Sprint Cpe	650	2050	3400	6800	11,900	17,000
Spider Conv	850	2750	4600	9200	16,100	23,000
1961						
Giulietta, 4-cyl., 1290 cc, 93.7" wb (88.6" Spider, SS, SZ)						
Sprint Cpe	450	1140	1900	3800	6650	9500
Sp Veloce Cpe	550	1700	2800	5600	9800	14,000
Spider Conv	700	2300	3800	7600	13,300	19,000
Spr Veloce Conv	750	2400	4000	8000	14,000	20,000
Sprint Speciale	1000	3250	5400	10,800	18,900	27,000
Sprint Zagato	1100	3500	5800	11,600	20,300	29,000
2000, 4-cyl., 1975 cc, 107" wb (101.6" Sprint, 98.4" Spider)						
Berlina 4d Sed	550	1750	2900	5800	10,200	14,500
Sprint Cpe	650	2050	3400	6800	11,900	17,000
Spider Conv	950	3000	5000	10,000	17,500	25,000
1962						
Giulietta, 4-cyl., 1290 cc, 93.7" wb (88.6" Spider, SS)						
Sprint Cpe	500	1550	2600	5200	9100	13,000
Sp Veloce Cpe	550	1700	2800	5600	9800	14,000
Spider Conv	700	2300	3800	7600	13,300	19,000
Spr Veloce Conv	750	2400	4000	8000	14,000	20,000
Sprint Speciale	1000	3250	5400	10,800	18,900	27,000
4-cyl., 1570 cc, 93.7" wb (88.6" Spider)						
Giulia - 101 Series						
Sprint Cpe	550	1700	2800	5600	9800	14,000
Spider Conv	850	2750	4600	9200	16,100	23,000
4-cyl., 1570 cc, 98.8" wb						
Giulia - 105 Series						
T.I. 4 dr Sed	450	1450	2400	4800	8400	12,000
2000, 4-cyl., 1975 cc, 107" wb (101.6" Sprint)						
Berlina 4d Sed	550	1700	2800	5600	9800	14,000
Sprint Cpe	650	2050	3400	6800	11,900	17,000
2600, 6-cyl., 2584 cc, 106.7" wb (101.6" Sprint, 98.4" Spider, SZ)						
Berlina 4d Sed	600	1900	3200	6400	11,200	16,000
Sprint Cpe	700	2150	3600	7200	12,600	18,000
Spider Conv	1000	3100	5200	10,400	18,200	26,000
1963						
Giulietta, 4-cyl., 1290 cc, 93.7" wb						
Sprint 1300 Cpe	400	1300	2200	4400	7700	11,000

	6	5	4	3	2	1
4-cyl., 1570 cc, 93.7" wb (88.6" Spider)						
Giulia - 101 Series						
Sprint Cpe	500	1550	2600	5200	9100	13,000
Spider Conv	750	2400	4000	8000	14,000	20,000
Sprint Spl	1000	3250	5400	10,800	18,900	27,000
4-cyl., 1570 cc, 98.8" wb (92.5" Sprint)						
Giulia - 105 Series						
T.I. 4d Sed	450	1140	1900	3800	6650	9500
T.I. Sup 4d Sed	400	1200	2000	4000	7000	10,000
Sprint GT Cpe	550	1700	2800	5600	9800	14,000
GTZ	2350	7450	12,400	24,800	43,400	62,000
2600, 6-cyl., 2584 cc, 106.7" wb (101.6" Sprint, 98.4" Spider)						
Berlina 4d Sed	400	1250	2100	4200	7400	10,500
Sprint Cpe	500	1550	2600	5200	9100	13,000
Spider Conv	800	2500	4200	8400	14,700	21,000
1964						
Giulietta, 4-cyl., 1290 cc, 93.7" wb						
Sprint 1300 Cpe	400	1300	2200	4400	7700	11,000
4-cyl., 1570 cc, 93.7" wb (88.6" Spider)						
Giulia - 101 Series						
Sprint Cpe	500	1550	2600	5200	9100	13,000
Spider Conv	700	2300	3800	7600	13,300	19,000
Spider Veloce Conv	650	2050	3400	6800	11,900	17,000
Sprint Speciale	1150	3600	6000	12,000	21,000	30,000
4-cyl., 1570 cc, 98.8" wb (92.5" Sprint)						
Giulia - 105 Series						
T.I. 4d Sed	450	1140	1900	3800	6650	9500
T.I. Sup 4d Sed	400	1200	2000	4000	7000	10,000
Sprint GT Cpe	550	1700	2800	5600	9800	14,000
GTZ	2350	7450	12,400	24,800	43,400	62,000
GTC Conv	600	1900	3200	6400	11,200	16,000
2600, 6-cyl., 2584 cc, 106.7" wb (101.6" Sprint, 98.4" Spider)						
Berlina 4d Sed	400	1250	2100	4200	7400	10,500
Sprint Cpe	500	1550	2600	5200	9100	13,000
Spider Conv	700	2150	3600	7200	12,600	18,000
1965						
4-cyl., 1570 cc, 93.7" wb (88.6" Spider)						
Giulia - 101 Series						
Spider Conv	750	2400	4000	8000	14,000	20,000
Spider Veloce Conv	800	2500	4200	8400	14,700	21,000
Sprint Spl Cpe	1100	3500	5800	11,600	20,300	29,000
4-cyl., 1570 cc, 98.8" wb (92.5" Sprint)						
Giulia - 105 Series						
TI 4d Sed	200	745	1250	2500	4340	6200
Sup 4d Sed	400	1200	2000	4000	7000	10,000
Sprint GT Cpe	550	1700	2800	5600	9800	14,000
GTV Cpe	600	1900	3200	6400	11,200	16,000
GTZ Cpe	2350	7450	12,400	24,800	43,400	62,000
GTA Cpe	1100	3500	5800	11,600	20,300	29,000
GTC Conv	600	1900	3200	6400	11,200	16,000
TZ 2	3100	9850	16,400	32,800	57,400	82,000
2600, 6-cyl., 2584 cc, 106.7" wb (101.6" Sprint, 98.4" Spider)						
Berlina 4d Sed	400	1200	2000	4000	7000	10,000
Sprint Cpe	500	1550	2600	5200	9100	13,000
Spider Conv	1100	3500	5800	11,600	20,300	29,000
SZ	900	2900	4800	9600	16,800	24,000
1966						
Giulia, 4-cyl., 1570 cc, 98.8" wb (92.5" Sprint)						
T.I. 4d Sed	200	745	1250	2500	4340	6200
Sprint GT Cpe	550	1700	2800	5600	9800	14,000
GTV Cpe	1150	3600	6000	12,000	21,000	30,000
Spider Conv	750	2400	4000	8000	14,000	20,000
Spider Veloce	800	2500	4200	8400	14,700	21,000
GTZ	2350	7450	12,400	24,800	43,400	62,000
GTA Cpe	850	2750	4600	9200	16,100	23,000
GTC Conv	600	1900	3200	6400	11,200	16,000
TZ 2 Cpe	3150	10,100	16,800	33,600	58,800	84,000
4-cyl., 1570 cc, 88.6" wb						
Duetto Conv	500	1550	2600	5200	9100	13,000
2600, 6-cyl., 2584 cc, 106.7" wb (101.6" Sprint, 98.4" Spider)						

	6	5	4	3	2	1
Berlina 4d Sed	450	1450	2400	4800	8400	12,000
Sprint Cpe	700	2150	3600	7200	12,600	18,000
SZ	900	2900	4800	9600	16,800	24,000
1967						
Giulia, 4-cyl., 1570 cc, 98.8" wb (92.5" Sprint)						
T.I. 4d Sed	200	745	1250	2500	4340	6200
GTV Cpe	600	1900	3200	6400	11,200	16,000
GTZ Cpe	2350	7450	12,400	24,800	43,400	62,000
GTA Cpe	850	2750	4600	9200	16,100	23,000
TZ 2	3100	9850	16,400	32,800	57,400	82,000
4-cyl., 1570 cc, 88.6" wb						
Duetto Conv	500	1550	2600	5200	9100	13,000
1750, 4-cyl., 1779 cc, 101.2" wb (92.5" Cpe, 88.6" Spider)						
Berlina 4d Sed	200	745	1250	2500	4340	6200
GTV Cpe	650	2050	3400	6800	11,900	17,000
Spider	700	2150	3600	7200	12,600	18,000
2600, 6-cyl., 2584 cc, 106.7" wb						
Berlina 4d Sed	400	1250	2100	4200	7400	10,500
SZ	900	2900	4800	9600	16,800	24,000
1968						
4-cyl., 1290/1570 cc, 92.5" wb						
Giulia GTV Cpe	600	1900	3200	6400	11,200	16,000
1750, 4-cyl., 1779 cc, 101.2" wb (92.5" Sprint, 88.6" Spider)						
Berlina 4d Sed	200	745	1250	2500	4340	6200
GTV Cpe	650	2050	3400	6800	11,900	17,000
Spider Conv	700	2150	3600	7200	12,600	18,000
2600, 6-cyl., 2584 cc, 106.7" wb						
Berlina 4d Sed	350	900	1500	3000	5250	7500
1969						
Giulia, 4-cyl., 1290 cc, 92.5" wb						
GTA 1300 Jr Cpe	800	2500	4200	8400	14,700	21,000
1750, 4-cyl., 1779 cc, 101.2" wb (92.5" Cpe, 88.6" Spider)						
Berlina 4d Sed	350	780	1300	2600	4550	6500
GTV Cpe	650	2050	3400	6800	11,900	17,000
Spider Conv	700	2150	3600	7200	12,600	18,000
1970						
Giulia, 4-cyl., 1290 cc, 92.5" wb						
GTA 1300 Jr Cpe	800	2500	4200	8400	14,700	21,000
Jr Z 1300 Cpe	600	1900	3200	6400	11,200	16,000
1750, 4-cyl., 1779 cc, 101.2" wb (92.5" Cpe, 88.6" Spider)						
Berlina 4d Sed	350	780	1300	2600	4550	6500
GTV Cpe	450	1080	1800	3600	6300	9000
Spider	450	1450	2400	4800	8400	12,000
1971						
Giulia, 4-cyl., 1290 cc, 92.5" wb						
GTA 1300 Jr Cpe	800	2500	4200	8400	14,700	21,000
Jr Z 1300 Cpe	600	1900	3200	6400	11,200	16,000
1750, 4-cyl., 1779 cc, 101.2" wb (92.5" Cpe, 88.6" Spider)						
Berlina 4d Sed	200	745	1250	2500	4340	6200
GTV Cpe	450	1080	1800	3600	6300	9000
Spider	400	1250	2100	4200	7400	10,500
2000, 4-cyl., 1962 cc, 101.8" wb (92.5" Cpe, 88.6" Spider)						
Berlina 4d Sed	350	780	1300	2600	4550	6500
GTV Cpe	400	1200	2000	4000	7000	10,000
Spider Veloce	450	1450	2400	4800	8400	12,000
V-8, 2953 cc, 92.5" wb						
Montreal Cpe	850	2750	4600	9200	16,100	23,000
1972						
Giulia, 4-cyl., 1290 cc, 92.5" wb						
GTA 1300 Jr Cpe	800	2500	4200	8400	14,700	21,000
Jr Z 1300 Cpe	600	1900	3200	6400	11,200	16,000
Jr Z 1600 Cpe	650	2050	3400	6800	11,900	17,000
1750, 4-cyl., 1779 cc, 101.2" wb (92.5" Cpe, 88.6" Spider)						
Berlina 4d Sed	200	745	1250	2500	4340	6200
GTV Cpe	450	1080	1800	3600	6300	9000
Spider	400	1250	2100	4200	7400	10,500

	6	5	4	3	2	1
2000, 4-cyl., 1962 cc, 101.8" wb (92.5" Cpe, 88.6" Spider)						
Berlina 4d Sed	350	780	1300	2600	4550	6500
GTV Cpe	450	1080	1800	3600	6300	9000
Spider Veloce	450	1450	2400	4800	8400	12,000
V-8, 2593 cc, 92.5" wb						
Montreal Cpe	850	2750	4600	9200	16,100	23,000
1973						
4-cyl., 1570 cc, 92.5" wb						
Giulia Jr Z 1600	600	1900	3200	6400	11,200	16,000
2000, 4-cyl., 1992 cc, 101.8" wb (92.5" Cpe, 88.6" Spider)						
Berlina 4d Sed	350	780	1300	2600	4550	6500
GTV Cpe	450	1140	1900	3800	6650	9500
Spider Veloce	450	1450	2400	4800	8400	12,000
V-8, 2593 cc, 92.5" wb						
Montreal Cpe	850	2750	4600	9200	16,100	23,000
1974						
4-cyl., 1570 cc, 92.5" wb						
Giulia Jr Z 1600 Cpe	600	1900	3200	6400	11,200	16,000
2000, 4-cyl., 1962 cc, 101.8" wb (92.5" Cpe, 88.6" Spider)						
Berlina 4d Sed	350	780	1300	2600	4550	6500
GTV Cpe	450	1140	1900	3800	6650	9500
Spider Veloce	450	1450	2400	4800	8400	12,000
V-8, 2953 cc, 92.5" wb						
Montreal Cpe	850	2750	4600	9200	16,100	23,000
1975						
Giulia, 4-cyl., 1570 cc, 92.5" wb						
Jr Z 1600 Cpe	600	1900	3200	6400	11,200	16,000
2000, 4-cyl., 1962 cc, 88.6" wb						
Spr Veloce Conv	450	1450	2400	4800	8400	12,000
V-8, 2593 cc, 92.5" wb						
Montreal Cpe	850	2750	4600	9200	16,100	23,000
Alfetta, 4-cyl., 1779 cc, 98.8" wb						
4d Sed	200	720	1200	2400	4200	6000
Alfetta, 4-cyl., 1962 cc, 94.5" wb						
GT Cpe	450	1080	1800	3600	6300	9000
1976						
2000, 4-cyl., 1962 cc, 88.6" wb						
Spr Veloce Conv	450	1450	2400	4800	8400	12,000
Alfetta, 4-cyl., 1779 cc, 98.8" wb						
4d Sed	350	780	1300	2600	4550	6500
4-cyl., 1962 cc, 94.5" wb						
GTV Cpe	450	1080	1800	3600	6300	9000
1977						
2000, 4-cyl., 1962 cc, 88.6" wb						
Spr Veloce Conv	450	1450	2400	4800	8400	12,000
Alfetta, 4-cyl., 1779 cc, 98.8" wb						
4d Sed	350	780	1300	2600	4550	6500
4-cyl., 1962 cc, 94.5" wb						
GTV Cpe	450	1140	1900	3800	6650	9500
1978						
2000, 4-cyl., 1962 cc, 88.6" wb						
Spr Veloce Conv	450	1450	2400	4800	8400	12,000
4-cyl., 1962 cc, 98.8" wb (94.5" Cpe)						
4d Spt Sed	350	780	1300	2600	4550	6500
Sprint Veloce Cpe	450	1140	1900	3800	6650	9500
1980						
2d Spider Conv	450	1400	2300	4600	8100	11,500
1981						
2d Spt Cpe 2 plus 2	350	840	1400	2800	4900	7000
2d Spider Conv	450	1400	2300	4600	8100	11,500
1982						
2d Spt Cpe	350	800	1350	2700	4700	6700
2d Spider	450	1400	2300	4600	8100	11,500
1983						
2d Cpe	350	840	1400	2800	4900	7000
2d Spider	450	1400	2300	4600	8100	11,500
1984						
GTV6 Cpe	350	975	1600	3200	5600	8000
Spider Veloce	450	1400	2300	4600	8100	11,500

	6	5	4	3	2	1
1985						
GTV6 2d Cpe	450	1080	1800	3600	6300	9000
Graduate 2d Conv	450	1450	2400	4800	8400	12,000
Spider Veloce 2d Conv	500	1550	2600	5200	9100	13,000
1986						
GTV6 2d Cpe	450	1080	1800	3600	6300	9000
Graduate 2d Conv	500	1550	2600	5200	9100	13,000
Spider Veloce 2d Conv	550	1700	2800	5600	9800	14,000
Quadrifoglio 2d Conv	500	1550	2600	5200	9100	13,000
1987						
4d Sed Milano Silver	350	975	1600	3200	5600	8000
2d Spider Veloce	550	1700	2800	5600	9800	14,000
4d Quadrifoglio	450	1450	2400	4800	8400	12,000
2d Conv Graduate	500	1550	2600	5200	9100	13,000
1988						
4d Sed Milano Gold	450	1080	1800	3600	6300	9000
4d Sed Milano Platinum	450	1140	1900	3800	6650	9500
4d Sed Milano Verde 3.0	400	1200	2000	4000	7000	10,000
2d Spider Veloce	500	1550	2600	5200	9100	13,000
4d Quadrifoglio	500	1550	2600	5200	9100	13,000
2d Conv Graduate	450	1500	2500	5000	8800	12,500
1989						
4d Sed Milano Gold	450	1080	1800	3600	6300	9000
4d Sed Milano Platinum	450	1140	1900	3800	6650	9500
4d Sed Milano 3.0	400	1200	2000	4000	7000	10,000
2d Spider Veloce	500	1550	2600	5200	9100	13,000
4d Quadrifoglio	550	1700	2800	5600	9800	14,000
2d Conv Graduate	400	1300	2200	4400	7700	11,000
1990						
2d Conv Spider	400	1200	2000	4000	7000	10,000
2d Conv Graduate	450	1080	1800	3600	6300	9000
2d Conv Quadrifoglio	400	1300	2200	4400	7700	11,000

ALLARD

	6	5	4	3	2	1
1946-49						
J1, V-8, 100" wb						
2d Rds	5250	16,800	28,000	56,000	98,000	140,000
K1, V-8, 106" wb						
2d Rds	5650	18,000	30,000	60,000	105,000	150,000
L, V-8, 112" wb						
2d Tr	2650	8400	14,000	28,000	49,000	70,000
M, V-8, 112" wb						
2d DHC	2800	8900	14,800	29,600	51,800	74,000
1950-51						
J2, V-8, 100" wb						
2d Rds	4500	14,400	24,000	48,000	84,000	120,000
K2, V-8, 106" wb						
2d Rds	4900	15,600	26,000	52,000	91,000	130,000
2d Spt Sed	2500	7900	13,200	26,400	46,200	66,000
L, V-8, 112" wb						
2d Tr	2650	8400	14,000	28,000	49,000	70,000
M, V-8, 112" wb						
2d DHC	2700	8650	14,400	28,800	50,400	72,000
1952-54						
K3, V-8, 100" wb						
2d Rds	5100	16,300	27,200	54,400	95,200	136,000
J2X, V-8, 100" wb						
2d Rds	5650	18,000	30,000	60,000	105,000	150,000
2d LeMans Rds	5650	18,000	30,000	60,000	105,000	150,000
JR, V-8, 96" wb						
2d Rds	6000	19,200	32,000	64,000	112,000	160,000
Monte Carlo/Safari, V-8, 112" wb						
2d M.C. Sed	2250	7200	12,000	24,000	42,000	60,000
2d Safari Wag	2650	8400	14,000	28,000	49,000	70,000
Palm Beach, 4-cyl, 96" wb						
2d Rds	2650	8400	14,000	28,000	49,000	70,000
Palm Beach, 6-cyl, 96" wb						
2d Rds	2850	9100	15,200	30,400	53,200	76,000

1952 Allard K-3 roadster

	6	5	4	3	2	1
1955-59						
Palm Beach, 4-cyl, 96" wb						
2d Rds	2650	8400	14,000	28,000	49,000	70,000
Palm Beach, 6-cyl, 96" wb						
2d Rds	2850	9100	15,200	30,400	53,200	76,000

AMPHICAR

1961						
(4-cyl) - (83" wb) - (43 hp)						
2d Conv	500	1550	2600	5200	9100	13,000
1962						
(4-cyl) - (83" wb) - (43 hp)						
2d Conv	500	1550	2600	5200	9100	13,000
1963						
(4-cyl) - (83" wb) - (43 hp)						
2d Conv	500	1550	2600	5200	9100	13,000
1964						
(4-cyl) - (83" wb) - (43 hp)						
2d Conv	500	1550	2600	5200	9100	13,000

1966 Amphicar 770 amphibious convertible

	6	5	4	3	2	1
1965						
(4-cyl) - (83" wb) - (43 hp)						
2d Conv	500	1550	2600	5200	9100	13,000
1966						
(4-cyl) - (83" wb) - (43 hp)						
2d Conv	500	1550	2600	5200	9100	13,000
1967-68						
(4-cyl) - (83" wb) - (43 hp)						
2d Conv	500	1550	2600	5200	9100	13,000

ASTON MARTIN

	6	5	4	3	2	1
(Saloon - two door coupe)						
1948-1950						
DBI, 4-cyl., 108" wb, 1970 cc						
2S Rds (14 made)	—				value not estimable	
1950-1953						
DB2, 6-cyl., 99" wb, 2580 cc						
Saloon	2850	9100	15,200	30,400	53,200	76,000
DHC	5650	18,000	30,000	60,000	105,000	150,000
Graber DHC (3 made)	—				value not estimable	
1951-1953						
DB3, 6-cyl., 93" wb, 2580/2922 cc						
Racer(10 made)	—				value not estimable	
1953-1955						
DB2/4, 6-cyl., 99" wb, 2580/2922 cc						
Saloon	3750	12,000	20,000	40,000	70,000	100,000
DHC	5650	18,000	30,000	60,000	105,000	150,000
DHC by Graber	6550	21,000	35,000	70,000	122,500	175,000
Rds by Touring (2 made)	—				value not estimable	
1953-1956						
DB3S, 6-cyl., 87" wb, 2922 cc						
Racer	—				value not estimable	
Cpe	7500	24,000	40,000	80,000	140,000	200,000
1955-1957						
DB2/4, 6-cyl., 99" wb, 2922 cc						
Mk II Saloon	2850	9100	15,200	30,400	53,200	76,000
Mk II DHC	5650	18,000	30,000	60,000	105,000	150,000
Mk II FHC	3400	10,800	18,000	36,000	63,000	90,000
Mk II Spider by Touring (2 made)	—				value not estimable	
1957-1959						
DB, 6-cyl., 99" wb, 2922 cc						
Mk III Saloon	2850	9100	15,200	30,400	53,200	76,000
Mk III DHC	5650	18,000	30,000	60,000	105,000	150,000
Mk III FHC	3000	9600	16,000	32,000	56,000	80,000
1956-1960						
DBR, 6-cyl., 90" wb, 2493/2992/4164 cc						
Racer (14 made)	—				value not estimable	
1958-1960						
DB4, 6-cyl., 98" wb, 3670 cc						
Series 1						
Saloon	2850	9100	15,200	30,400	53,200	76,000
1960-1961						
DB4, 6-cyl., 98" wb, 3670 cc						
Series 2						
Saloon	2850	9100	15,200	30,400	53,200	76,000
1961						
DB4, 6-cyl., 98" wb, 3670 cc						
Series 3						
Saloon	2850	9100	15,200	30,400	53,200	76,000
1961-1962						
DB4, 6-cyl., 98" wb, 3670 cc						
Series 4						
Saloon	2850	9100	15,200	30,400	53,200	76,000
DHC	5250	16,800	28,000	56,000	98,000	140,000
1962-1963						
DB4, 6-cyl., 98" wb, 3670 cc						

	6	5	4	3	2	1
Series 5						
Saloon	2850	9100	15,200	30,400	53,200	76,000
DHC	5250	16,800	28,000	56,000	98,000	140,000
1959-1963						
DB4GT, 6-cyl., 93" wb, 3670 cc						
Saloon	4750	15,100	25,200	50,400	88,200	126,000
Cpe by Zagato	—				value not estimable	
Bertone (1 made)	—				value not estimable	
1963-1965						
DB5, 6-cyl., 98" wb, 3995 cc						
Saloon	3000	9600	16,000	32,000	56,000	80,000
DHC	5650	18,000	30,000	60,000	105,000	150,000
Radford Shooting Brake (12 made)	—				value not estimable	
Volante (37 made)	—				value not estimable	
1965-1969						
DB6, 6-cyl., 102" wb, 3995 cc						
Saloon	3250	10,300	17,200	34,400	60,200	86,000
Radford Shooting Brake (6 made)	—				value not estimable	
Volante	5650	18,000	30,000	60,000	105,000	150,000
1967-1972						
6-cyl., 103" wb, 3995 cc						
DBS Saloon	2850	9100	15,200	30,400	53,200	76,000
DBSC Saloon (2 made)	—				value not estimable	
1969-1970						
DB6, 6-cyl., 102" wb, 3995 cc						
Mk II Saloon	3000	9600	16,000	32,000	56,000	80,000
Mk II Volante	5650	18,000	30,000	60,000	105,000	150,000
1970-1972						
DBSV8, V-8, 103" wb, 5340 cc						
Saloon	3000	9600	16,000	32,000	56,000	80,000
Saloon by Ogle (2 built)	—				value not estimable	
1972-1973						
AM, 6-cyl., 103" wb, 3995 cc						
Vantage Saloon (70 made)	1500	4800	8000	16,000	28,000	40,000
1972-1973						
AMV8, V-8, 103" wb, 5340 cc						
Series II						
Saloon	1750	5500	9200	18,400	32,200	46,000
1973-1978						
AMV8, V-8, 103" wb, 5340 cc						
Series III						
Saloon	2050	6600	11,000	22,000	38,500	55,000
1977-1978						
AMV8, V-8, 103" wb, 5340 cc						
Vantage Saloon	2050	6600	11,000	22,000	38,500	55,000

1981 Aston Martin V8 coupe

	6	5	4	3	2	1
1979						
2d Vantage Cpe	2150	6850	11,400	22,800	39,900	57,000
2d Volante Conv	3550	11,300	18,800	37,600	65,800	94,000
4d Lagonda	2800	8900	14,800	29,600	51,800	74,000
1980						
2d Vantage Cpe	2200	7100	11,800	23,600	41,300	59,000
2d Volante Conv	3550	11,300	18,800	37,600	65,800	94,000
4d Lagonda	2800	8900	14,800	29,600	51,800	74,000
1981						
2d Vantage Cpe	2350	7450	12,400	24,800	43,400	62,000
2d Volante Conv	3600	11,500	19,200	38,400	67,200	96,000
4d Lagonda	2800	8900	14,800	29,600	51,800	74,000
1982						
2d Vantage Cpe	2400	7700	12,800	25,600	44,800	64,000
2d Volante Conv	3600	11,500	19,200	38,400	67,200	96,000
4d Lagonda	2800	8900	14,800	29,600	51,800	74,000
1983						
2d Vantage Cpe	2650	8400	14,000	28,000	49,000	70,000
2d Volante Conv	3700	11,750	19,600	39,200	68,600	98,000
4d Lagonda	2850	9100	15,200	30,400	53,200	76,000
1984						
2d Vantage Cpe	3450	11,050	18,400	36,800	64,400	92,000
2d Volante Conv	3700	11,750	19,600	39,200	68,600	98,000
4d Lagonda	2850	9100	15,200	30,400	53,200	76,000
1985						
V-8						
2d Vantage Cpe	950	1100	1850	3700	6450	9200
2d Volante Conv	450	1170	1975	3900	6850	9800
4d Lagonda	2850	9100	15,200	30,400	53,200	76,000
1986						
V-8						
2d Vantage Cpe	3550	11,300	18,800	37,600	65,800	94,000
2d Volante Conv	3750	12,000	20,000	40,000	70,000	100,000
4d Lagonda Saloon	350	950	1550	3150	5450	7800
1987						
V-8						
2d Vantage Cpe	3550	11,300	18,800	37,600	65,800	94,000
2d Volante Conv	3750	12,000	20,000	40,000	70,000	100,000
4d Lagonda Saloon	2950	9350	15,600	31,200	54,600	78,000
1988						
V-8						
2d Vantage Cpe	3600	11,500	19,200	38,400	67,200	96,000
2d Volante Conv	3850	12,250	20,400	40,800	71,400	102,000
4d Lagonda Saloon	2950	9350	15,600	31,200	54,600	78,000
1989						
V-8						
2d Vantage Cpe	3750	12,000	20,000	40,000	70,000	100,000
2d Volante Conv	3900	12,500	20,800	41,600	72,800	104,000
4d Lagonda Saloon	3100	9850	16,400	32,800	57,400	82,000
1990						
V-8						
2d Virage Cpe	5100	16,300	27,200	54,400	95,200	136,000

AUDI

	6	5	4	3	2	1
1970						
Super 90						
2d Sed	200	670	1150	2250	3920	5600
4d Sed	200	685	1150	2300	3990	5700
4d Sta Wag	200	685	1150	2300	3990	5700
100 LS						
2d Sed	200	670	1200	2300	4060	5800
4d Sed	200	700	1200	2350	4130	5900
1971						
Super 90						
2d Sed	200	670	1150	2250	3920	5600
4d Sed	200	685	1150	2300	3990	5700
4d Sta Wag	200	685	1150	2300	3990	5700
100 LS						
2d Sed	200	670	1200	2300	4060	5800
4d Sed	200	700	1200	2350	4130	5900

1972 Audi 100 LS four-door sedan

	6	5	4	3	2	1
1972						
Super 90						
2d Sed	200	670	1150	2250	3920	5600
4d Sed	200	685	1150	2300	3990	5700
4d Sta Wag	200	685	1150	2300	3990	5700
100						
2d Sed	200	685	1150	2300	3990	5700
4d Sed	200	670	1200	2300	4060	5800
100 LS						
2d Sed	200	685	1150	2300	3990	5700
4d Sed	200	700	1200	2350	4130	5900
100 GL						
2d Sed	200	700	1200	2350	4130	5900
4d Sed	200	720	1200	2400	4200	6000
1973						
100						
2d Sed	200	670	1150	2250	3920	5600
4d Sed	200	685	1150	2300	3990	5700
100 LS						
2d Sed	200	685	1150	2300	3990	5700
4d Sed	200	670	1200	2300	4060	5800
100 GL						
2d Sed	200	670	1200	2300	4060	5800
4d Sed	200	700	1200	2350	4130	5900
Fox						
2d Sed	150	500	800	1600	2800	4000
4d Sed	150	500	800	1600	2800	4000
1974						
100 LS						
2d Sed	200	670	1150	2250	3920	5600
4d Sed	200	685	1150	2300	3990	5700
Fox						
2d Sed	150	500	800	1600	2800	4000
4d Sed	150	500	800	1600	2800	4000
1975						
100 LS						
2d Sed	200	660	1100	2200	3850	5500
4d Sed	200	670	1150	2250	3920	5600
Fox						
2d Sed	150	500	800	1600	2800	4000
4d Sed	150	500	800	1600	2800	4000
4d Sta Wag	150	550	850	1675	2950	4200
1976						
100 LS						
2d Sed	200	650	1100	2150	3780	5400
4d Sed	200	660	1100	2200	3850	5500
Fox						
2d Sed	150	500	800	1600	2800	4000
4d Sed	150	500	800	1600	2800	4000
4d Sta Wag	150	550	850	1675	2950	4200

	6	5	4	3	2	1
1977						
Sedan						
2d	200	700	1075	2150	3700	5300
4d	200	650	1100	2150	3780	5400
Fox						
2d Sed	150	500	800	1600	2800	4000
4d Sed	150	500	800	1600	2800	4000
4d Sta Wag	150	550	850	1675	2950	4200
1978						
5000						
4d Sed	200	650	1100	2150	3780	5400
Fox						
2d Sed	150	500	800	1600	2800	4000
4d Sed	150	500	800	1600	2800	4000
4d Sta Wag	150	550	850	1675	2950	4200
1979						
5000						
4d Sed	200	700	1075	2150	3700	5300
4d Sed S	200	670	1150	2250	3920	5600
Fox						
2d Sed	150	500	800	1600	2800	4000
4d Sed	150	500	800	1600	2800	4000
4d Sta Wag	150	550	850	1675	2950	4200
1980						
5000						
4d Sed	200	700	1050	2100	3650	5200
4d Sed S	200	660	1100	2200	3850	5500
4d Sed (Turbo)	200	720	1200	2400	4200	6000
4000						
2d Sed	200	675	1000	1950	3400	4900
4d Sed	200	675	1000	2000	3500	5000
1981						
5000						
4d Sed	200	675	1000	2000	3500	5000
4d Sed S	200	700	1050	2100	3650	5200
4d Sed (Turbo)	200	660	1100	2200	3850	5500
4000						
2d Sed 4E	150	575	900	1750	3100	4400
4d Sed 4E	150	600	900	1800	3150	4500
2d Sed (5 plus 5)	200	675	1000	1950	3400	4900
2d Cpe	200	675	1000	2000	3500	5000
1982						
5000						
4d Sed S	200	675	1000	2000	3500	5000
4d Sed (Turbo)	200	660	1100	2200	3850	5500
4000						
2d Sed	150	600	900	1800	3150	4500
4d Sed (Diesel)	150	500	800	1600	2800	4000
4d Sed S	150	650	975	1950	3350	4800
2d Cpe	200	675	1000	1950	3400	4900
1983						
5000						
4d Sed S	200	675	1000	2000	3500	5000
4d Sed (Turbo)	200	660	1100	2200	3850	5500
4d Sed (Turbo Diesel)	150	650	975	1950	3350	4800
4000						
2d Sed	150	600	900	1800	3150	4500
4d Sed S	150	650	975	1950	3350	4800
4d Sed S (Diesel)	150	500	800	1600	2800	4000
2d Cpe	200	675	1000	1950	3400	4900
1984						
5000						
4d Sed S	200	675	1000	2000	3500	5000
4d Sed (Turbo)	200	660	1100	2200	3850	5500
4d Sta Wag S	200	700	1050	2100	3650	5200
4000						
2d Sed S	150	600	900	1800	3150	4500
4d Sed S	150	650	950	1900	3300	4700
2d GT Cpe	200	700	1075	2150	3700	5300
4d Sed S Quattro (4x4)	200	660	1100	2200	3850	5500
1985						
5000						
4d Sed S	200	675	1000	2000	3500	5000
4d Sed (Turbo)	200	660	1100	2200	3850	5500

	6	5	4	3	2	1
4d Sta Wag S	200	700	1050	2100	3650	5200
4000						
4d Sed S	150	650	950	1900	3300	4700
2d GT Cpe	200	700	1075	2150	3700	5300
4d Sed S Quattro (4x4)	200	660	1100	2200	3850	5500
1986						
5000						
4d Sed S	200	720	1200	2400	4200	6000
4d Sed CS (Turbo)	350	840	1400	2800	4900	7000
4d Sed CS Quattro (Turbo - 4x4)	350	900	1500	3000	5250	7500
4d Sta Wag S	350	780	1300	2600	4550	6500
4d Sta Wag CS Quattro (Turbo - 4x4)	350	1020	1700	3400	5950	8500
4000						
4d Sed S	200	660	1100	2200	3850	5500
2d GT Cpe	350	840	1400	2800	4900	7000
4d Sed CS Quattro (4x4)	350	900	1500	3000	5250	7500
1987						
5000						
4d Sed S	350	840	1400	2800	4900	7000
4d Sed CS (Turbo)	350	900	1500	3000	5250	7500
4d Sed CS Quattro (Turbo - 4x4)	350	975	1600	3200	5600	8000
4d Sta Wag S	450	1080	1800	3600	6300	9000
4d Sta Wag CS Quattro (Turbo - 4x4)	450	1140	1900	3800	6650	9500
4000						
4d Sed S	200	720	1200	2400	4200	6000
2d GT Cpe	350	900	1500	3000	5250	7500
4d Sed CS Quattro (4x4)	350	1020	1700	3400	5950	8500
1988						
5000						
4d Sed S	350	1020	1700	3400	5950	8500
4d Sed CS (Turbo)	450	1080	1800	3600	6300	9000
4d Sed S Quattro (4x4)	350	1020	1700	3400	5950	8500
4d Sed CS Quattro (Turbo - 4x4)	450	1140	1900	3800	6650	9500
4d Sta Wag S	350	900	1500	3000	5250	7500
4d Sta Wag CS Quattro (Turbo - 4x4)	450	1140	1900	3800	6650	9500
80 and 90						
4d Sed 80	550	1700	2800	5600	9800	14,000
4d Sed 90	450	1140	1900	3800	6650	9500
4d Sed 80 Quattro (4x4)	400	1200	2000	4000	7000	10,000
4d Sed 90 Quattro (4x4)	550	1700	2800	5600	9800	14,000
1989						
80 and 90						
4d Sed 80	500	1550	2600	5200	9100	13,000
4d Sed 90	550	1700	2800	5600	9800	14,000
4d Sed 80 (4x4)	550	1750	2900	5800	10,200	14,500
4d Sed 90 (4x4)	600	1900	3200	6400	11,200	16,000
100						
4d Sed E	550	1700	2800	5600	9800	14,000
4d Sed	600	1900	3200	6400	11,200	16,000
4d Sed Quattro (4x4)	650	2050	3400	6800	11,900	17,000
4d Sta Wag	600	1900	3200	6400	11,200	16,000
200						
4d Sed (Turbo)	650	2050	3400	6800	11,900	17,000
4d Sed Quattro (Turbo - 4x4)	700	2150	3600	7200	12,600	18,000
4d Sta Wag Quattro (Turbo - 4x4)	750	2400	4000	8000	14,000	20,000
1990						
80 and 90, 4 & 5-cyl.						
4d Sed 80	350	840	1400	2800	4900	7000
4d Sed 90	450	1140	1900	3800	6650	9500
4d Sed 80 Quattro	450	1130	1900	3800	6600	9400
4d Sed 90 Quattro	450	1450	2400	4800	8400	12,000
2d Cpe	450	1500	2500	5000	8800	12,500
100						
4d Sed	450	1080	1800	3600	6300	9000
4d Sed Quattro	400	1300	2200	4400	7700	11,000

	6	5	4	3	2	1
200						
4d Sed Turbo	450	1400	2300	4600	8100	11,500
4d Sed 200T Quattro	500	1600	2700	5400	9500	13,500
4d Sta Wag 200T Quattro	550	1700	2800	5600	9800	14,000
4d Sed Quattro V-8	600	1900	3200	6400	11,200	16,000

AUSTIN

	6	5	4	3	2	1
1947-48						
A40, 4-cyl, 92.5" wb, 40 hp						
2d Dorset Sed	450	1140	1900	3800	6650	9500
2d Devon Sed	450	1140	1900	3800	6650	9500
1949						
A40, 4-cyl, 92.5" wb, 40 hp						
2d Dorset Sed	450	1140	1900	3800	6650	9500
2d Devon Sed	450	1140	1900	3800	6650	9500
2d Countryman Wag	400	1200	2000	4000	7000	10,000
A90 Atlantic, 4-cyl, 96" wb, 88 hp						
2d Conv	600	1900	3200	6400	11,200	16,000
A125 Sheerline, 6-cyl, 119" wb, 125 hp						
4d Sed	400	1300	2200	4400	7700	11,000

1950 Austin A90 Atlantic convertible

	6	5	4	3	2	1
1950						
A40 Devon, 4-cyl, 92.5" wb, 40 hp						
4d Mk II Sed	450	1140	1900	3800	6650	9500
4d DeL Sed	450	1140	1900	3800	6650	9500
A40 Countryman, 4-cyl, 92.5" wb, 40 hp						
2d Sta Wag	450	1450	2400	4800	8400	12,000
A90 Atlantic, 4-cyl, 96" wb, 88 hp						
2d Conv	600	1900	3200	6400	11,200	16,000
A125 Sheerline, 6-cyl, 119" wb, 125 hp						
4d Sed	450	1400	2300	4600	8100	11,500
1951						
A40 Devon, 4-cyl, 92.5" wb, 40 hp						
4d Mk II Sed	450	1080	1800	3600	6300	9000
4d DeL Sed	450	1140	1900	3800	6650	9500
A40 Countryman, 4-cyl, 92.5" wb, 40 hp						
2d Sta Wag	450	1450	2400	4800	8400	12,000
A90 Atlantic, 4-cyl, 96" wb, 88 hp						
2d Conv	600	1900	3200	6400	11,200	16,000
2d Spt Sed	400	1300	2200	4400	7700	11,000
A125 Sheerline, 6-cyl, 119" wb, 125 hp						
4d Sed	450	1400	2300	4600	8100	11,500
1952						
A40 Somerset, 4-cyl, 92.5" wb, 42/50 hp						
2d Conv	550	1800	3000	6000	10,500	15,000

	6	5	4	3	2	1
2d Spt Conv	600	1850	3100	6200	10,900	15,500
4d Sed	450	1080	1800	3600	6300	9000
A40 Countryman, 4-cyl, 92.5" wb, 42 hp						
2d Sta Wag	450	1450	2400	4800	8400	12,000
A90 Atlantic, 4-cyl, 96" wb, 88 hp						
2d Spt Sed	400	1200	2000	4000	7000	10,000
A125 Sheerline, 6-cyl, 119" wb, 125 hp						
4d Sed	450	1400	2300	4600	8100	11,500
1953						
A30 "Seven", 4-cyl, 79.5" wb, 30 hp						
4d Sed	450	1080	1800	3600	6300	9000
A40 Somerset, 4-cyl, 92.5" wb, 42/50 hp						
2d Conv	550	1800	3000	6000	10,500	15,000
2d Spt Conv	600	1850	3100	6200	10,900	15,500
4d Sed	450	1140	1900	3800	6650	9500
A40 Countryman, 4-cyl, 92.5" wb, 42 hp						
2d Sta Wag	450	1450	2400	4800	8400	12,000
1954						
A30 "Seven", 4-cyl, 79.5" wb, 30 hp						
2d Sed	450	1080	1800	3600	6300	9000
4d Sed	350	975	1600	3200	5600	8000
A40 Somerset, 4-cyl, 92.5" wb, 42/50 hp						
2d Conv	550	1700	2800	5600	9800	14,000
4d Sed	450	1080	1800	3600	6300	9000
A40 Countryman, 4-cyl, 92.5" wb, 42 hp						
2d Sta Wag	450	1450	2400	4800	8400	12,000
1955						
A50 Cambridge, 4-cyl, 99" wb, 50 hp						
4d Sed	350	1020	1700	3400	5950	8500
A90 Westminster, 6-cyl, 103" wb, 85 hp						
4d Sed	450	1080	1800	3600	6300	9000
1956						
A50 Cambridge, 4-cyl, 99" wb, 50 hp						
4d Sed	350	1020	1700	3400	5950	8500
A90 Westminster, 6-cyl, 103" wb, 85 hp						
4d Sed	450	1080	1800	3600	6300	9000
1957						
A35, 4-cyl, 79" wb, 34 hp						
2d Sed	350	880	1500	2950	5180	7400
A55 Cambridge, 4-cyl, 99" wb, 51 hp						
4d Sed	350	950	1550	3100	5400	7700
A95 Westminster, 6-cyl, 106" wb, 92 hp						
4d Sed	450	1080	1800	3600	6300	9000
1958						
A35, 4-cyl, 79" wb, 34 hp						
2d Sed	350	880	1500	2950	5180	7400
A55 Cambridge, 4-cyl, 99" wb, 51 hp						
4d Sed	350	950	1550	3100	5400	7700
1959						
A35, 4-cyl, 79" wb, 34 hp						
2d Sed	350	880	1500	2950	5180	7400
A40, 4-cyl, 83" wb, 34 hp						
2d Std Sed	350	900	1500	3000	5250	7500
2d DeL Sed	350	950	1500	3050	5300	7600
A55 Cambridge, 4-cyl, 99" wb, 51 hp						
4d Sed	350	950	1550	3100	5400	7700
A55 Mark II, 4-cyl, 99" wb, 51 hp						
4d Sed	350	950	1550	3150	5450	7800
1960						
850 Mini, 4-cyl, 80" wb, 37 hp						
2d Sed	450	1450	2400	4800	8400	12,000
A40, 4-cyl, 83" wb, 34 hp						
2d Std Sed	350	900	1500	3000	5250	7500
2d DeL Sed	350	950	1500	3050	5300	7600
A55 Mark II, 4-cyl, 99" wb, 51 hp						
4d Sed	350	950	1550	3150	5450	7800
A99 Westminster, 6-cyl, 108" wb, 112 hp						
4d Sed	350	975	1600	3200	5500	7900
1961						
850 Mini, 4-cyl, 80" wb, 37 hp						
2d Sed	450	1450	2400	4800	8400	12,000
Mini Cooper, 4-cyl, 80" wb, 55 hp						
2d Sed	550	1700	2800	5600	9800	14,000

	6	5	4	3	2	1
A40, 4-cyl, 83" wb, 34 hp						
2d Std Sed	350	900	1500	3000	5250	7500
2d DeL Sed	350	950	1500	3050	5300	7600
2d Std Sta Wag	350	975	1600	3200	5600	8000
2d DeL Sta Wag	350	1020	1700	3400	5950	8500
A55 Mark II, 4-cyl, 99" wb, 51 hp						
4d Sed	350	950	1550	3150	5450	7800
A99 Westminster, 6-cyl, 108" wb, 112 hp						
4d Sed	350	975	1600	3200	5600	8000
1962						
850 Mini, 4-cyl, 80" wb, 37 hp						
2d Sed	450	1450	2400	4800	8400	12,000
Mini Cooper, 4-cyl, 80" wb, 55 hp						
2d Sed	550	1700	2800	5600	9800	14,000
A40, 4-cyl, 83" wb, 34 hp						
2d Sed	350	900	1500	3000	5250	7500
A55 Mark II, 4-cyl, 99" wb, 51 hp						
4d Sed	350	950	1500	3050	5300	7600
1963						
850 Mini, 4-cyl, 80" wb, 37 hp						
2d Sed	450	1450	2400	4800	8400	12,000
2d Sta Wag	500	1550	2600	5200	9100	13,000
850 Mini Cooper, 4-cyl, 80" wb, 56 hp						
2d Sed	550	1750	2900	5800	10,200	14,500
850 Mini Cooper "S", 4-cyl, 80" wb, 75 hp						
2d Sed	600	1900	3200	6400	11,200	16,000
A60, 4-cyl, 100" wb, 68 hp						
4d Sed	350	900	1500	3000	5250	7500
4d Countryman	350	950	1550	3100	5400	7700
1964						
850 Mini, 4-cyl, 80" wb, 37 hp						
2d Sed	450	1450	2400	4800	8400	12,000
2d Sta Wag	500	1550	2600	5200	9100	13,000
850 Mini Cooper, 4-cyl, 80" wb, 56 hp						
2d Sed	550	1750	2900	5800	10,200	14,500
850 Mini Cooper "S", 4-cyl, 80" wb, 75 hp						
2d Sed	600	1900	3200	6400	11,200	16,000
A60, 4-cyl, 100" wb, 68 hp						
4d Sed	350	900	1500	3000	5250	7500
4d Countryman	350	950	1550	3100	5400	7700
Mark II Princess, 6-cyl, 110" wb, 175 hp						
4d Sed	450	1080	1800	3600	6300	9000
1965						
850 Mini, 4-cyl, 80" wb, 34 hp						
2d Sed	450	1450	2400	4800	8400	12,000
850 Mini Cooper "S", 4-cyl, 80" wb, 75 hp						
2d Sed	600	1900	3200	6400	11,200	16,000
Mark II Princess, 6-cyl, 110" wb, 175 hp						
4d Sed	450	1080	1800	3600	6300	9000
1966						
850 Mini, 4-cyl, 80" wb, 34 hp						
2d Sed	450	1450	2400	4800	8400	12,000
850 Mini Cooper "S", 4-cyl, 80" wb, 75 hp						
2d Sed	600	1900	3200	6400	11,200	16,000
Mark II Princess "R", 6-cyl, 110" wb, 175 hp						
4d Sed	450	1080	1800	3600	6300	9000
1967						
850 Mini Cooper "S", 4-cyl, 80" wb, 75 hp						
2d Sed	600	2000	3300	6600	11,600	16,500
1968						
850 Mini Cooper "S", 4-cyl, 80" wb, 75 hp						
2d Sed	600	2000	3300	6600	11,600	16,500
America, 4-cyl, 93" wb, 58 hp						
2d Sed	200	675	1000	2000	3500	5000
1969						
America, 4-cyl, 93" wb, 58 hp						
2d Sed	200	675	1000	2000	3500	5000
1970						
America, 4-cyl, 93" wb, 58 hp						
2d Sed	200	675	1000	2000	3500	5000
1971						
America, 4-cyl, 93" wb, 58 hp						
2d Sed	200	675	1000	2000	3500	5000

	6	5	4	3	2	1
1972						
No Austins imported in 1972.						
1973						
Marina, 4-cyl, 96" wb, 68 hp						
2d GT Sed	200	675	1000	2000	3500	5000
4d Sed	150	650	975	1950	3350	4800
1974						
Marina, 4-cyl, 96" wb, 68 hp						
2d GT Sed	200	675	1000	2000	3500	5000
4d Sed	150	650	975	1950	3350	4800
1975						
Marina, 4-cyl, 96" wb, 68 hp						
2d GT Sed	200	675	1000	2000	3500	5000
4d Sed	150	650	975	1950	3350	4800

AUSTIN-HEALEY

1953-1956						
"100", 4-cyl., 90 hp, 90" wb						
Rds	950	3000	5000	10,000	17,500	25,000
1956						
"100-6", 6-cyl., 102 hp, 92" wb						
Rds	1000	3100	5200	10,400	18,200	26,000
1957						
"100-6", 6-cyl., 102 hp, 92" wb						
Rds	1000	3250	5400	10,800	18,900	27,000

1958 Austin-Healey 100-6 roadster

1958						
"100-6", 6-cyl., 117 hp, 92" wb						
Rds	1000	3250	5400	10,800	18,900	27,000
Sprite Mk I, 4-cyl., 43 hp, 80" wb						
Rds	450	1450	2400	4800	8400	12,000
1959						
"100-6", 6-cyl., 117 hp, 92" wb						
Rds	1000	3250	5400	10,800	18,900	27,000
Sprite Mk I, 4-cyl., 43 hp, 80" wb						
Rds	450	1450	2400	4800	8400	12,000
1960						
"3000" Mk I, 6-cyl., 124 hp, 92" wb						
Rds	1000	3250	5400	10,800	18,900	27,000
Sprite Mk I, 4-cyl., 43 hp, 80" wb						
Rds	450	1450	2400	4800	8400	12,000
1961						
"3000" Mk I, 6-cyl., 124 hp, 92" wb						
Rds	900	2900	4800	9600	16,800	24,000
"3000" Mk II, 6-cyl., 132 hp, 92" wb						
Rds	950	3000	5000	10,000	17,500	25,000

	6	5	4	3	2	1
Sprite Mk I, 4-cyl., 43 hp, 80" wb						
Rds	450	1450	2400	4800	8400	12,000
Sprite Mk II, 4-cyl., 46 hp, 80" wb						
Rds	400	1200	2000	4000	7000	10,000
1962						
"3000" Mk II, 6-cyl., 132 hp, 92" wb						
Rds	850	2750	4600	9200	16,100	23,000
Sprite Mk II, 4-cyl., 46 hp, 80" wb						
Conv	450	1080	1800	3600	6300	9000
1963						
"3000 Mk II, 6-cyl., 132 hp, 92" wb						
Conv	950	3000	5000	10,000	17,500	25,000
Sprite Mk II, 4-cyl., 56 hp, 80" wb						
Rds	450	1080	1800	3600	6300	9000
1964						
"3000" Mk II, 6-cyl., 132 hp, 92" wb						
Conv	1000	3100	5200	10,400	18,200	26,000
"3000" Mk III, 6-cyl., 150 hp, 92" wb						
Conv	1000	3250	5400	10,800	18,900	27,000
Sprite Mk II, 4-cyl., 56 hp, 80" wb						
Rds	450	1080	1800	3600	6300	9000
Sprite Mk III, 4-cyl., 59 hp, 80" wb						
Conv	450	1140	1900	3800	6650	9500
1965						
"3000" Mk III, 6-cyl., 150 hp, 92" wb						
Conv	1000	3250	5400	10,800	18,900	27,000
Sprite Mk III, 4-cyl., 59 hp, 80" wb						
Conv	450	1140	1900	3800	6650	9500
1966						
"3000" Mk III, 6-cyl., 150 hp, 92" wb						
Conv	1000	3250	5400	10,800	18,900	27,000
Sprite Mk III, 4-cyl., 59 hp, 80" wb						
Conv	450	1140	1900	3800	6650	9500
1967						
"3000" Mk III, 6-cyl., 150 hp, 92" wb						
Conv	1000	3250	5400	10,800	18,900	27,000
Sprite Mk III, 4-cyl., 59 hp, 80" wb						
Conv	450	1140	1900	3800	6650	9500
1968						
Sprite Mk III, 4-cyl., 59 hp, 80" wb						
2d Rds	450	1080	1800	3600	6300	9000
Sprite Mk IV, 4-cyl., 62 hp, 80" wb						
2d Rds	400	1200	2000	4000	7000	10,000
1969						
Sprite Mk IV, 4-cyl., 62 hp, 80" wb						
2d Rds	400	1200	2000	4000	7000	10,000
1970						
Sprite M IV, 4-cyl., 62 hp, 80" wb						
2d Rds	400	1200	2000	4000	7000	10,000

BENTLEY

	6	5	4	3	2	1
1946-1951						
6 cyl., 120" wb, 4257 cc						
4d Sed	1050	3350	5600	11,200	19,600	28,000
1951-1952						
6 cyl., 120" wb, 4566 cc						
Mark VI						
Std Steel Saloon	1000	3100	5200	10,400	18,200	26,000
Abbott						
DHC	2250	7200	12,000	24,000	42,000	60,000
FHC	1150	3600	6000	12,000	21,000	30,000
Facel						
FHC	1550	4900	8200	16,400	28,700	41,000
Franay						
Sedanca Cpe	1500	4800	8000	16,000	28,000	40,000
DHC	2500	7900	13,200	26,400	46,200	66,000
Freestone & Webb						
Cpe	1300	4200	7000	14,000	24,500	35,000
Saloon	1150	3600	6000	12,000	21,000	30,000

	6	5	4	3	2	1
Graber						
Cpe	1600	5150	8600	17,200	30,100	43,000
Gurney Nutting						
Sedanca Cpe	1550	4900	8200	16,400	28,700	41,000
Hooper						
Cpe	1650	5300	8800	17,600	30,800	44,000
Saloon	1550	4900	8200	16,400	28,700	41,000
Sedanca Cpe	1750	5500	9200	18,400	32,200	46,000
H.J. Mulliner						
DHC	3450	11,050	18,400	36,800	64,400	92,000
4d Saloon	1150	3600	6000	12,000	21,000	30,000
2d Saloon	1300	4100	6800	13,600	23,800	34,000
Park Ward						
DHC	3450	11,050	18,400	36,800	64,400	92,000
Cpe	1350	4300	7200	14,400	25,200	36,000
Saloon	1300	4200	7000	14,000	24,500	35,000
Radford						
Countryman	1350	4300	7200	14,400	25,200	36,000
Windovers						
2d Saloon	1300	4200	7000	14,000	24,500	35,000
Worlaufen						
DHC	2100	6700	11,200	22,400	39,200	56,000
James Young						
Clubman Cpe	1300	4200	7000	14,000	24,500	35,000
Saloon	1150	3700	6200	12,400	21,700	31,000
Spt Saloon	1350	4300	7200	14,400	25,200	36,000

NOTE: Deduct 30 percent for RHD.

1955 Bentley S1 Continental two-door sedan

1952-1955
6 cyl., 120" wb, 4566 cc
R Type
NOTE: Numbers produced in ( ).

	6	5	4	3	2	1
Std Steel Saloon	1000	3100	5200	10,400	18,200	26,000
Abbott (16)						
Continental	2700	8650	14,400	28,800	50,400	72,000
DHC	2850	9100	15,200	30,400	53,200	76,000
Frankdale						
Saloon	1200	3850	6400	12,800	22,400	32,000
Freestone & Webb (29)						
Saloon	1300	4200	7000	14,000	24,500	35,000
Franay (2)						
Cpe	2350	7450	12,400	24,800	43,400	62,000
Hooper (41)						
4d Saloon	1300	4100	6800	13,600	23,800	34,000
2d Saloon	1350	4300	7200	14,400	25,200	36,000
Sedanca Cpe	1450	4700	7800	15,600	27,300	39,000
Graber (7)						
H.J. Mulliner (67)						
DHC	2700	8650	14,400	28,800	50,400	72,000
Saloon	1200	3850	6400	12,800	22,400	32,000
Radford (20)						
Countryman	1500	4800	8000	16,000	28,000	40,000

	6	5	4	3	2	1
Park Ward (50)						
FHC	1550	4900	8200	16,400	28,700	41,000
DHC	2500	7900	13,200	26,400	46,200	66,000
Saloon	1150	3600	6000	12,000	21,000	30,000
James Young (69)						
Cpe	1200	3850	6400	12,800	22,400	32,000
Saloon	1000	3250	5400	10,800	18,900	27,000
Sedanca Cpe	1250	3950	6600	13,200	23,100	33,000
R Type Continental						
6 cyl., 120" wb, 4566 cc (A-C series), 4887 cc (D-E series)						
Bertone						
Saloon	1550	4900	8200	16,400	28,700	41,000
Farina						
Cpe (1)					value not estimable	
Franay (5)					value not estimable	
Graber (3)					value not estimable	
J.H. Mulliner						
Cpe (193)	1550	4900	8200	16,400	28,700	41,000
Park Ward (6)					value not estimable	
Cpe (2)					value not estimable	
DHC (4)					value not estimable	

NOTE: Deduct 30 percent for RHD.

1955-1959

	6	5	4	3	2	1
S1 Type						
6 cyl., 123" wb, 127" wb, 4887 cc						
Std Steel Saloon	1300	4200	7000	14,000	24,500	35,000
LWB Saloon (after 1957)	1450	4550	7600	15,200	26,600	38,000
Freestone & Webb						
Saloon	1450	4700	7800	15,600	27,300	39,000
Graber						
DHC	2350	7450	12,400	24,800	43,400	62,000
Hooper						
Saloon	1450	4700	7800	15,600	27,300	39,000
H.J. Mulliner						
Saloon	1700	5400	9000	18,000	31,500	45,000
Limo (5)	1750	5500	9200	18,400	32,200	46,000
Park Ward						
FHC	1950	6250	10,400	20,800	36,400	52,000
James Young						
Saloon	1500	4800	8000	16,000	28,000	40,000
S1 Type Continental						
6 cyl., 123" wb, 4887 cc						
Franay						
Cpe	2100	6700	11,200	22,400	39,200	56,000
Graber						
DHC	3450	11,050	18,400	36,800	64,400	92,000
Hooper						
Saloon (6)	1350	4300	7200	14,400	25,200	36,000
H.J. Mulliner						
Cpe	1450	4550	7600	15,200	26,600	38,000
DHC	2100	6700	11,200	22,400	39,200	56,000
Spt Saloon	1750	5500	9200	18,400	32,200	46,000
Flying Spur (after 1957)	1900	6000	10,000	20,000	35,000	50,000
Park Ward						
DHC	2400	7700	12,800	25,600	44,800	64,000
Spt Saloon	1900	6100	10,200	20,400	35,700	51,000
James Young						
Saloon	1250	3950	6600	13,200	23,100	33,000

NOTE: Deduct 30 percent for RHD.

1959-1962

	6	5	4	3	2	1
S2 Type						
V-8, 123" wb, 127" wb, 6230 cc						
Std Steel Saloon	1300	4200	7000	14,000	24,500	35,000
LWB Saloon	1450	4700	7800	15,600	27,300	39,000
Franay	1800	5750	9600	19,200	33,600	48,000
Graber	1850	5900	9800	19,600	34,300	49,000
Hooper	1900	6000	10,000	20,000	35,000	50,000
H.J. Mulliner						
DHC (15)	3250	10,300	17,200	34,400	60,200	86,000
Park Ward						
DHC	2100	6700	11,200	22,400	39,200	56,000
Radford						
Countryman	1750	5500	9200	18,400	32,200	46,000

	6	5	4	3	2	1
James Young						
Limo (5)	1750	5650	9400	18,800	32,900	47,000
S2 Type Continental						
V-8, 123" wb, 6230 cc						
H.J. Mulliner						
Flying Spur	2100	6700	11,200	22,400	39,200	56,000
Park Ward						
DHC	2050	6600	11,000	22,000	38,500	55,000
James Young						
Saloon	1350	4300	7200	14,400	25,200	36,000
NOTE: Deduct 30 percent for RHD.						
1962-1965						
S3 Type						
V-8, 123" wb, 127" wb, 6230 cc						
Std Steel Saloon	1450	4550	7600	15,200	26,600	38,000
LWB Saloon	1600	5050	8400	16,800	29,400	42,000
H.J. Mulliner						
Cpe	1500	4800	8000	16,000	28,000	40,000
DHC	2150	6850	11,400	22,800	39,900	57,000
Park Ward						
Cpe	2050	6600	11,000	22,000	38,500	55,000
DHC	2850	9100	15,200	30,400	53,200	76,000
James Young						
LWB Limo	2050	6600	11,000	22,000	38,500	55,000
S3 Continental						
V-8, 123" wb, 6230 cc						
H.J. Mulliner-Park Ward						
Cpe	1800	5750	9600	19,200	33,600	48,000
DHC	2500	7900	13,200	26,400	46,200	66,000
Flying Spur	2100	6700	11,200	22,400	39,200	56,000
James Young						
Cpe	1500	4800	8000	16,000	28,000	40,000
Saloon	1700	5400	9000	18,000	31,500	45,000
NOTE: Add 10 percent for factory sunroof. Deduct 30 percent for RHD.						
1966						
James Young 2d	1900	6000	10,000	20,000	35,000	50,000
Park Ward 2d	3750	12,000	20,000	40,000	70,000	100,000
1967						
James Young 2d	1850	5900	9800	19,600	34,300	49,000
Park Ward 2d	3100	9850	16,400	32,800	57,400	82,000
Park Ward 2d Conv	3750	12,000	20,000	40,000	70,000	100,000
T 4d	1350	4300	7200	14,400	25,200	36,000
1968						
Park Ward 2d	3100	9850	16,400	32,800	57,400	82,000
Park Ward 2d Conv	3750	12,000	20,000	40,000	70,000	100,000
T 4d	1350	4300	7200	14,400	25,200	36,000
1969						
Park Ward 2d	3100	9850	16,400	32,800	57,400	82,000
Park Ward 2d Conv	4000	12,700	21,200	42,400	74,200	106,000
T 4d	1400	4450	7400	14,800	25,900	37,000
1970						
Park Ward 2d	3000	9600	16,000	32,000	56,000	80,000
Park Ward 2d Conv	4000	12,700	21,200	42,400	74,200	106,000
T 4d	1450	4550	7600	15,200	26,600	38,000
1971						
T 4d	1300	4200	7000	14,000	24,500	35,000
1972						
T 4d	1300	4200	7000	14,000	24,500	35,000
1973						
T 4d	1300	4200	7000	14,000	24,500	35,000
1974						
T 4d	1350	4300	7200	14,400	25,200	36,000
1975						
T 4d	1350	4300	7200	14,400	25,200	36,000
1976						
T 4d	1400	4450	7400	14,800	25,900	37,000
1977						
T2 4d	1200	3850	6400	12,800	22,400	32,000
Corniche 2d	1500	4800	8000	16,000	28,000	40,000
Corniche 2d Conv	2050	6600	11,000	22,000	38,500	55,000
1978						
T2 4d	1300	4100	6800	13,600	23,800	34,000

	6	5	4	3	2	1
Corniche 2d	1500	4800	8000	16,000	28,000	40,000
Corniche 2d Conv	2050	6600	11,000	22,000	38,500	55,000
1979						
T2 4d	1400	4450	7400	14,800	25,900	37,000
Corniche 2d	1600	5050	8400	16,800	29,400	42,000
Corniche 2d Conv	2150	6850	11,400	22,800	39,900	57,000
1980						
T2 4d	1500	4800	8000	16,000	28,000	40,000
Mulsanne 4d	1700	5400	9000	18,000	31,500	45,000
Corniche 2d	1750	5650	9400	18,800	32,900	47,000
Corniche 2d Conv	2250	7200	12,000	24,000	42,000	60,000
1981						
Mulsanne 4d	1750	5650	9400	18,800	32,900	47,000
Corniche 2d Conv	2350	7450	12,400	24,800	43,400	62,000
1982						
Mulsanne 4d	1900	6000	10,000	20,000	35,000	50,000
Corniche 2d Conv	2500	7900	13,200	26,400	46,200	66,000
1983						
Mulsanne 4d	1950	6250	10,400	20,800	36,400	52,000
Corniche 2d Conv	2550	8150	13,600	27,200	47,600	68,000
1984						
Mulsanne						
4d Sed	2050	6500	10,800	21,600	37,800	54,000
Turbo 4d Sed	2100	6700	11,200	22,400	39,200	56,000
Corniche						
2d Conv	2650	8400	14,000	28,000	49,000	70,000
1985						
Eight						
4d Sed	2250	7200	12,000	24,000	42,000	60,000
Mulsanne-S						
4d Sed	2350	7450	12,400	24,800	43,400	62,000
Turbo 4d Sed	2400	7700	12,800	25,600	44,800	64,000
Continental						
2d Conv	2950	9350	15,600	31,200	54,600	78,000
1986						
Eight						
4d Sed	2500	7900	13,200	26,400	46,200	66,000
Mulsanne-S						
4d Sed	2550	8150	13,600	27,200	47,600	68,000
Turbo 4d Sed	2650	8400	14,000	28,000	49,000	70,000
Continental						
2d Conv	3150	10,100	16,800	33,600	58,800	84,000
1987						
Eight						
4d Sed	1600	5150	8600	17,200	30,100	43,000
Mulsanne-S						
4d Sed	1750	5500	9200	18,400	32,200	46,000
Continental						
2d Conv	4500	14,400	24,000	48,000	84,000	120,000
1988						
Eight						
4d Sed	1750	5650	9400	18,800	32,900	47,000
Mulsanne-S						
4d Sed	1900	6000	10,000	20,000	35,000	50,000
Continental						
2d Conv	4750	15,100	25,200	50,400	88,200	126,000
1989						
Eight						
4d Sed	1900	6000	10,000	20,000	35,000	50,000
Mulsanne-S						
4d Sed	1950	6250	10,400	20,800	36,400	52,000
Turbo 4d Sed	2050	6600	11,000	22,000	38,500	55,000
Continental						
2d Conv	4800	15,350	25,600	51,200	89,600	128,000
1990						
Eight						
4d Sed	2200	6950	11,600	23,200	40,600	58,000
Mulsanne-S						
4d Sed	2250	7200	12,000	24,000	42,000	60,000
Turbo 4d Sed	2400	7700	12,800	25,600	44,800	64,000
Continental						
2d Conv	4950	15,850	26,400	52,800	92,400	132,000

BMW

	6	5	4	3	2	1
1952						
6-cyl., 111.6" wb, 1917 cc						
501 4d Sed	400	1250	2100	4200	7400	10,500
1953						
6-cyl, 111.6" wb, 1971 cc						
501 4d Sed	400	1250	2100	4200	7400	10,500
1954						
6-cyl., 111.6" wb, 1971 cc						
501 4d Sed	450	1080	1800	3600	6300	9000
501A 4d Sed	450	1080	1800	3600	6300	9000
501B 4d Sed	450	1080	1800	3600	6300	9000
V-8, 111.6" wb, 2580 cc						
502/2.6 4d Sed	450	1500	2500	5000	8800	12,500
1955						
Isetta 250						
1-cyl., 59.1" wb, 250 cc						
1d Std Sed	350	900	1500	3000	5250	7500
1d DeL Sed	350	950	1550	3100	5400	7700
6-cyl., 111.6" wb, 1971 cc						
501A 4d Sed	450	1080	1800	3600	6300	9000
501B 4d Sed	450	1080	1800	3600	6300	9000
6-cyl., 111.6" wb, 2077 cc						
501/3 4d Sed	400	1250	2100	4200	7400	10,500
V-8, 111.6" wb, 2580 cc						
501 V-8 4d Sed	450	1500	2500	5000	8800	12,500
502/2.6 4d Sed	500	1600	2700	5400	9500	13,500
V-8, 111.6" wb, 3168 cc						
502/3.2 4d Sed	450	1400	2300	4600	8100	11,500
1956						
Isetta 250						
1-cyl., 59.1" wb, 250 cc						
1d Std Sed	350	900	1500	3000	5250	7500
1d DeL Sed	350	950	1500	3050	5300	7600
6-cyl., 111.6" wb, 2077 cc						
501/3 4d Sed	450	1080	1800	3600	6300	9000
V-8, 111.6" wb, 2580 cc						
501 V-8 4d Sed	450	1450	2400	4800	8400	12,000
502/2.6 4d Sed	500	1550	2600	5200	9100	13,000
V-8, 111.6" wb, 3168 cc						
502/3.2 4d Sed	550	1800	3000	6000	10,500	15,000
503 Cpe	1150	3600	6000	12,000	21,000	30,000
503 Conv	1500	4800	8000	16,000	28,000	40,000
V-8, 97.6" wb, 3168 cc						
507 Rds	6750	21,600	36,000	72,000	126,000	180,000
1957						
Isetta 300						
1-cyl., 59.1" wb, 300 cc						
1d Std Sed	350	840	1400	2800	4900	7000
1d DeL Sed	350	850	1450	2850	4970	7100
2-cyl., 66.9" wb, 582 cc						
600 2d Sed	350	820	1400	2700	4760	6800
6-cyl., 111.6" wb, 2077 cc						
501/3 4d Sed	450	1080	1800	3600	6300	9000
V-8, 111.6" wb, 2580 cc						
501 V-8 4d Sed	450	1450	2400	4800	8400	12,000
502/2.6 4d Sed	500	1550	2600	5200	9100	13,000
V-8, 111.6" wb, 3168 cc						
502/3.2 4d Sed	550	1800	3000	6000	10,500	15,000
502/3.2 Sup 4d Sed	600	1900	3200	6400	11,200	16,000
503 Cpe	1150	3600	6000	12,000	21,000	30,000
503 Conv	1500	4800	8000	16,000	28,000	40,000
V-8, 97.6" wb, 3168 cc						
507 Rds	6750	21,600	36,000	72,000	126,000	180,000
1958						
Isetta 300						
1-cyl., 59.1" wb, 300 cc						
1d Std Sed	350	870	1450	2900	5100	7300
1d DeL Sed	350	880	1500	2950	5180	7400
2-cyl., 66.9" wb, 582 cc						
600 2d Sed	350	820	1400	2700	4760	6800

1958 BMW Isetta 300 one-door coupe

	6	5	4	3	2	1
6-cyl., 111.6" wb, 2077 cc						
501/3 4d Sed	450	1080	1800	3600	6300	9000
V-8 111.6" wb, 2580 cc						
501 V-8 4d Sed	450	1450	2400	4800	8400	12,000
502/2.6 4d Sed	500	1550	2600	5200	9100	13,000
V-8, 111.6" wb, 3168 cc						
502/3.2 4d Sed	550	1800	3000	6000	10,500	15,000
502/3.2 Sup 4d Sed	600	1900	3200	6400	11,200	16,000
503 Cpe	1150	3600	6000	12,000	21,000	30,000
503 Conv	1500	4800	8000	16,000	28,000	40,000
V-8, 97.6" wb, 3168 cc						
507 Rds	6750	21,600	36,000	72,000	126,000	180,000
1959						
Isetta 300						
1-cyl., 59.1" wb, 300 cc						
1d Std Sed	350	870	1450	2900	5100	7300
1d DeL Sed	350	900	1500	3000	5250	7500
2-cyl., 66.9" wb, 582 cc						
600 2d Sed	350	820	1400	2700	4760	6800
700, 2-cyl., 83.5" wb, 697 cc						
Cpe	200	660	1100	2200	3850	5500
2d Sed	200	700	1050	2100	3650	5200
V-8, 111.6" wb, 2580 cc						
501 V-8 4d Sed	450	1450	2400	4800	8400	12,000
502/2.6 4d Sed	500	1550	2600	5200	9100	13,000
V-8, 111.6" wb, 3168 cc						
502/3.2 4d Sed	550	1800	3000	6000	10,500	15,000
502/3.2 Sup 4d Sed	600	1900	3200	6400	11,200	16,000
503 Cpe	1150	3600	6000	12,000	21,000	30,000
503 Conv	1500	4800	8000	16,000	28,000	40,000
V-8, 97.6" wb, 3168 cc						
507 Rds	700	2150	3600	7200	12,600	18,000
1960						
Isetta 300						
1-cyl., 59.1" wb, 300 cc						
1d Std Sed	350	880	1500	2950	5180	7400
1d DeL Sed	350	975	1600	3200	5500	7900
2-cyl., 66.9" wb, 582 cc						
600 2d Sed	350	820	1400	2700	4760	6800
2-cyl., 83.5" wb, 697 cc						
700 Cpe	200	660	1100	2200	3850	5500
700 2d Sed	200	700	1050	2100	3650	5200
V-8, 111.6" wb, 2580 cc						
501 V-8 4d Sed	450	1450	2400	4800	8400	12,000

	6	5	4	3	2	1
502/2.6 4d Sed	500	1550	2600	5200	9100	13,000
V-8, 111.6" wb, 3168 cc						
502/3.2 4d Sed	550	1800	3000	6000	10,500	15,000
502/3.2 Sup 4d Sed	600	1900	3200	6400	11,200	16,000
1961						
Isetta 300						
1-cyl., 59.1" wb, 300 cc						
1d Std Sed	350	950	1550	3100	5400	7700
1d DeL Sed	350	975	1600	3200	5600	8000
700, 2-cyl., 83.5" wb, 697 cc						
Cpe	200	660	1100	2200	3850	5500
2d Sed	200	675	1000	2000	3500	5000
2d Luxus Sed	200	720	1200	2400	4200	6000
V-8, 111.6" wb, 2580 cc						
501 V-8 4d Sed	450	1450	2400	4800	8400	12,000
502/2.6 4d Sed	500	1550	2600	5200	9100	13,000
2600 4d Sed	550	1700	2800	5600	9800	14,000
2600L 4d Sed	550	1750	2900	5800	10,200	14,500
V-8, 111.6" wb, 3168 cc						
502/3.2 4d Sed	500	1550	2600	5200	9100	13,000
502/3.2 4d Sup Sed	550	1700	2800	5600	9800	14,000
3200L 4d Sed	550	1800	3000	6000	10,500	15,000
3200S 4d Sed	600	1900	3200	6400	11,200	16,000
1962						
Isetta 300						
1-cyl., 59.1" wb, 300 cc						
1d Std Sed	350	950	1550	3150	5450	7800
1d DeL Sed	350	975	1600	3200	5600	8000
700, 2-cyl., 83.5" wb, 697 cc						
Cpe	200	660	1100	2200	3850	5500
CS Cpe	200	685	1150	2300	3990	5700
2d Sed	200	675	1000	2000	3500	5000
700, 2-cyl., 89.8" wb, 697 cc						
LS Luxus 2d Sed	200	720	1200	2400	4200	6000
4-cyl., 100.4" wb, 1499 cc						
1500 4d Sed	200	720	1200	2400	4200	6000
V-8, 111.6" wb, 2580 cc						
2600 4d Sed	450	1140	1900	3800	6650	9500
2600L 4d Sed	450	1140	1900	3800	6650	9500
V-8, 111.6" wb, 3168 cc						
3200L 4d Sed	450	1450	2400	4800	8400	12,000
3200S 4d Sed	450	1500	2500	5000	8800	12,500
3200CS Cpe	700	2300	3800	7600	13,300	19,000
1963						
700, 2-cyl., 83.5" wb, 697 cc						
Cpe	200	700	1050	2100	3650	5200
2d Sed	150	600	900	1800	3150	4500
CS Spt Cpe	200	685	1150	2300	3990	5700
Spt Conv	450	1450	2400	4800	8400	12,000
700, 2-cyl., 89.8" wb, 697 cc						
LS Luxus 2d Sed	200	720	1200	2400	4200	6000
4-cyl., 100.4" wb, 1499 cc						
1500 4d Sed	200	745	1250	2500	4340	6200
4-cyl., 100.4" wb, 1773 cc						
1800 4d Sed	350	840	1400	2800	4900	7000
6-cyl., 111.6" wb, 2580 cc						
2600L 4d Sed	450	1140	1900	3800	6650	9500
V-8, 111.6" wb, 3680 cc						
3200S 4d Sed	400	1300	2200	4400	7700	11,000
3200CS Cpe	700	2150	3600	7200	12,600	18,000
1964						
700, 2-cyl., 83.5" wb, 697 cc						
Cpe	200	700	1050	2100	3650	5200
2d Sed	150	600	900	1800	3150	4500
CS Cpe	200	685	1150	2300	3990	5700
CS Conv	450	1450	2400	4800	8400	12,000
700, 2-cyl., 89.8" wb, 697 cc						
LS Luxus Cpe	200	745	1250	2500	4340	6200
LS Luxus 2d Sed	200	720	1200	2400	4200	6000
4-cyl., 100.4" wb, 1499 cc						
1500 4d Sed	200	720	1200	2400	4200	6000
4-cyl., 100.4" wb, 1573 cc						
1600 4d Sed	350	780	1300	2600	4550	6500
4-cyl., 100.4" wb, 1773 cc						
1800 4d Sed	350	840	1400	2800	4900	7000

	6	5	4	3	2	1
1800ti 4d Sed	350	900	1500	3000	5250	7500
1800ti/SA 4d Sed	350	900	1500	3000	5250	7500
6-cyl., 111.6" wb, 2580 cc						
2600L 4d Sed	450	1080	1800	3600	6300	9000
V-8, 111.6" wb, 3168 cc						
3200CS Cpe	700	2150	3600	7200	12,600	18,000
1965						
700LS, 2-cyl., 89.8" wb, 697 cc						
Luxus Cpe	200	745	1250	2500	4340	6200
Luxus 2d Sed	200	720	1200	2400	4200	6000
4-cyl., 100.4" wb, 1573 cc						
1600 4d Sed	350	780	1300	2600	4550	6500
4-cyl., 100.4" wb, 1773 cc						
1800 4d Sed	350	975	1600	3200	5600	8000
1800ti 4d Sed	350	1020	1700	3400	5950	8500
1800ti/SA 4d Sed	350	1020	1700	3400	5950	8500
4-cyl., 100.4" wb, 1990 cc						
2000C Cpe	450	1450	2400	4800	8400	12,000
2000CS Cpe	500	1550	2600	5200	9100	13,000
V-8, 111.4" wb, 3168 cc						
3200CS Cpe	700	2150	3600	7200	12,600	18,000
1966						
4-cyl., 98.4" wb, 1573 cc						
1600-2 2d Sed	350	840	1400	2800	4900	7000
4-cyl., 100.4" wb, 1573 cc						
1600 4d Sed	350	780	1300	2600	4550	6500
4-cyl., 100.4" wb, 1773 cc						
1800 4d Sed	350	840	1400	2800	4900	7000
1800ti 4d Sed	350	950	1550	3100	5400	7700
4-cyl., 100.4" wb, 1990 cc						
2000 4d Sed	350	860	1450	2900	5050	7200
2000ti 4d Sed	350	950	1550	3100	5400	7700
2000tilux 4d Sed	350	1000	1650	3300	5750	8200
2000C Cpe	500	1550	2600	5200	9100	13,000
2000CS Cpe	500	1600	2700	5400	9500	13,500
1967						
4-cyl., 98.4" wb, 1573 cc						
1602 2d Sed	350	840	1400	2800	4900	7000
1600ti 2d Sed	450	1080	1800	3600	6300	9000
4-cyl., 91.3" wb, 1573 cc						
Glas 1600GT Cpe	450	1140	1900	3800	6650	9500
4-cyl., 100.4" wb, 1773 cc						
1800 4d Sed	350	840	1400	2800	4900	7000
4-cyl., 100.4" wb, 1990 cc						
2000 4d Sed	350	860	1450	2900	5050	7200
2000ti 4d Sed	350	950	1550	3100	5400	7700
2000tilux 4d Sed	350	1020	1700	3400	5950	8500
2000C Cpe	500	1550	2600	5200	9100	13,000
2000CS Cpe	500	1600	2700	5400	9500	13,500
V-8, 98.4" wb, 2982 cc						
Glas 3000 V-8 Cpe	550	1750	2900	5800	10,200	14,500
1968						
1600, 4-cyl., 98.4" wb, 1573 cc						
2d Sed	450	1080	1800	3600	6300	9000
Cabr	550	1800	3000	6000	10,500	15,000
4-cyl., 91.3" wb, 1573 cc						
Glas 1600 GT Cpe	450	1140	1900	3800	6650	9500
4-cyl., 100.4, 1773 cc						
1800 4d Sed	350	840	1400	2800	4900	7000
4-cyl., 100.4" wb, 1766 cc						
1800 4d Sed	350	860	1450	2900	5050	7200
4-cyl., 98.4" wb, 1990 cc						
2002 2d Sed	450	1140	1900	3800	6650	9500
2002ti 2d Sed	400	1300	2200	4400	7700	11,000
4-cyl., 100.4" wb, 1990 cc						
2000 4d Sed	350	840	1400	2800	4900	7000
2000ti 4d Sed	350	900	1500	3000	5250	7500
2000tilux 4d Sed	350	1020	1700	3400	5950	8500
2000C Cpe	450	1450	2400	4800	8400	12,000
2000CS Cpe	500	1550	2600	5200	9100	13,000
6-cyl., 106" wb, 2494 cc						
2500 4d Sed	350	900	1500	3000	5250	7500
6-cyl., 109.9" wb, 2788 cc						
2800 4d Sed	350	1020	1700	3400	5950	8500

	6	5	4	3	2	1
6-cyl., 103.3" wb, 2788 cc						
2800CS Cpe	550	1800	3000	6000	10,500	15,000
V-8, 98.4" wb, 2982 cc						
Glas 3000 V-8 Cpe	500	1550	2600	5200	9100	13,000
1969						
1600, 4-cyl., 98.4" wb, 1573 cc						
2d Sed	350	975	1600	3200	5600	8000
Cabr	600	1900	3200	6400	11,200	16,000
4-cyl., 100.4" wb, 1766 cc						
1800 4d Sed	350	840	1400	2800	4900	7000
4-cyl., 98.4" wb, 1990 cc						
2002 2d Sed	450	1140	1900	3800	6650	9500
2002ti 2d Sed	400	1300	2200	4400	7700	11,000
4-cyl., 100.4" wb, 1990 cc						
2000tilux 4d Sed	350	900	1500	3000	5250	7500
2000C Cpe	450	1450	2400	4800	8400	12,000
2000CS Cpe	500	1550	2600	5200	9100	13,000
6-cyl., 106" wb, 2494 cc						
2500 4d Sed	350	840	1400	2800	4900	7000
6-cyl., 106" wb, 2788 cc						
2800 4d Sed	350	900	1500	3000	5250	7500
6-cyl., 103.3" wb, 2788 cc						
2800CSA Cpe	450	1450	2400	4800	8400	12,000
2800CS Cpe	550	1700	2800	5600	9800	14,000
1970						
1600, 4-cyl., 98.4" wb, 1573 cc						
2d Sed	350	1020	1700	3400	5950	8500
Cabr	600	1900	3200	6400	11,200	16,000
4-cyl., 100.4" wb, 1766 cc						
1800 4d Sed	350	840	1400	2800	4900	7000
4-cyl., 98.4" wb, 1990 cc						
2002 2d Sed	450	1080	1800	3600	6300	9000
4-cyl., 100.4" wb, 1990 cc						
2000tilux 4d Sed	350	1020	1700	3400	5950	8500
2000tii 4d Sed	450	1080	1800	3600	6300	9000
6-cyl., 106" wb, 2494 cc						
2500 4d Sed	350	900	1500	3000	5250	7500
6-cyl., 106" wb, 2788 cc						
2800 4d Sed	350	1020	1700	3400	5950	8500
6-cyl., 103.3" wb, 2788 cc						
2800CSA	450	1450	2400	4800	8400	12,000
2800CS Cpe	500	1550	2600	5200	9100	13,000
3.0CS Cpe	600	1900	3200	6400	11,200	16,000
3.0CSi Cpe	700	2300	3800	7600	13,300	19,000
3.0CSL Cpe	800	2500	4200	8400	14,700	21,000
6-cyl., 103.3" wb, 3003 cc						
3.0CSL Cpe	800	2500	4200	8400	14,700	21,000
1971						
1600, 4-cyl., 98.4" wb, 1573 cc						
2d Sed	350	1020	1700	3400	5950	8500
Tr	350	1020	1700	3400	5950	8500
Cabr	650	2050	3400	6800	11,900	17,000
4-cyl., 100.4" wb, 1766						
1800 4d Sed	350	840	1400	2800	4900	7000
4-cyl., 98.4" wb, 1990 cc						
2002 2d Sed	450	1080	1800	3600	6300	9000
2002 Cabr	750	2400	4000	8000	14,000	20,000
2002 Targa	450	1450	2400	4800	8400	12,000
2000 Tr	450	1080	1800	3600	6300	9000
2002ti 2d Sed	450	1140	1900	3800	6650	9500
4-cyl., 100.4" wb, 1990 cc						
2000tii 4d Sed	450	1080	1800	3600	6300	9000
6-cyl., 106" wb, 2494 cc						
2500 4d Sed	350	840	1400	2800	4900	7000
6-cyl., 106" wb, 2788 cc						
2800 4d Sed	350	900	1500	3000	5250	7500
Bavaria 4d Sed	350	900	1500	3000	5250	7500
6-cyl., 106" wb, 2985 cc						
3.0S 4d Sed	350	1020	1700	3400	5950	8500
Bavaria 4d Sed	350	1020	1700	3400	5950	8500
6-cyl., 103.3" wb, 2788 cc						
2800CSA Cpe	450	1450	2400	4800	8400	12,000
2800CS Cpe	550	1700	2800	5600	9800	14,000
6-cyl., 103.3" wb, 2788 cc						
3.0CSA Cpe	550	1700	2800	5600	9800	14,000

	6	5	4	3	2	1
3.0CS Cpe	550	1800	3000	6000	10,500	15,000
3.0CSi Cpe	700	2300	3800	7600	13,300	19,000
3.0CSL Cpe	800	2500	4200	8400	14,700	21,000
1972						
4-cyl., 100.4" wb, 1766 cc						
1800 4d Sed	350	840	1400	2800	4900	7000
4-cyl., 100.4" wb, 1990 cc						
2000tii 4d Sed	450	1080	1800	3600	6300	9000
4-cyl., 98.4" wb, 1990 cc						
2002 2d Sed	450	1080	1800	3600	6300	9000
2002 Targa	450	1450	2400	4800	8400	12,000
2000 Tr	450	1080	1800	3600	6300	9000
2002ti 2d Sed	450	1140	1900	3800	6650	9500
2002tii 2d Sed	400	1200	2000	4000	7000	10,000
2002tii Tr	400	1300	2200	4400	7700	11,000
6-cyl., 106" wb, 2788 cc						
2800 4d Sed	350	900	1500	3000	5250	7500
Bavaria 4d Sed	350	900	1500	3000	5250	7500
6-cyl., 106" wb, 2985 cc						
3.0S 4d Sed	350	1020	1700	3400	5950	8500
Bavaria	350	1020	1700	3400	5950	8500
6-cyl., 103.3" wb, 2985 cc						
3.0CSA Cpe	500	1550	2600	5200	9100	13,000
1973						
4-cyl., 98.4" wb, 1990 cc						
2002 2d Sed	450	1080	1800	3600	6300	9000
2000 Targa	450	1450	2400	4800	8400	12,000
2002ti 2d Sed	450	1140	1900	3800	6650	9500
2002tii 2d Sed	400	1200	2000	4000	7000	10,000
2002tii Tr	400	1300	2200	4400	7700	11,000
2002 Turbo	550	1800	3000	6000	10,500	15,000
6-cyl., 106" wb, 2788 cc						
2800 4d Sed	350	900	1500	3000	5250	7500
Bavaria 4d Sed	350	900	1500	3000	5250	7500
6-cyl., 106" wb, 2985 cc						
3.0S 4d Sed	350	1020	1700	3400	5950	8500
Bavaria 4d Sed	350	1020	1700	3400	5950	8500
6-cyl., 103.3" wb, 2985 cc						
3.0CSA Cpe	450	1450	2400	4800	8400	12,000
3.0CS Cpe	550	1800	3000	6000	10,500	15,000
3.0CSi Cpe	650	2050	3400	6800	11,900	17,000
6-cyl., 103.3" wb, 3003 cc						
3.0CSL Cpe	700	2300	3800	7600	13,300	19,000
6-cyl., 103.3" wb, 3153 cc						
3.0CSL Cpe	750	2400	4000	8000	14,000	20,000
1974						
4-cyl., 98.4" wb, 1990 cc						
2002 2d Sed	450	1080	1800	3600	6300	9000
2002 Targa	450	1450	2400	4800	8400	12,000
2000 Tr	450	1080	1800	3600	6300	9000
2002ti 2d Sed	450	1140	1900	3800	6650	9500
2002tii 2d Sed	400	1200	2000	4000	7000	10,000
2002tii Tr	400	1300	2200	4400	7700	11,000
2002 Turbo	550	1700	2800	5600	9800	14,000
6-cyl., 106" wb, 2788 cc						
2800 4d Sed	350	900	1500	3000	5250	7500
Bavaria 4d Sed	350	900	1500	3000	5250	7500
6-cyl., 106" wb, 2985 cc						
3.0S 4d Sed	350	1020	1700	3400	5950	8500
Bavaria 4d Sed	350	1020	1700	3400	5950	8500
6-cyl., 103.3" wb, 2985 cc						
3.0CSA Cpe	450	1450	2400	4800	8400	12,000
3.0CS Cpe	550	1800	3000	6000	10,500	15,000
3.0CSi Cpe	650	2050	3400	6800	11,900	17,000
6-cyl., 103.3" wb, 3153 cc						
3.0CSL Cpe	750	2400	4000	8000	14,000	20,000
6-cyl., 103" wb, 2985 cc						
530i 4d Sed	350	1020	1700	3400	5950	8500
1975						
4-cyl., 98.4" wb, 1990 cc						
2002 2d Sed	450	1080	1800	3600	6300	9000
2002 Targa	500	1550	2600	5200	9100	13,000
2002ti 2d Sed	400	1200	2000	4000	7000	10,000
2002 Turbo	550	1700	2800	5600	9800	14,000

	6	5	4	3	2	1
4-cyl., 100.9" wb, 1990 cc						
320i 2d Sed	350	840	1400	2800	4900	7000
6-cyl., 106" wb, 2788 cc						
2800 4d Sed	350	900	1500	3000	5250	7500
Bavaria	350	900	1500	3000	5250	7500
6-cyl., 106" wb, 2985 cc						
3.0S 4d Sed	450	1080	1800	3600	6300	9000
Bavaria	450	1080	1800	3600	6300	9000
6-cyl., 103.3" wb, 2985 cc						
3.0CSA Cpe	450	1450	2400	4800	8400	12,000
3.0CS Cpe	550	1800	3000	6000	10,500	15,000
3.0CSi Cpe	650	2050	3400	6800	11,900	17,000
6-cyl., 103.3" wb, 3153 cc						
3.0CSL Cpe	700	2300	3800	7600	13,300	19,000
6-cyl., 103" wb, 2985 cc						
530i 4d Sed	450	1080	1800	3600	6300	9000
1976						
4-cyl., 100.9" wb, 1990 cc						
2002 2d Sed	450	1080	1800	3600	6300	9000
320i 2d Sed	350	975	1600	3200	5600	8000
6-cyl., 106" wb, 2788 cc						
2800 4d Sed	350	975	1600	3200	5600	8000
Bavaria	350	975	1600	3200	5600	8000
6-cyl., 106" wb, 2985 cc						
3.0Si 4d Sed	450	1140	1900	3800	6650	9500
Bavaria	450	1140	1900	3800	6650	9500
6-cyl., 103" wb, 2985 cc						
530i 4d Sed	450	1140	1900	3800	6650	9500
6-cyl., 103.4" wb, 2985 cc						
630CS Cpe	550	1800	3000	6000	10,500	15,000
1977						
4-cyl., 100.9" wb, 1990 cc						
320i 2d Sed	350	1020	1700	3400	5950	8500
6-cyl., 106" wb, 2788 cc						
2800 4d Sed	350	1020	1700	3400	5950	8500
Bavaria	350	1020	1700	3400	5950	8500
6-cyl., 106" wb, 2985 cc						
3.0S 4d Sed	450	1140	1900	3800	6650	9500
Bavaria	450	1140	1900	3800	6650	9500
6-cyl., 103.4" wb, 2985 cc						
530i 4d Sed	450	1140	1900	3800	6650	9500
630CS Cpe	550	1800	3000	6000	10,500	15,000
630CSi Cpe	650	2050	3400	6800	11,900	17,000
6-cyl., 103.4" wb, 3210 cc						
633CSi Cpe	700	2150	3600	7200	12,600	18,000
1978						
4-cyl., 100.9" wb, 2563 cc						
320i 2d Sed	450	1080	1800	3600	6300	9000
6-cyl., 103" wb, 2788 cc						
528i 4d Sed	400	1200	2000	4000	7000	10,000
6-cyl., 103.4" wb, 2985 cc						
530i 4d Sed	550	1800	3000	6000	10,500	15,000
630CS Cpe	600	1900	3200	6400	11,200	16,000
630CSi Cpe	650	2050	3400	6800	11,900	17,000
6-cyl., 103.4" wb, 3210 cc						
633CSi Cpe	700	2300	3800	7600	13,300	19,000
6-cyl., 110" wb, 2788 cc						
733i 4d Sed	550	1800	3000	6000	10.500	15,000
1979						
320i 2d Sed	450	1140	1900	3800	6650	9500
528i 4d Sed	400	1300	2200	4400	7700	11,000
733i 4d Sed	650	2050	3400	6800	11,900	17,000
633Si 2d Cpe	700	2300	3800	7600	13,300	19,000
Mi Cpe	5450	17,400	29,000	58,000	101,500	145,000
1980						
320i 2d Sed	450	1140	1900	3800	6650	9500
528i 4d Sed	400	1300	2200	4400	7700	11,000
733i 4d Sed	650	2050	3400	6800	11,900	17,000
633CSi 2d Cpe	700	2300	3800	7600	13,300	19,000
Mi Cpe	5450	17,400	29,000	58,000	101,500	145,000
1981						
320i 2d Sed	400	1200	2000	4000	7000	10,000
528i 4d Sed	400	1300	2200	4400	7700	11,000

	6	5	4	3	2	1
733i 4d Sed	700	2300	3800	7600	13,300	19,000
633CSi 2d Cpe	800	2500	4200	8400	14,700	21,000
1982						
320i 2d Sed	400	1300	2200	4400	7700	11,000
528E 4d Sed	450	1450	2400	4800	8400	12,000
733i 4d Sed	700	2300	3800	7600	13,300	19,000
633CSi 2d Cpe	850	2750	4600	9200	16,100	23,000
1983						
320i 2d Sed	450	1140	1900	3800	6650	9500
528E 4d Sed	450	1450	2400	4800	8400	12,000
533i 4d Sed	500	1550	2600	5200	9100	13,000
733i 4d Sed	750	2400	4000	8000	14,000	20,000
633CSi 2d Cpe	850	2650	4400	8800	15,400	22,000
1984						
318i 2d Sed	450	1080	1800	3600	6300	9000
325E 2d Sed	400	1200	2000	4000	7000	10,000
528E 4d Sed	450	1450	2400	4800	8400	12,000
533i 4d Sed	550	1700	2800	5600	9800	14,000
733i 4d Sed	800	2500	4200	8400	14,700	21,000
633CSi Cpe	850	2650	4400	8800	15,400	22,000
1985						
318i 2d Sed	450	1140	1900	3800	6650	9500
318i 4d Sed	450	1130	1900	3800	6600	9400
325E 2d Sed	400	1300	2200	4400	7700	11,000
325E 4d Sed	400	1300	2200	4400	7700	11,000
528E 4d Sed	500	1550	2600	5200	9100	13,000
535i 4d Sed	550	1800	3000	6000	10,500	15,000
524TD 4d Sed	550	1800	3000	6000	10,500	15,000
735i 4d Sed	900	2900	4800	9600	16,800	24,000
635CSi 2d Cpe	1000	3250	5400	10,800	18,900	27,000
1986						
325 2d Sed	450	1450	2400	4800	8400	12,000
325 4d Sed	450	1450	2400	4800	8400	12,000
325ES 4d Sed	500	1550	2600	5200	9100	13,000
325E 4d Sed	500	1550	2600	5200	9100	13,000
524TD 4d Sed	550	1800	3000	6000	10,500	15,000
528E 4d Sed	600	1900	3200	6400	11,200	16,000
535i 4d Sed	700	2150	3600	7200	12,600	18,000
735i 4d Sed	1000	3100	5200	10,400	18,200	26,000
L7 4d Sed	1050	3350	5600	11,200	19,600	28,000
635CSi 2d Cpe	1150	3600	6000	12,000	21,000	30,000
1987						
325 2d Sed	500	1550	2600	5200	9100	13,000
325 4d Sed	500	1550	2600	5200	9100	13,000
325ES 2d Sed	550	1700	2800	5600	9800	14,000
325E 4d Sed	550	1700	2800	5600	9800	14,000
325is 2d Sed	600	1900	3200	6400	11,200	16,000
325i 4d Sed	550	1800	3000	6000	10,500	15,000
325i 2d Conv	900	2900	4800	9600	16,800	24,000
528E 4d Sed	700	2150	3600	7200	12,600	18,000
528i 4d Sed	750	2400	4000	8000	14,000	20,000
528is 4d Sed	750	2450	4100	8200	14,400	20,500
735i 4d Sed	850	2650	4400	8800	15,400	22,000
L7 4d Sed	850	2650	4400	8800	15,400	22,000
635CSi 2d Cpe	1050	3350	5600	11,200	19,600	28,000
L6 2d Cpe	1200	3850	6400	12,800	22,400	32,000
M6 2d Cpe	1150	3600	6000	12,000	21,000	30,000
1988						
325 2d	600	1900	3200	6400	11,200	16,000
325 4d	600	1900	3200	6400	11,200	16,000
325i 2d	700	2150	3600	7200	12,600	18,000
325i 4d	700	2150	3600	7200	12,600	18,000
325i 2d Conv	850	2650	4400	8800	15,400	22,000
325iX 2d	750	2400	4000	8000	14,000	20,000
M3 2d	950	3000	5000	10,000	17,500	25,000
528E 4d	750	2400	4000	8000	14,000	20,000
535i 4d	850	2750	4600	9200	16,100	23,000
535is 4d	900	2900	4800	9600	16,800	24,000
M5 4d	1050	3350	5600	11,200	19,600	28,000
735i 4d	1050	3350	5600	11,200	19,600	28,000
735iL 4d	1150	3600	6000	12,000	21,000	30,000
750iL 4d	2000	6350	10,600	21,200	37,100	53,000
635CSi 2d	1150	3600	6000	12,000	21,000	30,000
M6 2d	1300	4200	7000	14,000	24,500	35,000

	6	5	4	3	2	1
1989						
325i 2d Sed	700	2150	3600	7200	12,600	18,000
325i 4d Sed	700	2150	3600	7200	12,600	18,000
325is 2d Sed	750	2400	4000	8000	14,000	20,000
325i Conv	1000	3100	5200	10,400	18,200	26,000
325ix 2d Sed (4x4)	850	2650	4400	8800	15,400	22,000
325ix 4d Sed (4x4)	850	2650	4400	8800	15,400	22,000
M3 2d Sed	1150	3700	6200	12,400	21,700	31,000
525i 4d Sed	1050	3350	5600	11,200	19,600	28,000
535i 4d Sed	1150	3600	6000	12,000	21,000	30,000
735i 4d Sed	1500	4800	8000	16,000	28,000	40,000
735iL 4d Sed	1550	4900	8200	16,400	28,700	41,000
750iL 4d Sed	2100	6700	11,200	22,400	39,200	56,000
635CSi Cpe	1300	4200	7000	14,000	24,500	35,000
1990						
325i 2d Sed	450	1450	2400	4800	8400	12,000
325i 4d Sed	500	1550	2600	5200	9100	13,000
325is 2d Sed	500	1600	2700	5400	9500	13,500
325i 2d Conv	600	1900	3200	6400	11,200	16,000
325i 2d Sed (4x4)	550	1700	2800	5600	9800	14,000
325i 4d Sed (4x4)	550	1700	2800	5600	9800	14,000
M3 4d Sed	600	1900	3200	6400	11,200	16,000
525i 4d Sed	550	1800	3000	6000	10,500	15,000
535i 4d Sed	700	2150	3600	7200	12,600	18,000
735i 4d Sed	700	2300	3800	7600	13,300	19,000
735iL 4d Sed	750	2400	4000	8000	14,000	20,000
750iL 4d Sed	800	2500	4200	8400	14,700	21,000

BORGWARD

	6	5	4	3	2	1
1949-53						
Hansa 1500, 4-cyl, 96" wb						
2d Sed	200	720	1200	2400	4200	6000
2d Conv	350	1020	1700	3400	5950	8500
Hansa 1800, 4-cyl, 102" wb						
4d Sed	200	730	1250	2450	4270	6100
Hansa 2400, 4-cyl, 102" wb or 111" wb						
4d Sed	200	745	1250	2500	4340	6200
1954-55						
Isabella, 4-cyl, 102" wb						
2d Sed	350	840	1400	2800	4900	7000
Hansa 1500, 4-cyl, 96" wb						
2d Sed	200	730	1250	2450	4270	6100
2d Conv	350	1020	1700	3400	5950	8500
Hansa 1800, 4-cyl, 102" wb						
4d Sed	200	730	1250	2450	4270	6100
Hansa 2400, 4-cyl, 102" or 111" wb						
4d Sed	200	745	1250	2500	4340	6200
1956						
Isabella, 4-cyl, 102" wb						
2d Sed	350	860	1450	2900	5050	7200
2d TS Sed	350	870	1450	2900	5100	7300
2d Sta Wag	350	860	1450	2900	5050	7200
2d Cabr	400	1250	2100	4200	7400	10,500
1957						
Isabella, 4-cyl, 102" wb						
2d Sed	350	860	1450	2900	5050	7200
2d Sta Wag	350	870	1450	2900	5100	7300
2d TS Sed	350	880	1500	2950	5180	7400
2d TS Conv Cpe	400	1250	2100	4200	7400	10,500
2d TS Spt Cpe	350	1020	1700	3400	5950	8500
1958						
Isabella, 4-cyl, 102" wb						
2d Sed	350	860	1450	2900	5050	7200
2d Sta Wag	350	870	1450	2900	5100	7300
2d TS Sed	350	880	1500	2950	5180	7400
2d TS Spt Cpe	350	1020	1700	3400	5950	8500
1959						
Isabella, 4-cyl, 102" wb						
2d Sed	350	860	1450	2900	5050	7200
2d SR Sed	350	870	1450	2900	5100	7300
2d Combi Wag	350	880	1500	2950	5180	7400

	6	5	4	3	2	1
2d TS Spt Sed	350	880	1500	2950	5180	7400
2d TS DeL Sed	350	900	1500	3000	5250	7500
2d TS Spt Cpe	350	1020	1700	3400	5950	8500
1960						
Isabella, 4-cyl, 102" wb						
2d Sed	350	860	1450	2900	5050	7200
2d SR Sed	350	870	1450	2900	5100	7300
2d Combi Wag	350	870	1450	2900	5100	7300
2d TS Spt Sed	350	880	1500	2950	5180	7400
2d TS DeL Sed	350	900	1500	3000	5250	7500
2d TS Spt Cpe	350	1020	1700	3400	5950	8500
1961						
Isabella, 4-cyl, 102" wb						
2d Sed	350	880	1500	2950	5180	7400

CITROEN

	6	5	4	3	2	1
1945-48						
11 Legere, 4-cyl, 114.5" wb, 1911cc						
4d Sed	450	1450	2400	4800	8400	12,000
11 Normale, 4-cyl, 119" wb, 1911cc						
4d Sed	750	2400	4000	8000	14,000	20,000
15, 6-cyl, 119" wb, 2867cc						
4d Sed	750	2400	4000	8000	14,000	20,000
1949-54						
2CV, 2-cyl, 94.4" wb, 375cc						
4d Sed	350	780	1300	2600	4550	6500
11 Legere, 4-cyl, 114.5" wb, 1911cc						
4d Sed	450	1450	2400	4800	8400	12,000
11 Normale, 4-cyl, 119" wb, 1911cc						
4d Sed	550	1700	2800	5600	9800	14,000
15, 6-cyl, 119" wb, 2867cc						
4d Sed	850	2700	4500	9000	15,800	22,500
1955-56						
2CV, 2-cyl, 94.4" wb, 425cc						
4d Sed	350	820	1400	2700	4760	6800
DS19, 4-cyl, 123" wb, 1911cc						
4d Sed	350	975	1600	3200	5600	8000
11, 4-cyl, 114.5" wb, 1911cc						
4d Sed	550	1800	3000	6000	10,500	15,000
15, 6-cyl, 121.5" wb, 2867cc						
4d Sed	950	3000	5000	10,000	17,500	25,000
1957						
2CV, 2-cyl, 94.4" wb, 425cc						
4d Sed	350	820	1400	2700	4760	6800
ID19, 4-cyl, 123" wb, 1911cc						
4d Sed	350	900	1500	3000	5250	7500
DS19, 4-cyl, 123" wb, 1911cc						
4d DeL Sed	350	975	1600	3200	5600	8000
1958						
2CV, 2-cyl, 94.4" wb, 425cc						
4d DeL Sed	350	820	1400	2700	4760	6800
ID19, 4-cyl, 123" wb, 1911cc						
4d Sed	350	900	1500	3000	5250	7500
DS19, 4-cyl, 123" wb, 1911cc						
4d DeL Sed	350	975	1600	3200	5600	8000
1959						
2CV, 2-cyl, 94.4" wb, 425cc						
2d Sed	350	820	1400	2700	4760	6800
ID19, 4-cyl, 123" wb, 1911cc						
4d Sed	350	950	1500	3050	5300	7600
DS19, 4-cyl, 123" wb, 1911cc						
4d DeL Sed	350	1000	1650	3300	5750	8200
1960						
AMI-6, 2-cyl, 94.5" wb, 602cc						
4d Sed	350	900	1500	3000	5250	7500
ID19, 4-cyl, 123" wb, 1911cc						
4d Luxe Sed	350	975	1600	3200	5500	7900
4d Confort Sed	350	1000	1650	3350	5800	8300
4d Sta Wag	350	975	1600	3200	5600	8000

	6	5	4	3	2	1
DS19, 4-cyl, 123" wb, 1911cc						
4d DeL Sed	350	950	1550	3150	5450	7800
1961						
AMI-6, 2-cyl, 94.5" wb, 602cc						
4d Sed	350	900	1500	3000	5250	7500
ID19, 4-cyl, 123" wb, 1911cc						
4d Luxe Sed	350	975	1600	3200	5600	8000
4d Luxe Sta Wag	350	975	1600	3200	5600	8000
4d Confort Sed	350	1000	1650	3300	5750	8200
4d Confort Sta Wag	350	1000	1650	3300	5750	8200
DS19, 4-cyl, 123" wb, 1911cc						
4d DeL Sed	350	975	1600	3200	5600	8000
2d Chapron Sed	950	3000	5000	10,000	17,500	25,000
4d Prestige Limo	450	1450	2400	4800	8400	12,000
1962						
AMI-6, 2-cyl, 94.5" wb, 602cc						
4d Sed	350	900	1500	3000	5250	7500
ID19, 4-cyl, 123" wb, 1911cc						
4d Normale Sed	350	950	1550	3150	5450	7800
4d Luxe Sed	350	975	1600	3200	5600	8000
4d Luxe Sta Wag	350	975	1600	3200	5600	8000
4d Confort Sed	350	1000	1650	3300	5750	8200
4d Confort Sta Wag	350	1000	1650	3300	5750	8200
DS19, 4-cyl, 123" wb, 1911cc						
4d Sup 83 Sed	350	1020	1700	3400	5950	8500
1963						
AMI-6, 2-cyl, 94.5" wb, 602cc						
4d Sed	350	900	1500	3000	5250	7500
ID19, 4-cyl, 123" wb, 1911cc						
4d Normale Sed	350	950	1550	3150	5450	7800
4d Luxe Sed	350	975	1600	3200	5600	8000
4d Luxe Sta Wag	350	975	1600	3200	5600	8000
4d Confort Sed	350	1000	1650	3300	5750	8200
4d Confort Sta Wag	350	1000	1650	3300	5750	8200
2d Confort Conv	950	3000	5000	10,000	17,500	25,000
DS19, 4-cyl, 123" wb, 1911cc						
4d Sup 83 Sed	350	1020	1700	3400	5950	8500
2d Sup 83 Conv	1000	3200	5300	10,600	18,600	26,500
4d Aero Sup Sed	400	1200	2000	4000	7000	10,000
2d Aero Sup Conv	1050	3400	5700	11,400	20,000	28,500
1964						
AMI-6, 2-cyl, 94.5" wb, 602cc						
4d Sed	350	900	1500	3000	5250	7500
ID19, 4-cyl, 123" wb, 1911cc						
4d Sup Sed	350	975	1600	3200	5600	8000
2d Sup Conv	950	3000	5000	10,000	17,500	25,000
4d DeL Sta Wag	350	975	1600	3200	5600	8000
4d Confort Sta Wag	350	1000	1650	3300	5750	8200
DS19, Grande Route, 4-cyl, 94.5" wb, 1911cc						
4d Sed	350	1020	1700	3400	5950	8500
2d Conv	1000	3200	5300	10,600	18,600	26,500
DS19, Aero Super, 4-cyl, 94.5" wb, 1911cc						
4d Sed	400	1200	2000	4000	7000	10,000
2d Conv	1050	3400	5700	11,400	20,000	28,500
1965						
AMI-6, 2-cyl, 94.5" wb, 602cc						
4d Sed	350	900	1500	3000	5250	7500
ID19, 4-cyl, 123" wb, 1911cc						
4d Luxe Sed	350	975	1600	3200	5600	8000
4d Luxe Sta Wag	350	975	1600	3200	5600	8000
4d Sup Sed	350	975	1600	3200	5600	8000
4d Confort Sta Wag	350	1000	1650	3300	5750	8200
DS19, Grande Route, 4-cyl, 123" wb, 1911cc						
4d Sed	350	1020	1700	3400	5950	8500
4d Pallas Sed	350	1040	1700	3450	6000	8600
DS19, Aero Super, 4-cyl, 123" wb, 1911cc						
4d Sed	400	1200	2000	4000	7000	10,000
4d Pallas Sed	450	1170	1975	3900	6850	9800
1966-67						
AMI-6, 2-cyl, 94.5" wb, 602cc						
4d Sed	350	900	1500	3000	5250	7500
4d Sta Wag	350	900	1500	3000	5250	7500
ID19, 4-cyl, 123" wb, 1911cc						
4d Luxe Sed	350	975	1600	3200	5600	8000
4d Sup Sed	350	975	1600	3200	5600	8000

	6	5	4	3	2	1
DS19, Grand Route, 4-cyl, 123" wb, 1985cc						
4d Sed	350	1020	1700	3400	5950	8500
4d Pallas Sed	450	1500	2500	5000	8800	12,500
DS19, Aero Super, 4-cyl, 123" wb, 1985cc						
4d Sed	350	1020	1700	3400	5950	8500
4d Pallas Sed	450	1500	2500	5000	8800	12,500
DS21, Grande Route, 4-cyl, 123" wb, 2175cc						
4d Sed	450	1050	1750	3550	6150	8800
4d Pallas Sed	400	1200	2000	4000	7000	10,000
DS21, Aero Super, 4-cyl, 123" wb, 2175cc						
4d Sed	500	1600	2700	5400	9500	13,500
4d Pallas Sed	550	1800	3000	6000	10,500	15,000
DS21, Chapron, 4-cyl, 123" wb, 2175cc						
2d Conv Cpe	1150	3600	6000	12,000	21,000	30,000
D21, 4-cyl, 123" wb, 2175cc						
4d Luxe Sta Wag	400	1200	2000	4000	7000	10,000
4d Confort Sta Wag	450	1400	2300	4600	8100	11,500
1968						
ID19, 4-cyl, 123" wb, 1985cc						
4d Luxe Sed	350	975	1600	3200	5600	8000
4d Grande Rte Sed	350	1020	1700	3400	5950	8500
DS21, Grande Route, 4-cyl, 123" wb, 2175cc						
4d Sed	450	1050	1750	3550	6150	8800
4d Pallas Sed	400	1200	2000	4000	7000	10,000
DS21, Aero Super, 4-cyl, 123" wb, 2175cc						
4d Sed	500	1600	2700	5400	9500	13,500
4d Pallas Sed	550	1800	3000	6000	10,500	15,000
D21, 4-cyl, 123" wb, 2175cc						
4d Luxe Sta Wag	400	1200	2000	4000	7000	10,000
4d Confort Sta Wag	450	1400	2300	4600	8100	11,500
1969						
ID19, 4-cyl, 123" wb, 1985cc						
4d Luxe Sed	350	900	1500	3000	5250	7500
4d Grande Rte Sed	350	975	1600	3200	5600	8000
DS21, Grande Route, 4-cyl, 123" wb, 2175cc						
4d Sed	350	1000	1650	3350	5800	8300
4d Pallas Sed	450	1140	1900	3800	6650	9500
DS21, Aero Super, 4-cyl, 123" wb, 2175cc						
4d Sed	350	1000	1650	3350	5800	8300
4d Pallas Sed	450	1140	1900	3800	6650	9500
Luxe, 4-cyl, 123" wb, 2175cc						
4d D19 Sta Wag	450	1140	1900	3800	6650	9500
4d D21 Sta Wag	450	1140	1900	3800	6650	9500
1970						
ID19/D Special, 4-cyl, 123" wb, 1985cc						
4d Grande Rte Sed	350	1000	1650	3350	5800	8300
DS21, Aero Super, 4-cyl, 123" wb, 2175cc						
4d Sed	350	1000	1650	3300	5750	8200
4d Pallas Sed	450	1140	1900	3800	6650	9500
4d Grande Rte Sed	350	975	1600	3200	5600	8000
D21, 4-cyl, 123" wb, 2175cc						
4d Luxe Sta Wag	450	1080	1800	3600	6300	9000
4d Confort Sta Wag	400	1250	2100	4200	7400	10,500
1971-72						
D Special, 4-cyl, 123" wb, 1985cc						
4d DS20 Sed	450	1080	1800	3600	6300	9000
DS21, Aero Super, 4-cyl, 123" wb, 2175cc						
4d Sed	350	1000	1650	3300	5750	8200
4d Pallas Sed	450	1140	1900	3800	6650	9500
DS21, Grande Route, 4-cyl, 123" wb, 2175cc						
4d Sed	350	975	1600	3200	5600	8000
D21, 4-cyl, 123" wb, 2175cc						
4d Sta Wag	450	1080	1800	3600	6300	9000
SM Maserati, V-6, 116.1" wb, 2670cc						
2d Cpe (2 plus 2)	850	2750	4600	9200	16,100	23,000
1973-75						
SM-Maserati, V-6, 116.1" wb, 2670-2965cc						
2d Cpe	750	2400	4000	8000	14,000	20,000

NOTE: Although still in production in the 80's and 90's, cars were not exported to U.S. after mid-70's.

DAIHATSU

	6	5	4	3	2	1
1988						
2d HBk CLS	150	600	900	1800	3150	4500
2d HBk CLX	200	675	1000	1950	3400	4900
2d HBk CSX	200	660	1100	2200	3850	5500
1989						
2d HBk CES	200	660	1100	2200	3850	5500
2d HBk CLS	200	700	1200	2350	4130	5900
2d HBk CLX	350	780	1300	2600	4550	6500

DATSUN

	6	5	4	3	2	1
1960						
4-cyl., 87.4" wb, 1189 cc						
Fairlady Rds SPL 212	350	780	1300	2600	4550	6500
1961-1962						
4-cyl., 86.6" wb, 1189 cc						
Fairlady Rds SPL 213	350	780	1300	2600	4550	6500
1963-1965						
4-cyl., 89.8" wb, 1488 cc						
1500 Rds SPL 310	350	780	1300	2600	4550	6500
1966						
4-cyl., 89.8" wb, 1595 cc						
1600 Rds SPL 311	200	745	1250	2500	4340	6200
1967						
4-cyl., 89.8" wb, 1595 cc						
1600 Rds SPL 311, Early model	200	745	1250	2500	4340	6200
2000 Rds SRL 311, Late model	350	800	1350	2700	4700	6700
1968						
4-cyl., 95.3" wb, 1595 cc						
4d Sed 510	150	650	975	1950	3350	4800
4-cyl., 89.8" wb, 1595 cc						
1600 Rds SPL 311	200	720	1200	2400	4200	6000
4-cyl., 89.8" wb, 1982 cc						
2000 Rds SRL 311	200	720	1200	2400	4200	6000
1969						
4-cyl., 95.3" wb, 1595 cc						
2d 510 Sed	200	675	1000	1950	3400	4900
4d 510 Sed	150	650	975	1950	3350	4800
4-cyl., 89.8" wb, 1595 cc						
1600 Rds SPL 311	200	700	1050	2100	3650	5200
4-cyl., 89.8" wb, 1982 cc						
2000 Rds SRL 311	200	745	1250	2500	4340	6200
1970						
4-cyl., 95.3" wb, 1595 cc						
2d 510 Sed	200	675	1000	1950	3400	4900
4d 510 Sed	150	650	975	1950	3350	4800
4-cyl., 89.8" wb, 1595 cc						
1600 Rds SPL 311	200	670	1200	2300	4060	5800
4-cyl., 89.8" wb, 1982 cc						
2000 Rds SRL 311	200	660	1100	2200	3850	5500
6-cyl., 90.7" wb, 2393 cc						
240Z 2d Cpe	350	1020	1700	3400	5950	8500
1971						
4-cyl., 95.3" wb, 1595 cc						
2d 510 Sed	200	675	1000	1950	3400	4900
4d 510 Sed	150	650	975	1950	3350	4800
6-cyl., 90.7" wb, 2393 cc						
240Z 2d Cpe	350	900	1500	3000	5250	7500
1972						
4-cyl., 95.3" wb, 1595 cc						
2d 510 Sed	200	675	1000	1950	3400	4900
4d 510 Sed	150	650	975	1950	3350	4800
6-cyl., 90.7" wb, 2393 cc						
240Z 2d Cpe	350	900	1500	3000	5250	7500

	6	5	4	3	2	1
1973						
4-cyl., 95.3" wb, 1595 cc						
2d 510 Sed	200	675	1000	1950	3400	4900
6-cyl., 90.7" wb, 2393 cc						
240Z 2d Cpe	350	780	1300	2600	4550	6500
1974						
6-cyl., 90.7" wb, 2565 cc						
260Z 2d Cpe	350	770	1300	2550	4480	6400
6-cyl., 102.6" wb, 2565 cc						
260Z 2d Cpe 2 plus 2	200	745	1250	2500	4340	6200
1975						
6-cyl., 90.7" wb, 2565 cc						
260Z 2d Cpe	350	770	1300	2550	4480	6400
6-cyl., 102.6" wb, 2565 cc						
260Z 2d Cpe 2 plus 2	200	745	1250	2500	4340	6200
6-cyl., 90.7" wb, 2753 cc						
280Z 2d Cpe	350	790	1350	2650	4620	6600
6-cyl., 102.6" wb, 2753 cc						
280Z 2d Cpe 2 plus 2	350	770	1300	2550	4480	6400
1976						
6-cyl., 90.7" wb, 2753 cc						
280Z 2d Cpe	350	950	1500	3050	5300	7600
6-cyl., 102.6" wb, 2753 cc						
280Z 2d Cpe 2 plus 2	350	820	1400	2700	4760	6800
1977						
6-cyl., 104.3" wb, 2393 cc						
4d 810 Sed	150	600	900	1800	3150	4500
6-cyl., 90.7" wb, 2753 cc						
280Z 2d Cpe	350	840	1400	2800	4900	7000
6-cyl., 102.6" wb, 2753 cc						
280Z 2d Cpe 2 plus 2	200	745	1250	2500	4340	6200

DATSUN/NISSAN

	6	5	4	3	2	1
1978						
4-cyl., 92.1" wb, 1952 cc						
200SX Cpe	150	650	975	1950	3350	4800
6-cyl., 90.7" wb, 149 hp						
280Z Cpe	350	840	1400	2800	4900	7000
280Z Cpe 2 plus 2	350	820	1400	2700	4760	6800

1979 Datsun 280ZX 2+2 GL coupe

	6	5	4	3	2	1
1979						
4-cyl., 92.1" wb, 1952 cc						
200SX Cpe	150	650	975	1950	3350	4800
280ZX Cpe	350	840	1400	2800	4900	7000
280ZX Cpe 2 plus 2	350	820	1400	2700	4760	6800
1980						
280ZX Cpe	350	800	1350	2700	4700	6700
280ZX Cpe 2 plus 2	350	770	1300	2550	4480	6400

NOTE: Add 10 percent for 10th Anniversary Edition (Black Gold).

	6	5	4	3	2	1
1981						
280ZX Cpe	200	750	1275	2500	4400	6300

	6	5	4	3	2	1
280ZX Cpe 2 plus 2 GL	200	720	1200	2400	4200	6000
280ZX Cpe Turbo GL	200	720	1200	2400	4200	6000
1982						
280ZX Cpe	350	790	1350	2650	4620	6600
280ZX Cpe 2 plus 2	200	750	1275	2500	4400	6300
280ZX Cpe Turbo	350	840	1400	2800	4900	7000
280ZX Cpe 2 plus 2 Turbo	350	790	1350	2650	4620	6600
1983						
280ZX Cpe	350	780	1300	2600	4550	6500
280ZX Cpe 2 plus 2	200	745	1250	2500	4340	6200
280ZX Cpe Turbo	350	830	1400	2950	4830	6900
280ZX Cpe 2 plus 2 Turbo	350	780	1300	2600	4550	6500
1984						
Sentra (FWD)						
2d Sed	150	550	850	1650	2900	4100
2d DeL Sed	150	550	850	1675	2950	4200
4d DeL Sed	150	500	800	1600	2800	4000
4d DeL Wag	150	575	875	1700	3000	4300
2d HBk XE	150	575	900	1750	3100	4400
300ZX Cpe GL	350	900	1500	3000	5250	7500
300ZX 2d 2 plus 2 GL	350	800	1350	2700	4700	6700
300ZX 2d Turbo GL	450	1080	1800	3600	6300	9000
1985						
Sentra						
2d Std Sed	150	550	850	1650	2900	4100
2d DeL Sed	150	550	850	1675	2950	4200
4d DeL Sed	150	575	875	1700	3000	4300
4d DeL Sta Wag	150	575	900	1750	3100	4400
2d Diesel Sed	150	550	850	1650	2900	4100
XE 2d Sed	150	575	875	1700	3000	4300
XE 4d Sed	150	575	900	1750	3100	4400
XE 4d Sta Wag	150	600	900	1800	3150	4500
XE 2d HBk	150	575	900	1750	3100	4400
SE 2d HBk	150	600	950	1850	3200	4600
Pulsar						
2d Cpe	150	650	975	1950	3350	4800
Stanza						
4d HBk	150	600	950	1850	3200	4600
4d Sed	150	650	950	1900	3300	4700
200SX						
2d DeL Sed	200	675	1000	2000	3500	5000
2d DeL HBk	200	700	1075	2150	3700	5300
XE 2d Sed	200	700	1050	2100	3650	5200
XE 2d HBk	200	660	1100	2200	3850	5500
Turbo 2d HBk	200	685	1150	2300	3990	5700
Maxima						
SE 4d Sed	350	860	1450	2900	5050	7200
GL 4d Sed	350	880	1500	2950	5180	7400
GL 4d Sta Wag	350	950	1500	3050	5300	7600
300ZX						
2d Cpe	350	975	1600	3200	5600	8000
2 plus 2 2d Cpe	450	1080	1800	3600	6300	9000
Turbo 2d Cpe	400	1200	2000	4000	7000	10,000
1986						
Sentra						
2d Sed	150	650	950	1900	3300	4700
2d DeL Sed	150	650	975	1950	3350	4800
4d DeL Sed	200	675	1000	1950	3400	4900
4d Sta Wag	150	600	900	1800	3150	4500
2d Diesel Sed	150	650	950	1900	3300	4700
XE 2d Sed	150	600	900	1800	3150	4500
XE 4d Sed	150	600	950	1850	3200	4600
XE 4d Sta Wag	150	575	875	1700	3000	4300
XE 2d HBk	150	550	850	1650	2900	4100
SE 2d HBk	150	575	900	1750	3100	4400
Pulsar						
2d Cpe	150	600	900	1800	3150	4500
Stanza						
GL 4d Sed	200	700	1050	2100	3650	5200
XE 4d Sta Wag	200	700	1075	2150	3700	5300
XE 4d Sta Wag 4WD	200	700	1200	2350	4130	5900
200SX						
E 2d Sed	200	670	1200	2300	4060	5800
E 2d HBk	200	745	1250	2500	4340	6200

	6	5	4	3	2	1
XE 2d Sed	200	700	1200	2350	4130	5900
XE 2d HBk	200	750	1275	2500	4400	6300
Turbo 2d HBk	350	790	1350	2650	4620	6600
Maxima						
SE 4d Sed	350	950	1550	3150	5450	7800
GL 4d Sed	350	975	1600	3250	5700	8100
GL 4d Sta Wag	350	1000	1650	3350	5800	8300
300ZX						
2d Cpe	450	1140	1900	3800	6650	9500
2d 2 plus 2 Cpe	400	1250	2100	4200	7400	10,500
2d Turbo Cpe	450	1400	2300	4600	8100	11.500
1987						
Sentra						
2d Sed	150	550	850	1675	2950	4200
E 2d Sed	200	675	1000	2000	3500	5000
E 4d Sed	200	700	1050	2050	3600	5100
E 2d HBk	200	675	1000	2000	3500	5000
E 4d Sta Wag	200	700	1075	2150	3700	5300
XE 2d Sed	200	700	1075	2150	3700	5300
XE 4d Sed	200	650	1100	2150	3780	5400
XE 4d Sta Wag	200	700	1075	2150	3700	5300
XE 4d Sta Wag 4WD	200	685	1150	2300	3990	5700
GXE 4d Sed	200	750	1275	2500	4400	6300
XE 2d Cpe	200	670	1200	2300	4060	5800
SE 2d Cpe	200	745	1250	2500	4340	6200
Pulsar						
XE 2d Cpe	350	860	1450	2900	5050	7200
SE 2d Cpe 16V	350	950	1550	3100	5400	7700
Stanza						
E 4d NBk	350	830	1400	2950	4830	6900
GXE 4d NBk	350	880	1500	2950	5180	7400
4d HBk	350	860	1450	2900	5050	7200
XE 4d Sta Wag	350	880	1500	2950	5180	7400
XE 4d Sta Wag 4WD	350	975	1600	3200	5600	8000
200SX						
XE 2d NBk	350	850	1450	2850	4970	7100
XE 2d HBk	350	860	1450	2900	5050	7200
SE 2d HBk V-6	350	1000	1650	3350	5800	8300
Maxima						
SE 4d Sed	450	1050	1750	3550	6150	8800
GXE 4d Sed	350	1040	1750	3500	6100	8700
GXE 4d Sta Wag	450	1080	1800	3600	6300	9000
300ZX						
GS 2d Cpe	450	1450	2400	4800	8400	12,000
GS 2d Cpe 2 plus 2	450	1500	2500	5000	8800	12,500
2d Turbo Cpe	500	1600	2700	5400	9500	13,500
1988						
Sentra						
2d Sed	150	650	950	1900	3300	4700
E 2d Sed	200	685	1150	2300	3990	5700
E 4d Sed	200	720	1200	2400	4200	6000
HBk E 2d	200	685	1150	2300	3990	5700
E 4d Sta Wag	200	750	1275	2500	4400	6300
XE 2d Sed	200	730	1250	2450	4270	6100
XE 4d Sed	350	770	1300	2550	4480	6400
XE 4d Sta Wag	350	800	1350	2700	4700	6700
XE 4d Sta Wag 4x4	350	880	1500	2950	5180	7400
XE 2d Cpe	350	800	1350	2700	4700	6700
SE 2d Cpe	350	860	1450	2900	5050	7200
GXE 4d Sed	350	820	1400	2700	4760	6800
Pulsar						
XE 2d Cpe	350	950	1550	3150	5450	7800
SE 2d Cpe	350	1000	1650	3300	5750	8200
Stanza						
E 4d Sed	350	860	1450	2900	5050	7200
GXE 4d Sed	350	975	1600	3200	5600	8000
XE 4d Sta Wag	350	950	1550	3100	5400	7700
XE 4d Sta Wag 4x4	350	1020	1700	3400	5900	8400
200 SX						
XE 2d Cpe	350	950	1550	3100	5400	7700
XE 2d HBk	350	975	1600	3200	5500	7900
SE 2d HBk V-6	450	1080	1800	3600	6300	9000
Maxima						
SE 4d Sed	450	1080	1800	3600	6300	9000
GXE 4d Sed	450	1140	1900	3800	6650	9500

	6	5	4	3	2	1
GXE 4d Sta Wag	400	1200	2000	4000	7000	10,000
300ZX						
GS 2d Cpe	450	1450	2400	4800	8400	12,000
GS 2d Cpe 2 plus 2	450	1500	2500	5000	8800	12,500
2d Turbo Cpe	500	1550	2600	5200	9100	13,000
1989						
Sentra						
2d Sed	200	720	1200	2400	4200	6000
E 2d Sed	350	840	1400	2800	4900	7000
E 4d Sed	350	880	1500	2950	5180	7400
E 4d Sta Wag	350	950	1550	3100	5400	7700
XE 2d Sed	350	950	1500	3050	5300	7600
XE 4d Sed	350	975	1600	3200	5500	7900
XE 4d Sta Wag	350	1000	1650	3300	5750	8200
XE 4d Sta Wag 4x4	450	1050	1800	3600	6200	8900
XE Cpe	350	1020	1700	3400	5950	8500
SE Cpe	450	1050	1800	3600	6200	8900
Pulsar						
XE Cpe	950	1100	1850	3700	6450	9200
SE Cpe (16V)	450	1170	1975	3900	6850	9800
Stanza						
E 4d Sed	950	1100	1850	3700	6450	9200
GXE 4d Sed	400	1200	2000	4000	7000	10,000
240 SX						
XE 2d Sed	400	1350	2250	4500	7900	11,300
SE 2d HBk	450	1350	2300	4600	8000	11,400
Maxima						
SE 4d Sed	500	1650	2750	5500	9700	13,800
GXE 4d Sed	500	1600	2700	5400	9400	13,400
300 ZX						
GS Cpe	600	1850	3100	6200	10,800	15,400
GS Cpe 2 plus 2	600	1850	3100	6200	10,900	15,500
Cpe Turbo	600	1900	3200	6400	11,200	16,000
1990						
Sentra, 4-cyl.						
2d Sed	125	450	750	1450	2500	3600
XE 2d Sed	150	600	900	1800	3150	4500
XE 4d Sed	150	600	950	1850	3200	4600
XE 4d Sta Wag	150	650	950	1900	3300	4700
XE 2d Cpe	200	675	1000	2000	3500	5000
SE 2d Cpe	200	660	1100	2200	3850	5500
Pulsar, 4-cyl.						
XE 2d Cpe	350	780	1300	2600	4550	6500
Stanza, 4-cyl.						
XE 4d Sed	200	745	1250	2500	4340	6200
GXE 4d Sed	350	800	1350	2700	4700	6700
240 SX, 4-cyl.						
XE 2d Cpe	350	840	1400	2800	4900	7000
SE 2d FBk	350	900	1500	3000	5250	7500
Maxima, V-6						
SE 4d Sed	450	1160	1950	3900	6800	9700
GXE 4d Sed	450	1080	1800	3600	6300	9000
300ZX, V-6						
GS 2d Cpe	500	1550	2600	5200	9100	13,000
GS 2 plus 2 2d Cpe	500	1600	2700	5400	9500	13,500
2d Turbo Cpe	550	1800	3000	6000	10,500	15,000
Axxess, 4-cyl.						
XE 4d Sta Wag	200	720	1200	2400	4200	6000
XE 4d Sta Wag 4x4	350	840	1400	2800	4900	7000

DE TOMASO

	6	5	4	3	2	1
1967-1971						
V-8, 98.4" wb, 302 cid						
Mangusta 2d Cpe	3250	10,300	17,200	34,400	60,200	86,000
1971-1974						
V-8, 99" wb, 351 cid						
Pantera 2d Cpe	2050	6600	11,000	22,000	38,500	55,000

1971 DeTomaso Pantera coupe

	6	5	4	3	2	1
1975-1978						
V-8, 99" wb, 351 cid						
Pantera 2d Cpe	1900	6000	10,000	20,000	35,000	50,000

NOTES: After 1974 the Pantera was not "officially" available in the U.S.
Add 5 percent for GTS models.

FACEL VEGA

	6	5	4	3	2	1
1954						
FV, V-8, 103" wb						
2d HT Cpe	2500	7900	13,200	26,400	46,200	66,000
1955						
FV, V-8, 103" wb						
2d HT Cpe	2500	7900	13,200	26,400	46,200	66,000
1956						
FVS, V-8, 103" wb						
2d HT Cpe	2500	7900	13,200	26,400	46,200	66,000
Excellence, V-8, 122" wb						
4d HT Sed	2250	7200	12,000	24,000	42,000	60,000
1957						
FVS, V-8, 103" wb						
2d HT Cpe	2500	7900	13,200	26,400	46,200	66,000
Excellence, V-8, 122" wb						
4d HT Sed	2250	7200	12,000	24,000	42,000	60,000
1958						
FVS, V-8, 105" wb						
2d HT Cpe	2500	7900	13,200	26,400	46,200	66,000
Excellence, V-8, 122" wb						
4d HT Sed	2250	7200	12,000	24,000	42,000	60,000
1959						
HK500, V-8, 105" wb						
2d HT Cpe	2500	7900	13,200	26,400	46,200	66,000
Excellence, V-8, 125" wb						
4d HT Sed	2250	7200	12,000	24,000	42,000	60,000
1960						
Facellia, 4-cyl, 96" wb						
2d Cpe	1500	4800	8000	16,000	28,000	40,000
2d Conv	1900	6000	10,000	20,000	35,000	50,000
HK500, V-8, 105" wb						
2d HT Cpe	2500	7900	13,200	26,400	46,200	66,000
Excellence, V-8, 125" wb						
4d HT Sed	2250	7200	12,000	24,000	42,000	60,000
1961						
Facellia, 4-cyl, 96" wb						
2d Cpe	1500	4800	8000	16,000	28,000	40,000
2d Conv	1900	6000	10,000	20,000	35,000	50,000
HK500, V-8, 105" wb						
2d HT Cpe	2500	7900	13,200	26,400	46,200	66,000
Excellence, V-8, 125" wb						
4d HT Sed	2250	7200	12,000	24,000	42,000	60,000

1962 Facel Vega II coupe

	6	5	4	3	2	1
1962						
Facellia, 4-cyl, 96" wb						
2d Cpe	1500	4800	8000	16,000	28,000	40,000
2d Conv	1900	6000	10,000	20,000	35,000	50,000
Facel II, V-8, 105" wb						
2d HT Cpe	2500	7900	13,200	26,400	46,200	66,000
Excellence, V-8, 125" wb						
4d HT Sed	2650	8400	14,000	28,000	49,000	70,000
1963						
Facellia, 4-cyl, 96" wb						
2d Cpe	1500	4800	8000	16,000	28,000	40,000
2d Conv	1900	6000	10,000	20,000	35,000	50,000
Facel II, V-8, 105" wb						
2d HT Cpe	2650	8400	14,000	28,000	49,000	70,000
Facel III, 4-cyl, 97" wb						
2d HT Cpe	2500	7900	13,200	26,400	46,200	66,000
Facel 6, 6-cyl, 97" wb						
2d HT Cpe	2550	8150	13,600	27,200	47,600	68,000
Excellence, V-8, 125" wb						
4d HT Sed	2650	8400	14,000	28,000	49,000	70,000
1964-65						
Facellia, 4-cyl, 96" wb						
2d Cpe	1500	4800	8000	16,000	28,000	40,000
2d Conv	1900	6000	10,000	20,000	35,000	50,000
Facel II, V-8, 105" wb						
2d HT Cpe	2650	8400	14,000	28,000	49,000	70,000
Facel III, 4-cyl, 97" wb						
2d HT Cpe	2500	7900	13,200	26,400	46,200	66,000
Facel 6, 6-cyl, 97" wb						
2d HT Cpe	2550	8150	13,600	27,200	47,600	68,000

FIAT

1947-52						
(4-cyl) - (78.75" wb) - (570cc)						
500 2d Sed	350	975	1600	3200	5600	8000
(4-cyl) - (95.4" wb) - (1089cc)						
1100B 4d Sed	200	675	1000	2000	3500	5000
1100BL 4d Sed	200	675	1000	2000	3500	5000
(4-cyl) - (95.25" wb) - (1089cc)						
1100E 4d Sed	200	720	1200	2400	4200	6000
(4-cyl) - (106" wb) - (1089cc)						
1100EL 4d Sed	200	720	1200	2400	4200	6000
1100S 2d Spt Cpe	400	1200	2000	4000	7000	10,000
1100ES 2d Spt Cpe	400	1200	2000	4000	7000	10,000

	6	5	4	3	2	1
(4-cyl) - (104.2" wb) - (1395cc)						
1400 4d Sed	200	660	1100	2200	3850	5500
1400 2d Cabr	450	1450	2400	4800	8400	12,000
(6-cyl) - (110" wb) - (1493cc)						
1500 4d Sed	200	660	1100	2200	3850	5500
2d Conv Cpe	450	1450	2400	4800	8400	12,000
1953-56						
500 - (4-cyl) - (78.75" wb) - (570cc)						
2d Sed	350	975	1600	3200	5600	8000
2d Sta Wag	450	1080	1800	3600	6300	9000
600 - (4-cyl) - (78.75" wb) (633cc)						
2d Sed	200	675	1000	2000	3500	5000
2d Conv (S/R)	200	660	1100	2200	3850	5500
600 Multipla - (4-cyl) - (78.75" wb) - (633cc)						
4d Sta Wag	200	720	1200	2400	4200	6000
1100 - (4-cyl) - (92.1" wb) - (1089cc)						
103 4d Sed	200	675	1000	2000	3500	5000
103E 4d Sed	200	700	1050	2050	3600	5100
103E TV 4d Sed	200	700	1050	2100	3650	5200
103E 4d Sta Wag	200	660	1100	2200	3850	5500
103F TV 2d Spt Rds	550	1800	3000	6000	10,500	15,000
1400 - (4-cyl) - (104.2" wb) - (1395cc)						
4d Sed	200	660	1100	2200	3850	5500
2d Cabr	450	1450	2400	4800	8400	12,000
1900 - (4-cyl) - (104" wb) - (1901cc)						
4d Sed	200	660	1100	2200	3850	5500
8V - (V-8) - (94.5" wb) - (1996cc)						
2d Cpe	1150	3600	6000	12,000	21,000	30,000
1957						
500 - (2-cyl) - (72.4" wb) - (479cc)						
2d Sed	350	840	1400	2800	4900	7000
600 - (4-cyl) - (78.75" wb) - (633cc)						
2d Sed	200	675	1000	2000	3500	5000
2d Conv (S/R)	200	720	1200	2400	4200	6000
600 Multipla - (4-cyl) - (78.75" wb) - (633cc)						
4d Sta Wag (4/5P)	200	720	1200	2400	4200	6000
4d Sta Wag (6P)	200	720	1200	2400	4200	6000
1100 - (4-cyl) - (92.1" wb) - (1089cc)						
4d Sed	200	675	1000	2000	3500	5000
4d Sta Wag	200	660	1100	2200	3850	5500
1100 TV - (4-cyl) - (92.1" wb) - (1089cc)						
4d Sed	200	670	1200	2300	4060	5800
2d Conv	450	1450	2400	4800	8400	12,000
1958						
500 - (2-cyl) - (72.4" wb) - (479cc)						
2d Sed	350	840	1400	2800	4900	7000
600 - (4-cyl) - (78.75" wb) - (633cc)						
2d Sed	200	675	1000	2000	3500	5000
2d Conv (S/R)	200	660	1100	2200	3850	5500
600 Multipla - (4-cyl) - (78.75" wb) - (633cc)						
4d Sta Wag (4/5P)	200	720	1200	2400	4200	6000
4d Sta Wag (6P)	200	720	1200	2400	4200	6000
1100 - (4-cyl) - (92.1" wb) - (1089cc)						
4d Sed	200	660	1100	2200	3850	5500
4d Familiare Sta Wag	200	670	1200	2300	4060	5800
1100 TV - (4-cyl) - (92.1" wb) - (1089cc)						
4d Sed	200	660	1100	2200	3850	5500
2d Conv	450	1450	2400	4800	8400	12,000
1200 Gran Luce - (4-cyl) - (92.1" wb) - (1221cc)						
4d Sed	200	675	1000	2000	3500	5000
TV, 2d Conv	450	1450	2400	4800	8400	12,000
1959						
500 - (2-cyl) - (72.4" wb) - (479cc)						
2d Sed	200	675	1000	2000	3500	5000
2d Bianchina Cpe	200	660	1100	2200	3850	5500
2d Jolly Sed	400	1200	2000	4000	7000	10,000
500 Sport - (2-cyl) - (72.4" wb) - (499cc)						
2d Sed	200	675	1000	2000	3500	5000
2d Bianchina Cpe	200	660	1100	2200	3850	5500
600 - (4-cyl) - (78.75" wb) - (633cc)						
2d Sed	200	675	1000	2000	3500	5000
2d Sed (S/R)	200	660	1100	2200	3850	5500
600 Multipla - (4-cyl) - (78.75" wb) - (633cc)						
4d Sta Wag (4/5P)	200	720	1200	2400	4200	6000
4d Sta Wag (6P)	200	720	1200	2400	4200	6000

	6	5	4	3	2	1
1100 - (4-cyl) - (92.1" wb) - (1089cc)						
4d Sed	200	675	1000	2000	3500	5000
4d Sta Wag	200	660	1100	2200	3850	5500
1200 - (4-cyl) - (92.1" wb) - (1221cc)						
4d Sed	200	675	1000	2000	3500	5000
2d Spider Conv	400	1300	2200	4400	7700	11,000
1500, 1500S - (4-cyl) - (92.1" wb) - (1491cc)						
2d Spider Conv	450	1500	2500	5000	8800	12,500
1960						
500 - (2-cyl) - (72.4" wb) - (479cc)						
2d Sed	200	700	1050	2100	3650	5200
2d Bianchina Cpe	200	685	1150	2300	3990	5700
2d Jolly Sed	400	1200	2000	4000	7000	10,000
500 Sport - (2-cyl) - (72.4" wb) - (499cc)						
2d Sed	200	700	1075	2150	3700	5300
2d Bianchina Cpe	200	670	1200	2300	4060	5800
600 - (4-cyl) - (78.75" wb) - (633cc)						
2d Sed	200	675	1000	2000	3500	5000
2d Sed (S/R)	200	660	1100	2200	3850	5500
2d Jolly Sed	400	1200	2000	4000	7000	10,000
600 Multipla - (4-cyl) - (78.75" wb) - (633cc)						
4d Sta Wag (4/5P)	200	720	1200	2400	4200	6000
4d Sta Wag (6P)	200	720	1200	2400	4200	6000
1100 - (4-cyl) - (92.1" wb) - (1089cc)						
4d Sed	200	675	1000	2000	3500	5000
4d DeL Sed	200	700	1050	2100	3650	5200
4d Sta Wag	200	660	1100	2200	3850	5500
1200 - (4-cyl) - (92.1" wb) - (1221cc)						
4d Sed	200	675	1000	2000	3500	5000
2d Spider Conv	450	1500	2500	5000	8800	12,500
1500, 1500S - (4-cyl) - (92.1" wb) - (1491cc)						
2d Spider Conv	500	1600	2700	5400	9500	13,500
2100 - (6-cyl) - (104.3" wb) - (2054cc)						
4d Sed	200	660	1100	2200	3850	5500
4d Sta Wag	200	660	1100	2200	3850	5500
1961						
500 - (2-cyl) - (72.4" wb) - (479cc)						
Bianchina DeL Cpe	200	670	1150	2250	3920	5600
2d Jolly Sed	400	1200	2000	4000	7000	10,000
500 Sport - (2-cyl) - (72.4" wb) - (499cc)						
2d Sed	350	840	1400	2800	4900	7000
2d Bianchina Cpe	200	685	1150	2300	3990	5700
600 - (4-cyl) - (78.75" wb) - (633cc)						
2d Sed	200	675	1000	2000	3500	5000
2d Sed (S/R)	200	660	1100	2200	3850	5500
2d Jolly Sed	400	1200	2000	4000	7000	10,000
600 Multipla - (4-cyl) - (78.75" wb) - (633cc)						
4d Sta Wag (4/5P)	200	720	1200	2400	4200	6000
4d Sta Wag (6P)	200	720	1200	2400	4200	6000
1100 - (4-cyl) - (92.1" wb) - (1089cc)						
4d Sed	200	675	1000	2000	3500	5000
4d DeL Sed	200	700	1050	2100	3650	5200
4d Sta Wag	200	660	1100	2200	3850	5500
1200 - (4-cyl) - (92.1" wb) - (1225cc)						
4d Sed	200	675	1000	2000	3500	5000
2d Spider Conv	400	1300	2200	4400	7700	11,000
1500, 1500S - (4-cyl) - (92.1" wb) - (1491cc)						
Spider Conv	450	1500	2500	5000	8800	12,500
2100 - (6-cyl) - (104.3" wb) - (2054cc)						
4d Sed	200	675	1000	2000	3500	5000
4d Sta Wag	200	660	1100	2200	3850	5500
1962						
600D - (4-cyl) - (78.75" wb) - (767cc)						
2d Sed	200	675	1000	2000	3500	5000
1100 - (4-cyl) - (92.1" wb) - (1089cc)						
4d Export Sed	200	675	1000	2000	3500	5000
4d Spl Sed	200	700	1050	2100	3650	5200
1200 Spider - (4-cyl) - (92.1" wb) - (1221cc)						
2d Conv	400	1300	2200	4400	7700	11,000
1963						
600D - (4-cyl) - (78.5" wb) - (767cc)						
2d Sed	200	675	1000	2000	3500	5000
1100 Special - (4-cyl) - (92.1" wb) - (1089cc)						
4d Sed	200	675	1000	2000	3500	5000

	6	5	4	3	2	1
1100D - (4-cyl) - (92.1" wb) - (1221cc)						
4d Sed	200	675	1000	2000	3500	5000
1200 Spider - (4-cyl) - (92.1" wb) - (1221cc)						
2d Conv	400	1300	2200	4400	7700	11,000
1964						
600D - (4-cyl) - (78.5" wb) - (767cc)						
2d Sed	200	675	1000	2000	3500	5000
1100D - (4-cyl) - (92.1" wb) - (1221cc)						
4d Sed	200	660	1100	2200	3850	5500
1500 Spider - (4-cyl) - (92.1" wb) - (1481cc)						
2d Conv	450	1400	2300	4600	8100	11,500
1965						
600D - (4-cyl) - (78.5" wb) - (767cc)						
2d Sed	200	675	1000	2000	3500	5000
1100D - (4-cyl) - (92.1" wb) - (1221cc)						
4d Sed	200	675	1000	2000	3500	5000
4d Sta Wag	200	660	1100	2200	3850	5500
1500 Spider - (4-cyl) - (92.1" wb) - (1481cc)						
2d Conv	450	1400	2300	4600	8100	11,500
1966						
600D - (4-cyl) - (78.5" wb) - (767cc)						
2d Sed	200	675	1000	2000	3500	5000
1100D - (4-cyl) - (92.1" wb) - (1221cc)						
4d Sed	200	675	1000	2000	3500	5000
4d Sta Wag	200	660	1100	2200	3850	5500
1500 Spider - (4-cyl) - (92.1" wb) - (1481cc)						
2d Conv	450	1400	2300	4600	8100	11,500
1967						
600D - (4-cyl) - (78.7" wb) - (767cc)						
2d Sed	200	675	1000	2000	3500	5000
850 - (4-cyl) - (79.8" wb) - (843cc)						
FBk Cpe 2 plus 2	200	675	1000	2000	3500	5000
2d Spider Conv	350	900	1500	3000	5250	7500
124 - (4-cyl) - (95.3" wb) - (1197cc)						
4d Sed	150	500	800	1600	2800	4000
4d Sta Wag	150	575	875	1700	3000	4300
1100R - (4-cyl) - (92.2" wb) - (1089cc)						
4d Sed	200	675	1000	2000	3500	5000
4d Sta Wag	200	660	1100	2200	3850	5500
1500 Spider - (4-cyl) - (92.1" wb) - (1481cc)						
2d Conv	450	1400	2300	4600	8100	11,500
1968						
850 - (4-cyl) - (79.8" wb) - (817cc)						
2d Sed	150	500	800	1600	2800	4000
2d FBk Cpe	200	675	1000	2000	3500	5000
2d Spider Conv	350	780	1300	2600	4550	6500
124 - (4-cyl) - (95.3" wb) - (1197cc)						
4d Sed	150	500	800	1600	2800	4000
4d Sta Wag	150	500	800	1600	2800	4000
124 - (4-cyl) - (95.3" wb) - (1438cc)						
2d Spt Cpe	350	840	1400	2800	4900	7000
124 Spider - (4-cyl) - (89.8" wb) - (1438cc)						
2d Conv	350	975	1600	3200	5600	8000
1969						
850 - (4-cyl) - (79.8" wb) - (817cc)						
2d Sed	150	500	800	1600	2800	4000
2d FBk Cpe 2 plus 2	200	675	1000	2000	3500	5000
2d Spider Conv	350	780	1300	2600	4550	6500
124 - (4-cyl) - (95.3" wb) - (1197cc)						
4d Sed	150	500	800	1600	2800	4000
4d Sta Wag	150	500	800	1600	2800	4000
124 - (4-cyl) - (95.3" wb) - (1438cc)						
2d Spt Cpe	350	840	1400	2800	4900	7000
124 Spider - (4-cyl) - (89.8" wb) - (1438cc)						
2d Conv	350	975	1600	3200	5600	8000
1970						
850 - (4-cyl) - (79.8" wb) - (817cc)						
2d Sed	150	500	800	1600	2800	4000
850 - (4-cyl) - (79.8" wb) - (903cc)						
Spt FBk Cpe 2 plus 2	200	660	1100	2200	3850	5500
Racer 2d HdTp Cpe	200	670	1200	2300	4060	5800
850 Spider - (4-cyl) - (79.8" wb) - (903cc)						
2d Conv	350	780	1300	2600	4550	6500

	6	5	4	3	2	1
124 - (4-cyl) - (95.3" wb) - (1438cc)						
4d Spl Sed	150	500	800	1600	2800	4000
4d Spl Sta Wag	150	500	800	1600	2800	4000
2d Spt Cpe	350	840	1400	2800	4900	7000
124 Spider - (4-cyl) - (89.8" wb) - (1438cc)						
2d Conv	350	975	1600	3200	5600	8000
1971						
850 - (4-cyl) - (79.8" wb) - (817cc)						
2d Sed	150	500	800	1600	2800	4000
850 - (4-cyl) - (79.8" wb) - (903cc)						
2d FBk Cpe, 2 plus 2	200	675	1000	2000	3500	5000
Racer, 2d HdTp Cpe	200	670	1200	2300	4060	5800
850 Spider - (4-cyl) - (79.8" wb) - (903cc)						
2d Conv	350	780	1300	2600	4550	6500
124 - (4-cyl) - (95.3" wb) - (1438cc)						
4d Spl Sed	150	500	800	1600	2800	4000
4d Spl Sta Wag	150	500	800	1600	2800	4000
2d Spt Cpe	350	840	1400	2800	4900	7000
124 Spider - (4-cyl) - (89.8" wb) - (1438cc)						
2d Conv	350	975	1600	3200	5600	8000
NOTE: The 124 coupe and convertible could be ordered with the larger 1.6 liter engine (1608cc).						
1972						
850 Spider - (4-cyl) - (79.8" wb) - (903cc)						
2d Conv	350	780	1300	2600	4550	6500
128 - (4-cyl) - (96.4" wb) - (1116cc) - (FWD)						
2d Sed	125	450	700	1400	2450	3500
4d Sed	125	450	700	1400	2450	3500
2d Sta Wag	125	450	700	1400	2450	3500
124 - (4-cyl) - (95.3" wb) - (1438cc)						
4d Spl Sed	150	500	800	1600	2800	4000
4d Sta Wag	150	500	800	1600	2800	4000
124 - (4-cyl) - (95.3" wb) - (1608cc)						
2d Spt Cpe	350	840	1400	2800	4900	7000
124 Spider - (4-cyl) - (89.8" wb) - (1608cc)						
2d Conv	350	975	1600	3200	5600	8000
1973						
850 Spider - (4-cyl) - (79.8" wb) - (903cc)						
2d Conv	350	780	1300	2600	4550	6500
128 - (4-cyl) - (96.4" wb) - (1116cc) - (FWD)						
2d Sed	125	450	700	1400	2450	3500
4d Sed	125	450	700	1400	2450	3500
2d Sta Wag	125	450	700	1400	2450	3500
128 - (4-cyl) - (87.5" wb) - (1290cc) - (FWD)						
SL 1300 2d Cpe	150	475	775	1500	2650	3800
124 - (4-cyl) - (95.3" wb) - (1438cc)						
4d Spl Sed	150	500	800	1600	2800	4000
4d Sta Wag	150	500	800	1600	2800	4000
124 - (4-cyl) - (95.3" wb) - (1608cc)						
2d Spt Cpe	350	840	1400	2800	4900	7000
124 Spider - (4-cyl) - (89.8" wb) - (1608cc)						
2d Conv	350	975	1600	3200	5600	8000
1974						
128 - (4-cyl) - (96.4" wb) - (1290cc) - (FWD)						
2d Sed	125	450	700	1400	2450	3500
4d Sed	125	450	700	1400	2450	3500
2d Sta Wag	125	450	700	1400	2450	3500
128 - (4-cyl) - (87.5" wb) - (1290cc) - (FWD)						
SL 2d Cpe	150	475	775	1500	2650	3800
X1/9 - (4-cyl) - (86.7" wb) - (1290cc)						
2d Targa Cpe	200	675	1000	2000	3500	5000
124 - (4-cyl) - (95.3" wb) - (1593cc)						
4d Spl Sed	150	500	800	1600	2800	4000
4d Sta Wag	150	500	800	1600	2800	4000
124 - (4-cyl) - (95.3" wb) - (1756cc)						
2d Spt Cpe	150	500	800	1600	2800	4000
124 Spider - (4-cyl) - (89.8" wb) - (1756cc)						
2d Conv	350	975	1600	3200	5600	8000
1975						
128 - (4-cyl) - (96.4" wb) - (1290cc) - (FWD)						
2d Sed	125	450	700	1400	2450	3500
4d Sed	125	450	700	1400	2450	3500
2d Sta Wag	125	450	700	1400	2450	3500
128 - (4-cyl) - (87.5" wb) - (1290cc)						
SL 2d Cpe	150	475	775	1500	2650	3800

	6	5	4	3	2	1
X1/9 - (4-cyl) - (86.7" wb) - (1290cc)						
2d Targa Cpe	200	675	1000	2000	3500	5000
131 - (4-cyl) - (98" wb) - (1756cc)						
2d Sed	125	450	700	1400	2450	3500
4d Sed	125	450	700	1400	2450	3500
4d Sta Wag	150	475	775	1500	2650	3800
124 - (4-cyl) - (95.3" wb) - (1756cc)						
2d Spt Cpe	350	840	1400	2800	4900	7000
124 Spider - (4-cyl) - (89.7" wb) - (1756cc)						
2d Conv	350	975	1600	3200	5600	8000
1976						
128 - (4-cyl) - (96.4" wb) - (1290cc) - (FWD)						
2d Sed	125	450	700	1400	2450	3500
2d Cus Sed	125	450	700	1400	2450	3500
4d Cus Sed	125	450	700	1400	2450	3500
2d Sta Wag	125	450	700	1400	2450	3500
128 Sport - (4-cyl) - (87.5" wb) - (1290cc) - (FWD)						
3P HBk Cpe	150	475	775	1500	2650	3800
X1/9 - (4-cyl) - (86.7" wb) - (1290cc)						
AS Targa Cpe	200	675	1000	2000	3500	5000
131 - (4-cyl) - (98" wb) - (1756cc)						
A3 2d Sed	125	450	700	1400	2450	3500
A3 4d Sed	125	450	700	1400	2450	3500
AF2 4d Sta Wag	125	450	700	1400	2450	3500
124 Sport Spider - (4-cyl) - (89.7" wb) - (1756cc)						
CS 2d Conv	350	975	1600	3200	5600	8000
1977						
128 - (4-cyl) - (96.4" wb) - (1290cc) - (FWD)						
2d Sed	125	450	700	1400	2450	3500
2d Cus Sed	125	450	700	1400	2450	3500
4d Cus Sed	125	450	700	1400	2450	3500
2d Sta Wag	125	450	700	1400	2450	3500
128 - (4-cyl) - (87.5" wb) - (1290cc) - (FWD)						
3P Cus HBk Cpe	150	475	775	1500	2650	3800
X1/9 - (4-cyl) - (86.7" wb) - (1290cc)						
AS Targa Cpe	200	675	1000	2000	3500	5000
131 - (4-cyl) - (98" wb) - (1756cc)						
A3 2d Sed	125	450	700	1400	2450	3500
A3 4d Sed	125	450	700	1400	2450	3500
AF2 4d Sta Wag	125	450	700	1400	2450	3500
124 Sport Spider - (4-cyl) - (89.7" wb) - (1756cc)						
CS 2d Conv	350	975	1600	3200	5600	8000
1978						
128 - (4-cyl) - (96.4" wb) - (1290cc) - (FWD)						
A1 2d Sed	125	450	700	1400	2450	3500
A1 4d Sed	125	450	700	1400	2450	3500
128 - (4-cyl) - (87.5" wb) - (1290cc) - (FWD)						
AC Spt HBk	150	475	775	1500	2650	3800
X1/9 - (4-cyl) - (86.7" wb) - (1290cc)						
AS Targa Cpe	200	675	1000	2000	3500	5000
131 - (4-cyl) - (98" wb) - (1756cc)						
A 2d Sed	125	450	700	1400	2450	3500
A 4d Sed	125	450	700	1400	2450	3500
AF 4d Sta Wag	125	450	700	1400	2450	3500
Brava - (4-cyl) - (98" wb) - (1756cc)						
2d Sed	125	450	700	1400	2450	3500
2d Sup Sed	125	450	700	1400	2450	3500
4d Sup Sed	125	450	700	1400	2450	3500
4d Sup Sta Wag	125	450	700	1400	2450	3500
Spider 124 (4-cyl) - (89.7" wb) - (1756cc)						
2d Conv	350	975	1600	3200	5600	8000
X1/9						

NOTE: At mid-year the Brava series and Spider contained the new twin cam 2.0 liter four, (1995cc).

	6	5	4	3	2	1
1979						
128A1 - (4-cyl) - (96.4" wb) - (1290cc) - (FWD)						
2d Sed	125	450	700	1400	2450	3500
4d Sed	125	450	700	1400	2450	3500
128AC - (4-cyl) - (87.5" wb) - (1290cc) - (FWD)						
2d Spt HBk	150	475	775	1500	2650	3800
X1/9 - (4-cyl) - (86.7" wb) - (1498cc)						
AS Targa Cpe	200	675	1000	2000	3500	5000
Strada 138A - (96.4" wb) - (1498cc) - (FWD)						
2d HBk	125	450	700	1400	2450	3500
2d Cus HBk	125	450	700	1400	2450	3500
4d Cus HBk	125	450	700	1400	2450	3500

	6	5	4	3	2	1
Brava 131 - (4-cyl) - (98" wb) - (1995cc)						
A4 2d Sed	125	450	700	1400	2450	3500
A4 4d Sed	125	450	700	1400	2450	3500
AF 4d Sta Wag	125	450	700	1400	2450	3500
Spider 2000 - (4-cyl) - (89.7" wb) - (1995cc)						
2d Conv	350	1020	1700	3400	5950	8500
X1/9						
1980						
Strada 138 - (4-cyl) - (96.4" wb) - (1498cc) - (FWD)						
2d HBk	125	450	700	1400	2450	3500
2d Cus HBk	125	450	700	1400	2450	3500
4d Cus HBk	125	450	700	1400	2450	3500
X1/9 - (4-cyl) - (86.7" wb) - (1498cc)						
128 Targa Cpe	200	675	1000	2000	3500	5000
Brava 131 - (4-cyl) - (98" wb) - (1995cc)						
2d Sed	125	450	700	1400	2450	3500
4d Sed	125	450	700	1400	2450	3500
Spider 2000 - (4-cyl) - (89.7" wb) - (1995cc)						
124 2d Conv	350	1020	1700	3400	5950	8500

NOTE The Brava series and the Spider 2000 were also available with fuel injection in 1980.

	6	5	4	3	2	1
1981						
Strada 138 - (4-cyl) - (96.4" wb) - (1498cc) - (FWD)						
2d HBk	125	450	700	1400	2450	3500
2d Cus HBk	125	450	700	1400	2450	3500
4d Cus HBk	125	450	700	1400	2450	3500
X1/9 - (4-cyl) - (86.7" wb) - (1498cc)						
128 Targa Cpe	200	675	1000	2000	3500	5000
Brava 131 - (4-cyl) - (98" wb) - (1995cc)						
2d Sed	125	450	700	1400	2450	3500
4d Sed	125	450	700	1400	2450	3500
Spider 2000 - (4-cyl) - (89.7" wb) - (1995cc)						
124 2d Conv	350	1020	1700	3400	5950	8500
124 2d Turbo Conv	450	1080	1800	3600	6300	9000

1982 Fiat Spider 2000 convertible

	6	5	4	3	2	1
1982						
Strada - (4-cyl) - (96.4" wb) - (1498cc) - (FWD)						
DD 2d HBk	125	450	700	1400	2450	3500
DD 2d Cus HBk	125	450	700	1400	2450	3500
DE Cus 4d HBk	125	450	700	1400	2450	3500
X1/9 - (4-cyl) - (86.7" wb) - (1498cc)						
BS Targa Cpe	200	675	1000	2000	3500	5000
Spider 2000 - (4-cyl) - (89.7" wb) - (1995cc)						
AS 2d Conv	350	1020	1700	3400	5950	8500
2d Turbo Conv	450	1080	1800	3600	6300	9000

	6	5	4	3	2	1
1983						
X1/9 - (4-cyl) - (86.7" wb) - (1498cc)						
BS Targa Cpe	200	675	1000	2000	3500	5000
Spider 2000 - (4-cyl) - (89.7" wb) - (1995cc)						
AS 2d Conv	350	1020	1700	3400	5950	8500
2d Turbo Conv	450	1080	1800	3600	6300	9000

NOTE: The Spider 2000 convertible was produced under the Pininfarina nameplate during 1984-85. The X1/9 Targa coupe was produced under the Bertone nameplate during 1984-90.

FORD - BRITISH

	6	5	4	3	2	1
1948						
Anglia, 4-cyl, 90" wb						
2d Sed	350	975	1600	3200	5600	8000
Prefect, 4-cyl, 94" wb						
4d Sed	350	900	1500	3000	5250	7500
1949						
Anglia, 4-cyl, 90" wb						
2d Sed	350	975	1600	3200	5600	8000
Prefect, 4-cyl, 94" wb						
4d Sed	350	900	1500	3000	5250	7500
1950						
Anglia, 4-cyl, 90" wb						
2d Sed	350	975	1600	3200	5600	8000
Prefect, 4-cyl, 94" wb						
4d Sed	350	900	1500	3000	5250	7500
1951						
Anglia, 4-cyl, 90" wb						
2d Sed	200	745	1250	2500	4340	6200
Prefect, 4-cyl, 90" wb						
4d Sed	200	730	1250	2450	4270	6100
Consul, 4-cyl, 100" wb						
4d Sed	200	745	1250	2500	4340	6200
1952						
Anglia, 4-cyl, 90" wb						
2d Sed	200	745	1250	2500	4340	6200
Prefect, 4-cyl, 94" wb						
4d Sed	200	730	1250	2450	4270	6100
Consul, 4-cyl, 100" wb						
4d Sed	200	745	1250	2500	4340	6200
Zephyr, 6-cyl, 104" wb						
4d Sed	350	780	1300	2600	4550	6500
1953						
Anglia, 4-cyl, 90" wb						
2d Sed	200	745	1250	2500	4340	6200
Prefect, 4-cyl, 94" wb						
4d Sed	200	730	1250	2450	4270	6100
Consul, 4-cyl, 100" wb						
4d Sed	200	745	1250	2500	4340	6200
Zephyr, 6-cyl, 104" wb						
4d Sed	350	780	1300	2600	4550	6500
1954						
Anglia, 4-cyl, 87" wb						
2d Sed	200	745	1250	2500	4340	6200
Prefect, 4-cyl, 87" wb						
4d Sed	200	730	1250	2450	4270	6100
Consul, 4-cyl, 100" wb						
4d Sed	200	745	1250	2500	4340	6200
Zephyr, 6-cyl, 104" wb						
4d Sed	350	780	1300	2600	4550	6500
1955						
Anglia, 4-cyl, 87" wb						
2d Sed	200	745	1250	2500	4340	6200
Prefect, 4-cyl, 87" wb						
4d Sed	200	730	1250	2450	4270	6100
Consul, 4-cyl, 100" wb						
4d Sed	350	770	1300	2550	4480	6400
2d Conv	350	975	1600	3200	5600	8000
Zephyr, 6-cyl, 104" wb						
4d Sed	350	780	1300	2600	4550	6500

	6	5	4	3	2	1
Zodiac, 6-cyl, 104" wb						
4d Sed	350	790	1350	2650	4620	6600
2d Conv	350	975	1600	3200	5600	8000
1956						
Anglia, 4-cyl, 87" wb						
2d Sed	200	745	1250	2500	4340	6200
Prefect, 4-cyl, 87" wb						
4d Sed	200	730	1250	2450	4270	6100
Escort/Squire, 4-cyl, 87" wb						
2d Sta Wag	350	770	1300	2550	4480	6400
Consul, 4-cyl, 100" wb						
4d Sed	350	770	1300	2550	4480	6400
2d Conv	350	975	1600	3200	5600	8000
Zephyr, 6-cyl, 104" wb						
4d Sed	350	780	1300	2600	4550	6500
2d Conv	350	975	1600	3200	5600	8000
Zodiac, 6-cyl, 104" wb						
4d Sed	350	790	1350	2650	4620	6600
1957						
Anglia, 4-cyl, 87" wb						
2d Sed	200	745	1250	2500	4340	6200
Prefect, 4-cyl, 87" wb						
4d Sed	200	730	1250	2450	4270	6100
Escort/Squire, 4-cyl, 87" wb						
2d Sta Wag	350	770	1300	2550	4480	6400
Consul, 4-cyl, 104" wb						
4d Sed	350	770	1300	2550	4480	6400
2d Conv	350	975	1600	3200	5600	8000
Zephyr, 6-cyl, 107" wb						
4d Sed	350	780	1300	2600	4550	6500
2d Conv	350	975	1600	3200	5600	8000
Zodiac, 6-cyl, 107" wb						
4d Sed	350	790	1350	2650	4620	6600
2d Conv	350	1020	1700	3400	5950	8500
1958						
Anglia, 4-cyl, 87" wb						
2d Sed	200	745	1250	2500	4340	6200
2d DeL Sed	200	750	1275	2500	4400	6300
Prefect, 4-cyl, 87" wb						
4d Sed	200	745	1250	2500	4340	6200
Escort/Squire, 4-cyl, 87" wb						
2d Sta Wag	350	770	1300	2550	4480	6400
Consul, 4-cyl, 104" wb						
4d Sed	350	770	1300	2550	4480	6400
2d Conv	350	975	1600	3200	5600	8000
Zephyr, 6-cyl, 107" wb						
4d Sed	350	780	1300	2600	4550	6500
2d Conv	350	975	1600	3200	5600	8000
Zodiac, 6-cyl, 107" wb						
4d Sed	350	790	1350	2650	4620	6600
2d Conv	350	1020	1700	3400	5950	8500
1959						
Anglia, 4-cyl, 87" wb						
2d DeL Sed	200	745	1250	2500	4340	6200
Prefect, 4-cyl, 87" wb						
4d Sed	200	730	1250	2450	4270	6100
Escort/Squire, 4-cyl, 87" wb						
2d Sta Wag	350	770	1300	2550	4480	6400
Consul, 4-cyl, 104" wb						
4d Sed	350	770	1300	2550	4480	6400
2d Conv	350	975	1600	3200	5600	8000
4d Sta Wag	350	780	1300	2600	4550	6500
Zephyr, 6-cyl, 107" wb						
4d Sed	350	780	1300	2600	4550	6500
2d Conv	350	975	1600	3200	5600	8000
4d Sta Wag	350	790	1350	2650	4620	6600
Zodiac, 6-cyl, 107" wb						
4d Sed	350	790	1350	2650	4620	6600
2d Conv	350	975	1600	3200	5600	8000
4d Sta Wag	350	800	1350	2700	4700	6700
1960						
Anglia, 4-cyl, 90" wb						
2d Sed	200	730	1250	2450	4270	6100
Prefect, 4-cyl, 90" wb						
4d Sed	200	675	1000	2000	3500	5000

	6	5	4	3	2	1
Escort/Squire, 4-cyl, 87" wb						
2d Sta Wag	350	770	1300	2550	4480	6400
Consul, 4-cyl, 104" wb						
4d Sed	350	770	1300	2550	4480	6400
2d Conv	350	900	1500	3000	5250	7500
Zephyr, 6-cyl, 107" wb						
4d Sed	350	780	1300	2600	4550	6500
2d Conv	350	950	1550	3100	5400	7700
Zodiac, 6-cyl, 107" wb						
4d Sed	350	790	1350	2650	4620	6600
2d Conv	350	975	1600	3200	5600	8000
1961						
Anglia, 4-cyl, 90" wb						
2d Sed	200	700	1050	2050	3600	5100
Prefect, 4-cyl, 90" wb						
4d Sed	200	675	1000	2000	3500	5000
Escort, 4-cyl, 87" wb						
2d Sta Wag	350	770	1300	2550	4480	6400
Consul, 4-cyl, 104" wb						
4d Sed	350	770	1300	2550	4480	6400
2d Conv	450	1080	1800	3600	6300	9000
Zephyr, 6-cyl, 107" wb						
4d Sed	350	780	1300	2600	4550	6500
2d Conv	450	1140	1900	3800	6650	9500
Zodiac, 6-cyl, 107" wb						
4d Sed	350	790	1350	2650	4620	6600
2d Conv	450	1160	1950	3900	6800	9700
1962						
Anglia, 4-cyl, 90" wb						
2d Sed	200	700	1050	2050	3600	5100
2d DeL Sed	200	700	1050	2100	3650	5200
2d Sta Wag	200	700	1050	2100	3650	5200
Consul 315, 4-cyl, 99" wb						
2d Sed	200	700	1075	2150	3700	5300
4d DeL Sed	200	650	1100	2150	3780	5400
Consul Capri, 4-cyl, 99" wb						
2d HT Cpe	350	780	1300	2600	4550	6500
1963						
Anglia, 4-cyl, 90" wb						
2d Sed	200	700	1050	2050	3600	5100
2d DeL Sed	200	700	1050	2100	3650	5200
2d Sta Wag	200	700	1050	2100	3650	5200
Consul 315, 4-cyl, 99" wb						
2d Sed	200	700	1075	2150	3700	5300
4d DeL Sed	200	650	1100	2150	3780	5400
Capri, 4-cyl, 99" wb						
2d HT Cpe	350	780	1300	2600	4550	6500
Cortina, 4-cyl, 98" wb						
2d DeL Sed	200	700	1050	2100	3650	5200
4d DeL Sed	200	700	1075	2150	3700	5300
4d Sta Wag	200	700	1075	2150	3700	5300
Zephyr, 6-cyl, 107" wb						
4d Sed	200	650	1100	2150	3780	5400
Zodiac, 6-cyl, 107" wb						
4d Sed	200	660	1100	2200	3850	5500
1964						
Anglia, 4-cyl, 90" wb						
2d Sed	200	700	1050	2050	3600	5100
2d DeL Sed	200	700	1050	2100	3650	5200
2d Sta Wag	200	700	1050	2100	3650	5200
Consul 315, 4-cyl, 99" wb						
2d Sed	200	700	1075	2150	3700	5300
4d DeL Sed	200	650	1100	2150	3780	5400
Consul Capri, 4-cyl, 99" wb						
2d Cpe	350	780	1300	2600	4550	6500
2d GT Cpe	350	800	1350	2700	4700	6700
Cortina, 4-cyl, 98" wb						
2d GT Sed	200	670	1150	2250	3920	5600
2d DeL Sed	200	660	1100	2200	3850	5500
4d DeL Sed	200	650	1100	2150	3780	5400
4d Sta Wag	200	650	1100	2150	3780	5400
Zodiac, 6-cyl, 107" wb						
4d Sed	200	660	1100	2200	3850	5500
1965						
Anglia, 4-cyl, 90" wb						

	6	5	4	3	2	1
2d DeL Sed	200	700	1050	2100	3650	5200
Capri, 4-cyl, 99" wb						
2d Cpe	200	700	1075	2150	3700	5300
2d GT Cpe	200	650	1100	2150	3780	5400
Cortina, 4-cyl, 98" wb						
2d GT Sed	200	720	1200	2400	4200	6000
2d Sed	200	700	1050	2100	3650	5200
4d Sed	200	700	1050	2050	3600	5100
4d Sta Wag	200	700	1050	2050	3600	5100
1966						
Anglia 1200, 4-cyl, 90" wb						
2d DeL Sed	200	700	1050	2100	3650	5200
Cortina 1500, 4-cyl, 98" wb						
2d GT Sed	200	720	1200	2400	4200	6000
2d Sed	200	700	1050	2100	3650	5200
4d Sed	200	700	1075	2150	3700	5300
4d Sta Wag	200	650	1100	2150	3780	5400
Cortina Lotus, 4-cyl, 98" wb						
2d Sed	400	1300	2200	4400	7700	11,000
1967						
Anglia 113E, 4-cyl, 90" wb						
2d DeL Sed	200	700	1050	2100	3650	5200
Cortina 116E, 4-cyl, 98" wb						
2d GT Sed	200	700	1075	2150	3700	5300
2d Sed	200	700	1050	2100	3650	5200
4d Sed	200	700	1075	2150	3700	5300
4d Sta Wag	200	660	1100	2200	3850	5500
1968						
Cortina, 4-cyl, 98" wb						
2d Sed	200	700	1075	2150	3700	5300
4d Sed	200	650	1100	2150	3780	5400
2d GT Sed	200	660	1100	2200	3850	5500
4d GT Sed	200	660	1100	2200	3850	5500
4d Sta Wag	200	660	1100	2200	3850	5500
1969						
Cortina, 4-cyl, 98" wb						
2d Sed	200	700	1075	2150	3700	5300
4d Sed	200	650	1100	2150	3780	5400
2d GT Sed	200	670	1150	2250	3920	5600
4d GT Sed	200	670	1150	2250	3920	5600
2d DeL Sed	200	660	1100	2200	3850	5500
4d DeL Sed	200	660	1100	2200	3850	5500
4d Sta Wag	200	670	1150	2250	3920	5600
1970						
Cortina, 4-cyl, 98" wb						
2d Sed	200	700	1075	2150	3700	5300
4d Sed	200	650	1100	2150	3780	5400
2d GT Sed	200	670	1150	2250	3920	5600
4d GT Sed	200	670	1150	2250	3920	5600
2d DeL Sed	200	660	1100	2200	3850	5500
4d DeL Sed	200	660	1100	2200	3850	5500
4d Sta Wag	200	670	1150	2250	3920	5600

FORD-CAPRI

	6	5	4	3	2	1
1969-70						
1600, 4-cyl, 100.8" wb, 1599cc						
2d Spt Cpe	150	600	900	1800	3150	4500
1971						
1600, 4-cyl, 100.8" wb, 1599cc						
2d Spt Cpe	200	675	1000	2000	3500	5000
2000, 4-cyl, 100.8" wb, 1993cc						
2d Spt Cpe	200	660	1100	2200	3850	5500
1972						
1600, 4-cyl, 100.8" wb, 1599cc						
2d Spt Cpe	150	600	900	1800	3150	4500
2000, 4-cyl, 100.8" wb, 1993cc						
2d Spt Cpe	200	675	1000	2000	3500	5000
2600, V-6, 100.8" wb, 2548cc						
2d Spt Cpe	200	660	1100	2200	3850	5500

	6	5	4	3	2	1
1973						
2000, 4-cyl, 100.8" wb, 1993cc						
2d Spt Cpe	200	675	1000	2000	3500	5000
2600, V-6, 100.8" wb, 2548cc						
2d Spt Cpe	200	660	1100	2200	3850	5500
1974						
2000, 4-cyl, 100.8" wb, 1993cc						
2d Spt Cpe	200	675	1000	2000	3500	5000
2800, V-6, 100.8" wb, 2792cc						
2d Spt Cpe	200	660	1100	2200	3850	5500

CAPRI II

	6	5	4	3	2	1
1975-76						
2300, 4-cyl, 100.9" wb, 2300cc						
2d HBk Cpe	200	675	1000	2000	3500	5000
2d Ghia Cpe	200	660	1100	2200	3850	5500
2d "S" Cpe	200	660	1100	2200	3850	5500
2800, V-6, 100.9" wb, 2795cc						
2d HBk Cpe	200	675	1000	2000	3500	5000

NOTE: No Capri's were imported for the 75 model year. Late in the year came the Capri II (intended as a '76 model).

	6	5	4	3	2	1
1977-78						
2300, 4-cyl, 100.9" wb, 2300cc						
2d HBk Cpe	200	675	1000	2000	3500	5000
2d Ghia Cpe	200	660	1100	2200	3850	5500
2800, V-6, 100.9" wb, 2795cc						
2d HBk Cpe	200	660	1100	2200	3850	5500

NOTE: 1977 was the final model year for Capri II. They were not imported after 1977.

GEO

	6	5	4	3	2	1
1989						
Metro						
2d HBk	150	600	950	1850	3200	4600
2d HBk LSi	200	700	1050	2050	3600	5100
4d Sed LSi	200	700	1050	2100	3650	5200
Prizm						
4d Sed	350	790	1350	2650	4620	6600
5d HBk	350	800	1350	2700	4700	6700
Spectrum						
2d HBk	200	670	1150	2250	3920	5600
4d Sed	200	670	1200	2300	4060	5800
Tracker (4x4)						
Wag HT	350	1020	1700	3400	5950	8500
Wag Soft-top	350	975	1600	3200	5600	8000
1990						
Metro, 3-cyl.						
2d HBk XFi	100	330	575	1150	1950	2800
2d HBk	100	350	600	1150	2000	2900
2d HBk LSi	125	370	650	1250	2200	3100
4d HBk	100	350	600	1150	2000	2900
4d HBk LSi	125	400	675	1350	2300	3300
2d Conv LSi	200	675	1000	2000	3500	5000
Prizm, 4-cyl.						
4d Sed	200	720	1200	2400	4200	6000
4d Sed GSi	350	780	1300	2600	4550	6500
4d HBk	350	770	1300	2550	4480	6400
4d HBk GSi	350	830	1400	2950	4830	6900
Storm, 4-cyl.						
2d HBk (2 plus 2)	200	660	1100	2200	3850	5500
2d HBk (2 plus 2) GSi	200	720	1200	2400	4200	6000

HILLMAN

	6	5	4	3	2	1
1948						
Minx, 4-cyl, 92" wb						
4d Sed	200	675	1000	2000	3500	5000
2d Conv	350	1020	1700	3400	5950	8500
4d Est Wag	200	660	1100	2200	3850	5500
1949						
Minx, 4-cyl, 93" wb						
4d Sed	200	675	1000	2000	3500	5000
2d Conv	350	1020	1700	3400	5950	8500
4d Est Wag	200	660	1100	2200	3850	5500

1950 Hillman Minx Estate Car

	6	5	4	3	2	1
1950						
Minx, 4-cyl, 93" wb						
4d Sed	200	675	1000	2000	3500	5000
2d Conv	350	1020	1700	3400	5950	8500
4d Est Wag	200	660	1100	2200	3850	5500
1951						
Minx Mark IV, 4-cyl, 93" wb						
4d Sed	200	675	1000	2000	3500	5000
2d Conv	350	1020	1700	3400	5950	8500
4d Est Wag	200	660	1100	2200	3850	5500
1952						
Minx Mark IV, 4-cyl, 93" wb						
4d Sed	200	675	1000	2000	3500	5000
2d Conv	350	1020	1700	3400	5950	8500
4d Est Wag	200	660	1100	2200	3850	5500
Minx Mark V, 4-cyl, 93" wb						
4d Sed	200	675	1000	2000	3500	5000
2d Conv	350	1040	1700	3450	6000	8600
4d Est Wag	200	660	1100	2200	3850	5500
1953						
Minx Mark VI, 4-cyl, 93" wb						
4d Sed	200	675	1000	2000	3500	5000
2d HT	350	780	1300	2600	4550	6500
2d Conv	350	1040	1750	3500	6100	8700
4d Est Wag	200	660	1100	2200	3850	5500
1954						
Minx Mark VII, 4-cyl, 93" wb						
4d Sed	200	675	1000	2000	3500	5000
2d HT	350	780	1300	2600	4550	6500
2d Conv	350	1040	1750	3500	6100	8700
4d Est Wag	200	660	1100	2200	3850	5500

	6	5	4	3	2	1
1955						
Husky, 4-cyl, 84" wb						
2d Sta Wag	200	660	1100	2200	3850	5500
Minx Mark VIII, 4-cyl, 93" wb						
4d Sed	200	675	1000	2000	3500	5000
2d HT Cpe	350	780	1300	2600	4550	6500
2d Conv	350	1040	1750	3500	6100	8700
4d Est Wag	200	685	1150	2300	3990	5700
1956						
Husky, 4-cyl, 84" wb						
2d Sta Wag	200	660	1100	2200	3850	5500
Minx Mark VIII, 4-cyl, 93" wb						
4d Sed	200	660	1100	2200	3850	5500
2d HT Cpe	350	780	1300	2600	4550	6500
2d Conv	350	1040	1750	3500	6100	8700
4d Est Wag	200	685	1150	2300	3990	5700
1957						
Husky, 4-cyl, 84" wb						
2d Sta Wag	200	660	1100	2200	3850	5500
New Minx, 4-cyl, 96" wb						
4d Sed	200	675	1000	2000	3500	5000
2d Conv	350	1020	1700	3400	5900	8400
4d Est Wag	200	685	1150	2300	3990	5700
1958						
Husky, 4-cyl, 84" wb						
2d Sta Wag	200	660	1100	2200	3850	5500
Husky, 2nd Series, 4-cyl, 86" wb						
2d Sta Wag	200	670	1150	2250	3920	5600
Minx, 4-cyl, 96" wb						
4d Spl Sed	200	675	1000	2000	3500	5000
4d DeL Sed	200	660	1100	2200	3850	5500
2d Conv	350	1020	1700	3400	5900	8400
4d Est Wag	350	770	1300	2550	4480	6400
1959						
Husky, 4-cyl, 86" wb						
2d Sta Wag	200	660	1100	2200	3850	5500
Minx Series II, 4-cyl, 96" wb						
4d Spl Sed	200	660	1100	2200	3850	5500
4d DeL Sed	200	660	1100	2200	3850	5500
2d Conv	350	880	1500	2950	5180	7400
4d Est Wag	200	685	1150	2300	3990	5700
1960						
Husky, 4-cyl, 86" wb						
2d Sta Wag	200	660	1100	2200	3850	5500
Minx Series IIIA, 4-cyl, 96" wb						
4d Spl Sed	200	660	1100	2200	3850	5500
4d DeL Sed	200	660	1100	2200	3850	5500
2d Conv	350	900	1500	3000	5250	7500
4d Est Wag	200	685	1150	2300	3990	5700
1961						
Husky, 4-cyl, 86" wb						
2d Sta Wag	200	660	1100	2200	3850	5500
Minx Series IIIA, 4-cyl, 96" wb						
4d Spl Sed	200	660	1100	2200	3850	5500
4d DeL Sed	200	660	1100	2200	3850	5500
2d Conv	350	1020	1700	3400	5950	8500
4d Est Wag	200	685	1150	2300	3990	5700
1962						
Husky, 4-cyl, 86" wb						
2d Sta Wag	200	660	1100	2200	3850	5500
Minx Series 1600, 4-cyl, 96" wb						
4d Sed	200	675	1000	2000	3500	5000
2d Conv	350	975	1600	3200	5600	8000
4d Est Wag	200	685	1150	2300	3990	5700
Super Minx, 4-cyl, 101" wb						
4d Sed	200	660	1100	2200	3850	5500
1963						
Husky II, 4-cyl, 86" wb						
2d Sta Wag	200	660	1100	2200	3850	5500
Minx Series 1600, 4-cyl, 96" wb						
4d Sed	200	675	1000	2000	3500	5000
Super Minx Mark I, 4-cyl, 101" wb						
4d Sed	200	675	1000	2000	3500	5000
2d Conv	350	975	1600	3200	5600	8000

	6	5	4	3	2	1
4d Est Wag	200	685	1150	2300	3990	5700
Super Minx Mark II, 4-cyl, 101" wb						
4d Sed	350	975	1600	3200	5600	8000
2d Conv	350	1000	1650	3300	5750	8200
4d Est Wag	200	670	1200	2300	4060	5800
1964						
Husky, 4-cyl, 86" wb						
2d Sta Wag	200	660	1100	2200	3850	5500
Minx Series 1600 Mark V, 4-cyl, 96" wb						
4d Sed	200	675	1000	2000	3500	5000
Super Minx Mark II, 4-cyl, 101" wb						
4d Sed	200	675	1000	2000	3500	5000
2d Conv	350	975	1600	3250	5700	8100
4d Est Wag	200	670	1150	2250	3920	5600
1965						
Husky, 4-cyl, 86" wb						
2d Sta Wag	200	660	1100	2200	3850	5500
Super Minx Mark II, 4-cyl, 101" wb						
4d Sed	200	675	1000	2000	3500	5000
4d Est Wag	200	685	1150	2300	3990	5700
1966						
Husky, 4-cyl, 86" wb						
2d Sta Wag	200	660	1100	2200	3850	5500
Super Minx Mark III, 4-cyl, 101" wb						
4d Sed	200	675	1000	2000	3500	5000
4d Est Wag	200	685	1150	2300	3990	5700
1967						
Husky, 4-cyl, 86" wb						
2d Sta Wag	200	685	1150	2300	3990	5700

HONDA

1980						
Civic 1300						
3d HBk	150	500	800	1600	2800	4000
3d DX	150	500	800	1600	2800	4000
Civic 1500						
3d HBk	150	500	800	1600	2800	4000
3d HBk DX	150	550	850	1650	2900	4100
3d HBk GL	150	550	850	1675	2950	4200
5d Sta Wag	150	550	850	1650	2900	4100
Accord						
3d HBk	150	600	900	1800	3150	4500
4d Sed	200	675	1000	2000	3500	5000
3d HBk LX	200	675	1000	2000	3500	5000
Prelude						
2d Cpe	200	685	1150	2300	3990	5700
1981						
Civic 1300						
3d HBk	150	500	800	1600	2800	4000
3d HBK DX	150	550	850	1650	2900	4100
Civic 1500						
3d HBk DX	150	500	800	1600	2800	4000
3d HBk GL	150	500	800	1600	2800	4000
4d Sed	150	550	850	1650	2900	4100
4d Sta Wag	150	550	850	1650	2900	4100
Accord						
3d HBk	200	675	1000	2000	3500	5000
4d Sed	200	675	1000	2000	3500	5000
3d HBk LX	200	700	1050	2050	3600	5100
4d Sed SE	200	700	1050	2050	3600	5100
Prelude						
2d Cpe	200	720	1200	2400	4200	6000
1982						
Civic 1300						
3d HBk	150	500	800	1600	2800	4000
3d HBk FE	150	500	800	1600	2800	4000
Civic 1500						
3d HBk DX	150	550	850	1650	2900	4100
3d HBk GL	150	550	850	1675	2950	4200

	6	5	4	3	2	1
4d Sed	150	575	875	1700	3000	4300
4d Sta Wag	150	550	850	1650	2900	4100
Accord						
3d HBk	200	675	1000	2000	3500	5000
4d Sed	200	700	1050	2050	3600	5100
3d HBk LX	200	700	1050	2100	3650	5200
Prelude						
2d Cpe	200	745	1250	2500	4340	6200
1983						
Civic 1300						
3d HBk	150	500	800	1600	2800	4000
3d HBk FE	150	500	800	1600	2800	4000
Civic 1500						
3d HBk DX	150	550	850	1650	2900	4100
3d HBk S	150	550	850	1675	2950	4200
4d Sed	150	575	875	1700	3000	4300
4d Sta Wag	150	550	850	1650	2900	4100
Accord						
3d HBk	200	675	1000	2000	3500	5000
3d HBk LX	200	700	1050	2050	3600	5100
4d Sed	200	700	1050	2100	3650	5200
Prelude						
2d Cpe	200	750	1275	2500	4400	6300
1984						
Civic 1300						
2d Cpe CRX	150	500	800	1600	2800	4000
3d HBk	150	500	800	1600	2800	4000
Civic 1500						
2d Cpe CRX	200	675	1000	2000	3500	5000
3d HBk DX	150	500	800	1600	2800	4000
3d HBk S	150	500	800	1600	2800	4000
4d Sed	150	550	850	1675	2950	4200
4d Sta Wag	150	550	850	1675	2950	4200
Accord						
3d HBk	200	700	1050	2050	3600	5100
3d HBk LX	200	700	1050	2100	3650	5200
4d Sed	200	700	1075	2150	3700	5300
4d Sed LX	200	660	1100	2200	3850	5500
Prelude						
2d Cpe	350	780	1300	2600	4550	6500
1985						
Civic 1300						
3d HBk	150	500	800	1600	2800	4000
Civic 1500						
2d Cpe CRX HF	200	660	1100	2200	3850	5500
2d Cpe CRX	200	685	1150	2300	3990	5700
2d Cpe CRX Si	200	720	1200	2400	4200	6000
3d HBk DX	200	675	1000	2000	3500	5000
3d HBk S	100	360	600	1200	2100	3000
4d Sed	125	370	650	1250	2200	3100
4d Sta Wag	100	360	600	1200	2100	3000
4d Sta Wag (4x4)	125	450	700	1400	2450	3500
Accord						
3d HBk	200	720	1200	2400	4200	6000
3d HBk LX	350	780	1300	2600	4550	6500
4d Sed	350	790	1350	2650	4620	6600
4d Sed LX	350	820	1400	2700	4760	6800
4d Sed SEi	350	900	1500	3000	5250	7500
Prelude						
2d Cpe	350	900	1500	3000	5250	7500
2d Cpe Si	350	1000	1650	3350	5800	8300
1986						
Civic						
3d HBk	150	550	850	1675	2950	4200
3d HBk DX	150	650	950	1900	3300	4700
3d HBk Si	200	650	1100	2150	3780	5400
4d Sed	200	660	1100	2200	3850	5500
4d Sta Wag	200	675	1000	2000	3500	5000
4d Sta Wag (4x4)	200	670	1150	2250	3920	5600
Civic CRX						
2d Cpe HF	200	700	1050	2100	3650	5200
2d Cpe Si	200	720	1200	2400	4200	6000
2d Cpe	200	660	1100	2200	3850	5500
Accord						
3d HBk DX	350	790	1350	2650	4620	6600

	6	5	4	3	2	1
3d HBk LXi	350	975	1600	3200	5600	8000
4d Sed DX	350	900	1500	3000	5250	7500
4d Sed LX	350	975	1600	3200	5600	8000
4d Sed LXi	450	1050	1800	3600	6200	8900
Prelude						
2d Cpe	450	1050	1750	3550	6150	8800
2d Cpe Si	450	1160	1950	3900	6800	9700
1987						
Civic						
3d HBk	150	600	900	1800	3150	4500
3d HBk DX	200	700	1050	2050	3600	5100
3d HBk Si	200	670	1200	2300	4060	5800
4d Sed	200	720	1200	2400	4200	6000
4d Sta Wag	200	650	1100	2150	3780	5400
4d Sta Wag (4x4)	200	730	1250	2450	4270	6100
Civic CRX						
2d Cpe HF	200	670	1150	2250	3920	5600
2d Cpe	200	700	1200	2350	4130	5900
2d Cpe Si	350	780	1300	2600	4550	6500
Accord						
3d HBk DX	350	840	1400	2800	4900	7000
3d HBk LXi	350	880	1500	2950	5180	7400
4d Sed DX	350	950	1550	3100	5400	7700
4d Sed LX	350	900	1500	3000	5250	7500
4d Sed LXi	450	1140	1900	3800	6650	9500
Prelude						
2d Cpe	450	1080	1800	3600	6300	9000
2d Cpe Si	400	1300	2200	4400	7700	11,000
1988						
Civic						
3d HBk	200	675	1000	2000	3500	5000
3d HBk DX	200	720	1200	2400	4200	6000
4d Sed DX	200	745	1250	2500	4340	6200
4d Sed LX	350	820	1400	2700	4760	6800
4d Sta Wag	200	670	1200	2300	4060	5800
4d Sta Wag (4x4)	200	660	1100	2200	3850	5500
Civic CRX						
2d Cpe HF	350	780	1300	2600	4550	6500
2d Cpe Si	350	900	1500	3000	5250	7500
2d Cpe	350	820	1400	2700	4760	6800
Accord						
3d HBk DX	350	950	1500	3050	5300	7600
3d HBk LXi	450	1080	1800	3600	6300	9000
2d Cpe DX	350	950	1550	3150	5450	7800
2d Cpe LXi	350	1020	1700	3400	5950	8500
4d Sed DX	350	975	1600	3200	5600	8000
4d Sed LX	350	1000	1650	3300	5750	8200
4d Sed LXi	450	1140	1900	3800	6650	9500
Prelude						
2d Cpe S	400	1200	2000	4000	7000	10,000
2d Cpe Si	450	1400	2300	4600	8100	11,500
2d Cpe Si (4x4)	450	1450	2400	4800	8400	12,000
1989						
Civic						
3d HBk	200	750	1275	2500	4400	6300
3d HBk DX	350	870	1450	2900	5100	7300
3d HBk Si	350	975	1600	3250	5700	8100
4d Sed DX	350	1000	1650	3350	5800	8300
4d Sed LX	450	1050	1800	3600	6200	8900
4d Sta Wag	350	975	1600	3200	5600	8000
4d Sta Wag (4x4)	450	1050	1800	3600	6200	8900
Civic CRX						
2d Cpe HF	350	975	1600	3200	5600	8000
2d Cpe	350	1020	1700	3400	5950	8500
2d Cpe Si	400	1250	2100	4200	7400	10,500
Accord						
3d HBk DX	450	1160	1950	3900	6800	9700
3d HBk LXi	450	1400	2350	4700	8300	11,800
2d Cpe DX	400	1250	2100	4200	7400	10,600
2d Cpe LXi	500	1550	2550	5100	9000	12,800
4d Sed DX	400	1300	2150	4300	7600	10,800
4d Sed LX	400	1300	2200	4400	7700	11,000
4d Sed LXi	500	1550	2550	5100	9000	12,800
2d Cpe SEi	500	1550	2550	5100	9000	12,800
4d Sed SEi	500	1600	2700	5400	9500	13,500

	6	5	4	3	2	1
Prelude						
2d Cpe S	400	1200	2000	4000	7000	10,000
2d Cpe Si	450	1500	2450	4900	8600	12,300
2d Cpe Si (4x4)	500	1550	2550	5100	9000	12,800
1990						
Civic, 4-cyl.						
2d HBk	150	600	900	1800	3150	4500
2d HBk DX	200	675	1000	2000	3500	5000
2d HBk Si	200	660	1100	2200	3850	5500
4d Sed DX	200	720	1200	2400	4200	6000
4d Sed LX	350	780	1300	2600	4550	6500
4d Sed EX	350	820	1400	2700	4760	6800
4d Sta Wag	200	720	1200	2400	4200	6000
4d Sta Wag 4x4	350	780	1300	2600	4550	6500
Civic CRX, 4-cyl.						
2d Cpe HF	200	660	1100	2200	3850	5500
2d Cpe	200	720	1200	2400	4200	6000
2d Cpe Si	350	780	1300	2600	4550	6500
Accord, 4-cyl.						
2d Cpe DX	350	840	1400	2800	4900	7000
2d Cpe LX	350	900	1500	3000	5250	7500
2d Cpe EX	350	975	1600	3200	5600	8000
4d Sed DX	350	900	1500	3000	5250	7500
4d Sed LX	350	975	1600	3200	5600	8000
4d Sed EX	450	1080	1800	3600	6300	9000
Prelude, 4-cyl.						
2d 2.0 Cpe S	350	975	1600	3200	5600	8000
2d 2.0 Cpe Si	350	1020	1700	3400	5950	8500
2d Cpe Si	450	1080	1800	3600	6300	9000
2d Cpe Si 4WS	450	1140	1900	3800	6650	9500

ISUZU

	6	5	4	3	2	1
1961-65						
Bellel 2000, 4-cyl, 99.6" wb, 1991cc						
Diesel 4d Sed	200	675	1000	2000	3500	5000
Diesel 4d Sta Wag	200	700	1050	2100	3650	5200
NOTE: An optional diesel engine (DL200) was available.						
1966-80						
NOTE: See detailed listings.						
1981-82						
I-Mark, Gasoline, 4-cyl, 94.3" wb, 1817cc						
AT77B 2d DeL Cpe	150	600	900	1800	3150	4500
AT69B 4d DeL Sed	150	600	900	1800	3150	4500
AT77B 2d LS Cpe	150	650	975	1950	3350	4800
I-Mark, Diesel, 4-cyl, 94.3" wb, 1817cc						
AT77P 2d Cpe	150	500	800	1600	2800	4000
AT77P 2d DeL Cpe	150	550	850	1675	2950	4200
AT69P 4d DeL Sed	150	550	850	1650	2900	4100
AT77P 2d LS Cpe	150	600	950	1850	3200	4600
1983-85						
I-Mark, Gasoline, 4-cyl, 94.3" wb, 1817cc						
T77 2d DeL Cpe	200	675	1000	2000	3500	5000
T69 4d DeL Sed	200	675	1000	2000	3500	5000
T77 2d LS Cpe	200	700	1050	2050	3600	5100
T69 4d LS Sed	200	700	1050	2050	3600	5100
I-Mark, Diesel, 4-cyl, 94.3" wb, 1817cc						
T77 2d Cpe	200	700	1075	2150	3700	5300
Impulse, 4-cyl, 96" wb, 1949cc						
2d Spt Cpe	350	840	1400	2800	4900	7000

JAGUAR

	6	5	4	3	2	1
1946-1948						
3-5 Litre, 6-cyl., 125 hp, 120" wb						
Conv Cpe	2200	6950	11,600	23,200	40,600	58,000
Saloon	1000	3100	5200	10,400	18,200	26,000

	6	5	4	3	2	1
1949						
Mark V, 6-cyl., 125 hp, 120" wb						
Conv Cpe	2200	6950	11,600	23,200	40,600	58,000
Saloon	1000	3100	5200	10,400	18,200	26,000
1950						
Mark V, 6-cyl., 160 hp, 120" wb						
Saloon	1150	3600	6000	12,000	21,000	30,000
Conv Cpe	2200	6950	11,600	23,200	40,600	58,000
XK-120, 6-cyl., 160 hp, 102" wb						
Rds	2550	8150	13,600	27,200	47,600	68,000

NOTE: Some X-120 models delivered as early as 1949 models, use 1950 prices.

1951 Jaguar XK-120 coupe

	6	5	4	3	2	1
1951						
Mark VII, 6-cyl., 160 hp, 120" wb						
Saloon	650	2050	3400	6800	11,900	17,000
XK-120, 6-cyl., 160 hp, 102" wb						
Rds	2850	9100	15,200	30,400	53,200	76,000
Cpe	1700	5400	9000	18,000	31,500	45,000
1952						
Mark VII, 6-cyl., 160 hp, 120" wb, (twin-cam)						
Std Sed	850	2650	4400	8800	15,400	22,000
DeL Sed	850	2750	4600	9200	16,100	23,000
XK-120S (modified), 160 hp, 102" wb						
Rds	2950	9350	15,600	31,200	54,600	78,000
Cpe	1750	5500	9200	18,400	32,200	46,000
XK-120, 6-cyl., 160 hp, 102" wb						
Rds	2850	9100	15,200	30,400	53,200	76,000
Cpe	1600	5050	8400	16,800	29,400	42,000
1953						
Mark VII, 6-cyl., 160 hp, 120" wb						
Std Sed	850	2650	4400	8800	15,400	22,000
XK-120S, 6-cyl., 160 hp, 102" wb						
Rds	2950	9350	15,600	31,200	54,600	78,000
Cpe	1750	5500	9200	18,400	32,200	46,000
Conv	2150	6850	11,400	22,800	39,900	57,000
XK-120, 6-cyl., 160 hp, 102" wb						
Rds	2800	8900	14,800	29,600	51,800	74,000
Cpe	1600	5050	8400	16,800	29,400	42,000
Conv	1950	6250	10,400	20,800	36,400	52,000
1954						
Mark VII, 6-cyl., 160 hp, 120" wb						
Sed	1000	3100	5200	10,400	18,200	26,000
XK-120S (modified), 6-cyl., 102" wb						
Rds	2950	9350	15,600	31,200	54,600	78,000
Cpe	1750	5650	9400	18,800	32,900	47,000
Conv	2200	7100	11,800	23,600	41,300	59,000
XK-120, 6-cyl., 160 hp, 102" wb						
Rds	2650	8400	14,000	28,000	49,000	70,000
Cpe	1550	4900	8200	16,400	28,700	41,000
Conv	1950	6250	10,400	20,800	36,400	52,000

	6	5	4	3	2	1
1955						
Mark VII M, 6-cyl., 190 hp, 120" wb						
Saloon	850	2750	4600	9200	16,100	23,000
XK-140, 6-cyl., 190 hp, 102" wb						
Cpe	1400	4450	7400	14,800	25,900	37,000
Rds	2650	8400	14,000	28,000	49,000	70,000
Conv	1950	6250	10,400	20,800	36,400	52,000
XK-140M, 6-cyl., 190 hp, 102" wb						
Cpe	1600	5050	8400	16,800	29,400	42,000
Rds	2950	9350	15,600	31,200	54,600	78,000
Conv	2500	7900	13,200	26,400	46,200	66,000
XK-140MC, 6-cyl., 210 hp, 102" wb						
Cpe	1750	5650	9400	18,800	32,900	47,000
Rds	3100	9850	16,400	32,800	57,400	82,000
Conv	2700	8650	14,400	28,800	50,400	72,000
1956						
Mark VII M, 6-cyl., 190 hp, 120" wb						
Saloon	850	2650	4400	8800	15,400	22,000
XK-140, 6-cyl., 190 hp, 102" wb						
Cpe	1400	4450	7400	14,800	25,900	37,000
Rds	2550	8150	13,600	27,200	47,600	68,000
Conv	1950	6250	10,400	20,800	36,400	52,000
XK-140M, 6-cyl., 190 hp, 102" wb						
Cpe	1600	5050	8400	16,800	29,400	42,000
Rds	2950	9350	15,600	31,200	54,600	78,000
Conv	2500	7900	13,200	26,400	46,200	66,000
XK-140MC, 6-cyl., 210 hp, 102" wb						
Cpe	1750	5650	9400	18,800	32,900	47,000
Rds	3100	9850	16,400	32,800	57,400	82,000
Conv	2700	8650	14,400	28,800	50,400	72,000
2.4 Litre, 6-cyl., 112 hp, 108" wb						
Sed	800	2500	4200	8400	14,700	21,000
3.4 Litre, 6-cyl., 210 hp, 108" wb						
Sed	850	2650	4400	8800	15,400	22,000
Mark VIII, 6-cyl., 210 hp, 120" wb						
Lux Sed	950	3000	5000	10,000	17,500	25,000

NOTE: 3.4 Litre available 1957 only.
Mark VIII luxury sedan available 1957.

	6	5	4	3	2	1
1957						
Mark VIII, 6-cyl., 210 hp, 102" wb						
Saloon	700	2300	3800	7600	13,300	19,000
XK-140						
Cpe	1500	4800	8000	16,000	28,000	40,000
Rds	2250	7200	12,000	24,000	42,000	60,000
Conv	1700	5400	9000	18,000	31,500	45,000
XK-150, 6-cyl., 190 hp, 102" wb						
Cpe	1700	5400	9000	18,000	31,500	45,000
Rds	2500	7900	13,200	26,400	46,200	66,000
2.4 Litre, 6-cyl., 112 hp, 108" wb						
Sed	700	2200	3700	7400	13,000	18,500
3.4 Litre, 6-cyl., 210 hp, 108" wb						
Sed	800	2600	4300	8600	15,100	21,500
1958						
3.4 Litre, 6-cyl., 210 hp, 108" wb						
Sed	750	2450	4100	8200	14,400	20,500
XK-150, 6-cyl., 190 hp, 120" wb						
Cpe	1700	5400	9000	18,000	31,500	45,000
Rds	2500	7900	13,200	26,400	46,200	66,000
Conv	1900	6000	10,000	20,000	35,000	50,000
XK-150S, 6-cyl., 250 hp, 102" wb						
Rds	2800	8900	14,800	29,600	51,800	74,000
Mark VIII, 6-cyl., 210 hp, 120" wb						
Saloon	700	2200	3700	7400	13,000	18,500
1959-60						
XK-150, 6-cyl., 210 hp, 102" wb						
Cpe	1500	4800	8000	16,000	28,000	40,000
Rds	2250	7200	12,000	24,000	42,000	60,000
Conv	1650	5300	8800	17,600	30,800	44,000
XK-150SE, 6-cyl., 210 hp, 102" wb						
Cpe	1600	5050	8400	16,800	29,400	42,000
Rds	2650	8400	14,000	28,000	49,000	70,000
Conv	1800	5750	9600	19,200	33,600	48,000
XK-150S, 6-cyl., 250 hp, 102" wb						
Rds	2800	8900	14,800	29,600	51,800	74,000

	6	5	4	3	2	1
3.4 Litre, 6-cyl., 210 hp, 108" wb						
Sed	750	2350	3900	7800	13,700	19,500
Mark IX, 6-cyl., 220 hp, 120" wb						
Sed	900	2900	4800	9600	16,800	24,000
NOTE: Some factory prices increase for 1960.						
1961						
XK-150, 6-cyl., 210 hp, 102" wb						
Cpe	1450	4550	7600	15,200	26,600	38,000
Conv	1600	5050	8400	16,800	29,400	42,000
XKE, 6-cyl., 265 hp, 96" wb						
Rds	2050	6600	11,000	22,000	38,500	55,000
Cpe	1500	4800	8000	16,000	28,000	40,000
3.4 Litre, 6-cyl., 265 hp, 108" wb						
Sed	750	2450	4100	8200	14,400	20,500
Mark IX, 6-cyl., 265 hp, 120" wb						
Sed	850	2750	4600	9200	16,100	23,000
1962						
XKE, 6-cyl., 265 hp, 96" wb						
Rds	2050	6600	11,000	22,000	38,500	55,000
Cpe	1350	4300	7200	14,400	25,200	36,000
3.4 Litre Mark II, 6-cyl., 265 hp, 108" wb						
Sed	750	2450	4100	8200	14,400	20,500
Mark X, 6-cyl., 265 hp, 120" wb						
Sed	850	2750	4600	9200	16,100	23,000
1963						
XKE, 6-cyl., 265 hp, 96" wb						
Rds	2000	6350	10,600	21,200	37,100	53,000
Cpe	1300	4100	6800	13,600	23,800	34,000
3.8 Litre Mark II, 6-cyl., 265 hp, 108" wb						
Sed	750	2450	4100	8200	14,400	20,500
Mark X, 6-cyl., 265 hp, 120" wb						
Sed	850	2750	4600	9200	16,100	23,000
1964						
XKE, 6-cyl., 265 hp, 96" wb						
Rds	2050	6600	11,000	22,000	38,500	55,000
Cpe	1350	4300	7200	14,400	25,200	36,000
Model 3.8 Liter Mk II, 6-cyl., 108" wb						
4d Sed	750	2450	4100	8200	14,400	20,500
Model Mk X, 6-cyl., 265 hp, 120" wb						
4d Sed	850	2750	4600	9200	16,100	23,000
1965						
XKE 4.2, 6-cyl., 265 hp, 96" wb						
Rds	2050	6600	11,000	22,000	38,500	55,000
Cpe	1450	4550	7600	15,200	26,600	38,000
Model 4.2						
4d Sed	750	2450	4100	8200	14,400	20,500
Model 3.8						
4d Sed	850	2750	4600	9200	16,100	23,000
Mk II Sed	750	2450	4100	8200	14,400	20,500
1966						
XKE 4.2, 6-cyl., 265 hp, 96" wb						
Rds	2050	6600	11,000	22,000	38,500	55,000
Cpe	1250	3950	6600	13,200	23,100	33,000
Model 4.2						
4d Sed	750	2450	4100	8200	14,400	20,500
Model Mk II 3.8						
4d Sed	1450	4550	7600	15,200	26,600	38,000
S 4d Sed	800	2500	4200	8400	14,700	21,000
1967						
XKE 4.2, 6-cyl., 265 hp, 96" wb						
Rds	2150	6850	11,400	22,800	39,900	57,000
Cpe	1450	4700	7800	15,600	27,300	39,000
2 plus 2 Cpe	1150	3600	6000	12,000	21,000	30,000
340, 6-cyl., 225 hp, 108" wb						
4d Sed	750	2400	4000	8000	14,000	20,000
420, 6-cyl., 255 hp, 108" wb						
4d Sed	700	2300	3800	7600	13,300	19,000
420 G, 6-cyl., 245 hp, 107" wb						
4d Sed	750	2400	4000	8000	14,000	20,000
1968						
Model XKE 4.2, 245 hp, 96" wb						
Rds	1900	6000	10,000	20,000	35,000	50,000
Cpe	1350	4300	7200	14,400	25,200	36,000
2 plus 2 Cpe	1150	3600	6000	12,000	21,000	30,000

	6	5	4	3	2	1
1969						
Model XKE, 246 hp, 96" wb						
Rds	1900	6000	10,000	20,000	35,000	50,000
Cpe	1350	4300	7200	14,400	25,200	36,000
2 plus 2 Cpe	1150	3600	6000	12,000	21,000	30,000
Model XJ, 246 hp, 96" wb						
4d Sed	900	2900	4800	9600	16,800	24,000
1970						
Model XKE, 246 hp, 96" wb						
Rds	1900	6000	10,000	20,000	35,000	50,000
Cpe	1350	4300	7200	14,400	25,200	36,000
2 plus 2 Cpe	1150	3700	6200	12,400	21,700	31,000
Model XJ, 246 hp, 96" wb						
4d Sed	850	2650	4400	8800	15,400	22,000
1971						
Model XKE, 246 hp, 96" wb						
Rds	2050	6600	11,000	22,000	38,500	55,000
Cpe	1450	4550	7600	15,200	26,600	38,000
V-12 2 plus 2 Cpe	1300	4100	6800	13,600	23,800	34,000
V-12 Conv	2400	7700	12,800	25,600	44,800	64,000
Model XJ, 246 hp, 96" wb						
4d Sed	800	2500	4200	8400	14,700	21,000
1972						
Model XKE V-12, 272 hp, 105" wb						
Rds	2800	8900	14,800	29,600	51,800	74,000
2 plus 2 Cpe	1250	3950	6600	13,200	23,100	33,000
Model XJ6, 186 hp, 108.9" wb						
4d Sed	750	2400	4000	8000	14,000	20,000
1973						
Model XKE V-12, 272 hp, 105" wb						
Rds	2500	7900	13,200	26,400	46,200	66,000
2 plus 2 Cpe	1350	4300	7200	14,400	25,200	36,000
Model XJ, 186hp, 108.9" wb						
XJ6 4d	750	2400	4000	8000	14,000	20,000
XJ12 4d	950	3000	5000	10,000	17,500	25,000
1974						
Model XKE V-12, 272 hp, 105" wb						
Rds	2650	8400	14,000	28,000	49,000	70,000
Model XJ						
XJ6 4d	750	2400	4000	8000	14,000	20,000
XJ6 4d LWB	800	2500	4200	8400	14,700	21,000
XJ12L 4d	950	3000	5000	10,000	17,500	25,000
1975						
Model XJ6						
C Cpe	1000	3100	5200	10,400	18,200	26,000
L 4d Sed	800	2500	4200	8400	14,700	21,000
Model XJ12						
Cpe C	1000	3250	5400	10,800	18,900	27,000
L 4d Sed	900	2900	4800	9600	16,800	24,000
1976						
Model XJ6						
C Cpe	1050	3350	5600	11,200	19,600	28,000
L 4d Sed	800	2500	4200	8400	14,700	21,000
Model XJ12						
Cpe C	1050	3350	5600	11,200	19,600	28,000
L 4d Sed	850	2750	4600	9200	16,100	23,000
Model XJS						
2 plus 2 Cpe	950	3000	5000	10,000	17,500	25,000
1977						
Model XJ6						
C Cpe	1000	3250	5400	10,800	18,900	27,000
L 4d Sed	650	2050	3400	6800	11,900	17,000
Model XJ12L						
4d Sed	700	2300	3800	7600	13,300	19,000
Model XJS						
GT 2 plus 2 Cpe	850	2750	4600	9200	16,100	23,000
1978						
Model XJ6L						
4d Sed	700	2150	3600	7200	12,600	18,000
Model XJ12L						
4d Sed	850	2650	4400	8800	15,400	22,000
Model XJS						
Cpe	850	2750	4600	9200	16,100	23,000

	6	5	4	3	2	1
1979						
Model XJ6						
4d Sed	700	2150	3600	7200	12,600	18,000
Series III 4d Sed	700	2300	3800	7600	13,300	19,000
Model XJ12						
4d Sed	850	2650	4400	8800	15,400	22,000
Model XJS						
Cpe	850	2750	4600	9200	16,100	23,000
1980						
XJ6 4d Sed	650	2050	3400	6800	11,900	17,000
XJS 2d 2 plus 2 Cpe	850	2750	4600	9200	16,100	23,000
1981						
XJ6 4d Sed	650	2050	3400	6800	11,900	17,000
XJS 2d Cpe	850	2750	4600	9200	16,100	23,000
1982						
XJ6 4d Sed	650	2050	3400	6800	11,900	17,000
XJ6 Vanden Plas 4d Sed	750	2400	4000	8000	14,000	20,000
XJS 2d Cpe	950	3000	5000	10,000	17,500	25,000
1983						
XJ6 4d Sed	650	2050	3400	6800	11,900	17,000
XJ6 Vanden Plas 4d Sed	750	2400	4000	8000	14,000	20,000
XJS 2d Cpe	950	3000	5000	10,000	17,500	25,000
1984						
XJ6 4d Sed	650	2050	3400	6800	11,900	17,000
XJ6 Vanden Plas 4d Sed	750	2400	4000	8000	14,000	20,000
XJS 2d Cpe	950	3000	5000	10,000	17,500	25,000
1985						
VJ6						
4d Sed	700	2200	3700	7400	13,000	18,500
Vanden Plas 4d Sed	800	2600	4300	8600	15,100	21,500
XJS						
2d Cpe	1000	3100	5200	10,400	18,200	26,000
1986						
VJ6						
4d Sed	750	2350	3900	7800	13,700	19,500
Vanden Plas 4d Sed	850	2750	4600	9200	16,100	23,000
XJS						
2d Cpe	1000	3250	5400	10,800	18,900	27,000

1987 Jaguar XJ-6 four-door sedan

	6	5	4	3	2	1
1987						
Model XJ6						
4d Sed	800	2500	4200	8400	14,700	21,000
4d Sed Vanden Plas	900	2900	4800	9600	16,800	24,000
Model XJS						
2d Cpe	1000	3100	5200	10,400	18,200	26,000
2d Cpe Cabr	1350	4300	7200	14,400	25,200	36,000
1988						
Model XJ6						
4d Sed	850	2650	4400	8800	15,400	22,000
Model XJS						
2d Cpe	850	2650	4400	8800	15,400	22,000

	6	5	4	3	2	1
2d Cpe Cabr	1150	3600	6000	12,000	21,000	30,000
2d Conv	1300	4200	7000	14,000	24,500	35,000
1989						
Model XJ6						
4d Sed	950	3000	5000	10,000	17,500	25,000
Model XJS						
2d Cpe	1150	3600	6000	12,000	21,000	30,000
2d Conv	1500	4800	8000	16,000	28,000	40,000
1990						
Model XJ6						
4d Sed	450	1450	2400	4800	8400	12,000
Sovereign 4d Sed	500	1550	2600	5200	9100	13,000
Vanden Plas 4d Sed	550	1700	2800	5600	9800	14,000
Majestic 4d Sed	600	1900	3200	6400	11,200	16,000
Model XJS						
2d Cpe	600	1900	3200	6400	11,200	16,000
2d Conv	950	3000	5000	10,000	17,500	25,000

LAMBORGHINI

	6	5	4	3	2	1
1964-1966						
V-12, 99.5" wb, 3464/3929 cc						
350/400 GT						
Cpe	4000	12,700	21,200	42,400	74,200	106,000
1966-1968						
V-12, 99.5" wb, 3929 cc						
400 GT 2 plus 2						
2 plus 2 Cpe	3850	12,250	20,400	40,800	71,400	102,000
1966-1969						
V-12, 97.5" wb, 3929 cc						
P400 Miura						
Cpe	4200	13,450	22,400	44,800	78,400	112,000
1969-1971						
V-12, 97.7" wb, 3929 cc						
P400 Miura S						
Cpe	4200	13,450	22,400	44,800	78,400	112,000
1971-1972						
V-12, 97.7" wb, 3929 cc						
P400 Miura SV						
Cpe	4300	13,700	22,800	45,600	79,800	114,000
1968-1978						
V-12, 99.5" wb, 3929 cc						
Espada						
2 plus 2 Cpe	4000	12,700	21,200	42,400	74,200	106,000
1968-1969						
V-12, 99.5" wb, 3929 cc						
400 GT Islero, Islero S						
2 plus 2 Cpe	3600	11,500	19,200	38,400	67,200	96,000
1970-1973						
V-12, 92.8" wb, 3929 cc						
400 GT Jarama						
2 plus 2 Cpe	3600	11,500	19,200	38,400	67,200	96,000
1973-1976						
V-12, 92.8" wb, 3929 cc						
400 GTS Jarama						
2 plus 2 Cpe	3850	12,250	20,400	40,800	71,400	102,000
1972-1976						
V-8, 95.5" wb, 2462 cc						
P 250 Urraco						
2 plus 2 Cpe	3850	12,250	20,400	40,800	71,400	102,000
1975-1977						
V-8, 95.5" wb, 1994 cc						
P 200 Urraco						
2 plus 2 Cpe	3850	12,250	20,400	40,800	71,400	102,000
1976-1978						
V-8, 95.5" wb, 2995.8 cc						
Silhouette						
Targa Conv	3250	10,300	17,200	34,400	60,200	86,000
1975-1979						
V-8, 95.5" wb, 2995.8 cc						

	6	5	4	3	2	1
P 300 Urraco						
2 plus 2 Cpe	2850	9100	15,200	30,400	53,200	76,000
1973-1978						
V-12, 95.5" wb, 3929 cc						
LP 400 Countach						
Cpe	4500	14,400	24,000	48,000	84,000	120,000
1978-Present						
V-12, 95.5" wb, 3929 cc						
LP 400S Countach						
Cpe	4650	14,900	24,800	49,600	86,800	124,000
1982-Present						
V-12, 95.5" wb, 4754 cc						
LP 5000 Countach						
Cpe	5450	17,400	29,000	58,000	101,500	145,000
V-8, 95.5" wb, 3485 cc						
P 350 Jalpa						
Targa Conv	3850	12,250	20,400	40,800	71,400	102,000

MASERATI

1946-50						
A6/1500, 6-cyl, 100.4" wb, 1488cc						
2d Cpe (2 plus 2)	3750	12,000	20,000	40,000	70,000	100,000
2d Cabr	7500	24,000	40,000	80,000	140,000	200,000
1951-53						
A6G, 6-cyl, 100.4" wb, 1954cc						
2d Cpe (2 plus 2)	5650	18,000	30,000	60,000	105,000	150,000
2d Cabr (2 plus 2)	11,250	36,000	60,000	120,000	210,000	300,000
1954-56						
A6G, 6-cyl, 100.4" wb, 1954cc						
2d Cpe (2 plus 2)	5650	18,000	30,000	60,000	105,000	150,000
2d Cabr (2 plus 2)	11,250	36,000	60,000	120,000	210,000	300,000
A6G/2000, 6-cyl, 100.4" wb, 1985cc						
2d Cpe (2 plus 2)	5650	18,000	30,000	60,000	105,000	150,000
2d Cabr (2 plus 2)	11,250	36,000	60,000	120,000	210,000	300,000
1957-61						
A6G/2000/C, 6-cyl, 100.4" wb, 1985cc						
Allemano Cpe (2 plus 2)	5650	18,000	30,000	60,000	105,000	150,000
Frua Cabr (2 plus 2)	11,250	36,000	60,000	120,000	210,000	300,000
Frua 2d Cpe	9400	30,000	50,000	100,000	175,000	250,000
Zagato Cpe (2 plus 2)	11,250	36,000	60,000	120,000	210,000	300,000
3500 GT, 6-cyl, 102.3" wb, 3485cc						
2d Cpe	1800	5750	9600	19,200	33,600	48,000
3500 GT Spider						
6-cyl, 98.4" wb, 3485cc						
2d Rds	7300	23,400	39,000	78,000	136,500	195,000
1962						
3500 GTI, 6-cyl, 102.3" wb, 3485cc						
2d Cpe (2 plus 2)	1800	5750	9600	19,200	33,600	48,000
3500 GTI, 6-cyl, 98.4" wb, 3485cc						
Spider 2d Rds	7300	23,400	39,000	78,000	136,500	195,000
Sebring, 6-cyl, 98.4" wb, 3485cc						
2d Cpe (2 plus 2)	1800	5750	9600	19,200	33,600	48,000
1963-64						
3500 GTI, 6-cyl, 102.3" wb, 3485cc						
2d Cpe (2 plus 2)	1800	5750	9600	19,200	33,600	48,000
Spider 2d Conv	7300	23,400	39,000	78,000	136,500	195,000
Sebring, 6-cyl, 102.3" wb						
Early 3485cc, Later 3694cc						
2d Cpe (2 plus 2)	1800	5750	9600	19,200	33,600	48,000
Mistral, 6-cyl, 94.5" wb						
Early 3485cc, Later 3694cc						
2d Cpe	1700	5400	9000	18,000	31,500	45,000
Spider 2d Conv	6000	19,200	32,000	64,000	112,000	160,000
Quattroporte, V-8, 108.3" wb, 4136cc						
4d Sed	900	2950	4900	9800	17,200	24,500
1965-66						
Sebring II, 6-cyl, 102.3" wb, 3694cc						
2d Cpe (2 plus 2)	2050	6500	10,800	21,600	37,800	54,000

	6	5	4	3	2	1
Mistral, 6-cyl, 94.5" wb, 3694cc						
2d Cpe	1700	5400	9000	18,000	31,500	45,000
Spider 2d Conv	6000	19,200	32,000	64,000	112,000	160,000
NOTE: Optional Six engine (4014cc) available in Sebring & Mistral models.						
Mexico, V-8, 103.9" wb, 4136cc						
2d Cpe	1350	4300	7200	14,400	25,200	36,000
Quattroporte, V-8, 108.3" wb, 4136cc						
4200 4d Sed	900	2950	4900	9800	17,200	24,500
1967-68						
Mistral, 6-cyl, 94.5" wb, 3694cc						
2d Cpe	1700	5400	9000	18,000	31,500	45,000
Spider 2d Conv	6000	19,200	32,000	64,000	112,000	160,000
Ghibli, V-8, 100.4" wb, 4719cc						
4700 2d Cpe	2800	8900	14,800	29,600	51,800	74,000
Mexico, V-8, 103.9" wb, 4136cc-4719cc						
4200 2d Cpe	1350	4300	7200	14,400	25,200	36,000
4700 2d Cpe	1400	4450	7400	14,800	25,900	37,000
Quattroporte, V-8, 108.3" wb, 4136cc-4719cc						
4200 4d Sed	900	2950	4900	9800	17,200	24,500
4700 4d Sed	950	3000	5000	10,000	17,500	25,000
1969-70						
Mistral, 6-cyl, 94.5" wb, 3694cc						
2d Cpe	1700	5400	9000	18,000	31,500	45,000
Spider 2d Conv	6000	19,200	32,000	64,000	112,000	160,000
Ghibli, V-8, 100.4" wb, 4719cc						
2d Cpe	2800	8900	14,800	29,600	51,800	74,000
Spider 2d Conv	4500	14,400	24,000	48,000	84,000	120,000
Indy, V-8, 102.5" wb, 4136cc						
2d Cpe (2 plus 2)	1500	4800	8000	16,000	28,000	40,000
Quattroporte, V-8, 108.3" wb, 4719cc						
4d Sed	900	2950	4900	9800	17,200	24,500

1971 Maserati Ghibli Spider convertible

	6	5	4	3	2	1
1971-73						
Merak, V-6, 102.3" wb, 2965cc						
2d Cpe (2 plus 2)	1300	4100	6800	13,600	23,800	34,000
Bora, V-8, 102.3" wb, 4719cc						
2d Cpe	3250	10,300	17,200	34,400	60,200	86,000
Ghibli, V-8, 100.4" wb, 4930cc						
2d Cpe	2800	8900	14,800	29,600	51,800	74,000
Spider 2d Conv	7500	24,000	40,000	80,000	140,000	200,000
Indy, V-8, 102.5" wb, 4136cc						
2d Cpe (2 plus 2)	1500	4800	8000	16,000	28,000	40,000
1974-76						
Merak, V-6, 102.3" wb, 2965cc						
2d Cpe (2 plus 2)	1300	4100	6800	13,600	23,800	34,000
Bora, V-8, 102.3" wb, 4930cc						
2d Cpe	3250	10,300	17,200	34,400	60,200	86,000
Indy, V-8, 102.5" wb, 4930cc						
2d Cpe	1500	4800	8000	16,000	28,000	40,000

	6	5	4	3	2	1
Khamsin, V-8, 100.3" wb, 4930cc						
1977-83						
Merak SS, 102.3" wb, 2965cc						
2d Cpe (2 plus 2)	1400	4450	7400	14,800	25,900	37,000
Bora, V-8, 102.3" wb, 4930cc						
2d Cpe	3250	10,300	17,200	34,400	60,200	86,000
Khamsin, V-8, 100.3" wb, 4930cc						
2d Cpe (2 plus 2)	1800	5750	9600	19,200	33,600	48,000
Kyalami, V-8, 102.4" wb, 4930cc						
2d Cpe 2 plus 2	1300	4200	7000	14,000	24,500	35,000
1984-88						
Biturbo, V-6, 99" wb, 1996cc						
2d Cpe	400	1200	2000	4000	7000	10,000
E 2d Cpe	400	1300	2200	4400	7700	11,000
Biturbo, V-6, 94.5" wb, 2491cc						
Spider 2d Conv	550	1800	3000	6000	10,500	15,000
425 4d Sed	450	1140	1900	3800	6650	9500
Quattroporte, V-8, 110.2" wb, 4930cc						
4d Sed	550	1800	3000	6000	10,500	15,000

MAZDA

	6	5	4	3	2	1
1970-71						
Conventional Engine						
1200, 4-cyl, 88.9" wb, 1169cc						
2d Sed	150	475	775	1500	2650	3800
2d Cpe	150	500	800	1600	2800	4000
2d Sta Wag	150	475	775	1500	2650	3800
616, 4-cyl, 97" wb, 1587cc						
2d Cpe	150	500	800	1600	2800	4000
4d Sed	150	475	775	1500	2650	3800
1800, 4-cyl, 98.4" wb, 1769cc						
4d Sed	150	500	800	1550	2700	3900
4d Sta Wag	150	550	850	1650	2900	4100
Wankel Rotary Engine						
R100, 88.9" wb, 1146cc						
2d Spt Cpe 2 plus 2	200	720	1200	2400	4200	6000
RX-2, 97" wb, 1146cc						
2d Cpe	150	550	850	1675	2950	4200
4d Sed	150	500	800	1600	2800	4000
1972						
Conventional Engine						
808, 4-cyl, 91" wb, 1587cc						
2d Cpe	125	450	750	1450	2500	3600
4d Sed	125	450	700	1400	2450	3500
4d Sta Wag	150	475	750	1475	2600	3700
618, 4-cyl, 97" wb, 1796cc						
2d Cpe	150	475	750	1475	2600	3700
4d Sed	125	450	750	1450	2500	3600
Wankel Rotary Engine						
R100, 88.9" wb, 1146cc						
2d Cpe 2 plus 2	200	720	1200	2400	4200	6000
RX-2, 97" wb, 1146cc						
2d Cpe	150	500	800	1600	2800	4000
4d Sed	150	475	750	1475	2600	3700
RX-3, 91" wb, 1146cc						
2d Cpe	150	500	800	1600	2800	4000
4d Sed	125	450	750	1450	2500	3600
4d Sta Wag	150	475	750	1475	2600	3700
1973						
Conventional Engine						
808, 4-cyl, 91" wb, 1587cc						
2d Cpe	125	450	750	1450	2500	3600
4d Sed	125	450	700	1400	2450	3500
4d Sta Wag	150	475	750	1475	2600	3700
Wankel Rotary Engine						
RX-2, 97" wb, 1146cc						
2d Cpe	150	500	800	1600	2800	4000
4d Sed	125	450	750	1450	2500	3600
RX-3, 162" wb, 1146cc						
2d Cpe	150	500	800	1550	2700	3900
4d Sed	125	450	700	1400	2450	3500

	6	5	4	3	2	1
RX-3, 163" wb, 1146cc						
4d Sta Wag	150	475	750	1475	2600	3700
1974						
Conventional Engine						
808, 4-cyl, 91" wb, 1587cc						
2d Cpe	150	500	800	1600	2800	4000
4d Sta Wag	150	475	775	1500	2650	3800
Wankel Rotary Engine						
RX-2, 97" wb, 1146cc						
2d Cpe	150	550	850	1650	2900	4100
4d Sed	150	500	800	1550	2700	3900
RX-3, 91" wb, 1146cc						
2d Cpe	150	500	800	1550	2700	3900
4d Sta Wag	150	475	750	1475	2600	3700
RX-4, 99" wb, 1308cc						
2d HT Cpe	150	550	850	1650	2900	4100
4d Sed	150	475	775	1500	2650	3800
4d Sta Wag	150	500	800	1550	2700	3900
1975						
Conventional Engine						
808, 4-cyl, 91" wb, 1587cc						
2d Cpe	125	450	750	1450	2500	3600
4d Sta Wag	150	475	750	1475	2600	3700
Wankel Rotary Engine						
RX-3, 91" wb, 1146cc						
2d Cpe	150	500	800	1600	2800	4000
4d Sta Wag	150	475	775	1500	2650	3800
RX-4, 99" wb, 1308cc						
2d HT Cpe	150	550	850	1650	2900	4100
4d Sed	150	475	750	1475	2600	3700
4d Sta Wag	150	475	775	1500	2650	3800
1976						
Conventional Engine						
Mizer 808-1300, 4-cyl, 91" wb, 1272cc						
2d Cpe	125	450	700	1400	2450	3500
4d Sed	125	450	750	1450	2500	3600
4d Sta Wag	150	475	750	1475	2600	3700
808-1600, 4-cyl, 91" wb, 1587cc						
2d Cpe	125	450	750	1450	2500	3600
4d Sed	150	475	750	1475	2600	3700
4d Sta Wag	150	475	775	1500	2650	3800
Wankel Rotary Engine						
RX-3, 91" wb, 1146cc						
2d Cpe	150	500	800	1600	2800	4000
4d Sta Wag	150	475	775	1500	2650	3800
RX-4, 99" wb, 1308cc						
2d HT Cpe	150	500	800	1600	2800	4000
4d Sed	150	475	775	1500	2650	3800
4d Sta Wag	150	500	800	1550	2700	3900
Cosmo 2d HdTp Cpe	200	660	1100	2200	3850	5500
1977						
Mizer, 4-cyl, 1272cc						
2d Cpe	125	450	700	1400	2450	3500
4d Sed	125	450	700	1400	2450	3500
4d Sta Wag	125	450	750	1450	2500	3600
GLC, 4-cyl, 91.1" wb, 1272cc						
2d HBk	125	450	700	1400	2450	3500
2d DeL HBk	125	450	750	1450	2500	3600
808, 4-cyl, 91" wb, 1587cc						
2d Cpe	125	450	750	1450	2500	3600
4d Sed	125	450	700	1400	2450	3500
4d Sta Wag	150	475	750	1475	2600	3700
Wankel Rotary Engine						
RX-3SP, 91" wb, 1146cc						
2d Cpe	150	550	850	1650	2900	4100
RX-4, 99" wb, 1308cc						
4d Sed	125	450	750	1450	2500	3600
4d Sta Wag	150	475	750	1475	2600	3700
Cosmo 2d HT Cpe	200	660	1100	2200	3850	5500
1978						
GLC, 4-cyl, 91.1" wb, 1272cc						
2d HBk	125	400	675	1350	2300	3300
2d DeL HBk	125	400	700	1375	2400	3400
2d Spt HBk	125	450	700	1400	2450	3500
4d DeL HBk	125	450	700	1400	2450	3500

	6	5	4	3	2	1
Wankel Rotary Engine						
RX-3SP, 91" wb, 1146cc						
2d Cpe	150	500	800	1600	2800	4000
RX-4, 99" wb, 1308cc						
4d Sed	125	450	700	1400	2450	3500
4d Sta Wag	125	450	750	1450	2500	3600
Cosmo 2d Cpe	200	660	1100	2200	3850	5500
1979						
GLC, 4-cyl, 91" wb, 1415cc						
2d HBk	125	400	675	1350	2300	3300
2d DeL HBk	125	400	700	1375	2400	3400
2d Spt HBk	125	450	700	1400	2450	3500
4d DeL HBk	125	450	700	1400	2450	3500
4d Sta Wag	125	450	750	1450	2500	3600
4d DeL Sta Wag	150	475	750	1475	2600	3700
626, 4-cyl, 98.8" wb, 1970cc						
2d Spt Cpe	150	500	800	1600	2800	4000
4d Spt Sed	150	475	775	1500	2650	3800
Wankel Rotary Engine						
RX-7, 95.3" wb, 1146cc						
S 2d Cpe	200	660	1100	2200	3850	5500
GS 2d Cpe	200	685	1150	2300	3990	5700
1980						
GLC, 4-cyl, 91" wb, 1415cc						
2d HBk	150	500	800	1600	2800	4000
2d Cus HBk	150	550	850	1650	2900	4100
2d Spt HBk	150	550	850	1675	2950	4200
4d Cus HBk	150	550	850	1675	2950	4200
4d Cus Sta Wag	150	575	875	1700	3000	4300
626, 4-cyl, 98.8" wb, 1970cc						
2d Spt Cpe	150	600	900	1800	3150	4500
4d Spt Sed	150	575	900	1750	3100	4400
Wankel Rotary Engine						
RX-7, 95.3" wb, 1146cc						
S 2d Cpe	200	720	1200	2400	4200	6000
GS 2d Cpe	200	750	1275	2500	4400	6300
1981						
GLC, 4-cyl, 93.1" wb, 1490cc						
2d HBk	150	500	800	1600	2800	4000
2d Cus HBk	150	550	850	1650	2900	4100
4d Cus HBk	150	500	800	1600	2800	4000
4d Cus Sed	150	550	850	1650	2900	4100
2d Cus L HBk	150	550	850	1675	2950	4200
4d Cus L Sed	150	550	850	1675	2950	4200
2d Spt HBk	150	575	875	1700	3000	4300
GLC, 4-cyl, 91" wb, 1490cc						
4d Sta Wag	150	575	900	1750	3100	4400
626, 4-cyl, 98.8" wb, 1970cc						
2d Spt Cpe	150	600	900	1800	3150	4500
4d Spt Sed	150	575	900	1750	3100	4400
2d Lux Spt Cpe	150	650	950	1900	3300	4700
4d Lux Spt Sed	150	600	950	1850	3200	4600
Wankel Rotary Engine						
RX-7, 95.3" wb, 1146cc						
S 2d Cpe	350	780	1300	2600	4550	6500
GS 2d Cpe	350	840	1400	2800	4900	7000
GSL 2d Cpe	350	900	1500	3000	5250	7500
1982						
GLC, 4-cyl, 93.1" wb, 1490cc						
2d HBk	150	600	900	1800	3150	4500
2d Cus HBk	150	600	950	1850	3200	4600
4d Cus Sed	150	600	950	1850	3200	4600
2d Cus L HBk	150	650	950	1900	3300	4700
4d Cus L Sed	150	650	950	1900	3300	4700
2d Spt HBk	150	650	975	1950	3350	4800
GLC, 4-cyl, 91" wb, 1490cc						
4d Cus Sta Wag	150	600	900	1800	3150	4500
626, 4-cyl, 98.8" wb, 1970cc						
2d Spt Cpe	150	600	950	1850	3200	4600
4d Spt Sed	150	600	900	1800	3150	4500
2d Lux Spt Cpe	150	650	950	1900	3300	4700
4d Lux Spt Sed	150	600	950	1850	3200	4600
Wankel Rotary Engine						
RX-7, 95.3" wb, 1146cc						
S 2d Cpe	350	840	1400	2800	4900	7000

1983 Mazda 626 hatchback sedan

	6	5	4	3	2	1
GS 2d Cpe	350	900	1500	3000	5250	7500
GSL 2d Cpe	350	950	1550	3150	5450	7800
1983						
GLC, 4-cyl, 93.1" wb, 1490cc						
2d HBk	150	600	900	1800	3150	4500
2d Cus HBk	150	600	950	1850	3200	4600
4d Cus Sed	150	600	950	1850	3200	4600
2d Cus L HBk	150	650	950	1900	3300	4700
4d Cus L Sed	150	650	950	1900	3300	4700
2d Spt HBk	150	650	975	1950	3350	4800
4d Sed	150	600	950	1850	3200	4600
GLC, 4-cyl, 93.1" wb, 1490cc						
4d Cus Sta Wag	150	600	950	1850	3200	4600
626, 4-cyl, 98.8" wb, 1998cc						
2d Spt Cpe	150	650	950	1900	3300	4700
4d Spt Sed	150	650	950	1900	3300	4700
2d Lux Spt Cpe	150	650	975	1950	3350	4800
4d Lux Spt Sed	150	650	975	1950	3350	4800
4d Lux HBk	200	675	1000	2000	3500	5000
Wankel Rotary Engine						
RX-7, 95.3" wb, 1146cc						
S 2d Cpe	350	840	1400	2800	4900	7000
GS 2d Cpe	350	900	1500	3000	5250	7500
1984-85						
GLC, 4-cyl, 93.1" wb, 1490cc						
2d HBk	200	675	1000	1950	3400	4900
2d DeL HBk	200	675	1000	2000	3500	5000
4d DeL Sed	200	675	1000	2000	3500	5000
2d Lux HBk	200	700	1050	2050	3600	5100
4d Lux Sed	200	700	1050	2050	3600	5100
626, 4-cyl, 98.8" wb, 1998cc						
2d DeL Cpe	200	660	1100	2200	3850	5500
4d DeL Sed	200	660	1100	2200	3850	5500
2d Lux Cpe	200	685	1150	2300	3990	5700
4d Lux Sed	200	685	1150	2300	3990	5700
4d Tr HBk	200	670	1200	2300	4060	5800
Wankel Rotary Engine						
RX-7, 95.3" wb, 1146cc						
S 2d Cpe	350	900	1500	3000	5250	7500
GS 2d Cpe	350	975	1600	3200	5600	8000
GSL 2d Cpe	350	1020	1700	3400	5950	8500
RX-7, 95.3" wb, 1308cc						
GSL-SE 2d Cpe	350	975	1600	3200	5600	8000
1986						
323						
2d HBk	100	320	550	1050	1850	2600
DIX 2d HBk	100	325	550	1100	1900	2700
LX 2d HBk	100	330	575	1150	1950	2800
DIX 4d Sed	100	350	600	1150	2000	2900
LX 4d Sed	100	360	600	1200	2100	3000
626, 4-cyl						
DIX 4d Sed	125	400	675	1350	2300	3300

	6	5	4	3	2	1
DlX 2d Cpe	125	400	700	1375	2400	3400
LX 4d Sed	125	450	700	1400	2450	3500
LX 2d Cpe	150	475	750	1475	2600	3700
LX 4d HBk	150	475	775	1500	2650	3800
GT 4d Sed (Turbo)	150	500	800	1600	2800	4000
GT 2d Cpe (Turbo)	150	550	850	1650	2900	4100
GT 4d HBk (Turbo)	150	550	850	1675	2950	4200
RX-7, 4-cyl						
2d Cpe	150	600	900	1800	3150	4500
GXL 2d Cpe	200	675	1000	2000	3500	5000
1987						
323, 4-cyl						
2d HBk	100	330	575	1150	1950	2800
SE 2d HBk	100	350	600	1150	2000	2900
DlX 2d HBk	125	380	650	1300	2250	3200
DlX 4d Sed	125	450	750	1450	2500	3600
LX 4d Sed	150	475	775	1500	2650	3800
DlX 4d Sta Wag	125	450	700	1400	2450	3500
626, 4-cyl						
DlX 4d Sed	150	500	800	1600	2800	4000
DlX 2d Cpe	150	550	850	1650	2900	4100
LX 4d Sed	150	550	850	1675	2950	4200
LX 2d Cpe	150	575	900	1750	3100	4400
LX 4d HBk	150	600	900	1800	3150	4500
GT 4d Sed	150	550	850	1675	2950	4200
GT 2d Cpe	150	575	875	1700	3000	4300
GT 4d HBk	150	600	900	1800	3150	4500
RX-7, 4-cyl						
2d Cpe	200	675	1000	2000	3500	5000
GXL 2d Cpe	200	720	1200	2400	4200	6000
2d Cpe Turbo	350	780	1300	2600	4550	6500
1988						
323, 4-cyl						
2d HBk	100	360	600	1200	2100	3000
SE 2d HBk	125	380	650	1300	2250	3200
GTX 2d HBk (4x4)	200	660	1100	2200	3850	5500
4d Sed	125	400	675	1350	2300	3300
SE 4d Sed	125	450	700	1400	2450	3500
LX 4d Sed	150	500	800	1600	2800	4000
GT 4d Sed	150	600	900	1800	3150	4500
4d Sta Wag	150	475	775	1500	2650	3800
626, 4-cyl						
DX 4d Sed	150	500	800	1600	2800	4000
LX 4d Sed	150	600	900	1800	3150	4500
LX 4d HBk	200	675	1000	2000	3500	5000
4d Sed (Turbo)	200	660	1100	2200	3850	5500
4d HBk (Turbo)	200	670	1200	2300	4060	5800
4d Sed, (Turbo) 4WS	200	700	1200	2350	4130	5900
MX-6, 4-cyl						
DX 2d Cpe	200	675	1000	1950	3400	4900
LX 2d Cpe	200	660	1100	2200	3850	5500
GT 2d Cpe	200	670	1200	2300	4060	5800
RX-7, 4-cyl						
SE 2d Cpe	350	770	1300	2550	4480	6400
GTV 2d Cpe	350	780	1300	2600	4550	6500
GXL 2d Cpe	350	860	1450	2900	5050	7200
2d Cpe (Turbo)	350	900	1500	3000	5250	7500
2d Conv	400	1200	2000	4000	7000	10,000
929						
LX 4d Sed	350	800	1350	2700	4700	6700
1989						
323, 4-cyl						
2d HBk	150	475	775	1500	2650	3800
SE 2d HBk	150	500	800	1550	2700	3900
GTX 2d HBk (4x4)	200	660	1100	2200	3850	5500
SE 4d Sed	200	675	1000	2000	3500	5000
LX 4d Sed	200	660	1100	2200	3850	5500
626, 4-cyl						
DX 4d Sed	200	660	1100	2200	3850	5500
LX 4d Sed	200	720	1200	2400	4200	6000
LX 4d HBk	350	780	1300	2600	4550	6500
4d HBk (Turbo)	350	840	1400	2800	4900	7000
MX-6, 4-cyl						
DX 2d Cpe	200	685	1150	2300	3990	5700
LX 2d Cpe	200	720	1200	2400	4200	6000

	6	5	4	3	2	1
GT 2d Cpe	350	840	1400	2800	4900	7000
GT 2d Cpe 4WS	350	840	1400	2800	4900	7000
RX-7, 4-cyl						
GTV 2d Cpe	350	900	1500	3000	5250	7500
GXL 2d Cpe	350	1020	1700	3400	5950	8500
2d Cpe (Turbo)	450	1080	1800	3600	6300	9000
2d Conv	450	1450	2400	4800	8400	12,000
929, V-6						
LX 4d Sed	350	900	1500	3000	5250	7500
1990						
323, 4-cyl						
2d HBk	150	500	800	1600	2800	4000
2d HBk SE	150	600	900	1800	3150	4500
Protege, 4-cyl.						
SE 4d Sed	200	675	1000	2000	3500	5000
LX 4d Sed	200	660	1100	2200	3850	5500
4d Sed 4x4	200	720	1200	2400	4200	6000
626, 4-cyl.						
DX 4d Sed	350	780	1300	2600	4550	6500
LX 4d Sed	350	840	1400	2800	4900	7000
LX 4d HBk	350	840	1400	2800	4900	7000
GT 4d HBk	350	975	1600	3200	5600	8000
MX-6, 4-cyl						
DX 2d Cpe	350	840	1400	2800	4900	7000
LX 2d Cpe	350	900	1500	3000	5250	7500
GT 2d Cpe	350	975	1600	3200	5500	7900
GT 2d Cpe 4WS	350	975	1600	3200	5600	8000
MX-5 Miata, 4-cyl.						
2d Conv	450	1140	1900	3800	6650	9500
RX-7						
GTV 2d Cpe	450	1080	1800	3600	6300	9000
GXL 2d Cpe	450	1140	1900	3800	6650	9500
2d Cpe Turbo	400	1200	2000	4000	7000	10,000
2d Conv	500	1550	2600	5200	9100	13,000
926, V-6						
4d Sed	450	1140	1900	3800	6650	9500
S 4d Sed	400	1200	2000	4000	7000	10,000

MERCEDES-BENZ

	6	5	4	3	2	1
1951-1953						
Model 170S						
4d Sed	850	2750	4600	9200	16,100	23,000
NOTE: Deduct 8 percent for lesser models. Deduct 10 percent for diesel.						
Model 180						
4d Sed	950	3000	5000	10,000	17,500	25,000
Model 220						
4d Sed	1000	3250	5400	10,800	18,900	27,000
2d Conv	1700	5400	9000	18,000	31,500	45,000
2d Cpe	1300	4200	7000	14,000	24,500	35,000
Model 300						
4d Sed	1150	3600	6000	12,000	21,000	30,000
4d Conv Sed	4350	13,900	23,200	46,400	81,200	116,000
2d Cpe	3250	10,300	17,200	34,400	60,200	86,000
Model 300S						
4d Conv Sed	4350	13,900	23,200	46,400	81,200	116,000
2d Conv	4150	13,200	22,000	44,000	77,000	110,000
2d Cpe	3400	10,800	18,000	36,000	63,000	90,000
2d Rds	4500	14,400	24,000	48,000	84,000	120,000
1954						
Model 170						
4d Sed	850	2750	4600	9200	16,100	23,000
NOTE: Deduct 10 percent for diesel.						
Model 180						
4d Sed	950	3000	5000	10,000	17,500	25,000
Deduct 10 percent for diesel.						
Model 220A						
4d Sed	1000	3250	5400	10,800	18,900	27,000
2d Conv	1700	5400	9000	18,000	31,500	45,000
2d Cpe	1300	4200	7000	14,000	24,500	35,000
Model 300						
4d Sed	1350	4300	7200	14,400	25,200	36,000

	6	5	4	3	2	1
4d Conv Sed	3600	11,500	19,200	38,400	67,200	96,000
2d Cpe	3150	10,100	16,800	33,600	58,800	84,000
Model 300B						
4d Sed	1300	4200	7000	14,000	24,500	35,000
4d Conv Sed	4000	12,700	21,200	42,400	74,200	106,000
2d Cpe	3150	10,100	16,800	33,600	58,800	84,000
Model 300S						
4d Sed	1500	4800	8000	16,000	28,000	40,000
2d Conv	4150	13,200	22,000	44,000	77,000	110,000
2d Cpe	3600	11,500	19,200	38,400	67,200	96,000
2d Rds	4900	15,600	26,000	52,000	91,000	130,000
Model 300SL						
2d GW Cpe	11,250	36,000	60,000	120,000	210,000	300,000
1955						
Model 170						
4d Sed	850	2750	4600	9200	16,100	23,000
NOTE: Deduct 10 percent for diesel.						
Model 180						
4d Sed	950	3000	5000	10,000	17,500	25,000
NOTE: Deduct 10 percent for diesel.						
Model 190						
2d Rds	1600	5050	8400	16,800	29,400	42,000
Model 220A						
4d Sed	1000	3250	5400	10,800	18,900	27,000
2d Conv	1700	5400	9000	18,000	31,500	45,000
2d Cpe	1450	4550	7600	15,200	26,600	38,000
Model 300B						
4d Sed	1450	4550	7600	15,200	26,600	38,000
4d Conv Sed	4000	12,700	21,200	42,400	74,200	106,000
2d Cpe	3150	10,100	16,800	33,600	58,800	84,000
Model 300S						
4d Sed	1600	5050	8400	16,800	29,400	42,000
2d Conv	4000	12,700	21,200	42,400	74,200	106,000
2d Cpe	3600	11,500	19,200	38,400	67,200	96,000
2d Rds	4900	15,600	26,000	52,000	91,000	130,000
Model 300SL						
2d GW Cpe	11,250	36,000	60,000	120,000	210,000	300,000
1956-1957						
Model 180						
4d Sed	350	1020	1700	3400	5950	8500
NOTE: Deduct 10 percent for diesel.						
Model 190						
4d Sed	450	1140	1900	3800	6650	9500
SL Rds	1600	5050	8400	16,800	29,400	42,000
NOTE: Add 10 percent for removable hardtop.						
Model 219						
4d Sed	450	1450	2400	4800	8400	12,000
Model 220S						
4d Sed	550	1700	2800	5600	9800	14,000
Cpe	850	2750	4600	9200	16,100	23,000
Cabr	2050	6600	11,000	22,000	38,500	55,000
Model 300C						
4d Sed	1250	3950	6600	13,200	23,100	33,000
4d Limo	1600	5050	8400	16,800	29,400	42,000
4d Conv Sed	5650	18,000	30,000	60,000	105,000	150,000
2d Cpe	3750	12,000	20,000	40,000	70,000	100,000
Model 300S						
4d Sed	1500	4800	8000	16,000	28,000	40,000
2d Conv	5800	18,600	31,000	62,000	108,500	155,000
2d Cpe	4000	12,700	21,200	42,400	74,200	106,000
2d Rds	7150	22,800	38,000	76,000	133,000	190,000
Model 300SC						
4d Sed	1600	5050	8400	16,800	29,400	42,000
2d Conv	6000	19,200	32,000	64,000	112,000	160,000
2d Rds	7500	24,000	40,000	80,000	140,000	200,000
Model 300SL						
2d GW Cpe	12,000	38,400	64,000	128,000	224,000	320,000
1958-1960						
Model 180a						
4d Sed	350	1020	1700	3400	5950	8500
NOTE: Deduct 10 percent for diesel.						
Model 190						
4d Sed	450	1140	1900	3800	6650	9500
SL Rds	1550	4900	8200	16,400	28,700	41,000
NOTE: Add 10 percent for removable hardtop.						

1960 Mercedes-Benz 300SL convertible

	6	5	4	3	2	1
Model 219						
4d Sed	450	1450	2400	4800	8400	12,000
Model 220S						
2d Cpe	950	3000	5000	10,000	17,500	25,000
4d Sed	500	1550	2600	5200	9100	13,000
2d Conv	1900	6000	10,000	20,000	35,000	50,000
Model 220SE						
4d Sed	700	2150	3600	7200	12,600	18,000
2d Cpe	850	2750	4600	9200	16,100	23,000
2d Conv	2050	6600	11,000	22,000	38,500	55,000
Model 300D						
4d HT	1650	5300	8800	17,600	30,800	44,000
4d Conv	5800	18,600	31,000	62,000	108,500	155,000
Model 300SL						
2d Rds	7500	24,000	40,000	80,000	140,000	200,000
NOTE: Add 5 percent for removable hardtop.						
180D 4d Sed	750	2400	4000	8000	14,000	20,000
190 4d Sed	900	2900	4800	9600	16,800	24,000
190SL Rds	850	2650	4400	8800	15,400	22,000
1961-1962						
Fin Body						
180 4d Sed	350	840	1400	2800	4900	7000
180D 4d Sed	350	975	1600	3200	5600	8000
190 4d Sed	350	900	1500	3000	5250	7500
190D 4d Sed	350	1020	1700	3400	5950	8500
190SL Cpe/Rds	1550	4900	8200	16,400	28,700	41,000
220 4d Sed	450	1450	2400	4800	8400	12,000
220S 4d Sed	550	1700	2800	5600	9800	14,000
220SE 4d Sed	550	1800	3000	6000	10,500	15,000
220SE Cpe	850	2750	4600	9200	16,100	23,000
220SE Cabr	1550	4900	8200	16,400	28,700	41,000
220SEb Cpe	1000	3250	5400	10,800	18,900	27,000
220SEb Cabr	1450	4550	7600	15,200	26,600	38,000
220SEb 4d Sed	550	1700	2800	5600	9800	14,000
300 4d HT	1700	5400	9000	18,000	31,500	45,000
300 4d Cabr	4050	12,950	21,600	43,200	75,600	108,000
300SE 4d Sed	750	2400	4000	8000	14,000	20,000
300SE 2d Cpe	1200	3850	6400	12,800	22,400	32,000
300SE 2d Cabr	3250	10,300	17,200	34,400	60,200	86,000
300SL Rds	7500	24,000	40,000	80,000	140,000	200,000
NOTE: Add 5 percent for removable hardtop.						
1963						
180Dc 4d Sed	350	840	1400	2800	4900	7000
190c 4d Sed	350	780	1300	2600	4550	6500

	6	5	4	3	2	1
190Dc 4d Sed	350	900	1500	3000	5250	7500
190SL Rds	1350	4300	7200	14,400	25,200	36,000
NOTE: Add 10 percent for removable hardtop.						
220 4d Sed	450	1140	1900	3800	6650	9500
220S 4d Sed	400	1200	2000	4000	7000	10,000
220SE 4d Sed	450	1450	2400	4800	8400	12,000
220SEb Cpe	650	2050	3400	6800	11,900	17,000
220SEb Cabr	1300	4200	7000	14,000	24,500	35,000
300SE 4d Sed	800	2500	4200	8400	14,700	21,000
300SE Cpe	1000	3100	5200	10,400	18,200	26,000
300SE Cabr	2850	9100	15,200	30,400	53,200	76,000
300 4d HT	1000	3250	5400	10,800	18,900	27,000
300SL Rds	7300	23,400	39,000	78,000	136,500	195,000
NOTE: Add 5 percent for removable hardtop.						
1964						
190c 4d Sed	200	720	1200	2400	4200	6000
190Dc 4d Sed	350	840	1400	2800	4900	7000
220 4d Sed	450	1080	1800	3600	6300	9000
220S 4d Sed	400	1200	2000	4000	7000	10,000
220SE 4d Sed	450	1450	2400	4800	8400	12,000
220SEb Cpe	700	2150	3600	7200	12,600	18,000
220SEb Cabr	1300	4100	6800	13,600	23,800	34,000
230SL Cpe/Rds	800	2500	4200	8400	14,700	21,000
300SE 4d Sed	650	2050	3400	6800	11,900	17,000
300SE 4d Sed(112)	700	2150	3600	7200	12,600	18,000
300SE Cpe	1000	3250	5400	10,800	18,900	27,000
300SE Cabr	2950	9350	15,600	31,200	54,600	78,000
1965						
190c 4d Sed	200	720	1200	2400	4200	6000
190Dc 4d Sed	350	840	1400	2800	4900	7000
220b 4d Sed	450	1080	1800	3600	6300	9000
220Sb 4d Sed	400	1200	2000	4000	7000	10,000
220SEb 4d Sed	450	1450	2400	4800	8400	12,000
220SEb Cpe	550	1800	3000	6000	10,500	15,000
220SEb Cabr	1250	3950	6600	13,200	23,100	33,000
230SL Cpe/Rds	850	2650	4400	8800	15,400	22,000
250SE Cpe	650	2050	3400	6800	11,900	17,000
250SE Cabr	1300	4100	6800	13,600	23,800	34,000
300SE 4d Sed	550	1700	2800	5600	9800	14,000
300SEL 4d Sed	600	1900	3200	6400	11,200	16,000
300SE Cpe	700	2150	3600	7200	12,600	18,000
300SE Cabr	2950	9350	15,600	31,200	54,600	78,000
600 4d Sed	1150	3600	6000	12,000	21,000	30,000
600 Limo	1500	4800	8000	16,000	28,000	40,000
1966						
200 4d Sed	200	720	1200	2400	4200	6000
200D 4d Sed	350	840	1400	2800	4900	7000
230 4d Sed	350	780	1300	2600	4550	6500
230S 4d Sed	350	800	1350	2700	4700	6700
230SL Cpe/Rds	950	3000	5000	10,000	17,500	25,000
250SE Cpe	650	2050	3400	6800	11,900	17,000
250SE Cabr	1300	4100	6800	13,600	23,800	34,000
250S 4d Sed	450	1080	1800	3600	6300	9000
250SE 4d Sed	450	1140	1900	3800	6650	9500
300SE Cpe	700	2150	3600	7200	12,600	18,000
300SE Cabr	2200	7100	11,800	23,600	41,300	59,000
600 4d Sed	1150	3600	6000	12,000	21,000	30,000
600 Limo	1550	4900	8200	16,400	28,700	41,000
1967						
200 4d Sed	350	780	1300	2600	4550	6500
200D 4d Sed	350	900	1500	3000	5250	7500
230 4d Sed	350	840	1400	2800	4900	7000
230S 4d Sed	350	860	1450	2900	5050	7200
230SL Cpe/Rds	850	2750	4600	9200	16,100	23,000
250S 4d Sed	450	1080	1800	3600	6300	9000
250SE 4d Sed	450	1140	1900	3800	6650	9500
250SE Cpe	650	2050	3400	6800	11,900	17,000
250SE Cabr	950	3000	5000	10,000	17,500	25,000
250SL Cpe/Rds	900	2900	4800	9600	16,800	24,000
280SE Cpe	700	2150	3600	7200	12,600	18,000
280SE Cabr	1450	4700	7800	15,600	27,300	39,000
300SE Cpe	800	2500	4200	8400	14,700	21,000
300SE Cabr	2200	7100	11,800	23,600	41,300	59,000
300SE 4d Sed	700	2300	3800	7600	13,300	19,000

	6	5	4	3	2	1
300SEL 4d Sed	750	2400	4000	8000	14,000	20,000
600 4d Sed	1100	3500	5800	11,600	20,300	29,000
600 Limo	1600	5050	8400	16,800	29,400	42,000
1968						
220 4d Sed	350	780	1300	2600	4550	6500
220D 4d Sed	350	900	1500	3000	5250	7500
230 4d Sed	350	840	1400	2800	4900	7000
250 4d Sed	350	950	1500	3050	5300	7600
280 4d Sed	350	950	1550	3150	5450	7800
280SE 4d Sed	450	1080	1800	3600	6300	9000
280SEL 4d Sed	400	1200	2000	4000	7000	10,000
280SE Cpe	700	2150	3600	7200	12,600	18,000
280SE Cabr	1550	4900	8200	16,400	28,700	41,000
280SL Cpe/Rds	1100	3500	5800	11,600	20,300	29,000
300SEL 4d Sed	750	2400	4000	8000	14,000	20,000
600 4d Sed	1200	3850	6400	12,800	22,400	32,000
600 Limo	1600	5150	8600	17,200	30,100	43,000
1969						
220 4d Sed	450	1140	1900	3800	6650	9500
220D 4d Sed	400	1200	2000	4000	7000	10,000
230 4d Sed	450	1170	1975	3900	6850	9800
250 4d Sed	400	1200	2000	4000	7000	10,000
280S 4d Sed	400	1200	2000	4000	7100	10,100
280SE 4d Sed	400	1200	2000	4000	7000	10,000
280SEL 4d Sed	400	1250	2100	4200	7400	10,500
280SE Cpe	700	2150	3600	7200	12,600	18,000
280SE Cabr	1600	5150	8600	17,200	30,100	43,000
280SL Cpe/Rds	1150	3700	6200	12,400	21,700	31,000
300SEL 4d Sed	700	2300	3800	7600	13,300	19,000
600 4d Sed	1150	3700	6200	12,400	21,700	31,000
600 Limo	1600	5150	8600	17,200	30,100	43,000
1970						
220 4d Sed	450	1080	1800	3600	6300	9000
220D 4d Sed	450	1140	1900	3800	6650	9500
250 4d Sed	950	1100	1850	3700	6450	9200
250C Cpe	450	1450	2400	4800	8400	12,000
280S 4d Sed	400	1250	2100	4200	7400	10,500
280SE 4d Sed	400	1300	2200	4400	7700	11,000
280SEL 4d Sed	450	1400	2300	4600	8100	11,500
280SE Cpe	950	3000	5000	10,000	17,500	25,000
280SE CPE 3.5	1450	4550	7600	15,200	26,600	38,000
280SE Cabr	1700	5400	9000	18,000	31,500	45,000
280SE Cabr 3.5	2250	7200	12,000	24,000	42,000	60,000
280SL Cpe/Rds	1200	3850	6400	12,800	22,400	32,000
300SEL 4d Sed	700	2150	3600	7200	12,600	18,000
600 4d Sed	1200	3850	6400	12,800	22,400	32,000
600 Limo	1550	4900	8200	16,400	28,700	41,000
1971						
220 4d Sed	450	1080	1800	3600	6300	9000
220D 4d Sed	450	1140	1900	3800	6650	9500
250 4d Sed	450	1080	1800	3600	6300	9000
250C Cpe	400	1300	2200	4400	7700	11,000
280S 4 ed	400	1250	2100	4200	7400	10,500
280SE 4d Sed	400	1300	2200	4400	7700	11,000
280SE 4.5 4d Sed	550	1800	3000	6000	10,500	15,000
280SEL 4d Sed	450	1400	2300	4600	8100	11,500
280SE 3.5 Cpe	950	3000	5000	10,000	17,500	25,000
280SE 3.5 Cabr	2850	9100	15,200	30,400	53,200	76,000
280SL Cpe/Rds	1250	3950	6600	13,200	23,100	33,000
300SEL 4d Sed	700	2300	3800	7600	13,300	19,000
600 4d Sed	1200	3850	6400	12,800	22,400	32,000
600 4d Limo	1750	5650	9400	18,800	32,900	47,000
1972						
220 4d Sed	450	1080	1800	3600	6300	9000
220D 4d Sed	450	1140	1900	3800	6650	9500
250 4d Sed	400	1200	2000	4000	7000	10,000
250C Cpe	450	1450	2400	4800	8400	12,000
280SE 4d Sed	400	1300	2200	4400	7700	11,000
280SE 4.5 4d Sed	550	1800	3000	6000	10,500	15,000
280SE 3.5 Cpe	650	2050	3400	6800	11,900	17,000
280SE 3.5 Cabr	1300	4100	6800	13,600	23,800	34,000
280SEL 4d Sed	450	1450	2400	4800	8400	12,000
300SEL 4d Sed	700	2150	3600	7200	12,600	18,000
350SL Cpe/Rds	1150	3700	6200	12,400	21,700	31,000

	6	5	4	3	2	1
600 4d Sed	1200	3850	6400	12,800	22,400	32,000
600 Limo	1750	5500	9200	18,400	32,200	46,000
1973						
220 4d Sed	450	1080	1800	3600	6300	9000
220D 4d Sed	400	1200	2000	4000	7000	10,000
280 4d Sed	400	1250	2100	4200	7400	10,500
280C Cpe	500	1550	2600	5200	9100	13,000
280SE 4d Sed	450	1450	2400	4800	8400	12,000
280SE 4.5 4d Sed	600	1900	3200	6400	11,200	16,000
280SEL 4d Sed	450	1500	2500	5000	8800	12,500
300SEL 4d Sed	700	2150	3600	7200	12,600	18,000
450SE 4d Sed	450	1500	2500	5000	8800	12,500
450SEL 4d Sed	500	1600	2700	5400	9500	13,500
450SL Cpe/Rds	1100	3500	5800	11,600	20,300	29,000
450SLC Cpe	850	2750	4600	9200	16,100	23,000
1974						
230 4d Sed	450	1140	1900	3800	6650	9500
240D 4d Sed	400	1200	2000	4000	7000	10,000
280 4d Sed	400	1300	2200	4400	7700	11,000
280C Cpe	500	1550	2600	5200	9100	13,000
450SE 4d Sed	550	1700	2800	5600	9800	14,000
450SEL 4d Sed	600	1900	3200	6400	11,200	16,000
450SL Cpe/Rds	1050	3350	5600	11,200	19,600	28,000
450SLC Cpe	850	2750	4600	9200	16,100	23,000
1975						
230 4d Sed	400	1200	2000	4000	7000	10,000
240D 4d Sed	400	1300	2200	4400	7700	11,000
300D 4d Sed	450	1450	2400	4800	8400	12,000
280 4d Sed	500	1550	2600	5200	9100	13,000
280C Cpe	550	1700	2800	5600	9800	14,000
280S 4d Sed	500	1550	2600	5200	9100	13,000
450SE 4d Sed	550	1800	3000	6000	10,500	15,000
450SEL 4d Sed	600	1900	3200	6400	11,200	16,000
450SL Cpe/Rds	1150	3600	6000	12,000	21,000	30,000
450SLC Cpe	850	2750	4600	9200	16,100	23,000
1976						
230 4d Sed	450	1450	2400	4800	8400	12,000
240D 4d Sed	450	1450	2400	4800	8400	12,000
300D 4d Sed	450	1500	2500	5000	8800	12,500
280 4d Sed	500	1550	2600	5200	9100	13,000
280C Cpe	600	1900	3200	6400	11,200	16,000
280S 4d Sed	500	1600	2700	5400	9500	13,500
450SE 4d Sed	650	2050	3400	6800	11,900	17,000
450SEL 4d Sed	700	2150	3600	7200	12,600	18,000
450SL Cpe/Rds	1150	3600	6000	12,000	21,000	30,000
450SLC Cpe	850	2650	4400	8800	15,400	22,000
1977						
230 4d Sed	400	1300	2200	4400	7700	11,000
240D 4d Sed	450	1500	2500	5000	8800	12,500
300D 4d Sed	500	1550	2600	5200	9100	13,000
280E 4d Sed	500	1600	2700	5400	9500	13,500
280SE 4d Sed	550	1700	2800	5600	9800	14,000
450SEL 4d Sed	700	2150	3600	7200	12,600	18,000
450SL Cpe/Rds	1150	3600	6000	12,000	21,000	30,000
450SLC Cpe	850	2650	4400	8800	15,400	22,000
1978						
230 4d Sed	400	1300	2200	4400	7700	11,000
240D 4d Sed	450	1400	2300	4600	8100	11,500
300D 4d Sed	450	1450	2400	4800	8400	12,000
300CD Cpe	500	1550	2600	5200	9100	13,000
300SD 4d Sed	550	1750	2900	5800	10,200	14,500
280E 4d Sed	450	1500	2500	5000	8800	12,500
280CE Cpe	550	1750	2900	5800	10,200	14,500
280SE 4d Sed	550	1800	3000	6000	10,500	15,000
450SEL 4d Sed	700	2300	3800	7600	13,300	19,000
450SL Cpe/Rds	1100	3500	5800	11,600	20,300	29,000
450SLC Cpe	900	2900	4800	9600	16,800	24,000
6.9L 4d Sed	850	2750	4600	9200	16,100	23,000
1979						
240D 4d Sed	450	1080	1800	3600	6300	9000
300D 4d Sed	400	1200	2000	4000	7000	10,000
300CD Cpe	450	1450	2400	4800	8400	12,000
300TD SW	550	1800	3000	6000	10,500	15,000
300SD 4d Sed	550	1700	2800	5600	9800	14,000

	6	5	4	3	2	1
280E 4d Sed	400	1300	2200	4400	7700	11,000
280CE Cpe	500	1550	2600	5200	9100	13,000
280SE 4d Sed	550	1700	2800	5600	9800	14,000
450SEL 4d Sed	650	2050	3400	6800	11,900	17,000
450SL Cpe/Rds	1000	3250	5400	10,800	18,900	27,000
450SLC Cpe	850	2750	4600	9200	16,100	23,000
6.9L 4d Sed	800	2500	4200	8400	14,700	21,000
1980						
240D 4d Sed	400	1200	2000	4000	7000	10,000
300D 4d Sed	400	1300	2200	4400	7700	11,000
300CD 2d Cpe	500	1550	2600	5200	9100	13,000
300TD 4d Sta Wag	550	1800	3000	6000	10,500	15,000
300SD 4d Sed	550	1800	3000	6000	10,500	15,000
280E 4d Sed	550	1700	2800	5600	9800	14,000
280CE 2d Cpe	550	1800	3000	6000	10,500	15,000
280SE 4d Sed	550	1700	2800	5600	9800	14,000
450SEL 4d Sed	550	1800	3000	6000	10,500	15,000
450SL 2d Conv	1100	3500	5800	11,600	20,300	29,000
450SLC 2d Cpe	800	2500	4200	8400	14,700	21,000
1981						
240D 4d Sed	400	1200	2000	4000	7000	10,000
300D 4d Sed	400	1300	2200	4400	7700	11,000
300CD 2 dr Cpe	500	1550	2600	5200	9100	13,000
300 TD-T 4d Sta Wag	550	1800	3000	6000	10,500	15,000
300SD 4d Sed	550	1700	2800	5600	9800	14,000
280E 4d Sed	500	1550	2600	5200	9100	13,000
280CE 2d Cpe	550	1700	2800	5600	9800	14,000
280SEL 4d Sed	700	2300	3800	7600	13,300	19,000
380SL 2d Conv	1150	3700	6200	12,400	21,700	31,000
380SLC 2d Cpe	850	2650	4400	8800	15,400	22,000
1982						
240D 4d Sed	400	1300	2200	4400	7700	11,000
300D-T 4d Sed	450	1450	2400	4800	8400	12,000
300CD-T 2d Cpe	550	1700	2800	5600	9800	14,000
300TD-T 4d Sta Wag	600	1900	3200	6400	11,200	16,000
300SD 4d Sed	550	1800	3000	6000	10,500	15,000
380SEL 4d Sed	750	2400	4000	8000	14,000	20,000
380SL 2d Conv	1300	4200	7000	14,000	24,500	35,000
380SEC 2d Cpe	950	3000	5000	10,000	17,500	25,000
1983						
240D 4d Sed	400	1300	2200	4400	7700	11,000
300D-T 4d Sed	450	1450	2400	4800	8400	12,000
300CD-T 2d Cpe	550	1700	2800	5600	9800	14,000
300TD-T 4d Sta Wag	600	1900	3200	6400	11,200	16,000
300SD 4d Sed	550	1800	3000	6000	10,500	15,000
300SEL 4d Sed	750	2400	4000	8000	14,000	20,000
380SL 2d Conv	1300	4200	7000	14,000	24,500	35,000
380SEC 2d Cpe	950	3000	5000	10,000	17,500	25,000
1984						
190E 4d Sed	400	1300	2200	4400	7700	11,000
190D 4d Sed	400	1200	2000	4000	7000	10,000
300D-T 4d Sed	450	1400	2300	4600	8100	11,500
300CD-T 2d Cpe	450	1450	2400	4800	8400	12,000
300TD-T 4d Sta Wag	550	1700	2800	5600	9800	14,000
300SD 4d Sed	700	2150	3600	7200	12,600	18,000
500SEL 4d Sed	850	2650	4400	8800	15,400	22,000
500SEC 2d Cpe	950	3000	5000	10,000	17,500	25,000
380SE 4d Sed	700	2150	3600	7200	12,600	18,000
380SL 2d Conv	950	3000	5000	10,000	17,500	25,000
1985						
190E 4d Sed	400	1300	2200	4400	7700	11,000
190D 4d Sed	400	1250	2100	4200	7400	10,500
300D-T 4d Sed	450	1500	2500	5000	8800	12,500
300CD-T 2d Cpe	500	1550	2600	5200	9100	13,000
300TD-T 4d Sta Wag	500	1550	2600	5200	9100	13,000
300SD 4d Sed	700	2300	3800	7600	13,300	19,000
500SEL 4d Sed	850	2750	4600	9200	16,100	23,000
500SEC 2d Cpe	1000	3100	5200	10,400	18,200	26,000
380SE 4d Sed	700	2300	3800	7600	13,300	19,000
380SL 2d Conv	1150	3700	6200	12,400	21,700	31,000
1986						
190E 4d Sed	450	1400	2300	4600	8100	11,500
190D 4d Sed	400	1300	2200	4400	7700	11,000
190D 1.6 4d Sed	450	1450	2400	4800	8400	12,000

1985 Mercedes-Benz 300TD station wagon

	6	5	4	3	2	1
300E 4d Sed	500	1600	2700	5400	9500	13,500
300SDL 4d Sed	850	2650	4400	8800	15,400	22,000
420SEL 4d Sed	900	2900	4800	9600	16,800	24,000
560SEL 4d Sed	1000	3100	5200	10,400	18,200	26,000
560SEC 2d Cpe	1050	3350	5600	11,200	19,600	28,000
560SL 2d Conv	1250	3950	6600	13,200	23,100	33,000
1987						
190D 4d Sed	500	1550	2600	5200	9100	13,000
190D-T 4d Sed	500	1600	2700	5400	9500	13,500
190E 4d Sed	550	1750	2900	5800	10,200	14,500
190 2.6 4d Sed	600	1850	3100	6200	10,900	15,500
190E-16V 4d Sed	750	2450	4100	8200	14,400	20,500
260E 4d Sed	700	2150	3600	7200	12,600	18,000
300E 4d Sed	750	2400	4000	8000	14,000	20,000
300DT 4d Sed	700	2200	3700	7400	13,000	18,500
300TD-T 4d Sta Wag	750	2450	4100	8200	14,400	20,500
300SDL-T 4d Sed	900	2900	4800	9600	16,800	24,000
420SEL 4d Sed	900	2950	4900	9800	17,200	24,500
560SEL 4d Sed	1200	3850	6400	12,800	22,400	32,000
560SEC 2d Cpe	1250	3950	6600	13,200	23,100	33,000
560SL 2d Conv	1150	3700	6200	12,400	21,700	31,000
1988						
190D 4d Sed	550	1700	2800	5600	9800	14,000
190E 4d Sed	600	1900	3200	6400	11,200	16,000
190E 2.6 4d Sed	700	2300	3800	7600	13,300	19,000
260E 4d Sed	750	2400	4000	8000	14,000	20,000
300E 4d Sed	850	2650	4400	8800	15,400	22,000
300CE 2d Cpe	1050	3350	5600	11,200	19,600	28,000
300TE 4d Sta Wag	950	3050	5100	10,200	17,900	25,500
300SE 4d Sed	850	2750	4600	9200	16,100	23,000
300SEL 4d Sed	950	3000	5000	10,000	17,500	25,000
420SEL 4d Sed	1000	3250	5400	10,800	18,900	27,000
560SEL 4d Sed	1200	3850	6400	12,800	22,400	32,000
560SEC 2d Cpe	1300	4100	6800	13,600	23,800	34,000
560SL 2d Conv	1350	4300	7200	14,400	25,200	36,000
1989						
190D 4d Sed	700	2300	3800	7600	13,300	19,000
190E 4d 2.6 Sed	700	2150	3600	7200	12,600	18,000
260E 4d Sed	950	3000	5000	10,000	17,500	25,000
300E 4d Sed	1000	3250	5400	10,800	18,900	27,000
300CE 2d Cpe	1150	3600	6000	12,000	21,000	30,000
300TE 4d Sta Wag	1000	3250	5400	10,800	18,900	27,000
300SE 4d Sed	950	3000	5000	10,000	17,500	25,000
300SEC 4d Sed	1000	3100	5200	10,400	18,200	26,000
420SEL 4d Sed	1150	3600	6000	12,000	21,000	30,000
560SEL 4d Sed	1300	4200	7000	14,000	24,500	35,000
560SEC 2d Cpe	1500	4800	8000	16,000	28,000	40,000
560SL 2d Conv	1950	6250	10,400	20,800	36,400	52,000
1990						
190E 4d 2.6 Sed	550	1700	2800	5600	9800	14,000
300E 4d 2.6 Sed	600	1900	3200	6400	11,200	16,000
300D 4d 2.5 Turbo Sed	650	2050	3400	6800	11,900	17,000
300E 4d Sed	700	2150	3600	7200	12,600	18,000
300E Matic 4d Sed	800	2500	4200	8400	14,700	21,000

	6	5	4	3	2	1
300CE 2d Cpe	900	2900	4800	9600	16,800	24,000
300TE 4d Sta Wag	900	2900	4800	9600	16,800	24,000
300TE Matic 4d Sta Wag	750	2400	4000	8000	14,000	20,000
300SE 4d Sed	850	2650	4400	8800	15,400	22,000
300SEL 4d Sed	900	2900	4800	9600	16,800	24,000
350SDL 4d Turbo Sed	850	2750	4600	9200	16,100	23,000
420SEL 4d Sed	1000	3100	5200	10,400	18,200	26,000
560SEL 4d Sed	1150	3700	6200	12,400	21,700	31,000
560SEL 2d Cpe	1700	5400	9000	18,000	31,500	45,000
300SL 2d Conv	1800	5750	9600	19,200	33,600	48,000
500SL 2d Conv	2000	6350	10,600	21,200	37,100	53,000

MERKUR

1985						
HBk XR4Ti	200	675	1000	2000	3500	5000
1986						
HBk XR4Ti	200	720	1200	2400	4200	6000
1987						
HBk XR4Ti	350	975	1600	3200	5600	8000
1988						
HBk XR4Ti	350	1020	1700	3400	5950	8500
HBk Scorpio	350	1020	1700	3400	5950	8500
1989						
HBk XR4Ti	400	1200	2000	4000	7000	10,000
HBk Scorpio	400	1200	2000	4000	7000	10,000

MG

1947-48						
MG-TC, 4-cyl., 94" wb						
Rds	900	2900	4800	9600	16,800	24,000
1949						
MG-TC, 4-cyl., 94" wb						
Rds	900	2900	4800	9600	16,800	24,000
1950						
MG-TD, 4-cyl., 54.4 hp, 94" wb						
Rds	800	2500	4200	8400	14,700	21,000
1951						
MG-TD, 4-cyl., 54.4 hp, 94" wb						
Rds	800	2500	4200	8400	14,700	21,000
Mark II, 4-cyl., 54.4 hp, 94" wb						
Rds	850	2750	4600	9200	16,100	23,000

1952 MG TD roadster

	6	5	4	3	2	1
1952						
MG-TD, 4-cyl., 54.4 hp, 94" wb						
Rds	800	2500	4200	8400	14,700	21,000
Mark II, 4-cyl., 62 hp, 94" wb						
Rds	850	2750	4600	9200	16,100	23,000
1953						
MG-TD, 4-cyl., 54.4 hp, 94" wb						
Rds	850	2650	4400	8800	15,400	22,000
MG-TDC, 4-cyl., 62 hp, 94" wb						
Rds	850	2750	4600	9200	16,100	23,000
1954						
MG-TF, 4-cyl., 57 hp, 94" wb						
Rds	800	2500	4200	8400	14,700	21,000
1955						
MG-TF, 4-cyl., 68 hp, 94" wb						
Rds	700	2300	3800	7600	13,300	19,000
1956						
MG-'A', 4-cyl., 68 hp, 94" wb						
1500 Rds	650	2050	3400	6800	11,900	17,000
1957						
MG-'A', 4-cyl., 68 hp, 94" wb						
1500 Rds	650	2050	3400	6800	11,900	17,000
1958						
MG-'A', 4-cyl., 72 hp, 94" wb						
1500 Cpe	700	2150	3600	7200	12,600	18,000
1500 Rds	700	2300	3800	7600	13,300	19,000
1959-60						
MG-'A', 4-cyl., 72 hp, 94" wb						
1600 Rds	700	2300	3800	7600	13,300	19,000
1600 Cpe	700	2150	3600	7200	12,600	18,000
MG-'A', Twin-Cam, 4-cyl., 107 hp, 94" wb						
Rds	950	3000	5000	10,000	17,500	25,000
Cpe	850	2650	4400	8800	15,400	22,000
1961						
MG-'A', 4-cyl., 79 hp, 94" wb						
1600 Rds	600	1900	3200	6400	11,200	16,000
1600 Cpe	550	1800	3000	6000	10,500	15,000
1600 Mk II Rds	650	2050	3400	6800	11,900	17,000
1600 Mk II Cpe	600	1900	3200	6400	11,200	16,000
1962						
MG-Midget, 4-cyl., 80" wb, 50 hp						
Rds	400	1300	2200	4400	7700	11,000
MG-'A', 4-cyl., 90 hp, 94" wb						
1600 Mk II Rds	650	2050	3400	6800	11,900	17,000
1600 Mk II Cpe	600	1900	3200	6400	11,200	16,000

NOTE: Add 40 percent for 1600 Mark II Deluxe.

	6	5	4	3	2	1
1963						
MG-Midget, 4-cyl., 56 hp, 80" wb						
Rds	400	1300	2200	4400	7700	11,000
MG-B, 4-cyl., 95 hp, 91" wb						
Rds	450	1500	2500	5000	8800	12,500
1964						
MG-Midget, 4-cyl., 56 hp, 80" wb						
Rds	400	1300	2200	4400	7700	11,000
MG-B, 4-cyl., 95 hp, 91" wb						
Rds	450	1500	2500	5000	8800	12,500
1965						
MG-Midget Mark II, 4-cyl., 59 hp, 80" wb						
Rds	400	1300	2200	4400	7700	11,000
MG-B, 4-cyl., 95 hp, 91" wb						
Rds	450	1500	2500	5000	8800	12,500
1966						
MG-Midget Mark III, 4-cyl., 59 hp, 80" wb						
Rds	400	1300	2200	4400	7700	11,000
MG-B, 4-cyl., 95 hp, 91" wb						
Rds	450	1450	2400	4800	8400	12,000
1100 Sport, 4-cyl., 58 hp, 93.5" wb						
2d Sed	200	720	1200	2400	4200	6000
4d Sed	200	745	1250	2500	4340	6200
1967						
MG Midget Mark III, 4-cyl., 59 hp, 80" wb						
Rds	400	1300	2200	4400	7700	11,000

	6	5	4	3	2	1
MGB, 4-cyl., 98 hp, 91" wb						
Rds	450	1450	2400	4800	8400	12,000
GT Cpe	400	1300	2200	4400	7700	11,000
1100 Sport, 4-cyl., 58 hp, 93.5" wb						
2d Sed	200	720	1200	2400	4200	6000
4d Sed	200	745	1250	2500	4340	6200
1968						
MG Midget, 4-cyl., 65 hp, 80" wb						
Rds	400	1300	2200	4400	7700	11,000
MGB, 4-cyl., 98 hp, 91" wb						
Conv	450	1150	1900	3850	6700	9600
GT Cpe	450	1140	1900	3800	6650	9500
1969						
MG Midget MK III, 4-cyl., 65 hp, 80" wb						
Rds	400	1200	2000	4000	7000	10,000
MGB/GT, Mark II, 4-cyl., 98 hp, 91" wb						
Cpe	950	1100	1850	3700	6450	9200
'B' Rds	400	1300	2200	4400	7700	11,000
MG-C, 6-cyl., 145 hp, 91" wb						
Rds	450	1500	2500	5000	8800	12,500
GT Cpe	450	1080	1800	3600	6300	9000
1970						
MG Midget, 4-cyl., 65 hp, 80" wb						
Rds	400	1200	2000	4000	7000	10,000
MGB-MGB/GT, 4-cyl., 78.5 hp, 91" wb						
Rds	450	1400	2300	4600	8100	11,500
GT Cpe	400	1250	2100	4200	7400	10,500
NOTE: Add 10 percent for wire wheels.						
Add 5 percent for overdrive.						
1971						
MG Midget, 4-cyl., 65 hp, 80" wb						
Rds	400	1200	2000	4000	7000	10,000
MGB-MBG/GT, 4-cyl., 78.5 hp, 91" wb						
Rds	450	1400	2300	4600	8100	11,500
GT Cpe	400	1250	2100	4200	7400	10,500
NOTE: Add 10 percent for wire wheels.						
Add 5 percent for overdrive.						
1972						
MG Midget, 4-cyl., 54.5 hp, 80" wb						
Conv	400	1200	2000	4000	7000	10,000
MGB-MGB/GT, 4-cyl., 78.5 hp, 91" wb						
Conv	400	1250	2100	4200	7400	10,500
Cpe GT	450	1080	1800	3600	6300	9000
NOTE: Add 10 percent for wire wheels.						
Add 5 percent for overdrive.						
1973						
MG Midget, 4-cyl., 54.5 hp, 80" wb						
Conv	400	1200	2000	4000	7000	10,000
MGB-MGB/GT, 4-cyl., 78.5 hp, 91" wb						
Conv	400	1250	2100	4200	7400	10,500
GT Cpe	450	1080	1800	3600	6300	9000
NOTE: Add 10 percent for wire wheels.						
Add 5 percent for overdrive.						
1974						
MG Midget, 4-cyl., 54.5 hp, 80" wb						
Conv	400	1200	2000	4000	7000	10,000
MG-B, 4-cyl., 78.5 hp, 91" wb						
Conv	400	1250	2100	4200	7400	10,500
GT Cpe	450	1080	1800	3600	6300	9000
Interim MG-B, 4-cyl., 62.9 hp, 91.125" wb						
Conv	450	1140	1900	3800	6650	9500
GT Cpe	350	975	1600	3250	5700	8100
NOTE: Add 10 percent for wire wheels.						
Add 5 percent for overdrive.						
1975						
MG Midget, 4-cyl., 50 hp, 80" wb						
Conv	450	1140	1900	3800	6650	9500
MGB, 4-cyl., 62.9 hp, 91.125" wb						
Conv	400	1200	2000	4000	7000	10,000
NOTE: Add 10 percent for wire wheels.						
Add 5 percent for overdrive.						
1976						
MG Midget, 4-cyl., 50 hp, 80" wb						
Conv	450	1080	1800	3600	6300	9000

	6	5	4	3	2	1
MGB, 4-cyl., 62.5 hp, 91.13" wb						
Conv	450	1140	1900	3800	6650	9500
NOTE: Add 10 percent for wire wheels.						
Add 5 percent for overdrive.						
1977						
MG Midget, 4-cyl., 50 hp, 80" wb						
Conv	450	1080	1800	3600	6300	9000
MGB, 4-cyl., 62.5 hp, 91.13" wb						
Conv	450	1140	1900	3800	6650	9500
NOTE: Add 10 percent for wire wheels.						
Add 5 percent for overdrive.						
1978						
Midget Conv	450	1080	1800	3600	6300	9000
B Conv	450	1140	1900	3800	6650	9500
1979						
Midget Conv	450	1080	1800	3600	6300	9000
B Conv	450	1140	1900	3800	6650	9500
1980						
B Conv	450	1150	1900	3850	6700	9600

MORGAN

	6	5	4	3	2	1
1945-50						
4/4, Series I, 4-cyl, 92" wb, 1267cc						
2d Rds	950	3000	5000	10,000	17,500	25,000
2d Rds (2 plus 2)	900	2900	4800	9600	16,800	24,000
2d DHC	1100	3500	5800	11,600	20,300	29,000
1951-54						
Plus Four I, 4-cyl, 96" wb, 2088cc						
2d Rds	850	2750	4600	9200	16,100	23,000
2d Rds (2 plus 2)	850	2650	4400	8800	15,400	22,000
2d DHC	950	3000	5000	10,000	17,500	25,000
2d DHC (2 plus 2)	1000	3100	5200	10,400	18,200	26,000
1955-62						
Plus Four I (1954-1962)						
4-cyl, 96" wb, 1991cc						
2d Rds	850	2650	4400	8800	15,400	22,000
2d Rds (2 plus 2)	800	2500	4200	8400	14,700	21,000
2d DHC	950	3000	5000	10,000	17,500	25,000
Plus Four Super Sports						
4-cyl, 96" wb, 2138cc						
2d Rds	950	3000	5000	10,000	17,500	25,000
4/4 II (1955-59)						
L-head, 4-cyl, 96" wb, 1172cc						
2d Rds	850	2750	4600	9200	16,100	23,000
4/4 III (1960-61)						
4-cyl, 96" wb, 997cc						
2d Rds	850	2650	4400	8800	15,400	22,000
4/4 IV (1961-63)						
4-cyl, 96" wb, 1340cc						
2d Rds	850	2650	4400	8800	15,400	22,000
1963-67						
Plus Four (1962-68)						
4-cyl, 96" wb, 2138cc						
2d Rds	850	2750	4600	9200	16,100	23,000
2d Rds (2 plus 2)	850	2650	4400	8800	15,400	22,000
2d DHC	1000	3100	5200	10,400	18,200	26,000
2d Sup Spt Rds	950	3000	5000	10,000	17,500	25,000
Plus Four Plus (1963-66)						
4-cyl, 96" wb, 2138cc						
2d Cpe					value not estimable	
4/4 Series IV (1962-63)						
4-cyl, 96" wb, 1340cc						
2d Rds	850	2750	4600	9200	16,100	23,000
4/4 Series V (1963-68)						
4-cyl, 96" wb, 1498cc						
2d Rds	950	3000	5000	10,000	17,500	25,000
1968-69						
Plus Four (1962-68)						
4-cyl, 96" wb, 2138cc						
2d Rds	900	2900	4800	9600	16,800	24,000

1966 Morgan Plus 4 sport roadster

	6	5	4	3	2	1
2d Rds (2 plus 2)	850	2750	4600	9200	16,100	23,000
2d DHC	1000	3100	5200	10,400	18,200	26,000
2d Sup Spt Rds	950	3000	5000	10,000	17,500	25,000
Plus 8, V-8, 98" wb, 3528cc						
2d Rds	1000	3100	5200	10,400	18,200	26,000
4/4 Series V (1963-68)						
4-cyl, 96" wb, 1498cc						
2d Rds	900	2900	4800	9600	16,800	24,000
4/4 1600, 4-cyl, 96" wb, 1599cc						
2d Rds	950	3000	5000	10,000	17,500	25,000
2d Rds (2 plus 2)	900	2900	4800	9600	16,800	24,000
1970-90						
Plus 8 (1972-90)						
V-8, 98" wb, 3528cc						
2d Rds	950	3000	5000	10,000	17,500	25,000
4/4 1600 (1970-81)						
4-cyl, 96" wb, 1599cc						
2d Rds	950	3000	5000	10,000	17,500	25,000
2d Rds (2 plus 2)	900	2900	4800	9600	16,800	24,000
4/4 1600 (1982-87)						
4-cyl, 96" wb, 1596cc						
2d Rds	850	2750	4600	9200	16,100	23,000
2d Rds (2 plus 2)	1000	3250	5400	10,800	18,900	27,000

OPEL

	6	5	4	3	2	1
1947-52						
Olympia, 4-cyl, 94.3" wb, 1488cc						
2d Sed	350	780	1300	2600	4550	6500
Kapitan, 6-cyl, 106.1" wb, 2473cc						
4d Sed	350	780	1300	2600	4550	6500
1953-57						
Olympia Rekord, 4-cyl, 97.9" wb, 1488cc						
2d Sed	200	720	1200	2400	4200	6000
Caravan, 4-cyl						
2d Sta Wag	200	745	1250	2500	4340	6200
Kapitan, 6-cyl, 108.3" wb, 2473cc						
4d Sed	350	780	1300	2600	4550	6500
1958-59						
Olympia Rekord 28, 4-cyl, 100.4" wb, 1488cc						
2d Sed	200	720	1200	2400	4200	6000
Caravan 29, 4-cyl, 100.4" wb						
2d Sta Wag	350	780	1300	2600	4550	6500

	6	5	4	3	2	1
1960						
Olympic Rekord 28, 4-cyl, 100.4" wb, 1488cc						
2d Sed	200	720	1200	2400	4200	6000
Caravan 29, 4-cyl, 100.4" wb						
2d Sta Wag	350	780	1300	2600	4550	6500
1961-62						
Olympic Rekord 11, 4-cyl, 100" wb, 1680cc						
2d Sed	200	720	1200	2400	4200	6000
Caravan 14, 4-cyl, 1680cc						
2d Sta Wag	200	745	1250	2500	4340	6200
1964-65						
Kadett, 4-cyl, 91.5" wb, 987cc						
31 2d Sed	200	720	1200	2400	4200	6000
32 2d Spt Cpe	350	780	1300	2600	4550	6500
34 2d Sta Wag	350	840	1400	2800	4900	7000

1967 Opel Kadett L station wagon

	6	5	4	3	2	1
1966-67						
Kadett, 4-cyl, 95.1" wb, 1077cc						
31 2d Sed	200	720	1200	2400	4200	6000
32 2d Spt Cpe	350	780	1300	2600	4550	6500
38 2d DeL Sed	200	745	1250	2500	4340	6200
37 4d DeL Sed	350	790	1350	2650	4620	6600
39 2d DeL Sta Wag	350	840	1400	2800	4900	7000
Rallye, 4-cyl, 95.1" wb, 1077cc						
32 2d Spt Cpe	350	820	1400	2700	4760	6800
1968						
Kadett, 4-cyl, 95.1" wb, 1077cc						
31 2d Sed	200	720	1200	2400	4200	6000
39 2d Sta Wag	200	745	1250	2500	4340	6200
Rallye, 4-cyl, 95.1" wb, 1491cc						
92 2d Spt Cpe	350	790	1350	2650	4620	6600
Sport Series, 4-cyl, 95.1" wb, 1491cc						
91 2d Spt Sed	200	745	1250	2500	4340	6200
99 2d LS Cpe	350	780	1300	2600	4550	6500
95 2d DeL Spt Cpe	350	820	1400	2700	4760	6800

NOTE: Two larger engines were optional in 1968. The 4-cyl., 1491cc engine that was standard in the Rallye Cpe and the even larger 4-cyl., 1897cc.

	6	5	4	3	2	1
1969						
Kadett, 4-cyl, 95.1" wb, 1077cc						
31 2d Sed	200	730	1250	2450	4270	6100
39 2d Sta Wag	200	745	1250	2500	4340	6200
Rallye/Sport Series, 4-cyl, 95.1" wb, 1077cc						
92 Rallye Spe Cpe	350	790	1350	2650	4620	6600
91 2d Spt Sed	200	750	1275	2500	4400	6300
95 DeL Spt Cpe	350	780	1300	2600	4550	6500
GT, 4-cyl, 95.7" wb, 1077cc						
2d Cpe	350	860	1450	2900	5050	7200

NOTE: Optional, 4-cyl, 1897cc engine.

	6	5	4	3	2	1
1970						
Kadett, 4-cyl, 95.1" wb, 1077cc						
31 2d Sed	200	730	1250	2450	4270	6100
39 2d Sta Wag	200	745	1250	2500	4340	6200
Rallye/Sport (FB) Series, 4-cyl, 95.1" wb, 1077cc						
92 Rallye Spt Cpe	350	790	1350	2650	4620	6600

	6	5	4	3	2	1
91 2d Spt Sed	200	750	1275	2500	4400	6300
95 DeL Spt Cpe	350	770	1300	2550	4480	6400
GT, 4-cyl, 95.7" wb, 1077cc						
93 2d Cpe	350	860	1450	2900	5050	7200
1971-72						
Kadett, 4-cyl, 95.1" wb, 1077cc						
31 2d Sed	200	745	1250	2500	4340	6200
31D DeL 2d Sed	200	750	1275	2500	4400	6300
36 4d Sed	200	730	1250	2450	4270	6100
36D DeL 4d Sed	200	745	1250	2500	4340	6200
39 DeL 2d Sta Wag	350	780	1300	2600	4550	6500
1900 Series, 4-cyl, 95.7" wb, 1897cc						
51 2d Sed	350	770	1300	2550	4480	6400
53 4d Sed	350	770	1300	2550	4480	6400
54 2d Sta Wag	350	790	1350	2650	4620	6600
57 2d Spt Cpe	350	780	1300	2600	4550	6500
57R 2d Rallye Cpe	350	840	1400	2800	4900	7000
GT, 4-cyl, 95.7" wb, 1897cc						
77 2d Cpe	350	860	1450	2900	5050	7200
1973						
1900 Series, 4-cyl, 95.7" wb, 1897cc						
51 2d Sed	350	770	1300	2550	4480	6400
53 4d Sed	350	770	1300	2550	4480	6400
54 2d Sta Wag	350	790	1350	2650	4620	6600
Manta 57, 4-cyl, 95.7" wb, 1897cc						
2d Spt Cpe	350	800	1350	2700	4700	6700
Luxus 2d Spt Cpe	350	860	1450	2900	5050	7200
R 2d Rallye Cpe	350	880	1500	2950	5180	7400
GT, 4-cyl, 95.7" wb, 1897cc						
77 2d Cpe	350	860	1450	2900	5050	7200
1974-75						
1900, 4-cyl, 95.7" wb, 1897cc						
51 2d Sed	200	745	1250	2500	4340	6200
54 2d Sta Wag	350	780	1300	2600	4550	6500
Manta 57, 95.7" wb, 1897cc						
2d Spt Cpe	350	790	1350	2650	4620	6600
Luxus Spt Cpe	350	860	1450	2900	5050	7200
R, 2d Rallye Cpe	350	880	1500	2950	5180	7400

NOTE: FI was available in 1975.

	6	5	4	3	2	1
1976-79						
Opel Isuzu, 1976 models 4-cyl, 94.3" wb, 1817cc						
77 2d Cpe	150	650	975	1950	3350	4800
2d DeL Cpe	200	675	1000	1950	3400	4900
Opel Isuzu, 1979 models 4-cyl, 94.3" wb, 1817cc						
T77 2d Cpe	150	650	975	1950	3350	4800
Y77 2d DeL Cpe	200	675	1000	1950	3400	4900
Y69 4d DeL Sed	200	675	1000	1950	3400	4900
W77 2d Spt Cpe	200	675	1000	2000	3500	5000

PORSCHE

	6	5	4	3	2	1
1950						
Model 356, 40 hp, 1100cc						
Cpe	1200	3850	6400	12,800	22,400	32,000
1951						
Model 356, 40 hp, 1100cc						
Cpe	650	2050	3400	6800	11,900	17,000
Cabr	800	2500	4200	8400	14,700	21,000
1952						
Model 356, 40 hp, 1100cc						
Cpe	650	2050	3400	6800	11,900	17,000
Cabr	800	2500	4200	8400	14,700	21,000
1953						
Model 356, 40 hp						
Cpe	650	2050	3400	6800	11,900	17,000
Cabr	800	2500	4200	8400	14,700	21,000
1954						
Model 356, 1.5 liters, 55 hp						
Spds	2200	6950	11,600	23,200	40,600	58,000
Cpe	700	2300	3800	7600	13,300	19,000

	6	5	4	3	2	1
Cabr	1150	3600	6000	12,000	21,000	30,000
Model 356, 1.5 liters, Super						
Spds	2250	7200	12,000	24,000	42,000	60,000
Cpe	850	2650	4400	8800	15,400	22,000
Cabr	1250	3950	6600	13,200	23,100	33,000
1955						
Model 356, 4-cyl., 55 hp						
Spds	2200	6950	11,600	23,200	40,600	58,000
Cpe	700	2300	3800	7600	13,300	19,000
Cabr	1250	3950	6600	13,200	23,100	33,000
Model 356, Super, 1.5 liters, 70 hp						
Spds	2250	7200	12,000	24,000	42,000	60,000
Cpe	750	2400	4000	8000	14,000	20,000
Cabr	1300	4200	7000	14,000	24,500	35,000
1956						
Model 356A, Normal, 1.6 liters, 60 hp						
Spds	2200	6950	11,600	23,200	40,600	58,000
Cpe	800	2500	4200	8400	14,700	21,000
Cabr	1250	3950	6600	13,200	23,100	33,000
Model 356A, Super, 1.6 liters, 75 hp						
Spds	2250	7200	12,000	24,000	42,000	60,000
Cpe	850	2650	4400	8800	15,400	22,000
Cabr	1400	4450	7400	14,800	25,900	37,000
Model 356A, Carrera, 1.5 liters, 100 hp						
Spds	5100	16,300	27,200	54,400	95,200	136,000
Cpe	2250	7200	12,000	24,000	42,000	60,000
Cabr	2650	8400	14,000	28,000	49,000	70,000
1957						
Model 356A, Normal, 1.6 liters, 60 hp						
Spds	2200	7100	11,800	23,600	41,300	59,000
Cpe	850	2650	4400	8800	15,400	22,000
Cabr	1250	3950	6600	13,200	23,100	33,000
Model 356A, Super, 1.6 liters, 70 hp						
Spds	2250	7200	12,000	24,000	42,000	60,000
Cpe	850	2650	4400	8800	15,400	22,000
Cabr	1400	4450	7400	14,800	25,900	37,000
Model 356A, Carrera, 1.5 liters, 100 hp						
Spds	5100	16,300	27,200	54,400	95,200	136,000
Cpe	2250	7200	12,000	24,000	42,000	60,000
Cabr	2650	8400	14,000	28,000	49,000	70,000
1958						
Model 356A, Normal, 1.6 liters, 60 hp						
Spds	2200	7100	11,800	23,600	41,300	59,000
Cpe	800	2500	4200	8400	14,700	21,000
Cabr	1250	3950	6600	13,200	23,100	33,000
HdTp	950	3000	5000	10,000	17,500	25,000
Model 356A, Super, 1.6 liters, 75 hp						
Spds	2250	7200	12,000	24,000	42,000	60,000
Cpe	850	2650	4400	8800	15,400	22,000
HdTp	1450	4550	7600	15,200	26,600	38,000
Cabr	1400	4450	7400	14,800	25,900	37,000
Model 356A, Carrera, 1.5 liters, 100 hp						
Spds	5100	16,300	27,200	54,400	95,200	136,000
Cpe	2250	7200	12,000	24,000	42,000	60,000
HdTp	2400	7700	12,800	25,600	44,800	64,000
Cabr	3400	10,800	18,000	36,000	63,000	90,000
1959						
Model 356A, Normal, 60 hp						
Cpe	700	2150	3600	7200	12,600	18,000
Cpe/HT	850	2750	4600	9200	16,100	23,000
Conv D	900	2900	4800	9600	16,800	24,000
Cabr	950	3000	5000	10,000	17,500	25,000
Model 356A, Super, 75 hp						
Cpe	850	2650	4400	8800	15,400	22,000
Cpe/HT	950	3000	5000	10,000	17,500	25,000
Conv D	1000	3100	5200	10,400	18,200	26,000
Cabr	1000	3250	5400	10,800	18,900	27,000
Model 356A, Carrera, 1.6 liters, 105 hp						
Cpe	2250	7200	12,000	24,000	42,000	60,000
Cpe/HT	2400	7700	12,800	25,600	44,800	64,000
Cabr	3400	10,800	18,000	36,000	63,000	90,000
1960						
Model 356B, Normal, 1.6 liters, 60 hp						
Cpe	800	2500	4200	8400	14,700	21,000
HT	950	3000	5000	10,000	17,500	25,000

	6	5	4	3	2	1
Rds	1150	3600	6000	12,000	21,000	30,000
Cabr	1150	3700	6200	12,400	21,700	31,000
Model 356B, Super, 1.6 liters, 75 hp						
Cpe	850	2650	4400	8800	15,400	22,000
HT	1000	3100	5200	10,400	18,200	26,000
Rds	1150	3700	6200	12,400	21,700	31,000
Cabr	1200	3850	6400	12,800	22,400	32,000
Model 356B, Super 90, 1.6 liters, 90 hp						
Cpe	900	2900	4800	9600	16,800	24,000
HT	1050	3350	5600	11,200	19,600	28,000
Rds	1250	3950	6600	13,200	23,100	33,000
Cabr	1300	4100	6800	13,600	23,800	34,000
1961						
Model 356B, Normal, 1.6 liters, 60 hp						
Cpe	800	2500	4200	8400	14,700	21,000
HT	950	3000	5000	10,000	17,500	25,000
Rds	1150	3600	6000	12,000	21,000	30,000
Cabr	1150	3700	6200	12,400	21,700	31,000
Model 356B, Super 90, 1.6 liters, 90 hp						
Cpe	850	2750	4600	9200	16,100	23,000
HT	1000	3250	5400	10,800	18,900	27,000
Rds	1250	3950	6600	13,200	23,100	33,000
Cabr	1300	4100	6800	13,600	23,800	34,000
Model 356B, Carrera, 2.0 liters, 130 hp						
Cpe	3000	9600	16,000	32,000	56,000	80,000
Rds	3400	10,800	18,000	36,000	63,000	90,000
Cabr	4500	14,400	24,000	48,000	84,000	120,000
1962						
Model 356B, Normal, 1.6 liters, 60 hp						
Cpe	800	2500	4200	8400	14,700	21,000
HT	950	3000	5000	10,000	17,500	25,000
Model 356B, Super 90, 1.6 liters, 90 hp						
Cpe	850	2650	4400	8800	15,400	22,000
HT	1000	3100	5200	10,400	18,200	26,000
Rds	1150	3700	6200	12,400	21,700	31,000
Cabr	1200	3850	6400	12,800	22,400	32,000
Model 356B, Carrera 2, 2.0 liters, 130 hp						
Cpe	3000	9600	16,000	32,000	56,000	80,000
Rds	3400	10,800	18,000	36,000	63,000	90,000
Cabr	4500	14,400	24,000	48,000	84,000	120,000
1963						
Model 356C, Standard, 1.6 liters, 75 hp						
Cpe	700	2150	3600	7200	12,600	18,000
Cabr	1000	3100	5200	10,400	18,200	26,000
Model 356C, SC, 1.6 liters, 95 hp						
Cpe	750	2400	4000	8000	14,000	20,000
Cabr	1000	3250	5400	10,800	18,900	27,000
Model 356C, Carrera 2, 2.0 liters, 130 hp						
Cpe	3000	9600	16,000	32,000	56,000	80,000
Cabr	4500	14,400	24,000	48,000	84,000	120,000
1964						
Model 356C, Normal, 1.6 liters, 75 hp						
Cpe	700	2150	3600	7200	12,600	18,000
Cabr	1000	3100	5200	10,400	18,200	26,000
Model 356C, SC, 1.6 liters, 95 hp						
Cpe	750	2400	4000	8000	14,000	20,000
Cabr	1050	3350	5600	11,200	19,600	28,000
Model 356C, Carrera 2, 2.0 liters, 130 hp						
Cpe	3000	9600	16,000	32,000	56,000	80,000
Cabr	4500	14,400	24,000	48,000	84,000	120,000
1965						
Model 356C, 1.6 liters, 75 hp						
Cpe	700	2300	3800	7600	13,300	19,000
Cabr	1000	3100	5200	10,400	18,200	26,000
Model 356SC, 1.6 liters, 95 hp						
Cpe	750	2400	4000	8000	14,000	20,000
Cabr	1000	3250	5400	10,800	18,900	27,000
1966						
Model 912, 4-cyl., 90 hp						
Cpe	650	2050	3400	6800	11,900	17,000
Model 911, 6-cyl., 130 hp						
Cpe	700	2300	3800	7600	13,300	19,000
1967						
Model 912, 4-cyl., 90 hp						
Cpe	650	2050	3400	6800	11,900	17,000

	6	5	4	3	2	1
Targa	700	2300	3800	7600	13,300	19,000
Model 911, 6-cyl., 110 hp						
Cpe	700	2300	3800	7600	13,300	19,000
Targa	800	2500	4200	8400	14,700	21,000
Model 911S, 6-cyl., 160 hp						
Cpe	850	2750	4600	9200	16,100	23,000
Targa	900	2900	4800	9600	16,800	24,000
1968						
Model 912, 4-cyl., 90 hp						
Cpe	700	2150	3600	7200	12,600	18,000
Targa	750	2400	4000	8000	14,000	20,000
Model 911, 6-cyl., 130 hp						
Cpe	800	2500	4200	8400	14,700	21,000
Targa	850	2650	4400	8800	15,400	22,000
Model 911L, 6-cyl., 130 hp						
Cpe	850	2650	4400	8800	15,400	22,000
Targa	850	2750	4600	9200	16,100	23,000
Model 911S, 6-cyl., 160 hp						
Cpe	900	2900	4800	9600	16,800	24,000
Targa	1000	3100	5200	10,400	18,200	26,000
1969						
Model 912, 4-cyl., 90 hp						
Cpe	700	2150	3600	7200	12,600	18,000
Targa	700	2300	3800	7600	13,300	19,000
Model 911T, 6-cyl., 110 hp						
Cpe	800	2500	4200	8400	14,700	21,000
Targa	850	2750	4600	9200	16,100	23,000
Model 911E, 6-cyl., 140 hp						
Cpe	800	2500	4200	8400	14,700	21,000
Targa	850	2750	4600	9200	16,100	23,000
Model 911S, 6-cyl., 170 hp						
Cpe	900	2900	4800	9600	16,800	24,000
Targa	1000	3100	5200	10,400	18,200	26,000
1970						
Model 914, 4-cyl., 1.7 liter, 80 hp						
Cpe/Targa	600	1900	3200	6400	11,200	16,000
Model 914/6, 6-cyl., 2.0 liter, 110 hp						
Cpe/Targa	700	2150	3600	7200	12,600	18,000
Model 911T, 6-cyl., 125 hp						
Cpe	700	2300	3800	7600	13,300	19,000
Targa	800	2500	4200	8400	14,700	21,000
Model 911E, 6-cyl., 155 hp						
Cpe	750	2400	4000	8000	14,000	20,000
Targa	850	2650	4400	8800	15,400	22,000
Model 911S, 6-cyl., 180 hp						
Cpe	900	2900	4800	9600	16,800	24,000
Targa	1000	3250	5400	10,800	18,900	27,000
1971						
Model 914, 4-cyl., 1.7 liter, 80 hp						
Cpe/Targa	600	1900	3200	6400	11,200	16,000
Model 914/6, 6-cyl., 2 liter, 110 hp						
Cpe/Targa	700	2150	3600	7200	12,600	18,000
Model 911T, 6-cyl., 125 hp						
Cpe	700	2300	3800	7600	13,300	19,000
Targa	800	2500	4200	8400	14,700	21,000
Model 911E, 6-cyl., 155 hp						
Cpe	750	2400	4000	8000	14,000	20,000
Targa	850	2650	4400	8800	15,400	22,000
Model 911S, 6-cyl., 180 hp						
Cpe	1000	3100	5200	10,400	18,200	26,000
Targa	1100	3500	5800	11,600	20,300	29,000
1972						
Model 914, 4-cyl., 1.7 liter, 80 hp						
Cpe/Targa	600	1900	3200	6400	11,200	16,000
Model 911T, 6-cyl., 130 hp						
Cpe	700	2300	3800	7600	13,300	19,000
Targa	800	2500	4200	8400	14,700	21,000
Model 911E, 6-cyl., 165 hp						
Cpe	700	2150	3600	7200	12,600	18,000
Targa	800	2500	4200	8400	14,700	21,000
Model 911S, 6-cyl., 190 hp						
Cpe	900	2900	4800	9600	16,800	24,000
Targa	1000	3250	5400	10,800	18,900	27,000

	6	5	4	3	2	1
1973						
Model 914, 4-cyl., 1.8 liter, 76 hp						
Cpe/Targa	600	1900	3200	6400	11,200	16,000
Model 914, 4-cyl., 2 liter, 95 hp						
Cpe/Targa	700	2150	3600	7200	12,600	18,000
Model 911T, 6-cyl., 140 hp						
Cpe	750	2400	4000	8000	14,000	20,000
Targa	850	2650	4400	8800	15,400	22,000
Model 911E, 6-cyl., 165 hp						
Cpe	750	2400	4000	8000	14,000	20,000
Targa	850	2650	4400	8800	15,400	22,000
Model 911S, 6-cyl., 190 hp						
Cpe	900	2900	4800	9600	16,800	24,000
Targa	1000	3250	5400	10,800	18,900	27,000
1974						
Model 914, 4-cyl., 1.8 liter, 76 hp						
Cpe/Targa	600	1900	3200	6400	11,200	16,000
Model 914, 4-cyl., 2 liter, 95 hp						
Cpe/Targa	700	2150	3600	7200	12,600	18,000
Model 911, 6-cyl., 150 hp						
Cpe	800	2500	4200	8400	14,700	21,000
Targa	850	2750	4600	9200	16,100	23,000
Model 911S, 6-cyl., 175 hp						
Cpe	850	2750	4600	9200	16,100	23,000
Targa	950	3000	5000	10,000	17,500	25,000
Model 911 Carrera, 6-cyl., 175 hp						
Cpe	1050	3350	5600	11,200	19,600	28,000
Targa	1150	3600	6000	12,000	21,000	30,000
NOTE: Add 10 percent for RS. Add 20 percent for RSR.						
1975						
Model 914, 4-cyl., 1.8 liter, 76 hp						
Cpe/Targa	500	1550	2600	5200	9100	13,000
Model 914, 4-cyl., 2 liter, 95 hp						
Cpe/Targa	550	1700	2800	5600	9800	14,000
Model 911S, 6-cyl., 175 hp						
Cpe	850	2650	4400	8800	15,400	22,000
Targa	850	2750	4600	9200	16,100	23,000
Model 911 Carrera, 6-cyl., 210 hp						
Cpe	1000	3250	5400	10,800	18,900	27,000
Targa	1100	3500	5800	11,600	20,300	29,000
1976						
Model 914, 4-cyl., 2 liter, 95 hp						
Cpe/Targa	550	1700	2800	5600	9800	14,000
Model 912E, 4-cyl., 90 hp						
Cpe	700	2300	3800	7600	13,300	19,000

1978 Porsche 911 SC coupe

	6	5	4	3	2	1
Model 911S, 6-cyl., 165 hp						
Cpe	850	2650	4400	8800	15,400	22,000
Targa	900	2900	4800	9600	16,800	24,000
Model 930, Turbo & T. Carrera						
Cpe	1500	4800	8000	16,000	28,000	40,000
1977						
Model 924, 4-cyl., 95 hp						
Cpe	550	1700	2800	5600	9800	14,000
Model 911SC, 6-cyl., 165 hp						
Cpe	750	2400	4000	8000	14,000	20,000
Targa	850	2650	4400	8800	15,400	22,000
Model 930 Turbo, 6-cyl., 245 hp						
Cpe	1500	4800	8000	16,000	28,000	40,000
1978						
Model 924						
Cpe	550	1700	2800	5600	9800	14,000
Model 911SC						
Cpe	800	2500	4200	8400	14,700	21,000
Cpe Targa	850	2650	4400	8800	15,400	22,000
Model 928						
Cpe	950	3000	5000	10,000	17,500	25,000
Model 930						
Cpe	1600	5150	8600	17,200	30,100	43,000
1979						
Model 924						
Cpe	500	1550	2600	5200	9100	13,000
Model 911SC						
Cpe	750	2400	4000	8000	14,000	20,000
Targa	850	2650	4400	8800	15,400	22,000
Model 930						
Cpe	850	2750	4600	9200	16,100	23,000
1980						
Model 924						
Cpe	500	1550	2600	5200	9100	13,000
Cpe Turbo	600	1900	3200	6400	11,200	16,000
Model 911SC						
Cpe	850	2650	4400	8800	15,400	22,000
Cpe Targa	850	2750	4600	9200	16,100	23,000
Model 928						
Cpe	850	2650	4400	8800	15,400	22,000
1981						
Model 924						
Cpe	450	1450	2400	4800	8400	12,000
Cpe Turbo	550	1700	2800	5600	9800	14,000
Model 911SC						
Cpe	800	2500	4200	8400	14,700	21,000
Cpe Targa	850	2650	4400	8800	15,400	22,000
Model 928						
Cpe	850	2750	4600	9200	16,100	23,000
1982						
Model 924						
Cpe	400	1300	2200	4400	7700	11,000
Cpe Turbo	500	1550	2600	5200	9100	13,000

1982 Porsche 928 coupe

	6	5	4	3	2	1
Model 911SC						
Cpe	700	2300	3800	7600	13,300	19,000
Cpe Targa	750	2400	4000	8000	14,000	20,000
Model 928						
Cpe	850	2650	4400	8800	15,400	22,000
1983						
Model 944						
Cpe	400	1300	2200	4400	7700	11,000
Model 911SC						
Cpe	700	2300	3800	7600	13,300	19,000
Cpe Targa	750	2400	4000	8000	14,000	20,000
Conv	850	2650	4400	8800	15,400	22,000
Model 928						
Cpe	1600	5150	8600	17,200	30,100	43,000
1984						
Model 944						
2d Cpe	400	1300	2200	4400	7700	11,000
Model 911						
2d Cpe	700	2300	3800	7600	13,300	19,000
2d Cpe Targa	850	2650	4400	8800	15,400	22,000
2d Conv	950	3000	5000	10,000	17,500	25,000
Model 928S						
Cpe	1600	5150	8600	17,200	30,100	43,000
1985						
Model 944						
2d Cpe	450	1450	2400	4800	8400	12,000
Model 911						
Carrera 2d Cpe	800	2500	4200	8400	14,700	21,000
Carrera 2d Conv	1000	3250	5400	10,800	18,900	27,000
Targa 2d Cpe	900	2900	4800	9600	16,800	24,000
Model 928S						
2d Cpe	1200	3850	6400	12,800	22,400	32,000
1986						
Model 944						
2d Cpe	500	1550	2600	5200	9100	13,000
Turbo 2d Cpe	550	1700	2800	5600	9800	14,000
Model 911 Carrera						
2d Cpe	1150	3600	6000	12,000	21,000	30,000
2d Conv	1350	4300	7200	14,400	25,200	36,000
2d Cpe Targa	1200	3850	6400	12,800	22,400	32,000
2d Cpe Turbo	1700	5400	9000	18,000	31,500	45,000
Model 928S						
2d Cpe	1300	4100	6800	13,600	23,800	34,000
1987						
Model 924S						
2d Cpe	500	1550	2600	5200	9100	13,000
Model 928S4						
2d Cpe	1000	3250	5400	10,800	18,900	27,000
Model 944						
2d Cpe	600	1900	3200	6400	11,200	16,000
2d Cpe Turbo	700	2150	3600	7200	12,600	18,000
Model 944S						
2d Cpe	650	2050	3400	6800	11,900	17,000
Model 911 Carrera						
2d Cpe	1150	3600	6000	12,000	21,000	30,000
2d Cpe Targa	1200	3850	6400	12,800	22,400	32,000
2d Conv	1350	4300	7200	14,400	25,200	36,000
2d Turbo	1700	5400	9000	18,000	31,500	45,000
1988						
Porsche						
2d 924S Cpe	600	1900	3200	6400	11,200	16,000
2d 944 Cpe	700	2150	3600	7200	12,600	18,000
2d 944S Cpe	700	2300	3800	7600	13,300	19,000
2d 944 Cpe Turbo	750	2400	4000	8000	14,000	20,000
[illegible] 911 Cpe Carrera	1400	4450	7400	14,800	25,900	37,000
[illegible] Cpe Targa	1450	4550	7600	15,200	26,600	38,000
[illegible]onv	1550	4900	8200	16,400	28,700	41,000
[illegible]	1300	4100	6800	13,600	23,800	34,000
[illegible]onv	2050	6600	11,000	22,000	38,500	55,000
[illegible]						
[illegible]	700	2300	3800	7600	13,300	19,000
[illegible]	800	2500	4200	8400	14,700	21,000
[illegible]	850	2750	4600	9200	16,100	23,000

	6	5	4	3	2	1
2d S2 Conv	1100	3500	5800	11,600	20,300	29,000
Model 911						
2d Carrera	1650	5300	8800	17,600	30,800	44,000
2d Targa	1700	5400	9000	18,000	31,500	45,000
2d Conv	1800	5750	9600	19,200	33,600	48,000
2d Conv Turbo	2050	6600	11,000	22,000	38,500	55,000
Model 928						
2d Cpe	1400	4450	7400	14,800	25,900	37,000
1990						
Model 944S						
2d Cpe	700	2150	3600	7200	12,600	18,000
2d Conv	800	2500	4200	8400	14,700	21,000
Model 911						
2d Carrera Cpe 2P	1200	3850	6400	12,800	22,400	32,000
2d Targa Cpe 2P	1250	3950	6600	13,200	23,100	33,000
2d Carrera Conv 2P	1450	4550	7600	15,200	26,600	38,000
2d Carrera Cpe 4P	1350	4300	7200	14,400	25,200	36,000
2d Targa Cpe 4P	1400	4450	7400	14,800	25,900	37,000
2d Carrera Conv 4P	1600	5050	8400	16,800	29,400	42,000
Model 928S						
2d Cpe	1050	3350	5600	11,200	19,600	28,000

ROLLS-ROYCE

1947-1951						
6 cyl., 127" wb, 133" wb (1951), 4257 cc						
Silver Wraith						
Freestone & Webb						
Cpe	2050	6600	11,000	22,000	38,500	55,000
Limo	1600	5050	8400	16,800	29,400	42,000
Saloon	1350	4300	7200	14,400	25,200	36,000
Spt Saloon	1450	4550	7600	15,200	26,600	38,000
Hooper						
DHC	3150	10,100	16,800	33,600	58,800	84,000
Treviot	1600	5050	8400	16,800	29,400	42,000
Treviot II	1600	5150	8600	17,200	30,100	43,000
Treviot III	1650	5300	8800	17,600	30,800	44,000
H.J. Mulliner						
Sedanca de Ville	2800	8900	14,800	29,600	51,800	74,000
Tr Limo	1650	5300	8800	17,600	30,800	44,000
Park Ward						
Saloon	1500	4800	8000	16,000	28,000	40,000
James Young						
Limo	1650	5300	8800	17,600	30,800	44,000
Saloon	1600	5050	8400	16,800	29,400	42,000
1949-1951						
6 cyl., 120" wb, 4257 cc						
Silver Dawn						
Std Steel Saloon	1600	5050	8400	16,800	29,400	42,000
Farina						
Spl Saloon	2150	6850	11,400	22,800	39,900	57,000
Freestone & Webb						
Saloon	1650	5300	8800	17,600	30,800	44,000
Park Ward						
DHC	2350	7450	12,400	24,800	43,400	62,000
FHC	1750	5650	9400	18,800	32,900	47,000
1950-1956						
8 cyl., 145" wb, 5675 cc						
Phantom IV						
Park Ward Limo	5800	18,600	31,000	62,000	108,500	155,000
1951-1952						
6 cyl., 127" wb, 4566 cc						
Silver Wraith						
Freestone & Webb						
Cpe	1650	5300	8800	17,600	30,800	44,000
1951-1955						
6 cyl., 133" wb, 4566 cc						
Silver Wraith						
Freestone & Webb						
Spt Saloon	1650	5300	8800	17,600	30,800	44,000
Hooper						
Tr Limo	1500	4800	8000	16,000	28,000	40,000
H.J. Mulliner						
Tr Limo	1650	5300	8800	17,600	30,800	44,00

	6	5	4	3	2	1
Park Ward						
Limo	1600	5150	8600	17,200	30,100	43,000
1951-1955						
6 cyl., 120" wb, 4566 cc						
Silver Dawn						
Std Steel Saloon	1600	5050	8400	16,800	29,400	42,000
Park Ward						
DHC	2400	7700	12,800	25,600	44,800	64,000
1955-1959						
6 cyl., 123" wb, 127" wb (after 1957), 4887 cc						
Silver Cloud						
Std Steel Saloon	1500	4800	8000	16,000	28,000	40,000
H.J. Mulliner						
DHC	3250	10,300	17,200	34,400	60,200	86,000
Park Ward						
Saloon LWB	1550	4900	8200	16,400	28,700	41,000
James Young						
Saloon	1950	6250	10,400	20,800	36,400	52,000
NOTE: Deduct 30 percent for RHD.						
1955-1959						
6 cyl., 133" wb, 4887 cc						
Silver Wraith						
Hooper						
LWB Limo	1650	5300	8800	17,600	30,800	44,000
Saloon	1600	5050	8400	16,800	29,400	42,000
H.J. Mulliner						
Tr Limo	1750	5500	9200	18,400	32,200	46,000
Park Ward						
Limo	1500	4800	8000	16,000	28,000	40,000
Saloon	1450	4700	7800	15,600	27,300	39,000
NOTE: Deduct 30 percent for RHD.						
1959-1962						
V-8, 123" wb, 127" wb (after 1960), 6230 cc						
Silver Cloud II						
Std Steel Saloon	1550	4900	8200	16,400	28,700	41,000
H.J. Mulliner						
DHC	3850	12,250	20,400	40,800	71,400	102,000
Radford						
Countryman	1750	5650	9400	18,800	32,900	47,000
James Young						
Limo, LWB	2200	6950	11,600	23,200	40,600	58,000
NOTE: Deduct 30 percent for RHD.						
1960-1968						
V-8, 144" wb, 6230 cc						
Phantom V						
H.J. Mulliner-Park Ward						
Landaulette	5800	18,600	31,000	62,000	108,500	155,000
Limo	2650	8400	14,000	28,000	49,000	70,000
Park Ward						
Limo	1950	6250	10,400	20,800	36,400	52,000
James Young						
Limo	3000	9600	16,000	32,000	56,000	80,000
Sedanca de Ville	5800	18,600	31,000	62,000	108,500	155,000
NOTE: Deduct 30 percent for RHD.						
1962-1966						
V-8, 123" wb, 127" wb, 6230 cc						
Silver Cloud III						
Std Steel Saloon	2800	8900	14,800	29,600	51,800	74,000
H.J. Mulliner						
2d Saloon	1900	6100	10,200	20,400	35,700	51,000
DHC	4800	15,350	25,600	51,200	89,600	128,000
Flying Spur	3250	10,300	17,200	34,400	60,200	86,000
NOTE: Deduct 30 percent for RHD.						
[illegible]mes Young						
[illegible]t Saloon	1550	4900	8200	16,400	28,700	41,000
[illegible]	1950	6250	10,400	20,800	36,400	52,000
[illegible]B	2400	7700	12,800	25,600	44,800	64,000
[illegible]	2850	9100	15,200	30,400	53,200	76,000
[illegible]						
[illegible]	2150	6850	11,400	22,800	39,900	57,000
[illegible]	2400	7700	12,800	25,600	44,800	64,000
[illegible] for RHD.						
[illegible]						
[illegible]23.5" wb, 6230 cc						

	6	5	4	3	2	1
Silver Shadow						
Std Steel Saloon	1600	5050	8400	16,800	29,400	42,000
LWB Saloon	1700	5400	9000	18,000	31,500	45,000
Mulliner-Park Ward						
2d Saloon	1750	5500	9200	18,400	32,200	46,000
DHC	1850	5900	9800	19,600	34,300	49,000
James Young						
2d Saloon	1750	5500	9200	18,400	32,200	46,000
NOTE: Deduct 30 percent for RHD.						
1968-1977						
V-8, 145" wb, 6230 cc						
Phantom VI						
Landau	3600	11,500	19,200	38,400	67,200	96,000
Limo	3250	10,300	17,200	34,400	60,200	86,000
Mulliner-Park Ward						
Laudaulette	6750	21,600	36,000	72,000	126,000	180,000
NOTE: Deduct 30 percent for RHD.						
1970-1976						
V-8, 119.5" wb, 123.5" wb, 6750 cc						
Silver Shadow						
Std Steel Saloon	1700	5400	9000	18,000	31,500	45,000
LWB Saloon	1900	6000	10,000	20,000	35,000	50,000
Mulliner-Park Ward						
2d Saloon	2050	6500	10,800	21,600	37,800	54,000
DHC	2550	8150	13,600	27,200	47,600	68,000
NOTE: Deduct 30 percent for RHD.						
1971-1977						
V-8, 119" wb, 6750 cc						
Corniche						
2d Saloon	2250	7200	12,000	24,000	42,000	60,000
Conv	3000	9600	16,000	32,000	56,000	80,000
NOTE: Deduct 30 percent for RHD.						
1975-1978						
V-8,108.5" wb, 6750 cc						
Camarque	1900	6000	10,000	20,000	35,000	50,000
NOTE: Deduct 30 percent for RHD.						
1977-1978						
V-8, 120" wb, 6750 cc						
Silver Shadow II	1700	5400	9000	18,000	31,500	45,000
V-8, 123.5" wb, 6750 cc						
Silver Wraith II	1900	6000	10,000	20,000	35,000	50,000
NOTE: Add 10 percent for factory sunroof. Deduct 30 percent for RHD.						
1979						
4d Silver Spirit	2200	6950	11,600	23,200	40,600	58,000
4d Silver Spur	2400	7700	12,800	25,600	44,800	64,000
2d Conv Corniche	3000	9600	16,000	32,000	56,000	80,000
2d Camargue	2200	7100	11,800	23,600	41,300	59,000
4d Phantom VI	6200	19,800	33,000	66,000	115,500	165,000
4d Silver Shadow	2050	6600	11,000	22,000	38,500	55,000
4d Silver Wraith	2200	6950	11,600	23,200	40,600	58,000
1980						
4d Silver Spirit	2200	6950	11,600	23,200	40,600	58,000
4d Silver Spur	2400	7700	12,800	25,600	44,800	64,000
2d Conv Corniche	3000	9600	16,000	32,000	56,000	80,000
2d Camarque	2400	7700	12,800	25,600	44,800	64,000
4d Phantom VI	6200	19,800	33,000	66,000	115,500	165,000
4d Silver Shadow	2050	6600	11,000	22,000	38,500	55,000
4d Silver Wraith	2200	6950	11,600	23,200	40,600	58,000
1981						
4d Silver Spirit	2200	6950	11,600	23,200	40,600	58,000
4d Silver Spur	2400	7700	12,800	25,600	44,800	64,000
2d Conv Corniche	3000	9600	16,000	32,000	56,000	80,000
2d Camarque	2200	7100	11,800	23,600	41,300	59,000
4d Phantom VI	6200	19,800	33,000	66,000	115,500	165,000
1982						
4d Silver Spirit	2150	6850	11,400	22,800	39,900	57,000
4d Silver Spur	2400	7700	12,800	25,600	44,800	64,000
2d Conv Corniche	3100	9850	16,400	32,800	57,400	82,000
2d Camarque	2350	7450	12,400	24,800	43,400	62,000
4d Phantom VI	6200	19,800	33,000	66,000	115,500	165,000
1983						
4d Silver Spirit	2150	6850	11,400	22,800	39,900	57,000
4d Silver Spur	2400	7700	12,800	25,600	44,800	64,00

1983 Rolls-Royce Silver Spirit four-door sedan

	6	5	4	3	2	1
2d Conv Corniche	3100	9850	16,400	32,800	57,400	82,000
2d Camarque	2350	7450	12,400	24,800	43,400	62,000
4d Phantom VI	6200	19,800	33,000	66,000	115,500	165,000
1984						
4d Silver Spirit Sed	2200	7100	11,800	23,600	41,300	59,000
4d Silver Spur Sed	2500	7900	13,200	26,400	46,200	66,000
2d Camarque Cpe	2500	7900	13,200	26,400	46,200	66,000
2d Corniche Conv	3250	10,300	17,200	34,400	60,200	86,000
1985						
4d Silver Spirit Sed	2500	7900	13,200	26,400	46,200	66,000
4d Silver Spur Sed	2700	8650	14,400	28,800	50,400	72,000
2d Camarque Cpe	2700	8650	14,400	28,800	50,400	72,000
2d Corniche Conv	3450	11,050	18,400	36,800	64,400	92,000
1986						
4d Silver Spirit Sed	2700	8650	14,400	28,800	50,400	72,000
4d Silver Spur Sed	2950	9350	15,600	31,200	54,600	78,000
2d Camarque Cpe	2950	9350	15,600	31,200	54,600	78,000
2d Corniche Conv	3700	11,750	19,600	39,200	68,600	98,000
1987						
4d Silver Spirit Sed	1700	5400	9000	18,000	31,500	45,000
4d Silver Spur Sed	1800	5750	9600	19,200	33,600	48,000
2d Camarque Cpe	3400	10,800	18,000	36,000	63,000	90,000
2d Corniche Conv	4900	15,600	26,000	52,000	91,000	130,000
4d Silver Spur Limo	4500	14,400	24,000	48,000	84,000	120,000
1988						
4d Silver Spirit Sed	1950	6250	10,400	20,800	36,400	52,000
4d Silver Spur Sed	2050	6600	11,000	22,000	38,500	55,000
2d Corniche Conv	5100	16,300	27,200	54,400	95,200	136,000
1989						
4d Silver Spirit Sed	2150	6850	11,400	22,800	39,900	57,000
4d Silver Spur Sed	2250	7200	12,000	24,000	42,000	60,000
2d Corniche Conv	5200	16,550	27,600	55,200	96,600	138,000
1990						
4d Silver Spirit Sed	2500	7900	13,200	26,400	46,200	66,000
4d Silver Spur Sed	2550	8150	13,600	27,200	47,600	68,000
2d Corniche Conv	5450	17,400	29,000	58,000	101,500	145,000

SUNBEAM

	6	5	4	3	2	1
[illegible] 1957						
[illegible]" wb, 2267 cc						
[illegible]bot 90						
[illegible]	350	780	1300	2600	4550	6500
[illegible]	350	900	1500	3000	5250	7500
[illegible]cc						
[illegible]	200	720	1200	2400	4200	6000
[illegible]	350	840	1400	2800	4900	7000

	6	5	4	3	2	1
1953-1955						
4-cyl., 97.5" wb, 2267 cc						
Sunbeam Alpine						
Rds	400	1200	2000	4000	7000	10,000
1956-1958						
4-cyl., 96" wb, 1390 cc						
Sunbeam Rapier Series I						
2d HT	200	720	1200	2400	4200	6000
Conv	350	1020	1700	3400	5950	8500
1959-1961						
4-cyl., 96" wb, 1494 cc						
Sunbeam Rapier Series II/III						
2d HT	200	720	1200	2400	4200	6000
Conv	350	1020	1700	3400	5950	8500
1962-1965						
4-cyl., 96" wb, 1592 cc						
Sunbeam Rapier Series III/IV						
2d HT	200	720	1200	2400	4200	6000
Conv	350	1020	1700	3400	5950	8500
1966-1967						
4-cyl., 96" wb, 1725 cc						
Sunbeam Rapier Series V						
2d HT	200	720	1200	2400	4200	6000
Conv	350	1020	1700	3400	5950	8500
1960						
4-cyl., 86" wb, 1494 cc						
Sunbeam Alpine Series I						
Conv	450	1140	1900	3800	6650	9500
1961						
4-cyl., 86" wb, 1592 cc						
Sunbeam Alpine Series II						
Conv	450	1140	1900	3800	6650	9500
1962						
4-cyl., 86" wb, 1592 cc						
Sunbeam Alpine Series II						
Conv	450	1140	1900	3800	6650	9500
Sunbeam Herrington LeMans						
Cpe	450	1400	2300	4600	8100	11,500
1963						
4-cyl., 86" wb, 1592 cc						
Sunbeam Alpine Series II/III						
Conv	400	1250	2100	4200	7400	10,500
Conv GT	450	1400	2300	4600	8100	11,500
Sunbeam Herrington LeMans						
Cpe	450	1500	2500	5000	8800	12,500
1964						
4-cyl., 86" wb, 1592 cc						
Sunbeam Alpine Series III/IV						
Conv	400	1250	2100	4200	7400	10,500
Conv GT	450	1400	2300	4600	8100	11,500
Sunbeam Venezia by Superleggera						
Cpe	450	1500	2500	5000	8800	12,500
V-8, 86" wb, 260 cid						
Sunbeam Tiger Series I						
Conv	500	1550	2600	5200	9100	13,000
1965						
4-cyl., 86" wb, 1592 cc						
Sunbeam Alpine Series IV						
Conv	450	1500	2500	5000	8800	12,500
Sunbeam Venezia by Superleggera						
Cpe	500	1550	2600	5200	9100	13,000
V-8, 86" wb, 260 cid						
Sunbeam Tiger Series I						
Conv	550	1700	2800	5600	9800	14,000
1966						
4-cyl., 86" wb, 1725 cc						
Sunbeam Alpine Series V						
Conv	400	1250	2100	4200	7400	10,500
V-8, 86" wb, 260 cid						
Sunbeam Tiger Series I/IA						
Conv	650	2050	3400	6800	11,900	17,000
1967-1968						
4-cyl., 86" wb, 1725 cc						

1966 Sunbeam Tiger sport convertible

	6	5	4	3	2	1
Sunbeam Alpine Series V						
Conv	400	1250	2100	4200	7400	10,500
V-8, 86" wb, 289 cc						
Sunbeam Tiger Series II						
Conv	700	2150	3600	7200	12,600	18,000
1969-1970						
4-cyl., 98.5" wb, 1725 cc						
Sunbeam Alpine						
HT FBk	200	675	1000	2000	3500	5000
GT HT FBk	200	660	1100	2200	3850	5500

TRIUMPH

	6	5	4	3	2	1
1946-48						
1800, 4-cyl., 63 hp, 108" wb						
T&C Saloon	350	840	1400	2800	4900	7000
1800, 4-cyl., 63 hp, 100" wb						
Rds	700	2150	3600	7200	12,600	18,000
1949						
1800, 4-cyl., 63 hp, 108" wb						
T&C Saloon	200	720	1200	2400	4200	6000
2000, 4-cyl., 68 hp, 108" wb						
Saloon	200	730	1250	2450	4270	6100
2000 Renown, 4-cyl., 68 hp, 108" wb						
Saloon	350	840	1400	2800	4900	7000
Mayflower, 4-cyl., 38 hp, 84" wb						
Saloon	200	660	1100	2200	3850	5500
2000, 4-cyl., 68 hp, 100" wb						
Rds	700	2300	3800	7600	13,300	19,000
1950						
2000 Renown, 4-cyl., 68 hp, 108" wb						
Saloon	200	720	1200	2400	4200	6000
Mayflower, 4-cyl., 38 hp, 84" wb						
Saloon	200	660	1100	2200	3850	5500
Conv	350	900	1500	3000	5250	7500
TRX (New Roadster Prototype) 4-cyl., 71 hp, 94" wb						
Rds						value inestimable

NOTE: Car was offered but none were ever delivered.

	6	5	4	3	2	1
1951						
[illegible] Renown, 4-cyl., 68 hp, 108" wb						
[illegible]	200	720	1200	2400	4200	6000
[illegible], 68 hp, 111" wb						
[illegible]	350	780	1300	2600	4550	6500
[illegible], 38 hp, 84" wb						
[illegible]	200	660	1100	2200	3850	5500
[illegible] wb						
[illegible]	350	780	1300	2600	4550	6500
[illegible] hp, 84" wb						
[illegible]	200	660	1100	2200	3850	5500

	6	5	4	3	2	1
20TS (prototype), 4-cyl., 75 hp, 130" wb						
TR-1 Rds					value inestimable	
NOTE: Only one prototype built.						
2000 Renown, 4-cyl., 68 hp, 111" wb						
Saloon	200	720	1200	2400	4200	6000
1953						
2000 Renown, 4-cyl., 68 hp, 108" wb						
Saloon	200	720	1200	2400	4200	6000
2000, 4-cyl., 68 hp, 111" wb						
Limo	200	730	1250	2450	4270	6100
Mayflower, 4-cyl., 38 hp, 84" wb						
Saloon	200	660	1100	2200	3850	5500
TR-2, 4-cyl., 90 hp, 88" wb						
Rds	450	1450	2400	4800	8400	12,000
1954						
2000 Renown, 4-cyl., 68 hp, 108" wb						
Saloon	200	720	1200	2400	4200	6000
TR-2, 4-cyl., 90 hp, 88" wb						
Rds	450	1400	2300	4600	8100	11,500
1955						
TR-2, 4-cyl., 90 hp, 88" wb						
Rds	400	1300	2200	4400	7700	11,000
TR-3, 4-cyl., 95 hp, 88" wb						
Rds	450	1400	2300	4600	8100	11,500
1956						
TR-3, 4-cyl., 95 hp, 88" wb						
Rds	450	1400	2300	4600	8100	11,500
HT Rds	450	1450	2400	4800	8400	12,000
1957						
TR-3, 4-cyl., 100 hp, 88" wb						
Rds	450	1400	2300	4600	8100	11,500
HT Rds	450	1450	2400	4800	8400	12,000
TR-10, 4-cyl., 40 hp, 84" wb						
Saloon	450	1080	1800	3600	6300	9000
1958						
TR-3, 4-cyl., 100 hp, 88" wb						
Rds	450	1400	2300	4600	8100	11,500
HT Rds	450	1450	2400	4800	8400	12,000
TR-10, 4-cyl., 40 hp, 84" wb						
Saloon	450	1080	1800	3600	6300	9000
Sta Wag	950	1100	1850	3700	6450	9200
1959						
NOTE: All cars registered after 9-15-58 are 1959 models.						
TR-3, 4-cyl., 100 hp, 88" wb						
Rds	450	1400	2300	4600	8100	11,500
HT Rds	400	1300	2200	4400	7700	11,000
TR-10, 4-cyl., 40 hp, 84" wb						
Saloon	450	1080	1800	3600	6300	9000
Sta Wag	950	1100	1850	3700	6450	9200
1960						
Herald, 4-cyl., 40 hp, 84" wb						
Sed	200	700	1050	2050	3600	5100
Cpe	200	700	1050	2100	3650	5200
Conv	350	840	1400	2800	4900	7000
Sta Wag	200	660	1100	2200	3850	5500
TR-3, 4-cyl., 100 hp, 88" wb						
Rds	450	1400	2300	4600	8100	11,500
HT Rds	450	1450	2400	4800	8400	12,000
1961						
NOTE: All cars registered after 9-15-60 are 1961 models.						
Herald, 4-cyl., 40 hp, 91.5" wb						
Sed	200	700	1050	2100	3650	5200
Cpe	200	700	1075	2150	3700	5300
Conv	350	840	1400	2800	4900	7000
Sta Wag	200	700	1050	2100	3650	5200
TR-3, 4-cyl., 100 hp, 88" wb						
Rds	450	1400	2300	4600	8100	11,500
HT Rds	450	1450	2400	4800	8400	12,000
1962						
Herald, 4-cyl., 40 hp, 91.5" wb						
Sed	200	700	1050	2050	3600	5100
Cpe	200	700	1050	2100	3650	5200
Conv	350	840	1400	2800	4900	700[illegible]

	6	5	4	3	2	1
TR-3, 4-cyl., 100 hp, 88" wb						
Rds	400	1300	2200	4400	7700	11,000
HT Rds	450	1400	2300	4600	8100	11,500
TR-4, 4-cyl., 105 hp, 88" wb						
Rds	450	1450	2400	4800	8400	12,000
HT Rds	450	1500	2500	5000	8800	12,500
Spitfire, 4-cyl., 100 hp, 83" wb						
Conv	350	975	1600	3200	5600	8000
1963						
TR-3B, 4-cyl., 100 hp, 88" wb						
Rds	400	1250	2100	4200	7400	10,500
HT Rds	400	1300	2200	4400	7700	11,000
TR-4, 4-cyl., 105 hp, 88" wb						
Conv	450	1080	1800	3600	6300	9000
HT	350	1040	1750	3500	6100	8700
Four, 4-cyl., 40 hp, 91.5" wb						
Sed	200	660	1100	2200	3850	5500
Conv	350	840	1400	2800	4900	7000
Spitfire, 4-cyl., 100 hp, 83" wb						
Spt Conv	350	975	1600	3200	5600	8000
Six, 6-cyl., 70 hp, 91.5" wb						
Spt Conv	350	1020	1700	3400	5950	8500
1964						
TR-4, 4-cyl., 105 hp, 88" wb						
Conv	400	1200	2000	4000	7000	10,000
HT Cpe	400	1250	2100	4200	7400	10,500
1965						
TR-4 and TR-4A, 4-cyl., 105 hp, 88" wb						
Conv	450	1400	2300	4600	8100	11,500
HT Cpe	400	1300	2200	4400	7700	11,000
Spitfire MK II, 4-cyl., 100 hp, 83" wb						
Conv	350	975	1600	3200	5600	8000
1966						
TR-4A, 4-cyl., 105 hp, 88" wb						
Conv	450	1400	2300	4600	8100	11,500
HT Cpe	400	1250	2100	4200	7400	10,500
2000, 6-cyl., 90 hp, 106" wb						
Sed	200	660	1100	2200	3850	5500
Spitfire MK II, 4-cyl., 100 hp, 83" wb						
Conv	350	975	1600	3200	5600	8000
1967						
TR-4A, 4-cyl., 105 hp, 88" wb						
Conv	400	1250	2100	4200	7400	10,500
HT Cpe	400	1300	2200	4400	7700	11,000
2000						
Sed	200	675	1000	2000	3500	5000
Spitfire MK II, 4-cyl., 68 hp, 83" wb						
Conv	350	900	1500	3000	5250	7500
HT Cpe	350	975	1600	3200	5600	8000
1200 Sport						
Sed	150	650	950	1900	3300	4700
Conv	350	840	1400	2800	4900	7000
1968						
TR-250, 6-cyl., 104 hp, 88" wb						
Conv	450	1080	1800	3600	6300	9000
Spitfire MK3, 4-cyl., 68 hp, 83" wb						
Conv	350	975	1600	3200	5600	8000
GT-6 Plus, 6-cyl., 95 hp, 83" wb						
Cpe	200	720	1200	2400	4200	6000

NOTE: Add 10 percent for wire wheels.
Add 10 percent for factory hardtop.
Add 5 percent for overdrive.

	6	5	4	3	2	1
1969						
6-cyl., 104 hp, 88" wb	450	1080	1800	3600	6300	9000
3, 4-cyl., 68 hp, 83" wb	350	975	1600	3200	5600	8000
95 hp, 83" wb	200	720	1200	2400	4200	6000

wheels.
ardtop.
e.

p, 88" wb

	6	5	4	3	2	1
Conv	350	1020	1700	3400	5950	8500
Spitfire MK3, 4-cyl., 68 hp, 83" wb						
Conv	350	780	1300	2600	4550	6500
GT-6 Plus, 6-cyl., 95 hp, 83" wb						
Cpe	200	720	1200	2400	4200	6000
Stag, 8-cyl., 145 hp, 100" wb						
Conv	400	1300	2200	4400	7700	11,000

NOTE: Add 10 percent for wire wheels.
Add 10 percent for factory hardtop.
Add 5 percent for overdrive.

1971

	6	5	4	3	2	1
TR-6, 6-cyl., 104 hp, 88" wb						
Conv	350	975	1600	3250	5700	8100
Spitfire MK4, 4-cyl., 58 hp, 83" wb						
Conv	200	720	1200	2400	4200	6000
GT-6 MK3, 6-cyl., 90 hp, 83" wb						
Cpe	200	675	1000	2000	3500	5000
Stag, 8-cyl., 145 hp, 100" wb						
Conv	450	1140	1900	3800	6650	9500

NOTE: Add 10 percent for wire wheels.
Add 10 percent for factory hardtop.
Add 5 percent for overdrive.

1972

	6	5	4	3	2	1
TR-6, 6-cyl., 106 hp, 88" wb						
Conv	350	975	1600	3200	5600	8000
Spitfire MK4, 4-cyl., 48 hp, 83" wb						
Conv	350	780	1300	2600	4550	6500
GT-6 MK3, 6-cyl., 79 hp, 83" wb						
Cpe	200	675	1000	2000	3500	5000
Stag, 8-cyl., 127 hp, 100" wb						
Conv	450	1140	1900	3800	6650	9500

NOTE: Add 10 percent for wire wheels.
Add 10 percent for factory hardtop.
Add 5 percent for overdrive.

1973

	6	5	4	3	2	1
TR-6, 6-cyl., 106 hp, 88" wb						
Conv	350	975	1600	3200	5600	8000
Spitfire MK4, 4-cyl., 57 hp, 83" wb						
Conv	350	780	1300	2600	4550	6500
GT-6 MK3, 6-cyl., 79 hp, 83" wb						
Cpe	200	675	1000	2000	3500	5000
Stag, 8-cyl., 127 hp, 100" wb						
Conv	400	1200	2000	4000	7000	10,000

NOTE: Add 10 percent for wire wheels.
Add 10 percent for factory hardtop.
Add 5 percent for overdrive.

1974

	6	5	4	3	2	1
TR-6, 6-cyl., 106 hp, 88" wb						
Conv	350	975	1600	3200	5600	8000
Spitfire MK4, 4-cyl., 57 hp, 83" wb						
Conv	350	780	1300	2600	4550	6500

NOTE: Add 10 percent for factory hardtop.
Add 5 percent for overdrive.

1975

	6	5	4	3	2	1
TR-6, 6-cyl., 106 hp, 88" wb						
Conv	350	975	1600	3200	5600	8000
TR-7, 4-cyl., 92 hp, 85" wb						
Cpe	200	720	1200	2400	4200	6000
Spitfire 1500, 4-cyl., 57 hp, 83" wb						
Conv	350	780	1300	2600	4550	6500

NOTE: Add 10 percent for factory hardtop.
Add 5 percent for overdrive.

1976

	6	5	4	3	2	1
TR-6, 6-cyl., 106 hp, 88" wb						
Conv	350	1020	1700	3400	5950	8500
TR-7, 4-cyl., 92 hp, 85" wb						
Cpe	200	720	1200	2400	4200	6000
Spitfire 1500, 4-cyl., 57 hp, 83" wb						
Conv	350	780	1300	2600	4550	6500

NOTE: Add 10 percent for factory hardtop.
Add 5 percent for overdrive.

1977

	6	5	4	3	2	1
TR-7, 4-cyl., 92 hp, 85" wb						
Cpe	200	660	1100	2200	3850	5[illegible]

	6	5	4	3	2	1
Spitfire 1500, 4-cyl., 57 hp, 83" wb						
Conv	350	780	1300	2600	4550	6500
NOTE: Add 10 percent for factory hardtop. Add 5 percent for overdrive.						
1978						
TR-7, 4-cyl., 92 hp, 85" wb						
Cpe	200	660	1100	2200	3850	5500
TR-8, 8-cyl., 133 hp, 85" wb (About 150 prototypes in USA)						
Cpe	400	1250	2100	4200	7400	10,500
Spitfire 1500, 4-cyl., 57 hp, 83" wb						
Conv	200	720	1200	2400	4200	6000
NOTE: Add 10 percent for factory hardtop. Add 5 percent for overdrive.						
1979						
TR-7, 4-cyl., 86 hp, 85" wb						
Conv	350	840	1400	2800	4900	7000
Cpe	200	720	1200	2400	4200	6000
Spitfire 1500, 4-cyl., 53 hp, 83" wb						
Conv	350	780	1300	2600	4550	6500
NOTE: Add 10 percent for factory hardtop. Add 5 percent for overdrive.						
1980						
TR-7, 4-cyl., 86 hp, 85" wb						
Conv	350	860	1450	2900	5050	7200
Spider Conv	350	950	1500	3050	5300	7600
Cpe	200	750	1275	2500	4400	6300
TR-8, 8-cyl., 133 hp, 85" wb						
Conv	450	1450	2450	4900	8500	12,200
Cpe	400	1250	2100	4200	7400	10,500
Spitfire 1500, 4-cyl., 57 hp, 83" wb						
Conv	350	880	1500	2950	5180	7400
NOTE: Add 10 percent for factory hardtop. Add 5 percent for overdrive.						
1981						
TR-7, 4-cyl., 89 hp, 85" wb						
Conv	350	975	1600	3200	5500	7900
TR-8, 8-cyl., 148 hp, 85" wb						
Conv	500	1600	2700	5400	9500	13,500

VOLKSWAGEN

	6	5	4	3	2	1
1945						
Standard, 4-cyl., 94.5" wb, 25 hp						
2d Sed	600	1850	3100	6200	10,800	15,400
1946						
Standard, 4-cyl., 94.5" wb, 25 hp						
2d Sed	450	1500	2500	5000	8700	12,400
1947-1948						
4-cyl., 94.5" wb, 25 hp						
Std	400	1250	2100	4200	7300	10,400
Export	450	1350	2300	4600	8000	11,400
1949						
Standard, 4-cyl., 94.5" wb, 25 hp						
2d Sed	400	1250	2100	4200	7400	10,500
DeLuxe, 4-cyl., 94.5" wb, 10 hp						
2d Sed	450	1400	2300	4600	8100	11,500
Conv	600	1850	3100	6200	10,800	15,400
Heb Conv	700	2200	3700	7400	12,900	18,400
NOTE: Only 700 Hebmuller Cabr convertibles were built during 1949-1950. Add 10 percent for sunroof.						
…50						
…, 4-cyl., 94.5" wb, 25 hp						
	400	1300	2200	4400	7700	11,000
	500	1550	2600	5200	9100	13,000
	700	2200	3700	7400	13,000	18,500
…r sunroof.						
…5" wb, 25 hp						
	600	1850	3100	6200	10,900	15,500
	500	1550	2600	5200	9100	13,000
…Up)						
…" wb, 25 hp						

	6	5	4	3	2	1
2d Sed	400	1200	2000	4000	7000	10,000
Conv	450	1400	2300	4600	8100	11,500
NOTE: Add 10 percent for sunroof.						
Transporter, 4-cyl., 94.5" wb, 25 hp						
DeL Van	600	1850	3100	6200	10,900	15,500
Kombi	500	1550	2600	5200	9100	13,000
NOTE: Overdrive is standard equipment.						
1952-1953						
(Serial Nos. 1-0264198-Up)						
DeLuxe 4-cyl., 94.5" wb, 25 hp						
2d Sed	400	1200	2000	4000	7000	10,000
Conv	550	1700	2800	5600	9800	14,000
NOTE: Add 10 percent for sunroof.						
Transporter, 4-cyl., 94.5" wb, 25 hp						
DeL Van	600	1850	3100	6200	10,900	15,500
Kombi	500	1550	2600	5200	9100	13,000
1953						
(Serial Nos. later than March 1953)						
DeLuxe, 4-cyl., 94.5" wb, 25 hp						
2d Sed	450	1140	1900	3800	6650	9500
Conv	400	1250	2100	4200	7400	10,500
NOTE: Add 10 percent for sunroof.						
Transporter, 4-cyl., 94.5" wb, 25 hp						
DeL Van	500	1550	2600	5200	9100	13,000
Kombi	600	1850	3100	6200	10,900	15,500
1954						
DeLuxe, 4-cyl., 94.5" wb, 36 hp						
2d Sed	450	1140	1900	3800	6650	9500
Conv	400	1250	2100	4200	7400	10,500
NOTE: Add 10 percent for sunroof.						
Station Wagons, 4-cyl., 94.5" wb, 30 hp						
Microbus	550	1800	3000	6000	10,500	15,000
DeL Microbus	600	1850	3100	6200	10,900	15,500
NOTE: Microbus 165" overall; DeLuxe Microbus 166.1" overall; Beetle 160.3" overall.						
1955						
DeLuxe, 4-cyl., 94.5" wb, 36 hp						
2d Sed	450	1140	1900	3800	6650	9500
Conv	400	1250	2100	4200	7400	10,500
NOTE: Add 10 percent for sunroof.						
Station Wagon, 4-cyl., 94.5" wb, 36 hp						
Kombi	500	1550	2600	5200	9100	13,000
Microbus	550	1800	3000	6000	10,500	15,000
Microbus DeL	600	1850	3100	6200	10,900	15,500
NOTE: Factory prices given above are estimates.						
1956						
DeLuxe, 4-cyl., 94.5" wb, 36 hp						
2d Sed	450	1140	1900	3800	6650	9500
Conv	400	1250	2100	4200	7400	10,500
NOTE: Add 10 percent for sunroof.						
Karmann-Ghia, 4-cyl., 94.5" wb, 36 hp						
Cpe	450	1450	2400	4800	8400	12,000
Station Wagons, 4-cyl., 94.5" wb, 36 hp						
Kombi	500	1550	2600	5200	9100	13,000
Microbus	600	1900	3200	6400	11,200	16,000
Microbus DeL	600	2000	3300	6600	11,600	16,500
1957						
Beetle, 4-cyl., 94.5" wb, 36 hp						
2d Sed	450	1140	1900	3800	6650	9500
Conv	400	1250	2100	4200	7400	10,500
NOTE: Add 10 percent for sunroof.						
Karmann-Ghia, 4-cyl., 94.5" wb, 36 hp						
Cpe	400	1200	2000	4000	7000	10,000
Station Wagons, 4-cyl., 94.5" wb, 36 hp						
Kombi	550	1700	2800	5600	9800	14,000
Microbus	650	2100	3500	7000	12,300	17,500
Microbus SR	700	2150	3600	7200	12,600	18,000
Camper	700	2300	3800	7600	13,300	19,000
NOTE: Add 10 percent for sunroof.						
1958						
Beetle, 4-cyl., 94.5" wb, 36 hp						
2d DeL Sed	450	1080	1800	3600	6300	900
Conv	400	1200	2000	4000	7000	10,0
Karmann-Ghia, 4-cyl., 94.5" wb, 36 hp						

	6	5	4	3	2	1
Cpe	450	1450	2400	4800	8400	12,000
Conv	500	1550	2600	5200	9100	13,000
Station Wagons, 4-cyl., 94.5" wb, 36 hp						
Kombi	550	1700	2800	5600	9800	14,000
Microbus	700	2200	3700	7400	13,000	18,500
Microbus DeL SR	700	2300	3800	7600	13,300	19,000
Camper	750	2400	4000	8000	14,000	20,000
1959						
Beetle, 4-cyl., 94.5" wb, 36 hp						
2d Sed	450	1080	1800	3600	6300	9000
Conv	400	1200	2000	4000	7000	10,000
NOTE: Add 10 percent for sunroof.						
Karmann-Ghia, 4-cyl., 94.5" wb, 36 hp						
Cpe	450	1450	2400	4800	8400	12,000
Conv	500	1550	2600	5200	9100	13,000
Station Wagons, 4-cyl., 94.5" wb, 36 hp						
Kombi	550	1700	2800	5600	9800	14,000
Microbus	700	2300	3800	7600	13,300	19,000
Microbus DeL SR	750	2400	4000	8000	14,000	20,000
Camper	750	2450	4100	8200	14,400	20,500
1960						
Beetle, 4-cyl., 94.5" wb, 36 hp						
2d DeL Sed	450	1080	1800	3600	6300	9000
Conv	400	1200	2000	4000	7000	10,000
Karmann-Ghia, 4-cyl., 94.5" wb, 36 hp						
Cpe	450	1450	2400	4800	8400	12,000
Conv	500	1550	2600	5200	9100	13,000
Station Wagons, 4-cyl., 94.5" wb, 36 hp						
Kombi	550	1700	2800	5600	9800	14,000
Microbus	700	2300	3800	7600	13,300	19,000
Microbus DeL SR	750	2400	4000	8000	14,000	20,000
Camper	750	2450	4100	8200	14,400	20,500
NOTE: Add 10 percent for sunroof.						
1961						
Beetle, 4-cyl., 94.5" wb, 40 hp						
2d DeL Sed	450	1080	1800	3600	6300	9000
Conv	400	1200	2000	4000	7000	10,000
Karmann-Ghia, 4-cyl., 94.5" wb, 40 hp						
Cpe	450	1450	2400	4800	8400	12,000
Conv	500	1550	2600	5200	9100	13,000
Station Wagons, 4-cyl., 94.5" wb, 40 hp						
Kombi	550	1700	2800	5600	9800	14,000
Sta Wag	750	2400	4000	8000	14,000	20,000
Sta Wag DeL/SR	800	2500	4200	8400	14,700	21,000
Camper	800	2600	4300	8600	15,100	21,500
NOTE: Add 5 percent for extra seats (sta. wag.).						
1962						
Beetle, 4-cyl., 94.5" wb, 40 hp						
2d DeL Sed	450	1080	1800	3600	6300	9000
Conv	400	1200	2000	4000	7000	10,000
NOTE: Add 10 percent for sunroof.						
Karmann-Ghia, 4-cyl., 94.5" wb, 40 hp						
Cpe	400	1300	2200	4400	7700	11,000
Conv	450	1450	2400	4800	8400	12,000
Station Wagons, 4-cyl., 94.5" wb, 40 hp						
Kombi	550	1700	2800	5600	9800	14,000
Sta Wag	750	2450	4100	8200	14,400	20,500
DeL Sta Wag	800	2600	4300	8600	15,100	21,500
Camper	850	2650	4400	8800	15,400	22,000
1963						
Beetle, 4-cyl., 94.5" wb, 40 hp						
2d DeL Sed	350	1020	1700	3400	5950	8500
onv	450	1140	1900	3800	6650	9500
: Add 10 percent for sunroof.						
n-Ghia, 4-cyl., 94.5" wb, 40 hp						
	400	1300	2200	4400	7700	11,000
	450	1450	2400	4800	8400	12,000
4-cyl., 94.5" wb, 40 hp						
	550	1700	2800	5600	9800	14,000
	750	2450	4100	8200	14,400	20,500
	800	2600	4300	8600	15,100	21,500
	850	2650	4400	8800	15,400	22,000
b, 40 hp						
	350	1020	1700	3400	5950	8500

	6	5	4	3	2	1
Conv	450	1140	1900	3800	6650	9500
NOTE: Add 10 percent for sunroof.						
Karmann-Ghia, 4-cyl., 94.5" wb, 40 hp						
Cpe	400	1300	2200	4400	7700	11,000
Conv	450	1450	2400	4800	8400	12,000
Sta. Wag. (1200 Series), 4-cyl., 94.5" wb, 40 hp						
Kombi	550	1700	2800	5600	9800	14,000
Sta Wag	750	2450	4100	8200	14,400	20,500
DeL Sta Wag	800	2600	4300	8600	15,100	21,500
Sta Wag (1500 Series), 4-cyl., 94.5" wb, 50 hp						
Kombi	550	1800	3000	6000	10,500	15,000
Sta Wag	800	2500	4200	8400	14,700	21,000
DeL Sta Wag	850	2650	4400	8800	15,400	22,000
Camper	850	2750	4600	9200	16,100	23,000
1965						
Beetle, 4-cyl., 94.5" wb, 40 hp						
2d DeL Sed	350	1020	1700	3400	5950	8500
Conv	450	1140	1900	3800	6650	9500
NOTE: Add 10 percent for sunroof.						
Karmann-Ghia, 4-cyl., 94.5" wb, 40 hp						
Cpe	400	1200	2000	4000	7000	10,000
Conv	400	1300	2200	4400	7700	11,000
Sta. Wag. (1500 Series), 4-cyl., 94.5" wb, 40 hp						
Kombi	550	1700	2800	5600	9800	14,000
Sta Wag	750	2450	4100	8200	14,400	20,500
DeL Sta Wag	800	2600	4300	8600	15,100	21,500
Camper	850	2650	4400	8800	15,400	22,000
Commercial, (1500 Series), 4-cyl., 94.5" wb, 40 hp						
Panel	400	1300	2200	4400	7700	11,000
PU	450	1400	2300	4600	8100	11,500
Dbl Cab PU	450	1400	2300	4600	8100	11,600
1966						
Beetle, 53 hp						
2d DeL Sed	350	975	1600	3200	5600	8000
Conv	450	1080	1800	3600	6300	9000
NOTE: Add 10 percent for sunroof.						
Karmann Ghia, 53 hp						
Cpe	400	1200	2000	4000	7000	10,000
Conv	400	1300	2200	4400	7700	11,000
Sta. Wagon, 57 hp						
Kombi	550	1700	2800	5600	9800	14,000
Sta Wag	750	2450	4100	8200	14,400	20,500
DeL Sta Wag	800	2600	4300	8600	15,100	21,500
Camper	850	2650	4400	8800	15,400	22,000
1600 Series, 65 hp						
2d FBk Sed	200	700	1050	2050	3600	5100
2d SqBk Sed	200	700	1050	2100	3650	5200
NOTE: Add 10 percent for sunroof.						
Commercial						
Panel	400	1300	2200	4400	7700	11,000
PU	450	1400	2300	4600	8100	11,500
Dbl Cab PU	450	1400	2300	4600	8100	11,600
1967						
Beetle, 53 hp						
2d DeL Sed	350	975	1600	3200	5600	8000
Conv	450	1080	1800	3600	6300	9000
NOTE: Add 10 percent for sunroof.						
Karmann Ghia, 53 hp						
Cpe	400	1200	2000	4000	7000	10,000
Conv	400	1300	2200	4400	7700	11,000
Station Wagon, 57 hp						
Kombi	550	1700	2800	5600	9800	14,000
Sta Wag	750	2450	4100	8200	14,400	20,500
DeL Sta Wag	800	2600	4300	8600	15,100	21,500
Camper	850	2650	4400	8800	15,400	22,000
1600 Series, 65 hp						
2d FBk Sed	200	650	1100	2150	3780	5400
2d SqBk Sed	200	670	1150	2250	3920	5600
NOTE: Add 10 percent for sunroof.						
Commercial						
Panel	400	1300	2200	4400	7700	11,000
PU	450	1400	2300	4600	8100	11,500
Dbl Cab PU	450	1400	2300	4600	8100	11,60[illegible]
1968						
Beetle, 53 hp						

	6	5	4	3	2	1
2d Sed	350	975	1600	3200	5600	8000
Conv	450	1080	1800	3600	6300	9000
NOTE: Add 10 percent for sunroof.						
Karmann Ghia, 53 hp						
Cpe	400	1200	2000	4000	7000	10,000
Conv	400	1300	2200	4400	7700	11,000
1600 Series, 65 hp						
2d FBk Sed	200	650	1100	2150	3780	5400
2d SqBk Sed	200	670	1150	2250	3920	5600
NOTE: Add 10 percent for sunroof.						
Station Wagons, 57 hp						
Kombi	500	1550	2600	5200	9100	13,000
Sta Wag	700	2300	3800	7600	13,300	19,000
Camper	750	2400	4000	8000	14,000	20,000
Commercial						
Panel	400	1200	2000	4000	7000	10,000
PU	400	1250	2100	4200	7400	10,500
Dbl Cab PU	400	1250	2100	4200	7400	10,600
1969						
Beetle, 53 hp						
2d Sed	350	975	1600	3200	5600	8000
Conv	450	1080	1800	3600	6300	9000
NOTE: Add 10 percent for sunroof.						
Karmann Ghia, 53 hp						
Cpe	450	1080	1800	3600	6300	9000
Conv	400	1200	2000	4000	7000	10,000
1600 Series, 65 hp						
2d FBk Sed	150	600	950	1850	3200	4600
2d SqBk Sed	150	650	950	1900	3300	4700
NOTE: Add 10 percent for sunroof.						
Station Wagons, 57 hp						
Kombi	500	1550	2600	5200	9100	13,000
Sta Wag	700	2300	3800	7600	13,300	19,000
Camper	750	2350	3900	7800	13,700	19,500
Commercial						
Panel	400	1200	2000	4000	7000	10,000
PU	400	1250	2100	4200	7400	10,500
Dbl Cab PU	400	1250	2100	4200	7400	10,600
1970						
Beetle, 60 hp						
2d Sed	350	975	1600	3200	5600	8000
Conv	450	1080	1800	3600	6300	9000
NOTE: Add 10 percent for sunroof.						
Karmann Ghia, 60 hp						
Cpe	450	1080	1800	3600	6300	9000
Conv	400	1200	2000	4000	7000	10,000
1600 Series, 65 hp						
2d FBk Sed	150	600	900	1800	3150	4500
2d SqBk Sed	150	600	950	1850	3200	4600
NOTE: Add 10 percent for sunroof.						
Station Wagons, 60 hp						
Kombi	500	1550	2600	5200	9100	13,000
Sta Wag	700	2300	3800	7600	13,300	19,000
Camper	750	2350	3900	7800	13,700	19,500
Commercial						
Panel	400	1200	2000	4000	7000	10,000
PU	400	1250	2100	4200	7400	10,500
Dbl Cab PU	400	1250	2100	4200	7400	10,600
1971						
Beetle, 60 hp						
2d Sed	350	975	1600	3200	5600	8000
?d Sup Sed	350	1020	1700	3400	5950	8500
[illegible]	450	1140	1900	3800	6650	9500
[illegible] Add 10 percent for sunroof.						
[illegible] Ghia						
[illegible]	450	1080	1800	3600	6300	9000
[illegible]	400	1200	2000	4000	7000	10,000
[illegible] 411						
[illegible]	200	660	1100	2200	3850	5500
[illegible]	200	670	1150	2250	3920	5600
[illegible]	200	670	1150	2250	3920	5600
[illegible]	200	660	1100	2200	3850	5500
[illegible]	450	1450	2400	4800	8400	12,000
[illegible]	550	1800	3000	6000	10,500	15,000

1972 Volkswagen Karmann-Ghia coupe

	6	5	4	3	2	1
Sta Wag SR	550	1800	3050	6100	10,600	15,200
Campmobile	600	1850	3100	6200	10,900	15,500
Commercial						
Panel	450	1080	1800	3600	6300	9000
PU	450	1140	1900	3800	6650	9500
Dbl Cab PU	450	1150	1900	3850	6700	9600
1972						
Beetle, 60 hp						
2d Sed	350	975	1600	3200	5600	8000
2d Sup Sed	350	1020	1700	3400	5950	8500
Conv	450	1140	1900	3800	6650	9500
NOTE: Add 10 percent for sunroof.						
Karmann Ghia						
Cpe	450	1080	1800	3600	6300	9000
Conv	400	1200	2000	4000	7000	10,000
Type 3, Sq. Back, 411						
2d Sed	200	660	1100	2200	3850	5500
2d Sed Type 3	200	660	1100	2200	3850	5500
2d Sed 411	200	670	1150	2250	3920	5600
4d Sed AT 411	200	670	1150	2250	3920	5600
3d Wagon 411	200	685	1150	2300	3990	5700
NOTE: Add 10 percent for sunroof.						
Transporter						
Kombi	450	1450	2400	4800	8400	12,000
Sta Wag	550	1800	3000	6000	10,500	15,000
Campmobile	600	1850	3100	6200	10,900	15,500
Commercial						
Panel	450	1080	1800	3600	6300	9000
PU	450	1140	1900	3800	6650	9500
Dbl Cab PU	450	1150	1900	3850	6700	9600
1973						
Beetle, 46 hp						
2d Sed	350	975	1600	3200	5600	8000
2d Sup Sed	350	1020	1700	3400	5950	8500
Conv	450	1140	1900	3800	6650	9500
Karmann Ghia						
Cpe	450	1080	1800	3600	6300	9000
Conv	400	1200	2000	4000	7000	10,000
Type 3, Sq. Back, 412						
2d Sed SqBk	200	660	1100	2200	3850	5500
2d Sed Type 3	200	660	1100	2200	3850	5500
2d Sed 412	200	670	1150	2250	3920	5600
4d Sed 412	200	670	1150	2250	3920	5600
3d Sed 412	200	670	1150	2250	3920	5600
Thing Conv	200	720	1200	2400	4200	6000
Transporter						
Kombi	400	1300	2200	4400	7700	11,000
Sta Wag	550	1700	2800	5600	9800	14,000
Campmobile	550	1750	2900	5800	10,200	14,500
Panel	400	1250	2100	4200	7400	10,500
1974						
Beetle						
2d Sed	350	975	1600	3200	5600	8000
2d Sup Sed	350	1020	1700	3400	5950	[illegible]
2d Sun Bug Sed	350	1040	1700	3450	6000	[illegible]
Conv	450	1140	1900	3800	6650	[illegible]

	6	5	4	3	2	1
Karmann Ghia						
Cpe	350	1020	1700	3400	5950	8500
Conv	450	1140	1900	3800	6650	9500
Thing						
Conv	200	720	1200	2400	4200	6000
Dasher						
2d Sed	200	670	1200	2300	4060	5800
4d Sed	200	700	1200	2350	4130	5900
4d Wag	200	720	1200	2400	4200	6000
412						
2d Sed	200	670	1200	2300	4060	5800
4d Sed	200	700	1200	2350	4130	5900
3d Sed	200	700	1200	2350	4130	5900
Transporter						
Kombi	400	1300	2200	4400	7700	11,000
Sta Wag	500	1550	2600	5200	9100	13,000
Campmobile	500	1600	2700	5400	9500	13,500
Panel	400	1200	2000	4000	7000	10,000
1975						
Beetle						
2d Sed	350	900	1500	3000	5250	7500
2d Sup Sed	350	950	1500	3050	5300	7600
Conv	450	1080	1800	3600	6300	9000
Rabbit						
2d Cus Sed	200	670	1150	2250	3920	5600
4d Cus Sed	200	685	1150	2300	3990	5700
NOTE: Add 5 percent for DeLuxe.						
Dasher						
2d Sed	200	670	1150	2250	3920	5600
4d Sed	200	670	1200	2300	4060	5800
HBk	200	700	1200	2350	4130	5900
4d Wag	200	720	1200	2400	4200	6000
Scirocco						
Cpe	350	770	1300	2550	4480	6400
Transporter						
Kombi	400	1250	2100	4200	7400	10,500
Sta Wag	450	1450	2400	4800	8400	12,000
Campmobile	450	1500	2500	5000	8800	12,500
Panel	450	1140	1900	3800	6650	9500
1976						
Beetle						
2d Sed	350	840	1400	2800	4900	7000
Conv	450	1080	1800	3600	6300	9000
Rabbit						
2d Sed	150	600	950	1850	3200	4600
2d Cus Sed	150	650	950	1900	3300	4700
4d Cus Sed	150	650	950	1900	3300	4700
NOTE: Add 10 percent for DeLuxe.						
Dasher						
2d Sed	150	650	950	1900	3300	4700
4d Sed	200	675	1000	1950	3400	4900
4d Wag	200	700	1050	2100	3650	5200
Scirocco						
Cpe	200	670	1200	2300	4060	5800
Transporter						
Kombi	400	1250	2100	4200	7400	10,500
Sta Wag	450	1450	2400	4800	8400	12,000
Campmobile	450	1500	2500	5000	8800	12,500
1977						
Beetle						
2d Sed	350	840	1400	2800	4900	7000
Conv	450	1080	1800	3600	6300	9000
[illegible]bit						
[illegible]	150	600	950	1850	3200	4600
[illegible]	150	650	950	1900	3300	4700
[illegible]	150	650	950	1900	3300	4700
[illegible] for DeLuxe.						
[illegible]	150	650	950	1900	3300	4700
[illegible]	200	675	1000	1950	3400	4900
[illegible]	200	700	1050	2100	3650	5200
[illegible]	200	700	1200	2350	4130	5900
[illegible]	400	1200	2000	4000	7000	10,000

	6	5	4	3	2	1
Sta Wag	450	1450	2400	4800	8400	12,000
Campmobile	450	1500	2500	5000	8800	12,500
1978						
2d Conv Beetle	400	1300	2200	4400	7700	11,000
2d Rabbit	150	600	900	1800	3150	4500
2d Cus Rabbit	150	600	950	1850	3200	4600
4d Cus Rabbit	150	600	950	1850	3200	4600
2d DeL Rabbit	150	650	950	1900	3300	4700
4d DeL Rabbit	150	650	950	1900	3300	4700
2d Dasher	200	675	1000	2000	3500	5000
4d Dasher	200	675	1000	2000	3500	5000
4d Dasher Sta Wag	200	700	1050	2050	3600	5100
2d Scirocco Cpe	200	660	1100	2200	3850	5500
Transporter						
Kombi	400	1200	2000	4000	7000	10,000
Sta Wag	450	1450	2400	4800	8400	12,000
Campmobile	450	1500	2500	5000	8800	12,500
1979						
2d Beetle Conv	450	1400	2300	4600	8100	11,500
2d Rabbit	150	600	900	1800	3150	4500
2d Cus Rabbit	150	600	950	1850	3200	4600
4d Cus Rabbit	150	600	950	1850	3200	4600
2d DeL Rabbit	150	650	950	1900	3300	4700
4d DeL Rabbit	150	650	950	1900	3300	4700
2d Dasher HBk	200	675	1000	2000	3500	5000
4d Dasher HBk	200	675	1000	2000	3500	5000
4d Dasher Sta Wag	200	700	1050	2050	3600	5100
2d Scirocco Cpe	200	660	1100	2200	3850	5500
Transporter						
Kombi	400	1200	2000	4000	7000	10,000
Sta Wag	450	1450	2400	4800	8400	12,000
Campmobile	450	1500	2500	5000	8800	12,500
1980						
2d Rabbit Conv	350	770	1300	2550	4480	6400
2d Cus Rabbit	150	500	800	1600	2800	4000
4d Cus Rabbit	150	500	800	1600	2800	4000
2d DeL Rabbit	150	550	850	1650	2900	4100
4d DeL Rabbit	150	550	850	1650	2900	4100
2d Jetta	150	575	900	1750	3100	4400
4d Jetta	150	575	900	1750	3100	4400
2d Dasher	150	575	875	1700	3000	4300
4d Dasher	150	575	875	1700	3000	4300
4d Dasher Sta Wag	150	575	900	1750	3100	4400
2d Scirocco Cpe	150	600	950	1850	3200	4600
2d Scirocco Cpe S	150	650	975	1950	3350	4800
Cus PU	150	600	950	1850	3200	4600
LX PU	150	650	950	1900	3300	4700
Spt PU	150	650	975	1950	3350	4800
Vanagon Transporter						
Kombi	350	900	1500	3000	5250	7500
Sta Wag	350	1020	1700	3400	5950	8500
Campmobile	400	1200	2000	4000	7000	10,000
1981						
2d Rabbit Conv	200	750	1275	2500	4400	6300
2d Rabbit	150	500	800	1600	2800	4000
2d Rabbit L	150	500	800	1600	2800	4000
4d Rabbit L	150	500	800	1600	2800	4000
2d Rabbit LS	150	550	850	1650	2900	4100
4d Rabbit LS	150	550	850	1650	2900	4100
2d Rabbit S	150	550	850	1675	2950	4200
2d Jetta	150	575	900	1750	3100	4400
4d Jetta	150	575	900	1750	3100	4400
4d Dasher	150	550	850	1675	2950	4200
2d Scirocco Cpe	150	600	950	1850	3200	4600
2d Scirocco Cpe S	150	650	950	1900	3300	4700
PU	150	600	950	1850	3200	4600
LX PU	150	650	950	1900	3300	4700
Spt PU	150	650	975	1950	3350	4800
Vanagon Transporter						
Kombi	350	900	1500	3000	5250	7500
Sta Wag	350	1020	1700	3400	5950	8500
Campmobile	400	1200	2000	4000	7000	10,00[illegible]
1982						
2d Rabbit Conv	200	730	1250	2450	4270	6[illegible]
2d Rabbit	150	500	800	1600	2800	[illegible]

	6	5	4	3	2	1
2d Rabbit L	150	550	850	1650	2900	4100
4d Rabbit L	150	500	800	1600	2800	4000
2d Rabbit LS	150	550	850	1650	2900	4100
4d Rabbit LS	150	550	850	1650	2900	4100
2d Rabbit S	150	550	850	1675	2950	4200
2d Jetta	150	575	875	1700	3000	4300
4d Jetta	150	575	875	1700	3000	4300
2d Scirocco Cpe	150	650	950	1900	3300	4700
2d Quantum Cpe	200	675	1000	2000	3500	5000
4d Quantum	200	675	1000	2000	3500	5000
4d Quantum Sta Wag	200	700	1050	2050	3600	5100
PU	150	600	950	1850	3200	4600
LX PU	150	650	950	1900	3300	4700
Spt PU	150	650	975	1950	3350	4800
Vanagon						
Sta Wag	350	900	1500	3000	5250	7500
Campmobile	400	1200	2000	4000	7000	10,000
1983						
2d Rabbit Conv	200	745	1250	2500	4340	6200
2d Rabbit L	150	500	800	1600	2800	4000
4d Rabbit L	150	500	800	1600	2800	4000
2d Rabbit LS	150	500	800	1600	2800	4000
4d Rabbit LS	150	500	800	1600	2800	4000
2d Rabbit GL	150	550	850	1650	2900	4100
4d Rabbit GL	150	550	850	1650	2900	4100
2d Rabbit GTi	150	600	900	1800	3150	4500
2d Jetta	150	575	900	1750	3100	4400
4d Jetta	150	575	900	1750	3100	4400
2d Scirocco Cpe	200	700	1050	2050	3600	5100
2d Quantum Cpe	200	700	1050	2050	3600	5100
4d Quantum	200	700	1050	2050	3600	5100
4d Quantum Sta Wag	200	700	1050	2100	3650	5200
PU	150	600	950	1850	3200	4600
LX PU	150	650	950	1900	3300	4700
Spt PU	150	650	975	1950	3350	4800
Vanagon						
Sta Wag	350	900	1500	3000	5250	7500
Campmobile	400	1200	2000	4000	7000	10,000
1984						
2d Rabbit Conv	350	820	1400	2700	4760	6800
2d Rabbit L HBk	150	500	800	1600	2800	4000
4d Rabbit L HBk	150	550	850	1650	2900	4100
4d Rabbit GL HBk	150	600	900	1800	3150	4500
2d Rabbit GTi HBk	200	675	1000	2000	3500	5000
2d Jetta Sed	150	650	975	1950	3350	4800
4d Jetta Sed	200	675	1000	1950	3400	4900
4d Jetta GL Sed	200	675	1000	2000	3500	5000
4d Jetta GLi Sed	200	700	1050	2100	3650	5200
2d Scirocco Cpe	200	675	1000	2000	3500	5000
4d Quantum GL Sed	150	650	975	1950	3350	4800
4d Quantum GL Sta Wag	150	650	950	1900	3300	4700
1985						
2d Golf HBk	150	550	850	1650	2900	4100
2d Golf GTi HBk	150	600	900	1800	3150	4500
4d Golf HBk	150	550	850	1675	2950	4200
2d Jetta Sed	150	550	850	1675	2950	4200
4d Jetta Sed	150	575	875	1700	3000	4300
NOTE: Add 5 percent for GL and GLi option.						
2d Cabr Conv	350	900	1500	3000	5250	7500
2d Scirocco Cpe	150	600	900	1800	3150	4500
4d Quantum Sed	150	575	875	1700	3000	4300
Quantum Sta Wag	150	575	900	1750	3100	4400
on Sta Wag	350	840	1400	2800	4900	7000
Camper	400	1200	2000	4000	7000	10,000
	200	670	1150	2250	3920	5600
	200	720	1200	2400	4200	6000
	200	685	1150	2300	3990	5700
	200	685	1150	2300	3990	5700
	200	670	1200	2300	4060	5800
Li option.						
	450	1140	1900	3800	6650	9500
	200	720	1200	2400	4200	6000
	200	670	1200	2300	4060	5800
	350	975	1600	3200	5600	8000

	6	5	4	3	2	1
Vanagon Camper	400	1200	2000	4000	7000	10,000
1987						
Fox						
2d Sed	200	685	1150	2300	3990	5700
4d GL Sed	200	670	1200	2300	4060	5800
2d GL Sta Wag	200	700	1200	2350	4130	5900
Cabriolet						
2d Conv	450	1170	1975	3900	6850	9800
Golf						
2d HBk GL	200	670	1200	2300	4060	5800
4d GL HBk	200	700	1200	2350	4130	5900
2d GT HBk	200	700	1200	2350	4130	5900
4d GT HBk	200	720	1200	2400	4200	6000
2d GTi HBk	350	820	1400	2700	4760	6800
2d GTi HBk 16V	350	950	1550	3150	5450	7800
Jetta						
2d Sed	200	700	1200	2350	4130	5900
4d Sed	200	720	1200	2400	4200	6000
4d GL Sed	200	745	1250	2500	4340	6200
4d GLi Sed	350	830	1400	2950	4830	6900
4d GLi Sed 16V	350	975	1600	3200	5500	7900
Scirocco						
2d Cpe	200	745	1250	2500	4340	6200
2d Cpe 16V	350	860	1450	2900	5050	7200
Quantum						
4d GL Sed	200	720	1200	2400	4200	6000
4d Sta Wag	200	730	1250	2450	4270	6100
4d GL Sta Wag	200	750	1275	2500	4400	6300
Vanagon						
Sta Wag	350	975	1600	3200	5600	8000
GL Sta Wag	350	1020	1700	3400	5950	8500
Camper	400	1200	2000	4000	7000	10,000
GL Camper	400	1200	2050	4100	7100	10,200
1988						
Fox						
2d Sed	200	675	1000	2000	3500	5000
4d GL Sed	200	700	1050	2100	3650	5200
2d GL Sta Wag	200	660	1100	2200	3850	5500
Cabriolet						
2d Conv	400	1300	2200	4400	7700	11,000
Golf						
2d HBk	200	660	1100	2200	3850	5500
2d GL HBk	200	720	1200	2400	4200	6000
4d GL HBk	200	745	1250	2500	4340	6200
2d GT HBk	350	790	1350	2650	4620	6600
4d GT HBk	350	820	1400	2700	4760	6800
2d GTi HBk	350	830	1400	2950	4830	6900
Jetta						
2d Sed	350	820	1400	2700	4760	6800
4d Sed	350	850	1450	2850	4970	7100
4d GL Sed	350	880	1500	2950	5180	7400
4d Sed Carat	350	900	1500	3000	5250	7500
4d GLi Sed	350	1020	1700	3400	5950	8500
Scirocco						
2d Cpe	350	820	1400	2700	4760	6800
Quantum						
4d GL Sed	200	745	1250	2500	4340	6200
4d GL Sta Wag	200	745	1250	2500	4340	6200
Vanagon						
GL Sta Wag	400	1250	2100	4200	7400	10,500
GL Camper	450	1450	2400	4800	8400	12,000

VOLVO

1944-1950						
4-cyl., 102.4" wb, 1414 cc						
PV444 2d Sed	950	1100	1850	3700	6450	9200
1951						
4-cyl., 102.4" wb, 1414 cc						
PV444 2d Sed	450	1080	1800	3600	6300	9000
1952						
4-cyl., 104.4" wb, 1414 cc						
PV444 2d Sed	450	1080	1800	3600	6300	9000

	6	5	4	3	2	1
1953						
4-cyl., 102.4" wb, 1414 cc						
PV444 2d Sed	450	1080	1800	3600	6300	9000
1954						
4-cyl., 102.4" wb, 1414 cc						
PV444 2d Sed	450	1080	1800	3600	6300	9000
PV445 2d Sta Wag	450	1090	1800	3650	6400	9100
1955						
4-cyl., 102.4" wb, 1414 cc						
PV444 2d Sed	450	1080	1800	3600	6300	9000
PV445 2d Sta Wag	450	1090	1800	3650	6400	9100
1956						
4-cyl., 102.4" wb, 1414 cc						
PV444 2d Sed	450	1080	1800	3600	6300	9000
PV445 2d Sta Wag	450	1090	1800	3650	6400	9100
1957						
4-cyl., 102.4" wb, 1414 cc						
PV444 2d Sed	450	1080	1800	3600	6300	9000
PV445 2d Sta Wag	450	1090	1800	3650	6400	9100
4-cyl., 104.4" wb, 1583 cc						
4-cyl., 94.5" wb, 1414 cc						
P1900 conv	450	1500	2500	5000	8800	12,500
1958						
4-cyl., 102.4" wb, 1583 cc						
PV544 2d Sed	450	1080	1800	3600	6300	9000
PV445 2d Sta Wag	450	1090	1800	3650	6400	9100
1959						
4-cyl., 102.4" wb, 1583 cc						
PV544 2d Sed	450	1080	1800	3600	6300	9000
PV445 2d Sta Wag	450	1090	1800	3650	6400	9100
122S 4d Sed	450	1140	1900	3800	6650	9500
1960						
4-cyl., 102.4" wb, 1583 cc						
PV544 2d Sed	450	1080	1800	3600	6300	9000
PV445 2d Sta Wag	450	1120	1875	3750	6500	9300
122S 4d Sed	450	1140	1900	3800	6650	9500
1961						
4-cyl., 102.4" wb, 1583 cc						
PV544 2d Sed	350	1020	1700	3400	5950	8500
P210 2d Sta Wag	450	1050	1750	3550	6150	8800
122 4d Sed	450	1080	1800	3600	6300	9000
4-cyl., 96.5" wb, 1778 cc						
P1800 Cpe	450	1080	1800	3600	6300	9000
1962						
4-cyl., 102.4" wb, 1583 cc						
P210 2d Sta Wag	350	1040	1750	3500	6100	8700
4-cyl., 102.4" wb, 1778 cc						
PV544 2d Sed	350	975	1600	3200	5600	8000
122S 4d Sed	350	900	1500	3000	5250	7500
122S 2d Sed	350	950	1550	3100	5400	7700
122S 4d Sta Wag	350	975	1600	3200	5600	8000
4-cyl., 96.5" wb, 1778 cc						
P1800 Cpe	450	1080	1800	3600	6300	9000
1963						
4-cyl., 102.4" wb, 1778 cc						
PV544 2d Sed	350	1040	1750	3500	6100	8700
210 2d Sta Wag	450	1050	1750	3550	6150	8800
P122S 4d Sed	350	975	1600	3200	5600	8000
P122S 2d Sed	350	1000	1650	3300	5750	8200
P122S 4d Sta Wag	350	1020	1700	3400	5950	8500
4-cyl., 96.5" wb, 1778 cc						
1800S Cpe	450	1080	1800	3600	6300	9000
1964						
4-cyl., 102.4" wb, 1778 cc						
PV544 2d Sed	350	1040	1750	3500	6100	8700
P210 2d Sta Wag	450	1140	1900	3800	6650	9500
122S 4d Sed	350	975	1600	3200	5600	8000
122S 2d Sed	350	1000	1650	3300	5750	8200
122S 4d Sta Wag	350	1020	1700	3400	5950	8500
4-cyl., 96.5" wb, 1778 cc						
1800S Cpe	450	1140	1900	3800	6650	9500
1965						
4-cyl., 102.4" wb, 1778 cc						

1965 Volvo PV544 two-door sedan

	6	5	4	3	2	1
PV544 2d Sed	350	1020	1700	3400	5950	8500
P210 Sta Wag	450	1080	1800	3600	6300	9000
122S 4d Sed	350	1000	1650	3300	5750	8200
122S 2d Sed	350	975	1600	3200	5600	8000
122S 4d Sta Wag	350	1020	1700	3400	5950	8500
4-cyl., 96.5" wb, 1778 cc						
1800S Cpe	400	1200	2000	4000	7000	10,000
1966						
4-cyl., 102.4" wb, 1778 cc						
210S 2d Sta Wag	450	1080	1800	3600	6300	9000
122S 4d Sed	350	975	1600	3200	5600	8000
122S 2d Sed	350	1000	1650	3300	5750	8200
122S 4d Sta Wag	350	1020	1700	3400	5950	8500
4-cyl., 96.5" wb, 1778 cc						
1800S Cpe	450	1080	1800	3600	6300	9000
1967						
4-cyl., 102.4" wb, 1778 cc						
P210 2d Sta Wag	450	1140	1900	3800	6650	9500
122S 2d Sed	350	1000	1650	3300	5750	8200
122S 4d Sed	350	975	1600	3200	5600	8000
122S 4d Sta Wag	350	1020	1700	3400	5950	8500
4-cyl., 96.5" wb, 1778 cc						
123 GT	450	1080	1800	3600	6300	9000
1800S Cpe	400	1250	2100	4200	7400	10,500
1968						
4-cyl., 102.4" wb, 1778 cc						
122S 2d Sed	350	1000	1650	3300	5750	8200
122S 4d Sta Wag	350	1020	1700	3400	5950	8500
123 GT	450	1080	1800	3600	6300	9000
142S 2d Sed	350	900	1500	3000	5250	7500
144 4d Sed	350	870	1450	2900	5100	7300
4-cyl., 96.5" wb, 1778 cc						
1800S Cpe	400	1200	2000	4000	7000	10,000
1969						
4-cyl., 102.4" wb, 1986 cc						
142S 2d Sed	350	975	1600	3250	5700	8100
144S 4d Sed	350	975	1600	3200	5600	8000
145S 4d Sta Wag	350	1000	1650	3300	5750	8200
4-cyl., 96.5" wb, 1986 cc						
1800S Cpe	400	1250	2100	4200	7400	10,500
1970						
4-cyl., 102.4" wb, 1986 cc						
142 2d Sed	350	1000	1650	3300	5750	8200
144 4d Sed	350	975	1600	3250	5700	8100
145 4d Sta Wag	350	975	1600	3250	5700	8100
4-cyl., 96.5" wb, 1986 cc						
1800E Cpe	400	1250	2100	4200	7400	10,500
6-cyl., 106.3" wb, 2978 cc						
164 4d Sed	350	900	1500	3000	5250	7500
1971						
4-cyl., 103.2" wb, 1986 cc						

	6	5	4	3	2	1
142 2d Sed	350	950	1550	3100	5400	7700
144 4d Sed	350	900	1500	3000	5250	7500
145 4d Sta Wag	350	975	1600	3200	5500	7900
4-cyl., 96.5" wb, 1986 cc						
1800E Cpe	400	1300	2200	4400	7700	11,000
6-cyl., 107" wb, 2978 cc						
164 4 dr Sed	350	950	1500	3050	5300	7600
1972						
4-cyl., 103.2" wb, 1986 cc						
142 2d Sed	350	950	1550	3150	5450	7800
144 4d Sed	350	950	1550	3100	5400	7700
145 4d Sta Wag	350	975	1600	3200	5600	8000
4-cyl., 96.5" wb, 1986 cc						
1800E Cpe	400	1300	2200	4400	7700	11,000
1800ES Spt Wag	450	1400	2300	4600	8100	11,500
6-cyl., 107" wb, 2978 cc						
164 4d Sed	350	950	1500	3050	5300	7600
1973						
4-cyl., 103.2" wb, 1986 cc						
142 2d Sed	350	900	1500	3000	5250	7500
144 4d Sed	350	880	1500	2950	5180	7400
145 4d Sta Wag	350	950	1550	3100	5400	7700
4-cyl., 96.5" wb, 1986 cc						
1800ES Spt Wag	450	1450	2400	4800	8400	12,000
6-cyl., 107" wb, 2978 cc						
164E 4d Sed	350	900	1500	3000	5250	7500
1974						
4-cyl., 103.2" wb, 1986 cc						
142 2d Sed	350	850	1450	2850	4970	7100
144 4d Sed	350	850	1450	2850	4970	7100
145 4d Sta Wag	350	870	1450	2900	5100	7300
142GL 2d Sed	350	860	1450	2900	5050	7200
144GL 4d Sed	350	860	1450	2900	5050	7200
6-cyl., 107" wb, 2978 cc						
164E 4d Sed	350	880	1500	2950	5180	7400
1975						
4-cyl., 103.9" wb, 2127 cc						
242 2d Sed	200	745	1250	2500	4340	6200
244 4d Sed	200	745	1250	2500	4340	6200
245 4d Sta Wag	350	780	1300	2600	4550	6500
242GL 2d Sed	350	770	1300	2550	4480	6400
244GL 4d Sed	350	770	1300	2550	4480	6400
6-cyl., 107" wb, 2978 cc						
164 4d Sed	350	780	1300	2600	4550	6500
1976						
4-cyl., 103.9" wb, 2127 cc						
242 2d Sed	350	780	1300	2600	4550	6500
244 4d Sed	350	780	1300	2600	4550	6500
245 4d Sta Wag	350	820	1400	2700	4760	6800
6-cyl., 103.9" wb, 2664 cc						
262GL 2d Sed	350	820	1400	2700	4760	6800
264 4d Sed	350	830	1400	2950	4830	6900
265 4d Sta Wag	350	850	1450	2850	4970	7100
264GL 4d Sed	350	840	1400	2800	4900	7000
1977						
4-cyl., 103.9" wb, 2127 cc						
242 2d Sed	350	820	1400	2700	4760	6800
244 4d Sed	350	820	1400	2700	4760	6800
245 4d Sta Wag	350	860	1450	2900	5050	7200
6-cyl., 103.9" wb, 2664 cc						
264GL 4d Sed	350	850	1450	2850	4970	7100
265GL 4d Sta Wag	350	870	1450	2900	5100	7300
262C 2d Cpe	400	1200	2000	4000	7000	10,000
1978						
244 4d	200	720	1200	2400	4200	6000
242GT 2d	200	730	1250	2450	4270	6100
242 2d	200	745	1250	2500	4340	6200
245 4d Sta Wag	200	750	1275	2500	4400	6300
264GL 4d	200	745	1250	2500	4340	6200
265GL 4d Sta Wag	350	770	1300	2550	4480	6400
262C 2d	400	1200	2000	4000	7000	10,000
1979						
242DL 2d	200	670	1200	2300	4060	5800
242GT 2d	200	700	1200	2350	4130	5900

	6	5	4	3	2	1
244DL 4d	200	700	1200	2350	4130	5900
245DL 4d Sta Wag	200	720	1200	2400	4200	6000
245GL 4d	200	720	1200	2400	4200	6000
265GL 4d Sta Wag	200	730	1250	2450	4270	6100
262C 2d Cpe	400	1250	2100	4200	7400	10,500
1980						
DL 2d	200	700	1050	2100	3650	5200
DL GT 2d	200	650	1100	2150	3780	5400
DL 4d	200	650	1100	2150	3780	5400
DL 4d Sta Wag	200	685	1150	2300	3990	5700
GL 4d	200	685	1150	2300	3990	5700
GLE 4d	200	670	1200	2300	4060	5800
GLE 4d Sta Wag	200	700	1200	2350	4130	5900
GLE 2d Cpe Bertone	400	1200	2000	4000	7100	10,100
1981						
DL 2d	200	700	1050	2100	3650	5200
DL 4d	200	650	1100	2150	3780	5400
DL 4d Sta Wag	200	685	1150	2300	3990	5700
GL 2d	200	660	1100	2200	3850	5500
GL 4d	200	660	1100	2200	3850	5500
GLT 2d	200	660	1100	2200	3850	5500
GLT 4d Sta Wag	200	670	1200	2300	4060	5800
GLT 2d Turbo	200	720	1200	2400	4200	6000
GLT 4d Turbo	200	720	1200	2400	4200	6000
GLE 4d	200	720	1200	2400	4200	6000
2d Bertone Cpe	400	1250	2100	4200	7400	10,500
1982						
DL 2d	200	700	1050	2100	3650	5200
DL 4d	200	700	1050	2100	3650	5200
DL 4d Sta Wag	200	700	1075	2150	3700	5300
GL 4d	200	700	1075	2150	3700	5300
GL 4d Sta Wag	200	650	1100	2150	3780	5400
GLT 2d	200	700	1075	2150	3700	5300
GLT 2d Turbo	200	685	1150	2300	3990	5700
GLT 4d Turbo	200	685	1150	2300	3990	5700
GLT 4d Sta Wag Turbo	200	685	1150	2300	3990	5700
GLE 4d	200	685	1150	2300	3990	5700
1983						
DL 2d	200	700	1050	2100	3650	5200
DL 4d	200	700	1050	2100	3650	5200
DL 4d Sta Wag	200	700	1075	2150	3700	5300
GL 4d	200	700	1075	2150	3700	5300
GL 4d Sta Wag	200	650	1100	2150	3780	5400
GLT 2d Turbo	200	700	1075	2150	3700	5300
GLT 4d Turbo	200	670	1150	2250	3920	5600
GLT 4d Sta Wag Turbo	200	685	1150	2300	3990	5700
760 GLE 4d	200	685	1150	2300	3990	5700
760 GLE 4d Turbo Diesel	200	670	1200	2300	4060	5800
1984						
DL 2d	350	900	1500	3000	5250	7500
DL 4d	350	975	1600	3200	5600	8000
DL 4d Sta Wag	350	1020	1700	3400	5950	8500
GL 4d	450	1080	1800	3600	6300	9000
GL 4d Sta Wag	450	1140	1900	3800	6650	9500
GLT 2d Turbo	400	1200	2000	4000	7000	10,000
GLT 4d Turbo	400	1250	2100	4200	7400	10,500
GLT 4d Sta Wag Turbo	400	1250	2100	4200	7400	10,500
760 GLE 4d	400	1250	2100	4200	7400	10,500
760 GLE 4d Turbo	400	1300	2200	4400	7700	11,000
760 GLE 4d Turbo Diesel	400	1200	2000	4000	7000	10,000
1985						
DL 4d Sed	350	900	1500	3000	5250	7500
DL 4d Sta Wag	350	950	1500	3050	5300	7600
GL 4d Sed	350	1020	1700	3400	5950	8500
GL 4d Sta Wag	350	1040	1700	3450	6000	8600
NOTE: Add 10 percent for Turbo.						
740 4d Sed	400	1250	2100	4200	7400	10,500
740 4d Sta Wag	400	1300	2200	4400	7700	11,000
NOTE: Deduct 10 percent for Diesel. Add 10 percent for Turbo.						
760 4d Sed	450	1450	2400	4800	8400	12,000
760 4d Sta Wag	450	1500	2500	5000	8800	12,500
NOTE: Deduct 10 percent for Diesel. Add 10 percent for Turbo.						

	6	5	4	3	2	1
1986						
DL 4d Sed	450	1080	1800	3600	6300	9000
DL 4d Sta Wag	450	1090	1800	3650	6400	9100
GL 4d Sed	400	1250	2100	4200	7400	10,500
GL 4d Sta Wag	400	1250	2100	4200	7400	10,600
740 4d Sed	450	1500	2500	5000	8800	12,500
740 4d Sta Wag	500	1550	2600	5200	9100	13,000
NOTE: Deduct 10 percent for Diesel. Add 10 percent for Turbo.						
760 4d Sed	550	1700	2800	5600	9800	14,000
760 4d Sta Wag	550	1800	3000	6000	10,500	15,000
NOTE: Add 10 percent for Turbo.						
1987						
240						
DL 4d Sed	400	1200	2000	4000	7000	10,000
DL 4d Sta Wag	400	1300	2200	4400	7700	11,000
GL4d Sed	400	1300	2200	4400	7700	11,000
GL 4d Sta Wag	450	1450	2400	4800	8400	12,000
740						
GLE 4d Sed	450	1500	2500	5000	8800	12,500
Turbo GLE 4d Sed	550	1700	2800	5600	9800	14,000
GLE 4d Sta Wag	500	1550	2600	5200	9100	13,000
Turbo GLE 4d Sta Wag	550	1800	3000	6000	10,500	15,000
760						
Turbo GLE 4d Sed	600	1900	3200	6400	11,200	16,000
Turbo GLE 4d Sta Wag	650	2050	3400	6800	11,900	17,000
780						
GLE 2d Cpe	850	2650	4400	8800	15,400	22,000
240						
DL 4d Sed	450	1140	1900	3800	6650	9500
DL 4d Sta Wag	400	1250	2100	4200	7400	10,500
GL 4d Sed	400	1250	2100	4200	7400	10,600
GL 4d Sta Wag	400	1250	2100	4200	7400	10,500
740						
GLE 4d Sed	450	1500	2500	5000	8800	12,500
GLE 4d Sta Wag	500	1550	2600	5200	9100	13,000
Turbo GLE 4d Sed	550	1700	2800	5600	9800	14,000
GLE Sta Wag	550	1800	3000	6000	10,500	15,000
760						
4d Sed	550	1700	2800	5600	9800	14,000
Turbo 4d Sed	600	1900	3200	6400	11,200	16,000
Turbo 4d Sta Wag	650	2050	3400	6800	11,900	17,000
780						
2d Cpe GLE	850	2650	4400	8800	15,400	22,000
1988						
240						
DL 4d Sed	450	1450	2400	4800	8400	12,000
DL 4d Sta Wag	500	1550	2600	5200	9100	13,000
GL 4d Sed	550	1700	2800	5600	9800	14,000
GL 4d Sta Wag	550	1800	3000	6000	10,500	15,000
740						
GLE 4d Sed	550	1800	3000	6000	10,500	15,000
GLE 4d Sta Wag	600	1900	3200	6400	11,200	16,000
Turbo GLE 4d Sed	750	2400	4000	8000	14,000	20,000
Turbo GLE 4d Sta Wag	800	2500	4200	8400	14,700	21,000
760						
4d Sed	850	2650	4400	8800	15,400	22,000
Turbo GLE 4d Sed	850	2750	4600	9200	16,100	23,000
Turbo GLE 4d Sta Wag	900	2900	4800	9600	16,800	24,000
780						
GLE 2d Cpe	1000	3100	5200	10,400	18,200	26,000

YUGO

	6	5	4	3	2	1
1986						
2d HBk GV	150	550	850	1650	2900	4100
1987						
2d HBk GV	150	550	850	1650	2900	4100
1988						
2d HBk GV	150	550	850	1650	2900	4100
2d HBk GVL	150	550	850	1675	2950	4200